Schule der Pharmazie

Praktischer Teil. Von Dr. E. Mylius. Fünfte, vermehrte und verbesserte Auflage. Bearbeitet von Dr. Alfred Stephan, Apothekenbesitzer in Wiesbaden. Mit 143 Textabbildungen. Geb. Preis M. 16.— (und Verlagsteuerungszuschlag).

Grundzüge der pharmazeutischen Chemie. Bearbeitet von Geh. Regierungsrat Prof. Dr. Herm. Thoms. Siebente, verbesserte Auflage der „Schule der Pharmazie, Chemischer Teil." Mit 108 Textabbildungen. In Leinw. geb. Preis etwa M. 75.—.

Physikalischer Teil. Bearbeitet von Dr. K. F. Jordan. Vierte, vermehrte und verbesserte Auflage. Mit 153 in den Text gedruckten Abbildungen. Vergriffen. Die neue Auflage ist in Vorbereitung.

Grundzüge der Botanik für Pharmazeuten. Bearbeitet von Prof. Dr. E. Gilg. Sechste, verbesserte Auflage der „Schule der Pharmazie, Botanischer Teil." Mit 569 Textabbildungen. In Leinw. geb. Preis etwa M. 75.—.

Jeder Band ist einzeln käuflich.

Daß die Schule der Pharmazie sich ihren Platz als bevorzugtes Lehrbuch nicht nur für Anfänger, sondern auch für die Studierenden auf den Hochschulen gesichert hat, beweisen die neuen Auflagen, die immer wieder in verhältnismäßig kurzen Zwischenräumen notwendig wurden. Der chemische Teil liegt nunmehr in der siebenten Auflage, der botanische in der sechsten vor.

Dieser Erfolg ist ohne Zweifel dem Umstande zuzuschreiben, daß das Werk den gesamten Lehrstoff anschaulich und leichtfaßlich behandelt und dadurch den Vorzug genießt, von den jungen Fachgenossen mit Lust und Liebe studiert zu werden.

Die seit Erscheinen der ersten Auflage bei dem Gebrauche der einzelnen Bände gemachten Erfahrungen haben den Verfassern die Überzeugung verschafft, daß in ihrer Anlage das Richtige getroffen wurde; und was im einzelnen daran verbesserungs- und ergänzungsbedürftig ist, wird durch den ständigen Gedankenaustausch der Verfasser mit den nach diesen Lehrbüchern Lehrenden und Lernenden bei der Neuauflage jedes einzelnen Bandes auf das sorgfältigste berücksichtigt.

So werden die Bände, wie es bisher geschehen, dauernd ihren beiden Zwecken in vollem Maße entsprechen können, indem sie einerseits dem Lehrer Leitfaden und Grundlage für den persönlich zu erteilenden Unterricht sind, und anderseits da, wo der Eleve oder Studierende der persönlichen Unterweisung etwa entbehrt, durch die induktive Behandlung des Lehrstoffes tunlichsten Ersatz dafür bieten.

Entsprechend dem Ausbildungsgange des jungen Pharmazeuten, dessen Tätigkeit zunächst die praktische ist, beginnt der erste Band der Schule der Pharmazie mit dem praktischen Teil, in welchem alles das erörtert ist, was der Anfänger an Kunstgriffen erlernen muß, um die Arzneistoffe der Apotheke kunstgerecht zu verarbeiten und zu verabfolgen und mit den dazu nötigen Gerätschaften regelrecht umgehen zu können. Die unleugbare Abnahme der eigentlichen Laboratoriumstätigkeit in den Apotheken und anderseits die Zunahme der kaufmännischen Berufstätigkeit des Apothekers erforderten eine ganz besonders eingehende Behandlung des praktischen Teiles und die völlige Abtrennung desselben von dem übrigen Lehrstoff.

In den wissenschaftlichen Teilen haben die Verfasser von einer monographischen Behandlung der einzelnen Kapitel abgesehen und unter Vermeidung aller überflüssigen Gelehrsamkeit dem Lernenden ein klares Gesamtbild der einzelnen Wissenszweige mit steter Bezugnahme auf alles pharmazeutisch Wichtige gegeben. Die Verfasser waren besonders bemüht, in möglichst leichtverständlicher Ausdrucksweise, ·vom Leichten zum Schweren aufsteigend, die drei Hilfswissenschaften der Pharmazie: Chemie, Physik und Botanik, in ihren Grundzügen dem Anfänger klarzumachen.

Als zweckmäßig hat es sich erwiesen, die ursprünglich als fünfter Teil herausgegebene Warenkunde, d. h. die Kennzeichnung, Prüfung und Wertbestimmung der Chemikalien und Vegatabilien in den chemischen bzw. botanischen Teil des Werkes einzubeziehen. Hierdurch konnten Wiederholungen vermieden und Vollständigkeit in der Darstellung des pharmazeutisch Wichtigen erzielt werden.

Eine große Zahl guter Abbildungen erleichtert mit Vorteil das Verständnis des Lehrganges.

Bei der Neubearbeitung des jetzt fertig vorliegenden chemischen und botanischen Teils wurden auf vielfachen Wunsch die wissenschaftlichen Bedürfnisse der Studierenden stärker als bisher berücksichtigt und dementsprechend die Fassung des Haupttitels dieser Bände geändert.

Berlin, im Mai 1921.

Verlagsbuchhandlung Julius Springer.

Grundzüge der Pharmazeutischen Chemie

Bearbeitet von

Professor Dr. Hermann Thoms

Geheimer Regierungsrat und Direktor
des Pharmazeutischen Instituts der Universität Berlin

Siebente, verbesserte Auflage
der „Schule der Pharmazie
Chemischer Teil"

Mit 108 Textabbildungen

Springer-Verlag Berlin Heidelberg GmbH
1921

Seite 82, Zeile 24, statt $N\!\!\!\diagdown{}^{\,H}_{\,Cl}$ muß es heißen: $N\!\!\!\diagdown{}^{\,H_4}_{\,Cl}$.

Seite 131, Zeile 31, statt „starker Luftentwicklung Magnesiumchlorid" muß es heißen: „Heller Feuererscheinung Magnesiumsilicid".

Seite 289, Formel des Isobutans, statt
$$\begin{array}{c}CH_3\;\;CH_3\\[-2pt]\diagdown\;\diagup\\CH\\|\\CH_2\end{array}$$
muß es heißen:
$$\begin{array}{c}CH_3\;\;CH_3\\[-2pt]\diagdown\;\diagup\\CH\\|\\CH_3\end{array}$$

Seite 313, Formel des Diäthylcarbinols,

statt
$$\begin{array}{c}C_2H_5\;\;C_2H_5\\[-2pt]\diagdown\;\diagup\\CH_2\\\diagdown\,OH\end{array}$$
muß es heißen:
$$\begin{array}{c}C_2H_5\;\;C_2H_5\\[-2pt]\diagdown\;\diagup\\CH\\\diagdown\,OH\end{array}$$

Alle Rechte,
insbesondere das der Übersetzung in fremde Sprachen, vorbehalten.

ISBN 978-3-662-23586-7   ISBN 978-3-662-25665-7 (eBook)
DOI 10.1007/978-3-662-25665-7

Vorwort zur siebenten Auflage.

In dem Vorwort zur fünften Auflage des Chemischen Teiles der „Schule der Pharmazie" hat Verfasser ausgeführt, es sei sein Bestreben gewesen, diesem Buch eine solche Ausdehnung zu geben, daß es als Leitfaden auch dem pharmazeutisch-chemischen Hochschulunterricht zugrunde gelegt werden könne.

Da die sechste Auflage den wesentlichen chemischen Inhalt des bisherigen Bandes „Warenkunde" aufzunehmen hatte, mußte, um den Umfang des Buches nicht allzusehr anschwellen zu lassen, eine Einschränkung des für Apothekereleven vorzugsweise bestimmten Werkes eintreten. Verfasser hatte die Absicht, für die Studierenden der Pharmazie auf breiterer Grundlage ein besonderes Werk über pharmazeutische Chemie zu schreiben.

Die infolge des unglücklichen Ausganges des Krieges eingetretene ungeheure Verteuerung aller Lebensbedürfnisse und besonders auch der geistigen Hilfsmittel, hat den vorstehenden Plan wieder zurücktreten lassen und den Verfasser veranlaßt, in die vorliegende siebente Auflage den Lehrstoff in einem solchen Umfange einzubeziehen, daß auch der studierende Pharmazeut ausreichende Unterweisung in pharmazeutischer Chemie erfährt.

Das Buch ist daher wieder so ausgestaltet worden, daß sowohl der angehende Pharmazeut unter Anleitung seines Lehrchefs es benutzen kann, indem dieser die Auswahl des Wichtigsten und Wissenswerten trifft, als auch der studierende Pharmazeut eine brauchbare Grundlage für seine Ausbildung findet. Diese Ausgestaltung des Buches hat den Vorteil, daß der junge Pharmazeut sich von Anfang an dem gleichen Führer anvertrauen kann wie der später dann auf der Hochschule Studierende.

Um die Doppelbestimmung des Buches in seiner vorliegenden neuen Auflage auch äußerlich zu kennzeichnen, ist ihr der Titel „Grundzüge der pharmazeutischen Chemie" mit dem Untertitel „Chemischer Teil der Schule der Pharmazie" gegeben worden.

Auf die neuesten Forschungsergebnisse, auch der physikalischen Chemie, wurde bei der Abfassung des Buches in geeigneter Weise Rücksicht genommen, wenngleich in dieser Hinsicht des Verfassers Wunsch auf eine noch weitergehende Berücksichtigung dieses mächtig aufblühenden Zweiges wissenschaftlicher Forschung vor der Notwendigkeit haltmachen mußte, die Bogenzahl des Buches nicht allzusehr zu vermehren.

Möchte sich auch diese neue Auflage für unsere jungen Fachgenossen als ein leicht verständlicher, anregender und nutzbringender Führer erweisen.

Berlin-Steglitz, Anfang März 1921.

Hermann Thoms.

Inhaltsverzeichnis.

Anhang zum anorganischen Teil.

Organische Chemie.

A. Fettreihe.

B. Carbocyklische Verbindungen.

C. Heterocyklische Verbindungen.

Anhang.

Einführung in die chemische und physikalisch-chemische Prüfung
der Arzneistoffe.

Einleitung.

Chemie ist die Wissenschaft von den Eigenschaften und Veränderungen der Stoffe. Während die Physik nur die Veränderungen
des Zustandes der Stoffe behandelt, lehrt die Chemie alle bleibenden
Veränderungen kennen, welche infolge stofflicher Umwandlungen entstehen können.

Die Chemie beschäftigt sich mit den Stoffen nach zwei verschiedenen Richtungen: mit der Zerlegung, der Trennung der
Stoffe (der Analyse[1]) oder analytischen Chemie) und mit der
Darstellung, dem Aufbau der Stoffe (der Synthese[2]) oder synthetischen Chemie).

Insoweit die Chemie rein wissenschaftliche Zwecke verfolgt, um
die allgemeinen Gesetze chemischer Vorgänge aufzufinden, spricht man
von allgemeiner oder theoretischer Chemie. Zur Erforschung
dieser Gesetze leistet die Physik hilfreiche Dienste. Man nennt die
allgemeine oder theoretische Chemie daher auch physikalische
Chemie.

Die Erkenntnis des Wesens und des Verhaltens der Stoffe hat
für das praktische Leben eine hohe Bedeutung erlangt. Die Chemie,
welche die wissenschaftlichen Forschungsergebnisse hierfür nutzbar
macht, wird „angewandte Chemie“ genannt. Industrie und Landwirtschaft in ihren vielgestaltigen Verzweigungen bedürfen zu ihrer
gewinnbringenden Ausübung chemischer Kenntnisse; zur Erforschung
der Zusammensetzung von Boden, Luft, Wasser, Nahrungs- und
Genußmitteln, Arzneistoffen sind chemisches Wissen und Können erforderlich. Die Bestandteile von Tieren, Pflanzen und Mineralien
werden vom Chemiker ermittelt und lassen sich auf Grund chemischer
Analysen vielfach nachbilden. Selbst in die geheimnisvollen Lebens-
vorgänge der Organismen leuchtet die Chemie mit Erfolg und hat
sich zu einer physiologischen Chemie bzw. Biochemie entwickelt.

Als pharmazeutische und medizinische Chemie werden
diejenigen Zweige der angewandten Chemie verstanden, welche
sich mit den pharmazeutisch und medizinisch wichtigen Stoffen beschäftigen.

---

[1]) analysis = Auflösung.
[2]) synthesis = Zusammensetzung.

Solche sind besonders die Arzneimittel, d. h. Stoffe, die zur Heilung bzw. Verhütung von Krankheiten benutzt werden. Arzneimittel entstammen dem Mineral-, Pflanzen- und Tierreich oder werden auf künstlichem (synthetischem) Wege gewonnen. Viele als Arzneimittel verwendete Stoffe üben auf die Organismen starke Wirkungen aus und können in geeigneten Mengen (Dosen) Schädigungen oder gar den Tod von Menschen und Tieren hervorrufen. Solche Stoffe nennt man Gifte und den Teil der Chemie, welcher sich mit ihnen beschäftigt, toxikologische Chemie[1]).

Der Pharmazeut und Mediziner müssen sich daher auch nach dieser Richtung hin eine gründliche Kenntnis der Arzneistoffe aneignen. Während der Pharmazeut vorzugsweise die Darstellung der für die Pharmazie und Medizin wichtigen chemischen Erzeugnisse kennen und in der Lage sein muß, sie nach ihrem Aussehen, ihren physikalischen und chemischen Eigenschaften und ihrem chemischen Verhalten zu bestimmen, sowie den Nachweis fremdartiger, verunreinigender Stoffe, also eine Reinheitsprüfung und im Zusammenhang damit eine Wertbestimmung der Produkte auszuführen, wird der Mediziner vor allem über die Wirkungsweise bzw. über den Grad der Giftigkeit der Arzneimittel, d. h. über die Dosierung dieser sich Kenntnisse verschaffen müssen. Die Arbeiten des Pharmazeuten und Mediziners gehen hier Hand in Hand und können sich im späteren Berufsleben ergänzen und stützen.

Anweisungen über die auf Grund von Erfahrungen festgestellte Beschaffenheit und Prüfung, sowie über die Aufbewahrung der wichtigsten Arzneimittel enthalten die Arzneibücher oder Pharmakopöen der verschiedenen Länder. Das „Deutsche Arzneibuch" wird im Reichsgesundheitsamt durch eine aus pharmazeutischen Chemikern, Pharmakognosten, praktischen Apothekern und Medizinern gebildete Kommission (eine Abteilung des Reichsgesundheitsrates) bearbeitet und besitzt Gesetzeskraft für sämtliche deutsche Staaten.

Die Arzneimittel sind im Arzneibuch nach ihren lateinischen Bezeichnungen in alphabetischer Aufeinanderfolge aufgeführt und gliedern sich hinsichtlich ihres Charakters in vier Gruppen, und zwar in

1. chemisch einheitliche Stoffe,

2. Drogen,

3. aus Drogen dargestellte Präparate (Tinkturen, Extrakte, Sirupe, weingeistige Destillate usw.),

4. die durch Mischen chemischer Stoffe unter sich oder mit Fetten, Pflastern usw. erzielten Komposita oder durch Auflösen chemischer Stoffe in Flüssigkeiten hergestellten Liquores. Es gehören zu dieser Gruppe Brausepulver, Streupulver, Salben, Wässer, Essige, Lösungen.

---

[1]) Abgeleitet von toxicum = Gift.

Die Gruppen 3 und 4 pflegt man unter dem Namen „Galenische Präparate" zusammenzufassen[1]).

Da die Mehrzahl der als Arzneimittel Anwendung findenden chemisch einheitlichen Stoffe in Fabriken hergestellt werden und gut charakterisierbar sind, so verzichten die Arzneibücher meist auf die Angaben von Vorschriften für die Darstellung solcher chemischen Stoffe. Nur in den Fällen, wo Abweichungen in der Methode verschieden zusammengesetzte Präparate liefern (z. B. bei Wismutsubnitrat, Quecksilberpräzipitat, Calciumphosphat), geben die Arzneibücher Darstellungsvorschriften an.

Die Arzneibücher führen nur einen kleinen Teil der im Verkehr befindlichen und zu Arzneizwecken verwendeten Mittel auf. Dies ist nicht anders möglich, denn in schneller Folge führt die pharmazeutisch-chemische Industrie dem Arzneischatz neue Arzneimittel zu, von denen viele oft nach kurzer Zeit wieder der Vergessenheit anheimfallen. Aufgabe der pharmazeutischen und medizinischen Chemie ist es aber, alle Erscheinungen auf dem Arzneimittelmarkt im Auge zu behalten und kennen zu lernen.

Um eine genaue Kenntnis der Arzneimittel zu erlangen, ist es nötig, auch die Rohstoffe bzw. Ausgangsmaterialien zu studieren, die zur Herstellung jener dienen. Chemisch-technische Produkte mannigfacher Art kommen hier in Betracht. Neben den Arzneimitteln spielen bei der Krankenbehandlung ferner auch Nähr- und diätetische Präparate, Weine und Mineralwässer eine Rolle; die pharmazeutische und medizinische Chemie müssen sich daher auch mit ihnen beschäftigen und finden hierbei zugleich die Brücke zu einer Betätigung auf nahrungsmittelchemischem Gebiet. Und von hier aus führt der Weg weiter zu physiologisch-chemischen Prüfungen zwecks Feststellung des Nährwertes von Nahrungsmitteln und der Güte oder des Verdorbenseins solcher, der Untersuchung von Ausscheidungsprodukten des Organismus, von Blut, Harn, Kot usw.

Wenn die pharmazeutische und medizinische Chemie in ein solch umfassendes Arbeitsgebiet eindringen wollen, so müssen sie auf breitester wissenschaftlicher Grundlage aufgebaut werden. Das kann aber nur mit Erfolg im Rahmen der allgemeinen Chemie geschehen.

Atomistische Hypothese.

Molekeln. Atome. Elemente.

Unsere Anschauungen von der Zusammensetzung der Stoffe oder der Materie beruhen auf der atomistischen Hypothese. Diese besagt, daß die Teilbarkeit der Stoffe eine begrenzte ist. Hiernach kann

---

[1]) Die Bezeichnung „Galenische Präparate" oder „Galenika" hat keine historische Berechtigung, da die hierunter verstandenen Arzneiformen meist sehr viel jüngeren Datums sind, als der Zeit des Claudius Galenus von Pergamos angehörig. Dieser berühmteste Arzt und medizinische Autor des Altertums wurde 131 n. Chr. geboren und starb um das Jahr 200. Die von ihm empfohlenen Arzneizubereitungen galten den Ärzten seines und folgender Zeitalter vielfach als Richtschnur.

ein Stoff nicht bis in die Unendlichkeit, sondern nur bis zu einer gewissen Grenze zerlegt werden. Die kleinsten, physikalisch nicht weiter zerlegbaren Teilchen der Materie nennt man Molekeln (auch wohl Molekule oder Moleküle), abgeleitet von molecula, dem Diminutivum von moles, Masse.

Zur Erklärung für die möglichen Zustandsänderungen eines und desselben Stoffes, der z. B. in verschiedenen Aggregatzuständen (fest, flüssig, gasförmig) auftreten kann, welcher bei Wärmezufuhr sich ausdehnt, bei niedrigen Temperaturen sein Volum verringert, nimmt man an, daß die Molekeln in den Stoffen durch außerordentlich kleine Zwischenräume, die sog. Molekularzwischenräume voneinander getrennt sind. Die zwischen den einzelnen Molekeln waltende Anziehung oder Kohäsion, die Molekularanziehung, bewirkt, daß die Molekeln nicht auseinanderfallen. Die durch Temperaturerhöhung eintretende Ausdehnung der Molekularzwischenräume hat die Volumvergrößerung und umgekehrt, die durch Temperaturherabsetzung eintretende Zusammenziehung der Molekularzwischenräume die Volumverminderung der Stoffe zur Folge.

Die Molekeln bilden nun zwar die Grenze der physikalischen Teilbarkeit eines Stoffes, aber nicht die der chemischen.

Die Molekeln des Wassers z. B. können chemisch dadurch zerlegt werden, daß man den elektrischen Strom auf das mit wenig Schwefelsäure leitend gemachte Wasser einwirken läßt. Man beobachtet dann an den beiden Polen das Aufsteigen von Gasblasen. Das an der Kathode (dem negativen Pol) entwickelte Gas ist entzündbar und brennt mit kaum leuchtender Flamme; man nennt es Wasserstoff; an der Anode (dem positiven Pol) wird ein Gas entwickelt, das zwar nicht selbst brennbar ist, aber die Verbrennung unterhält, z. B. einen glimmenden Holzspan zum Entflammen bringt. Man nennt dieses Gas Sauerstoff. Die Molekeln des Wassers lassen sich also zwar physikalisch nicht weiter zerlegen, wohl aber chemisch. Es entstehen hierbei Wasserstoff und Sauerstoff; sie sind die Bestandteile der Molekeln des Wassers.

Die Molekeln sind also weiter zerlegbar in noch kleinere Teile; man nennt die letzteren Atome.

Atome sind hiernach die weder physikalisch noch chemisch weiter zerlegbaren kleinsten Teile des Stoffes. Über die Struktur der Atome haben die neuesten Arbeiten der Physiker wichtige Aufschlüsse gebracht. Hiernach sind in den Atomen elektrisch positiv geladene Kerne anzunehmen, die von negativen „Elektronen" umgeben sind. Siehe den Anhang zum Anorganischen Teil: „Die Struktur der Atome".

Neuerdings ist eine Sichtbarmachung der Atome gelungen. Man erzeugte mit Röntgenstrahlen in Kristallen Beugungserscheinungen (Gitterspektren) und erhielt photographische Bilder, die sich aus einer Anzahl von Punkten zusammensetzen. Diese Bilder stimmen mit den bereits früher für Kristalle theoretisch angenommenen Anordnungen der Atome in den Molekeln (als sog. Raumgitter) überein. Die Beugungserscheinungen sind auf die Atome zurückzuführen, und somit ist eine Sichtbarmachung der Atome gelungen.

Die Atome sind hinsichtlich ihrer Eigenschaften und besonders auch hinsichtlich ihres relativen Gewichtes verschieden voneinander. Es gibt also verschiedene Stoffarten. Man nennt sie Elemente oder Grundstoffe.

Ein Element ist daher ein Stoff, der durch kein physikalisches oder chemisches Mittel in einfachere Bestandteile zerlegt und nicht als ein Gemisch anderer Stoffe erkannt wurde (Definition nach Fajans).

Zur Zeit kennt man gegen 90 Elemente. Man kennzeichnet sie durch Buchstaben.

Berzelius hat diese „chemische Symbole" genannten Bezeichnungen in die Wissenschaft eingeführt. Man wählt für die Elemente als Abkürzung die Anfangsbuchstaben ihrer lateinischen Namen, z. B. für Wasserstoff (Hydrogenium) = H, für Chlor (Chlorum) = Cl, für Sauerstoff (Oxygenium) = O, für Schwefel (Sulfur) = S, für Natrium = Na, für Eisen (Ferrum) = Fe usw.

Durch das chemische Symbol wird aber nicht nur das betreffende Element, sondern auch **ein** Atom desselben bezeichnet. Will man bildlich darstellen, daß es sich um zwei oder mehrere Atome handelt, so drückt man dies dadurch aus, daß man dem Buchstaben eine kleine 2 oder die Ziffer hinzufügt, welche die Zahl der Atome angibt.

So bedeuten: $H = 1$ Atom Wasserstoff; $H_2 = 2$ Atome Wasserstoff; $O_3 = 3$ Atome Sauerstoff; $S_4 = 4$ Atome Schwefel.

Zur Bezeichnung, daß Atome miteinander in Verbindung getreten sind, benutzt man Bindestriche, welche zwischen die chemischen Symbole eingeschaltet werden.

So bedeutet H—H, daß zwei Atome Wasserstoff miteinander verbunden sind, während das Bild H—Cl besagt, daß ein Atom Wasserstoff mit einem Atom Chlor sich vereinigt hat. In der Regel stellt man jedoch, soll eine chemische Vereinigung veranschaulicht werden, die die Atome bezeichnenden Buchstaben nebeneinander. Das so entstehende Bild wird chemische Formel genannt.

Eine Molekel kann eine verschieden große Anzahl von Atomen enthalten. So besteht die Molekel Wasserstoff aus 2 Atomen Wasserstoff, die Molekel Kochsalz (Chlornatrium) aus 1 Atom Chlor und 1 Atom Natrium, ausgedrückt durch die Formel: NaCl.

Die Molekel Schwefelsäure aus 2 Atomen Wasserstoff, 1 Atom Schwefel, 4 Atomen Sauerstoff, ausgedrückt durch die Formel: H_2SO_4.

Aggregatzustände. Feste, flüssige, gasförmige Stoffe.

Man unterscheidet drei verschiedene Aggregatzustände der Stoffe: bei mittlerer Temperatur feste Stoffe (wie Eisen, Kupfer, Schwefel, Chlornatrium) oder flüssige (wie Wasser, Alkohol, Quecksilber) oder gasförmige (wie die atmosphärische Luft, Wasserstoff, Chlor). Die Aggregatzustände der Stoffe erleiden Veränderungen durch die Temperatur. Durch Temperaturerhöhung können feste Stoffe in flüssige und weiterhin in gasförmige verwandelt werden: Eisen und Kupfer lassen sich durch starkes Erhitzen verflüssigen, sie schmelzen, Schwefel schmilzt beim Erhitzen und geht bei weiterer Steigerung der Temperatur in Gasform (Dampfform) über: er verflüchtigt sich.

Durch Temperaturerniedrigung und Druck lassen sich gasförmige Stoffe in flüssige und weiterhin in feste Stoffe umwandeln: Wasserdampf verflüssigt sich beim Abkühlen, er verwandelt sich in die flüssige Form, das Wasser, und dieses erstarrt bei weiterer Abkühlung zu einem festen Stoff, dem Eis.

Die festen Stoffe sind entweder kristallisiert, d. h. von ebenen Flächen begrenzte Gebilde, deren Flächen unter bestimmten Winkeln sich schneiden (Zucker, Alaun, Kochsalz) oder gestalt- oder formlos, amorph (Stärkemehl, Tannin).

Die flüssigen Stoffe oder die Flüssigkeiten sind entweder leichtbeweglich (z. B. Äther, Benzin) oder schwerbeweglich (z. B. Glyzerin, Rizinusöl), farblos (z. B. Wasser, Äther, Alkohol) oder gefärbt (z. B. Brom). Sie können einheitlich sein, d. h. nur aus einer Art Stoff bestehen (z. B. Wasser, Chloroform) oder aus verschiedenen Stoffen zusammengesetzt sein. Man spricht dann von Mischungen, wenn ihre Bestandteile bei mittlerer Temperatur Flüssigkeiten sind, oder von Lösungen, wenn feste oder gasförmige Stoffe von Flüssigkeiten aufgenommen wurden, z. B. Hoffmannstropfen sind eine Mischung von Alkohol und Äther, Zuckerwasser eine Lösung von Zucker in Wasser; Brunnenwasser hält außer festen Stoffen auch gasförmige, wie Kohlensäure und Sauerstoff, gelöst; Ammoniakflüssigkeit ist eine Lösung des bei mittlerer Temperatur gasförmigen Ammoniaks in Wasser.

Man kennt auch flüssige Kristalle. Nernst stellt sich vor, daß zwischen den Molekeln eines Kristalls Kräfte wirken, welche die gesetzmäßige Anordnung der Kristalle bedingen. Je größer diese Kräfte sind, desto fester ist das Gefüge der Molekeln, desto schwerer deformierbar der Kristall. Wenn diese Kräfte sehr schwach werden, so können unter dem Einfluß der Erdschwere wie auch der Kapillarspannung die Kristalle eine Deformation erleiden, während die Orientierung der Molekeln bestehen bleiben kann. So denkt man sich die Entstehung eines flüssigen Kristalls. Beim Cholesterylbenzoat wurde zuerst eine flüssige Modifikation beobachtet, die bei gekreuzten Nicols hell erscheint, also doppeltbrechend ist.

Die gasförmigen Stoffe oder Gase sind entweder farblos (wie Wasserstoff, Sauerstoff, Stickstoff) oder gefärbt (z. B. das grüngelbe Chlor).

Durch Druck lassen sich die Gase zusammenpressen (komprimieren) und bei hinlänglich starkem Druck nehmen sie flüssige Form an. Der Übergang der Gase in den flüssigen und festen Aggregatzustand kann auch durch starke Abkühlung bewirkt werden. Temperaturerhöhung hingegen dehnt die Gase aus.

Die Gasgesetze werden später behandelt werden.

Die chemische Einwirkung der Stoffe aufeinander.

Mischt man gleiche Teile Eisenpulver und Schwefel in einem Reibschälchen sorgfältig miteinander, so daß eine vollkommen gleichmäßige Mischung entsteht, dann lassen sich mit bloßem Auge die Einzelbestandteile des graugrünen Pulvers nicht mehr erkennen. Wohl gelingt dies noch mit Hilfe der Lupe oder des Mikroskops, und mit einem Magneten lassen sich die Eisenteilchen aus dem Gemisch wieder herausziehen.

Schüttet man das Pulver in ein trockenes Probierrohr (Reagenzglas) und erwärmt dieses vorsichtig über einer Flamme, so findet ein lebhaftes Durchglühen der Masse statt. Den oberen Teil des Reagenzglases sieht man mit Schwefeldämpfen angefüllt, die sich beim Erkalten an der Wandung des Glases zu einem festen Stoffe verdichten.

Zerreibt man die durch Zertrümmerung des Reagenzglases in ein Porzellanschälchen gebrachte Masse, so erhält man ein graues Pulver, in welchem weder mit bloßem Auge noch durch das Mikroskop Schwefel- oder Eisenteilchen entdeckt, noch durch den Magneten Eisenteilchen herausgezogen werden können.

Aus der Mischung ist infolge einer chemischen Einwirkung (chemischen Reaktion) eine chemische Verbindung entstanden. Bei der Mischung sind die kleinsten Teile der Stoffe unverändert geblieben, bei der chemischen Verbindung ist ein neuer Stoff gebildet worden, dessen kleinste Teile ein vollständig anderes Verhalten als die Ursprungsteilchen zeigen. Diese lassen sich durch mechanische Mittel aus der chemischen Verbindung nicht wieder abscheiden.

Die chemische Reaktion hat sich infolge einer Kraft, die zwischen Eisen und Schwefel beim Erhitzen des Gemisches beider wirksam wurde, vollzogen. Man nennt diese Kraft chemische Verwandtschaft oder Affinität (s. später). Sie äußert sich, wenn die jeweiligen Bedingungen zum Eingehen einer chemischen Reaktion vorhanden sind oder geschaffen werden. Im vorliegenden Falle geschah dies durch Wärme.

Will man den vorstehend besprochenen chemischen Vorgang bildlich ausdrücken, so stellt man die chemischen Zeichen zu einer Gleichung zusammen. Während man die Einzelbestandteile einer Mischung durch +-Zeichen voneinander trennt, drückt man durch Nebeneinanderstellung der chemischen Zeichen die vollzogene chemische Verbindung aus.

Obiger Vorgang läßt sich daher durch folgende chemische Gleichung veranschaulichen:

$$\underbrace{\text{Fe}}_{\text{Eisen}} + \underbrace{\text{S}}_{\text{Schwefel}} = \underbrace{\text{FeS}}_{\text{Schwefeleisen.}}$$

FeS ist die chemische Formel des Schwefeleisens.

Die Vereinigung zweier oder mehrerer Stoffe zu einer chemischen Verbindung erfolgt aber nicht regellos, sondern nach ganz bestimmten Gewichtsverhältnissen. Um die Verbindung Schwefeleisen FeS zu erhalten, sind rund 56 Gewichtsteile Eisen und 32 Gewichtsteile Schwefel notwendig. Ein Mehr an Schwefel oder Eisen ist zur Bildung der Verbindung FeS zwecklos.

Es gibt zwar auch Verbindungen von Eisen mit Schwefel, in welchen eine größere Menge Schwefel enthalten ist; eine solche Verbindung ist z. B. der in der Natur vorkommende Schwefelkies, in welchem 56 Gew.-T. Eisen mit 64 Gew.-T. Schwefel verbunden sind. Diese Verbindung des Schwefels mit Eisen unterscheidet sich von der vorhergehenden dadurch, daß hier die doppelte Menge Schwefel (2×32) mit Eisen verbunden ist.

Der Schwefelkies läßt sich daher durch die Formel FeS_2 kennzeichnen. Man nennt ihn auch Zweifach-Schwefeleisen.

Zwischen diesem und dem Einfach-Schwefeleisen steht noch eine Verbindung in der Mitte, in welcher 56 Gew.-T. Eisen mit 48 Gew.-T. Schwefel vereinigt sind, also das $1^1/_2$fache der Zahl 32. Diese Verbindung läßt sich ebenfalls durch Zusammenschmelzen von Schwefel und Eisen in den angegebenen Gewichtsmengen herstellen. Man nennt die Verbindung Anderthalbfach-Schwefeleisen, ausdrückbar durch die Formel Fe_2S_3.

Für die drei erwähnten Schwefelverbindungen des Eisens haben wir demnach folgende Formeln kennen gelernt:

FeS	Fe₂S₃	FeS₂
Einfach-Schwefeleisen.	Anderthalbfach-Schwefeleisen.	Zweifach-Schwefeleisen.

Diese Beispiele zeigen, daß die Verbindungsgewichte der Elemente, beim Eisen durch die Zahl 56, beim Schwefel durch die Zahl 32 ausgedrückt, feststehende sind. Aber nicht nur in den erwähnten Verbindungen, sondern auch in sämtlichen Verbindungen, welche das Eisen einerseits, der Schwefel anderseits mit anderen Elementen eingehen, ist das gleiche Verbindungsgewicht dem Eisen wie dem Schwefel eigen. Und was vom Eisen und Schwefel, gilt auch von allen übrigen Elementen, d. h. jedem Element ist ein bestimmtes Verbindungsgewicht eigen.

Man nennt dieses relative Verbindungsgewicht der Atome **Atomgewicht.**

Wie diese Atomgewichtszahlen rechnerisch ermittelt werden, wird sich aus der weiteren Betrachtung ergeben.

Die zur Erzeugung der drei genannten Verbindungen FeS, Fe_2S_3, FeS_2 notwendigen Mengen Schwefel stehen in einfachen Verhältnissen zueinander, d. h. sie sind Vielfache (Multipla) der Atomgewichtszahl des Schwefels.

FeS	Fe₂S₃	FeS₂
$56 + 32$	$56 + 32 \times 1^1/_2$	$56 + 32 \times 2$

Eine solche Gesetzmäßigkeit wiederholt sich bei anderen Verbindungen. Dalton bezeichnet diese Gesetzmäßigkeit als das Gesetz der multiplen Proportionen: Vereinigen sich zwei Elemente zu einer chemischen Verbindung, so geschieht dies entweder

nach den durch die Atomgewichte ausgedrückten Gewichtsmengen oder in Vielfachen (Multiplen) dieser, ausdrückbar
in ganzen Zahlen. In dem vorstehenden Beispiel befinden sich die
Gewichtsmengen Schwefel in dem Verhältnis $2:3:4$.

Das Gewicht der durch Zusammentreten von Atomen zu einer
chemischen Verbindung entstehenden Molekel, das Molekulargewicht, ist gleich der Summe der Atomgewichte. Das in Grammen ausgedrückte Molekulargewicht eines Stoffes nennt
man Mol.

Die zur Erzeugung der Verbindung FeS verwendeten 56 Gew.-
Teile Eisen und 32 Gew.-Teile Schwefel müssen 88 Gew.-Teile Schwefeleisen ergeben.

Die Gewichtsmengen, die angeben, in welchem Verhältnis die
Elemente sich miteinander verbinden, nennt man Äquivalentgewichte. In vorliegendem Falle sind 56 Gew.-Teile Eisen 32 Gew.-
Teilen Schwefel äquivalent.

Man bezeichnet die Lehre von den Gesetzmäßigkeiten, welche
hinsichtlich der Gewichtsverhältnisse bei der chemischen Verbindung
oder Zerlegung der Stoffe obwalten, mit dem Namen Stöchiometrie[1]).

Die Kenntnis dieser Gesetzmäßigkeiten gestattet, auf rechnerischem Wege die erforderlichen Mengen der Einzelbestandteile zu ermitteln, welche zur Bildung einer bestimmten Gewichtsmenge einer
chemischen Verbindung benötigt werden.

1. Sollte man z. B. 1 kg ($= 1000$ g) Schwefeleisen darstellen, so würde
man die hierzu notwendigen Mengen Schwefel und Eisen nach folgender Rechnung ermitteln:

In 88 g Schwefeleisen (FeS $= 56 + 32$) sind 56 g Eisen enthalten, demnach in 1000 g:

$$88 : 56 = 1000 : x.$$

$$x = \frac{56 \cdot 1000}{88} = 636{,}4 \text{ g} \ (= 63{,}64\,^0/_0).$$

Der Rest, nämlich 363,6 g $= 36{,}36\,^0/_0$, entfällt auf den Schwefel.
Man hätte demnach

636,4 g Eisen und
363,6 g Schwefel anzuwenden, um
1000,0 g Schwefeleisen zu erhalten, vorausgesetzt, daß

Verluste bei der Darstellung vermieden werden.

2. Wollte man anderseits aus 1 kg Eisen Schwefeleisen darstellen, so wären
nach dem Ansatze:

Fe : S
$56 : 32 = 1000 : x$
$$x = \frac{32 \cdot 1000}{56} = 571{,}43 \text{ g Schwefel erforderlich, und man}$$

würde bei Vermeidung von Verlusten aus 1000 g Eisen $+ 571{,}43$ g Schwefel
$= 1571{,}43$ g Schwefeleisen erhalten.

In der Praxis erreicht man diese theoretischen Ausbeuten
in der Regel nicht, da die zur Darstellung der Verbindungen benutzten

---

[1]) Abgeleitet von στοιχεῖον, stoicheion, Grundstoff, μετρεῖν, metrein, messen.

Stoffe sich in den seltensten Fällen im Zustande chemischer Reinheit befinden, und auch aus anderen Gründen Verluste nicht vermieden werden können. Tatsächlich geht bei den chemischen Reaktionen niemals Stoff verloren. Stoff kann sich unter Umständen unserer Beobachtung entziehen, z. B. durch Übergang in den gasförmigen Zustand. Verschwinden oder verloren gehen kann Stoff aber nicht.

Die Summe der Gewichte der in chemische Wirkung (chemische Reaktion) miteinander tretenden Stoffe ist gleich dem Gewicht des Reaktionsproduktes oder, falls es sich dabei um das Entstehen mehrerer chemischen Verbindungen handelt, gleich der Summe der Gewichte der Reaktionsprodukte.

Aus dieser Tatsache leitet sich das Gesetz von der Erhaltung des Stoffes ab.

Bezeichnet man mit Masse eines Körpers die in ihm enthaltene Menge Stoff, so gilt das Gesetz von der Erhaltung des Stoffes ebenso für die Masse. Die im Weltall vorhandene Masse bleibt ewig unveränderlich; nur die Form wechselt.

Ebenso wie diese Folgerung sich aus dem Gesetze von der Erhaltung des Stoffes ergibt, leitet sich aus dem Gesetze von der Erhaltung der Kraft oder der Energie der Satz ab, daß auch der im Weltall vorhandene Energievorrat unzerstörbar ist. Nur die Form der Energie wechselt, sie tritt auf als Wärme, Licht, Bewegung, Elektrizität, Magnetismus, chemische Energie, Radioenergie.

Die Unzerstörbarkeit der Energie wird als erster Hauptsatz der mechanischen Wärmetheorie bezeichnet, während als zweiter Hauptsatz derselben die Verwandelbarkeit der Energie gilt. Äußere Arbeit und Wärme sind einander äquivalent, beide sind Erscheinungsformen der Energie.

Bei allen chemischen Vorgängen wird Wärme entwickelt (Reaktionswärme) oder Wärme aufgenommen; in ersterem Falle heißt der chemische Vorgang exotherm, in letzterem endotherm. Man mißt die einen chemischen Vorgang begleitende Änderung des Wärmezustandes nach Wärmeeinheiten (Kalorien) und nennt diese Änderung Wärmetönung. Sie wird auf das Gramm oder Molekulargewicht der Stoffe berechnet.

Zersetzung fester Stoffe durch Flüssigkeiten.

Wurde in oben angeführtem Beispiel der Eintritt einer chemischen Reaktion durch Erwärmen zweier fester Stoffe vollzogen, so wird im folgenden eine chemische Reaktion durch Einwirkung einer Flüssigkeit auf einen festen Stoff erläutert werden.

Man zerreibe 0,5 g des nach obiger Reaktion erhaltenen Schwefeleisens und übergieße das Pulver in einem Kölbchen mit 10 g Chlorwasserstoffsäure.

Unter Chlorwasserstoffsäure oder Salzsäure wird eine Flüssigkeit verstanden, welche einen bei mittlerer Temperatur gasförmigen Stoff, Chlorwasserstoff, HCl, in Wasser gelöst, enthält. Man bemerkt beim Übergießen des Schwefeleisens mit dieser Flüssigkeit eine lebhafte Einwirkung, indem reichlich Gasblasen von sehr üblem Geruch (Schwefelwasserstoff) auftreten. Verbindet man das Kölbchen mittels eines durch-bohrten Korkstopfens mit einer gebogenen, in ein Gefäß mit Wasser eintauchenden Glasröhre (Abb. 1), so lösen sich die auf-steigenden Gasblasen in dem Wasser, und dieses nimmt den üblen Geruch des Gases an: wir haben **Schwefelwasserstoff-wasser** bereitet.

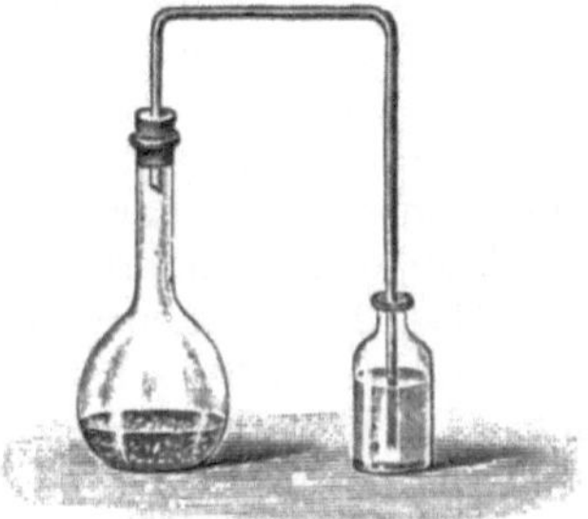

Abb. 1. Bereitung von Schwefel-wasserstoffwasser.

Die Einwirkung der Chlorwasserstoff-säure auf das Schwefeleisen vollzieht sich derart, daß das Chlor der Chlorwasser-stoffsäure mit dem Eisen des Schwefel-eisens sich (zu Chloreisen oder Eisenchlorür) verbindet, während der Wasserstoff der Chlorwasserstoffsäure mit dem Schwefel Schwefel-wasserstoff bildet:

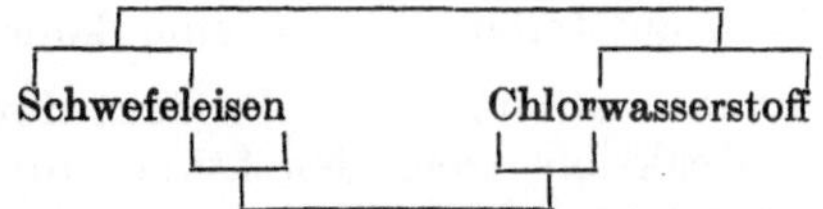

Diese Umsetzung ist die Folge der **Affinität** oder chemischen **Verwandtschaft**, welche das Chlor zum Eisen, der Schwefel zum Wasserstoff besitzt. Affinität ist die Kraft der chemischen Anzie-hung, welche nur auf sehr geringe Entfernungen hin wirkt. Sie unter-scheidet sich von der rein physikalischen Anziehung, der **Kohäsion**. Während diese die den Aggregatzustand bedingende Kraft darstellt und nur wirksam ist zwischen den einzelnen Molekeln eines und des-selben Stoffes, wirkt die Affinität oder chemische Anziehung zwischen den Atomen verschiedenartiger Molekeln, indem sie neue chemische Verbindungen zustande bringt. Die von der Affinität oder Ver-wandtschaft handelnde Lehre zerfällt in **chemische Mechanik** und **chemische Energetik**. Erstere betrachtet den Verlauf chemi-scher Vorgänge besonders hinsichtlich der Geschwindigkeit, mit welcher sie sich vollziehen: man nennt sie auch **chemische Dynamik** oder **Kinetik**. Die chemische Energetik hingegen untersucht die nach dem Verlauf der Reaktionen eintretenden **Gleichgewichtsverhält-nisse** (**chemische Statik**).

Der obige chemische Vorgang läßt sich durch folgende Gleichung veranschaulichen:

$$FeS + 2\,HCl = FeCl_2 + H_2S.$$

Diese Reaktion ist aber **umkehrbar**, d. h. unter gewissen Be-dingungen vermag Schwefelwasserstoff Eisenchlorür unter Bildung von Schwefeleisen zu zersetzen. Solche **umkehrbaren** (**reversiblen**)

Reaktionen finden bei allen chemischen Vorgängen statt. Hiernach
bleibt bei jeder chemischen Reaktion eine gewisse Menge der Aus-
gangsstoffe zurück; es stellt sich zwischen Ausgangsstoff und Reaktionsprodukt dabei ein Gleichgewicht ein. Unter chemischem Gleichgewicht versteht man einen Zustand, in welchem Stoffe,
die aufeinander einwirken können, nebeneinander bestehen, ohne sich zu ändern. Daß diese Erscheinung nicht
immer zur Beobachtung gelangt, liegt daran, daß im Zustande des
chemischen Gleichgewichts die Menge des einen Stoffes gegenüber
der Menge des anderen unmeßbar klein sein kann.

Das Reaktionsprodukt übt auf die Reaktion gleichsam einen
Gegendruck aus, deshalb muß sie bei einem Punkte stehen bleiben,
dem Punkte des chemischen Gleichgewichts. Guldberg und
Waage haben 1867 für die Deutung dieser Vorgänge das Gesetz
der chemischen Massenwirkung aufgestellt. Hiernach ist die
chemische Wirkung eines jeden Stoffes seiner Konzentration proportional. Konzentration eines Stoffes ist die in der
Volumeinheit enthaltene Masse. Bezeichnet man mit a, b, c, d die
Konzentration von 4 Substanzen, von denen 1 und 2 reagieren unter
Bildung von 3 und 4, so läßt sich nach dem Massenwirkungsgesetz
die Gleichung $\frac{a \cdot b}{c \cdot d} = k$ aufstellen. k ist eine konstante Größe, die
sog. Gleichgewichtskonstante. Das Produkt der Konzentrationen
der miteinander in Reaktion tretenden Stoffe, dividiert durch das
Produkt der Konzentrationen der Reaktionsprodukte hat also stets
denselben Wert.

Um die vorstehend besprochene Einwirkung der Chlorwasserstoffsäure auf das Schwefeleisen zu beschleunigen, kann man das Kölbchen schwach erwärmen; die Einwirkung ist dann eine weit heftigere,
und die letzten Anteile in der Flüssigkeit vorhandenen Schwefel-
wasserstoffgases entweichen. Da aber auch die Chlorwasserstoffsäure

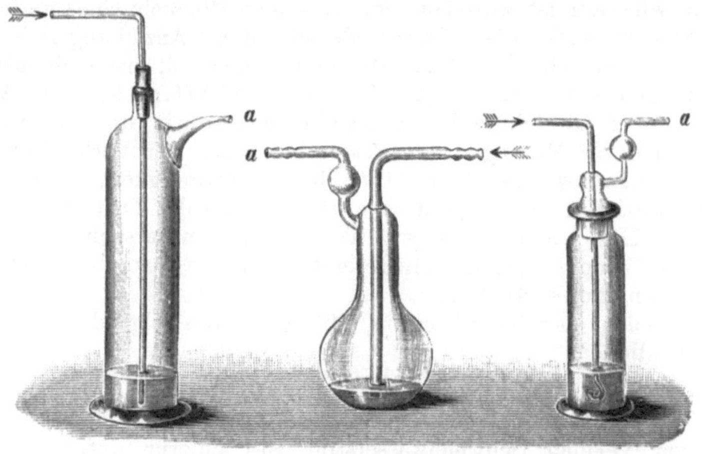

Abb. 2. Waschflaschen.

eine flüchtige Verbindung ist und bei der vorstehenden Versuchsanordnung im Überschuß verwendet wurde, so gehen kleine Anteile der Säure mit in das Schwefelwasserstoffwasser über. Um dies zu vermeiden, kann man das Schwefelwasserstoffgas zunächst durch eine kleine Menge Wasser leiten, welche die Chlorwasserstoffsäure zurückhält, während das leichter flüchtige Schwefelwasserstoffgas weiter fortgeführt wird.

Man nennt dieses auch bei anderen Gasen angewendete Verfahren der Reinigung das Waschen der Gase und benutzt hierzu besondere Apparate, sog. Waschflaschen; Abb. 2 zeigt drei verschiedene Formen von Waschflaschen, Abb. 3 eine Woulfesche Flasche, die gleichfalls als Waschflasche benutzt werden kann. Die Gase treten in der Richtung der Pfeile in die Flaschen ein, müssen durch die darin befindliche Flüssigkeit (Wasser, Schwefelsäure usw.) hindurchgehen und treten gereinigt bei *a* wieder aus.

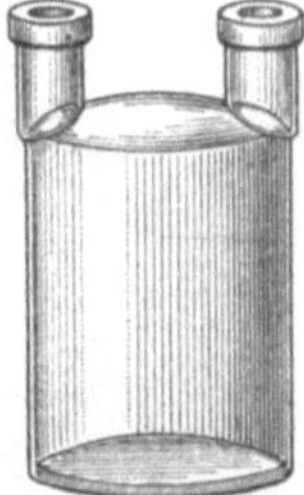

Abb. 3. Woulfesche Flasche.

Das im Kölbchen befindliche Schwefeleisen hat sich nach der Einwirkung der Chlorwasserstoffsäure bis auf wenige in der Flüssigkeit schwebende Körperchen gelöst. Diese bestehen hauptsächlich aus Kohlenstoff, welcher im Eisen enthalten war. Durch Filtration, d. h. Durchgießen durch ein lockeres, aus reiner Zellulose bestehendes Papier (Filtrierpapier) entfernt man die Kohlenstoffteilchen und erhält als Filtrat eine klare, blaßgrüne Lösung von Eisenchlorür.

Um das Eisenchlorür in fester Form zu erhalten, muß man das Lösungsmittel, hier salzsäurehaltiges Wasser, verdampfen. Das Verdampfen von Flüssigkeiten kann entweder über freiem Feuer, oder in Wasser-, Öl- oder Sandbädern vorgenommen werden.

In den Wasserbädern wird Wasser in kupfernen oder gußeisernen Gefäßen zum Sieden erhitzt und die abzudampfende Flüssigkeit in einer Porzellan- oder Glasschale den Wasserdämpfen ausgesetzt.

Da das verdampfende Wasser stetig ergänzt werden muß, hat man eine Vorrichtung getroffen, welche gestattet, das Niveau des Wassers in dem Wasserbad auch während des Erhitzens konstant zu halten. Abb. 4 zeigt ein solches Wasserbad; in der Richtung der Pfeile strömt Wasser zu und ab und regelt so den Wasserstand des Wasserbades. Man kann auch die in den Apotheken angewendeten Infundierapparate oder Dekoktorien als Wasserbäder benutzen (s. Abb. 5).

An Stelle von Wasser bewirkt man auch durch Erhitzen in Öl (Paraffinöl, Baumöl usw.), in welches man die mit Flüssigkeit gefüllten Schälchen einhängt, ein Verdampfen, und zwar benutzt man, da Öl hoch erhitzt werden kann, ehe es siedet oder sich zersetzt, Ölbäder zum Abdampfen von Flüssigkeiten von höherem Siedepunkt.

Bequemer und angenehmer noch für die Verwendung sind **Metallbäder**. Man senkt das auf eine bestimmte Temperatur zu erhitzende Gefäß in eine leicht schmelzende Metallegierung ein (z. B. **Rose**sches oder **Woodsches Metall**, s. unter **Wismut**).

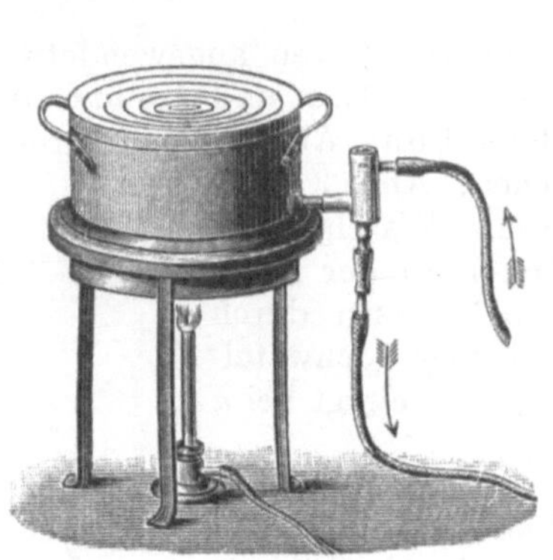

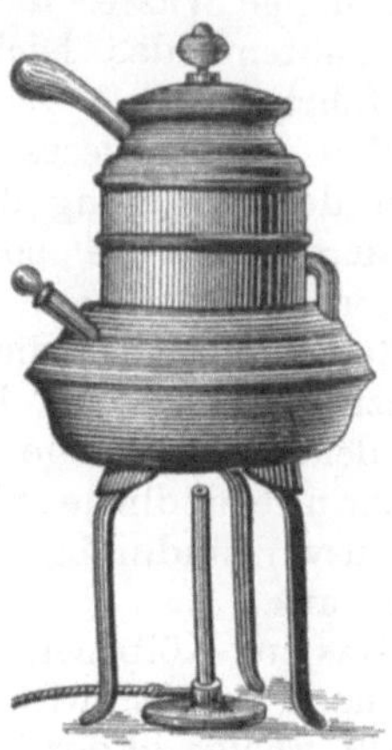

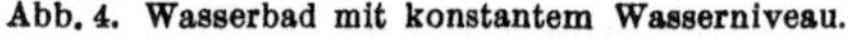

Abb. 4. Wasserbad mit konstantem Wasserniveau.　　　Abb. 5. Dekoktorium.

Auch die Verwendung von **Sandbädern** (Abb. 6) zum Abdampfen hat den Zweck, die Gefäße, in welchen Flüssigkeiten verdampft werden, der unmittelbaren Einwirkung der Flamme zu entziehen. Hierdurch wird eine gleichmäßigere Verteilung der Wärme auf das Gefäß erzielt, und Gläser werden vor dem Zerspringen geschützt.

Unter **Sieden** einer Flüssigkeit versteht man die beim Erhitzen unter lebhaftem Aufwallen durch die ganze Masse hindurch vor sich gehende Überführung einer Flüssigkeit in den Gas- oder Dampfzustand. Das Abdampfen kann bei vielen Flüssigkeiten aber schon geschehen, ohne daß ein Erhitzen bis zum Sieden derselben erfolgt.

Um die verdampfende Flüssigkeit wieder zu gewinnen, kann man die Dämpfe in geeigneten Vorrichtungen auffangen und durch Abkühlen wieder in den flüssigen Zustand überführen. Man läßt die Dämpfe zu dem Zweck z. B. in eine durch kaltes Wasser gekühlte Röhre eintreten, worin sie zu einer Flüssigkeit verdichtet werden, welche aus der Röhre herabtropft, **destilliert**. Man nennt diesen Vorgang

Abb. 6. Sandbadschalen.

Destillation (abgeleitet von „destillare“, herabtröpfeln). Für Laboratoriumszwecke kommt als Kühlvorrichtung besonders der **Liebigsche Kühler** (Abb. 7) in Anwendung.

Auf dem Kochkolben K, dessen Inhalt (z. B. Wasser) auf einem Drahtnetze über einem Bunsenbrenner erhitzt und zum Sieden gebracht wird, sitzt, mittels eines Stopfens festgehalten, das rückwärts gebogene Glasrohr R, das mit dem von kaltem Wasser umspülten inneren Rohr des Liebigschen Kühlers verbunden ist. Die Dämpfe treten in das innere Rohr ein und werden hier abgekühlt. In flüssiger Form erscheint der Stoff dann am Ende des Rohres und tropft in das vorgelegte Gefäß. Das zum Abkühlen benutzte Wasser tritt bei E in den Kühler ein, und das erwärmte Wasser läuft bei A wieder ab.

Ist der der Destillation zu unterwerfende Stoff eine Flüssigkeit so spricht man kurzweg von Destillation, während man unter, trockener Destillation das Erhitzen fester Stoffe (Holz, Stein-

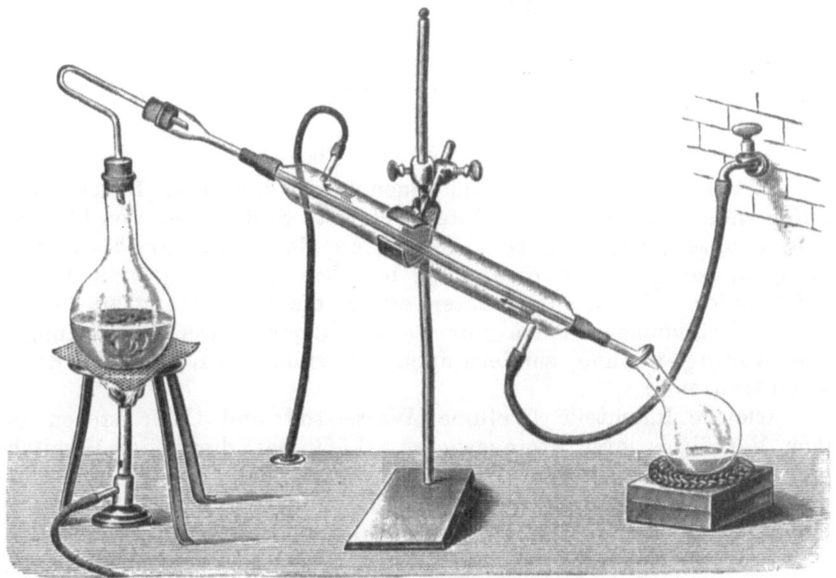

Abb. 7. Liebigscher Kühler.

und Braunkohlen, Knochen usw.) in eisernen oder tönernen Gefäßen (Retorten) versteht, wobei infolge einer Zersetzung neue, sich verflüchtigende Stoffe gebildet werden.

Von der Destillation verschieden ist die Sublimation[1]). Diese bezweckt die Überführung eines flüchtigen festen Stoffes durch Erhitzen in den Dampfzustand und Verdichtung der Dämpfe zu dem ursprünglichen Stoff, welcher auf diese Weise von begleitenden, nicht flüchtigen Stoffen getrennt werden kann. Erhitzt man in einem trockenen Reagenzglas ein Stückchen Salmiak, so „sublimiert" es, ohne zu schmelzen, und die weißen Dämpfe setzen sich am oberen kälteren Teil des Glases in fester Form an. Dasselbe ist der Fall bei Calomel. Quecksilberchlorid („Sublimat") schmilzt indes beim Erhitzen zunächst und verflüchtigt sich erst dann.

---

[1]) Abgeleitet von „sublimare", emporheben.

Fällungen (Niederschläge).

Man füge zu einem Teil der durch Lösen von Schwefeleisen in Chlorwasserstoffsäure erhaltenen und durch Filtration geklärten Lösung nach Verdünnen mit Wasser die doppelte Gewichtsmenge Natronlauge.

Unter Natronlauge wird eine stark ätzende Flüssigkeit verstanden, welche Natriumhydroxyd oder Natronhydrat, eine Verbindung der Zusammensetzung NaOH, gelöst enthält.

Gießt man die Natronlauge zu der salzsäurehaltigen Chloreisenlösung, so entsteht eine starke Trübung, und ein fester Stoff setzt sich am Boden des Gefäßes ab. Man nennt die aus Flüssigkeiten bewirkten Abscheidungen fester Stoffe, die meist infolge vor sich gegangener chemischer Reaktionen entstehen, Fällungen und den abgeschiedenen Stoff selbst Niederschlag.

Von den Gasen.

Ebenso wie chemische Reaktionen durch Einwirkung fester Stoffe aufeinander oder von Flüssigkeiten auf feste Stoffe oder von Flüssigkeiten unter sich nach feststehenden Gewichtsverhältnissen erfolgen, so geschieht dies auch bei der Einwirkung von Gasen aufeinander. Aber bei den Gasen erfolgt die Vereinigung zu chemischen Verbindungen nicht nur nach Maßgabe ihrer Verbindungs- oder Atomgewichte, sondern auch nach einfachen Raum-(Volum-) Verhältnissen.

Gleiche Raumteile (Volume) Wasserstoff und Chlor stehen in dem Verhältnis ihrer Atomgewichte. Läßt man durch das Gemisch gleicher Volumina beider Gase den elektrischen Funken schlagen oder setzt das Gemisch dem Sonnenlichte aus, so findet eine Vereinigung der beiden Elemente zu zwei Raumteilen Chlorwasserstoff statt. Wenn sich also die Atomgewichte beider Gase verhalten wie die Gewichte gleicher Raumteile oder wie die Gasdichten, so müssen in dem gleichen Volum der verschiedenen Gase gleich viele Atome vorhanden sein.

Läßt man 2 Raumteile Wasserstoff und 1 Raumteil Sauerstoff durch den elektrischen Funken sich vereinigen, so entsteht die chemische Verbindung: Wasser H_2O. Man erhält aber nicht, wie man erwarten sollte, 3 Raumteile, sondern nur 2 Raumteile Wasserdampf. Würde man nun annehmen, daß jeder Raumteil der miteinander in Verbindung tretenden Elemente Wasserstoff und Sauerstoff 1 Atom des Gases enthielt, so muß man weiterhin annehmen, daß in dem auf 2 Raumteile verringerten Wasserdampf je 1 Atom Wasserstoff mit $^1/_2$ Atom Sauerstoff verbunden ist. Eine solche Annahme widerspricht dem Begriff eines Atoms. Man gelangt aber zwanglos zu einer befriedigenden Auffassung, wenn man die doppelte Anzahl Atome im Raumteil der Gase annimmt; nach dieser Annahme enthalten die Raumteile nicht Atome, sondern Molekeln der Elemente.

In weiterer Verfolgung dieser Auffassung bildete 1811 Avogadro das später durch Ampère verallgemeinerte Gesetz aus, daß gleiche Raumteile einheitlicher gasförmiger Stoffe, unter gleichen physikalischen Bedingungen (bei gleichem Druck und gleicher Temperatur) eine gleiche Anzahl von Molekeln enthalten, oder daß die Molekeln aller Stoffe in Dampfform den gleichen Raum einnehmen.

Hieraus ergibt sich, daß z. B. der von einer Molekel Wasserstoff erfüllte Raum ebenso groß sein muß, wie der einer Molekel Chlorwasserstoff. Da in diesem aber zwei Atome enthalten sind, ein Atom Chlor und ein Atom Wasserstoff, so muß auch die Molekel des Wasserstoffs zwei Atome enthalten. Ebenso besteht die Molekel des Chlors, des Sauerstoffs aus zwei Atomen. Die oben angeführten Beispiele der Bildung von Chlorwasserstoff und von Wasserdampf lassen sich deshalb räumlich folgenderweise veranschaulichen:

$$\boxed{H \mid H} \;+\; \boxed{Cl \mid Cl} \;=\; \boxed{HCl \mid HCl}$$

$$\boxed{H \mid H \mid H \mid H} \;+\; \boxed{O \mid O} \;=\; \boxed{H_2O \mid H_2O}$$

Ein weiteres Beispiel für diese Auffassung bietet uns die Bildung von Ammoniak NH_3 aus Stickstoff und Wasserstoff. Ein Raumteil des ersteren und 3 Raumteile Wasserstoff lassen sich zu 2 Raumteilen NH_3 vereinigen:

$$\boxed{N \mid N} \;+\; \boxed{H \mid H \mid H \mid H \mid H \mid H} \;=\; \boxed{NH_3 \mid NH_3}$$

Bei einer Ausdehnung dieser Betrachtung auf die übrigen Elemente gelangt man zu dem Ergebnis, daß die Mehrzahl derselben aus zwei Atomen besteht, und zwar sind es alle die Elemente, deren spezifisches Gewicht in Dampfform (auf Wasserstoff als Einheit bezogen) dem Atomgewicht gleich ist.

Ausnahmen bilden die Elemente Phosphor und Arsen, deren Molekeln je 4 Atome enthalten, während die Molekeln des Quecksilbers, Cadmiums und Zinks aus je einem Atom bestehen.

Zerlegung chemischer Verbindungen.
Valenz oder Wertigkeit.

Die Elemente verbinden sich im Verhältnis ihrer Äquivalentgewichte. Hieraus folgt, daß bei den Zersetzungen der Verbindungen die Elemente auch in äquivalenten Mengen erhalten werden.

Nach Faradays elektrolytischem Gesetz scheidet die Stromeinheit in der Zeiteinheit die Elemente im Verhältnis ihrer Äquivalentgewichte aus den Verbindungen ab. Bei der Elektrolyse des Wassers stehen die Gewichtsmengen der in Freiheit gesetzten

Gase Wasserstoff und Sauerstoff im Verhältnis von rund 1 : 8. Das
Volum des entwickelten Wasserstoffs ist aber doppelt so groß wie
das Sauerstoffvolum, und da nach Avogadro bei gleichem Druck
und gleicher Temperatur die gleichen Volumina aller Gase die gleiche
Zahl von Molekeln enthalten, so ergibt sich, daß das Atomgewicht
des Sauerstoffs nicht 8, sondern $2 \times 8 = 16$ ist, wenn der chemische
Wert des Wasserstoffs als Einheit angenommen wird. Der Sauerstoff
muß einen doppelt so großen Wert wie der Wasserstoff besitzen. Wir
gelangen somit zu dem Begriff der Wertigkeit oder Valenz der
Atome. Kennen wir den Weg, welcher uns gestattet, die Atomgewichte der Elemente und ihre Äquivalentgewichte zu bestimmen,
so finden wir die Valenz, wenn wir Atomgewicht durch Äquivalent-
gewicht dividieren:

$$\text{Valenz} = \frac{\text{Atomgewicht}}{\text{Äquivalentgewicht}} \; ; \quad \text{z. B.: Valenz des Sauerstoffs} = 16 : 8 = 2.$$

Bestimmung der Atomgewichte.

Bei den gasförmigen Elementen oder denjenigen, welche zwar
bei mittlerer Temperatur nicht gasförmig sind, sich aber durch Erhitzen leicht in den Gaszustand überführen lassen, kann durch Bestimmung des spezifischen Gewichtes des Dampfes (auf Wasserstoff
als Einheit bezogen) das Atomgewicht ermittelt werden. Nur muß
festgestellt sein, daß die auf diesem Wege gefundene Zahl auch
tatsächlich die kleinste Gewichtsmenge ausdrückt, die in der Molekel,
beziehentlich in zwei Raumteilen einer gasförmigen Verbindung derselben enthalten ist.

Man kann ferner das Atomgewicht ermitteln, indem man feststellt, wie viele Gewichtsteile des betreffenden Elementes nötig sind,
den Wasserstoff oder das Chlor in zwei Raumteilen Chlorwasserstoff,
Wasserstoff oder anderen ihrer volumetrischen Zusammensetzung
nach genau bekannten flüchtigen Verbindungen zu ersetzen.

Eines der wichtigsten Hilfsmittel zur Bestimmung des Atomgewichtes bieten die Folgerungen des Dulong-Petitschen Ge-
setzes. Zum Verständnis dieses ist der Begriff spezifische Wärme
oder Wärmekapazität zu erörtern. Man versteht darunter die
für einen Stoff erforderliche Wärmemenge, um seine Temperatur von
0^0 auf 1^0 zu erhöhen. Diese Wärmemenge ist bei gleichen Gewichtsmengen verschiedener fester Elemente eine verschiedene. Als Einheit
nimmt man die Wärmemenge an, welche erforderlich ist, um die
Temperatur von 1 Kilogramm Wasser um einen Grad zu erhöhen.
Die spezifische Wärme des Eisens ist unter Zugrundelegung der
Einheit zu 0,1138, die des Kaliums zu 0,1655, die des Quecksilbers
zu 0,0319 gefunden worden.

Dulong und Petit wiesen zuerst auf die zwischen der spezifischen Wärme und den Atomgewichten obwaltenden Beziehungen
hin und stellten den Satz auf, daß, je größer das Atomgewicht
eines Elementes, um so kleiner die spezifische Wärme ist.

Atomgewicht und spezifische Wärme sind also umgekehrt proportional, und das Dulong-Petitsche Gesetz läßt sich wie folgt ausdrücken:

Das Produkt aus Atomgewicht und spezifischer Wärme, die **Atomwärme**, ist eine feststehende Zahl. Auf Grund vielfacher Untersuchungen wurde als Mittelwert der Atomwärme die Zahl 6,4 ermittelt. Es ist also

$$\text{Spez. Wärme} \times \text{Atomgewicht} = 6,4.$$

Kennt man daher die spezifische Wärme eines Elementes, so findet man das Atomgewicht, wenn man mit der gefundenen Zahl in die Zahl 6,4 dividiert.

Das Atomgewicht des Eisens ist, wenn seine spezifische Wärme gleich 0,1138, daher $6,4 : 0,1138 = 56$, also diejenige Zahl, mit welcher in der voraufgehenden Betrachtung bereits mehrfach als Verbindungsgewichtszahl gerechnet wurde.

Weiteres über Valenz oder Wertigkeit.

Die Elemente vermögen verschiedene Valenzen oder Wertigkeitsstufen zu äußern.

Verlangt das Atom eines Elementes zur Bindung nur 1 Atom Wasserstoff, wie das Chlor in der durch die Formel HCl ausgedrückten Verbindung Chlorwasserstoff, so ist das Element, hier das Chlor, in der Verbindung Chlorwasserstoff einwertig. Der Sauerstoff ist, da er 2 Atome Wasserstoff zu der Verbindung H_2O benötigt, zweiwertig. Der Stickstoff, dessen Wasserstoffverbindung der Formel NH_3 entspricht, ist in dieser Verbindungsform dreiwertig, der Kohlenstoff in der Wasserstoffverbindung Methan CH_4 vierwertig.

Nicht von allen Elementen sind Wasserstoffverbindungen bekannt. Man bestimmt daher die Wertigkeit dieser Elemente nach ihrer Bindekraft für ein dem Wasserstoff gleichwertiges Element. Dem Wasserstoff gleichwertig sind Chlor, Brom, Jod, Fluor, von den Metallen das Silber.

Eine Verbindung von Kohlenstoff (Carboneum $= C$) und Sauerstoff (Oxygenium $= O$) hat die Zusammensetzung CO_2:

C ist vierwertig, kann also 4 Wertigkeitseinheiten äußern,

O ist zweiwertig, von diesem sind also 2 Atome erforderlich, um die 4 Wertigkeitseinheiten des Kohlenstoffes zu binden:

$$\overset{C}{\overbrace{4}} = \overset{O_2}{\overbrace{2 \times 2}}$$

Die Verbindung von Wismut (Bismutum $= Bi$) und Sauerstoff hat die Zusammensetzung Bi_2O_3:

Bi ist dreiwertig, O zweiwertig.

Zur Äquivalenz sind $3 \times 2 = 6$ Wertigkeitseinheiten erforderlich. Diese 6 Einheiten lassen sich durch 2 Atome des dreiwertigen Wismuts und 3 Atome des zweiwertigen Sauerstoffs erzielen:

$$\overset{Bi_2}{\overbrace{2 \times 3}} = \overset{O}{\overbrace{3 \times 2}}$$

Unter Salpetersäure versteht man eine Verbindung von Stickstoff, Sauerstoff und Wasserstoff, welche die Zusammensetzung HNO_3 hat. Stickstoff
äußert in dieser Verbindung 5 Wertigkeitseinheiten, Sauerstoff 2, Wasserstoff 1.
Die Bindungen der Atome untereinander lassen sich durch folgendes Bild veranschaulichen: $HO-N{<}^{O}_{O}$, d. h. 4 Wertigkeitseinheiten des Stickstoffs sind
durch 2 Atome des zweiwertigen Sauerstoffs, die 5. Wertigkeitseinheit durch
1 Wertigkeitseinheit eines 3. Sauerstoffatoms, während die 2. Wertigkeitseinheit des letzteren durch Wasserstoff gebunden ist. Man nennt dieses Bild
die Konstitutionsformel der Salpetersäure. Aber auch die gleichen Elemente können in ihren Verbindungen verschiedenwertig sein. So äußert in
anderen Verbindungen des Stickstoffs dieser 2, 3 oder 4 Valenzen. Schwefel
kann in seinen Verbindungen zwei-, vier- oder sechswertig sein, Kohlenstoff zwei- und
vierwertig. Diese gewöhnlichen Valenzen nennt man auch Hauptvalenzen und
unterscheidet von ihnen Nebenvalenzen, von denen später die Rede sein
wird (s. Platinchloridchlorwasserstoff).

Empirische Formeln und Konstitutionsformeln.

Im Gegensatz zur empirischen Formel einer chemischen
Verbindung, welche nur die atomistische Zusammensetzung der Molekel wiedergibt, wie H_2O, NH_3, CO_2, Bi_2O_3 usw., entwirft die Kon-
stitutions- oder Strukturformel unter Berücksichtigung der
Wertigkeiten der Elemente zugleich ein Bild von der Art der
Bindung der einzelnen Atome untereinander; die oben erwähnten
empirischen Formeln lassen sich als Konstitutionsformeln, wie folgt,
schreiben:

$$\overset{II}{O}{<}^{H}_{H} \qquad \overset{III}{N}{<}^{H}_{\substack{-H\\H}} \qquad \overset{IV}{C}{<}^{O}_{O} \qquad {\overset{III}{Bi}{=}O \atop \overset{III}{Bi}{=}O}{>}O\,.$$

Die kleinen römischen Zahlen über den Symbolen der Elemente
bezeichnen die Wertigkeit dieser, die in den vorstehenden Bildern
außerdem noch durch Bindestriche veranschaulicht ist.

Besonders bei den Kohlenstoffverbindungen ist eine Kenntnis
ihrer Konstitution von großem Werte, da sehr viele Verbindungen
zwar die gleiche empirische Formel besitzen, zufolge der verschiedenen Atomverknüpfungen in der Molekel aber unter sich verschiedene Stoffe darstellen.

Die Zahl der Verbindungen, welche die Elemente untereinander
eingehen können, wird noch dadurch eine erheblich größere, daß
sich Atome gleicher Elemente ketten- oder ringförmig verknüpfen
können, d. h. daß sie einen Teil ihrer Wertigkeitseinheiten zu gegen-
seitiger Bindung und den Rest zur Bindung von Atomen anderer
Elemente verwenden.

Besonders in der Chemie der Kohlenstoffverbindungen ist die
gegenseitige Verknüpfung der Atome gleicher Elemente (vor allem
des Kohlenstoffs selbst) sehr häufig.

Tabelle der wichtigsten Elemente und ihrer Atomgewichte.

Bezogen auf O = 16 (nach der Internationalen Atomgewichtstabelle für 1919).

Elemente	Abkür-zungen	O = 16,00 (H = 1,008)	Elemente	Abkür-zungen	O = 16,00 (H = 1,008)
Aluminium	Al	27,1	Neon	Ne	20,2
Antimon	Sb	120,2	Nickel	Ni	58,68
Argon	A	39,88	Niobium	Nb	93,5
Arsen	As	74,96	Osmium	Os	190,9
Baryum	Ba	137,37	Palladium	Pd	106,7
Beryllium	Be	9,1	Phosphor	P	31,04
Blei	Pb	207,20	Platin	Pt	195,2
Bor	B	11	Praseodym	Pr	140,9
Brom	Br	79,92	Quecksilber	Hg	200,6
Cadmium	Cd	112,4	Radium	Rd	226,0
Caesium	Cs	132,81	Rhodium	Rh	102,9
Calcium	Ca	40,07	Rubidium	Rb	85,45
Cerium	Ce	140,25	Ruthenium	Ru	101,7
Chlor	Cl	35,46	Samarium	Sm	150,4
Chrom	Cr	52,0	Sauerstoff	O	16,00
Dysprosium	Dy	162,5	Scandium	Sc	44,1
Eisen	Fe	55,84	Schwefel	S	32,06
Erbium	Er	167,7	Selen	Se	79,2
Europium	Eu	152,0	Silber	Ag	107,88
Fluor	F	19	Silicium	Si	28,3
Gadolinium	Gd	157,3	Stickstoff	N	14,01
Gallium	Ga	69,9	Strontium	Sr	87,63
Germanium	Ge	72,5	Tantal	Ta	181,5
Gold	Au	197,2	Tellur	Te	127,5
Helium	He	4,00	Terbium	Tb	159,2
Indium	In	114,8	Thallium	Tl	204,0
Iridium	Ir	193,1	Thorium	Th	232,4
Jod	J	126,92	Thulium	Tu	168,5
Kalium	K	39,10	Titan	Ti	48,1
Kobalt	Co	58,97	Uran	U	238,2
Kohlenstoff	C	12,005	Vanadin	V	51,0
Krypton	Kr	82,92	Wasserstoff	H	1,008
Kupfer	Cu	63,57	Wismut	Bi	208,0
Lanthan	La	139,0	Wolfram	W	184,0
Lithium	Li	6,94	Xenon	X	130,2
Magnesium	Mg	24,32	Ytterbium	Yb	173,5
Mangan	Mn	54,93	Yttrium	Y	88,7
Molybdän	Mo	96,0	Zink	Zn	65,37
Natrium	Na	23,00	Zinn	Sn	118,7
Neodym	Nd	144,3	Zirkonium	Zr	90,6

In der vorstehenden Tabelle sind in alphabetischer Anordnung die wichtigsten Elemente mit Angabe ihrer Symbole und ihrer Atomgewichte aufgeführt, und zwar unter Zugrundelegung von Sauerstoff = 16. Das letztere ist geschehen, weil das Atomgewicht der meisten Elemente aus der Zusammensetzung ihrer Sauerstoffverbindungen bestimmt wurde. Man hat daher auf Sauerstoff mit der Zahl 16 die Elemente berechnet. Auch im „Arzneibuch für das Deutsche Reich" sind die hierauf sich beziehenden Atomgewichte der Elemente zur Grundlage der Rechnungen gemacht worden. Das Atomgewicht des Wasserstoffs erhöht sich hierdurch von 1 auf 1,008, abgekürzt 1,01.

Periodisches System der Elemente.

Ordnet man die Elemente nach ihren Atomgewichten, so kehren nach gewissen Zwischenräumen (Perioden) Elemente mit ähnlichen chemischen Eigenschaften wieder, so daß sich die Elemente in Reihen zusammenstellen lassen. Diese Beobachtung ist von Lothar Meyer und dem russischen Chemiker Mendelejeff unabhängig voneinander gemacht worden und hat zur Aufstellung des sog. Periodischen Systems der Elemente geführt.

Stellt man die Elemente mit Ausschluß des Wasserstoffs, der infolge seiner Eigenschaften eine Reihe für sich bildet, nach der Größe ihrer Atomgewichte in aufsteigender Linie zusammen:

Li, Be, B, C, N, O, F, Na, Mg, Al, Si, P usw.,

so kann man feststellen, daß die Reihe durch ein stark positives Alkalimetall eröffnet wird, sodann ein Metall folgt, das große Ähnlichkeit mit den alka-

---

¹) R bedeutet Element.

Periodisches System der Elemente (abgekürzte Form). (B. Brauner.)

Reihe	Gruppe 0	Gruppe I	Gruppe II	Gruppe III	Gruppe IV	Gruppe V	Gruppe VI	Gruppe VII	Gruppe VIII
	—	—	—	—	RH_4	RH_3	RH_2	RH	—
	$R^1)$	R_2O	RO	R_2O_3	RO_2	R_2O_5	RO_3	R_2O_7	RO_4
1	—	1 H	—	—	—	—	—	—	—
2	He 4	Li 7	Be 9	B 11	C 12	N 14	O 16	F 19	Erste kleine Periode
3	Ne 20	Na 23	Mg 24	Al 27	Si 28	P 31	S 32	Cl 35,5	Zweite kleine Periode
4	A 40	K 39	Ca 40	Sc 44	Ti 48	V 51	Cr 52	Mn 55	Fe 56, Bi 59, Co 59
5	—	64 Cu	65 Zn	70 Ga	72 Ge	75 As	79 Se	80 Br	Erste große Periode
6	Kr 83	Rb 85	Sr 88	Y 89	Zr 91	Nb 94	Mo 96	— 100	Ru102,Rh103,Pd107
7	—	108 Ag	112 Cd	115 In	119 Sn	120 Sb	128 Te	127 J	Zweite große Periode
8	X 130	Cs 133	Ba 137	La 139	Ce usw. 140—178	Ta 182	W 184	— 190	Os191, Ir193, Pt195
9	—	197 Au	201 Hg	204 Tl	207 Pb	208 Bi	212 —	214 —	Dritte große Periode
10	— 218	220 —	Ra 226	— 230	Th 232	235 —	U 238	—	—
11	—	—	—	—	—	—	—	—	Vierte große Periode

lischen Erden besitzt, hierauf der Metallcharakter abnimmt —, daß aber nach der Periode von 7 Elementen als achtes wieder ein Alkalimetall, Na, nach den elektronegativen „Metalloiden" N, O, F erscheint, und die nächstfolgenden Elemente den entsprechenden der ersten Folge gleichen:

Li	Be	B	C	N	O	F
Na	Mg	Al	Si	P	S	Cl

Von dem periodischen System der Elemente wird im Anhang zum anorganischen Teil noch ausführlicher die Rede sein. — Wir können uns nunmehr der Betrachtung der einzelnen Elemente zuwenden. Man hat sie früher in zwei großen Gruppen eingeteilt, in Metalloide (Nichtmetalle) und Metalle. Metalle zeichnen sich durch einen besonderen Glanz, den Metallglanz, aus, den sie in fein verteiltem Zustande, in welchem sie meist als graue oder schwarze Pulver erscheinen, durch Reiben mit einem harten Gegenstand wieder annehmen können.

Sie sind gute Leiter der Wärme und Elektrizität, während die Metalloide diese Eigenschaften nicht oder unvollkommen besitzen.

Metalloide verbinden sich mit Sauerstoff zu Oxyden, die mit Wasser Säuren liefern, während die meisten Metalloxyde mit Wasser sog. Basen bilden. Metalloide bilden flüchtige (gasförmige) Wasserstoffverbindungen, Metalle aber nicht, oder, falls sie sich mit Wasserstoff verbinden, sind ihre Hydride feste Stoffe.

Die Verbindungen der Metalle mit den Metalloiden werden durch den elektrischen Strom derart zerlegt, daß das Metall als elektropositives Element am negativen Pol, der Kathode, das Metalloid als elektronegatives Element am positiven Pol, der Anode, sich abscheidet.

Zwischen Metallen und Metalloiden sind aber so viele Übergänge vorhanden, daß sich eine scharfe Trennung zwischen beiden nicht durchführen läßt. So zeigt der gasförmige Wasserstoff vielfach ein Verhalten, das den Metallen eigen ist, während Arsen, Antimon, Zinn, Wismut ihren äußeren Eigenschaften nach als Metalle angesprochen werden können, in ihrem chemischen Verhalten aber den Metalloiden nahestehen.

Ein Element, bzw. seine Verbindungen trennt man aus der Gruppierung ab — es ist der Kohlenstoff. Der Kohlenstoff bildet mit dem Wasserstoff und Sauerstoff und einigen anderen Elementen eine so gewaltig große Zahl von Verbindungen, daß eine besondere Betrachtung der Kohlenstoffverbindungen sich als notwendig erweist. Da zu ihnen die große Zahl der im Pflanzen- und Tierkörper vorkommenden Stoffe gehört, so bezeichnet man die Chemie des Kohlenstoffs auch als organische Chemie. Die Chemie der übrigen Elemente und ihrer Verbindungen, sowie der einfacheren Verbindungen des Kohlenstoffs fällt unter den Begriff anorganische Chemie.

Anorganischer Teil.

Sauerstoff.

Oxygenium. $O = 16$. Zweiwertig. Sauerstoff wurde 1774—1775 fast gleichzeitig von Priestley und Scheele entdeckt. Der Name Oxygenium leitet sich ab von ὀξύς (oxys), sauer, und γεννάω (gennao), ich erzeuge, d. h. Säurebildner, weil nach Lavoisiers 1781 zuerst ausgesprochener Auffassung die Produkte der Verbrennung in Sauerstoff vielfach saurer Natur sind.

Vorkommen. Sauerstoff ist eines der verbreitesten und in größter Menge auf unserem Planeten vorkommenden Elemente. Frei findet er sich als Bestandteil der atmosphärischen Luft, welche im wesentlichen aus einem Gemenge von Stickstoff und Sauerstoff besteht. Sauerstoff ist darin zu 20,8 Volumprozent enthalten. Gebunden kommt er vor im Wasser, welches $11,11\,^0/_0$ Wasserstoff und $88,89\,^0/_0$ Sauerstoff enthält, ferner in den meisten Mineralien, in Tier- und Pflanzenstoffen.

Gewinnung.

1. Durch Elektrolyse des mit verdünnter Schwefelsäure sauergemachten Wassers, wobei an der Kathode (dem negativen Pol) dem Raum nach doppelt so viel Wasserstoffgas auftritt, wie an der Anode (dem positiven Pol) Sauerstoffgas. (Abb. 8.)

2. Durch Erhitzen von trockenem Quecksilberoxyd, welches dabei in Quecksilber und Sauerstoff zerfällt:

$$\underbrace{HgO}_{\substack{\text{Quecksilber-}\\\text{oxyd}}} = \underbrace{Hg}_{\text{Quecksilber}} + \underbrace{O}_{\text{Sauerstoff.}}$$

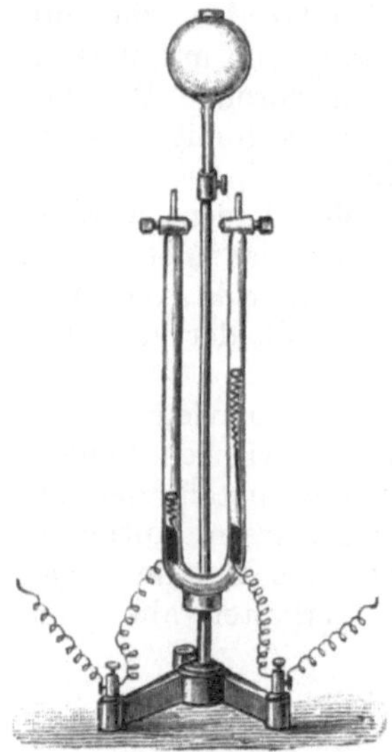

Abb. 8. Vorrichtung zur elektrolytischen Zerlegung des Wassers.

3. Durch Erhitzen chlorsaurem Kalium (Kaliumchlorat) entweder für sich oder am besten in Vereinigung mit Braunstein. Bei der Zersetzung des chlorsauren Kaliums bildet sich zunächst unter Sauerstoffabspaltung überchlorsaures Kalium, welches dann weiterhin unter Abgabe seines sämtlichen Sauerstoffgehaltes in Chlorkalium übergeht:

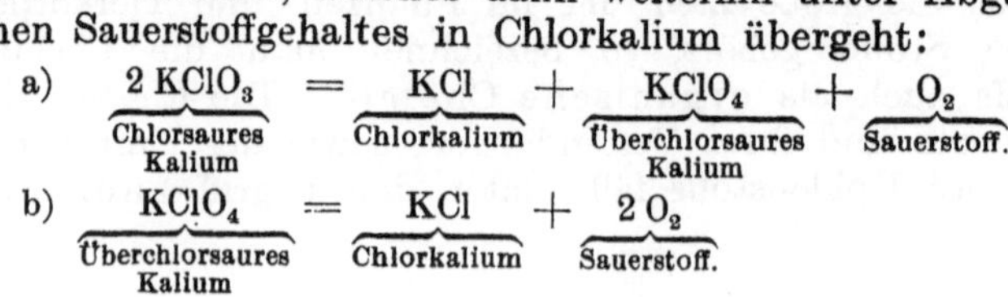

$$\text{a)}\quad \underbrace{2\,KClO_3}_{\substack{\text{Chlorsaures}\\\text{Kalium}}} = \underbrace{KCl}_{\text{Chlorkalium}} + \underbrace{KClO_4}_{\substack{\text{Überchlorsaures}\\\text{Kalium}}} + \underbrace{O_2}_{\text{Sauerstoff.}}$$

$$\text{b)}\quad \underbrace{KClO_4}_{\substack{\text{Überchlorsaures}\\\text{Kalium}}} = \underbrace{KCl}_{\text{Chlorkalium}} + \underbrace{2\,O_2}_{\text{Sauerstoff.}}$$

Man mischt vorsichtig gleiche Gewichtsteile kleinkristallisierten chlorsauren Kaliums und grob gepulverten Braunsteins (am besten in einem Porzellanschälchen mittels eines Holzlöffels) und gibt das Gemisch in eine Kupferretorte (Abb. 9). Man erhitzt diese, indem man die Flamme unter derselben hin- und herbewegt, um eine allseitige und gleichmäßige Erwärmung des Kolbeninhalts einzuleiten. Ist die Luft aus dem Kolben und der verbindenden Glasröhre ausgetrieben, so fängt man den durch stärkeres Erhitzen des Kolbeninhaltes gewonnenen Sauerstoff in einem zylindrischen, mit Wasser gefülten und in eine Wasserwanne gesetzten Gefäß, in welche die Gasblasen, das Wasser verdrängend, eintreten, auf oder leitet das Gas in einen Gasometer.

Abb. 9. Retorte zur Gewinnung von Sauerstoff.

Der Gasometer ist zumeist aus Blech gearbeitet (s. Abb. 10) oder besteht aus einem gläsernen Hohlgefäß (s. Abb. 11). Man füllt dieses, nachdem die Hähne a und b geöffnet sind, durch die trichterartige Erweiterung ganz mit Wasser. Die Hähne werden sodann wieder geschlossen, worauf man den unteren Tubus c öffnet und durch diesen das Gas einleitet. In gleichem Maße, wie das Gas in das Gefäß eintritt, wird ein gleicher Raumteil Wasser verdrängt, welches aus der Öffnung c abfließt. Läßt man, nachdem der Tubus geschlossen, vom oberen Behälter durch den Hahn a Wasser einfließen, so drückt dieses durch den geöffneten Hahn b das Gas aus.

Abb. 10 Gasometer aus Blech.

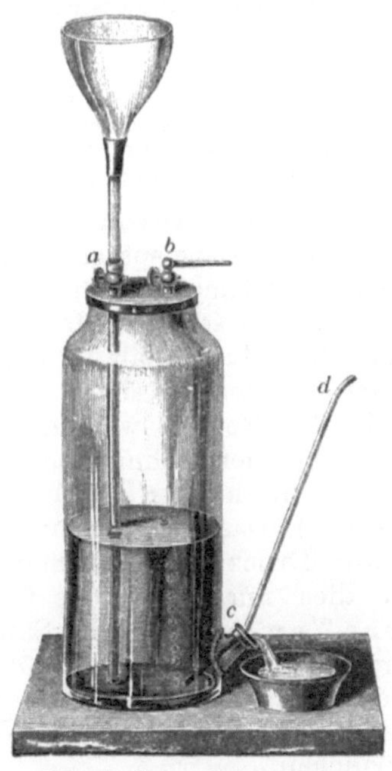

Abb. 11. Gasometer aus Glas.

4. Beim Erhitzen von Mangansuperoxyd für sich oder mit Schwefelsäure:

a)
$$\underbrace{3\,MnO_2}_{\text{Mangansuperoxyd}} = \underbrace{Mn_3O_4}_{\substack{\text{Manganoxydul-}\\\text{oxyd}}} + \underbrace{O_2}_{\text{Sauerstoff.}}$$

b)
$$\underbrace{2\,MnO_2}_{\text{Mangansuperoxyd}} + \underbrace{2\,H_2SO_4}_{\text{Schwefelsäure}} = \underbrace{2\,MnSO_4}_{\text{Manganosulfat}} + \underbrace{2\,H_2O}_{\text{Wasser}} + \underbrace{O_2}_{\text{Sauerstoff.}}$$

5. Glüht man frischen **Chlorkalk**, so geht das darin enthaltene Calciumhypochlorit (unterchlorigsaures Calcium) in Calciumchlorid über, während Sauerstoff entweicht:

$$\underbrace{2\,CaCl(OCl)}_{\substack{\text{Calciumhypo-}\\ \text{chlorit}}} = \underbrace{2\,CaCl_2}_{\substack{\text{Calcium-}\\ \text{chlorid}}} + \underbrace{O_2}_{\text{Sauerstoff.}}$$

Die Beimischung einer kleinen Menge Mangan- oder Kobaltsalz erleichtert die Sauerstoffabspaltung.

Für die Sauerstoffgewinnung im großen sind mehrere Verfahren bekannt.

6. Das kaum noch benutzte **Brinsche Verfahren** bedient sich des **Baryumsuperoxyds**.

Beim Erhitzen von Baryumnitrat wird Baryumoxyd in porösen Stücken gebildet. Erhitzt man Baryumoxyd in einem kohlensäurefreien Luftstrom bei 700^0 C und $^3/_4$ Atmosphärenüberdruck, so nimmt es Sauerstoff auf und geht in Baryumsuperoxyd über, welches bei weiterem Erhitzen unter Verminderung des Druckes auf eine 50 mm entsprechende Luftverdünnung wieder in Sauerstoff und Baryumoxyd zerfällt:

$$2\,BaO_2 = 2\,BaO + O_2\,.$$

7. Das Verfahren nach **Kassner** benutzt bleisauren Kalk. Dieser bildet sich durch Erhitzen eines Gemisches von Bleioxyd und Kalk an der Luft und zerfällt durch Wasser bei 150^0 unter Abscheidung von Bleisuperoxyd. Bei Glühhitze entweicht daraus Sauerstoff.

8. Das **Verfahren nach Linde** besteht darin, daß man verflüssigte Luft (siehe später) durch wiederholtes Verringern des Druckes teilweise verdampfen läßt. Der flüssige Stickstoff verflüchtigt sich hierbei zufolge seines niedrigeren Siedepunktes früher als der flüssige Sauerstoff. Man erhält so eine Flüssigkeit, in welcher gegen $70^0/_0$ Sauerstoff enthalten sind.

In der Neuzeit werden erhebliche Mengen Sauerstoff auch gewonnen bei der technisch ausgebildeten Elektrolyse des Wassers.

Eigenschaften. Farb- und geruchloses Gas. Spez. Gew. 1,1045 (Luft = 1). Das Gewicht eines Liters Sauerstoff beträgt bei 0^0 und 760 mm Druck 1,429 g. Sauerstoff läßt sich verflüssigen, doch gelingt dies nur, wenn das Gas auf mindestens -119^0 (die „kritische Temperatur" des Sauerstoffs) abgekühlt wird, und bei dieser Temperatur ein Druck von 50 Atmosphären darauf einwirkt. Bei gewöhnlicher Temperatur ist selbst bei Anwendung eines Druckes von 3000 Atmosphären eine Verflüssigung des Sauerstoffs nicht zu ermöglichen.

Auch für alle anderen Gase gibt es eine bestimmte Temperatur, die nicht überschritten werden darf, wenn die Verflüssigung noch gelingen soll. Der Druck, der nötig ist, um ein Gas bei dessen kritischer Temperatur zu verflüssigen, heißt **kritischer Druck.** Kritische Temperatur und kritischer Druck sind bei

Sauerstoff -119^0 . . . . 50 Atm.
Wasserstoff -241^0 . . . . 20 „
Kohlendioxyd $+31,9^0$ . . . 72 „

Cailletet und fast gleichzeitig auch Pictet haben 1877 das Sauerstoffgas zuerst verflüssigt. Man setzte das Gas einem Drucke von 300 Atmosphären aus. Bei plötzlicher Aufhebung des Druckes wurde das zusammengepreßte Gas durch die Ausdehnung so stark abgekühlt, daß die Temperatur schnell unter die „kritische" sank, und somit die Bedingungen zur Verflüssigung erreicht wurden.

Der verflüssigte Sauerstoff bildet eine hellblaue, leicht bewegliche Flüssigkeit, die unter gewöhnlichem Atmosphärendruck bei — 182,5° siedet. Der Schmelzpunkt des festen Sauerstoffs liegt bei — 218°. Man bringt Sauerstoff in stark verdichtetem Zustande (1000 Liter Sauerstoff auf 20 Liter Volum verdichtet), in eiserne Bomben eingeschlossen, in den Handel. Sauerstoff kann also nicht in verflüssigtem Zustande bei gewöhnlicher Temperatur in Stahlflaschen (wie die flüssige Kohlensäure) aufbewahrt werden.

In Wasser ist Sauerstoff nur wenig löslich.

Verhalten. Sauerstoff vereinigt sich mit den meisten Elementen bei höherer Temperatur, mit einigen schon bei gewöhnlicher Temperatur zu Verbindungen, welche die Namen Oxyde oder bei geringerem Sauerstoffgehalt Oxydule führen. Die sauerstoffreicheren Verbindungen heißen Superoxyde, z. B. HgO Quecksilberoxyd, Hg_2O Quecksilberoxydul, BaO_2 Baryumsuperoxyd. Die Vereinigung von Stoffen mit Sauerstoff heißt Oxydation. Im Gegensatz hierzu bezeichnet man als Reduktion die Überführung sauerstoffreicher in sauerstoffärmere oder auch sauerstofffreie Verbindungen.

Mit einigen Metallen, wie Kalium und Natrium, verbindet sich Sauerstoff schon bei gewöhnlicher Temperatur, bei vielen anderen Metallen sind höhere Hitzegrade erforderlich. Nicht selten ist die Vereinigung des Sauerstoffs mit den Elementen von Feuererscheinung begleitet. Alle in der atmophärischen Luft vor sich gehenden Verbrennungen beruhen auf einer Vereinigung der betreffenden Stoffe mit Sauerstoff. In reinem Sauerstoffgas finden die Verbrennungen mit noch weit größerer Lebhaftigkeit statt als in der Luft.

Ein glimmender Holzspan entflammt in Sauerstoff (zum Nachweis des letzteren benutzt). Schwefel verbrennt in Sauerstoff mit schön blauem Licht, Phosphor mit blendend weißem Licht. Eine Uhrfeder verbrennt in Sauerstoff unter lebhaftem Funkensprühen. Farbloses Stickoxydgas wird durch Sauerstoff (auch noch in dem Verdünnungsgrade der atmosphärischen Luft) in braungefärbte Stickoxyde übergeführt. Einige Stoffe nehmen, wenn sie in feiner Verteilung sich befinden (fein verteiltes Blei, das durch Wasserstoff aus Eisenoxyd reduzierte Eisen) aus der Luft Sauerstoff auf und verbrennen ohne jede Wärmezufuhr unter Erglühen. Man nennt sie Pyrophore.

Bei der Verbrennung der Stoffe findet eine Gewichtszunahme statt. Das Verbrennungsprodukt ist gleich dem Gewicht der verbrennenden Stoffe und des hierzu erforderlichen Sauerstoffs. Lavoisier deutete 1782 diesen Vorgang zuerst richtig und stürzte damit die Stahlsche Phlogistontheorie. Nach dieser sollte ein jeder Stoff einen unverbrennlichen Bestandteil und ein sog. Phlogiston enthalten. Beim Verbrennen des Stoffes bliebe der unverbrennliche Anteil zurück, während das Phlogiston sich verflüchtige.

Wenn ein Stoff unter Licht- und Wärmeentwicklung sich mit Sauerstoff verbindet, also verbrennt, muß er zuvor auf eine bestimmte Temperatur erhitzt werden. Man nennt den Grad dieser Erhitzung, welcher bei den verschiedenen Stoffen sehr verschieden ist, Entzündungstemperatur. Mit Flamme vermögen nur diejenigen Stoffe zu verbrennen, die beim Erhitzen brennbare Gase liefern. Entstehen solche nicht, und wird auch nicht ein Stoff durch die bei der Verbrennung gebildete Hitze selbst gasförmig, dann brennt er nicht mit Flamme, sondern er glüht. Eisen glüht wohl beim Erhitzen an der Luft und verbindet sich dabei mit Sauerstoff, aber es verbrennt nicht mit Flamme.

Eine nicht leuchtende Flamme erzielt man, indem man in den inneren Teil der Flamme einen Luftstrom eintreten läßt, wodurch der Kohlenstoff sich nicht mehr im weißglühenden Zustande abscheidet, sondern zu Kohlendioxyd verbrennt. Eine solche nicht leuchtende Flamme wird in dem Bunsenbrenner erzeugt. Die nicht leuchtende Flamme besitzt zufolge der vollkommeneren Verbrennung der Gase eine höhere Temperatur als die leuchtende Flamme (s. Anhang).

Die mit Hilfe eines Bunsenbrenners erzeugte nichtleuchtende Flamme vermag feste unschmelzbare Stoffe zu starker Lichtemission zu veranlassen (Auerlicht). Durch Einführung von verdampfenden Metallen oder Metallsalzen werden der nicht leuchtenden Bunsenflamme Färbungen erteilt.

Sauerstoff ist ein für die Erhaltung des Lebens tierischer wie pflanzlicher Organismen unentbehrliches Element. Ein erwachsener Mensch atmet innerhalb 1 Stunde gegen $^1/_2$ cbm Luft ein, wovon er nur $^1/_5$ des darin vorhandenen Sauerstoffs zurückbehält und den übrigen Teil neben Stickstoff und den sonstigen Bestandteilen der Luft wieder ausatmet. Während 24 Stunden werden somit vom Menschen gegen $^1/_2$ cbm Sauerstoff verbraucht. Bei dem Atmungsvorgange wird Sauerstoff durch die Lungen aufgenommen, welcher das Hämoglobin des Blutes in Oxyhämoglobin überführt. Dieses vermag unter Wiederabgabe des Sauerstoffs ihn zu den Oxydationen zu befähigen, die sich im Organismus abspielen. Das Hämoglobin dient daher als Sauerstoffüberträger. Die grünen Pflanzenorgane scheiden beim Assimilationsvorgange Sauerstoff ab.

Vielen niederen Organismen (Bakterien) ist der Sauerstoff indes direkt schädlich und wirkt auf sie entwicklungshemmend. Man nennt solche Bakterien „anaerob" im Gegensatz zu den „aeroben" Bakterien, welche Sauerstoff zu ihrer Entwicklung bedürfen. Zu den „Anaeroben" gehören u. a. der Bacillus, der das Wurstgift erzeugt (Bacillus botulinus) und der den Starrkrampf hervorrufende Tetanusbacillus.

Anwendung. Sauerstoff wird zu künstlichen Atmungen (in
Bergwerken, für Taucher, für Insassen in Luftballons und Luftschiffen
in höheren Luftlagen) benutzt. Zur Herstellung des Drummond-
schen Kalklichtes, zum Mischen mit Leuchtgas als Sauerstoff-
gebläse, zum Mischen mit Wasserstoff als Knallgasgebläse findet
Sauerstoff vielfach Verwendung. Für medizinale Zwecke stellt man
ein mit Sauerstoff und Kohlendioxyd imprägniertes Wasser (Sauer-
stoffwasser) her. Sauerstoffbäder bereitet man durch Zersetzung von Wasserstoffsuperoxyd oder Natriumperborat mittels Mangansalze oder Fibrin.

Aktiver Sauerstoff oder Ozon.

Aktiver Sauerstoff oder Ozon[1]) entsteht durch Verdichtung
von 3 Raumteilen Sauerstoff zu 2 Raumteilen:

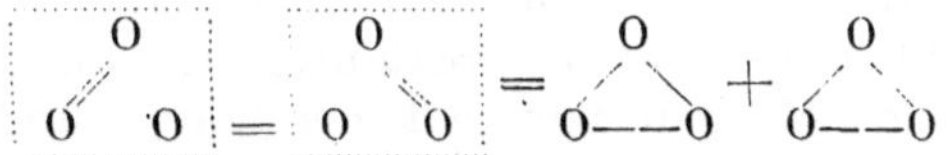

$$
\begin{array}{ccc}
\overset{\textstyle O}{\underset{\textstyle O\quad O}{\diagup\diagdown}} =
\overset{\textstyle O}{\underset{\textstyle O\quad O}{\diagdown}} =
\overset{\textstyle O}{\underset{\textstyle O\!-\!O}{\triangle}} +
\overset{\textstyle O}{\underset{\textstyle O\!-\!O}{\triangle}}
\end{array}
$$

Man faßt die Konstitution des Ozons auch auf als $O = O = O$,
in welcher Formel also eines der Sauerstoffatome vierwertig ist.

Ozon wurde 1840 von Schönbein entdeckt. Es bildet sich
bei der langsamen Oxydation von Phosphor an feuchter Luft, beim
raschen Verdampfen großer Wassermengen (an Seeküsten, in Gradierwerken, Wäldern), bei der Einwirkung des an ultravioletten Strahlen
reichen Lichtes der Quecksilberlampe auf die umgebende atmosphärische Luft, bei der sog. dunklen elektrischen Entladung in
Sauerstoff oder Luft.

Die letztgenannte Bildungsweise ist zugleich ein Darstellungsverfahren des Ozons, doch wird der vorhandene Sauerstoff höchstens
bis zu $5{,}6\,^0/_0$ in Ozon übergeführt. Um Ozon aus dem Gemisch mit
Sauerstoff rein zu gewinnen, verflüssigt man dieses und läßt die
Flüssigkeit langsam verdunsten. Zuerst siedet der Sauerstoff fort
(bei $-182{,}5^0$), während Ozon als tiefblaue Flüssigkeit zurückbleibt,
deren Siedepunkt bei -120^0 liegt. Ozon wandelt sich allmählich
wieder in gewöhnlichen Sauerstoff um. Sein Geruch ist eigenartig
und sehr durchdringend; es ist in Wasser schwerer löslich als Sauerstoff. Die im Handel hin und wieder auftauchenden, für therapeutische Zwecke empfohlenen sog. „Ozonwässer" enthalten kein
Ozon, da dieses in Wasser bald zersetzt wird.

Wird Ozon in konzentrierter Form eingeatmet, so reizt es die
Respirationsorgane und ruft Hustenanfälle hervor. Kleinere Tiere
werden durch Ozon schnell getötet. Es wirkt sehr kräftig oxydierend
auf andere Stoffe ein. Metallisches Silber wird in braunschwarzes
Silbersuperoxyd übergeführt, auch werden Blei und Bleioxyd in Bleisuperoxyd verwandelt. Mit dem Wasserstoffsuperoxyd teilt es die
Eigenschaft, aus Kaliumjodid Jod freizumachen.

---

[1]) Abgeleitet von ὄζω, ozo, „ich rieche".

Organische Verbindungen mit Doppelbindungen, z. B. ungesättigte Kohlenwasserstoffe, addieren Ozon unter Entstehen von Ozoniden, zersetzlichen und explosiven Stoffen.

Man hat Ozon zum Reinigen von Trinkwasser, d. h. um dieses von pathogenen Bakterien zu befreien, benutzt.

Wasserstoff.

Hydrogenium. H = 1,008. Einwertig. Wasserstoff wurde im 16. Jahrhundert zuerst von Paracelsus beobachtet, als er verdünnte Säuren auf Metalle einwirken ließ. Erst im 18. Jahrhundert erkannte Cavendish (1766) den Wasserstoff als eigentümliche Gasart, und Lavoisier lehrte später, daß diese beim Verbrennen Wasser liefert. Der Name Hydrogenium leitet sich ab von ὕδωϱ (hydor) Wasser und γεννάω (gennao), ich erzeuge.

Vorkommen. Im freien Zustande in einigen vulkanischen Gasen, als Zersetzungsprodukt organischer Verbindungen (in den Darmgasen der Menschen und mancher Tiere), im Leuchtgas, in dem Steinsalz von Wieliczka und den Staßfurter Kalisalzlagern (im Carnallit), in großen Mengen aber auf der Sonne und anderen Fixsternen. Chemisch gebunden bildet Wasserstoff einen Bestandteil des Wassers und der meisten organischen Stoffe.

Darstellung. 1. Durch Elektrolyse des mit verdünnter Schwefelsäure sauer gemachten Wassers (s. Sauerstoffdarstellung).

2. Durch Einwirkung von Metallen, wie Kalium oder Natrium, auf Wasser. Man wirft ein linsengroßes Stückchen Kalium auf Wasser; mit großer Lebhaftigkeit wird Wasserstoff entwickelt, welcher sich durch die bedeutende Reaktionswärme entzündet und wiederum zu Wasser verbrennt. Bei der Einwirkung von Natriummetall auf Wasser bewegt sich die schmelzende Natriumkugel auf diesem lebhaft hin und her, das entwickelte Wasserstoffgas kommt dabei aber meist nicht zur Entzündung.

$$H_2O + Na = NaOH + H.$$

Andere Metalle vermögen erst bei Glühhitze das Wasser zu zerlegen, so z. B. Eisen und Zink.

3. Man läßt Wasserdampf in ein mit Eisendrehspänen gefülltes und zur Rotglut erhitztes Rohr (Flintenlauf) eintreten. Hierbei verbindet sich der Sauerstoff des Wassers mit dem Eisen, während Wasserstoff als Gas austritt:

$$3\,Fe + 4\,H_2O = Fe_3O_4 + 4\,H_2.$$

4. Erwärmt man fein verteiltes Zink (Zinkstaub) mit einer Lösung von Kaliumhydroxyd (Kalilauge), so findet Wasserstoffentwicklung statt:

$$2\,KOH + Zn = Zn(OK)_2 + H_2.$$

5. Auch beim Glühen eines innigen Gemisches von Zinkstaub und gelöschtem Kalk (Calciumhydroxyd) wird Wasserstoff freigemacht:

$$Ca{<}^{OH}_{OH} + Zn = Ca{<}^{O}_{O}{>}Zn + H_2$$

$$\underline{\text{Zinkoxydcalcium.}}$$

6. Durch Übergießen von Metallen (Zink oder Eisen) mit verdünnten Säuren (Schwefelsäure oder Chlorwasserstoffsäure):

$$H_2SO_4 + Zn = \underbrace{ZnSO_4}_{\text{Zinksulfat.}} + H_2$$

Technische Verfahren zur Wasserstoffgewinnung sind die folgenden:

7. Man leitet Wassergas (ein Gemisch von Kohlenoxyd und Wasserstoff s. Kohlenoxyd) bei 400° über gelöschten Kalk:

$$CO + H_2 + Ca(OH)_2 = CaCO_3 + 2\,H_2 .$$

8. Man leitet das Gemisch von Wassergas und Wasserdampf bei 400° über Eisen:

$$CO + H_2 + H_2O = CO_2 + 2\,H_2$$

Das Kohlendioxyd wird durch Waschen mit Wasser bzw. Natronlauge entfernt. Dieses Verfahren hat besonders technische Bedeutung erlangt.

9. Wasserdampf wird bei Rotglut über Calciumkarbid (s. dort) geleitet:

$$CaC_2 + 5\,H_2O = CaO + 2\,CO_2 + 5\,H_2 . .$$

Acetylen entsteht hierbei nicht.

10. Man preßt Acetylen (s. dort) auf 2 Atm. Druck zusammen und bewirkt durch elektrische Zündung Selbstzerfall:

$$C_2H_2 = C_2 + H_2 .$$

Hierbei wird Kohlenstoff in Form eines feinen Rußes (Acetylenruß) als Nebenprodukt gewonnen.

11. Aluminium und Silicium (s. dort) zersetzen bei Gegenwart von Natronlauge das Wasser. Aus 1 kg Silicium werden gegen 1600 l Wasserstoff gewonnen (Silikoverfahren).

12. Als Nebenprodukt bei der Elektrolyse wässeriger Lösungen von Kalium oder Natriumchlorid zwecks Darstellung von Ätzalkalien (bzw. Pottasche oder Soda) und Chlor.

Im Laboratorium entwickelt man Wasserstoff zweckmäßig mit Hilfe von granuliertem Zink und verdünnter Schwefelsäure ($20\,^0/_0$) in sog. Kippschen Apparaten, die eine Entnahme des Gases zu jeder Zeit gestatten.

Der Kippsche Apparat (s. Abb. 12) besteht aus zwei auf einem Fuße ruhenden kugeligen Behältern A und B, in welche gut verschließbar ein drittes kugeliges, mit einem langen Trichterrohr r versehenes Gefäß C eingesetzt wird. Dieses ist mit einem ein Weltersches Sicherheitsrohr w tragenden Stopfen verschlossen. An der mittleren Kugel B befindet sich eine mit Stopfen verschließbare Öffnung o, in welche ein Glashahn h eingepaßt ist. Durch die Öffnung o beschickt man das mittlere Gefäß B mit granuliertem Zink und gießt nach Einsetzen des Glashahnes die verdünnte Schwefelsäure durch das Weltersche Sicherheitsrohr w. Die Säure füllt zunächst das Gefäß A und steigt dann in dem Gefäß B auf, zu welchem es durch die schmale Öffnung gelangen kann, die das Trichterrohr bei dem Knick k gelassen hat. Sobald die Säure das in B lagernde Zink erreicht, beginnt die Entwicklung von Wasserstoff, welcher durch den geöffneten Hahn h ausströmt. Ist dieser geschlossen, so übt das sich in B ansammelnde Wasserstoffgas einen Druck auf die Säure aus, diese in A und durch das

Trichterrohr r nach C zurückdrängend. Ist die Säure mit dem Zink nicht mehr in Berührung, so hört selbstverständlich die Wasserstoffentwicklung auf.

Öffnet man den Hahn h, so strömt der unter Druck in B befindliche Wasserstoff aus, die Säure gelangt wieder zum Zink, und neue Mengen Wasserstoff können entwickelt werden. Um den durch h entweichenden Wasserstoff von anhängender Feuchtigkeit zu befreien, leitet man ihn durch die mit konz. Schwefelsäure beschickte Trockenflasche T. Das Weltersche Sicherheitsrohr w verhindert, daß die beim Schließen des Hahnes in C schnell zurücksteigende und durch mitaustretende Wasserstoffblasen aufwallende Flüssigkeit aus dem Apparat geschleudert wird.

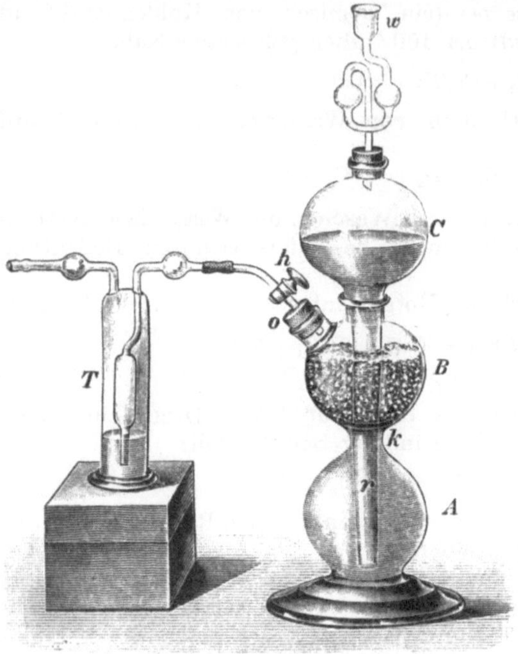

Eigenschaften. Wasserstoff ist ein farb- und geruchloses Gas, 14,4 mal leichter als atmospärische Luft und ca. 16 mal leichter als Sauerstoff. Ein Liter Wasserstoff wiegt bei 0^0 und 760 mm Druck ca. 0,09 g. Wasserstoff läßt sich nur schwierig verflüssigen.

Der Siedepunkt des flüssigen Wasserstoffes liegt bei $-252,6^0$, also dem absoluten Nullpunkt von -273^0 sehr nahe. Läßt man flüssigen Wasserstoff in Vakuum verdampfen, so erstarrt er infolge weiterer Erniedrigung der Temperatur zu Kristallen, die bei $-258,9^0$ schmelzen. Oberhalb -241^0 (der kritischen Temperatur, s. bei Sauerstoff) läßt sich Wasserstoff nicht verflüssigen. In Wasser ist Wasserstoff nur wenig löslich. Angezündet verbrennt er mit schwachbläulicher Flamme zu Wasser. Füllt man einen Zylinder mit Wasserstoffgas in der Pneumatischen Wanne (einer mit Wasser gefüllten Wanne, in welcher das Füllen von Glaszylindern mit Gasen über Wasser vorgenommen wird) und taucht in den mit der Mündung nach unten gekehrten Zylinder ein brennendes Kerzchen, so entzündet sich zwar der Wasserstoff an der Mündung des Zylinders, die brennende Kerze aber erlischt oberhalb der brennenden Wasserstoffschicht.

Die Wasserstoffflamme besitzt eine sehr hohe Temperatur. Mit atmosphärischer Luft gemengt und angezündet, verbrennt Wasserstoff unter heftigen Explosionserscheinungen (Knallgas). Unter besonders starkem Knall explodiert beim Anzünden ein Gemisch aus 2 Raumteilen Wasserstoff und 1 Raumteil Sauerstoff.

Abb. 12. Kippscher Apparat in ca. $^1/_6$ der nat. Größe.

Beim Anzünden von Wasserstoffgas ist daher Vorsicht geboten und zu beachten, daß man die in den Entwicklungsgefäßen vorhandene atmosphärische Luft zuvor durch Wasserstoff austreiben muß.

Beim Verbrennen von Wasserstoff in reinem Sauerstoff (Knallgasgebläse) wird eine sehr hohe Temperatur erzielt, durch welche schwer schmelzbare Stoffe, wie Platin, verflüssigt werden können. Stülpt man über die Wasserstoffflamme ein weiteres, trockenes Glasrohr und hebt und senkt dieses, so macht sich ein Tönen bemerkbar. Glasröhren verschiedener Länge und verschiedenen Durchmessers bringen verschieden hohe Töne hervor (chemische Harmonika). Die Flamme wirkt wie bei der Zungenpfeife als vibrierende Zunge, das Glasrohr als Pfeife.

Beim Döbereinerschen Feuerzeug wird Wasserstoff infolge von Kontaktwirkung durch ins Glühen gebrachten Platinschwamm entzündet.

Bei der Kontaktwirkung handelt es sich in der Regel um die Beschleunigung chemischer Reaktionen, welche durch die bloße Anwesenheit von Stoffen eingeleitet und zu Ende geführt werden. Vielfach nehmen solche Stoffe, wie hier der Platinschwamm an der Reaktion teil. Man nimmt an, daß das Platin zunächst den Wasserstoff löst, und daß in dieser metallischen Lösung der Wasserstoff mit dem an der Oberfläche adsorbierten (angesaugten) Sauerstoff der Luft Wasser bildet, wobei sich Wärme entwickelt, die sich zur Entzündungstemperatur für Wasserstoff steigert. Man nennt solche Stoffe, zu welchen außer Platinschwamm auch Palladium, Nickel u. a. gehören, Katalysatoren und den Vorgang selbst Katalyse („Auflösung").

Ostwald erblickt die Wirkung der Katalysatoren „in einer Änderung der Reaktionsgeschwindigkeit". Ein Katalysator kann eine Reaktion nicht nur beschleunigen, sondern unter Umständen auch verlangsamen.

Anwendung: Als Reduktionsmittel; Wasserstoff führt die meisten Metalloxyde bei höherer Temperatur in Metalle über:

$$Fe_2O_3 + 3H_2 = Fe_2 + 3H_2O$$
(Bereitung von Ferrum reductum!)

Besonders im Augenblick des Entstehens (in statu nascendi) ist Wasserstoff als Reduktionsmittel wirksam. So reduziert er in saurer Lösung arsenige oder Arsensäure zu Arsenwasserstoff:

$$As_4O_6 + 12H_2 = 4AsH_3 + 6H_2O$$
(Nachweis des Arsens im Marshschen Apparat!)

Salpetersaure Salze werden in alkalischer Lösung durch naszierenden Wasserstoff (Zinkstaub + Eisenpulver + Natronlauge + Nitrat) unter Entbindung von Ammoniak zerlegt.

Ausgedehnte Anwendung findet Wasserstoff zur Füllung von Luftballons und Luftschiffen. Ein Kubikmeter Luft wiegt 1,29 kg, ein Kubikmeter Wasserstoff nur 0,09 kg. Der Auftrieb oder die Tragfähigkeit des Wasserstoffs in Luft ist daher gleich der Differenz dieser Zahlen, nämlich 1,2 kg pro Kubikmeter Wasserstoff.

Über die Verwendung des Wasserstoffs zum Härten der Fette s. Fette.

Wasserstoff kommt in gezogenen Stahlflaschen von 36 Liter Inhalt in stark komprimiertem (aber nicht flüssigem [!]) Zustand in den Verkehr. Wasserstoff ist in diesen Flaschen auf 100 bis 150 Atmosphären gepreßt.

Wasser. H_2O.

Wasser bildet in flüssigem Zustande das Meer, die Seen, Flüsse und Bäche, kommt fest als Schnee und Eis vor und gasförmig in der Atmosphäre.

In völlig reinem Zustande und bei mittlerer Temperatur ist Wasser eine farb- und geruchlose Flüssigkeit, welche bei $+4^0$ die größte Dichtigkeit besitzt und bei weiterer Temperaturerniedrigung bis 0^0 sich wieder ausdehnt. Bei 0^0 erstarrt es zu Eis, dessen spez. Gewicht geringer als das des Wassers von $+4^0$ ist. Das Eis schwimmt daher auf Wasser.

Aber nur ganz reines Wasser erstarrt bei 0^0 zu Eis. Sind in dem Wasser irgendwelche Stoffe gelöst, so wird der Gefrierpunkt erniedrigt. Löst man Salze im Wasser, so wird die Temperatur desselben nicht unerheblich herabgesetzt. Noch stärkere Temperaturerniedrigungen zeigen sich beim Zusammenbringen von Salzen mit Eis oder Schnee. Ein Teil Kochsalz und zwei Teile zerkleinertes Eis oder Schnee geben einen Temperaturabfall auf ca. -20^0; ein Teil Schnee und zwei Teile kristallisiertes Chlorcalcium lassen die Temperatur auf ca. -40^0 sinken. Man benutzt solche „Kältemischungen" zur Erzeugung niedriger Temperaturen.

Der Gefrierpunkt des Wassers wird auch erniedrigt, wenn ein Druck auf dasselbe ausgeübt wird. Läßt man einen Druck von 136 Atmosphären auf Wasser einwirken, so wird der Gefrierpunkt desselben auf -1^0 verringert.

Erhitzt man Wasser, so verwandelt es sich bei einem Barometerstand von 760 mm und bei 100^0 C unter Aufwallen in Dampf; es siedet. Der Siedepunkt ist ebenfalls vom Druck abhängig. Je größer der auf dem Wasser ruhende Druck der Atmosphäre ist, desto höhere Hitzegrade sind erforderlich, um Wasser zum Sieden zu bringen. Während bei dem Druck einer Atmosphäre (760 mm) das Wasser bei 100^0 siedet, ist der Siedepunkt bei 2 Atmosphären auf $120,6^0$, bei 3 Atmosphären auf $133,9^0$, bei 10 Atmosphären auf 180^0 hinaufgerückt. Und umgekehrt, der Siedepunkt des Wassers und anderer Flüssigkeiten wird durch Verminderung des Druckes herabgesetzt. Nimmt man das Sieden von Flüssigkeiten z. B. in auf 10 mm evakuierten Gefäßen vor, so ist es möglich, den Siedepunkt hoch siedender Flüssigkeiten, wie vieler ätherischer Öle, um ca. 100^0 zu erniedrigen.

Aber nicht nur bei 100° C und normalem Druck von 760 mm findet die Umwandlung von Wasser in Dampf statt, sondern bei jeder Temperatur. Die bei niedrigen Temperaturen stattfindende langsame Vergasung des Wassers nennt man Verdunstung. Ein Verdunsten des Wassers findet so lange statt, bis der über dem Wasser befindliche Raum sich mit einer bestimmten Menge Wasserdampf gesättigt hat. Diese Menge ist abhängig von der Temperatur. Der Wasserdampf übt hierbei einen Druck aus; bei 100° beträgt er eine Atmosphäre, d. h. er hält einer Quecksilbersäule von 760 mm das Gleichgewicht.

Wasser von 0° gibt Wasserdampf ab, welcher 4,6 mm Quecksilberdruck
„   „ 20° „   „   „   „   17,4 „   „
„   „ 40° „   „   „   „   54,9 „   „
„   „ 80° „   „   „   „   354,8 „   „
„   „100° „   „   „   „   760   „   „
äußert.

Man nennt diesen Druck die Tension des Wasserdampfes. Da bei jeder Temperatur Wasser verdunstet, so ist in Räumen, in welchen Wasser aufgestellt ist, oder wo wasserhaltige Stoffe lagern (z. B. Kräuter), die Luft stets mit Wasserdampf erfüllt. Sorgt man dafür, daß dieser Wasserdampf beseitigt wird, z. B. durch Erhitzen oder durch chemische Mittel, welche Wasser begierig binden (wie konz. Schwefelsäure, Ätzkalk, Chlorcalcium oder Phosphorsäureanhydrid), dann bewirkt man ein Austrocknen der wasserhaltigen Gegenstände. Das Trocknen von Kräutern nimmt man z. B. in geheizten Trockenschränken vor oder in geschlossenen Räumen, in denen wasserbindende Mittel aufgestellt sind, die das Austrocknen bei gewöhnlicher Temperatur besorgen. Vorrichtungen dazu sind die sog. Exsikkatoren.

Auch die mit Ätzkalkstücken beschickten, aus Holz gefertigten Behälter, die sog. Kalk-Trockenkisten, sind für den Zweck des Austrocknens verwendbar. Sie werden aber auch benutzt zur Aufbewahrung von Stoffen, die leicht Feuchtigkeit anziehen, um sie trocken zu halten, wie z. B. die Trockenextrakte.

Viele chemische Stoffe haben die Eigenschaft, bei der Ausscheidung aus ihren wässerigen Lösungen Wasser gebunden zu halten und mit diesem zu kristallisieren. Solches Wasser heißt Kristallwasser. Soda, Bittersalz, Eisenvitriol enthalten Kristallwasser. Es entweicht zum Teil bereits beim Lagern dieser Kristalle an der Luft, wobei die Kristalle meist undurchsichtig werden und zerfallen. Man spricht dann vom Verwittern der Kristalle.

Das in der Natur vorkommende, mannigfach verunreinigte Wasser wird nach seiner Abstammung unterschieden:

1. Schnee- und Regenwasser. Es ist das aus dem Wasserdampf der atmosphärischen Luft zu festen Gebilden (Schnee, Hagel, Reif) oder zu tropfbar flüssiger Form (Regen) verdichtete Wasser, welches die Bestandteile der Atmosphäre und den darin vorkommen-

den Staub enthält. Von Bestandteilen der Atmosphäre sind geringere Mengen, nicht über $^1/_{100}$ Volum, an Gasen wie Stickstoff, Sauerstoff, Kohlendioxyd, ferner kohlensaures, salpetrigsaures, salpetersaures Ammon zu erwähnen. In dem Staube der Atmosphäre kommen Bakterien, Schimmel- und Hefepilze vor, die von dem Regen mit niedergerissen werden.

2. **Brunnenwasser.** Das aus der Atmosphäre niedergeschlagene Wasser, welches in die lockere Erdschicht sickert, und das aus Flüssen und Bächen in das benachbarte Erdreich eindringende Wasser sammeln sich als Grundwasser auf undurchlässigen Erd- und Gesteinsschichten an. Aus der oberen lockeren Erdschicht, welche in reichlicher Menge Kohlendioxyd, meist als Zersetzungsprodukt abgestorbener Pflanzen enthält, sättigt sich das eindringende Wasser nach und nach mit diesem Gase. Kohlendioxydhaltendes Wasser ist ein gutes Lösungsmittel für manche Verbindungen, auf welche reines Wasser nicht lösend wirkt; es löst die Karbonate des Calciums, Magnesiums und Eisenoxyduls zu Bikarbonaten. Außerdem sind in dem Grundwasser Sulfate und Chloride des Calciums, Magnesiums, Eisens und der Alkalien enthalten. Das Grundwasser, zu welchem man durch Bohrung von Schächten (Brunnen) ·gelangt, kann durch Pumpen emporgehoben und an das Tageslicht befördert werden. Durchschneidet die Brunnenbohrung wasserundurchlässige Schichten, so steigt, wenn darunter eine wasserführende Schicht liegt und diese erreicht ist, das meist unter hohem Druck stehende Wasser empor und tritt springbrunnenartig heraus. (Artesischer Brunnen.)

3. **Quellwasser.** Wird das auf einer Höhe sich niederschlagende und in die Erde sickernde atmosphärische Wasser durch eine für Wasser undurchlässige Schicht aufgehalten, so sucht es sich seitwärts einen Ausweg. Es fließt am Abhange der Höhe über der undurchdringlichen Schicht als Quelle ab. Die mit Bäumen und einer starken Humusschicht bedeckten Kalkgebirge liefern ein kalkreiches Quellwasser, Granit- und Sandsteingebirge ein an fixen (nicht flüchtigen) Bestandteilen armes Wasser.

Calcium- und Magnesiumsalze bedingen die Härte des Brunnen- und Quellwassers. Beim Kochen dieser Wässer werden die Bikarbonate des Calciums, Magnesiums, auch des Eisens unter Kohlendioxydabspaltung zerlegt, und die Monokarbonate scheiden sich unlöslich ab. Beim Eindampfen setzen sich diese nebst den Sulfaten und Chloriden als feste Kruste an der Gefäßwandung des Kochkessels als Kesselstein an. Die Ablagerung festhaftenden Kesselsteins an den Gefäßwandungen von Dampfkesseln kann Ursache zu sog. Siedeverzug geben, d. h. es kann in den geschlossenen Kesseln eine Überhitzung des Wassers erfolgen, ohne daß es bei der Siedetemperatur zunächst zum Sieden kommt. Plötzlich verwandelt sich die Gesamtmenge des im Kessel enthaltenen Wassers dann in Dampf mit hohem Atmosphärendruck, dem die Kesselwandung nicht Widerstand bietet und zerreißt. Dampfkesselexplosionen sind vielfach hierauf zurückzuführen.

Um die Bildung von Kesselstein in Dampfkesseln zu verhindern, enthärtet und enteisent man zweckmäßig das zum Beschicken der Kessel benutzte harte Wasser. Das geschieht neuerdings vorzugsweise mit dem den natürlich vorkommenden Zeolithen (wasserhaltigen Natrium-Aluminiumsilikaten) nachgebildeten Kunstprodukt, das unter dem Namen Permutit in den Verkehr gelangt. Bringt man diese in Wasser unlöslichen, körnigen Massen, die durch Schmelzen von Tonerdesilikaten mit Soda erzeugt werden, mit hartem Wasser zusammen, so werden die hierin gelösten Calcium-, Magnesium-, Eisen-, Mangansalze zersetzt, die Metalle gegen das Natrium der Permutite (= Auswechsler) ausgetauscht und somit aus dem Wasser entfernt. Behandelt man später die benutzten Permutite mit Kochsalzlösung, so werden die aufgenommenen Metalle durch Natrium ausgetauscht und die Permutite für die Enthärtung von Wasser wieder brauchbar gemacht.

4. **Flußwasser.** Beim Fließen des Wassers werden unter Kohlendioxydabgabe die Bikarbonate des Calciums und Magnesiums in unlösliche Monokarbonate umgewandelt. Das Flußwasser ist daher ein weiches Wasser. Dieses schäumt, mit Seifenlösung geschüttelt, hartes Wasser nicht, denn die Kalksalze bewirken beim Hinzufügen von Seife die Abscheidung einer unlöslichen Kalkseife.

5. **Meerwasser** ist infolge seines verhältnismäßig großen Kochsalzgehaltes (bis gegen 3,5 %) von salzigem Geschmack. Die von Kochsalz nahezu freien Binnenwässer heißen daher auch süße Wässer.

6. **Mineralwässer** werden die Wässer genannt, welche wegen besonderer Bestandteile zu Heilzwecken Verwendung finden. Sie nehmen ihre sie charakterisierenden Stoffe aus der Erde auf ähnliche Weise auf, wie die Brunnen- und Quellwässer. Kommen sie aus bedeutender Tiefe oder von vulkanischen Herden, so ist ihre Temperatur meist eine hohe. Sie heißen, wenn die Temperatur erheblich über die Norm steigt, Thermen oder Thermalwässer. (Karlsbad 74° C, Wiesbaden 70°). Kohlensäurereiche Mineralwässer werden Säuerlinge oder Sauerwässer genannt, bei einem Gehalt außerdem an Ferrokarbonat Eisensäuerlinge. Die Sauerwässer heißen alkalische Säuerlinge, wenn sie Soda enthalten (wie das Selterswasser), salinische Säuerlinge, wenn sie Natriumsulfat und Natriumchlorid führen (Karlsbader, Kissinger, Marienbader Wasser). Der bittersalzige Geschmack der Bitterwässer (Hunyadi-Janos, Friedrichshaller Wasser) wird durch einen Gehalt an Magnesiumsulfat bedingt. Schwefelwässer (Aachener, Warmbrunner) halten Schwefelwasserstoff gelöst und besitzen den unangenehmen Geruch des Gases. Jodsalze sind in der Tölzer Jodsoda-Quelle enthalten, Arsenverbindungen in den Mineralwässern von Rippoldsau, Baden-Baden, Levico, Barèges in den Pyrenäen.

Als **Trinkwasser** sollte nur bestes Quell- oder Brunnenwasser Verwendung finden, welches zufolge seines Kohlensäure- und

Salzgehaltes einen erfrischenden Geschmack besitzt und von niederen
Organismen, Ammoniak, salpetriger Säure, Salpetersäure und Chloriden möglichst frei ist. Für die Versorgung der in Niederungen gelegenen Großstädte mit gutem Gebrauchswasser benutzt man Oberflächenwässer (Wasser der Flüsse oder Seen), die durch Filtration
durch Sand- und Kiesschichten von suspendierten Anteilen befreit
werden. Bei der zunehmenden Verunreinigung der Oberflächenwässer
hat man in der Neuzeit auch in Großstädten auf das Grundwasser

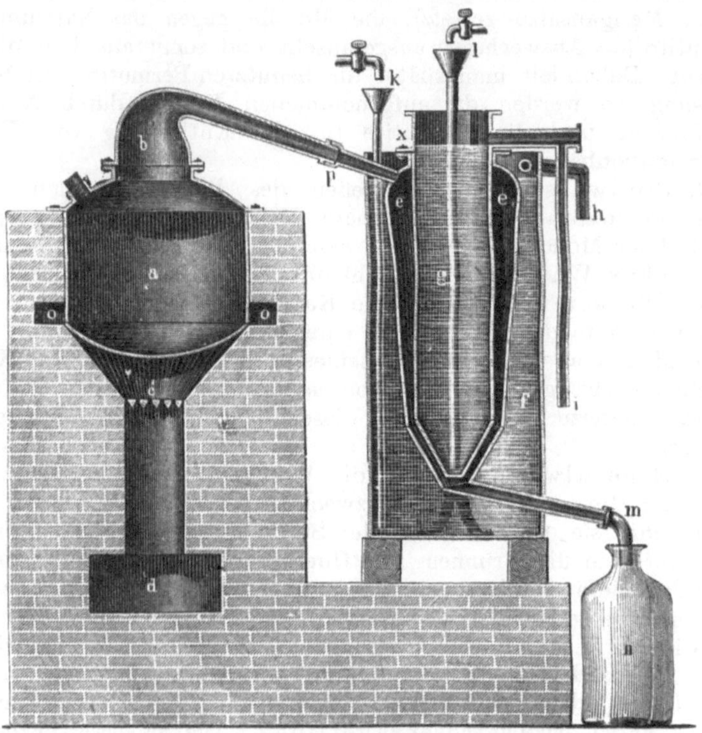

Abb. 13. Apparat zur Destillation von Wasser.

zurückgegriffen, das, bevor es in die Leitungsrohre eintritt, von Eisen-
und Mangangehalt (durch Lüftung) befreit und dann durch Kiesschichten filtriert wird.

Für den pharmazeutischen Gebrauch und zu chemischen Zwecken
wird ein reines, durch Destillation gewonnenes Wasser, destilliertes
Wasser, Aqua destillata, hergestellt. Man gewinnt es, indem in
geeigneten Gefäßen gutes Brunnen- oder Leitungswasser zum Kochen
gebracht, und die entweichenden Dämpfe durch Kühlvorrichtungen
wieder verdichtet werden. Die in dem Wasser gelösten Gase werden
mit den ersten Wasserdämpfen fortgeführt, weshalb man die ersten
Anteile des Destillates nicht sammelt. Die im Wasser gelösten Salze

bleiben in dem Kochgefäß (Kessel, Destillierblase) als Kesselstein zurück.

Abb. 13 zeigt einen zur Bereitung von destilliertem Wasser für pharmazeutische Zwecke geeigneten Destillierapparat.

a ist die Destillierblase aus verzinntem Kupfer, b p der Helm, c der Feuerungsraum, d das Aschenloch, oo Feuerungszüge. Bei p ist der Helm mit dem Kühlrohr oder Kühlgefäß e e verbunden, dessen Ausfluß m in das Auffanggefäß n (Vorlage) mündet. Das Kühgefäß ist von Zinn und steht in dem aus Holz oder Kupfer angefertigten Fasse f. Durch den zinnernen Zylinder g, den inneren Kühlzylinder, ist der Kühlraum bei x mit einem Flansch geschlossen. Durch die Trichterröhren k und l fließt kaltes Wasser zum Kühlen ein, aus h und i das warme Wasser ab.

Diese Destillierblase kann auch zur Bereitung der über Drogen destillierten Wässer, welche die flüchtigen, riechenden Bestandteile derselben enthalten, benutzt werden.

Prüfung des destillierten Wassers (Aqua destillata).

Klare, farb-, geruch- und geschmacklose Flüssigkeit, die Lackmuspapier nicht verändert.

Es ist zu prüfen auf die Abwesenheit von Salzsäure, Schwefelsäure, Calciumsalzen, Ammoniak, Schwermetallsalzen, Kohlensäure, organischen Stoffen, salpetriger Säure und Abdampfrückstand (s. Arzneibuch).

Wasserstoffsuperoxyd. H_2O_2.

Strukturformel: $H - O—O—H$ oder $\begin{matrix} H \\\\ \diagdown \\\\ H \end{matrix} O = O$.

Wasserstoffsuperoxyd kommt in der Natur nach starken Gewittern vor. Auch bildet es sich bei Gegenwart von Wasser infolge lebhafter Oxydationsvorgänge in der Natur. In Regen und Schnee findet es sich fast immer. Es entsteht auch durch Verdunsten von ätherischen Ölen an der Luft bei Anwesenheit reichlicher Mengen Luftfeuchtigkeit.

Man gewinnt es, indem man Baryumsuperoxyd mit wenig Salzsäure anätzt und dann mit einer zur völligen Bindung ungenügenden Menge verdünnter Schwefelsäure oder Phosphorsäure anrührt:

$$\underbrace{BaO_2}_{\substack{\text{Baryumsuper-}\\\text{oxyd}}} + \underbrace{H_2SO_4}_{\text{Schwefelsäure}} = \underbrace{BaSO_4}_{\text{Baryumsulfat}} + \underbrace{H_2O_2}_{\substack{\text{Wasserstoff-}\\\text{superoxyd.}}}$$

Man gießt die klare Flüssigkeit vom abgeschiedenen Baryumsulfat ab, fällt durch vorsichtigen Zusatz von Schwefelsäure etwa gelöstes Baryum aus, filtriert und engt, wenn erforderlich, im luftverdünnten Raum ein.

Auch aus Überschwefelsäure $H_2S_2O_8$ entsteht beim Zusammenbringen mit Wasser Wasserstoffsuperoxyd:

$$H_2S_2O_8 + 2H_2O = 2H_2SO_4 + H_2O_2.$$

Wasserstoffsuperoxyd bildet eine wasserklare, geruchlose, schwach herb-bitter schmeckende Flüssigkeit, die zumeist als $10^0/_0$ ig in den Handel gelangt, d. h. 1 Volum vermag 10 Volume Sauerstoff unter geeigneten Bedingungen zu entwickeln. Sie enthält 3 Gew.-Prozente H_2O_2. Durch vorsichtige Konzentration gelangt man zu einem 100 volumprozentigen = 30 gewichtsprozentigem Wasserstoffsuperoxyd (Perhydrol). Wasserstoffsuperoxyd ist ein kräftiges Oxydationsmittel. Aus angesäuerter Jodkaliumlösung macht es Jod frei. Wasserstoffsuperoxyd kann aber auch kräftige Reduktionserscheinungen äußern. Mit Kaliumpermanganatlösung zusammengebracht, reduziert es diese und geht selbst dabei unter lebhafter Sauerstoffabgabe in Wasser über. Bei Gegenwart von verd. Schwefelsäure vollzieht sich diese Reaktion im Sinne folgender Gleichung:

$$2\,KMnO_4 + 5\,H_2O_2 + 3\,H_2SO_4 = K_2SO_4 + 2\,MnSO_4 + 8\,H_2O + 5\,O_2.$$

Mischt man Blut mit Wasserstoffsuperoxyd, so findet Sauerstoffentwicklung statt.

Hochprozentiges Wasserstoffsuperoxyd zersetzt sich, zuweilen unter heftiger Explosion, wenn es nicht ganz rein ist, z. B. mit organischen Substanzen (Staub) in Berührung kommt; auch schon durch plötzliche Erschütterungen oder unvorsichtiges Erhitzen können Explosionen eintreten. Trägt man Platinmohr oder Palladium in hochprozentiges Wasserstoffsuperoxyd ein, so entwickelt sich sofort reichlich Sauerstoff unter starker Wärmeentwicklung, derzufolge das Wasser zum Teil in Dampfform übergeht; Wasserstoffsuperoxyd ist eine endotherme Verbindung. Auch verdünnte Lösungen desselben werden durch katalytisch wirkende Stoffe reduziert. So vermag das aus Glasgefäßen, worin Wasserstoffsuperoxyd aufbewahrt wird, von diesem aufgenommenen Alkali das Superoxyd zu zersetzen.

Die Zersetzung des Wasserstoffsuperoxyds wird durch Zusatz von $0{;}04\,^0/_0$ Acetanilid oder Phenacetin, sowie durch Harnstoff, auch durch eine sehr geringe Menge Schwefelsäure, verzögert.

Prüfung[1]) des Hydrogenium peroxydatum solutum.

Schüttelt man 1 ccm der mit einigen Tropfen verdünnter Schwefelsäure angesäuerten Wasserstoffsuperoxydlösung mit etwa 2 ccm Äther und setzt dann zu der Mischung einige Tropfen Kaliumchromatlösung, so färbt sich bei erneutem Schütteln die ätherische Schicht tiefblau. Jodzinkstärkelösung wird auf Zusatz einiger Tropfen verdünnter Schwefelsäure durch 1 Tropfen Wasserstoffsuperoxydlösung blau gefärbt:

$$ZnJ_2 + H_2O_2 + H_2SO_4 = ZnSO_4 + 2\,H_2O + J_2.$$

Das ausgeschiedene Jod färbt die Stärke blau.

Wasserstoffsuperoxydlösung muß frei sein von Baryum und Oxalsäure. Der Gehalt an freier Säure ist beschränkt: 50 ccm Wasserstoffsuperoxydlösung dürfen zur Neutralisation höchstens 2,5 ccm Zehntel-Normal-Kalilauge verbrauchen, Phenolphthalein als Indikator (s. Arzneibuch).

---

[1]) Um für die Prüfungen, bzw. gewichts- und maßanalytischen Wertbestimmungen chemischer Stoffe Verständnis zu gewinnen, ist es notwendig, das am Schluß dieses Bandes behandelte Kapitel der chemischen Analyse durchzuarbeiten.

Gehaltsbestimmung. 10 g Wasserstoffsuperoxydlösung werden mit Wasser auf 100 ccm verdünnt; 10 ccm dieser Lösung werden mit 5 ccm verdünnter Schwefelsäure und 10 ccm Kaliumjodidlösung $(1+9)$ versetzt und die Mischung in einem verschlossenen Glase eine halbe Stunde lang stehen gelassen. Zur Bindung des ausgeschiedenen Jods müssen mindestens 17,7 ccm Zehntel-Normal-Natriumthiosulfatlösung erforderlich sein, was einem Mindestgehalt von 3% H_2O_2 entspricht. Nach der Gleichung:

$$2\,KJ + H_2O_2 + H_2SO_4 = K_2SO_4 + 2\,H_2O + J_2$$

entspricht 1 Atom Jod einer halben Molekel H_2O_2 (Mol.-Gew. 34,016). Durch 1 ccm obiger Thiosulfatlösung werden daher $\frac{34,016}{2 \cdot 10000} = 0,0017008$ g H_2O_2 angezeigt, durch 17,7 cm $= 0,0017008 \cdot 17,7 = 0,03010416$ g. Das sind rund 3% H_2O_2.

Anwendung. Wasserstoffsuperoxyd wird als Oxydationsmittel in der organischen Chemie vielfach benutzt.

Es übt eine Bleichwirkung aus. Man bleicht damit Federn, Haare, Seide, Elfenbein; dem lebenden und mit Sodalösung gewaschenen Haar verleiht es eine aschblonde Färbung.

Zufolge seiner stark oxydierenden Eigenschaften wird Wasserstoffsuperoxyd bei Infektionskrankheiten angewendet, insbesondere zum Ausspülen des Mundes als Antiseptikum (1 Teelöffel des 10 volumprozentigen Präparates voll auf ein Glas Wasser zum Gurgeln). Ein Gemisch von Natriumperborat und Natriumbitartrat wird als Pergenol in den Handel gebracht, welches mit Wasser in Berührung Wasserstoffsuperoxyd erzeugt. Auch als Blutstillungsmittel ist Wasserstoffsuperoxyd von Wichtigkeit.

Unter dem Namen Perhydrit und Ortizon werden Verbindungen von Wasserstoffsuperoxyd mit Harnstoff in den Handel gebracht.

Das 30%ige Wasserstoffsuperoxyd wird in Glasflaschen versandt und aufbewahrt, die innen mit Paraffin überzogen und mit einem Paraffinstopfen verschlossen werden.

Gruppe der Halogene.

Chlor. Brom. Jod. Fluor.

Chlor, Brom, Jod, Fluor heißen Halogene oder Salzbildner (vom griechischen ἅλς, hals, das Salz und γεννάω, gennao, ich erzeuge), weil sie die Fähigkeit besitzen, sich mit Metallen direkt zu Salzen zu vereinigen.

Bei mittlerer Temperatur sind Chlor und Fluor grünlichgelbe Gase, Brom eine rotbraune Flüssigkeit, Jod ein fester, metallglänzender Stoff, der sich bei höherer Temperatur mit violettem Dampf verflüchtigen läßt. Sämtliche Halogene sind giftig. Nach der Giftigkeit geordnet muß Fluor als giftigster Stoff bezeichnet werden, dem sich in absteigender Linie Chlor, Brom, Jod anschließen.

Die Gewinnung des Chlors, Broms, Jods ist eine analoge, indem diese Halogene aus ihren Wasserstoffverbindungen mit Hilfe von

Superoxyden (insbesondere Mangansuperoxyd) bei höherer Temperatur in Freiheit gesetzt werden. Fluor besitzt eine große Affinität zu fast allen Stoffen und muß daher nach besonderem Verfahren gewonnen werden.

Chlor.

Chlorum. $Cl = 35,46$. Ein-, vier-, fünf- und siebenwertig. 1774 von Scheele bei der Einwirkung von Salzsäure auf Braunstein entdeckt und anfänglich als „dephlogistisierte Salzsäure" bezeichnet. Erst 1811 erkannte Davy das Chlor als einfachen Stoff und benannte ihn nach seiner grünlichgelben Farbe (abgeleitet aus dem griechischen χλωρός, chloros, grünlichgelb).

Vorkommen. Chlor kommt nur im gebundenen Zustande in der Natur vor. In Verbindung mit Wasserstoff bildet es die Chlorwasserstoffsäure, die sich in Dampfausströmungen vulkanischer Gegenden findet. Auch der Magensaft enthält Chlorwasserstoffsäure. Von den Verbindungen mit Metallen ist das Chlornatrium oder Kochsalz die verbreitetste. Es kommt in den Ozeanen bis zu $3,5\,^0/_0$ vor und ist außerdem an vielen Orten in mächtigen Lagern als Steinsalz anzutreffen. Der in den Staßfurter Abraumsalzen vorkommende Sylvin ist im wesentlichen Chlorkalium. In kleineren Mengen findet sich Chlor an Silber, Blei, Kupfer gebunden.

Gewinnung. 1. Durch Oxydation der Chlorwasserstoffsäure mit Braunstein (Mangansuperoxyd) bei höherer Temperatur. Hierbei entsteht zunächst Mangantetrachlorid, das weiterhin in Manganchlorür und Chlor zerfällt:

$$MnO_2 + 4\,HCl = MnCl_4 + 2\,H_2O$$
$$MnCl_4 \qquad = MnCl_2 + Cl_2:$$

Technisch gewinnt man Chlor aus Braunstein und Salzsäure in aus Sandsteinplatten zusammengesetzten Gefäßen, in welche Dampf eingeblasen wird. Das Chlor leitet man durch Tonrohre ab. Die zurückbleibende Manganchlorürlösung wird nach dem Weldon-Verfahren zur Chlorgewinnung von neuem nutzbar gemacht, indem man die Lösung zunächst mit Kalkmilch neutralisiert das sich ausscheidende Eisenoxydhydrat (vom eisenhaltigen Braunstein herrührend) durch Filtration beseitigt, hierauf mit überschüssiger Kalkmilch versetzt und in turmartigen Vorrichtungen bei einer Temperatur von 50 bis 70° atmosphärische Luft einpreßt. Das Mangan wird hierdurch als kalkhaltiges Mangansuperoxydhydrat gefällt, während in der Lösung Calciumchlorid verbleibt:

$$MnCl_2 + Ca(OH)_2 + O = MnO_3H_2 + CaCl_2$$

Mangan- chlorür	Calcium- hydroxyd	Sauerstoff der Luft	Mangansuper- oxydhydrat	Calciumchlorid.

Das Mangansuperoxydhydrat (als Weldonschlamm bezeichnet) wird dann von neuem mit Salzsäure zersetzt.

2. Durch Zerlegung von Chlorkalk (Calciumhypochlorit) mit Salzsäure:

$$CaCl(OCl) + 2\,HCl = CaCl_2 + H_2O + Cl_2.$$

3. Durch Erwärmen von Kaliumchlorat (chlorsaurem Kalium) mit Salzsäure:

$$KClO_3 + 6\,HCl = KCl + 3\,H_2O + 3\,Cl_2.$$

4. Ein erwärmtes Gemisch von Chlorwasserstoff und Luft wird über mit Kupferoxyd überzogene poröse Steine geleitet (Deacon-Prozeß):

$$4\,HCl + O_2 = 2\,Cl_2 + 2\,H_2O.$$

Man erhält hierbei ein etwa $8\,^0/_0$ Cl enthaltendes Gemisch aus Stickstoff und kleinen Anteilen Sauerstoff.

5. Durch elektrolytische Zerlegung von Chlorwasserstoff, Natrium- oder Kaliumchlorid.

Eigenschaften. Chlor ist ein grünlich-gelbes Gas von erstickendem Geruch. Siedepunkt $-33,6^0$, Schmelzpunkt -102^0, kritische Temperatur $+141^0$, kritischer Druck 84 Atmosphären. Chlor übt auf die Respirationsorgane eine giftige Wirkung aus. Es ruft Hustenreiz und Atemnot hervor. Nach K. B. Lehmann kann bereits ein Gehalt der Luft von $0,01\,^0/_0$ Chlor lebensgefährlich wirken. $0,001\,^0/_0$ eingeatmet können schon erhebliche Schädigungen der Lunge hervorrufen. Als Gegengifte kommen in Betracht Einatmungen von Weingeist- und Ätherdampf, auch von Liquor Ammonii anisatus und Spiritus Aetheris nitrosi.

Chlor ist bei mittlerer Temperatur ca. $2^1/_2$ mal schwerer als atmosphärische Luft. Durch 4 bis 5 Atmosphären Druck und bei -15^0 läßt es sich verflüssigen. Flüssiges Chlor kann in Stahlflaschen durch den Handel bezogen werden. Spezifisches Gewicht des flüssigen Chlors 1,469 bei 0^0.

Ganz trockenes Chlor übt auf viele Stoffe eine zersetzende Wirkung nicht aus; so ist z. B. zur bleichenden Wirkung stets eine kleine Menge Feuchtigkeit erforderlich. Taucht man einen Streifen trocknen blauen Lackmuspapieres in einen Zylinder mit trockenem Chlor, so findet kaum eine Einwirkung statt, feuchtet man aber den Lackmuspapierstreifen an, so wird er durch Chlor sofort gebleicht.

Schüttet man in einen mit Chlor gefüllten Zylinder gepulvertes Antimon, so verbrennt es unter Feuererscheinung zu Chlorverbindungen des Antimons. Ein mit Terpentinöl getränkter Filtrierpapierstreifen, in Chlorgas eingesenkt, verbrennt mit stark rußender Flamme. Aus Bromiden und Jodiden macht Chlor Brom bzw. Jod frei.

Die zersetzende Wirkung, welche Chlor gegenüber einer großen Reihe organischer Stoffe entfaltet, und die Eigenschaft, alles organische Leben zu vernichten, macht Chlor zu einem hervorragenden Antiseptikum und Desinfiziens.

In der Therapie findet eine Lösung von Chlor in Wasser als Chlorwasser, Aqua chlorata, Anwendung.

Bei einer Temperatur von 8^0 nimmt 1 Volum Wasser ungefähr 3 Volume Chlorgas auf. Mit der Erhöhung der Temperatur nimmt die Löslichkeit des Chlors in Wasser ab. Leitet man bei einer Temperatur, die unter $+8^0$ liegt, Chlor in Wasser, so entsteht ein kristallisierendes Hydrat des Chlors von der Zusammensetzung $Cl_2 \cdot 8\,H_2O$. Um ein Verstopfen der Zuleitungsröhren durch diese Verbindung zu vermeiden und um eine größtmögliche Sättigung des Wassers mit

Chlor zu erzielen, hält man daher die Temperatur des Wassers bei der Bereitung von Chlorwasser auf gegen $+10^0$.

Zur Bereitung von Chlorwasser bediene man sich der Apparatur Abb. 14:

Den 500 ccm Kolben A, welcher in ein Sandbad eingesetzt ist, füllt man zu $^3/_4$ mit erbsen- bis bohnengroßen Braunsteinstücken und läßt durch das Trichterrohr gegen 250 g rohe Chlorwasserstoffsäure (30%ige) einfließen. Man wärmt nun langsam an, wäscht das sich entwickelnde Chlor mit wenig in der Waschflasche W befindlichem Wasser und läßt sodann das Chlor in eine teilweise mit reinem Wasser gefüllte und sozusagen auf den Kopf gestellte Retorte eintreten. Das von dem Wasser nicht sogleich aufgenommene Chlor sammelt

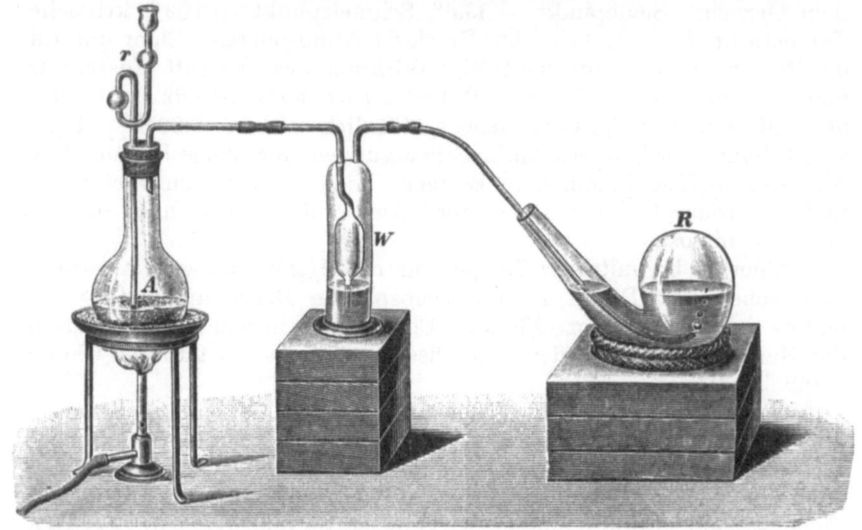

Abb. 14. Apparatur zur Chlorwasserherstellung in ca. $^1/_6$ der nat. Größe.

sich in dem oberen mit Luft gefüllten Teil der Retorte an und wird nun langsam von dem Wasser gelöst, da es bei reichlicherer Ansammlung auf dieses einen Druck ausübt.

Da das Licht zersetzend auf Chlorwasser einwirkt, umgibt man während des Einleitens das Aufnahmegefäß mit einem dunklen Tuche.

Man nimmt die Chlorentwicklung an einem luftigen Orte, im Freien oder unter einem guten Abzuge vor.

Chlorwasser, Aqua chlorata, bildet eine klare, gelbgrüne, in der Wärme flüchtige Flüssigkeit von erstickendem Geruch, welche Lackmuspapier sofort bleicht und in 1000 T. 4 bis 5 T. Chlor enthalten soll.

Gehaltsbestimmung: Werden 25 g Chlorwasser in 10 ccm Kaliumjodidlösung eingegossen, so müssen zur Bindung des ausgeschiedenen Jods 28,2 bis 35,3 ccm Zehntel-Normal-Natriumthiosulfatlösung erforderlich sein. Gemäß den Gleichungen:

$$Cl_2 + 2\,KJ = 2\,KCl + J_2$$

$$2\,(Na_2S_2O_3 + 5\,H_2O) + J_2 = 2\,NaJ + Na_2S_4O_6 + 10\,H_2O$$

wird durch 1 ccm Thiosulfat $\dfrac{Cl}{10\cdot 1000} = \dfrac{35,46}{10\cdot 1000} = 0{,}003\,546$ g Cl angezeigt.

28,2 ccm Thiosulfat entsprechen daher

$$0,003\,546 \cdot 28,2 = 0,099\,997\,2 \text{ rund } \mathbf{0,1 \ g} \ Cl,$$

35,3 ccm Thiosulfat entsprechen

$$0,003\,546 \cdot 35,3 = \mathbf{0,1252 \ g} \ Cl.$$

Diese Menge muß in 25 g Chlorwasser enthalten sein; 100 Teile Chlorwasser enthalten daher mindestens $0,1 \cdot 4 = 0,4\,\%$ und höchstens $0,125 \cdot 4 = 0,5\,\%$ Chlor.

Im Chlorwasser befinden sich neben Chlor und Wasser Chlorwasserstoffsäure und unterchlorige Säure im Gleichgewicht

$$Cl_2 + H_2O \rightleftarrows HCl + HOCl$$

bzw. infolge der elektrolytischen Dissoziation der Chlorwasserstoffsäure

$$Cl_2 + H_2O \rightleftarrows H^{\cdot} + Cl' + HOCl.$$

Chlorwasser muß vor Licht geschützt in gut verschlossenen Flaschen aufbewahrt werden. Bei Belichtung und Luftzutritt findet Zersetzung statt, indem die unterchlorige Säure in Chlorwasserstoff und Sauerstoff zerfällt.

Die Bildung von Chlorwasserstoff im Chlorwasser kann man dadurch nachweisen, daß man dieses mit metallischem Quecksilber schüttelt, welches das freie Chlor, nicht aber den Chlorwasserstoff bindet. Die über dem gebildeten schwarzen Chlorquecksilber stehende Flüssigkeit rötet daher blaues Lackmuspapier.

Bei der Dispensation des Chlorwassers ist zu beachten, daß man Chlorwasser den Mixturen stets zuletzt zusetzt!

Anwendung. Chlorwasser wird innerlich zu 0,5 bis 1,5 g mit ca. der 10 fachen Menge Wasser verdünnt, bei fieberhaften und entzündlichen Krankheiten (Scharlach, Typhus, Ruhr, bei Vergiftungen mit Wurst- und Käsegift) verabreicht.

Äußerlich wird es zur Desinfektion jauchiger Wunden benutzt.

Verbindung des Chlors mit Wasserstoff.

Die Verbindung des Chlors mit Wasserstoff heißt Chlorwasserstoff, Salzsäuregas, HCl, und bildet sich durch unmittelbare Vereinigung beider Elemente. Im zerstreuten Tageslicht erfolgt die Vereinigung nur allmählich, im vollen Sonnenlichte, auch beim Durchschlagen elektrischer Funken, sogleich und unter heftiger Explosion. Eine wässerige Auflösung von Chlorwasserstoff führt den Namen Chlorwasserstoffsäure, Salzsäure, Acidum hydrochloricum, Acidum muriaticum und ist im Handel in verschiedenen Reinheitsgraden (Acid. hydrochloric. crudum oder rohe Salzsäure, Acid. hydrochloric. purum oder reine Salzsäure) und in verschiedenen Stärkegraden erhältlich. Letztere sind entweder nach Prozenten (die reine Salzsäure des Arzneibuches ist eine 25 Gewichts-Proz. HCl haltende Säure) oder nach dem spezifischen Gewicht ausgedrückt.

Zur Darstellung der Salzsäure zersetzt man Kochsalz (Natriumchlorid) mit Schwefelsäure. Je nachdem hierbei 1 oder

2 Molekeln Kochsalz auf 1 Molekel Schwefelsäure angewendet werden, entstehen neben Salzsäure entweder saures schwefelsaures (a) oder einfach schwefelsaures Natrium (b):

$$\text{a)} \quad NaCl + H_2SO_4 = HCl + NaHSO_4$$
$$\text{b)} \quad 2\,NaCl + H_2SO_4 = 2\,HCl + Na_2SO_4.$$

Die vollständige Entbindung der Salzsäure nach der Gleichung b) geschieht erst bei höherer Temperatur (gegen 300°). Um Salzsäure in kleineren Mengen darzustellen, wendet man die unter a) angegebenen Verhältnisse an, auf 1 Mol. Kochsalz 1 Mol. Schwefelsäure; schon bei einer Temperatur von gegen 100 bis 110° wird dann Chlorwasserstoff völlig entbunden.

Salzsäure liefert die chemische Großindustrie. Eine stark verunreinigte Säure wird als Nebenprodukt bei der Darstellung von Soda nach dem Leblancschen Verfahren gewonnen. Gelangt hierbei ein salpeterhaltiges Natriumchlorid zur Verwendung, so wird die Chlorwasserstoffsäure durch Chlor verunreinigt:

$$2\,HNO_3 + 6\,HCl = 4\,H_2O + 2\,NO + 3\,Cl_2.$$

Auch das bei der Aufarbeitung der Staßfurter Abraumsalze als Nebenprodukt gewonnene Magnesiumchlorid ist zur Salzsäuredarstellung benutzt worden, indem man überhitzte Wasserdämpfe darüber leitet. Hierbei wird neben Salzsäure Magnesiumoxychlorid bzw. Magnesiumoxyd gebildet.

Auch stellt die Technik Salzsäure dar als Nebenprodukt bei der elektrolytischen Sodagewinnung aus Natriumchlorid. Das hierbei entstehende Chlor wird mit Wasserdampf über glühende Kohlen (Koks) geleitet, wobei vorwiegend Chlorwasserstoff und Kohlendioxyd entstehen:

$$2\,Cl_2 + 2\,H_2O + C = 4\,HCl + CO_2.$$

Man verbrennt auch das Chlor direkt mit Wasserstoff zur Erzeugung einer hochprozentigen Salzsäure.

Zur Darstellung kleiner Mengen reiner Salzsäure verfährt man wie folgt:

Man beschickt den Rundkolben a (Abb. 15) mit 10 Teilen grober Kristalle reinen trockenen Natriumchlorids, setzt den etwa bis zur Hälfte gefüllten Kolben in das Sandbad b und verschließt ihn mit einem doppeltdurchbohrten Stopfen, dessen eine Öffnung das Weltersche Sicherheitsrohr e, die andere das Gasableitungsrohr d trägt. Letzteres schließt man mittels eines Gummischlauches an die wenig Wasser enthaltende kleine Wasserflasche f an und setzt diese mit dem Aufnahmegefäß g in Verbindung. Hierin befinden sich 15 Teile Wasser, in welches die Zuleitungsröhre i nur wenig eintaucht. Man stellt das Aufnahmegefäß zwecks Abkühlung in ein größeres, mit Eiswasser gefülltes Gefäß h.

Durch das Weltersche Sicherheitsrohr läßt man ein erkaltetes Gemisch, das durch Eingießen von 18 Teilen reiner konzentrierter Schwefelsäure in 4 Teile Wasser bereitet ist, nach und nach zu dem Natriumchlorid fließen. Die Entwicklung von Chlorwasserstoff geht bald vor sich. Er wird in der Waschflasche f gewaschen und von dem Wasser des Gefäßes g aufgenommen. Läßt die Chlorwasserstoffentwicklung nach, so erwärmt man vorsichtig das Sandbad.

Nach beendigter Einwirkung hat sich der Rauminhalt des Aufnahmegefäßes von 15 auf gegen 18,5 Teile vergrößert. Das spez. Gewicht der Flüssig-

keit beträgt gegen 1,138, welches einer Salzsäure mit einem Gehalt von 28%
HCl entspricht. Um den vom deutschen Arzneibuch vorgeschriebenen Gehalt
der Salzsäure von ca. 25% (= spez. Gewicht 1,126 bis 1,127) herzustellen, muß
entsprechend mit Wasser verdünnt werden.

Die als Nebenprodukt bei der Sodagewinnung nach dem
Leblancschen Verfahren gewonnene Salzsäure kann als Verunreinigungen enthalten: Arsen, Schwefelsäure, schweflige
Säure, Chlor, Eisenchlorid, zuweilen auch Aluminiumchlorid
und organische bzw. teerige Bestandteile.

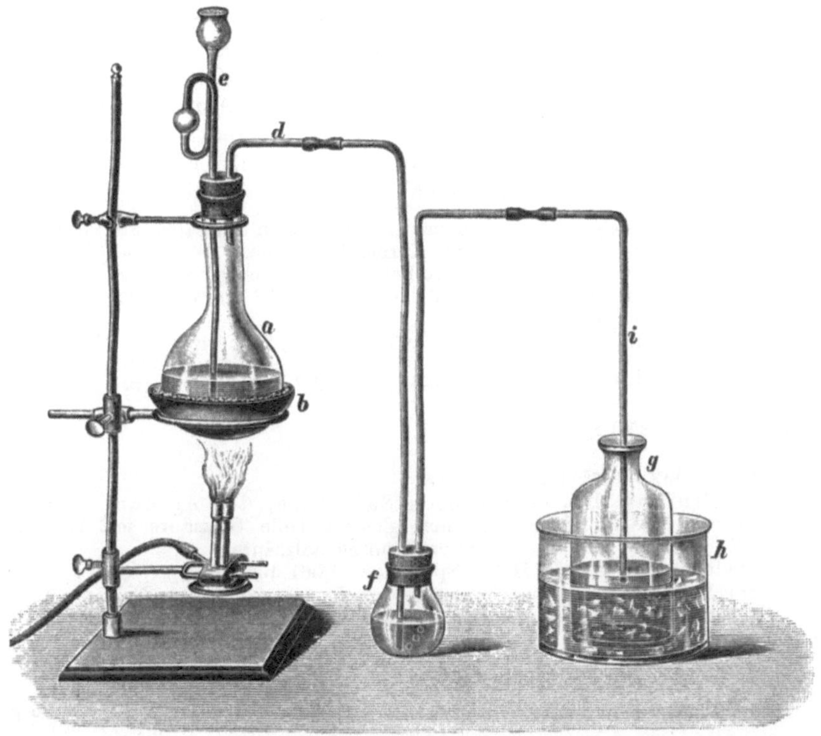

Abb. 15. Vorrichtung zur Salzsäuredarstellung in ca. 1/6 der nat. Größe.

Eigenschaften. Chlorwasserstoff ist ein farbloses Gas von
stechendem Geruch. An feuchter Luft bildet es Nebel. Es läßt sich
durch starken Druck und niedrige Temperatur verflüssigen und weiterhin zu einer kristallinischen Masse umwandeln. Chlorwasserstoff
schmeckt sauer und rötet feuchtes Lackmuspapier. Seine Löslichkeit
in Wasser ist eine sehr große. Bei 0° und 760 mm Barometerstand
vermag 1 Volum Wasser 505 Volumteile Chlorwasserstoff zu lösen.

Die arzneilich verwendete Chlorwasserstoffsäure (Acidum hydrochloricum) ist 24,8 bis 25,2%ig. Im Handel ist außerdem eine
38,5%ige Säure vom spez. Gew. 1,19 erhältlich, die an der Luft
raucht und daher rauchende Salzsäure genannt wird.

Eigenschaften und Prüfung des Acidum hydrochloricum.

Gehalt 24,8 bis 25,2% Chlorwasserstoff (HCl, Mol.-Gew. 36,47). Klare, farblose, in der Wärme völlig flüchtige Flüssigkeit vom spez. Gew. 1,126 bis 1,127.

Fügt man zu mit gleichem Teil Wasser verdünnter Salzsäure zwei Tropfen Silbernitratlösung, so entsteht ein weißer, käsiger Niederschlag von Silberchlorid, welches sich in überschüssiger Ammoniakflüssigkeit wieder löst. — Erwärmt man Salzsäure mit einem Stückchen Braunstein, so werden Chlordämpfe entwickelt, kenntlich an ihrer grünen Färbung und ihrem Bleichvermögen gegenüber angefeuchtetem Lackmuspapier. — Nähert man der Salzsäure einen an einem Glasstabe hängenden Tropfen Ammoniakflüssigkeit, so entsteht um diesen ein Nebel, sog. Salmiaknebel (Ammoniumchlorid).

Die Prüfung der Chlorwasserstoffsäure erstreckt sich auf den Nachweis von Arsen, Chlor, Metallen, Schwefelsäure und schwefliger Säure (s. Arzneibuch).

Zur Gehaltsbestimmung pipettiert man 5 ccm Salzsäure ab, verdünnt mit 25 ccm Wasser und titriert mit Normal-Kalilauge. Es müssen 38,3 bis 38,9 ccm dieser zur Sättigung erforderlich sein (Dimethylaminoazobenzol als Indikator). 1 ccm Kalilauge entspricht 0,03647 g HCl, 38,3 ccm daher $38,3 \cdot 0,03647 = 1,396801$ g; 38,9 ccm $38,9 \cdot 0,03647 = 1,418683$ g.

In 100 ccm sind $20 \cdot 1,396801 = 27,93602$ g bzw. $20 \cdot 1,418683 = 28,37366$ g enthalten, das sind unter Berücksichtigung des spez. Gew. $= \dfrac{27,93602}{1,126} = 24,8\,\%$

bzw. $\dfrac{28,37366}{1,126} = 25,2\,\%$ HCl.

Vorsichtig aufzubewahren.

Die Prüfung der verdünnten Salzsäure, des Acidum hydrochloricum dilutum, durch Mischen gleicher Teile Salzsäure und Wasser hergestellt, geschieht wie die der unverdünnten Salzsäure.

Gehalt 12,4 bis 12,6% HCl. Spez. Gew. 1,061 bis 1,063.

Zum Neutralisieren eines Gemisches von 5 ccm verdünnter Salzsäure und 25 ccm Wasser müssen 18,0 bis 18,4 ccm Normal-Kalilauge gebraucht werden. Da 1 ccm der letzteren = 0,03647 g HCl, so ergibt sich die Rechnung

$$18 \cdot 0,03647 = 0,65646 \text{ g bzw. } 18,4 \cdot 0,03647 = 0,671048 \text{ g.}$$

In 100 ccm sind $20 \cdot 0,65646 = 13,1292$ g bzw. $20 \cdot 0,671048 = 13,42096$ g enthalten, das sind unter Berücksichtigung des spez. Gew. $\dfrac{13,1292}{1,061} =$ rund

$12,4\,\%$ bzw. $\dfrac{13,42096}{1,061} =$ rund $12,6\,\%$ HCl.

Anwendung der Salzsäure. Für sich oder in Verbindung mit Pepsin bei Dyspepsien verschiedener Art. Innerlich meist gemeinsam mit schleimigem Vehikel in starker Verdünnung (0,5 bis 1,0 : 200).

Theorie der Lösungen und die elektrolytische Dissoziation.

Nach van't Hoff zeigen die chemischen Stoffe in verdünnten Lösungen ein ähnliches Verhalten wie im gasförmigen Zustand. Es können daher die für Gase gültigen Gesetze Boyles, Gay-Lussacs und Avogadros auch auf die Lösungen bezogen werden.

Die gelösten Teilchen einer Substanz üben auf die halbdurchlässige (das Lösungsmittel durchlassende, den gelösten Stoff zurückhaltende) Scheidewand einen Druck aus, welcher als osmotischer Druck bezeichnet wird. Der osmotische Druck ist dem Drucke gleich, welcher von der gleichen Substanzmenge ausgeübt würde, wenn sie bei gleicher Temperatur im gasförmigen Zustande den gleichen Raum, wie die Lösung, einnähme. Es üben daher Lösungen, welche molekulare Mengen verschiedener Substanzen bei gleichem Lösungsmittel enthalten, den gleichen osmotischen Druck aus. Man nennt solche Lösungen isotonisch. Aus der Größe des osmotischen Druckes läßt sich das Molekulargewicht der gelösten Substanzen bestimmen. Eine solche Bestimmung hat Pfeffer mittels künstlicher Zellen mit halbdurchlässigen Wänden bewirkt.

Isotonische Lösungen zeigen aber noch eine andere Gesetzmäßigkeit. Sie besitzen den gleichen Siedepunkt und den gleichen Gefrierpunkt (Coppet und Raoult). Man kann daher durch Bestimmung der Siedepunktserhöhung und Gefrierpunktserniedrigung entscheiden, ob Lösungen isotonisch sind, und hat damit zugleich ein Mittel, um das Molekulargewicht einer Substanz zu bestimmen (s. Organische Chemie, II. Teil dieses Buches).

Aber nicht alle chemischen Stoffe folgen diesem Gesetze. Löst man z. B. Chlorwasserstoff oder Natriumchlorid oder Natriumhydroxyd in Wasser und ermittelt die Siedepunktserhöhung oder die Gefrierpunktserniedrigung dieser Lösungen, um daraus die Molekulargröße jener Verbindungen zu berechnen, so gelangt man zu ganz falschen Werten. Man hat gefunden, daß alle diejenigen Substanzen, welche in wässeriger Lösung den elektrischen Strom leiten, die sog. Elektrolyte, den obigen Gesetzen nicht unterliegen, sondern weit höhere Werte liefern, als sie der tatsächlichen Molekulargröße entsprechen. Eine befriedigende Erklärung hierfür hat uns 1887 der schwedische Chemiker Arrhenius gegeben.

Nach ihm sind in wässerigen Lösungen nicht mehr die Elektrolyte in ursprünglicher Verbindungsform enthalten, sondern sie haben eine elektrolytische Dissoziation, einen mehr oder weniger vollkommenen Zerfall in Spaltstücke erfahren, welche mit positiver bzw. negativer Elektrizität geladen sind. Diese Spaltstücke nennt man Ionen (Wanderer), weil, wenn der elektrische Strom auf Lösungen von Elektrolyten einwirkt, die Spaltstücke oder Ionen sich nach den Elektroden hin bewegen, dahin wandern, und nun die Elemente bzw. Atomgruppen abscheiden. Man muß hieraus schließen, daß die Ionen die Träger der elektrischen Ladungen sind.

Vollkommen trockener Chlorwasserstoff leitet den elektrischen Strom nicht und ebensowenig chemisch reines Wasser, wohl aber leitet eine Lösung des Chlorwasserstoffs in Wasser die Elektrizität sehr gut. Man nimmt daher an, daß durch die Auflösung des Chlorwasserstoffs in Wasser eine Spaltung des ersteren erfolgt ist, daß in der Lösung nicht mehr die Molekeln HCl, sondern die Ionen Wasserstoff und Chlor enthalten sind.

Diese Spaltstücke der Molekeln sind aber von den Atomen H und Cl verschieden, sie sind elektrisch geladen, der Wasserstoff mit positiver, das Chlor mit negativer Elektrizität. Die Chlorwasserstoffsäure ist in wässeriger Lösung ionisiert, in Ionen gespalten. Läßt man auf die Lösung den elektrischen Strom einwirken, so werden durch diesen die negativ geladenen Chlor-Ionen (die Anionen) von der positiven Elektrode (Anode) angezogen und bei der Berührung mit derselben elektrisch neutral, wobei sie dann aus der Flüssigkeit entweichen. Die positiv geladenen Wasserstoff-Ionen (Kationen) werden von der negativen Elektrode (Kathode) angezogen und hier ebenfalls abgeschieden.

Die Spaltung der Chlorwasserstoffsäure in Ionen kann vollkommen oder nur teilweise erfolgt sein. Der Grad der elektrolytischen Spaltung hängt von der Konzentration der Lösung ab. Da bei zunehmender Verdünnung der Lösung das molekulare Leitvermögen dieser wächst, und da die Leitung nur durch die Ionen bewirkt wird, so kann man folgern, daß beim Verdünnen einer Lösung auch die Ionisation zunimmt, bei zunehmender Konzentration der Lösung aber die Ionisation abnimmt. Bei unendlicher Verdünnung wird die Ionisation eine vollständige sein.

Man nimmt daher in einer wässerigen Lösung neben ungespaltenen Molekeln eine gewisse Menge in elektrisch geladene Atome oder Atomgruppen (Ionen) zerfallener Molekeln an.

Für den Chlorwasserstoff drückt man dies durch das Bild aus

$$HCl \rightleftarrows H^{\cdot} + Cl'$$

in welchem $H^{\cdot}$ das Wasserstoff-Ion (Kation) und Cl' das Chlor-Ion (Anion) bedeutet. Man bezeichnet durch $^{\cdot}$ oder $+$ eine positive Ionenladung, durch $'$ eine negative.

Andere Elektrolyte wie Chlornatrium, Silbernitrat, Chlorbaryum, Kupfervitriol (Kupfersulfat) dissoziieren in wässeriger Lösung wie folgt:

	Kationen	Anionen
Chlornatrium =	$Na^{\cdot}$	Cl'
Silbernitrat =	$Ag^{\cdot}$	NO_3'
Chlorbaryum =	$Ba^{\cdot\cdot}$	$2\,Cl' \cdot$
Kupfervitriol =	$Cu^{\cdot\cdot}$	$SO_4''.$

Die Theorie der elektrolytischen Dissoziation macht es auch verständlich, daß die Ionen, wie das Chlor in der Chlorwasserstoffsäure oder dem Natriumchlorid oder dem Baryumchlorid, stets dieselben Reaktionen zeigen, z. B. gegenüber Silbernitrat, welches eine Fällung der Chlor-Ionen als Silberchlorid veranlaßt:

$$(H^{\cdot} + Cl') + (Ag^{\cdot} + NO_3') \longrightarrow AgCl + (H^{\cdot} + NO_3')$$
$$(Na^{\cdot} + Cl') + (Ag^{\cdot} + NO_3') \longrightarrow AgCl + (Na^{\cdot} + NO_3')$$
$$(Ba^{\cdot\cdot} + 2\,Cl') + 2\,(Ag^{\cdot} + NO_3') \longrightarrow 2\,AgCl + (Ba^{\cdot\cdot} + 2\,NO_3').$$

Das chlorsaure Kalium, das Kaliumchlorat, hingegen ist in wässeriger Lösung in die Ionen $K^{\cdot} + ClO_3'$ gespalten; das Chlor ist also nicht als Ion vorhanden, und daher gibt Kaliumchlorat mit Silbernitrat auch keine Fällung von Silberchlorid.

Die analytischen Reaktionen sind Ionenreaktionen.

Da die Elektrolyte in wässerigen Lösungen sich in Ionen spalten, so erklären sich damit auch die Abweichungen, welche solche Lösungen bei der Molekulargewichtsbestimmung nach Raoult zeigen.

Das Ch'ornatrium ist in die beiden Ionen $Na^{\cdot} + Cl'$ zerfallen und wirkt daher wie 2 Molekeln, das Kaliumsulfat in die 3 Ionen $2\,K^{\cdot} + SO_4''$ und wirkt daher wie 3 Molekeln eines Nichtelektrolyten.

Die Theorie der elektrolytischen Dissoziation gibt uns aber weiterhin eine schärfere Begriffsumschreibung für die Säuren, Basen und Salze.

Unter Säuren verstand man bisher Verbindungen, welche einen sauren Geschmack besitzen, den blauen Pflanzenfarbstoff Lackmus röten und Wasserstoff ganz oder teilweise gegen Metalle auswechseln können. Unter Basen verstand man laugenhaft schmeckende Verbindungen, die den rotgefärbten Lackmusfarbstoff bläuen, und welche mit Säuren derartig in Reaktion treten, daß das Metallatom das oder die ersetzbaren Wasserstoffatome der Säuren einnimmt. Die durch die Einwirkung der Säuren auf die Basen entstehenden Verbindungen heißen Salze.

Da bei der Elektrolyse aller Säuren Wasserstoffionen nach der negativen Elektrode wandern und der Rest der Molekel nach der positiven, so kann man als Säuren diejenigen Verbindungen bezeichnen, deren wässerige Lösung Wasserstoffionen enthält.

Für eine einbasische Säure drückt man dies durch das Bild aus:

$$HR \longrightarrow H^{\cdot} + R',$$

in welchem $H^{\cdot}$ das Wasserstoffion (Kation) und R' der Säurerest (Anion) bedeutet.

Alle wasserlöslichen Basen sind gleichfalls Elektrolyte. Läßt man auf Natronlauge (Natriumhydroxyd, NaOH) in wässeriger Lösung den elektrischen Strom einwirken, so wandert das Natrium nach der Kathode, der Rest der Molekel OH nach der Anode. Da die Gruppe OH aber nur als Ion existenzfähig ist, so zerfällt sie, sobald sie ihre elektrische Ladung an die Anode abgegeben hat, in Wasser und Sauerstoff:

$$2\,OH' \longrightarrow H_2O + O.$$

In entsprechender Weise verläuft auch die Elektrolyse aller anderen Basen.

Basen sind demnach Verbindungen, deren wässerige Lösungen Hydroxylionen enthalten.

Die Spaltung einer einsäurigen Base läßt sich durch das Bild veranschaulichen:

$$BOH \rightleftarrows B^{\cdot} + OH',$$

in welchem $B^{\cdot}$ das Kation und OH' das Anion ist.

Verbinden sich Säure und Base zu einem Salz, so findet eine Vereinigung von Wasserstoffionen und Hydroxylionen zu Wasser statt, z. B.

$$(H^{\cdot} + Cl') + (Na^{\cdot} + OH') \rightarrow (Na^{\cdot} + Cl') + H_2O.$$

Die Eigenschaften der Säuren, Basen und Salze hängen von der Art ihrer Ionenspaltung ab. Diejenigen Säuren oder Basen, welche bei gleicher Verdünnung am meisten ionisiert sind, sind die „stärkeren". Salzsäure ist z. B. stärker als Essigsäure. Man hat festgestellt, daß bei einer Verdünnung von $\frac{1}{32}$ Mol pro 1 Liter die Salzsäure fast vollständig in Ionen gespalten ist, während die Essigsäure nur zu 2,4 $^0/_0$ eine Ionenspaltung erfahren hat. Die stärksten Basen sind diejenigen, welche am meisten Hydroxylionen abgeben. Am meisten dissoziiert sind Kaliumhydroxyd und Natriumhydroxyd, wenig das Ammoniumhydroxyd.

Salze sind meist stark ionisiert, besonders diejenigen, welche einwertige Ionen liefern. Nur gering dissoziiert sind in Lösung einige Halogensalze, wie die des Zinks und Quecksilbers.

Brom.

Bromum. Br $= 79{,}92$. **Ein- und fünfwertig.** 1826 von Balard in Montpellier im Meerwasser entdeckt. Der Name Brom ist abgeleitet aus dem griechischen $\beta\varrho\tilde{\omega}\mu o\varsigma$, bromos, Gestank.

Vorkommen. Brom findet sich als Begleiter des Chlors, gebunden wie dieses an Metalle, besonders Natrium, Kalium, Magnesium. Das Wasser des Ozeans enthält gegen 0,008 $^0/_0$ Brom.

Bromide sind auch in vielen Solquellen und Mineralwässern enthalten, so in Kreuznach, Kissingen, Heilbrunn in Oberbayern, an verschiedenen Stellen Nordamerikas.

In Deutschland werden die bei der Aufarbeitung der Staßfurter Salze auf Kalisalze erhaltenen Mutterlaugen, in welchen neben viel Chlormagnesium in kleiner Menge auch Brommagnesium enthalten ist, zur Gewinnung des Broms benutzt.

Gewinnung. 1. Entsprechend der des Chlors durch Destillation der Bromide mit Mangansuperoxyd und Schwefelsäure:

$$MnO_2 + MgBr_2 + 2\,H_2SO_4 = MnSO_4 + MgSO_4 + Br_2 + 2\,H_2O.$$

2. Durch elektrolytische Zerlegung der Metallbromide.

In der Neuzeit wird das Brom in Staßfurt aus der Brommagnesiumlauge fast nur noch elektrolytisch gewonnen. Um die bei der Destillation nicht kondensierten und daher entweichenden Bromdämpfe nicht verloren gehen zu lassen, verbindet man die Vorlagen mit Gefäßen, die mit Eisendrehspänen gefüllt sind. Diese halten das Brom als Eisenbromür $FeBr_2$ zurück. Um chlorhaltiges Brom von Chlor zu befreien, wird das Brom über Eisenbromür geleitet:

$$FeBr_2 + 2\,BrCl = FeCl_2 + 2\,Br_2.$$

Eigenschaften. Dunkelrotbraune, chlorähnlich riechende, schwere Flüssigkeit vom spez. Gew. 3,187 bei 0^0. In der Kälte erstarrt das Brom zu einer dunkelgelben Masse, deren Schmelzpunkt bei $-7,3^0$ liegt. Brom siedet bei 63^0.

Da Brom schon bei mittlerer Wärme Bromdämpfe abgibt, bewahrt man es unter Wasser auf. Es löst sich in 33 Teilen Wasser, leicht in Weingeist, Äther, Schwefelkohlenstoff und Chloroform mit rotbrauner Farbe. Von starker Salzsäure wird es bei Zimmertemperatur bis zu $24^0/_0$ gelöst. Mit den meisten Metallen verbindet es sich zu Bromiden, besitzt aber zu ihnen eine geringere Affinität als Chlor; dieses macht daher aus Bromiden Brom frei. Während Chlor mit Wasserstoff sich schon bei Belichtung und bei gewöhnlicher Temperatur zu Chlorwasserstoff vereinigt, verbindet sich Brom mit Wasserstoff erst bei höherer Temperatur. Stärkekleister wird durch Brom orange gefärbt.

Brom ist giftig; sein Dampf reizt heftig die Atmungsorgane.

Prüfung des Broms. Färbung, Geruch, spezifisches Gewicht sind hinlängliche Kennzeichen für das Brom.

Die Prüfung erstreckt sich auf den Nachweis organischer Bromverbindungen und von Jod (s. Arzneibuch).

Anwendung. Brom wird als Desinfektionsmittel benutzt, meist mit Kieselgur vermischt in Form von Würfeln, Stäbchen oder kreisrunden Platten. Es führt in dieser Form den Namen Bromum solidificatum. Anorganische und organische Bromverbindungen finden als Beruhigungsmittel (Sedativa) Anwendung. Vorsichtig aufzubewahren.

Verbindung des Broms mit Wasserstoff.

Bromwasserstoff. (Bromwasserstoffsäure. Acidum hydrobromicum. HBr.)

Seine Darstellung kann in entsprechender Weise, wie die der Chlorwasserstoffsäure, aus Natriumbromid und Schwefelsäure nicht geschehen, da bei höherer Temperatur die konz. Schwefelsäure Bromwasserstoffsäure unter Abscheidung von Brom zersetzt.

Die Darstellung geschieht meist durch Zersetzen von Phosphortribromid mit Wasser:

$$PBr_3 + 3\,H_2O = H_3PO_3 + 3\,HBr,$$

indem man zu unter Wasser befindlichem amorphen Phosphor nach und nach Brom hinzutropfen läßt.

Man gewinnt in der Technik Bromwasserstoffsäure auch durch Einleiten von Schwefelwasserstoff zu unter Wasser befindlichem Brom. Hierbei scheidet sich Schwefel ab:

$$Br_2 + H_2S = 2\,HBr + S.$$

Das Filtrat wird der Destillation unterworfen.

Eigenschaften. Reiner Bromwasserstoff ist ein farbloses Gas, das an feuchter Luft stark raucht, durch starken Druck oder bei niedriger Temperatur zu einer Flüssigkeit verdichtbar ist, die bei weiterer Abkühlung kristallinisch erstarrt. In Wasser ist Bromwasserstoff leicht löslich. Die bei 0^0 gesättigte Lösung enthält $82^0/_0$ HBr und besitzt das spez. Gew. 1,78.

Anwendung. Eine $25^0/_0$ige Bromwasserstoffsäure wird an Stelle von Kaliumbromid bei Epilepsie, bei nervöser Reizbarkeit, Keuch- und Krampfhusten, verwendet. Dosis: 3 mal täglich 10 Tropfen in Zuckerwasser eine Viertelstunde nach den Mahlzeiten.

Jod.

Jodum. $J = 126,92$. Ein-, drei-, fünf- und siebenwertig. Zuerst 1811 von Courtois beim Verarbeiten von Vareclaugen auf Soda beobachtet. Courtois teilte am 9. November 1813 der Akademie der Wissenschaften in Dijon seine Entdeckung mit. Varec oder Varech nennt man in Frankreich (Normandie) die durch Veraschen von Seealgen erhaltenen Rückstände; in England führen sie den Namen Kelp. Der Name Jod wurde von Gay-Lussac dem Elemente gegeben wegen des dunkelvioletten Dampfes (abgeleitet von $\iota\omega\varepsilon\iota\delta\dot\eta\varsigma$, veilchenblau), in den es beim Erhitzen übergeht.

Vorkommen. Jod findet sich an Natrium gebunden im Meerwasser, in Salzlagern, Salzsolen, Mineralquellen. Die wichtigsten Mineralquellen Deutschlands, welche Jod enthalten, sind Aachen, Baden, Ems, Homburg v. d. H., Kissingen, Krankenheil bei Tölz, Salzbrunn. Es kommt auch in einigen Silbererzen vor, in Tonschiefern, in Steinkohlen. Bemerkenswert ist das von Baumann entdeckte Vorkommen des Jods in der Schilddrüse, der Thyreoidea, welche ca. $0,3^0/_0$ Jod enthält. Bei Jodmangel tritt eine in Form eines Kropfes sich ausbildende Wucherung der Schilddrüse auf. In Form von jodsaurem Natrium ($NaJO_3$) findet es sich zu $0,1^0/_0$ im Chilesalpeter. In der Pariser Luft wurden von Chatin auf 4000 l $= 0,002$ mg Jod gefunden.

Das Meerwasser enthält $0,001^0/_0$ Jod. Das Verhältnis von Brom zu Jod im Meerwasser ist wie $8 : 1$. Jod wird von den Meeresorganismen, besonders den Fucus- und Laminaria-Arten, von vielen Seetieren, wie dem Badeschwamm, den Seesternen, den Tran liefernden Seefischen aufgenommen und darin zu organischen Jodverbindungen umgeformt.

Gewinnung. Zur Gewinnung dienen entweder die Asche der Fuceae (Fucus, Laminaria), welche gegen $0,5^0/_0$ Jod enthält, oder die Mutterlaugen des Chilesalpeters.

1. Aus der Asche des Fuceae.

In Großbritannien (Glasgow) wird die Fucus-Asche zunächst mit heißem Wasser ausgelaugt und die Lauge auf ein spezifisches Gewicht von 1,18—1,20 eingedampft. Die beim Erkalten auskristallisierenden Salze, hauptsächlich Natriumchlorid und Natriumkarbonat, werden entfernt. Man dampft von neuem ein und versetzt nach Beseitigung der abermaligen Kristallisation die erhaltene Jodlauge vom spezifischen Gewicht 1,3 bis 1,4 in flachen Schalen mit Schwefelsäure vom spezifischen Gewicht 1,7, um die kohlensauren Salze und die Schwefelverbindungen zu zerlegen. Es entweichen Kohlensäure und Schwefelwasserstoff; nach mehrtägiger Ruhe gießt man von den auskristallisierten schwefelsauren Alkalien ab und bringt die Jodlauge nebst Braunstein und Schwefelsäure in Sublimierapparate, die aus gußeisernen Kesseln mit Bleihelmen b bestehen (s. Abb. 16). Letztere sind durch zwei Bleirohre mit Tubus a mit je zwei Reihen birnförmiger, ungekühlter Vorlagen aus gebranntem Ton verbunden. Die in den Helmen noch befindlichen anderen zwei verschließbaren Öffnungen dienen zum Einfüllen der Lauge und zum Beobachten der Jodentwicklung.

Man gibt so lange Braunstein bzw. Schwefelsäure nach, als noch violette Dämpfe sich entwickeln, und verarbeitet den Rückstand auf Brom. Das Jod verdichtet sich in den Vorlagen in blättrigen Kristallen.

In Frankreich pflegt man Jod aus der von fremden Salzen größtenteils befreiten Jodlauge durch vorsichtiges Einleiten von Chlor zu gewinnen:

$$2\,NaJ + Cl_2 = 2\,NaCl + J_2.$$

Abb. 16. Vorrichtung zur Jodgewinnung.

Das Jod scheidet sich als schwarzes Pulver ab. Ein Überschuß von Chlor ist zu vermeiden, da hierdurch Jod in leichtlösliches Chlorjod übergeführt wird.

2. Aus dem Chilesalpeter.

Durch Einleiten von schwefliger Säure in die jodathaltigen Laugen des Chilesalpeters scheidet sich Jod aus:

$$2\,NaJO_3 + 5\,SO_2 + 4\,H_2O = 2\,NaHSO_4 + 3\,H_2SO_4 + J_2.$$

Ein Überschuß an schwefliger Säure löst das Jod wieder auf:

$$J_2 + SO_2 + 2\,H_2O = H_2SO_4 + 2\,HJ.$$

Man kann auch bis zu Ende reduzieren und fällt dann die Jodwasserstoffsäure mit einer Lösung von Kupfervitriol:

$$4\,HJ + 2\,CuSO_4 = 2\,CuJ + J_2 + 2\,H_2SO_4.$$

Das jodhaltige Kupferjodür (Cuprojodid) wird nach obigen Methoden auf Jod verarbeitet.

Das nach der einen oder anderen Methode erhaltene Jod, das Rohjod, welches als Verunreinigungen Chlor- und Cyanjod enthalten kann — letzteres rührt von dem Veraschungsprozeß aus Pflanzenmaterial her — wird mit Wasser gewaschen und nach dem Trocknen durch eine sorgfältig ausgeführte Sublimation aus tönernen Retorten, die in ein Sandbad eingesetzt sind, gereinigt. Es kommt dann als Jodum resublimatum in den Handel. Kleine Mengen Jod kann man zwischen zwei Uhrgläsern, die mittels einer Metallzwinge aneinander gepreßt sind, sublimieren. An dem oberen Uhrglase setzt sich das sublimierte Jod an, wenn das untere auf einem Sandbade oder einer Asbestplatte vorsichtig erhitzt wird.

Eigenschaften. Jod bildet schwarzgraue, metallisch glänzende, rhombische Tafeln oder Blättchen von eigentümlichem, chlorähnlichem Geruch, welche beim Erhitzen violette Dämpfe bilden. Jod färbt die Haut braun und wirkt ätzend. Spez. Gewicht des Jods 4,66 bei 17^0, Schmelzpunkt 116^0, Siedepunkt $183,5^0$.

Jod verflüchtigt sich schon bei gewöhnlicher Temperatur und bedeckt, wenn diese Verflüchtigung in einem geschlossenen Gefäße geschieht, die Wände desselben nach uud nach mit glänzenden Kristallen. Jod löst sich in ungefähr 4500 Teilen Wasser, in 9 Teilen Weingeist, in etwa 200 Teilen Glycerin mit brauner Farbe. In

reichlicher Menge ist Jod löslich in Äther und in Kaliumjodidlösung mit brauner, in Chloroform und in Schwefelkohlenstoff mit violetter Farbe.

Die $10^0/_0$ige weingeistige Lösung führt den Namen Jodtinktur (Tinctura Jodi). Man verwendet zweckmäßig zur Bereitung kleinerer Mengen von Jodtinktur Flaschen, deren hohle Stopfen mit der nötigen Menge Jod gefüllt und dann mit hydrophilem Mull verbunden werden. Füllt man das Gefäß mit der entsprechenden Menge Spiritus und verschließt sodann mit dem Stopfen, so löst der Spiritus in einigen Stunden das Jod heraus, ohne daß ein Umschütteln des Gefäßes erforderlich ist (s. Abb. 17).

In seinem chemischen Verhalten steht Jod dem Chlor und Brom nahe, doch wirkt es als Oxydationsmittel schwächer als diese. Aus seinen Verbindungen mit Metallen (Metalljodiden) wird es sowohl durch Chlor

Abb. 17.

wie Brom in Freiheit gesetzt. Fügt man zu einer wässerigen Kaliumjodidlösung wenig Chlorwasser und schüttelt die Flüssigkeit mit Chloroform oder Schwefelkohlenstoff, so nehmen diese das Jod mit violetter Farbe auf. Ein Überschuß von Chlorwasser ist zu vermeiden, da sich dann farbloses Chlorjod bilden kann und die Ausschüttelflüssigkeiten in diesem Falle ungefärbt bleiben.

Aus einem Gemisch von Brom- und Jodkalium wird durch Chlor zuerst das Jod frei gemacht; man kann daher selbst kleine Mengen Jodkalium in Bromkalium durch sehr vorsichtigen Zusatz von Chlorwasser und darauffolgendes Ausschütteln mit Chloroform nachweisen.

Zum Nachweis des freien Jods dient sein Verhalten gegenüber Stärke (Stärkekleister), die es blau färbt. Die durch Jod in einer Stärkelösung hervorgerufene Farbe verschwindet beim Erhitzen, um nach dem Erkalten wieder zu erscheinen.

Prüfung des Jods. Jod muß trocken sein; feuchtes Jod haftet beim Schütteln an den Glaswandungen. Jod muß sich in der Wärme vollständig verflüchtigen, also frei sein von anorganischen Verunreinigungen. Das Arzneibuch läßt prüfen auf einen Gehalt an Cyanjod und Chlorjod (s. Arzneibuch).

Zur Gehaltsbestimmung des Jods wird eine Lösung von 0,2 g Jod mit Hilfe von 1 g Kaliumjodid und 20 ccm Wasser hergestellt und mit Zehntel-Normal-Natriumthiosulfatlösung titriert. Es müssen mindestens 15,6 ccm dieser verbraucht werden.

$$2\,Na_2S_2O_3 + J_2 = 2\,NaJ + Na_2S_4O_6.$$

1 ccm der Thiosulfatlösung entspricht 0,01269 g Jod, 15,6 ccm daher $0,01269 \cdot 15,6$ g $= 0,197964$ g, welche in 0,2 g Jod enthalten sind. Das Arzneibuch verlangt daher ein Präparat mit $\dfrac{100 \cdot 0,197964\ g}{0,2} = $ rund $99\,{}^0/_0$ Jodgehalt.

Vorsichtig aufzubewahren! Größte Einzelgabe 0,02 g! Größte Tagesgabe 0,06 g!

Prüfung der Tinctura Jodi, Jodtinktur. Gehalt 9,4 bis $10\,{}^0/_0$ freies Jod. Dunkelbraune, nach Jod riechende, in der Wärme ohne Rückstand sich verflüchtigende Flüssigkeit. Spez. Gew. 0,902 bis 0,906.

Gehaltsbestimmung. 2 ccm Jodtinktur müssen nach Zusatz von 25 ccm Wasser und 0,5 g Kaliumjodid zur Bindung des Jods 13,4 bis 14,2 ccm Zehntel-Normal-Natriumthiosulfatlösung verbrauchen (Stärkelösung als Indikator).

1 ccm Thiosulfatlösung bindet 0,01269 g Jod.

13,4 ccm daher $0,01269 \cdot 13,4 = 0,170046$ g und

14,2 ccm daher $0,01269 \cdot 14,2 = 0,180198$ g Jod. Diese Menge ist in 2 ccm Jodtinktur enthalten, unter Berücksichtigung des spezifischen Gewichtes der Jodtinktur von 0,904 entspricht dieser Menge

$$\frac{0,170046 \cdot 100}{2 \cdot 0,904} = \text{rund } 9,4\,{}^0/_0 \quad \text{bzw.} \quad \frac{0,180198}{2 \cdot 0,904} = \text{rund } \mathbf{10\,{}^0/_0\ Jod.}$$

Der Jodgehalt einer frisch bereiteten Lösung beträgt allerdings $10\,{}^0/_0$, doch geht der Gehalt infolge der Einwirkung des Jods auf den Alkohol unter Bildung kleiner Mengen Jodwasserstoff, Jodäthyl, Aldehyd und Jodoform etwas zurück.

Arzneiliche Anwendung. Jod ist ein Reizmittel. Es ruft in größeren Dosen innerlich genommen heftige Magenentzündung verbunden mit Erbrechen hervor. Als Gegenmittel bei Vergiftungen mit Jod wird Stärkekleister angewendet. Äußerlich wird Jod als Tinktur oder in Salbenform als reizendes und resorbierendes Mittel benutzt. Als Desinfektionsmittel bei der Wundbehandlung neuerdings vielfach in Gebrauch. Jodsalze haben, innerlich genommen, eine starke Beschleunigung des Stoffwechsels zur

Folge. Die Beseitigung von Drüsenanschwellungen und Schwund des Fettes nach dem Gebrauch von Jodverbindungen ist hierauf zurückzuführen. Nach größeren Dosen von Jodverbindungen zeigen sich katarrhalische Entzündungen der Schleimhäute (Jodschnupfen).

Vorsichtig aufzubewahren. Größte Einzelgabe 0,02 g, größte Tagesgabe 0,06 g.

Verbindung des Jods mit Wasserstoff.

Jodwasserstoff. (Jodwasserstoffsäure. Acidum hydrojodicum. HJ.) Die Darstellung geschieht entsprechend der des Bromwasserstoffs entweder durch Einwirkung von Jod auf in Wasser suspendierten amorphen Phosphor oder durch Leiten von Schwefelwasserstoff auf mit Wasser angeriebenes Jod.

Eigenschaften. Jodwasserstoff ist ein farbloses Gas, das an feuchter Luft stark raucht und sich in Wasser leicht löst.

Die Lösung zersetzt sich sehr schnell unter Braunfärbung, indem durch den Sauerstoff der atmosphärischen Luft Jod frei gemacht wird. Das Jod bleibt in der Jodwasserstoffsäure gelöst.

Anwendung. Jodwasserstoffsäure wird zufolge ihrer Eigenschaft, Sauerstoff zu binden, als kräftiges Reduktionsmittel, u. a. für Methoxylbestimmungen organischer Stoffe benutzt.

Fluor.

Fluorum. $F = 19$. Einwertig. Schon seit 1810, als Ampère die Flußsäure untersuchte, zu den Elementen gezählt; seine Abscheidung als Element ist jedoch erst 1886 durch Moissan bewirkt worden.

Der Name Fluor leitet sich ab von Spatum fluoricum, Flußspat, welcher bei der Ausbringung von Metallen aus Erzen zufolge seiner leichtflüssigen Beschaffenheit leicht schmelzbare Schlacken bildet. Das neben Calcium im Flußspat enthaltene Element hat daher den Namen Fluor erhalten.

Vorkommen. Die wichtigsten in der Natur vorkommenden Fluorverbindungen sind der Flußspat (Calciumfluorid, CaF_2) und der in Grönland sich findende Kryolith (Aluminium-Natriumfluorid, $AlF_3 . 3 NaF$). In geringer Menge sind Fluorverbindungen in vielen Pflanzen, sowie in den Knochen und Zähnen von Tieren nachgewiesen worden. Wölsendorfer Flußspat läßt beim Zerreiben in der Reibschale deutlichen Geruch nach Fluor entstehen.

Gewinnung. Freies Fluor läßt sich durch Elektrolyse von Fluorwasserstoffsäure, welche Kaliumfluorid enthält, in einem Platinrohr gewinnen.

Eigenschaften. Grünlichgelbes Gas von sehr unangenehmem, stechendem Geruch, bei -187^0 zu einer Flüssigkeit verdichtbar, welche Glas nicht mehr angreift und auch nicht mehr mit Jod, Schwefel und Metallen reagiert. Bei gewöhnlicher Temperatur verbindet es sich damit auf das leichteste. Wasser wird in der Kälte unter Bildung von Fluorwasserstoff und ozonisiertem Sauerstoff zerlegt. Wasserstoffhaltige organische Stoffe werden heftig angegriffen; ein Stück Kork verkohlt sofort in Fluorgas und entflammt.

Verbindung des Fluors mit Wasserstoff.

Fluorwasserstoff. Fluorwasserstoffsäure. Flußsäure. Acidum hydrofluoricum. HF.

Darstellung. Man übergießt gepulverten Flußspat (Calciumfluorid) mit konzentrierter Schwefelsäure und erwärmt gelinde:

$$CaF_2 + H_2SO_4 = CaSO_4 + 2\,HF.$$

Die Destillation wird in Gefäßen aus Platin oder Blei vorgenommen, die man mit einer gut gekühlten, etwas Wasser enthaltenden U-förmigen Röhrenvorlage (Abb. 18) verbindet.

Wasserfreier Fluorwasserstoff bildet eine farblose, an der Luft rauchende, stark Wasser anziehende, bei 19^0 siedende Flüssigkeit, in Wasser leicht löslich. Mit Ausnahme von Platin, Gold, Blei werden die Metalle von Fluorwasserstoffsäure gelöst, ebenso Kieselsäure und kieselsaure Salze. Deshalb wird auch Glas von der Säure angegriffen. Man benutzt zur Aufbewahrung und Versendung der Flußsäure meist Gefäße aus Kautschuk. Die käufliche Flußsäure enthält in der Regel 30 bis $40\,^0/_0$ HF; sie siedet bei 120^0.

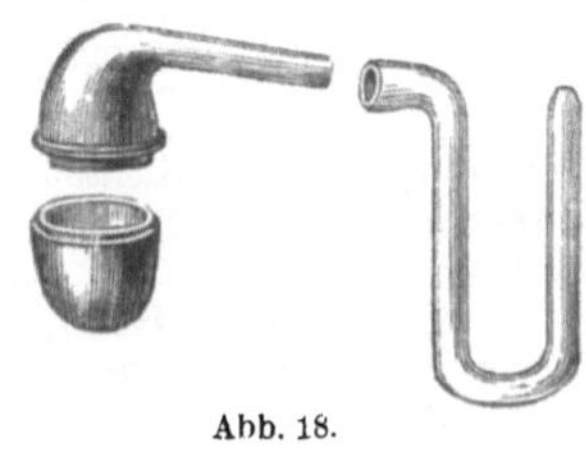

Abb. 18.

Anwendung. Dient vorzugsweise zum Einätzen von Zeichnungen und Schriftzügen in Glas, indem man die Glasgegenstände mit einer von Fluorwasserstoff nicht angreifbaren Schicht Paraffin überzieht und in diese die Schrift eingraviert, so daß von dieser das Glas bloßgelegt und somit dem Fluorwasserstoff zugänglich gemacht wird.

Die Glasätzung ist auf die Einwirkung des Fluorwasserstoffs auf die Kieselsäure zurückzuführen, indem gasförmig entweichendes Siliciumfluorid gebildet wird:

$$SiO_2 + 4\,HF = 2\,H_2O + SiF_4.$$

Durch Wasser wird Siliciumfluorid zersetzt unter Abscheidung von weißer Metakieselsäure, während Kieselfluorwasserstoffsäure gelöst wird:

$$3\,SiF_4 + 3\,H_2O = H_2SiO_3 + 2\,H_2SiF_6.$$

Auf diese Reaktion gründet sich auch der analytische Nachweis von Fluor: Erhitzt man eine fluorhaltige Substanz mit konz. Schwefelsäure und läßt die entweichenden Gase auf einen an einem Glasstab hängenden Wassertropfen einwirken, so trübt sich der Tropfen zufolge der Ausscheidung von Metakieselsäure.

Natrium- und Ammoniumfluorid wurden zur Konservierung für Nahrungsmittel benutzt, ihre Verwendung zu diesem Zweck ist aber im Deutschen Reich durch Gesetz vom 18. Februar 1902 verboten.

Verbindungen der Halogene untereinander.

Chlor verbindet sich mit Brom und Jod, und letztere beide untereinander, in verschiedenen Verhältnissen. Von diesen Verbindungen seien erwähnt:

Einfach-Chlorjod, Jodmonochlorid, JCl, entsteht beim Überleiten von Chlor über trockenes Jod und bildet eine rote kristallinische Masse, die von Wasser unter Bildung von Jodsäure, Jod und Chlorwasserstoff zersetzt wird.

Dreifach-Chlorjod, Jodtrichlorid, JCl_3, entsteht beim Überleiten von überschüssigem Chlor über Jod und bildet orangefarbene Kristallnadeln von starkem, durchdringendem Geruch. Mit Wasser zersetzt es sich unter Bildung von Jodmonochlorid, Chlorwasserstoff und Jodsäure. Jodtrichlorid findet seiner stark antiseptischen Wirkung wegen arzneiliche Verwendung. Als guter Chlorüberträger wird Jodtrichlorid zur Chlorierung organischer Substanzen benutzt.

Sauerstoffverbindungen der Halogene und deren Hydrate.

a) Verbindungen des Chlors mit Sauerstoff.

Chlormonoxyd, Unterchlorigsäureanhydrid, Cl_2O, entsteht beim Überleiten von trockenem Chlorgas über gelbes Quecksilberoxyd in der Kälte. Gas von gelbroter Farbe.

Chlordioxyd, ClO_2, gewinnt man durch vorsichtiges Erhitzen von 1 Teil Kaliumchlorat mit $4\,^1/_2$ Teilen kristallisierter Oxalsäure im Wasserbade auf 70^0.

Braungelbes Gas, das in einer Kältemischung zu einer bei $+10^0$ siedenden Flüssigkeit verdichtet werden kann. Beim Erwärmen über 30^0 oder beim Zusammenbringen mit organischen Substanzen zersetzt sich Chlordioxyd unter heftiger Explosion.

Chlorsäure, $HClO_3$, wird in wässeriger Lösung erhalten durch Zersetzen einer wässerigen Lösung von Baryumchlorat mit der zur Bindung des Baryums berechneten Menge verdünnter Schwefelsäure:

$$Ba(ClO_3)_2 + H_2SO_4 = BaSO_4 + 2HClO_3.$$

Eine $40\,^0/_0$ ige Lösung stellt eine sirupdicke, stark saure, geruch- und farblose Flüssigkeit dar, die mit Salzsäure Chlor entwickelt:

$$HClO_3 + 5\,HCl = 3\,H_2O + 3\,Cl_2.$$

Überchlorsäure, $HClO_4$, wird bei der Destillation von überchlorsaurem Kalium mit ca. $80\,^0/_0$ iger Schwefelsäure erhalten und ist wasserfrei eine farblose, an der Luft rauchende Flüssigkeit, welche in Berührung mit brennbaren Stoffen sehr heftig explodiert.

b) Verbindungen des Jods mit Sauerstoff.

Jodpentoxyd, J_2O_5, Jodsäureanhydrid entsteht bei der Oxydation von Jod mit Salpetersäure und Erwärmen der gebildeten Jodsäure auf 170^0.

Jodsäure, Acidum jodicum, HJO_3, wird durch Auflösen von Jodpentoxyd in wenig Wasser und Stehenlassen der konzentrierten Lösung in der Kälte im Exsikkator in Form farbloser, glänzender, rhombischer Tafeln oder Säulen erhalten.

Gruppe des Schwefels.

Schwefel. Selen. Tellur.

Schwefel.

Sulfur. $S = 32{,}06$. Zwei-, vier- und sechswertig. Seit den ältesten Zeiten bekannt. Der griechische Name für Schwefel ϑεῖον (theion) findet sich in manchen Bezeichnungen für zusammengesetzte Schwefelverbindungen wieder, z. B. Thioschwefelsäure Der Ausdruck Thio — in Zusammensetzungen — wird für zweiwertigen Schwefel gebraucht.

Vorkommen. Schwefel findet sich im freien Zustande in der Nähe erloschener und noch tätiger Vulkane, · in Sedimentär-

gesteinen im Flötzgebirge, im Kalkstein, Gips und Mergel oft in schön
ausgebildeten Kristallen (bei Girgenti auf Sizilien, Urbino und Reggio
in Italien, in Louisiana in Nordamerika, auf Island, in Japan), meist
jedoch mit verschiedenen Mineralien und tonhaltiger Erde gemengt,
so in Italien, Mähren.

An Sauerstoff gebunden kommt Schwefel als Schwefeldioxyd,
SO_2, und Schwefeltrioxyd, SO_3, in vulkanischen Gasen vor, ferner
in Form von Sulfiden und Sulfaten in großer Verbreitung.
Sulfide sind Schwefelmetalle, welche die Namen Glanze (z. B.
Bleiglanz, PbS), Kiese (z. B. Schwefelkies, FeS_2), Blenden (z. B.

Abb. 19. Schwefelsublimation, ca. $^1/_{100}$ nat. Größe.

Zinkblende, ZnS) führen. Natürlich vorkommende Sulfate sind Gips
($CaSO_4 \cdot 2H_2O$), Anhydrit ($CaSO_4$) Schwerspat ($BaSO_4$), Coelestin
($SrSO_4$), Kieserit ($MgSO_4 \cdot H_2O$). In Verbindung mit Wasserstoff
als Schwefelwasserstoff, H_2S, findet sich Schwefel in vulkanischen
Gasen und in vielen Grundwässern gelöst.

Gewinnung. Auf Sizilien wird Schwefel entweder in den zutage liegenden Schwefellagern (solfatare) gebrochen oder bergmännisch aus den in der Tiefe sich findenden Lagern (solfare) gefördert. Das schwefelhaltige Gestein wurde früher, jetzt nur noch
selten in gemauerten Gruben, die eine stark geneigte Sohle besitzen
(Calcaroni), zu einer Art Meiler aufgeschichtet, dieser mit erdigen
Massen bedeckt und unten angezündet. Ein Teil des Schwefels ($^1/_3$
bis $^2/_5$) verbrennt und liefert hierbei die das Ausschmelzen des

übrigen Schwefels besorgende Wärmemenge. Der ausgeschmolzene Schwefel wird an dem tiefsten Teil der Sohle abgelassen. Die hinterbleibenden noch etwas Schwefel enthaltenden erdigen Massen kommen als Sulfur griseum oder Sulfur caballinum in den Handel.

Der ausgeschmolzene Schwefel wird noch einige Zeit flüssig erhalten, damit sich die Unreinigkeiten zu Boden setzen können. Zwecks weiterer Reinigung wird der Rohschwefel einer Raffination unterworfen, indem er aus gußeisernen Retorten R (s. Abb. 19) sublimiert wird. Den Schwefeldampf läßt man in einen großen gemauerten Raum K eintreten, in welchem er sich zu einem feinen Kristallmehl (Schwefelblumen, Flores sulfuris, Sulfur sublimatum) verdichtet, solange die Temperatur unter 114° bleibt. Hierzu ist langsames Sublimieren erforderlich. Steigt die Temperatur in dem gemauerten Raum über 114°, so schmilzt der sublimierte Schwefel und sammelt sich auf dem Boden der Kammer. Durch Öffnen des Verschlusses S läßt man den flüssigen Schwefel von Zeit zu Zeit ab und in angefeuchtete hölzerne Formen (s. Abb. 20) fließen, worin er zu Stangenschwefel (Sulfur in baculis) erstarrt.

Die Retorte wird aus dem Behälter M, worin sich geschmolzener Schwefel befindet, durch Öffnung des Verschlusses bei V von neuem beschickt.

Die Gewinnung des Rohschwefels erfolgt neuerdings in einigen Gegenden des kontinentalen Italiens in sogenannten Fornelli, das sind mehrere meilerartige, zu einem System vereinigte Schmelzöfen. Auch durch Glühen von Schwefelkiesen unter Abschluß der Luft wird Schwefel gewonnen. Wo größere Mengen Schwefelwasserstoff als Abfallprodukt in der Technik zur Verfügung stehen, z. B. bei der Darstellung von Baryumsalzen aus reduziertem Schwerspat, wird Schwefelwasserstoff bei ungenügendem Luftzutritt verbrannt, wobei sich nur der Wasserstoff zu Wasser oxydiert, während Schwefel abgeschieden wird.

Abb. 20. Hölzerne Form für Stangenschwefel.

In Louisiana wird zur Gewinnung des Schwefels ein 330 mm starkes, am unteren Ende durchlöchertes Rohr durch die oberen Erdschichten bis zu dem Schwefellager getrieben (Abb. 21). In das Rohr wird ein zweites von 76 mm Durchmesser und in das zweite ein drittes Rohr von 38 mm Durchmesser gesteckt. In den zwischen dem ersten und zweiten Rohr befindlichen Zwischenraum wird auf 160 bis 170° überhitztes Wasser hinabgedrückt. Das heiße Wasser dringt durch seitliche Öffnungen in die schwefelhaltigen Erdschichten ein und bringt hier den Schwefel zum Schmelzen. Durch in das dritte Rohr eingeführte heiße Druckluft von 28 Atm. wird der flüssig gewordene Schwefel samt Wasser in dem zweiten Rohr emporgehoben. Neuerdings ist Schwefel auch aus Gips (Calciumsulfat) gewonnen worden. Dieser wird bis zu Calciumsulfid (CaS) reduziert und letzteres mittels Salzsäure zu Calciumchlorid und gasförmigem Schwefelwasserstoff zerlegt. Daraufhin oxydiert man den Schwefelwasserstoff unter besonderen Vorsichtsmaßregeln, so daß Wasser und Schwefel sich bilden.

Eigenschaften. Schwefel ist gelb gefärbt; er wird beim Reiben negativ elektrisch, löst sich nicht in Wasser, schwer in Alkohol und Äther, leicht in Schwefelkohlenstoff. Bei $114{,}5^0$ schmilzt Schwefel zu einer hellgelben, dünnen Flüssigkeit, welche gegen 160^0 zähflüssiger wird und sich dunkler färbt. Bei 200 bis 250^0 ist sie so zähe, daß beim Umwenden des Gefäßes ein Ausfließen nicht mehr stattfindet. Gegen 330^0 wird die Masse wieder dünnflüssiger und siedet bei $448{,}4^0$ unter Entwicklung eines braungelben Dampfes.

Schwefel tritt in drei verschiedenen Formen (in drei allotropen Zuständen) auf:

1. **Oktaedrischer,** auch **rhombischer** oder **gewöhnlicher** Schwefel genannt, findet sich in der Natur und wird künstlich erhalten durch Auskristallisierenlassen aus einer Lösung in Schwefelkohlenstoff in durchsichtigen gelben Oktaedern.

2. **Prismatischer** oder **monoklinischer** Schwefel bildet sich beim

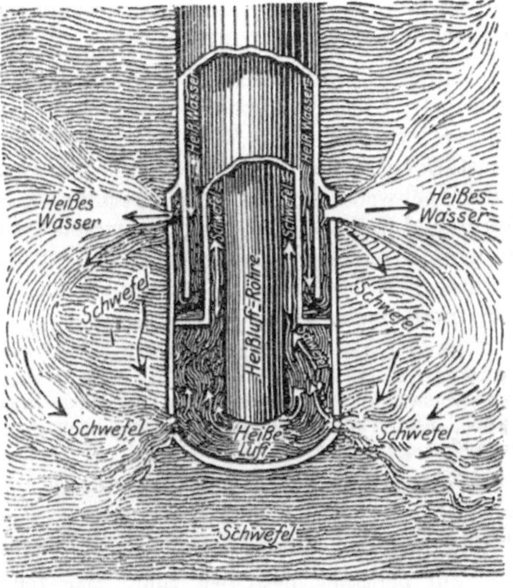

Abb. 21. Gewinnung des Schwefels in Louisiana.

langsamen Erkalten von geschmolzenem, aber nicht überschmolzenem Schwefel in langen durchscheinenden, hellgelben, monoklinen Prismen. Beim Aufbewahren werden sie schnell undurchsichtig und gehen in die oktaedrische Kristallform über.

3. **Amorpher** Schwefel. Man unterscheidet: a) **plastischen** oder **zähen** Schwefel, der beim schnellen Abkühlen von auf 250^0 erhitztem Schwefel entsteht und eine knetbare, bräunliche, durchscheinende Masse bildet. Sie geht nach kurzer Zeit in oktaedrischen Schwefel über; b) **präzipitierten** Schwefel oder **Schwefelmilch,** welche sich bei der Zerlegung von Mehrfachschwefelalkalien oder -erdalkalien (Polysulfiden) durch Salzsäure als gelblichweißes Pulver abscheidet.

Schwefel verbrennt beim Erhitzen an der Luft mit bläulicher Flamme zu Schwefeldioxyd (Schwefligsäureanhydrid) SO_2.

Die Verbindungen des Schwefels mit Metallen werden je nach der Menge des in der Molekel enthaltenen Schwefels als **Sulfüre,**

Sulfide und Polysulfide oder als Einfach-, Zweifach- und Mehrfach-Schwefelverbindungen bezeichnet, z. B.:

$$\underbrace{FeS}_{\text{Einfach-Schwefeleisen}} \qquad \underbrace{FeS_2}_{\text{Zweifach-Schwefeleisen}} \qquad \underbrace{K_2S_5}_{\text{Fünffach Schwefelalkalium.}}$$

Handelssorten des Schwefels.

Sulfur citrinum, Sulfur in baculis, Stangenschwefel, rein-gelbe, 3—4 cm dicke, auf dem Bruche kristallinische Stäbe. Sie werden durch Eingießen des geschmolzenen Schwefels in hölzerne angefeuchtete Formen gewonnen.

Sulfur sublimatum. Flores Sulfuris, Schwefelblumen, Schwefelblüte, gelbes, etwas feuchtes und daher klümperndes Pulver, welches zum Teil amorph, zum Teil aus mikroskopischen Kriställchen besteht, zufolge eines geringen Gehaltes an Schwefelsäure einen schwach säuerlichen Geschmack besitzt. Schwefelblüte wird durch Sublimation des Blockschwefels gewonnen und enthält geringe Mengen arseniger Säure, welche sich durch Behandlung mit verdünntem Salmiakgeist entfernen läßt. Der Verbrennungsrückstand des Schwefels soll nicht mehr als $1\,^0/_0$ betragen.

Zur Herstellung von schwefelhaltigen Feuerwerkskörpern darf man Schwefelblüte nicht verwenden, weil der Gehalt dieser an Schwefelsäure beim Zusammentreffen mit chlorsaurem Kalium zu Explosionen führen kann. Man benutzt zu Feuerwerkskörpern den gepulverten Stangenschwefel oder den gewaschenen Schwefel.

Sulfur depuratum, Sulfur lotum, gewaschener oder gerei-nigter Schwefel, gelbes, trockenes, geruch- und geschmackloses Pulver von neutraler Reaktion.

Zur Bereitung desselben rührt man 100 T. der gesiebten Schwefelblüte mit 70 T. Wasser und 10 T. Salmiakgeist an, läßt einen Tag unter Umrühren stehen, wäscht auf einem Leinenbeutel mit destilliertem Wasser aus, bis das Ablaufende rotes Lackmuspapier nicht mehr verändert, preßt ab und trocknet bei mäßiger Wärme.

Prüfung: Läßt man 1 g Sulfur depuratum mit 20 ccm 35^0 bis 40^0 warmer Ammoniakflüssigkeit unter bisweiligem Umschütteln stehen und filtriert, so darf das Filtrat nach dem Ansäuern mit Salzsäure, auch nach Zusatz von Schwefel-wasserstoffwasser, nicht gelb gefärbt werden (Gelbfärbung wird durch Arsen-trisulfid bedingt). Bringt man Schwefel auf mit Wasser befeuchtetes Lackmus-papier, so darf dieses nicht gerötet werden, anderenfalls ist das Präparat nicht frei von Schwefelsäure. — Schwefel löse sich in Natronlauge beim Kochen vollständig auf; Ton, Sand und Verunreinigungen ähnlicher Art hinterbleiben beim Verbrennen des Schwefels oder bei der Lösung in Natronlauge. Ver-brennungsrückstand höchstens $1\,^0/_0$.

Sulfur praecipitatum, Lac Sulfuris, präzipitierter Schwefel, Schwefelmilch, feines, amorphes, gelblich weißes, geruch- und ge-schmackloses Pulver. Man bereitet präzipitierten Schwefel durch Fällen von Fünffach-Sehwefelcalcium mit Salzsäure.

Beim Kochen von 21 T. Schwefel mit gelöschtem Kalk (aus 10 T. ge-branntem Kalk) und 60 T. Wasser erhält man eine Lösung, in welcher sich neben Fünffach-Schwefelcalcium unterschwefligsaures Calcium (Calciumthiosulfat) befindet:

$$3 \, Ca(OH)_2 + 12 \, S = 2 \, CaS_5 + CaS_2O_3 + 3 \, H_2O.$$

Man trägt in diese Lösung, welche auf 500 T. mit Wasser verdünnt ist, nach und nach ein Gemisch von 1 T. Salzsäure (mit $25\,^0/_0$ HCl) und 2 T. Wasser unter Umrühren ein und hört mit dem Salzsäurezusatz auf, sobald die alkalische Reaktion der Flüssigkeit nahezu verschwunden ist:

$$CaS_5 + 2 \, HCl = CaCl_2 + H_2S + 4 \, S.$$

Ein Überschuß an Salzsäure würde auch das in Lösung befindliche Calciumthiosulfat zersetzen und Schwefel in schmieriger Form abscheiden:

$$CaS_2O_3 + 2 \, HCl = CaCl_2 + SO_2 + S + H_2O.$$

Die zur Fällung des Schwefels aus dem Calciumpentasulfid notwendige Menge Salzsäure beträgt 25 bis 30 Teile.

Man sammelt den gefällten Schwefel auf einem leinenen Tuche, wäscht ihn mit Wasser aus, preßt das anhängende Wasser ab und trocknet ihn bei gelinder Wärme. Prüfung wie bei Sulfur depuratum. Der Verbrennungsrückstand soll nur $0,5\,^0/_0$ betragen.

Anwendung. Schwefel wurde früher zur Herstellung von **Feuerwerkskörpern** sowie von phosphorhaltigen **Schwefelzündhölzern** benutzt. Als Desinfektionsmittel zum Einstäuben von Pflanzenteilen, die von Pilzen und Ungeziefer befallen sind, wird Schwefel noch vielfach verwendet. Bekannt ist seine Verwendung zum **Vulkanisieren des Kautschuks**, welcher hierdurch die Eigenschaft verliert, in der Hitze klebrig zu sein und durch Kälte zu zerbröckeln.

Das „**Schwefeln**" der Wein- und Bierfässer besteht darin, daß man Schwefel in den Fässern verbrennt; die entstehende schweflige Säure vernichtet schädliche Pilzkeime.

Als Arzneimittel findet Schwefel wegen seiner abführenden Wirkung als Zusatz zum Pulvis Liquiritiae compositus Anwendung, äußerlich zur Herstellung des Unguentum sulfuratum bei Hautkrankheiten; er ist ein Bestandteil von Krätzsalben und befindet sich in Aufschwemmung in dem als Schönheits- und Hautmittel benutzten **Kummerfeldschen Waschwasser**.

Schwefelwasserstoff. H_2S.

Vorkommen. Schwefelwasserstoff bildet sich an Orten, wo schwefelhaltige organische Stoffe (z. B. Eiweißstoffe) der Zersetzung unterliegen. Er ist auch in manchen Quellen (Schwefelwässern) enthalten (Aachen, Weilbach, Bagnères).

Darstellung. Man läßt auf Schwefelmetalle, z. B. Schwefeleisen, verdünnte Säuren einwirken:

$$FeS + 2 \, HCl = FeCl_2 + H_2S.$$

Eigenschaften. Farbloses, sehr unangenehm riechendes, giftiges Gas, welches angezündet mit bläulicher Flamme zu Schwefeldioxyd und Wasser verbrennt:

$$H_2S + 3 \, O = SO_2 + H_2O.$$

Nimmt man die Verbrennung des Gases in einem engen, hohen Zylinder vor, so setzt sich Schwefel unverbrannt an den Gefäßwandungen ab. Man gewinnt so Schwefel aus Schwefelwasserstoff. 1 Vol. Wasser von 0^0 löst 4,4 Vol. des Gases, bei mittlerer Temperatur ca. 3 Vol. Diese Lösung heißt **Schwefelwasserstoffwasser, Aqua hydrosulfurata.** Atmosphärische Luft zersetzt den in Wasser gelösten Schwefelwasserstoff unter Abscheidung von Schwefel:

$$H_2S + O = H_2O + S.$$

Auch Oxydationsmittel, wie Salpetersäure, Chromsäure, Chlor usw. bewirken eine Zersetzung des Schwefelwasserstoffs. Er ist ein **Reduktionsmittel.**

Metallen, Metalloxyden und Salzen gegenüber spielt Schwefelwasserstoff die Rolle einer **zweibasischen Säure,** da seine beiden Wasserstoffatome durch Metall leicht ersetzbar sind: es entstehen **Metallsulfide.** Bringt man einen Tropfen . Schwefelwasserstoffwasser auf ein blankes Silberstück, so schwärzt sich dieses infolge Bildung von Schwefelsilber.

Aus vielen Metallsalzlösungen fällt Schwefelwasserstoff Metallsulfide. Diese sind verschieden gefärbt: Schwefelarsen, **Schwefelcadmium, Schwefelzinn gelb** (letzteres als Sulfür braun), **Schwefelantimon orangerot, Schwefelzink weiß, Schwefelmangan fleischfarben, Schwefelquecksilber, Schwefelwismut, Schwefelkupfer schwarz,** so daß Schwefelwasserstoff als Reagens auf diese Metalle benutzt werden kann. Einige Metalle werden aus ihren Verbindungen aus sauren, andere wieder aus alkalischen bzw. ammoniakalischen Lösungen durch Schwefelwasserstoff gefällt, eine dritte Gruppe von Metallen wird nicht abgeschieden, so daß man mit Hilfe des Schwefelwasserstoffs Metalle analytisch voneinander trennen kann. Schwefelwasserstoff ist daher ein wichtiges Gruppenreagens in der Analyse. Zu den Metallen, welche durch Schwefelwasserstoff weder aus saurer noch alkalischer Lösung gefällt werden, gehören die Alkalimetalle (Kalium, Natrium usw.) und die Erdalkalimetalle (Baryum, Strontium, Calcium). Die einfachen Sulfide der Alkali- und Erdalkalimetalle bilden mit Schwefelwasserstoff **Sulfhydrate oder Hydrosulfide,** in gleicher Weise wie die Oxyde mit Wasser in **Hydrate oder Hydroxyde** übergehen. Leitet man Schwefelwasserstoff in eine Lösung von Natriumhydroxyd, so entsteht Natriumhydrosulfid, beziehentlich Natriumsulfid:

$$NaOH + H_2S = NaSH + H_2O,$$
$$2\,NaOH + H_2S = Na_2S + 2\,H_2O.$$

Nachweis von Schwefelwasserstoff. Außer durch den Geruch läßt sich Schwefelwasserstoff durch mit Bleiacetatlösung getränktes Filtrierpapier nachweisen, das in einer Schwefelwasserstoffatmosphäre sich bräunt.

Oxyde und Hydroxyde des Schwefels.

Oxyde:	S_2O_3 (Schwefelsesquioxyd), SO_2 (Schwefeldioxyd), SO_3 (Schwefeltrioxyd), S_2O_7 (Schwefelheptoxyd).
Hydroxyde:	$H_2S_2O_4$ (Unterschweflige Säure), H_2SO_2 (Sulfoxylsäure), H_2SO_3 (Schweflige Säure), $H_2S_2O_5$ ($2SO_2 + H_2O$) (Dischweflige Säure), H_2SO_4 (Schwefelsäure), $H_2S_2O_7$ ($2SO_3 + H_2O$) (Dischwefelsäure), $H_2S_2O_8$ (Überschwefelsäure).
Polythionsäuren:	$H_2S_2O_3$ (Thioschwefelsäure), $H_2S_2O_6$ (Dithionsäure, Unterschwefelsäure), $H_2S_3O_6$ (Trithionsäure), $H_2S_4O_6$ (Tetrathionsäure), $H_2S_5O_6$ (Pentathionsäure).

Schwefeldioxyd, SO_2, **Schwefligsäureanhydrid**, entsteht beim Verbrennen von Schwefel oder beim Rösten von Kiesen (z. B. Schwefelkies), also auf dem Wege der Oxydation.

Für Laboratoriumszwecke gewinnt man Schwefeldioxyd durch Reduktion der Schwefelsäure. Als Reduktionsmittel dienen Metalle (Kupferschnitzel, Eisendrehspäne, Quecksilber) oder Kohle:

$$\text{a) } Cu + 2H_2SO_4 = CuSO_4 + 2H_2O + SO_2$$
$$\text{b) } C + 2H_2SO_4 = CO_2 + 2H_2O + 2SO_2.$$

Schwefeldioxyd ist ein farbloses, stechend riechendes, die Atmung behinderndes und zum Husten reizendes, durch Abkühlung bei -15^0 oder durch einen Druck von 2 bis 3 Atmosphären zu einer farblosen Flüssigkeit verdichtbares Gas. Flüssiges Schwefeldioxyd kommt in Stahlzylindern in den Handel. Schmelzpunkt des festen $SO_2 - 73^0$.

Anwendung. Schwefeldioxyd ist ein kräftiges Reduktionsmittel und wirkt auf viele organische, namentlich Pflanzenfarbstoffe bleichend. Es dient zum Bleichen von Wolle, Seide, Badeschwämmen; in der Papierfabrikation zum Bleichen der Cellulose usw. Da es auf niedere Organismen stark giftig wirkt, so bedient man sich seiner zu Desinfektionszwecken, zum Vertilgen von Ratten auf Schiffen, zum Schwefeln der Bier- und Weinfässer usw.

Unter dem Namen Pictet-Flüssigkeit, Pictol, kommt ein Gemisch verflüssigten Schwefeldioxyds und Kohlendioxyds in den Verkehr. Man erhält das Gemisch beim Erhitzen von Kohle mit konzentrierter Schwefelsäure und Verdichten durch Druck (s. oben).

Die mit schwefelhaltigen Stein- oder Braunkohlen unterhaltenen Feuerungen entsenden Rauchgase in die Luft, welche reich an Schwefeldioxyd sind. In der Nähe von Fabrikschornsteinen befindliche Anpflanzungen werden dadurch oft schwer geschädigt.

Von Wasser wird Schwefeldioxyd zu einer stechend riechenden, stark sauer reagierenden Flüssigkeit (Acidum sulfurosum) gelöst. Die bei 0^0 gesättigte Lösung scheidet beim Abkühlen auf -5^0 Kristalle von der Zusammensetzung $H_2SO_3 \cdot 14 H_2O$ aus. Die wässerige Lösung gibt beim Erhitzen Schwefeldioxyd ab. Bei der Aufbewahrung der Lösung wird durch Luftzutritt Schwefelsäure gebildet.

Nachweis. Schwefeldioxyd wird an dem stechenden Geruch erkannt und an der Bläuung eines mit Stärkekleister und einer Lösung von jodsaurem Kalium (KJO_3) getränkten Fließpapierstreifens.

Schon bei Gegenwart sehr geringer Mengen SO_2 findet Bläuung des Papiers (durch Bildung von Jodstärke) statt:

$$2 KJO_3 + 5 SO_2 + 4 H_2O = J_2 + 2 KHSO_4 + 3 H_2SO_4.$$

Ein Überschuß an SO_2 beseitigt die Blaufärbung wieder, indem sich Jodwasserstoff bildet:

$$J_2 + SO_2 + 2 H_2O = 2 HJ + H_2SO_4.$$

Unterschweflige Säure, $H_2S_2O_4$, in freier Form nicht beständig, wird in Form ihres Natriumsalzes erhalten, indem man in einer Kohlendioxydatmosphäre Zink auf Natriumbisulfitlösung und schweflige Säure einwirken läßt, wobei sich unterschwefligsaures Natrium (Natriumhyposulfit) und Zinksulfit bilden:

$$Zn + 2 NaHSO_3 + H_2SO_3 = Na_2S_2O_4 + ZnSO_3 + 2 H_2O.$$

Auf Zusatz von Kochsalz zur Lösung scheidet sich das Natriumsalz ab. Es ist unbeständig und zerfällt beim Erwärmen mit Wasser in Thiosulfat und Bisulfit. Es wirkt auf Metallsalze (z. B. Gold- und Silbersalze) stark reduzierend. Bei der Behandlung mit Formaldehyd entsteht unter Spaltung der Molekel neben Formaldehydbisulfit das ziemlich beständige Formaldehydsulfoxylat $CH_2O \cdot SO_2HNa \cdot 2 H_2O$. Es führt den Namen Rongalit.

Schwefeltrioxyd, Schwefelsäureanhydrid, SO_3, entsteht beim Leiten eines Gemenges von Schwefeldioxyd und Sauerstoff oder atmosphärischer Luft über erhitzten Platinschwamm oder mit Platin überzogenen Asbest bei einer Temperatur von 430^0. Wie Platin wirken auch Eisen-, Chrom- oder Manganoxyd als Kontaktsubstanzen. Steigt die Temperatur höher als 430^0, so wird das gebildete Schwefeltrioxyd wieder zerlegt in Schwefeldioxyd und Sauerstoff.

Schwefeltrioxyd bildet lange durchsichtige Prismen, die sich in Wasser mit zischendem Geräusch zu Schwefelsäure lösen.

Schwefelsäure, Acidum sulfuricum, H_2SO_4. Freie Schwefelsäure ist in einigen Gewässern in der Nähe von Vulkanen beobachtet worden (durch langsame Oxydation des in dem Wasser gelösten Schwefeldioxyds entstanden). In Form schwefelsaurer Salze findet sie sich als Gips, $CaSO_4 \cdot 2 H_2O$; Anhydrit (wasserfreies Calciumsulfat), $CaSO_4$; Schwerspat (Baryumsulfat) $BaSO_4$; Cölestin (Strontiumsulfat), $SrSO_4$; Kieserit (Magnesiumsulfat), $MgSO_4 \cdot H_2O$ usw.

Die Gewinnung der Schwefelsäure erfolgt nach dem Kontaktverfahren (s. vorstehend) oder nach dem sog. älteren englischen Verfahren. Dieses beruht darauf, daß Schwefeldioxyd der oxydierenden Einwirkung von Salpetersäure bei gleichzeitigem Wasser- und Luftzutritt unterworfen wird. Die Salpetersäure erleidet hierbei eine Reduktion zu niederen Oxydationsstufen des Stickstoffs. Die Reduktion kann bei mangelndem Luftzutritt bis zum Stickoxydul N_2O, der sauerstoffärmsten Stickstoffverbindung, fortschreiten; diese wird durch den Luftsauerstoff nicht wieder in sauerstoffreichere Stickstoffverbindungen übergeführt, während dies bei den übrigen Stickstoffoxyden (NO, N_2O_3, NO_2) geschieht. Bei der Schwefelsäurebildung muß daher die Reduktion bis zum Stickoxydul vermieden werden.

Die Fabrikation der Schwefelsäure nach dem englischen Verfahren wird in großen Räumen, den sog. Bleikammern, von Bleiplatten begrenzten und außen mit einem Holzgerüst umgebenen Kammern vorgenommen. Abb. 22 gibt das Bild einer solchen Bleikammeranlage verkürzt wieder.

Durch Verbindung der Bleikammern mit dem **Glover-** und **Gay-Lussac-Turm** hat die Schwefelsäurefabrikation nach dem englischen Verfahren wesentliche Verbesserungen erfahren.

In dem Ofen F wird Schwefeldioxyd durch Verbrennen von Schwefel oder Kiesen erzeugt. Das Gas tritt gleichzeitig mit atmosphärischer Luft, Salpetersäure und Untersalpetersäure, welche aus einem Gemisch von Natriumnitrat und Schwefelsäure entwickelt werden, in den Kühlraum B ein und gelangt von hier in den mit Koks oder mit Steingutscherben gefüllten **Glover-Turm** C. In diesen rieselt von oben Schwefelsäure, Untersalpetersäure und Salpetersäure (**Nitrose Säure**) enthaltend, welche an das heiße Dampfgemisch abgegeben

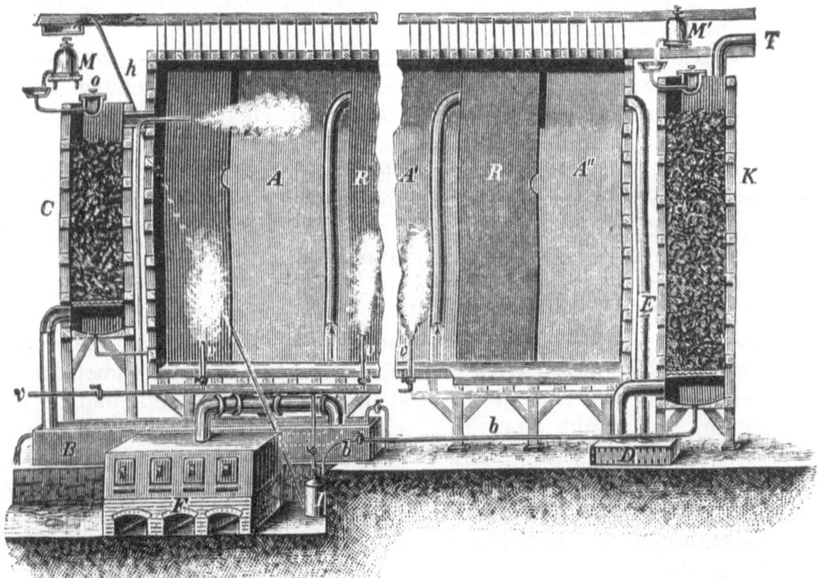

Abb. 22. Fabrikation von Schwefelsäure. Bleikammern mit Glover- und Gay-Lussac-Turm.

werden. Das Gasgemisch tritt in die Bleikammern $A\ A'\ A''$ ein (A' ist verkürzt wiedergegeben), in welche durch v Wasserdampf einströmt und die Bildung der Schwefelsäure vollenden hilft. Die Gase der letzten Kammer A'' (hauptsächlich Luftstickstoff, Untersalpetersäure, Stickoxyd) werden durch das Rohr E und das Gefäß D in den mit Koksstücken gefüllten **Gay-Lussac-Turm** K geleitet, in welchen konzentrierte Schwefelsäure einfließt. Diese nimmt salpetrige Säure und Untersalpetersäure auf und läuft durch das Rohr b in das Gefäß I ab, von wo sie als **Nitrose Säure** in den **Glover-Turm** gepumpt wird und einen neuen Kreislauf beginnt. Aus dem **Glover-Turm** fließt dann die von den Stickoxyden befreite und durch die in diesem Turm herrschende hohe Temperatur konzentrierte Schwefelsäure ab und wird durch eine Druckvorrichtung zum **Gay-Lussac-Turm** geleitet.

Die bei der Schwefelsäurebildung in den Bleikammern sich abspielenden chemischen Vorgänge sind nicht mit Sicherheit bekannt. **Lunge** nimmt als wesentlichstes Zwischenprodukt die **Nitrosulfonsäure** (Nitrosylschwefelsäure) $NO{-}O{-}SO_3H$ an. Als Sauerstoffüberträger soll dabei salpetrige Säure dienen:

$$2\,SO_2 \quad + \quad 2\,HNO_2 \quad + \quad O_2 \quad = \quad 2\,NO{-}O{-}SO_3H$$

Schwefeldioxyd   Salpetrige Säure   Sauerstoff   Nitrosylschwefelsäure.

Raschig nimmt an, daß sich durch Einwirkung von salpetriger Säure auf Schwefeldioxyd eine Verbindung der Formel HO(NO)SO$_3$H bilde, die durch Wasserdampf in Schwefelsäure und Stickoxyd zersetzt wird.

Lunge sucht eine Stütze seiner Theorie darin zu finden, daß sich in den Fällen, wo es an Wasser in den Bleikammern fehlt, Nitrosylschwefelsäure NO—O—SO$_3$H (Bleikammerkristalle) abscheidet. Wasser zerlegt sie in Schwefelsäure und salpetrige Säure:

$$NO - O - SO_3H + H_2O = H_2SO_4 + HNO_2.$$

Die aus den Bleikammern erhältliche Schwefelsäure, die sog. Kammersäure, enthält gegen 60°/$_0$ H$_2$SO$_4$ (spez. Gew. 1,55) und wird durch Eindampfen zunächst in Bleipfannen, hierauffolgend in Platingefäßen verstärkt.

Die Kammersäure findet Verwendung bei der Soda-, Pottasche- und Düngerbereitung. Das Eindampfen zwecks Herstellung einer stärkeren Säure (Pfannensäure) kann in Bleipfannen bis gegen 80°/$_0$ H$_2$SO$_4$-Gehalt geschehen (spez. Gew. 1,72); bei weiterem Eindampfen wird Blei stärker angegriffen. Zur Gewinnung einer noch stärkeren Schwefelsäure wird die Pfannensäure in Platingefäßen oder Platingoldgefäßen (aus 90°/$_0$ Gold und 10°/$_0$ Platin bestehend) bis gegen 325° erhitzt und so eine Säure mit 91 bis 92°/$_0$ H$_2$SO$_4$ und dem spez. Gew. 1,830, die sog. rohe oder englische Schwefelsäure, das Vitriolöl des Handels, erzielt.

Dieses ist durch Arsenverbindungen, Stickoxyde und Bleisulfat verunreinigt. Man unterwirft die Säure aus Platin- oder Glasretorten der Destillation, beseitigt die zuerst übergehenden Anteile und erhält bei einem Siedepunkt von 338° eine reine Schwefelsäure mit 1 bis 1^1/$_2$°/$_0$ Wassergehalt. Arsen scheidet man vor der Destillation aus der verdünnten Säure durch Schwefelwasserstoff ab oder führt es, falls es in Form arseniger Säure anwesend ist, durch Einleiten von Salzsäuregas in die heiße Schwefelsäure in leicht flüchtiges Arsentrichlorid über.

Reine Schwefelsäure bildet eine farb- und geruchlose, ölartige Flüssigkeit, die mit Wasser und Alkohol in jedem Verhältnis klar gemischt werden kann. Hierbei findet starke Erwärmung und Raumverminderung statt. Man hat beim Vermischen von Wasser oder Alkohol mit Schwefelsäure die Vorsicht zu beachten, Schwefelsäure in Wasser bez. Alkohol zu gießen, nicht umgekehrt, da sonst durch die plötzliche starke Erhöhung der Temperatur ein Umherspritzen der Schwefelsäure eintreten kann. Ist beim Vermischen mit Wasser das Hydrat H$_2$SO$_4$·2H$_2$O gebildet, so tritt auf Zusatz weiterer Wassermengen keine Temperaturerhöhung mehr ein.

Bringt man Schwefelsäure und Eis zusammen, so hängt es von dem Verhältnis beider ab, ob dabei die Temperatur steigt oder fällt: 4 Teile Säure und 1 Teil zerstoßenes Eis erwärmen sich auf fast 100°. Hingegen 1 Teil Säure und 4 Teile Eis kühlen sich auf fast — 20° ab.

Zur Herstellung der verdünnten Schwefelsäure, des Acidum sulfuricum dilutum, wägt man 5 Teile Wasser in eine Porzellanschale oder Porzellanmensur und läßt in dünnem Strahl unter Umrühren 1 Teil Schwefelsäure einfließen.

Die konz. Schwefelsäure hat große Neigung, Wasser aufzunehmen; sie vermag vielen chemischen Stoffen, oft unter Zerstörung ihrer Molekel, Wasser zu entziehen. Ein Stückchen Kork oder Zucker, mit Schwefelsäure in Berührung gebracht, schwärzen sich nach kurzer Zeit.

Die wasserentziehende Eigenschaft der Schwefelsäure benutzt man zum Trocknen von Gasen, welche durch eine mit Schwefelsäure gefüllte Waschflasche geleitet werden, und zum Füllen von Exsikkatoren.

In der Technik pflegt man den Gehalt der Schwefelsäure noch vielfach nach durch Aräometer bestimmbaren Baumé-Graden (bezeichnet Bé) anzugeben. Baumé hat zweierlei Aräometer konstruiert, deren Grade bei dem einen für Flüssigkeiten mit höherem spezifischen Gewicht als Wasser, bei dem anderen für Flüssigkeiten mit niedrigerem spezifischen Gewicht als Wasser eingeteilt sind. 0^0 des ersteren Aräometers entspricht dem spezifischen Gewicht des reinen Wassers, 15^0 dem spezifischen Gewicht einer $15^0/_0$igen Kochsalzlösung; bei der anderen Skala entspricht 0^0 einer $10^0/_0$igen Kochsalzlösung, 10^0 reinem Wasser.

Baumé-Grade für Flüssigkeiten mit spezifischem Gewicht, schwerer als Wasser.

Grade Baumé	Spez. Gew. bei $12,5^0$
0^0	1,000
10^0	1,074
20^0	1,161
25^0	1,209
30^0	1,262
40^0	1,383
50^0	1,530
60^0	1,712
70^0	1,909.

Die konz. Schwefelsäure mit 94 bis $98^0/_0$ H_2SO_4 und dem spez. Gew. 1,836 bis 1,841 wird auch als 66^0 Bé bezeichnet.

Schwefelsäure ist in wässeriger Lösung sehr weitgehend in Wasserstoffionen und Säureanionen dissoziiert:

$$H_2SO_4 = 2\,H^{\cdot} + SO_4'';$$

sie ist daher eine der stärksten Säuren.

Sie ist eine zweibasische Säure. Wie bei allen diesen verläuft auch bei der Schwefelsäure die Dissoziation in zwei Stufen, indem zunächst die Ionen $H^{\cdot}$ und HSO_4' sich bilden und letztere dann weiter in $H^{\cdot}$ und SO_4'' dissoziieren. Die zwei Reihen Salze der Schwefelsäure sind nach den Formeln $\overset{\text{I}}{R}_2SO_4$ und $\overset{\text{I}}{R}HSO_4$[1]) zusammengesetzt. Erstere ist die Formel für ein neutrales Salz (neutrales Sulfat), letztere für ein saures Salz (saures Sulfat bez. Bisulfat).

---

[1]) $\overset{\text{I}}{R}$ bedeutet das Zeichen für ein einwertiges Metall.

Die Sulfate einiger Schwermetalle (wie die des Eisens, Kupfers, Zinks) führen den Namen Vitriole: Eisenvitriol ($FeSO_4 \cdot 7 H_2O$), Kupfervitriol ($CuSO_4 \cdot 5 H_2O$), Zinkvitriol ($ZnSO_4 \cdot 7 H_2O$).

Zum Nachweis der Schwefelsäure dienen:

1. Die Lösungen von Baryumsalzen (Baryumchlorid, Baryumnitrat). Das auf Zusatz von Baryumsalzlösungen zu Lösungen der Schwefelsäure oder ihrer Salze ausfallende Baryumsulfat, $BaSO_4$, ist in Säuren und Alkalien fast unlöslich, wird aber beim anhaltenden Kochen mit Soda zerlegt:

$$BaSO_4 + Na_2CO_3 = Na_2SO_4 + BaCO_3.$$

2. Lösungen von Schwefelsäure oder schwefelsauren Salzen geben mit Bleinitratlösung einen weißen Niederschlag von Bleisulfat $PbSO_4$, der sowohl in Natronlauge, wie in basisch-weinsaurem Ammon löslich ist.

3. Freie Schwefelsäure weist man dadurch nach, daß man die betreffende Flüssigkeit mit einem Körnchen Zucker auf dem Wasserbade eindunstet. Bei Gegenwart von Schwefelsäure verkohlt der Zucker.

Prüfung der Schwefelsäure, Acidum sulfuricum, Gehalt 94 bis 98 % Schwefelsäure (H_2SO_4, Mol.-Gew. 98,09). Man unterscheidet reine und rohe Schwefelsäure im Handel. Die erstere findet zur Darstellung vieler chemisch-pharmazeutischer Präparate Anwendung, die rohe Schwefelsäure zur Bereitung von Putzwasser, besonders aber ist sie in der chemischen Großindustrie eines der unentbehrlichsten Hilfsmittel zur Erzeugung vieler chemischer Produkte.

Reine Schwefelsäure. Farb- und geruchlose, ölartige, in der Wärme völlig flüchtige Flüssigkeit. Spez. Gew. 1,836 bis 1,841. Über die Prüfung auf Arsen s. Arzneibuch. Zum Nachweis von Selenverbindungen (seleniger oder Selen-Säure) in der Schwefelsäure überschichtet man 2 ccm derselben mit 2 ccm Salzsäure, worin ein Körnchen Natriumsulfit gelöst ist. Es entsteht eine rötliche Zone oder beim Erwärmen eine rot gefärbte Ausscheidung von elementarem Selen, wenn die Schwefelsäure Selenverbindungen enthält.

Verdünnte Schwefelsäure, Acidum sulfuricum dilutum. Gehalt 15,6 bis 16,3 % Schwefelsäure (H_2SO_4, Mol.-Gew. 98,09). Klare, farblose Flüssigkeit. Spez. Gew. 1,109 bis 1,114.

Gehaltsbestimmung. Zum Neutralisieren eines Gemisches von 5 ccm verdünnter Schwefelsäure und 25 ccm Wasser müssen 17,7 bis 18,5 ccm Normal-Kalilauge erforderlich sein (Dimethylaminoazobenzol als Indikator). Da 1 ccm n-KOH 0,04904 g Schwefelsäure sättigt, so werden durch 17,7 ccm $= 17,7 \cdot 0,04904 = 0,868008$ g. durch 18,5 ccm $= 18,5 \cdot 0,04904 = 0,907240$ g H_2SO_4 angezeigt. 100 ccm enthalten daher $0,868008 \cdot 20 = 17,36016$ g bez. $0,970240 \cdot 20 = 18,1448$ g, das sind unter Berücksichtigung des spez. Gew. $\frac{17,36016}{1,109} =$ rund **15,6 %** bez. $\frac{18,1148}{1,109} =$ rund **16,3 %** H_2SO_4.

Pyroschwefelsäure, Dischwefelsäure. $H_2S_2O_7$, bildet den Hauptbestandteil der rauchenden Schwefelsäure, des Acidum sulfuricum fumans. Sie wurde früher besonders in Nordhausen am Harz durch Destillation von entwässertem schwefelsauren Eisenoxydul (Eisenvitriol) erhalten und ihrer ölartigen Beschaffenheit wegen auch Nordhäuser Vitriolöl genannt.

Eisenvitriol wird durch Rösten von Schwefelkies, Auslaugen, Abdampfen und scharfes Trocknen, bis das Kristallwasser größtenteils entwichen, hergestellt. Er zerfällt bei starkem Erhitzen in Eisenoxyd, Schwefeldioxyd und Schwefeltrioxyd:

$$2\,FeSO_4 = Fe_2O_3 + SO_2 + SO_3.$$

In den Vorlagen sammelt sich ein Gemisch von Schwefelsäure und Pyroschwefelsäure. In Böhmen verwendete man später nicht Eisenvitriol, sondern ein basisch-schwefelsaures Eisenoxyd zur Gewinnung der Pyroschwefelsäure, wobei die Bildung von Schwefeldioxyd vermieden wird:

$$Fe_2S_2O_9 = Fe_2O_3 + 2\,SO_3.$$

Der in den Retorten verbleibende, im wesentlichen aus Eisenoxyd bestehende Rückstand besitzt eine schön rote bis braunrote Farbe und wird unter dem Namen Caput mortuum oder Colcothar Vitrioli zur Herstellung einer Anstrichfarbe benutzt.

Die Pyroschwefelsäure wird zur Zeit durch Lösen des technisch gewonnenen Schwefeltrioxyds in Schwefelsäure dargestellt. Sie stößt an der Luft dichte, weiße Dämpfe aus. Beim Abkühlen scheiden sich große, farblose Kristalle ab, die bei 36^0 wieder schmelzen.

Überschwefelsäure, Perschwefelsäure, $H_2S_2O_8$, in reinem Zustand noch nicht dargestellt. Man erhält eine Lösung derselben bei der Elektrolyse $40\,{}^0/_0$iger Schwefelsäure. Die Lösung von Überschwefelsäure in Schwefelsäure äußert ähnlich dem Wasserstoffsuperoxyd kräftige Oxydationswirkungen. Bei der Elektrolyse der Lösungen schwefelsaurer Salze entstehen überschwefelsaure Salze, Persulfate.

Thioschwefelsäure, $H_2S_2O_3$. In freier Form nicht beständig. Versetzt man eine Lösung ihres Natriumsalzes (s. Natriumthiosulfat unter Natrium) mit verdünnter Chlorwasserstoffsäure, so bleibt die Lösung einige Sekunden farblos, dann trübt sie sich allmählich unter Abscheidung von Schwefel, und es entsteht nebenher Schwefeldioxyd:

$$Na_2S_2O_3 + 2\,HCl = 2\,NaCl + \underbrace{H_2S_2O_3}_{H_2O + S + SO_2}.$$

Bei der Einwirkung von Halogenen auf die Salze der Thioschwefelsäure entstehen unter Bindung der Halogene Tetrathionate (vgl. Jod, S. 57).

Die höheren Polythionsäuren sind in der Wackenroderschen Flüssigkeit enthalten, die durch Sättigen einer wässerigen Lösung von schwefliger Säure mit Schwefelwasserstoff entsteht.

Halogenverbindungen des Schwefels.

Einfach-Chlorschwefel, Schwefelchlorür, S_2Cl_2, ist die beständigste Chlorverbindung des Schwefels. Sie wird erhalten durch Leiten von trockenem Chlorgas über geschmolzenen Schwefel. Rotgelbe Flüssigkeit, welche die Augen zu Tränen reizt. Mit Wasser zersetzt sie sich in SO_2, S und HCl:

$$2\,S_2Cl_2 + 2\,H_2O = SO_2 + 3\,S + 4\,HCl.$$

Wird zum Vulkanisieren des Kautschuks benutzt.

Zweifach-Chlorschwefel, Schwefeldichlorid, SCl_2, entsteht beim Sättigen von Schwefelchlorür, S_2Cl_2, bei $+6^0$ mit trockenem Chlorgas. Dunkelrotbraune

Flüssigkeit, welche durch Wasser in Chlorwasserstoff und Thioschwefelsäure zersetzt wird:

$$2\,SCl_2 + 3\,H_2O = 4\,HCl + \underbrace{H_2S_2O_3}_{H_2O + S + SO_2}$$

Beim Einleiten von Chlor in SCl_2 bei -25^0 bildet sich **Vierfach-Chlorschwefel, Schwefeltetrachlorid, SCl_4**.

Selen.

Selenium, Se = 79,2. Zwei-, vier- und sechswertig.

Selen wurde 1817 von **Berzelius** in dem Bleikammerschlamm einer Schwefelsäurefabrik in Schweden zuerst aufgefunden.

Der Name leitet sich ab von σελήνη, selene, **Mond**, deshalb so genannt, weil das Selen mit dem einige Jahre zuvor entdeckten Tellur, von „tellus“, Erde, große Ähnlichkeit besitzt. Nach anderer Lesart, weil es beim Verbrennen ein dem bläulichen Mondlicht ähnliches Licht ausstrahlt.

Vorkommen. Selen kommt in geringer Menge in einigen Schwefelkiesen vor. Hierauf ist auch das gelegentliche Vorkommen des Selens in der Schwefelsäure zurückzuführen. Auch in dem vulkanischen Schwefel der liparischen Inseln ist Selen enthalten.

Gewinnung. Der Flugstaub aus den Röstgaskanälen oder der Schlamm aus den Bleikammern der Schwefelsäurefabriken wird mit Wasser angerührt, Salpetersäure hinzugefügt, bis die rote Farbe verschwunden ist, die nunmehr Selensäure enthaltende Masse eingedampft und der Rückstand mit Salzsäure ausgekocht. Beim Einleiten von schwefliger Säure scheidet sich das Selen sodann in rotem amorphen Zustande ab:

$$H_2SeO_4 + 3\,SO_2 + 2\,H_2O = Se + 3\,H_2SO_4.$$

Eigenschaften. Selen ist in verschiedenen allotropen Zuständen bekannt. Amorphes Selen ist ein rotbraunes, in Schwefelkohlenstoff lösliches Pulver. Aus Schwefelkohlenstoff kristallisiert es in braunroten, durchscheinenden Kristallen. Kühlt man geschmolzenes Selen schnell ab, so erstarrt es zu einem glasigen, schwarzen, amorphen Stoff, der gleichfalls von Schwefelkohlenstoff gelöst wird. Erwärmt man diese Modifikation auf 97^0, so steigt die Temperatur plötzlich über 200^0, und das Selen verwandelt sich in eine graue, kristallinische Masse, welche von Schwefelkohlenstoff nicht gelöst wird. In dieser Form hat das Selen den Schmelzpunkt 219^0, das spezifische Gewicht 4,8, besitzt Metallglanz und leitet die Elektrizität, und zwar ist die Leitungsfähigkeit proportional der Stärke der Belichtung. Man hat ein derartig verändertes Selen zur Herstellung von Selenzellen für ein **elektrisches Photometer** benutzt.

Die Verbindungen des Selens sind denjenigen des Schwefels entsprechend zusammengesetzt und zeigen ein ähnliches Verhalten.

An der Luft verbrennt Selen mit rötlichblauer Flamme zu **Selendioxyd, SeO_2**, und zwar unter Verbreitung eines an faulen Rettich erinnernden Geruches. Von konz. Schwefelsäure wird Selen mit

grüner Farbe gelöst. Es entstehen hierbei selenige und schweflige
Säure:
$$Se + 2 H_2SO_4 = SeO_2 + 2 SO_2 + 2 H_2O.$$

Selenverbindungen sind giftig. Organische Selenverbindungen
sind neuerdings für die Behandlung von Karzinom geprüft worden.

Tellur.

Tellurium, T $= 127{,}5$. Synonyma: Aurum paradoxum, Metallum
problematum. Zwei-, vier- und sechswertig.
Tellur wurde 1772 von Müller von Reichenbach entdeckt. Der Name
leitet sich ab von „tellus", Erde (s. Selen).

Vorkommen. Tellur findet sich in Verbindung mit Metallen,
als Tetradymit (Tellurwismut), Tellurblei (mit Blei und Silber),
Schrifterz (mit Gold und Silber).

Gewinnung. Die Tellurerze wurden in siedende konz. Schwefelsäure eingetragen, wobei Gold und Kieselsäure zurückbleiben, während Tellur und die vorhandenen Metalle in Lösung gehen. Die
Lösung wird mit Wasser verdünnt und mit schwefliger Säure gesättigt, worauf sich das Tellur abscheidet. Zwecks weiterer Reinigung
destilliert man es im Wasserstoffstrom.

Eigenschaften. Metallisch glänzendes, sprödes Element, das
von Schwefelkohlenstoff nicht gelöst, von konz. Schwefelsäure mit
roter Farbe aufgenommen wird. Schmelzpunkt gegen 450^0, Siedepunkt gegen 1400^0. An der Luft verbrennt es ohne Geruch mit
bläulicher Farbe zu weißem Tellurigsäureanhydrid TeO_2, das von
Salpetersäure zu telluriger Säure H_2TeO_3 gelöst wird.

Durch stärkere Oxydationsmittel geht die tellurige Säure in
Tellursäure über.

Das Kaliumsalz der Tellursäure, Kalium telluricum, K_2TeO_4,
ist bei Nachtschweißen der Phthisiker vorübergehend angewendet
worden.

Gruppe des Stickstoffs.

Stickstoff. Phosphor. Arsen. Antimon.

Stickstoff.

Nitrogenium, Azote, N $= 14{,}01$. Zwei-, drei-, vier- und fünfwertig.
Stickstoff wurde 1777 fast gleichzeitg von Scheele und Lavoisier als
Bestandteil der atmosphärischen Luft erkannt.

Vorkommen. Stickstoff findet sich im freien Zustand als
Bestandteil der atmospärischen Luft. Ungefähr $^4/_5$ ihres Volums
besteht aus Stickstoff. Gebunden findet er sich als Ammoniak, das
als Zersetzungsprodukt bei der Fäulnis stickstoffhaltiger organischer
Stoffe auftritt, sodann in Form von Salpetersäure an Kalium, Natrium, Calcium, Magnesium gebunden, ferner in vielen organischen
Verbindungen des Pflanzen- und Tierreichs (Eiweiß, Blut, Muskeln,

Harnstoff, Pflanzenbasen), in fossilen Pflanzen (Steinkohlen), in vulkanischen Ausströmungen.

Gewinnung. 1. Aus atmosphärischer Luft.

a) Man entzieht der atmosphärischen Luft Sauerstoff, indem man ein Stückchen Phosphor in einem auf Wasser schwimmenden Schälchen anzündet und darüber eine Glasglocke stülpt. Phosphor vereinigt sich mit dem Sauerstoff zu Phosphorpentoxyd, das sich in dem durch die Glasglocke abgesperrten Wasser löst. Der absorbierte Luftraumteil beträgt nahezu $^1/_5$ und wird durch das nachdrängende Wasser angefüllt. Die übriggebliebenen $^4/_5$ Raumteile enthalten im wesentlichen Stickstoff.

b) Man leitet atmosphärische Luft zunächst durch Kalilauge, dann durch konz. Schwefelsäure (zur Befreiung von Kohlensäure und Wasserdampf) und endlich durch eine mit Kupferspiralen gefüllte und zum Rotglühen erhitzte Röhre. Das glühende Kupfer bindet den Sauerstoff, während Stickstoff entweicht.

c) Man kühlt atmosphärische Luft auf — 182° ab, wobei sich der Sauerstoff zu einer Flüssigkeit verdichtet, der Stickstoff nicht.

Der aus atmosphärischer Luft gewonnene Stickstoff enthält stets kleine Mengen fremder Gase, besonders Argon. Siehe atmosphärische Luft.

2. Aus Ammoniumnitrit durch Erhitzen:

$$NH_4NO_2 = N_2 + 2\,H_2O.$$

Man verwendet hierzu zweckmäßig ein Gemisch gleicher Molekeln Natriumnitrit und Ammoniumchlorid, da sich Ammoniumnitrit seiner Zersetzlichkeit wegen nicht vorrätig halten läßt.

Eigenschaften. Farb- und geruchloses Gas, das sich bei hohem Druck zu einer farblosen Flüssigkeit verdichten läßt, welche bei — 195,7° siedet. Bei weiterer Temperaturerniedrigung erstarrt der flüssige Stickstoff zu einer kristallinischen Masse vom Schmelzpunkt — 210°. Stickstoff ist nicht brennbar; brennende Stoffe erlöschen darin, Tiere ersticken in reinem Stickstoff (daher sein Name). Die Gegenwart des Stickstoffs in der atmosphärischen Luft mildert die heftigen Oxydationswirkungen des Sauerstoffs.

Nur mit wenigen Elementen verbindet sich Stickstoff direkt, so z. B. bei höherer Temperatur mit Lithium, Calcium und Magnesium, auch mit Bor und Silicium. Diese Verbindungen des Stickstoffs werden Nitride genannt. Die geringe Reaktionsfähigkeit des Stickstoffs wird darauf zurückgeführt, daß die beiden Atome der Gasmolekeln des Stickstoffs außerordentlich fest miteinander verknüpft sind. Sie mit Wasserstoff unter Bildung von Ammoniak reaktionsfähig zu machen, ist durch geeignete Katalysatoren Haber gelungen (s. Ammoniak).

Bemerkenswert ist die Tatsache, daß an den Wurzeln von Leguminosen lebende Bakterien vorkommen, welche imstande sind, atmosphärischen Stickstoff zum Aufbau von Stickstoffverbindungen (Eiweiß) im Pflanzenkörper nutzbar zu machen. Reinkulturen solcher „stickstoffsammelnden" Bakterien werden unter dem Namen **Nitragin** in den Handel gebracht und dienen zur Impfung der mit Leguminosen bepflanzten Felder.

Die atmosphärische Luft. Die unsern Erdball umgebende Gasschicht besteht im wesentlichen aus einem Gemenge von ca. 80 Raumteilen Stickstoff und ca. 20 Raumteilen Sauerstoff, welchen Bestandteilen kleine Anteile Wasserdampf, Kohlendioxyd, kohlensaures und salpetrigsaures Ammon, Wasserstoffsuperoxyd, Argon und andere als „Edelgase" bezeichnete Elemente beigemischt sind.

Die Anwesenheit des Argons und anderer Fremdgase in der Atmosphäre ergab sich, als aus der atmosphärischen Luft durch Beseitigung von Sauerstoff, Kohlensäure, Wasserdampf usw. atmosphärischer Stickstoff hergestellt und seine Dichte bestimmt wurde. Diese erwies sich höher, als diejenige des Stickstoffs, welcher aus chemischen Quellen, z. B. durch Erhitzen von Ammoniumnitrit gewonnen, stammte. Wurde hingegen metallisches Magnesium in atmosphärischem Stickstoff erhitzt, so bildet sich Stickstoffmagnesium, und der aus letzterem hergestellte Stickstoff zeigte die niedere Dichte. Metallisches Magnesium erwies sich daher als ein Mittel, den Stickstoff von den Fremdgasen der Atmosphäre zu trennen.

Argon, das zu ca. $1\,^0/_0$ in der atmosphärischen Luft vorkommt, ist bei gewöhnlicher Temperatur ein farbloses Gas, das sich durch Druck und starke Kälte verflüssigen läßt und bei weiterer Temperaturerniedrigung zu einer festen, eisähnlichen Masse erstarrt. Siedep. — 186,9°. Schmelzp. — 189,6°.

Außer Argon sind in der Atmosphäre in kleinerer Menge eine Reihe anderer elementarer Gase: **Helium, Metargon, Neon, Krypton, Xenon** aufgefunden worden. Man nennt sie **Edelgase.** Von diesen ist das Helium das spezifisch leichteste.

Das Verhältnis zwischen Stickstoff und Sauerstoff in der atmosphärischen Luft ist zu allen Jahres- und Tageszeiten und aller Orten nahezu unverändert gefunden worden. Die in der Atmosphäre vorkommende Menge Wasserdampf beträgt durchschnittlich 0,5 bis 1, die des Kohlendioxyds durchschnittlich 0,04 Raumteile in 100 Raumteilen Luft.

1 l Luft wiegt bei 0° und 760 mm Barometerstand 1,295 g, ist also 773 mal leichter als 1 l Wasser und 14,46 mal schwerer als Wasserstoff. Der Druck, welchen die Luft auf die Oberfläche der Körper ausübt, wird durch die Höhe der Quecksilbersäule (Barometer) gemessen, welcher sie das Gleichgewicht hält. Bei 0° ist die Höhe dieser Säule am Meeresspiegel im Mittel = 760 mm. Je weiter man sich von der Erdoberfläche entfernt, desto mehr nimmt der Luftdruck ab. Da das spez. Gew. des Quecksilbers = 13,596 ist, so wirkt eine 760 mm hohe Quecksilbersäule auf einen Quadratzentimeter Grundfläche mit einem Drucke von 1033,3 g. Man nennt diesen Druck eine Atmosphäre.

Die unteren Schichten der atmosphärischen Luft enthalten Staub-
teilchen, Mikroorganismen und die durch das Zusammenleben der
Menschen, sowie durch deren industrielle Einrichtungen in die Luft
gelangenden Verunreinigungen. Eine gute, unverdorbene, d. h. von
Verunreinigungen möglichst freie Luft ist für das Wohlbefinden aller
Lebewesen durchaus erforderlich.

Den Reinheitsgrad der Atemluft (in Schulzimmern, Versammlungs-
räumen) pflegt man nach dem Gehalt an Kohlendioxyd zu bemessen.
Ein Gehalt von $0,1\,^0/_0$ Kohlendioxyd in Zimmerluft wird als der noch
gerade zulässige bezeichnet. Pettenkofer konnte in mit Menschen
überfüllten Räumen bis $0,4\,^0/_0$ nachweisen. Eine häufige Er-
neuerung der Luft in bewohnten Räumen durch Öffnen von
Fenstern und Türen oder Anbringen von Ventilationsvorrichtungen
muß als ein notwendiges Erfordernis der Gesundheits-
pflege bezeichnet werden.

In der uns umgebenden Luft sind stets Keime von Mikroorganismen enthalten; sowohl Keime von Bakterien, wie solche
von Schimmelpilzen und Hefen.

Verflüssigung der Luft. Der von Linde-München konstruierte
Apparat, welcher eine Verflüssigung der Luft auf verhältnismäßig
einfache Weise gestattet, ist für die Technik von Bedeutung geworden.
Das Verfahren beruht darauf, daß die Abkühlung nutzbar gemacht ist,
welche stark zusammengedrückte Gase bei plötzlicher Druckentlastung
erleiden. In einem sog. Gegenstromapparat wird mittels doppel-
wandigen Schlangenrohres (s. Abb. 23) das durch plötzliche Ausdehnung abgekühlte Gas geringen Druckes um das entgegengesetzt
strömende Gas von hohem Drucke herumgeführt. Hierdurch fällt schließlich die Temperatur der stark abgekühlten Luft unter die kritische.

Beschreibung des Lindeschen Apparates. (Nach Erdmann.)
Ein spiralförmig aufgewundenes Doppelrohr D hat ca. 100 m Länge und ist
gegen Erwärmung von außen sorgfältig geschützt. Das innere Rohr ist 3 cm,
das äußere Rohr 6 cm im Lichten weit. Durch A tritt Preßluft in den Apparat
ein. Durch die Pumpe P und genaue Einstellung des Drosselventils R werden
bei Inbetriebsetzung des Apparates in dem inneren Eisenrohre ein Druck von
65 Atmosphären, in dem äußeren Spiralrohre hingegen etwa 22 Atmosphären
erzeugt. Die Pumpe P, welche bei G Luft von 22 Atmosphären gesaugt, kann
so natürlich mehr Arbeit leisten, als wenn gewöhnliche Luft von nur einer
Atmosphäre Druck in die Pumpe eintreten würde. Sie befördert 22 mal soviel
Luft. Bei H tritt diese Luft in stark erhitztem Zustande mit ca. 70 Atmosphären
aus und wird bei J durch einen Kühler gepreßt, der bei L mit kaltem Wasser
gespeist wird, das bei K wieder ausfließt. Die auf diese Weise wieder auf gewöhnliche Temperatur abgekühlte Luft geht unter erhöhter Pressung über B
in dem 3 cm weiten Eisenrohr weiter, das bei C in das äußere Spiralrohr von
6 cm Weite eintritt und dieses nach hundert Meter Spiralwindung bei E wieder
verläßt. An dieser Stelle ist das Reduzierventil R angebracht, das so eingestellt wird, daß der Druck hinter R nur noch 22 Atmosphären beträgt. Da die
aus dem Drosselventil ausströmende Luft die in dem weiten Spiralrohr enthaltene, immer noch auf 22 Atmosphären zusammengedrückte Luft vor sich her-
treibt und dadurch Arbeit leistet, findet eine weitere Abkühlung statt. Die
abgekühlte Luft tritt aus dem Bassin T bei F in das Schlangenrohr von 6 cm
Durchmesser ein, um über D, C und G zur Pumpe P zurückzukehren. Auf
dem ganzen, hundert Meter langen Wege von F bis D kann diese abgekühlte
Luft, da die Spirale von außen mit Wärmeschutzmasse sorgfältig umkleidet ist,

nur auf Kosten der das engere Spiralrohr durchfließenden Luft höherer Spannung Wärme aufnehmen. Dieser Wärmeaustausch ist aber ein sehr vollständiger,
da beide Luftströme nach dem **Prinzip des Gegenstroms** aneinander vorbeigeführt werden. Der Erfolg ist der, daß die Luft hoher Pressung bei E mit
immer niedrigerer Temperatur aus dem Doppelrohre austritt, sich bei der Expansion in dem Gefäß T immer noch weiter abkühlt und so im Laufe einiger
Stunden die Temperatur von — ca. 190^0 erreicht. Da dies der Siedepunkt der
Luft ist, so findet eine weitere Abkühlung der Luft nicht statt, sondern von
nun an verdichtet sich die Luft in dem Gefäße T zu Flüssigkeit, und wenn
man die so aus dem Stromkreise verschwindende Luft mit Hilfe des Ventils A
ständig durch neue Preßluft ersetzt, so erhält man pro Stunde einige Liter
flüssiger Luft. Durch Öffnen des Ventils V läßt man die flüssige Luft ausfließen und fängt sie in Holzeimern auf. Durch ausgeschiedene Kohlensäure
ist sie milchig trübe. Sie wird durch Filtration geklärt.

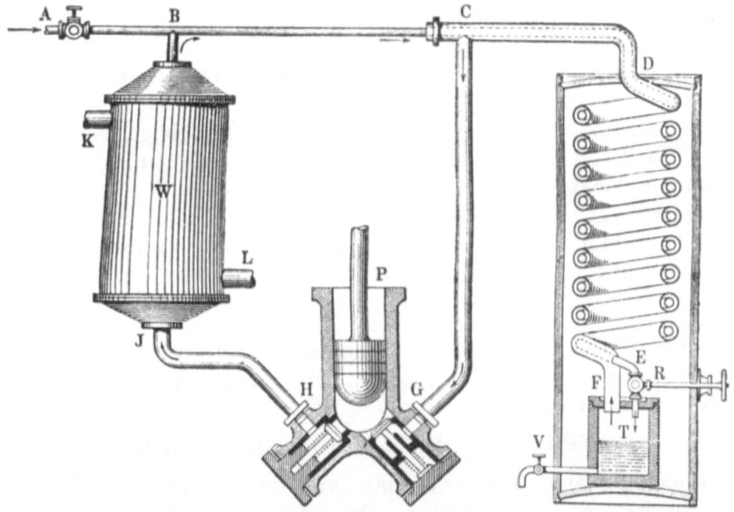

Abb. 23. Schema des Apparats von **Linde** zur Darstellung flüssiger Luft. E innere Schlange
hohen Druckes, F äußere Schlange niederen Druckes, R Reduktionsventil, T Reservoir für flüssige
Luft, P Pumpe, W Wasserkühler.

Die flüssige Luft läßt sich in **Dewarschen Kolben** — das
sind doppelwandige, versilberte Kolben, deren zwischen den beiden
Wänden befindlicher Raum evakuiert ist — mehrere Tage lang aufbewahren. Der silberne Überzug schützt gegen die Wärmestrahlung.

Die flüssige Luft kann zu einer Reihe interessanter Experimente benutzt
werden. Kohlensäure- und Acetylengas erstarren darin. Das fest gewordene
Acetylen läßt sich anzünden und brennt ruhig ab. Taucht man einen glimmenden Holzspan in flüssige Luft, so wird er zur Flamme entfacht und brennt
mit glänzendem Licht weiter. Quecksilber erstarrt in flüssiger Luft sofort zu
einem schmiedbaren Metall. Alkohol verdickt sich und wird schließlich fest,
so daß beim Umdrehen des Reagenzglases der Alkohol nicht mehr ausfließt.
Bringt man kurze Zeit ein Stück Gummischlauch oder eine Blume, z. B. eine
Rose, in die flüssige Luft, so lassen sich diese nach dem Herausnehmen mit
einem Hammer zu einem groben Pulver zerschlagen. Man kann die Hand kurze
Zeit in die flüssige Luft von — 190^0 eintauchen, ohne Schaden zu erleiden, da
sich die Hand sogleich mit einer schützenden Gashülle umgibt. Bei dieser tiefen
Temperatur der flüssigen Luft vollziehen sich chemische Umsetzungen entweder
gar nicht mehr oder äußerst träge.

Verbindungen des Stickstoffs mit Wasserstoff.

Folgende Verbindungen bildet Stickstoff mit Wasserstoff:

Ammoniak, NH_3, Hydrazin, NH_2—NH_2. Stickstoffwasserstoff-

säure, $\begin{matrix} N\diagdown \\ \| \quad \diagup NH \\ N\diagup \end{matrix}$. Im Anschluß an diese Verbindungen soll noch das

Hydroxylamin, $NH_2 \cdot OH$, besprochen werden.

Ammoniak. NH_3.

Vorkommen und Bildung. Ammoniak kommt, an Säuren gebunden, in geringer Menge im Erdboden vor, auch in der atmosphärischen Luft, im Regenwasser und in vielen Quellwässern. Es bildet sich bei der Verwesung stickstoffhaltiger organischer Stoffe, ebenso bei der trockenen Destillation solcher und ist daher in dem als Nebenprodukt erhaltenen Gaswasser der Leuchtgasfabriken enthalten. Stickstoff und Wasserstoff verbinden sich zu Ammoniak bei der dunklen elektrischen Entladung.

Erhitzt man Magnesium oder Calcium in einer Stickstoffatmosphäre, so bilden sich Stickstoffmagnesium bzw. -Calcium, die sich mit Wasser unter Ammoniakentwicklung zersetzen:

$$Mg_3N_2 + 3\,H_2O = 3\,MgO + 2\,NH_3.$$

Darstellung. Man stellt Ammoniak dar durch Erhitzen von Ammoniumsalzen mit starken Basen, wie Calciumhydroxyd, Kalium- oder Natriumhydroxyd:

$$2\,NH_4Cl + Ca(OH)_2 = CaCl_2 + 2\,H_2O + 2\,NH_3.$$

Ammoniumsalze gewinnt man aus dem Gaswasser, das (s. o.) neben gasförmigen und teerigen Produkten bei der trockenen Destillation der Steinkohlen erhalten wird. Diese enthalten gegen 0,5 bis $1{,}5\,^0/_0$ organisch gebundenen Stickstoff, der bei der trockenen Destillation zu ca. $25\,^0/_0$ in Ammoniak übergeht, zum Teil aber auch die Bildung flüchtiger organischer Basen (Pyridinbasen, Anilin, Toluidin usw.) veranlaßt, die in das wässerige und teerige Destillat mitübertreten. Die Basen sind in dem wässerigen Destillat vorwiegend an Kohlensäure gebunden. Das aus dem Gaswasser durch Behandeln mit Alkalien oder Kalk unmittelbar gewonnene Ammoniak ist daher nicht rein, sondern mit fremden Stoffen, besonders Pyridinbasen, verunreinigt. Zur Befreiung von diesen und von Schwefelammon leitet man das rohe Ammoniakgas durch Kalkmilch, über feuchtes Eisenhydroxyd, Holzkohle, durch Paraffinöl usw. Um chemisch reines Ammoniak für analytische Zwecke herzustellen, leitet man das Gas in verdünnte Schwefelsäure, reinigt das aus der Lösung durch Abdampfen gewonnene Ammoniumsulfat durch Umkristallisieren und macht aus dem reinen Salz mit Natronlauge Ammoniak frei:

$$(NH_4)_2SO_4 + 2\,NaOH = Na_2SO_4 + 2\,NH_3 + 2\,H_2O.$$

Stickstoff und Wasserstoff lassen sich unmittelbar zu Ammoniak vereinigen, wenn man das Gasgemisch unter einem Drucke von 150 bis 250 Atmosphären bei 400^0 über Osmium oder Eisen oder Urankarbid, die als Katalysatoren wirken, leitet. Ammoniak kann auch mit Hilfe von Calciumkarbid (s. dort), mit Vorteil gewonnen werden, indem man Stickstoff der Luft bei höherer Temperatur darauf einwirken läßt, wobei sich Calciumcyanamid $CaCN_2$ bildet, das durch Wasser bei hoher Temperatur in Calciumkarbonat und Ammoniak übergeht:

$$CaCN_2 + 3\,H_2O = CaCO_3 + 2\,NH_3 .$$

Diese beiden Verfahren werden zur Zeit in größtem Maßstabe zur Gewinnnng von Ammoniak und weiterhin durch Oxydation des letzteren auch zur Gewinnung von Salpetersäure bez. salpetersauren Salzen (Nitraten) benutzt (s. weiter unten).

Eigenschaften. Ammoniak ist ein farbloses, stechend riechendes Gas, das bei -40^0 oder unter einem Drucke von 6 bis 7 Atmosphären bei mittlerer Temperatur zu einer farblosen, leicht beweglichen Flüssigkeit vom spez. Gew. 0,6364 bei 0^0 verdichtet werden kann, welche bei -75^0 kristallinisch wird. Spez. Gew. des Gases $= 0,5895$ (Luft $= 1$) oder $8,5$ ($H = 1$). Ammoniak läßt sich durch eine Flamme an der Luft nicht entzünden, wohl aber verbrennt es in Sauerstoffgas mit gelblich grüner Flamme zu Wasser und Stickstoff.

Leitet man einen raschen Luftstrom durch verflüssigtes Ammoniak, so verdunstet das Gas mit solcher Schnelligkeit, daß die Temperatur der Flüssigkeit bis zum Gefrierpunkt des Quecksilbers sinken kann.

Auf der Verdunstungskälte, welche bei dem schnellen Verdunsten des Ammoniaks aus starken Ammoniaklösungen erzeugt wird, beruht das Prinzip der Carréschen Eismaschine.

Die Carrésche Eismaschine (s. Abb. 24) besteht aus zwei starken, eisernen Gefäßen, die durch eine Röhre miteinander verbunden sind. Der Zylinder A ist zur Hälfte mit starker wässeriger Ammoniaklösung gefüllt und steht mittels des Rohraufsatzes b mit dem konisch zulaufenden Gefäß F in Verbindung, in dessen Mitte sich der Hohlraum E befindet. Man erwärmt den Zylinder A allmählich und kühlt gleichzeitig Gefäß F mit kaltem Wasser. Das

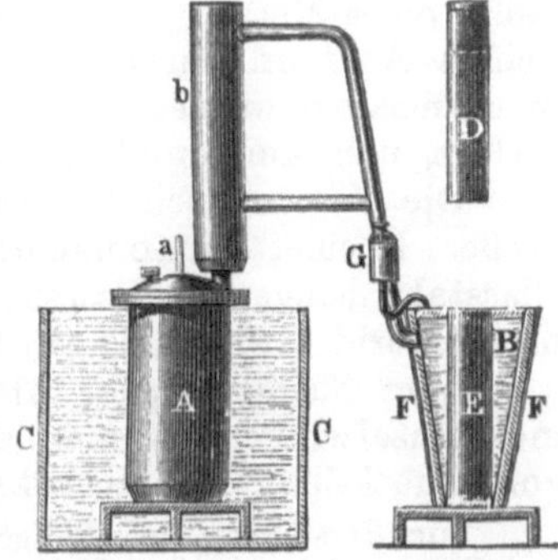

Abb. 24. Carrésche Eismaschine.

Ammoniak wird hierbei ausgetrieben, das mitgerissene Wasser zum größten Teil in dem Rohr b verdichtet, während in dem Raum B der Vorlage F das Ammoniak sich zu einer Flüssigkeit verdichtet.

Entfernt man hierauf A vom Feuer und kühlt den Zylinder mit Wasser, so verdampft aus B das verflüssigte Ammoniak und wird von dem in A befindlichen Wasser wieder absorbiert. Schiebt man hierbei in den Hohlraum E das aus dünnem Blech bestehende und mit Wasser gefüllte Gefäß D, so gefriert das darin enthaltene Wasser zufolge der durch Vergasung des Ammoniaks entstehenden Verdunstungskälte.

Neuerdings werden zur Herstellung von künstlichem Eis an Stelle der Carréschen Eismaschine Apparate von Linde (mit flüssigem Ammoniak oder flüssiger Luft) oder von Pictet (mit flüssiger schwefliger Säure und Kohlensäure) benutzt.

Durch Glühhitze und ebenso durch die Einwirkung des elektrischen Funkens werden 2 Volumina Ammoniak in 1 Volum Stickstoff und 3 Volumina Wasserstoff zerlegt.

Von Wasser wird Ammoniak mit großer Begierde aufgenommen und zu einer alkalisch reagierenden Flüssigkeit gelöst, welche man Ammoniakflüssigkeit, Ätzammoniak, Salmiakgeist, Liquor Ammonii caustici nennt. 1 Volum Wasser nimmt bei 0^0 und 760 mm Atmosphärendruck 1050 Volumina NH_3 oder 1 g Wasser von $0^0 = 0,875$ g NH_3 auf zu einer Flüssigkeit vom spez. Gew. 0,870, enthaltend $47^0/_0$ NH_3. In einer wässerigen Ammoniaklösung befindet sich je nach der Konzentration ein größerer oder kleinerer Teil des Ammoniaks als Ammoniumhydroxyd NH_4OH in ionisierter Form:

$$NH_4OH \rightleftarrows NH'_4 + OH'$$

Eine Lösung von 17 g NH_3 auf 100 Liter Wasser enthält gegen $4^0/_0$ NH_4 neben OH Ionen. Letztere sind die Träger der alkalischen Reaktion der Ammoniaklösung.

Mit Säuren verbindet sich Ammoniak zu gut kristallisierenden Salzen durch Addition, indem der Stickstoff in den fünfwertigen Zustand übergeht:

$$\overset{III}{N} \underset{\diagdown H}{\overset{\diagup H}{\longleftarrow H}} + \underset{Cl}{\overset{H}{|}} = \overset{V}{N} \underset{\diagdown Cl}{\overset{\diagup H}{\lll}}$$

Die Gruppe NH_4 ist einwertig und spielt in den Salzen die Rolle eines Metalls. Sie führt den Namen „Ammonium"; ihre Salze heißen Ammoniumsalze. Auf Zusatz starker Basen zu den Ammoniumsalzen werden diese — besonders leicht beim Erwärmen — zerlegt, und Ammoniak entweicht gasförmig.

Die Verwandtschaft des Ammoniaks zu Säuren ist eine sehr große. In einer Ammoniakatmosphäre bildet sich um einen an einem Glasstabe hängenden Salzsäuretropfen ein weißer Nebel von Ammoniumchlorid (Salmiaknebel).

Zum Nachweis sehr kleiner Mengen von Ammoniak oder Ammoniumsalzen benutzt man das Neßlersche Reagens (eine Auflösung von Quecksilberjodid in alkalischer Kaliumjodidlösung).

Zur Herstellung des Reagens löst man 1 g Kaliumjodid in 3 g Wasser und fügt so viel rotes Quecksilberjodid hinzu, wie sich dieses noch löst (gegen 1,6 g), verdünnt mit 9 g Wasser und versetzt mit 20 g Kalilauge ($15^0/_0$). Nach dem Absetzen filtriert man durch Asbest. Man bewahrt die Lösung in Glasstöpselgefäßen vor Licht geschützt auf.

Neßlers Reagens ruft in Ammoniaklösungen einen braunen oder roten Niederschlag der Zusammensetzung $Hg_2O \cdot NH_2J$ hervor.

Prüfung des Liquor Ammonii caustici: Gehalt 9,94 bis $10^0/_0$ NH_3 (Mol.-Gew. 17,03). Klare, farblose, flüchtige Flüssigkeit von stechendem Geruch und stark alkalischer Reaktion. Spez. Gew. 0,959 bis 0,960.

Ammoniakflüssigkeit ist durch ihren Geruch hinlänglich gekennzeichnet. Bei Annäherung von Salzsäure bildet sie dichte, weiße Nebel (von Ammoniumchlorid).

Die Prüfung hat sich auf Verunreinigungen durch Ammoniumkarbonat, Metalle, auf Sulfat- und Chloridgehalt, sowie empyreumatische Stoffe zu erstrecken. S. Arzneibuch.

Zur Gehaltsbestimmung werden 5 ccm Ammoniakflüssigkeit mit Normal-Salzsäure titriert. Es müssen nach Zusatz von 30 ccm dieser zur Neutralisation des Säureüberschusses 1,8 bis 2 ccm Normal-Kalilauge erfordert werden, Dimethylaminoazobenzol als Indikator.

1 ccm Normal-Salzsäure entspricht 0,01703 g NH_3, $30 - 2 = 28$ ccm daher $0,01703 \cdot 28 = 0,47684$ g NH_3; $30 - 1,8 = 28,2$ ccm daher $0,01703 \cdot 28,2 = 0,480246$ g NH_3.

Unter Berücksichtigung des spez. Gewichtes werden hierdurch angezeigt

$$\frac{0,47684 \cdot 100}{5 \cdot 0,960} = 9,94\,\% \quad \text{bzw.} \quad \frac{0,480246 \cdot 100}{5 \cdot 0,960} = 10\,\% \ NH_3 \,.$$

Anwendung. Salmiakgeist dient zur Herstellung von Linimenten, als Riechmittel, zu Einreibungen, bei Insektenstichen, innerlich bei Husten, z. B. zur Bereitung des Liquor Ammonii anisatus. Ausgedehnte Verwendung findet Ammoniak in der Technik, u. a. zur Herstellung von Salpeter, von künstlichem Eis.

Als Gegenmittel bei Vergiftungen mit Ammoniak dienen Auspumpen des Mageninhalts und schleimige, citronensäurehaltige Getränke.

Man muß die Ammoniakflüssigkeit, da sie die Korke zerstört und sich dabei dunkel färbt, in Gefäßen mit Glasstopfen aufbewahren.

Ein im Handel erhältlicher Liquor Ammonii caustici triplex enthält bei einem spezifischen Gewicht von 0,910 dreißig Gewichtsprozent NH_3. Eine Lösung von Ammoniak in Weingeist führt den Namen Liquor Ammonii caustici spirituosus oder Spiritus Dzondii.

Ammoniak läßt sich durch Sauerstoff je nach der dabei obwaltenden Temperatur in die verschiedenen Oxydationsstufen des Stickstoffs überführen; so entstehen bei 300 bis 500° Stickoxyd, salpetrige Säure, Salpetersäure. Übersteigt die Temperatur 700°, so wird durch den Sauerstoff aus dem Ammoniak der gesamte Wasserstoff herausgenommen, und es entsteht Stickstoff neben Wasser:

$$4\,NH_3 + 3\,O_2 = 2\,N_2 + 6\,H_2O \,.$$

Die Oxydationsfähigkeit des Ammoniaks durch Sauerstoff zu Stickoxyden hat technische Bedeutung erlangt, da dieses Verfahren in größtem Maßstabe zur Herstellung von Salpetersäure und deren Salzen geführt und Deutschland hinsichtlich seiner Versorgung mit Salpetersäure und deren Salze unabhängig vom Chilesalpeter (s. dort) gemacht hat.

6*

Hydrazin, Diamid, NH_2—NH_2.

Darstellung: Durch Reduktion von Stickoxydkaliumsulfit mit Natrium-amalgam:
$$K_2SO_3\ N_2O_2 + 3\,H_2 = NH_2 - NH_2 \cdot H_2O + K_2SO_4.$$

Das so gewonnene Hydrat besitzt ein starkes Reduktionsvermögen.

Stickstoffwasserstoffsäure, Azoïmid, $\overset{N}{\underset{N}{\|}}{>}NH$

bildet einen auf das heftigste explodierenden Stoff, welcher die Eigenschaften einer Säure besitzt. Das Natriumsalz erhält man, indem man auf das aus metallischem Natrium und Ammoniak gebildete Natriumamid

$$2\,NH_3 + 2\,Na = 2\,NH_2Na + H_2$$

Stickoxydul einwirken läßt:

$$2\,NH_2Na + N_2O = N_3Na + NaOH + NH_3.$$

Hydroxylamin, NH_2OH.

Man gewinnt Hydroxylamin durch Einwirkung von Zinn und Salzsäure (naszierendem Wasserstoff) auf Salpetersäureäthylester.

Aus dem salzsauren Hydroxylamin, das in Form eines weißen Kristallmehls im Handel erhältlich ist, setzt man das Hydroxylamin mit Hilfe von Natriummethylat in Freiheit:

$$NH_2 \cdot OH \cdot HCl + CH_3ONa = NH_2OH + CH_3OH + NaCl.$$

Hydroxylamin bildet farblose Nadeln.

Die Lösung des Hydroxylamins wirkt stark reduzierend. Aus Silbersalzen scheidet sie metallisches Silber ab, aus Quecksilberchloridlösung Kalomel, aus Kupferoxydsalzen Kupferoxydul. Das salzsaure Salz, **Hydroxylaminum hydrochloricum**, ist wegen seiner reduzierenden Eigenschaften in der dermatologischen Praxis an Stelle des Chrysarobins empfohlen worden.

Verbindungen des Stickstoffs mit den Halogenen.

Chlorstickstoff, NCl_3. Bei der Einwirkung von Chlor auf überschüssiges Ammoniak entweicht zunächst Stickstoff, bei einem Überschuß von Chlor bildet sich durch die Einwirkung des Chlors auf vorher entstandenes Ammoniumchlorid Chlorstickstoff:
$$NH_4Cl + 3\,Cl_2 = NCl_3 + 4\,HCl.$$

Chlorstickstoff ist eine gelbe, ölige, explodierende Flüssigkeit.

Jodstickstoff. Bei der Einwirkung von Ammoniak auf eine wässerige Lösung von Jod in Kaliumjodid scheidet sich ein schwarzer, pulverförmiger Stoff von der Zusammensetzung $NH_3 \cdot NJ_3$ ab. Außer dieser sind noch mehrere andere Jodstickstoffverbindungen dargestellt worden. Sie sind alle mehr oder weniger explosiv.

Um die Explodierbarkeit zu zeigen, übergießt man in einem Schälchen gepulvertes Jod mit starker Ammoniakflüssigkeit und trägt nach mehrstündigem, ruhigem Stehenlassen die feuchte schwarze Masse auf Filtrierpapierstückchen, die man auf einem Brett mit einer Nadel befestigt und bei gewöhnlicher Temperatur trocknen läßt (Vorsicht!). Beim Berühren der trockenen Masse mit einer Federfahne findet unter starkem Knall Explosion statt.

Verbindungen des Stickstoffs mit Sauerstoff.

Stickstoff bildet mit Sauerstoff folgende Oxyde und Hydroxyde:

Oxyde:	Hydroxyde:
N_2O Stickoxydul	$H_2N_2O_2$ Untersalpetrige Säure
(Stickstoffoxydul)	

Oxyde:		**Hydroxyde:**

NO   Stickoxyd . . . . ⎫
    (Stickstoffoxyd)   ⎬ HNO_2 Salpetrige Säure
N_2O_3 Sticktrioxyd . . . . ⎭
    (Salpetrigsäureanhydrid)
N_2O_4 Sticktetroxyd. . . . .
N_2O_5 Stickpentoxyd . . . . HNO_3 Salpetersäure.
    (Salpetersäureanhydrid).

Stickoxydul, N_2O, wird dargestellt durch Erhitzen von Ammoniumnitrat, welches in Stickoxydul und Wasser hierbei zerfällt:

$$NH_4NO_3 = N_2O + 2\,H_2O.$$

In der in ein Sandbad eingesetzten Retorte R (Abb. 25) wird Ammoniumnitrat erhitzt, in der Vorlage V sammelt sich das Wasser, während durch das Rohr r Stickoxydul entweicht und in den Zylindern C in einer peumatischen Wanne über warmem Wasser aufgefangen wird.

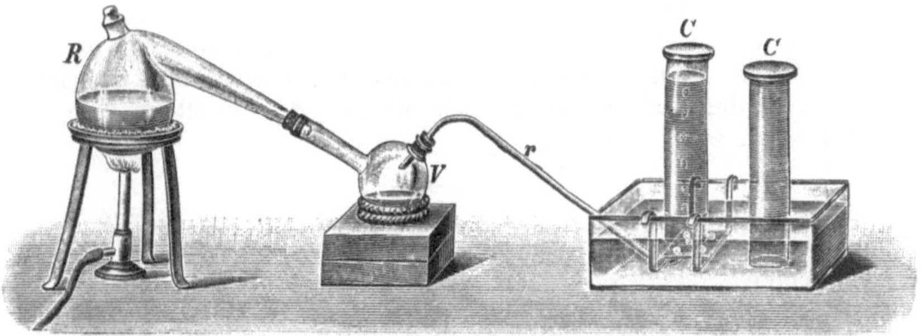

Abb. 25. Darstellung von Stickoxydul durch Erhitzen von Ammoniumnitrat.

Stickoxydul ist ein farb- und geruchloses Gas von süßlichem Geschmack. Spez. Gewicht 1,53 (Luft $= 1$). Durch starke Abkühlung oder durch einen Druck von 30 Atmosphären bei 0^0 läßt es sich zu einer farblosen Flüssigkeit verdichten. Läßt man verflüssigtes Stickoxydul schnell verdampfen, so erstarrt es zu einer kristallinischen Masse, deren Schmelzpunkt bei $-102{,}3^0$ liegt. Stickoxydul ist in Wasser ziemlich löslich: 1 Volum Wasser nimmt bei 0^0 1,305, bei 15^0 0,78, bei 20^0 0,67 Volumina auf. Man muß daher das Gas über warmem Wasser oder über Quecksilber auffangen.

Wird ein Gemisch von 4 Vol. N_2O und 1 Vol. Sauerstoff $1^1/_2$ bis 2 Minuten lang eingeatmet, so ruft es Heiterkeit und Berauschung hervor. Man nennt Stickoxydul deshalb auch **Lustgas** oder **Lachgas.** In größerer Menge eingeatmet erzeugt es einen bewußt- und gefühllosen Zustand und wurde deshalb bei schmerzhaften Zahnoperationen früher vielfach gebraucht. In großer Menge eingeatmet wirkt es schädlich.

Stickoxydul fördert die Verbrennung nahezu wie reiner Sauerstoff; so läßt sich in dem Gase ein glimmender Holzspan entflammen, Phosphor brennt darin mit lebhaft weißem Licht.

Untersalpetrige Säure, $H_2N_2O_2$. Man erhält die Salze der untersalpetrigen Säure durch Reduktion salpetrigsaurer Salze mittels Natriumamalgams oder durch Elektrolyse.

Das aus dem Kaliumsalz mit Silbernitrat als hellgelbes Pulver erhaltene Silbersalz zersetzt sich beim Erhitzen über 100⁰ unter heftiger Explosion. Trägt man das Silbersalz in Äther ein, welcher mit trockenem Chlorwasserstoff gesättigt ist, und dunstet das Filtrat im Vakuum ab, so kommt die freie untersalpetrige Säure in Kristallblättchen heraus. Sie ist explosiv.

Stickoxyd, NO, entsteht beim Lösen von Metallen wie Kupfer, Wismut, Blei, Silber in Salpetersäure:

$$3\,Cu + 8\,HNO_3 = 3\,Cu(NO_3)_2 + 4\,H_2O + 2\,NO.$$

Rein wird es erhalten durch Erwärmen von Salpeter mit einer salzsäurehaltigen Lösung von Eisenchlorür:

$$3\,FeCl_2 + KNO_3 + 4\,HCl = 3\,FeCl_3 + KCl + 2\,H_2O + NO.$$

Stickoxyd ist ein farbloses Gas vom spez. Gew. 1,3426. Es läßt sich zu einer Flüssigkeit verdichten, die bei tiefer Temperatur kristallinisch erstarrt. Schmelzpunkt — 167⁰. Von Wasser wird es wenig gelöst, leicht von Eisenoxydulsalzlösungen, und zwar mit dunkelbrauner Farbe. Beim Erhitzen dieser Lösungen entweicht es wieder farblos. An der Luft oxydiert sich Stickoxyd schnell zu braunem Sticktetroxyd, bzw. Stickdioxyd:

$$2\,NO + O_2 = N_2O_4.$$

Stickoxyd ist eine endotherme Verbindung; sie zerfällt, wenn die Temperatur 700⁰ übersteigt. Besonders schnell verläuft der Zerfall bei 1600⁰.

Sticktrioxyd, N_2O_3, entsteht beim Durchleiten eines Gemenges von 4 Vol. Stickoxyd und 1 Vol. Sauerstoff durch ein auf — 18⁰ abgekühltes Rohr und wird praktisch dargestellt durch Erwärmen von arseniger Säure mit konz. Salpetersäure:

$$As_4O_6 + 4\,HNO_3 + 4\,H_2O = 2\,N_2O_3 + 4\,H_3AsO_4.$$

Unter — 21⁰ ist Sticktrioxyd eine **tiefblaue Flüssigkeit**, die bei gegen + 3⁰ zu sieden anfängt und sich dabei zum Teil in Sticktetroxyd und Stickoxyd zersetzt: $2\,N_2O_3 = N_2O_4 + 2\,NO.$

Beim Abkühlen vereinigen sich beide wieder zu Sticktrioxyd.

Läßt man Sticktrioxyd auf wenig kaltes Wasser einwirken, so entsteht wahrscheinlich salpetrige Säure: $N_2O_3 + H_2O = 2\,HNO_2,$ bei Zusatz von mehr Wasser und bei höherer Temperatur aber zersetzt sich die salpetrige Säure unter Bildung von Salpetersäure und Stickoxyd:

$$3\,HNO_2 = HNO_3 + 2\,NO + H_2O.$$

Die Salze der salpetrigen Säure lassen sich durch Glühen von salpetersauren Salzen gewinnen:

$$KNO_3 = KNO_2 + O.$$

Die Abgabe von Sauerstoff wird erleichtert, wenn man der Schmelze reduzierend wirkende Metalle (wie Blei) oder ameisensaures Salz hinzumischt.

Die wässerige Lösung der salpetrigen Säure scheidet aus Jodiden freies Jod ab. So wird ein mit Zinkjodidstärkelösung getränktes

Papier beim Eintauchen in die mit einer Mineralsäure versetzte Lösung eines salpetrigsauren Salzes (Nitrites) gebläut.

Sticktetroxyd, N_2O_4 und **Stickdioxyd,** NO_2. Sticktetroxyd ist bei höherer Temperatur nicht beständig. Eine Molekel desselben zerfällt in zwei Molekeln NO_2. Man erhält N_2O_4 beim Erhitzen von trockenem Bleinitrat:

$$Pb(NO_3)_2 = PoO + \underbrace{N_2O_4 + O}_{bzw.\ 2\,NO_2}$$

und Verdichten der aus Stickdioxyd bestehenden rotbraunen Dämpfe in einem U förmigen Rohr durch eine Kältemischung. Farblose Flüssigkeit, die bei Abkühlung auf — 20^0 zu einer farblosen Kristallmasse erstarrt. Bei Zunahme der Temperatur färbt sich die Flüssigkeit gelb bis rotbraun; sie siedet bei 22^0. Mit weiter steigender Temperatur wird der Dampf dunkler, während zugleich sein Volumgewicht abnimmt. Dies erklärt sich durch die fortschreitende Dissoziation der Molekeln N_2O_4 in $2\,NO_2$.

Mit Eiswasser zerfällt Sticktetroxyd in Salpetersäure und salpetrige Säure

$$N_2O_4 + H_2O = HNO_3 + HNO_2.$$

Sticktetroxyd ist daher als das gemischte Anhydrid der Salpetersäure und der salpetrigen Säure aufzufassen.

Bringt man Sticktetroxyd mit heißem Wasser zusammen, so entstehen Salpetersäure und Stickoxyd:

$$3\,N_2O_4 + 3\,H_2O = 4\,HNO_3 + 2\,NO + H_2O.$$

Stickpentoxyd, N_2O_5, entsteht bei vorsichtigem Erwärmen von Phosphorsäureanhydrid mit Salpetersäure:

$$2\,HNO_3 + P_2O_5 = N_2O_5 + 2\,HPO_3.$$

Farblose, rhombische Säulen, die zuweilen von selbst unter Explosion in Sticktetroxyd und Sauerstoff zerfallen.

Salpetersäure, Acidum nitricum, HNO_3. Findet sich in der Natur in Form von Salzen, den Nitraten, welche den Namen Salpeter (abgeleitet von Sal petrae wegen des Vorkommens in porösen alkalireichen Gebirgs- und Erdschichten) führen. Man unterscheidet zwischen Natron- oder Chilesalpeter (salpetersaures Natrium, Natriumnitrat, in großen Lagern in Chile vorkommend), Kalisalpeter (salpetersaures Kalium, Kaliumnitrat) und Kalksalpeter (Mauersalpeter, salpetersaures Calcium, Calciumnitrat). Dieser kristallisiert in der Nähe von Aborten an den Wänden aus.

Zur Darstellung von Salpetersäure dienen entweder Kalium- oder Natriumnitrat, meist das letztere, welches mit Schwefelsäure der Destillation unterworfen wird. Je nach der Reinheit der angewendeten Rohstoffe erhält man die verschiedenen Handelssäuren (rohe Salpetersäure, reine Salpetersäure); je nach dem Mengenverhältnis der aufeinander einwirkenden Verbindungen (Schwefelsäure und Salpeter) werden entweder gewöhnliche oder rauchende Salpetersäure gebildet.

Läßt man auf 1 Molekel Natriumnitrat 1 Molekel Schwefelsäure einwirken:

$$NaNO_3 + H_2SO_4 = NaHSO_4 + HNO_3,$$

so hinterbleibt Natriumbisulfat, während Salpetersäure entweicht. Dieser Vorgang vollzieht sich schon bei gegen 150^0.

Verwendet man hingegen auf 2 Molekeln Salpeter nur 1 Molekel Schwefelsäure, so erfolgt zunächst, wie in dem ersten Falle die Bildung von Natriumbisulfat, dieses wirkt sodann auf die zweite noch nicht angegriffene Molekel Natriumnitrat ein:

$$NaNO_3 + NaHSO_4 = Na_2SO_4 + HNO_3.$$

Die Zerlegung des Natriumnitrats durch das Natriumbisulfat findet erst zwischen 200^0 und 300^0 statt, bei welcher Temperatur die sich entwickelnde Salpetersäure bereits eine Zersetzung erleidet:

$$2\,HNO_3 = H_2O + N_2O_4 + O.$$

Man erhält daher ein Gemisch von Salpetersäure und Untersalpetersäure. Aus einem solchen besteht die rauchende Salpetersäure des Handels.

Darstellung von roher Salpetersäure. Man läßt rohe Schwefelsäure (Pfannensäure) auf Chilesalpeter einwirken. Die Destillation wird entweder aus gläsernen oder häufiger aus gußeisernen Retorten bewirkt. In ersterem Falle befinden sich eine größere Anzahl solcher Retorten in eiserne Kapellen eingesetzt, welche zu einem sog. „Galeerenofen" vereinigt sind und gleichzeitig geheizt werden können. Mit den Retorten verbindet man in der Regel aus Ton gefertigte Vorlagen (Abb. 26).

Abb. 26. Vorlagen für die Destillation roher Salpetersäure.

Um bei möglichst niedriger Temperatur destillieren zu können, verbindet man die gut schließenden Vorlagen mit einer Saugvorrichtung und zieht die Salpetersäure bei vermindertem Druck ab.

Um eine chlorhaltige Salpetersäure zu reinigen, kann man sie mit dem gleichen Raumteil Schwefelsäure versetzen und im Vakuum destillieren. Eine auf diese Weise erhältliche 98 bis $99^0/_0$ige Salpetersäure erstarrt beim Abkühlen auf $41,3^0$ zu farblosen Kristallen.

Destilliert man eine wenig mit Wasser verdünnte Salpetersäure, so erhält man zunächst eine stärkere Säure, dann eine verdünntere. Wird aber eine 20- bis $25^0/_0$ige Salpetersäure der Destillation unterworfen, so geht zunächst Wasser über und dann bei 120^0 eine gegen $68^0/_0$ Salpetersäure haltende Flüssigkeit.

Die wenig Wasser haltende reine Salpetersäure zerfällt bei der Destillation in das rotbraune Stickdioxyd, Wasser und Sauerstoff

$$4\,HNO_3 \rightleftharpoons 4\,NO_2 + 2\,H_2O + O_2.$$

Im Dunkeln und bei gewöhnlicher Temperatur wirken die Spaltprodukte wieder zum großen Teil unter Bildung von Salpetersäure aufeinander ein.

Die meisten Metalle werden von Salpetersäure energisch angegriffen, Kupfer, Silber, Blei, Quecksilber unter Entbindung von Stickoxyd zu Nitraten gelöst. Da Gold und Platin von Salpetersäure nicht angegriffen werden, kann man sie zur Scheidung von Silber benutzen und nennt sie daher auch Scheidewasser.

Neuerdings wird Salpetersäure durch katalytische Oxydation des Ammoniaks gewonnen (s. Ammoniak), sowie nach dem Verfahren von Birkeland und Eyde, welche aus der atmosphärischen Luft Salpetersäure dadurch gewinnen, daß sie auf die Luft eine kräftige elektrische Entladung in flächenartiger Ausbreitung einwirken lassen. Diese wird durch Elektromagnete erreicht, die einen hochgespannten Wechselstrom im rechten Winkel zur Kraftrichtung abwechselnd nach oben und unten ablenken. Hierbei wird eine Konzentration der aus dem Ofen austretenden Gase von $2\,^0/_0$ Stickoxyd erzielt.

Prüfung des Acidum nitricum. Gehalt 24,8 bis $25,2\,^0/_0$ Salpetersäure HNO_3. (Mol.-Gew. 63,02.) Klare, farblose, in der Wärme flüchtige Flüssigkeit. Spez. Gewicht 1,149 bis 1,152.

Erwärmt man die Säure mit Kupferdraht, so löst sich dieser unter Entwicklung gelbroter Dämpfe zu einer blauen Flüssigkeit.

Löst man einen kleinen Kristall Ferrosulfat in einigen Kubikzentimetern einer sehr verdünnten Salpetersäurelösung und unterschichtet die Lösung mit konz. Schwefelsäure, so entsteht an der Berührungsfläche beider Flüssigkeiten ein brauner Ring.

Fügt man zu einer Lösung von wenig Brucin in einigen Tropfen konz. Schwefelsäure einen Tropfen einer sehr verdünnten Salpetersäurelösung, so entsteht eine rote Färbung, die allmählich in Gelb übergeht. Noch in einer Verdünnung von 1 : 100000 läßt sich Salpetersäure mit Brucin nachweisen.

Eine Lösung von wenig Diphenylamin (s. organische Chemie) in konz. Schwefelsäure wird durch einen Tropfen einer sehr verdünnten Salpetersäurelösung kornblumenblau gefärbt.

Die Reinheitsprüfung der Salpetersäure erstreckt sich auf den Nachweis von Salzsäure oder Chloriden, Schwefelsäure, Metallen, Jod oder Jodsäure (s. Arzneibuch).

Zur Gehaltsbestimmung pipettiert man 5 ccm Salpetersäure ab, verdünnt mit 25 ccm Wasser und titriert mit Normal-Kalilauge. Es müssen 22,6 bis 23,0 ccm dieser gebraucht werden (Dimethylaminoazobenzol als Indikator, welcher jedoch erst in der Nähe des Neutralisationspunktes zuzusetzen ist).

1 ccm n-KOH entspricht $0,06302$ g HNO_3, 22,6 ccm also $22,6 \cdot 0,06302 = 14,24252$ g und 23,0 ccm also $23 \cdot 0,06302 = 14,4946$ g HNO_3.

In 100 ccm Salpetersäure sind demnach enthalten $14,24252 \cdot 20 = 28,48504$ g bzw. $14,4946 \cdot 20 = 28,9892$ g, das sind unter Berücksichtigung des spez. Gew.

$$\text{der Säure} \quad \frac{28,48504}{1,149} = \text{rund } 24,8\,^0/_0 \quad \text{bzw.} \quad \frac{28,9892}{1,149} = \text{rund } 25,2\,^0/_0 \ HNO_3.$$

Medizinische Anwendung der Salpetersäure: Äußerlich als Ätzmittel gegen Warzen, Krebs, gegen Fußschweiß; innerlich früher gegen Lebererkrankungen. Dosis: 0,1 bis 0,2 g in Form von Tropfen und Mixturen.

Die rohe Salpetersäure, Acidum nitricum crudum, bildet eine klare, meist gelblich gefärbte, an der Luft schwach rauchende Flüssigkeit vom spez. Gew. 1,38 bis 1,40 (61 bis $65\,^0/_0$ HNO_3). Sie ist verunreinigt durch kleine Mengen Untersalpetersäure, Chlor, Schwefelsäure, zuweilen auch Jod und Jodsäure.

Die rohe Salpetersäure führt außer den Namen Aqua fortis, Spiritus nitri acidus auch die Bezeichnung Scheidewasser (s. S. 88).

Die rauchende Salpetersäure, Acidum nitricum fumans, Acidum nitroso-nitricum, Spiritus nitri fumans, bildet eine klare, rotbraune Flüssigkeit, welche erstickend wirkende, gelbrote Dämpfe ausstößt. Spez. Gew. 1,486 (Gehalt ca. $86\,^0/_0$ Salpetersäure). Die rauchende Salpetersäure ist ein starkes Oxydationsmittel; sie wirkt auf viele organische Stoffe zuweilen unter Feuererscheinung ein. Bei ihrer Anwendung als Ätzmittel (z. B. auf Warzen) ist Vorsicht geboten. Sie färbt tierische Haut augenblicklich gelb.

Salpetersäure ist vorsichtig aufzubewahren.

Königswasser, Aqua regis, so genannt, weil die Flüssigkeit den König der Metalle, das Gold (auch Platin) zu lösen vermag, wird durch Mischen von Salpetersäure und Chlorwasserstoffsäure hergestellt. 2 Molekeln Salpetersäure und 6 Molekeln Chlorwasserstoffsäure reagieren aufeinander, indem neben Nitrosylchlorid (NOCl) freies Chlor entsteht, welche dann ihre lösende Wirkung auf die Metalle ausüben:

$$2\,HNO_3 + 6\,HCl = 2\,NOCl + 2\,Cl_2 + 4\,H_2O.$$

Phosphor.

Phosphorus, $P = 31,04.$ Molekulargewicht $P_4 = 124,16.$ Spez. Gew. 1,83 (für die rote Modifikation 2,34). Drei- und fünfwertig.

Der Phosphor wurde 1669 von Brand in Hamburg bei der trockenen Destillation von Harn zuerst beobachtet, bald darauf auch von Kunkel und Boyle dargestellt, aber ein Jahrhundert später erst von Gahn in den Knochen aufgefunden.

Der Name Phosphor leitet sich ab von dem griechischen φῶς (phos) Licht und φόρος (phoros) Träger, bedeutet also Lichtträger. Diese Bezeichnung rührt daher, daß der Phosphor im Dunkeln leuchtet.

Vorkommen. Phosphor kommt in der Natur weit verbreitet vor in Form phosphorsaurer Salze, der Phosphate, namentlich als Calciumsalz, aus welchem die Mineralien Phosphorit, Apatit, Osteolith im wesentlichen bestehen (s. Calciumphosphat). Durch Verwitterung dieser und anderer, Calciumphosphat enthaltender Mineralien gelangen die Phosphate in die Ackerkrume, aus welcher sie von den Pflanzen aufgenommen werden und zur Bildung zusammengesetzter anorganischer und organischer Verbindungen dienen. Das Knochengerüst der Tiere besteht zum größten Teil aus Calciumphosphat. Ein Aluminiumphosphat ist der Wawellit, ein Ferrophosphat der Vivianit. In dem Eigelb, der Hirn- und Nervensubstanz kommt Phosphor in Form organischer Verbindungen (der Lezithine) vor. Diese sind fettartige Substanzen, welche beim Kochen mit Säuren oder Basen in hochmolekulare Fettsäuren, Glycerinphosphorsäure und Cholin (s. organischen Teil) zerfallen.

Gewinnung. Knochen werden von Fett und Leim befreit, weiß gebrannt, gepulvert und mit verdünnter Schwefelsäure behandelt. Man erhält hierbei eine Lösung von primärem Calciumphosphat, (s. weiter unten!), während sich Calciumsulfat (Gips) zum größten Teil unlöslich abscheidet:

$$Ca_3(PO_4)_2 + 2\,H_2SO_4 = Ca(H_2PO_4)_2 + 2\,CaSO_4.$$

Die vom Gips getrennte klare Flüssigkeit wird unter Zusatz von gepulverter Holzkohle zur Trockene verdampft und bis zur schwachen Rotglut erhitzt, wodurch das primäre Calciumphosphat unter Wasserverlust in Calciummetaphosphat übergeht:

$$Ca(H_2PO_4)_2 = 2\,H_2O + Ca(PO_3)_2 \cdot$$

Beim weiteren Erhitzen bis zur Weißglut reduziert die Kohle das Metaphosphat zu Phosphor, indem Kohlenoxyd entweicht. Ein Teil des Metaphosphats wird in tertiäres Calciumphosphat zurückverwandelt:

$$3\,Ca(PO_3)_2 + 10\,C = Ca_3(PO_4)_2 + 10\,CO + P_4.$$

Neuerdings gewinnt man Phosphor, indem man tertiäres Calciumphosphat unter Zusatz von Kieselsäure (Sand) und Kohle in einem mit Schamottesteinen ausgekleideten eisernen Turm mit Hilfe der durch einen elektrischen Flammenbogen im Innern des Gemisches erzeugten hohen·Temperatur im Sinne der folgenden Gleichung in Reaktion bringt:

$$2\,Ca_3(PO_4)_2 + 10\,C + 6\,SiO_2 = 6\,CaSiO_3 + 10\,CO + P_4.$$

Der obere Teil des Turmes enthält eine Abzugsöffnung für den abdestillierenden Phosphor, der mit Kohlenoxyd gemischt entweicht und unter Wasser aufgefangen wird. Außerdem befindet sich im oberen Teil des Turmes eine verschließbare Öffnung zum Nachfüllen des Reaktionsgemisches und am Boden eine Vorrichtung zum Ablassen des geschmolzenen Silikates.

Der Phosphor kommt entweder in runden, dicken Scheiben, die tortenartig zerschnitten sind, oder in Stangen gegossen in den Handel.

Eigenschaften. Phosphor ist ein durchscheinender, schwach gelblicher, wachsähnlicher, sehr giftiger Stoff. Spez. Gew. 1,83, Schmelzpunkt 44,5°, Siedepunkt 288°. Aus der Dichte seines farblosen Dampfes berechnet sich das Molekulargewicht 124,16. Da das Atomgewicht des Phosphors = 31,04 ist, so muß die Phosphormolekel im Dampfzustand vieratomig sein.

Bei der Einwirkung des Sonnenlichtes nimmt Phosphor eine gelbe Farbe an und überzieht sich allmählich mit einer undurchsichtigen rötlich-weißen Schicht. In Wasser ist er unlöslich, in Äther und Alkohol wenig löslich, ziemlich löslich in fetten und ätherischen Ölen (Oleum phosphoratum) und besonders leicht in Schwefelkohlenstoff. Läßt man seine Lösung in Schwefelkohlenstoff bei Luftabschluß verdunsten, so kristallisiert der Phosphor in Rhombendodekaëdern heraus. An der Luft leuchtet Phosphor im Dunkeln, nicht aber bei Abwesenheit von Sauerstoff, woraus hervorgeht, daß das Leuchten die Folge einer Oxydation des Phosphors ist. An feuchter Luft wird Phosphor zu phosphoriger Säure und Phosphorsäure oxydiert. Beim Erwärmen an der Luft entzündet sich Phosphor schon bei 60° und verbrennt mit intensiv weißem Licht zu Phosphorpentoxyd. Übergießt man einen Streifen Filtrierpapier mit einer Lösung von Phosphor in Schwefelkohlenstoff, so entzündet sich der

nach dem Verdampfen des Schwefelkohlenstoffs an der Luft in feiner
Verteilung auf dem Papier verbleibende Phosphor und verbrennt,
indem das Papier hierbei verkohlt. Läßt man Sauerstoff zu unter
warmem Wasser befindlichen geschmolzenen Phosphor treten, so entzündet sich der Phosphor und verbrennt unter Wasser.

Zufolge seiner leichten Oxydierbarkeit und seiner Ver-
änderlichkeit durch das Sonnenlicht muß Phosphor unter
Wasser und im Dunkeln aufbewahrt werden. Um das Ge-
frieren des Wassers im Winter und das hierdurch mögliche Zerspringen des Aufbewahrungsgefäßes für Phosphor zu verhindern, ist
empfohlen worden, den Phosphor unter verdünntem Weingeist aufzubewahren.

Mit den Halogenen verbindet sich Phosphor schon bei mittlerer
Temperatur unter Flammenerscheinung, mit den meisten Metallen
erst beim Erwärmen. Die entstehenden Metallphosphorverbindungen
führen den Namen Phosphide. Beim Erwärmen mit Salpetersäure
wird Phosphor zu phosphoriger Säure und weiterhin zu Phosphorsäure oxydiert; beim Kochen mit Ätzkalilösungen entwickelt sich
Phosphorwasserstoff. Über schwach erwärmten Phosphor geleiteter
Wasserstoff brennt zufolge seines Gehaltes an Phosphorwasserstoff
mit hellgrüner Flamme.

Nachweis. Phosphor verflüchtigt sich mit Wasserdämpfen, und
da er im Dunkeln leuchtet, läßt sich hierauf eine Nachweismethode

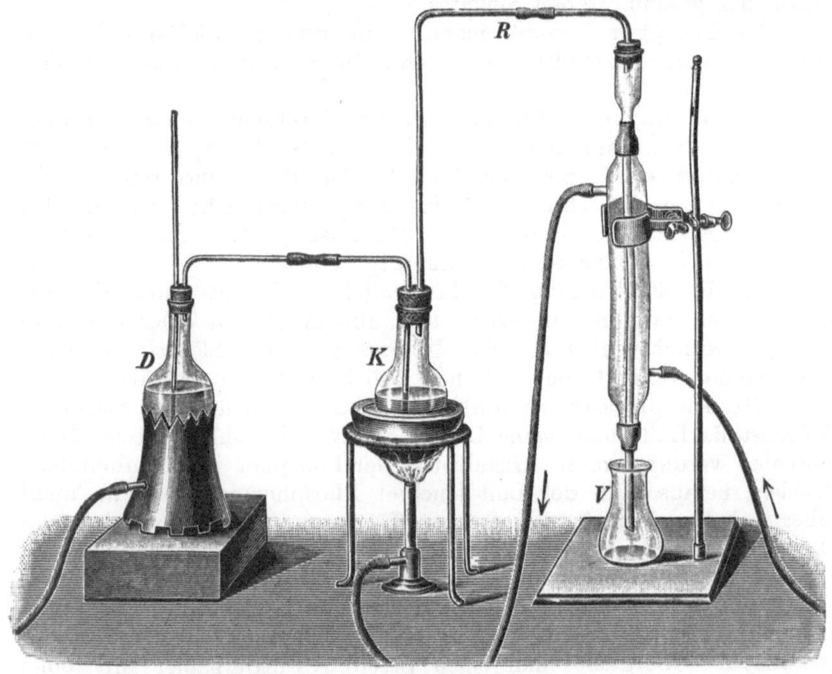

Abb. 27. Phosphornachweis mit Hilfe des Mitscherlichschen Apparates.

für Phosphor bei Vergiftungen mit Phosphor gründen. Mitscherlich hat hierfür einen besonderen Apparat konstruiert, der in modernisierter Form vorstehend abgebildet ist (Abb. 27).

Das Untersuchungsmaterial, in welchem man Phosphor vermutet, wird in dem Kolben K auf dem Wasserbade erwärmt. In dem auf einem Gasofen befindlichen Gefäß D wird Wasser zum Sieden gebracht, dessen Dampf das Untersuchungsmaterial im Kolben K durchstreicht und mit Phosphordämpfen beladen in das aufsteigende Rohr R gelangt. Nimmt man diesen Versuch in einem verdunkelten Zimmer vor, so bemerkt man, sobald die Phosphordämpfe in das Rohr R eintreten, ein Leuchten. In dem Vorlagegefäß V sammelt sich schließlich der mit den Wasserdämpfen übergetriebene und erstarrte Phosphor.

Anwendung des gelblichen Phosphors: Innerlich bei Rhachitis und Osteomalazie (Knochenerweichung), bei Skrofulose; Dosis 0,000 25 g bis 0,001 g, mehrmals täglich.

Sehr vorsichtig unter Wasser und vor Licht geschützt aufzubewahren! Größte Einzelgabe 0,001 g; größte Tagesgabe 0,003 g.

Phosphor wird vielfach als Rattengift gebraucht und zu dem Zweck in Form eines Phosphorsirups vorrätig gehalten. Man schmilzt ein Stück Phosphor unter Sirupus simplex im Wasserbade und schüttelt bis zum Erkalten in einer weithalsigen Flasche. Der Phosphor erstarrt dann in Form kleiner Kügelchen, die beim Aufschütteln in dem Sirup suspendiert bleiben und mit Mehl sich zu einer Phosphorlatwerge verarbeiten lassen.

Roter Phosphor. Erhitzt man den gewöhnlichen Phosphor bei Luftabschluß, bzw. in einem indifferenten Gas wie Kohlendioxyd, auf 250°, so färbt er sich allmählich rot und verwandelt sich in die ungiftige Form, den roten Phosphor. Man kann diese Umwandlung (Abb. 28) zeigen:

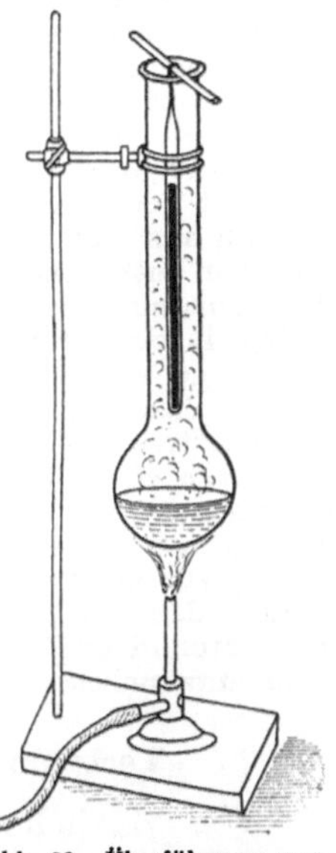

Abb. 28. Überführung von gelbem in roten Phosphor. ¹/₃ der nat. Größe.

Man bringt eine dünne Stange gelben Phosphors in ein einseitig geschlossenes Glasrohr, leitet, um die Luft auszutreiben, Kohlensäure in dasselbe und schmilzt es während des Eintretens der Kohlensäure zu. Das zugeschmolzene Ende zieht man zu einer Spitze aus, die man umbiegt, um das Rohr mittels eines Drahtes an einem Glasstab (Abb. 28) aufzuhängen und in dem langen Hals eines Glaskolbens, in welchem Anthrazen zum Sieden gebracht wird, den ca. 250° heißen Anthrazendämpfen aussetzen zu können. Der Phosphor schmilzt in dem Glasrohr und nimmt alsbald eine rote Farbe an.

Roter Phosphor führt auch den Namen amorpher Phosphor, doch zu Unrecht, denn er besitzt eine deutlich mikrokristallinische, hexagonale Struktur, was man besonders deutlich im polarisierten Licht beobachten kann. Roter Phosphor ist unlöslich in Schwefelkohlenstoff und anderen Lösungsmitteln. Er leuchtet nicht im Dunkeln und verändert sich nicht an der Luft. Spez. Gew. 2,2. Wird er über 260° erhitzt, so entzündet er sich oder verdampft bei Luftabschluß, ohne vorher zu schmelzen, wobei er sich wieder in gelben Phosphor verwandelt.

Schwarzer oder metallischer Phosphor entsteht, wenn Phosphor in einer evakuierten, zugeschmolzenen Glasröhre mit Blei erhitzt wird. Durch das geschmolzene Blei wird der Phosphor gelöst und beim Erkalten in schwarzen, glänzenden Kristallen wieder ausgeschieden. Spez. Gew. 2,34.

Anwendung des Phosphors in der Zündholzfabrikation: Als Zündmasse der auf jeder Reibfläche entzündbaren Zündhölzer benutzte man ein Gemisch aus 10% gelblichem Phosphor und Oxydationsmitteln (Kalisalpeter, chlorsaurem Kali, Bleisuperoxyd, Bleinitrat). Um die Selbstentzündung zu verhindern, überzog man die Köpfchen der Zündhölzer mit einem Lack. Die Zündmasse trug man auf das mit Schwefel am oberen Ende oder mit Paraffin getränkte Hölzchen auf. Diese Phosphorzündhölzer sind seit dem Jahre 1832 in Gebrauch gewesen. Da aber das Umgehen mit dem giftigen Phosphor in den Fabriken die darin beschäftigten Arbeiter durch das fortwährende Einatmen der Phosphordämpfe alsbald einer Phosphornekrose verfallen ließ, haben die Staatsregierungen der verschiedenen Länder die Herstellung von Zündhölzern aus weißem Phosphor in der Neuzeit verboten. In Deutschland dürfen von 1907 ab keine solchen Zündhölzer mehr für Verkaufszwecke hergestellt werden.

Seit der Entdeckung Böttchers im Jahre 1848, welcher fand, daß ein Gemisch aus Kaliumchlorat und Schwefelantimon an einer Reibfläche, roten Phosphor enthaltend, sehr leicht zum Entzünden gebracht werden kann, haben die sogenannten Sicherheitszündhölzer, die anfangs besonders aus Jönköping in Schweden zu uns gelangten und deshalb Schwedische Zündhölzer genannt werden, eine große Verbreitung gefunden. Zur Herstellung der Hölzchen und der Schachteln benutzt man in Schweden das Holz der Espe (Populus tremula).

Nach einer deutschen Reichsvorschrift stellt man die Zündmasse aus dem ungiftigen roten Phosphor her, der mit Calciumplumbat Ca_2PbO_4 (einer Verbindung aus Bleisuperoxyd und Kalk) vermischt wird. Auch ist zur Herstellung von ungiftigen Phosphorzündhölzern hellroter Phosphor empfohlen worden, den man durch Erhitzen einer Lösung von weißem Phosphor in Phosphortribromid erhält. Hellroter Phosphor ist, mit Oxydationsmitteln gemischt, leicht entzündlich.

Verbindungen des Phosphors mit Wasserstoff.

Von Verbindungen des Phosphors mit Wasserstoff sind drei bekannt, von denen die der Formel PH_3 entsprechende gasförmig, P_2H_4 flüssig und P_4H_2 fest ist. Bei der Darstellung von Phosphorwasserstoff werden in der Regel alle drei Formen gebildet.

Kocht man Phosphor mit einer konzentrierten wässerigen Lösung von Kalium- oder Natriumhydroxyd in einer Kochflasche, so entwickelt sich ein Gas, welches im wesentlichen aus PH_3 besteht:

$$\underset{\text{Phosphor}}{4\,P} \; + \; \underset{\text{Kaliumhydroxyd}}{3\,KOH} \; + \; \underset{\text{Wasser}}{3\,H_2O} \; = \; \underset{\substack{\text{Gasförmiger}\\\text{Phosphorwasserstoff}}}{PH_3} \; + \; \underset{\substack{\text{Unterphosphorig-}\\\text{saures Kalium.}}}{3\,KH_2PO_2}$$

Jede Gasblase, die aus Wasser an die Luft tritt, entzündet sich infolge eines kleinen Gehaltes an der selbstentzündlichen Verbindung P_2H_4 und verbrennt zu Phosphorsäure (weiße Nebelringe bildend). Wird das Gasgemenge durch eine stark abgekühlte Uförmige Röhre geleitet, so verdichtet sich in dieser der flüssige Phosphorwasserstoff, P_2H_4, und das nunmehr entweichende Gas (PH_3) ist nicht mehr selbstentzündlich.

Darstellung von Phosphorwasserstoff. In einem Rundkolben (Abb. 29) wird eine kleine Stange gelblichen Phosphors mit ca. 40%iger Kalilauge gekocht. Um zu verhindern, daß die austretenden Gasblasen schon in dem Kolben sich entzünden, hat man diesen zuvor mit einer indifferenten Gasart, z. B. Leuchtgas gefüllt. Das geschieht, indem man durch das Rohr r

Leuchtgas einleitet, das die Luft aus dem Kolben durch das Rohr s verdrängt und durch selbsttätiges Heben des kleinen, in Wasser eintauchenden, an einem Gummischlauch hängenden und daher leicht beweglichen Trichters t entweichen läßt. Man schmilzt, nachdem der Apparat mit Leuchtgas gefüllt ist, das Rohr bei g zu und beginnt erst jetzt den Kolbeninhalt zu erhitzen. Sobald Phosphorwasserstoff entweicht, der den kleinen Trichter etwas emporhebt und wenig aus dem Wasser hervorragen läßt, entzünden sich alsbald die Gasblasen mit einem leichten Knall, und bei ruhiger Luft erheben sich Phosphorsäurenebel in schönen Ringen.

Der gasförmige Phosphorwasserstoff entsteht neben dem flüssigen und festen auch durch Zerlegung von Phosphorcalcium mit Wasser oder Salzsäure:

$$Ca_3P_2 + 6\,H_2O = 2\,PH_3 + 3\,Ca(OH)_2$$
$$Ca_3P_2 + 6\,HCl = 2\,PH_3 + 3\,CaCl_2.$$

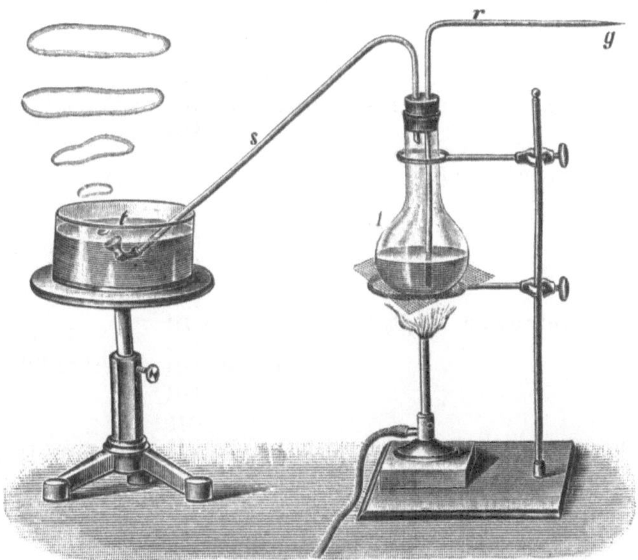

Abb. 29. Entwicklung von Phosphorwasserstoff.

Phosphorwasserstoff PH_3 ist ein farbloses, sehr giftiges Gas, das angezündet mit hell leuchtender Flamme zu Phosphorpentoxyd, bzw. Phosphorsäure verbrennt. Er vereinigt sich mit Halogenwasserstoff in ähnlicher Weise wie Ammoniak, jedoch meist erst unter Druck: $PH_3 + HJ = PH_4J$.

Die mit Jodwasserstoff entstehende Verbindung PH_4J führt (entsprechend der Bezeichnungsweise der Ammoniakverbindungen mit Säuren) den Namen Phosphoniumjodid. Noch unbeständiger als dieses sind das Phosphoniumbromid und Phosphoniumchlorid.

Verbindungen des Phosphors mit den Halogenen.

Phosphortrichlorid, PCl_3, bildet sich beim Überleiten von trockenem Chlor über schwach erhitzten Phosphor. Letzterer entzündet sich hierbei und verbindet sich mit dem Chlor zu PCl_3. Phosphortrichlorid ist eine klare, farblose, stark rauchende Flüssigkeit, die sich mit Wasser zu phosphoriger Säure und Salzsäure umsetzt:

$$PCl_3 + 3\,H_2O = H_3PO_3 + 3\,HCl.$$

Phosphorpentachlorid, PCl_5, entsteht durch Einwirkung von Chlor auf Phosphortrichlorid. Es bildet gelblichweiße, an der Luft rauchende Kristalle, die durch Einwirkung von Wasser zu Phosphoroxychlorid $POCl_3$, bzw. Phosphorsäure H_3PO_4 zersetzt werden:

$$PCl_5 + H_2O = POCl_3 + 2\,HCl$$
$$PCl_5 + 4\,H_2O = H_3PO_4 + 5\,HCl.$$

Phosphoroxychlorid ist eine farblose, an der Luft rauchende Flüssigkeit.

Verbindungen des Phosphors mit Sauerstoff.

Phosphor bildet mit Sauerstoff folgende Oxyde und Hydroxyde:

Oxyde:	**Hydroxyde:**
P_4O Phosphorsuboxyd	—
P_2O Phosphoroxyd	H_3PO_2 oder $O = P{\begin{smallmatrix}-H\\-H\\OH\end{smallmatrix}}$ Unterphosphorige Säure.
$P_4O_6\left\{\begin{smallmatrix}\text{entstanden aus}\\ 2\ \text{Mol. Phosphortrioxyd}\end{smallmatrix}\right.$	—
	H_3PO_3 oder $O = P{\begin{smallmatrix}-H\\-OH\\OH\end{smallmatrix}}$ Phosphorige Säure.
P_2O_4 Phosphortetroxyd	$H_4P_2O_6$ oder $O = P{\begin{smallmatrix}-H\\-OH\\O\end{smallmatrix}}$ / $O = P{\begin{smallmatrix}-OH\\OH\end{smallmatrix}}$ Unter-Phosphorsäure.
P_2O_5 Phosphorpentoxyd	H_3PO_4 oder $O = P{\begin{smallmatrix}-OH\\-OH\\OH\end{smallmatrix}}$ Phosphorsäure.

Von der Phosphorsäure leiten sich ab:

$$H_4P_2O_7 \text{ oder } \quad \begin{array}{l} O = P{\begin{smallmatrix}-OH\\-OH\\O\end{smallmatrix}} \\ O = P{\begin{smallmatrix}-OH\\OH\end{smallmatrix}} \end{array} \quad \text{Pyrophosphorsäure.}$$

und $\quad HPO_3 \text{ oder } O = P{\begin{smallmatrix}O\\OH\end{smallmatrix}} \quad$ Metaphosphorsäure.

Unterphosphorige Säure, H_3PO_2 wird erhalten in Salzform beim Kochen einer konz. Lösung stark basischer Hydroxyde mit Phosphor (s. Phosphorwasserstoff). Versetzt man das Baryumsalz mit der berechneten Menge verdünnter Schwefelsäure und dampft das Filtrat im luftverdünnten Raum ein, so erhält man die unterphosphorige Säure als farblose, dicke Flüssigkeit, die zu farblosen, bei 17,4° schmelzenden Blättchen erstarrt. Beim Erhitzen zerfällt sie in Phosphorwasserstoff und Phosphorsäure:

$$2\,H_3PO_2 = PH_3 + H_3PO_4.$$

Die Säure ist ein starkes Reduktionsmittel; sie scheidet aus Gold-, Silber- und Quecksilbersalzlösungen die Metalle ab und reduziert Schwefelsäure zu Schwefeldioxyd. Die Säure enthält 1 Hydroxylwasserstoffatom, ist daher einbasisch und bildet nur eine Reihe von Salzen. Sie führen den Namen Hypophosphite (s. später Calciumhypophosphit).

Phosphorige Säure, H_3PO_3, bildet sich bei der langsamen Oxydation
von Phosphor an feuchter Luft und wird erhalten durch Zersetzen von Phosphortrichlorid mit Wasser:

$$PCl_3 + 3\,H_2O = H_3PO_3 + 3\,HCl\,.$$

Phosphorige Säure läßt sich in farblosen Kristallen erhalten, die bei
71° schmelzen, enthält zwei Hydroxylwasserstoffatome und ist daher zweibasisch. Sie wirkt Metallsalzen gegenüber als Reduktionsmittel, steht aber
in ihrer Reduktionswirkung der unterphosphorigen Säure nach. Beim Erhitzen
über 180° zerfällt sie in Phosphorsäure und Phosphorwasserstoff:

$$4\,H_3PO_3 = 3\,H_3PO_4 + PH_3\,.$$

Die Salze der phosphorigen Säure heißen Phosphite.

Unterphosphorsäure, $H_4P_2O_6$, entsteht durch Oxydation von Phosphor
beim Aufbewahren desselben an feuchter Luft.

Phosphorpentoxyd, P_2O_5, Phosphorsäureanhydrid, entsteht
beim Verbrennen von Phosphor in einem trockenen Luft- oder Sauerstoffstrom.
Zündet man ein Stückchen trockenen Phosphors in einer Porzellanschale an
und stülpt eine größere Glasglocke über das Schälchen, so beobachtet man,
daß sich der beim Verbrennen des Phosphors bildende weiße Dampf alsbald
in Form weißer schneeähnlicher Flocken an der inneren Wandung der Glocke
ansetzt. Im Schälchen ist hierbei ein Teil des Phosphors, da es an Luftsauerstoff unter der Glocke mangelte, in die rote Modifikation übergeführt. Phosphorpentoxyd zerfließt schnell an der Luft und geht dabei in eine stark saure,
sirupöse Flüssigkeit über, welche im wesentlichen aus Metaphosphorsäure
besteht.

Phosphorsäure, H_3PO_4, Orthophosphorsäure, Acidum phosphoricum. Man kann Phosphorsäure durch Zersetzung von Calciumphosphat (z. B. Knochenasche) mit Schwefelsäure erhalten. Es
bildet sich hierbei schwerlösliches Calciumsulfat als Nebenprodukt,
von welchem jedoch die Phosphorsäure nicht vollkommen befreit
werden kann, es sei denn, daß man diese mit Alkohol extrahiere.
Die aus Knochenasche erhältliche Phosphorsäure war früher unter
dem Namen Acidum phosphoricum ex ossibus bekannt und
gebräuchlich.

Die arzneilich verwendete Phosphorsäure wird aus
dem gewöhnlichen Phosphor dargestellt, indem man diesen
mit Salpetersäure oxydiert.

Darstellung. Man gibt 20 g gelben Phosphor in den Rundkolben K
(Abb. 30), welcher vorher mit 300 g Salpetersäure vom spez. Gewicht 1,153
($= 25\%\,HNO_3$) beschickt ist, verbindet den Kolben mit dem aufrecht stehenden
Liebigschen Kühler L (Rückflußkühler) und erwärmt den Kolben in dem
Sandbad S. Die beim Erwärmen sich verflüchtigende Salpetersäure wird durch
den in der Richtung der Pfeile sich bewegenden Wasserstrom in der inneren
Röhre abgekühlt und verdichtet und fließt in den Kolben zurück.
Man hält bei der Oxydation die Flüssigkeit in leichtem Sieden. Ist der
im geschmolzenen Zustande am Boden der Flüssigkeit befindliche Phosphor in
lösliche Phosphorsäure übergeführt, so dampft man in einer Porzellanschale
unter einem Abzug die Flüssigkeit bis zur Sirupkonsistenz über freier Flamme
ein. Man kann das Eindampfen auch in einer Retorte vornehmen und sammelt
das Destillat in einer Vorlage. Hierbei wird die überschüssige Salpetersäure
verjagt, und die Phosphorsäure bleibt in der Retorte zurück. Beim Eindampfen der Flüssigkeit beobachtet man zuweilen eine Schwärzung. Diese
rührt von ausgeschiedenem Arsen her, entstanden durch die Reduktionswirkung

noch vorhandener phosphoriger Säure. Die Ausscheidung des Arsens ist die Folge mangelnder Salpetersäure.

Um das stets vorhandene Arsen abzuscheiden, leitet man in die von Salpetersäure befreite und mit dem fünffachen destillierten Wasser verdünnte Flüssigkeit Schwefelwasserstoff, läßt 1 bis 2 Tage an einem warmen Orte in verschlossener Flasche stehen, filtriert und dampft auf das gewünschte spezifische Gewicht ein. Nach dem Ansatze

$$P : H_3PO_4 = 31{,}04 : 98{,}064$$

werden aus 20 g Phosphor

$$\frac{98{,}064 \cdot 20}{31{,}04} = 63{,}18 \text{ g reine oder}$$

$63{,}18 \cdot 4 =$ rund 253 g 25 %ige Phosphorsäure erhalten. Die Ausbeute ist jedoch geringer, da der Phosphor niemals rein ist.

Phosphorsäure bildet als 3-basische Säure drei Reihen von Salzen, die als primäre, sekundäre und tertiäre Phosphate bezeichnet werden, je nachdem ein, zwei oder drei Wasserstoffatome der Säure durch Metalle ersetzt sind.

Eigenschaften und Prüfung des Acidum phosphoricum. Gehalt annähernd 25 % Phosphorsäure. H_3PO_4. (Mol.-Gew. 98,0.) Klare, farblose, geruchlose Flüssigkeit. Spez. Gew. 1,153 bis 1,155.

Phosphorsäure gibt nach Neutralisation mit Natriumkarbonat mit Silbernitratlösung einen gelben, in Ammoniakflüssigkeit und in Salpetersäure löslichen Niederschlag von Silberphosphat. Übersättigt man Phosphorsäure mit Ammoniakflüssigkeit und fügt Magnesiagemisch (aus 11 Teilen Magnesiumchlorid, 14 Teilen Ammoniumchlorid, 130 Teilen Wasser und 70 Teilen Ammoniakflüssigkeit bereitet) hinzu, so entsteht ein körnig-kristallinischer Niederschlag von Ammonium-Magnesiumphosphat, $Mg(NH_4)PO_4 \cdot 6\,H_2O$.

Die Prüfung der offizinellen Phosphorsäure erstreckt sich auf den Nachweis von Arsen, Chlorwasserstoff, phosphoriger Säure, Schwefelsäure, Kalk, Metallen (besonders Blei und

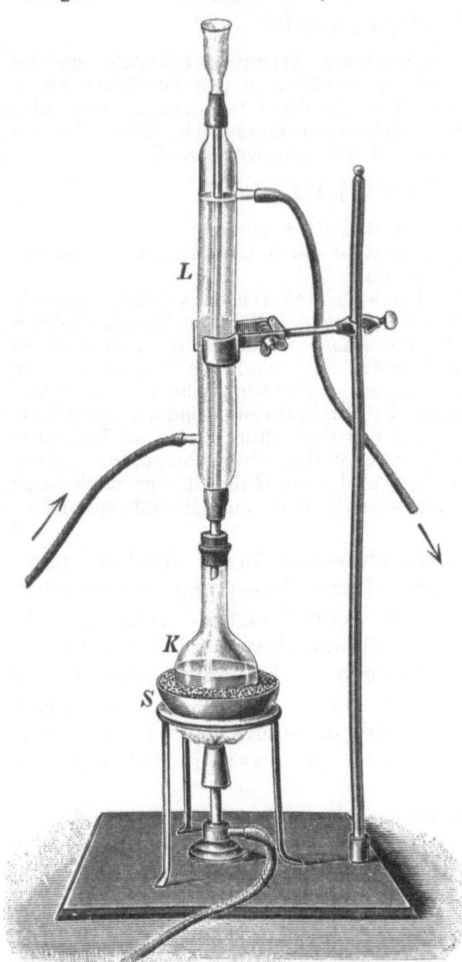

Abb. 30. Darstellung von Phosphorsäure.

Kupfer), Kieselsäure oder kieselsauren Alkalien, Salpetersäure und salpetriger Säure (s. Arzneibuch).

Anwendung der Phosphorsäure. Innerlich als Antifebrile
0,5 g bis 1,5 g mehrmals täglich in wässeriger, mit Sirup versüßter
Lösung. Zur Knochenbildung in $^1/_2$- bis $1\,^0/_0$iger Lösung. Äußerlich auf Geschwüre und zu Mundwässern.

Die quantitative Bestimmung der Phosphorsäure geschieht, wenn in einer Lösung derselben alkalische Erden abwesend
sind, dadurch, daß man aus ammoniakalischer Lösung mit Magnesiagemisch fällt, das ausgeschiedene Ammonium-Magnesiumphosphat auf
einem Filter sammelt, trocknet und durch Erhitzen in Magnesium-
pyrophosphat überführt:

$$2\,Mg(NH_4)PO_4 = Mg_2P_2O_7 + 2\,NH_3 + H_2O.$$

Zur Bestimmung der an alkalische Erden gebundenen Phosphorsäure oder sonstiger unlöslicher Phosphate werden diese in Salpetersäure gelöst, und die Lösung mit Ammoniummolybdatlösung[1]) auf
dem Wasserbade bis zur Ausscheidung des Ammoniumphospho-
molybdats (s. Molybdän) erwärmt. Dieses wird auf einem Filter
gesammelt, mit Ammoniumnitratlösung ausgewaschen, sodann in
Ammoniak gelöst und diese Lösung mit Magnesiagemisch gefällt.

Pyrophosphorsäure, $H_4P_2O_7$, Acidum pyrophosphoricum,
entsteht beim Erhitzen der wasserfreien Phosphorsäure auf ca. 260^0
durch Wasseraustritt:

$$2\,H_3PO_4 = H_4P_2O_7 + H_2O.$$

Man erkennt das Ende der Reaktion daran daß eine durch
Ammoniak neutralisierte Probe mit Silbernitratlösung eine rein weiße
Fällung gibt. Die Pyrophosphorsäure ist eine farblose, sirupdicke
Flüssigkeit oder eine kristallinische, in Wasser leicht lösliche Masse.
Bei mittlerer Temperatur verändert sich diese Lösung nur wenig,
beim Kochen geht sie unter Wasseraufnahme in Phosphorsäure über.

Die Pyrophosphorsäure ist vierbasisch. Ihre Salze heißen
Pyrophosphate und bilden sich beim Erhitzen der sekundären
Phosphate:

$$2\,Na_2HPO_4 = Na_4P_2O_7 + H_2O.$$

Metaphosphorsäure, HPO_3, Acidum phosphoricum glaciale,
entsteht beim Erhitzen der Ortho- oder Pyrophosphorsäure über
300^0:

$$H_3PO_4 = HPO_3 + H_2O.$$

Sie bildet eine glasartige, durchsichtige Masse, die an feuchter
Luft zerfließt. In der Hitze schmilzt sie und läßt sich bei hoher
Temperatur unzersetzt verflüchtigen. Die käufliche glasartige Säure

---

[1]) Zur Bereitung der Ammoniummolybdatlösung werden 150 g
molybdänsaures Ammon in Wasser gelöst, mit 400 g Ammoniumnitrat versetzt und auf 1 l Flüssigkeit mit Wasser aufgefüllt. Diese Lösung trägt man
unter Umrühren in 1 l Salpetersäure vom spez Gew. 1,19 ein, läßt 24 Stunden
an einem ca. 35^0 warmen Orte stehen und filtriert. Nach längerem Stehen
scheidet sich aus der Lösung ein gelber Niederschlag ab, welcher aus einer
gelben Modifikation der Molybdänsäure besteht.

enthält meist einen kleinen Gehalt an Kalk oder Magnesia und ist deshalb in Wasser nicht klar löslich.

Die Lösung der Metaphosphorsäure koaguliert Eiweiß bereits in der Kälte, wodurch sich jene von Ortho- und Pyrophosphorsäure unterscheidet. Silbernitratlösung wird durch die Lösung eines metaphosphorsauren Salzes weiß gefällt.

Metaphosphorsäure geht in wässeriger Lösung bei gewöhnlicher Temperatur allmählich, beim Erhitzen schnell in Orthophosphorsäure über. Metaphosphorsäure ist einbasisch. Ihre Salze heißen Metaphosphate und bilden sich beim Erhitzen der primären Phosphate:

$$Ca(H_2PO_4)_2 = Ca(PO_3)_2 + 2\,H_2O.$$

Das saure Natrium-Ammoniumphosphat (Phosphorsalz) geht zufolge der lockeren Bindung der Ammoniumgruppe beim Erhitzen unter Ammoniak- und Wasserabgabe ebenfalls in Metaphosphat über:

$$Na(NH_4)HPO_4 = NaPO_3 + NH_3 + H_2O.$$

Arsen.

Arsenium, As = 74,96. Molekulargewicht As_4 = 299,84. Spez. Gew. 5,73 bei 14°. Drei- und fünfwertig.

Vorkommen. Arsen findet sich in der Natur als Scherben- oder Näpfchenkobalt oder Fliegenstein, in Verbindung mit Sauerstoff als Arsenblüte oder Arsenit (As_4O_6), mit Schwefel als Realgar (As_2S_2) und Auripigment (As_2S_3). Auch kommt Arsen vor in manchen eisen-, kobalt- und nickelhaltigen Mineralien, so als Arsenkies oder Mispickel ($Fe_2As_2S_2$), als Speiskobalt ($CoAs_2$), Glanzkobalt oder Kobaltglanz ($Co_2As_2S_2$), Weißnickelerz ($NiAs_2$).

Kleine Mengen von Arsen finden sich in vielen Mineralien, z. B. in den Schwefelkiesen, Kupferkiesen, Fahlerzen, dem natürlichen Schwefel usw. Auch in verschiedenen Mineralquellen (siehe Wasser S. 37) ist Arsen enthalten.

Gewinnung. Arsenkies wird für sich oder unter Zuschlag von Eisen in tönernen Röhren erhitzt und das sublimierte Arsen in Vorlagen aus Ton verdichtet:

$$Fe_2As_2S_2 = 2\,FeS + 2\,As.$$

Zur Gewinnung kleiner Mengen Arsen benutzt man Arsenblüte, welche beim Erhitzen unter Zuschlag von Kohle reduziert wird:

$$As_4O_6 + 6\,C = 4\,As + 6\,CO.$$

Eigenschaften. Das natürlich vorkommende Arsen ist amorph und von schwarzer Farbe, nach Retgers hingegen mikrokristallinisch und vermutlich regulär. Das durch Sublimation gewonnene Arsen ist metallglänzend, stahlgrau und von blättrig-kristallinischem Gefüge. Es ist unter dem Namen Cobaltum cristallisatum im Handel.

Leitet man Arsendampf in durch Kohlendioxyd abgekühlten Schwefelkohlenstoff, so entsteht eine gelbe Lösung, aus welcher beim Abkühlen auf -70^0 Arsen als gelbes kristallinisches Pulver sich abscheidet, das die Elektrizität nicht leitet und in Schwefelkohlenstoff gelöst das Molekulargewicht As_4 zeigt.

Arsen ist spröde und läßt sich daher leicht pulvern. Bei Luftabschluß erhitzt, verdampft es bei gegen 450^0, ohne zu schmelzen. Sein Dampf besitzt eine zitronengelbe Farbe und knoblauchartigen Geruch. An der Luft erhitzt, verbrennt es mit bläulichweißer Flamme zu Arsenigsäureanhydrid:

$$4\,As + 6\,O = As_4O_6.$$

Lufthaltiges Wasser bewirkt die gleiche Oxydation. Die in früherer Zeit als Fliegengift benutzte wässerige Abkochung des Scherbenkobalts (Fliegensteins) erhält daher kleine Mengen arseniger Säure. In Salzsäure und verdünnter Schwefelsäure ist Arsen unlöslich, durch Salpetersäure wird es je nach der Konzentration derselben zu arseniger oder Arsensäure oxydiert.

Verbindungen des Arsens mit Wasserstoff.

Von Verbindungen des Arsens mit Wasserstoff sind zwei bekannt, von denen die der Formel AsH_3 gasförmig, As_4H_2 fest ist.

Arsenwasserstoff, AsH_3, wird beim Behandeln einer Legierung von Arsen und Zink mit verdünnter Schwefelsäure erhalten:

$$As_2Zn_3 + 3\,H_2SO_4 = 3\,ZnSO_4 + 2\,AsH_3.$$

Auch bei der Einwirkung von Wasserstoff in statu nascendi auf Arsenverbindungen wird Arsenwasserstoff gebildet, so z. B. durch naszierenden Wasserstoff aus saurer Quelle (Zink $+$ verdünnte Schwefelsäure) auf Sauerstoffverbindungen des Arsens:

$$As_4O_6 + 12\,H_2 = 4\,AsH_3 + 6\,H_2O.$$

Am bequemsten stellt man Arsenwasserstoff dar durch Übergießen von Arsencalcium mit Wasser:

$$Ca_3As_2 + 6\,H_2O = 2\,AsH_3 + 3\,Ca(OH)_2.$$

Arsenwasserstoff ist ein farbloses, nach Knoblauch riechendes, in ganz reiner Form geruchloses, sehr giftiges Gas, welches leicht entzündlich ist und mit bläulichweißem Licht verbrennt:

$$4\,AsH_3 + 6\,O_2 = As_4O_6 + 6\,H_2O.$$

Wird die Arsenwasserstoffflamme durch einen kalten Gegenstand, z. B. ein Porzellanschälchen, abgekühlt, so scheidet sich darauf unverbranntes Arsen in metallisch glänzenden, braunen Flecken (Arsenflecken) ab, da nur der Wasserstoff verbrennt, das Arsen nicht.

Erhitzt man eine von Arsenwasserstoff durchströmte Glasröhre vor einer etwas eingezogenen Stelle, so findet Zerlegung des Arsenwasserstoffs statt, indem sich das Arsen in der Glasröhre als brauner, glänzender Spiegel (Arsenspiegel) ansetzt, während Wasserstoff entweicht.

Man bewirkt den Nachweis des Arsens in dem Marshschen Apparat (Abb. 31).

In den Erlenmeyer-Kolben bringt man dünne Stangen von reinem (arsenfreiem) Zink und übergießt diese mit reiner verdünnter Schwefelsäure (20% H_2SO_4 haltend). Durch Hinzufügen eines Tropfens Platinchloridlösung oder Cuprisulfatlösung wird die anfangs träge Wasserstoffentwicklung beschleunigt. Nachdem der Luftsauerstoff aus dem Apparat durch den sich entwickelnden Wasserstoff verdrängt ist[1]), zündet man an dem aufwärtsgebogenen Ende der Glasröhre das Wasserstoffgas an und überzeugt sich durch ein in die Flamme gehaltenes kaltes Porzellanschälchen oder einen Porzellantiegeldeckel von der Abwesenheit des Arsens.

Hierauf gibt man durch die graduierte Trichterröhre die mit etwas Wasser oder verdünnter Säure hergestellte Lösung, welche auf Arsen untersucht werden soll. Die Feuchtigkeit wird in dem mit Chlorcalciumstückchen gefüllten Rohr zurückgehalten. Das Gas gelangt trocken in das an einigen Stellen verengte Gasrohr. Bei Anwesenheit von Arsen nimmt die Flamme eine bläulichweiße Färbung an. Man erhitzt vor den verengten Stellen das Glasrohr mit einer Gas- oder Spirituslampe (man wählt zu dem Rohr schwer schmelzbares Glas) und beobachtet, ob ein Arsenspiegel sichtbar wird.

Antimonverbindungen geben bei gleicher Behandlung ähnliche Flecken und Spiegel. Zur Unterscheidung dient 1. die Farbe: Der Arsenspiegel besitzt eine braunschwarze Färbung und ist stark glänzend,

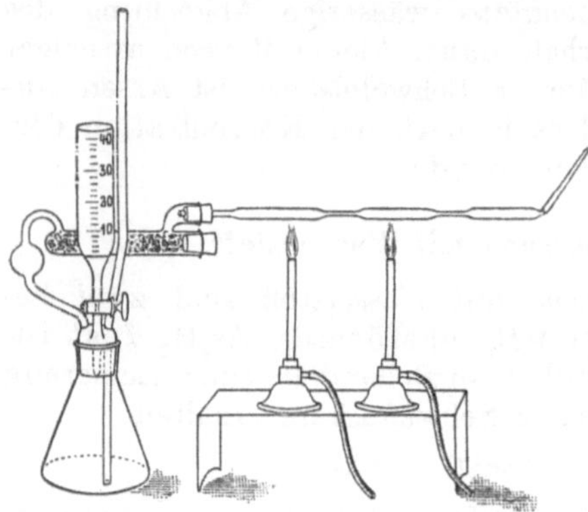

Abb. 31. Marshscher Apparat nach Lockemann.

während der Antimonspiegel matt und samtartig schwarz erscheint. 2. Lösung von unterchlorigsaurem Natrium: Arsenflecken werden von frisch bereiteter Natriumhypochloritlösung sogleich gelöst, Antimonflecken bleiben unverändert.

Wird Arsenwasserstoff in nicht zu konzentrierte Lösungen von Gold- oder Silbersalzen geleitet, so scheidet er daraus die Metalle ab, und das Arsen wird dabei in arsenige Säure übergeführt.

Läßt man Arsenwasserstoff auf eine konzentrierte neutrale Silbernitratlösung (50% $AgNO_3$ haltend) einwirken, so scheidet Arsenwasserstoff eine gelbe Doppelverbindung von Arsensilber-Silbernitrat ab, bestehend aus $Ag_3As \cdot 3\,AgNO_3$, die beim Zusammenbringen mit Wasser unter Schwärzung in Silber, Salpetersäure und arsenige Säure zersetzt wird:

$$Ag_3As \cdot 3\,AgNO_3 + 3\,H_2O = 6\,Ag + H_3AsO_3 + 3\,HNO_3.$$

Arsenwasserstoff, fester, As_4H_2, bildet eine rotbraune, sammetartige Masse, die sich in der Hitze zersetzt. Man erhält sie durch die Einwirkung von naszierendem Wasserstoff auf Arsenverbindungen bei Gegenwart von Salpetersäure.

---

[1]) Man beachte hierbei die unter „Wasserstoff" angegebenen Vorsichtsmaßregeln!

Verbindungen des Arsens mit den Halogenen.

Die Halogenverbindungen des Arsens entstehen durch direkte Vereinigung von Arsen mit den Halogenen. Das Arsentrichlorid bildet sich jedoch auch beim Kochen von arseniger Säure mit starker Salzsäure:

$$As_4O_6 + 12\,HCl = 4\,AsCl_3 + 6\,H_2O.$$

Arsentrichlorid, $AsCl_3$, farblose, an der Luft rauchende, giftige Flüssigkeit vom spez. Gew. 2,2 bei 0^0 und dem Siedepunkt 134^0.

Durch viel Wasser wird $AsCl_3$ zu arseniger Säure und Salzsäure zersetzt:

$$4\,AsCl_3 + 6\,H_2O = As_4O_6 + 12\,HCl.$$

Arsentrijodid, AsJ_3, wird erhalten durch Zusammenschmelzen und Sublimieren eines Gemisches von 1 Teil Arsen und 5 Teilen Jod. Es entsteht auch durch Fällen einer heißen salzsauren Lösung von arseniger Säure mit einer konzentrierten Jodkaliumlösung. Das ausgefällte gelbrote Pulver wird mit $25\,{}^0/_0$iger Salzsäure abgewaschen.

Es bildet einen glänzenden, orangeroten, kristallinischen, bei 146^0 schmelzenden Stoff, welcher sich in Wasser gut löst und medizinisch verwendet wird.

Verbindungen des Arsens mit Sauerstoff.

Oxyde:

As_4O_6 Arsenigsäureanhydrid, (entsprechend dem Tetraphosphorhexoxyd).

As_2O_5 Arsenpentoxyd (Arsensäureanhydrid).

Hydroxyde:

H_3AsO_3 — Arsenige Säure (Ortho-Arsenige Säure).

Von der arsenigen Säure leitet sich ab:

$HAsO_2$ oder $\overset{III}{As}{<}^{=O}_{-OH}$ — Metarsenige Säure (entstanden aus 1 Mol. Arseniger Säure durch Austritt von 1 Mol. Wasser).

H_3AsO_4 oder $\overset{V}{As}{<}^{=O}_{-OH}{}^{-OH}_{-OH}$ — Arsensäure (Ortho-Arsensäure).

Von der Arsensäure leiten sich ab:

$H_4As_2O_7$ oder $\overset{V}{As}{<}^{=O}_{-OH}{-OH}\ {>}O\ \overset{V}{As}{<}^{-OH}_{=O}$ — Pyroarsensäure (entstanden aus 2 Mol. Arsensäure durch Austritt von 1 Mol. Wasser).

$HAsO_3$ oder $\overset{V}{As}{<}^{=O}_{=O}{}_{-OH}$ — Metarsensäure (entstanden aus 1 Mol. Arsensäure durch Austritt von 1 Mol. Wasser).

Arsenigsäure-Anhydrid, Arsenige Säure, Weißer Arsenik, Acidum arsenicosum, As_4O_6, findet sich in der Natur als Arsenblüte und bildet sich beim Verbrennen des Arsens an der Luft. Es wird im großen durch Rösten von Arsenkies oder arsenhaltigen Kobalt- oder Nickelerzen und Verdichten der neben Schwefeldioxyd sich entwickelnden Dämpfe in gemauerten Gängen, den Giftkanälen, gewonnen. Diese liegen neben- oder übereinander in hölzernen oder gemauerten Gifttürmen. Das sich darin absetzende „Giftmehl", „Hüttenrauch" ist durch mitgerissene Erzteilchen grau gefärbt und wird daher einer nochmaligen Sublimation unterworfen. (Abb. 32.)

Eiserne Kessel (k), von denen mehrere nebeneinander liegen, werden mit dem „Giftmehl" gefüllt und durch Aufsetzen von Rohrstücken a, b, c (Trommeln) verlängert, die schließlich in ineinander gesteckte dünne Röhren auslaufen. Diese münden in die Giftkammer f, in welcher sich das Arsenigsäureanhydrid a's Sublimat ansammelt. In der Haube e befindet sich eine verschließbare und mit einem Fenster zur Beobachtung versehene Klappe. Durch Verstärkung der Hitze sintert das anfänglich pulverförmige Sublimat zu einem farblosen Glase zusammen, welches durch Einwirkung der Luft allmählich porzellanartig weiß wird und den weißen Arsenik des Handels bildet.

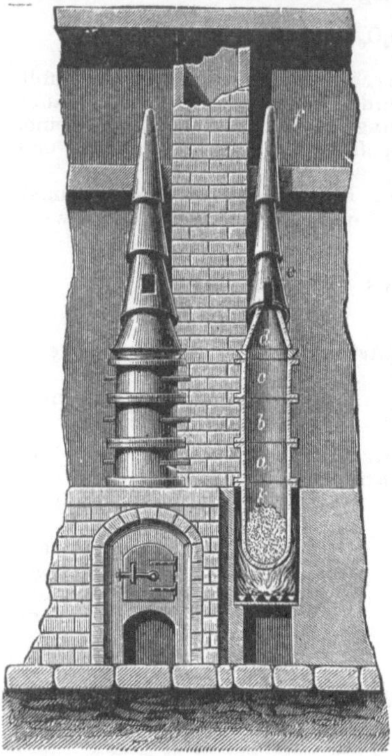

Eigenschaften und Prüfung der arsenigen Säure, des Acidum arsenicosum.

As_4O_6. Mol. Gew. 395,84. Farblose, glasartige (amorphe) oder weiße, porzellanartige (kristallinische) Stücke oder ein daraus bereitetes weißes Pulver.

Abb. 32. Vorrichtung zur Sublimation der arsenigen Säure.

Löslichkeit und Auflösungsgeschwindigkeit in Wasser sind bei der amorphen arsenigen Säure größer als bei der kristallinischen. Die gesättigte Lösung der amorphen arsenigen Säure ist nicht beständig; es scheidet sich allmählich die weniger lösliche, kristallinische arsenige Säure aus. Diese löst sich sehr langsam in ungefähr 65 Teilen Wasser von 15^0, etwas schneller in 15 Teilen siedendem Wasser. Aus der heiß gesättigten Lösung scheidet sich beim Abkühlen die überschüssige Säure nur sehr langsam ab.

Die kristallinische arsenige Säure verflüchtigt sich beim langsamen Erhitzen in einem Probierrohre, ohne vorher zu schmelzen und gibt ein in glasglänzenden Oktaedern oder Tetraedern kristallisierendes Sublimat (s. Abb. 33). Die amorphe Säure verflüchtigt sich in unmittelbarer Nähe des Schmelzpunktes. Man kann daher ein beginnendes Schmelzen wahrnehmen.

Beim Erhitzen der arsenigen Säure auf der Kohle vor dem Lötrohr verflüchtigt sich reduziertes Arsen unter Verbreitung eines knoblauchartigen Geruchs.

Bringt man ein Körnchen arseniger Säure in das zu einer kleinen Kugel aufgeblasene Ende eines Glühröhrchens (s. Abb. 34) und erhitzt einen kleinen Keil aus Holzkohle, der vor der Vereinigung des Röhrchens in einiger Entfer-

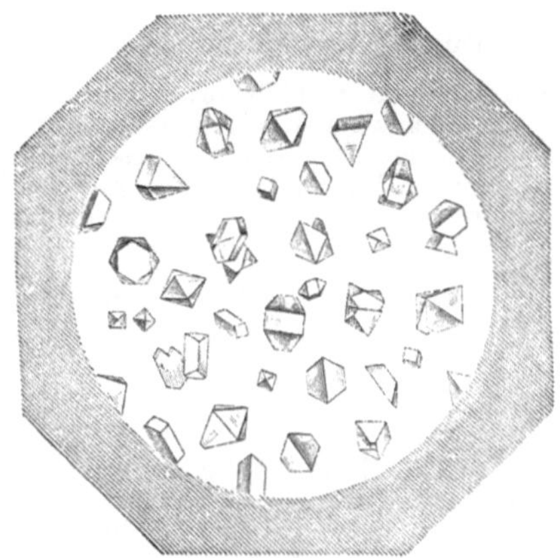

Abb. 33. Tetraeder und Oktaeder der arsenigen Säure.

nung von der arsenigen Säure festgehalten wird, so wird, wenn man nun schnell die Kugel in die Flammen bewegt, As_4O_6 verflüchtigt und von der Kohle reduziert. Es zeigt sich ein Arsenspiegel.

Arsenige Säure muß sich klar in 10 Teilen Ammoniakflüssigkeit lösen. Diese Lösung darf nach Zusatz von 10 Teilen Wasser

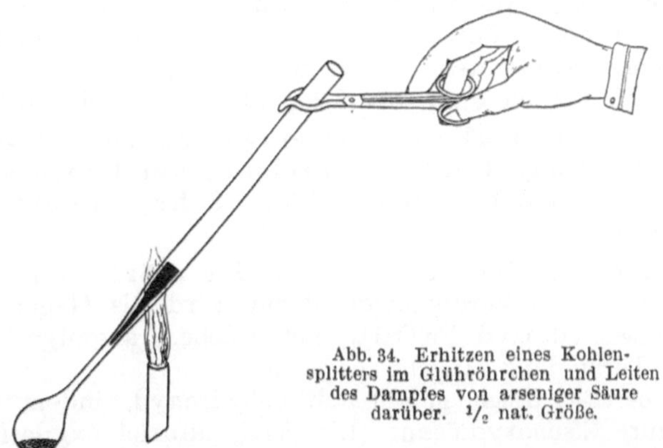

Abb. 34. Erhitzen eines Kohlensplitters im Glühröhrchen und Leiten des Dampfes von arseniger Säure darüber. $^1/_2$ nat. Größe.

durch überschüssige Salzsäure (welche gelöstes Arsentrisulfid ausscheiden würde) nicht gelb gefärbt oder gefällt werden.

Arsenige Säure muß sich beim Erhitzen ohne Rückstand verflüchtigen. Beimengungen von Schwerspat, Gips, Talk usw. würden als nicht flüchtiger Rückstand sich hierbei zu erkennen geben. — Das Präparat soll 99% arsenige Säure enthalten.

Um die käufliche arsenige Säure auf diesen Gehalt zu prüfen, läßt man Zehntel-Normal-Jodlösung darauf einwirken und titriert den nicht gebundenen Anteil Jod mittels Zehntel Normal Natriumthiosulfat zurück. Jod oxydiert bei Gegenwart von Alkali arsenige Säure zu Arsenpentoxyd:

$$As_4O_6 + 4\,H_2O + 8\,J = 2\,As_2O_5 + 8\,HJ.$$

Durch 1 Jod werden daher $\dfrac{As_4O_6}{8} = \dfrac{395,84}{8} = 49,48$ g As_4O_6 angezeigt oder durch 1 ccm Zehntel-Normal-Jodlösung $= 0{,}004\,948$ g As_4O_6.

Nach dem Arzneibuch verfährt man zur Titration wie folgt:

10 ccm einer aus 0,5 g arseniger Säure und 3 g Natriumbikarbonat in 20 ccm siedendem Wasser bereiteten und nach dem Erkalten auf 100 ccm verdünnten Lösung sollen 10 ccm Zehntel Normal-Jodlösung entfärben.

1 ccm $= 0{,}004\,948$ g As_4O_6, 10 ccm daher 0,049 48 g. Diese Menge ist in $\dfrac{0{,}5}{10} = 0{,}05$ g des käuflichen Acidum arsenicosum enthalten oder

$$0{,}05 : 0{,}049\,48 = 100 \cdot x$$

$$x = \frac{0{,}049\,48 \cdot 100}{0{,}05} = \text{rund } 99\,\%.$$

In ähnlicher Weise stellt man in der Fowlerschen Lösung (Liquor Kalii arsenicosi) den Gehalt an As_4O_6 fest:

Läßt man zu 5 ccm Fowlerscher Lösung, welche mit einer Lösung von 1 g Natriumbikarbonat in 20 ccm Wasser und mit einigen Tropfen Stärkelösung versetzt ist, Zehntel-Normal-Jodlösung fließen, so darf durch Zusatz von 10 ccm der letzteren noch keine bleibende Blaufärbung hervorgerufen werden, wohl aber muß eine solche auf weiteren Zusatz von 0,1 ccm Zehntel-Normal-Jodlösung entstehen.

Durch diese Prüfung kann ermittelt werden, daß eine bestimmte Minimalmenge As_4O_6 in dem Liquor enthalten ist, ein bestimmter Maximalgehalt aber nicht überschritten wird, nämlich:

$10 \cdot 0{,}004\,948 = 0{,}049\,48$ g in 5 g Lösung $=$ rund $0{,}9\,\%$ As_4O_6 (Minimalgehalt),

$10{,}1 \cdot 0{,}004\,948 = 0{,}049\,9748$ g in 5 g Lösung $=$ rund $1\,\%$ As_4O_6 (Maximalgehalt).

Anwendung. Arsenige Säure wird meist in Form des **Liquor Kalii arsenicosi** (Fowlersche Lösung) bei Haut- und Nervenerkrankungen angewendet. Dosis der Lösung:

Mehrmals täglich 0,1 g bis 0,2 g allmählich steigend.

Größte Einzelgabe der arsenigen Säure 0,005 g, größte Tagesgabe 0,015 g. Größte Einzelgabe der Fowlerschen Lösung 0,5 g, größte Tagesgabe 1,5 g. Sehr vorsichtig aufzubewahren!

Die arsenige Säure ist eines der stärksten anorganischen Gifte. Bei Vergiftungen damit wird als Gegengift frisch gefälltes Eisenhydroxyd $Fe(OH)_3$, mit welchem arsenige Säure eine unlösliche Verbindung eingeht, gegeben.

Man bereitet frisch gefälltes Eisenhydroxyd, indem man eine schwefelsaure Eisenoxydlösung (Liq. ferri sulfurici oxydati) mit gebrannter Magnesia versetzt:

$$Fe_2(SO_4)_3 + 3\,MgO + 3\,H_2O = 2\,Fe(OH)_3 + 3\,MgSO_4.$$

Dieses unter dem Namen Antidotum Arsenici bekannte Gemisch, in welchem das nebenher gebildete Magnesiumsulfat als Abführmittel wirkt, wird vor dem Gebrauch frisch bereitet.

Fügt man zur wässrigen Lösung der arsenigen Säure Schwefelwasserstoff, so färbt sich die Flüssigkeit gelb und auf Zusatz von Salzsäure fällt gelbes Schwefelarsen, As_2S_3, aus.

In salzsaurer Lösung wird arsenige Säure durch Zinnchlorür reduziert:

$$3\,SnCl_2 + 2\,AsCl_3 = 3\,SnCl_4 + 2\,As.$$

Arsen scheidet sich hierbei als dunkler (brauner) Niederschlag ab. Man verwendet das Zinnchlorür in stark salzsaurer Lösung (Bettendorfs Reagens) zu dieser Reaktion.

Hydrat der arsenigen Säure, H_3AsO_3, das Hydroxyd des Arseno-Ions, die arsenige Säure, bildet sich beim Auflösen von Arsentrioxyd (bzw. Tetraarsenhexoxyd) in Wasser:

$$As_4O_6 + 6\,H_2O = 4\,H_3AsO_3.$$

In dieser Lösung ist die arsenige Säure sowohl in das Kation $As^{\cdots}$:

$$As(OH)_3 \rightleftarrows As^{\cdots} + 3\,OH'$$

wie auch in das Anion AsO_3''' gespalten:

$$As(OH_3) \rightleftarrows AsO_3''' + 3\,H^{\cdot}.$$

Sie vermag daher sowohl als Base wie als Säure zu wirken. In der wässerigen Lösung herrscht das Gleichgewicht vor:

$$As(OH)_3 \rightleftarrows As^{\cdots} + 3\,OH' \rightleftarrows AsO_3''' + 3\,H^{\cdot}.$$

Das gegenseitige Verhalten der beiden Ionenarten läßt sich durch die Gleichung ausdrücken:

$$As^{\cdots} + 3\,H_2O \rightleftarrows AsO_3''' + 6\,H^{\cdot}.$$

Die arsenigsauren Salze (Arsenite) leiten sich von der Ortho-arsenigen Säure H_3AsO_3 oder von der Metarsenigen Säure $HAsO_2$ ab. Letztere heißen Metarsenite.

Arsenpentoxyd, As_2O_5, das Anhydrid der Arsensäure entsteht aus dieser bei Rotglühhitze als weiße glasige Masse, die bei sehr starkem Glühen in arsenige Säure und Sauerstoff zerfällt und dann sich verflüchtigt.

Arsensäure, H_3AsO_4, Orthoarsensäure, entsteht beim längeren Kochen von As_4O_6 mit Salpetersäure und Verdunstenlassen der so erhaltenen Lösung. Aus der sirupartigen Flüssigkeit scheidet sich bei niedriger Temperatur die Arsensäure in kleinen rhombischen Tafeln oder Prismen von der Zusammensetzung $H_3AsO_4 \cdot {}^1/_2\,H_2O$ aus, die an der Luft zerfließen.

Arsensäure ist eine dreibasische, der Phosphorsäure sehr ähnliche Säure; die Salze (Arsenate) entsprechen den Phosphaten. Die Dissoziation der Arsensäure ist analog der der arsenigen Säure durch die Gleichung wiederzugeben:

$$As^{\cdots\cdots} + 4\,H_2O \rightleftarrows AsO_4''' + 8\,H^{\cdot}.$$

Gegen naszierenden Wasserstoff verhält sich die Arsensäure wie die arsenige Säure, indem Arsenwasserstoff entwickelt wird. Wie arsenige Säure, läßt sich auch Arsensäure durch Bettendorfs Reagens (salzsäurehaltige Zinnchlorürlösung) zu Arsen reduzieren. Bei der Einwirkung von Schwefelwasserstoff in raschem Strom auf die erwähnte Lösung von Arsensäure entsteht bei Gegenwart freier Salzsäure Arsenpentasulfid, As_2S_5, bei langsamen Einleiten von H_2S

in die Arsensäurelösung oder in die angesäuerte Lösung von Arsenaten
vollziehen sich folgende Reaktionen;

$$2\,H_3AsO_4 + 2\,H_2S = 2\,H_3AsO_3 + 2\,H_2O + S_2$$
$$2\,H_3AsO_3 + 3\,H_2S = As_2S_3 + 6\,H_2O.$$

Erhitzt man Arsensäure auf 180°, so verliert sie Wasser und
verwandelt sich in die harten und glänzenden Kristalle von Pyroarsensäure, $H_4As_2O_7$, die beim Erhitzen auf 200° in eine weiße, perl-
mutterartig glänzende Masse von Metarsensäure, $HAsO_3$, übergeht.

Pyroarsensäure und Metarsensäure sind von den entsprechenden Phosphorsäuren dadurch verschieden, daß die
ersteren beim Zusammenbringen mit Wasser leicht wieder
in die Orthoarsensäure übergehen.

Verbindungen des Arsens mit Schwefel.

Arsen bildet mit dem Schwefel drei Verbindungen, von denen zwei: As_2S_2
und As_2S_3 auch natürlich vorkommen, und As_2S_5 künstlich erhalten wird.

Arsendisulfid, As_2S_2, ist das unter dem Namen Realgar, Sandarach
oder Arsenrubin in rubinroten, monoklinen Prismen in der Natur vorkommende Mineral. Künstlich erhält man es durch Zusammenschmelzen von
Schwefel mit Arsen in molekularen Verhältnissen. Es findet, mit Ätzkalk ver-
vermischt, in der Gerberei zum Enthaaren der Felle Verwendung.

Arsentrisulfid, As_2S_3, kommt in der Natur in glänzenden goldgelben
Kristallen vor und führt die Namen Auripigment, Operment, Rausch-
gelb. Durch Fällen einer mit Salzsäure angesäuerten Lösung von arseniger
Säure mit Schwef·lwasserstoff dargestellt, bildet es ein zitronengelbes Pulver,
welches von Schwefelalkalien und Schwefelammon unter Bildung von Sulfo-
salzen leicht gelöst wird:

$$As_2S_3 + 3\,(NH_4)_2S = 2\,AsS_3(NH_4)_3 .$$

Auf Zusatz von Säuren zu dieser Lösung fällt Arsentrisulfid aus:

$$2\,AsS_3(NH_4)_3 + 6\,HCl = As_2S_3 + 6\,NH_4Cl + 3\,H_2S .$$

Arsentrisulfid wird im frisch gefällten Zustand auch von Ammoniak, Ammoniumkarbonat, von ätzenden und kohlensauren Alkalien gelöst und auf Zusatz
von Säuren wieder abgeschieden. Das Arsentrisulfid wird durch die genannten
Lösungsmittel in ein Gemisch von arsenigsaurem und sulfarsenigsaurem Salz
übergeführt, z. B. durch Ammoniak:

$$As_2S_3 + 6\,NH_3 + 3\,H_2O = AsS_3(NH_4)_3 + AsO_3(NH_4)_3 .$$

Antimon.

Stibium, Sb = 120,2. Drei- und fünfwertig.

Das in der Natur vorkommende Schwefelantimon wird schon von Dios-
korides erwähnt. Plinius nennt es Stibium wegen seiner Benutzung zum
Schwarzfärben der Augenbrauen, abgeleitet von στίβα, spießglanzhaltige Schminke.
Mit dem Antimon und seinen Verbindungen haben sich die Alchymisten sehr
eifrig beschäftigt. Es gehört zu den Elementen, von welchen Präparate schon
sehr früh in der Heilkunst eine hervorragende Rolle spielen.

Das Element Antimon und mehrere seiner Verbindungen wurden im 18. Jahrhundert zuerst von Basilius Valentinus beschrieben.

Vorkommen. Antimon kommt in der Natur hauptsächlich vor
als Grauspießglanzerz, Sb_2S_3, in Böhmen, Ungarn, Frankreich, Japan. Es führt auch den Namen Antimonit und bildet

lange, spießige, glänzend graue Kristalle. In Begleitung von Schwefelarsen und anderen Schwefelmetallen findet sich Schwefelantimon in vielen Mineralien, so z. B. mit Schwefelblei, Blei, Schwefelkupfer, Schwefeleisen, Schwefelsilber in den **Fahlerzen**, im **Bournonit** usw. In Verbindung mit Sauerstoff kommt Antimon als **Antimonblüte** oder **Weißspießglanzerz**, Sb_4O_6, vor.

Gewinnung. Grauspießglanzerz wird mit Eisen zusammengeschmolzen: $Sb_2S_3 + 3\,Fe = Sb_2 + 3\,FeS$, wobei sich Antimon unter dem geschmolzenen Schwefeleisen als **Regulus Antimonii** ansammelt.

Oder man röstet das Erz, wobei der Schwefel Schwefeldioxyd bildet, während Antimon sich zu Antimonoxyd und weiterhin zu Antimontetroxyd, Sb_2O_4, sog. **Spießglanzasche** oxydiert:

$$Sb_2S_3 + 5\,O_2 = Sb_2O_4 + 3\,SO_2.$$

Die Spießglanzasche wird durch Zusammenschmelzen mit Kohle und Soda zu Antimon reduziert.

Das Antimon des Handels enthält meist Beimengungen von Arsen, sowie von Metallen, wie Blei, Eisen, Kupfer.

Eigenschaften. Silberweißes, glänzendes Element von blätterig-kristallinischem Gefüge. Sein spez. Gewicht ist 6,518. Es ist spröde und läßt sich daher leicht pulvern. Es schmilzt bei 630^0. Siedepunkt 1500 bis 1700^0 unter Atmosphärendruck. An trockener Luft verändert sich Antimon bei gewöhnlicher Temperatur nicht; bis nahe zum Schmelzen an der Luft erhitzt, verbrennt es mit bläulicher Flamme zu Antimonoxyd, das sich in Form eines weißen Rauches verflüchtigt und zum Teil in Kristallen die erkaltende Metallkugel umgibt.

Salzsäure und verdünnte Schwefelsäure greifen Antimon nicht an, Salpetersäure führt es je nach der Konzentration und der Temperatur in ein Gemisch von Antimonoxyd und Antimonsäure über, Königswasser je nach der Dauer der Einwirkung in Antimontrichlorid bzw. Antimonpentachlorid. Im Chlorgas verbrennt gepulvertes Antimon unter Feuererscheinung zu Antimontrichlorid.

Aus sauren Lösungen wird Antimon durch Zink, Zinn oder Eisen in Form einer schwarzen schwammartigen Masse abgeschieden.

Anwendung. Antimon findet zur Herstellung verschiedener Legierungen Anwendung. So besteht das **Letternmetall** aus 1 Teil Antimon und 4 Teilen Blei, **Britanniametall** aus 1 Teil Antimon und 6 Teilen Zinn. Verbindungen des Antimons, von welchen früher viele arzneilich gebraucht wurden, sind bis auf den Goldschwefel und den Brechweinstein aus dem Arzneischatz mehr und mehr verschwunden.

Verbindungen des Antimons mit Wasserstoff.

Antimonwasserstoff, Stibin, SbH_3, bildet sich, indem man eine Legierung von Antimon und Zink mit verdünnten Säuren behandelt:

$$Sb_2Zn_3 + 3\,H_2SO_4 = 3\,ZnSO_4 + 2\,SbH_3,$$

oder indem man die löslichen Sauerstoffverbindungen oder die

Chloride des Antimons in einen Wasserstoffentwicklungsapparat
(Marshschen Apparat) bringt. Es mischt sich dem Wasserstoff dann
Antimonwasserstoff be .

Farbloses Gas von eigentümlichem Geruch, welches angezündet
mit grünlich-weißem Licht zu Antimonoxyd verbrennt. Kühlt man
die Antimonwasserstoffflamme durch einen kalten Gegenstand, z. B.
ein Porzellanschälchen, ab, so verbrennt nur der Wasserstoff, und
Antimon scheidet sich in tiefschwarzen Flecken auf der Schale ab.
Durch ein an einer verengten Stelle erhitztes Glasrohr geleitet, zerfällt Antimonwasserstoff in Wasserstoff und Antimon, welches sich
als schwarzer Metallspiegel im Rohr ansetzt.

Aus Silbernitratlösung fällt Antimonwasserstoff
schwarzes Antimonsilber, $SbAg_3$.

Verbindungen des Antimons mit den Halogenen.

Von den beiden Verbindungen des Antimons mit dem Chlor $SbCl_3$
und $SbCl_5$ (Antimontrichlorid und Antimonpentachlorid) ist die erstere
die pharmazeutisch wichtigere.

Antimontrichlorid, Antimonchlorür, $SbCl_3$.

Weiße, durchscheinende, blättrig-kristallinische, weiche Masse,
welcher man den Namen Antimonbutter, Butyrum Antimonii,
gegeben hat.

Eine Lösung des Antimontrichlorids in Salzsäure, der Liquor
Stibii chlorati, wird durch Erwärmen von Grauspießglanz mit
Salzsäure gewonnen:

$$Sb_2S_3 + 6\,HCl = 2\,SbCl_3 + 3\,H_2S.$$

Darstellung 'des Liquor Stibii chlorati. 100 g fein gepulvertes
Schwefelantimon werden mit 500 g roher Salzsäure vom spez. Gew. 1,16 (ca. 33 $^0/_0$ HCl)
im Sandbade unter einem Abzuge erhitzt, bis das Schwefelantimon zersetzt
ist. Öfteres Umschütteln des Gemisches beschleunigt die Reaktion. Man läßt
absetzen, gießt von dem Rückstand ab und dampft auf einem Drahtnetz oder
im Sandbad die Flüssigkeit auf die Hälfte ihres Volums ein. Nach abermaligem Absitzenlassen filtriert man durch Asbest oder Glaswolle und destilliert aus einer in ein Sandbad eingesetzten Retorte die überschüssige Salzsäure
und das bei 134^0 siedende Arsentrichlorid ab Sobald ein Tropfen des Destillates mit Wasser vermischt dieses trübt, wechselt man die Vorlage und fängt
das jetzt (bei 223^0) übergehende Antimontrich'orid gesondert auf. Letzteres
erstarrt in der Vorlage kristallinisch. In der Retorte verbleiben Bleichlorid
und Ferrochlorid.

Zur Bereitung des Liquor Stibii chlorati löst man das feste Antimontrichlorid
in 12 $^1/_2$ $^0/_0$ iger Salzsäure und bringt die Lösung auf ein spez. Gew. von 1,345
bis 1,360. In einer solchen Lösung sind 33 $^1/_3$ $^0/_0$ $SbCl_3$ enthalten.

Liquor Stibii chlorati ist eine farblose Flüssigkeit, die, in
Wasser gegossen, ein weißes Pulver abscheidet, das nach seinem
Entdecker, einem italienischen Arzte Algarotto Algarottpulver
genannt wird. Es besteht je nach dem Mengenverhältnis der auf-
einanderwirkenden Flüssigkeiten und ihrer Temperatur aus wechselnden Mengen Antimonoxychlorür und Antimonoxyd:

$$SbCl_3 + H_2O = SbOCl + 2\,HCl$$
$$6\,SbCl_3 + 8\,H_2O = 2\,SbOCl + Sb_4O_6 + 16\,HCl.$$

Verbindungen des Antimons mit Sauerstoff.

Oxyde:	Hydroxyde:

Sb_2O_3 Antimonoxyd

(bzw. Sb_4O_6)

Sb_2O_4 Antimontetroxyd

Sb_2O_5 Antimonpentoxyd

H_3SbO_3 Antimonige Säure.

Von der antimonigen Säure leitet sich ab

$HSbO_2$ Metantimonige Säure.

H_3SbO_4 Antimonsäure.

(Orthoantimonsäure.)

Von der Antimonsäure leiten sich ab:

$H_4Sb_2O_7$ Pyroantimonsäure und

$HSbO_3$ Metantimonsäure.

Antimonoxyd, Antimonsesquioxyd, Sb_4O_6, kommt als Antimon-blüte oder Weißspießglanzerz in der Natur vor und entsteht beim Verbrennen von Antimon an der Luft oder beim Behandeln des Antimons mit verdünnter warmer Salpetersäure. In reinem Zustande wird es erhalten beim Kochen von Antimonoxychlorür (Algarottpulver) mit Natriumkarbonatlösung:

$$4\,SbOCl + 2\,Na_2CO_3 = Sb_4O_6 + 4\,NaCl + 2\,CO_2.$$

Antimonoxyd ist ein weißes Pulver, das sich beim Erhitzen gelb färbt und bei Luftzutritt allmählich in Antimontetroxyd, Sb_2O_4, übergeht. Frisch bereitetes Antimonoxyd wird zur Herstellung des Brechweinsteins benutzt.

Antimonsäure, H_3SbO_4, Orthoantimonsäure bildet sich beim Versetzen von Antimonpentachlorid mit kaltem Wasser:

$$2\,SbCl_5 + 8\,H_2O = 2\,H_3SbO_4 + 10\,HCl$$

als weißes Pulver, das durch Alkalihydroxyde in antimonsaure Salze über-geführt wird. Beim Verdampfen ihrer Lösungen findet jedoch wieder Zersetzung statt.

Pyroantimonsäure, $H_4Sb_2O_7$, wird durch Erhitzen der Antimonsäure auf 100° oder durch Zersetzen von Antimonpentachloridlösung mit kochendem Wasser erhalten:

$$2\,SbCl_5 + 8\,H_2O = \overbrace{2\,H_3SbO_4}^{H_4Sb_2O_7 + H_2O} + 10\,HCl$$

Beim Erhitzen auf 200° geht die Pyroantimonsäure unter weiterem Verlust von Wasser in

Metantimonsäure, $HSbO_3$, über.

Das Kaliumsalz der Metantimonsäure ist das Kalium stibicum früherer Pharmakopöen. Zu seiner Darstellung trägt man ein Gemisch von 1 Teil fein gepulvertem Antimon und 3 Teilen Kaliumnitrat in einen zum Glühen erhitzten Tiegel ein. Es ist ein weißes, in kaltem Wasser nur wenig lösliches Pulver, das beim Schmelzen mit einem Überschuß von Kaliumhydroxyd in neutrales pyroantimonsaures Kalium verwandelt wird:

$$2\,KSbO_3 + 2\,KOH = K_4Sb_2O_7 + H_2O.$$

Das neutrale pyroantimonsaure Kalium ist nur in überschüssiger Kalilauge beständig, mit Wasser zerfällt es in das saure pyroantimonsaure Kalium:

$$K_4Sb_2O_7 + 2\,H_2O = K_2H_2Sb_2O_7 + 2\,KOH.$$

Das saure Salz scheidet sich mit 6 Mol. Wasser als körnig-kristallinischer Niederschlag ab, der von Wasser schwer gelöst wird. Die wässerige Lösung dient als Reagens auf Natriumsalze.

Neutrale Natriumsalze geben mit der Lösung von saurem pyroantimonsaurem Kalium eine körnig-kristallinische Ausscheidung von saurem Natriumpyroantimonat.

Verbindungen des Antimons mit Schwefel.

Von den beiden Verbindungen Sb_2S_3 und Sb_2S_5 kommt Antimontrisulfid, Sb_2S_3, Schwefelantimon, Stibium, sulfuratum (crudum, nigrum) in strahlig kristallinischen, grauen Massen als Grauspießglanz oder Antimonit in der Natur vor.

Um den Grauspießglanz von groben Verunreinigungen (besonders Silikaten, Quarz usw.) zu befreien, wird er bei niedriger Temperatur ausgeschmolzen (ausgesaigert) und kommt dann in grauer strahlig-kristallinischer Masse, welche die Form des zum Erstarren benutzten Gefäßes besitzt, als Antimonium crudum in den Handel. Grauspießglanz enthält stets kleinere oder größere Mengen Arsen. Um ihn davon zu befreien, verwandelt man ihn in ein feines Pulver, schlämmt dies zunächst mit Wasser und digeriert mehrere Tage unter öfterem Umschütteln mit verdünntem Salmiakgeist, welcher das Schwefelarsen löst. Das solcherart gereinigte Schwefelantimon führt den Namen Stibium sulfuratum nigrum laevigatum.

Das Arzneibuch läßt den Grauspießglanz lediglich auf Verunreinigungen durch Sand, bzw. auf in Salzsäure unlösliche Bestandteile prüfen (s. Arzneibuch).

Die amorphe, orangefarbene Modifikation des Schwefelantimons gewinnt man durch Fällung einer Antimontrichloridlösung mittels Schwefelwasserstoffs; auch entsteht sie beim schnellen Abkühlen des geschmolzenen Grauspießglanzes.

Antimontrisulfid ist zwar aus der Lösung des Antimonchlorids mittels Schwefelwasserstoffs fällbar, umgekehrt aber vermag konzentrierte Salzsäure Schwefelantimon unter Bildung von Antimontrichlorid zu zersetzen:

$$2\,SbCl_3 + 3\,H_2S \rightleftarrows Sb_2S_3 + 6\,HCl.$$

Antimonpentasulfid, Fünffachschwefelantimon, Goldschwefel, Stibium sulfuratum aurantiacum, Sulfur. auratum, Sb_2S_5, wird durch Zerlegung eines Sulfantimonats mit einer Säure, zumeist des Natriumsulfantimonats (Schlippesches Salz: $Na_3SbS_4 \cdot 9\,H_2O$) mit verdünnter Schwefelsäure dargestellt.

Nach F. Kirchhof entspricht die Zusammensetzung des reinen Goldschwefels der Formel Sb_2S_4. Er sei als ein Antimonsulfantimonat $Sb.SbS_4$ aufzufassen.

Zur Darstellung des Natriumsulfantimonats löscht man 26 T. Ätzkalk, rührt mit Wasser zu einem gleichmäßigen Brei an und versetzt mit einer Lösung von 70 T. Natriumkarbonat in 180 T. Wasser. Man kocht einige Zeit und trägt in das Gemisch 36 T. gepulvertes Schwefelantimon und 7 T. Schwefel ein, kocht unter Ersatz des verdampfenden Wassers, bis die graue Farbe der Flüssigkeit verschwunden ist, seiht durch und kocht den Rückstand nochmals mit Wasser aus. Die vereinigten Flüssigkeiten werden nach dem Absetzen filtriert und zur Kristallisation eingedampft.

Neben Natriumsulfantimonat entsteht hierbei Natriummetantimonat, welches ungelöst zurückbleibt:

$$4\,Sb_2S_3 + 8\,S + 18\,NaOH = 5\,Na_3SbS_4 + 3\,NaSbO_3 + 9\,H_2O.$$

Zur Fällung des Goldschwefels löst man 26 T. des frisch bereiteten, mit 9 Mol. Wasser kristallisierenden Natriumsulfantimonats (Schlippeschen

Salzes) in 100 T. kaltem destillierten Wasser, verdünnt nach der Filtration auf 500 T. und gießt diese Lösung unter stetem Umrühren in ein erkaltetes Gemisch von 9 T. reiner konzentrierter Schwefelsäure und 200 T. Wasser. Die Einwirkung vollzieht sich im Sinne folgender Gleichung:

$$2\ Na_3SbS_4 + 3\ H_2SO_4 = Sb_2S_5 + 3\ Na_2SO_4 + 3\ H_2S.$$

Es bildet sich zunächst Ortho-Sulfantimonsäure, H_3SbS_4, die unter Abgabe von Schwefelwasserstoff zerfällt.

Der Niederschlag wird ausgepreßt, möglichst vor Luft geschützt ausgewaschen und bei gelinder Wärme (gegen 30°) unter Lichtabschluß getrocknet.

Eigenschaften und Prüfung des Stibium sulfuratum aurantiacum.

Goldschwefel, Sb_2S_5, (bez. Sb_2S_4), bildet ein feines, lockeres, orangerotes, geruch- und geschmackloses Pulver, welches in Wasser, Alkohol, Äther nicht löslich ist.

Beim Erhitzen in einem engen Probierrohr sublimiert Schwefel, während schwarzes Antimontrisulfid zurückbleibt. Von Salzsäure wird Goldschwefel unter Schwefelwasserstoffentwicklung und Abscheidung von Schwefel zu Antimontrichlorid gelöst.

Goldschwefel wird geprüft auf Verunreinigungen durch Arsen, auf Chlorid, Alkalisulfide, Hyposulfit und Schwefelsäure.

Angewendet als Expektorans, Dosis: 0,015 g bis 0,2 g in Pulvern, Pillen, Pastillen, Latwergen usw.

Die Pilulae contra tussim enthalten ihn neben Morphium und Ipecacuanha. Goldschwefel wird auch zum Färben von Kautschukwaren benutzt.

Goldschwefel muß vor Licht geschützt aufbewahrt werden.

Wismut.

Bismutum, $Bi = 208$. Drei- und fünfwertig. Wismut wird zuerst 1530 von Agricola unter dem Namen Bisemutum als eigentümliches Metall beschrieben. Die sich bei früheren Schriftstellern findende Bezeichnung Marcasita ist für verschiedene Erze und Metalle gebraucht worden. Die Eigenschaften des Wismuts lehrte Pott 1739, die Reaktionen desselben Bergmann kennen.

Vorkommen. Wismut kommt gediegen, jedoch ziemlich selten in der Natur vor, hauptsächlich im Granit, Gneis, Glimmerschiefer und Hornblendenschiefer im sächsischen Erzgebirge, in Kalifornien, Mexiko, Bolivien, Chile. Natürlich sich findende Wismutverbindungen sind Wismutglanz oder Bismutit, Bi_2S_3, Wismutocker oder Bismit, Bi_2O_3, Kupferwismutglanz ($3\ Cu_2S \cdot Bi_2S_3$) und Tetradymit, Bi_2Te_2S. In geringer Menge kommt Wismut auch in vielen Blei- und Silbererzen vor.

Gewinnung. Man schmilzt das Wismut aus dem begleitenden Gestein aus (Aussaigern des Metalls). Zur Befreiung von verunreinigenden Metallen schmilzt man Antimon nochmals auf einer geneigten, mit Holzfeuer geheizten Eisenplatte langsam nieder und fängt das abfließende reine Metall in flachen eisernen Schalen auf, worin es kristallinisch erstarrt. Auch folgende Gewinnungsweise ist, besonders in Sachsen, gebräuchlich: Die Wismut führenden Erze werden geröstet, mit starker Salzsäure ausgezogen und die Lösungen mit Wasser verdünnt. Wismutoxychlorid scheidet sich aus. Es wird in Salzsäure gelöst, mit Wasser nochmals gefällt und sodann in Graphittiegeln unter Beifügung von Kalk, Kohle und Schlacke auf Wismut verschmolzen.

Eigenschaften. Metallglänzendes, sprödes Element von eigentümlich rötlichem Schein und großblättrig kristallinischem Gefüge. Spez. Gew. $9{,}7^0$, Schmelzpunkt 270^0. Bei Luftzutritt verbrennt es mit bläulicher Flamme. An der Luft verändert es sich bei gewöhnlicher Temperatur nicht; beim Erhitzen unter Luftzutritt überzieht es sich mit einer gelben Oxydschicht. Wismut ist unlöslich in verdünnter Salz- unter Schwefelsäure, wird aber von Salpetersäure schon in der Kälte gelöst:

$$Bi + 4\,HNO_3 = Bi(NO_3)_3 + NO + 2\,H_2O.$$

Fügt man viel Wasser zu der Lösung des Wismutnitrats, so wird ein weißes basisches Salz gefällt.

Wismut bildet mit Metallen, namentlich mit Blei und Zinn, niedrigschmelzende, sog. **leichtflüssige Legierungen.** Diese finden als Schnellot, zum Abklatschen (**Klischieren**) von Holzschnitten usw. Verwendung. Solche Legierungen sind unter den Namen **Rosesches Metall** (Wismut 2, Blei 7, Zinn 1, bei $93{,}75\,^0/_0$ schmelzend), **Newtonsches Metall** (Wismut 8, Blei 5, Zinn 3, bei $94{,}5\,^0/_0$ schmelzend), **Woodsches Metall** (Wismut 15, Blei 8, Zinn 3, Cadmium 3, bei 68^0 schmelzend) bekannt. Unter **Wismutbronze,** welche wegen ihrer Widerstandsfähigkeit gegenüber dem oxydierenden Einfluß der atmospärischen Luft geschätzt ist, versteht man eine Legierung aus Wismut 1, Nickel 24, Kupfer 25, Antimon 50 Teilen.

In **kolloidaler** Form erhält man Wismut als braune Lösung durch Eintragen von alkalischer Wismuttartratlösung in alkalische Zinnchlorürlösung.

Kolloidale Lösungen sind Pseudolösungen, d. h. es befinden sich die betreffenden Stoffe in außerordentlich feiner Suspension in einer Flüssigkeit, so daß diese den Charakter einer Lösung hat. Sie läßt sich durch Filtrierpapier filtrieren; die Kolloide besitzen aber nicht die Fähigkeit, durch Pergamentpapier zu diffundieren. Die Aggregate, zu welchen die Molekeln der Kolloide zusammengeballt sind, sind zu groß, um die Membran zu durchdringen, wohl aber ist dies möglich durch das porösere Filtrierpapier. Man kann in den „Pseudolösungen" die Teilchen in der Komplementärfarbe durch starke Seitenbeleuchtung (**Tyndall-Phänomen**) und gleichzeitige Vergrößerung im **Ultramikroskop** erkennen. Die „lösliche" Form der Kolloide (die **Hydrosole**) läßt sich in die unlösliche unter gewissen Bedingungen überführen. Die nicht mehr lösliche Form, die sich vielfach gelatinös ausscheidet, nennt man **Hydrogel** (abgeleitet von **Gelatum**).

Wismutchlorid, Chlorwismut, Bismutum chloratum, Butyrum Bismuti, $BiCl_3$, erhält man beim Erhitzen von Wismut in Chlorgas.

Es bildet eine weiße Masse, welche von viel Wasser in Wismutoxychlorid übergeführt wird:

$$BiCl_3 + H_2O = BiOCl + 2\,HCl.$$

Das Wismution $Bi^{\cdots}$ ist neben Wasser nicht beständig.

Die im Wismutoxychlorid enthaltene einwertige Gruppe BiO, Bismutyl findet sich in allen basischen Wismutsalzen.

Wismutjodid, Jodwismut, BiJ_3, bildet große Kristalle, die beim Erhitzen eines Gemisches von 20 T. Jod und 35 T. Wismutpulver entstehen. Nach eingetretener Verbindung treibt man das überschüssige Jod mittels eines Kohlensäurestromes aus und erhitzt dann weiter, bis die Verbindung sublimiert.

Wismutoxyjodid, Bismutum oxyjodatum, BiOJ, wird als Antiseptikum bei eiternden Wunden usw. benutzt. Es bildet ein lebhaft ziegelrotes Pulver.

Darstellung. Man löst 9,5 g kristallisiertes Wismutnitrat unter schwachem Erwärmen in 12 bis 15 ccm konz. Essigsäure und gießt unter Umrühren allmählich in eine Lösung von 3,2 g Kaliumjodid und 5,5 g kristallisiertem Natriumacetat in 250 g Wasser ein. Die Wismutlösung erzeugt einen Niederschlag von grünlich-brauner Farbe, welche anfangs in zitronengelb übergeht, bei weiterem Zusatz der Wismutlösung aber ziegelrot wird. Man wäscht den Niederschlag auf einem Filter aus und trocknet ihn bei 100°.

Als ausgezeichnetes Reagens auf Alkaloide dient eine **Kaliumwismutjodidlösung,** welche wie folgt bereitet wird: Man löst 80 g Wismutsubnitrat in 200 g Salpetersäure vom spez. Gew. 1,18 (30%) und gießt diese Lösung in eine konz. Lösung von 272 g Jodkalium in Wasser. Nach dem Auskristallisieren des Salpeters verdünnt man die Flüssigkeit auf 1 Liter.

Hydroxyde und Oxyd des Wismuts.

Gießt man die Lösung von Wismutnitrat in kalte verdünnte Natronlauge langsam ein, so wird nicht das normale Hydroxyd $Bi(OH)_3$ gefällt, sondern unter Wasserabspaltung bildet sich BiO(OH):

$$Bi(NO_3)_3 + 3\,NaOH = BiO(OH) + H_2O + 3\,NaNO_3.$$

Beim Erhitzen des Wismutmonohydroxyds hinterbleibt Bi_2O_3:

$$2\,BiO(OH) = Bi_2O_3 + H_2O.$$

Wismutoxyd, Bi_2O_3, gelbe Masse, welche in der Glühhitze zu einer rotbraunen Flüssigkeit schmilzt und beim Erkalten kristallinisch erstarrt. Wismutoxyd entsteht auch beim Schmelzen von Wismut an der Luft oder beim Erhitzen von Wismutnitrat.

Wismutnitrat, Salpetersaures Wismut, Bismutum nitricum, $Bi(NO_3)_3 \cdot 5\,H_2O$, Mol.-Gew. 484,1 wird durch Auflösen von Wismut in Salpetersäure nach dem Eindampfen der Lösung in Kristallen erhalten.

Darstellung. Man gewinnt Wismutnitrat, indem man 5 Teile rohe Salpetersäure mit der gleichen Gewichtsmenge Wasser vermischt und in das auf 75 bis 90° erhitzte Gemisch 2 Teile Wismut ohne Unterbrechung in kleinen Mengen einträgt. Wenn die anfangs heftige Einwirkung sich gegen das Ende abschwächt, so wird sie durch verstärktes Erhitzen unterstützt. Die Wismutlösung wird nach mehrtägigem Stehen klar abgegossen (das Arsen hat sich hierbei als Wismutarsenat unlöslich abgeschieden) und zur Kristallisation eingedampft. Die erhaltenen Kristalle werden mit kleinen Mengen Wasser, das mit Salpetersäure angesäuert ist, einige Male abgespült und bei Zimmertemperatur getrocknet.

Eigenschaften und Prüfung des Bismutum nitricum.

Farblose, durchsichtige Kristalle, die befeuchtetes Lackmuspapier röten, sich beim Erhitzen anfangs verflüssigen und darauf unter Entwicklung von gelbroten Dämpfen zersetzen. Wismutnitrat löst sich teilweise in Wasser unter Abscheidung eines weißen Niederschlags; dieses Gemisch wird durch Schwefelwasserstoffwasser schwarz gefärbt.

Die Prüfung erstreckt sich auf Blei- und Kupfersalze, Arsenverbindungen, auf Chloride, Sulfate und die Feststellung des Wismutgehaltes (s. Arzneibuch).

Dient zur Herstellung von Bismutum subgallicum, — subnitricum und subsalicylicum.

Zur Bereitung des **Basischen Wismutnitrats**, Wismutsubnitrat, Bismutum subnitricum oder Magisterium Bismuti, werden die Kristalle des neutralen Nitrats mit 4 T. Wasser gleichmäßig zerrieben und unter Umrühren in 21 T. siedendes Wasser eingetragen.

Sobald der Niederschlag sich ausgeschieden hat, wird die überstehende Flüssigkeit entfernt, der Niederschlag gesammelt, nach völligem Ablaufen des Filtrats mit einem gleichen Raumteil kalten Wassers nachgewaschen und nach Ablauf der Flüssigkeit bei 30^0 getrocknet. Das basische Wismutnitrat stellt ein weißes, mikrokristallinisches, sauer reagierendes Pulver dar.

Durch Einwirkung des Wassers wird aus dem Wismutnitrat Salpetersäure herausgenommen, deren Menge je nach der Dauer der Einwirkung des Wassers und der Höhe seiner Temperatur eine verschieden große ist.

Basisches Wismutnitrat besteht im wesentlichen aus der Verbindung $BiO \cdot NO_3$, welche wechselnde Mengen $BiO(OH)$ und H_2O enthält. Unter genauer Befolgung obiger Vorschrift entspricht es der Zusammensetzung $4\,BiONO_3 \cdot BiO(OH) \cdot 4\,H_2O$.

Prüfung des Bismutum subnitricum. Das Präparat muß frei sein von Kohlensäure, von Blei-, Kupfer-, Calciumsalzen, Arsenverbindungen, Sulfat und Ammoniumsalzen. Ein sehr kleiner Chlorgehalt ist gestattet.

Löst man 0,5 g basisches Wismutnitrat in 5 ccm Salpetersäure, so darf die Hälfte der erhaltenen klaren Flüssigkeit, wenn mit 0,5 ccm Silbernitratlösung versetzt, höchstens eine opalisierende Trübung zeigen. Wird die andere Hälfte mit der gleichen Menge Wasser verdünnt und mit 0,5 ccm Baryumnitratlösung versetzt, so darf keine Trübung entstehen (Sulfat). Mit Natronlauge im Überschuß erwärmt, darf das Präparat Ammoniak nicht entwickeln.

Gehaltsbestimmung: Basisches Wismutnitrat muß beim Glühen 79 bis $82^0/_0$ Wismutoxyd hinterlassen, was einem Gehalte von 70,8 bis $73,5^0/_0$ Wismut entspricht.

Anwendung. Basisches Wismutnitrat wird zu kosmetischen Zwecken, besonders aber innerlich bei Magenleiden benutzt. Dosis 0,2 g bis 1 g dreimal täglich in Pulver oder Pillenform.

Wismutkarbonat, Kohlensaures Wismut, Bismutum carbonicum, $(BiO)_2CO_3 \cdot \,^1/_2\,H_2O$. Ein Salz dieser Zusammensetzung entsteht beim Eintragen einer mit Hilfe von verdünnter Salpetersäure hergestellten Wismutnitratlösung in eine Lösung von Ammoniumkarbonat.

Nachweis der Wismutverbindungen. Wismutverbindungen liefern auf der Kohle mit Natriumkarbonat erhitzt ein sprödes Metallkorn und einen gelben Beschlag.

Schwefelwasserstoff fällt aus Wismutlösungen braunschwarzes Wismutsulfid Bi_2S_3:

$$3\,H_2S + 2\,Bi^{\cdots} \rightarrow Bi_2S_3 + 6\,H^{\cdot}.$$

Kaliumjodid fällt aus Wismutlösungen BiJ_3, bzw. rotbraunes Wismutoxyjodid:

$$3\,J' + Bi^{\cdots} \rightarrow BiJ_3,$$
$$BiJ_3 + H_2O \rightarrow BiOJ + 2\,J' + 2\,H^{\cdot}.$$

Wismutnitratlösung, in viel Wasser gegossen, trübt sich.

Alkalische Zinnchlorürlösung scheidet aus Wismutsalzen Wismut in schwarzen Flocken ab.

Gruppe des Vanadins.

Im periodischen System gehören der 5. Gruppe außer Stickstoff und Phosphor, Arsen, Antimon und Wismut auch die Elemente Vanadin, Niob und Tantal an. Von diesen hat Vanadin, das in seinen Verbindungen hinsichtlich der Giftigkeit dem Arsen an die Seite gestellt werden kann, neuerdings die Aufmerksamkeit in der Therapie auf sich gelenkt.

Vanadin, $V = 51{,}0$, zwei-, drei-, vier- und fünfwertig, wurde 1830 von Sefström in Traberger Eisenerzen entdeckt. Der Name Vanadin wurde dem Element nach der Göttin Freya gegeben, die den Beinamen Vanadis führt. Vanadin ist in geringen Mengen in den meisten Eisenerzen gefunden worden. Ein besonderes Vanadinmineral ist der Vanadinit, ein chlorhaltiges Bleivanadinat.

Vanadin wird als hartes, eisenähnliches Element durch Reduktion von Vanadinoxyd V_2O_3 mittels Aluminium gewonnen. Das beständigste Oxyd ist das Vanadinpentoxyd V_2O_5. Von seinen Salzen ist das in Wasser nur schwer lösliche Ammoniumvanadinat NH_4VO_3 zu erwähnen.

Vanadinsäure und **Natriummetavanadinat** sind neuerdings angeblich mit Erfolg bei Anämie, Chlorose, Neurasthenie, Rheumatismus und Gicht benutzt worden und sollen auch eine zerstörende Wirkung auf Trypanosomen und Spirochäten ausüben.

In der Technik werden Vanadinoxyde Gläsern zugesetzt, wodurch nach Miethe das ultraviolette Licht vollständig absorbiert werden soll.

Niob, $Nb = 93{,}5$, drei- und fünfwertig, findet sich als Niobit in den Graniten des Urals, Finnlands, Grönlands, Norwegens, als Kolumbit meist mit Tantal zusammen. Die schwere Trennbarkeit dieser beiden Elemente soll Rose 1844 veranlaßt haben, das eine Element Tantal („Tantalusqualen") und das andere nach der schmerzensreichen Niobe zu benennen.

Tantal, $Ta = 181{,}5$, fünfwertig, findet sich vorzugsweise in dem mit dem Kolumbit verwandten Tantalit, ein Eisen, Mangan, Tantal und Niob enthaltendes Mineral. Das Metall hat neuerdings eine Verwendung als Glühdraht in den Tantallampen gefunden. Auch als Kathodenmaterial an Stelle von Platin wird Tantal bei elektrochemischen Prozessen benutzt.

Bor.

Boron, $B = 11$, dreiwertig.

Davy in England und Gay-Lussac und Thénard in Frankreich schieden 1808 aus der damals schon seit 100 Jahren bekannten Borsäure das Bor ab. Wöhler und Deville stellten es Mitte der fünfziger Jahre vorigen Jahrhunderts kristallisiert dar.

Vorkommen. Bor kommt in der Natur vor als Borsäure (Sassolin) und in Form von Salzen derselben (Boraten). Unter den borsauren Salzen sind besonders der Borax oder Tinkal ($Na_2B_4O_7 \cdot 10H_2O$), der Boracit, ein Magnesiumborat-Magnesiumchlorid, $2Mg_3B_8O_{15} \cdot MgCl_2$, der Staßfurtit, $2Mg_3B_8O_{15} \cdot MgCl_2 \cdot H_2O$, der Borocalcit oder Datolith, $2CaB_4O_7 \cdot Na_2B_4O_7 \cdot 18H_2O$, sowie der aus Kleinasien kommende Pandermit, ebenfalls ein Calciumborat, zu nennen. Auch in verschiedenen Pflanzen ist Bor in geringer Menge beobachtet worden.

Gewinnung. Man erhält Bor in amorpher Form durch Glühen eines Gemisches frisch geschmolzener Borsäure mit eisenfreiem Magnesiumpulver. Das so abgeschiedene Bor enthält sehr viel weniger Verunreinigungen als das nach früherer Methode durch Reduktion von Borsäure mit metallischem Natrium erhaltene.

Verwendet man an Stelle des Natriums Aluminium, so löst sich das abgeschiedene Bor anfangs in dem überschüssigen Aluminium auf und scheidet sich beim Erkalten in glänzenden Kristallen ab. Diese sind jedoch durch einen Gehalt an Aluminium und Kohlenstoff verunreinigt.

Eigenschaften. Das amorphe Bor bildet ein abfärbendes, kastanienbraunes Pulver vom spez. Gew. 2,45, welches, an der Luft erhitzt, zu Borsäureanhydrid verbrennt. Das kristallisierte Bor besitzt nahezu die Härte, den Glanz und das Lichtbrechungsvermögen der Diamanten. Sein spez. Gew. ist 2,554.

Borwasserstoffe. Bei der Reduktion des Bortrioxyds mit überschüssigem Magnesium wird ein Magnesiumborid erhalten, aus welchem die Hydride B_2H_6 und B_4H_{10} erhalten werden können (A. Stock).

<h3 style="text-align:center">Verbindungen des Bors mit Sauerstoff.</h3>

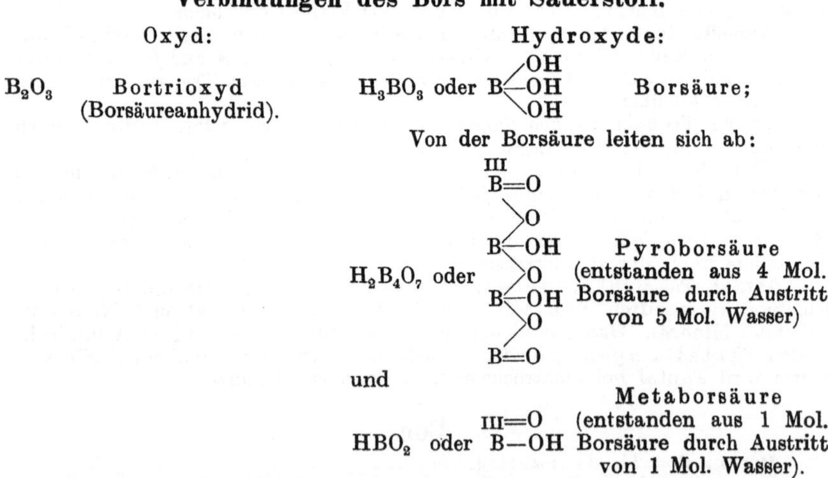

Bortrioxyd, Borsäureanhydrid, B_2O_3, entsteht durch Erhitzen von Borsäure bis zum ruhigen Schmelzen und bildet eine farblose, glasartig durchsichtige Masse. Erst bei Weißglut verflüchtigt sich Bortrioxyd.

Borsäure, Acidum boricum, Acidum boracicum, H_3BO_3, wird aus den in den vulkanischen Gegenden Toskanas der Erde entströmenden, Borsäure führenden Dämpfen (Soffioni, Fumarolen) gewonnen, welche in kleine natürliche Teiche (Lagoni) oder in mit Wasser gefüllte gemauerte Bassins geleitet werden (Abb. 35). Das gegen $2^0/_0$ Borsäure enthaltende Wasser wird in langen, flachen Bleipfannen, welche durch die Soffioni erwärmt werden, konzentriert, bis die Borsäure anfängt auszukristallisieren.

Man stellt Borsäure in Deutschland meist aus dem Pandermit dar, der mit Salzsäure zersetzt wird.

Gewinnung im kleinen. Man löst 50 g Borax in 100 g heißem Wasser und versetzt mit Salzsäure im Überschuß. Die nach dem Erkalten auskristallisierte Borsäure wird aus heißem Wasser umkristallisiert.

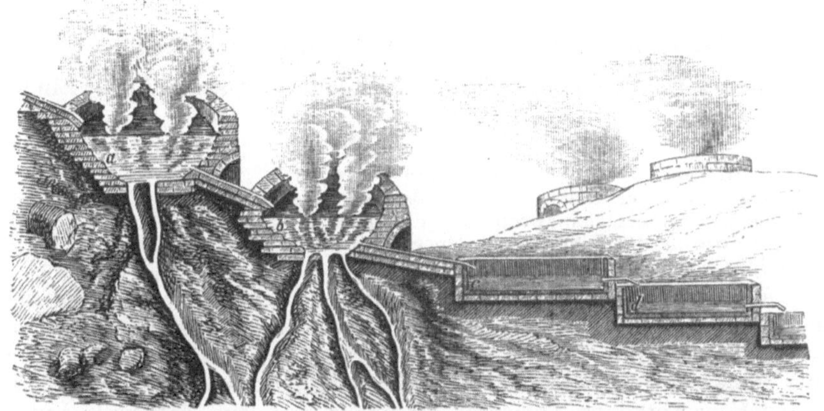

Abb. 35. Borsäure führende Dämpfe werden in Wasser geleitet.

Eigenschaften und Prüfung, H_3BO_3, Mol.-Gew. 62,0. Farblose, glänzende, schuppenförmige Kristalle, die sich fettig anfühlen, oder ein weißes, feines Pulver. In 25 Teilen Wasser von 15^0, in 3 Teilen siedendem Wasser, in etwa 25 Teilen Weingeist von 15^0, auch in Glycerin löslich. Erhitzt man Borsäure auf ungefähr 70^0, so entweicht Wasser, und es bildet sich Metaborsäure, HBO_2, bei gegen 160^0 geht diese unter abermaligem Wasserverlust in eine glasig geschmolzene Masse über, die sich beim starken Erhitzen aufbläht, allmählich ihr gesamtes Wasser verliert und Borsäureanhydrid, B_2O_3, zurückläßt.

Versetzt man die $2^0/_0$ige wässerige Lösung der Borsäure mit wenig Salzsäure, so färbt sich ein mit dieser Lösung getränktes Stück Kurkumapapier beim Eintrocknen braunrot. Beim Betupfen mit Ammoniakflüssigkeit geht die braunrote Färbung in Grünschwarz über. Zur Erkennung der Borsäure dient ferner, daß ihre weingeistige Lösung oder diejenige in Glycerin angezündet mit grüngesäumter Flamme brennt.

Borsäure kann durch Metalle (Kupfer, Blei, Eisen) oder durch Kalk, bzw. Calciumsalze oder Magnesiumsalze, oder durch anhängende Schwefelsäure oder Salzsäure (bzw. Sulfate und Chloride) verunreinigt sein (s. Arzneibuch).

Anwendung. Äußerlich als Desinfektionsmittel zum Einblasen in Nase, Kehlkopf, in 3%iger Lösung als Gurgelwasser; gegen Wundlaufen, als Schnupfpulver. Innerlich gegen Gärungsprozesse im Magen (Dosis 0,2 bis 0,5 g).

Früher wurde Borsäure in sehr ausgedehntem Maße zur Konservierung von Nahrungsmitteln benutzt; ihre Verwendung zu diesem Zweck ist aber im Deutschen Reich durch Gesetz vom 18. Februar 1902 verboten.

Als Konservesalz wurde ein Gemisch aus 2 Teilen Borsäure, 3 Teilen Kaliumnitrat und 5 Teilen Natriumchlorid benutzt. Glazialin ist ein Gemisch aus 18 Teilen Borsäure, 9 Teilen Borax, 9 Teilen Zucker und 6 Teilen Glycerin.

Über Borax und Natriumperborat s. Natriumverbindungen.

Gruppe des Kohlenstoffs und Siliciums.

Kohlenstoff. Silicium. Titan. Zirkonium. Germanium. Zinn.

Kohlenstoff.

Carboneum, $C = 12$. Vierwertig.

Lavoisier erkannte 1788 Kohlenstoff als Element und wies nach, daß die Kohlensäure eine Verbindung desselben mit Sauerstoff ist. Auch wurde von Lavoisier der Diamant, welcher beim Verbrennen Kohlensäure liefert, als reiner Kohlenstoff erkannt.

Kohlenstoff ist eines der wichtigsten Elemente. Die Zahl der Verbindungen, die er mit anderen Elementen eingeht, ist eine so große, daß man die Mehrzahl dieser Verbindungen, nämlich diejenigen mit Wasserstoff, Wasserstoff und Sauerstoff, Stickstoff, ferner solche unter Hinzutritt von Schwefel, Phosphor usw. aus der Betrachtung der anderen Elemente ausscheidet und sie als besonderen Lehrgegenstand behandelt: es sind das die Verbindungen der organischen Chemie.

Nur eine kleine Anzahl Verbindungen des Kohlenstoffs sollen neben den Erörterungen der Eigenschaften und des Verhaltens des Elementes selbst an dieser Stelle besprochen werden, und zwar die Verbindungen des Kohlenstoffs mit Sauerstoff und Schwefel.

Vorkommen. Kohlenstoff kommt in 3 verschiedenen Formen in der Natur vor, von denen Diamant und Graphit kristallisiert sind und Kohlenstoff oder Kohle amorph ist.

Der **Diamant**, der wertvollste aller Edelsteine, findet sich in Vorderindien, auf Borneo und Sumatra, in Süd- und Südwest-Afrika, am Ural, in Kalifornien, Brasilien usw. in angeschwemmtem Boden, seltener in Gesteinen und in Meteoren, in Transvaal im sogenannten „Blaugrund“, das sind infolge vulkanischer Tätigkeit gebildete Schuttmassen.

Diamant kristallisiert im regulären System und zeigt gewöhnlich gekrümmte Flächen und Kanten. Ein starkes Lichtbrechungsvermögen verbindet er mit größer Härte. Spez. Gew. 3,5. Er ist in reinem Zustande farblos, oft durch geringe fremdartige Beimengungen rot, gelb, grün, blau, selbst schwarz gefärbt. Trotz seiner großen Härte besitzt er nur geringe Festigkeit, er ist spröde und läßt sich pulvern. Er leitet die Wärme schlecht und ist ein Nichtleiter der Elektrizität. An der Luft oder im Sauerstoff auf 700 bis 800° erhitzt verbrennt er unter großer Lichtentwicklung zu Kohlendioxyd.

Diamanten werden mit ihrem eigenen Pulver geschliffen, nachdem sie vorher mit Hilfe eines feinen, messerförmigen Meißels gespalten („geschnitten") sind. Die Kunst der Diamantschneiderei, welche besonders in Amsterdam eine hohe Ausbildung erfahren hat, bezweckt die Beseitigung fehlerhafter Stellen und die Herstellung von Flächen (Fazetten). Die geschätzteste Form der Schmuckdiamanten ist die Brillantform.

Künstlich sollen Diamanten dadurch gewonnen worden sein, daß man Eisen bei sehr hoher Temperatur mit Kohlenstoff sättigt und dann plötzlich stark abkühlt. Die inneren Teile der so entstehenden Eisenkugel stehen beim schnellen Erstarren derselben unter hohem Druck, und hierbei kristallisiert der Kohlenstoff in Form von Diamanten heraus, die man beim nachfolgenden Zerschlagen der Eisenkugel vorfindet.

Graphit[1]**), Graphites, Plumbago, Reißblei, Schreibblei** ist auf den Lagern des Urgebirges, dem Granit und Gneis, in der Natur anzutreffen: am Altai in Sibirien, auf Grönland, in Kalifornien, auf Ceylon, in Böhmen, Mähren. Sein Hauptvorkommen in Deutschland ist auf die Umgegend von Passau beschränkt. Er bildet grauschwarze metallglänzende Massen vom spez. Gew. 2,25, färbt stark ab, daher seine Anwendung als Füllmasse für „Blei"stifte. Graphit leitet Wärme und Elektrizität gut und wird deswegen in der Galvanoplastik angewendet. Da Graphit hohe Hitzegrade auszuhalten vermag, formt man auch Schmelztiegel (Graphittiegel, Passauer Tiegel) aus ihm. Im Sauerstroffstrom ist er noch schwieriger verbrennbar als Diamant, wird aber durch starke Oxydationsmittel in Graphitsäure, $C_{11}H_4O_5$, oder Mellithsäure, $C_{12}H_6O_{12}$, eine Hexakarbonsäure, $C_6(COOH)_6$, übergeführt. Sie kommt an Aluminium gebunden als Honigstein vor, ein in Braunkohlenlagern entdecktes honig- bis wachsgelb gefärbtes Mineral. Mellithsäure führt daher auch die Bezeichnung Honigsteinsäure.

In Form hexagonaler Tafeln wird Graphit künstlich gewonnen durch Auflösen von amorphem Kohlenstoff in geschmolzenem Eisen und langsames Erkaltenlassen desselben.

Amorpher Kohlenstoff oder **Kohle** findet sich in der Natur als Zersetzungsprodukt organischer Stoffe. Torf, Braunkohle, Steinkohle, Anthrazit sind solche hinsichtlich ihrer Bildung verschiedenen Zeitabschnitten angehörende Naturprodukte. Von diesen entsteht der Torf noch heutzutage durch Zersetzung der sog. Torfmoose (Sphagnum-Arten).

---

[1]) Abgeleitet von γράφειν, graphein, schreiben.

Torf enthält 50 bis 60°/₀ Kohlenstoff; in den Braunkohlen schwankt der Kohlenstoffgehalt zwischen 60 und 75°/₀. Die Braunkohlen sind zufolge der allmählichen Verkohlung versunkener Wälder gebildet worden. Taxodium-Stämme waren besonders das Material zur Bildung der Braunkohlen. Sie werden teils als Heizmaterial verwendet, teils der trockenen Destillation unterworfen und liefern hierbei eine Reihe der für die Technik wertvollsten Stoffe (Paraffin, Solaröl, Photogen, Grude). Pulverige und erdige Braunkohle wird, zuweilen unter Zusatz von Teer, durch Pressen zu Stücken geformt und als Brikettes für Heizzwecke in den Handel gebracht.

Die Steinkohlen oder fossile Kohlen gehören einer noch viel älteren Zeit als die Braunkohlen an und sind durch die verkohlende Zersetzung von Pflanzen gebildet worden, welche der Klasse der Baumfarne entstammen. Die mächtigen Stämme sind vielfach übereinander geschichtet und durch eigenen Druck, sowie durch andere Naturkräfte zusammengepreßt worden, so daß nach der vor sich gegangenen Verkohlung von dem Bau des Holzes nur noch wenig zu erkennen ist.

Steinkohlen besitzen eine glänzend schwarze Farbe und lassen sich in kleinere Stücke mit eckigen scharfen Kanten leicht zerschlagen. Der Gehalt an Kohlenstoff beträgt 75 bis 90°/₀. Sie finden sich oft in großen Ablagerungen (in Schichten, Steinkohlenflötze genannt) in Deutschland (Oberschlesien, Zwickau, Ölsnitz, Ruhr- und Saargegend), Österreich, Belgien, Frankreich und England (Newcastle, Leeds, Manchester, Sheffield) und Rußland (Donezgebiet).

Der Hauptmenge nach wird die Steinkohle zu Heizzwecken verwendet. Der gewaltige Aufschwung der Industrie im Laufe des vorigen Jahrhunderts ist in erster Linie auf die allgemeinere Verwendung der Steinkohle als Heizmaterial für Dampfkessel zurückzuführen. Außerdem dient Steinkohle zur Bereitung von Leuchtgas und liefert dabei eine Reihe wertvoller Nebenprodukte, von denen der Steinkohlenteer das Material für viele organische Verbindungen, insbesondere für Benzol, Toluol, Naphtalin, Phenole usw., des weiteren das Gaswasser das Ausgangsmaterial für die Gewinnung von Ammoniak und Ammoniumsalzen bildet. In den Retorten, in welchen die Steinkohlen zwecks Gewinnung der genannten Stoffe einer trockenen Destillation unterworfen werden, hinterbleibt eine poröse Kohle, der Coaks oder Koks (Gaskoks), welcher als Brennstoff und zur Füllung von Glover- und Gay-Lussac-Türmen in den Schwefelsäurefabriken Verwendung findet. Einen Koks von dichter Beschaffenheit erhält man durch möglichst schnelles und hohes Erhitzen von nassen Kohlenstücken in großen Verkokungsöfen, wobei festere, aschenärmere Rückstände (Hüttenkoks, Schmelzkoks) mit 94 bis 96°/₀ C entstehen. Dieser Koks wird vorzugsweise für metallurgische Zwecke benutzt.

Die älteste fossile Kohle ist der Anthrazit mit einem Gehalt von gegen 95°/₀ Kohlenstoff; die glänzenden schwarzen Massen haben muscheligen Bruch.

Der auf künstlichem Wege durch „Verkohlung" hergestellte Kohlenstoff führt je nach seiner Herkunft verschiedene Namen: Holzkohle, die durch Aufschichten von Holzstücken und langsames Verschwelen in mit Erde bedeckten Haufen, den Meilern, hergestellt wird; Ruß, durch unvollständige Verbrennung von Kienholz, Teer, die feineren Sorten durch Verbrennen von Naphtalin, Kampfer, Sesamöl und sonstigen Ölen erhalten und als Tusche und Druckerschwärze verwendet; Tierkohle durch Verkohlen von Blut, Knochen oder anderen tierischen Substanzen gewonnen und demgemäß als Blut-, Knochenkohle, Spodium, Beinschwarz, gebranntes Elfenbein, Ebur ustum oder allgemein als Carbo animalis bezeichnet; Zuckerkohle durch Verkohlen von Zucker dargestellt.

Die künstlich gewonnene Kohle ist porös; sie nimmt Gase auf und gibt sie beim Erhitzen wieder ab. Auch organische Riechstoffe, Farbstoffe, Alkaloide und Glukoside werden aus Lösungen aufgenommen, diese also geruch- oder farblos gemacht oder entbittert. Tierkohle wird daher zum Entfärben von Flüssigkeiten (in den Zuckerfabriken), zur Verbesserung des Trinkwassers (Kohlefilter), zum Haltbarmachen des Fleisches, welches mit gepulverter Kohle eingerieben wird, usw. angewendet.

An der Luft erhitzt, verbrennt Kohle unter starker Wärmeentwicklung zu Kohlendioxyd, bei mangelndem Luftzutritt zu Kohlenoxyd. Da die Kohle bei Glühhitze vielen Metalloxyden den Sauerstoff zu entziehen vermag, wird sie als wichtiges Reduktionsmittel bei der Gewinnung, dem „Ausbringen", der Metalle benutzt.

Verbindungen des Kohlenstoffs mit Sauerstoff.

Oxyde: Hydroxyde:

C_3O_2 Kohlensuboxyd
CO Kohlenoxyd
CO_2 Kohlendioxyd H_2CO_3 Kohlensäure
(Kohlensäureanhydrid)   (in freier Form nicht beständig).
                                          $H_2C_2O_6$ Überkohlensäure
                                          (in Form ihrer Salze bekannt).

Kohlensuboxyd, C_3O_2, wird aus Malonsäure bzw. Malonsäureester (s. Organischen Teil) durch Wasserabspaltung mitte's Phosphorpentoxyd erhalten und bildet eine farblose, leicht bewegliche Flüssigkeit von eigenartigem Geruch. Sie polymerisiert sich bei der Aufbewahrung zu einem dunkelroten Stoff. Beim Zusammenbringen mit Wasser geht sie wieder in Malonsäure über. Man gibt dem Kohlensuboxyd die Konstitutionsformel $OC = C = CO$.

Kohlenoxyd, CO, bildet sich durch unvollständige Verbrennung von Kohle bei mangelndem Luftzutritt.

Man kann es gewinnen, indem man Kohlendioxyd über glühende Kohlen leitet. Zu dem Zwecke erhitzt man ein Gemenge von Calciumkarbonat und Kohle in Retorten. Calciumkarbonat zerfällt hierbei in Calciumoxyd und Kohlendioxyd, und dieses wird durch die Kohle reduziert: $CaCO_3 + C = 2 CO + CaO$.

Zu Heizzwecken in der Technik erzeugt man in besonderen Öfen

(Generatoren) durch Überleiten von Luft über glühenden Koks ein brennbares Gemenge von Kohlenoxyd und Stickstoff (Generatorgas).

Beim Überleiten von überhitztem Wasserdampf über glühende Kohlen wird neben Kohlenoxyd Wasserstoff gebildet:

$$C + H_2O = CO + H_2.$$

Dies Gemenge von Kohlenoxyd und Wasserstoff (Wassergas) ist brennbar und wird entweder für Heizzwecke oder unter Zusatz kohlenstoffhaltiger Substanzen zu Beleuchtungszwecken benutzt. Ein Gemenge von Wasserstoff und Kohlenoxyd entsteht auch, wenn der elektrische Lichtbogen unter Wasser zwischen Kohlenspitzen übergeht.

Dowsongas nennt man ein Gemenge von Generatorgas (s. o.) und Wassergas.

Für Laboratoriumszwecke gewinnt man Kohlenoxyd in reinem Zustande beim Erwärmen von Oxalsäure (s. Organ. Teil) oder Ameisensäure mit konz. Schwefelsäure in einem in ein Sandbad gesetzten Kolben:

$$\underbrace{C_2H_2O_4}_{\text{Oxalsäure}} = CO_2 + H_2O + CO, \qquad \underbrace{H \cdot COOH}_{\text{Ameisensäure}} = H_2O + CO.$$

Die Schwefelsäure wirkt wasserentziehend auf die Oxalsäure bzw. Ameisensäure. Man leitet das Gas durch Natronlauge, um das im ersteren Falle nebenher gebildete Kohlendioxyl zu binden und fängt das Kohlenoxyd über Wasser auf.

Es ist ein farb- und geruchloses Gas. In Wasser ist es nur wenig löslich, wohl aber wird es von einer ammoniakalischen oder salzsauren Lösung des Cuprochlorids (Kupferchlorürs), Cu_2Cl_2, absorbiert. Beim Erhitzen der Lösung wird die Verbindung wieder zerlegt. Mit Chlor vereinigt es sich bei Einwirkung des Sonnenlichts zu Kohlenoxychlorid, $COCl_2$, einem erstickend riechenden Gas, das unter dem Namen Phosgengas (abgeleitet von $\varphi\tilde{\omega}\varsigma$, phos, Licht und $\gamma\varepsilon\nu\nu\acute{\alpha}\omega$, gennao, ich erzeuge, weil seine Bildung aus CO und Cl_2 das Sonnenlicht erfordert) bekannt ist.

Mit Nickel und Eisen verbindet sich Kohlenoxyd direkt zu den Verbindungen $Ni(CO)_4$, Nickeltetrakarbonyl, und $Fe(CO)_5$, Eisenpentakarbonyl. Als starkes Reduktionsmittel führt Kohlenoxyd in der Glühhitze Metalloxyde, wie Eisenoxyd und Kupferoxyd, in Metalle über. In Palladiumchlorürlösung bewirkt es die Abscheidung von Palladium.

Kohlenoxyd brennt mit schwach leuchtender, blauer Flamme.

Es ist sehr giftig; es wandelt das Oxyhämoglobin des Blutes in Kohlenoxydhämoglobin um. Ein Tier, welches eine halbe Stunde in einer Atmosphäre atmet, welche 0,12 bzw. 0,07 $\%$ CO enthält, absorbiert eine genügende Menge, um die Hälfte bzw. den vierten Teil seiner roten Blutkörperchen zur Sauerstoffaufnahme unfähig zu machen (Gréhant). Bei einem Gehalt der Luft von 0,19 $\%$ Kohlenoxyd starben Kaninchen (Biefel und Poleck).

Die infolge Einatmens von Kohlendunst oder Leuchtgas vorkommenden Todesfälle von Menschen sind die Folge einer Kohlenoxydvergiftung. Das Blut solcher Vergifteter ist kirschrot gefärbt. Der Kohlenoxydgehalt des Blutes läßt sich auf spektroskopischem Wege nachweisen.

Schaltet man eine verdünnte Lösung reinen Blutes zwischen Spektrum und Belichtungsquelle des letzteren, so erblickt man in dem Grün des Spektrums zwischen den Linien D und E zwei dunkle Absorptionsstreifen, von denen der links gelegene schmaler als der rechts gelegene ist (s. Abb. 36).

Fügt man der Blutlösung ein Reduktionsmittel hinzu, z. B. wenig Schwefelammon, so wird dem Oxyhämoglobin Sauerstoff entzogen, und man erblickt jetzt in dem Spektrum ein breites verwaschenes Band, welches zwischen den beiden früheren Absorptionsstreifen gelegen ist. Es ist das Spektrum des Hämoglobins. Schüttelt man dieses reduzierte Blut mit Luft, so oxydiert sich das Hämoglobin schnell wieder zu Oxyhämoglobin, und die beiden Absorptionsstreifen des letzteren werden sichtbar, um aber zufolge der reduzierenden Einwirkung des Schwefelammons schnell wieder zu verblassen. Sättigt man Blut vollkommen mit Kohlenoxyd, so daß sämtliches Oxyhämoglobin in Kohlenoxydhämoglobin übergeführt ist, so wird das Spektrum des Kohlenoxydhämo-

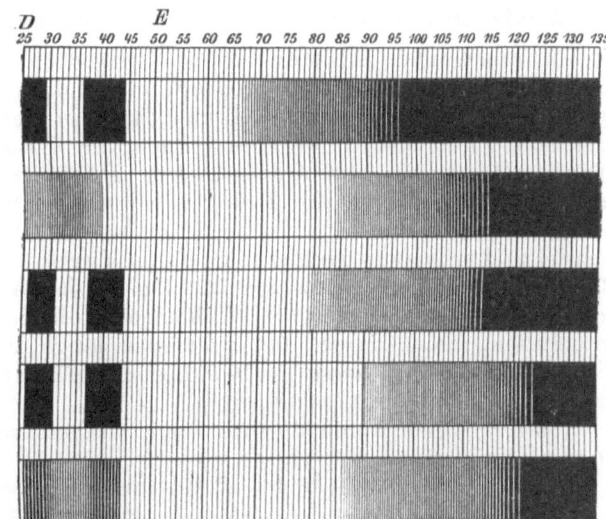

Abb. 36. Blutspektra. (Aus L. Lewins Toxikologie.)

globins sichtbar, welches große Ähnlichkeit mit dem Spektrum des Oxyhämoglobins besitzt, nur sind bei ersterem, wie auf der Abbildung erkennbar, die beiden Absorptionsstreifen einander etwas genähert.

Während nun das Oxyhämoglobin durch Schwefelammon zu Hämoglobin reduziert wird, bleibt das Kohlenoxydhämoglobin durch Schwefelammon unbeeinflußt, und so sind denn selbst nach Zusatz von Schwefelammon die beiden Absorptionsstreifen des Kohlenoxydhämoglobins im Spektrum sichtbar (s. Abb. 36, Nr. 4).

Läßt man hingegen auf ein Gemisch von Kohlenoxydhämoglobin und Oxyhämoglobin — ein Fall, um den es sich in der Praxis bei Kohlenoxydvergiftungen stets handeln wird — Schwefelammon einwirken, so wird sich ein gemischtes Spektrum von Kohlenoxydhämoglobin und Hämoglobin zeigen (Abb. 36, Nr. 5), d. h. zwischen den beiden Absorptionsstreifen des Kohlenoxydhämoglobins wird das verwaschene Spektrum des Hämoglobins gelagert sein.

Um Kohlenoxyd in einem Blute nachzuweisen, wird man daher dieses verdünnen und mit etwas Schwefelammon versetzen. Erblickt man nun im Spektrum zwei noch deutlich von dem Hämoglobinstreifen abgegrenzte Absorptionsstreifen, so wird man auf die Anwesenheit von Kohlenoxydhämoglobin schließen dürfen.

Kohlenoxychlorid, $COCl_2$, Carbonylchlorid, Phosgengas. Läßt man auf Kohlenoxyd Chlor im Sonnenlichte einwirken (s. Seite 124), so entsteht ein farbloses, erstickend riechendes Gas, das Kohlenoxychlorid, das zu einer farblosen, bei 8° siedenden Flüssigkeit verdichtet werden kann:

$$CO + Cl_2 = COCl_2.$$

Es zeichnet sich durch große Reaktionsfähigkeit aus und wird zu verschiedenen Synthesen in der organischen Chemie benutzt. Durch Wasser wird es in Chlorwasserstoff und Kohlendioxyd zerlegt:

$$COCl_2 + H_2O = CO_2 + 2\,HCl.$$

Kohlenoxychlorid ist ein sehr giftiges Gas; es kommt in Toluol gelöst oder in verflüssigter Form in den Verkehr.

Kohlendioxyd, Kohlensäureanhydrid, CO_2, gewöhnlich als **Kohlensäure** bezeichnet, findet sich im freien Zustand in der atmosphärischen Luft durchschnittlich zu 0,04 %, in vielen Mineralwässern und Solen (oft bis zu 90 Volumprozent im Wasser gelöst) und in kleinen Mengen in den Quellwässern. In vulkanischen Gegenden entströmt es gasförmig der Erde, so an vielen Orten der Eifel, im Rheinland, bei Sondra in Sachsen-Koburg, in der Hundsgrotte bei Neapel und anderswo. Kohlensaure Salze, **Karbonate,** sind **Kreide, Marmor, Kalkstein, Magnesit.** Das in der Atmosphäre befindliche Kohlendioxyd ist durch Verbrennen kohlenstoffhaltiger Stoffe entstanden, ferner durch die Atmungsvorgänge der Menschen und Tiere, durch die Prozesse der Gärung, der Fäulnis und Verwesung organischer Stoffe.

Man gewinnt Kohlendioxyd durch Glühen von **Calciumkarbonat (Kalkstein):**

$$CaCO_3 = CaO + CO_2,$$

oder indem man **Calciumkarbonat** oder **Magnesiumkarbonat** oder andere Karbonate mit verdünnten Mineralsäuren zersetzt:

$$CaCO_3 + 2\,HCl = CaCl_2 + H_2O + CO_2$$
$$MgCO_3 + H_2SO_4 = MgSO_4 + H_2O + CO_2,$$

oder endlich durch Verbrennen von Koks.

Es ist ein farbloses, schwach säuerlich schmeckendes Gas vom spez. Gew. 1,53. Ein Liter Kohlendioxyd wiegt bei 0° und 760 mm Druck 1,977 g. Wegen seiner Schwere läßt es sich von einem Gefäß in ein anderes umgießen. Durch starken Druck (bei 0° und 34 Atmosphären oder bei gewöhnlicher Temperatur und 50 bis 60 Atmosphären) läßt sich Kohlendioxyd zu einer farblosen, leicht beweglichen Flüssigkeit verdichten, die, in Stahlzylinder eingeschlossen, unter dem Namen „flüssige Kohlensäure" in den Verkehr gelangt. Die Verflüssigung des Kohlendioxyds muß unterhalb 30,9°, seiner kritischen Temperatur, bewirkt werden.

Läßt man verflüssigtes Kohlendioxyd aus dem Stahlzylinder ausströmen, indem man über die Ausströmöffnung einen Sack streift, so wird durch die entstehende Verdunstungskälte Kohlendioxyd fest und als schneeige Masse in dem Sack zurückgehalten. Die Temperaturerniedrigung, welche infolge des Verdunstens von flüssigem Kohlendioxyd eintritt, beträgt gegen —70°, wobei dann der Übergang vom flüssigen in den festen Zustand eintritt.

Mit Äther übergossen, wird das feste Kohlendioxyd in eine breiige Masse umgewandelt, welche als Kältemischung dient.

Da festes Kohlendioxyd stets von einer Gasschicht umgeben ist, so kann man es trotz seiner sehr niedrigen Temperatur unbesorgt kurze Zeit in die Hand nehmen, denn es berührt nicht direkt die Haut. Preßt man es aber zwischen den Fingern, dann ruft es schmerzhafte Blasen, die Ähnlichkeit mit Brandblasen haben, .hervor.

Kohlendioxyd vermag weder die Atmung noch die Verbrennung zu unterhalten; es ersticken daher lebende Wesen in einer Kohlendioxyd-Atmosphäre, und brennende Stoffe verlöschen darin. Gießt man Kohlendioxyd über eine brennende Kerze, so erlischt sie.

Von Wasser wird Kohlendioxyd in erheblicher Menge gelöst; bei 0° werden gegen 1,79 Raumteile, bei 14° ein gleicher Raumteil aufgenommen. Bei vermehrtem Druck nimmt das Lösungsvermögen in der Weise zu, daß bei 2, 3 und 4 Atmosphären Druck, nahezu 2, 3, 4 Raumteile des Gases gelöst werden. Hebt man den Druck auf, so entweicht Kohlendioxyd unter Aufbrausen. Hierauf beruht das Moussieren von Selters- und Sodawasser, des Champagners, Bieres und anderer kohlensäurehaltiger Getränke.

Zur Herstellung von künstlichem Selterswasser werden 160 g kristallisiertes Natriumkarbonat, 30 g Natriumchlorid, 10 g kristallisiertes Natriumsulfat auf 100 Liter Wasser gelöst und die Lösung mit Kohlendioxyd bei einem Überdruck von 4 bis 5 Atmosphären zum Abfüllen auf Flaschen, oder 9 bis 10 Atmosphären zum Abfüllen auf Syphons imprägniert. Zur Herstellung von Sodawasser werden 180 g kristallisiertes Natriumkarbonat, 6 g Natriumchlorid und 14 g Kaliumkarbonat auf 100 Liter Wasser gelöst und diese Lösung mit Kohlendioxyd imprägniert.

Erhitzt man eine kohlensäurehaltige Flüssigkeit, so wird die Gesamtmenge des gelösten Kohlendioxyds ausgetrieben.

Die wässerige Lösung der Kohlensäure reagiert gegen Lackmus schwach sauer, auch wird eine durch Phenolphtaleïn (s. Organ. Teil) schwach rosa gefärbte Alkalilösung durch Kohlendioxyd entfärbt. Man muß daher annehmen, daß in der wässerigen Lösung des Kohlendioxyds sein Hydrat H_2CO_3 sich befindet, welches nach

$$H_2CO_3 \rightleftarrows HCO_3' + H\cdot$$

ionisiert ist. Diese Dissoziation ist indes nur eine geringe: in einer Lösung von 0,35 g CO_2 in 1 Liter Wasser befindet sich nur 0,7 °/₀ hydratisierte Kohlensäure, während mehr als 99 °/₀ als Anhydrid vorhanden sind.

Zur Erkennung des Gases benutzt man sein Verhalten gegen Kalk- oder Barytwasser, in welchem es die Bildung unlöslicher kohlensaurer Salze (Calcium- oder Baryumkarbonat) bewirkt und deshalb in den genannten Lösungen Trübung hervorruft. Ein an einem Glasstabe hängender Tropfen Kalkwasser wird in einer Kohlendioxydatmosphäre bald undurchsichtig.

Zur quantitativen Bestimmung des Kohlendioxyds benutzt man zwei prinzipiell verschiedene Methoden:

1. Man läßt das von Feuchtigkeit befreite Kohlendioxyd (Durchleiten durch konz. Schwefelsäure) von $40^0/_0$iger Kalilauge absorbieren. Durch die Gewichtsvermehrung der Kalilauge erfährt man das von dieser aufgenommene Kohlendioxyd. Damit bei dieser Absorption Kohlendioxyd nicht verloren gehe, hat man Apparate konstruiert, in welchen dem eintretenden Kohlendioxyd die

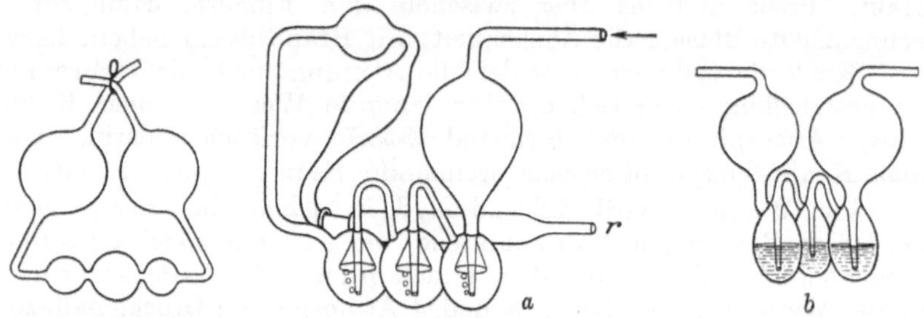

Abb. 37. Liebigscher Kaliapparat. $^1/_4$ nat. Größe.

Abb. 38. Geißlersche Kaliapparate. $^1/_3$ nat. Größe.

Kalilauge in großer Oberflächenausbreitung dargeboten wird. Der älteste dieser Apparate ist der Liebigsche Kaliapparat (s. Abb. 37). In der Neuzeit bevorzugt man die Geißlerschen Kaliapparate (s Abb. 38), von denen Form *b* besondere Beachtung verdient. Das Kohlendioxyd tritt im Apparat *a* in der Richtung des Pfeils in den Apparat. Die aufsteigenden Luftblasen werden von in den drei Kugelgefäßen angebrachten Trichterchen in ihrem Durchzug durch die Kalilauge aufgehalten, und somit wird eine vollständige Absorption des Kohlendioxyds gewährleistet. Das Rohr *r* ist mit Stückchen festen Kaliumhydroxyds und gegen die Spitze mit Chlorcalciumstückchen gefüllt.

2. Man bestimmt Kohlendioxyd auf indirektem Wege, indem man ein Karbonat mit Mineralsäure zersetzt und durch Feststellen des durch den Fortgang des Kohlendioxyds entstehenden Gewichtsverlustes den Gehalt an CO_2 ermittelt.

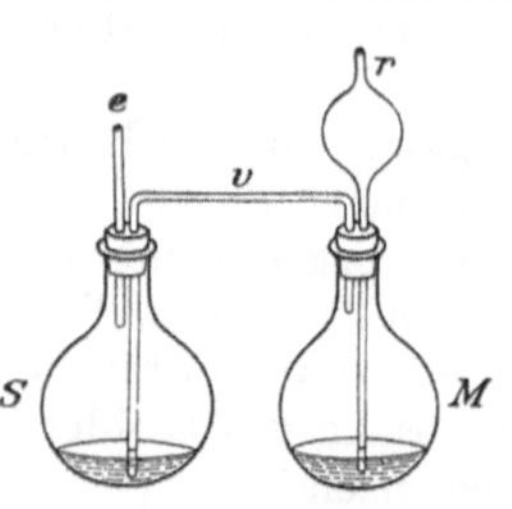

Abb. 39. Kohlendioxydbestimmungsapparat nach Fresenius. $^1/_5$ nat. Größe.

Zur Zersetzung eines Karbonats, dessen Base mit Schwefelsäure ein lösliches Salz bildet, benutzt man zweckmäßig den Freseniusschen Bestimmungsapparat. (Abb. 39.) Man beschickt den Kolben *M* mit der Substanz, die mit etwas Wasser angerieben ist, und Kolben *S* mit konz. Schwefelsäure. Nach Feststellung des Gewichts schließt man das Ende des zu einer Kugel aufgeblasenen Rohres *r* mit dem Finger und saugt an dem Rohrende *e*. Hierdurch entsteht in *M* ein luftverdünnter Raum, und beim Aufhören des Saugens drückt die äußere Luft einen Teil der in *S* befindlichen konz. Schwefelsäure durch das Verbindungsrohr *v* in den Kolben *M*. Die konz. Schwefelsäure erwärmt sich durch Vereinigung mit dem in *M* befindlichen Wasser, und die warme Säure macht aus dem Karbonat Kohlendioxyd frei. Dieses entweicht durch *v* und tritt durch die Schwefelsäure in Kolben *S* aus; durch letztere wird es gleichzeitig getrocknet. Um die letzten Anteile des in dem Kolben noch verbleibenden Kohlendioxyds auszutreiben, saugt man bei *c*, indem man jetzt *r* geöffnet hält und mit einem kleinen Trockenapparat für die eintretende Luft verbindet, einen Luftstrom durch den Apparat. Durch den

Gewichtsverlust desselben nach beendigter Reaktion erfährt man die Menge Kohlendioxyd, welche das Karbonat enthielt.

Will man mit Salzsäure ein Karbonat zersetzen, so bedient man sich der durch Abb. 40 veranschaulichten Apparate.

Der Kugelapparat a trägt in der Mitte ein mit 25%iger Salzsäure zu beschickendes erweitertes Rohr k, das durch einen unten an der Ausflußöffnung eingeschliffenen langen Glasstab verschließbar ist. Das seitliche Aufsatzrohr l ist mit konz. Schwefelsäure teilweise beschickt. Man gibt, indem man das bei o luftdicht schließende Einsatzrohr k heraushebt, in den Kolben das mit wenig Wasser angeriebene Karbonat, setzt das mit Salzsäure beschickte Rohr k ein und bestimmt das Gewicht des Apparates. Durch vorsichtiges Emporheben des in k beweglichen Glasstabes läßt man etwas Salzsäure ausfließen, die, mit dem Karbonat zusammentreffend, dieses unter Kohlendioxydentwicklung zersetzt. Das Kohlendioxyd entweicht durch l und wird hier durch die konz. Schwefelsäure getrocknet.

Apparat b beruht auf einem ähnlichen Prinzip. Das mit Quetschhahn verschließbare Rohr m enthält die Salzsäure, das Aufsatzrohr p ist mit Calciumchloridstückchen gefüllt, welche das aus p entweichende Kohlendioxyd trocknen.

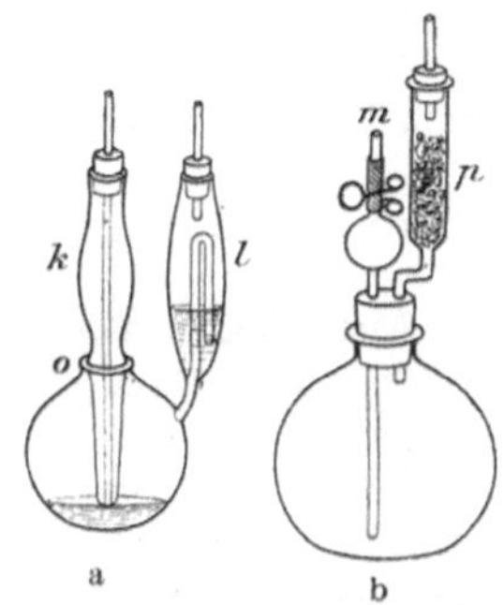

Abb. 40. Apparate zur Kohlendioxydbestimmung durch Zersetzung der Karbonate mit Salzsäure. $\frac{1}{4}$ der nat. Größe.

Die Verwendung des Kohlendioxyds ist eine sehr mannigfaltige. Bedeutende Mengen des Gases dienen zur Herstellung von Natriumbikarbonat, von kohlensäurehaltigen Getränken, zur Gewinnung von Bleiweiß, von Soda nach dem Ammoniak-Soda-Verfahren, von Salizylsäure.

Die von der Kohlensäure sich ableitenden Salze sind entweder **saure** oder **primäre** Karbonate, z. B. $NaHCO_3$ saures Natriumkarbonat (Natriumbikarbonat) oder **neutrale oder sekundäre Karbonate** wie das **Natriumkarbonat** (Soda) Na_2CO_3.

$$\textbf{Überkohlensäure}, H_2C_2O_6, \text{wird in ihren der Formel } CO\genfrac{<}{>}{0pt}{}{\overset{I}{OR}\ \overset{I}{RO}}{O\!-\!\!-\!O}CO$$

entsprechenden Alkalisalzen erhalten, wenn man bei -10^0 gesättigte Lösungen der Alkalikarbonate bei -10^0 bis -16^0 elektrolysiert. Die Perkarbonate scheiden sich dabei an der Anode aus.

Verbindung des Kohlenstoffs mit Schwefel.

Kohlensulfid, Schwefelkohlenstoff, Carboneum sulfuratum. Kohlendisulfid, Alcohol sulfuris, CS_2, bildet sich beim Überleiten von Schwefeldampf über glühende Kohlen. Der destillierende rohe Schwefelkohlenstoff wird von beigemengtem Schwefel, Schwefelwasserstoff und von Kohlenwasserstoffen dadurch befreit, daß man wiederholt unter Zugabe von Kalk, Blei- oder Kupfersalzen oder metallischem Quecksilber destilliert.

Völlig reines Kohlensulfid ist eine farblose, stark lichtbrechende, nur wenig riechende Flüssigkeit vom spez. Gew. 1,272 und Siedepunkt 46^0. In Wasser löst sich Kohlensulfid nicht; sein Dampf ist leicht entzündlich und verbrennt an der Luft zu Kohlendioxyd und Schwefeldioxyd: $CS_2 + 3O_2 = CO_2 + 2SO_2$.

Mit atmosphärischer Luft oder Sauerstoff gemengt, bildet Kohlendisulfiddampf beim Anzünden heftig explodierende Gemische. Die Entzündung solcher findet schon durch Zusammentreffen mit warmen Metallteilen statt. Gießt man einige Tropfen Kohlendisulfid in einen mit atmosphärischer Luft gefüllten Zylinder und mischt durch mehrmaliges Umschwenken des verschlossen gehaltenen Zylinders, so verbrennt das Gasgemisch, wenn angezündet, mit pfeifendem Ton. Enthält hingegen der Zylinder Sauerstoff, so explodiert das Gemisch mit hellem Knall.

Mit Alkohol und Äther mischt sich Kohlendisulfid in jedem Verhältnis. Jod wird von ihm mit violetter Farbe aufgenommen.

Fügt man Kohlendisulfid zu Alkalisulfiden, so entstehen thiokohlensaure Salze:

$$CS_2 + K_2S = K_2CS_3.$$

Auf Zusatz von Salzsäure zu dieser Lösung scheidet sich die Thiokohlensäure, H_2CS_3, als rotbraunes Öl ab, das sich schnell zersetzt.

Bei der Einwirkung von Schwefelkohlenstoff auf alkoholische Kalilauge, entsteht äthylxanthogensaures Kalium, so genannt wegen der gelben Farbe (xanthos, gelb):

$$CS_2 + KOH + \underbrace{C_2H_5OH}_{\text{Alkohol}} = C \overset{\diagup SK}{\underset{\diagdown OC_2H_5}{=}} S \quad + H_2O.$$

Das Salz findet Anwendung zur Vertilgung der Reblaus (Phylloxera vastatrix). Eine Xanthogenatcellulose dient zur Herstellung künstlicher Seide.

Wird Kohlendisulfid mit alkoholischem Ammoniak erwärmt, so entsteht das Ammoniumsalz der Thiocyansäure = Rhodanammonium:

$$CS_2 + 4NH_3 = NH_4CSN + (NH_4)_2S.$$

Anwendung. Schwefelkohlenstoff ist ein Nervengift; er besitzt anästhesierende Eigenschaften und kann beim Einatmen Sinnestäuschungen hervorrufen, die zu Irresein führen. Er ist ein ausgezeichnetes Lösungsmittel für Schwefel, gelben Phosphor, Kautschuk, Fette, Öle, Harze usw. und findet deshalb eine weitgehende Anwendung in der Technik.

Silicium.

$Si = 28{,}3$. Vierwertig. Das amorphe Silicium wurde 1823 von Berzelius zuerst dargestellt, das kristallisierte erst 1854 von St. Claire-Deville und Wöhler. Der Name Silicium leitet sich ab von silex, Kieselstein.

Vorkommen. Nur in Verbindung mit Sauerstoff als Kieselsäure und in Form von Salzen dieser in der Natur. Aus mehr oder weniger reinem Siliciumdioxyd oder Kieselsäureanhydrid besteht der Bergkristall, Quarz, Quarzsand, der Feuerstein,

Achat. Rauchtopas ist braungefärbter Bergkristall, Amethyst violett gefärbter. Die Hauptbestandteile des Tons, des Feldspats, Granits, der Porzellanerde und vieler anderer Mineralien sind kieselsaure Salze.

Gewinnung und Eigenschaften. In amorphem Zustande erhält man Silicium durch Glühen eines Gemenges von Kieselfluorkalium mit Kalium, Auskochen der erkalteten Reaktionsmasse mit Wasser und darauffolgend mit verdünnter Salzsäure.

Kristallinisch wird Silicium gewonnen durch Zusammenschmelzen von Kieselsäure mit Kieselfluorkalium im elektrischen Schmelzofen bei etwa 900^0, während man in die flüssige Masse Aluminium einträgt. Auch läßt sich Silicium durch Reduktion von Siliciumdioxyd mittels Calciumkarbid im elektrischen Ofen gewinnen. Aus geschmolzenem Zink kristallisiert das Silicium am besten. Das Zink löst man mit Salzsäure heraus.

Amorph bildet Silicium ein dunkelbraunes, glanzloses Pulver, kristallisiert bräunliche Kristallnadeln oder schwarze, glänzende Oktaeder oder sechsseitige Blättchen.

Amorphes Silicium verbrennt an der Luft, wenn es stark erhitzt wird. Kristallisiertes Silicium verändert sich beim Erhitzen nur wenig. Von kochender Natronlauge wird amorphes Silicium leicht gelöst unter Entwicklung von Wasserstoff und Bildung von Natriumsilikat:

$$Si + 2\,NaOH + H_2O = Na_2SiO_3 + 2\,H_2\,.$$

Mit Metallen verbindet sich Silicium zu Siliciden, mit Kohlenstoff zu Siliciumkarbid CSi. Dieses findet wegen seiner großen Härte unter dem Namen Karborundum Anwendung als Schleifmittel.

Durch Mineralsäuren wird Silicium nicht verändert.

Verbindungen des Siliciums mit Wasserstoff.

Ein Gemisch von 1 Teil Siliciumdioxyd und 2 Teilen Magnesiumpulver brennt man in einem außen mit Wasser gekühlten Tiegel an, wobei unter starker Luftentwicklung Magnesiumchlorid gebildet wird. Dieses liefert beim Eintragen in verdünnte Salzsäure ein Gemisch von Siliciumwasserstoffen, welche von A. Stock Silane genannt werden. Man kennt ein Monosilan SiH_4, Disilan S_2H_6, Trisilan C_3H_8, Tetrasilan C_4H_{10} usw.

Verbindungen des Siliciums mit Halogenen.

Siliciumchlorid, $SiCl_4$, bildet sich beim Überleiten eines starken Chlorstromes über ein Gemisch von Sand und Kohle, welches in einem Rohr zum Glühen erhitzt wird:

$$SiO_2 + 2\,C + 2\,Cl_2 = SiCl_4 + 2\,CO\,.$$

Beim Erhitzen von Silicium im Chlorwasserstoffstrom entsteht neben Siliciumchlorid auch Siliciumchloroform, $SiHCl_3$.

Siliciumfluorid, SiF_4. Es entsteht unter Feuererscheinung durch direkte Vereinigung der Elemente. Man erhält es auch durch Erwärmen eines Gemenges von Flußspatpulver und Sand mit konz. Schwefelsäure:

$$2\,CaF_2 + SiO_2 + 2\,H_2SO_4 = 2\,CaSO_4 + 2\,H_2O + SiF_4\,.$$

Läßt man Siliciumfluorid mit Wasser zusammentreten, so entsteht neben Kieselfluorwasserstoffsäure Metakieselsäure, die sich gallertartig abscheidet:

$$3\,SiF_4 + 3\,H_2O = H_2SiO_3 + 2\,H_2SiF_6\,.$$

Um beim Austreten von Siliciumfluorid in Wasser ein Verstopfen des Glasrohres zu verhindern, läßt man das Ende des Rohres in Quecksilber eintauchen und schichtet darüber Wasser.

Kieselfluorwasserstoffsäure bildet mit Baryum und Kalium schwerlösliche Salze. Sie wird zum Härten von Gipsabdrücken benutzt.

Verbindungen des Siliciums mit Sauerstoff.

Oxyde:	Hydroxyde:
SiO_2 Siliciumdioxyd oder Kieselsäureanhydrid.	H_4SiO_4 Orthokieselsäure (in reinem Zustande nicht bekannt).
	H_2SiO_3 Metakieselsäure.

Siliciumdioxyd, Kieselsäureanhydrid, SiO_2, findet sich als Bergkristall, Quarz, Feuerstein usw. in der Natur. Opal ist ein wasserhaltiges Siliciumdioxyd mit 3 bis $15\,^0/_0$ H_2O. Edelopal zeigt ein lebhaftes Farbenspiel infolge der Interferenz des Lichtes an den zahlreichen Spalten und Rissen. In den Halmen von Gräsern, im Schilfrohr, in den Schachtelhalmen (Equisetum), im Bambus- und spanischen Rohr ist Siliciumdioxyd als Festigungsmittel enthalten. Kieselgur (Infusorienerde), eine 3 bis $12\,^0/_0$ Wasser enthaltende amorphe Kieselsäure, heißen die Kieselpanzer von Diatomeen. Beim Erhitzen von Quarz im Knallgasgebläse oder im elektrischen Ofen erweicht das Siliciumdioxyd und ist bei 1780^0 völlig flüssig. Derart geschmolzener Quarz dient zur Herstellung von Quarzgefäßen (Schalen, Tiegeln, Reagenzzylindern, Röhren usw.). Man erhält Siliciumdioxyd durch Glühen von Kieselsäure als weißes Pulver.

Metakieselsäure, H_2SiO_3, wird als gallertartige Masse beim Versetzen eines löslichen kieselsauren Salzes (Kaliwasserglas, K_2SiO_3, oder Natronwasserglas, Na_2SiO_3) mit verdünnter Salz- oder Schwefelsäure gewonnen.

Abb. 41. Vorrichtung zum Dialysieren.

Die frisch gefällte Kieselsäure löst sich in Wasser, noch besser in verdünnter Salzsäure. Fügt man daher eine Natriumsilikatlösung zu überschüssiger verdünnter Salzsäure, so bleibt die Kieselsäure gelöst. Durch Dialyse (Abb. 41) kann man das entstandene Natriumchlorid und die Salzsäure entfernen, während die Lösung der reinen Kieselsäure im Dialysator g zurückbleibt. Dieser besteht aus einem Glasgefäß, dessen Boden aus Pergamentpapier hergestellt ist. Wird der Dialysator in ein weites, mit Wasser gefülltes Gefäß gehängt, so durchdringen das Natriumchlorid und die überschüssige Salzsäure als Kristalloidsubstanzen die Membran, während die Kieselsäure als Kolloidsubstanz nur sehr geringes Diffusionsvermögen besitzt. Das Wasser des äußeren Gefäßes wird öfter erneuert. Eine beschleunigtere Dialyse wird erzielt, indem man im Dialysator die innere und äußere Flüssigkeit an der Membran vorübergleiten läßt·(Gleitdialyse nach Thoms).

Die wässerige Kieselsäurelösung läßt sich durch Eindampfen konzentrieren, wobei sie jedoch leicht zu einer Gallerte gesteht.

Die Salze der Kieselsäure heißen Silikate. Natürlich vorkommende Silikate sind der Feldspat $(K,Na)AlSi_3O_8$ (Orthoklas) und $AlNa \cdot Si_3O_8 \cdot Al_2Ca \cdot Si_2O_8$ (Oligoklas), der Glimmer $(K,H)_2(Mg,Fe)_2(Al,Fe)_2(SiO_4)_3$ und viele andere Mineralien. Glas heißen die künstlich dargestellten Doppelsalze von Alkalisilikaten mit Calcium-, Blei- und anderen Silikaten. (Vgl. unter Calciumverbindungen.)

Man erkennt Kieselsäure und Silikate beim Erhitzen dieser in der Phosphorsalzperle. Diese wird aus Ammoniumnatriumphosphat erhalten, $Na(NH_4)HPO_4$, das beim Erhitzen in der Schlinge eines Platindrahtes in Natriummetaphosphat übergeht:

$$Na(NH_4)HPO_4 = NaPO_3 + NH_3 + H_2O.$$

Kieselsäure zeigt in der Phosphorsalzperle ein sog. Kieselskelett, das heißt in der heißen Metaphosphatperle schwimmt die Kieselsäure als ein weißer Stoff, während Metalloxyde von der Perle vielfach mit bestimmten Färbungen gelöst werden.

Titan.

$Ti = 48,1$. Zwei-, drei- und vierwertig. Wurde 1791 von Gregor im Titaneisen entdeckt und 1794 von Klaproth im Rutil gefunden. Es kommt in vielen Silikaten, so in Basalt, Titanit, in Syeniten vor. Besonders enthalten Eisenerze Titan. Es wird durch Erhitzen von Titanchlorid $TiCl_4$ mit Natrium gewonnen. Der Schmelzpunkt des Titans liegt zwischen 1800 und 1850°. Spez. Gew. 4,5. Bedeutung hat das Element in der Stahlindustrie erlangt. Ein Titanstahl soll sich besonders widerstandsfähig gegen Schlag und Stoß erweisen. In der Porzellanmalerei wird Titanoxyd zur Herstellung von gelben Farbentönen benutzt.

Zirkonium.

$Zr = 90,6$. Vierwertig. Findet sich in dem Mineral Zirkon, ein Zirkonsilikat $ZrSiO_4$, in Norwegen und Nordkarolina. Zirkon kommt besonders in Ceylon in gelblich-rotem Farbenton in großer Reinheit vor, so daß er als Edelstein (Hyazinth) zur Verwendung gelangt.

Durch Schmelzen feingepulverten Zirkons mit Soda im Graphittiegel scheidet man Zirkoniumdioxyd ZrO_2 ab, welches unter dem Namen Zirkonerde bekannt und wegen ihres hohen Schmelzpunktes (zwischen 2600° und 3000°) zur Herstellung von Schmelztiegeln und anderen chemischen Gerätschaften dient. Quarzglas zugesetzt erhöht es dessen Widerstandsfähigkeit gegen Temperatureinflüsse. Hoch erhitzt strahlt Zirkonerde weißes Licht aus.

Germanium.

$Ge = 72,5$. Zwei- und vierwertig. Wurde 1886 von Clemens Winkler bei der Analyse des Argyrodits, eines in Freiberg i. S. gefundenen silberhaltigen Minerals, entdeckt. Diese Entdeckung war von großem Interesse, weil die Existenz des Elementes von Mendelejeff bei Aufstellung seines periodischen Systems vorhergesagt war. Mendelejeff hatte die Existenz eines bisher noch unbekannten, dem Silicium in seinen Eigenschaften nahestehenden Elementes angenommen und es mit dem Namen Ekasilicium (d. h. Silicium ähnlich) bezeichnet. Winkler fand es dann wirklich auf und nannte es Germanium.

Seine Verbindungen, von denen Germaniumoxyd GeO_2, Germaniumchlorür und -chlorid $GeCl_2$ und $GeCl_4$, Germaniumchloroform $GeHCl_3$ (eine bei 23° siedende und an der Luft rauchende Flüssigkeit) genannt sein mögen, sind den entsprechenden Siliciumverbindungen sehr ähnlich.

Zinn.

Stannum. $Sn = 118{,}7$. Zwei- und vierwertig. Zinn ist seit den ältesten Zeiten bekannt.

Vorkommen. An Sauerstoff gebunden als Zinnstein (Kassiterit) SnO_2, besonders in Cornwallis (England), Banca, Malacca (Ostindien), Peru, Australien, im sächsischen Erzgebirge bei Altenberg, seltener in Verbindung mit Schwefel als Zinnkies oder Stannin, SnS_2. Zinnkies enthält meist Kupfer und Eisen.

Gewinnung. Aus Zinnstein durch Reduktion mit Kohle in Schachtöfen.

Eigenschaften. Silberweißes, glänzendes, weiches Element von metallischen Eigenschaften. Spez. Gew. 7,29. Schmelzpunkt 231,5°. Siedepunkt 1450° bis 1600°. Zinn ist ziemlich beständig an der Luft und verbrennt erst bei hoher Temperatur mit blendend weißem Licht zu Zinnoxyd. Wird Zinn auf 200° erhitzt, so ist es so spröde, daß man es pulvern kann. Zinn befindet sich mit Ausnahme an warmen Sommertagen in einem „metastabilen" Zustande, d. h. in einem Zustande, der außerhalb des eigentlichen Beständigkeitsgebietes liegt. Unterhalb 25° vermag es in das graue Zinn, eine pulverige Modifikation überzugehen. Kommt diese mit gewöhnlichem Zinn in Berührung, so zerfällt es langsam in graues Zinn (Zinnpest). Diese auch als „Museumskrankheit" beobachtete Veränderung des Zinns läßt sich hervorrufen, wenn man reines Zinn ritzt und in die Ritzstelle die graue Modifikation einstreicht. Das spez. Gew. des grauen Zinns ist 5,8. Ätzt man die Oberfläche des geschmolzen gewesenen und erstarrten Zinns mit wenig Salzsäure, so werden oft in vielfacher Verzweigung Kristallisationen sichtbar (Moirée métallique). Beim Hin- und Herbiegen von Zinnstangen macht sich zufolge der kristallinischen Beschaffenheit des Metalls ein knisterndes Geräusch bemerkbar (Zinngeschrei). Die große Dehnbarkeit des Zinns gestattet ein Walzen und Ausschlagen zu dünnen Blättern (Blattzinn, Zinnfolie, Stanniol). Zinn wird von Salzsäure zu Stannochlorid, $SnCl_2$, gelöst; Salpetersäure führt Zinn in Metazinnsäure über.

Zinn findet eine vielseitige Verwendung: Zinnfolie dient zum Umhüllen verschiedener Nahrungsmittel und Gebrauchsgegenstände. Mit einem Zinnüberzug versehen (verzinnt) werden leicht oxydierbare Metalle, wie Kupfer, Eisen (Weißblech), — Kessel, Pfannen, Leitungsröhren usw. werden verzinnt. — Schnellot ist eine Legierung von 1 T. Zinn mit $^1/_6$ bis $^1/_2$ T. Blei, unechtes Blattsilber besteht aus einer Legierung aus Zinn und Zink, Britanniametall aus 9 T. Zinn und 1 Teil Antimon. Als Spiegelbelag dient eine Zinn-

Quecksilberlegierung (Zinnamalgam). Die Zinnlegierungen mit Kupfer s. beim Kupfer.

Von Zinn sind zwei Reihen von Verbindungen bekannt, in welchen es als zweiwertiges (Stannoverbindungen) und vierwertiges Element (Stanniverbindungen) auftritt.

In den Salzlösungen bildet das Zinn daher entweder zweiwertige Stannoionen $Sn^{\cdot\cdot}$ oder vierwertige Stanniionen $Sn^{\cdot\cdot\cdot\cdot}$. Die Salze reagieren infolge einer weitgehenden hydrolytischen Spaltung sauer.

Stannochlorid, Zinnchlorür, Zinn (2)-Chlorid, Zinnsalz, Stannum chloratum, $SnCl_2 \cdot 2\,H_2O$, wird durch Auflösen von Zinnfeile in warmer starker Salzsäure erhalten:

$$Sn + 2\,HCl = SnCl_2 + H_2.$$

Das Salz kristallisiert in farblosen, monoklinen Prismen, welche sich in salzsäurehaltigem Wasser leicht und klar lösen. Von viel Wasser wird Stannochlorid unter Bildung eines unlöslichen basischen Salzes zerlegt:

$$SnCl_2 + H_2O = Sn(OH)Cl + HCl.$$

Wasserfreies Zinnchlorür wird durch Erhitzen von Zinn in trockenem Chlorwasserstoff erhalten.

Stannochlorid findet als kräftiges Reduktionsmittel häufige Anwendung in der chemischen Industrie, als Reduktions- und Beizmittel in der Färberei. Eine stark salzsaure Lösung des Zinnchlorürs wird als **Bettendorfs Reagens** zum Nachweis von Arsen benutzt.

Bettendorfs Reagens bereitet man wie folgt:
5 Teile kristallisiertes Zinnchlorür werden mit 1 Teil 25%iger Salzsäure zu einem Brei angerieben, und dieser wird mit trockenem Chlorwasserstoff gesättigt. Die dadurch erzielte Lösung wird nach dem Absetzen durch Asbest filtriert.
Bettendorfs Reagens ist eine blaßgelbliche, lichtbrechende, stark rauchende Flüssigkeit vom spez. Gew. mindestens 1,900. Ein Gemisch von 1 ccm Zinnchlorürlösung und 10 ccm Wasser darf durch Baryumnitratlösung innerhalb 10 Minuten nicht getrübt werden (Prüfung auf Schwefelsäure).
Zinnchlorürlösung wird in kleinen, mit Glasstopfen verschlossenen vollständig gefüllten Flaschen aufbewahrt.

Stannichlorid, Zinn (4)-Chlorid, Spiritus fumans Libavii, $SnCl_4$, entsteht bei der Einwirkung von Chlor auf Zinn oder Zinnchlorür und bildet eine farblose, an der Luft rauchende Flüssigkeit, welche bei 114^0 siedet. Mit wenig Wasser erstarrt sie zu einer kristallinischen Masse, der **Zinnbutter (Butyrum Stanni)**, von der Zusammensetzung $SnCl_4 \cdot 5\,H_2O$.

Durch viel Wasser wird Stannichlorid zersetzt unter Bildung von Metazinnsäure:

$$SnCl_4 + 3\,H_2O = H_2SnO_3 + 4\,HCl.$$

Stannichlorid wird unter der Bezeichnung **Zinnsolution,** **Rosiersalz** oder **Komposition** in der Färberei zum Beizen benutzt, zu gleichem Zweck auch ein Stannichlorid-Ammoniumchlorid-Doppelsalz, $SnCl_4 \cdot 2\,NH_4Cl$, unter der Bezeichnung **Pinksalz.**

Aus Weißblechabfällen gewinnt man Zinn wieder durch Behandeln mit Chlorgas, wobei Zinntetrachlorid entsteht.

Stannooxyd, Zinnoxydul, Zinn (2)-Oxyd, SnO, wird als braunschwarzes Pulver beim Erhitzen von Stannohydroxyd im Kohlensäurestrom erhalten.

Stannohydroxyd, Zinnhydroxydul, Zinn (2)-Hydroxyd, $Sn(OH)_2$, entsteht beim Versetzen einer Zinnchlorürlösung mit Natriumkarbonat als weißer Niederschlag:

$$SnCl_2 + Na_2CO_3 + H_2O = Sn(OH)_2 + 2\,NaCl + CO_2.$$

Es löst sich in Kalium- und Natriumhydroxyd.

Stannioxyd, Zinnoxyd, Zinn (4)-Oxyd, SnO_2, wird künstlich durch Glühen von Stannihydroxyd oder von Zinn an der Luft erhalten. Es bildet ein weißes Pulver, welches unter den Namen Stannum oxydatum, Zinnasche, Cinis Stanni, Cinis Jovis bekannt ist. Es ist unlöslich in Säuren und Alkalien. Beim Schmelzen mit Alkalikarbonat und Schwefel wird es in lösliches Alkalisulfostannat, z. B. K_2SnS_3, übergeführt. Zinnoxyd wird als Zusatz zu Glasflüssen benutzt, die dadurch weiß und undurchsichtig werden (Milchglas).

Stannihydroxyde, Zinnhydroxyde. Es gibt zwei Zinnhydroxyde:

H_4SnO_4, die Orthozinnsäure und H_2SnO_3 die gewöhnliche Zinnsäure. Letztere ist in zwei verschiedenen Modifikationen bekannt, die man als α- und β-Zinnsäure bezeichnet. Die β-Zinnsäure führt auch den Namen Metazinnsäure. Orthozinnsäure entsteht als weißer Niederschlag beim Versetzen von Zinnchloridlösung mit Natriumkarbonat:

$$SnCl_4 + 2\,Na_2CO_3 + 2\,H_2O = H_4SnO_4 + 4\,NaCl + 2\,CO_2.$$

Die Orthozinnsäure oder das Stannitetrahydroxyd verliert schnell 1 Molekel Wasser und geht in die gewöhnliche Zinnsäure über. Zinnsäure wird von Salzsäure, sowie von ätzenden Alkalien (Kalium- und Natriumhydroxyd) leicht gelöst und bildet in letzterem Falle die zinnsauren Salze oder Stannate (Kalium-, Natriumstannat). Bei längerem Aufbewahren unter Wasser verliert Zinnsäure die Eigenschaft, von Säuren oder Alkalien leicht gelöst zu werden: es wird die isomere Metazinnsäure gebildet.

Metazinnsäure entsteht auch bei der Behandlung von Zinn mit Salpetersäure.

Sämtliche Stannihydroxyde liefern beim Glühen Zinnoxyd.

Stannosulfid, Zinnsulfür, Zinn (2)-Sulfid, Einfach-Schwefelzinn, SnS, wird als braunschwarzer Niederschlag erhalten durch Einleiten von Schwefelwasserstoff in Stannochloridlösung.

Der Niederschlag wird beim Behandeln mit Schwefelammon und Schwefelblüte zu Ammoniumsulfostannat gelöst:

$$SnS + (NH_4)_2S + S = (NH_4)_2SnS_3,$$

aus welcher Lösung auf Hinzufügen verdünnter Mineralsäure Stannisulfid gefällt wird.

Stannisulfid, Zinnsulfid, Zinn (4)-Sulfid, Zweifach-Schwefelzinn, SnS_2, wird als gelber Niederschlag erhalten durch Einleiten von Schwefelwasserstoff in Zinnoxydsalzlösung:

$$SnCl_4 + 2\,H_2S = SnS_2 + 4\,HCl.$$

Stannisulfid wird von Schwefelammon unter Bildung von Ammoniumsulfostannat gelöst:

$$SnS_2 + (NH_4)_2S = (NH_4)_2SnS_3$$

und auf Zusatz von verdünnter Mineralsäure wieder abgeschieden. Erhitzt man ein Gemenge von Zinnamalgam, Schwefel und Salmiak, so erhält man Zinnsulfid in Form goldglänzender Blättchen, welche den Namen Musivgold führen und zum Bronzieren benutzt werden.

Die Alkalimetalle.

Kalium. Rubidium. Caesium. Natrium. Lithium. Ammoniumverbindungen.

Kalium.

Kalium, $K = 39{,}10$. Einwertig. Das Kalium wurde im Jahre 1807 von Humphrey Davy durch Zerlegung von Kaliumhydroxyd, auf welches der Strom einer starken Voltaschen Säule einwirkte, zuerst dargestellt.

Vorkommen. Kalium findet sich in Verbindung mit Kieselsäure als Doppelsilikat im Granit, Feldspat, Glimmer. Durch Verwitterung dieser gelangt das kieselsaure Kaliumsalz in die Ackererde und wird von den Pflanzen aufgenommen, in welchen das Kalium, an Pflanzensäuren gebunden, sich wiederfindet. Beim Veraschen der Landpflanzen gehen die pflanzensauren Kaliumsalze in kohlensaures Kalium (Pottasche) über, das durch Wasser der Asche entzogen werden kann. In den sog. Staßfurter Abraumsalzen[1]) finden sich oft in großer Tiefe bis zu 700 m unter der Erdoberfläche Kaliumchlorid (Sylvin) KCl, Kalium-Magnesiumchlorid (Carnallit) $MgCl_2 \cdot KCl \cdot 6\,H_2O$, Kalium-Magnesiumsulfat (Schoenit) $MgK_2(SO_4)_2 \cdot 6\,H_2O$, Kalium-Magnesiumsulfat-Magnesiumchlorid (Kaïnit) $MgK_2(SO_4)_2 \cdot MgCl_2 \cdot 6\,H_2O$. Auch in Leopoldshall, am Fuße des Harzes, in Thüringen, in Mecklenburg sind Kalisalze angetroffen worden und werden abgebaut. Die im Elsaß befindlichen großen Kalilager sind durch den Ausgang des Weltkrieges für Deutschland verloren worden.

Die große Bedeutung, welche die Kalisalze für die Landwirtschaft besitzen, ist in den letzten Jahrzehnten voll erkannt, und in stetig zunehmendem Maße hat man daher von der Kalidüngung

---

[1]) Mit dem Namen „Abraumsalze" wurde die über dem Steinsalz lagernde Salzschicht bezeichnet, die man abräumen mußte, um zu dem wertvollen Steinsalz zu gelangen. Erst später erkannte man den Wert dieser aus Kalisalzen vorwiegend bestehenden Abraumsalze.

Gebrauch gemacht. Besonders findet hierfür das aus dem Carnallit gewonnene Kaliumchlorid Verwendung.

Gewinnung. Früher wurde ein inniges Gemenge von Kaliumkarbonat und Kohle (gewöhnlich durch Verkohlen von Weinstein erhalten) in schmiedeeisernen Retorten bei Weißglut der Destillation unterworfen.

$$K_2CO_3 + 2\,C = K_2 + 3\,CO.$$

Die entweichenden Kaliumdämpfe fing man unter Steinöl in einer flachen, eisernen Vorlage auf. Man mußte für gute Kühlung sorgen, damit das dampfförmige Kalium schnell erstarrt und der Gefahr der Bildung von Kohlenoxydkalium, $K_6(CO)_6$, entgeht, einer Verbindung, welche das Abzugsrohr verstopft und zu Explosionen Veranlassung geben kann.

Kalium wird neuerdings vorzugsweise auf elektrolytischem Wege gewonnen.

Eigenschaften. Stark glänzendes, silberweißes, bei gewöhnlicher Temperatur wachsweiches Metall, welches sich mit dem Messer leicht schneiden läßt. Spezifisches Gewicht 0,8621 bei 20^0. Das Metall schmilzt bei $62,5^0$ und verflüchtigt sich in Form eines grünen Dampfes bei 757^0. Durch den Sauerstoff der Luft oxydiert es sich sogleich und überzieht sich mit einer weißen Oxydschicht. Es muß daher unter einer sauerstofffreien Flüssigkeit (Petroleum oder flüssigem Paraffin) aufbewahrt werden. Wirft man ein Stückchen Kalium auf Wasser, so wird dieses zersetzt: $2\,K + 2\,H_2O = 2\,KOH + H_2$.

Durch die Reaktion wird so viel Wärme entwickelt, daß der freiwerdende Wasserstoff sich entzündet und infolge kleiner Mengen verdampfenden Kaliums mit violetter Flamme brennt.

Kaliumchlorid, Chlorkalium, Kalium chloratum, KCl, findet sich als Sylvin, besonders auch in Vereinigung mit Magnesiumchlorid als Carnallit in den Staßfurter Abraumsalzen und dient zur Darstellung der meisten Kaliumverbindungen des Handels. Durch Wasser wird Carnallit in schwerer lösliches Kaliumchlorid und leichter lösliches Magnesiumchlorid zerlegt.

Kaliumchlorid kristallisiert in glänzenden Würfeln vom Schmelzpunkt 773^0. Es verflüchtigt sich bei starker Glühhitze. 100 Teile Wasser lösen bei 100^0 56,6, bei 15^0 34,3 Teile KCl.

Im Gegensatz zum Natriumchlorid übt Kaliumchlorid in größeren Mengen auf den tierischen Organismus giftige Wirkung aus.

Kaliumbromid, Bromkalium, Kalium bromatum, KBr.

Darstellung. 20 g Kaliumhydroxyd werden in 120 g Wasser gelöst. In die durch Erwärmen auf dem Drahtnetz heiß gehaltene Lösung läßt man langsam aus einem Tropftrichter so viel Brom eintropfen, wie von ihr gebunden wird, etwa 25 g. Den Endpunkt der Reaktion erkennt man an dem Auftreten einer dauernden Gelb- oder Orangefärbung. In die erhaltene Lösung trägt man 3 g Holzkohlenpulver ein. Man verdampft zur Trockne und erhitzt den Rückstand in einem Tiegel. Dabei findet starkes Aufglühen der Masse statt. Nach dem Erkalten laugt man mit wenig Wasser aus und verdampft das Filtrat bis zum Erscheinen des Kristallhäutchens. Die nach einiger Zeit ausgeschiedenen

Kristalle werden im Exsikkator getrocknet. Beim weiteren Eindampfen liefert die Mutterlauge eine zweite Kristallisation. Ausbeute etwa 30 g.

Aus Kaliumhydroxyd und Brom bildet sich in der Wärme Kaliumbromid und Kaliumbromat:

$$6\,KOH + 6\,Br = 5\,KBr + KBrO_3 + 3\,H_2O.$$

Schon durch einfaches Erhitzen des trockenen Salzes geht Kaliumbromat in Kaliumbromid über, schneller verläuft die Reduktion indes bei Gegenwart von Kohle:

$$KBrO_3 + 3\,C = KBr + 3\,CO.$$

Man kann Kaliumbromid auch darstellen, indem man Eisenbromürbromid mit Kaliumbikarbonat umsetzt. Zu dem Zweck übergießt man reine Eisenfeile oder Eisendrehspäne mit destilliertem Wasser und trägt nach und nach Brom ein. Unter Erwärmen bildet sich Eisenbromür, $FeBr_2$. Man wendet hierbei einen Überschuß von Eisen an, von welchem man abfiltriert. Zu dem grünlich gefärbten Filtrat setzt man die nach der Gleichung:

$$3\,FeBr_2 + Br_2 = Fe_3Br_8$$

zur Bildung von Eisenbromürbromid nötige Menge Brom hinzu und fällt mit der berechneten Menge Kaliumbikarbonat, das in dem 5 fachen Wasser vorher gelöst war. Es scheidet sich Eisenoxyduloxydhydrat aus, welches sich schnell absetzt und leicht ausgewaschen werden kann:

$$Fe_3Br_8 + 8\,KHCO_3 = 8\,KBr + Fe_3(OH)_8 + 8\,CO_2.$$

Das farblose Filtrat wird zur Kristallisation eingedampft.
Vgl. Darstellung von Kalium jodatum.

Eigenschaften und Prüfung des Kalium bromatum, KBr.
Mol.-Gewicht 119,02, Gehalt mindestens $98,7\,^0/_0$ KBr, entsprechend $66,3\,^0/_0$ Br. Große, farblose, glänzende, luftbeständige, würfelförmige Kristalle, welche von 1,7 Teilen Wasser und von 200 Teilen Weingeist gelöst werden.

Die wässerige Lösung $(1 + 19)$, mit wenig Chlorwasser versetzt und mit Äther oder Chloroform geschüttelt, färbt diese rotbraun. Wird die wässerige Lösung $(1 + 19)$ mit Weinsäurelösung gemischt, so entsteht nach einiger Zeit ein weißer, kristallinischer Niederschlag von Kaliumbitartrat (Identitätsreaktion).

Kaliumbromid ist zu prüfen auf einen Gehalt an Natriumbromid, auf Kaliumbromat (bromsaures Kalium), Kaliumkarbonat, Kaliumsulfat, Baryumbromid, Kaliumchlorid, Eisen (s. Arzneibuch).

Die Prüfung des Kaliumbromids auf Kaliumchlorid führt man wie folgt aus:
10 ccm der wässerigen Lösung des bei 100° getrockneten Kaliumbromids (3 g auf 100 ccm) dürfen nach Zusatz einiger Tropfen Kaliumchloratlösung nicht weniger als 25,1 und nicht mehr als 25,4 ccm Zehntel-Normal-Silbernitratlösung bis zur bleibenden Rötung verbrauchen.

Durch diese Titration wird zugleich festgestellt, ob das Kaliumbromid Kaliumchlorid enthält, denn in diesem Falle würde mehr als die angegebene Menge Silbernitratlösung zur völligen Ausfällung der Halogene benötigt werden.

10 ccm der aus reinem Kaliumbromid bestehenden Lösung $= 0,3$ g KBr verlangen 25,20 ccm Silberlösung zur vollständigen Ausfällung, denn

$$\underbrace{\frac{KBr : AgNO_3,}{119,02}}\quad 1\ ccm\ \frac{n}{10}\ \text{Silbernitrat entspricht daher } 0,011\,902 \text{ g KBr, folglich}$$

$$0,011\,902 : 1 = 0,3 : x,\ \text{also}\ x = \frac{0,3}{0,011\,902} = 25,21\ ccm.$$

Die 0,3 g Chlorid entsprechende Anzahl Kubikzentimeter Silberlösung beträgt 40,23, denn

$$\underbrace{\text{KCl}}_{74,56} : \text{AgNO}_3 \text{ oder } 0,007\,456 : 1 = 0,3 : x, \text{ also } x = \frac{0,3}{0,007\,456} = 40,23 \text{ ccm}.$$

Anwendung. Kaliumbromid wird als Sedativum (Beruhigungsmittel) bei nervösen Zuständen, gegen Hysterie und Schlaflosigkeit benutzt. Dosis 0,3 bis 2 g mehrmals täglich. Bei epileptischen Zuständen bis zu 10 g steigend. Äußerlich in Form von Klistieren als krampfstillendes Mittel.

Kaliumjodid. Jodkalium, Kalium jodatum, KJ. Die Darstellung geschieht in entsprechender Weise wie die des Kaliumbromids.

Darstellung. In einem Erlenmeyerkolben von $^1/_4$ Liter Inhalt werden 12 g Eisenpulver mit 50 g Wasser übergossen und in kleinen Anteilen nach und nach mit 30 g Jod versetzt. Es entsteht eine schwach grünliche Lösung von Eisenjodür; überschüssiges Eisen und im Eisen enthaltene Kohle bleiben als schwarzer Bodensatz zurück. Man verdünnt mit etwa 100 g Wasser, filtriert durch ein zuvor mit Wasser gut ausgewaschenes Filter und wäscht den Rückstand mit Wasser nach. Im Filtrat werden 10 g Jod gelöst. Die dabei entstehende braune Lösung von Eisenjodürjodid wird in dünnem Strahle in eine siedende Lösung von 35 g Kaliumbikarbonat in 120 g Wasser eingegossen. Wegen der dabei frei werdenden beträchtlichen Menge Kohlensäure ist eine genügend große Porzellanschale zu verwenden. Man kocht die Mischung einige Minuten, filtriert die farblose Jodkaliumlösung vom Eisenoxyduloxydhydrat durch ein zuvor mit Wasser ausgewaschenes Filter ab, wäscht mit siedendem Wasser gut nach und dampft das Filtrat auf dem Wasserbade ein, indem man an einem Stativ über der Schale einen den Schalenrand überragenden Trichter mit dem Rohr nach oben zum Schutz gegen Staub anbringt. Die bis zum Erscheinen des Salzhäutchens konzentrierte Lösung wird, mit einer Glasplatte bedeckt, zur Kristallisation beiseite gestellt. Die gewonnenen Kristalle werden im Exsikkator getrocknet.

Chemische Vorgänge:
$$\text{Fe} + 2\,\text{J} = \text{FeJ}_2.$$
$$3\,\text{FeJ}_2 + 2\,\text{J} = \text{Fe}_3\text{J}_8.$$
$$\text{Fe}_3\text{J}_8 + 8\,\text{KHCO}_3 = 8\,\text{KJ} + \text{Fe}_3(\text{OH})_8 + 8\,\text{CO}_2.$$

Eigenschaften und Prüfung des Kalium jodatum, KJ. Mol.-Gew. 166,02. Farblose. würfelförmige, an der Luft nicht feucht werdende Kristalle von scharf salzigem und hinterher bitterem Geschmack, in 0,75 Teilen Wasser, in 12 Teilen Weingeist löslich.

Die Prüfung erstreckt sich auf Verunreinigungen durch **Natrium-jodid, Alkalikarbonat, fremde Metalle, Sulfat, Cyanid, Kaliumjodat, Nitrat, Chlorid und Thiosulfat** (s. Arzneibuch).

Anwendung. Innerlich gegen Rheumatismus, Drüsenschwellungen, Asthma, Hautkrankheiten, Syphilis: Dosis 0,1 bis 0,5 g mehrmals täglich in wässeriger Lösung. Äußerlich zu Mund- und Gurgelwässern in 1- bis 2 $^0/_0$igen Lösungen, zur Zerteilung von Schwellungen und Geschwülsten in Form von Salbe (Unguentum Kalii jodati). **Vorsichtig aufzubewahren!**

Kaliumoxyde sind in reinem Zustande mit Sicherheit nicht bekannt. Beim Verbrennen von Kalium an kohlensäurefreier Luft entsteht eine pomeranzen-

gelbe Masse, welche aus einem Gemenge von Kaliumoxyd K_2O und Kalium-
tetroxyd K_2O_4 besteht. Beim Lösen in Wasser liefert das Gemenge KOH, H_2O_2
und freien Sauerstoff.

**Kaliumhydroxyd, Kalihydrat, Ätzkali, Kalium hydricum.
Kali causticum, KOH,** wird dargestellt durch Behandeln von frisch
gelöschtem Kalk (Calciumhydroxyd) mit Kaliumkarbonatlösung:

$$Ca(OH)_2 + K_2CO_3 = 2\,KOH + CaCO_3 .$$

Darstellung. Man löst 2 T. Kaliumkarbonat in 12 T. destilliertem Wasser,
erhitzt zum Sieden und trägt nach und nach einen Kalkbrei ein, welcher durch
Behandeln von 1 T. Calciumoxyd (Ätzkalk) mit 4 T. Wasser bereitet ist. Man
hört mit dem Kochen auf, wenn eine abfiltrierte Probe auf Zusatz von Säuren
nicht mehr aufbraust, also sämtliches Kaliumkarbonat zersetzt ist. Man überläßt bei Luftabschluß der Ruhe, zieht die klare Flüssigkeit ab und dampft sie
entweder zu einer dickeren Lauge, Kalilauge, Liquor Kali caustici, oder
zur Trockene ein. Geschieht das Eindampfen in eisernen Gefäßen, so löst die
Lauge, je konzentrierter sie wird, Eisen auf. Das Abdampfen zur Trockene
nimmt man daher in Silbertiegeln vor und gießt das bis zum Schmelzen erhitzte Kaliumhydroxyd in Silberformen aus. Es gelangt dann in Form weißer,
leicht Feuchtigkeit anziehender Stangen von größerer oder geringerer chemischer
Reinheit unter dem Namen Kali causticum fusum in den Handel.

Kaliumhydroxyd wird zur Zeit meist durch elektrolytische Zerlegung von Kaliumchlorid gewonnen. Hierzu sind 3,5 bis 4 Volt Zer-
setzungsspannung erforderlich. Von dem hierbei anodisch entwickelten
Sauerstoff und Chlor wird der in den Elektrolysiergefäßen benutzte
Achesongraphit (oder auch Magnetit) nicht angegriffen. Bei dem meist
verwendeten Diaphragmenverfahren dient als trennende Schicht eine
aus Zement und Kaliumchlorid hergestellte Wand. Diese wird durch
das Inlösunggehen des Kaliumchlorids hinlänglich porös.

Kaliumhydroxyd schmilzt in der Rotglühhitze zu einer ölartigen
Flüssigkeit, die beim Erkalten kristallinisch erstarrt und an kohlensäurehaltiger, feuchter Luft bald zu einer Lösung von Kaliumkarbonat
zerfließt. Es wirkt ätzend auf die Haut (daher Ätzkali genannt). Auch
von Weingeist wird es gelöst. Man benutzt Weingeist daher, um ein
reines, kaliumkarbonatfreies Kaliumhydroxyd, Kali causticum alcohole depuratum, zu bereiten. Die Lösung von Kaliumhydroxyd
in Alkohol färbt sich alsbald gelb bis braun, da infolge Oxydationswirkung der Luft aus dem Alkohol kleine Mengen Aldehyd und
daraus Aldehydharze sich bilden.

Offizinell ist eine $15^0/_0$ KOH enthaltende wässerige Lösung als
Liquor Kali caustici; für analytische Zwecke werden eine Zehntel-
und Hundertstel-Normal-Kalilauge, sowie eine weingeistige Halb-
Normal-Kalilauge benutzt.

Eigenschaften und Prüfung des Kali causticum. Trockene
weiße, an der Luft feucht werdende Stücke oder Stäbchen, welche
auf der Bruchfläche kristallinisches Gefüge besitzen. Kaliumhydroxyd
löst sich in 1 Teil Wasser. Die Lösung reagiert stark alkalisch.

Identitätsprüfung durch Fällung als Kaliumbitartrat.

Die Prüfung erstreckt sich auf Verunreinigungen durch Kaliumkarbonat, Kaliumchlorid, Kaliumsulfat, Kaliumnitrat und
Kaliumsilikat (s. Arzneibuch).

Zur Prüfung des Kaliumhydroxyds auf Karbonatgehalt kocht man 1 g Kaliumhydroxyd in 10 ccm Wasser mit 15 ccm Kalkwasser.

Man filtriert ab und gießt das Filtrat in überschüssige Salpetersäure ein, wobei keine Gasentwicklung stattfinden darf. In 15 ccm Kalkwasser (siehe Aqua Calcariae) sind mindestens $0{,}0225$ g $Ca(OH)_2$ enthalten. Diese entsprechen

$$\underbrace{Ca(OH)_2}_{74{,}11} : \underbrace{K_2CO_3}_{138{,}2} = 0{,}0225 : x. \quad x = \frac{138{,}2 \cdot 0{,}0225}{74{,}11} = \text{rund } 0{,}042 \text{ g Kaliumkarbonat.}$$

Kaliumhydroxyd darf daher $4{,}2\,{}^0/_0$ Karbonat enthalten.

Zur Gehaltbestimmung löst man 5,6 g des Präparates zu 100 ccm in Wasser, pipettiert 20 ccm ab und titriert unter Hinzufügung von Dimethylaminoazobenzol als Indikator mit Normal-Salzsäure; es müssen mindestens 17 ccm dieser zur Sättigung erforderlich sein.

1 ccm entspricht $0{,}05611$, 17 ccm also $0{,}05611 \cdot 17 = 0{,}95387$ KOH, die in 1,12 g des Präparates enthalten sein müssen, das sind

$$\frac{0{,}95387 \cdot 100}{1{,}12} = 85{,}1\,{}^0/_0.$$

Anwendung. Äußerlich als Ätzmittel. Dient zur Herstellung der wässerigen und alkoholischen Kalilauge und zu mannigfachen chemischen Operationen.

Eigenschaften und Prüfung des Liquor Kali caustici, Kalilauge. Gehalt annähernd $15\,{}^0/_0$ Kaliumhydroxyd (KOH, Mol.-Gew. 56,11). Klare, farblose, Lackmuspapier stark bläuende Flüssigkeit. Spez. Gew. 1,138 bis 1,140.

Die Prüfung hat sich auf **Karbonatgehalt**, auf **Sulfat, Chlorid, Nitrat, Tonerde** zu erstrecken.

Gehaltsbestimmung. Zum Neutralisieren eines Gemisches von 5 ccm Kalilauge und 20 ccm Wasser müssen 15,1 bis 15,3 ccm Normal-Salzsäure erforderlich sein. 1 ccm der letzteren entspricht $0{,}05611$ g KOH (Dimethylaminoazobenzol als Indikator), 15,1 ccm daher $0{,}05611 \cdot 15{,}1 = 0{,}847261$ g; 15,3 ccm daher $0{,}05611 \cdot 15{,}3 = 0{,}858483$ g KOH, das sind bei 100 ccm $0{,}847261 \cdot 20 = 16{,}94522$ g KOH bzw. $0{,}858483 \cdot 20 = 17{,}16966$ g KOH und unter Berücksichtigung des mittleren spez. Gewichtes $\frac{16{,}94522}{1{,}139} = \mathbf{14{,}8\,{}^0/_0}$ KOH bzw. $\frac{17{,}16966}{1{,}139}$ = rund $\mathbf{15\,{}^0/_0}$ KOH.

Vorzugsweise als Ätzmittel und zur Herstellung der Kaliseife benutzt. Vorsichtig aufbewahren!

Zur Herstellung der alkoholischen Kalilauge spült man die das Kaliumhydroxyd meist bedeckende Karbonatschicht mit wenig Wasser ab und läßt dann erst den Alkohol auf das Kaliumhydroxyd lösend einwirken.

Kaliumchlorat, Chlorsaures Kalium, Kalium chloricum, $KClO_3$. Entsprechend der Einwirkung von Brom oder Jod auf Kaliumhydroxyd vollzieht sich auch die Einwirkung des Chlors in der Hitze:

$$6\,KOH + 6\,Cl = 5\,KCl + KClO_3 + 3\,H_2O.$$

Da hierbei nur wenig Kaliumchlorat und viel Kaliumchlorid gebildet wird, stellt man Kaliumchlorat fabrikmäßig vorteilhafter in der Weise her, daß man Chlor in ein heißes, dünnflüssiges Gemenge von Calciumhydroxyd und Kaliumchlorid einleitet. Das anfänglich entstehende Calciumchlorat setzt sich mit dem Kaliumchlorid zu

Kaliumchlorat und Calciumchlorid um. Das schwer lösliche Kaliumchlorat kristallisiert aus dem erkaltenden Filtrat aus und wird so
von dem leicht löslichen Calciumchlorid getrennt.

Man gewinnt auch Kaliumchlorat durch Elektrolyse alkalischer
Lösungen von Kaliumchlorid. Die Benutzung eines Diaphragmas,
welches die Anodenflüssigkeit von der Kathodenflüssigkeit trennt, ist
hierbei nicht nötig! An der Kathode entsteht KOH neben H, an
der Anode Cl, wodurch die Bedingungen zur Bildung von Kaliumchlorat gegeben sind.

Eigenschaften und Prüfung des Kalium chloricum, $KClO_3$.
Mol.-Gew. 122,56. Farblose, glänzende, blätterige oder tafelförmige
Kristalle oder ein Kristallmehl, in 17 Teilen Wasser von 15^0, in
2 Teilen siedendem Wasser und in 130 Teilen Weingeist löslich. In
wässeriger Lösung ist Kaliumchlorat in die Ionen $K^{\cdot}$ und $ClO_3{}'$ dissoziiert. Da es somit keine Chlorionen enthält, gibt es mit Silbernitrat
keine Fällung von Silberchlorid.

Kaliumchlorat schmilzt bei 334^0, verliert bei höherer Temperatur
Sauerstoff und geht zunächst in Kaliumperchlorat $KClO_4$, dann unter
vollständigem Verlust des Sauerstoffs in Kaliumchlorid über.

Kaliumchlorat gibt an leicht oxydierbare Stoffe Sauerstoff ab
und explodiert, mit Schwefel oder anderen brennbaren Stoffen in
Berührung, schon durch Schlag oder Stoß oft mit größter Heftigkeit.
Es ist daher große Vorsicht beim Umgehen mit Kaliumchlorat oder anderen chlorsauren Salzen geboten!

Die wässerige Lösung, mit Salzsäure erwärmt, färbt sich grün-
gelb und entwickelt reichlich Chlor:

$$KClO_3 + 6\,HCl = KCl + 3\,H_2O + 3\,Cl_2.$$

Mit Weinsäurelösung gibt sie allmählich einen weißen, kristallinischen Niederschlag (Kaliumbitartrat).

Es ist zu prüfen auf Verunreinigungen durch fremde Metalle,
besonders Eisen, Kalk, ferner auf Chlorid, Sulfat und Nitrat
(s. Arzneibuch).

Anwendung. Kaliumchlorat wird arzneilich verwendet äußerlich
als Gargarisma bei Diphtheritis, gegen Schwämmchenbildung im
Munde, innerlich bei Appetitlosigkeit und in frischen Fällen von
Magenkatarrh. Die innerliche Darreichung geschehe mit großer
Vorsicht.

Technisch wird Kaliumchlorat in der Zündholzindustrie benutzt.

Kaliumbromat, $KBrO_3$, und **Kaliumjodat**, KJO_3, lassen sich entsprechend dem Chlorat gewinnen.

Kaliumsulfate. Das neutrale Sulfat, schwefelsaures Kalium,
sekundäres Kaliumsulfat, Kalium sulfuricum, K_2SO_4, findet
sich in vielen Mineralwässern, in großen Mengen in den Staßfurter
Abraumsalzen, meist mit Magnesiumsulfat zusammen als Schoenit
und Kaïnit (s. vorstehend!).

Zur Darstellung setzt man Schoenit mit Kaliumchlorid um:

$$MgSO_4 \cdot K_2SO_4 + 2\,KCl = 2\,K_2SO_4 + MgCl_2.$$

Eigenschaften und Prüfung des Kalium sulfuricum, K_2SO_4. Mol.-Gew. 174,27. Farblose, harte Kristalle oder Kristallkrusten, welche in 10 Teilen Wasser von 15° und in 4 Teilen siedendem Wasser löslich, in Weingeist aber unlöslich sind.

Man prüft auf einen Gehalt an Natriumsalz, auf fremde Metalle, in besonderer Reaktion noch auf Eisen, auf Kalk, Chlorid und stellt die Neutralität der wässerigen Lösung mit Lackmuspapier fest.

Anwendung. Innerlich als gelindes Abführmittel: Dosis 1 g bis 3 g.

Das saure Sulfat, saures schwefelsaures Kalium, Kaliumhydrosulfat, primäres Kaliumsulfat, Kalium bisulfuricum, $KHSO_4$, entsteht beim Erhitzen von 13 T. Kaliumsulfat mit 8,5 T. konz. Schwefelsäure. Es kristallisiert in farblosen, stark sauer schmeckenden Tafeln und wird, da es bei hohen Temperaturen Schwefelsäure abspaltet, zum Aufschließen von Mineralien benutzt.

Kaliumnitrat, Salpetersaures Kalium, Kalisalpeter, Salpeter, Kalium nitricum, KNO_3, bildet sich in der Natur, wenn stickstoffhaltige organische Stoffe bei Gegenwart von Kaliumkarbonat faulen. Salpetersaure Salze kommen in jeder Ackererde vor. In einigen Ländern (Ägypten, Bengalen) ist der Boden so reich daran, daß die Nitrate auskristallisieren (effloreszieren). Feuchte Wände in der Nähe von Aborten bedecken sich oft mit einem weißen kristallinischen Überzug, der aus Calciumnitrat (**Mauersalpeter**) besteht.

Durch künstliche Herbeiführung der obigen Bedingungen zur Salpeterbildung gewann man lange Zeit hindurch Kaliumnitrat in den sogenannten Salpeterplantagen.

Tierische stickstoffhaltige Abfälle werden mit Holzasche und Kalk zu lockeren Haufen aufgeschichtet. Diese ruhen auf einer Tonschicht und sind zum Schutze gegen den Regen überdacht. Man überläßt die Haufen einige Jahre der Einwirkung der Luft und laugt die dann entstandenen salpetersauren Salze des Kaliums, Natriums, Calciums, Magnesiums mit Wasser aus. Man setzt diese Salze durch Hinzufügung von Kaliumkarbonat zu Kaliumnitrat um, dampft die klar abgezogene Lösung zur Trockene und kristallisiert den Rückstand aus Wasser.

Man stellt Kaliumnitrat auch aus dem in Chile vorkommenden Natriumnitrat (Chilesalpeter) her, welches man in heiß gesättigter Lösung mit Kaliumchlorid zusammenbringt. Man kocht die Lösung auf ein spez. Gewicht von 1,5 ein, worauf sich Natriumchlorid ausscheidet:

$$NaNO_3 + KCl = NaCl + KNO_3.$$

Nach seiner Entfernung dampft man weiter ein, beseitigt die wiederum ausgeschiedenen neuen Mengen Natriumchlorid und bringt nunmehr das Kaliumnitrat zur Kristallisation. Man sammelt die Kristalle und kristallisiert sie nochmals aus Wasser um. Der so hergestellte Salpeter führt den Namen **Konversionssalpeter**.

In der Neuzeit wird die aus dem Luftstickstoff gewonnene Salpetersäure zur Salpeterherstellung benutzt.

Eigenschaften und Prüfung des Kalium nitricum, KNO_3. Mol.-Gew. 101,11. Farblose, durchsichtige, luftbeständige, prismatische Kristalle oder kristallinisches Pulver, in 4 Teilen Wasser von 15^0 und in 0,4 Teilen siedendem Wasser löslich, in Weingeist nahezu unlöslich.

Man prüft auf saure oder alkalische Reaktion, auf Verunreinigungen durch fremde Metalle, auf Sulfat, Chlorid und Chlorat (s. Arzneibuch).

Kaliumnitrat schmilzt bei 339^0, verliert bei beginnender Rotglut Sauerstoff und geht in Kaliumnitrit, salpetrigsaures Kalium, Kalium nitrosum über: $2KNO_3 = 2KNO_2 + O_2$.

Zur Gewinnung von Kaliumnitrit schmilzt man Kaliumnitrat am besten unter Zusatz von 2 T. Blei.

Eine Mischung von 3 T. Salpeter, 1 T. Schwefel und 1 T. Sägespänen dient als Schnellfluß, indem sie nach dem Anzünden mit so großer Hitze abbrennt, daß in das brennende Gemisch hineingeworfene Silber- oder Kupfermünzen schmelzen.

Beim Erhitzen von Schwefel, Kohle und anderen brennbaren Stoffen mit Kaliumnitrat findet Verpuffung statt. Es dient zur Bereitung des Schießpulvers.

Schießpulver besteht aus einem gekörnten Gemenge von Kaliumnitrat, Schwefel und harzfreier Kohle. Verwendet wird hierzu vorzugsweise die Kohle von Faulbaumholz. Man unterscheidet drei Pulversätze: Jagdpulver, Sprengpulver, Pulver ohne Schwefel. Die Wirkung des Schießpulvers beruht auf der plötzlichen Entwicklung großer Mengen von Gasen, namentlich von Kohlendioxyd und Stickstoff, deren Volum ungefähr 1000 mal so groß ist wie das des Pulvers.

Die Zersetzung der verschiedenen Pulversorten bei der Explosion wird durch folgende Gleichungen veranschaulicht:

a) Jagdpulver:
$$4\,KNO_3 + 2\,C + 2\,S = 2\,K_2SO_4 + 2\,CO_2 + 2\,N_2 .$$

b) Sprengpulver:
$$4\,KNO_3 + 6\,C + 4\,S = 2\,K_2S_2 + 6\,CO_2 + 2\,N_2 .$$

c) Pulver ohne Schwefel:
$$4\,KNO_3 + 5\,C = 2\,K_2CO_3 + 3\,CO_2 + 2\,N_2 .$$

Ein inniges Gemenge von 3 T. Kaliumnitrat, 2 T. vollkommen trockenem Kaliumkarbonat und 1 T. Schwefel bildet das Knallpulver. Wird dieses langsam auf einem Eisenbleche erhitzt, so schmilzt das Gemisch zunächst und explodiert bald darauf mit betäubendem Knall. Man verwende zu dem Versuche davon nicht mehr als eine Messerspitze voll.

Neuerdings ist das alte Schießpulver durch das sog. rauchlose oder rauchschwache Pulver zum Teil ersetzt worden, zu dessen Darstellung nitrierte organische Stoffe, die beim Entzünden und Abbrennen keine Asche hinterlassen und deshalb nur mäßige Rauchentwicklung geben, als Grundlage benutzt werden.

Anwendung des Kaliumnitrats als Antiseptikum und in der Medizin. Kaliumnitrat besitzt stark antiseptische Eigenschaften und wird deshalb zum Konservieren von Fleisch benutzt. Die Anwendung des Salpeters zum Pökeln hat außer der Konservierung des Fleisches noch den Zweck, eine Aufhellung des Blutfarbstoffes zu bewirken.

In größeren Gaben wirkt der Salpeter als Diuretikum. Ein mit Salpeterlösung getränktes und getrocknetes Filtrierpapier, das zu Räucherungen als Asthmamittel benutzt wird, führt den Namen Charta nitrata.

Kaliumarsenit. Arsenigsaures Kalium, Kalium arsenicosum $KAsO_2$. Die Salze der arsenigen Säure leiten sich meist von der metarsenigen Säure ab. Eine Lösung von Kaliummetarsenit ist unter dem Namen Liquor Kalii arsenicosi oder Solutio arsenicalis Fowleri offizinell. Zu ihrer Darstellung werden 1 T. arseniger Säure, 1 T. Kaliumbikarbonat und 2 T. Wasser bis zur völligen Lösung gekocht; der Lösung werden 50 T. Wasser, hierauf 3 T. Lavendelspiritus, sowie 12 T. Weingeist und dann soviel Wasser hinzugesetzt, daß das Gesamtgewicht 100 T. beträgt.

Die Lösung stellt zufolge des starken Überschusses an Kaliumbikarbonat eine alkalisch reagierende Flüssigkeit dar. Über die Gehaltsbestimmung s. Arsen S. 106.

Anwendung. Solutio arsenicalis Fowleri wird innerlich bei Haut- und Nervenkrankheiten benutzt. Dosis mehrmals täglich 0,1 g bis 0,2 g allmählich steigend. Größte Einzelgabe 0,5 g; größte Tagesgabe 1,5 g. Sehr vorsichtig aufzubewahren!

Kaliumkarbonate. Man kennt zwei Kaliumkarbonate: Saures Kaliumkarbonat oder Kaliumbikarbonat: $KHCO_3$ und neutrales Kaliumkarbonat: K_2CO_3.

Kaliumbikarbonat, Saures kohlensaures Kalium, Doppelt-kohlensaures Kalium, primäres Kaliumkarbonat, Kalium bicarbonicum, $KHCO_3$, wird erhalten durch Leiten von Kohlensäure über feuchtes neutrales Kaliumkarbonat:

$$K_2CO_3 + H_2O + CO_2 = 2KHCO_3.$$

Die Kristalle werden mit kaltem Wasser abgewaschen und in einer Kohlensäureumgebung bei niedriger Temperatur getrocknet.

Eigenschaften und Prüfung des Kalium bicarbonicum, $KHCO_3$. Mol.-Gew. 100,11. Farblose, durchscheinende, trockene Kristalle, welche in 4 Teilen Wasser langsam löslich und in absolutem Alkohol unlöslich sind. Wird die Lösung des Kaliumbikarbonats über 75^0 erwärmt, so entweicht ein Teil der Kohlensäure. Beim Erhitzen des trockenen Salzes geht es unter Kohlensäure- und Wasserabgabe in das neutrale Kaliumkarbonat über.

Die Prüfung erstreckt sich auf Verunreinigungen durch Kaliumkarbonat, Sulfat, Chlorid, durch fremde Metalle, besonders Eisen.

Zum Neutralisieren einer Lösung von 2 g des über Schwefelsäure getrockneten Kaliumbikarbonats in 50 ccm Wasser müssen 20 ccm Normal-Salzsäure (Dimethylaminoazobenzol als Indikator) erforderlich sein. $KHCO_3$ hat das Sättigungs-Äquivalent für Normalsäure 100,11, 1 ccm letzterer entspricht daher 0,10011 g $KHCO_3$, 20 ccm rund 2 g. Es wird also ein 100proz. Präparat verlangt.

Kaliumbikarbonat muß nach dem Glühen, ohne sich hierbei vorübergehend geschwärzt zu haben (Prüfung auf organische Substanz), 69 T. Rückstand hinterlassen.

Theoretisch liefert Kaliumbikarbonat

$$\underbrace{2\,KHCO_3}_{200,22} : \underbrace{K_2CO_3}_{138,2} = 100 : x. \qquad x = 69,02^0/_0\ K_2CO_3$$

Anwendung. Zu Saturationen und zur Bereitung des Liquor Kalii acetici.

Kaliumkarbonat, Neutrales kohlensaures Kalium, Pottasche, sekundäres Kaliumkarbonat, Kalium carbonicum, K_2CO_3. Je nach dem Reinheitsgrad werden im Handel unterschieden: Kalium carbonicum crudum, depuratum und purum.

Eine der ältesten Darstellungsmethoden für die rohe Pottasche ist diejenige aus Holzasche. Beim Verbrennen des Holzes werden die organisch-sauren Kaliumsalze des Holzes zerstört, und Kaliumkarbonat wird gebildet. Dieses wird mit Wasser ausgelaugt und die Flüssigkeit nach dem Absetzenlassen in flachen eisernen Pfannen oder Kesseln zur Trockene eingedampft. Zur Zerstörung noch beigemengter organischer Stoffe und zwecks vollständiger Entfernung des Wassers wird der Abdampfrückstand stark geglüht (kalziniert).

Auch die Schlempe der Rübenmelasse und der Wollschweiß, welche reich an Kaliumsalzen sind, werden zur Gewinnung von Pottasche benutzt.

Entsprechend dem Leblancschen Verfahren der Sodagewinnung (s. Natriumkarbonat) läßt sich Kaliumkarbonat aus Kaliumchlorid darstellen:

Durch Einwirkung von Schwefelsäure auf Kaliumchlorid erhält man zunächst Kaliumsulfat:

$$2\,KCl + H_2SO_4 = 2\,HCl + K_2SO_4,$$

welches beim Glühen mit Calciumkarbonat (Kreide) und Kohle in Flammöfen in Kaliumkarbonat übergeführt wird. Die Masse liefert nach dem Auslaugen mit Wasser, Abdampfen zur Trockene und Kalzinieren das Kalium carbonicum crudum des Handels.

Die weitaus größte Menge wird jedoch neuerdings nach dem Prechtschen Verfahren aus Kaliumchlorid gewonnen, welches mit kohlensaurem Magnesium unter Einblasen von gasförmiger Kohlensäure in Reaktion gebracht wird. Hierbei entsteht ein Doppelsalz, kohlensaures Kalium-Magnesium, das durch heißes Wasser in kohlensaures Kalium und kohlensaures Magnesium zerlegt wird. Chlormagnesium bildet sich als Nebenprodukt. Das kohlensaure Magnesium wandert in den Prozeß zurück.

Ein reines Kaliumkarbonat, Kalium carbonicum (purum), wird aus dem leicht in chemischer Reinheit zu erhaltenden kristallisierten Kaliumbikarbonat dargestellt, welches beim Erhitzen unter Fortgang von Kohlendioxyd und Wasser zerfällt (s. oben).

Früher bereitete man das reine Kaliumkarbonat aus Weinstein, welchen man mit der Hälfte des Gewichtes an Kaliumnitrat vermischte, anzündete, den Rückstand mit Wasser auszog, abdampfte und glühte. Man erhielt so das **Kalium carbonicum e Tartaro**

Eigenschaften und Prüfung des Kalium carbonicum. K_2CO_3. Mol.-Gew. 138,20.

a) **Reines Kaliumkarbonat** bildet ein weißes in 1 T. Wasser klar lösliches, alkalisch reagierendes Salz, welches in 100 T. mindestens 95 T. Kaliumkarbonat enthalten muß. In absolutem Alkohol ist es unlöslich.

Kaliumkarbonat ist zu prüfen auf **einen Gehalt an Natriumsalz, auf Metalle (Blei, Kupfer, Eisen, Zink), auf Sulfide und Thiosulfat, auf Kaliumcyanid, Nitrat, auf Sulfat und Chlorid** (s. Arzneibuch).

Zwecks **Gehaltsbestimmung** löst man 1 g Kaliumkarbonat in 50 ccm Wasser. Diese Lösung muß zur Sättigung mindestens 13,7 ccm Normal-Salzsäure erfordern. 1 ccm der letzteren entspricht $\dfrac{0,1382}{2} = 0,0691$ g K_2CO_3, 13,7 ccm daher $0,0691 \cdot 13,7 = 0,94667$ g, welche Menge in 1 g Kaliumkarbonat enthalten ist ($=$ etwa $95\,\%$). Man benutzt Dimethylaminoazobenzol als Indikator.

b) **Rohes Kaliumkarbonat** bildet ein weißes, trockenes, in 1 T. Wasser fast völlig lösliches, alkalisch reagierendes Salz, welches in 100 T. mindestens 90 T. Kaliumkarbonat enthalten muß.

Rohes Kaliumkarbonat enthält in mehr oder minder großer Menge Chloride, Sulfate, Eisen usw. 1 g Pottasche muß zur Sättigung mindestens 13 ccm Normal-Salzsäure erfordern, das sind $0,0691 \cdot 13 = 0,8983$ g $=$ etwa $90\,\%$ K_2CO_3.

Anwendung. Das reine Präparat innerlich bei Steinbeschwerden, bei Gicht, als Diuretikum (Dosis: 0,1 bis 1 g mehrmals täglich in Form von Pulvern und Pillen). Zu Saturationen. Äußerlich zu Inhalationen, Mundwässern, gegen Sommersprossen usw.

Liquor Kalii carbonici, Kaliumkarbonatlösung. Gehalt annähernd $33,3\,\%$ K_2CO_3. Klare, farblose, Lackmuspapier stark bläuende Flüssigkeit.

Gehaltsbestimmung. Zum Neutralisieren eines Gemisches von 5 ccm Kaliumkarbonatlösung und 20 ccm Wasser müssen 32 bis 32,2 ccm Normal-Salzsäure erforderlich sein, was einem Gehalt von 33,1 bis $33,3\,\%$ K_2CO_3 entspricht (1 ccm Normal-Salzsäure $= 0,0691$ g K_2CO_3, Dimethylaminoazobenzol als Indikator), denn $0,0691 \cdot 32 = 2,2112$ g und $0,0691 \cdot 32,2 = 2,22502$ g, das sind für 100 ccm $= 2,2112 \cdot 20 = 44,224$ g bzw. $2,22502 \cdot 20 = 44,5004$ g und unter Berücksichtigung des mittleren spez. Gew. $\dfrac{44,224}{1,336} = \mathbf{33,1}\,\%$ bzw. $\dfrac{44,5004}{1,336}$ rund $\mathbf{33,4}\,\%$.

Anwendung. Zur Herstellung von Kaliumpräparaten, zur Bereitung von Saturationen usw.

Kaliumsilikat, Kieselsaures Kalium, Kalium silicicum, besitzt keine gleichmäßige Zusammensetzung, vielfach wird ihm die Formel eines Metasilikats, K_2SiO_3, gegeben. Es führt in wässeriger Lösung den Namen **Kali-Wasserglas** und wird durch Schmelzen von Kieselsäureanhydrid (Quarzsand) mit Kaliumkarbonat erhalten. Die in den Handel gelangende Kaliwasserglaslösung hat das spez. Gewicht 1,24 bis 1,25.

Kaliumhydrosulfid, Kaliumsulfhydrat, KSH. In wässeriger Lösung erhält man diese Verbindung durch Sättigen von Kalilauge mit Schwefelwasserstoff:

$$KOH + H_2S = KSH + H_2O.$$

Beim Eindampfen der Lösung im Vakuum verbleiben leicht zerfließliche Kristalle der Formel $2\,KSH \cdot H_2O$.

Kaliumsulfide. Das Kalium bildet mit Schwefel die Verbindungen:

K_2S Einfach-Schwefelkalium (Kaliummonosulfid), K_2S_2 Zweifach-Schwefelkalium (Kaliumdisulfid), K_2S_3 Dreifach-Schwefelkalium (Kaliumtrisulfid), K_2S_4 Vierfach-Schwefelkalium (Kaliumtetrasulfid), K_2S_5 Fünffach-Schwefelkalium (Kaliumpentasulfid).

Ein pharmazeutisches Präparat, welches im wesentlichen aus Kaliumtrisulfid besteht, ist das Kalium sulfuratum des Arzneibuches, die für Schwefelbäder benutzte Schwefelleber.

Zur Darstellung werden 1 T. Schwefel und 2 T. Pottasche gemischt und in einem geräumigen, verschließbaren eisernen Tiegel so lange unter zeitweiligem Umrühren über gelindem Feuer erhitzt, bis die Masse aufhört zu schäumen und eine Probe sich ohne Abscheidung von Schwefel in Wasser löst. Die Masse wird sodann ausgegossen und nach dem Erkalten zerstoßen. Der chemische Vorgang läßt sich durch die Gleichung ausdrücken:

$$3\,K_2CO_3 + 8S = 2\,K_2S_3 + K_2S_2O_3 + 3\,CO_2.$$

Nebenher werden besonders bei höherer Temperatur Kaliumsulfat (schwefelsaures Kalium) und Kaliumpentasulfid gebildet:

$$4\,K_2S_2O_3 = 3\,K_2SO_4 + K_2S_5.$$

Das frische Präparat besitzt eine leberbraune Farbe, daher der Name Schwefelleber. Die wässerige Lösung $(1 + 19)$ entwickelt mit überschüssiger Essigsäure unter Abscheidung von Schwefel Schwefelwasserstoff.

Nachweis des Kaliums in seinen Verbindungen.

Flammenfärbung. Alle Kaliumverbindungen färben die nicht leuchtende Flamme violett; durch ein Kobaltglas oder eine Indigolösung betrachtet, erscheint die Flamme karmoisinrot.

Weinsäure ruft, im Überschuß zu konzentrierten neutralen Kaliumsalzlösungen gesetzt, einen in Wasser schwer löslichen, kristallinischen Niederschlag von saurem weinsauren Kalium (Weinstein) hervor:

$$HC_4H_4O_6' + K^{\cdot} \longrightarrow KHC_4H_4O_6.$$

Überchlorsäure bewirkt in Kaliumsalzlösungen die Abscheidung des schwerlöslichen Kaliumperchlorats $KClO_4$.

Platinchlorid bildet mit Kaliumchlorid einen gelben, kristallinischen Niederschlag von Kaliumplatinchlorid, K_2PtCl_6, welcher sich in heißem Wasser leicht löst, in kaltem Wasser schwer und in Alkohol oder Äther unlöslich ist.

Pikrinsäure bildet mit Kaliumchlorid einen gelben kristallinischen Niederschlag von Kaliumpikrat (Trinitrophenolkalium).

Rubidum und Caesium.
Rb = 85,45   Cs = 132,81.

Rubidium wurde 1861 von Kirchhoff und Bunsen auf spektralanalytischem Wege in der Dürkheimer Saline entdeckt. Es begleitet in sehr kleiner Menge das Kalium, so u. a. im Carnallit, welcher auch das Material zur Gewinnung des Rubidiums bildet. Es ist ein silberglänzendes, bei 38,5° schmelzendes und bei 696° siedendes Metall, das lebhaft mit Wasser reagiert; man bewahrt das Metall unter Steinöl auf. Spez. Gew. 1,532 bei 20°. Rubidiumsalze färben die nicht leuchtende Flamme violett.

Caesium wurde 1860 von Kirchhoff und Bunsen in den Dürkheimer und Nauheimer Mutterlaugensalzen auf spektralanalytischem Wege aufgefunden. Es begleitet das Rubidium und Kalium. In dem Mineral Pollucit kommt Caesium in größerer Menge vor. Es wird durch Elektrolyse des Cyancaesiums gewonnen. Caesium ist ein glänzendes Metall, spez. Gew. 2,4 bei 20°, Schmelzp. 26,4°, Siedepunkt 670°. Es zersetzt Wasser bei gewöhnlicher Temperatur. Man bewahrt es unter Steinöl auf.

Caesiumsalze färben die nicht leuchtende Flamme bläulich-violett.

Natrium.

Natrium, Na = 23. Einwertig. Natrium wurde zuerst 1807 von Davy aus geschmolzenem Natriumhydroxyd durch Elektrolyse abgeschieden.

Vorkommen. Natrium kommt in seinen Verbindungen in großer Verbreitung in der Natur vor, vor allem als Natriumchlorid (Steinsalz) in großen Lagern. Gelöst ist Natriumchlorid in den Salzsolen, im Meerwasser, in kleinen Mengen in jedem Quellwasser. Mit Kieselsäure verbunden findet sich Natrium, oft in Begleitung von Kaliumverbindungen, in Form vieler Silikate. Albit ist ein Natronfeldspat, Glauberit ein Natrium-Calciumsulfat, Kryolith eine Verbindung von Natriumfluorid mit Aluminiumfluorid, $AlF_3 \cdot 3\,NaF$, Chilesalpeter ein unreines Natriumnitrat. Die Strand- und Meerpflanzen enthalten reichliche Mengen an Natriumverbindungen, die tierischen Flüssigkeiten Natriumchlorid.

Gewinnung. Natrium kann auf gleiche Weise wie Kalium gewonnen werden; es läßt sich durch Glühen des Gemenges von Natriumkarbonat und Kohle indes bei weitem leichter abscheiden als das Kalium aus dem Kaliumkarbonat. Läßt man Magnesiumfeile bei hoher Temperatur auf Natriumhydroxyde oder Soda einwirken, so werden diese unter heftiger Reaktion zu Natrium reduziert.

Metallisches Natrium wird meist auf elektrolytischem Wege gewonnen, und zwar durch Elektrolyse von geschmolzenem Ätznatron.

Eigenschaften. Stark glänzendes, silberweißes, bei gewöhnlicher Temperatur wachsweiches Metall, welches bei 97,8° schmilzt und 887° siedet. Spez. Gew. 0,971 bei 20°. Es oxydiert sich an der Luft schnell. Wasser zersetzt es mit Heftigkeit; die geschmolzene Natriumkugel fährt dabei auf dem Wasser hin und her bis zur Auflösung, ohne daß der entwickelte Wasserstoff sich entzündet. Wird das Natrium bei seiner Bewegung auf dem Wasser aber gehemmt, indem man es z. B. auf nasses Filtrierpapier bringt, dann entzündet sich der entwickelte Wasserstoff.

Natriumchlorid, Chlornatrium, Kochsalz, Natrium chloratum, NaCl, findet sich im Meerwasser gelöst. Die Nordsee und die großen Ozeane enthalten 3 bis $3,5\,^0/_0$ Salze, von denen in 100 T. gegen 78 T. Natriumchlorid, 2 T. Kaliumchlorid, 9 T. Magnesiumchlorid vorkommen. Die Ostsee enthält 0,8 bis $2\,^0/_0$ Salze, von denen auf 100 T. gegen 85 T. Natriumchlorid entfallen. In mächtigen Lagern findet sich Natriumchlorid als Steinsalz und wird bergmännisch gewonnen. In Steinsalzlagern finden sich zuweilen dunkelblau gefärbte Stücke von Chlornatrium, deren Farbe beim Lösen in Wasser und beim Erhitzen verschwindet. Es handelt sich hierbei um feste Lö

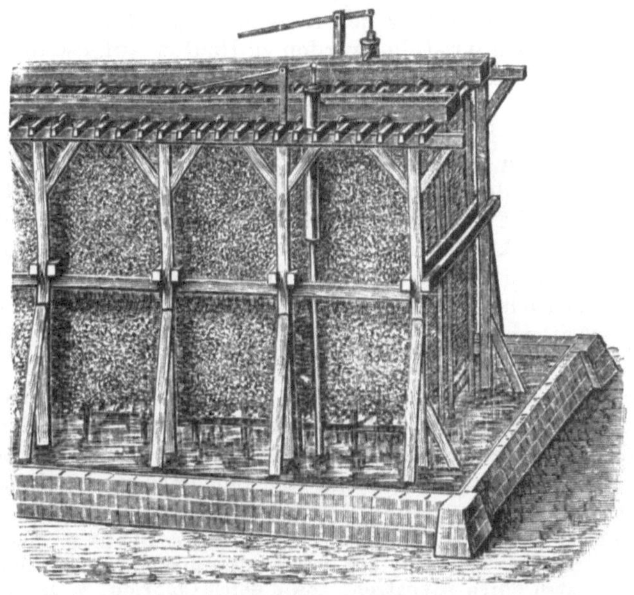

Abb. 42. Gradierwerk.

sungen von metallischem Natrium in Natriumchlorid. Die blaue Form des Chlornatriums bildet sich auch unter dem Einfluß der Kathodenstrahlen und beim Erhitzen in Natriumdampf.

Aus den Salzsolen wird Natriumchlorid erhalten, indem man diese zunächst in den Gradierwerken konzentriert (gradiert), d. h. über zu großen Wänden aufgeschichtete Reisigbündel (aus Kreuzdorn) fließen läßt (s. Abb. 42). Die Salzsole tropft langsam von Reiser zu Reiser; der Flüssigkeit ist hierdurch eine große Oberfläche geboten, und an der Luft verdunstet die größere Menge Wasser. An den Zweigen setzen sich weiße Krusten ab, die aus Calciumkarbonat, Gips und etwas Eisenoxydhydrat bestehen und Dornstein genannt werden. Die abfließende Sole wird mehrmals über die Reisigwände geleitet und nach hinreichender Konzentration in großen Pfannen über freiem Feuer zur Kristallisation eingedampft.

Das Kochsalz des Handels war früher durch Magnesiumchlorid und Natriumsulfat verunreinigt. Ersteres macht das Kochsalz leicht feucht. Um reines Kochsalz, wie es für pharmazeutische Zwecke angewendet werden soll, zu erhalten, leitet man in eine filtrierte gesättigte Natriumchloridlösung gasförmige Salzsäure, worauf sich das darin schwer lösliche Kochsalz in fein kristallinischer Form ausscheidet.

Seesalz, Meersalz, Sal marinum wird in den südlichen Küstenländern (Spanien, Portugal, Italien, Südfrankreich) gewonnen, indem man Meerwasser in sog. Salzgärten, d. h. in ein System flacher, durch Gräben miteinander in Verbindung stehender Ausschachtungen leitet und hier der freiwilligen Verdunstung überläßt. Die ausgeschiedenen Kristalle werden zu Haufen aufgeschichtet; das beigemengte Magnesiumchlorid zieht aus der Luft Feuchtigkeit an und zerfließt. In dem Seesalz sind kleine Mengen von Bromiden und Jodiden, auch Sulfate des Natriums und anderer Metalle enthalten. Es wird zu Bädern benutzt.

Die Kristalle des Natriumchlorids schließen häufig Mutterlauge ein; solche Kristalle springen beim Erhitzen infolge des Entweichens des Wassers mit knisterndem Geräusch auseinander (die Kochsalzkristalle „dekrepitieren“). Um Natriumlicht bei spektroskopischen Versuchen und polarimetrischen Arbeiten zu erzeugen, bringt man Steinsalz (das kein Wasser einschließt) in die nichtleuchtende Flamme des Bunsenbrenners.

Eigenschaften und Prüfung des Natrium chloratum, NaCl. Mol.-Gew. 58,46. Farblose, würfelförmige Kristalle oder weißes, kristallinisches Pulver. Es schmilzt bei 801^0 und verdampft bei heller Rotglut. In Wasser ist es nahezu unabhängig von der Temperatur leicht löslich.

Auf 100 T. Wasser lösen sich bei 0^0 35,6, bei 10^0 35,7, bei 20^0 35,8, bei 50^0 36,7, bei 80^0 38,8, bei 100^0 39,1 T. Natriumchlorid. Durch andere Natriumsalze, auch durch Ätznatron, sowie durch Chloride, z. B. auch durch Salzsäure, wird die Löslichkeit des Natriumchlorids bedeutend herabgedrückt, weil hierdurch die Ionenspaltung

$$NaCl \rightleftarrows Na^{\cdot} + Cl'$$

infolge der Erhöhung der Natriumionen- oder der Chlorionen-Konzentration zurückgedrängt wird und somit die Konzentration des nicht dissoziierten Teiles über das Lösungsgleichgewicht hinaus zunimmt (K. A. Hofmann).

Am Platindraht erhitzt, färbt das Salz die Flamme gelb (Kennzeichen für die Natriumverbindung). Die wässerige Lösung desselben gibt mit Silbernitratlösung einen weißen, käsigen, in Ammoniakflüssigkeit löslichen Niederschlag (von Silberchlorid).

Die Prüfung hat sich auf den Nachweis von Kaliumsalz, Sulfat, Baryt, Kalk, Magnesia, Eisen und Kupfer zu erstecken (s. Arzneibuch).

Anwendung. Mit unserer Nahrung genießen wir Natriumchlorid, das für die Ernährung der Menschen nötig ist, und zwar in um so größerer Menge, je kalireicher die Nahrung. Der Gehalt des Blutes und anderer Körperflüssigkeiten an Natriumchlorid dient dazu, den osmotischen Druck der verschiedenen Organe auszugleichen. Wird vom Magen und Darm Natriumchlorid in das Blut übergeführt, so erhöht sich der osmotische Druck, wodurch Wasser aus den Geweben nach dem Blute diffundiert. Hierdurch werden die Gewebe wasserärmer, und man empfindet Durstgefühl.

Werden dem Körper größere Flüssigkeitsmengen entzogen, z. B. bei Blutungen oder infolge von Diarrhöen, so kann man durch Einführung einer sterilisierten Kochsalzlösung, der sog. physiologischen Kochsalzlösung, Solutio Natrii chlorati physiologica, einen Ausgleich schaffen. Man bereitet diese Lösung durch Auflösen von 8,00 g Natriumchlorid und 0,15 g Natriumkarbonat in 991,85 g destilliertem Wasser. Die Lösung der Salze in dem Wasser wird filtriert und im Dampftopf sterilisiert.

In der Industrie wird Natriumchlorid für die Herstellung chemischer Präparate in großen Mengen gebraucht. Da das Kochsalz für Speisezwecke mit einer Steuer in Deutschland belegt ist, so wird es, falls es technische Anwendung finden soll, denaturiert. Denaturierungsmittel für Natriumchlorid sind Wermutpulver und Eisenoxyd. Dieses Produkt wird auch als Viehsalz bezeichnet.

Natriumbromid, Bromnatrium, Natrium bromatum, NaBr, wird in entsprechender Weise wie das Kaliumbromid dargestellt oder auch durch Versetzen einer Eisenbromürbromidlösung mit Natriumbikarbonat erhalten. Es kristallisiert mit 2 Molekeln Wasser in schiefen rhombischen Säulen.

Eigenschaften und Prüfung des Natrium bromatum, NaBr. Mol.-Gew. 102,92. Arzneilich verwendetes Natriumbromid soll in 100 T. mindestens 94,3 T. wasserfreies Salz enthalten, entsprechend 73,2 $^0/_0$ Brom. Weißes kristallinisches Pulver, welches in 1, 2 T. Wasser und in 12 T. Weingeist sich löst.

Die wässerige Lösung des Natriumbromids, mit etwas Chlorwasser versetzt und hierauf mit Chloroform geschüttelt, färbt letzteres gelbbraun (von Brom).

Es ist zu prüfen auf Verunreinigungen durch Kaliumbromid, Natriumbromat, Natriumkarbonat, fremde Metalle, Natriumsulfat, Baryumbromid, Natriumchlorid (s. Arzneibuch).

Natriumbromid darf durch Trocknen bei 100° höchstens 5$^0/_0$ an Gewicht verlieren. Löst man 3 g des bei 100° getrockneten Salzes in so viel Wasser, daß die Lösung 500 ccm beträgt, so dürfen 50 ccm dieser Lösung nach Zusatz einiger Tropfen Kaliumchromatlösung nicht weniger als 29,0 und nicht mehr als 29,3 ccm Zehntel-Normal-Silbernitratlösung bis zur bleibenden roten Färbung verbrauchen. 1 ccm Silberlösung entspricht 0,010 29 g Natriumbromid bzw. 0,005 846 g Natriumchlorid, die zur Titration verwendeten 0,3 g des Präparates würden daher, wenn sie chemisch reines NaBr wären, zur Bindung 0,010 29 : 1 = 0,3 : x, x = **29,1 ccm** Zehntel-Normal-Silbernitratlösung benötigen.

0,3 g NaCl verlangen:

0,005 846 g : 1 = 0,3 : y, y = 51,3 ccm Silberlösung zur Bindung. Da zur Bindung **29,0** bis **29,3 ccm** Silberlösung vom Arzneibuch gestattet werden, so kann das Bromid einen kleinen Gehalt an Chlorid enthalten.

Anwendung. Innnerlich wie Kalium bromatum. Dosis 1 g bis 2 g steigend bis 10 g täglich. In gut verschlossenen Gefäßen aufzubewahren!

Natriumjodid, Jodnatrium, Natrium jodatum, wird in entsprechender Weise wie Kaliumjodid dargestellt.

Eigenschaften und Prüfung. NaJ. Mol.-Gew. 149,92. Gehalt mindestens 95 % NaJ, entsprechend 80 % J. Trockenes, weißes, kristallinisches, an der Luft feucht werdendes Pulver, welches sich in 0,6 Teilen Wasser und 3 Teilen Weingeist löst. Die wässerige Lösung, mit wenig Chlorwasser gemischt und mit Chloroform geschüttelt, färbt dieses violett (Nachweis von Jod).

Zu prüfen auf Verunreinigungen durch Kaliumsalz, Natriumkarbonat, Metalle wie Kupfer, Eisen, Natriumsulfat, Natriumcyanid, Natriumjodat, Natriumnitrat, Natriumchlorid, Natriumthiosulfat (s. Arzneibuch).

Anwendung. Wie Kalium jodatum.

Vorsichtig und in gut verschlossenen Gefäßen aufzubewahren!

Beim Verbrennen von Natrium in kohlensäurefreier Luft entsteht ein Gemenge von Natriumoxyd Na_2O und Natriumsuperoxyd Na_2O_2.

Natriumsuperoxyd, Na_2O_2, wird dargestellt durch Erhitzen von metallischem Natrium im Sauerstoffstrom. Mit Wasser bildet es ein Hydrat von der Zusammensetzung $Na_2O_2 \cdot 8\,H_2O$. Natriumsuperoxyd ist ein ausgezeichnetes Oxydationsmittel. Es wird zu Bleichzwecken und zu manchen chemischen Operationen benutzt.

Natriumhydroxyd, Natronhydrat, Ätznatron, Natrium hydricum, Natrium causticum, NaOH. Die Darstellung entspricht derjenigen des Kaliumhydroxyds, indem man Natriumkarbonatlösung mit Calciumhydroxyd kocht. Man kann das Filtrat entweder zur Trockne, zu Natrium causticum (in frustulis) abdampfen oder zu einer Lauge, Liq. Natri caustici, Natronlauge. Neuerdings ist die elektrolytische Gewinnung von Natriumhydroxyd aus Natriumchlorid zu hoher Vollkommenheit ausgebildet. Die Natronlauge wird zur Darstellung vieler chemischer Präparate benutzt, zur Gewinnung von Natronseife, zur Herstellung volumetrischer Lösungen usw.

Liquor Natri caustici, Natriumhydroxydlösung, Natronlauge. Gehalt annähernd 15 % NaOH, Mol.-Gew. 40,01. Klare, farblose oder schwach gelbliche Flüssigkeit. Spez. Gew. 1,168 bis 1,172.

Die Prüfung hat sich auf Karbonatgehalt, auf Sulfat, Chlorid, Nitrat, Tonerde zu erstrecken (s. Arzneibuch).

Gehaltsbestimmung. Ein Gemisch von 5 ccm Natronlauge und 20 ccm Wasser erfordern zur Neutralisation 21,6 bis 22 ccm Normal-Salzsäure, was einem Gehalte von 14,8 bis 15 % NaOH entspricht. (1 ccm Normal-Salzsäure = 0,04001 g NaOH, Dimethylaminobenzol als Indikator.) Berechnung entsprechend wie bei Liq. caustici.

Natriumhypochlorit, unterchlorigsaures Natrium, NaOCl,

nur in Lösung bekannt, wird bereitet, indem man in eine kalte $10\,^0/_0$ige Natronlauge Chlor einleitet:

$$2\,\mathrm{NaOH} + 2\,\mathrm{Cl} = \mathrm{NaOCl} + \mathrm{NaCl} + \mathrm{H_2O},$$

oder indem man eine Chlorkalklösung mit einer Natriumkarbonat lösung umsetzt. Auch durch Elektrolyse einer kalt gesättigten Natriumchloridlösung wird Natriumhypochlorit gebildet.

Natriumhypochloritlösung findet unter der Bezeichnung Eau de Labarraque, Eau de Javelle, Javellesche Lauge, Bleichflüssigkeit als Bleichmittel Verwendung.

Natriumsulfate. Das neutrale Sulfat, Schwefelsaures Natrium, sekundäres Natriumsulfat, Glaubersalz, Natrium sulfuricum, $\mathrm{Na_2SO_4 \cdot 10\,H_2O}$, kommt in vielen Mineralwässern vor (Karlsbader Wasser) und wird durch Erhitzen von Natriumchlorid mit Schwefelsäure gewonnen, namentlich als Nebenprodukt bei der Sodafabrikation nach dem Leblancschen Verfahren:

$$2\,\mathrm{NaCl} + \mathrm{H_2SO_4} = \mathrm{Na_2SO_4} + 2\,\mathrm{HCl}.$$

In Staßfurt gewinnt man Natriumsulfat durch Umsetzen von Natriumchlorid mit Magnesiumsulfat bei niedriger Temperatur (im Winter):

$$\mathrm{MgSO_4} + 2\,\mathrm{NaCl} = \mathrm{Na_2SO_4} + \mathrm{MgCl_2}.$$

Durch mehrmaliges Umkristallisieren des rohen Natriumsulfats aus Wasser erhält man reines Sulfat mit 10 Mol. Kristallwasser in großen, farblosen, monoklinen Prismen, welche einen bittersalzigen, kühlenden Geschmack besitzen, bei 33^0 in ihrem Kristallwasser zu einer farblosen Flüssigkeit schmelzen und an der Luft verwittern, d. h. den größten Teil Kristallwasser verlieren. Die Löslichkeit des Salzes in Wasser nimmt zunächst mit steigender Temperatur zu; wird die Temperatur von 33^0 jedoch überschritten, so nimmt die Löslichkeit wieder ab. Erhitzt man eine bei 33^0 gesättigte Lösung des Salzes auf eine höhere Temperatur, so scheidet sich Natriumsulfat ab, und zwar ein mit 1 Mol. Wasser kristallisierendes Salz. Die bei 33^0 gesättigte Lösung läßt, wenn sie vor Hineinfallen von Staub und vor Erschütterungen bewahrt wird, beim Erkalten kein Salz auskristallisieren; diese Lösung ist übersättigt. Erschüttert man sie, oder taucht man einen festen Gegenstand in die Lösung, so erstarrt sie plötzlich unter Temperaturerhöhung zu einer Kristallmasse. Diese Kristalle enthalten nur 7 Mol. Wasser.

Eigenschaften und Prüfung des Natrium sulfuricum, $\mathrm{Na_2SO_4 \cdot 10\,H_2O}$. Mol.-Gew. 322,23. Farblose, verwitternde Kristalle, welche in 3 Teilen Wasser von 15^0, in etwa 0,3 Teilen Wasser von 33^0 und in etwa 0,4 Teilen Wasser von 100^0 löslich, in Weingeist aber unlöslich sind.

Die Prüfung hat sich auf Arsen, auf durch Schwefelwasserstoff fällbare Metalle, Magnesia und Kalk, sowie Natriumchlorid in üblicher Weise zu erstrecken. Ein sehr geringer Chlorgehalt wird gestattet (s. Arzneibuch).

Wenn Natriumsulfat zu Pulvermischungen verordnet wird, so ist getrocknetes Natriumsulfat, **Natrium sulfuricum siccum,** zu verwenden. Zu seiner Herstellung wird Natriumsulfat gröblich zerrieben und, vor Staub geschützt, einer 25^0 nicht übersteigenden Temperatur bis zur vollständigen Verwitterung ausgesetzt, dann bei 40 bis 50^0 getrocknet, bis es die Hälfte seines Gewichtes verloren hat, und hierauf durch ein Sieb geschlagen. Seine Zusammensetzung entspricht ungefähr der Formel $Na_2SO_4 \cdot H_2O$. Gehalt mindestens $88,6^0/_0$ wasserfreies Natriumsulfat.

Anwendung. Natriumsulfat findet eine ausgedehnte Anwendung als Arzneimittel, zur Darstellung von Soda usw. Es ist der Hauptbestandteil des Karlsbader Salzes und bedingt vorzugsweise dessen abführende Wirkung. In dem natürlichen Karlsbader Salz sind gegen $42^0/_0$ Natriumsulfat enthalten, gegen $36^0/_0$ Natriumbikarbonat, $18^0/_0$ Natriumchlorid, ferner kleine Mengen Lithiumkarbonat, Kaliumsulfat, Natriumpyroborat, Natriumfluorid, Kieselsäure und Eisenoxyd.

Als künstliches Karlsbader Salz wird ein Gemisch aus 22 Teilen mittelfein gepulvertem, getrockneten Natriumsulfat, 1 Teil Kaliumsulfat, 9 Teile Natriumchlorid, 18 Teile Natriumbikarbonat verwendet. 6 g des Salzes geben mit 1 Liter Wasser eine dem Karlsbader Wasser ähnliche Lösung.

Saures Natriumsulfat, Natriumhydrosulfat, primäres Natriumsulfat, $NaHSO_4$, kristallisiert aus einer Mischung gleicher Molekeln neutralen Sulfats und Schwefelsäure in großen, vierseitigen Säulen von stark saurer Reaktion.

Natriumsulfit, Schwefligsaures Natrium, Natrium sulfurosum, $Na_2SO_3 \cdot 7H_2O$. Leitet man in eine Lösung von Natriumkarbonat Schwefeldioxyd im Überschuß, so bildet sich saures schwefligsaures Natrium (Natriumbisulfit):

$$Na_2CO_3 + H_2O + 2SO_2 = 2NaHSO_3 + CO_2 .$$

Fügt man zu der Lösung eine gleiche Menge Natriumkarbonat, wie anfänglich verwendet:

$$2NaHSO_3 + Na_2CO_3 = 2Na_2SO_3 + H_2O + CO_2 ,$$

und dampft zur Kristallisation ab, so erhält man Natriumsulfit in großen, farblosen, prismatischen Kristallen mit 7 Mol. Wasser.

Auf Zusatz von Säuren zu Natriumsulfit entwickelt sich Schwefeldioxyd:

$$Na_2SO_3 + 2HCl = 2NaCl + H_2O + SO_2 .$$

Natriumsulfit ist daher ein bequemes Mittel, schweflige Säure als Reagens augenblicklich darzustellen.

Natriumbisulfit bildet kleine, leichtlösliche, prismatische Kristalle, die an der Luft Schwefeldioxyd abgeben und sich zu Natriumsulfat oxydieren.

In den Handel gelangt eine $33^0/_0$ige Lösung von Natriumbisulfit, das seiner Bindungsfähigkeit an Aldehyde und Ketone wegen zur Abscheidung und Charakterisierung solcher vielfach Verwendung findet.

Natriumthiosulfat, Natrium subsulfurosum $Na_2S_2O_3 \cdot 5H_2O$. Der Name Thiosulfat besagt, daß das Salz als ein Sulfat aufzufassen ist, in welchem ein Sauerstoffatom durch ein Atom zweiwertigen Schwefels ersetzt ist.

Zur Darstellung kocht man die wässerige Lösung des Natriumsulfits mit Schwefel und dunstet das Filtrat zur Kristallisation ein.

Im großen gewinnt man Natriumthiosulfat aus den Rückständen der Sodafabrikation nach dem Leblancschen Verfahren. Die Rückstände enthalten Calciumsulfid und Calciumoxysulfid. Man überläßt sie der Oxydation durch die Luft, zieht das gebildete Calciumthiosulfat mit Wasser aus und setzt mit einer berechneten Menge Natriumsulfat um. Man filtriert von dem gefällten Calciumsulfat (Gips) ab und dampft das Filtrat zur Kristallisation ein:

$$CaS_2O_3 + Na_2SO_4 = CaSO_4 + Na_2S_2O_3.$$

Eigenschaften und Prüfung des Natrium thiosulfuricum, $Na_2S_2O_3 \cdot 5 H_2O$. Mol.-Gew. 248,22. Farblose, bei etwa 50^0 im Kristallwasser schmelzende Kristalle, die sich in etwa 1 Teil Wasser lösen. Auf Zusatz von Salzsäure zur wässerigen Lösung bildet sich schweflige Säure und nach einiger Zeit tritt infolge der Ausscheidung von Schwefel Trübung der Lösung ein:

$$Na_2S_2O_3 + 2 HCl = 2 NaCl + SO_2 + S + H_2O.$$

Jodlösung wird durch Natriumthiosulfat entfärbt, indem Natriumjodid und Natriumtetrathionat entstehen:

$$2 Na_2S_2O_3 + J_2 = 2 NaJ + Na_2S_4O_6.$$

Man benutzt die jodbindende Eigenschaft des Natriumthiosulfats. um Jod quantitativ auf maßanalytischem Wege zu bestimmen.

Seiner Chlorbindungsfähigkeit halber heißt das Salz auch Antichlor. Es wird in der Bleicherei benutzt, um die in den Geweben nach der Chlorbehandlung noch zurückgebliebenen kleinen Mengen Chlor zu entfernen.

In der Photographie wird Natriumthiosulfat zum Fixieren des Bildes gebraucht, indem die nach der Belichtung der Bromsilberplatten nicht veränderten Anteile Bromsilber durch das Salz zu Silber-Natriumthiosulfat gelöst und damit entfernt werden:

$$Na_2S_2O_3 + AgBr = NaAgS_2O_3 + NaBr.$$

Das Silbernatriumthiosulfat geht mit einem Überschuß von Natriumthiosulfat ein leicht lösliches Doppelsalz $(NaAgS_2O_3)_2 \cdot Na_2S_2O_3$ ein.

Natriumthiosulfat ist zu prüfen auf Calciumsalze, Alkalikarbonate, Sulfide, Schwefelsäure und schweflige Säure (s. Arzneibuch).

Natriumnitrat, Salpetersaures Natrium, Natronsalpeter, Natrium nitricum, $NaNO_3$, kommt in Chile und Peru in einer Caliche genannten Erdschicht vor. Die Dicke dieser Lager, die sich in einer Tiefe von 0,5 bis 3 m befinden, ist 0,25 bis 4 m. Der Gehalt der Caliche an Salpeter beträgt zwischen 17 bis $50^0/_0$. Durch Auslaugen gewinnt man daraus einen Rohsalpeter, der meist als solcher (Chilesalpeter) zu Düngezwecken Verwendung findet oder zu reinem Natronsalpeter verarbeitet wird. Roher Chilesalpeter enthält Natriumjodat. Natronsalpeter dient zur Herstellung des Kalisalpeters, zur Gewinnung von Salpetersäure und auch als Arzneimittel. Durch mehrmaliges Umkristallisieren gewinnt man das medizinisch verwendete Natriumnitrat.

Eigenschaften und Prüfung des Natrium nitricum, $NaNO_3$. Mol.-Gew. 85,01. Farblose, durchsichtige, rhomboedrische, an trockener Luft unveränderliche Kristalle von kühlend salzigem, bitterlichem Geschmack, welche sich in 1,2 Teilen Wasser und in 50 Teilen Weingeist lösen.

Zu prüfen auf Verunreinigungen durch Kaliumsalz, durch Schwefelwasserstoff fällbare Metalle, Kalk, Magnesia, Chlorid, Sulfat, Natriumnitrit und Natriumjodat (s. Arzneibuch).

Anwendung. Als Diuretikum und bei Fieberzuständen, Dosis 0,5 bis 1,5 g mehrmals täglich in Lösung.

Natriumnitrit, Salpetrigsaures Natrium, Natrium nitrosum, $NaNO_2$, wird durch Schmelzen von Chilesalpeter mit Blei oder ameisensaurem Natrium erhalten. Mol.-Gew. 69,01. Weiße oder schwach gelblich gefärbte, an der Luft feucht werdende Kristallmassen oder Stäbchen, welche sich in etwa 1,5 Teilen Wasser lösen; in Weingeist ist es schwer löslich. Über Prüfung s. Arzneibuch.

Anwendung. An Stelle und zu gleichem Zwecke wie Amylnitrit. Dosis 0,1 bis 0,3 g, pro dosi 3- bis 4 mal täglich. Größte Einzelgabe 0,3 g. Größte Tagesgabe 1,0 g. Vorsichtig und in gut verschlossenen Gefäßen aufzubewahren.

Natriumphosphat, Phosphorsaures Natrium, Natrium phosphoricum, $Na_2HPO_4 \cdot 12 H_2O$. Phosphorsäure ist eine dreibasische Säure und vermag drei verschiedene Natriumsalze zu bilden, von denen das Dinatriumphosphat (sekundäres Natriumphosphat) arzneilich verwendet wird. Zur Darstellung benutzt man Knochenasche, welche im wesentlichen aus Tricalciumphosphat (tertiärem Calciumphosphat) besteht. Sie wird durch Behandeln mit Schwefelsäure „aufgeschlossen", indem primäres Calciumphosphat in Lösung geht und Calciumsulfat sich unlöslich abscheidet:

$$Ca_3(PO_4)_2 + 2 H_2SO_4 = Ca(H_2PO_4)_2 + 2 CaSO_4.$$

In die heiße Lösung des primären Calciumphosphats trägt man nach und nach Natriumkarbonat ein, bis eine Probe des Filtrats durch Natriumkarbonat nicht mehr gefällt wird. Man filtriert und dampft zur Kristallisation ein:

$$Ca(H_2PO_4)_2 + 2 Na_2CO_3 = 2 Na_2HPO_4 + CaCO_3 + CO_2 + H_2O.$$

Eigenschaften und Prüfung des Natrium phosphoricum. $Na_2HPO_4 \cdot 12 H_2O$. Mol.-Gew. 358,2. Farblose, durchscheinende, an trockener Luft verwitternde Kristalle von schwach salzigem Geschmack und alkalischer Reaktion, welche sich bei 40^0 verflüssigen und in etwa 6 Teilen Wasser löslich sind.

Das pharmazeutisch zu verwendende Präparat wird auf Verunreinigungen durch Kaliumsalz, Arsen, phosphorigsaures Salz, durch Schwefelwasserstoff fällbare Metalle, Natriumkarbonat, Natriumsulfat, Natriumchlorid geprüft (s. Arzneibuch).

Anwendung. Mildes Abführmittel. Dosis 15 bis 30 g täglich in Lösung; bei Diabetes mellitus und Gicht, Dosis 0,5 bis 1,5 g mehrmals täglich.

Natriumpyrophosphat, Pyrophosphorsaures Natrium, Natrium pyrophosphoricum, $Na_4P_2O_7 \cdot 10H_2O$. Man erhitzt von Kristallwasser befreites Natriumphosphat zur schwachen Rotglut, bis eine herausgenommene, erkaltete Probe in wässeriger Lösung mit Silbernitratlösung eine rein weiße Fällung gibt. Der Rückstand wird in heißem Wasser gelöst und die filtrierte Lösung zur Kristallisation eingedampft. Pyrophosphat entsteht durch Austritt einer Molekel Wasser aus zwei Molekeln Dinatriumphosphat:

$$2\,Na_2HPO_4 = H_2O + Na_4P_2O_7.$$

Große, farblose, luftbeständige, schiefe rhombische Säulen, die sich in der 10fachen Menge kaltem und in etwas mehr als 1 Teil siedendem Wasser lösen.

Anwendung. Natriumpyrophosphat bildet mit Ferripyrophosphat eine lösliche Doppelverbindung und dient daher zur Entfernung von Eisen- und Tintenflecken. Medizinisch wird es als darmreinigendes und anregendes Mittel, u. a. bei Steinkrankheit in Dosen von 0,1 bis 1 g benutzt. Ferri-Natriumpyrophosphat findet als anregendes und adstringierendes, die Menstruation beförderndes Mittel Anwendung. Dosis 0,2 bis 1 g.

Natriumbikarbonat, Saures kohlensaures Natrium, Doppeltkohlensaures Natrium, primäres Natriumkarbonat, Natrium bicarbonicum, $NaHCO_3$.

Darstellung. Kohlendioxyd wird über ein Gemenge von 1 Teil kristallisiertem und 3 Teile entwässertem Natriumkarbonat, oder in eine konzentrierte Lösung von Natriumkarbonat geleitet, worauf sich schwerlösliches Natriumbikarbonat an den Wandungen der Gefäße krustenförmig ansetzt. Man spült die Krusten mit destilliertem Wasser ab und trocknet sie an der Luft. Bei der Sodagewinnung nach Solvay (siehe dort) wird Natriumbikarbonat als Zwischenprodukt gewonnen.

Eigenschaften und Prüfung des Natrium bicarbonicum, $NaHCO_3$. Mol.-Gew. 84,01.

Man unterscheidet im Handel das medizinisch gebrauchte Natrium bicarbonicum purum und ein Natrium bicarbonicum anglicum, das im Haushalte eine weitgehende Verwendung findet.

Natriumbikarbonat bildet weiße, luftbeständige Kristallkrusten oder ein weißes, kristallinisches Pulver von schwach alkalischem Geschmack, welches in 12 Teilen Wasser löslich, in Weingeist dagegen unlöslich ist. Beim Erhitzen des Natriumbikarbonats entweichen Kohlensäure und Wasser, und es hinterbleibt ein Rückstand (von Natriumkarbonat), dessen wässerige Lösung durch Phenolphthaleinlösung stark gerötet wird:

$$2\,NaHCO_3 = Na_2CO_3 + H_2O + CO_2.$$

Geprüft wird auf Verunreinigungen durch Kaliumsalz, Ammoniumsalz, Schwermetalle, Sulfat, Chlorid, Rhodanid und auf Natriumkarbonat (s. Arzneibuch).

Anwendung. Innerlich gegen überschüssige Magensäure (bei Sodbrennen), bei Gicht und Steinkrankheit, als gelindes Abführmittel. Dosis: 0,5 g bis 1,0 g mehrmals täglich. Äußerlich zu Mund- und Gurgelwässern.

Bullrich-Salz ist ein durch Natriumkarbonat und Natriumsulfat verunreinigtes Bikarbonat.

Natriumkarbonat, Neutrales kohlensaures Natrium, sekundäres Natriumkarbonat, Soda, Natrium carbonicum, $Na_2CO_3 \cdot 10\,H_2O$. Soda bildet einen für die Industrie, den Haushalt und auch für den Arzneischatz wichtigen Stoff. Außer in vielen Mineralquellen findet sich Natriumkarbonat in nicht unerheblicher Menge in den sog. **Natronseen** Ungarns, Ägyptens, Südamerikas. In der warmen Jahreszeit setzen sich am Grunde dieser Seen alkalireiche Salzschichten ab; kleinere Gewässer dieser Art trocknen auch völlig ein. Die Salzmasse der ägyptischen Natronseen führt den Namen **Trona** und besteht im wesentlichen aus $Na_2CO_3 \cdot NaHCO_3$ $2\,H_2O$. In Kolumbien wird die auf ähnliche Weise gewonnene Soda „**Urao**" genannt. Auch die Asche vieler Strandpflanzen enthält Natriumkarbonat. Es wurde daraus früher gewonnen.

Auf künstlichem Wege wird Soda zur Zeit hauptsächlich nach drei Verfahren dargestellt, nach

dem Leblancschen, dem Ammoniak-Sodaverfahren und auf elektrolytischem Wege.

1. **Sodagewinnung nach Leblanc.** Als Ausgangsmaterial dient Steinsalz, welches mit Schwefelsäure in Flammöfen erhitzt und dadurch in **Natriumsulfat** übergeführt, während als verwertbares Nebenprodukt Salzsäure gewonnen wird:

$$2\,NaCl + H_2SO_4 = Na_2SO_4 + 2\,HCl.$$

Das Natriumsulfat wird mit **Calciumkarbonat** (Kreide, Kalkstein) und **Kohle** gemischt und in Flammöfen stark erhitzt:

$$Na_2SO_4 + 4\,C = Na_2S + 4\,CO.$$

Das sich bildende **Natriumsulfid** setzt sich mit dem Calciumkarbonat zu Calciumsulfid und Natriumkarbonat um:

$$Na_2S + CaCO_3 = CaS + Na_2CO_3.$$

Ein Teil des angewendeten Calciumkarbonats wird aber besonders gegen Ende der Sodabildung durch die Kohle in Calciumoxyd verwandelt, welches mit dem Calciumsulfid ein in Wasser schwer lösliches **Calciumoxysulfid** bildet:

$$CaCO_3 + C = CaO + 2\,CO.$$

$$CaO + CaS = Ca\!\!\diagdown_{\!\!S}^{\!\!O}\!\!\diagup Ca.$$

Die zerkleinerte Sodaschmelze wird mit möglichst wenig Wasser ausgelaugt, die Flüssigkeit durch Absetzen geklärt und zur Kristallisation abgedampft. Beim Auslaugen der Sodaschmelze mit Wasser wird ein kleiner Teil Natriumkarbonat durch Calciumhydroxyd in Natriumhydroxyd übergeführt, das mit in Lösung geht.

2. Sodagewinnung nach dem Ammoniakverfahren von Solvay beruht darauf, daß man Kohlendioxyd in eine ammoniakalische Natriumchloridlösung leitet, die auf 268 g NaCl 78 g NH_3 für 1 l enthält. Diese Lösung wird im „Solvay-Turm" durch die Einwirkung des Kohlendioxyds umgesetzt:

$$NaCl + NH_4 \cdot HCO_3 = NaHCO_3 + NH_4Cl.$$

Natriumbikarbonat gibt beim Erhitzen die Hälfte Kohlensäure ab und geht in Natriumkarbonat über. Dadurch, daß aus dem Ammoniumchlorid durch Erhitzen mit Calciumhydroxyd Ammoniak wiedergewonnen und dem Betriebe zurückgegeben werden kann, und die Kohlensäure teils aus dem zur Gewinnung von Calciumhydroxyd verwendeten Calciumkarbonat, teils aus dem Natriumbikarbonat herrührend, dem Solvayschen Verfahren billig zur Verfügung steht, gestaltet sich dieses zu einem sehr vorteilhaften.

3. Die elektrolytische Sodagewinnung. Durch elektrolytische Zerlegung einer wässerigen Kochsalzlösung (die Elektroden sind durch ein Diaphragma getrennt) werden an der Anode Chlor, an der Kathode Wasserstoff und Natriumhydroxyd gebildet. Als Anode verwendet man Achesongraphit, der sich gegen die Einwirkung des Chlors sehr widerstandsfähig erweist. Durch Einleiten von Kohlendioxyd in die Natriumhydroxydlösung erhält man Karbonat.

Rohsoda kommt entweder kristallisiert oder kalziniert in den Handel. Erstere bildet große, farblose Kristalle mit 10 Mol. Wasser; letztere ist durch Erhitzen zum größten Teil vom Wasser befreit und stellt ein weißes oder grauweißes Pulver dar. Durch mehrmaliges Umkristallisieren aus Wasser wird reines Natriumkarbonat erhalten. Bei der Lösung von Natriumkarbonat in Wasser findet eine teilweise hydrolytische Spaltung statt:

$$Na_2CO_3 + H_2O = NaHCO_3 + NaOH.$$

In der Lösung befinden sich neben Natrium- und CO_3-Ionen auch Hydroxylionen. Hierdurch wird das Entstehen basischer Karbonate beim Versetzen vieler Metallsalzlösungen mit Natriumkarbonatlösungen erklärt.

Bei 60° schmilzt kristallisiertes Natriumkarbonat in seinem Kristallwasser.

Auch ein kleinkörniges, 1 Mol. Wasser enthaltendes Natriumkarbonat kommt in den Handel. Wasserfreies Salz schmilzt bei 849,2°. Ein Gemisch gleicher Molekeln Natrium- und Kaliumkarbonat schmilzt wesentlich niedriger.

Mit der kalzinierten, also vollständig entwässerten Soda ist nicht das Natrium carbonicum siccum des Arzneibuches zu verwechseln. Dieses enthält noch 2 Mol. Wasser (gegen 25 %) und wird aus kristallisierter reiner Soda bereitet, indem man Soda gröblich zerreibt und, vor Staub geschützt, einer 25^0 nicht übersteigenden Wärme bis zur vollständigen Verwitterung aussetzt. Nach der Verwitterung trocknet man bei 40 bis 50^0 noch so lange, bis die Hälfte vom ursprünglichen Gewicht des kristallisierten Natriumkarbonats übriggeblieben ist.

Eigenschaften und Prüfung des Natrium carbonicum, $Na_2CO_3 \cdot 10 H_2O$. Mol.-Gew. 286,16. Gehalt mindestens $37,1\%$ wasserfreies Natriumkarbonat. Neben Rohsoda, welche nur technische Verwendung findet, liefert der Handel ein Natrium carbonicum purissimum, an welches folgende Anforderungen gestellt werden:

Farblose, durchscheinende, an der Luft verwitternde Kristalle von laugenhaftem Geschmack, welche mit 1,6 Teilen Wasser von 15^0 und 0,2 Teilen siedendem Wasser eine stark alkalisch reagierende Lösung geben. In Weingeist ist Natriumkarbonat sehr schwer löslich.

Zu prüfen auf Verunreinigungen durch **fremde Metalle, Natriumsulfat, Natriumchlorid, Ammoniumsalz.** Durch Titration stellt man den Gehalt von Na_2CO_3 fest (s. Arzneibuch).

Gehaltsbestimmung. 2 g Natriumkarbonat werden in 50 ccm Wasser gelöst und mit Normalsalzsäure titriert. Zur Sättigung müssen mindestens 14 ccm an letzterer erforderlich sein (Dimethylaminoazobenzol als Indikator). 1 ccm Normalsalzsäure entspricht 0,053 g wasserfreiem Natriumkarbonat, 14 ccm daher $0,053 \cdot 14 = 0,742$ g, das sind, da 2 g des Präparates zur Titration gelangten, $37,1\%$ Na_2CO_3.

Der Gehalt des Natrium carbonicum crudum soll mindestens $35,8\%$ an wasserfreiem Natriumkarbonat betragen. Die Gehaltsbestimmung wird wie vorstehend ausgeführt, nur sind zur Sättigung von 2 g Salz nur 13,5 ccm Normalsalzsäure verlangt. Hieraus berechnen sich $0,053 \cdot 13,5 = \mathbf{0,7155}$ g, das sind $\mathbf{35,8\%}$ wasserfreies Natriumkarbonat.

Natrium carbonicum siccum. Als getrocknetes Natriumkarbonat bezeichnet das Arzneibuch ein teilweise entwässertes Präparat (s. oben), welches auf 1 Mol. Na_2CO_3 noch gegen 2 Mol. H_2O enthält. Gehalt mindestens $74,2\%$ wasserfreies Natriumkarbonat.

Gehaltsbestimmung des Natrium carbonicum siccum. Zum Neutralisieren einer Lösung von 1 g getrocknetem Natriumkarbonat in 25 ccm Wasser müssen mindestens 14 ccm Normalsalzsäure erforderlich sein. Hieraus berechnen sich: $0,053 \cdot 14 = 0,742$ g, das sind $74,2\%$ wasserfreies Natriumkarbonat.

Natriumborat, Natriumpyroborat, Borax, Natrium boracicum, $Na_2B_4O_7 \cdot 10 H_2O$. Bei der Borsäure wurde darauf hingewiesen, daß durch Erhitzen dieser auf 140 bis 150^0 Pyro- oder Tetraborsäure gebildet wird. Ihr Natriumsalz findet sich in der Natur und führt den Namen Tinkal. Durch Umkristallisieren des letzteren oder auch durch Umsetzen des in Kleinasien sich findenden Pandermit, eines im wesentlichen aus Calciumborat bestehenden Minerals, mit Soda bei Gegenwart von Wasserdampf in Autoklaven wird Borax gewonnen.

Eigenschaften und Prüfung des Borax, $Na_2B_4O_7 \cdot 10 H_2O$. Mol.-Gew. 382,2. Gehalt 52,5 bis $54,5\%$ wasserfreies Natriumtetraborat, $Na_2B_4O_7$. Mol.-Gew. 202. Weiße, harte Kristalle oder kristallinische

Stücke, die beim Erhitzen im Kristallwasser schmelzen, nach und nach unter Aufblähen das Kristallwasser verlieren und bei stärkerem Erhitzen in eine glasige Masse übergehen. Borax löst sich in ungefähr 25 T. Wasser von 15°, in 0,5 T. siedendem Wasser, reichlich in Glycerin, ist aber in Weingeist fast unlöslich.

Die alkalisch reagierende wässerige Lösung bläut Lackmuspapier und färbt nach dem Ansäuern mit Salzsäure Curcumapapier braun, welche Färbung besonders beim Trocknen hervortritt und nach Besprengen mit wenig Ammoniakflüssigkeit in grünschwarz übergeht. Borax färbt beim Erhitzen am Platindraht die Flamme andauernd gelb.

Das Arzneibuch läßt auf eine Verunreinigung durch fremde Metalle (Eisen, Blei, Kupfer), Kalk, auf Kohlensäure, Sulfat, Chlorid in bekannter Weise prüfen.

Gehaltsbestimmung. Zum Neutralisieren einer Lösung von 2 g Borax in 50 ccm Wasser dürfen nicht weniger als 10,4 und nicht mehr als 10,8 ccm Normalsalzsäure verbraucht werden, was einem Gehalt von 52,5 bis 54,5 % wasserfreiem Natriumtetraborat entspricht (1 ccm Normalsalzsäure = 0,1010 wasserfreiem Natriumtetraborat, Dimethylaminoazobenzol als Indikator).

Anwendung. Innerlich bei harnsaurer Diathese (Nieren- und Blasensteinen). Dosis 1,0 g bis 2,0 g mehrmals täglich. Äußerlich bei Soor zu Pinselungen, bei Speichelfluß zu Pinselungen in 10- bis 20 %iger Lösung mit Glycerin, Honig usw.

Eine technische Anwendung findet Borax als Lötmittel, indem er die die Metalle bedeckende Oxydschicht löst und nunmehr eine Vereinigung der blanken Metallflächen ermöglicht.

Natriumperborat, $NaBO_3 \cdot 4\,H_2O$, entsteht beim Versetzen einer Natriumhydroxyd enthaltenden Boraxlösung mit Wasserstoffsuperoxyd:

$$Na_2B_4O_7 + 2\,NaOH + 4\,H_2O_2 = 4\,NaBO_3 + 5\,H_2O.$$

In der Kälte scheidet sich Natriumperborat in Kristallen ab. Es findet zur Herstellung von Sauerstoffbädern Verwendung, indem es in wässeriger Lösung durch Mangansalze, Blut oder Fibrin (diese Zusätze wirken als Katalysatoren) sich unter Sauerstoffentwicklung zersetzt.

Natriumsilikat, Kieselsaures Natrium, Natrium silicicum, Natronwasserglas, ist dem Kaliumsilikat sehr ähnlich und wird durch Zusammenschmelzen von 45 T. Quarzsand, 23 T. kalzinierter Soda und 3 T. Kohle und Lösen der Schmelze in Wasser bereitet. Die Natronwasserglaslösung des Handels führt den Namen:

Liquor Natrii silicici. Wässerige, etwa 35 %ige Lösung von wechselnden Mengen Natriumtrisilikat und Natriumtetrasilikat. Klare, farblose oder schwach gelblich gefärbte, alkalisch reagierende Flüssigkeit. Spez. Gew. 1,300 bis 1,400. Zu prüfen auf einen Gehalt an Natriumkarbonat, fremden Metallen, Natriumhydroxyd (s. Arzneibuch).

Anwendung. Äußerlich zu Verbänden, als Zusatz zu Gipsverbänden.

Nachweis des Natriums in seinen Verbindungen.

Flammenfärbung: Alle Natriumverbindungen färben die nicht leuchtende Flamme gelb. Ein durch sie beleuchteter Kristall von Kaliumdichromat wird farblos und ein mit Merkurijodid HgJ_2 bestrichenes Stück Papier erscheint schwach gelbstichig weiß. Durch ein Kobaltglas oder durch Indigolösung werden die gelben Strahlen der Natriumflamme absorbiert, die Strahlen der Kaliumflamme hingegen nicht (s. Kalium).

Kaliumpyroantimonat ruft in konzentrierten neutralen Lösungen der Natriumsalze einen weißen, kristallinischen Niederschlag von saurem pyroantimonsauren Natrium hervor:

$$H_2Sb_2O_7'' + 2\,Na \longrightarrow Na_2H_2Sb_2O_7.$$

Lithium.

Lithium, $Li = 6,94$. Einwertig. Lithium wurde 1817 von **Arfvedson** in dem Mineral Petalit entdeckt. **Bunsen** und **Matthiessen** gewannen 1855 das Metall auf elektrolytischem Wege.

Vorkommen. Findet sich besonders an Kieselsäure gebunden im **Petalit, Lepidolith, Lithionglimmer.** Neben Eisen, Aluminium und Mangan in Verbindung mit Phosphorsäure ist es im **Triphyllin** und im **Amblygonit** enthalten. Außerdem ist sein Vorkommen in vielen Mineralwässern, in der Ackererde, sowie in manchen Pflanzenaschen beobachtet worden.

Gewinnung. Durch Einwirkung des elektrischen Stroms auf geschmolzenes Lithiumchlorid oder auf ein Gemenge von diesem und Kaliumchlorid.

Eigenschaften. Silberweißes, weiches, an der Luft schnell sich oxydierendes, bei 186^0 schmelzendes Metall. Spez. Gew. 0,534 bei 20^0; Lithium ist daher das leichteste aller bekannten Metalle. Bei schwachem Erhitzen von Lithium im Stickstoffstrom bildet sich **Lithiumnitrid,** Li_3N. Von seinen Verbinduugen werden besonders das Chlorid, Karbonat und Phosphat medizinisch verwendet.

Lithiumchlorid, LiCl, durch Auflösen von Lithiumkarbonat in Salzsäure und Abdampfen zur Trockene erhalten. Es ist an der Luft zerfließlich und leicht löslich in Wasser und Alkohol. Auch löst es sich in einem Gemenge von Alkohol und Äther, worin Kaliumchlorid und Natriumchlorid nahezu unlöslich sind.

Lithiumkarbonat, Kohlensaures Lithium, Lithium carbonicum, Li_2CO_3, durch Kochen der Lösung eines Lithiumsalzes mit Natriumkarbonat erhalten:

$$2\,LiCl + Na_2CO_3 = Li_2CO_3 + 2\,NaCl.$$

Eigenschaften und Prüfung des Lithium carbonicum, Li_2CO_3. Mol.-Gew. 74,00. Weißes, lockeres, schwach alkalisch schmeckendes, kristallinisches Pulver, welches von 80 T. kaltem und gegen 140 T. siedendem Wasser zu einer alkalischen Flüssig-

keit (Rötung von Phenolphtalein) gelöst wird, in Weingeist aber unlöslich ist.

Zu prüfen ist auf Sulfat, Chlorid, Eisen, Kalk, Natriumkarbonat (s. Arzneibuch).

Gehaltsbestimmung. 0,5 g des bei 100° getrockneten Salzes müssen
mindestens 13,4 ccm Normalsalzsäure zur Sättigung erfordern.

Da 1 ccm Normalsalzsäure 0,037 g Li_2CO_3 entspricht, so werden durch
13,4 ccm $= 0,037 \cdot 13,4 =$ rund 0,496 g angezeigt, welche Menge in 0,5 des Präparates enthalten ist ($= 99,2\,\%$).

Anwendung. Bemerkenswert ist das bedeutende Lösungsvermögen des Lithiumkarbonats für Harnsäure. Es wurde daher bei
krankhafter Ausscheidung der Harnsäure im Organismus empfohlen.
Dosis 0,05 g bis 0,3 g mehrmals täglich.

Lithiumphosphat, Phosphorsaures Lithium, Lithium phosphoricum, Li_3PO_4, aus einer Lithiumsalzlösung mit sekundärem
Natriumphosphat gefällt:

$$HPO_4'' + 2\,Li\cdot + OH' \longrightarrow Li_3PO_4 + H_2O$$

bildet ein in Wasser schwerlösliches Salz (im Gegensatz zu den Phosphaten der übrigen Alkalien). 1 Gewichtsteil Lithiumphosphat bedarf
zur Lösung gegen 2500 Gewichtsteile Wasser. Spez. Gew. 2.41.

Nachweis des Lithiums in seinen Verbindungen.

Flammenfärbung: Lithiumverbindungen färben die nichtleuchtende
Flamme des Bunsenbrenners schön karmoisinrot. Lithiumphosphat muß zuvor mit etwas Salzsäure befeuchtet werden.
Die Strahlen der Lithiumflamme werden durch ein Kobaltglas und durch dünnere Schichten von Indigolösung hindurchgeleitet.

Ammoniumverbindungen.

Den vorstehend beschriebenen Salzen der Alkalimetalle nahe-
stehend sind die Verbindungen, welche Säuren mit Ammoniak
bilden. Hierbei findet Addition statt, wobei der Stickstoff fünf Valenzen äußert (s. Ammoniak).

$$\boxed{NH_4}\ Cl \qquad\qquad \boxed{(NH_4)_2}\ SO_4$$

Man nennt die Gruppe NH_4 Ammonium und bezeichnet die
Salze als Ammoniumsalze (Ammoniumchlorid, Ammoniumsulfat usw.).

Die Ammoniumsalze sind in Lösungen in Ammoniumionen und
Säureionen dissoziiert:

$$NH_4Cl \rightleftarrows NH_4 + Cl'.$$

Bei der Einwirkung von Natriumamalgam auf die konzentrierte
Lösung eines Ammoniumsalzes entsteht eine voluminöse schwammige
Masse, die als Ammoniumamalgam angesprochen wird. Sie zersetzt
sich leicht und zerfällt in Quecksilber, Ammoniak und Wasserstoff.

Ammoniumchlorid, Chlorammonium, Salmiak, Ammonium chloratum, NH_4Cl, kommt in der Nähe tätiger Vulkane vor und wurde früher in Ägypten durch Sublimation des durch Verbrennen von Kamelmist erhaltenen Rußes dargestellt (**Sal armeniacum**)[1]. Gegenwärtig werden große Mengen Salmiak als Nebenprodukt in den Leuchtgasfabriken gewonnen. Das „Gaswasser", welches bei der trockenen Destillation der Steinkohlen entsteht, enthält Ammoniak bzw. Ammoniumsalze, namentlich Ammoniumkarbonat. Man versetzt das Gaswasser mit Salzsäure, dampft auf dem Wasserbade zur Trockene und erhitzt mit gelöschtem Kalk. Das entweichende Ammoniak wird in Salzsäure geleitet und der nach dem Abdampfen erhaltene Rohsalmiak durch Sublimation gereinigt.

Da das Gaswasser verhältnismäßig arm an Ammoniak bzw. Ammoniumverbindungen ist, so erhält man durch Neutralisation mit Salzsäure nur eine verdünnte Lösung von Salmiak, deren Verdampfung zur Gewinnung des festen Salzes viel Heizmaterial erfordert. Es ist deshalb vorteilhafter, aus dem mit Kalkmilch versetzten Gaswasser durch Wasserdämpfe das Ammoniak auszutreiben, die Dämpfe durch gekühlte Röhren zu leiten, in welchem sich das Wasser verdichtet, während Ammoniak weiter fortgeführt und dann an Salzsäure gebunden wird. Die entstandene Salmiaklösung gibt nach dem Eindampfen in Bleipfannen einen von brenzlichen Stoffen fast freien Salmiak.

Um bei der Sublimation desselben ein weißes Produkt zu erhalten, bedeckt man das Ammoniumchlorid in dem Sublimiergefäß mit einer Schicht gut ausgeglühten Kohlenpulvers.

Man kann auch Salmiak gewinnen, indem man aus dem Gaswasser zunächst Ammoniumsulfat herstellt, das sich durch Umkristallisieren aus Wasser gut reinigen läßt, und sodann unter Zusatz von reinem Kochsalz sublimiert:

$$(NH_4)_2SO_4 + 2\,NaCl = Na_2SO_4 + 2\,NH_4Cl.$$

Ammoniumchlorid geht bei etwa 450^0 in Dampf über, wobei es eine Spaltung in Ammoniak und Salzsäure erfährt, die sich beim Abkühlen wieder zu Chlorammonium vereinigen.

Beim Lösen des Salmiaks in Wasser erfolgt erhebliche Temperaturerniedrigung. In der wässerigen Lösung ist das Salz zum Teil dissoziiert. Da die Lösung beim Kochen unter Ammoniakfortgang sauer wird, so zeigt der aus der Lösung auskristallisierende Salmiak meist saure Reaktion.

Eigenschaften und Prüfung. NH_4Cl. Mol.-Gew. 53,50. Weiße, harte, faserig-kristallinische Kuchen (durch Sublimation gewonnen) oder weißes, farb- oder geruchloses, luftbeständiges Kristallpulver (durch gestörte Kristallisation aus Wasser erhalten), beim

---

[1] Hieraus ist später die Bezeichnung **sal ammoniacum** entstanden. Nach einer anderen Lesart soll die Bezeichnung Ammoniak herrühren von dem Jupiter „Ammon", welcher in der Libyschen Wüste verehrt wurde. Die Römer nannten seine Verehrer Ammonii, einen Teil Libyens auch **Ammonia**.

Erhitzen sich verflüchtigend, in 3 Teilen Wasser von 15° und in etwa 1,3 Teilen siedendem Wasser, sowie in ungefähr 50 Teilen Weingeist löslich.

Geprüft wird auf nicht flüchtige Körper, Metalle (besonders Eisen und Blei), Kalk (mit Ammoniumoxalatlösung), Schwefelsäure, Eisen, Ammoniumrhodanat (s. Arzneibuch).

Anwendung. Salmiak wird beim Löten benutzt, indem man den heißen Lötkolben über ein Stück Salmiak hinwegzieht. Hierdurch wird Salmiak durch die starke Temperaturerhöhung dissoziiert, und die Salzsäure beseitigt die oberflächliche Oxydschicht der Metallfläche.

Medizinal wird Ammoniumchlorid als Auswurf beförderndes Mittel benutzt und ist als solches ein Bestandteil der Mixtura solvens. Dosis 0,2 g bis 1 g Ammoniumchlorid.

Ammoniumbromid, Bromammonium, Ammonium bromatum, NH_4Br. Man leitet Ammoniak in eine wässerige Lösung der Bromwasserstoffsäure und dunstet zur Kristallisation ein.

Vorteilhafter stellt man das Salz dar durch Eintragen von Brom in Salmiakgeist:

$$4\,NH_3 + 3\,Br = N + 3\,NH_4Br.$$

Da bei der Einwirkung zufolge der Erhöhung der Temperatur Ammoniak entweicht und hierdurch Brom im Überschuß vorhanden sein kann, so kann dieses auf das gebildete Ammoniumbromid unter Bildung von Bromstickstoff einwirken, einem explosiven Stoff:

$$NH_4Br + 3\,Br_2 = 4\,HBr + NBr_3.$$

Die Flüssigkeit ist in diesem Falle gefärbt. Man muß, um die Bildung von Bromstickstoff zu verhindern, dafür sorgen, daß überschüssiges Ammoniak vorhanden ist.

Eigenschaften und Prüfung. NH_4Br. Mol.-Gew. 97,96. Gehalt mindestens 97,9 $^0/_0$ Ammoniumbromid, entsprechend 79,9 $^0/_0$ Brom. Weißes, kristallinisches Pulver, das in Wasser leicht, in Weingeist schwer löslich ist und beim Erhitzen sich verflüchtigt. Die wässerige Lösung rötet Lackmuspapier schwach.

Man prüft auf einen Gehalt an bromsaurem Salz, Kupfer und Blei, Schwefelsäure, Baryum, Eisen.

Ammoniumbromid darf nach dem Trocknen bei 100° höchstens 1 $^0/_0$ Gewichtsverlust erleiden. Löst man 3 g des bei 100° getrockneten Salzes in so viel Wasser, daß die Lösung 500 ccm beträgt, so dürfen 50 ccm dieser Lösung nach Zusatz einiger Tropfen Kaliumchromatlösung nicht weniger als 30,6 und nicht mehr als 30,9 ccm Zehntel-Normal-Silbernitrat bis zur bleibenden Rötlichfärbung verbrauchen, was einem Mindesgehalte von 98,9 $^0/_0$ NH_4Br in dem getrockneten Salze entspricht. 1 ccm Zehntel-Normal-$AgNO_3 = 0,009\,796$ g NH_4Br oder $= 0,005\,35$ g NH_4Cl, Kaliumchromat als Indikator.

Anwendung. Innerlich bei Epilepsie und anderen Krampfzuständen. Dosis 0,1 g bis 1 g mehrmals täglich.

Ammoniumsulfat, Schwefelsaures Ammonium, Ammonium sulfuricum, $(NH_4)_2SO_4$. Durch Sättigen von Salmiakgeist mit verdünnter Schwefelsäure und Eindampfen der filtrierten Lösung zur Kristallisation erhält man farblose rhombische Kristalle, welche sich leicht in Wasser lösen und von Weingeist nicht aufgenommen werden. Beim Erhitzen verliert Ammoniumsulfat Ammoniak und geht zunächst in das saure Salz $(NH_4)HSO_4$ über, das bei stärkerem Erhitzen sich dann vollständig verflüchtigt. Neuerdings stellt man Ammoniumsulfat auch dar durch Einwirkung von Ammoniak auf Calciumsulfat (Gips) unter Druck:

$$CaSO_4 + 2\,H_2O + 2\,NH_3 = (NH_4)_2SO_4 + Ca(OH)_2.$$

Ein rohes Ammoniumsulfat, welches besonders zur Herstellung künstlicher Düngestoffe Verwendung findet, wird in den Leuchtgasfabriken durch Einleiten ammoniakalischer Dämpfe in verdünnte Schwefelsäure gewonnen. Über die Gewinnung des Ammoniumsulfats und anderer Ammoniumsalze aus dem Stickstoff der Luft siehe Ammoniak.

Ammoniumnitrat, Salpetersaures Ammonium, Ammonium nitricum, NH_4NO_3. Man sättigt unter guter Kühlung Salmiakgeist mit Salpetersäure, so daß ersterer in schwachem Überschuß bleibt, und dampft zur Kristallisation ein. Es schießen lange, farblose, prismatische Kristalle an, welche bei 165^0 schmelzen und bei 186^0 in Stickoxydul und Wasser zerfallen:

$$NH_4NO_3 = N_2O + 2\,H_2O.$$

Ammoniumnitrit, Salpetrigsaures Ammonium, Ammonium nitrosum, NH_4NO_2, kommt in kleiner Menge in der Luft vor, besonders nach Gewittern, und kann durch Einleiten von Salpetrigsäureanhydrid in Salmiakgeist und Verdunsten der Lösung im luftverdünnten Raum als weiße kristallinische Masse erhalten werden. Diese zerfällt beim Erhitzen in Stickstoff und Wasser:

$$NH_4NO_2 = N_2 + 2\,H_2O.$$

Ammoniumphosphate. Von Wichtigkeit für analytische Zwecke ist ein Natrium-Ammoniumphosphat (Phosphorsalz), $Na(NH_4)HPO_4 \cdot 4\,H_2O$. Man erhält das Salz aus einer Lösung von 6 T. Dinatriumphosphat und 1 T. Ammoniumchlorid in 2 T. kochendem Wasser beim Erkalten:

$$Na_2HPO_4 + NH_4Cl = Na(NH_4)HPO_4 + NaCl.$$

Das Salz kristallisiert mit 4 Mol. Wasser in farblosen schiefen Säulen. Beim Erhitzen geht es unter Entweichen von Ammoniak und Wasser in Natriummetaphosphat über:

$$Na(NH_4)HPO_4 = NaPO_3 + NH_3 + H_2O.$$

Natriummetaphosphat bildet geschmolzen ein farbloses Glas (Phosphorsalzperle), welches mehrere Metalloxyde gefärbt löst.

Ammoniumkarbonat, Kohlensaures Ammonium, Ammonium carbonicum. Das unter dieser Bezeichnung medizinisch und im Haushalte verwendete Produkt besteht nicht aus neutralem kohlensauren Ammonium, sondern nahezu aus gleichen Teilen saurem Ammoniumkarbonat und einer Verbindung, welche man als Ammoniumkarbamat (karbaminsaures Ammonium) bezeichnet. Dieser Stoff unterscheidet sich von neutralem Ammoniumkarbonat durch ein Minus von 1 Mol. Wasser:

$$C \begin{cases} =O \\ -O(NH_4) \\ O \mid N \begin{matrix} =H_2 \\ =H_2 \end{matrix} \end{cases} = CO \begin{cases} O(NH_4) \\ NH_2 \end{cases} + H_2O$$

Neutrales Ammonium-karbonat   Ammoniumkarbamat   Wasser.

Die eingehendere Erörterung der Karbaminsäure und ihrer Beziehung zum Harnstoff gehört in das Gebiet der organischen Chemie.

Das kohlensaure Ammonium des Handels führt auch den Namen Hirschhornsalz.

Die beiden Bestandteile desselben können durch siedenden Weingeist, worin Ammoniumkarbamat löslich ist, Ammoniumbikarbonat nicht, voneinander getrennt werden.

Hirschhornsalz wurde früher durch trockene Destillation von Horn, Knochen und ähnlichen tierischen Abfällen bereitet. Hierbei wurde ein wässeriges, alkalisch reagierendes Destillat und ein Teer erhalten. Durch Abdampfen des Destillates auf dem Wasserbade und Sublimation des Rückstandes unter Beifügung von Kohle erhielt man ein gelblich - braun gefärbtes, brenzlich riechendes Salz, welches unter dem Namen Ammonium carbonicum pyrooleosum oder Sal cornu cervi offizinell war.

Das heute offizinelle Hirschhornsalz von obiger Zusammensetzung wird durch Sublimation eines Gemisches von 4 T. Ammoniumchlorid und 4 T. Calciumkarbonat (Kreide) unter Beifügung von 1 T. Holzkohlenpulver dargestellt:

$$4\,NH_4Cl + 2\,CaCO_3 = CO \begin{cases} O(NH_4) \\ OH \end{cases} + CO \begin{cases} O(NH_4) \\ NH_2 \end{cases} + NH_3 + H_2O + 2\,CaCl_2.$$

Hirschhornsalz

Eigenschaften und Prüfung. Nach nochmaliger Sublimation bildet Ammoniumkarbonat dichte, harte, durchscheinende, faserig kristallinische Massen von stark ammoniakalischem Geruche. Es braust mit Säuren auf, verwittert leicht an der Luft, indem es sich an der Oberfläche mit einem weißen Pulver bedeckt. In der Wärme verflüchtigt es sich und löst sich in etwa 5 T. Wasser langsam, aber vollständig.

Bei der Lösung in Wasser nimmt der eine Bestandteil des Hirschhornsalzes, das Ammoniumkarbamat, allmählich Wasser auf, so daß in der Lösung ein Gemisch von Ammoniumbikarbonat und neutralem Ammoniumkarbonat sich befindet.

Das Arzneibuch läßt prüfen auf nicht flüchtige Bestandteile, auf Sulfat, Chlorid, Rhodansalze, Thiosulfat. Die vom Arzneibuch als Reagens benutzte Ammoniumkarbonatlösung soll durch uuflösen von 1 T. Hirschhornsalz in einer Mischung aus 3 T. Wasser und 1 T. Salmiakgeist bereitet werden. Ammoniak führt Ammoniumbikarbonat in Neutralsalz über.

Anwendung. Hirschhornsalz wird, weil es schon bei mäßigem Erwärmen in Ammoniak und Kohlendioxyd zerfällt, zum Auflockern des Teiges beim Backen benutzt.

Medizinisch wird Ammonium carbonicum innerlich zu Saturationen, als schweißtreibendes Mittel und als Expektorans, besonders bei Kindern, angewendet. Dosis 0,02 g bis 0,1 g mehrmals täglich. Äußerlich als Riechmittel bei Schnupfen und zu Inhalationen.

Ammoniumsulfid und **Ammoniumhydrosulfid**, Schwefelammon. Bringt man unter Abkühlung 1 Raumteil Schwefelwasserstoffgas und 2 Raumteile Ammoniakgas zusammen, so entstehen farblose Kristallblättchen von Ammoniumsulfid:

$$H_2S + 2\,NH_3 = (NH_4)_2S,$$

das schon bei gewöhnlicher Temperatur in Ammoniumhydrosulfid und Ammoniak zerfällt.

Beim Vermischen gleicher Raumteile der Gase entsteht Ammoniumhydrosulfid in farblosen, sich schnell gelb färbenden Kristallen:

$$H_2S + NH_3 = (NH_4)SH.$$

Ammoniumhydrosulfidlösung, Liquor Ammonii hydrosulfurati, wird erhalten durch Einleiten von Schwefelwasserstoff in Salmiakgeist bis zur völligen Sättigung. Beim Vermischen gleicher Teile dieser Lösung und Salmiakgeist entsteht eine Lösung von Ammoniumsulfid.

Die als Reagens benutzte Ammoniumhydrosulfidlösung führt die Bezeichnung Schwefelammon.

Schwefelammonlösung ist, frisch bereitet, farblos, färbt sich aber in Berührung mit Sauerstoff der Luft bald gelb, indem sich Zweifach-Schwefelammon und Ammoniumthiosulfat bilden:

$$4\,(NH_4)SH + 5\,O = (NH_4)_2S_2 + (NH_4)_2S_2O_3 + 2\,H_2O.$$

Meist stellt man das zu analytischen Zwecken benutzte gelbe Schwefelammon dar durch Lösen von Schwefel in farblosem Schwefelammon.

Schwefelammonlösung löst außer Schwefel eine Anzahl Metallsulfide (Schwefelgold, Schwefelzinn, Schwefelarsen, Schwefelantimon).

Nachweis der Ammoniumverbindungen.

Natronlauge zersetzt Ammoniumsalze beim Erhitzen, indem sich Ammoniak verflüchtigt. Dieses ist am Geruch und an der Nebelbildung kenntlich, welche es um einen am Glasstabe hängenden Salzsäuretropfen bewirkt, sowie endlich an seiner alkalischen Reaktion. (Angefeuchtetes Curcumapapier wird durch Ammoniak gebräunt, feuchtes rotes Lackmuspapier gebläut.)

Neßlersches Reagens (eine alkalische Lösung von Quecksilberjodid in Kaliumjodid) ruft in Ammoniak- oder Ammoniumsalzlösungen einen gelbroten Niederschlag oder bei geringem Gehalt an Ammoniak eine gelbrote Färbung hervor (vgl. Ammoniak S. 82).

Platinchlorid bildet mit Ammoniumchlorid einen gelben, kristallinischen Niederschlag von **Ammonium-Platinchlorid** $(NH_4)_2PtCl_6$, das sich beim Erhitzen zersetzt und nach Fortgang der flüchtigen Stoffe schwammförmiges Platin (**Platinschwamm**) hinterläßt.

Erdalkalimetalle.

Calcium. Strontium. Baryum. Radium.

Calcium.

Calcium. $Ca = 40,07$. **Zweiwertig.** Calcium wurde 1808 zuerst von Davy durch Elektrolyse des Calciumoxyds erhalten.

Vorkommen. Calciumverbindungen finden sich in sehr großer Verbreitung in der Natur, als **Calciumchlorid** (im Meerwasser und in Mineralwässern), $CaCl_2$, **Calciumfluorid** (Flußspat), CaF_2, **Calcium-Magnesiumchlorid**(Tachhydrit), $CaCl_2 \cdot 2 MgCl_2 \cdot 12 H_2O$. **Calciumsulfat**, wasserfrei **Anhydrit**, mit 2 Mol. Wasser $= CaSO_4 \cdot 2 H_2O$, **Gips** genannt, **Calciumphosphat** oder **Phosphorit** $Ca_3(PO_4)_2$, **Calciumkarbonat**, in sehr großer Menge als **Kreide**, **Kalkstein**, **Marmor**, endlich sind **Calciumsilikate**, besonders mit anderen Silikaten verbunden, ein häufiges Vorkommnis.

Gewinnung und Eigenschaften. Calcium wird durch Elektrolyse von Calciumchlorid gewonnen.

Graues, glänzendes Metall von großer Dehnbarkeit. Spez.Gew.1,52. Es schmilzt bei 800^0 und verbrennt mit leuchtend gelbem Licht. An feuchter Luft läuft das Metall schnell an und überzieht sich mit einer grauen Schicht von Hydroxyd. Erhitzt man es an der Luft bis zur Rotglühhitze, so verbrennt es unter Funkensprühen mit gelbem Licht. Wasser wird von Calcium schon bei gewöhnlicher Temperatur zersetzt, absoluter Alkohol indes nicht.

Calciumchlorid, Chlorcalcium, Calcium chloratum, $CaCl_2$, kommt im Meerwasser und in verschiedenen Mineralquellen vor.

Es wird in der Technik sehr häufig als Nebenprodukt erhalten, so bei der Gewinnung von Ammoniak, von Soda nach dem Ammoniakverfahren usw.

Aus der sirupdicken Lösung kristallisiert Calciumchlorid mit 6 Mol. Wasser in großen, durchsichtigen Kristallen, die beim Erwärmen schmelzen und Wasser verlieren. Erhitzt man über 200^0, so bleibt eine weiße, schwammige, poröse Masse, Calcium chloratum siccum, zurück, welches vermöge seiner Eigenschaft, aus der Umgebung mit großer Begierde Wasser anzuziehen, zum Trocknen von Gasen und anderen Stoffen benutzt wird (Füllen der Exsikkatoren mit geschmolzenem Calciumchlorid). Mit primären Alkoholen bildet Calciumchlorid kristallisierende Verbindungen. Es kann daher zum Trocknen von Alkoholen nicht benutzt werden. Wasser löst wasserfreies Calciumchlorid unter Wärmeentwicklung. Ein Gemisch von Eis und kristallisiertem Calciumchlorid setzt hingegen die Temperatur stark herab und dient daher als Kältemischung.

Calciumchlorid wird bei Blutungen innerer Organe bei exsudativer Pleuritis und Basedowscher Krankheit medizinisch verwendet. Unter dem Namen Afenil kommt eine Verbindung von Calciumchlorid mit Harnstoff in den Verkehr, die intravenös in der Kalktherapie benutzt wird.

Calciumfluorid, Fluorcalcium, Calcium fluoratum, CaF_2. Das in der Natur in Würfel- oder Oktaederform vorkommende Calciumfluorid führt den Namen Flußspat und ist durch fremde Beimengungen meist bläulich oder grünlich gefärbt. Der Wölsendorfer Flußspat ist nahezu schwarz und entwickelt beim Zerreiben in der Reibschale Geruch nach Fluor (s. Fluor). Knochen und Zähne enthalten in kleiner Menge Calciumfluorid. Flußspat ist in Wasser unlöslich und wird durch Erhitzen mit Schwefelsäure unter Entbindung von Fluorwasserstoff (Flußsäure) zerlegt. Man benutzt den Flußspat als Flußmittel beim Ausbringen der Metalle.

Calciumoxyd, Kalk, Ätzkalk, gebrannter Kalk, Calcium oxydatum, Calcaria usta, CaO. Beim Glühen von Calciumkarbonat zerfällt dieses unter Kohlendioxydentwicklung zu Calciumoxyd:

$$CaCO_3 = CaO + CO_2.$$

Man nimmt das Glühen von Kalkstein (s. Calciumkarbonat) in sog. Kalköfen vor, die entweder jedesmal frisch gefüllt werden müssen oder einen fortlaufenden Betrieb gestatten.

Da Kohlendioxyd zur Herstellung mancher chemischen Stoffe (z. B. bei der Ammoniak-Soda-Darstellung) oder auch zur Gewinnung flüssiger Kohlensäure und zu anderen Zwecken vielfach Verwendung findet, so verbindet man die Kalköfen mit einer Rohrleitung, um die entweichende Kohlensäure aufzufangen.

Man pflegt die Rohrleitungen an eine Saugvorrichtung anzuschließen, wodurch die Abgabe des Kohlendioxyds bei dem Glühprozeß beschleunigt wird. Wird in einem geschlossenen Gefäß Calciumkarbonat geglüht, so kann die Zersetzung desselben niemals eine vollständige sein, da das zum Teil abgespaltene Kohlendioxyd einen Druck auf das Calciumoxyd ausübt, welcher der Reaktion entgegenwirkt. Im Kalkofen findet eine Dissoziation des Calciumkarbonats nach der Gleichung:

$$CaCO_3 \rightleftarrows CaO + CO_2$$

statt, und zwar zeigt sich für jede Temperatur eine bestimmte Dissoziationsspannung des Kohlendioxyds, oberhalb welcher Calciumkarbonat aus Calciumoxyd und Kohlendioxyd wieder zurückgebildet wird. Bei 812^0 ist der Kohlendioxyddruck dem Druck einer Atmosphäre gleich. Das Brennen des Kalksteins muß oberhalb dieser Temperatur geschehen.

Das beim Glühen des Calciumkarbonats hinterbleibende Calciumoxyd bildet je nach der Reinheit des Ausgangsmaterials eine weiße oder grauweiße, erst bei 3000^0 schmelzbare Masse, welche aus der

Luft Kohlendioxyd und Wasser mit großer Begierde anzieht. Man benutzt Calciumoxyd zum Austrocknen feuchter Salze, von Vegetabilien usw. (Kalktrockenkasten). Um ein für chemische Zwecke brauchbares reines Calciumoxyd zu gewinnen, glüht man den in fast chemischer Reinheit zu beschaffenden Marmor und nennt das solcherart gewonnene Produkt Calcaria usta e marmore. In der Knallgasflamme strahlt Kalk blendend weißes Licht aus (Drummonds Kalklicht). Mit wenig Wasser übergossen verwandelt sich Calciumoxyd unter starkem Aufblähen und Zischen, wobei Wasser dampfförmig entweicht, in Calciumhydroxyd:

$$CaO + H_2O = Ca(OH)_2 .$$

Die Temperatursteigerung ist so stark, daß Schießbaumwolle sich dadurch entzünden läßt.

Man nennt den Vorgang der Hydratisierung das „Löschen des Kalks" und die entstandene Verbindung „gelöschten Kalk".

Gebrannter Kalk ist in gut verschlossenen Gefäßen trocken aufzubewahren.

Calciumhydroxyd, Kalkhydrat, $Ca(OH)_2$, ist ein lockeres, alkalisch reagierendes Pulver von ätzendem Geschmack, das erst bei Rotglut unter Wasserverlust wieder in Calciumoxyd zurückverwandelt wird. Mischt man Calciumhydroxyd mit wenig Wasser, so entsteht ein dicker weißer Brei (Kalkbrei), welcher auf Zusatz von Quarzsand den Mörtel liefert. Dieser erhärtet an der Luft, indem sich durch die Einwirkung von Kohlendioxyd Calciumkarbonat bildet. Beim Mauern legt man eine frische Mörtelschicht zwischen die Mauersteine, deren poröse Oberflächen man zuvor mit Wasser benetzt, um ein Eindringen des im Mörtel selbst enthaltenen Wassers zu verhindern.

Zum Unterschiede von dem Luftmörtel bezeichnet man als Wasser- oder hydraulischen Mörtel oder Zement eine hauptsächlich aus Kalk, Kieselsäure und Tonerde bestehende pulverförmige Masse, welche die Eigenschaft hat, mit Wasser steinhart zu werden. Das Erhärten des Zements beruht wahrscheinlich auf der Bildung von Calcium- und Aluminiumsilikat.

Wird Kalkbrei mit Wasser verdünnt, so entsteht eine milchähnliche Flüssigkeit (Kalkmilch), welche zu Desinfektionszwecken Verwendung findet.

Calciumhydroxyd löst sich in ca. 700 Teilen Wasser von 15^0 zu einer farblosen, klaren, stark alkalisch reagierenden Flüssigkeit, dem Kalkwasser, Aqua Calcariae. Mit Erhöhung der Temperatur nimmt die Löslichkeit des Calciumhydroxyds in Wasser ab. Erwärmt man eine bei normaler Temperatur gesättigte Lösung, so scheidet sich Calciumhydroxyd zum Teil ab. Es ist in wässeriger Lösung in Calciumionen und Hydroxylionen dissoziiert:

$$Ca(OH)_2 \longrightarrow Ca\cdot\cdot + 2\,OH'' .$$

Die Hydroxylionen erteilen dem Kalkwasser stark alkalische Reaktion.

Beim Einblasen von Kohlendioxyd in Kalkwasser trübt es sich unter Bildung von Calciumkarbonat.

Bereitung von Kalkwasser. Man verwendet hierzu am besten gebrannten Marmor, welcher von Alkalisalzen frei ist Bei Anwendung von gebranntem Kalk muß man den ersten wässerigen Aufguß, in welchem Alkalihydroxyde und Alkalichloride enthalten sind, fortgießen.

Man löscht daher 1 T. gebrannten Kalk mit 4 T. Wasser, mischt unter Umrühren mit 50 T. Wasser und entfernt nach einigen Stunden die überstehende Flüssigkeit. Den Bodensatz vermischt man mit 50 T. Wasser und filtriert vor dem Gebrauch das fertige Kalkwasser.

Kalkwasser muß einen hinreichend großen Gehalt an Calciumhydroxyd gelöst enthalten. Das Arzneibuch läßt dies durch die Bestimmung feststellen, daß 100 ccm Kalkwasser durch nicht weniger als 4 und nicht mehr als 4,5 ccm Normal-Salzsäure neutralisiert werden müssen (Phenolphtalein als Indikator).

$$1 \text{ ccm Normal-Salzsäure sättigt } \frac{Ca(OH)_2}{2 \cdot 1000} = \frac{74,11}{2 \cdot 1000} = 0,03705 \text{ g}$$

$$4 \text{ „ daher } \quad 0,03705 \cdot 4 \ = \mathbf{0,14820 \text{ g } Ca(OH)_2}$$

$$4,5 \text{ „ „ } \quad 0,03705 \cdot 4,5 = \mathbf{0,166725 \text{ g }} \text{ „}$$

Anwendung. Äußerlich als Gurgelwasser und zu Umschlägen. Innerlich gegen Magensäure, bei Darmgeschwüren. Dosis 25 g bis 100 g in 1 l Milch, davon mehrmals täglich trinken.

Calciummonosulfid wird durch Erhitzen eines Gemenges von Calciumsulfat und Kohle dargestellt: $CaSO_4 + 4C = CaS + 4CO$ und ist ein weißes amorphes Pulver, das nach voraufgegangener Belichtung im Dunkeln leuchtet, ebenso wie die entsprechenden Verbindungen des Strontiums und Baryums.

Durch Erhitzen eines Gemisches von 5 Teilen gebranntem Kalk und 4 Teilen Schwefel erhält man ein Gemisch von Calciummono- und -polysulfiden nebst Calciumsulfat; die wässerige Lösung dieses Gemisches wird bei Hautleiden und als Enthaarungsmittel benutzt.

Liquor Calcii sulfurati oder Solutio Vlemingkx wird durch Kochen von 1 Teil Kalk und 2 Teilen Schwefel mit Wasser hergestellt.

Calciumhypochlorit, Unterchlorigsaures Calcium, Calcium hypochlorosum, ist der wesentliche Bestandteil des zu Bleich- und Desinfektionszwecken benutzten Chlorkalks, Calcaria chlorata.

Calciumhypochlorit ist im Chlorkalk an Calciumchlorid gebunden. Wahrscheinlich liegt im Chlorkalk die Verbindung $Ca{<}^{Cl}_{OCl}$ vor; außerdem enthält Chlorkalk Calciumhydroxyd beigemengt. Man stellt Chlorkalk dar, indem man bei einer 25^0 nicht übersteigenden Temperatur Chlorgas über gelöschten Kalk leitet, welcher in dünner Schicht in geschlossenen Kammern ausgebreitet ist.

Chlorkalk bildet ein weißes oder weißliches Pulver von chlorähnlichem Geruch, löst sich in Wasser nur teilweise und soll nach dem Arzneibuch mindestens 25 Teile wirksames Chlor entwickeln. Auf Zusatz von Säuren wird dieses frei gemacht:

$$CaCl(OCl) + 2HCl = CaCl_2 + H_2O + Cl_2.$$

Beim Erhitzen von Chlorkalk zerfällt er unter Abgabe von Sauerstoff:

$$CaCl(OCl) = CaCl_2 + O.$$

Die Abgabe von Sauerstoff wird erleichtert, wenn man dem Chlorkalk katalytisch wirkende Stoffe, wie Mangan oder Kobaltsalze in kleiner Menge beimischt.

Ein Gemisch von Chlorkalk und Wasserstoffsuperoxyd zersetzt sich nach der Gleichung

$$CaCl(OCl) + H_2O_2 = CaCl_2 + O_2 + H_2O.$$

Neuerdings kommt ein reines Calciumhypochlorit von der Zusammensetzung $Ca(OCl)_2$ in den Verkehr.

An der Luft erleidet Chlorkalk durch Einwirkung von Kohlensäure Zersetzung.

Gehaltsbestimmung. 5 g Chlorkalk werden in einer Reibschale mit Wasser zu einem feinen Brei verrieben und mit Wasser in einen Meßkolben von 500 ccm Inhalt gespült. 50 ccm der auf 500 ccm verdünnten und gut durchschüttelten trüben Flüssigkeit (= 0,5 g Chlorkalk) werden mit einer Lösung von 1 g Kaliumjodid in 20 ccm Wasser gemischt und mit 20 Tropfen Salzsäure angesäuert. Die klare, rotbraune Lösung muß zur Bindung des ausgeschiedenen Jods mindestens 35,2 ccm Zehntel-Normal-Natriumthiosulfatlösung erfordern.

Die hierbei stattfindenden Reaktionen verlaufen im Sinne folgender Gleichungen:

$$CaCl(OCl) + 2\,HCl = CaCl_2 + H_2O + Cl_2$$
$$Cl_2 + 2\,KJ = 2\,KCl + J_2$$
$$2\,(Na_2S_2O_3 + 5\,H_2O) + J_2 = 2\,NaJ + Na_2S_4O_6 + 10\,H_2O.$$

Zufolge dieser Gleichungen entspricht 1 Mol. Natriumthiosulfat 1 Atom Jod, 1 Atom Jod entspricht 1 Atom Chlor. Daher sind zur Bindung von 35,2 ccm Zehntel-Normal-Natriumthiosulfatlösung durch Jod $35,2 \cdot 0,003\,546 = 0,124\,819\,2$ g Chlor erforderlich. Diese Menge ist aus 0,5 g Chlorkalk entwickelt worden. Der Chlorkalk enthält demnach $0,124\,819\,2 \cdot 200 =$ rund 25 % an wirksamem Chlor.

Chlorkalk geht beim Aufbewahren meist schnell in seiner Wirksamkeit zurück; vielfach ist hieran beigemengtes Eisen- und Mangansalz, von dem zur Chlorkalkbereitung verwendeten Kalk herrührend, beteiligt, da ein solcher Chlorkalk leicht unter Sauerstoffabgabe zerfällt (siehe vorstehend). Einem Aufbewahren in dicht verschlossenen Gefäßen ist zu widerraten, da infolge reichlicher Gasentwicklung die zur Aufbewahrung dienenden Gefäße zersprengt werden können.

Anwendung. Chlorkalk dient als Desinfektionsmittel, entweder für sich oder mit Säure versetzt, wobei sich Chlor entwickelt, ferner zu Bleichzwecken und zur Reinigung des Trinkwassers, bez. Abtötung der darin enthaltenen Bakterien.

Wässerige Lösungen von Chlorkalk sind vor dem Gebrauch frisch zu bereiten und filtriert abzugeben.

Die wässerige Lösung des Chlorkalks enthält die Ionen $Ca^{..}$, OCl' und Cl':

$$Ca\!\!<^{OCl}_{Cl} \longrightarrow Ca^{..} + OCl' + Cl'.$$

Calciumsulfat, Schwefelsaures Calcium, Calcium sulfuricum, $CaSO_4$, findet sich weit verbreitet in der Natur und heißt in wasserfreier Form Anhydrit, mit 2 Mol. Wasser kristallisiert Gyps (Gips), und zwar je nach der Kristallform Gipsspat (monokline Kristalle), Marienglas oder Fraueneis, Glacies Mariae (in dünne, durchsichtige Blätter spaltbar), Alabaster (zusammenhängende, körnig-kristallinische Massen von marmorähnlicher Beschaffenheit), Fasergips (läßt sich wie Fasern auseinanderziehen). Calciumsulfat kommt ferner in einigen Pflanzen, in der Ackererde und in den meisten Quellwässern vor.

Auf künstlichem Wege gewinnt man Calciumsulfat durch Fällen der konzentrierten Lösung eines Calciumsalzes mit einem schwefelsauren Salz:

$$CaCl_2 + Na_2SO_4 = CaSO_4 + 2\,NaCl.$$

Das mit 2 Mol. Wasser kristallisierende Calciumsulfat löst sich bei 18^0 in 386 T., bei 35^0 in 368 T., bei 99^0 in 451 T. Wasser. Die kalt gesättigte Lösung heißt Gipswasser und wird als Reagens benutzt. Erwärmt man die bei mittlerer Temperatur gesättigte Gipslösung, so trübt sie sich. Durch Zusatz von Säuren oder von Salzen, wie Natriumchlorid, Ammoniumchlorid usw., wird die Löslichkeit des Gipses in Wasser erhöht.

Erhitzt man gepulverten Gips auf 107^0, so verliert er $1^1/_2$ Mol. Kristallwasser und geht in gebrannten Gips, Gipsum ustum, Calcium sulfuricum ustum, Stuckgips über. Der gebrannte, noch $^1/_2$ Mol. Wasser enthaltende Gips besitzt die Fähigkeit, beim Anrühren mit Wasser $1^1/_2$ Mol. des letzteren wieder zu binden und damit zu einer steinharten Masse zu erstarren. Man benutzt diese Eigenschaft zur Herstellung von Verbänden, von Abdrücken, Figuren usw. Wird beim Erhitzen von Gips die Temperatur von 200^0 überschritten, so verliert das hinterbleibende Calciumsulfat die Eigenschaft, mit Wasser angerührt schnell zu erhärten: man nennt es sodann totgebrannten Gips oder Annalin. Ein guter Gips muß, mit der halben Gewichtsmenge Wasser gemischt, innerhalb 10 Minuten erhärten. In gut verschlossenen Gefäßen aufzubewahren.

Ein **Hartmarmor** genanntes und zur Herstellung von Vasen, Schalen usw. benutztes Produkt wird gewonnen, indem man Gipsblöcke mit Kaliumbisulfitlösung tränkt und der Oxydationswirkung der Luft aussetzt. Es entsteht hierbei ein Doppelsulfat $CaSO_4.K_2SO_4.H_2O$. In Kalisalzlagern findet sich ein solches als Syngenit.

Calciumphosphat, Phosphorsaures Calcium, Sekundäres Calciumphosphat, Calcium phosphoricum, $CaHPO_4 \cdot 2\,H_2O$.

Von den drei Calciumsalzen der Orthophosphorsäure:

$Ca_3(PO_4)_2$	$CaHPO_4$	$Ca(H_2PO_4)_2$
Tertiäres Calciumphosphat, neutrales Calciumphosphat	Sekundäres Calciumphosphat	Primäres Calciumphosphat,

welche je nach den Versuchsbedingungen durch Fällen einer Lösung von Calciumchlorid mittels Natriumphosphats entstehen, wird das sekundäre Calciumphosphat medizinisch verwendet. Tertiäres Calciumphosphat, $Ca_3(PO_4)_2$, findet sich in mächtigen Lagern als Phosphorit (z. B. im Lahntal), in sehr reiner Form in Florida, und bildet den Hauptbestandteil des Knochengerüstes. Im Guano kommt tertiäres Calciumphosphat neben harnsauren Salzen vor. Behandelt man

Knochenasche oder Phosphorit mit Schwefelsäure, so entsteht ein Gemenge aus primärem Calciumphosphat und Calciumsulfat (s. Phosphor S. 90). Ein solches aus Phosphorit hergestelltes Gemenge ist das bekannte Düngemittel Superphosphat.

Darstellung von **Calcium phosphoricum.** Man übergießt 20 T. Calciumcarbonat (weißen Marmor) mit einem Gemisch aus 50 T. Salzsäure (25 % HCl) und 50 T. Wasser und erwärmt, nachdem die erste heftige Einwirkung vorüber, wodurch das in Lösung zurückgehaltene Kohlendioxyd ausgetrieben wird. Um kleine Mengen mit in Lösung gegangener Eisenoxydulsalze abzuscheiden, fügt man zur klaren Lösung Chlorwasser, erwärmt bis zum Wiederverschwinden des Chlorgeruches und versetzt mit 1 T. Calciumhydroxyd, worauf bei einer Temperatur von 35 bis 40° das durch Einwirkung des Chlors entstandene Eisenoxydsalz zerlegt und braunes hydratisches Eisenoxyd niedergeschlagen wird.

Der filtrierten, mit 1 T. Phosphorsäure angesäuerten Calciumchloridlösung wird nach dem Erkalten eine filtrierte Lösung von 61 T. Natriumphosphat in 300 T warmem Wasser, die bis auf 25 bis 20° abgekühlt ist, unter Umrühren hinzugefügt. Man setzt das Umrühren so lange fort, bis der Niederschlag kristallinisch geworden ist, sammelt ihn auf einem angefeuchteten, leinenen Tuche und wäscht ihn so lange mit Wasser aus, als noch die abtropfende Flüssigkeit nach dem Ansäuern mit Salpetersäure durch Silbernitratlösung getrübt wird. Man preßt hierauf den Niederschlag aus, trocknet bei gelinder Wärme und pulvert ihn.

Eigenschaften und Prüfung. $CaHPO_4 . 2 H_2O$. Mol.-Gew. 172,1. Leichtes, weißes, kristallinisches Pulver, das in Wasser kaum löslich, in verdünnter Essigsäure schwer, in Salzsäure und Salpetersäure leicht und ohne Aufbrausen löslich ist.

Die mit Hilfe heißer, verdünnter Essigsäure (vom Ungelösten wird abfiltriert) hergestellte wässerige Lösung des Calciumphosphats (1 + 19) gibt mit Ammoniumoxalatlösung einen weißen Niederschlag (von Calciumoxalat). Wird Calciumphosphat mit Silbernitratlösung befeuchtet, so wird es gelb (unter Bildung von tertiärem Silberphosphat); das geschieht nicht, wenn es zuvor auf Platinblech längere Zeit geglüht, also in Pyrophosphat übergeführt war.

Man prüft auf Verunreinigungen durch Arsenverbindungen, Chlorid, Sulfat, fremde Metalle und stellt den Feuchtigkeitsgehalt fest (s. Arzneibuch).

Anwendung. Bei Rhachitis, Skrophulose usw. als knochenbildendes Mittel; Dosis 0,5 bis 2,0 g mehrmals täglich.

Tertiäres Calciumphosphat, $Ca_3(PO_4)_2$, wird durch Fällen einer löslichen Calciumsalzlösung bei Gegenwart von Ammoniak mit Natriumphosphat erhalten.

Ein basisches Calciumphosphat $Ca_4P_2O_9$ ist die aus der basischen Ausfütterung der Bessemer Birne (s. Eisen) erhaltene Thomasschlacke.

Calicumhypophosphit, Unterphosphorigsaures Calcium, Calcium hypophosphorosum, $Ca(H_2PO_2)_2$, Mol.-Gew. 170,1, wird erhalten durch Kochen von Kalkmilch mit Phosphor, wobei Phosphorwasserstoff (s. dort) entwickelt wird:

$$3 Ca(OH)_2 + 8 P + 6 H_2O = 3 Ca(H_2PO_2)_2 + 2 PH_3 .$$

Beim Eindampfen der Lösung erhält man Calciumhypophosphit in

Form farbloser glänzender Kristalle. Sie sind luftbeständig, geruchlos und von schwach laugenhaftem Geschmack. Löslich in ungefähr 8 Teilen Wasser. Beim Erhitzen im Probierrohre verknistert Calciumhypophosphit und zersetzt sich bei höherer Temperatur unter Entwicklung eines selbstentzündlichen Gases (Phosphorwasserstoff), das mit helleuchtender Flamme verbrennt. Gleichzeitig schlägt sich im kälteren Teile des Probierrohres gelber und roter Phosphor nieder:

$$2\,Ca(H_2PO_2)_2 = 2\,PH_3 + Ca_2P_2O_7 + H_2O.$$

Das Arzneibuch läßt prüfen auf **Phosphat, Phosphit, Karbonat, Sulfat, auf Baryumsalze und auf Eisen und Arsen**.

Anwendung. Bei Stoffwechselerkrankungen und zur Erhöhung des Appetits, innerlich zu 0,2 bis 0,5 g. In $1\,{}^0/_0$iger Lösung in Sirupus simplex (**Sirupus Calcariae hypophosphorosae**).

Calciumkarbonat, **Kohlensaures Calcium**, $CaCO_3$, kommt in großer Verbreitung in der Natur vor: in hexagonalen Rhomboedern kristallisiert als **Kalkspat** oder **Doppelspat**, in sechsseitigen rhombischen Säulen als **Aragonit**, körnig kristallinisch **Marmor**, in derben Massen **Kalkstein**. Auch der **Muschelkalk** besteht im wesentlichen aus Calciumkarbonat, desgleichen **Korallen**, **Schneckengehäuse**, **Krebssteine**, **Eierschalen** und die **Kreide**. Diese ist ein Konglomerat von Schalen mikroskopischer Seetiere.

Das Quellwasser hält Calciumkarbonat als **Calciumbikarbonat** gelöst. Beim Kochen des Wassers geht diese Verbindung unter Entweichen von Kohlendioxyd in Calciumkarbonat über, das sich in Krusten (**Kesselstein**) absetzt:

$$Ca(HCO_3)_2 = CaCO_3 + CO_2 + H_2O.$$

In Form eines feinen weißen Niederschlags erhält man Calciumkarbonat durch Fällen eines löslichen Calciumsalzes mit Natriumkarbonat:

$$CaCl_2 + Na_2CO_3 = CaCO_3 + 2\,NaCl.$$

Darstellung von **Calcium carbonicum praecipitatum.** Wie beim Calcium phosphoricum angegeben, stellt man aus weißem Marmor und verdünnter Salzsäure, von welch letzterer man einen Überschuß vermeidet, eine Lösung von Calciumchlorid her, befreit diese durch Zusatz von Chlorwasser und Behandeln mit Calciumhydroxyd von Eisen und fügt zu der filtrierten warmen Lösung eine solche von Natriumkarbonat in Wasser bis zur schwach alkalischen Reaktion. Man läßt den Niederschlag sich absetzen, hebt die überstehende Flüssigkeit ab, rührt nochmals mit destilliertem Wasser durch, entfernt nach dem Absetzen wiederum die Flüssigkeit und bringt den Niederschlag auf ein Filter. Das Auswaschen mit destilliertem Wasser auf dem Filter wird so lange fortgesetzt, bis eine ablaufende Probe, mit Salpetersäure angesäuert, auf Zusatz von Silbernitratlösung keine Trübung mehr zeigt. Der Niederschlag wird hierauf ausgepreßt und bei gelinder Wärme getrocknet.

Zum Auflösen von 1 kg Marmor gehören 2,920 kg $25\,{}^0/_0$iger Salzsäure und zum Umsetzen des Calciumchlorids 2,860 kg kristallisiertes Natriumkarbonat.

Eigenschaften und Prüfung. Das durch Fällung gewonnene Calciumkarbonat bildet ein weißes, mikrokristallinisches, in Wasser nahezu unlösliches, in kohlensäurehaltigem Wasser lösliches Pulver. Die Prüfung erstreckt sich auf **Natriumkarbonat** (von der Fällung

herrührend), Calciumhydroxyd, Sulfat, Chlorid, Aluminiumsalze, Calciumphosphat, Eisensalze (s. Arzeibuch).

Anwendung. Präzipitierter kohlensaurer Kalk wird vorzugsweise zur Herstellung von Zahnpulvern benutzt. Die zu gleichem
Zweck verwendeten gepulverten Austernschalen (Conchae prae-
paratae) enthalten gegen $90\,^0/_0$ Calciumkarbonat. Als Reagens zum
Nachweis von Chlorverbindungen (z. B. in der Benzoesäure) ist selbstverständlich ein völlig chlorfreies Calciumkarbonat zu verwenden.

Calciumsilikat, Kieselsaures Calcium, kommt in wechselnder Zusammensetzung, besonders in Verbindung mit anderen Silikaten,
in der Natur vor und ist ein Hauptbestandteil eines der wichtigsten
Industrieprodukte, des „Glases".

Glas ist im wesentlichen ein Doppelsilikat und besteht aus
Calciumsilikat und Natriumsilikat (Natronglas) oder Calciumsilikat
und Kaliumsilikat (Kaliglas). Aus Natronglas werden wegen
seiner Leichtschmelzbarkeit und Billigkeit die meisten Glasgegenstände, wie Fensterscheiben, Flaschen, Trinkgefäße, chemische Ge-
räte usw. angefertigt. Das schwer schmelzbare Kaliglas oder
böhmische Glas wird besonders zu solchen Gegenständen verarbeitet, welche (wie die Verbrennungsröhren bei der Elementaranalyse
organischer Stoffe) sehr hohen Hitzegrade ausgesetzt werden sollen.
Ein sehr reines, zu optischen Zwecken verwendetes Natronglas führt
den Namen Crownglas. Bleiglas besteht im wesentlichen aus
Kalium-Bleisilikat und zeichnet sich durch ein starkes Lichtbrechungsvermögen aus. Auch Bleiglas (Flintglas) findet gleich
anderen Doppelsilikaten Anwendung zur Herstellung optischer Gläser.

Zur Darstellung von Natronglas wird ein Gemenge von Quarzsand (Kieselsäure) mit Soda und Kalk in Muffelöfen erhitzt, bis die
geschmolzene Masse keine Blasen mehr aufwirft. Die durch Eisen
grün gefärbte Glasmasse wird durch Zusatz von etwas Braunstein
(Mangansuperoxyd) entfärbt; die Entfärbung kommt dadurch zustande,
daß die durch Mangan erzeugte Violettfärbung die durch das Eisen
bewirkte Grünfärbung aufhebt.

Die Güte des Glases, d. h. die Widerstandsfähigkeit gegen äußere
Einflüsse (Wasser, Säuren, Alkalien, Salze) richtet sich nach seiner
Zusammensetzung, und ist deshalb hierauf besonders dann Gewicht
zu legen, wenn Glas zu chemischen Geräten oder zu Arzneigläsern
verwendet werden soll. Aus mangelhaftem Glas löst schon Wasser
nicht unwesentliche Mengen von Alkali heraus, welche in ihrer Einwirkung auf Medikamente einen zersetzenden Einfluß ausüben können
(Trübung von Alkaloidsalzlösungen durch Abscheidung des freien
Alkaloids). In der Neuzeit ist der Bereitung des für chemische und
optische Zwecke zur Verwendung gelangenden Glases große Sorgfalt
gewidmet worden. Jenaer Glas zeichnet sich durch besonders gute
Beschaffenheit aus.

Hartglas oder Vulkanglas stellt man her, indem man das auf die
Erweichungstemperatur erhitzte Glas in Bäder von Paraffin oder Öl eintaucht
und dadurch eine schnelle Abkühlung bewirkt. Dem Glas wird so eine große

Spannung erteilt, die zwar das Glas fest und elastisch macht, aber eine explosions-
artige Zertrümmerung bewirkt, wenn es an irgendeiner Stelle nur geritzt, und
damit die Spannung plötzlich aufgehoben wird.

Durch Zusatz verschiedener Metalloxyde erteilt man dem Glase Färbungen:
Kupferoxyd und Chromoxyd liefern grüne, Kobaltoxyd blaue, Gold- und Kupferoxydul rote Gläser. Uranoxyd verleiht dem Glase gelbgrüne Fluoreszenz;
Milchglas wird durch Beimischen von Knochenasche oder Zinnoxyd zur Glasmasse
hergestellt.

Calciumkarbid, CaC_2. Ein Gemisch von gebranntem Kalk und
Kohle, den hohen Temperaturen des elektrischen Ofens ausgesetzt,
bildet unter Fortgang von Kohlenoxyd Calciumkarbid:

$$CaO + 3\,C = CaC_2 + CO.$$

Es ist eine graue, harte Masse, die beim Übergießen mit Wasser
Acetylen (s. organischen Teil) entwickelt:

$$CaC_2 + 2\,H_2O = Ca(OH)_2 + C_2H_2.$$

Beim Überleiten von Stickstoff über glühendes Calciumkarbid
erhält man eine Verbindung, die den Namen Calciumcynamid oder
Kalkstickstoff führt:

$$CaC_2 + N_2 = CN \cdot NCa + C.$$

Der Stickstoff dieser Verbindung geht im Erdboden langsam in
Ammoniak und Nitrate über; sie wird deshalb als ein stickstoff-
haltiges Düngemittel geschätzt. Auch dient in der Neuzeit der Kalkstickstoff zur Erzeugung von Ammoniak und Nitrat.

Nachweis von Calciumverbindungen.

Flammenfärbung: Die nicht leuchtende Flamme wird durch Calciumsalze gelbrot gefärbt, bei der Betrachtung durch ein
Kobaltglas grüngrau, durch ein grünes Glas zeisiggrün.
Schwefelsäure oder schwefelsaure Salze rufen in konz. Lösungen
der Calciumsalze einen weißen Niederschlag von Calciumsulfat hervor, welcher von starker Salzsäure gelöst wird.
Oxalsäure oder Ammoniumoxalat erzeugen in den mit Ammoniak versetzten Lösungen von Calciumverbindungen einen
weißen Niederschlag von Calciumoxalat, welcher von Essigsäure nicht gelöst, von Salzsäure oder Salpetersäure aber
leicht aufgenommen wird.

$$C_2O_4'' + Ca^{\cdot\cdot} \longrightarrow CaC_2O_4.$$

Calciumoxalat geht beim Glühen zunächst in Calciumkarbonat,
dann in Calciumoxyd über.

Strontium.

Strontium. $Sr = 87{,}63$. Zweiwertig. Klaproth und Hope wiesen
1792 in dem Mineral Strontianit eine eigentümliche Erde nach, und Bunsen
schied durch Elektrolyse des Strontiumchlorids das Strontium metallisch ab.

Vorkommen. Findet sich in der Natur als Sulfat (Coelestin)
und als Karbonat (Strontianit).

Gewinnung. Das bei der Elektrolyse des Strontiumchlorids durch einen Strom von 125 Amp. und 40 Volt erhaltene Strontium bildet ein dehnbares hellsilberglänzendes Metall, weicher als Calcium und an der Luft gelb anlaufend. Spez. Gew. 2,55.

Von den Salzen des Strontiums findet die Bromverbindung bei Magenerkrankungen und bei Epilepsie Anwendung, während das Strontiumnitrat in der Feuerwerkerei zur Rotfärbung von Flammen dient.

Strontiumoxyd, SrO, wird durch Glühen von Strontiumnitrat erhalten. Strontiumoxyd verbindet sich mit Wasser unter Erwärmen zu Strontiumhydroxyd, $Sr(OH)_2$, das sich in Wasser leichter löst als Calciumhydroxyd. Aus wässeriger Lösung kristallisiert es mit 8 Mol. Wasser. Strontiumhydroxyd wird zur Abscheidung des Rohrzuckers aus Melasse benutzt (s. Organischer Teil).

Strontiumbromid, Bromstrontium, Strontium bromatum, $SrBr_2$, wird durch Behandeln von Strontiumkarbonat oder Strontiumsulfid mit starker Bromwasserstoffsäure und Eindampfen des Filtrats zur Kristallisation dargestellt. Es kristallisiert mit 6 Mol. Wasser in langen, farblosen, in Wasser leicht löslichen Nadeln. Durch Erwärmen bei 100° entweicht das Kristallwasser, und man erhält ein weißes, wasserlösliches, in Alkohol wenig lösliches Pulver, das Strontium bromatum pulveratum anhydricum.

Strontiumnitrat, Salpetersaures Strontium, Strontium nitricum, $Sr(NO_3)_2$, wird durch Auflösen von Strontiumkarbonat oder Strontiumsulfid in Salpetersäure und Eindampfen zur Kristallisation dargestellt. Es kristallisiert wasserfrei und löst sich leicht in Wasser. Der Flamme erteilt es eine schöne Rotfärbung.

Strontiumkarbonat, Kohlensaures Strontium, Strontium carbonicum, $SrCO_3$, wird durch Fällen einer Strontiumnitratlösung mit Natriumkarbonat erhalten und bildet ein lockeres, weißes Pulver, das von Wasser nicht gelöst wird. Das natürlich in Rhomben vorkommende Strontiumkarbonat führt den Namen Strontianit.

Strontiumsulfat, schwefelsaures Strontium, $SrSO_4$, kommt als Coelestin (wegen der himmelblauen Farbe so genannt) in der Natur vor. Wird künstlich durch Fällen einer Strontiumnitratlösung mit Natriumsulfat als weißes Pulver erhalten. Es ist in Wasser schwerer löslich als Calciumsulfat. Bei 20° löst 1 Liter Wasser 0,148 g $SrSO_4$.

Nachweis von Strontiumverbindungen.

Flammenfärbung: Die nicht leuchtende Flamme wird durch Strontiumverbindungen purpurrot gefärbt.

Schwefelsäure oder schwefelsaure Salze rufen in konzentrierten Lösungen der Strontiumsalze einen weißen Niederschlag von Strontiumsulfat hervor: $SO_4'' + Sr\cdot\cdot \longrightarrow SrSO_4$, welches nicht so unlöslich ist wie Baryumsulfat. Unterschieden sind beide Sulfate dadurch, daß Strontiumsulfat beim Behandeln mit Natriumkarbonat- oder Ammoniumkarbonatlösung schon bei mittlerer Temperatur nach Verlauf mehrerer Stunden in Strontiumkarbonat umgewandelt wird, während Baryumsulfat erst beim Kochen mit Natriumkarbonat eine Umsetzung in Karbonat erfährt.

Baryum.

Baryum. $Ba = 137,37$. Zweiwertig. Scheele und bald darauf Gahn entdeckten 1774 zuerst in dem Schwerspat eine eigentümliche Erde, welche sie mit dem Namen Schwererde belegten. Das Metall Baryum wurde von Bunsen durch Elektrolyse der Chlorverbindung gewonnen. Der Name Baryum leitet sich von βαρύς, barys, schwer, ab.

Vorkommen. Findet sich als Sulfat (Schwerspat) und als Karbonat (Witherit) in der Natur.

Gewinnung. Das bei der Elektrolyse des Baryumchlorids erhaltene Baryum bildet ein bei 850^0 schmelzendes Metall. Spez. Gew. 3,8. Seine Verbindungen besitzen kein medizinisches Interesse, finden aber ausgedehnte Verwendung in der Analyse, in der Feuerwerkerei (zur Grünfärbung der Flammen), in der Malerei, zur Gewinnung von Sauerstoff usw.

Baryumoxyd, Baryt, BaO, hinterbleibt beim starken Glühen von Baryumnitrat als grauweiße Masse, die sich mit Wasser unter Erhitzen zu Baryumhydroxyd, Ätzbaryt, Barythydrat, $Ba(OH)_2$, verbindet. Dieses kristallisiert mit 8 Mol. Wasser. Eine Lösung des Baryumhydroxyds in Wasser ist das als Reagens benutzte Barytwasser. Durch die Einwirkung der Kohlensäure der Luft scheidet sich aus dem Barytwasser unlösliches weißes Baryumkarbonat ab.

Beim Erhitzen von Baryumoxyd in einem kohlensäurefreien Luft- oder Sauerstoffstrom nimmt 1 Mol. noch ein Atom Sauerstoff auf und bildet Baryumsuperoxyd, jenen Stoff, welcher zur Darstellung von Sauerstoff nach dem Brinschen Verfahren und von Wasserstoffsuperoxyd benutzt wird (s. Sauerstoff und Wasserstoffsuperoxyd).

Baryumchlorid, Chlorbaryum, Baryum chloratum, $BaCl_2$ $2 H_2O$. Das natürlich vorkommende Baryumkarbonat wird in verdünnter Salzsäure gelöst, die Lösung zur Kristallisation eingedampft, und das ausgeschiedene Baryumchlorid umkristallisiert.

Um aus Schwerspat Baryumchlorid zu gewinnen, formt man jenen unter Beimischung von Mehl und Wasser zu einem Teig, welcher nach dem Austrocknen stark geglüht wird. Das Mehl verkohlt hierbei, und die Kohle reduziert das Baryumsulfat zu Baryumsulfid:

$$BaSO_4 + 4 C = BaS + 4 CO.$$

Salzsäure löst Baryumsulfid unter Schwefelwasserstoffentwicklung zu Baryumchlorid:

$$BaS + 2 HCl = BaCl_2 + H_2S.$$

Baryumchlorid kristalliert mit 2 Mol. Wasser in farblosen, rhombischen Tafeln. Eine Lösung von 1 T. Salz in 19 T. Wasser wird als Reagens auf Schwefelsäure und schwefelsaure Salze benutzt. Zu gleichem Zwecke findet auch das salpetersaure Salz Anwendung, welches beim Behandeln von Baryumsulfid mit Salpetersäure dargestellt wird.

Baryumnitrat, Salpetersaures Baryum, Baryum nitricum, $Ba(NO_3)_2$, bildet farblose, oktaedrische Kristalle, welche zur Herstellung der Baryumnitratlösung und zur Grünfärbung von Flammen in der Feuerwerkerei Anwendung finden.

Baryumnitrat und Baryumchlorid sind starke Gifte; sie erzeugen Erbrechen, Kolik und Krämpfe.

Baryumsulfat, Schwefelsaures Baryum, Baryum sulfuricum, $BaSO_4$. Das natürlich vorkommende Baryumsulfat heißt Schwerspat. Ein auf künstlichem Wege durch Fällung löslicher Baryumsalze mit Schwefelsäure oder schwefelsaurem Natrium erhaltenes Baryumsulfat führt den Namen Permanentweiß oder Blanc fixe und dient entweder für sich oder zusammen mit Bleiweiß und Leinfirnis verrieben als weiße Anstrich-(Öl-)farbe. Baryumsulfat wird (u. a. unter dem Namen Citobaryum zufolge seiner „schattenspendenden Kraft" als „Kontrastmittel" bei der Röntgenuntersuchung benutzt. Man verwendet zur Röntgenuntersuchung von Magen und Darm eine Mischung von 120 bis 150 g Baryumsulfat mit 400 g Milch.

Baryumkarbonat, Kohlensaures Baryum, Baryum carbonicum, $BaCO_3$. Das natürlich vorkommende Baryumkarbonat heißt Witherit. Das durch Fällen einer Baryumchloridlösung mit Natriumkarbonat erhaltene Baryumkarbonat bildet ein weißes, feines Pulver, das erst beim Erhitzen auf gegen 1500^0 eine Zersetzung unter Kohlensäureabspaltung erleidet.

Nachweis von Baryumverbindungen.

Flammenfärbung: Die nicht leuchtende Flamme des Bunsenbrenners wird durch Baryumverbindungen fahlgrün gefärbt. Schwefelsäure oder schwefelsaure Salze rufen in selbst stark verdünnten Lösungen der Baryumsalze einen weißen Niederschlag von Baryumsulfat hervor:

$$SO_4'' + Ba^{..} \longrightarrow BaSO_4.$$

Kaliumdichromat, $K_2Cr_2O_7$, bewirkt in neutralen Lösungen nicht vollständige, in Natriumacetat haltenden Lösungen aber vollständige Fällung von gelbem Baryumchromat.

Radium.

$R = 226,0.$

Radium ist eines der wichtigsten sogenannten „radioaktiven" Elemente, welche, den Röntgenstrahlen ähnliche Strahlen aussenden. Becquerel hatte die Radioaktivität bei Uranverbindungen aufgefunden. Die von ihnen ausgesendeten Strahlen vermögen durch undurchsichtige Gegenstände hindurch auf die photographische Platte zu wirken und Gase, z. B. auch die atmosphärische Luft, elektrisch leitend zu machen. Nähert man einem geladenen Elektroskop Uranverbindungen, bzw. das sie in reichlicher Menge enthaltende Uranpecherz (Pechblende), so wird das Elektroskop entladen.

Es gelang 1898 dem Ehepaar Curie, den diese merkwürdigen Eigenschaften der Pechblende bedingenden Stoff aufzufinden, der sich als ein Element erwies und wegen seines Strahlungsvermögens den Namen Radium erhielt.

Radium ist hinsichtlich seiner chemischen Eigenschaften mit Baryum nahe verwandt und läßt sich aus Pechblende mit ihm gemeinsam als schwer lösliches Sulfat abscheiden. Die Sulfate werden sodann in die Bromide übergeführt und Baryum- und Radiumbromid durch fraktionierte Kristallisation getrennt. Aus einer Tonne Pechblende gewinnt man gegen 0,16 g Radium.

Radiumbromid $RaBr_2 \cdot 2 H_2O$ kristallisiert wie Baryumbromid $BaBr_2 \cdot 2 H_2O$ monoklin. Radiumbromid ist schwerer flüchtig als die Bromide der alkalischen Erden und löst sich in Wasser unter Knallgasentwicklung. Reines Radiummetall ist ein weißglänzendes, bei 700^0 schmelzendes Metall.

Radiumpräparate entwickeln beständig Wärme, so daß ihre Temperatur dauernd höher ist als die ihrer Umgebung. 1 g Radium liefert in einer Stunde ungefähr 100 Kalorien. Diese merkwürdige Eigenschaft des Radiums ist darauf zurückzuführen, daß das Radium einer sehr langsamen chemischen Umwandlung unterliegt. Wird eine Radiumverbindung in eine Glasröhre eingeschmolzen, so gibt jene unausgesetzt kleine Mengen eines radioaktiven Gases, die sogenannte Emanation, ab, und diese geht weiterhin in ein bereits bekanntes Element, das Helium, über.

Diese merkwürdigen Umwandlungen des Radiums in andere Elemente müssen eine Umgestaltung unserer Vorstellungen von dem Wesen der Elemente im Gefolge haben. Das Energiegesetz bleibt unangefochten auch beim Radium in Geltung, wohl aber erfahren unsere bisherigen Anschauungen von der Konstanz der Elemente eine Erschütterung (s. Anhang am Schluß des Anorganischen Teils).

Außer Radium wurden in der Pechblende noch andere Elemente mit ähnlichen Eigenschaften, wie sie das Radium besitzt, abgeschieden, Elemente, welche die Namen Polonium, Radiothor und Aktinium erhielten. Polonium steht dem Wismut, Aktinium dem Thorium nahe.

Aus den von der Fabrikation der Gasglühstrümpfe abfallenden Thoriumrückständen sind mehrere radioaktive Elemente isoliert worden, von denen das wichtigste mit dem Namen Mesothorium bezeichnet worden ist. Die Bromverbindung desselben ist ein weißes Salz, das sich, wie Radiumbromid, durch hohe Radioaktivität auszeichnet.

Man kennt drei Arten von Radiumstrahlen: Die positiven α-Strahlen, welche eine Geschwindigkeit von etwa 30000 km in der Sekunde besitzen, die negativen β-Strahlen erreichen fast die Lichtgeschwindigkeit (300000 km), die γ-Strahlen sind sekundär entstanden, besitzen weder elektrische Ladung noch materielle Natur und werden ebensowenig wie das Licht vom Magneten beeinflußt. α- und β-Strahlen werden vom Magneten abgelenkt. Abb. 43 zeigt, daß die α-Strahlen hierbei nur wenig, die β-Strahlen hingegen weit stärker nach der anderen Seite abgebogen werden und die γ-Strahlen unbeeinflußt bleiben. Die α-Strahlen sind als ein Strom von Heliumatomen anzusprechen; sie sind es, welche hauptsächlich die Ionisation der Luft bewirken. Bei den β-Strahlen handelt es sich um einen Strom elektrischer Teilchen, der Elektronen (s. Anhang zum Anorganischen Teil „Die Struktur der Atome").

Die γ-Strahlen entsprechen in ihren Eigenschaften den Röntgenstrahlen. Man mißt β- und γ-Strahlen durch ihre Wirksamkeit auf eine luftdicht in Papier gehüllte photographische Platte.

Die Radiumsalze sind selbstleuchtend; phosphoreszierende Stoffe wie Baryumplatincyanür werden noch auf eine Entfernung von mehreren Dezimetern zum Aufleuchten gebracht. Wasser, Chlorwasserstoff, Ammoniak werden durch Radiumstrahlen zerlegt, Steinsalz wird blau gefärbt, die Luft ozonisiert. Manganhaltige Gläser färben sich nach und nach violett. Organische Stoffe, z. B. Papier, werden durch die Radiumstrahlen allmählich zerstört. Zur Messung der Strahlungsintensität stellt man die Wirkung auf ein geladenes Elektroskop fest.

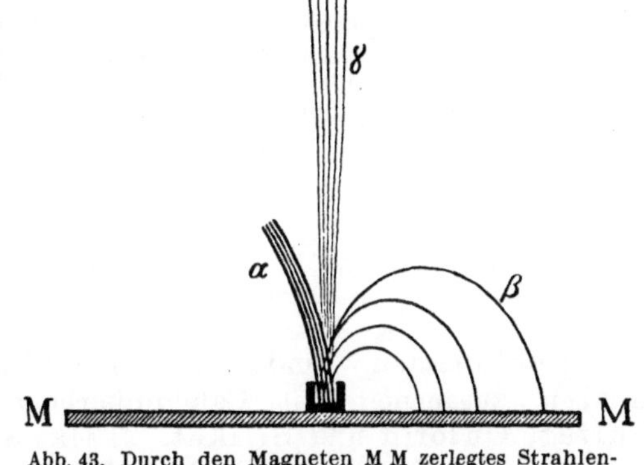

Abb. 43. Durch den Magneten M M zerlegtes Strahlenbündel eines radioaktiven Stoffes. (Nach A. Stock.)

Sehr merkwürdig ist die Wirkung von Radiumpräparaten auf das menschliche Auge. Nähert man dem geschlossenen Auge Radiumpräparate, so wird der Eindruck des Entstehens großer Helligkeit erweckt. Bei mehrstündiger Einwirkung der Radiumstrahlen auf die menschliche Haut werden heftige Entzündungen hervorgerufen, die meist erst nach mehreren Wochen wieder zurücktreten. Pflanzen und kleine Tiere können durch Radiumstrahlen nach Verlauf weniger Stunden getötet werden.

Man hat für Heilzwecke die Radiumstrahlen nutzbar gemacht, so bei Hautleiden, bei Gicht, bei Geschwüren auf tuberkulöser und krebsiger Grundlage. Man schließt zu dem Zwecke Radiumsalz in eine Kautschukkapsel ein und läßt seine Strahlen durch eine Glimmerplatte hindurch auf die Haut wirken. Die bestrahlten Gewebe sterben nach einiger Zeit ab.

Die Heilwirkung vieler Mineralwässer, so der Quellen von Karlsbad, Baden-Baden, Gastein, Nauheim, Kreuznach, Wildbad, Wiesbaden u. a. wird mit deren Radioaktivität in Zusammenhang gebracht. Auch manche Moorbäder und Schlammsorten (Fango) erweisen sich als radioaktiv.

Man kennt heute bereits 35 radioaktive Elemente, deren Kenntnis wir besonders O. Hahn und dessen Mitarbeiterin Meitner verdanken. Über den Zerfall der radioaktiven Elemente liegen genaue Messungen und Berechnungen vor.

In rund 1750 Jahren verliert Radium die Hälfte seines ursprünglichen Bestandes. Radium ist durch Zerfall von Uran entstanden. Man konnte an ganz reinen Uransalzen das allmähliche Entstehen von Radium durch Strahlungsmessungen feststellen (vgl. auch Anhang zum Anorganischen Teil).

Magnesium-Zinkgruppe.

Beryllium. Magnesium. Zink. Cadmium. Quecksilber.

Beryllium.

$Be = 9{,}1$. Beryllium findet sich in einigen seltenen Mineralien, so im Beryll, einem Aluminium-Berylliumsilikat $Al_2Be(SiO_3)_6$. Durch Chromverbindung grün gefärbt, heißt das Mineral Smaragd. Chrysoberyll ist ein Berylliumaluminat. Berylliumverbindungen besitzen einen süßen Geschmack. Man nennt das Metall daher auch Glucinium oder Glycinium.

Magnesium.

Magnesium. $Mg = 24{,}32$. Zweiwertig. Magnesium wurde 1830 aus Magnesiumchlorid und Natrium gewonnen, Bunsen erhielt es 1852 durch Elektrolyse des Chlorids.

Vorkommen. Findet sich in der Natur als Karbonat (Magnesit), zusammen mit Calciumkarbonat (Dolomit), ferner als Sulfat, Chlorid und Silikat. Talk, Serpentin, Meerschaum sind unreine Magnesiumsilikate. Magnesium ist ein Bestandteil des Chlorophylls (Blattgrüns).

Gewinnung. Neuerdings gewinnt man Magnesium fast ausschließlich durch Elektrolyse des geschmolzenen Chlormagnesiums oder des Carnallits. Dieser wird in einem Tiegel aus Gußstahl, der zugleich die Kathode bildet, geschmolzen. Als Anode verwendet man Kohle.

Eigenschaften. Silberweißes, glänzendes Metall vom spez. Gew. 1,75; zu Draht oder Bändern ausziehbar, an der Luft ziemlich beständig. Schmelzpunkt 633°, Siedepunkt gegen 1100°. Mit gasförmigem Stickstoff bildet es bei beginnender Rotglut Magnesiumnitrid Mg_3N_2. Auf Wasser wirkt Magnesium erst bei Siedehitze langsam zersetzend ein. Erhitzt man Magnesium an der Luft, so entzündet es sich und verbrennt mit glänzend-weißem Licht zu Magnesiumoxyd. Magnesium findet aus diesem Grunde Verwendung zur Herstellung von Blitzlicht (bei photographischen Aufnahmen im Dunkeln) und von Magnesiumfackeln. Geraspeltes Magnesium dient als Alkyl-Überträger bei der Grignard-Reaktion (s. Organ. Teil). Die unter dem Namen Elektron (der Griesheim-Elektron-Werke) bekannte Magnesiumlegierung besteht aus $96\,^0/_0$ Magnesium, $3{,}7\,^0/_0$ Zink und $0{,}3\,^0/_0$ Aluminium.

Magnesiumchlorid, Chlormagnesium, $MgCl_2 \cdot 6\,H_2O$. Es wird in großen Mengen als Nebenprodukt bei der Verarbeitung der Staßfurter Abraumsalze gewonnen, unter denen Carnallit, ein Magnesium-Kaliumchlorid $MgCl_2 \cdot KCl \cdot 6\,H_2O$ besonders wichtig ist. Tachhydrit ist ein Magnesium-Calciumchlorid $2\,MgCl_2 \cdot CaCl_2 \cdot 12\,H_2O$. Magnesiumchlorid wird mit Eis zu Kältemischungen und in Baumwollspinnereien zur Feucht- und Geschmeidigerhaltung der Baumwollfaser benutzt. Durch Eintragen von Magnesiumoxyd in konz. Magnesiumchloridlösung erhält man eine harte, polierbare Masse von Magnesiumoxychlorid ($MgCl_2 \cdot 5\,MgO + H_2O$), die unter dem Namen Sorel- oder Magnesiazement bekannt ist und unter Beimengung von Sägespänen oder Korkabfällen als Xylolith für Fußbodenbelag und ähnliche Zwecke verwendet wird.

Magnesiumoxyd, Magnesia, Gebrannte Magnesia, Bittererde, Magnesia usta, MgO, wird dargestellt durch Erhitzen des basisch-kohlensauren Magnesiums (Magnesiumkarbonats), welches unter Abgabe von Kohlendioxyd und Wasser zu Magnesiumoxyd zerfällt:

$$4\,MgCO_3 \cdot Mg(OH)_2 \cdot 4\,H_2O = 5\,MgO + 4\,CO_2 + 5\,H_2O.$$

Darstellung: Man drückt basisch-kohlensaures Magnesium in einen unglasierten irdenen Topf fest ein und setzt diesen, mit einem Deckel versehen, einer nicht zu starken, andauernden Hitze aus. Läßt die durch das Entweichen von Kohlendioxyd und Wasser bewirkte wellenförmige Bewegung auf der Oberfläche der Masse nach, so entnimmt man der Mitte eine Probe, rührt diese mit etwas Wasser an und fügt einige Tropfen Salzsäure hinzu. Erfolgt die Auflösung der Magnesia ohne Aufbrausen, entweicht also keine Kohlensäure mehr, so kann die Zersetzung des Karbonats als beendigt angesehen werden.

Durch allzu heftiges Glühen wird Magnesiumoxyd dichter und selbst kristallinisch. In England pflegt man zur Darstellung von Magnesiumoxyd ein dichteres Magnesiumkarbonat anzuwenden und erzielt dann die spezifisch schwerere Form.

Eigenschaften und Prüfung. Gebrannte Magnesia, MgO, Mol.-Gew. 40,32, ist ein leichtes, weißes, feines, in Wasser sehr wenig lösliches Pulver, das von verdünnten Säuren leicht aufgenommen wird.

Die mit verdünnter Schwefelsäure bewirkte Lösung gibt nach Zusatz von Ammoniumchloridlösung und überschüssiger Ammoniakflüssigkeit mit Natriumphosphatlösung einen weißen, kristallinischen Niederschlag von Ammonium-Magnesiumphosphat, $Mg(NH_4)PO_4 \cdot 6\,H_2O$.

Magnesiumoxyd wird geprüft auf Alkalisalze, besonders Natriumkarbonat, ferner auf Magnesiumsubkarbonat, Kalk, fremde Metalle, besonders auch Eisen (s. Arzneibuch).

Anwendung. Innerlich gegen Hyperacidiät des Magensaftes (Dosis 0,2 g bis 1 g), gegen Vergiftung mit Säuren und als Abführmittel (Dosis 2 g bis 10 g).

Magnesiumsuperoxyd, MgO_2, in reiner Form bisher nicht erhalten. $20\,^0/_0$ Superoxyd haltende Präparate werden unter dem Namen Hopogan therapeutisch verwendet. Diese und andere Magnesiumsuperoxyde des Handels sind indes wohl Gemische aus Magnesiumoxyd und Calciumsuperoxyd.

Magnesiumhydroxyd, Magnesiahydrat, Magnesia hydrica, $Mg(OH)_2$, wird aus den Lösungen der Magnesiumsalze auf Zusatz von Alkalihydroxyden als weißer, gallertartiger Niederschlag gefällt:

$$MgSO_4 + 2\,NaOH = Mg(HO)_2 + Na_2SO_4.$$

Getrocknet bei 100^0 bildet Magnesiumhydroxyd ein weißes, schwach alkalisch reagierendes Pulver, das bei stärkerem Erhitzen Wasser verliert und in Magnesiumoxyd übergeht.

Frisch gefälltes Magnesiumhydroxyd wird auf Zusatz von Ammoniumsalzen leicht gelöst. Sind daher in der Lösung eines Magnesiumsalzes · Ammoniumsalze anwesend, so erfolgt auf Zusatz von Alkali keine Fällung.

Unter dem Namen **Magnesiagemisch** oder **Magnesiamixtur** wird eine Magnesiumhydroxyd enthaltende Flüssigkeit für analytische Zwecke benutzt (s. Phosphorsäure, S. 98).

Magnesiumsulfat, Schwefelsaures Magnesium, Bittersalz Magnesium sulfuricum, $MgSO_4 \cdot 7\,H_2O$, kommt in der Natur im Meerwasser und in vielen Mineralwässern gelöst vor. Diese führen den Namen Bitterwässer (Friedrichshaller, Saidschützer usw.). Mit 1 Mol. und mit 7 Mol. Wasser kristallisiert, findet sich Magnesiumsulfat in den Staßfurter Abraumsalzen; ersteres heißt Kieserit, letzteres Reichardtit. Kaïnit ist ein Magnesium-Kaliumchlorid, Polyhalit ein Calcium-Magnesium-Kaliumsulfat. Diese Mineralien dienen wie die in Mineralwasserfabriken durch Behandeln von Magnesit (Magnesiumkarbonat) und Dolomit (Calcium-Magnesiumkarbonat) mit Schwefelsäure erhaltenen Rückstände zur Darstellung des offizinellen, mit 7 Mol. Wasser kristallisierenden Magnesiumsulfats.

In den Kohlensäureentwicklungsgefäßen der Mineralwasserfabriken hinterbleibt bei Verwendung von Magnesit und Schwefelsäure:

$$MgCO_3 + H_2SO_4 = MgSO_4 + H_2O + CO_2,$$

ein durch Eisen, Mangan u. a. Stoffe verunreinigtes Magnesiumsulfat. Man löst es in Wasser, erwärmt unter Einleiten von Chlor, wodurch das Eisen oxydiert und sodann auf Zusatz von frisch gefälltem Magnesiumhydroxyd niedergeschlagen wird. Nach dem Absitzen filtriert man, säuert das Filtrat mit etwas Schwefelsäure an und dampft bis zum Beginn der Kristallisation ein. Man füllt die Sulfatlauge sodann in Holzbottiche, stört die Kristallisation durch häufigeres Umrühren und erhält hierdurch ein kleinkristallinisches Salz.

Eigenschaften und Prüfung. Magnesiumsulfat $MgSO_4 \cdot 7\,H_2O$. Mol.-Gew. 246,50, besteht, langsam kristallisiert, aus großen, durchsichtigen Prismen. Das durch gestörte Kristallisation erhaltene handelsübliche Salz bildet kleine, farblose, an der Luft kaum verwitternde, prismatische Kristalle von bitterem, salzigem Geschmack. Es löst sich in 1 T. Wasser von 15^0 und in 0,3 T. siedendem Wasser. In Weingeist ist es unlöslich. Die wässerige Lösung des Magnesiumsulfats reagiert auf Lackmus neutral, während das äußerlich ähnliche, giftige Zinksulfat Lackmus rötet.

Erhitzt man Magnesiumsulfat in einer Porzellanschale im Wasserbade unter bisweiligem Umrühren, so verlieren 100 T. 35 bis 37 Gewichtsteile Wasser, und es verbleibt ein Magnesiumsulfat mit noch

annähernd 2 Mol. Wasser. Man schlägt das Pulver durch ein Sieb
und verwendet es in den Fällen, wo Magnesium sulfuricum
siccum arzneilich verordnet ist. Erwärmt man dieses Pulver längere
Zeit, so verliert es noch 1 Mol. Wasser und geht in die Verbindung
$MgSO_7 \cdot H_2O$ über. Die letzte Mol. Wasser (Konstitutionswasser)
läßt sich erst beim Erhitzen über 200^0 austreiben.

Bei der Prüfung ist Rücksicht zu nehmen auf einen Gehalt an
Alkalisalzen, auf Arsen, auf freie Schwefelsäure, fremde
Metalle, besonders noch auf Eisen und Chlorid (s. Arzneibuch).

Anwendung. Innerlich als Abführmittel (Dosis 10 g bis 15 g).

Magnesiumphosphate. Die Magnesiumsalze der Phosphorsäure
entsprechen hinsichtlich ihrer Zusammensetzung den Phosphaten der
alkalischen Erden. Das neutrale oder tertiäre Phosphat, $Mg_3(PO_4)_2$,
findet sich in kleiner Menge in den Knochen als Begleiter des Calciumphosphats und in Pflanzenaschen. Das sekundäre Magnesiumphosphat,
$MgHPO_4 \cdot 7 H_2O$, wird durch Fällen der Lösung eines Magnesiumsalzes mit sekundärem Natriumphosphat erhalten.

Ein Ammonium-Magnesiumphosphat scheidet sich zuweilen
aus faulendem Harn ab. Es findet sich ferner in den Harnsteinen
pflanzenfressender Tiere, im Guano, in alten Düngergruben (Struvit).
Künstlich wird es erhalten durch Fällen einer Magnesiumsalzlösung
durch Natriumphosphat bei Gegenwart von Ammoniak und Ammoniumsalz. Die Fällung stellt ein weißes kristallinisches Pulver dar von
der Zusammensetzung $Mg(NH_4)PO_4 \cdot 6 H_2O$. Bei starkem Erhitzen
geht es unter Fortgang von Wasser und Ammoniak in Magnesium-
pyrophosphat, $Mg_2P_2O_7$, über.

Magnesiumkarbonate. In der Natur findet sich in Rhomboedern
kristallisiert ein kohlensaures Magnesium als Magnesitspat oder
Talkspat, in derben Massen als Magnesit. Mit Calciumkarbonat
in Verbindung kommt Magnesiumkarbonat als Dolomit, $MgCO_3 \cdot CaCO_3$,
vor.

Ein basisch-kohlensaures Magnesium ist das

Magnesium carbonicum oder die Magnesia alba des
Arzneibuches, $4 MgCO_3 \cdot Mg(OH)_2 \cdot 4 H_2O$. Zur Darstellung dieser Verbindung fällt man heiß eine Lösung von Magnesiumsulfat mit einer
solchen von Natriumkarbonat, wobei sich Kohlensäure entwickelt.

Darstellung von Magnesium carbonicum. Man erwärmt eine
Lösung von 1 kg kristallisiertem Magnesiumsulfat in 9 kg Wasser auf 60^0 und
versetzt unter Umrühren mit einer gleich warmen Lösung von 1 kg kristallisiertem Natriumkarbonat in 9 kg Wasser. Der entstehende weiße Niederschlag
wird dekantierend ausgewaschen, auf ein dichtes leinenes Kolatorium gebracht
und solange mit Wasser nachgewaschen, bis das Filtrat auf Zusatz von Baryumnitratlösung keine Trübung mehr zeigt, also kein schwefelsaures Salz mehr
nachweisbar ist. Hierauf preßt man den Niederschlag aus und trocknet ihn,
in viereckige Stücke geformt, an der Luft oder bei sehr gelinder Wärme in
dem Trockenschrank.

Eigenschaften und Prüfung. Basisches Magnesiumkarbonat,
Magnesium carbonicum, bildet weiße, leichte, lose zusammenhängende, zu einem lockeren weißen Pulver zerreibliche Massen, die

in Wasser nur sehr wenig löslich sind, ihm aber schwach alkalische Reaktion erteilen. Von verdünnten Säuren wird es unter lebhafter Kohlensäureentwicklung gelöst. Seine Zusammensetzung ist je nach der bei der Fällung herrschenden Temperatur und je nach der verschiedenen Konzentration der verwendeten Lösungen eine wechselnde. Ein der Formel $4\,MgCO_3 \cdot Mg(OH)_2 \cdot 4\,H_2O$ entsprechendes Präparat wird erzielt, wenn man nach der mitgeteilten Vorschrift arbeitet.

Auf Verunreinigungen durch Alkalisalze, besonders Natriumkarbonat, sowie auf Eisen ist in gleicher Weise zu prüfen, wie bei Magnesia usta auf Metalle (Blei und Kupfer), Sulfat und Chlorid (s. Arzneibuch).

Anwendung. Wie Magnesia usta, als Abführmittel in Dosen von 3 g bis 8 g.

Magnesiumsilikate. Diese kommen in verschiedener Zusammensetzung und als Doppelsilikate in der Natur vor. Von technischer Bedeutung sind der Serpentin, $Mg_3Si_2O_7 \cdot 2\,H_2O$, der Olivin, Mg_2SiO_4, Meerschaum, $Mg_2Si_3O_8 \cdot 2\,H_2O$, Speckstein oder Talk, $Mg_3H_2Si_4O_{12}$. In allen genannten Magnesiumsilikaten finden sich mehr oder weniger große Mengen Eisen. Talk (Talcum) kommt in einer weichen, blendend weißen Form vor, die, gepulvert, der Haut hartnäckig anhaftet und diese schlüpfrig macht. Talkpulver dient daher als Versatzmittel für Farbsubstanzen zum Schminken und zur Herstellung von Pudern. Man stäubt Talkpulver in neue Handschuhe, damit sie sich bequem anziehen lassen, benutzt es zum Aufsaugen von Fettflecken aus Zeugen. Man bestreut zu diesem Zweck die Fettflecke mit dem Talkpulver, bedeckt es mit Filtrierpapier und fährt mit einem heißen Bügeleisen darüber.

Zu den Doppelsilikaten des Magnesiums und Calciums gehören die Augite, Hornblenden, der Asbest. Der faserige Asbest (Tremolith, Amianth, Strahlstein) findet bei chemischen Operationen mannigfache Verwendung. Man verfertigt Papier, Pappe, unverbrennliche Zeuge, Zelte usw. aus Asbest.

Nachweis von Magnesiumverbindungen.

Flammenfärbung: Magnesiumverbindungen färben die Flamme nicht.

Natriumhydroxyd und Natriumkarbonat rufen in den Lösungen der Magnesiumsalze weiße Niederschläge hervor von Magnesiumhydroxyd, bzw. basischem Magnesiumkarbonat, die in Ammoniumsalzen löslich sind; bei Gegenwart von Ammoniumsalzen wird daher durch Alkalihydroxyde oder -karbonate kein Niederschlag erzeugt.

Sekundäres Natriumphosphat fällt bei Gegenwart von Ammoniak und Ammoniumsalz (Ammoniumchlorid) in Magnesiumsalzlösungen weißes kristallinisches Ammonium-Magnesiumphosphat:

$$HPO_4'' + NH_3 + Mg\ddot{} \longrightarrow Mg(NH_4)PO_4.$$

Zink.

Zincum, $Zn = 65{,}37$. **Zweiwertig.** Obgleich bereits im Altertum das Zinkmineral Galmei oder Cadmia bekannt war und zur Herstellung von Messing benutzt wurde, findet sich Zink erst im 15. Jahrhundert als eigentümliches Metall erwähnt. Mitte des 18. Jahrhunderts beginnt dann in England die Gewinnung des Zinks aus seinen Erzen. In Schlesien (in Wesollo) wurde 1798 durch Johann Ruberg die erste Zinkhütte angelegt.

Vorkommen. Die hauptsächlichsten Zinkerze sind Galmei oder Zinkspat (Zinkkarbonat) und Zinkblende (Zinksulfid). Unter gewöhnlichem Galmei oder Kieselzinkerz wird ein Zinksilikat haltendes Zinkkarbonat verstanden. Seltener finden sich Zinkblüte $[ZnCO_3 \cdot 2\,Zn(OH)_2]$, Zinkvitriol oder Goslarit $(ZnSO_4 \cdot 7\,H_2O)$, Zinkspinell oder Gahnit $(AlO_2)_2(ZnFe)$.

Gewinnung. Während früher Galmei fast ausschließlich zur Zinkgewinnung benutzt wurde, findet jetzt meist Zinkblende hierzu Verwendung.

Galmei wird zuvor gebrannt (calciniert), wobei Wasser und Kohlendioxyd entweichen und ein unreines Zinkoxyd zurückbleibt. Auch Zinkblende wird zunächst in das Oxyd übergeführt, indem sie nach dem Zerkleinern bei allmählich gesteigerter Temperatur geröstet wird. Hierbei entweicht Schwefeldioxyd. Ein kleiner Teil des Zinksulfids wird in Zinksulfat übergeführt.

Das unreine Zinkoxyd wird mit Kohle gemengt und destilliert. In den eisernen Vorlagen setzt sich eine graue, pulverige Masse, der Zinkstaub, aus einem Gemenge von fein verteiltem Zink und gegen $10\,^0/_0$ Zinkoxyd bestehend, an. Das überdestillierende Zink ist meist noch mit Cadmium, Arsen, Blei verunreinigt. Man befreit es davon, indem man es einer mehrfach wiederholten Destillation unterwirft, und zwar fängt man den zuerst übergehenden, an Cadmium und Arsen reichen Dampf gesondert auf und verflüchtigt das Zink nicht vollständig. Häufig enthält Zink auch Phosphor.

Um ein chemisch reines, für analytische Zwecke benutzbares Zink zu gewinnen, destilliert man reines Zinkoxyd mit Kohle, oder erhitzt Zinkchlorid mit Natriumkarbonat und Kohle oder reduziert ein Gemenge von reinem Zinkchlorid und Natriumchlorid durch metallisches Natrium.

Zur Herstellung des granulierten oder gekörnten Zinks (Zincum granulatum) schmilzt man Zink und trägt das flüssige Zink in kaltes Wasser ein.

Eigenschaften. Bläulichweißes, glänzendes Metall von blättrig-kristallinischem Bruche vom spez. Gew. 6,922. Schmelzp. $419,4^0$, Siedep. 920^0. In der Kälte, sowie beim Erhitzen über 200^0 wird es so spröde, daß es mit dem Hammer leicht zertrümmert werden kann. Wird es bei Luftzutritt stark erhitzt, so verbrennt es mit glänzendem grünlichen Licht zu Zinkoxyd, welches sich in lockeren, weißen Flocken niederschlägt, die den Namen Flores Zinci oder Lana philosophica führen.

Von reiner, trockener, kohlensäurefreier Luft, auch unter sauerstoff- und luftfreiem Wasser wird Zink nicht angegriffen. Feuchte und kohlensäurehaltige Luft überziehen es mit einer weißgrauen Schicht von Zinkoxyd, bzw. von basischem Zinkkarbonat.

Verdünnte Salz- und Schwefelsäure lösen Zink unter Wasserstoffentwicklung zu Zinkchlorid, bzw. Zinksulfat. Auch Kalium- oder Natriumhydroxydlösungen nehmen in der Hitze Zink unter Wasserstoffentwicklung auf. Bei Gegenwart von Eisen oder Platin findet diese Einwirkung schon bei gewöhnlicher Temperatur statt. Verschiedene Metalle, wie Blei, Kupfer, Cadmium, Quecksilber werden aus ihren Salzlösungen durch Zink gefällt.

Zink entzieht dem Kupfer seine Ionenladung, da das Zink größere Neigung hat, in den Ionenzustand überzugehen; es besitzt größere „Lösungstension".

Anwendung. Wegen seiner leichten Schmelz- und Gießbarkeit dient Zink zur Herstellung von Metallgußgegenständen (Ornamenten, Statuen usw.), die mit einem Anstrich versehen oder verkupfert oder bronziert werden. Zinkblech ersetzt vielfach das teure Kupferblech und das leichter vergängliche Weißblech. Zinkgegenstände, der Atmosphäre ausgesetzt, umkleiden sich bald mit einer Schicht von basisch-kohlensaurem Zink, die fest aufliegt und das Metall vor der zerstörenden Einwirkung der Atmosphäre schützt. Als Wasserleitungsröhren benutzt man außer Bleiröhren auch verzinkte Eisenröhren.

Löst man 2 Teile Cuprinitrat und 3 Teile Cuprichlorid in 64 Teilen Wasser und 8 Teilen Salzsäure vom spez. Gew. 1,1, so erhält man eine Flüssigkeit, die blankes Zinkblech tief sammetschwarz färbt. Der Überzug haftet sehr fest. Die Flüssigkeit dient als Tinte zum Schreiben auf Zinkblech. Ätzt man das so beschriebene (oder auch mit Zeichnungen bedeckte) Blech mit sehr verdünnter Salpetersäure (1 T. Säure vom spez. Gew. 1,2 und 8 T. Wasser), so werden die Schriftzüge oder Zeichnungen erhaben. Auf diese Weise lassen sich Platten zum Abdruck herstellen (Zinkographie).

Zufolge seiner starken elektromotorischen Wirksamkeit wird Zink zur Herstellung der Lösungselektroden in galvanischen Elementen benutzt.

Zink bildet mit anderen Metallen wichtige Legierungen, wie Messing, Tombak, Neusilber usw.

Zinksalze wirken, innerlich eingenommen, brechenerregend und sind in größerer Dosis giftig.

Zinkchlorid, Chlorzink, Zinkbutter, Zincum chloratum, $ZnCl_2$.

Darstellung. Man übergießt gekörntes Zink mit verdünnter Salzsäure, worauf unter Wasserstoffentwicklung Zinkchlorid in Lösung geht:

$$Zn + 2\,HCl = ZnCl_2 + H_2.$$

Durch Verwendung eines Überschusses von metallischem Zink verhindert man, daß Blei, Kupfer oder Arsen gelöst werden. Die abgegossene Lösung erwärmt man unter Hinzufügung von etwas Chlorwasser, wodurch das mitgelöste Eisen oxydiert, d. h. das Eisenchlorür in Eisenchlorid übergeführt wird. Hierauf versetzt man die Lösung mit etwas frisch gefälltem reinen Zinkhydroxyd, wodurch sich Ferrihydroxyd niederschlägt:

$$2\,FeCl_3 + 3\,Zn(OH)_2 = 2\,Fe(OH)_3 + 3\,ZnCl_2.$$

Die von dem Niederschlag abfiltrierte Flüssigkeit wird im Sandbade vorsichtig zur Trockene verdunstet. Hierbei entsteht durch teilweise Abspaltung von Salzsäure eine kleine Menge basisches Zinkchlorid (Zinkoxychlorid).

Eigenschaften und Prüfung. Zinkchlorid bildet eine weiße, bröcklige, stark ätzend wirkende, sehr zerfließliche Masse, welche von Wasser, Alkohol, Äther und Alkalien leicht gelöst wird. Ein kleiner Gehalt an basischem Zinkchlorid liefert mit Wasser eine trübe Lösung, die aber auf Zusatz von Salzsäure sich wieder klärt.

Zinkoxychlorid, Zn_2OCl_2, entsteht durch Digerieren einer Zinkchloridlösung mit Zinkoxyd und bildet eine anfangs knetbare, allmählich fest werdende Masse, die als Kitt besonders in der Zahntechnik Verwendung findet. Auch basisches Zinkphosphat wird zu gleichem Zweck gebraucht.

Eine Reinheitsprüfung erstreckt sich auf Zinkoxychlorid, Zinksulfat, fremde Metalle, Alkali- und Erdalkalisalze (s. Arzneibuch).

Anwendung. Zinkchlorid wird als wasserentziehendes Mittel bei vielen chemischen Operationen angewendet, ferner als Imprägnierungsmittel für Holz. Die Lösung des Zinkchlorids in Wasser führt Cellulose in eine stärkeähnliche, mit Jod sich blau färbende Masse über. Chlorzinkjodlösung wird deshalb zum mikroskopischen Nachweis der Zellmembranen benutzt (s. den nachfolgenden Artikel).

Zinkjodid, Jodzink, Zincum jodatum, ZnJ_2, entsteht beim Erwärmen von Zink mit Jod und Wasser und wird beim Eindampfen wasserfrei in Oktaedern erhalten. Eine Lösung von Zinkjodid, mit Stärkelösung versetzt, bildet die als Reagens auf salpetrige Säure und freies Chlor benutzte Jodzinkstärkelösung (s. Arzneibuch).

Zum mikroskopischen Nachweis von Cellulose wird Chlorzinkjodlösung wie folgt bereitet: 30 g Zinkchlorid, 5 g Kaliumjodid, 0,8 g Jod und 14 ccm Wasser.

Zinkoxyd, Zincum oxydatum, ZnO. Mit dem Namen Lana philosophica, Nix alba (daraus Nihilum album), Tutia alexandrina bezeichnet man unreine Zinkoxyde. Arzneilich verwendet werden zwei verschiedene Zinkoxyde: Zincum oxydatum venale und Zincum oxydatum purum. Ersteres ist ein durch fremde Metalloxyde verunreinigtes Zinkoxyd, welches zur Herstellung von Streupulvern, Zinksalbe, Zinkpasta Verwendung findet und durch Verbrennen des rohen käuflichen Zinks dargestellt wird. Es heißt auch Zinkweiß, Zinkblumen, Flores Zinci und dient mit Bleiweiß und Firnis vermischt als Anstrichfarbe.

Das reine, als innerliches Arzneimittel gebrauchte Zinkoxyd besitzt eine gelblichweiße Farbe und wird durch Fällen einer heißen Zinksalzlösung mit Natriumkarbonat und Erhitzen des gefällten basischen Zinkkarbonats, bis Wasser und Kohlensäure entwichen sind, dargestellt:

$$5\,ZnCl_2 + 5\,Na_2CO_3 + 3\,H_2O = 2\,ZnCO_3 \cdot 3\,Zn(OH)_2 + 10\,NaCl + 3\,CO_2.$$
$$2\,ZnCO_3 \cdot 3\,Zn(OH)_2 = 5\,ZnO + 3\,H_2O + 2\,CO_2.$$

Zinkoxyd hat die Eigenschaft, beim Erhitzen eine gelbe Farbe anzunehmen, welche beim Erkalten in eine fast weiße Farbe übergeht.

Prüfung. Zinkoxyd wird auf Verunreinigungen durch Arsen, Sulfat, Chlorid, Karbonat, Kalk, Magnesia und auf fremde Metalle geprüft, das rohe Zinkoxyd besonders auf Baryumsulfat, Gips und Bleisulfat (s. Arzneibuch).

Zinkhydroxyd, Zinkoxydhydrat, $Zn(OH)_2$, entsteht beim Versetzen von Zinksalzlösungen mit Kalium- oder Natriumhydroxyd oder Ammoniak:

$$ZnCl_2 + 2\,KOH = Zn(OH)_2 + 2\,KCl$$

als ein weißer, gallertartiger Niederschlag, welcher von einem Überschuß des Fällungsmittels zu Zinkoxydkalium, -natrium oder -ammonium gelöst wird:

$$Zn(OH_2) + 2\,KOH = Zn(OK)_2 + 2\,H_2O.$$

Lithopone oder **Zinkolith** wird als Malerfarbe verwendet und durch Fällen einer Zinksulfatlösung mit Schwefelbaryum dargestellt. Es liegt also ein Gemisch von Baryumsulfat und Zinksulfid vor.

Zinkphosphat, Phosphorsaures Zink, Zincum phosphoricum $Zn_3(PO_4)_2 \cdot 4\,H_2O$ wird als weißer, kristallinischer Niederschlag beim Versetzen einer heißen Natriumphosphatlösung mit Zinksulfatlösung erhalten.

Zinksulfat, Schwefelsaures Zink, Zinkvitriol, Zincum sulfuricum, Vitriolum Zinci, $ZnSO_4 \cdot 7H_2O$. Ein unreines Zinksulfat (Zincum sulfuricum crudum) wird durch Auslaugen gerösteter Zinkblende mit schwefelsäurehaltigem Wasser und Abdampfen zur Kristallisation dargestellt.

Reines Zinksulfat erhält man durch Behandeln von Zink mit verdünnter Schwefelsäure:

$$Zn + H_2SO_4' = ZnSO_4 + H_2,$$

wobei die bei der Gewinnung von Zinkchlorid aus rohem Zink besprochenen Reinigungsmethoden in Anwendung kommen.

Eigenschaften und Prüfung. Zinksulfat, $ZnSO_4 \cdot 7H_2O$, Mol.-Gew. 287,55, bildet farblose, an trockener Luft langsam verwitternde, in 0,6 T. Wasser lösliche, in Weingeist aber unlösliche Kristalle. Die wässerige Lösung besitzt einen scharfen Geschmack und rötet blaues Lackmuspapier. Man prüft Zinksulfat auf Verunreinigungen durch Tonerde, fremde Metalle, Ammoniumsalze, Nitrat, Chlorid und überschüssige Säure. Letztere stellt man fest durch Schütteln von 2 g Zinksulfat mit 10 ccm Weingeist und Filtrieren. Das Filtrat darf Lackmuspapier nicht verändern (s. Arzneibuch).

Anwendung. Zinksulfat wird als Beize in der Kattundruckerei verwendet, in der Medizin innerlich als Brechmittel (Dosis 0,3 g bis 1 g), äußerlich als Adstringens besonders in der Ophthalmologie und gegen Erkrankungen der Harnröhre zu Injektionen.

Vorsichtig aufzubewahren; Größte Einzelgabe 1,0 g. Größte Tagesgabe 1,0 g.

Nachweis von Zinkverbindungen.

Beim Erhitzen mit Soda auf Kohle geben Zinkverbindungen vor der Lötrohrflamme einen in der Hitze gelben, nach dem Erkalten nahezu weißen Beschlag von Zinkoxyd.

Betupft man den Glührückstand mit Kobaltnitratlösung und glüht von neuem, so bildet sich ein schön grün gefärbter Stoff:

Rinmanns Grün, ein Kobaltozinkat $Co{<}{\overset{O}{\underset{O}{>}}}Zn$.

Aus Zinksalzlösungen fällen

Kalium- oder Natriumhydroxyd oder Ammoniak weißes, gallertiges Zinkhydroxyd, das im Überschuß der Fällungsmittel löslich ist:

$$2\,OH' + Zn'' \longrightarrow Zn(OH)_2$$
$$Zn(OH)_2 + OH' \longrightarrow ZnO_2H' + H_2O.$$

Natriumkarbonat weißes, basisches Zinkkarbonat,

Schwefelammonium weißes Schwefelzink (Zinksulfid, ZnS),
das in Essigsäure unlöslich ist, von Salz- oder Schwefel-
oder Salpetersäure aber gelöst wird.

Kaliumferrocyanid bewirkt in Zinksalzlösungen die Abscheidung
von weißem Zinkferrocyanid:

$$[Fe(CN)_6]'''' + 2\,Zn'' \longrightarrow Zn_2[Fe(CN)_6].$$

Cadmium.

Cadmium, Cd = 112,4. Zweiwertig. Cadmium wurde im Jahre 1817
fast gleichzeitig von Strohmeyer in Göttingen und von Hermann in Schöne-
beck im Zinkoxyd entdeckt.

Vorkommen und Gewinnung. Cadmium kommt als steter
Begleiter des Zinks in der Zinkblende und dem Galmei vor und
findet sich bei der Zinkdestillation in den zuerst übergehenden Anteilen.

Aus Schwefelcadmium, CdS, besteht das seltene Mineral
Greenockit.

Eigenschaften. Zinnweißes, glänzendes Metall vom spez.
Gew. 8,65. Schmelzp. 320,9°, Siedep. 780°, im Vakuum bei 440°.
An der Luft wird Cadmium nur wenig verändert. An der Luft
erhitzt, verbrennt es mit braunem Rauch zu Cadmiumoxyd. Gegen-
über Lösungsmitteln verhält es sich ähnlich wie Zink. Aus seinen
Lösungen wird es durch Zink gefällt. Die in Cadmiumsalzlösungen
mit Hilfe von Kalium- oder Natriumhydroxyd bewirkten weißen
Niederschläge von Cadmiumhydroxyd werden — in Gegensatz zu
Zink — von einem Überschuß des Fällungsmittels nicht gelöst.
Wohl aber löst Ammoniak Cadmiumhydroxyd leicht auf.

Anwendung. Ein Cadmiumamalgam wird an Stelle von Goldplomben
beim Plombieren von Zähnen benutzt.

Cadmiumjodid, CdJ$_2$, findet in der Photographie Verwendung. Ein
Kalium-Cadmiumjodid, CdJ$_2 \cdot 2\,$KJ$ \cdot 2\,H_2$O, wird als Alkaloidreagens benutzt.
Man stellt es dar durch Lösen von 10 Teilen Cadmiumjodid und 20 Teilen
Kaliumjodid in 70 Teilen Wasser.

Cadmiumsulfat, Schwefelsaures Cadmium, Cadmium sulfuricum, 3 CdSO$_4 \cdot 8\,$H$_2$O, wird durch Auflösen von Cadmiummetall in
verdünnter Schwefelsäure (welcher zweckmäßig eine kleine Menge
Salpetersäure beigemischt ist) erhalten.

Große, farblose, wasserlösliche Kristalle. Die Lösung rötet blaues
Lackmuspapier. Es wird an Stelle von Zinksulfat in der Augenheilkunde gebraucht.

Nachweis von Cadmiumverbindungen.

Beim Erhitzen mit Soda auf Kohle geben Cadmiumverbindungen
vor der Lötrohrflamme einen braungelben Beschlag von Cadmiumoxyd, ein sog. Pfauenauge.

Aus Cadmiumsalzlösungen fällen
Kalium- oder Natriumhydroxyd weißes Cadmiumhydroxyd,
das im Überschuß der Fällungsmittel nicht löslich ist:

$$2\,OH' + Cd^{\cdot\cdot} \longrightarrow Cd(OH)_2,$$

Schwefelwasserstoff gelbes Cadmiumsulfid, das von kalten verdünnten Säuren nicht aufgenommen wird:

$$H_2S + Cd^{\cdot\cdot} \longrightarrow CdS + 2\,H^{\cdot}.$$

Quecksilber.

Hydrargyrum, $Hg = 200,6$. Ein- und zweiwertig. Quecksilber war
schon im Altertum, doch später als Gold und Silber bekannt.

Der Name Quecksilber wird von dem deutschen Wort „queck" oder
„quick" (lebhaft, regsam) und Silber abgeleitet, bedeutet somit dasselbe, was
der frühere lateinische Name Argentum vivum besagt. Dem Griechischen
entlehnt ist die Bezeichnung Hydrargyrum ($\H\delta\omega\varrho$, hydor, Wasser und $\alpha\varrho\gamma\upsilon\varrho o\varsigma$,
argyros, Silber).

Vorkommen. Nur selten gediegen als Jungfern-Queck-
silber in Form kleiner Tröpfchen in das Gestein eingesprengt;
meist in Verbindung mit anderen Elementen, besonders mit Schwefel
als Zinnober oder Cinnabarit, HgS. Quecksilberhornerz ist
eine Chlorverbindung, Hg_2Cl_2, Coccinit eine Jodverbindung. Mit
organischen Stoffen (Idrialin) gemischt, bildet Zinnober den
Idrialit.

Die Hauptfundorte des Zinnobers sind Almadén in Spanien,
Idria in Krain, einige Gegenden Steiermarks, Kärntens, Ungarns, in
Nikitowka in Südrußland, sowie verschiedene Orte in Peru, Kali-
fornien und Mexiko.

Gewinnung. 1. Das zinnoberhaltige Gestein wird in Schachtöfen geröstet, welche mit Verdichtungskammern für das dampfförmig entweichende Metall in Verbindung stehen. Durch den
Sauerstoff der zugeleiteten Luft verbrennt der Schwefel des Zinnobers
zu Schwefeldioxyd.

2. Man versetzt Zinnober mit Eisenhammerschlag (Ferroferrioxyd) und erhitzt in glockenförmigen Öfen. Es entweichen hierbei
Quecksilberdämpfe und Schwefeldioxyd, während Schwefeleisen zurückbleibt.

3. Zinnoberhaltiges Erz wird mit Ätzkalk gemischt und aus
eisernen Retorten destilliert. In diesen bleiben Calciumsulfid, Cal-
ciumsulfit und Calciumsulfat zurück.

In Europa wird die größte Menge Quecksilber in Spanien gewonnen, in den berühmten, über 2000 Jahre alten Gruben von Almadén.
Nach der Entdeckung der reichen Quecksilberlager in Kalifornien
und im nördlichen Mexiko (1850) nahmen diese Länder die Konkurrenz mit dem europäischen Quecksilber auf. Die Jahresproduktion
an Quecksilber beträgt zur Zeit gegen 4000 Tonnen. Spanien liefert
hiervon ca. $^1/_3$.

Die Versendung des Quecksilbers geschieht zumeist in schmiede-eisernen Flaschen, welche gegen 30 Kilo Metall fassen, seltener in ledernen Schläuchen oder in Bambusrohr. Das Quecksilber des Handels ist niemals völlig rein und enthält gegen $2\,^0/_0$ fremde Metalle, wie Blei, Kupfer, Wismut, Zinn, Silber, auch Staub und andere Unreinigkeiten. Um es von diesen zu befreien, läßt man es durch ein Filter laufen, in dessen Spitze ein kleines Loch gestochen ist. Enthält das Quecksilber fremde Metalle, so bildet sich auf der Oberfläche ein graues Häutchen, welches aus Amalgamen, Verbindungen des Quecksilbers mit anderen Metallen, besteht. Zwecks Reinigung gießt man Quecksilber in dünnem Strahl durch eine hohe Schicht kalter Salpetersäure, oder schüttelt es mit Chromsäure- oder Ferrichloridlösung oder Schwefelsäure. Die das Quecksilber verunreinigenden Metalle werden hierdurch zuerst angegriffen. Man spült das Metall mit Wasser ab und trocknet mit Fließpapier.

Eigenschaften. Flüssiges, stark silberglänzendes Metall vom spez. Gew. 13,560 bei 15⁰. Bei — 38,89⁰ wird es fest und bildet dann eine schmied- und hämmerbare Masse. Bei 357⁰ und 760 mm Druck siedet es. Schon bei mittlerer Lufttemperatur gibt Quecksilber beträchtliche Mengen Dampf ab. Man muß sich daher hüten, wegen der Giftigkeit der Quecksilberdämpfe das Metall im Zimmer zu verschütten.

Sauerstoff der Luft verändert reines Quecksilber bei gewöhnlicher Temperatur nicht; erhitzt man aber Quecksilber bis nahe zur Siedetemperatur, so überzieht es sich mit einer roten Schicht von Quecksilberoxyd. Schüttelt man Quecksilber anhaltend mit Wasser, Äther, Chloroform, Terpentinöl, so wird es in ein feines, graues Pulver, Aethiops per se, verwandelt. In solchem fein verteilten Zustande befindet sich Quecksilber in einer Anzahl pharmazeutischer Präparate. Durch Verreiben des Metalles mit Schweinefett entsteht der Aethiops adiposus oder das Unguentum Hydrargyri cinereum (graue Quecksilbersalbe), durch Verreiben mit Zucker der Aethiops saccharatus oder Mercurius saccharatus, mit Schwefelantimon der Aethiops antimonialis usw. Das in diesen Arzneiformen fein verteilte Quecksilber nennt man getötetes oder extingiertes.

Mit Chlor, Brom, Jod verbindet sich Quecksilber schon bei gewöhnlicher Temperatur; beim Zusammenreiben mit Schwefel bildet sich schwarzes Schwefelquecksilber, das beim Erwärmen mit Schwefelammon oder Schwefelalkalien in die rote Modifikation (Zinnober) übergeführt werden kann.

Von Salzsäure und kalter Schwefelsäure wird Quecksilber nicht angegriffen; heiße konz. Schwefelsäure führt es unter Entwicklung von Schwefeldioxyd je nach der dabei waltenden Temperatur in schwefelsaures Quecksilberoxydul oder -oxyd über. Salpetersäure löst das Metall unter Stickoxydentwicklung in der Kälte zu Oxydul-, in der Hitze zu Oxydsalz. Mit vielen Metallen vereinigt sich Quecksilber zu festen Stoffen, den Amalgamen. Beim Erhitzen dieser wird das Quecksiber verflüchtigt.

Ein kolloidales Quecksilber (Hydrargol oder Hyrgol), das vom Wasser mit tiefbrauner Farbe aufgenommen wird, bereitet man wie folgt:

Durch Erhitzen einer Lösung von 22 g Stannochlorid (Zinnchlorür) in 100 ccm Wasser mit einer Lösung von 15 g Natriumkarbonat in 150 ccm Wasser fällt man Zinnoxydul, welches mit heißem Wasser ausgewaschen und in einem Gemisch von 17,5 g Salpetersäure (spez. Gew. 1,153) und 25 ccm Wasser gelöst wird. Nach dem Verdünnen auf 125 ccm mit Wasser gießt man in diese Lösung unter Umrühren eine mit ein wenig Salpetersäure hergestellte Lösung von 15 g Hydrargyronitrat in 250 ccm Wasser und fügt eine Ammoniumzitratlösung hinzu, die durch Lösen von 173 g Zitronensäure in der gleichen Menge Wasser, Neutralisieren mit Ammoniak und Verdünnen auf 450 ccm bereitet ist. Nach Absitzen des Niederschlags wird die überstehende Flüssigkeit abgehebert, der Niederschlag abgesaugt und über Schwefelsäure im Vakuum getrocknet. Das nach vorstehender Vorschrift dargestellte Hydrargol ist etwas zinnhaltig.

Quecksilber bildet zwei Reihen von Verbindungen: Die Quecksilberoxyd- oder Merkuri-(Hydrargyri-)Verbindungen und die Quecksilberoxydul- oder Merkuro- (Hydrargyro-) Verbindungen.

Die wässerigen Lösungen der Merkurisalze enthalten neben undissoziierten Molekeln zweiwertige Quecksilberionen $Hg^{\cdot\cdot}$, die Lösungen der Merkurosalze enthalten keine einwertigen Quecksilberionen, sondern zweiwertige Doppelionen $Hg_2^{\cdot\cdot}$, sie besitzen das doppelte Molekulargewicht von demjenigen, das ihnen nach der einfachen Formel zukommt (s. Merkurochlorid).

Anwendung. Quecksilber findet eine weitgehende Anwendung sowohl in medizinischer wie technischer Hinsicht. Der medizinische Gebrauch erstreckt sich besonders auf die Bekämpfung der Syphilis, gegen welche äußerlich die Quecksilbersalbe, innerlich und subkutan Quecksilberpräparate Verwendung finden.

Technisch wird Quecksilber benutzt zur Füllung von Barometern, Thermometern, beim Ausbringen des Goldes oder Silbers nach der sog. Amalgamationsmethode, zur Herstellung verschiedener Amalgame, ferner zur Bereitung von Knallquecksilber.

Merkurochlorid. Hydrargyrochlorid, Quecksilberchlorür, Calomel, Hydrargyrum chloratum, Hg_2Cl_2, kommt in der Natur vor als Quecksilberhornerz.

1. Darstellung auf trockenem Wege. 4 T. Quecksilberchlorid werden mit Weingeist besprengt, um beim Zerreiben ein Stäuben zu verhindern, und mit 3 T. metallischem Quecksilber innig gemischt. Das Gemisch wird hierauf in bedeckter Schale im Sandbade schwach erwärmt, bis der Weingeist verdampft ist und die graue Farbe sich in eine hellgelbe verwandelt hat. Die letzten Anteile freien Quecksilbers, welches nach obiger Vorschrift sich in geringem Überschuß befindet, um die Anwesenheit von unzersetztem Quecksilberchlorid ganz sicher auszuschließen, sind dann entwichen. Man schüttet die Masse in einen Kolben, eine Kochflasche oder ein Arzneiglas, so daß bis höchstens zu $^1/_4$ oder $^1/_3$ das betreffende Gefäß angefüllt wird, und unterwirft die Masse in einem Sandbad der Sublimation.

Das Gefäß wird anfangs bis an den Hals mit Sand umgeben und dieser nach und nach abgestrichen, je höher die Temperatur steigt, so daß schließlich die Sandschicht noch gegen 1 cm den Inhalt des Gefäßes überragt. Man verschließt dieses lose mit einem Kreide- oder Kohlestopfen. Ist die Sublimation beendet, so sprengt man den oberen Teil des Gefäßes ab und nimmt nach einigen Tagen das daran haftende Quecksilberchlorür ab. Unmittelbar nach der Sublimation kann man seine Entfernung vom Glase nur schwierig bewirken. Das Quecksilberchlorür wird in einer Reibschale von unglasiertem Porzellan zu einem feinen Pulver zerrieben, mit Wasser ausgewaschen, um etwa noch beigemengtes Quecksilberchlorid zu entfernen, und nach dem Auspressen bei gelinder Temperatur und unter Abschluß des Lichtes getrocknet.

Gewöhnlich benutzt man zur Sublimation in den Fabriken ein Gemisch von Merkurisulfat, Quecksilber und Natriumchlorid.

Das durch Sublimation gewonnene Merkurochlorid ist ein gelblichweißes, bei hundertfünfzigfacher Vergrößerung deutlich kristallinisches, fein geschlämmtes Pulver, welches in Wasser und Weingeist unlöslich ist und beim Erhitzen im Probierrohre sich, ohne zu schmelzen, verflüchtigt. Wässerige Alkalien schwärzen es unter Bildung von Merkurooxyd [daher der Name Calomel, $\varkappa\alpha\lambda\acute{o}\varsigma$ (kalos), schön und $\mu\acute{\epsilon}\lambda\alpha\varsigma$ (melas) schwarz]. Beim Schütteln des Calomels mit Ammoniakflüssigkeit entstehen Salmiak und schwarzes Merkuroammoniumchlorid, $Hg_2Cl(NH_2)$. Am Licht zersetzt sich Calomel langsam unter Ausscheidung von Quecksilber und Bildung von Merkurichlorid.

2. Darstellung auf nassem Wege. In eine Lösung von 3 T. Natriumchlorid in 15 T. Wasser gießt man eine solche von 10 T. Merkuronitrat und 1,8 T. reiner Salpetersäure vom spez. Gew. 1,153 in 88,5 T. Wasser:

$$Hg_2(NO_3)_2 + 2\,NaCl = Hg_2Cl_2 + 2\,NaNO_3.$$

Den Niederschlag wäscht man mit Wasser aus und trocknet ihn nach dem Auspressen bei gelinder Wärme zwischen Fließpapier an einem vor Licht geschützten Ort.

Das auf nassem Wege erhaltene Merkurochlorid ist ein weißes, zartes Pulver, welches durch starken Druck mit dem Pistill im Porzellanmörser gelb wird und in seinen sonstigen Eigenschaften mit dem auf trockenem Wege bereiteten Präparat übereinstimmt.

3. Eine dritte Darstellungsart des Merkurochlorids ist die folgende:

Man läßt die mittels des Sublimierverfahrens entstehenden Calomeldämpfe in einen geräumigen Glas- oder Tonballon eintreten, in welchem von anderer Seite einströmender Wasserdampf das Quecksilberchlorür in sehr fein verteilter Form niederschlägt (Abb. 44).

Das solcherart gewonnene Merkurochlorid, Hydrargyrum chloratum vapore paratum, bildet ein weißes, nach starkem Reiben gelbliches Pulver, welches bei 150facher Vergrößerung vereinzelte Kriställchen zeigt.

Die Dampfdichte des Merkurochlorids entspricht oberhalb 400^{0} der Formel $HgCl$, man nimmt jedoch an, daß der Dampf infolge der Dissoziation aus $Hg + HgCl_2$ besteht, weil ein eingeführtes Goldblättchen sich amalgamiert. Auf Grund dieser Beobachtung gibt man dem Merkurochlorid und anderen Merkurosalzen die doppeltmolekulare Formel.

Prüfung. Zum Nachweis von Quecksilberchlorid in Quecksilberchlorür schüttelt man 1 g desselben mit 10 ccm verdünntem Weingeist und filtriert die Flüssigkeit durch ein doppelt angefeuchtetes

Filter. Das Filtrat darf dann weder durch Silbernitratlösung noch durch Schwefelwasserstoffwasser verändert werden.

Anwendung. Innerlich gegen Syphilis: Dosis 0,01 g bis 0,1 g mehrmals täglich in Pillen- oder Pulverform, als Abführmittel 0,1 g bis 1 g. Äußerlich als Streupulver auf Geschwüre, bei Augenleiden usw.

Hydrargyr. chlor. vapore parat. besitzt zufolge seiner sehr feinen Verteilung eine energischere Wirkung als das durch Sublimation gewonnene Präparat und darf daher nicht an Stelle des letzteren dispensiert werden, wenn es nicht vom Arzt besonders vorgeschrieben ist.

Abb. 44. Apparat zur Darstellung von Hydrargyrum chloratum vapore paratum.

Merkurochlorid ist vor Licht geschützt und vorsichtig aufzubewahren.

Merkurichorid. Hydrargyrichlorid, Quecksilberchlorid, Sublimat, Hydrargyrum bichloratum corrosivum, $HgCl_2$.

Darstellung. Durch Sublimation eines Gemenges von Merkurisulfat und Natriumchlorid:

$$HgSO_4 + 2\,NaCl = HgCl_2 + Na_2SO_4.$$

Eigenschaften. Weiße durchscheinende, strahlig-kristallinische Stücke. Spez. Gew. 5,402. Schmilzt beim Erhitzen im Probierrohre (Unterschied von Calomel!) und verflüchtigt sich. Schmelzpunkt 260°, Siedepunkt 307°. Merkurichlorid löst sich in 16 T. Wasser von 15°, 3 T. siedendem Wasser, 3 T. Weingeist und in etwa

17 T. Äther. Die wässerige Lösung rötet blaues Lackmuspapier und wird auf Zusatz von Natriumchlorid neutral.

Diese Erscheinung ist darauf zurückzuführen, daß Quecksilberchlorid und Natriumchlorid komplexe Salze von der Zusammensetzung $NaHgCl_3$ und Na_2HgCl_4 bilden. Diese Salze dissoziieren in ihren Lösungen in die Ionen $\overset{.}{Na}$, $HgCl_3'$ und $\overset{..}{Na}$ und $HgCl_4''$.

Zwischen den komplexen Salzen und ihren Komponenten besteht ein Gleichgewichtszustand:

$$2\,NaCl + HgCl_2 \rightleftharpoons Na_2HgCl_4,$$

so daß die mit Natriumchlorid versetzte Quecksilberchloridlösung weniger Quecksilberionen enthält als die reine Quecksilberchloridlösung. Da die Quecksilberionen aber die Giftigkeit der Quecksilbersalze bedingen, so erklärt sich hieraus die geringere Wirksamkeit der Natriumchlorid-Quecksilberchloridlösungen.

In der gesättigten wässerigen Merkurichloridlösung sind nach Luther die folgenden sechs verschiedenen Molekel- bzw. Ionenarten anwesend:

$$(HgCl_2)\ (HgCl)\overset{.}{}\ \overset{.}{H}\ Cl'\ \overset{..}{Hg}\ HgCl_4''.$$

Natrium- und Kaliumhydroxyd scheiden aus Merkurichloridlösung gelbes Quecksilberoxyd aus:

$$HgCl_2 + 2\,NaOH = HgO + 2\,NaCl + H_2O.$$

Eine zur vollständigen Ausfällung nicht hinreichende Menge Natriumhydroxyd bewirkt die Bildung von Quecksilberoxychloriden.

Merkurichlorid gehört zu den giftigsten Metallsalzen.

Viele Bakterien werden schon durch eine Merkurichloridlösung von $1:20000$ getötet.

Die Anwendung des Quecksilberchlorids in der Technik ist eine sehr mannigfaltige. Es dient zum Ätzen des Stahls, als sog. Reservage in der Kattundruckerei, d. h. zum Auftragen an denjenigen Stellen, die weiß bleiben sollen, als Oxydationsmittel in der Anilinfarbenfabrikation, als Mittel gegen die Trockenfäule des Holzes von Kyan empfohlen (Kyanisieren des Holzes).

Medizinisch-pharmazeutisch wichtig ist das Mittel zur Bekämpfung der Syphilis und als Antiseptikum bei der Wundbehandlung. Es dient zur Herstellung der Sublimatpastillen (Pastilli Hydrargyri bichlorati). Aus der mit einem Teerfarbstoff rot gefärbten Mischung aus gleichen Teilen fein gepulvertem Quecksilberchlorid und Natriumchlorid werden Zylinder von 1 oder 2 g Gewicht hergestellt, von welchen jeder doppelt so lang wie dick ist). Eine solche Sublimatpastille wird auf 1 l Wasser für antiseptische Zwecke gelöst. Mit Sublimatlösung getränkte Verbandstoffe sind Sublimatgaze und Sublimatwatte.

Merkurichloramid. Merkuriammoniumchlorid, weißer Quecksilberpräzipitat, Hydrargyrum praecipitatum album, entsteht als weißer Niederschlag beim Versetzen einer Hydrargyrichloridlösung mit Ammoniak:

$$HgCl_2 + 2\,NH_3 = HgCl(NH_2) + NH_4Cl.$$

Darstellung. 2 T. Merkurichlorid werden in 40 T. warmem Wasser gelöst und nach dem Erkalten unter Umrühren langsam 3 T. Ammoniak oder so viel zugegossen, daß dieses ein wenig vorwaltet. Der Niederschlag wird auf einem Filter gesammelt, nach dem Ablaufen der Flüssigkeit allmählich mit 18 T. Wasser ausgewaschen und, vor Licht geschützt, bei 30° getrocknet.

Eigenschaften und Prüfung. Amorphes, in Wasser unlösliches, in erwärmter Salpetersäure leicht lösliches Pulver. Beim Erhitzen im Probierrohr verflüchtigt sich weißer Präzipitat ohne vorher zu schmelzen. Beim Erwärmen mit Natronlauge entwickelt sich Ammoniak, und gelbes Quecksilberoxyd scheidet sich ab.

Reibt man weißen Quecksilberpräzipitat mit Jod zusammen, so verpufft diese Mischung selbsttätig nach einiger Zeit, indem vermutlich Jodstickstoff entsteht. Bei Gegenwart von Alkohol reagieren Präzipitat und Jod mit großer Heftigkeit aufeinander. Man darf daher weißen Präzipitat und Jodtinktur nicht zusammenbringen.

Unter schmelzbarem weißen Quecksilberpräzipitat wird ein Merkuridiammoniumchlorid, $Hg(NH_3Cl)_2$, verstanden, welches sich beim Erwärmen des Merkurichloramids mit Ammoniumchlorid bildet.

Das Arzneibuch läßt weißen Präzipitat auf schmelzbaren Präzipitat und auf Calomel prüfen.

Anwendung. Äußerlich in Salbe (10%) gegen Krätze, Geschwüre. Als Augensalbe wird ein 1% weißen Präzipitat haltendes Salbengemisch verwendet. Mit der 15 bis 20fachen Menge Zuckerpulver vermischt dient weißer Präzipitat gegen Stinknase.

Merkurojodid, Hydrargyrojodid, Quecksilberjodür, Hydrargyrum jodatum, Hg_2J_2, wird durch Zusammenreiben von metallischem Quecksilber mit Jod oder mit Merkurijodid bei Gegenwart von Alkohol, auch durch Fällen von Merkuronitratlösung mit Kaliumjodid unter Vermeidung eines Überschusses des letzteren erhalten. Es ist ein gelbes oder gelblichgrünes, in Wasser und Weingeist unlösliches Pulver. Beim Erhitzen oder durch Einwirkung des Tageslichtes zerfällt Merkurojodid in Quecksilber und Merkuro-Merkurijodid.

Merkurijodid, Hydrargyrijodid, Quecksilberjodid, Hydrargyrum bijodatum, HgJ_2, entsteht beim Versetzen einer Quecksilberoxydsalzlösung mit Kaliumjodid unter Vermeidung eines lösend wirkenden Überschusses des letzteren:

$$HgCl_2 + 2\,KJ = HgJ_2 + 2\,KCl.$$

Darstellung. Man gießt eine Lösung von 5 T. Kaliumjodid in 15 T. Wasser unter Umrühren in eine solche von 4 T. Merkurichlorid in 80 T. Wasser, wäscht den Niederschlag mit Wasser aus und trocknet ihn bei gelinder Wärme.

Eigenschaften und Prüfung. Scharlachrotes Pulver, welches beim Erhitzen im Probierrohre gelb wird, schmilzt und sich dann verflüchtigt. Die scharlachrote und gelbe Modifikation sind *sowohl* durch die Farbe als auch durch die Kristallform und das spezifische Gewicht voneinander unterschieden. Man nennt solche Stoffe, die in verschiedenen physikalischen Formen auftreten können, enantiotrop (abgeleitet von ἐναντίος, enantios, gegenüber und τρέπω, trepo, ich wende). Merkurijodid ist in etwa 250 T. Weingeist von 15^{0} und in 40 T. siedendem Weingeist löslich, nur wenig in Wasser. Von Jodkaliumlösung wird es leicht und nahezu farblos zu einem komplexen Salze, dem Kaliumquecksilberjodid, K_2HgJ_4, gelöst.

Eine solche Lösung ist ein Reagens auf Alkaloide.

Unter dem Namen Neßlers Reagens (s. Ammoniak S. 82) wird eine Lösung von Quecksilberjodid in Kaliumjodid unter Beifügung von Kalilauge zum Nachweis von Ammoniak bzw. Ammoniumsalzen benutzt. Ammoniak erzeugt mit Neßlers Reagens eine rotbraune Färbung oder einen ebensolchen Niederschlag von Oxydimerkuriammoniumjodid:

$$O\overset{Hg}{\underset{Hg}{\diagdown \diagup}}NH_2J.$$

Das Arzneibuch läßt Quecksilberjodid auf Quecksilberchlorid prüfen.

Anwendung. Quecksilberjodid wird innerlich gegen Syphilis in Pillenform (Dosis 0,005 bis 0,01 g mehrmals täglich), äußerlich in Jodkaliumlösung zu Einspritzungen unter die Haut, zu Pinselungen von syphilitischen Mund- und Rachengeschwüren, in Salbenform gegen syphilitische Hautaffektionen gebraucht.

Sehr vorsichtig aufzubewahren. Größte Einzelgabe 0,02 g, größte Tagesgabe 0,06 g.

Merkurooxyd, Hydrargyrooxyd, Quecksilberoxydul, Hydrargyrum oxydulatum, Hg_2O, wird durch Behandeln von Merkurochlorid mit Natriumhydroxyd dargestellt:

$$2\,HgCl + 2\,NaOH = Hg_2O + 2\,NaCl + H_2O.$$

Es bildet ein in Wasser und Alkohol unlösliches, sammetschwarzes Pulver von nur geringer Beständigkeit. Das unter dem Namen Aqua phagedaenica nigra früher bekannte und gebräuchliche Quecksilberpräparat, welches durch Anreiben von Calomel mit der 60 fachen Menge Kalkwasser bereitet wurde, enthält Quecksilberoxydul.

Merkurioxyd, Hydrargyrioxyd, Quecksilberoxyd, Hydrargyrum oxydatum, HgO. Die Darstellung kann auf trockenem oder nassem Wege geschehen.

1. Darstellung auf trockenem Wege. 10 T. Quecksilber werden in der Wärme in 36 T. Salpetersäure vom spez. Gew. 1,153 ($= 25^0/_0$ HNO_3) gelöst, die Lösung auf dem Wasserbade zur Trockene verdunstet, das zurückbleibende basisch-salpetersaure Quecksilberoxyd zerrieben und in dünner Schicht in einer flachen Porzellanschale ausgebreitet. Diese wird mit einem Teller oder einer Porzellanschale bedeckt. Sodann erhitzt man unter öfterem Umrühren im Sandbade, bis keine roten Dämpfe mehr entweichen und an der Innenseite des überdeckten Tellers sich ein Anflug von sublimiertem Quecksilber zeigt. Den roten Rückstand zerreibt man nach dem Erkalten mit Wasser in einem unglasierten Porzellanmörser, wäscht auf einem Filter aus und trocknet bei gelinder Wärme unter Abschluß des Lichtes.

Zwecks besserer Ausnutzung des Salpetersäuregehalts des basischen Merkurinitrats für die Oxydation des Quecksilbers erhitzt man ein Gemenge von basisch-salpetersaurem Quecksilberoxyd und so viel Quecksilber, wie der in dem Salz enthaltenen Gewichtsmenge Quecksilber entspricht.

Das auf trockenem Wege dargestellte sog. rote Quecksilberoxyd ist ein gelblichrotes, kristallinisches Pulver, das in Wasser fast unlöslich, in verdünnter Salzsäure oder Salpetersäure leicht löslich ist und beim Erhitzen im Probierrohre in Quecksilber und Sauerstoff zerfällt.

2. **Darstellung auf nassem Wege.** Eine Lösung von 2 T. Quecksilberchlorid in 40 T. warmem Wasser wird unter Umrühren in ein kaltes Gemisch von 6 T. Natronlauge vom spez. Gew. 1,170 (= 15 % NaOH) und 10 T. destilliertem Wasser eingegossen (nicht umgekehrt, um die Entstehung basischen Quecksilbersalzes zu verhindern) und bei einer Temperatur von 30 bis 40° digeriert:

$$HgCl_2 + 2\,NaOH = HgO + 2\,NaCl + H_2O.$$

Man läßt absetzen, gießt die alkalische Flüssigkeit ab, bringt den Niederschlag auf ein Filter und wäscht ihn bis zum Aufhören der Chlorreaktion aus. Man trocknet den Niederschlag hierauf bei 30° unter Abschluß des Lichtes.

Das auf nassem Wege dargestellte Quecksilberoxyd, das **Hydrargyrum oxydatum via humida paratum**, ist ein gelbes, amorphes Pulver, welches in Wasser fast unlöslich ist und von verdünnter Salzsäure oder Salpetersäure leicht gelöst wird. Beim Erhitzen im Probierrohre zersetzt es sich in Quecksilber und Sauerstoff. Wird es mit einer 10 % igen Oxalsäurelösung geschüttelt, so bildet sich allmählich weißes oxalsaures Salz. Das auf trockenem Wege dargestellte rote Quecksilberoxyd wird von Oxalsäurelösung nicht angegriffen (s. Arzneibuch).

Anwendung. Innerlich gegen Syphilis: Dosis 0,005 g bis 0,01 g in Pillen oder Pulverform. Äußerlich als Streupulver auf syphilitische Geschwüre, mit Zuckerpulver vermischt gegen Stinknase, mit 50 bis 100 Teilen Fett vermischt als Augensalbe. Zufolge seiner feineren Verteilung wirkt gelbes Quecksilberoxyd energischer als rotes; es darf nur auf ausdrückliche Anordnung des Arztes dispensiert werden.

Sehr vorsichtig aufzubewahren. Größte Einzelgabe 0,02 g, größte Tagesgabe 0,06 g.

Merkurisulfid, Hydrargyrisulfid, HgS, findet sich in der Natur in dunkelroten, strahlig kristallinischen Massen als Zinnober, **Cinnabaris.** Künstlich wird das Sulfid in zwei verschiedenen Formen gewonnen, als **schwarzes** und als **rotes Schwefelquecksilber. Schwarzes Merkurisulfid,** welches unter dem Namen **Hydrargyrum sulfuratum nigrum** offizinell ist, wird dargestellt, indem man metallisches Quecksilber und Schwefel unter gelindem Anwärmen so lange zusammenreibt, bis sich ein gleichmäßig schwarzes Pulver bildet, aus welchem man mit Salpetersäure das nicht gebundene Quecksilber auszieht. Der freie Schwefel kann durch Schwefelkohlenstoff entfernt werden. Bei der Fällung einer Merkurisalzlösung mit Schwefelwasserstoff in starkem Überschuß wird gleichfalls schwarzes Merkurisulfid gebildet.

Rotes Merkurisulfid wird dadurch gewonnen, daß man schwarzes Schwefelquecksilber mit Ammoniumhydrosulfid oder Kaliumsulfidlösung oder mit überschüssigem Schwefel und Kalilauge in der Wärme behandelt.

300 T. metallisches Quecksilber werden mit 114 T. Schwefelblüte verrieben, die aus schwarzem Schwefelquecksilber und überschüssigem Schwefel bestehende Masse mit einer Lösung von 75 T. Kaliumhydroxyd in 400 bis 500 T. Wasser übergossen und das Gemisch unter stetem Umrühren und Ersatz

des verdampfenden Wassers so lange bei einer Temperatur von gegen 50° (10 bis 12 Stunden) erhalten, bis die Farbe nach und nach in ein feuriges Rot übergegangen ist. Das Gemisch wird hierauf in Wasser gegossen, der sich absetzende Zinnober mehrmals mit frischem Wasser behandelt, völlig ausgewaschen und bei gelinder Wärme getrocknet.

Der künstlich dargestellte Zinnober findet zur Herstellung von Farben, besonders zum Färben von Siegellack usw. Anwendung.

Merkurosulfat, Hydrargyrosulfat, Schwefelsaures Quecksilberoxydul, Hg_2SO_4, wird als weißes kristallinisches Salz erhalten beim Erwärmen von konzentrierter Schwefelsäure mit überschüssigem Quecksilber. Durch das Licht wird das Salz grau gefärbt. Man benutzt es zur Herstellung von galvanischen Normalelementen.

Merkurisulfat, Hydrargyrisulfat, Schwefelsaures Quecksilberoxyd, Hydrargyrum sulfuricum oxydatum, $HgSO_4$.

Darstellung. Man kocht 4 T. Quecksilber mit 5 T. konz. Schwefelsäure, bis eine Probe der Lösung mit verdünnter Salzsäure keinen Niederschlag mehr gibt, also kein Oxydulsalz mehr vorhanden ist, und dampft zur Kristallisation ab.

Eigenschaften. Weiße Kristallmasse, die beim Erhitzen sich gelb färbt und beim Erkalten wieder weiß wird. Bei Rotglut ist es völlig flüchtig. Durch Einwirkung von viel Wasser wird die Verbindung in zitronengelbes, basisches Salz von der Zusammensetzung $HgSO_4 \cdot 2\,HgO$ zerlegt, welches früher unter dem Namen Mercurius sulfuricus, Mineralturpeth oder -turpith, Turpethum minerale gebräuchlich war.

Merkuronitrat, Hydrargyronitrat, salpetersaures Quecksilberoxydul, Hydrargyrum nitricum oxydulatum, $Hg_2(NO_3)_2 \cdot 2\,H_2O$. Überläßt man kalte verdünnte Salpetersäure mit einem Überschuß an Quecksilber der Ruhe, so hat sich nach mehreren Stunden die Oberfläche des Metalls mit Kristallen von salpetersaurem Quecksilberoxydul bedeckt:

$$6\,Hg + 8\,HNO_3 = 3\,Hg_2(NO_3)_2 + 2\,NO + 4\,H_2O.$$

Farblose, rhombische Tafeln, welche in der gleichen Menge warmem Wasser löslich sind. Durch viel Wasser wird das Salz in basisches Salz, $Hg_2(OH)NO_3$, zersetzt.

Eine mit Hilfe von Salpetersäure bewirkte $10\,^0/_0$ige Lösung des Salzes heißt Liquor Bellostii und findet als Ätzmittel, zu Einspritzungen, Waschungen, Verbandwässern Anwendung. Das als Reagens auf Eiweißstoffe gebräuchliche Millonsche Reagens ist eine mit Salpetersäure versetzte, Oxydsalz haltende Lösung von Merkuronitrat (s. Eiweißstoffe).

Merkurinitrat, Hydrargyrinitrat, salpetersaures Quecksilberoxyd, Hydrargyrum nitricum oxydatum, $Hg(NO_3)_2$, entsteht beim Lösen von Quecksilber in überschüssiger heißer Salpetersäure. Man überläßt so lange der Einwirkung, bis verdünnte Salzsäure keinen Niederschlag mehr hervorruft, also kein Oxydulsalz mehr anzeigt:

$$3\,Hg + 8\,HNO_3 = 3\,Hg(NO_3)_2 + 2\,NO + 4\,H_2O.$$

Das Salz ist nur schwierig kristallisiert zu erhalten. Es wird zur Darstellung von Quecksilberoxyd benutzt.

Nachweis von Quecksilberverbindungen.

Wird eine Quecksilberverbindung mit trockener Soda in einem Glasröhrchen erhitzt, so verflüchtigt sich Quecksilber und setzt sich im oberen Teil des Röhrchens in feinen Tröpfchen an, die bei geringer Menge Quecksilber als grauer Belag erscheinen.

Beim Eintauchen eines blanken Kupferbleches in die Lösung eines Quecksilbersalzes überzieht sich das Kupfer mit einem grauen Überzuge (von metallischem Quecksilber), welcher beim Reiben metallglänzend wird und beim Erhitzen sich verflüchtigt.

Kalilauge erzeugt in Quecksilberoxydulsalzlösungen eine schwarze Fällung von Quecksilberoxydul:

$$2\,OH' + 2\,Hg\cdot \longrightarrow Hg_2O + H_2O,$$

in Quecksilberoxydsalzlösungen eine solche von gelbem Quecksilberoxyd:

$$2\,OH' + Hg\cdot\cdot \longrightarrow HgO + H_2O.$$

Ammoniak ruft in Oxydulsalzlösungen einen schwarzen, in Oxydsalzlösungen einen weißen Niederschlag hervor.

Salzsäure oder **Natriumchlorid** bewirken in Oxydulsalzlösungen weiße Fällung (Merkurochlorid). Oxydsalzlösungen bleiben unverändert.

Schwefelwasserstoff bewirkt in Merkurisalzlösungen, z. B. $HgCl_2$, zunächst einen weißen Niederschlag, der über Gelb, Orange und Rot schließlich in Schwarz übergeht und Merkurisulfid bildet.

Zinnchlorür scheidet beim Erwärmen aus Quecksilberchloridlösung zunächst weißes Quecksilberchlorür, dann graues metallisches Quecksilber ab.

Bleigruppe.

Blei. Thallium.

Blei.

Plumbum, Pb = 207,2[1]). Zwei- und vierwertig. Blei ist seit den ältesten Zeiten bekannt.

Vorkommen. Sehr selten gediegen, meist als Schwefelverbindung, **Bleiglanz, PbS,** in Oberschlesien, im Sächsischen Erzgebirge,

---

[1]) Das aus Uran- und Thoriumerzen abgeschiedene Blei besitzt ein anderes Atomgewicht. S. darüber **Isotope** im Anhang zum Anorganischen Teil.

im Harz, in der Rheinprovinz und Westfalen, besonders aber auch in Nordamerika, Mexiko, Brasilien, Queensland. Seltenere natürlich sich findende Bleiverbindungen sind Cotunnit, $PbCl_2$, Vitriolbleierz, $PbSO_4$, Weißbleierz oder Cerussit, $PbCO_3$, Rotbleierz oder Krokoït, $PbCrO_4$, Gelbbleierz, Wulfenit oder Molybdänbleispat, $PbMoO_4$.

Gewinnung. Bleiglanz wird in Flammöfen unter Luftzutritt erhitzt, wobei ein Gemenge von Bleioxyd, Bleisulfat und unverändertem Bleisulfid entstehen.

Man erhitzt unter Luftabschluß stärker oder schmilzt unter Zugabe von Kohle in Schachtöfen nieder. Hierbei wirken Bleioxyd, Bleisulfat und Bleisulfid derartig aufeinander, daß unter Entweichen von Schwefeldioxyd metallisches Blei erhalten wird:

$$2\,PbO + PbS = 3\,Pb + SO_2$$
$$PbSO_4 + PbS = 2\,Pb + 2\,SO_2.$$

Man nennt diese Art der Gewinnung Röstarbeit. Bei der Niederschlagarbeit wird zerkleinerter Bleiglanz mit gekörntem Roheisen in Schachtöfen niedergeschmolzen, wobei Schwefeleisen neben metallischem Blei entsteht:

$$PbS + Fe = FeS + Pb.$$

Das metallische Blei sammelt sich, auf die eine oder andere Art gewonnen, am Boden des Ofens an und wird durch einen Kanal („Stich") abgelassen.

Das so erhaltene Blei, das Werkblei, ist meist noch stark verunreinigt, meist mit Kupferstein. Um es hiervon zu befreien, wird es in einem Ofen mit schräger Sohle bei möglichst niedriger Temperatur geschmolzen („ausgesaigert"). Während das Blei abfließt, bleibt der Kupferstein ungeschmolzen in den Saigerlöchern zurück.

Da Blei meist kleine Mengen Silber enthält, wird es häufig hierauf verarbeitet (s. Silbergewinnung).

Chemisch rein gewinnt man Blei durch Erhitzen von reinem Bleioxyd oder Bleikarbonat mit Kohle.

Eigenschaften. Bläulich graues, auf frischer Schnittfläche stark glänzendes, sehr weiches und dehnbares Metall. Spez. Gew. 11,3. Schmelzp. 326°. An trockener reiner Luft wird Blei nicht verändert, an feuchter oder kohlensäurehaltiger Luft überzieht es sich mit einer grauen Schicht von Bleioxydul (Pb_2O), bzw. mit einer grauweißen Schicht von basischem Bleikarbonat. Wird es bei Luftzutritt erhitzt, geht es in Bleioxyd (Bleiglätte) über.

Wirkt lufthaltiges Wasser auf Blei ein, so bildet sich Bleihydroxyd $Pb(OH)_2$, welches von Wasser etwas gelöst wird. Bei Gegenwart freier Kohlensäure oder von Sulfaten im Wasser überzieht sich Blei mit einer Schicht von basischem Bleikarbonat oder Bleisulfat, welcher Überzug dann das Blei vor weiterer Einwirkung des Wassers schützt. Es können daher Bleiröhren als Leitungsröhren für Trinkwasser (s. weiter unten!), in welchem sich Kohlensäure und Sulfate gelöst befinden, sehr wohl verwendet werden.

Salzsäure und Schwefelsäure greifen das Metall nur wenig an, verdünnte Salpetersäure löst es leicht zu Bleinitrat.

Aus Bleisalzlösung bewirkt metallisches Zink die Abscheidung von Blei in Form einer baumartig verzweigten glänzenden Masse (Bleibaum). Zum Teil scheidet sich Blei hierbei schwammförmig ab (Bleischwamm). Das Zink geht, da es eine größere Lösungstension besitzt als das Blei, an dessen Stellung in Lösung (vgl. Zink).

Anwendung. Technisch zur Herstellung von Siedepfannen für chemische Zwecke, zu Leitungsrohren, zum Verpacken von Waren (Bleifolie), Vergießen von Klammern in Stein, zur Herstellung ·von Schrot, sowie auch besonders zur Darstellung technisch und medizinisch wichtiger Bleiverbindungen.

Zur Bereitung von Schrot setzt man dem Blei in geringer Menge Arsen zu, welches dem Blei Härte und die Fähigkeit erteilt, runde Tropfen zu bilden. — Eine aus 4 T. Blei und 1 T. Antimon bestehende Legierung wird wegen ihrer Härte zum Guß von Buchdrucklettern (Lettern- oder Schriftmetall) benutzt. Eine Legierung aus Blei und Zinn schmilzt niedrig und wird daher unter der Bezeichnung Schnellot zum Löten verwendet (s. Zinn).

Alle Bleiverbindungen sind giftig. Sie rufen Bleikolik hervor. Es bildet sich bei fortgesetztem Arbeiten mit Bleiverbindungen durch Verstauben dieser eine chronische Bleivergiftung, die sich in Darmkrämpfen mit lokalen Lähmungen, sowie im sog. Bleisaum der Zähne zu erkennen gibt.

Soll Blei zur Herstellung von Wasserleitungsröhren benutzt werden, dann ist folgendes zu beachten:

Ist ein Wasser sehr weich (s. Wasser) und enthält es sehr reichlich Kohlendioxyd, sog. freie aggressive Kohlensäure, so sollte diese durch chemische Mittel, wie Ätzkalk, Kalkstein, Marmor, Magnesit usw., gebunden werden, bevor das Wasser durch Bleirohre hindurchgeleitet wird.

Ein die Grenze von 0,5 bis 1 mg Blei im Liter Wasser übersteigender Bleigehalt vermag Vergiftungserscheinungen beim Genuß des Wassers hervorzurufen.

Zur schnellen Feststellung des ungefähren Bleigehalts im Wasser werden 300 ccm desselben — man läßt es zuvor 12 bis 24 Stunden in der Bleileitung stehen — in einem etwa 20 cm hohen, auf weißer Unterlage stehenden, farblosen, zylindrischen Gefäß mit 3 bis 4 ccm chemisch reiner konz. Essigsäure angesäuert und hierauf nach dem Mischen mit 4 bis 5 Tropfen einer $10\,^0/_0$igen Lösung vou chemisch reinem Natriumsulfid ($Na_2S + 9\,H_2O$) versetzt. Das Gemisch muß sauer gegen Lackmus reagieren. Enthält das betreffende Wasser über 0,3 mg Blei in 1 Liter, so wird die Flüssigkeit durch Schwefelblei klar gelbbräunlich gefärbt. (Prüfung nach Klut.)

Bleichlorid, Chlorblei, $PbCl_2$, wird durch Fällen konzentrierter Bleisalzlösungen mit Salzsäure oder Natriumchlorid als weißer, kristallinischer Niederschlag erhalten.

Es löst sich in 30 T. kochendem Wasser und kristallisiert beim Erkalten aus.

Bleioxychlorid, Pb_2OCl_2, kommt in der Natur als Matlockit vor. Künstlich durch Schmelzen von Bleioxyd mit Ammoniumchlorid oder durch Behandeln von Bleioxyd mit Natriumchloridlösung und nachfolgendem Schmelzen bereitete Oxychloride sind das Casseler Gelb und Turners Gelb.

Bleibromid, $PbBr_2$, und **Bleijodid,** Jodblei, Plumbum jodatum, PbJ_2, entstehen durch Fällen einer Lösung von Bleinitrat in Wasser mit einer solchen von Kaliumbromid bzw. Kaliumjodid in Wasser.

Bleioxyd, Bleiglätte, Plumbum oxydatum, Lithargyrum, PbO, hüttenmännisch beim Abtreiben des silberhaltigen Bleis gewonnen (s. Silbergewinnung).

Eigenschaften und Prüfung. Schweres gelbes bis gelbrotes Pulver, welches beim Erwärmen sich braunrot färbt. Bleioxyd mit gelblichem Farbenton heißt Silberglätte, das mit rötlichem Farbenton Goldglätte. Es schmilzt bei stärkerem Erhitzen und erstarrt beim Erkalten blätterig-kristallinisch. Wird zur Darstellung verschiedener Bleisalze, von Bleipflaster, zur Bereitung von Kristallglas, zur Glasur von Tonwaren usw. benutzt. Bleiglätte wird auf Verunreinigung durch Sand, Blei und Bleisuperoxyd geprüft (s. Arzneibuch). Vorsichtig aufzubewahren.

Bleisuperoxyd, PbO_2, wird als dunkelbraunes Pulver erhalten durch Behandeln einer alkalischen Bleihydroxydlösung mit Chlor. Auch entsteht Bleisuperoxyd bei der Elektrolyse einer Bleinitratlösung an der Anode als braunschwarze Masse. Die Entladung der Blei-Akkumulatoren geschieht dadurch, daß das an der Anode gebildete Bleisuperoxyd allmählich reduziert wird.

Mennige, Minium, Pb_3O_4, erhält man durch vorsichtiges Erhitzen von gelbem Bleioxyd in Flammöfen bei Luftzutritt bis zur schwachen Rotglut (auf 300 bis 400^0). Mennige bildet ein rotes, in Wasser unlösliches Pulver, welches beim Erhitzen sich dunkler färbt. Mit Salzsäure übergossen, wird Mennige unter Entwicklung von Chlor in weißes kristallinisches Bleichlorid umgewandelt:

$$Pb_3O_4 + 8\,HCl = 3\,PbCl_2 + 4\,H_2O + Cl_2.$$

Von Salpetersäure wird Mennige teilweise gelöst, indem Bleinitrat entsteht und braunes Bleisuperoxyd zurückbleibt:

$$Pb_3O_4 + 4\,HNO_3 = 2\,Pb(NO_3)_2 + PbO_2 + 2\,H_2O.$$

Bei Gegenwart reduzierend wirkender Substanzen, wie Oxalsäure oder Zucker tritt durch Salpetersäure völlige Lösung des Bleisuperoxyds ein.

Man prüft Mennige auf Beimengungen von Ton und Sand (s. Arzneibuch).

Anwendung. Als Malerfarbe (Pariser Rot), zur Herstellung von Glasflüssen, Kitt (Mennigekitt, aus Glycerin und Mennige), zur Bereitung von Pflastern. Vorsichtig aufzubewahren.

Bleihydroxyd, $Pb(OH)_2$, entsteht als weißer Niederschlag beim Versetzen einer Bleisalzlösung mit Kalium- oder Natriumhydroxyd. Es löst sich in einem Überschuß der Fällungsmittel auf.

Bleisulfat, Schwefelsaures Blei, Plumbum sulfuricum, $PbSO_4$, wird durch Fällung einer Bleisalzlösung mit verdünnter Schwefelsäure erhalten. In Wasser ist es nahezu unlöslich, aber von Natronlauge und von einer ammoniakhaltigen Lösung von weinsaurem Ammonium wird es leicht gelöst. Es findet als weiße Deckfarbe Verwendung.

Bleinitrat, Salpetersaures Blei, Plumbum nitricum, $Pb(NO_3)_2$, durch Lösen von Blei oder Bleioxyd in verdünnter Salpetersäure erhalten, bildet es farblose, wasserlösliche Kristalle. In salpetersäurehaltigem Wasser sind sie schwer löslich. Beim Erhitzen zerfällt Bleinitrat in Bleioxyd, Sauerstoff und Sticktetroxyd, N_2O_4.

Vorsichtig aufzubewahren.

Bleikarbonat, Kohlensaures Blei, Plumbum carbonicum, $PbCO_3$, entsteht durch Fällung einer Bleisalzlösung mit Ammoniumkarbonat und bildet ein weißes, in Wasser unlösliches Pulver.

Basisches Bleikarbonat, Basisch-kohlensaures Blei, Bleiweiß, Cerussa, Plumbum hydrico-carbonicum. Das zur Herstellung von Bleiweißsalbe und -pflaster benutzte, besonders aber für die Bereitung von weißer Ölfarbe (Bleiweiß mit Firnis verrieben) wichtige basische Bleikarbonat besitzt keine gleichmäßige Zusammensetzung. Annähernd entspricht es dem Ausdruck $2\,PbCO_3 \cdot Pb(OH)_2$. Es wird nach verschiedenen Verfahren dargestellt, von welchen

1. das holländische das älteste ist.

Spiralförmig zusammengerollte Bleibleche werden in mit Essig teilweise gefüllte Tontöpfe gebracht, diese mit einer Bleiplatte verschlossen und einige Wochen in hölzernen Kammern mit Pferdemist und Gerberlohe umgeben. Nur solcher Mist und solche Lohe können verwendet werden, die noch in lebhafter Zersetzung (Gärung) begriffen sind, wobei unter Erwärmung Kohlensäure entwickelt wird. Das Blei wird zunächst in basisch-essigsaures Blei umgewandelt, das durch die Einwirkung der Kohlensäure in basisch-kohlensaures Blei übergeht. Dieses überzieht die Bleirollen mit einer dicken weißen Kruste, welche abgeklopft wird.

2. Das englische oder französische Verfahren.

Eine durch Behandeln von essigsaurem Blei (Bleiacetat) mit Bleioxyd hergestellte Lösung von basisch-essigsaurem Blei wird mit Kohlensäure gesättigt, worauf sich Bleiweiß abscheidet.

3. Das deutsche und österreichische Verfahren.

Man läßt in Kammern, in welchen umgebogene Bleiplatten aufgehängt sind, gleichzeitig Kohlensäure, atmosphärische Luft und Essigdämpfe eintreten.

4. Man stellt Bleiweiß auch auf elektrochemischem Wege dar.

Das nach der holländischen Methode dargestellte Bleiweiß besitzt die beste Deckkraft.

Eigenschaften und Prüfung. Weißes, schweres, in Wasser unlösliches, stark abfärbendes Pulver oder leicht zerreibliche Stücke. Es wird von verdünnter Salpetersäure oder Essigsäure unter Aufbrausen gelöst. 100 T. Bleiweiß hinterlassen beim Glühen gegen 85 T. Bleioxyd. Mit dem Namen Kremser oder Kremnitzer Weiß wird ein Bleiweiß bezeichnet, welches mit Gummiwasser angerührt und in tafelförmige Stücke gepreßt ist. Perlweiß ist durch Indigo bläulich gefärbt.

Das arzneilich verwendete Bleiweiß prüft man auf Verunreinigungen durch Sand, Schwerspat, Gips, Baryumkarbonat, Eisen-, Kupfer- oder Zinksalze (s. Arzneibuch).

Vorsichtig aufzubewahren.

Nachweis von Bleiverbindungen.

Beim Erhitzen mit Soda auf Kohle geben Bleiverbindungen vor der Lötrohrflamme ein weiches Bleikorn und einen hellgelben Beschlag von Bleioxyd.

Aus Bleisalzlösungen fällen:

Schwefelsäure sehr schwer lösliches Bleisulfat, welches von Alkalilauge und von weinsaurem Ammon bei Überschuß von Ammoniak gelöst wird. $SO_4'' + Pb\cdot\cdot \longrightarrow PbSO_4$.

Kaliumjodid zitronengelbes Bleijodid: $2\,J' + Pb\cdot\cdot \longrightarrow PbJ_2$.

Kaliumchromat und **Kaliumdichromat** gelbes Bleichromat, das in Natronlauge löslich ist, von Essigsäure aber nicht gelöst wird: $CrO_4'' + Pb\cdot\cdot \longrightarrow PbCrO_4$.

Schwefelwasserstoff braunschwarzes Bleisulfid:

$$H_2S + Pb\cdot\cdot \longrightarrow PbS + 2\,H\cdot.$$

Zink und **Zinn** scheiden aus Bleisalzlösungen metallisches Blei ab.

Kupfergruppe.

Kupfer. Silber. Gold.

Kupfer.

Cuprum, $Cu = 63{,}57$. **Ein- und zweiwertig.** Kupfer ist seit den frühesten Zeiten in gediegenem Zustande bekannt. Römer und Griechen erhielten es von der Insel Cypern, daher der Name aes Cyprium, Cuprum, Kupfer.

Vorkommen. Gediegen am Oberen See in den Vereinigten Staaten, wo das Metall aus 1500 m tiefen Schächten gefördert wird. Große Kupferbergwerke befinden sich an der mexikanischen Grenze. Deutschland ist arm an Kupfererzen. Von natürlich vorkommenden Kupferverbindungen sind zu erwähnen: Rotkupfererz (Cu_2O), Schwarzkupfererz (CuO), Kupferglanz (Cu_2S), Kupferindig (CuS). Zu den gemischten Kupfersulfiden gehören die Mineralien Kupferkies, $Cu_2S \cdot Fe_2S_3$, und Buntkupfererz, $3\,Cu_2S \cdot Fe_2S_3$. Basische Karbonate sind die geschätzten Mineralien Kupferlasur, $2\,CuCO_3 \cdot Cu(OH)_2$ und Malachit, $CuCO_3 \cdot Cu(OH)_2$.

Kupferschiefer, ein im Zechstein vorkommender, bituminöser Mergelschiefer, enthält Kupferglanz, Kupferkies und Buntkupfererz. Fahlerze enthalten außer Cu_2S noch Sb, As, Ag und Fe.

Kleine Mengen Kupfer kommen in vielen Erzen, z. B. Eisenerzen, vor. Auch in Pflanzen und Tieren (z. B. Austern von Cornwall) ist Kupfer beobachtet worden.

Gewinnung. Die klein gepochten Erze (Kupferkies, Buntkupfererz) werden geröstet, worauf sich das in ihnen enthaltene Schwefeleisen zum größten Teil in Eisenoxyd verwandelt. Das Schwefelkupfer wird hierbei nur wenig verändert. Man schmilzt hierauf das Röstgut mit kieselsäurehaltigen Zuschlägen, welche das Eisenoxyd aufnehmen, während unter der Schlacke sich eine schwarze geschmolzene Masse, der Kupferstein, ansammelt. Dieser enthält neben Schwefelkupfer Kupferoxyd und nur noch geringe Mengen Schwefeleisen. Durch nochmaliges Glühen unter Zusatz von Rohschlacke wirken Schwefelkupfer und Kupferoxyd unter Entbindung von Schwefeldioxyd und Abscheidung von Kupfer aufeinander ein:

$$CuS + 2\,CuO = 3\,Cu + SO_2.$$

In dem Rohkupfer sind gegen $90\,\%$ Kupfer enthalten. Um kleine Beimengungen von Schwefelkupfer, Blei, Eisen, Zink usw. aus dem Rohkupfer abzuscheiden, wird es einem längeren Schmelzen vor dem Gebläse in Flammöfen ausgesetzt. Der Schwefel entweicht als Schwefeldioxyd, während begleitende Metalle oxydiert und von der Kieselsäure der Herdmasse aufgenommen werden. Man nennt dieses Reinigungsverfahren des Kupfers das **Garmachen**. Das hierbei in kleiner Menge gebildete Kupferoxyd wird durch Hinzufügen von Holzkohlenpulver reduziert.

Die elektrolytische Kupfergewinnung besteht in der Zerlegung einer Kupfervitriollösung durch den elektrischen Strom. Zu dem Zwecke hängt man in eine mit Schwefelsäure angesäuerte Lösung von Kupfervitriol Platten von Rohkupfer (Schwarzkupfer) abwechselnd mit solchen aus reinem Kupfer. Die Rohkupferplatten verbindet man mit dem positiven, die Reinkupferplatten mit dem negativen Pol der elektrischen Stromquelle. Abb. 45 und 46 veranschaulichen dieses Verfahren.

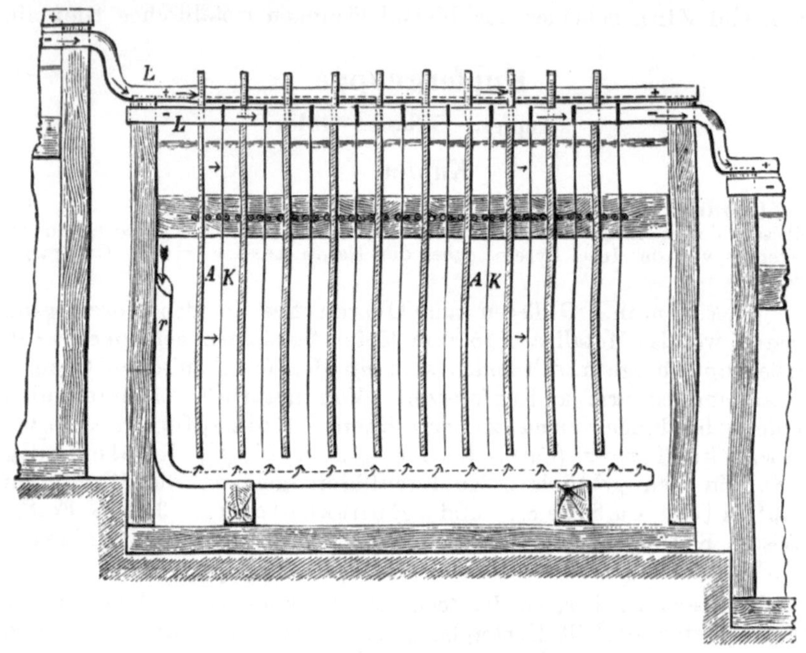

Abb. 45. Elektrolytische Kupfergewinnung.

Das zu elektrolysierende Rohkupfer wird in Anodenplatten gegossen (Abb. 45), die in die mit Schwefelsäure angesäuerte Kupferlösung in größerer Zahl gehängt werden. Jeder Anode ist als Kathode ein dünnes Kupferblech benachbart, auf welchem sich das reine Kupfer niederschlägt. Die Anoden A hängen an den $+$Kupferschienen, die Kathoden K an den $-$Kupferschienen. Während sich an den Kathoden das reine Kupfer kristallinisch niederschlägt, werden die Anoden allmählich zerfressen, und das in ihnen enthaltene Edelmetall (goldhaltiges Silber) fällt als Schlamm zu Boden. Die Kupfervitriollösung wird nach und nach verunreinigt; sie muß daher von Zeit zu Zeit erneuert werden. Damit die Konzentration der Kupfervitriollösung in den oberen und unteren Teilen der Bäder gleichbleibt, wird sie in Bewegung gehalten. Dies geschieht dadurch, daß man die zu einem System vereinigten Bäder (s. Abb. 46) in verschiedener Höhenlage aufstellt und die Lauge dann mittels Heber (r) aus dem höherstehenden in das nächstfolgende niedrigerstehende Bad abhebert und schließlich aus dem untersten Bad in das höchstgelegene zurückpumpt.

Auf nassem Wege gewinnt man Kupfer aus schwefelkupferführendem Gestein durch Auslaugen mit Eisenchlorid (Dötschprozeß):

$$CuS + 2\,FeCl_3 = CuCl_2 + 2\,FeCl_2 + S.$$

Aus den Laugen fällt man durch Eisenblechabfälle das Kupfer als **Zementkupfer**:

$$CuCl_2 + Fe = FeCl_2 + Cu.$$

Zwecks Verwertung der Ferrochloridlösung fügt man zu dieser Salzsäure und leitet Chlor ein, wodurch das Ferrochlorid in Ferrichlorid (Eisenchlorid) übergeführt und nunmehr dem Betrieb zurückgegeben wird.

Chemisch reines Kupfer gewinnt man durch Reduktion von reinem Kupferoxyd in der Hitze mit Wasserstoff oder Kohlenoxydgas.

Die Welterzeugung von Kupfer betrug 1908: 739000 t, 1918: 1395000 t. Diese verteilen sich auf

die Vereinigten Staaten mit 848000 t,
Kanada mit . . . . 53000 t,
Mexiko mit . . . . 75000 t,
Chile mit . . . . 86000 t,
Japan mit . . . . 96000 t,
Deutschland mit . . . . . 40000 t.

Eigenschaften. Hartes, rotes, glänzendes, sehr dehnbares Metall, spez. Gew. 8,96. Schmelzpunkt 1084°. Im geschmolzenen Zustande besitzt es eine blaugrüne Färbung. Beim Schmelzen nimmt es Gase auf, die beim Erkalten unter Zischen und Spritzen wieder entweichen (**Spratzen des Kupfers**). An trockener Luft hält sich Kupfer unverändert; an feuchter kohlensäurehaltiger Luft überzieht es sich mit einer grünen Schicht

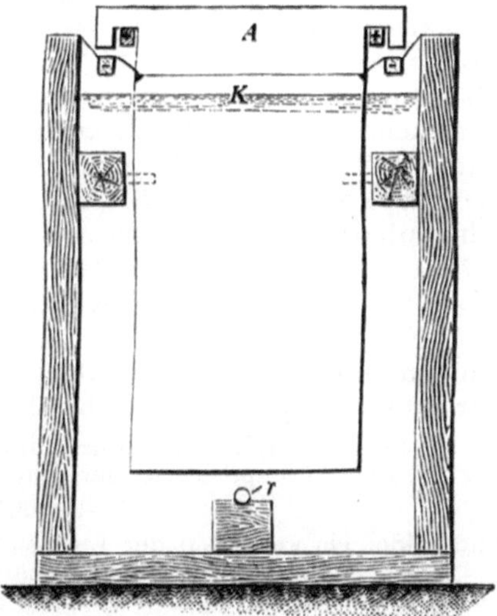

Abb. 46. Elektrolytische Kupfergewinnung.

von basisch-kohlensaurem Kupfer (**Patina**) oder **Kupferrost**, fälschlich **Grünspan** genannt. Wirklicher Grünspan besteht aus basisch-essigsaurem Kupfer.

Beim Erhitzen von Kupfer an der Luft oder in Sauerstoffgas bedeckt sich das Metall mit einer schwarzen Schicht von Kupferoxyd, die sich beim Hämmern in Blättern löst (**Kupferhammerschlag**).

Beim Luftabschluß wird Kupfer von verdünnter Salzsäure oder verdünnter Schwefelsäure nicht gelöst, ebensowenig von Essigsäure und anderen organischen Säuren. Man kann daher essigsäurehaltende Speisen und saure Pflanzensäfte in kupfernen Gefäßen kochen, wobei Kupfer nicht aufgenommen wird. Läßt man aber die sauren Stoffe in den kupfernen Gefäßen erkalten, so wird, indem die Luft wieder ungehindert hinzutreten kann, Kupfer selbst von schwachen Säuren gelöst.

Konz. Schwefelsäure löst Kupfer in der Hitze unter Entwicklung von Schwefeldioxyd:

$$Cu + 2\,H_2SO_4 = CuSO_4 + SO_2 + 2\,H_2O.$$

Von Salpetersäure wird Kupfer unter Entbindung von Stickoxyd aufgenommen:

$$3\,Cu + 8\,HNO_3 = 3\,Cu(NO_3)_2 + 2\,NO + 4\,H_2O.$$

Kupfer bildet zwei Reihen von Verbindungen: Oxyd- oder Cupriverbindungen und Oxydul- oder Cuproverbindungen.

Kupfer findet eine weitgehende Anwendung zur Herstellung von Draht, Blech, von Kesseln, Maschinenteilen, Röhren, Destillierblasen, Münzen usw. Die Silbermünzen bestehen aus einer Legierung von 90 T. Silber und 10 T. Kupfer. Es wird benutzt als Zusatz zu weicheren Metallen, um diesen eine größere Härte zu verleihen, so dem Silber. Andere wichtige Kupferlegierungen sind das gelbe Messing (70 T. Kupfer, 30 T. Zink), das rote Messing oder Tombak (85 T. Kupfer, 15 T. Zink), die Bronze (aus wechselnden Mengen Kupfer und Zinn, zuweilen unter Zusatz von Zink und Blei bestehend). Zu den Bronzearten gehören das Glockenmetall (78 T. Kupfer, 22 T. Zinn), Kanonenmetall (90 T. Kupfer, 10 T. Zinn), Kunstbronze (86,6 T. Kupfer, 6,6 T. Zinn, 3,3 T. Zink, 3,3 T. Blei), Phosphorbronze besteht aus 90 T. Kupfer, 9 T. Zinn und 0,5 bis 0,75 T. Phosphor und bildet eine sehr harte Legierung. Bekannt ist auch die Verwendung des Kupfers zu galvanoplastischen Abdrücken.

Ein Phosphorkupfer mit gegen $16\,^0/_0$ Phosphor wird durch Glühen von Kupfer mit Kohle und Metaphosphorsäure erhalten und zur Herstellung der Phosphorbronze verwendet.

Cuprochlorid, Kupferchlorür, Kupfer(1)-Chlorid, CuCl, entsteht beim Kochen der Lösung von Cuprichlorid mit Kupfer:

$$Cu + CuCl_2 = 2\,CuCl$$

und bildet ein weißes, an der Luft sich grün färbendes Kristallpulver.

Die salzsaure oder ammoniakalische Cuprochloridlösung wird in der Gasanalyse zur Bindung von Kohlenoxyd und von Sauerstoff verwendet.

Cuprichlorid, Kupferchlorid, Kupfer(2)-Chlorid, Cuprum chloratum s. bichloratum, $CuCl_2 \cdot 2\,H_2O$, wird durch Lösen von Kupferoxyd in Salzsäure und Abdampfen zur Kristallisation erhalten.

An feuchter Luft zerfließliche, grüne Prismen, die von Wasser und Alkohol gelöst werden. Beim Erhitzen verliert es Wasser und liefert wasserfreies Cuprichlorid, das bei Rotglut unter Abgabe von Chlor in Cuprochlorid übergeht. Die verdünnten wässerigen Cuprichloridlösungen besitzen eine hellblaue Färbung und enthalten vorwiegend Cupriionen Cu¨; die konzentrierten salzsauren Lösungen sind grünbraun gefärbt und enthalten komplexe Ionen: $CuCl_4''$. Ein basisches Cuprichlorid $CuCl_3 \cdot 3\,CuO \cdot 3\,H_2O$ findet sich unter dem Namen Atakamit in Chile und Südaustralien.

Die Bromverbindungen des Kupfers entsprechen den Chlorverbindungen, hingegen ist von den Jodverbindungen nur das

Cuprojodid, Kupferjodür, Kupfer(1)-Jodid, CuJ, als weißes, luftbeständiges Pulver bekannt. Versetzt man eine Cuprisalzlösung mit Kaliumjodid, so scheidet sich nicht das zu erwartende Cuprijodid ab, sondern es entstehen Cuprojodid und freies Jod:

$$2\,CuSO_4 + 4\,KJ = 2\,CuJ + 2\,K_2SO_4 + J_2.$$

Cuprooxyd, Kupferoxydul, Kupfer(1)-Oxyd, Cu_2O, scheidet sich als rotes Pulver ab beim Erhitzen einer mit Traubenzucker und überschüssiger Alkalilauge versetzten Lösung von Cuprisulfat. Das mit Alkalilauge aus Cuprisulfat abgeschiedene Cuprihydroxyd wird reduziert, d. h. gibt Sauerstoff ab, welcher zur Oxydation des Traubenzuckers dient.

Das aus einer Cuprisalzlösung durch Alkalihydroxyd sich abscheidende Cuprihydroxyd ist in weinsauren Salzen, Glycerin oder anderen hydroxylhaltigen organischen Stoffen löslich. Eine mit Hilfe von weinsaurem Salz hergestellte alkalische Lösung des Cuprihydroxyds ist als Fehlingsche Lösung bekannt. Diese bleibt beim Kochen für sich unverändert, scheidet aber, mit Traubenzucker erhitzt, Cuprooxyd ab und dient daher zum Nachweis und zur quantitativen Bestimmung von Zucker in Flüssigkeiten (im Harn usw.).

Da Fehlingsche Lösung beim Aufbewahren sich allmählich zersetzt, stellt man sie vor der Benutzung jedesmal frisch dar durch Mischen gleicher Raumteile Cuprisulfatlösung (I) und einer Alkali haltenden Seignettesalzlösung (II). Diese werden nach folgenden Vorschriften bereitet:

I 34,639 g reinen kristallisierten Kupfervitriol löst man in 200 ccm Wasser und verdünnt mit Wasser auf genau 500 ccm.

II 60 g reines geschmolzenes Natriumhydroxyd werden in etwa der gleichen Menge Wasser gelöst; man fügt dieser Lauge eine Lösung von 173 g Seignettesalz (s. dort) in etwa 300 ccm Wasser hinzu und verdünnt ebenfalls auf genau 500 ccm.

10 ccm Fehlingscher Lösung (5 ccm Lösung I + 5 ccm Lösung II) werden beim Kochen von gegen 0,05 g Traubenzucker reduziert. Längere oder kürzere Dauer des Erhitzens, sowie der Verdünnungsgrad der Lösung verschieben dieses Verhältnis.

Cuprioxyd, Kupferoxyd, Kupfer(2)-Oxyd, CuO, wird erhalten durch Glühen von Kupferspänen an der Luft oder Erhitzen von Cuprinitrat bis zur schwachen Rotglut. Auch entsteht es beim Glühen von basischem Cuprikarbonat als braunschwarzes Pulver. In Drahtform findet es bei der Analyse organischer Stoffe (Elementaranalyse) Verwendung. Man erhält die Drahtform, indem man Kupferdraht kurze Zeit in Salpetersäure eintaucht und dann glüht.

Cuprihydroxyd, Kupferoxydhydrat, $Cu(OH)_2$, scheidet sich auf Zusatz von Kalium oder Natriumhydroxyd zu einer Cuprisalzlösung als blaugrüner, gallertiger Niederschlag ab, der bereits beim Erhitzen in wässeriger Suspension in schwarzes Cuprioxyd übergeht.

Cuprisulfat, Schwefelsaures Kupfer, Kupfer(2)-Sulfat, Kupfervitriol, Cuprum sulfuricum, $CuSO_4 \cdot 5 H_2O$, kommt infolge Zersetzung schwefelhaltiger Kupfererze in Grubenwässern (Zementwässern) gelöst vor, woraus es durch Abdampfen kristallisiert erhalten werden kann. Man gewinnt das Sulfat auch aus den schwefelhaltigen Kupfererzen, indem man diese vorsichtig röstet und mit Wasser auszieht. Beim Eindampfen kristallisiert zunächst Kupfervitriol mit nur Spuren Eisenvitriol aus, während die Hauptmenge des letzteren in den Mutterlaugen bleibt. Zur Überführung eines unreinen metallischen Kupfers in das Sulfat erhitzt man jenes mit Schwefel, röstet das gebildete Schwefelkupfer und behandelt es mit verdünnter Schwefelsäure.

Eigenschaften und Prüfung. Durchsichtige, blaue Kristalle, welche an trockener Luft nur wenig verwittern, von 3,5 T. Wasser von 15° und 1 T. siedendem Wasser gelöst werden und in Weingeist nicht löslich sind. Bei 100° verliert Cuprisulfat 4 Mol. Wasser; das fünfte Mol. Kristallwasser entweicht erst gegen 200°. Das entwässerte Cuprisulfat ist fast weiß; es zieht mit Begierde Wasser an und dient daher zum Entwässern von Flüssigkeiten, z. B. von Alkohol, in welchem Cuprisulfat nicht löslich ist. Cuprisulfat ist in wässeriger Lösung zum Teil hydrolytisch gespalten und reagiert demnach sauer. Es gibt mit überschüssigem Ammoniak eine tief dunkelblaue Färbung, welche von der Bildung eines Cuprisulfat-Ammoniaks herrührt. Versetzt man die Lösung dieses mit Weingeist, so scheiden sich durchsichtige, lasurblaue Kristalle von der Zusammensetzung $Cu(NH_3)_4SO_4 \cdot H_2O$, welche Verbindung unter der Bezeichnung Cuprum sulfuricum ammoniatum ehemals offizinell war. Es ist ein komplexes Salz; seine Lösung enthält die zweiwertigen Cupri-Ammoniakionen $Cu(NH_3)_4^{\cdot\cdot}$.

Ein anderes, Cuprisulfat enthaltendes, zu Augenwässern benutztes Präparat ist der Kupferalaun, Cuprum aluminatum (auch Lapis divinus, Heiligenstein genannt).

Eine Reinheitsprüfung des Kupfervitriols hat sich auf Ferro- und Zinksulfat, auf Alkalien und Erdalkalien zu erstrecken (s. Arzneibuch).

Anwendung. Cuprisulfat wird zur Herstellung von Kupferfarben verwendet, zu galvanischen Batterien (Daniellsches Element), zu galvanoplastischen Abdrücken, zum Kupfern des als Saatgut verwendeten Getreides, um es vor Wurmfraß zu schützen, ferner zur Herstellung der sog. Bordelaiser Brühe: Man löst 8 kg Kupfervitriol in 100 l Wasser, andererseits löscht man 15 g Ätzkalk mit 30 l Wasser und mischt das Kalkhydrat nach dem Erkalten der Kupfervitriollösung hinzu. Diese vor der Verwendung aufgerührte Brühe dient zum Besprengen von Pflanzen, die von parasitischen Pilzen befallen sind.

In der Medizin wird Cuprisulfat äußerlich in verdünnter Lösung als Adstringens auf Wunden und Geschwüren, besonders in der Augenheilkunde als gelindes Ätzmittel benutzt. Innerlich als schnell wirkendes Brechmittel, besonders bei Croup und Diphtherie in Form einer wässerigen Lösung oder als Pulver in Dosen von 0,2 g bis 0,5 g viertelstündlich bis zum Eintritt der Wirkung. — Cuprisulfat gilt auch als Gegengift bei Phosphorvergiftungen. Kupfer schlägt sich auf dem Phosphor nieder und entzieht letzterem dadurch die Giftwirkung. Vorsichtig aufzubewahren! Größte Einzelgabe 1 g!

Cuprinitrat, Salpetersaures Kupfer, Kupfer (2)-Nitrat, Cuprum nitricum, $Cu(NO_3)_2 \cdot 6 H_2O$, dargestellt durch Auflösen von Kupfer oder Kupferoxyd in Salpetersäure und Eindampfen der mit Wasser verdünnten und filtrierten Lösung zur Kristallisation. Blaugrüne, zerfließliche, in Wasser leicht lösliche Prismen. Mit Cuprinitratlösung getränktes Filtrierpapier ist nach dem Trocknen leicht entzündlich.

Cupriarsenit, Arsenigsaures Kupfer, Kupfer (2)-Arsenit, wird als zeisiggrüner Niederschlag von wechselnder Zusammensetzung erhalten beim Versetzen einer Cuprisulfatlösung mit Kaliumarsenitlösung. Es enthält u. a. metaarsenigsaures Kupfer, $Cu(AsO_2)_2$. Cupriarsenit fand ehemals unter dem Namen Scheelesches oder Schwedisches Grün Verwendung als Farbstoff.

Schweinfurter Grün ist eine Doppelverbindung von Cupriarsenit und Cupriacetat: $Cu(C_2H_3O_2)_2 \cdot 3\,Cu(AsO_2)_2$.

Nachweis von Kupferverbindungen.

Beim Erhitzen mit Soda auf Kohle geben Kupferverbindungen in der Lötrohrflamme rotes metallisches Kupfer. In der Oxydationsflamme wird die Phosphorsalzperle (vgl. Ammoniumphosphate) heiß grün, nach dem Erkalten hellblau gefärbt. Durch die flüchtigen Kupferverbindungen wird die nicht leuchtende Flamme grün gefärbt.

In Kupfersalzlösungen getaucht, überzieht sich ein blanker Eisenstab mit rotem metallischen Kupfer.

Kupfersalzlösungen werden durch überschüssiges Ammoniak tief dunkelblau gefärbt (es bildet sich ein Kupferammoniakion [Tetrammin-cupro-ion]):

$$Cu^{\cdot\cdot} + 4\,NH_3 \longrightarrow [Cu(NH_3)_4]^{\cdot\cdot}.$$

Durch Schwefelwasserstoff werden Kupfersalzlösungen braunschwarz gefällt. Der Niederschlag (Kupfersulfid, CuS) wird von Salpetersäure und von Kaliumcyanid gelöst.

Kaliumferrocyanid fällt aus Kupfersalzlösungen rotes bis rotbraunes Cupriferrocyanid.

Silber.

Argentum, $Ag = 107,88$. **Einwertig.** Silber gehört zu den frühest bekannten Metallen.

Vorkommen. Silber kommt zum Teil gediegen, zum Teil in Verbindung mit anderen Elementen, am häufigsten mit Schwefel, Arsen, Kupfer in der Natur vor. Von seinen Erzen sind als wichtigste zu nennen: Silberglaserz oder Silberglanz oder Argentit (Ag_2S), Silberkupferglanz ($CuAgS$), Dunkelrotgiltigerz, Pyrargyrit oder Antimonsilberblende (Ag_3SbS_3), Lichtrotgiltigerz, Proustit oder Arsensilberblende (Ag_3AsS_3), Hornsilber ($AgCl$). Auch kommt Silber in Fahlerzen, in Bleiglanzen und Kupferkiesen vor.

Gewinnung. Silbererze finden sich in reinem Zustande nur selten in größeren Mengen beisammen; meist sind sie Begleiter von Blei-, Kupfer-, Kobalt- und Nickelerzen, und geht daher die Ausbringung des Silbers mit der Gewinnung anderer wertvoller Metalle Hand in Hand.

Erze, welche gediegenes Silber enthalten, werden gepocht, sodann durch Abschlämmen vom größten Teil des begleitenden Gesteins getrennt und das Silber durch Zusammenschmelzen mit Blei ausgezogen. Die Bleilegierung wird in dem Treibofen weiterverarbeitet. Dieser besteht aus einem flachen Herde aus porösen Steinen, welcher mit einer durch einen Kran beweglichen Haube bedeckt werden kann und mit einem Gebläse in Verbindung steht. Das silberhaltige Blei schmilzt man am Gebläsefeuer, wobei fremde Metalle zunächst oxydiert werden und mit den im Blei vorhandenen mechanischen Verunreinigungen eine Schlacke (Abzug, Abstrich) bilden, welche mit Krücken entfernt wird. Hierauf führt man durch die weiter einwirkende Gebläseluft das

Blei in Bleioxyd (Bleiglätte) über, welches durch eine seitliche Rinne abfließt, in kleiner Menge aber auch in den porösen Herd eindringt. Ist das Blei vollständig zu Bleioxyd umgewandelt, und bedeckt dieses nur noch in dünner Schicht das geschmolzene Silber, so schillert die Schicht auf kurze Zeit in den Regenbogenfarben, zerreißt dann aber plötzlich und läßt das stark glänzende geschmolzene Silber zum Vorschein kommen. Man nennt diese Erscheinung, welche die Beendigung des Abtreibens angibt, Silberblick.

Silberarmer Bleiglanz wird zunächst zu metallischem Blei reduziert, welches man nach dem Pattinsonschen Verfahren in eine silberreichere Legierung (Reichblei) und in silberfreies Blei (Werkblei) trennt. Zu dem Zweck wird Rohblei in einem großen eisernen Kessel eingeschmolzen und langsam erkalten gelassen. Auf beiden Seiten dieses Kessels stehen in einer Reihe mehrere andere Kessel von gleichem Umfang, von denen ein jeder besonders erhitzt werden kann. Beim Erkalten des Rohbleis scheidet sich Blei in Kristallen aus, welche silberärmer sind als das in Arbeit genommene Rohblei. Man schöpft diese Kristalle mit einem großen eisernen, siebartig durchlöcherten Löffel aus und bringt sie in den nächsten Kessel, der sich auf der linken Seite des ersten Schmelzkessels befindet. Das noch flüssig gebliebene Blei, welches an Silber reicher als das Rohblei ist, wird in den nächsten, zur rechten Seite des ersten Schmelzkessels befindlichen Kessel gefüllt. Man erhitzt nun jeden der beiden Kessel für sich von neuem und verfährt mit dem geschmolzenen und nach dem Abkühlen teilweise auskristallisierten Blei wie vorher. So wandert das ausgeschöpfte kristallisierte Blei nach der einen Seite, das als Mutterlauge zurückgebliebene nach der anderen. Im letzten Kessel der linken Seite erhält man ein fast entsilbertes Blei, im letzten Kessel der rechten Seite ein Reichblei, welches in der vorstehend geschilderten Weise durch Abtreiben auf Silber verarbeitet wird.

Man kann aus silberarmem Blei auch mit Zink das Silber herausziehen (Parkesprozeß). Fügt man zu dem geschmolzenen silberhaltigen Blei $\frac{1}{20}$ seines Gewichts geschmolzenen Zinks und durchrührt mit eisernen Krücken, so nimmt das Zink das in dem Blei befindliche Silber auf, kristallisiert hiermit zunächst aus und sammelt sich auf der Oberfläche des Bleis als sog. Zinkschaum. Man hebt die Kristalle heraus und unterwirft sie der Destillation, wobei das Zink sich verflüchtigt, und Silber in den Retorten zurückbleibt.

Um chemisch reines Silber zu gewinnen, fällt man aus silberhaltigen Lösungen das Silber als Chlorid mit Salzsäure oder Natriumchlorid, wäscht den Niederschlag mit Wasser und schmilzt ihn nach dem Trocknen mit Natriumkarbonat oder behandelt ihn mit Zink und verdünnter Schwefelsäure.

Eigenschaften. Rein weißes, glänzendes Metall von hellem Klange und großer Politurfähigkeit, sehr dehnbar und zu dem feinsten Draht ausziehbar, auch läßt es sich zu äußerst dünnen Blättchen ausschlagen (Blattsilber, Argentum foliatum). Spez. Gew. 10,5, Schmelzp. 960,5°. An der Luft oxydiert sich Silber auch in der Glühhitze nicht, hingegen nimmt es beim Schmelzen reichlich Sauerstoff auf, den es beim Erstarren unter Spratzen wieder abgibt. An schwefelwasserstoffhaltiger Luft schwärzt es sich unter Bildung von Schwefelsilber.

Da Silber ein verhältnismäßig weiches Metall ist, legiert man es zur Herstellung von Gebrauchsgegenständen mit Kupfer. Zur Herstellung von Münzen pflegt man dem Silber 10% Kupfer zuzusetzen. Gegenstände aus Kupfer, Neusilber, Messing und ähnlichen Legierungen werden häufig versilbert, d. h. mit einer dünnen Silberschicht überzogen, um ihnen das Ansehen und die Eigenschaften des Silbers zu geben. Die Versilberung kann geschehen, 1. durch Plattieren, 2. durch Feuerversilberung, 3. durch kalte Versilberung, 4. Versilberung auf nassem Wege, 5. galvanische Versilberung.

Zum „Versilbern" von Glas, Papier und Karton benutzt man heute nicht mehr Blattsilber, sondern Blattaluminium.

Zur Herstellung von Glasspiegeln verwendet man in der Neuzeit nur noch in beschränktem Maße das giftige Zinnamalgam, dagegen meist Silber, indem man eine ammoniakalische und mit reduzierender organischer Substanz (Milchzucker, Aldehydammoniak, weinsaurem Natrium) versetzte Silbernitratlösung auf eine von Fett und Staub sorgfältig gereinigte Glasplatte ausgießt. Metallisches Silber scheidet sich hierbei langsam in glänzender spiegelnder Form aus.

Erhitzt man citronensaures Silber, so wird metallisches Silber in Form eines braunschwarzen Pulvers erhalten, das beim Schütteln mit Wasser darin suspendiert bleibt und eine tiefrot gefärbte Flüssigkeit darbietet. Man nennt diese Form des metallischen Silbers **kolloidales Silber, Argentum colloidale, Collargolum**. Beimengungen von eiweißartigen Stoffen, wie lysalbin- und protalbinsaurem Natrium wirken als **Schutzkolloide** und erhöhen die Beständigkeit der „wasserlöslichen" Form des Silbers. Kolloidales Silber findet eine äußerliche medizinische Anwendung bei septischen Erkrankungen.

Von verdünnter Schwefelsäure und Salzsäure wird Silber nicht angegriffen, von Salpetersäure und heißer starker Schwefelsäure aber leicht gelöst. Die Haloidsäuren (Chlor-, Brom- und Jodwasserstoffsäure) rufen noch in sehr verdünnten Silbersalzlösungen Niederschläge hervor.

Silberchlorid, AgCl, fällt aus einer Lösung von Silbernitrat durch Salzsäure oder Natriumchlorid als weißer, käsiger Niederschlag aus, der sich am Licht violett bis schwarz färbt, indem sich Chlor entwickelt und Chlorsilber und kolloidales Silber als Adsorptionsverbindung entstehen. Silberchlorid wird von Ammoniak und Kaliumcyanid zu komplexen Verbindungen gelöst. Diese Vorgänge lassen sich durch die Ionengleichungen veranschaulichen:

$$\mathrm{AgCl + 2\,NH_3 \longrightarrow [Ag(NH_3)_2] + Cl'}$$

und

$$\mathrm{AgCl + 2\,CN' \longrightarrow [Ag(CN)_2]' + Cl'.}$$

In Natriumthiosulfat löst sich Silberchlorid unter Bildung des komplexen Anions $\mathrm{[Ag(S_2O_3)]' + Cl'}$ auf.

Silberbromid, AgBr, ist ein gelblichweißer, am Licht sich schwärzender Niederschlag, welcher von Ammoniak schwer, von Kaliumcyanidlösung aber leicht aufgenommen wird.

Silberjodid, AgJ, wird als gelber, am Licht sich langsam verändernder Niederschlag gefällt, der in verdünntem Ammoniak unlöslich ist, von Kaliumcyanidlösung aber leicht gelöst wird.

Auch Silberbromid und Silberjodid sind in Natriumthiosulfat löslich.

Der großen Lichtempfindlichkeit des Silberbromids verdankt dieses seine Anwendung in der **Photographie**.

Man verwendet in der Photographie „Trockenplatten" zur Erzeugung der sog. Negative. Glasplatten werden mit einer dünnen Schicht Gelatine überzogen, in welcher Bromsilber fein verteilt ist. Man nennt diese Bromsilber-

Gelatine „Emulsion". Bei gelinder Wärme (ca. 25°) läßt man die Emulsion an den Glasplatten antrocknen. Setzt man die Platten der Lichtwirkung aus, so entsteht Silbersubbromid, welches durch alkalische Pyrogallollösung oder durch Hydrochinon, durch Kaliumferrooxalat oder Eikonogen (Amido-β-naphthol-β-monosulfosaures Natrium) und andere „Entwickler" schneller reduziert wird als unverändertes Bromsilber (**Entwickeln des Bildes**). Das unverändert gebliebene Bromsilber wird durch Natriumthiosulfat fortgenommen (**Fixieren des Bildes**). Das entstandene Negativ ist an den Stellen, die vom Licht getroffen wurden, mit einer dunklen Silberschicht überzogen. Bedeckt man silbersalzhaltiges lichtempfindliches Papier mit einer solchen Glasplatte, so findet an den Stellen, die mit der dunklen Silberschicht bedeckt sind, keine oder sehr geringe Reduktion durch das Licht statt und umgekehrt. Man erhält so die „**Positive**".

Silberoxyde. Aus den wässerigen Silbersalzlösungen bewirken Kalium- oder Natriumhydroxyd Fällungen von dunkelbraunem **Silberoxyd, Ag_2O**. Auch bei vorsichtigem Zusatz von Ammoniak zu Silbersalzlösungen entsteht ein solcher Niederschlag, welcher aber durch einen Überschuß des Fällungsmittels zu **Silberoxyd-Ammoniak** gelöst wird. Diese Lösung findet zum Wäschezeichnen als **unauslöschliche Tinte** (die Zeuge werden vorher mit Natriumkarbonat- und Gummilösung getränkt und getrocknet), sowie als **Haarfärbemittel** Verwendung.

Die ammoniakalische Silberlösung ist auch ein ausgezeichnetes Mittel, um leicht oxydierbare organische Stoffe zu oxydieren. So entziehen z. B. Aldehyde der Lösung Sauerstoff. Die Lösung scheidet infolgedessen Silber ab und schwärzt sich.

Digeriert man Silberoxyd mit starkem Ätzammoniak, so entsteht eine schwarz gefärbte, sehr explosive Substanz, das **Berthellotsche Knallsilber**, wahrscheinlich zum Teil aus **Silberamid, $AgNH_2$**, bestehend. Verschieden hiervon ist das aus einer Lösung von stickstoffwasserstoffsaurem Natrium mit Silbernitrat fällbare **Silberazid, AgN_3**, das aus Salmiakgeist sich umkristallisieren läßt. Das Trockenpräparat explodiert beim Erhitzen mit großer Heftigkeit.

Ein **Silbersuperoxyd, Ag_2O_2**, entsteht bei der Einwirkung von Ozon auf feuchtes metallisches Silber.

Silbersulfat, Schwefelsaures Silber, Argentisulfat, Argentum sulfuricum, Ag_2SO_4, wird durch Auflösen von Silber in heißer konzentrierter Schwefelsäure erhalten und bildet kleine, rhombische Prismen, welche erst von 90 T. Wasser gelöst werden.

Silbernitrat, Salpetersaures Silber, Argentinitrat, Silbersalpeter, Höllenstein, Argentum nitricum, Lapis infernalis, $AgNO_3$, wird erhalten durch Auflösen von reinem Silber in reiner Salpetersäure:

$$3\,Ag + 4\,HNO_3 = 3\,AgNO_3 + NO + 2\,H_2O\,.$$

Man verwendet zur Darstellung gewöhnlich kupferhaltiges Silber (z. B. Silbermünzen) und beseitigt durch wiederholtes Umkristallisieren das mit in Lösung gegangene Kupfernitrat, welches als leicht lösliches Salz in der Mutterlauge bleibt, während Silbernitrat auskristallisiert.

Eigenschaften und Prüfung. Farblose, rhombische Tafeln, welche von 0,6 T. Wasser zu einer neutralen Flüssigkeit gelöst werden. Es ist löslich in etwa 10 T. Weingeist und in einem Überschuß von Salmiakgeist. Erhitzt man es auf 200°, so schmilzt es und kann in Stahlformen (Abb. 47) zu Stangen ausgegossen werden. In dieser Form heißt es Höllenstein und findet medizinisch besonders als Ätzmittel Verwendung. Um die Wirkung desselben zu mildern, schmilzt man 1 T. Silbernitrat und 2 T. Kaliumnitrat zusammen und gießt das Gemisch zu Stangen aus. Diese sind unter dem Namen Argentum nitricum cum Kalio nitrico oder Lapis mitigatus offizinell.

Die Prüfung erstreckt sich auf den Nachweis freier Salpetersäure, Kupfer, Wismut und Alkalisalze (s. Arzneibuch).

Den Gehalt des **Argentum nitricum cum Kalio nitrico**, welcher 32,3 bis 33,1 % Silbernitrat ($AgNO_3$, Mol.-Gew. 169,89) betragen soll, ermittelt man wie folgt:

Gehaltsbestimmung des Argentum nitricum cum Kalio nitrico. 1 g des Präparates wird in 10 ccm Wasser gelöst und mit 20 ccm Zehntel-Normal-Natriumchloridlösung und einem Tropfen Kaliumchromatlösung gemischt. Es dürfen dann nur 0,5 bis 1 ccm Zehntel-Normal-Silbernitratlösung zur Rötung der Flüssigkeit verbraucht werden.

Abb. 47. Höllensteinform aus Stahl.

Zur Bindung des in 20 ccm Zehntel-Normal-Natriumchloridlösung enthaltenen Chlors sind $0{,}01699 \cdot 20 = 0{,}3398$ g Silbernitrat erforderlich. Eine solche Menge Silbernitrat muß daher vorhanden sein, ehe bei weiterem Hinzufügen von Silbernitrat die Bildung von rotem Silberchromat erfolgt.

In 1 g des vorschriftsmäßig bereiteten Präparates sind 0,3333 ... g Silbernitrat enthalten; wenn nun das Arzneibuch noch 0,5 bis 1 ccm Zehntel-Normal-Silbernitratlösung hinzuzufügen gestattet, ehe eine Rotfärbung der Flüssigkeit eintritt (je reicher an Silbernitrat das Präparat ist, desto eher wird das Chlor gebunden sein und desto eher wird auch die Rötung bei nachfolgendem Zusatz von Zehntel Normal-Silbernitratlösung eintreten), so kann die Grenze des Silbernitratgehalts,

da 1 ccm Lösung 0,016 99 g Silbernitrat
0,5 „   „ $0{,}01699 \cdot 0{,}5 = 0{,}008495$ g $AgNO_3$
0,339 80   0,339 800
0,016 99   0,008 495

zwischen 0,322 81 g und 0,331 305 g in 1 g des Präparates schwanken.

Anwendung des Silbernitrats. Als Ätzmittel bei Wucherungen. Innerlich bei Magengeschwüren. Dosis 0,005 g bis 0,02 g mehrmals täglich. Vorsichtig aufzubewahren. Größte Einzelgabe 0,03 g; größte Tagesgabe 0,1 g.

Organische Substanzen reduzieren Silbernitrat, und es werden daher Wäsche und Haut dadurch schwarz gefärbt. Diesem Umstande verdankt der

Höllenstein seine Anwendung als „unauslöschliche Tinte" und als „Haarfärbemittel".

Die schwarzen Silberflecken lassen sich durch Behandeln mit Kaliumcyanidlösung wieder entfernen.

Nachweis von Silberverbindungen.

Beim Glühen der Silberverbindungen mit Soda auf Kohle vor
der Lötrohrflamme wird ein weißes, glänzendes Silberkorn erhalten.

Aus Silbersalzlösungen fällen:

Kalium- oder Natriumhydroxyd dunkelbraunes Silberoxyd:

$$2\,OH' + 2\,Ag^{\cdot} \longrightarrow Ag_2O + H_2O.$$

Salzsäure oder Natriumchlorid weißes, käsiges Silberchlorid:

$$Cl' + Ag^{\cdot} \longrightarrow AgCl,$$

das von Ammoniumkarbonat oder Ammoniak leicht gelöst wird:

$$AgCl + 2\,NH_3 \longrightarrow [Ag(NH_3)_2]^{\cdot} + Cl'.$$

Kaliumbromid gelblichweißes Silberbromid, das nicht von Am-
    moniumkarbonat, wohl aber von Ammoniak gelöst wird,
Kaliumjodid gelbes Silberjodid, das in Ammoniumkarbonatlösung
    und in verdünntem Ammoniak unlöslich ist,
Kaliumchromat rotes Silberchromat (Ag_2CrO_4), welches sowohl
    von Ammoniak wie von Salpetersäure leicht gelöst wird:

$$CrO_4'' + 2\,Ag^{\cdot} \longrightarrow Ag_2CrO_4.$$

Gold.

Aurum. Au $= 197,2$. Ein- und dreiwertig. Gold ist seit den ältesten
Zeiten bekannt.

Vorkommen. Gold kommt fast ausschließlich gediegen in der
Natur vor, meist in Begleitung von Silber, Platin, Kupfer, entweder
auf seiner ursprünglichen Lagerstätte in das Gestein eingesprengt
(Berggold) oder in den daraus durch Verwitterung entstandenen Ablagerungen in Form von Körnern, Blättchen oder größeren Stücken.
Es ist im Sand vieler Flüsse enthalten, sowie gelöst im Meerwasser
(gegen 0,02 mg Gold in 1 t Meerwasser). In Verbindung mit Tellur
kommt Gold in dem seltenen Mineral Schrifterz vor und wird
auch in den meisten Eisenkiesen, sowie in vielen Silber-, Blei- und
Kupfererzen angetroffen.

Die hauptsächlichsten Fundstätten für Gold sind Kalifornien,
Mexiko, Südamerika, Australien, Ungarn, Siebenbürgen, der Ural,
neuerdings Alaska (am Klondyke). Die Goldproduktion der Welt hat
während der letzten 30 Jahre eine fortwährende Steigerung erfahren.

Gewinnung und Eigenschaften. Das gediegen vorkommende
Gold wird auf mechanischem Wege von dem begleitenden Gestein durch
Pochen und nachfolgendes Schlämmen abgeschieden; auch aus dem
goldführenden Sande der Flüsse wird es durch Waschen (Waschgold)
von den spezifisch leichteren Teilen, wie Sand und Erde getrennt.

Läßt sich aus dem goldhaltigen Gestein wegen der Kleinheit der Goldteilchen das Metall durch Schlämmen nicht direkt gewinnen, so zieht man es mit Quecksilber aus. Das goldführende Gestein wird unter ein Stampfwerk gebracht. Die Stampfer bewegen sich in einem von reichlichen Mengen Wasser durchflossenen Trog, welches einen feinen goldhaltigen Schlamm mit ·fortführt. Diesen läßt man über amalgamierte Kupferplatten fließen, von welchen das Gold festgehalten wird. Man schabt nach einiger Zeit das auf den Platten haftende Goldamalgam ab und unterwirft es der Destillation, wobei Quecksilber sich verflüchtigt und Gold zurückbleibt.

Da der ablaufende Schlamm (die „Tailings") immer noch Gold enthält, verarbeitet man ihn besonders nach der Cyanidmethode, um die letzten Anteile Gold zu gewinnen. Zu dem Zweck läßt man den Schlämm mit ca. $3\,^0/_0$iger Cyankaliumlösung unter gleichzeitiger Einwirkung von Luftsauerstoff in Berührung.

Hierdurch löst sich Gold zu einem komplexen Salz auf:

$$2\,\mathrm{Au} + 4\,\mathrm{KCN} + 2\,\mathrm{H_2O} + \mathrm{O_2} = 2\,\mathrm{KAu(CN)_2} + 2\,\mathrm{KOH} + \mathrm{H_2O_2}\,.$$

Das nebenbei entstehende Wasserstoffsuperoxyd löst weitere Mengen Gold:

$$2\,\mathrm{Au} + 4\,\mathrm{KCN} + \mathrm{H_2O_2} = 2\,\mathrm{KAu(CN)_2} + 2\,\mathrm{KOH}.$$

Läßt man die Kaliumgoldcyanürlösung über sehr feine Zinkspäne fließen, so schlägt sich darauf das Gold als schwarzes Pulver nieder. Man kann aus den Lösungen auch auf elektrolytischem Wege das Gold abscheiden. Man verwendet als Anode eine Stahlplatte, als Kathode eine Bleiplatte. An der Anode entsteht Berlinerblau, auf der Kathode schlägt sich das Gold nieder.

Zur Trennung des Goldes von Silber bedient man sich der Salpetersäure, des „Scheidewassers", worin sich das Silber löst, das Gold nicht.

Gold ist ein gelbes, stark glänzendes Metall von hoher Politurfähigkeit. In reinem Zustande ist es sehr weich (fast wie Blei). Spez. Gew. 19,3^0. Es schmilzt bei 1063^0 zu einer blaugrünen Flüssigkeit und besitzt von allen Metallen die größte Dehnbarkeit. Es läßt sich zu den feinsten Drähten ausziehen und zu den dünnsten Blättchen (bis zu 0,0001 mm Dicke) ausschlagen (Feinblattgold, Aurum foliatum), welche das Licht mit blaugrüner Farbe durchlassen. Ein Gramm Gold läßt sich zu einem 166 Meter langen Drahte ausziehen.

Von trockener oder feuchter Luft oder reinem Sauerstoff wird das Gold auch bei hohen Temperaturen nicht verändert. Ebenso sind Salzsäure, Salpetersäure, Schwefelsäure ohne Einwirkung auf Gold, doch wird es leicht gelöst von Königswasser, sowie von Säuregemischen, welche freies Chlor oder freies Brom enthalten.

Zu technischen Zwecken, zur Herstellung von Münzen, Geräten, Schmuckgegenständen wird reines Gold, das beim Gebrauch sehr bald abgenutzt würde, nicht verarbeitet, sondern man legiert es mit anderen Metallen, besonders Silber und Kupfer. Ein Zusatz von letzterem bedingt eine rötliche Farbe (Rotgold), ein Zusatz von Silber eine hellere Farbe (Weißgold). Man bezeichnet die Legierung mit Kupfer auch als rote Karatierung, die Silberlegierung als weiße Karatierung. Der Gehalt der Legierungen an reinem Gold wird noch vielfach nach Karat und Grän bestimmt. Man teilt eine Mark = $^1/_2$ Pfund in 24 Karat, das Karat in 24 Grän ein. Der Goldgehalt einer Legierung wird durch Nennung von Karat und Grän bezeichnet, welche in je einer Mark enthalten sind. Die zur Anfertigung von Schmucksachen gebräuchlichste Legierung ist 14 karätig, d. h. sie enthält in 24 T. 14 T. Gold und 10 T. Silber und Kupfer; die hollän-

dischen und österreichischen Dukaten enthalten 23 Karat und 9 Grän Gold, die
deutschen und amerikanischen Goldmünzen, sowie die des lateinischen Münz-
vereins (Frankreich, Italien, Belgien, Schweiz, Spanien, Portugal) 21 Karat
$7\,^1/_5$ Grän, die englischen Goldmünzen 22 Karat. Man gibt in der Neuzeit den
Gehalt an Feingold aber auch in Tausendteilen an (z. B. 900 : 1000).

Die Goldarbeiter benutzen zur ungefähren Bestimmung des Goldgehaltes
einer Goldlegierung den Probierstein und die Probiernadeln. Letztere
bestehen aus Legierungen des Goldes mit anderen Metallen von bekanntem Gehalt. Die mit diesen Nadeln auf dem Probierstein (einem Kieselschiefer) gemachten Striche werden mit dem Strich, welchen die zu prüfende Goldlegierung
erzeugt hat, verglichen. Aus der Ähnlichkeit und der Stärke der Farbe, sowie
auf Grund ihres Verhaltens zu verdünntem Königswasser wird der Goldgehalt
annähernd festgestellt.

In kolloidaler Form erhält man Gold bei der Reduktion von
Goldchloridlösungen, am besten bei Gegenwart kleiner Mengen Alkali
(Kaliumbikarbonat), mit Formaldehyd oder Hydroxylamin. Die
Lösungen des kolloidalen Goldes sind hochrot, blau bis tintenschwarz
gefärbt.

In seinen Verbindungen ist Gold entweder einwertig (Oxydul-
oder Auroverbindungen) oder dreiwertig (Oxyd- oder Auri-
verbindungen). Aus den Lösungen wird es durch Eisenvitriol,
Eisenchlorür oder Oxalsäure metallisch als rotbraunes Pulver abgeschieden.

Von seinen Verbindungen beansprucht pharmazeutisch-medizi-
nisches Interesse das **Aurichlorid**, Goldchlorid, Gold(3)-Chlorid,
Aurum chloratum. Zu seiner Darstellung löst man Gold in
Königswasser und dampft unter Zuleitung von Chlor, wodurch eine
Zersetzung verhindert wird, ein. Goldchlorid wird in großen, rotbraunen, blätterigen Kristallen erhalten, welche sehr leicht zerfließlich
sind und sich in Wasser leicht lösen. Goldchlorid kristallisiert
aus einer viel Salzsäure enthaltenden Lösung in langen, gelben
Nadeln als Goldchloridchlorwasserstoffsäure (Chlorogold-
säure) der Zusammensetzung $AuCl_4H \cdot 4\,H_2O$.

Alkalilaugen fällen aus den Lösungen derselben rotbraunes
Aurihydroxyd [Gold(3)-Hydroxyd], das sich in einem Überschuß des
Fällungsmittels zu hellgelbem Alkaliaurat löst. Diese Einwirkung
läßt sich durch die Ionengleichungen veranschaulichen:

$$3\,(OH)' + [AuCl_4]' \longrightarrow Au(OH)_3 + 4\,Cl'$$
$$Au(OH)_3 + OH' \longrightarrow AuO_2' + 2\,H_2O.$$

Beim vorsichtigen Ansäuern mit verdünnter Salpetersäure scheidet
sich Goldsäure AuO(OH) als braungelber Niederschlag ab:

$$AuO_2' + H \longrightarrow AuO(OH).$$

Goldchlorid ist ein gutes Fällungsmittel für Alkaloide, mit denen
es meist kristallisierende Goldchloriddoppelsalze bildet.

Auch mit den Chloriden der Alkalimetalle geht Goldchlorid gut
kristallisierende Doppelverbindungen ein. Ein Natrium-Aurichlorid,
welches einen Überschuß von Natriumchlorid enthält, ist das als
Antisyphilitikum, bei Krebsleiden usw., sowie in der Technik zum
Vergolden benutzte Auro-Natrium chloratum. Es enthält $30\,^0/_0$

Gold und wird bereitet, indem man 65 Teile reines Gold in Königswasser löst, die überschüssige Säure verjagt, den Rückstand mit einer Lösung von 100 Teilen Natriumchlorid versetzt und auf dem Wasserbade zur Trockene eindampft. Es bildet ein goldgelbes, in Wasser leicht lösliches, kristallinisches Pulver.

Schwefelgold, Au_2S_3, bildet sich als schwarzer Niederschlag beim Einleiten von Schwefelwasserstoff in eine salzsäurehaltige wässerige Goldchloridlösung. Das sog. Glanzgold, welches durch Auflösen von Goldchlorid in „Schwefelbalsam“ unter Beifügung von Wismutsalz bereitet wird und zum Vergolden von Porzellan, Glas usw. dient, enthält Schwefelgold.

Aluminiumgruppe.

Aluminium.

Aluminium, Al = 27,1. Dreiwertig. Aluminium wurde zuerst im Jahre 1827 von Wöhler aus Chloraluminium dargestellt.

Vorkommen. Aluminiumverbindungen finden sich in großer Verbreitung in der Natur. Aus Aluminiumoxyd bestehen die als Edelsteine geschätzten Mineralien Korund, Saphir, Rubin; auch Smirgel ist ein Aluminiumoxyd, welches durch Eisen und andere Stoffe verunreinigt ist.

Aluminiumhydroxyde sind die Mineralien Bauxit [$Al_2O(OH)_4$] und Diaspor (AlO·OH); Federalaun (Alumen plumosum) ist ein wasserhaltiges Aluminiumsulfat, Kryolith ein Aluminium-Natriumfluorid, $AlF_3 \cdot 3\,NaF$. Im wesentlichen aus Aluminiumsilikat bestehen Kaolin, Ton, weißer und roter Bolus; zu den Aluminium-Doppelsilikaten gehören Feldspat und Glimmer.

Gewinnung. Durch Elektrolyse einer Lösung von Tonerde in geschmolzenem Kryolith und Flußspat. Als Kathode benutzt man hierbei den aus Graphitplatten zusammengesetzten Kessel, welcher das zu elektrolysierende Tonerdegemisch aufnimmt und läßt in dieses die aus Kohlestäben zusammengefügte Anode eintauchen. Bei geringer Spannung (von 5 bis 6 Volt) erzeugt man eine Stromstärke von 5000 bis 6000 Amp. Die Tonerde zerfällt dabei in Aluminium und Sauerstoff. Auch kann es durch Elektrolyse von geschmolzenem Schwefelaluminium, welches dabei in Aluminium und Schwefeldampf zerlegt wird, gewonnen werden.

Die Aluminiumindustrie hat sich besonders dort entwickelt, wo große Wasserkräfte zur Verfügung stehen, so am Rheinfall bei Neuhausen in der Schweiz und Rheinfelden in Baden, bei Lend-Gastein in Österreich, am Niagarafall in den Vereinigten Staaten.

Eigenschaften. Zinnweißes, glänzendes, geschmeidiges Metall vom spez. Gew. 2,6 bis 2,7. Es schmilzt bei 657°, läßt sich aber bei höherer Temperatur nicht verflüchtigen. An trockener und an feuchter Luft ist es ziemlich beständig; von kohlensäurehaltigem

Wasser wird es nur wenig angegriffen, mehr von salzhaltigem, besonders aber von alkalischen Flüssigkeiten und von stärkeren Säuren.

Aluminiummetall läßt sich zufolge seiner großen Dehnbarkeit zu dünnem Blech auswalzen und zu feinen Drähten ausziehen und findet aus diesen Gründen, sowie wegen seines niedrigen spez. Gew. und seiner Haltbarkeit eine vielfache Verwendung zur Herstellung von Eß- und Trinkgeräten und anderen Gegenständen des täglichen Gebrauches, von Trockenöfen usw.

Aluminiumbleche lassen sich bei Glühhitze durch starkes Hämmern aneinanderfügen (schweißen), d. h. dauernd vereinigen. Eine Legierung des Silbers mit Aluminium ist leicht schmelzbar und läßt sich zum Löten des Aluminiums benutzen. Eine schöne goldähnliche Legierung gibt das Metall mit Kupfer; eine solche Legierung mit 10 bis 12 $^0/_0$ Aluminium heißt Aluminiumbronze.

Aluminium hat große chemische Affinität zu Sauerstoff und wird daher zur Abscheidung von Metallen aus ihren Oxyden benutzt, bei deren Reduktion große Hitzegrade erforderlich sind. Um z. B. metallisches Chrom oder Mangan zu gewinnen, mischt H. Goldschmidt die Oxyde mit Aluminiumpulver und entzündet das Gemisch mittels einer „Zündkirsche", bestehend aus einem Magnesiumbande, das an dem einen Ende eine Mischung von Aluminium mit Baryumsuperoxyd oder chlorsaurem Kali trägt. Die Reduktion beginnt dann sogleich und geht unter sehr starker Wärmeentwicklung bis zur hellsten Weißglut (ca. 2500^0) von selbst weiter.

Man kann die durch Verbrennen des Aluminiums bewirkten hohen Hitzegrade — man nennt dieses Verfahren das Goldschmidtsche Thermit-Verfahren — benutzen, um eiserne Bolzen weißglühend zu machen. Um Eisenbahnschienen zu schweißen, umgibt man sie mit einem Gemisch von Eisenoxyd, Sand und Aluminiumpulver, welche durch eine zementartige Masse zusammengekittet werden. Man zündet diese an, wobei ein Erhitzen der Eisenteile bis zur Weißglut erfolgt.

Aluminiumpulver ist bei organisch-chemischen Prozessen als Reduktionsmittel von hervorragender Bedeutung. Um das Aluminium aktiv zu machen, wird es oberflächlich amalgamiert, indem man nach Anätzen mit Natronlauge eine verdünnte Quecksilberchloridlösung kurze Zeit darauf einwirken läßt.

Aluminiumoxyd, Tonerde, Al_2O_3. Die in der Natur vorkommenden kristallisierten Aluminiumoxyde sind rot, gelb oder blau gefärbt und führen als Edelsteine die Namen Korund, Saphir, Rubin. Man hat sie neuerdings künstlich hergestellt, und zwar in solcher Reinheit, daß sie die mikroskopisch feststellbaren Fehler der natürlichen Steine nicht besitzen und sich daher von diesen unterscheiden lassen. Zu ihrer Herstellung schmilzt man Aluminiumoxyd (bei gegen 2000^0) am besten im elektrischen Flammenbogen und versetzt es zur Gewinnung von Saphiren mit 0,1 bis 0,2 $^0/_0$ Titanoxyd und einer kleinen Menge Eisenoxyd, von Rubinen mit 0,2 bis 0,3 $^0/_0$ Chromoxyd. Man läßt das geschmolzene Gemisch auf die Spitze eines Tonerdekegels fallen, auf welchem sich ein kegelförmiger Schmelztropfen bildet, der kristallinisch erstarrt.

Smirgel (Lapis Smiridis), ein besonders durch Kieselsäure und Eisenoxyd verunreinigtes Aluminiumoxyd, wird als Putzmittel benutzt.

Aluminiumoxyd erhält man als ein weißes, in Wasser unlösliches Pulver durch Erhitzen von Aluminiumhydroxyd:

$$2 \, Al(OH)_3 = Al_2O_3 + 3 \, H_2O.$$

Heftig geglühtes Aluminiumoxyd wird auch von Säuren nicht gelöst.

Aluminiumhydroxyd, Tonerdehydrat, Alumina hydrata, Aluminium hydroxydatum, $Al(OH)_3$. Die in der Natur vorkommenden Hydroxyde sind auf S. 225 verzeichnet. Auf künstlichem Wege erhält man ein Aluminiumhydroxyd durch Fällen einer Aluminiumsalzlösung mit Ammoniak oder Natriumkarbonat:

$$Al_2(SO_4)_3 + 3 \, Na_2CO_3 + 3 \, H_2O = 2 \, Al(OH)_3 + 3 \, Na_2SO_4 + 3 \, CO_2.$$

Frisch gefälltes Aluminiumhydroxyd löst sich sowohl in verdünnten Säuren, als auch in Alkalien und zeigt daher sowohl den Charakter einer Base wie einer Säure. Man nennt solche Stoffe amphotere Elektrolyte (abgeleitet von $\dot\alpha\mu\varphi\acuteο\tau\varepsilonο\varsigma$, amphótheros, beide, beiderseitig). Die Lösungen des Aluminiums in Säuren enthalten das dreiwertige Kation $Al^{\cdots}$, in Alkalien das dreiwertige Anion $AlO_3{'''}$.

Die durch Lösen in Ätzalkalien entstehenden Verbindungen des Aluminiumhydroxyds heißen Aluminate:

$$Al(OH)_3 + 3 \, NaOH = Al(ONa)_3 + 3 \, H_2O.$$

Schon durch Kohlensäure werden die Aluminate wieder zerlegt, indem sich Aluminiumhydroxyd abscheidet und Natriumkarbonat entsteht:

$$2 \, Al(ONa)_3 + 3 \, CO_2 + 3 \, H_2O = 2 \, Al(OH)_3 + 3 \, Na_2CO_3.$$

Aluminiumhydroxyd wird unter dem Namen Alumina hydrata, Argilla pura, Tonerdehydrat als Zusatz zu Pillenmassen (z. B. zu solchen, die Silbernitrat enthalten) benutzt und findet besonders in der Technik Anwendung. Es besitzt z. B. die Fähigkeit organische Farbstoffe aus Lösungen niederzuschlagen und damit wasserunlösliche Verbindungen zu bilden und diente daher, früher mehr als jetzt, als Beizmittel in der Färberei, um Farbstoffe auf der Gewebsfaser haftend zu machen.

Schon bei schwachem Erhitzen verliert 1 Mol. Aluminiumhydroxyd 1 Mol. Wasser und geht in das Monohydroxyd $AlO(OH)$ über. Von diesem leiten sich mehrere natürlich vorkommende Aluminate ab, z. B. die Spinelle (Magnesiumaluminate). Bei stärkerem Erhitzen wird Aluminiumhydroxyd vollständig in Aluminiumoxyd verwandelt.

Aluminiumchlorid, $AlCl_3$, bildet sich bei der Einwirkung von Chlor auf erhitztes Aluminium oder auch beim Erhitzen eines Gemisches von Aluminiumoxyd und Kohle in einem Chlorstrom.

Aluminiumchlorid läßt sich durch Sublimation reinigen. Es zieht an der Luft schnell Feuchtigkeit an und zerfließt. Es wird als wasserbindendes Mittel, bzw. als Kondensationsmittel bei vielen organisch-chemischen Prozessen angewandt.

Aluminiumsulfat, Schwefelsaures Aluminium, Aluminium sulfuricum, $Al_2(SO_4)_3 \cdot 18\,H_2O$, wird in reiner Form erhalten durch Lösen von Aluminiumhydroxyd in verdünnter Schwefelsäure und Abdampfen zur Kristallisation.

Es bildet kleine, weiße, atlasglänzende, schuppige Kristalle oder weiße, durchscheinende, kristallinische Massen.

Rohes Aluminiumsulfat gewinnt man durch Behandeln von Ton (Aluminiumsilikat) mit Schwefelsäure, wobei Kieselsäure abgeschieden wird. Aus der Lösung wird mit Kaliumferrocyanid das Eisen gefällt, und die so vom Eisen befreite Flüssigkeit zur Trockne verdampft, von neuem mit Wasser aufgenommen, filtriert, abermals verdampft, und dieses Verfahren so oft wiederholt, bis eine weiße, kristallinische Masse zurückbleibt.

Eigenschaften und Prüfung. Aluminiumsulfat, $Al_2(SO_4)_3 \cdot$ $18\,H_2O$, Mol.-Gew. 666,7, bildet weiße, kristallinische Stücke, die sich in 1,2 Wasser lösen und in Weingeist fast unlöslich sind. Die wässerige Lösung schmeckt sauer und zusammenziehend. Fügt man zur wässerigen Lösung Natronlauge, so entsteht ein gallertiger, im Überschuß des Fällungsmittels löslicher Niederschlag, der sich auf genügenden Zusatz von Ammoniumchloridlösung wieder ausscheidet. Man prüft das Präparat auf **Schwermetallsalze, freie Schwefelsäure, Eisensalze und Arsenverbindungen** (s. Arzneibuch).

Aluminiumsulfat bildet mit den Sulfaten der Alkalimetalle sehr schön kristallisierende Doppelsalze, die sog. Alaune, von welchen das **Aluminium-Kaliumsulfat** besonders wichtig ist.

Aluminium-Kaliumsulfat, Kaliumalaun, Alaun, Alumen, $AlK(SO_4)_2 \cdot 12\,H_2O$. Alaun findet sich in vulkanischen Gegenden und ist aller Wahrscheinlichkeit nach hier durch Einwirkung von Schwefeldioxyd, beziehentlich daraus gebildeter Schwefelsäure auf Aluminium- und Kaliumverbindungen haltende Gesteine entstanden. Solcher natürlich vorkommender Alaun ist der Aluminiumhydroxyd enthaltende **Alaunstein** oder **Alunit**, welcher bei Neapel und auf Sizilien vorkommt und, in kubische Stücke von rötlicher Farbe geformt, früher unter dem Namen römischer Alaun in den Offizinen bekannt war.

Gegenwärtig gewinnt man Alaun aus dem Alaunschiefer (auch Alaunerde genannt). Dieser ist eine erdige, tonhaltige Braunkohle, welche mit Schwefelkies durchsetzt ist. Alaunschiefer wird geröstet, d. h. an der Luft erhitzt und hierauf, mit Wasser befeuchtet, noch längere Zeit der oxydierenden Einwirkung der Luft ausgesetzt. Das aus dem Schwefelkies gebildete Schwefeldioxyd wird durch weitere Oxydation in Schwefelsäure übergeführt und wirkt zerlegend auf das Aluminiumsilikat des Alaunschiefers ein, während das gleichzeitig entstandene schwefelsaure Eisenoxydul durch Übergang in basisches Salz noch weitere Mengen Schwefelsäure bzw. schwefelsaures Aluminium liefert. Man laugt mit Wasser aus, versetzt, nachdem man das mit in Lösung gegangene Eisensalz durch Eindampfen und

Auskristallisieren möglichst abgeschieden hat, mit der entsprechenden Menge Kaliumsulfat und dampft zur Kristallisation ein.

Das zur Alaunbildung nötige Aluminiumsulfat kann auch aus dem Ton (s. Aluminiumsulfat) unmittelbar gewonnen werden.

Eigenschaften und Prüfung. Kaliumalaun $AlK(SO_4)_2 \cdot 12\,H_2O$, Mol.-Gew. 474,5, kristallisiert in farblosen, durchscheinenden, harten Oktaedern oder bildet kristallinische Bruchstücke, welche häufig oberflächlich bestäubt sind. Er löst sich in 11 T. Wasser und ist in Weingeist unlöslich. Die wässerige Lösung besitzt saure Reaktion und stark zusammenziehenden Geschmack. Beim Erhitzen auf gegen 90^0 schmilzt der Alaun, gibt bei gegen 112^0 unter Aufwallen Wasser ab, wird sodann dickflüssig und verliert gegen 300^0 die letzten Anteile Kristallwasser. Es bleibt eine schwammig-poröse Masse zurück, welche den Namen gebrannter Alaun (Alumen ustum) führt und gleich dem kristallwasserhaltigen Alaun als Ätz- und Blutstillungsmittel, sowie zum Gurgeln bei Katarrhen des Kehlkopfs angewendet wird.

Erhitzt man Alaun nach vollständiger Entfernung des Kristallwassers auf 350^0 und darüber hinaus, so entweicht Schwefelsäure, und es bleibt ein basischer gebrannter Alaun zurück, der sich nur teilweise in Wasser löst.

Man prüft Alaun auf fremde Metalle und Ammoniumverbindungen (s. Arzneibuch).

Entsprechend dem Kaliumalaun ist auch ein Natriumalaun (dieser kristallisiert nur schwierig) und ein Ammoniumalaun darstellbar. Letzterer hat die Zusammensetzung $Al(NH_4)(SO_4)_2 \cdot 12\,H_2O$ und findet besonders in der Färberei und Gerberei Anwendung. Das Aluminium in den Alaunen kann durch andere dreiwertige Metalle ersetzt werden, und man erhält Stoffe, die große Übereinstimmung mit dem Kaliumalaun zeigen, u. a. auch wie dieser mit 12 Mol. Wasser in Oktaederform kristallisieren. Solche Alaune sind der

$$\text{Ammonium-Eisenalaun} = Fe(NH_4)(SO_4)_2 \cdot 12\,H_2O$$
$$\text{und der Chromalaun} = CrK(SO_4)_2 \cdot 12\,H_2O.$$

Aluminiumsilikat, Kieselsaures Aluminium. Wasserfreie Aluminiumsilikate sind die Mineralien Cyanit, Andalusit, Kollyrit. Die böhmischen Granaten bestehen aus einem Magnesium-Aluminiumsilikat. Als Aluminiumdoppelsilikate sind auch die in großen Mengen natürlich vorkommenden Mineralien Feldspat (Aluminium-Kaliumsilikat) und Glimmer zu nennen. In Vereinigung mit Quarz bilden diese Doppelsilikate den Granit und Gneis. Durch Verwitterung, der zufolge das Kaliumsilikat mit Hilfe von Kohlensäure und Wasser in den löslichen Zustand übergeht und von den Pflanzen aus der Ackererde aufgenommen wird, hinterbleibt Aluminiumsilikat. Dieses bezeichnet man als Ton. Ein noch am Orte seiner Entstehung lagernder, sehr reiner Ton ist der Kaolin oder die Porzellanerde, welche fein verteilt und geschlämmt das Hauptmaterial zur Herstellung des Porzellans liefert.

Zwecks Herstellung des Porzellans wird Kaolin fein geschlämmt und die knetbare Masse sodann in die gewünschten Formen gebracht; die bei schwacher Wärme zunächst getrockneten Stücke werden gebrannt, dann in das flüssige Glasurgemisch getaucht und bis zum Schmelzen der Glasur gebrannt. Zur Herstellung der Glasur benutzt man Feldspat als Flußmittel, dem auch wohl Quarz uud Gips zugesetzt werden. Für sog. Hartporzellan wird ein Gemisch aus 100 T. Kaolin und 30 T. Feldspat, für Berliner Porzellan ein Gemisch aus 55 T. Kaolin, 22,5 T. reinem Quarz und 22,5 T. Feldspat verwendet. Der Garbrand oder das Scharffeuer wird bei einer Temperatur von 1430 bis 1490° bewirkt. Zum Bemalen des Porzellans bzw. zum Färben verwendet man

für Grün: Chromoxyd,
„ Blau: ein Gemisch aus Kobaltoxyd, Zinkoxyd und Tonerde,
„ Braun: ein Gemisch aus Eisen-, Mangan-, Chrom- und Nickeloxyd,
„ Rot: ein Gemisch aus Zinnoxyd und Chromoxyd,
„ Schwarz: ein Gemisch aus Kobalt, Chrom-, Mangan- und Kupferoxyd.

Unglasiertes Hartporzellan führt den Namen Biskuit und wird zur Herstellung von Reliefs, Schalen, Tiegeln, Wannen und anderen chemischen Geräten benutzt. Die Brenntemperatur des Porzellans und der Tonwaren stellt man durch Segerkegel fest, das sind 3 bis 4 cm hohe dreiseitige Pyramiden, die aus Ton mit wechselndem Zusatz hergestellt sind und je nach der Höhe der Temperatur eine verschiedene Erweichbarkeit besitzen, an welcher man die jeweilige Temperatur erkennt.

Ton ist durch Verunreinigungen mannigfacher Art meist bläulich, graugrün, auch gelb gefärbt und bildet einen fettig sich anfühlenden Stoff, der mit Wasser eine plastische Masse gibt. Der Ton dient zur Herstellung von Tonwaren, feinerem Steinzeug, Fayence usw. Ein durch Calciumkarbonat, Magnesiumkarbonat, Sand und andere Stoffe verunreinigter Ton heißt Mergel; unter Lehm oder Ziegelton wird ein gelbgefärbter, sand- und eisenhaltiger Ton verstanden.

Ein nur wenig Sand und nur wenig Calciumkarbonat enthaltender, ziemlich weißer Ton ist der arzneilich verwendete weiße Bolus (Bolus alba). Roter Bolus (Bolus rubra) und armenischer Bolus (Bolus armena) sind durch Eisenoxyd rot gefärbt.

Ein synthetisches Aluminiumsilikat von der Zusammensetzung $Al_2Si_6O_{15} \cdot 2H_2O$ ist unter dem Namen Neutralon bei Hypersekretionszuständen, Hyperaciditätsbeschwerden, Magensaftfluß usw. arzneilich empfohlen worden. Es bildet ein geruch- und geschmackloses, weißes, in Wasser unlösliches Pulver, das dreimal täglich $^1/_2$ Stunde vor den Mahlzeiten (Dosis: 1 Teelöffel voll) in warmem Wasser verrührt, verabreicht wird.

Das unter dem Namen Lasurstein (Lapis lazuli) bekannte, schön blau gefärbte Mineral wurde früher unter der Bezeichnung Ultramarin als Malerfarbe benutzt. Auf künstlichem Wege wird Ultramarin von prächtig blauer Farbe durch Erhitzen eines Gemenges von reinem Ton, Natriumsulfat und Kohle oder von Ton, Natriumkarbonat, Schwefel und Kohle dargestellt. Zunächst entsteht hierbei ein grüngefärbter Stoff, Ultramaringrün, welches bei schwachem Glühen mit Schwefel unter Zutritt von Luft eine blaue Farbe annimmt.

Nachweis von Aluminiumverbindungen.

Glüht man Aluminiumsalze vor dem Lötrohre, befeuchtet die weiße, unschmelzbare Masse sodann mit etwas Kobaltnitratlösung und glüht von neuem, so nimmt der Rückstand eine schön blaue Färbung an (Thénards Blau).

Kalium oder Natriumhydroxyd scheiden aus den Lösungen der Aluminiumsalze weißes, gallertiges Aluminiumhydroxyd ab, welches sich im Überschuß des Fällungsmittels wieder löst.

$$3\,OH' + Al^{\cdots} \longrightarrow Al(OH)_3$$

oder
$$Al(OH)_3 + 3\,OH' \longrightarrow AlO_3''' + 3\,H_2O \qquad \text{(nach Herz)}$$
$$Al(OH)_3 + OH' \longrightarrow AlO_2' + 2\,H_2O \qquad \text{(nach Blum)}$$
oder
$$Al(OH)_3 + OH' \longrightarrow AlO_3H_2' + H_2O \qquad \text{(nach Hantzsch)}.$$

Ammoniak oder Natriumkarbonat rufen in Aluminiumsalzlösungen weiße Niederschläge von Aluminiumhydroxyd hervor, die von einem Überschuß des Fällungsmittels nicht gelöst werden:

$$3\,OH' + Al^{\cdots} \longrightarrow Al(OH)_3.$$

Gruppe der sog. seltenen Erden.

Zu den „seltenen Erden" pflegt man eine Reihe verschiedener Elemente, wie das Scandium, Yttrium, Lanthan, Ytterbium, Cerium, Thorium, Erbium, Praseodym, Neodym, Samarium, Terbium, Thulium, Holmium, zu rechnen. Es besteht noch keineswegs volle Sicherheit darüber, ob sie sämtlich Elemente sind oder ob Gemenge vorliegen.

An dieser Stelle sei nur des Ceriums gedacht und im Anschluß daran des Thoriums. Ein Gemisch beider Oxyde findet in der Beleuchtungstechnik für das Auersche Gasglühlicht Verwendung.

Die genannten Erden lassen sich aus einigen hauptsächlich in Schweden und auf Grönland vorkommenden Mineralien, wie Cerit, Gadolinit, Orthit, Euxenit gewinnen. Der Cerit enthält gegen $60\,\%$ Cer.

Zur Gewinnung des Thoriums verwendet man den in den Vereinigten Staaten, in Kanada, Brasilien in großen Mengen sich findenden Monazitsand, welcher vorwiegend aus den Phosphaten von Calcium, Lanthan, Didym mit wechselnden Mengen von Thoriumsilikat und Thoriumphosphat besteht.

Man schließt Monazitsand durch Erhitzen mit konz. Schwefelsäure auf, löst in Eiswasser, beseitigt die abgeschiedene Kieselsäure durch Filtration und fällt die Metalle mit Oxalsäure. Die Oxalate sind selbst in verdünnten Säuren schwer löslich. Beim Erhitzen werden die Oxalate in Oxyde übergeführt. Die weitere Trennung der Oxyde ist mit großen Schwierigkeiten verknüpft. Ihre Lösung wird entweder fraktioniert gefällt, oder man erhitzt die Nitrate bei verschiedenen Temperaturen; die Nitrate sind dabei verschieden beständig.

Cer und Thoriumoxyd haben die Eigenschaft, schon durch die Temperaturgrade einer Bunsenflamme weißglühend zu werden und damit ein sehr helles Licht auszusenden.

Nach Auer von Welsbach tränkt man eine feinmaschiges Baumwollengespinst („Strumpf") mit einer Lösung von Thorium- und Ceriumnitrat, und zwar in einem solchen Verhältnis, daß nach dem Glühen $98\,\%$ Thoriumoxyd und $2\,\%$ Ceriumoxyd hinterbleiben. Die Asche behält die Form des ursprünglichen Strumpfes bei. Das Thorium-Cer-Gerüst wird nun durch eine Bunsenflamme erhitzt. Thoriumoxyd allein oder Ceriumoxyd für sich senden nur wenig leuchtende Lichtstrahlen aus. Daß ein Gemisch beider in dem erwähnten Verhältnis eine starke Lichtemission gibt, wird durch katalytische Wirkung erklärt.

Über das **Mesothorium** vgl. Radium S. 184.

Bei Röntgenuntersuchungen wird an Stelle von Wismutsubnitrat oder Baryumsulfat als Kontrastmittel ein **Aktinophor** genanntes Präparat verwendet, das aus 3 T. Thoriumoxyd und 1 T. Ceroxyd besteht.

Gruppe des Chroms und Eisens.

Chrom. Molybdän. Wolfram. Uran. Eisen. Mangan. Nickel. Kobalt.

Chrom.

Chromium, $Cr = 52,0$. Zwei-, drei-, sechs- und siebenwertig. Das Chrom wurde von **Vauquelin** im Jahre 1797 aus dem **Rotbleierz** als eigentümliches Metall abgeschieden.

Vorkommen. Chrom findet sich gediegen nicht in der Natur. Das wichtigste Chrommineral ist der **Chromeisenstein**, $FeCr_2O_4 = (FeO \cdot Cr_2O_3)$, welcher besonders im Ural, aber auch in Norwegen, Pennsylvanien und Neu-Kaledonien vorkommt. Seltenere Chromerze sind das **Rotbleierz**, $PbCrO_4$ und der **Chromocker**, Cr_2O_3.

Gewinnung. Die Reduktion von Chromoxyd mittels Kohle läßt sich nur bei stärkster Weißglut bewirken. Leichter gelingt die Reduktion mit Aluminiumpulver nach dem **Goldschmidt**schen Thermitverfahren (s. Aluminium).

Eigenschaften. Graues kristallinisches, sehr schwer schmelzbares Metall. Spez. Gew. 6,8. Schmelzp. 1580°. Von Salzsäure wird es unter Wasserstoffentwicklung gelöst, desgleichen von verdünnter Schwefelsäure beim Erwärmen. Salpetersäure wirkt selbst in heißem konzentriertem Zustande nicht auf Chrom ein. Sie führt Chrom in den „passiven Zustand" über.

Chrom, welches mit Aluminiumpulver aus Chromoxyd abgeschieden ist, dient zur Herstellung des **Chromstahls**.

Im sechswertigen Zustand bildet Chrom mit Sauerstoff eine Verbindung, die mit Basen Salze bildet. Letztere entsprechen in ihrer Zusammensetzung den Sulfaten.

Chrom tritt demnach in verschiedener Ionenform auf. In den Chromoverbindungen bildet es die Kationen $Cr^{\cdot\cdot}$, in den Chromiverbindungen die Kationen $Cr^{\cdot\cdot\cdot}$, in den chromsauren Salzen, den Chromaten, das Anion CrO_4'' und das komplexe Dichromatanion Cr_2O_7''.

Chromisulfat, $Cr_2(SO_4)_3 \cdot 18 H_2O$, entsteht beim Eindunsten einer Lösung von Chromhydroxyd in verdünnter Schwefelsäure bei niedriger Temperatur. Violette Kristalle, die sich in Wasser mit violetter Farbe lösen. Erwärmt man die Lösung, so färbt sie sich grün. Man kann aus ihr dann Kristalle von Chromisulfat nicht mehr erhalten. Es bilden sich komplexe Chromschwefelsäuren, z. B.:

$$2\,Cr_2(SO_4)_3 + H_2O = SO_4 \!\!\left\langle\!\! \begin{array}{l} (SO_4)_2Cr_2 \\ (SO_4)_2Cr_2 \end{array} \!\!\right\rangle\!\! O + H_2SO_4 .$$

Kaliumchromisulfat, Chromalaun $CrK(SO_4)_2 \cdot 12\,H_2O$, wird gewonnen durch Einleiten von Schwefeldioxyd in eine mit Schwefelsäure versetzte Lösung von Kaliumdichromat:

$$K_2Cr_2O_7 + H_2SO_4 + 3\,SO_2 = 2\,CrK(SO_4)_2 + H_2O.$$

Zur Darstellung von **Chromtrioxyd** geht man von den Chromaten (den chromsauren Salzen) aus. Die Chromate entsprechen in ihrer Zusammensetzung den schwefelsauren Salzen, die **Dichromate den Pyrosulfaten**, z. B.:

$$\begin{array}{ll}
\text{Kaliumchromat:} & K_2CrO_4 \\
\text{Kaliumsulfat:} & K_2SO_4
\end{array}
\quad\text{und}\quad
\begin{array}{l}
\text{Kaliumdichromat: } K_2Cr_2O_7 \\
\text{Kaliumpyrosulfat: } K_2S_2O_7 \\
\text{(Salz der Dischwefelsäure).}
\end{array}$$

Die Dichromate entstehen durch Abspaltung von Alkali auf Zusatz von Mineralsäure zu den Chromaten.

Kaliumdichromat, Doppeltchromsaures Kalium, Saures chromsaures Kalium, Kalium dichromicum, Kalium chromicum rubrum, $K_2Cr_2O_7$, wird aus dem Chromeisenstein durch Glühen mit Kaliumkarbonat und -nitrat gewonnen.

Es bildet große, dunkelorangerote, wasserfreie luftbeständige Tafeln oder Säulen, welche erhitzt zu einer dunkelbraunen Flüssigkeit schmelzen. Löslich in 10 T. Wasser von 15^0, bei 100^0 in $1\,^1/_4$ T. Wasser.

Durch Reduktionsmittel (Schwefelwasserstoff, organische Stoffe, wie Alkohol usw.) wird es in Chromoxyd, bzw. Chromisalz übergeführt. Säuert man eine verdünnte wässerige Lösung von Kaliumdichromat mit einigen Tropfen Salzsäure an, fügt einige Tropfen Alkohol hinzu und erwärmt, so geht die gelbrote Farbe der Lösung nach und nach in ein schönes Grün über, während sich ein erfrischender Geruch nach Acetaldehyd, dem Oxydationsprodukt des Alkohols, bemerkbar macht. Die grüne Lösung enthält Chromichlorid, aus welcher durch Zusatz von Ammoniak bläulich-grünes **Chromihydroxyd** sich fällen läßt:

$$CrCl_3 + 3\,NH_3 + 3\,H_2O = Cr(OH)_3 + 3\,NH_4Cl.$$

Man benutzt Kaliumdichromat bei Gegenwart von Schwefelsäure oder Essigsäure als wichtiges Oxydationsmittel, in der organischen Chemie.

Kaliumdichromat entwickelt beim Erwärmen mit Salzsäure Chlor:

$$K_2Cr_2O_7 + 14\,HCl = 2\,KCl + 2\,CrCl_3 + 7\,H_2O + 6\,Cl.$$

Anwendung. Löst man in einer Gelatine Kaliumdichromat, so wird bei der Einwirkung des Lichtes an den belichteten Stellen die Gelatine in Wasser unlöslich; an den belichteten Stellen wird Chromsäure zu Chromoxyd reduziert, das mit Gelatine eine unlösliche Verbindung eingeht. Man macht von dieser Eigenschaft der Kaliumchromat-Gelatine Gebrauch zum Lichtdruck. Man belichtet mit Chromgelatine überzogene Platten unter einem Negativ und wäscht mit Wasser aus. An den belichteten Stellen finden sich dann erhabene Stellen, die Druckerschwärze annehmen und beim Abdruck ein positives Bild liefern.

In der Medizin wird Kaliumdichromat äußerlich als Ätzmittel in Substanz oder in 10 bis $20\,^0/_0$ iger Lösung benutzt; mit Stärkemehl und Talkum vermischt als Streupulver gegen Fußschweiß. Vorsichtig aufzubewahren.

Kaliumchromat, Chromsaures Kalium, Kalium chromicum flavum, K_2CrO_4, dargestellt durch Auflösen von 2 T. Kaliumdichromat in 4 T. heißem Wasser und Versetzen bis zur schwach alkalischen Reaktion mit Kaliumkarbonat (1 T.):

$$K_2Cr_2O_7 + K_2CO_3 = 2\,K_2CrO_4 + CO_2.$$

Die Lösung wird heiß filtriert und zur Kristallisation beiseite gestellt. Kaliumchromat kristallisiert in gelben, rhombischen Kristallen, welche sich in 2 T. Wasser zu einer gelb gefärbten Flüssigkeit lösen. Ein Zusatz von Säuren bewirkt Rotfärbung, die Folge der Bildung von Kaliumdichromat.

Fügt man zu der Lösung des Kaliumchromats Baryumsalzlösung, so wird gelbes, in Wasser und Essigsäure unlösliches, in Salz- und Salpetersäure lösliches Baryumchromat, $BaCrO_4$, erhalten, welches unter der Bezeichnung gelbes Ultramarin als Malerfarbe Verwendung findet.

Bleisalze rufen sowohl in den Lösungen des Kaliumchromats wie des Kaliumdichromats einen gelben Niederschlag von Bleichromat, $PbCrO_4$, hervor, welches den Namen Chromgelb führt und gleichfalls als Malerfarbe dient. Vorsichtig aufzubewahren.

Kaliumchromat wird als Indikator bei Titrationen von Halogenalkalien mit Silbernitrat benutzt.

Chromtrioxyd, Chromsäure, Chromsäureanhydrid, Acidum chromicum, CrO_3.

Zur Darstellung des Chromtrioxyds löst man 60 g Kaliumdichromat in 100 ccm Wasser und 85 ccm konz. Schwefelsäure durch Erwärmen und läßt erkalten. Nach 12 Stunden haben sich Kristalle von Kaliumbisulfat abgeschieden:

$$K_2Cr_2O_7 + 2\,H_2SO_4 = 2\,KHSO_4 + H_2O + 2\,CrO_3.$$

Man gießt die Flüssigkeit ab, erwärmt auf gegen 80^0, versetzt noch mit 30 ccm konz. Schwefelsäure und allmählich mit so viel Wasser, daß etwa sich ausscheidende Chromsäure wieder gelöst wird, und dampft zur Kristallisation ab.

Die Kristalle werden auf fein durchlöcherten Ton- oder Porzellanplatten abgesaugt, mit starker Salpetersäure abgewaschen, nochmals abgesaugt und die letzten Anteile anhängender Salpetersäure durch Erwärmen auf 80^0 und durch gleichzeitige Einwirkung eines trockenen warmen Luftstroms beseitigt.

Eigenschaften und Prüfung. Chromsäure bildet braunrote, stahlglänzende Kristalle, welche in Wasser leicht löslich sind, beim Erhitzen schmelzen und bei etwa 300^0 in Chromioxyd und Sauerstoff zerfallen. Mit Salzsäure erwärmt, entwickelt Chromsäure Chlor:

$$2\,CrO_3 + 12\,HCl = 2\,CrCl_3 + 6\,H_2O + 3\,Cl_2.$$

Wird die wässerige Chromsäurelösung mit Wasserstoffsuperoxyd geschüttelt, so entsteht eine tiefblaue Färbung, welche beim Schütteln mit Äther in diesen übergeht. Man nimmt an, daß es sich hierbei um die Bildung eines Salzes der Überchromsäure $HCrO_5$ handelt, in welcher Chrom siebenwertig auftritt $O_3 \equiv CrO \cdot OH$.

Wird ein Salz der Mono- oder Dichromsäure mit Natriumchlorid und konz. Schwefelsäure erwärmt, so destilliert eine Flüssigkeit, welche das Chlorid der Chromsäure, Chromylchlorid, CrO_2Cl_2, ist.

Chromylchlorid bildet eine an der Luft rauchende Flüssigkeit von blutroter Farbe, die von Wasser unter Bildung von Chromsäure und Salzsäure zersetzt wird:

$$CrO_2Cl_2 + H_2O = CrO_3 + 2\,HCl.$$

Man prüft Chromsäure, ob sie frei von Schwefelsäure und Kalium- bzw. Natriumsalz ist (s. Arzneibuch).

Anwendung der Chromsäure in der Medizin: Als Ätzmittel. In 3 bis $5\,^0/_0$ iger Lösung zum Einpinseln bei Diphtherie und gegen Fußschweiß. Vorsichtig aufzubewahren!

Nachweis von Chromverbindungen.

Alle Chromverbindungen sind gefärbt. Sie färben die Phosphorsalz- oder Boraxperle grün und geben beim Schmelzen mit Soda und Salpeter auf dem Platinblech eine gelbe Schmelze (Kaliumchromat), welche sich in Wasser mit gelber Farbe löst.

Fügt man zu dieser mit Essigsäure neutralisierten Lösung Bleinitratlösung, so wird gelbes Bleichromat gefällt.

$$CrO_4'' + Pb^{\cdot\cdot} \longrightarrow PbCrO_4.$$

Mit Silbernitratlösung geben die Lösungen der chromsauren Salze einen braunroten Niederschlag von chromsaurem Silber, Ag_2CrO_4, der von Ammoniak und Salpetersäure leicht gelöst wird.

$$CrO_4'' + 2\,Ag^{\cdot} \longrightarrow Ag_2CrO_4.$$

Molybdän. $Mo = 96{,}0$.

Zwei-, drei-, vier-, fünf-, sechs- und siebenwertig.

Molybdän kommt in der Natur vor als Molybdänglanz, MoS_2, und als Gelbbleierz, $PbMoO_4$. Scheele gewann im Jahre 1778 aus dem mit Graphit bis dahin verwechselten Molybdänglanz durch Oxydation Molybdänsäureanhydrid, MoO_3. Beim Schmelzen des Anhydrides mit den Hydroxyden oder Karbonaten der Alkalimetalle erhält man Salze von der Formel K_2MoO_4 oder Na_2MoO_4, teils aber auch Salze, die sich von einer Polysäure ableiten. Unter Polysäuren versteht man Säuren, die mehr als einen Säurerest in der Molekel enthalten.

Das Ammoniumsalz der Molybdänsäure stellt man dar durch Auflösen von Molybdänsäureanhydrid in konz. Ammoniaklösung. Man benutzt es zur Bereitung der Ammoniummolybdatlösung, welche als Reagens auf Phosphorsäure und Arsensäure Verwendung findet[1]).

Erwärmt man in salpetersaurer Lösung ein phosphorsaures Salz mit Ammoniummolybdatlösung, so scheidet sich ein kanariengelber Niederschlag ab von der Zusammensetzung $(NH_4)_3[(MoO_3)_{12}PO_4] \cdot 12\,H_2O$. Die Entstehung dieses

---

[1]) S. Phosphorsäure S. 99.

Komplexsalzes Ammoniummolybdänsäurephosphat läßt sich durch die Ionengleichung veranschaulichen:

$$PO_4''' + 12\,MoO_4'' + 3\,NH_4^{\cdot} + 24\,H^{\cdot} \longrightarrow (NH_4)_3[(MoO_3)_{12}PO_4]\cdot 12\,H_2O.$$

Die Verbindung wird von Ammoniak unter Bildung von Ammoniumphosphat und Ammoniummolybdat farblos gelöst.

Wolfram. $W = 184$.

Zwei-, drei-, vier-, fünf- und sechswertig.

Wolfram kommt vor als Scheelit oder Tungstein (Calciumwolframat $CaWO_4$), als Wolframit (Ferrowolframat $FeWO_4$) und als Scheelbleierz (wolframsaures Blei $PbWO_4$).

Wolfram wird zur Bereitung von Wolframstahl benutzt, der sich durch große Härte auszeichnet.

Uran. $U = 238{,}2$.

Drei-, vier- und sechswertig.

Uran findet sich hauptsächlich als Uranpecherz, welches im wesentlichen eine Verbindung von Uranoxyd und Uranoxydul, U_3O_8, bildet.

In den Uransalzen spielt die Gruppe UO_2 die Rolle eines zweiwertigen Radikals; sie führt den Namen Uranyl, z. B. $UO_2(NO_3)_2$ Uranylnitrat.

Uranylnitrat stellt man dar durch Auflösen von Pechblende in Salpetersäure. Es kristallisiert mit 6 Mol. H_2O und bildet grünlichgelbe, fluoreszierende Kristalle.

Aus dem Uranpecherz wurden von Becquerel (1896) Präparate dargestellt, die sich durch Radioaktivität auszeichnen. Man bezeichnete die Strahlen, welche den Präparaten eigen sind und die photographische Platte beeinflussen, als Becquerelstrahlen (s. Radium S. 183 und auch Anhang zum anorganischen Teil).

Uransalze sind giftig.

Eisen.

Ferrum, $Fe = 55{,}84$. Zwei-, drei- und sechswertig. Das Eisen war schon 3000 Jahre v. Chr. den Ägyptern bekannt (eiserne Klammern an den Pyramiden).

Vorkommen. Gediegen selten in Form kleiner Körnchen oder Blättchen in der Lava, im Basalt von Grönland, in größerer Menge in den Meteorsteinen, den Meteoriten, zu 88 bis $98\,^0/_0$, neben Kobalt, Nickel, Kupfer, Mangan usw. Die Meteoriten besitzen eine Schwere bis zu 20000 kg. Nach dem Polieren und Anätzen zeigen sich auf den Meteoriten eigenartige Streifungen, die sog. Widmannstättenschen Figuren. Von den Verbindungen des Eisens sind diejenigen mit Sauerstoff die wichtigsten, weil sie zur Gewinnung des Eisens am besten sich eignen. Eisensauerstoffverbindungen sind die Mineralien Roteisenstein, Fe_2O_3 (im kristallisierten Zustand Eisenglanz genannt), Brauneisenstein, $Fe_2O_3 \cdot 2\,Fe(OH)_3$, Magneteisenstein[1]), Fe_3O_4. Spateisenstein ist im wesentlichen Ferrokarbonat, Rasen- oder Wieseneisenstein enthält Hydroxyd neben Phosphat und Silikat, Schwefelverbindungen sind der Eisen- oder Schwefelkies, FeS_2, und der Magnetkies, Fe_7S_8. Andere seltenere

---

[1]) Der Name Magnet leitet sich ab von Magnesia, einer Stadt in Kleinasien, in deren Nähe schon im Altertum magnetische Eisenerze gefunden worden sind.

Eisenmineralien sind Arsenikalkies, $FeAs_2$, Arsenkies, $FeAsS$, Kupferkies, $Cu_2S \cdot Fe_2S_3$, Buntkupfererz, $3\,Cu_2S \cdot Fe_2S_3$.

Gewinnung. Die Eisengewinnung ist eine hüttenmännische und wird in den sog. Hochöfen (Abb. 48) vorgenommen, worin die Eisenoxyde durch Kohle bei hoher Temperatur reduziert werden.

Die Beschickung der Öfen geschieht, indem man Schichten von Kohle (Holz- oder Steinkohle oder Koks), Eisenerz und Zuschlag einschüttet. Der Zuschlag besteht aus einem Gemenge von Kalk, Flußspat, Sand usw. Die Gangart der Eisenerze bildet mit dem Zuschlag eine leicht schmelzbare Masse, in welche die fremden Stoffe übergehen. Sie schützt auch das geschmolzene Eisen vor der Wiederoxydation.

Der aus feuerfesten Steinen aufgeführte 13 bis 25 m hohe Ofen hat einen Inhalt von 400 bis 800 cbm, sein weitester Durchmesser beträgt 6 bis 7,5 m. Er birgt den Hohlraum *edo* (Abb. 48), den sog. Kernschacht, welcher mit der Gicht *roor* ausläuft. Unter dieser erweitert sich der Schacht bis zum Kohlensack, der Stelle, welche den größten Durchmesser hat, und verengt sich sodann zu der Rast. Der unterste Teil *e*, das Gestell, läuft mit dem Herde *n* aus, wo das geschmolzene Eisen sich ansammelt und von den Schlacken bedeckt wird. Der Herd ist auf der einen Seite, der offenen Brust, mit dem Tümpelstein *s* und dem Wallstein *u* versehen. Auf der entgegengesetzten Seite münden in den Herd eine oder zwei Düsen *v*, durch welche vorgewärmte Gebläseluft eingedrückt wird. Hat sich eine hinreichende Menge flüssigen Eisens auf dem Herde angesammelt, so nimmt man den Lehmstein (eine aus Lehm und Kohle bestehende Masse, womit eine Öffnung (Stichöffnung) in dem Herde zwischen Wallstein und den Herdbacken verstopft ist, heraus, und das geschmolzene Eisen fließt in Formen und Rinnen ab. Soll der Ofen in Betrieb gesetzt („angeblasen") werden, so zündet man an seinem Boden zunächst ein mäßiges Holzfeuer an, schüttet darauf andere Brennstoffe, wie Steinkohlen, Koks usw., und setzt, wenn die Erwärmung weit genug vorgeschritten ist, das Gebläse in Tätigkeit. Durch die Gicht füllt man noch eine genügende Menge Feuerungsmaterial nach und schichtet abwechselnd Erz und Koks mit Hilfe kleiner Handwagen (Hunde) im Schacht auf. Man hält letzteren in dieser Weise auch gefüllt, während das geschmolzene Eisen mit den Schlacken auf die Sohle des Herdes herabfließt.

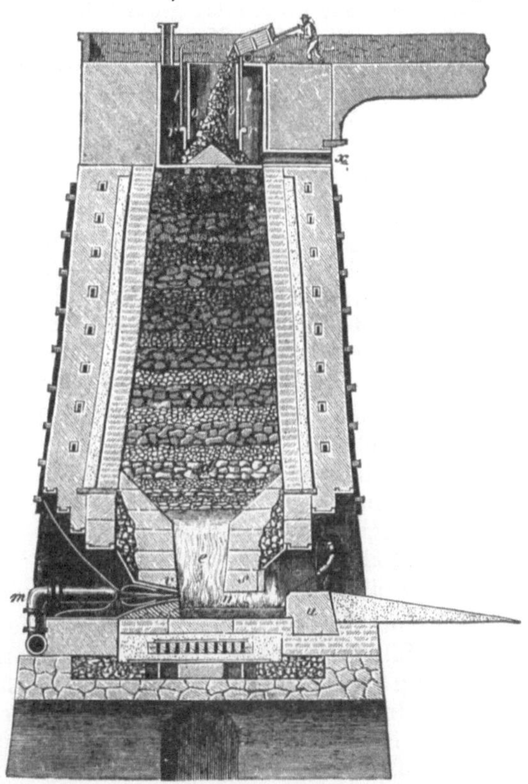
Abb. 48. Hochofen.

Die Reduktion der Eisenoxyde erfolgt im mittleren Teile des Ofens, besonders durch das Verbrennungsprodukt der Kohle, das Kohlenoxyd. Hierbei wird bei 800 bis 900° schwammiges reines kohlenstofffreies met. Eisen erhalten, das Kohlenoxyd in Kohlenstoff und Kohlendioxyd zerlegt. Außer Kohlenstoff nimmt das Eisen noch Phosphor, Silicium, Schwefel, Mangan auf.

Aus den Hochöfen gewinnt man zunächst Roh- oder Gußeisen, ein bis gegen $6\,^0/_0$ Kohlenstoff und wechselnde Mengen Phosphor (bis $3\,^0/_0$), Arsen, Schwefel, Silicium (0,1 bis $5\,^0/_0$) und Mangan haltendes Eisen. Spiegeleisen ist ein fast silberweißes, kohlenstoffreiches Gußeisen mit großblättrig-kristallinischem Bruche; es enthält 5 bis $20\,^0/_0$ Mangan. Der Kohlenstoffgehalt des Eisens kann ihm durch den Frischprozeß oder den Puddlingsprozeß, welche beide eine Oxydation des Kohlenstoffs bezwecken, bis auf einen kleinen Prozentsatz entzogen werden. Der Frischprozeß besteht in einem längeren Schmelzen vor dem Gebläse auf offenen vertieften Herden, der Puddlingsprozeß in einem Erhitzen des Roheisens in Flammöfen unter Zusatz von Hochofenschlacke bei stetem Umrühren (Puddeln). Die anfangs dünnflüssige Masse wird nach und nach zähe und teigartig (die Luppe) und läßt sich sodann durch Walzen oder Hämmern zu Stäben ausstrecken (Stabeisen). Das Stab- oder Schmiedeeisen enthält noch 0,2 bis $0,5\,^0/_0$ Kohlenstoff. Es läßt sich bei Rotglühhitze erweichen und durch Hämmern mit einem anderen, gleichfalls durch Rotglühhitze erweichten Stück vereinigen, „schweißen".

Beginnende Rotglut	zeigt	eine	Temperatur	von	525°	an,
Dunkle	„	„	„	„	„	700° „
Hellrotglut		„	„	„	„	950° „
Gelbglut		„	„	„	„	1100° „
Beginnende Weißglut	„	„	„	„	„	1300° „
Helle	„	„	„	„	„	1500° „
Hellste	„	„	„	„	„	2500° „

Enthält das Stabeisen noch kleine Mengen Phosphor, Schwefel oder Silicium, so ist es bei Phosphorgehalt in der Kälte leicht brüchig (kaltbrüchig), ein Schwefelgehalt bewirkt ein leichtes Zerbröckeln, wenn es rotglühend gehämmert wird (rotbrüchig). Durch einen Siliciumgehalt wird Eisen schwer schmelzbar und weniger schweißbar, auch Calcium macht es nicht schweißbar. Durch lange andauernde Erschütterungen geht das zähe Eisen zuweilen in körnig-kristallinisches und sodann leicht brüchiges Eisen über. Das Brechen von Wagenachsen (bei Eisenbahnwagen) wird hierdurch erklärt.

Hinsichtlich des Kohlenstoffgehaltes steht in der Mitte zwischen Guß- und Stabeisen der **Stahl** mit einem Gehalt von 0,6 bis $1,5\,^0/_0$ Kohlenstoff. Mit dem Gußeisen teilt Stahl die Schmelzbarkeit, mit dem Stabeisen die Schweißbarkeit, von beiden unterscheidet er sich aber durch seine Härtbarkeit. Die Härte des Stahls wächst mit dem Kohlenstoffgehalt. Zu den weichsten Stahlsorten gehören der Bessemer- und Puddelstahl, zu den kohlenstoffreicheren namentlich der Herdstahl und aus solchem, sowie aus Zementstahl hergestellter Gußstahl. In der Praxis erkennt man die Temperatur, bis zu welcher Stahl erhitzt werden muß, um die für bestimmte

Zwecke notwendige Härte oder Elastizität zu erreichen, durch die beim Erwärmen auf der Oberfläche erzeugten Anlauffarben, die vom blassen Gelb bis in das dunkelste Blau auftreten. Gegenstände, bei welchen nur die Erzielung großer Härte beabsichtigt ist, läßt man gelb anlaufen, blau diejenigen, welche eine größere Zähigkeit und Elastizität als Härte besitzen sollen. Das Härten weicher Stahlsorten geschieht durch plötzliches Abkühlen (Eintauchen in kaltes Wasser) des mehr oder weniger stark erhitzten Stahls. Erhitzt man ihn von neuem, so verliert er die Sprödigkeit und wird elastisch und geschmeidig: Anlassen des Stahls. Hierbei findet eine Zurückbildung des sog. Martensits statt. Martensit ist eine feste Lösung von Eisenkarbid (Zementit, Fe_3C) in γ-Eisen (γ-Ferrit), s. Eigenschaften des Eisens.

Seitenansicht.   Vorderansicht.

Abb. 49. Bessemerbirne.

Früher bereitete man Stahl vorwiegend aus Stabeisen, welches man in ein pulveriges Gemenge von Kohle, Asche und Kochsalz einbettete und in geschlossenen Kästen mehrere Tage lang zum Rotglühen erhitzte. Der solcherart gewonnene Stahl führt den Namen Zementstahl.

Frischstahl (Puddelstahl) bereitet man aus reinem kohlenstoffreichen Roheisen auf Frischherden oder in Puddelöfen, indem man dem Roheisen durch Oxydation nur so viel Kohlenstoff entzieht, als zur Stahlbildung erforderlich ist. Das Einschmelzen und Rühren wird bei sehr hoher Temperatur vollzogen, weil der hierbei eintretende dünnflüssige Zustand die Entkohlung verzögert.

Temperstahl stellt man her, indem man gußeiserne Gegenstände in Eisenoxydpulver einbettet und längere Zeit auf 900⁰ erhitzt.

Auch die Bereitung des Bessemerstahls, welcher zur Zeit der geschätzteste ist, beruht auf einer Entkohlung des Roheisens. Nach diesem Verfahren bläst man in geschmolzenes Roheisen unter starkem Druck Luft ein. Die Oxydation der fremden Stoffe und des Kohlenstoffs findet hauptsächlich durch oxydiertes Eisen statt. Zur Ausführung des Bessemerverfahrens schmilzt man Roheisen zunächst in einem Flammofen, läßt das flüssige Roheisen in ein bewegliches birnenförmiges Frischgefäß (Bessemerbirne, Konvertor), s. Abb. 49, ab und setzt den Frischprozeß durch von unten in das Eisen eintretende Gebläseluft bis zur Entstehung von kohlenstoffarmem Eisen fort. Man erkennt die vollständige Oxydation des Kohlenstoffs durch die Beobachtung der Flamme oder mit dem Spektroskop: die für das Mangan im Spektrum charakteristischen grünen Linien verschwinden, und es entsteht ein kontinuierliches Spektrum. Hierauf fügt man der flüssigen Eisenmasse so viel flüssiges Spiegeleisen hinzu, als zur Erzeugung von Stahl erforderlich ist.

Nach dem Verfahren von Gilchrist und Thomas kann man aus phosphorhaltigem Roheisen sogleich einen fast phosphorfreien Stahl herstellen, indem man die Bessemerbirne innen mit „basischem Futter" (Kalkstein, welchem als Bindemittel Wasserglas hinzugefügt ist) auskleidet. Das hierbei als Abfallprodukt gewonnene basische Calciumphosphat geht in die Schlacken, und diese bilden als „Thomasschlacken" ein wertvolles Düngemittel.

Eigenschaften. Reines Eisen ist ein fast silberweißes, weiches Metall. Es führt auch den Namen Ferrit. Eisen tritt in drei allotropen Modifikationen auf, als α-, β-, γ-Ferrit. Von diesen besitzt nur die α-Modifikation magnetische Eigenschaften. α-Ferrit geht in β-Ferrit bei 780^0, die β- in die γ-Form bei 880^0 über; diese Umwandlungen sind reversibel. γ-Ferrit besitzt das größte Lösungsvermögen für Kohlenstoff. Spez. Gew. des Eisens 7,86. Graues Gußeisen schmilzt bei 1100 bis 1200^0, weißes Gußeisen bei 1050 bis 1100^0, Stahl bei 1300 bis 1400^0, Schmiedeeisen bei 1600^0. Trockene Luft, sauerstoff- und kohlensäurefreies Wasser sind ohne Einwirkung auf das Metall. An feuchter Luft überzieht es sich mit einer braunen Eisenhydroxydschicht, dem „Rost". Man spricht, das Eisen rostet. Beim Erhitzen des Eisens an der Luft bildet sich eine schwarze Schicht, welche sich mit dem Hammer abklopfen läßt und daher Eisenhammerschlag heißt und aus Eisenoxyduloxyd, Fe_3O_4, besteht. Die gleiche Verbindung wird beim Verbrennen von Eisen in reinem Sauerstoffgas, wobei lebhaftes Funkensprühen stattfindet, erhalten. Durch den Magneten wird Eisen angezogen und kann bei längerer Berührung damit selbst zum Magneten werden. Vor allem hierzu geeignet ist der Stahl; Schmiede- und Gußeisen hören mit der Entfernung vom Magneten auf, magnetische Wirkungen zu äußern. Außer Eisen werden auch Kobalt und Nickel vom Magneten angezogen.

Das Arzneibuch läßt ein Ferrum pulveratum und Ferrum reductum verwenden.

Ferrum pulveratum, Eisenpulver; Limatura Martis praeparata, soll aus bestem Stabeisen oder Stahldraht hergestellt werden. Zunächst wird daraus mittels großer Feilen eine „Eisenfeile" bereitet, welche in Stahlmörsern zu einem feinen Pulver zerstoßen wird. Das medizinisch verwendete Eisenpulver soll mindestens 98 T. Eisen enthalten und muß von Blei und Zink frei sein.

Ferrum reductum, Ferrum hydrogenio reductum, reduziertes Eisen, ist ein durch Reduktion von hydratischem Eisenoxyd mittels Wasserstoffs erhaltenes Eisen, welches sehr fein verteilt ist und kleine Mengen Eisenoxyduloxyd enthält.

Hydratisches Eisenoxyd (Ferrimonohydroxyd) bereitet man durch Fällen einer warmen Ferrichloridlösung mit verdünntem Salmiakgeist:

$$FeCl_3 + 3\,NH_3 + 2\,H_2O = FeO(OH) + 3\,NH_4Cl.$$

Man bringt trockenes Ferrimonohydroxyd in dünner Schicht in eine Röhre von schwer schmelzbarem Glase und erhitzt bis zur Rotglut (525°) in einem Strome durch Calciumchlorid getrockneten Wasserstoffgases:

$$2\,FeO(OH) + 3\,H_2 = Fe_2 + 4\,H_2O.$$

Tritt aus der Röhre kein Wasserdampf mehr aus, so ist die Reduktion beendet, und man läßt im Wasserstoffstrom erkalten. Bleibt bei der Reduktion die Temperatur unter Rotglut, so verbrennt Eisen wieder zu Oxyd, wenn es mit der Luft in Berührung kommt: es ist pyrophorisches Eisen entstanden. Geht man bei der Reduktion weit über 500° hinaus, so sintert das reduzierte Eisen zusammen, und man erhält dann nicht das vom Arzneibuch verlangte feine Pulver. Die Darstellung des reduzierten Eisens erfordert daher große Übung. Man hat auch dafür Sorge zu tragen, daß das zur Reduktion verwendete Wasserstoffgas völlig frei von Schwefelwasserstoff und Arsenwasserstoff ist.

Metallisches Eisen wird von verdünnter Salz-, Schwefel- und Salpetersäure leicht gelöst. Von sehr konz. Salpetersäure wird Eisen nicht angegriffen.

Prüfung und Wertbestimmung von Ferrum pulveratum und Ferrum reductum. Man prüft die Löslichkeit in Säure und auf Verunreinigungen durch Schwefel, Arsen und Metalle (s. Arzneibuch).

1. Bestimmung des Eisengehaltes des Ferrum pulveratum.

1 g gepulvertes Eisen wird in etwa 50 ccm verdünnter Schwefelsäure gelöst und die Lösung auf 100 ccm verdünnt. 10 ccm dieser Lösung werden mit Kaliumpermanganatlösung (5 auf 1000 Wasser) bis zur schwachen Rötung und nach eingetretener Entfärbung, welche nötigenfalls durch Zusatz von Weinsäurelösung zu bewirken ist, mit 2 g Kaliumjodid versetzt. Diese Mischung läßt man eine Stunde lang bei gewöhnlicher Temperatur im geschlossenen Gefäße stehen und titriert sie darauf mit Zehntel-Normal-Thiosulfat; zur Bildung des ausgeschiedenen Jods müssen mindestens 17,5 ccm Zehntel-Normal-Thiosulfat erforderlich sein.

Die nach vorstehendem Verfahren sich abspielenden chemischen Vorgänge lassen sich durch die folgenden Gleichungen veranschaulichen:

$$Fe + H_2SO_4 = FeSO_4 + H_2$$
$$10\,FeSO_4 + 2\,KMnO_4 + 8\,H_2SO_4 = 5\,Fe_2(SO_4)_3 + 2\,MnSO_4 + K_2SO_4 + 8\,H_2O$$
$$Fe_2(SO_4)_3 + 2\,KJ = 2\,FeSO_4 + K_2SO_4 + J_2.$$

Nach diesen Gleichungen entspricht also 1 Atom Jod 1 Atom Eisen. 1 ccm Zehntel-Normal-Thiosulfat zeigt daher $\dfrac{Fe}{10\,000} = \dfrac{55,85}{10\,000} = 0{,}005\,585$ g Fe an, 17,5 ccm Zehntel-Normal-Thiosulfat daher $0{,}005\,585 \cdot 17{,}5 = 0{,}097\,737\,5$ g Fe.

Zur Titration gelangten 10 ccm der auf 100 ccm verdünnten Lösung von 1 g Eisen, also der zehnte Teil hiervon.

$$0{,}1 : 0{,}097\,737\,5 = 100 : x$$
$$x = \frac{0{,}097\,737\,5 \cdot 100}{0{,}1} = \text{rund } 97{,}7\,^0/_0.$$

2. Bestimmung des Gehaltes an metallischem Eisen im Ferrum reductum.

Wird in gleicher Weise wie beim vorigen Präparat bestimmt, doch verlangt das Arzneibuch nur einen Eisengehalt von mindestens 96,6 %, demzufolge werden zur Bindung des ausgeschiedenen Jods auch nur 17,3 ccm Zehntel-Normal-Thiosulfatlösung benötigt, denn $0{,}005585 \cdot 17{,}3 = 0{,}0966205$, das sind rund $96{,}6\,\%$.

Eisen und Stahl sind die wichtigsten Metalle, ohne welche die gesamte Industrie, der Maschinenbau, das Wirtschaftsleben im weitesten Sinne des Wortes gar nicht mehr denkbar sind. Eisenverbindungen beanspruchen auch in biologischer Hinsicht das weitestgehende Interesse. Menschen und Tiere bedürfen des Eisens für den Assimilationsprozeß. Im Blutfarbstoff ist Eisen enthalten. Die therapeutische Verwendung von Eisenpräparaten bei Blutarmut steht damit im Zusammenhang.

Eisen bildet zwei Reihen von Verbindungen: **Eisenoxydul-** oder **Ferroverbindungen** und **Eisenoxyd-** oder **Ferriverbindungen**. In der Molekel der Ferroverbindungen ist das Eisen zweiwertig, in der Molekel der Ferriverbindungen dreiwertig.

Ferrochlorid, Eisen(2)-Chlorid, Eisenchlorür, Ferrum chloratum, $FeCl_2$. Beim gelinden Glühen von Eisen in trockenem Chlorwasserstoff oder beim Leiten von Wasserstoff über erhitztes wasserfreies Ferrichlorid bildet sich Ferrochlorid als weiße, blätterig-kristallinische Masse, welche bei Rotglut schmilzt und unzersetzt sublimiert. Verdampft man die durch Behandeln von Eisen mit wässeriger Salzsäure erhaltene Lösung von Ferrochlorid, so kristallisiert ein Salz der Zusammensetzung $FeCl_2 \cdot 4H_2O$ in schön grünen, leicht zerfließlichen Kristallen aus, die vom Sauerstoff der Luft leicht oxydiert werden.

Ferrobromid, Eisen(2)-Bromid, Eisenbromür, Ferrum bromatum, $FeBr_2$. Fügt man Brom zu überschüssigem, mit Wasser überschichtetem Eisen, so bildet sich schon bei normaler Temperatur eine Lösung von Ferrobromid, aus welcher das Salz mit 6 Mol. Wasser, $FeBr_2 \cdot 6H_2O$, in Form blaugrüner, rhombischer Tafeln kristallisiert.

Ferrojodid, Eisen(2)-Jodid, Eisenjodür, Ferrum jodatum, FeJ_2, bildet sich leicht beim Behandeln von in Wasser verteiltem überschüssigen Eisenpulver mit Jod. Schwaches Erwärmen beschleunigt die Reaktion.

Den **Liquor ferri jodati** bereitet man nach dem Arzneibuch: 12 T. gepulvertes Eisen werden mit 50 T. Wasser übergossen, und in die Mischung wird unter Umrühren bei guter Kühlung nach und nach das Jod eingetragen. Wenn die Flüssigkeit eine blaßgrüne Färbung angenommen hat, wird sie durch ein möglichst kleines Filter filtriert und der Filterrückstand mit so viel Wasser nachgewaschen, daß das Gewicht des Filtrates 100 T. beträgt.

Ferrichlorid, Eisen(3)-Chlorid, Eisenchlorid, Ferrum sesquichloratum, $FeCl_3$, wird wasserfrei erhalten durch Erhitzen von Eisen in einem Strom trockenen Chlorgases und bildet metallglänzende Blättchen, welche sehr hygroskopisch sind und sich in Wasser, Alkohol und Äther lösen. Sie lassen sich unzersetzt sublimieren.

Eine wässerige Lösung des Ferrichlorids mit $10\,\%$ Eisengehalt, welche das spez. Gew. 1,280 bis 1,282 hat, wird von dem Deutschen Arzneibuch als **Liquor ferri sesquichlorati** bezeichnet.

Zu seiner Darstellung erwärmt man 1 T. Schmiedeeisen (in Form von Draht oder Nägeln) mit 4 T. Salzsäure vom spez. Gew. 1,124 in einem geräumigen Kolben unter möglichster Vermeidung eines Verlustes so lange, bis eine Einwirkung nicht mehr stattfindet. Die Lösung wird alsdann noch warm auf ein zuvor gewogenes Filter gebracht, der Filterrückstand mit Wasser nachgewaschen, getrocknet und gewogen. Aus dem Gewichtsunterschied zwischen dem ursprünglich angewendeten Eisen und dem Rückstand kann die Menge des in Lösung gegangenen Eisens ermittelt werden.

Man fügt für je 100 T. aufgelösten Eisens der Lösung 260 T. Salzsäure und 135 T. Salpetersäure hinzu und erhitzt die Mischung in einem Glaskolben oder einer Flasche auf dem Wasserbade, bis sie eine rötlichbraune Farbe angenommen hat, und 1 Tropfen, mit Wasser verdünnt, durch Kaliumferricyanidlösung nicht mehr blau gefärbt wird (ein Zeichen, daß kein Oxydulsalz, Eisenchlorür, mehr vorhanden ist). Die Flüssigkeit wird dann in einer gewogenen Porzellanschale auf dem Wasserbade abgedampft, bis das Gewicht des Rückstandes für je 100 T. darin enthaltenen Eisens 483 T. beträgt. Der Rückstand ist so oft mit Wasser zu verdünnen und wieder auf 483 T. einzudampfen, bis die Salpetersäure entfernt ist. Hierauf verdünnt man die Flüssigkeit vor dem Erkalten mit so viel Wasser, daß sie alsdann zehnmal so viel wiegt wie das darin aufgelöste Eisen.

Beim Behandeln von Eisen mit Salzsäure wird zunächst Ferrochlorid gebildet:

$$Fe + 2\,HCl = FeCl_2 + H_2,$$

welches bei Gegenwart von Salzsäure durch die Salpetersäure im Sinne folgender Gleichung oxydiert wird:

$$3\,FeCl_2 + 3\,HCl + HNO_3 = 3\,FeCl_3 + 2\,H_2O + NO.$$

Das Stickoxyd löst sich zunächst in der Eisenoxydulsalzlösung mit dunkelbrauner Färbung und wird durch andauerndes Erhitzen ausgetrieben.

Dampft man im Wasserbade 1000 T. des Liq. ferri sesquichlorati auf 483 T. ein, so erstarrt der Rückstand beim Erkalten zu einer gelben, kristallinischen Masse, welche der Zusammensetzung $FeCl_3 \cdot 6\,H_2O$ entspricht und als Ferrum sesquichloratum vom Deutschen Arzneibuch bezeichnet wird.

Unter dem Namen Ammonium chloratum ferratum oder Eisensalmiak wird ein inniges Gemisch aus Ammoniumchlorid und Ferrichlorid verstanden. Man erhält es als rotgelbes, an der Luft feucht werdendes, in Wasser leichtlösliches Pulver, indem man 32 T. Ammoniumchlorid in einer Porzellanschale mit 9 T. Eisenchloridlösung von obiger Stärke mischt und unter fortwährendem Umrühren im Dampfbade zur Trockene verdampft. In 100 T. des Eisensalmiaks sind 2,5 T. Eisen enthalten.

Ferrichloridlösung, sowie Eisensalmiak müssen wegen der reduzierend wirkenden Lichtstrahlen geschützt vor Licht aufbewahrt werden.

Man prüft Liquor ferri sesquichlorati auf einen Gehalt an freier Salzsäure, freiem Chlor, Arsen, Ferrioxychlorid, Ferrosalz, Kupfer, Alkalisalzen, Salpetersäure.

Zur Prüfung auf Ferrioxychlorid werden 3 Tropfen Eisenchloridlösung mit 10 ccm Zehntel-Normal-Thiosulfatlösung langsam zum Sieden erhitzt. Es sollen sich beim Erkalten einige Flöckchen Ferrihydroxyd abscheiden. Das geschieht nur, wenn die Flüssigkeit Ferrioxychlorid enthält; die Anwesenheit einer kleinen Menge desselben ist also geradezu verlangt. Die Reaktion beruht darauf, daß zunächst Ferrithiosulfat entsteht, welches beim Erwärmen zunächst Ferrothiosulfat, dann Ferrotetrathionat bildet, wobei sich braunes Ferrihydroxyd aus dem vorhandenen Oxychlorid abscheidet.

Gehaltsbestimmung. 5 g Eisenchloridlösung werden mit Wasser auf 100 ccm verdünnt. 20 ccm dieser Mischung werden mit 2 ccm Salzsäure und 2 g Kaliumjodid versetzt und in einem verschlossenen Glase 1 Stunde lang stehen gelassen. Zur Bindung des ausgeschiedenen Jods müssen 18 ccm Zehntel-Normal-Thiosulfatlösung erforderlich sein. 1 ccm letzterer entspricht 0,005 585 g Eisen, 18 ccm entsprechen daher

$$0,005\,585 \cdot 18 = 0,100\,53 \text{ g}\cdot\text{Fe}.$$

Zur Eisenbestimmung verwendet wurde $\dfrac{5 \cdot 20}{100} = 1$ g Eisenchloridlösung. Es werden darin also festgestellt $0,100\,53 \cdot 100 = $ rund **10 %** Fe.

Anwendung. Äußerlich als Blutstillungsmittel (in Form 10 %iger Eisenchloridwatte oder mit Wasser verdünnt in Lösung). Innerlich bei Blutungen 0,3 g bis 0,5 g mehrmals täglich in Mixturen oder Tropfen.

Vor Licht geschützt aufzubewahren!

Bringt man Ferrichloridlösung mit frisch gefälltem Ferrihydroxyd zusammen, so wird dieses gelöst, und es entsteht ein basisches Ferrichlorid, unter dem Namen **Liquor ferri oxychlorati** bekannt. Es läßt sich auch durch Dialyse einer mit Ammoniak versetzten Ferrichloridlösung erhalten. Darstellung des **Liquor ferri oxychlorati dialysatus:**

Zu 50 T. durch Eiswasser gekühlter Eisenchloridlösung werden unter stetigem Umrühren 33 T. Ammoniakflüssigkeit in kleinen Teilen in der Weise hinzugesetzt, daß die entstehende Fällung vor erneutem Zusatz von Ammoniakflüssigkeit wieder in Lösung gebracht wird. Ist der letzte Anteil Ammoniakflüssigkeit zugesetzt, so wird noch so lange gerührt, bis eine vollständig klare Lösung entstanden ist. Diese wird so lange dialysiert, bis eine Probe des umgebenden Wassers nach dem Ansäuern mit Salpetersäure durch Silbernitratlösung sofort nur noch schwach opalisierend getrübt wird. Das Dialysat wird sodann entweder durch Wasserzusatz oder durch Abdampfen in flachen Porzellan- oder Glasgefäßen bei einer 40° nicht übersteigenden Temperatur auf das spezifische Gewicht von 1,043 bis 1,047 gebracht.

Eisenoxychloridlösung bildet eine braunrote, klare Flüssigkeit, welche in 100 T. 3,3 bis 3,6 T. Eisen enthält. Prüfung und Wertbestimmung sind ähnlich dem des Eisenchlorids.

Ferrooxyd, Eisenoxydul, Eisen(2)-Oxyd, FeO, wird als schwarzes Pulver erhalten beim Glühen von Ferrioxyd im Kohlenoxydstrom:

$$Fe_2O_3 + CO = 2\,FeO + CO_2.$$

Wird Ferrooxyd an der Luft erhitzt, so geht es zunächst in Ferroferrioxyd über, dann vollends in Ferrioxyd.

Ferrohydroxyd, Eisenhydroxydul, Eisen(2)-Hydroxyd, Eisenoxydulhydrat, Fe(OH)₂, entsteht beim Versetzen einer luftfreien Ferrosalzlösung mit ausgekochter Kali- oder Natronlauge als flockiger, weißer Niederschlag, welcher durch Einwirkung der Luft schnell oxydiert wird und eine schmutzig grüne Farbe annimmt.

Ferrioxyd, Eisenoxyd, Eisen(3)-Oxyd, Fe₂O₃, findet sich in der Natur in metallisch glänzenden Kristallen als **Eisenglanz,** in roten oder stahlgrauen Massen mit faserigem Gefüge als **Roteisenstein, roter Glaskopf** oder **Blutstein (Lapis haematitis).** Das bei der Darstellung der rauchenden Schwefelsäure nach dem sog. **Nordhäuser Verfahren** in den Retorten hinterbleibende unreine

Ferrioxyd führt den Namen Totenkopf, Caput mortuum oder Colcothar, auch Englisch Rot, Pariser Rot und Polierrot.

Das durch Erhitzen von Ferrihydroxyd erhaltene Ferrioxyd (Ferrum oxydatum rubrum) bildet ein rotbraunes Pulver.

Ferrihydroxyd, Eisenhydroxyd, Eisenoxydhydrat, $Fe(OH)_3$. Ein Ferrihydroxyd dieser Zusammensetzung wird durch Fällen eines Ferrisalzes mit überschüssigem Ammoniak als rotbrauner Niederschlag erhalten:

$$FeCl_3 + 3 NH_3 + 3 H_2O = Fe(OH)_3 + 3 NH_4Cl.$$

Auch mit Hilfe von Natriumkarbonat kann Ferrihydroxyd gefällt werden, da Ferrikarbonat nicht beständig ist:

$$2 FeCl_3 + 3 Na_2CO_3 + 3 H_2O = 6 NaCl + 2 Fe(OH)_3 + 3 CO_2.$$

Ferrihydroxyd löst sich im frisch gefällten, noch feuchten Zustande leicht in verdünnten Säuren. Schon beim Trocknen an der Luft über 25^0 verliert es Wasser und wird, je mehr der Wassergehalt abnimmt, desto unlöslicher in verdünnten Säuren. Das unter dem Namen Ferrum oxydatum fuscum offizinelle Ferrihydroxyd muß unter 25^0 getrocknet sein, um der Zusammensetzung $Fe(OH)_3$ zu entsprechen, verliert aber schon bei der Aufbewahrung nach und nach Wasser und geht in die unlösliche Form über. Beim Erhitzen verliert es sämtliches Wasser, und Ferrioxyd hinterbleibt.

Ferrihydroxyd der Zusammensetzung $Fe(OH)_3$ verbindet sich mit arseniger Säure zu unlöslichem arsenigsauren Eisenoxyd (Ferriarsenit) und wird deshalb als Antidotum (Gegengift) bei Vergiftungen mit arseniger Säure angewendet. Frühere Pharmakopöen verstanden unter Antidotum Arsenici ein frisch gefälltes Ferrihydroxyd, dessen Fällung mit Magnesia aus einer Lösung von Ferrisulfat bewirkt wurde, so daß das sich nebenher bildende Magnesiumsulfat zugleich als Abführmittel wirken konnte (s. Arsen).

Darstellung von Antidotum Arsenici. 100 T. Liquor ferri sulfurici oxydati vom spez. Gew. 1,430 werden mit 250 T. Wasser verdünnt und dieser Lösung unter Umschütteln und bei Vermeidung einer Erwärmung eine Anreibung von 15 T. Magnesia usta und 250 T. Wasser hinzugefügt:

$$Fe_2(SO_4)_3 + 3 MgO + 3 H_2O = 2 Fe(OH)_3 + 3 MgSO_4.$$

Frisch gefälltes Ferrihydroxyd löst sich bei Gegenwart von Natriumhydroxyd und Zucker in Wasser und bildet ein Ferri-Natrium-Saccharat, den Eisenzucker, Ferrum oxydatum saccharatum.

Darstellung des Eisenzuckers. 30 T. Ferrichloridlösung (spez. Gew. 1,280) werden mit 150 T. Wasser verdünnt und unter Umrühren mit einer Lösung von 26 T. kristallisiertem Natriumkarbonat in 150 T. Wasser versetzt. Anfänglich findet beim Umschütteln eine Wiederauflösung des entstehenden Niederschlags statt. Man wartet daher mit einem neuen Zusatz an Natriumkarbonatlösung, bis sich der Niederschlag wieder gelöst hat. Erst gegen Ende der Fällung gelingt die Wiederauflösung nicht mehr. Der Niederschlag wird nun durch wiederholte Zugabe von Wasser und Abgießen der nach dem Absetzen klar überstehenden Flüssigkeit so lange ausgewaschen, bis das Ablaufende, mit 5 Raumteilen Wasser verdünnt, durch Silbernitratlösung kaum noch getrübt wird. Alsdann wird der Niederschlag auf einem angefeuchteten Tuche gesammelt und nach dem Abtropfen gelinde ausgedrückt.

Er wird noch feucht mit 50 T. mittelfein gepulvertem Zucker und bis zu 5 T. Natronlauge (spez. Gew. 1,170) vermischt, die Mischung im Dampfbade bis zur völligen Klärung erwärmt, darauf unter Umrühren zur Trockene verdampft, zu Pulver zerrieben und diesem so viel Zuckerpulver zugemischt, daß das Gesamtgewicht 100 T. beträgt.

Eisenzucker ist ein rotbraunes, süß schmeckendes, in heißem Wasser klar lösliches Pulver, welches in 100 T. gegen 2,8 bis 3,0 T. Eisen enthält.

Ferroferrioxyd, Eisenoxyduloxyd, Eisen(2)(3)-Oxyd, Fe_3O_4, kommt in der Natur in glänzenden, schwarzen Kristallen oder in körnig-kristallinischen oder derben Massen als **Magneteisenstein** vor. Man erhält Ferroferrioxyd beim Leiten von Wasserdampf über glühendes Eisen:

$$3\,Fe + 4\,H_2O = Fe_3O_4 + 4\,H_2.$$

Auch beim Erhitzen des Eisens an der Luft bildet sich Ferroferrioxyd (**Eisenhammerschlag**), sowie beim Verbrennen von Eisen in reinem Sauerstoffgas.

Ferrosulfid, Einfach-Schwefeleisen, Eisensulfür, Eisen(2)-Sulfid, Ferrum sulfuratum, FeS, wird als schwere, kristallinische, metallisch glänzende Masse beim Erhitzen äquivalenter Mengen Eisen (Eisenfeile) und Schwefel erhalten und entsteht als schwarzer Niederschlag beim Versetzen von Ferro- oder Ferrisalzlösungen mit Schwefelammon. Schwefeleisen dient zur Bereitung von Schwefelwasserstoff, den es beim Übergießen mit Salzsäure entwickelt:

$$FeS + 2\,HCl = FeCl_2 + H_2S.$$

Ferrisulfid, Anderthalbfach-Schwefeleisen, Eisen(3)-Sulfid, Eisensulfid, Fe_2S_3, entsteht als gelbliche Masse beim Erhitzen eines Gemisches von Ferrosulfid und Schwefel bis zur schwachen Rotglut.

Ein Schwefeleisen der Zusammensetzung FeS_2, Zweifach-Schwefeleisen, kommt in der Natur in messinggelben, würfelförmigen Kristallen als **Schwefelkies** oder **Eisenkies** (**Pyrit**) vor.

Ferrosulfat, Schwefelsaures Eisenoxydul, Eisen(2)-Sulfat, Eisenvitriol, Ferrum sulfuricum (oxydulatum), $FeSO_4 \cdot 7\,H_2O$, kommt in verschiedener Form in den Handel.

Eisen(2)-Sulfat, Eisenvitriol, Grüner Vitriol, Kupferwasser, Ferrum sulfuricum crudum, Vitriolum Martis, wird dargestellt, indem man Eisenabfälle in roher verdünnter Schwefelsäure löst und die Lösung nach dem Klären zur Kristallisation abdampft. Auch Eisenkiese werden zur Darstellung des rohen Eisenvitriols benutzt. Man röstet sie in ähnlicher Weise, wie dies beim Alaun mit den Alaunschiefern geschieht. Da Schwefelkiese und Alaunschiefer häufig gemeinsam vorkommen, so ist die Alaunfabrikation meist mit derjenigen des Eisenvitriols verbunden. Die beim Rösten und längeren Liegen an der Luft sich bildenden Sulfate werden mit Wasser ausgelaugt und der beim Eindampfen zunächst auskristallisierende Eisenvitriol gesammelt.

Er enthält meist schwefelsaure Salze des Kupfers, Zinks, Aluminiums, Magnesiums, Mangans, sowie auch schwefelsaures Eisenoxyd und bildet große, grüne, leicht verwitternde Kristalle.

Zur Darstellung des reinen kristallisierten Ferrosulfats trägt man 3 T. Schwefelsäure in 12 Teile destilliertes Wasser ein und bringt die verdünnte Schwefelsäure mit 2 T. Eisendrehspänen zusammen:

$$Fe + H_2SO_4 = FeSO_4 + H_2.$$

Man unterstützt die Einwirkung gegen Ende durch Erwärmen, filtriert die Lösung noch heiß, vermischt mit etwas verdünnter Schwefelsäure und stellt zur Kristallisation beiseite. Die von den ausgeschiedenen Kristallen abgegossene Mutterlauge wird eingedampft und von neuem der Kristallisation überlassen. Der Zusatz freier Schwefelsäure zur Lösung beugt der Oxydation durch den Sauerstoff der Luft vor.

Eigenschaften und Prüfung. Reines kristallisiertes Ferrosulfat bildet bläulichgrüne, durchsichtige Kristalle, welche an trockener Luft verwittern und sich mit einem weißen Pulver bedecken, bei 100^0 getrocknet 6 Mol. Wasser abgeben und die 7. Mol. erst beim Erhitzen auf 300^0 verlieren. Ferrosulfat schmeckt zusammenziehend und löst sich in 1,8 T. Wasser mit grünlichblauer Farbe. An feuchter Luft geht es unter Gelbfärbung in basisches Oxydsalz über.

An Stelle des großkristallisierten Ferrosulfats wird zu medizinischen Zwecken wegen größerer Haltbarkeit das mit Alkohol niedergeschlagene, kleinkristallisierte Salz, das Ferrum sulfuricum alcohole praecipitatum, vorrätig gehalten. Zu seiner Darstellung werden 2 T. Eisen mit einer Mischung aus 3 T. Schwefelsäure und 10 T. Wasser übergossen und die noch warme Lösung, sobald die Gasentwicklung nachgelassen hat, in 6 T. Weingeist filtriert, welchen man in kreisender Bewegung hält. Das Kristallmehl wird sofort auf ein Filter gebracht, mit Weingeist nachgewaschen, dann ausgepreßt und auf Filtrierpapier zum raschen Trocknen ausgebreitet.

Zur Darstellung des Ferrum sulfuricum siccum, des getrockneten Ferrosulfats, werden 100 T. kristallisiertes Ferrosulfat in einer Porzellanschale auf dem Wasserbade allmählich erwärmt, bis sie 35 bis 36 T. an Gewicht verloren haben. Man erhält so ein weißes, in Wasser langsam, aber ohne Rückstand lösliches Pulver, welches der Zusammensetzung $FeSO_4 \cdot H_2O$ entspricht. Gehalt an Eisen mindestens $30,2^0/_0$.

Zur Gehaltsbestimmung des Ferr. sulf. siccum versetzt man die Lösung von 0,2 g desselben in 10 ccm verdünnter Schwefelsäure mit $^1/_2{}^0/_0$iger Kaliumpermanganatlösung bis zur bleibenden Rötung; nach eingetretener Entfärbung, welche nötigenfalls durch Zusatz von einigen Tropfen Weingeist (das Arzneibuch empfiehlt hierzu Weinsäurelösung) bewirkt werden kann, gibt man 2 g Kaliumjodid hinzu und läßt die Mischung im geschlossenen Gefäß 1 Stunde lang stehen. Zur Bindung des ausgeschiedenen Jods müssen alsdann mindestens 10,8 ccm Zehntel-Normal-Thiosulfatlösung (Stärkelösung als Indikator) verbraucht werden. 1 ccm dieser entspricht 0,005 585 g Fe, 10,8 ccm daher $0,005\,585 \cdot 10,8 = 0,060\,318$ g, welche Menge in 0,2 g des Präparates enthalten ist, das sind

$$\frac{0,060\,318 \cdot 100}{0,2} = \text{rund } \mathbf{30{,}2\,^0/_0}.$$

Anwendung. Eisenvitriol wird äußerlich als Blutstillungsmittel in Streupulvern, zu adstringierenden Umschlägen ($5^0/_0$ig), innerlich zur Bereitung der Pilulae Blaudii, des Ferr. sulf. sicc., zur Herstellung der Pilulae aloëticae ferratae benutzt.

Ferro-Ammoniumsulfat, Schwefelsaures Eisenoxydul-Ammonium, Ferrum sulfuricum ammoniatum, Mohrsches Salz, $FeSO_4 \cdot (NH_4)_2SO_4 \cdot 6H_2O$, erhält man durch Auflösen von 10 T. reinem Ferrosulfat und 4,8 T. Ammoniumsulfat in 20 T. heißem Wasser, welches mit Schwefelsäure angesäuert ist, Filtrieren der Lösung und Erkaltenlassen. Es scheiden sich blaßgrüne, luftbeständige, monokline Kristalle aus, welche in der vierfachen Menge kaltem Wasser löslich sind.

Ferrisulfat, Schwefelsaures Eisenoxyd, Eisen(3)-Sulfat, Ferrum sulfuricum oxydatum, $Fe_2(SO_4)_3$. In festem Zustand bildet Ferrisulfat eine schnell Feuchtigkeit anziehende, zu einem rötlichgelben Sirup zerfließende kristallinische Masse. In wässeriger Lösung war es früher unter der Bezeichnung Liquor ferri sulfurici oxydati gebräuchlich.

Ferri-Ammoniumsulfat, Ammonium-Eisenalaun, $Fe(NH_4)(SO_4)_2 \cdot 12H_2O$, bildet amethystfarbige oktaedrische Kristalle. Eine Lösung des Salzes dient als Indikator bei der Silbertitration mit Ammoniumrhodanid (s. Senföl).

Ferrophosphat, Phosphorsaures Eisenoxydul, Eisen(2)-Phosphat, Ferrum phosphoricum oxydulatum, $Fe_3(PO_4)_2 \cdot 8H_2O$, entsteht als anfangs weißes, durch Oxydation aber schnell bläulich sich färbendes Pulver bei der Fällung einer Eisenoxydulsalzlösung mit Natriumphosphat.

Ferriphosphat, Phosphorsaures Eisenoxyd, Eisen(3)-Phosphat, $FePO_4$, entsteht als weißer, wasserhaltiger Niederschlag durch Fällen einer Ferrichloridlösung mit Dinatriumphosphatlösung.

Ferripyrophosphat, Pyrophosphorsaures Eisenoxyd, Eisen (3)-Pyrophosphat, Ferrum pyrophosphoricum, $Fe_4(P_2O_7)_3$, wird durch Fällen von Ferrichlorid mit einer Lösung von Natriumpyrophosphat als weißes Pulver erhalten. Es ist nicht löslich in Wasser, leicht aber in einem Überschuß von Natriumpyrophosphat und bildet damit ein Doppelsalz der Zusammensetzung $Fe_4(P_2O_7)_3 \cdot 2Na_4P_2O_7$, welches zur Herstellung von mit Kohlensäure gesättigtem, pyrophosphorsaurem Eisenwasser benutzt wird.

Ferrokarbonat, Kohlensaures Eisenoxydul, Eisen(2)-Karbonat, $FeCO_3$, kommt in der Natur in gelben bis gelbbraunen Kristallen als Spateisenstein, in sehr unreinem Zustande als Sphärosiderit vor. Spateisenstein enthält in wechselnder Menge Mangankarbonat, Calcium- und Magnesiumkarbonat, sowie Kieselsäure. In natürlichen Eisenwässern wird Ferrokarbonat durch die freie Kohlensäure in Lösung gehalten. Da das auf künstlichem Wege dargestellte kohlensaure Eisenoxydul infolge von Oxydationswirkung alsbald unter Abgabe von Kohlensäure zerlegt wird, versetzt man es, um es haltbar zu machen, mit Zucker. Ein solches medizinisch verwendetes, zuckerhaltiges kohlensaures Eisenoxydul ist das Ferrum carbonicum saccharatum des Arzneibuches.

Darstellung des Ferrum carbonicum saccharatum. Man löst 10 T. Ferrosulfat in 40 T. siedendem Wasser, filtriert in eine geräumige Flasche, in welcher eine klare Lösung von 7 Teilen Natriumbikarbonat in 100 T. Wasser von 50 bis 60° enthalten ist, und mischt vorsichtig den Inhalt der Flasche:

$$FeSO_4 + 2NaHCO_3 = FeCO_3 + Na_2SO_4 + CO_2 + H_2O.$$

Man sucht möglichst zu verhindern, daß der Sauerstoff der Luft auf das gefällte Ferrokarbonat einwirkt.

Man verwendet daher zur Fällung eine lauwarme Natriumbikarbonatlösung, da die sich abspaltende Kohlensäure die letzten Luftblasen austreibt, und wäscht den Niederschlag mit heißem, also luftfreiem Wasser aus. Man füllt die den Niederschlag enthaltende Flasche mit heißem Wasser, verschließt lose und stellt beiseite. Die über dem Niederschlag stehende Flüssigkeit wird mit Hilfe eines Hebers abgezogen und die Flasche wiederum mit heißem ausgekochten Wasser gefüllt. Nach dem Absetzen zieht man die Flüssigkeit abermals ab und wiederholt dieses so oft, bis die abgezogene Flüssigkeit durch Baryumnitrat kaum noch getrübt wird. Den von der Flüssigkeit möglichst befreiten Niederschlag bringt man in eine Porzellanschale, welche 2 T. fein gepulverten Milchzucker und 3 T. gewöhnliches Zuckerpulver enthält, verdampft die Mischung im Dampfbade zur Trockene, zerreibt sie zu Pulver und mischt diesem noch so viel gut ausgetrocknetes Zuckerpulver hinzu, daß das Gesamtgewicht 20 T. beträgt.

Das solcherart hergestellte, zuckerhaltige Ferrokarbonat bildet ein grünlichgraues, süß und schwach nach Eisen schmeckendes Pulver, das in 100 T. 9,5 bis 10 T. Eisen enthält und von Salzsäure unter reichlicher Kohlensäureentwicklung gelöst wird.

Nachweis von Eisenverbindungen.

Eisenverbindungen geben, mit Soda vor dem Lötrohr auf Kohle in der Reduktionsflamme heftig geglüht, schwarzes, pulveriges Eisen, das sich durch sein Verhalten dem Magneten gegenüber kennzeichnet.

Schwefelammon fällt Ferro- und Ferrisalze schwarz (Ferrosulfid).

Der Niederschlag wird von verdünnten Mineralsäuren leicht gelöst.

Kaliumthiocyanat (Rhodankalium) bewirkt in Ferrisalzlösungen blutrote Färbung:

$$3\,NCS' + Fe^{\cdots} \longrightarrow Fe(NCS)_3 \,.$$

Kaliumferrocyanid (gelbes Blutlaugensalz) ruft in Ferrosalzlösungen einen weißen, sich schnell bläuenden Niederschlag hervor, während in Ferrisalzlösungen sofort ein tiefblauer Niederschlag (von Berlinerblau) entsteht.

Kaliumferricyanid (rotes Blutlaugensalz) bewirkt in Ferrosalzlösungen eine tiefblaue Fällung (von Turnbulls Blau), in Ferrisalzlösungen wird eine braune Färbung, aber kein Niederschlag hervorgerufen.

Gerbsäure veranlaßt in Ferrisalzlösungen einen blauschwarzen Niederschlag (von gerbsaurem Eisenoxyd).

Mangan.

Manganum. Mn = 54,93. Zwei-, drei-, vier-, sechs- und siebenwertig. Die wichtigste Verbindung des Mangans, der Braunstein, ist seit langer Zeit bekannt und 1774 von Scheele als eigentümliches Mineral beschrieben. Das Mangan selbst wurde später von Gahn metallisch abgeschieden.

Vorkommen. Als Begleiter des Eisen in vielen Erzen. Das wichtigste Manganerz ist der Braunstein oder Pyrolusit, MnO_2.

Erwähnenswert sind noch Hausmannit, Mn_3O_4, Braunit, Mn_2O_3, Manganspat, $MnCO_3$ und Manganblende, MnS.

Gewinnung und Eigenschaften. Die Reduktion des Mangans kann aus seinen Sauerstoffverbindungen durch Kohle bei sehr hoher Temperatur bewirkt werden. Leichter vollzieht sich die Reduktion durch Aluminium nach dem Thermitverfahren (s. Aluminium). Mangan ist ein sehr schwer schmelzbares, hartes und sprödes, grauweißes Metall vom spez. Gew. 7,4. Schmelzpunkt 1245°.

Zur Herstellung eines Manganstahls verhüttet man Eisen- und Manganerze unter Zuschlag von Kalk in Hochöfen und gewinnt so zunächst ein Ferromangan, das auf Stahl weiter verarbeitet wird. Mit Kupfer legiert bildet Mangan Manganbronzen; ein Mangan-neusilber besteht aus 80 T. Kupfer, 15 T. Mangan und 5 T. Zink.

Mangan bildet Mangano- und Manganisalze. Die Manganoverbindungen sind die beständigeren. In ihnen ist das Mangan zweiwertig, in den Manganiverbindungen dreiwertig, im Mangansuperoxyd vierwertig, in den Salzen der Mangansäure sechswertig, der Übermangansäure siebenwertig.

Manganochlorid, $MnCl_2$, entsteht bei der Chlordarstellung aus Braunstein und Chlorwasserstoffsäure und kristallisiert mit 4 Mol. Wasser in rötlichen, leicht zerfließlichen Tafeln. Löst. man Braunstein in konzentrierter Chlorwasserstoffsäure, so entsteht eine dunkelgrüne Lösung von Mangantetrachlorid, $MnCl_4$, die beim Erwärmen in Manganochlorid und Chlor zerfällt.

Mangansuperoxyd, Braunstein, Pyrolusit, Manganum hyperoxydatum, MnO_2, findet sich in größeren Lagern in Thüringen (in der Nähe von Ilmenau), am Harz, an der Lahn, im Erzgebirge, in Mähren, Spanien, im südlichen Kaukasus. Es bildet schwere, kristallinische oder derbe, schwarze bis schwarzgraue, metallisch glänzende Massen.

Braunstein gibt beim Erhitzen Sauerstoff ab und geht in Mangano-Manganioxyd über. Auch beim Erwärmen mit Schwefelsäure wird Sauerstoff entwickelt (s. Sauerstoff).

Der Braunstein des Handels ist kein reines Mangansuperoxyd, sondern je nach seiner Herkunft und der Sorgfalt bei seiner bergmännischen Gewinnung von verschiedenem Prozentgehalt. Ein 80 °/₀ Mangansuperoxyd haltender Braunstein wird für eine gute Handelssorte erachtet.

Gehaltsbestimmung des Braunsteins. Man übergießt eine bestimmte Menge Braunstein mit Salzsäure und erwärmt so lange, bis das sich entwickelnde Chlor vollständig ausgetrieben ist, welches in eine wässerige Lösung von jodsäurefreiem Kaliumjodid geleitet wird. Das sich ausscheidende Jod wird mit Zehntel-Normal-Thiosulfatlösung maßanalytisch bestimmt und hieraus der Mangansuperoxydgehalt berechnet:

$$MnO_2 + 4\,HCl = MnCl_2 + 2\,H_2O + Cl_2.$$
$$2\,KJ + Cl_2 = 2\,KCl + J_2.$$
$$2\,Na_2S_2O_3 + J_2 = 2\,NaJ + Na_2S_4O_6.$$

Zufolge vorstehender Reaktion entspricht 1 ccm der Zehntel-Normal-Thiosulfatlösung $= \dfrac{MnO_2}{2,10000} = 0{,}0043465$ g MnO_2.

Der in den Chlorkalkfabriken zur Chlordarstellung verwendete Braunstein kann „regeneriert" werden, indem man nach dem Verfahren von Weldon in die gebildete Manganchlorürlösung nach dem Vermischen mit überschüssiger Kalkmilch Luft einpreßt (s. Chlor).

Mangansuperoxydhydrat, Manganige Säure, $MnO(OH)_2$, entsteht als brauner Niederschlag von wechselndem Wassergehalt beim Fällen einer Manganchlorürlösung mit Natriumhypochloritlösung:

$$MnCl_2 + 2\,NaOCl + H_2O = MnO(OH)_2 + 2\,NaCl + Cl_2.$$

Mangansuperoxydhydrat scheidet sich auch ab, wenn organisch-chemische Stoffe mit Kaliumpermanganat in neutraler oder alkalischer Lösung oxydiert werden.

Manganosulfat, $MnSO_4 \cdot xH_2O$ entsteht beim Erhitzen von Braunstein mit Schwefelsäure unter Entwicklung von Sauerstoff.

Manganoborat, Borsaures Manganoxydul, wird als weißer, nach dem Trocknen bräunlicher Niederschlag erhalten beim Versetzen einer Manganosulfat-lösung mit Boraxlösung Es dient als Sikkativ bei der Ölfarbentrocknung, da es die Eigenschaft hat, die mit Leinöl angeriebenen Bleifarben schnell trocken zu machen.

Mangan okarbonat, $MnCO_3$, findet sich als Manganspat in der Natur und wird künstlich durch Fällen einer Manganosulfatlösung mit Soda erhalten. Es bildet ein fleischfarbenes Pulver, das beim Erhitzen Kohlensäure abgibt.

Kaliummanganat, Mangansaures Kalium, Kalium manganicum, K_2MnO_4. Die Beobachtung, daß beim Schmelzen von Braunstein mit Salpeter und beim Lösen der Schmelze in Wasser eigentümliche Farbenerscheinungen auftreten, reicht bis in das 17. Jahrhundert zurück. Scheele bezeichnete die solcherart erhaltene Manganschmelze dieser Farbenerscheinungen wegen als Chamaeleon minerale. Heute wird unter dem Namen Chamäleon das aus der Manganschmelze sich bildende übermangansaure Kalium verstanden.

Zur Darstellung des Kaliummanganats mischt man 100 T. trockenes Kaliumhydroxyd, 80 T. Braunstein und 70 T. Kaliumchlorat, feuchtet mit 25 T. Wasser an, trocknet ein und glüht unter öfterem Umrühren in einem hessischen Tiegel bis zur schwachen Rotglut so lange, bis eine herausgenommene Probe sich in Wasser mit dunkelgrüner Farbe löst. Man gießt die Masse auf eine Eisenplatte, zerkleinert nach dem Erkalten und zieht mit Wasser aus. Die durch Glaswolle oder Asbest filtrierte Lösung wird unter Vermeidung von Luftzutritt im Vakuum schnell eingedunstet, worauf sich das Kaliummanganat in dunkelgrünen rhombischen Kristallen abscheidet.

Läßt man die wässerige Lösung mit Luft in Berührung, so geht die Farbe nach und nach in Blau, Violett und schließlich in Rot über, indem übermangansaures Kalium entsteht.

Kaliumpermanganat, Übermangansaures Kalium, Kalium permanganicum, $KMnO_4$. Die nach vorstehendem Verfahren gewonnene Kaliummanganatschmelze wird in der doppelten Menge heißem Wasser gelöst und in die Lösung so lange Kohlensäure geleitet, bis die über dem entstehenden Niederschlag von Mangansuperoxydhydrat befindliche Flüssigkeit eine rotviolette Farbe angenommen hat:

$$3\,K_2MnO_4 + 2\,CO_2 + H_2O = 2\,KMnO_4 + MnO(OH)_2 + 2\,K_2CO_3.$$

Schon längere Zeit andauerndes Kochen der Kaliummanganat-
lösung genügt, um eine Überführung in das Permanganat zu bewirken:

$$3\,K_2MnO_4 + 3\,H_2O = 2\,KMnO_4 + MnO(OH)_2 + 4\,KOH.$$

Auch Oxydationsmittel, wie Salpetersäure, Chlor, Brom führen
das mangansaure in das übermangansaure Salz über. Neuerdings bewirkt man elektrolytisch eine Oxydation der Manganatlösung zwischen
Nickelelektroden oder gewinnt aus Braunstein und Alkali auf diesem
Wege das Permanganat.

Eigenschaften und Prüfung. Kaliumpermanganat, $KMnO_4$,
Mol.-Gew. 158,03, kristallisiert in metallglänzenden, fast schwarzen,
rhombischen Prismen, welche sich in 16 T. Wasser von 15^0 und in
3 T. siedendem Wasser mit violetter Farbe lösen. Kaliumpermanganat führt Ferro- in Ferrisalze über und gibt auch in Berührung
mit einer großen Zahl organischer Stoffe leicht einen Teil seines
Sauerstoffs ab; es ist ein kräftiges Oxydationsmittel.

Verläuft diese Oxydation bei Gegenwart einer genügenden Menge
Säure, so wird das Permanganat zu Manganoxydulsalz reduziert, und
aus 2 Mol. Permanganat werden 5 Atome Sauerstoff für Oxydationszwecke frei:

$$2\,KMnO_4 + 3\,H_2SO_4 = 2\,MnSO_4 + K_2SO_4 + 3\,H_2O + 5\,O.$$

In neutraler oder alkalischer Lösung zersetzt sich Kaliumpermanganat bei der Oxydation unter Abscheidung von Mangansuperoxydhydrat, indem aus 2 Mol. Permanganat 3 Atome Sauerstoff für Oxydationszwecke frei werden:

$$2\,KMnO_4 + 3\,H_2O = 2\,MnO(OH)_2 + 2\,KOH + 3\,O.$$

Bringt man leicht oxydierbare Stoffe, wie Alkohol,
Aldehyd usw. mit Permanganat in Berührung, so findet
zuweilen Entzündung statt. Durch Zusammenreiben des
trockenen Salzes mit Schwefel, Jod usw. entstehen heftige
Explosionen. Bringt man eine Kaliumpermanganatlösung an die
Hände, auf Holz oder Papier, so ruft sie darauf eine Braunfärbung
hervor, welche auf die Abscheidung von Mangansuperoxydhydrat
zurückzuführen ist.

Oxalsäure wird durch Kaliumpermanganat bei Gegenwart verdünnter Schwefelsäure in wässeriger Lösung schon bei geringer Erwärmung zu Kohlendioxyd oxydiert;

$$5\left\{\begin{array}{c}C\diagup^{O}_{\diagdown OH}\\[1em]C\diagup^{O}_{\diagdown OH}\end{array}\right\} + 2\,KMnO_4 + 4\,H_2SO_4 = 2\,MnSO_4 + 2\,KHSO_4 + 8\,H_2O + 10\,CO_2.$$

Man prüft Kaliumpermanganat auf Sulfat, Chlorid und Nitrat (siehe
Arzneibuch).

Von Kaliumpermanganat wird in der organischen Chemie zu Oxydationen häufig Gebrauch gemacht. Auch als Reagens zur Prüfung verschiedener Arzneimittel wird es benutzt. Medizinisch verwendet man es innerlich

gegen ungenügende Menstruation und gegen Opiumvergiftung (Dosis 0,05 g bis 0,1 g) mehrmals täglich in Lösung; äußerlich als Desinfektionsmittel in Form von Gurgelwässern in 1%iger Lösung, in Form von Einspritzungen (1 : 1000) gegen Gonorrhöe.

Vor Licht geschützt aufzubewahren.

Nachweis von Manganverbindungen.

Manganverbindungen geben beim Schmelzen mit Soda und Salpeter auf dem Platinblech eine grün gefärbte Schmelze (Kaliummanganat), welche sich in Wasser beim Erwärmen und nach kurzem Stehen mit rotvioletter Farbe (Kaliumpermanganat) löst.

Erhitzt man in einem Reagenzglas etwas Bleisuperoxyd (PbO_2) oder etwas Mennige (Pb_3O_4) mit überschüssiger, mäßig verdünnter Salpetersäure, fügt hierzu die salpetersaure, von Salzsäure freie Lösung der auf Mangan zu prüfenden Substanz und erhitzt zum Kochen, so erscheint nach dem Absetzen bei Gegenwart von Mangan die überstehende Flüssigkeit rot gefärbt.

Schwefelammon ruft in den Lösungen der Manganosalze in der Kälte einen fleischfarbenen Niederschlag von Schwefelmangan (Mangansulfür) hervor:

$$S'' + Mn'' \longrightarrow MnS.$$

Nickel.

Niccolum. Ni $= 58{,}68$. Zwei- und dreiwertig. Nickel wurde 1751 von Cronstedt und Bergmann als Element erkannt.

Vorkommen. In kleiner Menge findet sich Nickel in Meteorsteinen, auf der Erde hauptsächlich in Verbindung mit Arsen und Schwefel und meist in Begleitung von Kobalt. Die wichtigsten Nickelerze sind Kupfernickel, NiAs und Nickelglanz, NiAsS.

Gewinnung. Die Gewinnung des Nickels fällt mit derjenigen des Kobalts zusammen. Die Nickelerze (Kupfernickel oder Nickelglanz) bzw. Kobalterze (Speiskobalt) werden zunächst wiederholt geröstet, wobei sich Schwefel größtenteils als schweflige Säure, Arsen als arsenige Säure verflüchtigen. Der Rückstand wird mit Salzsäure ausgekocht, die Lösung mit Salpetersäure oxydiert und das Eisen unter vorsichtigem Zusatz von Calciumkarbonat oder Natriumkarbonat ausgefällt. Das wieder sauer gemachte Filtrat sättigt man mit Schwefelwasserstoff, wodurch Kupfer und Wismut abgeschieden werden, verjagt den überschüssigen Schwefelwasserstoff durch Erwärmen und fällt durch vorsichtigen Zusatz von Chlorkalklösung das Kobalt als Kobaltoxyd aus, während aus dem Filtrate das Nickel durch Sodalösung niedergeschlagen wird.

Eigenschaften und Verbindungen. Nickel ist ein grauweißes glänzendes Metall, welches sich an der Luft unverändert hält. Spez. Gew. 8,90. Schmelzp. 1484°. Nickel findet Verwendung zur Herstellung verschiedener Legierungen (Neusilber, Alfénide, Christofle) und zum Vernickeln eiserner oder anderer metallener

Gerätschaften, um sie vor der Einwirkung der Luft zu schützen. **Neusilber** besteht aus $50\,^0/_0$ Kupfer, $25\,^0/_0$ Nickel und $25\,^0/_0$ Zink. Die deutschen Nickelmünzen enthalten $75\,^0/_0$ Kupfer und $25\,^0/_0$ Nickel. Eine Eisen-Nickellegierung, der **Nickelstahl**, hat technische Bedeutung; er wird u. a. zur Herstellung von Panzerplatten benutzt. Fein verteiltes Nickel verbindet sich bei 80 bis 100° mit Kohlenoxyd zu einer farblosen, stark lichtbrechenden Flüssigkeit, dem **Kohlenoxydnickel** oder **Nickeltetrakarbonyl** $Ni(CO)_4$. Frisch reduziertes Nickelmetall wird als Katalysator bei Wasserstoffanlagerungen (Hydrierungen) an ungesättigte organische Verbindungen benutzt, z. B. zur **Härtung der Fette**, zur Überführung des Naphtalins in Tetrahydronaphtalin (**Tetralin**) usw.

Oxyde und Hydroxyde des Nickels. Natronlauge fällt aus einer Nickelsalzlösung hellgrünes Nickelhydroxydul $Ni(OH)_2$, das beim Glühen in dunkelgrünes Nickeloxydul übergeht. Läßt man Natronlauge auf Nickelsalzlösungen bei Gegenwart von Oxydationsmitteln, wie Chlor oder Brom einwirken, so fällt schwarzbraunes Nickelhydroxyd aus.

Nickelsulfat, $NiSO_4 \cdot 7\,H_2O$, kristallisiert in grünen rhombischen Prismen. Es bildet mit Ammoniumsulfat ein gut kristallisierendes Salz von der Zusammensetzung $NiSO_4 \cdot (NH_4)_2SO_4 \cdot 6\,H_2O$. Man benutzt das Doppelsalz zur galvanischen Vernickelung des Eisens und anderer Metalle. Diese werden als Kathode in eine gesättigte Lösung des Nickelammoniumsulfats eingetaucht, während als Anode eine Platte aus metallischem Nickel dient. Dieses löst sich in dem Maße auf, wie Nickel aus der Lösung auf der Kathode niedergeschlagen wird, so daß das Bad stets die gleiche Stärke und Neutralität behält.

Nachweis der Nickelverbindungen.

Nickel wird aus neutraler oder ammoniaka'ischer Lösung durch Schwefelwasserstoff als schwarzes Nickelsulfid gefällt, das von verdünnter Salzsäure nicht gelöst wird, leicht löslich aber in Königswasser ist:

$$S'' + Ni^{\cdot\cdot} \longrightarrow NiS.$$

Versetzt man eine Nickelsalzlösung mit Natronlauge, so scheidet sich hellgrünes Nickelhydroxydul ab:

$$2\,OH' + Ni^{\cdot\cdot} \longrightarrow Ni(OH)_2.$$

Fügt man zu einer Nickelsalzlösung so viel Kaliumcyanidlösung, daß sich der anfänglich entstandene Niederschlag wieder gelöst hat, dann Natriumhypochlorit, so scheidet sich beim Erhitzen schwarzes Nickelhydroxyd ab.

$$ClO' + 4\,OH' + 2\,Ni^{\cdot\cdot} + H_2O \longrightarrow 2\,Ni(OH)_3 + Cl'.$$

Fügt man zu einer nahe zum Sieden erhitzten Nickelsalzlösung eine alkoholische Lösung von α-**Dimethylglyoxim** und dann tropfenweise Ammoniak, so scheiden sich bronzefarbige Nädelchen von Dimethylglyoxim-Nickel aus:

$$(C_4H_7N_2O_2)_2Ni.$$

(Über Dimethylglyoxim ·s. organischer Teil.)

Kobalt.

Cobaltum. Co = 58,97. Zwei- und dreiwertig. Kobalt wurde 1735 von Brandt in Stockholm als Element erkannt.

Vorkommen. Meist in Begleitung von Nickel in der Natur. In sehr kleiner Menge kommt es gediegen im Meteoreisen vor. Die wichtigsten Kobalterze sind Speiskobalt, $CoAs_2$, und Glanzkobalt, $CoAsS$.

Gewinnung s. Nickel.

Eigenschaften und Verbindungen. Kobalt ist ein weißes, glänzendes Metall mit einem schwach rötlichen Schein. Spez. Gew. 8,72. Schmelzpunkt gegen 1500⁰. Kobalt wird vom Magneten angezogen und von der Luft wenig verändert. Wird es an der Luft erhitzt, so überzieht es sich mit einer Oxydschicht. Die wasserhaltigen Salze des Kobalts sind rot, die wasserfreien violett oder blau gefärbt.

Kobalt bildet zwei Reihen von Verbindungen: In den Kobaltoverbindungen ist es zweiwertig, in den Kobaltiverbindungen dreiwertig. Letztere sind nur wenig beständig, jedoch haben sie große Neigung, beständige komplexe Salze zu bilden. Von dieser Eigenschaft wird Gebrauch gemacht, um Kobalt von Nickel zu trennen.

Kobaltochlorid, Kobaltchlorür, $CoCl_2 \cdot 6\,H_2O$, rote Kristalle, die beim Erhitzen in das wasserfreie blau gefärbte Salz übergehen. Diese Eigenschaft des Salzes benutzt man zur Bereitung einer „sympathetischen Tinte".

Läßt man Schriftzüge, welche mit einer Lösung von Kobaltchlorür hergestellt sind, auf dem Papier eintrocknen, so bemerkt man keine Färbung; wird das Papier jedoch erwärmt, so erscheinen infolge des Verdampfens von Wasser die Schriftzüge mit blauer Farbe.

Kobaltonitrat, $Co(NO_3)_2 \cdot 6\,H_2O$, bildet rote Kristalle (das wasserfreie Salz ist blau gefärbt), deren Lösung in der Lötrohranalyse benutzt wird (s. Nachweis der Aluminium- und der Zinkverbindungen).

Kobalticyankalium $[Co(CN)_6]K_3$ bildet sich durch Einwirkung von überschüssigem Kaliumcyanid auf Kobaltcyankalium $[Co(CN)_6]K_4$ durch Luftsauerstoff.

Kobaltikaliumnitrit $[Co(NO_2)_6]K_3 \cdot aq.$ scheidet sich aus Kobaltosalzlösungen auf Zusatz von überschüssigem Kaliumnitrit nach dem Ansäuern mit verdünnter Essigsäure aus. Es dient zum Nachweis von Kobalt.

Kobaltammine. In den vorstehenden Kobaltisalzen ist dreiwertiges Kobalt als Bestandteil saurer Komplexe enthalten. Ebenso vermag dreiwertiges Kobalt besonders in Verbindung mit Ammoniak und Aminen basische Komplexe zu bilden, von denen eine große Zahl bekannt ist. Von diesen sind die Hexamminkobaltisalze nach der Formel $[Co(NH_3)_6]K_3$ zusammengesetzt. Sie zeichnen sich durch gelbe Farbe aus und heißen daher auch Luteokobaltsalze. Die Körperklasse der besonders von A. Werner erforschten Kobaltammine hat den Anstoß zu der neueren anorganischen Strukturlehre gegeben.

Kobaltsilikate. Die Verbindung des Kobalts mit Kieselsäure,

das Kobaltosilikat, bildet in Vereinigung mit Kaliumsilikat den unter
der Bezeichnung Smalte bekannten blauen Farbstoff, welcher gewöhnlich durch Zusammenschmelzen gerösteter Kobalterze mit Glasmasse bereitet wird. Kobaltultramarin oder Thénards Blau ist
ein als Malerfarbe benutzter Stoff, welcher durch Fällen einer Lösung
von Alaun und Kobaltonitrat mit Soda und Glühen des mit Wasser
gewaschenen Niederschlags bereitet wird. Kobaltultramarin ist eine
Kobaltaluminiumverbindung.

Nachweis von Kobaltverbindungen.

Kobaltverbindungen färben die Phosphorsalzprobe schön blau.
Durch Schwefelwasserstoff wird aus neutraler oder ammoniakalischer
Kobaltsalzlösung schwarzes Kobaltsulfid, CoS, gefällt, das von verdünnter Salzsäure nicht gelöst wird, leicht löslich aber in Königswasser ist:

$$S'' + Co'' \rightarrow CoS.$$

Aus essigsaurer Lösung fällt Kaliumnitrit ein komplexes Salz: gelbes,
kristallinisches Kaliumkobaltnitrit (s. vorstehend).

Platinmetalle.

Platin. Palladium. Iridium. Osmium. Rhodium. Ruthenium.

Platin.

Platinum. $Pt = 195{,}2$. Zwei und vierwertig. Platin gelangte um
die Mitte des vorigen Jahrhunderts aus Südamerika nach Europa und wurde
von Wollaston und Scheffer als eigentümliches Metall erkannt. Der Name
leitet sich ab vom spanischen platinja = silberähnlich.

Vorkommen. Als Platinerz, das ist eine Legierung des Platins
mit den ihm nahestehenden Metallen Iridium, Osmium, Palladium, Rhodium, Ruthenium, auch Blei. Den Platinmetallen
sind meist noch beigemengt Gold, Silber, Kupfer und Eisen. Die
Hauptfundstätten für Platinerz sind besonders der Ural, ferner Peru,
Brasilien, Kolumbien, Kanada, Kalifornien, Mexiko, Borneo, Sumatra,
Neu-Süd-Wales.

Rohplatin enthält 70 bis $85\,^0/_0$ Platin, einige Prozent Eisen, häufig
etwas Gold; der Rest sind die vorstehend erwähnten sog. Platin-
begleitmetalle.

Gewinnung. Platinerz wird zunächst auf mechanischem Wege durch
Waschen und Schlämmen von Verunreinigungen, wie Sand, erdigen Beimengungen
usw. befreit. Osmium und Ruthenium lassen sich dadurch leicht trennen, daß
sie von Oxydationsmitteln in flüchtige Sauerstoffverbindungen übergeführt werden
können. Hierauf wird der Rückstand mit kaltem Königswasser behandelt.
Darin lösen sich Gold, Eisen, Kupfer. Sodann kocht man den Rückstand mit
Königswasser aus, wodurch Platin, sowie kleine Mengen Iridium, Palladium,
Rhodium und Ruthenium in Lösung gehen. Diese Lösung wird zur Trockene
verdampft und der Rückstand auf etwa 125^0 erhitzt. Hierbei werden die Chloride
des Palladiums und Iridiums zu Chlorüren reduziert. Man nimmt mit salzsäurehaltigem Wasser auf, filtriert von jenen Chlorüren ab und versetzt die stark
eingeengte Lösung mit Ammoniumchlorid, worauf sich ein gelber, kristallinischer
Niederschlag, aus Ammonium-Platinchlorid (Platinsalmiak), $(NH_4)_2PtCl_6$,

bestehend, abscheidet. Beim Erhitzen desselben verflüchtigen sich Ammoniumchlorid und Chlor, und Platin bleibt im schwammförmigen Zustande (Platinschwamm) zurück. Im Kalktiegel kann der Platinschwamm vor dem Knallgasgebläse niedergeschmolzen und in eine zusammenhängende, stark metallglänzende Masse umgewandelt werden. Platinmohr ist ein schwarzes, schweres
Pulver, welches Platin in sehr feiner Verteilung darstellt. Man erhält es durch
Reduktion von Platinverbindungen auf nassem Wege mittels Zucker oder
Formaldehyd in alkalischer Lösung.

Eigenschaften. Silberweißes, glänzendes Metall mit schwachem
Stich ins Stahlgraue. Spez. Gew. 21,48. Schmelzpunkt 1755°. Nächst
Gold und Silber ist Platin das dehnbarste Metall und läßt sich zu
feinstem Draht ausziehen. Durch Verunreinigungen, besonders durch
einen Gehalt an Iridium, wird die Dehnbarkeit beeinträchtigt.

An der Luft ist Platin bei jeder Temperatur beständig und
wird von Mineralsäuren selbst beim Kochen nicht angegriffen. Durch
Königswasser wird es gelöst. Eine Anzahl Metalle, wie Blei, Wismut,
Zinn, bilden mit dem Platin Legierungen von niedrigerem Schmelzpunkt. Auch Schwefel, Phosphor, Arsen, Kohlenstoff greifen Platin an.

Platin findet zur Herstellung mancher Gerätschaften für das
chemische Laboratorium (Platintiegel, -schalen, -draht, -löffel, -blech)
und für chemische Fabriken (Abdampfschalen und Retorten in
Schwefelsäurefabriken), als Elektroden für elektrolytische Prozesse usw.
Anwendung. Läßt man Wasserstoffgas auf Platinschwamm aufströmen
(Döbereinersches Feuerzeug), so wird durch Kontaktwirkung eine
so hohe Reaktionswärme erzeugt, daß Glühen des Platins und Entzündung des Wasserstoffs eintreten. Platinschwamm wird zur Zeit
in großem Maßstabe zur Herstellung von Selbstzündern bei Gasglühlicht benutzt. Platinierter Asbest dient als Kontaktsubstanz
bei der Darstellung der Schwefelsäure nach dem Kontaktverfahren
(s. dort). Aus der Gruppe der Platinmetalle wirkt besonders Palladium als ausgezeichneter Katalysator für Wasserstoffübertragung
an ungesättigte organisch-chemische Verbindungen.

Platin bildet zwei Reihen von Verbindungen, in welchen es entweder zwei- (Platinoverbindungen) oder vierwertig (Platini-
verbindungen) ist.

Von den Verbindungen sind wegen ihrer vielfachen Verwendung
als Reagens Platinchlorid und Platinchlorid-Chlorwasserstoff wichtig.

Platinchlorid-Chlorwasserstoffsäure, $H_2PtCl_6 \cdot 6\,H_2O$. 1 T. Platinblech wird in kleine Stücke zerschnitten und zunächst mit warmer
Salpetersäure behandelt, um etwa vorhandene fremde Metalle zu entfernen, hierauf mit Wasser abgespült und mit einem Gemisch aus
6 T. Salzsäure (spez. Gew. 1,124) und 2 T. Salpetersäure (spez. Gew. 1,153)
bei 30 bis 40° so lange erwärmt, bis das Platin gelöst ist.

Die Lösung wird auf dem Wasserbade zu einem dicken Sirup
eingedunstet, mit Salzsäure gelöst, abermals eingedunstet, und dieses
Verfahren so oft wiederholt, bis sämtliche Salpetersäure ausgetrieben
ist. Hierauf verdampft man zur Trockene.
Platinchlorid-Chlorwasserstoff bildet eine braunrote, kristallinische

Masse, welche an der Luft zerfließt, von Wasser, Alkohol und Äther leicht gelöst wird und mit Kaliumchlorid und Ammoniumchlorid (bzw. Kaliumhydroxyd und Ammoniak) schwer lösliche, gelbe, kristallinische Niederschläge liefert, welche der Zusammensetzung K_2PtCl_6 (Kalium-Platinchlorid) und $(NH_4)_2PtCl_6$ (Ammonium-Platinchlorid, Platinsalmiak) entsprechen.

Um·die Konstitution der Verbindung H_2PtCl_6 zu erklären, nimmt man eine Teilbarkeit der Valenzeinheiten (Partialvalenzen, Nebenvalenzen) an. Es bleiben hiernach bei der Bindung von Cl_4 an Pt zu $PtCl_4$ noch Affinitätsbeträge (Nebenvalenzen) übrig, die die Vereinigung von Molekeln erster Ordnung zu Molekeln höherer Ordnung ermöglichen. Diese Nebenvalenzen werden durch punktierte Linien ⸺ ausgedrückt, während die Hauptvalenzen durch Bindestriche — veranschaulicht werden.

So wirkt Chlorwasserstoff auf Platinchlorid zunächst mit dessen Nebenvalenzen:

$$Pt \equiv Cl_4 \cdots\cdots (HCl)_2$$

und erst nach vollzogener Anlagerung verteilt sich der Affinitätsbetrag gleichmäßig innerhalb des Komplexes $PtCl_6''$, und es bleiben von der Affinität noch zwei Beträge übrig, die von 2 Wasserstoff- oder Alkaliatomen gebunden werden können. Da die Wasserstoff- bez. Kaliatome außerhalb des Komplexes liegen, sind sie ionisierbar.

Palladium.

Silberweißes Metall, das beim Erhitzen an der Luft durch Oxydationswirkung mit bunten Farben anläuft. Atomgew. 106,7. Schmelzp. 1587⁰. Spez. Gew. 11,9. Es wird schon von warmer Salpetersäure gelöst. Königswasser löst es leicht und liefert beim Abdampfen Palladiumchlorür $PdCl_2$, welches aus Wasser mit 2 Mol. H_2O in rotbraunen Kristallen erhältlich ist.

Palladium vermag sich mit Wasserstoff zu legieren, es nimmt selbst als Blech oder Draht nach dem Erwärmen auf 100⁰ beim Abkühlen gegen das 600fache Volum Wasserstoff auf. Fein verteiltes oder kolloid gelöstes Palladium dient als ausgezeichnetes Mittel zur Wasserstoffanlagerung an organisch-chemische Verbindungen. Man benutzt u. a. Baryumsulfat zur feinen Verteilung des aus Palladiumchlorür frisch reduzierten Palladiums oder schlägt dieses auf Kohle nieder, um es für Reduktionszwecke besonders wirksam zu machen.

Iridium.

Weißes, sprödes Metall. Atomgew. 193,1. Schmelzp. 2300⁰. Spez. Gew. 22,4. Dient seines hohen Schmelzpunktes wegen zur Herstellung von Iridiumröhren für chemische Zwecke.

Rhodium.

Silberweißes Metall. Atomgew. 102,9. Schmelzp. gegen 2000⁰. Spez. Gew. 12,6. Im Chatelierschen Thermoelement zur Messung hoher Temperaturen ist der eine Draht aus Platin, der andere aus Rhodiumplatin gefertigt.

Osmium.

Bläulichweißes Metall. Atomgew. 190,9. Schmelzp. gegen 2500⁰. Spez. Gew. 22,5. Von seinen Verbindungen ist bemerkenswert das Osmiumtetroxyd OsO_4, eine flüchtige, chlorähnlich riechende Kristallmasse, welche durch organische Stoffe, besonders durch Fette unter Abscheidung von schwarzem Osmiumdioxyd OsO_2 reduziert wird und daher zum mikroskopischen Nachweis von Fett dient. Die Dämpfe des OsO_4 sind sehr giftig und rufen u. a. Augenentzündungen hervor.

Osmiummetall wird in der Glühlampenindustrie benutzt, indem sehr dünne Fäden an Stelle der Kohlefäden verwendet werden (Osmiumlicht).

Ruthenium. Ru = 101,7.

Ruthenium wurde 1844 von Claus entdeckt. Es ist ein sehr sprödes, hartes, stahlgraues Metall. Spez. Gew. bei 0⁰ = 12,26. Schmelzpunkt ca. 2000⁰.

Anhang zum anorganischen Teil.

Die Struktur der Atome.

Bei der Erörterung der atomistischen Hypothese (s. S. 4) ist bereits darauf hingewiesen worden, daß die Arbeiten der Physiker wichtige Aufschlüsse über die Struktur der Atome erbracht haben. Welcher Art diese sind, soll durch die nachfolgenden Ausführungen erläutert werden.

Unsere bisherigen Anschauungen von der Konstanz der Elemente haben durch die Entdeckung, daß das Element Radium eine Umwandlung in andere Elemente erfährt, eine Erschütterung erlitten. Man muß hiernach annehmen, daß das Atom nicht mehr als letzte Einheit angesehen werden kann. Die Einheitlichkeit der Atome war übrigens schon vor 100 Jahren, und zwar von dem englischen Arzte Prout 1815 angezweifelt worden. Prout gab der Ansicht Ausdruck, daß alle Atome sich vom Wasserstoff ableiten, weil die Atomgewichte ganze Vielfache vom Wasserstoffe seien. Diese Hypothese wurde indes von den Chemikern durch die Feststellung widerlegt, daß die Atomgewichtszahlen bei vielen Elementen Brüche aufweisen, wie beispielsweise das Chlor, für welches das Atomgewicht rund 35,5 ermittelt ist, und bei vielen anderen Elementen, wie sich aus der Atomgewichtstabelle ergibt (s. S. 21).

Wenngleich daher die Proutsche Hypothese bisher eine Bestätigung nicht fand, so ist doch durch die neueren physikalischen Forschungsergebnisse der Konstitution der Materie, bzw. der Struktur der Atome auch die Proutsche Hypothese von neuem in die Erörterung gezogen worden.

Daß die Atome nicht einheitlicher Natur sind, hat man u. a. aus dem Entstehen und Verhalten der Kathodenstrahlen geschlossen. Diese Strahlen entstehen beim Durchgang von Elektrizität durch stark verdünnte Gase (bei 0,01 mm Druck). Ihr Verhalten ist unabhängig von der Art des Kathodenmetalls und des jeweiligen Gases. Sie bestehen aus negativ elektrisch geladenen Masseteilchen, die geradlinig von der Kathode ausgehen. Diese kleinen Masseteilchen nennt man Elektronen. Man hat ihre Masse berechnet und sie zu $\frac{1}{1900}$ von der Masse des Wasserstoffatoms gefunden.

17 *

Der Radius eines Elektrons ist $2 \cdot 10^{-13}$ cm, d. h. wesentlich kleiner als die gewöhnlichen Atome, deren Radius 10^{-8} beträgt. A. Stock hat berechnet, daß ein Wasserstoffatom sich zu einem Elektron verhält etwa wie die Erdkugel zum Kölner Dom.

Auch in den Becquerel-Strahlen, welche die radioaktiven Substanzen ständig ausstrahlen, finden wir diese negativen Elektronen. Es wurde bereits beim Radium ausgeführt, daß es dreierlei Strahlen aussendet, α-, β- und γ-Strahlen, von denen die erstgenannten elektrisch positiv geladen sind und sich als identisch mit Heliumatomen erweisen, während die β-Strahlen negativ elektrische Ladung zeigen; sie sind mit den Kathodenstrahlen identisch und bestehen aus negativen Elektronen. Die γ-Strahlen sind elektromagnetische Schwingungen und hinsichtlich ihrer Eigenschaften den Röntgenstrahlen an die Seite zu stellen.

Bemerkenswert ist ferner, daß die Radioaktivität radioaktiven Substanzen nicht dauernd erhalten bleibt. Man kann z. B. aus dem Uranmetall auf chemischem Wege einen Bestandteil, den man Uran X genannt hat, abtrennen; er sendet β-Strahlen aus, während dem zurückbleibenden Metall diese Strahlen völlig· entzogen sind. Aber nach mehreren Monaten hat es seine β-Strahlung wieder erlangt, indem es durch Zerfall Uran X bildete, während das vorher isolierte Uran X die β-Strahlung völlig eingebüßt hat.

Durch die Abgabe von β-Strahlen, die den Kathodenstrahlen entsprechen, wird das Atomgewicht des radioaktiven Stoffes nicht verändert — wenigstens läßt sich dies durch Wägung nicht feststellen — wohl aber findet bei jeder α-Strahlung, die ja in einer Abgabe von Heliumatomen besteht, eine feststellbare Verminderung des Atomgewichtes statt.

Man hat die Elektronen als die Atome der Elektrizität bezeichnet. Helmholtz gab dieser Auffassung bereits 1881 in seiner Faraday-Vorlesung Ausdruck. Auch Crookes betrachtete die Elektronen als materielle Teilchen (corpuscula).

Wenn nun die Stoffe sowohl bei der Einwirkung von Elektrizität als auch beim radioaktiven Zerfall solche Elektronen abgeben, müssen wir das Vorhandensein dieser kleinen Teilchen in den einzelnen Stoffen, bzw. den Atomen annehmen.

Noch andere Erscheinungen legen die Gegenwart solcher kleinen Teile in den Atomen nahe.

So zeigen die Elemente vielfach ein sehr kompliziertes Spektrum, woraus man schließen müßte, daß die Atome komplizierte Bewegungen machen. Jeder Spektrallinie ist aber eine bestimmte Wellenlänge (Schwingungszahl) eigen. Diese Tatsache nötigt zu der Annahme, daß nicht die ganzen Atome, sondern nur bestimmte Teilchen derselben schwingen. Durch einen Magneten lassen sich die Spektrallinien der Elemente in mehrere Linien zerlegen (Zeemann-Effekt). Ebenso werden die strahlenerregenden Schwingungen durch elektrische Kräfte beeinflußt (Stark-Effekt).

Auch diese Beobachtung deutet darauf hin, daß mit den Atomen elektrisch geladene Teilchen (Elektronen) verbunden sind.

Die vorstehenden Ausführungen drängen zu der Auffassung, das Atom nicht mehr als letzte Einheit aufzufassen. Als Atombausteine kommen Heliumteilchen und Elektronen, aber auch Wasserstoff in Betracht, letzterer, weil die durch das Atomgewicht ausdrückbare Masse der verschiedenen Atome sich nicht immer als ein Vielfaches von dem Atomgewicht des Heliums (4) erweist. Außerdem ist auch das Auftreten von Wasserstoff als Zerfallprodukt von Elementen sehr wahrscheinlich gemacht.

So hat Rutherford durch den Aufprall von α-Strahlen auf Stickstoff aus dessen Kernen Wasserstoffkerne abgesplittert. Zufolge ihrer Leichtbeweglichkeit ließen sie sich experimentell durch das Aufleuchten eines Zinksulfidschirmes nachweisen.

Will man sich nun eine Vorstellung von der Struktur der Atome machen, so muß man annehmen, daß, da die Elektronen negativ elektrisch sind, während das ganze Atom neutral ist, die Elektronen im Atom durch einen positiven Teil neutralisiert werden. Als solche sind die Helium- und Wasserstoffmassen anzusprechen. Hiernach liegen also den Atomen ein positiv geladener Massenkern und eine entsprechende Anzahl Elektronen zugrunde.

Der positiv geladene Massenkern bestimmt das Atomgewicht, während das übrige physikalische und chemische Verhalten der Atome durch die Elektronen bedingt wird. Auch die Radioaktivität der Elemente ist an den Atomkern gebunden. Wenn dies richtig ist, dann müssen auch noch Elektronen zugegen sein, welche die β-Strahlung veranlassen, doch können sie nur in solcher Menge vorhanden sein, daß die positive Überladung des Kerns erhalten bleibt. Diese Überladung wird durch die äußeren frei beweglichen Elektronen neutralisiert. Die letzteren nennt man Ring-Elektronen, die dem Kern benachbarten bzw. mit ihm verbundenen Kern-Elektronen.

Nach Rutherford ist der positive Massenkern des Atoms sehr klein und die verhältnismäßig großen Ring-Elektronen kreisen um ihn in einem Abstande, der ungefähr der Größe des Atomradius entspricht.

Die chemischen Reaktionen finden nur an den Elektronen der äußeren Ringe statt, wodurch sie von den radioaktiven Vorgängen wohl verschieden sind. Da letztere sich im Atomkern abspielen, wird nun auch die damit verbundene Entstehung großer Energiemengen verständlich.

Nimmt ein elektrisch neutraler Körper, z. B. ein elektrisch neutrales Atom oder eine Molekel Elektronen auf, so erhält es negative Ladung, und umgekehrt, gibt es Elektronen ab, so bekommt es positive elektrische Ladung. Diese elektrisch geladenen Atome oder Atomgruppen sind die Ionen. Die Gesamtzahl der negativen Elektronen eines neutralen Atoms muß der positiven Ladung des Atomkerns gleich sein.

Die Ladung des Kerns hat ungefähr eine dem halben Atomgewicht des Elements entsprechende Größe. Man findet einen Zusammenhang der Kernladung der Elemente mit den Eigenschaften derselben, wenn man die nach dem periodischen System angeordneten Elemente fortlaufend numeriert, d. h. ihnen eine Ordnungszahl im System gibt. Man erfährt dann aus der Ordnungszahl, wie viele positive Ladungen im Atomkern vereinigt sind. Die Stellung der Elemente im periodischen System ergibt sich also umgekehrt aus ihrer Kernladung, nicht, wie bisher angenommen wurde, aus der Größe ihres Atomgewichtes. Damit sind auch die bei der bisherigen Anordnung der Elemente nach dem Atomgewicht beobachteten Unregelmäßigkeiten

$$\left(\text{z. B. } \frac{\text{Ar---K}}{40\;\;39},\; \frac{\text{Te---J}}{128\;\;127}\right)$$

beseitigt.

System der Elemente nach den Ordnungszahlen.

0	VIII	I a	I b	II a	II b	III a	III b	IV a	IV b	V a	V b	VI a	VI b	VII a	VII b
		H 1													
He 2		Li 3		Be 4			B 5		C 6		N 7		O 8		F 9
Ne 10		Na 11		Mg 12			Al 13		Si 14		P 15		S 16		Cl 17
Ar 18		K 19		Ca 20		Sc 21		Ti 22		V 23		Cr 24		Mn 25	
	Fe 26 Co 27 Ni 28		Cu 29		Zn 30		Ga 31		Ge 32		As 33		Se 34		Br 35
Kr 36		Rb 37		Sr 38		Y 39		Zr 40		Nb 41		Mo 42		— 43	
	Ru 44 Rh 45 Pd 46		Ag 47		Cd 48		In 49		Sn 50		Sb 51		Te 52		J 53
X 54		Cs 55		Ba 56		La 57	Ce 58	Pr 59	Nd 60	— 61	Sm 62	Eu 63			
	Gd 64 Tb 65 Dy 66 Ho 67		Er 68		Tu I 69		Ad 70	Cp 71	Tu II 72	Ta 73		W 74		— 75	
	Os 76 Ir 77 Pt 78		Au 79		Hg 80		Tl 81		Pb 82		Bi 83		Po 84		— 85
Em 86		— 87		Ra 88		Ac 89		Th 90		Bv 91		U 92			

Nach der von Rutherford ausgebildeten Atomtheorie erlangt somit die Ordnungszahl eine prinzipielle Bedeutung. Man hat berechnen können, daß die Kernladung gleichmäßig mit den Ordnungszahlen der Elemente zunimmt. Ist die positive Kernladung für Wasserstoff $= 1$, so muß sie für Helium $= 2$, für Lithium $= 3$, für

Beryllium = 4, Bor = 5, Kohlenstoff = 6 usw. betragen, also, wie bereits angegeben, ungefähr dem halben Atomgewicht der Elemente entsprechen.

Nach dem Rutherford-Bohrschen Atommodell stellt man sich die Atome als mehr oder weniger komplizierte Sonnensysteme vor. Um die positiven Atomkerne kreisen die negativen Elektronen in bestimmten Bahnen, und zwar ist die Zahl der negativen Elektronen gleich der Zahl der positiven Kernladungen.

Für das Wasserstoffatom erhält man hiernach das in Abb. 50 wiedergegebene Bild. Das Heliumatom (Abb. 51) besitzt einen aus zwei positiven Ladungen bestehenden Kern, um welchen zwei Elektronen auf derselben Bahn kreisen, und für das Lithiumatom (Abb. 52) nimmt man zwei fester gebundene Elektronen in einem inneren Kreis an, während ein schwächer gebundenes Elektron in einem äußeren Kreis sich bewegt.

Abb. 50. Neutrales Wasserstoffatom.

Die vorstehenden Abbildungen sollen rein schematisch die Atommodelle erläutern und nehmen besonders keinen Bezug auf die Dimensionen.

Abb. 51. Neutrales Heliumatom.

Hat ein Radioelement die Ordnungszahl X und verliert es ein Heliumion durch α-Strahlung, so wird die Ordnungszahl um $X - 2$ vermindert, da ein Heliumion zwei Kernladungen entspricht. Das Element rückt daher um zwei Stellen zurück (Verschiebungsregel nach Fajans). Verliert das Atom durch β-Strahlung ein negatives Kern-Elektron, so wird dadurch eine positive Kernladung frei und die Ordnungszahl wächst um 1, d. h. das Element rückt im System um eine Stelle vor.

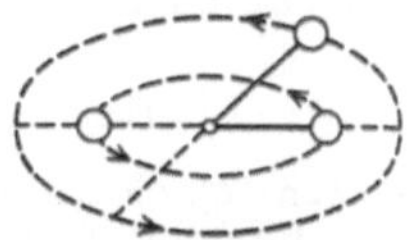

Abb. 52. Neutrales Lithiumatom.

Es kann somit ein Element durch wiederholte Abgabe von positiver und negativer Ladung wieder auf seinen ursprünglichen Platz im System zurückkommen. So entstehen die Isotopen[1]). Isotope haben also die gleiche Ordnungs- und damit die gleiche Kernladungszahl, lassen sich chemisch nicht voneinander unterscheiden, haben aber verschiedene Atomgewichte. Diese Verhältnisse sind beim Blei studiert worden, welches beim Zerfall des Urans entsteht und als das Endglied der Uranreihe (Radium G) anzusehen ist.

Alle Uranmineralien enthalten Blei, und zwar entspricht der Bleigehalt in geologisch gleich alten Uranmineralien proportional dem Urangehalt. Mit dem geologischen Alter der Uranmineralien steigt der Bleigehalt.

Und auch in der Thoriumreihe ist festgestellt worden, daß das letzte Umwandlungsprodukt in dieser (Thorium D) mit Blei vollständig chemisch identisch ist. Das Atomgewicht des aus Uran iso-

---

[1]) Abgeleitet von ἴσος, isos, gleich und τόπος, topos Ort.

lierten Bleis ist 206, während das Thoriumblei das Atomgewicht 208 und das Radium D das Atomgewicht 210 besitzt, während das des gewöhnlichen Bleis bei 207,2 liegt.

Wir sehen also beim Blei — und diese Erscheinung zeigt sich auch bei vielen radioaktiven Elementen —, daß Elemente — eben die isotopen — eine vollständige chemische Übereinstimmung zeigen können, so daß sie durch keine chemische Methode voneinander trennbar sind — und doch unterscheiden sie sich durch ihr verschiedenes Atomgewicht und ihr radioaktives Verhalten voneinander.

Nach Soddy und Fajans können bis 7 Elemente isotop miteinander sein; alle Glieder zusammen heißen eine Plejade. Diese wird sich bei chemischen Vorgängen wie eine Einheit verhalten und ihr Atomgewicht dem Mittelwerte der verschiedenen Glieder entsprechen. Hierdurch werden auch die Brüche eine Erklärung finden können, welche bei den Atomgewichten verschiedener Elemente festgestellt sind, wenn sie auf Wasserstoff als Einheit bezogen werden. Man kann annehmen, daß es sich bei diesen Elementen um ein Gemisch von Isotopen handelt.

Die Untersuchungen über die Atomstruktur und die darauf sich gründenden Atomtheorien sind noch in vollem Fluß begriffen, und so wird auch die Beantwortung der Frage nach der Berechtigung der Proutschen Hypothese, ob alle Atome sich vom Wasserstoff ableiten, noch zurückgestellt werden müssen.

Literatur über die neuere Atomstruktur-Auffassung.

Leitfaden der theoretischen Chemie von Dr. W. Herz, ordentl. Honorarprofessor für physikalische Chemie an der Universität Breslau. 2. Auflage. Verlag von Ferdinand Enke in Stuttgart. 1920.

Ultra-Strukturchemie von Professor Dr. Alfred Stock. Verlag von Julius Springer in Berlin 1920.

Lehrbuch der anorganischen Chemie von Geh. Reg.-Rat Professor Dr. Karl A. Hofmann. 3. Auflage. Verlag von Friedrich Vieweg & Sohn in Braunschweig. 1920.

Organische Chemie.

Chemie der Kohlenstoffverbindungen.

Alle organisch-chemischen Verbindungen enthalten Kohlenstoff; man nennt daher die organische Chemie auch die Chemie der Kohlenstoffverbindungen.

Bereits im anorganischen Teil wurden Kohlenstoff und einige seiner einfacheren Verbindungen, so das Kohlenoxyd, Kohlendioxyd und die entsprechenden Schwefelverbindungen behandelt. Die weitaus größte Zahl der Kohlenstoffverbindungen pflegt zu einem besonderen Abschnitt, dem der organischen Chemie, zusammengefaßt zu werden.

Organisch-chemische Stoffe werden vom Pflanzen- und Tierorganismus gebildet oder auf synthetischem Wege dargestellt. Die erste Synthese eines organisch-chemischen Stoffes führte 1828 Wöhler aus, welcher die künstliche Darstellung des Harnstoffs, dieses bis dahin nur als tierisches Stoffwechselprodukt bekannten Stoffes, lehrte.

Die Mehrzahl der organischen Verbindungen besteht aus den wenigen Elementen Kohlenstoff und Wasserstoff oder Kohlenstoff, Wasserstoff und Sauerstoff. Eine kleinere Zahl von Verbindungen enthält Kohlenstoff, Wasserstoff und Stickstoff, bez. Kohlenstoff, Wasserstoff, Sauerstoff und Stickstoff. Sonstige in organischen Verbindungen vorkommende Elemente sind: Schwefel, Phosphor und die Halogene. Berücksichtigt man aber, daß viele organisch-chemische Gruppierungen sich mit Metallen bez. Metalloxyden und Metallsalzen vereinigen und auch Nicht-Metalle in organisch-chemische Stoffe auf künstlichem Wege eingeführt werden können, so vergrößert sich die Zahl möglicher organischer Verbindungen ins Ungemessene.

Eine große Zahl organischer Stoffe zersetzt sich beim Erhitzen unter teilweiser Verkohlung. Erhitzt man über einer Flamme in einem Reagenzglas etwas Zucker oder Chinin oder ein Stückchen Holz, so beobachtet man, daß der obere Teil des Reagenzglases mit Wassertropfen beschlägt, während sich gleichzeitig brennbare Dämpfe entwickeln und schließlich schwarze Kohle zurückbleibt. Dieser kohlige Rückstand beweist die Anwesenheit von Kohlenstoff in dem betreffenden Stoffe, das Auftreten von Wassertropfen die Anwesenheit von Wasserstoff.

Kohlenstoff und Wasserstoff lassen sich auf diese Weise nur in nicht flüchtigen Stoffen ermitteln, nicht aber in unzersetzt flüchtigen Substanzen wie Alkohol oder Äther. Will man diese als organische Stoffe erweisen, so führt man den Kohlenstoff in eine gut charakterisierbare Verbindung, nämlich in Kohlendioxyd über, den Wasserstoff in Wasser. Das geschieht, indem man die Stoffe verbrennt und die Verbrennungsprodukte auffängt. Zu dem Zweck leitet man die Dämpfe der flüchtigen Verbindungen über glühendes Kupferoxyd, das hierdurch Sauerstoff verliert. Dieser dient zur Oxydation von Kohlenstoff und Wasserstoff zu Kohlendioxyd und Wasser. Kohlendioxyd kann daran erkannt werden, daß beim Einleiten des Gases in Kalk- oder Barytwasser Trübung bzw. Abscheidung von

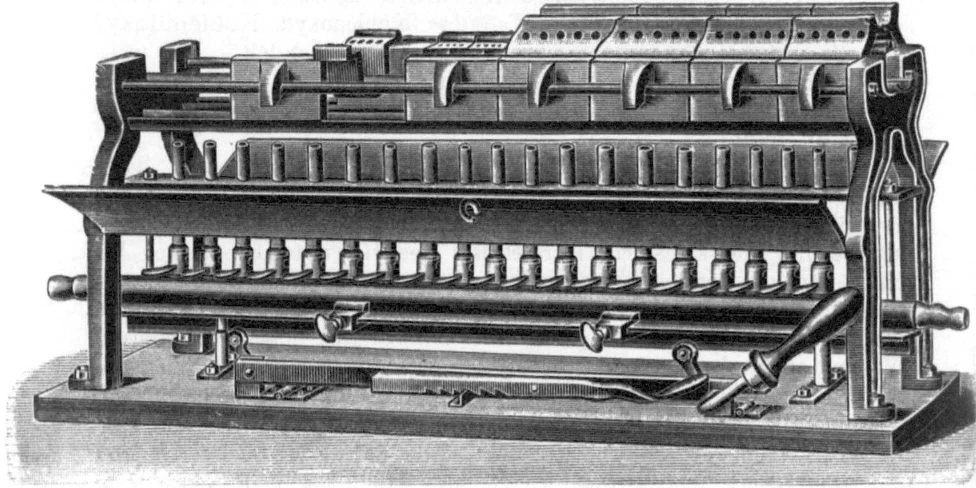

Abb. 53. Verbrennungsofen für die Elementaranalyse organischer Stoffe.

Calcium- oder Baryumkarbonat erfolgt. Die Wassertropfen setzen sich im kälteren Teil des Rohres, in welchem man die Dämpfe über das erhitzte Kupferoxyd geleitet hat, an, oder können durch vorgelegtes Chlorcalcium zurückgehalten werden.

Die quantitative Bestimmung der Elemente organischer Verbindungen bezeichnet man als Elementaranalyse. Man führt sie nach dem Liebigschen Verfahren aus, indem man in einem Rohr von schwer schmelzbarem Glase die Substanzen mit Kupferoxyd oder Bleichromat verbrennt und die Verbrennungsprodukte Kohlendioxyd (aus dem Kohlenstoff erhalten) und Wasser (aus dem Wasserstoff erhalten) wägt.

In organischen Stoffen, die aus Kohlenstoff und Wasserstoff oder, wie Zucker, Alkohol und Äther aus Kohlenstoff, Wasserstoff und Sauerstoff bestehen, bestimmt man das Gewicht der durch Verbrennen erhaltenen Mengen von Kohlendioxyd und Wasser und berechnet daraus die prozentische Zusammensetzung der betreffenden Verbindung. Der Prozentgehalt an Sauerstoff wird nicht direkt ermittelt, sondern aus der Differenz bestimmt, die sich aus der Summe der Prozentgehalte von Kohlenstoff und Wasserstoff und der Zahl 100 ergibt. Man nimmt die Elementaranalyse in einem Verbrennungsofen vor, s. Abb. 53.

Auf einer eisernen Schiene, die durch eine Reihe nebeneinander geordneter Bunsenbrenner erhitzt werden kann, ruht ein Rohr von schwer schmelzbarem Glase, das einen inneren Durchmesser von ca. 2 cm und eine Länge von ca. 90 cm besitzt (s. Abb. 54).

Abb. 54. Verbrennungsrohr.

Das beiderseits offene Rohr wird durch gut anliegende Gummistopfen, in deren Durchbohrung sich ein Glasröhrchen befindet, verschlossen. Zwischen zwei Kupferspiralen c und d liegt eine lockere Schicht von gekörntem Kupferoxyd.

Zwischen die Kupferspiralen d und g wird ein Schiffchen aus Porzellan oder Kupfer oder Platin eingeschaltet, welches die zu verbrennende organische Substanz, deren Gewicht ca. 0,2 g beträgt, aufnimmt.

Bevor man mit der Verbrennung beginnt, muß das Rohr samt Kupferoxyd durch Ausglühen von Feuchtigkeit und Kohlendioxyd sorgfältig befreit sein. Das Schiffchen mit der Substanz wird erst dann in das Rohr gebracht, wenn dieses ausgeglüht und wieder erkaltet ist.

Zwecks Ausglühens des Rohres zündet man das Gas eines Bunsenbrenners nach dem andern an — jeder Bunsenbrenner ist mit besonderem Hahn versehen — indem man nahe bei a (Abb. 54) beginnt und langsam nach g—d— e—c—b fortschreitet, bis sämtliche Flammen in Tätigkeit sind.

Gleichzeitig leitet man durch das Glasröhrchen des Stopfens a einen schwachen Luftstrom, den man vorher von Feuchtigkeit und Kohlensäure befreit hat. Man benutzt hierzu einen Absorptionsapparat (Abb. 55), der aus vier miteinander verbundenen Waschflaschen besteht. Man preßt aus einem Gasometer die Luft zunächst durch ein Gefäß, welches mit konz. Kalilauge oder mit Kaliumhydroxydstückchen gefüllt ist und die Kohlensäure bindet, sodann durch die mit konz. Schwefelsäure teilweise gefüllte Waschflasche, wodurch Feuchtigkeit gebunden wird. Um ein Aufspritzen der Schwefelsäure zu vermeiden, bedeckt man die Oberfläche dieser mit Bimsteinstückchen. Es em

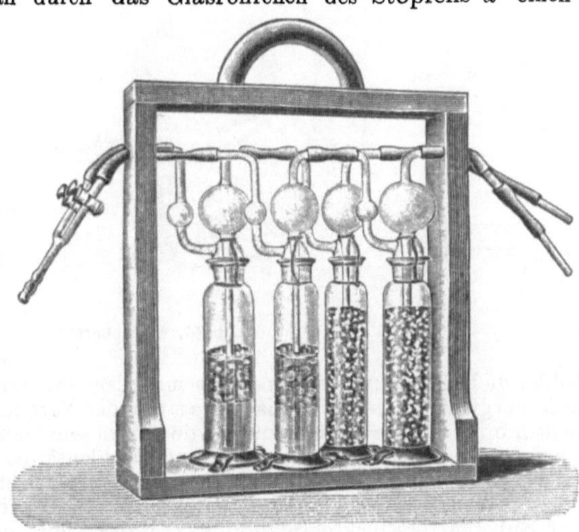

Abb. 55. Absorptionsapparat für Kohlendioxyd und Wasser.

pfiehlt sich, je zwei Waschflaschen für Kalilauge und Schwefelsäure anzuwenden. In der obigen Abbildung sind zwei Schläuche angebracht, welche den Zweck haben, je nach Belieben Luft oder Sauerstoff durch den Absorptionsapparat zu pressen.

Der durch das Glasrohr während des Ausglühens hindurchgehende Luftstrom bewirkt, daß Feuchtigkeit und Kohlensäure aus dem Rohr vollkommen ausgetrieben werden. Nachdem dies geschehen und das Rohr unter fortwährendem Durchleiten trockener Luft erkaltet ist, verbindet man mit dem Glasröhrchen des Stopfens b ein von außen anhängender Feuchtigkeit sorgfältig befreites, mit Chlorcalciumstückchen gefülltes und sodann genau gewogenes U-förmiges Glasrohr (Abb. 56), welches zur Aufnahme des bei der Verbrennung entstehenden Wassers dient.

Abb. 56. Chlorcalciumrohr.

An das Chlorcalciumrohr schließt man einen mit 40 prozentiger Kalilauge gefüllten Apparat, von welchem mehrere Formen hergestellt und in Gebrauch sind (Abb. 57)[1]. Die älteste Form dieser Kaliapparate ist von Liebig konstruiert und durch a Abb. 57 veranschaulicht. b ist der Geißlersche Apparat, mit welchem das mit Chlorcalcium gefüllte Rohr R verbunden ist, um die bei dem Durchleiten des Gases aus der Kalilauge etwa fortgeführte Feuchtigkeit zurückzuhalten.

c der Abbildung 57 ist der Classensche Kaliapparat, der vor den beiden anderen den Vorzug größerer Stabilität besitzt. Auch bei ihm ist ein für Chlorcalciumfüllung bestimmtes Rohr R_1 vorgesehen, während bei Benutzung des Liebigschen Kugelapparates noch ein besonderes Chlorcalciumrohr zum Zurückhalten etwa entweichender Feuchtigkeit angeschlossen sein muß. Die Kalilauge dieser Apparate hält die beim Verbrennen der organischen Substanz sich

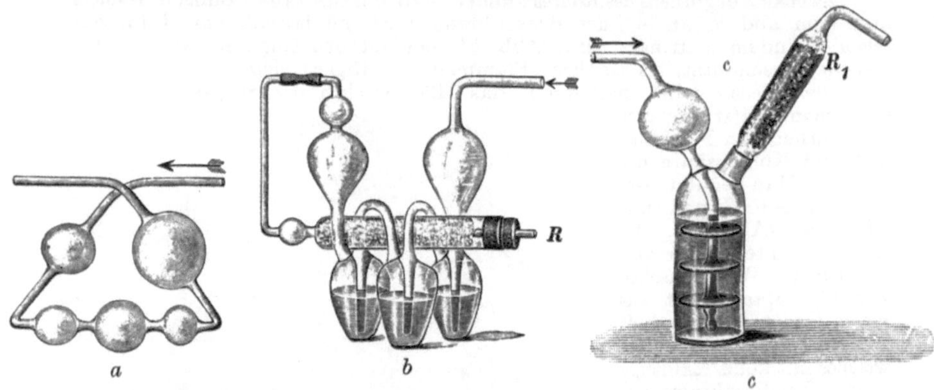

Abb. 57. Kaliapparate.

bildende Kohlensäure zurück. Hat man den von außen anhängender Feuchtigkeit sorgfältig befreiten Kaliapparat vor der Verbrennung genau gewogen und bestimmt nach der Verbrennung von neuem sein Gewicht, so zeigt die Gewichtsvermehrung die aufgenommene Menge Kohlensäure an.

Ist für die Verbrennung alles vorbereitet, so schiebt man nach Entfernung des Stopfens a (Abb. 54) und der oxydierten Kupferspirale g schnell das mit der Substanz beschickte Schiffchen f in das Rohr, und nach der Wiedereinführung der Spirale g und des Stopfens a beginnt man mit dem Erhitzen des Kupferoxyds, indem man nach und nach die Flammen von c nach d fortschreitend der Substanz nähert und gleichzeitig eine kleine Flamme unter g brennen läßt. Während des Erhitzens schickt man einen trockenen Luftstrom

---

[1]) Vgl. auch Kohlendioxyd S. 128.

oder Sauerstoffstrom durch das Rohr. Um ein stärkeres Durchglühen des Kupferoxyds zu ermöglichen, umgibt man das Verbrennungsrohr mit Kacheln. Ist die Substanz völlig verbrannt, läßt man einen trockenen Luftstrom noch ca. $^1/_2$ Stunde lang das Rohr durchstreichen, um sämtliches Wasser und die Kohlensäure in die Absorptionsapparate zu treiben.

In neuerer Zeit findet ein vereinfachtes Verfahren der Elementaranalyse nach Dennstedt vielfach Anwendung, bei welchem nur 2 Bunsenbrenner, die verschiebbar sind, benutzt werden. Die Verbrennung findet im Sauerstoffstrom unter Verwendung von platiniertem Quarz oder unter Benutzung eines „Platinsternes" als Kontaktsubstanz statt. Heraeus in Hanau hat Verbrennungsöfen mit elektrischer Heizvorrichtung konstruiert, welche eine Temperatur bis zu 1200^0 zu liefern imstande sind.

Berechnung der Analyse: Nehmen wir an, wir wollten die molekulare Zusammensetzung der Milchsäure ermitteln:

Wir hätten zu dem Zweck 0,215 g Substanz verbrannt, und diese hätte 0,3153 g CO_2 und 0,1277 g H_2O ergeben.

Aus der erhaltenen Menge Kohlensäure berechnet sich der Prozentgehalt an Kohlenstoff wie folgt:

$$\begin{array}{l} CO_2 \; : \; C \\ \overset{\frown}{12} \quad \overset{\frown}{} \\ 32 \\ \hline 44 : 12 = 11 : 3 \end{array}$$

Also: $\qquad\qquad 11 \; : \; 3 \; = 0{,}3153 : x$

$$x = \frac{0{,}3153 \cdot 3}{11} = 0{,}086 \ g\,.$$

Diese 0,086 g C wurden in 0,215 g Substanz ermittelt, in 100 g Substanz sind daher enthalten:

$$0{,}215 : 0{,}086 = 100 : x'$$

$$x' = \frac{0{,}086 \cdot 100}{0{,}215} = \mathbf{40\,^0/_0 \ C.}$$

Aus der erhaltenen Menge Wasser berechnet sich der Prozentgehalt an Wasserstoff wie folgt:

$$\begin{array}{l} H_2O \; : \; H_2 \\ \overset{\frown}{2{,}02} \quad \overset{\frown}{} \\ 16 \\ \hline 18{,}02 \; : \; 2{,}02 = 9{,}01 : 1{,}01\,. \end{array}$$

Also $\qquad\qquad 9{,}01 \; : \; 1{,}01 = 0{,}1277 : y$

$$y = \frac{0{,}1277 \cdot 1{,}01}{9{,}01} = 0{,}0143.$$

Diese 0,0143 g H wurden in 0,215 g Substanz ermittelt, in 100 g Substanz sind daher enthalten:

$$0{,}215 : 0{,}0143 = 100 : y'$$

$$y' = \frac{0{,}0143 \cdot 100}{0{,}215} = \mathbf{6{,}65\,^0/_0 \ H.}$$

Durch die Elementaranalyse der Milchsäure erfahren wir, daß die Verbindung:

$$\begin{array}{l} 40{,}00\,^0/_0 \ C \\ 6{,}65\,^0/_0 \ H \\ 53{,}35\,^0/_0 \\ \hline 100{,}00 \end{array}$$

enthält, und der Rest

auf den Sauerstoff O entfallen muß, da andere Elemente in der Molekel der Milchsäure nicht enthalten sind.

Um aus diesen Zahlen das Verhältnis zu berechnen, in welchem sich Kohlenstoff-, Wasserstoff- und Sauerstoffatome unter Berücksichtigung ihrer Verbindungsgewichte zu der Molekel der Milchsäure vereinigt haben, muß man mit den Verbindungsgewichten (Atomgewichten) der genannten Elemente in die gefundenen Prozentzahlen dividieren.

Wir erhalten somit die folgenden Werte:

$$C = \frac{40}{12} = 3,3; \qquad H = \frac{6,65}{1,01} = 6,6; \qquad O = \frac{53,35}{16} = 3,3.$$

Das Verhältnis der Anzahl der Atome von C, H und O in der Molekel der Milchsäure ist demnach

$$3,3 : 6,6 : 3,3 \quad \text{oder} \quad 1 : 2 : 1.$$

Der einfachste Formelausdruck ist also CH_2O.

Ebensogut könnten aber auch Multipla von CH_2O, nämlich

$$C_2H_4O_2$$
$$C_3H_6O_3$$
$$C_4H_8O_4$$
$$C_5H_{10}O_5$$
$$C_6H_{12}O_6 \quad \text{usw.}$$

in Frage kommen.

Wir erfahren durch die Elementaranalyse zwar die prozentische Zusammensetzung einer Substanz und können daraus das Verhältnis berechnen, in welchem die Zahl der Atome in den Verbindungen zueinander sich befindet, nicht ermitteln können wir aber auf diesem Wege die **Molekulargröße** der betreffenden organischen Verbindung. Dazu bedürfen wir noch einer anderen Feststellung. Wir **müssen das Molekulargewicht bestimmen.**

Das läßt sich auf verschiedene Weise ermitteln.

1. Handelt es sich, wie im vorliegenden Fall, um eine Säure, so kann man, wenn man die Basizität dieser kennt, durch die Analyse von Salzen die Molekulargröße feststellen. Eine mit einem und demselben Metall nur ein Salz bildende Säure muß einbasisch sein. Eine solche Säure ist die Milchsäure. Die Silbersalze von Verbindungen, die sich durch die Formel $C_nH_{2n}O_n$ ausdrücken lassen, müssen daher folgende Prozentgehalte an metallischem Silber haben:

$$\text{Für} \quad \overbrace{C_2H_3O_2Ag}^{166,96} : \overbrace{Ag}^{107,93} = 100 : x$$

$$x = \frac{107,93 \cdot 100}{166,96} = \mathbf{64,64\,\%\ Ag};$$

$$\text{für} \quad \overbrace{C_3H_5O_3Ag}^{196,98} : \overbrace{Ag}^{107,93} = 100 : y$$

$$y = \frac{107,93 \cdot 100}{196,98} = \mathbf{54,79\,\%\ Ag};$$

$$\text{für} \quad \overbrace{C_4H_7O_4Ag}^{227} : \overbrace{Ag}^{107,93} = 100 : z$$

$$z = \frac{107,93 \cdot 100}{227} = \mathbf{47,55\,\%\ Ag.}$$

Bei der Bestimmung des Silbergehaltes des milchsauren Silbers wird man einen Wert erhalten, welcher der Zahl $54,79\,\%$ Ag nahekommt. Damit ist festgestellt, daß das milchsaure Silber der Formel

$C_3H_5O_3Ag$ entspricht und mithin die Milchsäure selbst $C_3H_6O_3$, da für ein Wasserstoffatom dieser ein Atom Silber in dem milchsauren Silber enthalten ist.

2. Bei unzersetzt flüchtigen organischen Verbindungen kann durch **Bestimmung der Dampfdichte die Molekulargröße** ermittelt werden.

Nach Avogadro enthalten gleich große Volumina der normalen Gase und Dämpfe bei gleicher Temperatur und gleichem Druck die gleiche Anzahl von Molekeln.

Es verhalten sich daher die Molekulargewichte wie die spez. Gew. Diese werden auf Wasserstoff $= 1$ bezogen, die Molekulargewichte auf $H_2 = 2$. Man findet daher die Molekulargewichte durch Multiplikation der spez. Gew. mit 2. Bezieht man das spez. Gew. auf Luft als Einheit, so muß, da die Luft 14,43 mal schwerer ist als Wasserstoff, das spez. Gew. mit $2 \cdot 14{,}43 = 28{,}86$ multipliziert werden, um das Molekulargewicht der Verbindung zu erhalten.

Die Dampfdichtebestimmung wird entweder nach Dumas und Bunsen ausgeführt, indem man das Gewicht des Dampfes dadurch ermittelt, daß man ein von demselben erfülltes Gefäß von bekanntem Rauminhalt wägt, oder indem man eine gewogene Menge der Substanz verdampft und das Volum des Dampfes bestimmt. Nach den Methoden von Gay-Lussac und A. W. v. Hofmann wird das hierbei entstehende Dampfvolumen direkt gemessen, nach der sog. Verdrängungsmethode von V. Meyer aus der äquivalenten Menge einer durch den Dampf verdrängten Flüssigkeitsmenge berechnet.

Die V. Meyersche Methode, die zwar im Prinzip nicht ganz fehlerfrei ist, aber genügend genaue Resultate gibt, um praktische Anwendung finden zu können, wird wie folgt ausgeführt: In den Kolben A (Abb. 58), dessen bauchiger Teil zu $^1/_3$ Volum

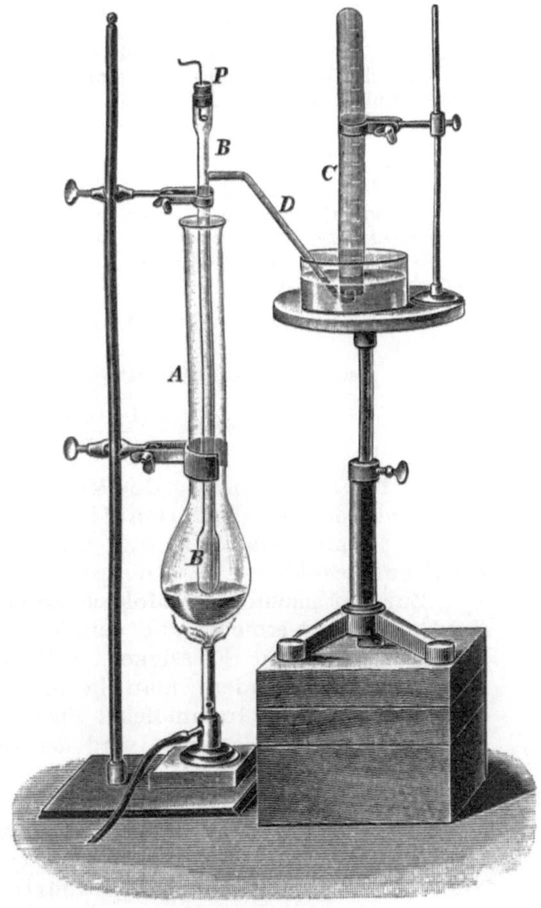

Abb 58.
Apparat zur Dampfdichtebestimmung nach V. Meyer.

mit der Heizflüssigkeit gefüllt ist, wird ein langes Glasgefäß B eingesenkt, dessen unterer Teil sich zylindrisch erweitert, und dessen oberes Ende durch einen Stopfen P verschlossen werden kann. Seitlich oben am Rohr B ist die kapillare Glasröhre D eingeschmolzen, deren Ende etwas aufwärts gekrümmt ist, damit darüber das in Wasser eintauchende und mit Wasser gefüllte Gasmeßrohr C gebracht werden kann. Die in einem Stöpselgläschen abgewogene Substanz wird zunächst von der Schlinge des Drahtes bei P festgehalten. Die Heizflüssigkeit wird zum Sieden gebracht und, wenn die Luft des Rohres B sich nicht mehr ausdehnt, also Gasblasen aus der Kapillare nicht mehr entweichen, das mit Wasser gefüllte Meßrohr über die Kapillare gebracht. Durch Drehung des Drahtes bei P läßt man das Stöpselgläschen nun in den unteren Teil des Rohres B fallen. Je nach der Siedetemperatur der zu verdampfenden Substanz, deren Molekulargewicht bestimmt werden soll, benutzt man als Heizflüssigkeit entweder Wasser (Siedepunkt 100°) oder Xylol (Siedepunkt 140°), Benzoesäureäthylester (Siedepunkt 213°) oder Diphenylamin (Siedepunkt 310°).

Der Siedepunkt der Heizflüssigkeit muß etwas höher liegen als der der Substanz. Dadurch, daß diese in Dampfzustand übergeführt wird, dehnt sich die Luft im Glasrohr entsprechend aus und verdrängt hierdurch einen Teil des im Gasmeßrohr enthaltenen Wassers. Das Volum des verdrängten Wassers kann an dem Rohr abgelesen werden.

Die Dampfdichte S ist gleich dem Gewicht des Dampfes P (also gleich dem Gewicht der angewandten Substanz), dividiert durch das Gewicht des gleich großen Volums der Luft P'

$$ S = \frac{P}{P'}. $$

Das Gewicht von 1 ccm Luft bei 0° und 760 mm Druck beträgt 0,001 293 g. Das gefundene Luftvolum V_t bei der beobachteten Temperatur ist dem Druck $p - s$ ausgesetzt, wenn p der Barometerstand und s die Tension des Wasserdampfes bei der Temperatur t ist. Das Gewicht des Luftvolums berechnet sich nach der Formel:

$$ P' = 0,001\,293 \cdot V_t \cdot \frac{1}{1 + 0,003\,67\,t} \cdot \frac{p - s}{760}. $$

Die gesuchte Dampfdichte ist daher

$$ S = \frac{P\,(1 + 0,00367\,t) \cdot 760}{0,001\,293 \cdot V_t\,(p - s)}. $$

3. Die Bestimmung des Molekulargewichtes in Lösungen kann entweder aus dem osmotischen Druck, aus der Erhöhung des Siedepunktes oder aus der Erniedrigung des Gefrierpunktes geschehen (s. Anorganischer Teil dieses Buches, S. 49).

Zur Bestimmung des Molekulargewichtes durch die Feststellung der Gefrierpunktserniedrigung verfährt man in folgender Weise: Man bestimmt von einer Flüssigkeit, z. B. wasserfreier Essigsäure, den Gefrierpunkt. Nachdem man in einer bestimmten Gewichtsmenge der Essigsäure die Grammolekel eines Stoffes von bekanntem Molekulargewicht aufgelöst hat, wird der Gefrierpunkt eine bestimmte Erniedrigung zeigen.

Würde man nun die Grammolekel eines anderen Stoffes in der gleichen Gewichtsmenge Essigsäure lösen, so würde die gleiche Gefrierpunktserniedrigung festgestellt werden können wie bei dem vorigen Versuch. Die Gefrierpunktserniedrigung für die Grammolekel in einer bestimmten Menge des gleichen Lösungsmittels ist also eine konstante Größe.

Bezeichnet man mit t die Gefrierpunktserniedrigung, welche von p Gramm der Substanz in 100 g des Lösungsmittels bewirkt wird, so wird durch $\dfrac{t}{p}$ die Erniedrigung für 1 g der Substanz in 100 g Lösung angezeigt. Multipliziert man den so erhaltenen Koeffizienten mit dem Molekulargewicht der gelösten Substanzen, so erhält man die Molekulardepression, welche bei allen Substanzen für das gleiche Lösungsmittel eine Konstanz zeigt. Es ist demnach

$$M \cdot \frac{t}{p} = C.$$

Diese Konstante ist für Essigsäure 39, für Benzol 49, für Wasser 19. Kennt man die Konstante, so läßt sich bei bekanntem Prozentgehalt der für die Gefrierpunktsbestimmung benutzten Lösung das Molekulargewicht wie folgt berechnen:

$$M = \frac{Cp}{t}.$$

Salze, Säuren und Basen, also die Elektrolyte, gehorchen den obigen Gesetzen nicht. Die Elektrolyte zeigen zufolge ihrer elektrolytischen Dissoziation stärkere Gefrierpunktserniedrigung, größere Siedepunktserhöhung, höheren osmotischen Druck. Die obigen Gesetze haben nur Geltung für Substanzen, die in Lösung nicht dissoziieren (s. Anorganischer Teil, S. 49). Die genauesten Resultate ergeben sich in sehr verdünnten Lösungen unter Benutzung von Eisessig als Lösungsmittel.

Für die Molekulargewichtsbestimmung durch Gefrierpunktserniedrigung, welche Methode vorzugsweise benutzt zu werden pflegt, kommt der Beckmannsche Apparat in Anwendung, welchen Abb. 59 veranschaulicht.

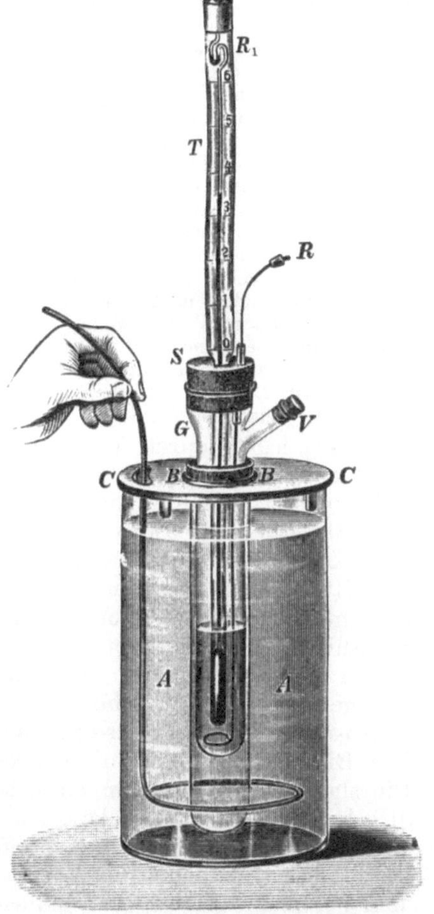

Abb. 59. Beckmannscher Apparat zur Ermittelung des Molekulargewichts nach der Gefrierpunktbestimmungsmethode.

In ein mit Kühlwasser gefülltes Gefäß A taucht ein vom Deckel C festgehaltenes starkwandiges Reagenzrohr B ein; in dieses ist ein anderes mit seitlichem Stutzen V versehenes Glasrohr G eingehängt, welches das Thermometer T trägt. Neben dem Thermometer befindet sich in dem gleichen Stopfen eine Öffnung, durch welche der Rührer R gesteckt ist, der auf- und abbewegt werden kann; seine Schlinge umfaßt das Quecksilbergefäß des Thermometers, und durch das Heben der Flüssigkeit wird eine gleichmäßige Durchmischung dieser erzielt und eine genaue Temperaturangabe gewährleistet.

Durch eine Öffnung des Deckels ist noch ein größerer Rührer gesteckt, welcher durch Heben und Senken eine gleichmäßige Durchmischung des Kühlwassers gestattet. Das Thermometer trägt oben bei R_1 eine Vorrichtung, die ermöglicht, den Quecksilberfaden so zu regulieren, daß er bei einer bestimmten Temperatur auf die nur wenige Grade betragende Skala des Thermometers fällt. Jeder Grad ist in 100 Teile geteilt. Man kann also $^1/_{100}$ Grad ablesen.

Will man eine Molekulargewichtsbestimmung mit diesem Apparat ausführen, so gibt man ca. 20 g des Lösungsmittels (z. B. Eisessig) in das Rohr G, nachdem man das äußere Gefäß A mit Kühlwasser gefüllt hat. Man bewegt den kleinen Rührer R in gewissen Zwischenräumen auf und ab und beobachtet genau den allmählich fallenden Quecksilberfaden. Bevor ein Erstarren der Flüssigkeit erfolgt, ist das Quecksilber tiefer gesunken, als dem eigentlichen Gefrierpunkt entspricht. Es hat eine Unterkühlung stattgefunden. Während nun plötzlich ein Auskristallisieren der Flüssigkeit erfolgt, hebt sich der Quecksilberfaden wieder bis gegen 1^0 und bleibt dann an einer bestimmten Stelle der Skala für einige Zeit stehen. Diesen Punkt notiert man als Gefrierpunkt.

Hierauf führt man, nachdem das Lösungsmittel wieder verflüssigt ist, durch den Stutzen V eine Menge genau gewogener Substanz, deren Molekulargewicht man bestimmen will, ein und kühlt nach erfolgter Lösung von neuem ab. Das Erstarren wird nunmehr bei einer niedrigeren Temperatur erfolgen als vorher. Die Differenz zwischen dem ersten und zweiten Erstarrungspunkt ist die Gefrierpunktserniedrigung.

Wir haben durch Vorstehendes kennen gelernt, wie die Elementaranalyse eines organischen Stoffes ausgeführt und das Molekulargewicht desselben bestimmt wird. Dabei wurde angenommen, daß die organische Substanz nur aus Kohlenstoff und Wasserstoff, bez. Kohlenstoff, Wasserstoff und Sauerstoff besteht.

Stickstoff weist man in organischen Stoffen dadurch nach, daß man eine kleine Menge der Verbindung mit einem Stückchen metallischen Kaliums in einem Glasröhrchen anfangs vorsichtig, später stark glüht. War Stickstoff vorhanden, so hat Cyanbildung stattgefunden. Die Asche wird mit Wasser ausgelaugt, mit einer Ferro-Ferrisalzlösung versetzt und mit Salzsäure schwach angesäuert. Die Bildung von Berlinerblau, kenntlich an einer Blaufärbung der Flüssigkeit oder an einem entstehenden blauen Niederschlag, beweist die Anwesenheit von Stickstoff in der organischen Verbindung.

Um in stickstoffhaltigen Stoffen Kohlenstoff und Wasserstoff zu bestimmen, leitet man die Verbrennungsgase vor deren Austritt aus dem Verbrennungsrohr über glühende Kupferspiralen, welche die entstandenen Stickstoffsauerstoffverbindungen derartig zerlegen, daß Stickstoff gasförmig entweicht und sowohl das Chlorcalcium-(Schwefelsäure-)Rohr, wie auch die Kalilauge, ohne gebunden zu werden, durchstreicht.

Zur quantitativen Bestimmung von Stickstoff in organischen Substanzen können verschiedene Wege eingeschlagen werden.

Man mischt die Substanz mit Natronkalk und erhitzt stark. Viele organische Substanzen geben hierbei ihren Stickstoff in Form von Ammoniak ab, das auf titrimetrischem Wege bestimmt werden kann (Methode von Will und Varrentrap).

2. **Nach Kjeldahl.** Dieses Verfahren beruht darauf, daß viele stickstoffhaltige organische Substanzen durch Erhitzen mit konz. Schwefelsäure bei Gegenwart von Kontaktsubstanzen (z. B. Quecksilber, Cuprisulfat u. a.) eine derartige Veränderung erleiden, daß der Stickstoff in Ammoniak übergeführt wird. Dieses bleibt von der Schwefelsäure als Ammoniumsulfat gebunden. Durch nachfolgendes Übersättigen der schwefelsauren Ammoniumsulfatlösung mit Natronlauge wird Ammoniak frei gemacht und in vorgelegte volumetrische Säure destilliert.

3. Das exakteste und für alle stickstoffhaltigen organisch-chemischen Substanzen anwendbare Verfahren ist das von Dumas, nach welchem in einem Verbrennungsrohr, das durch einen Kohlensäurestrom von atmosphärischer Luft völlig befreit ist, die mit Kupferoxyd gemischte Substanz verbrannt wird. Die Verbrennungsprodukte werden vor ihrem Austritt aus dem Rohr über eine glühende Kupferspirale geleitet, wodurch die Stickstoffsauerstoffverbindungen unter Abspaltung von Stickstoff zerlegt werden. Dieser wird über Kalilauge, welche die Kohlensäure bindet, in einem graduierten Rohr, einem sog. Azotometer, aufgefangen.

Aus dem Volum V_t des Gases, dem Barometerstand p und der Spannung s des Wasserdampfes bei der Temperatur t der umgebenden Luft läßt sich das Volum V_0 bei 0^0 und 760 mm Druck berechnen:

$$V_0 = \frac{V_t\,(p-s)}{760\,(1 + 0,003\,665\,t)}.$$

Wenn man den Ausdruck für V_0 mit der Zahl für das Grammgewicht von 1 ccm Stickstoff bei 0^0 und 760 mm multipliziert, d. i. mit der Zahl 0,001 256 2, so erfährt man das Gewicht G des Stickstoffvolums in Grammen:

$$G = \frac{V_t\,(p-s)}{760\,(1 + 0,003\,665\,t)} \cdot 0,001\,256\,2.$$

Bezeichnet S das Grammgewicht der angewandten Substanz, so erfährt man den Prozentgehalt nach folgendem Ansatz:

$$S : G = 100 : x.$$

Um **Halogene** (Chlor, Brom, Jod) in organischen Verbindungen nachzuweisen, bringt man diese mit einem vorher ausgeglühten, in einer Platindrahtschlinge befestigten Stückchen Kupferoxyd in die Flamme des Bunsenbrenners. Bei Gegenwart von Halogen wird die Flamme lebhaft grün gefärbt.

Jodhaltige organische Substanzen entwickeln beim Erhitzen mit konz. Schwefelsäure violette Joddämpfe.

Halogenhaltige Substanzen verbrennt man, um ihren Gehalt an Kohlenstoff und Wasserstoff zu bestimmen, nicht mit Kupferoxyd, sondern am besten mit Bleichromat, und läßt, wie bei der Verbrennung von stickstoffhaltigen Substanzen, die Verbrennungsprodukte vor deren Austritt aus dem Rohr über glühende Kupferspiralen streichen.

Die quantitative Bestimmung der Halogene geschieht nach zwei verschiedenen Methoden:

1. Man erhitzt die mit chlorfreiem Calciumoxyd gemischte Substanz in einer an einem Ende zugeschmolzenen Röhre aus schwer schmelzbarem Glase. Nach dem Erkalten löst man den Inhalt des Rohres in verdünnter Salpetersäure, filtriert und fällt das Halogen mittels Silbernitratlösung.

2. Man erhitzt nach Carius die in einem Glasröhrchen abgewogene Substanz mit einer entsprechenden Menge Silbernitrat und $^1/_2$ bis 1 ccm rauchender Salpetersäure in einem zugeschmolzenen Glasrohr in einem sog. Schießofen auf 150 bis 300^0, öffnet nach dem Erkalten das Rohr und bestimmt die Menge des gebildeten Halogensilbers nach bekannter Methode.

Zum qualitativen Nachweis und zur quantitativen Bestimmung von Schwefel und Phosphor in organischen Substanzen mischt man diese mit Salpeter und Kaliumkarbonat und erhitzt. Der Schwefel wird hierbei in Schwefelsäure, der Phosphor in Phosphorsäure bzw. in Sulfat oder Phosphat übergeführt, und diese können nach den hierfür bekannten Methoden bestimmt werden. Will man den Kohlenstoff- und Wasserstoffgehalt einer schwefelhaltigen organischen Substanz feststellen, so benutzt man zur Verbrennung dieser Bleichromat.

Physikalische Eigenschaften organischer Verbindungen.

Zur Charakterisierung organisch-chemischer Verbindungen zieht man ihre physikalischen Eigenschaften häufig zu Hilfe. Zu einer solchen Charakterisierung dienen:

1. die Kristallform,
2. das spezifische Gewicht,
3. die Löslichkeit in verschiedenen Flüssigkeiten,
4. die optischen Eigenschaften (das optische Drehungsvermögen),
5. das elektrische Leitvermögen,
6. Schmelz- und Siedepunkt.

Durch Temperaturerhöhung wird eine große Zahl organischer Stoffe in ihrem Aggregatzustand verändert: feste Stoffe verflüssigen sich, flüssige gehen in Dampfform über, ohne hierbei eine Zersetzung zu erleiden. Andere organische Stoffe wieder lassen sich zwar durch Wärmezufuhr verflüssigen, können aber bei weiterer Erhitzung nicht unzersetzt in Dampfform übergeführt werden, sondern erleiden häufig unter Verkohlung eine durchgreifende Zersetzung. Eine dritte Klasse organischer Stoffe läßt sich durch Erhitzen nicht in den flüssigen Zustand überführen, sondern verkohlt bei stärkerer Wärmezufuhr unter Entstehung flüchtiger Verbindungen.

Die Stoffe nun, welche sich unzersetzt schmelzen oder unzersetzt verflüchtigen lassen, können, weil der Eintritt des Schmelzens oder des Siedens bei einem feststehenden Temperaturgrad erfolgt, durch die

Bestimmung desselben (Bestimmung des Schmelz- und Siedepunktes) charakterisiert werden. Da begleitende Verunreinigungen solcher Stoffe mit feststehendem Schmelzpunkt diesen erniedrigen, so liegt in der Bestimmung des Schmelzpunktes zugleich eine Reinheitsprüfung für die betreffende organische Verbindung. Der Siedepunkt von Flüssigkeiten erfährt durch Verunreinigungen ebenfalls eine Verschiebung.

Die Bestimmung des Schmelzpunktes.
(Nach dem Deutschen Arzneibuch.)

a) Bei allen Stoffen, ausgenommen Fette und fettähnliche Stoffe, wird die Bestimmung des Schmelzpunktes in einem dünnwandigen, am unteren Ende zugeschmolzenen Glasröhrchen von höchstens 1 mm lichter Weite ausgeführt. In dieses bringt man so viel von der fein-

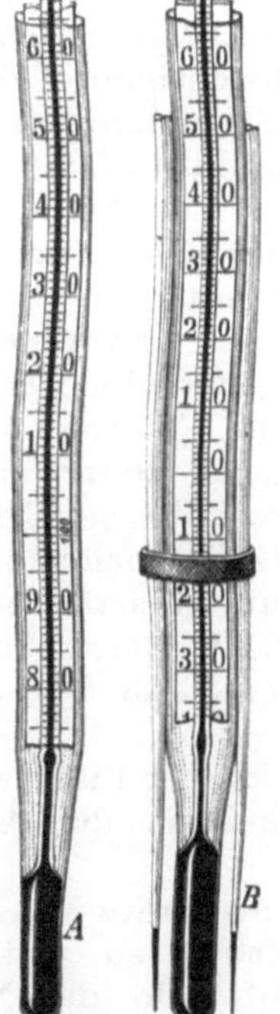

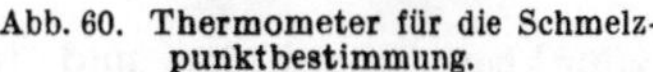

Abb. 60. Thermometer für die Schmelzpunktbestimmung.

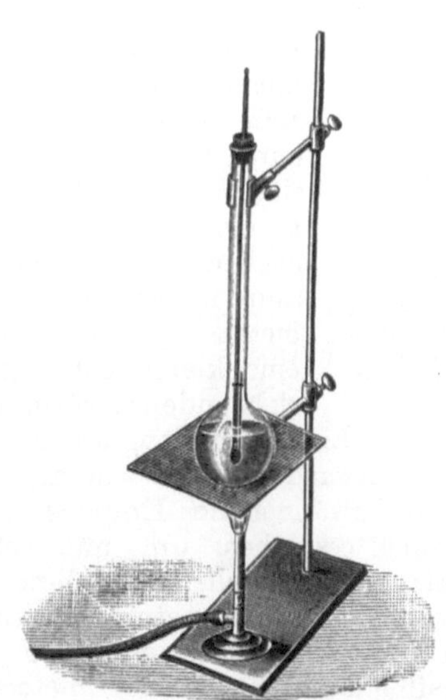

Abb. 61. Schmelzpunktbestimmung im
Kölbchen.

gepulverten, vorher in einem Exsikkator über Schwefelsäure und, wenn nichts anderes vorgeschrieben ist, mindestens 24 Stunden lang getrockneten Substanz, daß sie nach dem Zusammenrütteln auf dem Boden des Röhrchens eine 2 bis höchstens 3 mm hoch stehende Schicht bildet. Das Röhrchen wird hierauf an einem geeigneten Thermometer derart befestigt, daß die Substanz sich in gleicher Höhe mit dem Quecksilbergefäße des Thermometers befindet (s. Abb. 60).

Darauf wird das Ganze in ein etwa 15 mm weites und etwa 30 cm langes Probierrohr gebracht, in dem sich eine etwa 5 cm hohe Schwefelsäureschicht befindet. Das obere, offene Ende des Schmelzröhrchens muß aus der Schwefelsäureschicht herausragen. Das Probierrohr setzt man in einen Rundkolben ein, dessen Hals etwa 3 cm weit und etwa 20 cm lang ist, und dessen Kugel einen Rauminhalt von etwa 80 bis 100 ccm hat (s. Abb. 61). Die Kugel enthält so viel Schwefelsäure, daß nach dem Einbringen des Probierrohrs die Schwefelsäure etwa zwei Drittel des Halses anfüllt. Die Schwefelsäure wird erwärmt (es wird empfohlen, ein Drahtnetz zu verwenden, wie in Abb. 61 bei Gebrauch eines Kölbchens ohne

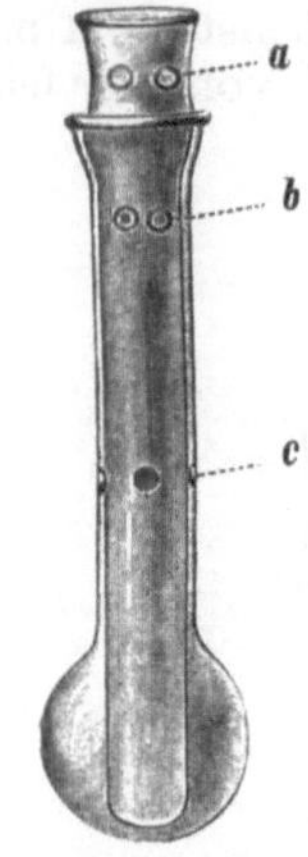

Abb. 62. Schmelzpunktbestimmung im Kölbchen mit Einsatzrohr.

Einsatzrohr veranschaulicht ist) und die Temperatur von 10° unterhalb des zu erwartenden Schmelzpunktes ab so langsam gesteigert, daß zur Erhöhung um 1° mindestens $^1/_2$ Minute erforderlich ist. Die Temperatur, bei der die undurchsichtige Substanz durchsichtig wird und zu durchsichtigen Tröpfchen zusammenfließt, ist als der Schmelzpunkt anzusehen.

Will man die Schmelzpunktbestimmung in einem Luftbade ausführen, so kann man hierzu sich gleichfalls des in Abb. 62 abgebildeten Apparates bedienen. Man bringt in das innere Einsatzrohr, das eine Öffnung bei a zum Ausgleich der erwärmten Luft besitzt, das mit der Kapillare verbundene Thermometer. In den Kolben gießt man konz. Schwefelsäure, so daß nach dem Einsetzen des inneren Rohres die Schwefelsäure höher steht als das Quecksilbergefäß des Thermometers. In dem äußeren Gefäß befindet sich bei b eine kleine Öffnung, die zum Auslaß der sich ausdehnenden erwärmten Luft dient. Bei c hat das Kolbenrohr kleine Einbuchtungen, um zu verhindern, daß das innere Rohr an die Glaswandung sich anlegt.

Das Erwärmen des Kolbens muß mit kleiner Flamme und sehr allmählich geschehen, um mit voller Sicherheit den betreffenden Schmelzpunkt feststellen zu können.

Von ähnlicher Konstruktion sind die Apparate von Roth. In diesen umgibt die Schwefelsäure das Luftbad so weit, daß der Quecksilberfaden des Thermometers im Luftbade das Niveau der Schwefelsäure nicht überragt.

b) Zur Bestimmung des Schmelzpunktes der Fette und fettähnlichen Stoffe wird das geschmolzene Fett in ein an beiden Enden offenes, dünnwandiges Glasröhrchen von $^1/_2$ bis 1 mm lichter Weite von U-Form aufgesaugt, so daß die Fettschicht in beiden Schenkeln gleich hoch steht. Das mit dem Fett beschickte Glasröhrchen wird 2 Stunden lang auf Eis oder 24 Stunden lang bei 10° liegen gelassen, um das Fett völlig zum Erstarren zu bringen. Darauf wird es an einem geeigneten Thermometer derart befestigt, daß das Fettsäulchen sich in gleicher Höhe mit dem Quecksilbergefäße des

Thermometers befindet. Das Ganze wird in ein etwa 3 cm weites Probierrohr, in dem sich die zur Erwärmung dienende Flüssigkeit (ein Gemisch von Glycerin und Wasser zu gleichen Teilen) befindet, hineingebracht und die Flüssigkeit erwärmt. Die oberen, offenen Enden des Schmelzröhrchens müssen aus der Flüssigkeitsschicht herausragen. Das Erwärmen muß, um jedes Überhitzen zu vermeiden, sehr langsam vorgenommen werden. Die Temperatur, bei der das Fettsäulchen vollkommen klar und durchsichtig geworden ist, ist als der Schmelzpunkt anzusehen.

Es gibt viele Stoffe, die hinsichtlich ihrer Zusammensetzung völlig verschieden sind, aber den gleichen Schmelzpunkt besitzen. Mischt man zwei verschiedene Stoffe mit gleichem Schmelzpunkt zu gleichen Teilen und bestimmt nunmehr von neuem den Schmelzpunkt, so wird man ihn erniedrigt finden. Man benutzt dieses Verhalten, um festzustellen, ob zwei Stoffe von gleichem Schmelzpunkt identisch sind oder nicht. Kennt man den einen Stoff hinsichtlich Zusammensetzung und Konstitution und will man erfahren, ob ein anderer von gleichem Schmelzpunkt ihm identisch ist, so mischt man eine kleine Probe dieser beiden Stoffe und bestimmt den Schmelzpunkt. Sind die Stoffe identisch, so wird eine Schmelzpunkterniedrigung nicht eintreten.

Zur Bestimmung des Siedepunktes kommen zwei verschiedene Verfahren nach dem Deutschen Arzneibuch zur Anwendung.

a) Soll durch die Untersuchung lediglich die Identität eines Stoffes festgestellt werden, so bedient man sich des zur Bestimmung des Schmelzpunktes vorstehend beschriebenen Apparates (Abb. 61 oder 62), indem man an dem Thermometer in der gleichen Weise wie oben beschrieben ein dünnwandiges, an einem Ende zugeschmolzenes Glasröhrchen von 3 mm lichter Weite befestigt und in dieses 1 bis 2 Tropfen der zu untersuchenden Flüssigkeit sowie — zur Verhütung des Siedeverzugs — ein unten offenes Kapillarröhrchen gibt, das in einer Entfernung von 2 mm vom eintauchenden Ende eine zugeschmolzene Stelle besitzt. Man verfährt alsdann weiter wie bei der Bestimmung des Schmelzpunktes. Die Temperatur, bei der aus der Flüssigkeit eine ununterbrochene Reihe von Bläschen aufzusteigen beginnt, ist als der Siedepunkt anzusehen.

b) Soll durch die Bestimmung des Siedepunktes der Reinheitsgrad eines Stoffes festgestellt werden, so sind wenigstens 50 ccm des Stoffes aus einem Siedekölbchen von 75 bis 80 ccm Inhalt zu destillieren (Abb. 63). Das Quecksilbergefäß des Thermometers muß sich 1 ccm unterhalb des Abflußrohres befinden. In die Flüssigkeit ist zur Verhütung des

Abb. 63. Fraktionskölbchen für die Siedepunktsbestimmung.

Siedeverzugs vor dem Erhitzen ein kleines Stück eines Tonscherbens zu geben; das Erhitzen ist in einem Luftbade vorzunehmen. Fast die gesamte Flüssigkeit muß innerhalb der im Einzelfall aufgestellten Temperaturgrenzen überdestillieren; Vorlauf und Rückstand dürfen nur ganz gering sein.

Zur Bestimmung des Erstarrungspunktes

werden etwa 10 g des zu untersuchenden Stoffes in einem Probierrohr, in dem sich ein geeignetes Thermometer befindet, vorsichtig geschmolzen. Durch Eintauchen in Wasser, dessen Temperatur etwa 5^0 niedriger als der zu erwartende Erstarrungspunkt ist, wird die Schmelze auf etwa 2^0 unter dem Erstarrungspunkt abgekühlt und darauf durch Rühren mit dem Thermometer, nötigenfalls durch Einimpfen eines kleinen Kristalls des zu untersuchenden Stoffes, zum Erstarren gebracht. Der während des Erstarrens beobachtete höchste Stand der Quecksilbersäule ist als der Erstarrungspunkt anzusehen.

Kohlenstoffbindungen.

Zufolge der großen Neigung der Kohlenstoffatome, sich miteinander zu verbinden, ist eine außerordentlich große Anzahl von Kohlenstoffverbindungen möglich, obwohl nur wenige Elemente an dem Aufbau solcher sich beteiligen.

Betrachten wir zunächst die Verbindungen, in welchen nur Kohlenstoff- und Wasserstoffatome sich vorfinden und Kohlenstoffatome untereinander nur mit je einer Affinität verbunden sind.

Die Verbindung, welche nur ein Kohlenstoffatom enthält, dessen vier Wertigkeitseinheiten durch Wasserstoff gesättigt sind, ist das Methan:

$$H-\underset{\underset{H}{|}}{\overset{\overset{H}{|}}{C}}-H$$

Eine aus 2 Kohlenstoffatomen bestehende Verbindung, in welcher die beiden Kohlenstoffatome mit je einer Wertigkeitseinheit verbunden sind und die freien Wertigkeitseinheiten der Kohlenstoffatome durch Wasserstoffatome, ist das Äthan:

$$H-\underset{\underset{H}{|}}{\overset{\overset{H}{|}}{C}}-\underset{\underset{H}{|}}{\overset{\overset{H}{|}}{C}}-H$$

Man kann die Entstehung dieser Verbindung sich so vorstellen, daß ein Wasserstoffatom des Methans durch den Rest einer anderen Molekel Methan $-CH_3$ (man nennt die einwertige Gruppe $-CH_3$ Methyl) ersetzt (substituiert) ist.

Eine aus drei Kohlenstoffatomen bestehende Verbindung kann aus der zwei Kohlenstoffatome enthaltenden hervorgehen durch Ersatz (Substitution) eines Wasserstoffatoms durch die Methyl-Gruppe.

Man erhält dann folgendes Bild:

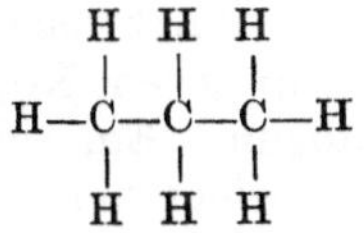

$$\begin{array}{ccccc}
H & H & H & \\
| & | & | & \\
H-C-C-C-H \\
| & | & | & \\
H & H & H &
\end{array}$$

Der auf gleiche Weise entstehende Kohlenwasserstoff mit 4 Atomen Kohlenstoff wird die Zusammensetzung C_4H_{10}, der mit 5 die Zusammensetzung C_5H_{12} haben.

Stellt man die erhaltenen Verbindungen zu einer Reihe zusammen, so bemerkt man eine Gesetzmäßigkeit derart, daß die benachbarten Glieder durch eine bestimmte, in der ganzen Reihe sich gleichbleibende Differenz voneinander unterschieden sind.

Diese Reihe, welche nach ihrem Anfangsglied, dem Methan, **Methanreihe** genannt wird, läßt sich durch die allgemeine Formel C_nH_{2n+2} ausdrücken. Die benachbarten Glieder dieser Reihe sind durch die Differenz CH_2 voneinander unterschieden. Die Stoffe bilden eine **homologe** oder **isologe Reihe**.

Während bei den Gliedern der Methanreihe je zwei Kohlenstoffatome nur mit **einer** Wertigkeitseinheit aneinander gekettet sind, gibt es Kohlenwasserstoffverbindungen, in welchen Kohlenstoffatome mit **zwei** oder **drei** Wertigkeitseinheiten untereinander verknüpft sind.

Mit **zwei** Wertigkeitseinheiten gebunden sind Kohlenstoffatome in der **Äthylenreihe:**

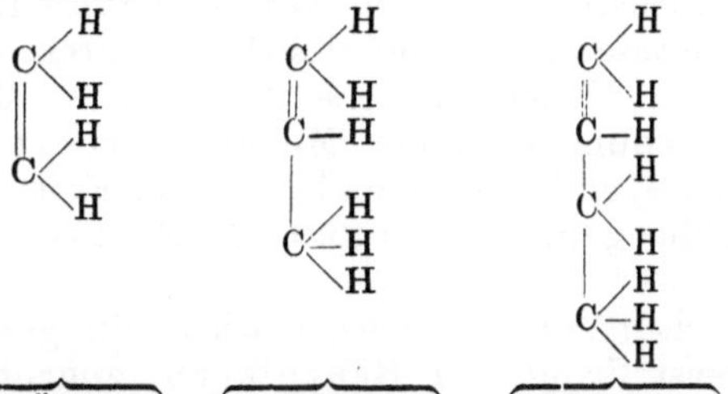

$$C_2H_4 \text{ Äthylen} \qquad C_3H_6 \text{ Propylen} \qquad C_4H_8 \text{ Butylen}$$

Die Äthylenreihe, welche der allgemeinen Formel C_nH_{2n} entspricht, ist ebenfalls eine **homologe Reihe**, da die benachbarten Glieder sich durch eine feststehende Differenz (CH_2) unterscheiden.

Mit **drei** Wertigkeitseinheiten gebunden sind Kohlenstoffatome in der **Acetylenreihe:**

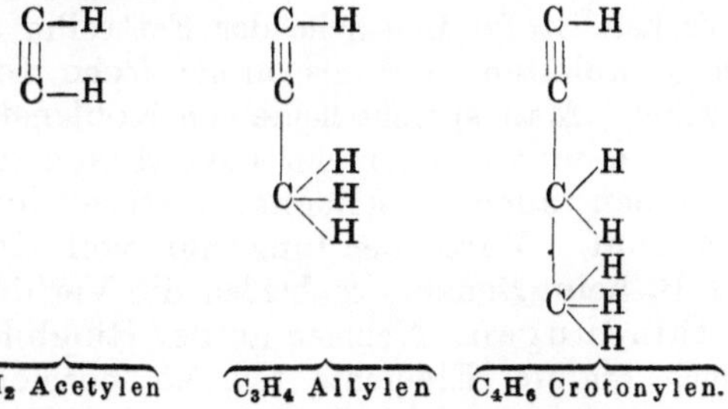

$$C_2H_2 \text{ Acetylen} \qquad C_3H_4 \text{ Allylen} \qquad C_4H_6 \text{ Crotonylen}$$

Für die Acetylenreihe gilt die allgemeine Formel C_nH_{2n-2}.

Die Zahl der Kohlenstoff-Wasserstoffverbindungen und ihrer Abkömmlinge erfährt noch dadurch eine bedeutende Vermehrung, daß die untereinander verbundenen Kohlenstoffatome sich ringförmig zu schließen vermögen. Ein solcher Kohlenstoffring liegt im Benzol vor, von welchem wiederum sich eine große Anzahl Abkömmlinge ableitet:

$$
\begin{array}{ccc}
 & \mathrm{H} & \\
 & | & \\
 & \mathrm{C} & \\
\mathrm{H-C} & & \mathrm{C-H} \\
\mathrm{H-C} & & \mathrm{C-H} \\
 & \mathrm{C} & \\
 & | & \\
 & \mathrm{H} &
\end{array}
$$

Benzol.

Die ringförmig miteinander verbundenen sechs Kohlenstoffatome bilden den **Kern** (Benzolkern), um welchen sich andere Elemente oder Gruppen von Elementen lagern.

In den Bindungsverhältnissen der Kohlenstoffatome untereinander zu einer offenen **Kette** oder zu einem **Ringe** ist ein Einteilungsgrund für die organischen Verbindungen in zwei große Klassen gefunden worden.

Die organischen Verbindungen mit offener, d. h. nicht in sich geschlossener Kohlenstoffkette können vom **Methan**, CH_4, abgeleitet werden, indem Wasserstoffatome desselben durch andere Elemente oder Gruppen von Elementen ersetzt werden. Man nennt diese organischen Verbindungen daher **Methanderivate**, und weil zu ihnen die bekannte und wichtige Gruppe der **Fette** und **Öle** gehört, bezeichnet man die ganze Reihe auch als **Fettreihe** oder **Aliphatische Reihe.**

Die organischen Verbindungen, welchen ein geschlossener sechsgliedriger Kohlenstoffring, der **Benzolkern**, zugrunde liegt, heißen **Benzolderivate**, und da zu ihnen viele aromatisch riechende Verbindungen, wie **Bittermandelöl, Vanillin, Cumarin** u. a. gehören, bezeichnet man die ganze Reihe auch als **Aromatische Reihe.**

Neben den sechsgliedrigen Ringen sind noch andere „Ringe" bekannt geworden, z. B. **Drei-, Vier-, Fünf-, Sieben-** und **Acht-Ringe.** Mit Rücksicht hierauf hat man die alte Einteilung der organisch-chemischen Stoffe in solche der Fettreihe und solche, die sich vom Benzol ableiten und als aromatische Stoffe bezeichnet wurden, aufgegeben. Man spricht heute von Kohlenstoffverbindungen mit **offener Kette** und solchen mit **geschlossener Kette.**

Letztere werden auch **cyklische,** erstere **acyklische Verbindungen** genannt. Wird der Ring nur von Kohlenstoffatomen gebildet, wie z. B. beim Benzol, so heißen die Verbindungen **carbocyklische Verbindungen.** Nehmen an der Ringbildung aber außer Kohlenstoff auch andere Elemente teil, so bezeichnet man diese Verbindungen als **heterocyklische.**

Eine heterocyklische Verbindung ist z. B. das **Pyrrol**:

$$
\begin{array}{c}
\text{H} \\
| \\
\text{N} \\
\diagup\ \diagdown \\
\text{H—C}\quad\text{C—H} \\
\|\qquad\| \\
\text{H—C — C—H,}
\end{array}
$$

weil in dem Ringe die Kohlenstoffkette durch ein Stickstoffatom unterbrochen ist.

Die Einwirkung chemischer Agenzien auf organische Stoffe.

Diese vollzieht sich in der Fettreihe wie in der aromatischen Reihe mit wenigen Ausnahmen in gleicher Weise.

So wirken die Halogene Chlor und Brom bei vielen organischen Stoffen wasserstoffsubstituierend ein, d. h. es werden durch Chlor- und Bromatome Wasserstoffatome aus den Verbindungen herausgelöst und durch die betreffenden Halogenatome ersetzt. Dieser Vorgang läßt sich durch folgende allgemeine Gleichung kennzeichnen:

$$C_x H_y O_z + 2\,Cl = C_x H_{(y-1)} ClO_z + HCl$$
$$C_x H_{(y-1)} ClO_z + 2\,Cl = C_x H_{(y-2)} Cl_2 O_z + HCl.$$

Bei Anwendung von Chlor wird also Chlorwasserstoff abgespalten, und, wie in dem angezogenen Beispiel, ein Monochlor- oder Dichlorsubstitutionsprodukt gebildet.

Sauerstoffabgebende Stoffe, wie Mangansuperoxyd, Quecksilberoxyd, Kaliumpermanganat, Chromsäure usw. wirken in vielen Fällen derartig auf organische Stoffe ein, daß Wasserstoffatome herausgelöst werden, um sich mit dem Sauerstoff zu Wasser zu vereinigen.

Salpetersäure wirkt ebenfalls als Oxydationsmittel auf viele organische Stoffe ein; bei aromatischen Verbindungen wird durch Salpetersäure der einwertige Rest NO_2:

$$
\begin{array}{c}
\text{v}\diagup\!\!\diagdown\text{O} \\
\text{N} \\
\diagdown\text{O} \\
| \\
\text{OH} \\
\underbrace{\qquad\qquad} \\
\text{Salpetersäure}
\end{array}
$$

wasserstoffsubstituierend in organische Verbindungen eingeführt, und es werden Nitrokörper gebildet:

$$\underbrace{C_x H_y O_z + NO_2 \cdot OH}_{\text{Salpetersäure}} = \underbrace{C_x H_{(y-1)}(NO_2)O_z}_{\text{Nitroverbindung}} + \underbrace{H_2 O}_{\text{Wasser.}}$$

Die Einwirkung konzentrierter Schwefelsäure auf organische Stoffe ist vielfach eine wasserentziehende, in gleicher Weise, wie auch **Phosphorsäureanhydrid, Zinkchlorid Aluminiumchlorid, Glycerin** wirken.

In der aromatischen Reihe wirkt die Schwefelsäure substituierend, indem der einwertige Rest SO_3H

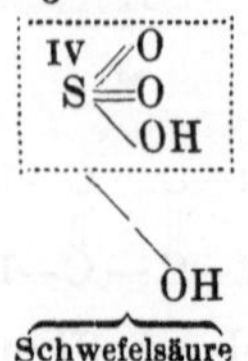

für Wasserstoffatome eintritt, und Stoffe mit sauren Eigenschaften, die organischen Sulfon- oder Sulfosäuren, gebildet werden:

$$C_xH_yO_z + \underbrace{SO_3H \cdot OH}_{Schwefelsäure} = \underbrace{C_xH_{(y-1)}(SO_3H)O_z}_{Sulfosäure} + \underbrace{H_2O}_{Wasser.}$$

Um Hydroxylgruppen organischer Verbindungen durch Chlor zu ersetzen, läßt man auf diese Phosphorpentachlorid einwirken. Es entstehen neben dem chlorierten Produkt Phosphoroxychlorid und Salzsäure im Sinne der Gleichung:

$$\equiv C - OH + \underbrace{PCl_5}_{Phosphorpentachlorid} = \equiv C - Cl + \underbrace{POCl_3}_{Phosphoroxychlorid} + \underbrace{HCl}_{Salzsäure.}$$

An Stelle des Phosphorpentachlorids kann zu diesen Reaktionen auch Phosphortrichlorid benutzt werden. Als Nebenprodukt bildet sich dann phosphorige Säure.

Ammoniak ist vielen organischen Verbindungen gegenüber unter gewöhnlichen Bedingungen ohne Einwirkung, d. h. verändert deren molekulare Zusammensetzung nicht. Unter geeigneten Umständen vermag es aus Chlorsubstitutionsprodukten Chloratome herauszuspalten und durch den Rest NH_2[1]) zu ersetzen. So wird Monochloressigsäure durch Einwirkung von Ammoniak in Aminoessigsäure übergeführt:

Ein Teil des Ammoniaks sättigt zunächst den sauren Rest der Monochloressigsäure, ein anderer Teil bildet mit der abgespaltenen Salzsäure Ammoniumchlorid.

Auch auf ein anderes Chlorsubstitutionsprodukt der Essigsäure, das Essigsäurechlorid, wirkt das Ammoniak amidierend ein. Durch Einwirkung von Phosphorpentachlorid auf Essigsäure entsteht Essigsäurechlorid (Acetylchlorid):

---

[1]) Die NH_2-Gruppe pflegt, wenn sie sich in Alkylresten befindet, als Amino-, und wenn sie sich in Säureresten befindet als Amidgruppe bezeichnet zu werden.

$$\underset{\text{Essigsäure}}{\underbrace{\begin{array}{c} C\langle^H_H{}^H \\ |\ \diagdown O \\ C \\ \diagdown OH \end{array}}} + \underset{\text{Phosphorpentachlorid}}{\underbrace{PCl_5}} = \underset{\text{Acetylchlorid}}{\underbrace{\begin{array}{c} C\langle^H_H{}^H \\ |\ \diagdown O \\ C \\ \diagdown Cl \end{array}}} + \underset{\text{Phosphoroxychlorid}}{\underbrace{POCl_3}} + \underset{\text{Salzsäure.}}{\underbrace{HCl}}$$

Bei Einwirkung von Ammoniak auf Acetylchlorid wird Essigsäureamid (Acetamid) gebildet:

$$\underset{\text{Acetylchlorid}}{\underbrace{\begin{array}{c} C\langle^H_H{}^H \\ |\ \diagdown O \\ C \\ \diagdown Cl \end{array}}} + \underset{\text{Ammoniak}}{\underbrace{\begin{array}{c} H \\ H \diagdown N \\ H \end{array}}} = \underset{\text{Acetamid}}{\underbrace{\begin{array}{c} C\langle^H_H{}^H \\ |\ \diagdown O \\ C \\ \diagdown NH_2 \end{array}}} + \underset{\text{Salzsäure.}}{\underbrace{HCl}}$$

Während beim Behandeln von Monochloressigsäure mit Ammoniak eine Aminosäure erhalten wird, entsteht durch Einwirkung von Ammoniak auf Acetylchlorid ein Säureamid.

In der aromatischen Reihe lassen sich Aminoverbindungen durch Reduktion von Nitrokörpern (mit naszierendem Wasserstoff, Schwefelwasserstoff, Zinnchlorür und anderen Reduktionsmitteln) darstellen. Diese Aminoverbindungen sind von den entsprechenden Stoffen der Fettreihe in mehrfacher Beziehung unterschieden, z. B. hinsichtlich der Einwirkung von salpetriger Säure.

Während diese auf NH_2-Gruppen der Fettreihe derartig einwirkt, daß unter Entwicklung von Stickstoff an Stelle der NH_2-Gruppe eine Hydroxylgruppe eintritt:

$$\underset{\text{Äthylamin}}{\underbrace{\begin{array}{c} C\langle^H_H{}^H \\ |\ \\ C\langle^H_H\ N\ H_2 \end{array}}} + \underset{\text{Salpetrige Säure}}{\underbrace{O\ N\ OH}} = \underset{\text{Äthylalkohol}}{\underbrace{\begin{array}{c} C\langle^H_H{}^H \\ |\ \\ C\langle^H_H \\ \diagdown OH \end{array}}} + \underset{\text{Stickstoff}}{\underbrace{N_2}} + \underset{\text{Wasser}}{\underbrace{H_2O}}$$

wird bei den aromatischen Aminoverbindungen in saurer Lösung zwar Wasser, aber nicht Stickstoff abgespalten. Dieser bindet das Stickstoffatom der salpetrigen Säure unter Bildung von Diazokörpern (s. später).

Bei der Betrachtung der Konstitution organischer Verbindungen beobachtet man, daß gewisse Gruppen von Elementen häufiger vertreten sind, daß solche Gruppen an Stelle einzelner Elemente, z. B. an Stelle von Wasserstoff-, Chlor- oder Bromatomen in organische Körper zwanglos eingeführt werden können und bei verschiedenen Umsetzungen unverändert erhalten bleiben. Solche zusammenhängende Gruppen oder Reste nennt man Radikale.

Der bereits erwähnte Äthylalkohol oder Weingeist besitzt die chemische Konstitution:

$$\begin{array}{c} \fbox{$\begin{array}{c} C\!\equiv\!H_3 \\ | \\ C\!=\!H_2 \end{array}$} \\ \diagdown OH. \end{array}$$

Der mit der Hydroxylgruppe — OH verbundene einwertige
Rest $CH_3 \cdot CH_2$ — führt den Namen **Äthyl** und ist ein solches
„Radikal". Der einwertige Rest des Methylalkohols CH_3:

$$\begin{array}{c} \fbox{$C\!\equiv\!H_3$} \\ \diagdown OH \end{array}$$

wird **Methyl** genannt. Einwertige Radikale sind ferner:

Propyl   **Isopropyl**   **Phenyl**   **Benzyl**

Mehrwertige Radikale sind:

Methylen   **Äthylen**   **Äthyliden**

Die aus Kohlenstoff und Wasserstoff bestehenden Radikale
der Fettreihe heißen **Alkoholradikale** oder **Alkyle**; sie besitzen
einen basischen Charakter und nehmen in Verbindungen daher meist
die Stelle von Metallen ein. Die Kohlenwasserstoffreste der Benzolreihe (z. B. Phenyl C_6H_5) heißen **Aryle**. Zu den Säureradikalen
gehören:

Acetyl   **Propionyl**   **Benzoyl**   **Cinnamyl**

Für alle organischen Säuren ist die **Gruppe** $-C\!\!<^{\textstyle O}_{\textstyle OH}$, die
Carboxylgruppe, charakteristisch.

Isomerie.

Je nach der verschiedenen Anordnung der einzelnen Atome in
der Molekel einer organischen Verbindung können Stoffe bei **gleicher**
prozentischer Zusammensetzung und **gleicher empirischer**

Formel verschiedene physikalische und chemische Eigenschaften besitzen. Man nennt solche Stoffe isomer.

Ein Beispiel von isomeren Stoffen, der Isomerie, liegt in dem Butan und Isobutan vor, deren verschiedenes physikalisches und chemisches Verhalten durch die in folgendem Bilde ausgedrückte verschiedene Anordnung der einzelnen Kohlenwasserstoffreste verständlich wird:

$$
\begin{array}{cc}
\begin{array}{c}
CH_3 \\ | \\ CH_2 \\ | \\ CH_2 \\ | \\ CH_2 \\ \hline \text{Butan}
\end{array}
&
\begin{array}{c}
CH_3 \quad CH_3 \\ \diagdown\ \diagup \\ CH \\ | \\ CH_3 \\ \hline \text{Isobutan.}
\end{array}
\end{array}
$$

Isomerie bei Stoffen von verschieden großem Molekulargewicht heißt Polymerie.

Bei polymeren Stoffen unterscheiden sich die Verbindungen um ein Vielfaches voneinander:

Formaldehyd hat die Molekularformel $C\,H_2\,O$ (n)
Essigsäure „ „ „ $C_2H_4\,O_2$ (2n)
Milchsäure „ „ „ $C_3H_6\,O_3$ (3n)
Traubenzucker „ „ „ $C_6H_{12}O_6$ (6n).

Unter Metamerie versteht man insbesondere die Art der Isomerie, bei welcher Stoffe von gleicher prozentischer Zusammensetzung, gleicher empirischer Formel und gleicher Molekulargröße dadurch voneinander unterschieden sind, daß polyvalente Atome homologe Radikale verknüpft halten.

Beispiele:

$$
\underset{\text{Äthylalkohol}}{\left.\begin{array}{c}C_2H_5\\H\end{array}\right\rangle O}
\quad \text{ist metamer} \quad
\underset{\text{Methyläther.}}{\left.\begin{array}{c}CH_3\\CH_3\end{array}\right\rangle O}
$$

$$
\underset{\text{Äthylamin}}{\left.\begin{array}{c}C_2H_5\\H\\H\end{array}\right\rangle N}
\quad \text{ist metamer} \quad
\underset{\text{Dimethylamin.}}{\left.\begin{array}{c}CH_3\\CH_3\\H\end{array}\right\rangle N}
$$

$$
\underset{\text{Äthylmethylamin}}{\left.\begin{array}{c}C_2H_5\\CH_3\\H\end{array}\right\rangle N}
\ \text{ist metamer}\
\underset{\text{Propylamin}}{\left.\begin{array}{c}C_3H_7\\H\\H\end{array}\right\rangle N}
\ \text{ist metamer}\
\underset{\text{Trimethylamin.}}{\left.\begin{array}{c}CH_3\\CH_3\\CH_3\end{array}\right\rangle N}
$$

Manche Stoffe zeigen in Lösungen und bei der Reaktion mit anderen Stoffen zwei isomere Formen, während sie im festen Zustand nur in einer Form bekannt sind. Man nennt solche Stoffe tautomer und die Erscheinung selbst Tautomerie[1]).

---

[1]) Abgeleitet von ταὐτό, tauto, dasselbe und μέρος, meros, Teil.

Einteilung der Kohlenstoffverbindungen.

In den nachfolgenden Kapiteln ist eine Einteilung der Kohlenstoffverbindungen nach den drei großen Gruppen vorgenommen:

A. Verbindungen mit offener Kohlenstoffkette oder Fettreihe.
B. Carbocyklische Verbindungen.
C. Heterocyklische Verbindungen.

Unterabteilungen der carbocyklischen Verbindungen sind:

I. die Tri-, Tetra-, Penta- und Heptacarbocyklischen und
II. die Hexacarbocyklischen Verbindungen.

Zu der Gruppe II gehören die Benzolderivate oder aromatischen Verbindungen.

III. Mehrkernige Kohlenstoffverbindungen.

Von den heterocyklischen Verbindungen sollen

I. fünfgliedrige Ringe,
II. sechsgliedrige Ringe

erörtert werden.

A. Verbindungen mit offener Kohlenstoffkette oder Fettreihe (aliphatische Reihe).

I. Kohlenwasserstoffe.

a) Gesättigte Kohlenwasserstoffe.
(Grenzkohlenwasserstoffe, Paraffine, Äthane.)

Die gesättigten Kohlenwasserstoffe sind Abkömmlinge des Methans, in welchen Kohlenstoffatome stets nur mit je einer Wertigkeitseinheit verbunden sind. Da diese Verbindungen somit als vollständig gesättigt bezeichnet werden können, also die Grenze der Sättigung erreicht haben, heißen sie auch Grenzkohlenwasserstoffe. Die Bezeichnung Paraffine leitet sich ab von „parum affinis" (zu wenig verwandt), weil sie im allgemeinen durch sonst stark wirkende Stoffe gar nicht oder nur wenig angegriffen werden.

Gesättigte Kohlenwasserstoffe finden sich in der Natur weit verbreitet; ihre Bildung wird erklärt durch Zersetzung kohlenstoffreicher organischer Verbindungen bei Luftabschluß. Sie sind unter den bei der Fäulnis und Verwesung organischer Stoffe sich bildenden Zersetzungsprodukten beobachtet worden; sie entstehen bei der trockenen Destillation von Holz, Steinkohlen, Braunkohlen und bilden auch die Hauptbestandteile des Erdöls oder Petroleums.

Die gesättigten Kohlenwasserstoffe lassen sich in einer homologen Reihe zusammenstellen, deren Anfangsglied das Methan, CH_4, ist:

Methan	$C H_4$	Heptan	$C_7 H_{16}$
Äthan	$C_2 H_6$	Oktan	$C_8 H_{18}$
Propan	$C_3 H_8$	Nonan	$C_9 H_{20}$
Butan	$C_4 H_{10}$	Dekan	$C_{10} H_{22}$
Pentan	$C_5 H_{12}$	Undekan	$C_{11} H_{24}$
Hexan	$C_6 H_{14}$	Dodekan	$C_{12} H_{26}$ usw.

Jedes nächstfolgende Glied dieser Reihe ist von dem vorhergehenden durch ein Plus von CH_2 unterschieden und kann entstanden gedacht werden durch Ersatz eines Wasserstoffatoms des vorhergehenden Gliedes durch die **Methylgruppe** CH_3. Findet dieser Ersatz eines an ein Endkohlenstoffatom gebundenen Wasserstoffatoms statt, so entstehen die **normalen**, im anderen Falle werden **isomere** Äthane gebildet. Während von den gesättigten Kohlenwasserstoffen $C_2 H_6$ und $C_3 H_8$ nur je eine Verbindung möglich ist, gibt es vom Butan bereits 2 Isomere, vom Pentan 3 Isomere und so fort in steigender Mehrheit.

$$
\begin{array}{ccccc}
\underbrace{\begin{matrix} CH_3 \\ | \\ CH_2 \\ | \\ CH_2 \\ | \\ CH_3 \end{matrix}}_{\text{Normal-Butan}} &
\underbrace{\begin{matrix} CH_3\ CH_3 \\ \diagdown\diagup \\ CH \\ | \\ CH_2 \end{matrix}}_{\text{Isobutan}} &
\underbrace{\begin{matrix} CH_3 \\ | \\ CH_2 \\ | \\ CH_2 \\ | \\ CH_2 \\ | \\ CH_3 \end{matrix}}_{\text{Normal-Pentan}} &
\underbrace{\begin{matrix} CH_3\ CH_3 \\ \diagdown\diagup \\ CH \\ | \\ CH_2 \\ | \\ CH_3 \end{matrix}}_{\text{Isopentan}} &
\underbrace{\begin{matrix} CH_3\ CH_3 \\ \diagdown\diagup \\ C \\ \diagup\diagdown \\ H_3C\quad CH_3 \end{matrix}}_{\text{Tetramethylmethan}}
\end{array}
$$

$$
\underbrace{\qquad\qquad\qquad}_{\text{2 isomere Butane}} \qquad \underbrace{\qquad\qquad\qquad\qquad\qquad}_{\text{3 isomere Pentane.}}
$$

Die Zusammensetzung der Kohlenwasserstoffe der Methanreihe entspricht der allgemeinen Formel $C_n H_{2n+2}$. Die vier ersten Glieder der Methanreihe sind bei mittlerer Temperatur gasförmig, das fünfte bis zum sechzehnten Glied ($C_5 H_{12}$ bis $C_{16} H_{34}$) leicht bewegliche Flüssigkeiten, die mit zunehmender Molekulargröße dickflüssiger werden. Die höheren Glieder der Reihe sind feste Stoffe.

Methan, Sumpfgas, Grubengas, leichter Kohlenwasserstoff, CH_4, entströmt an verschiedenen Stellen dem Erdboden; die heiligen Feuer von Baku am Kaspischen Meere sind brennendes Sumpfgas, dem andere Stoffe, wie Stickstoff, Kohlendioxyd, Dämpfe von Steinöl usw. beigemengt sind. Im Leuchtgas ist Methan enthalten. In Stein- und Braunkohlengruben entsteht es infolge der langsamen Zersetzung der Kohlen und bildet, mit Luft gemengt, ein sehr explosives Gemisch, welches, durch Grubenlichter entzündet, die gefürchteten **schlagenden Wetter** oder **feurigen Schwaden** in Bergwerken hervorruft. Zur Abwendung der Gefahr der Entzündung solcher Grubengemische benutzt man in Bergwerken die **Davysche Sicherheitslampe** (Abb. 63), eine mit feinem Drahtgeflecht umgebene Lampe.

Treten explosive Gasgemische durch das Drahtgeflecht zu der Flamme, so findet innerhalb des von dem Drahtnetz umgebenen Teiles der Lampe eine kleine Explosion statt, der zufolge die Lampe erlischt: Der Bergmann ist hierdurch gewarnt. Das feinmaschige Drahtgewebe verhindert, daß die Flamme nach außen hindurchschlägt.

Reines Methan läßt sich auf künstlichem Wege darstellen:

1. indem man ein Gemenge von Schwefelkohlenstoff und Schwefelwasserstoff über glühendes Kupfer leitet:

$$CS_2 + 2\,H_2S + 8\,Cu = CH_4 + 4\,Cu_2S,$$

2. indem man ein Gemenge von Natriumacetat und Natriumhydroxyd (man verwendet am besten Natronkalk, ein Gemisch von $2\,NaOH + Ca(OH)_2$) erhitzt:

$$\underbrace{\begin{matrix} CH_3 \\ | \\ COONa \end{matrix}}_{\text{Natriumacetat}} + \underbrace{\begin{matrix} H \\ | \\ O-Na \end{matrix}}_{\text{Natriumhydroxyd}} = \underbrace{CH_4}_{\text{Methan}} + \underbrace{Na_2CO_3}_{\text{Natriumkarbonat.}}$$

Methan ist ein farb- und geruchloses Gas, das mit leuchtender rußender Flamme brennt. Spez. Gew. 0,559 (Luft $= 1$).

Äthan, C_2H_6, ist ein Bestandteil des Leuchtgases und findet sich unter den aus Steinölquellen entweichenden gasförmigen Stoffen. Es bildet ein farbloses, mit bläulicher, schwach leuchtender Flamme brennendes Gas.

Propan, C_3H_8, kommt im rohen amerikanischen Erdöl vor und bildet ein farbloses brennbares Gas, das sich durch hohen Druck verflüssigen läßt. Siedepunkt $= -37^0$.

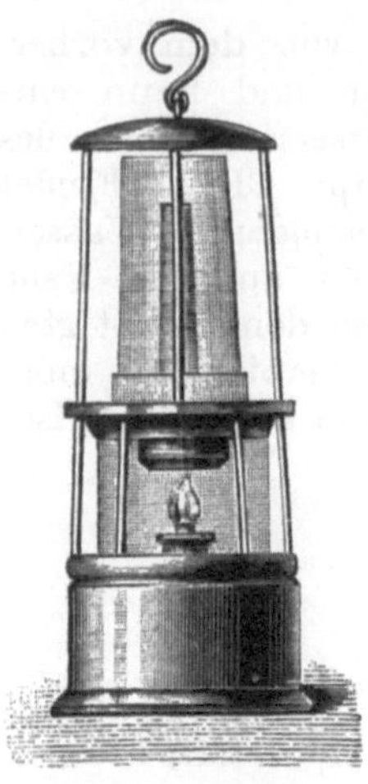

Abb. 63. Davysche Sicherheitslampe.

Aus höheren Homologen der Methanreihe setzt sich im wesentlichen das Erdöl oder Petroleum zusammen.

Petroleum, Erdöl, Steinöl, Mineralöl, Bergöl, Naphta, Oleum Petrae, bildet eine leicht brennbare Flüssigkeit, die in verschiedenen Ländern des Erdballs in verschiedenen Gesteinsschichten sich findet. Die bedeutendsten Petroleumgebiete sind Pennsylvanien, welches den Handelsmarkt mit amerikanischem Petroleum hauptsächlich versorgt, und Baku nebst seiner Umgebung, wo das kaukasische Petroleum gewonnen wird. Neuerdings werden auch in Rumänien nicht unerhebliche Mengen Erdöl gefördert und zur Gewinnung von Leuchtpetroleum und Maschinenölen benutzt. Die Provinz Hannover liefert nur bescheidene Mengen Erdöl.

Das rohe Erdöl wird durch die Gesteinsschichten hindurch, von welchen es eingeschlossen wird und sich vielfach unter starkem Druck findet, mittels Bohrlöcher erreicht und fließt aus diesen dann entweder freiwillig aus oder wird durch Pumpen emporgehoben. Nach C. Engler ist die Bildung des Erdöls auf animalischen Ursprung zurückzuführen, indem Tierleiber, an bestimmten Stellen des Meeres zusammengeschwemmt, mit der Zeit von Kalk- und Tonschlamm bedeckt wurden und hiermit erhärteten. Unterlagen solche Sedimentärschichten späterem Druck, vielleicht verbunden mit Erhöhung der

Temperatur, so waren die Bedingungen zur Entstehung des Erdöls gegeben. Die stickstoffhaltige Substanz ist rascher Fäulnis und Verwesung unterworfen, während die Fettbestandteile eine große Beständigkeit besitzen. Daß aus Fetten unter hohem Druck und bei hoher Temperatur Kohlenwasserstoffe als Zersetzungsprodukte gebildet werden, welche mit denen des Petroleums große Übereinstimmung zeigen, hat C. Engler durch den Versuch bestätigt gefunden.

Nach A. F. Stahl, Kraemer und Spilker haben Diatomeen das Material zur Petroleumbildung geliefert. Durch periodische Hebungen und Senkungen der Ufer, bzw. durch das jedesmalige Zurücktreten des Meeres seien eine Anzahl größerer und kleinerer Seen vom Meer abgeschnitten worden, worin sodann Diatomeen wucherten, während das salzige Wasser sich immer mehr und mehr konzentrierte. Durch Regengüsse lösten sich die teilweise ausgeschiedenen Salze wieder auf, und der frisch hinzugekommene Schlamm wurde von Diatomeen durchsetzt, bis so im Laufe von Jahrtausenden die ursprünglichen Seen sich füllten und mit dem Sand der Umgebung ausglichen. Erneutes Senken und Heben der Ufer schuf so die Bitumenablagerungen, welche mit ihren Diatomeenresten das Material für die Erdölbildung abgaben.

Das rohe Erdöl wird, bevor es zu Leuchtzwecken in den Verkehr gelangt, einer Reinigung unterworfen und von begleitenden Stoffen befreit, die ihrerseits wiederum eine wichtige Anwendung finden. Die Reinigung des rohen Erdöls geschieht meist durch Behandeln mit konz. Schwefelsäure, Filtration durch ein Aluminiumsilikat (Florida-Ton eignet sich hierzu besonders gut) und nachfolgende fraktionierte Destillation.

Bei der Destillation des Rohpetroleums entweichen zunächst gasförmige Kohlenwasserstoffe, welche in Amerika als Heizmaterial benutzt werden. Die bei den verschiedenen Temperaturen destillierenden Stoffe heißen:

Rhigolen,	zwischen	18^0	und	37^0	siedend
Canadok,	„	37^0	und	50^0	„
Petroleumäther,					
Petroleumbenzin,	„	50^0	und	75^0	„
Ligroin,	„	75^0	und	120^0	„
Putzöl,	„	120^0	und	150^0	„
Leuchtpetroleum,	„	150^0	bis	270^0	„
Schmieröl, Möhrings Öl	„	270^0	bis	310^0	„
Paraffin, Vaselin			über	310^0	„

Petroleumäther, Petroleumbenzin, Benzinum Petrolei, wird vom Arzneibuch für die Verwendung zugelassen, wenn er zwischen 50^0 und 75^0 bei der Destillation übergeht und eine farblose, leicht bewegliche, nicht fluoreszierende Flüssigkeit vom spez. Gew. 0,666 bis 0,686 darstellt. Petroleumäther ist leicht entzündlich. Mit absolutem Alkohol, Äther, Schwefelkohlenstoff, Chloroform, fetten und ätherischen Ölen ist er mischbar. Unter Einwirkung des Lichtes und der Luft nimmt er Sauerstoff auf, wodurch Siedepunkt und spezifisches Gewicht sich erhöhen.

Petroleumäther besteht im wesentlichen aus den Kohlenwasserstoffen Pentan, C_5H_{12}, und Hexan, C_6H_{14}.

Ein gegen 80^0 bis 90^0 siedendes Benzin ist das Brönnersche Fleckwasser, das in seinen Eigenschaften dem Petroleumäther ähnlich ist und im wesentlichen aus den Kohlenwasserstoffen Hexan, C_6H_{14}, und Heptan, C_7H_{16}, besteht.

Benzin findet Anwendung als Fleckwasser (zur „chemischen Wäsche"), zur Erzeugung der Triebkraft für Automobile und zur Entfettung der Knochen.

Auch die nachfolgenden höher siedenden Destillate Ligroin und Putzöl werden zu ähnlichen Zwecken wie das Benzin, das Putzöl auch zum Reinigen von Maschinenteilen, zum Lösen von Asphalt, Kautschuk, zur Herstellung von Lacken usw. gebraucht.

Leuchtpetroleum, Erdöl, Steinöl, raffiniertes Petroleum, wird unter sehr wechselnder Bezeichnung in den Verkehr gebracht und bildet eine farblose oder schwach gelbliche, bläulich fluoreszierende, unangenehm riechende Flüssigkeit, deren Siedepunkt zwischen 150^0 und 270^0 liegt, und deren spez. Gew. 0,790 bis 0,810 beträgt.

Es besteht im wesentlichen aus den Kohlenwasserstoffen der Methanreihe C_9H_{20} bis $C_{15}H_{32}$. Das kaukasische und rumänische Erdöl enthalten auch cyklische Kohlenwasserstoffe, sowie sauerstoffhaltige Stoffe. Das Leuchtpetroleum soll von niedrig siedenden Kohlenwasserstoffen, deren Anwesenheit bei Verwendung zu Leuchtzwecken eine Explosionsgefahr bedingt, frei sein.

Zur Prüfung des Leuchtpetroleums auf einen Gehalt an niedrig siedenden Kohlenwasserstoffen bedient man sich des Abelschen Petroleumprüfers.

Dieser Apparat gestattet, den Temperaturgrad genau festzustellen, bei welchem das Petroleum an die über ihm befindliche Luft so viel Dämpfe abgibt, daß dieses Gemisch beim Nähern einer kleinen Flamme sich entzündet. Man nennt diesen Temperaturgrad den Entflammungspunkt des Petroleums. Nach der Verordnung vom 24. Febr. 1882 ist das gewerbsmäßige Verkaufen und Feilhalten von Petroleum, welches unter einem Barometerstand von 760 mm schon bei einer Erwärmung auf weniger als 21 Grad des 100teiligen Thermometers entflammbare Dämpfe entweichen läßt, nur in solchen Gefäßen gestattet, welche auf rotem Grunde in deutlichen Buchstaben die nicht verwischbare Inschrift „Feuergefährlich" tragen.

Schmieröl und Vaselin. Die nach Abdestillieren des Leuchtpetroleums hinterbleibenden Anteile werden durch Destillation in einen bei normaler Temperatur flüssig bleibenden Anteil, der nach dem Entfärben und Desodorieren mit Tonerdesilikat als Maschinenöl benutzt wird, und einen salbenförmig erstarrenden Anteil geschieden. Letzterer führt den Namen Vaselin. Es ist eine gelbe, durchscheinende, zähe Masse von gleichmäßiger, weicher Salbenkonsistenz und schmilzt beim Erwärmen zu einer klaren, gelben, blau fluoreszierenden Flüssigkeit. Vaselin ist unlöslich in Wasser, wenig löslich in Weingeist, leicht löslich in Chloroform und in Äther. Es schmilzt bei 35^0 bis 40^0.

Durch einen Bleichprozeß wird aus gelbem Vaselin (Vaselinum flavum) weißes hergestellt (Vaselinum album). Das gelbe wie das weiße Produkt werden zur Bereitung von Salben, zum Einfetten der Deckel für Exsikkatoren usw. benutzt. Die Vaseline sollen von Säuren und Alkalien, die von der Reinigung herrühren können, frei sein und auch keine verseifbaren Fette oder Harze enthalten (s. Arzneibuch).

Das früher unter dem Namen Oleum petrae, Ol. petrae italicum, Bergöl, Bergnaphta offizinelle Petroleum kam aus Italien zu uns, neuerdings auch aus Galizien, Siebenbürgen, Rumänien und bildet eine klare, gelbliche oder rötliche, bläulich fluoreszierende Flüssigkeit vom spez. Gew. 0,75 bis 0,85. Es besteht aus verschiedenen Kohlenwasserstoffen der Methanreihe, welchen aromatische Kohlenwasserstoffe und harzartige Stoffe beigemischt sind. Das russische Petroleum (Kaukasisches Erdöl, Erdöl von Baku) besteht aus gegen 80 % cyklischen Kohlenwasserstoffen der Formel C_nH_{2n}, den Naphtenen.

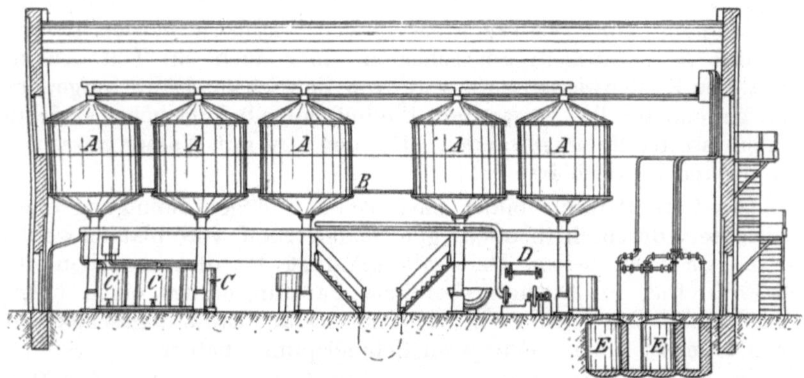

Abb. 64. Waschanlage für Paraffinöle.

Paraffin, kommt in dem Erdöle gelöst vor und wird in fester Form, durch Verdunstung des Erdöls entstanden, als Erdwachs oder Ozokerit in verschiedenen Gegenden (Galizien, in der Moldau, in Siebenbürgen usw.) angetroffen. Auch bei der trockenen Destillation von Braunkohlen oder Torf werden Paraffine erhalten.

Das aus dem amerikanischen Erdöl gewonnene besteht nur aus Kohlenwasserstoffen der Methanreihe, wahrscheinlich $C_{20}H_{42}$ bis $C_{27}H_{56}$, während das aus Ozokerit und aus den Destillationsprodukten der Braunkohlen hergestellte neben jenen Kohlenwasserstoffen auch ungesättigte und aromatische Kohlenwasserstoffe enthält.

Aus dem Erdöl wird Paraffin gewonnen, indem man die hochsiedenden Anteile stark abkühlt, worauf das Paraffin auskristallisiert. Im Rohpetroleum ist Paraffin nicht enthalten, sondern entsteht erst bei den hohen Temperaturen, bei welchen die Schweröle destilliert werden. Das aus dem Erdöl gewonnene Weichparaffin heißt Vaselin oder Kosmolin. (Siehe vorstehend.) Bei der trockenen Destillation der Braunkohlen (Schwelkohlen) werden aus 100 kg dieser 6 bis 8 kg Teer, 32 bis 30 kg Grudekoks, 46 bis 50 kg Wasser und nicht unerhebliche Mengen brennbarer Gase erhalten.

Zur Gewinnung des Paraffins aus dem Braunkohlenteer wird dieser unter Hinzufügung einer kleinen Menge Ätzkalk einer nochmaligen Destillation unterworfen und das Destillat je nach dem Siedepunkte in einen paraffinarmen und einen paraffinreichen Anteil zerlegt. Als Vorlauf erhält man hierbei ein leicht siedendes Öl, das Photogen, als Teeröl von mittlerem Siedepunkt rohes Solaröl, sodann hochsiedende Paraffinöle, welche unter Paraffinausscheidung erstarren. In den Retorten bleibt Pech zurück. Die Destillate werden zunächst mit Natronlauge in den Wäschern behandelt (s. Abb. 64). Diese bestehen aus zylindrischen, unten spitz zulaufenden Gefäßen aus starkem verbleiten Eisenblech, die mit einem Hahn verschlossen werden können. Das Mischen der Natronlauge mit den Destillaten geschieht mittels Preßluft. Durch die Natronlauge werden den Destillaten Phenole und Säuren entzogen; durch nachfolgendes Behandeln mit konz. Schwefelsäure in den Wäschern werden basische Produkte (Pyridinbasen) abgeschieden, aber auch ein Teil der ungesättigten Kohlenwasserstoffe wird von der Schwefelsäure aufgenommen, ein anderer Teil unter dem Einfluß derselben in höher siedende Kohlenwasserstoffe umgewandelt. Hierauf wird mit Wasser gewaschen und nochmals destilliert.

Das feste Paraffin bildet nach seiner völligen Reinigung einen geruchlosen, durchscheinenden, glänzenden Stoff von bläulichweißer Farbe. Je nach seiner Herkunft schmilzt Paraffin zwischen 40^0 und 85^0. Das aus Ozokerit bereitete Paraffin besitzt einen hohen Schmelzpunkt (bis gegen 85^0), während die aus Erdöl abgeschiedenen Paraffine meist einen niedrigeren Schmelzpunkt haben.

Die Paraffinsorten finden eine mannigfache Anwendung (zur Herstellung von Kerzen, zum Durchtränken von Papier, Holz, Gips, als Schmiermittel, als Ersatz des gelben und weißen Wachses [Ceresin aus Ozokerit], zur Bereitung von Paraffinsalbe des Arzneibuches usw.).

Aus den Teerkohlenwasserstoffen werden durch Oxydation Fettsäuren gebildet, die eine technische Verwendung (z. B. als Seifen) finden.

Paraffinum solidum, Festes Paraffin, Ceresin. Hierunter versteht das Arzneibuch eine aus gebleichtem Ozokerit gewonnene, bei 68^0 bis 72^0 schmelzende, weiße, mikrokristallinische, geruchlose Masse.

Paraffinum liquidum, Flüssiges Paraffin, wird aus den über 360^0 siedenden Anteilen des Petroleums gewonnen und ist eine farblose, klare, nicht fluoreszierende, ölartige Flüssigkeit ohne Geruch und Geschmack, welche mindestens das spez. Gew. 0,885 haben soll. Festes und flüssiges Paraffin sollen frei sein von Säuren und beim Behandeln mit konz. Schwefelsäure keine organischen Verunreinigungen anzeigen (s. Arzneibuch).

Durch Zusammenschmelzen von 4 T. festem Paraffin, 5 T. flüssigem und 1 T. Wollfett erhält man das **Unguentum Paraffini,** die **Paraffinsalbe,** welche zur Bereitung von Salben dient.

Ichthyol. Bei der trockenen Destillation bituminöser schwefelhaltiger Schieferöle, wie sich solche bei Seefeld in Tirol und in benachbarten Gebieten finden, wird ein eigenartig riechendes, braunes, teer-
artiges Öl erhalten, das neben Kohlenwasserstoffen schwefelhaltige
Bestandteile enthält. Man nennt dieses Produkt Ichthyolrohöl.
Durch Einwirkung von Schwefelsäure wird es sulfonisiert und die so
entstandene Ichthyolsulfonsäure durch Basen gesättigt. Das Ammoniumsalz, das Ammonium sulfoichthyolicum, kommt unter dem
Namen Ichthyol in den Handel. Es ist von wechselnder Zusammensetzung. Sein Gehalt an zweiwertigem (Sulfid-) Schwefel beträgt
ca. $10^0/_0$.

Dem Ichthyol ähnliche Präparate sind das Ichthynat, Isarol,
Pisciol, Ichthammon, Bituminol, Ichthodin, Petrosulfol usw.

Thiol wird dadurch gewonnen, daß Braunkohlenteeröle mit
Schwefel, der sich hierbei an die ungesättigten Kohlenwasserstoffe anlagert, gekocht, dann mit Schwefelsäure sulfonisiert und mit Ammoniak
gesättigt werden.

Tumenol wird in ähnlicher Weise wie Ichthyol gewonnen unter
Verwendung eines durch Destillation bituminöser Gesteine erhaltenen
Mineralöles.

b) Ungesättigte Kohlenwasserstoffe.

1. Äthylenreihe (Olefine).

$$C_nH_{2n}.$$

Äthylen $CH_2 = CH_2$
Propylen $CH_3 - CH = CH_2$
Butylen $CH_3 - CH_2 - CH = CH_2$.

Von dem Butylen sind drei Isomere bekannt, welche als α-, β-
und γ-Butylen bezeichnet werden:

$$
\begin{array}{ccc}
CH_3 & & CH_3 \\
| & CH_3 \quad CH_3 & | \\
CH_2 & \diagdown \diagup & CH \\
| & C & \| \\
CH & \| & CH \\
\| & CH_2 & | \\
CH_2 & & CH_3 \\
\hline
\alpha\text{-Butylen} & \beta\text{-Butylen} & \gamma\text{-Butylen.}
\end{array}
$$

Mit den Halogenen geben die Glieder der Äthylenreihe Additionsprodukte von ölartiger Beschaffenheit, weshalb die Äthylene auch
Ölbildner oder Olefine heißen.

Äthylen, Ölbildendes Gas, C_2H_4, ist ein Bestandteil des Leuchtgases (und darin zu 4 bis 5 $^0/_0$ enthalten); es entsteht bei der trockenen
Destillation vieler organischer Verbindungen. Seine praktische Darstellung geschieht durch Einwirkung konz. Schwefelsäure auf Äthylalkohol in der Wärme. Die Schwefelsäure wirkt hierbei wasserentziehend:

$$CH_3 - CH_2 \cdot OH = CH_2 : CH_2 + H_2O.$$

Nebenher bilden sich bei dieser Reaktion kleine Mengen Kohlendioxyd und Schwefeldioxyd. Diese werden in Waschflaschen, die mit Natronlauge beschickt sind, zurückgehalten.

Äthylen ist ein farbloses, schwach ätherisch riechendes Gas, das angezündet mit leuchtender Flamme brennt. Ein Gemisch aus 1 Volum Äthylen und 3 Volumen Sauerstoff ist explosiv.

Läßt man auf das Gas Chlor oder Brom oder Jod einwirken, so lagern sich die Halogene an die Kohlenstoffatome an, indem die doppelte Bindung der letzteren aufgehoben und Äthylenchlorid, Äthylenbromid oder Äthylenjodid gebildet werden:

$$Cl \cdot CH_2 \cdot CH_2Cl$$
$$Br \cdot CH_2 \cdot CH_2 \cdot Br$$
$$J \cdot CH_2 \cdot CH_2 \cdot J.$$

Von diesen Verbindungen finden die beiden ersteren medizinische Verwendung, und zwar Äthylenchlorid unter dem Namen Elaylum chloratum oder Liquor hollandicus als örtliches Anästhetikum. Es ist eine farblose, ätherisch riechende, süß schmeckende Flüssigkeit vom spez. Gew. 1,2545 bei 15°. Äthylenbromid, Aethylenum bromatum, welches zu äußerlichen Zwecken gebraucht wird, darf nicht verwechselt werden mit dem Äthylbromid oder Aether bromatus des Arzneibuches.

Während die soeben betrachteten Halogenabkömmlinge von Kohlenwasserstoffen durch Anlagerung (Addition) von Halogenatomen an ungesättigte Kohlenwasserstoffe entstanden sind, können auch auf dem Wege der Substitution Halogenabkömmlinge gebildet werden.

Die höheren Homologen des Äthylens werden meist aus den einwertigen Alkoholen durch Destillation mit wasserentziehenden Mitteln, wie Schwefelsäure (analog der Darstellung des Äthylens aus dem Äthylalkohol), Zinkchlorid, Phosphorsäureanhydrid usw. erhalten.

2. Acetylen- und Allylenreihe.

$$C_nH_{2n-2}.$$

Der Formel C_nH_{2n-2} entsprechen zwei Gruppen von Kohlenwasserstoffen, und zwar solche, in welchen Kohlenstoffatome mit dreifacher Bindung vorhanden sind, und solche, welche zwei doppelte Bindungen von Kohlenstoffatomen enthalten.

Zu der ersten Gruppe gehören

die Acetylene:

z. B. Acetylen $CH \equiv CH$, Allylen $CH_3 \cdot C \equiv CH$,

zu der zweiten Gruppe

die Diolefine:

z. B. Allen $CH_2 = C = CH_2$.

Zu den Diolefinen gehören das Divinyl oder 1,3-Butandien $CH_2 = CH - CH = CH_2$ und die Methylverbindung desselben das Isopren oder 2-Methyl 1,3-Butandien $CH_2 = C(CH_3) - CH = CH_2$.

Isopren entsteht bei der trockenen Destillation des Kautschuks und wird praktisch gewonnen durch Leiten von Terpentinöldämpfen durch glühende Röhren oder durch Kondensation von Aceton mit Äthylen. Aus Isopren läßt sich durch Erhitzen mit Eisessig eine Polymerisation zu Kautschuk (synthetischem oder künstlichem Kautschuk) ermöglichen.

Acetylen oder Äthin, $CH \equiv CH$, wurde von Berthelot dargestellt, indem er einen elektrischen Flammenbogen zwischen zwei Kohlenspitzen in einer Wasserstoffatmosphäre erzeugte.

Eine sehr bequeme Darstellungsweise des Acetylens besteht in der Zersetzung von Erdalkalikarbiden durch Wasser. Namentlich benutzt man hierzu das leicht zugängliche Calciumkarbid, das durch Zusammenschmelzen von Kohle und Ätzkalk bei der hohen Temperatur des elektrischen Flammenofens erzeugt wird.

Wasser zersetzt Calciumkarbid wie folgt:

$$CaC_2 + 2\,H_2O = Ca(OH)_2 + CH : CH.$$

Acetylen ist ein Gas von lauchartigem Geruch, das sich bei $+\,1^0$ unter 48 Atmosphären Druck verflüssigen läßt. Acetylen brennt mit stark leuchtender, rußender Flamme und ist für die Beleuchtungstechnik von Wichtigkeit. Mit atmosphärischer Luft (9 Vol.) oder mit Sauerstoff ($2^1/_2$ Vol.) gemischt, bildet Acetylen Gasgemenge, die angezündet äußerst heftig explodieren.

Durch naszierenden Wasserstoff[1]) läßt sich Acetylen in Äthylen und Äthan überführen. Mit Chlorwasserstoff und Jodwasserstoff verbindet sich Acetylen zu Äthylidenchlorid $CH_3 \cdot CHCl_2$ bzw. Äthylidenjodid $CH_3 \cdot CHJ_2$.

Die beiden Wasserstoffatome des Acetylens sind durch Metallatome ersetzbar: Acetylensilber C_2Ag_2, Cuproacetylen C_2Cu_2, Acetylenquecksilber C_2Hg usw., Verbindungen, die explosiv sind.

c) Halogenabkömmlinge von Kohlenwasserstoffen der Methanreihe.

Die Substitution von Wasserstoffatomen in den Kohlenwasserstoffen durch Halogenatome geschieht durch Einwirkung der Halogene unter Abspaltung von Halogenwasserstoff. Läßt man auf Äthan Chlor einwirken, so entsteht zunächst Monochloräthan:

$$CH_3 \cdot CH_3 + Cl_2 = CH_3 \cdot CH_2 \cdot Cl + HCl.$$

Hierbei wird jedoch meist ein Gemisch mehrerer Substitutionsprodukte erhalten, weshalb man besonders zur Gewinnung einfach

---

[1]) Unter naszierendem Wasserstoff oder Wasserstoff in statu nascendi versteht man frisch entwickelten Wasserstoff, dem im Augenblick des Entstehens Gelegenheit geboten ist, auf andere, in dem Wasserstoffentwicklungsgefäß vorhandene Stoffe einzuwirken. Man erklärt die größere Wirksamkeit des nascierenden Wasserstoffs dadurch, daß im Augenblick des Entstehens die Wasserstoffatome noch im freien Zustand sich befinden, sich also noch nicht zu Molekeln verbunden haben.

halogensubstituierter Stoffe (der Monohalogensubstitutions produkte) andere Verfahren wählt.

Die Darstellung der letzteren geschieht am besten, indem man gasförmigen Halogenwasserstoff oder Halogenverbindungen des Phosphors auf einwertige Alkohole einwirken läßt:

a)　　　$C_2H_5 \cdot OH \quad + \quad H Cl \quad = \quad C_2H_5Cl \quad + \quad H_2O.$

　　　　　Äthylalkohol　　　　　　　　　　　Äthylchlorid
　　　　　　　　　　　　　　　　　　　　　　(Monochloräthan)

b)　　　$3\,C_2H_5 \cdot OH \quad + \quad PJ_3 \quad = \quad 3\,C_2H_5J \quad + \quad H_3PO_3$

　　　　Äthylalkohol　　Phosphortrijodid　　Äthyljodid　　Phosphorige
　　　　　　　　　　　　　　　　　　　　　(Monojodäthan)　　Säure.

Zur Darstellung von zweifach halogensubstituierten Stoffen (den Dihalogensubstitutionsprodukten) der Methanreihe kann man auf Olefine Halogene einwirken lassen. Man kann aber auch durch Behandeln von Monohalogensubstitutionsprodukten mit Halogen zweifach halogensubstituierte Stoffe erhalten, denn hat einmal das Halogen substituierend in die Molekel eines Kohlenwasserstoffs eingegriffen, so ist die Substitution anderer Wasserstoffatome erleichtert. Die Einwirkung von freiem Chlor auf die Kohlenwasserstoffe wird durch das Sonnenlicht beschleunigt. Man kann sich aber auch sog. Chlorüberträger bedienen. Als solche dienen kleine Mengen Jod oder Antimonpentachlorid oder auch Eisen. Als Bromüberträger können Aluminiumbromid, als Jodüberträger Jodsäure oder Quecksilberoxyd benutzt werden.

Von Halogenabkömmlingen der Methanreihe, für deren Darstellung besondere Methoden ausgearbeitet sind, kommen folgende medizinisch wichtige in Betracht:

Monochlormethan	$CH_3Cl.$
Dichlormethan	$CH_2Cl_2.$
Trichlormethan	$CHCl_3.$
Tribrommethan	$CHBr_3.$
Monojodmethan	$CH_3J.$
Trijodmethan	$CHJ_3.$
Tetrachlormethan	$CCl_4.$
Monochloräthan	$C_2H_5Cl.$
Monobromäthan	$C_2H_5Br.$

Monochlormethan. Methylchlorid, wird praktisch dargestellt durch Erwärmen eines Gemisches von 1 Teil Methylalkohol, 2 Teilen Natriumchlorid und 3 Teilen Schwefelsäure oder durch Einleiten von trockenem Salzsäuregas in eine siedende Lösung von 1 Teil geschmolzenem Zinkchlorid in 2 Teilen Methylalkohol.

Farbloses, ätherartig riechendes Gas, das mit grüngesäumter Flamme brennt. Zu einer Flüssigkeit verdichtbar, deren Siedepunkt bei — 23⁰ liegt. In der Technik als Kältemittel benutzt (z. B. bei der Gewinnung des Fluors).

Dichlormethan. Methylenchlorid, Methylenum chloratum, CH_2Cl_2. Aus dem nächst höher chlorierten Methan, dem Trichlormethan (Chloroform), durch Behandeln mit naszierendem Wasserstoff (aus Zink und Salzsäure) gewonnen:

$$CHCl_3 + H_2 = CH_2Cl_2 + HCl.$$

Man reinigt das als Anästhetikum benutzte Produkt durch mehrmalige Destillation.

Farblose, eigentümlich süßlich riechende, bei 40° bis 41° siedende Flüssigkeit vom spez. Gew. 1,351 bei 15°, welche angezündet mit grün gesäumter Flamme brennt.

Trichlormethan, Chloroform, Formyltrichlorid, Chloroformium, $CHCl_3$. Zwecks Darstellung unterwirft man Äthylalkohol (oder Aceton) der Destillation mit Chlorkalk.

Darstellung. 50 T. Chlorkalk (mit 30% wirksamem Chlor) werden in eine durch Dampf zu heizende Destillierblase gegeben, welche 200 T. Wasser enthält. Nach sorgfältiger Mischung fügt man 7,5 T. fuselfreien 90%igen Alkohol hinzu, erwärmt auf 45° und sorgt (unter Umständen durch Kühlung) dafür, daß die nunmehr eintretende Selbsterwärmung 60° nicht überschreitet. Hierauf destilliert man bei einer Temperatur von 65° bis 70° ab, wäscht das destillierte Chloroform mit Wasser, läßt es 24 Stunden mit Ätzkalkstücken an einem dunklen Orte stehen, entwässert es vollständig mit Hilfe von Calciumchlorid und destilliert es bei einer 65° nicht übersteigenden Temperatur.

Chlorkalk wirkt auf Äthylalkohol oxydierend ein, indem sich vermutlich zunächst Acetaldehyd bildet:

$$\underbrace{C_2H_5OH}_{\text{Äthylalkohol}} + CaCl(OCl) = CaCl_2 + H_2O + \underbrace{C_2H_4O}_{\text{Acetaldehyd.}}$$

Auf den Aldehyd wirkt weiteres Calciumhypochlorit chlorierend ein, indem Trichloraldehyd (Chloral) entsteht.

Letzterer wird durch Einwirkung von Calciumhydroxyd in Chloroform übergeführt:

$$2\,CCl_3 \cdot CHO + Ca(OH)_2 = \underbrace{(HCOO)_2Ca}_{\substack{\text{Ameisensaures} \\ \text{Calcium}}} + \underbrace{2\,CHCl_3}_{\text{Chloroform.}}$$

Auch durch Destillation von reinem kristallisierten Chloralhydrat mit Kalium- oder Natriumhydroxyd wird Chloroform (Chloralchloroform) erhalten.

Eigenschaften und Prüfung. Chloroform bildet eine farblose, bewegliche, süßlich riechende Flüssigkeit. Spez. Gew. 1,502 bei 15°, Siedepunkt 62,05°. Der Einwirkung des Lichtes und der Luft ausgesetzt, zerfällt die Chloroformmolekel schnell, indem erstickend riechendes Kohlenoxychlorid (Phosgengas) auftritt und nebenher Chlorwasserstoff entsteht:

$$CHCl_3 + O = COCl_2 + HCl.$$

Um zu verhindern, daß eine solche Zersetzung des Chloroforms bei einem zu medizinischen Zwecken zu verwendenden Präparate eintritt, fügt man diesem eine kleine Menge Alkohol hinzu, welcher die auftretenden Zersetzungsprodukte bindet. Das Arzneibuch verlangt ein Chloroform mit einem spez. Gew. von 1,485 bis 1,489, welches durch Zusatz von ca. 1% Alkohol erreicht wird. Der Siedepunkt eines mit 1% Alkohol versetzten Chloroforms liegt zwischen 60° bis 62°.

Chloroform darf nicht erstickend riechen. Filtrierpapier mit Chloroform getränkt, soll nach dem Verdunsten des letzteren keinen

Geruch mehr abgeben. — Man prüft Chloroform auf Salzsäure- und Chlorgehalt, sowie auf Amylverbindungen (s. Arzneibuch).

Anwendung. Als Inhalationsanästhetikum für Narkosen zwecks Vornahme chirurgischer Operationen. Hierfür wird ein besonderes Narkosechloroform von den Apothekern vorrätig gehalten. Es soll in braunen, fast ganz gefüllten und gut verschlossenen Flaschen von höchstens 60 ccm Inhalt abgefüllt und darin aufbewahrt werden.

Innerlich und äußerlich wird Chloroform als schmerzlinderndes und antispasmodisches Mittel benutzt. Vorsichtig und vor Licht geschützt aufzubewahren. Größte Einzelgabe 0,5 g, größte Tagesgabe 1,5 g.

Tribrommethan, Bromoform, Formyltribromid, $CHBr_3$.

Darstellung. Kalkmilch (8 T. Ätzkalk und 40 T. Wasser) wird mit 20 T. Brom in der Kälte gesättigt, wobei sich Calciumhypobromit bildet, und nach dem Hinzufügen von 3,5 T. Aceton der Destillation unterworfen.

Eigenschaften und Prüfung, Bromoform bildet eine farblose, dem Chloroform ähnlich riechende, sehr schwere Flüssigkeit. Siedep. 151^0. Spez. Gew. 2,904 bei 15^0. Das mit $4^0/_0$ absol. Alkohol versetzte medizinisch verwendete Präparat hat das spez. Gew. 2,829 bis 2,833 und erstarrt bei 5^0 bis 6^0. Man prüft es auf Bromwasserstoffsäure, Brom, Bromkohlenoxyd (s. Arzneibuch).

Anwendung. Mit Wasser geschüttelt tropfenweise bei Keuchhusten. Als Beruhigungsmittel bei Irren, Dosis 15 Tropfen bis zu 30 Tropfen, Zeitdauer der Medikation 14 Tage. Auch bei Ozaena (Stinknase) äußerlich verwendet. In kleinen gut verschlossenen Flaschen vor Licht geschützt und vorsichtig aufzubewahren. Größte Einzelgabe 0,5 g, größte Tagesgabe 1,5 g.

Monojodmethan, Methyljodid, CH_3J, wird durch allmähliches Eintragen von 10 Teilen Jod in ein Gemisch aus 1 Teil rotem Phosphor und 4 Teilen Methylalkohol unter Abkühlung und nachfolgender Destillation erhalten und bildet eine farblose, allmählich sich bräunende Flüssigkeit. Siedepunkt 44 bis 45^0. Spez. Gew. 2,295 bei 15^0. Wird zum Methylieren, d. h. zum Einführen von Methylgruppen in organische Verbindungen benutzt.

Trijodmethan, Jodoform, Formyltrijodid, CHJ_3, wird bei der Einwirkung von Jod auf wässerigen Äthylalkohol bei Gegenwart von ätzenden oder kohlensauren Alkalien gebildet.

Darstellung. Man löst 2 T. kristallisiertes Natriumkarbonat in 8 T. Wasser, fügt 1 T. Äthylalkohol von $90^0/_0$ hinzu, erwärmt im Wasserbade auf 70^0 und trägt nach und nach 1 T. zerriebenes Jod ein. Die braune Färbung verschwindet allmählich, und nach dem Erkalten der Flüssigkeit hat sich das Jodoform in Kristallen abgeschieden. Diese werden mit wenig kaltem Wasser auf einem Filter abgewaschen und bei gewöhnlicher Temperatur zwischen Fließpapier getrocknet.

Das Jodoform des Handels wird neuerdings meist durch Elektrolyse einer alkoholisch-wässerigen Lösung von Kaliumjodid und Kaliumkarbonat erhalten.

Eigenschaften und Prüfung. Jodoform bildet kleine, gelbe, glänzende Blättchen, welche bei 119^0 bis 120^0 schmelzen, aber schon bei gewöhnlicher Temperatur verdunsten. Spez. Gew. 2,0. Es besitzt einen eigentümlichen, an Safran erinnernden Geruch, welcher durch ätherische Öle, auch durch Cumarin verdeckt werden kann. In Wasser fast unlöslich. Gelöst wird es von 70 Teilen Weingeist von 15^0, ungefähr 10 Teilen siedendem Weingeist und von 10 Teilen Äther. Mit Wasserdämpfen ist es flüchtig.

Man prüft Jodoform auf Chloride und auf fremde wasserlösliche gelbe Farbstoffe, wie **Pikrinsäure** oder **Auramin**, die zum Verfälschen des Jodoforms benutzt werden (s. Arzneibuch).

Anwendung. Zum antiseptischen Wundverband. In $10^0/_0$iger Lösung in einem Gemisch gleicher Teile Alkohol und Glycerin zur Injektion in Abszesse, ferner benutzt in Form von Jodoformgaze, Jodoform-Collodium, Jodoform-Watte. **Vor Licht geschützt und vorsichtig aufzubewahren. Größte Einzelgabe 0,2 g, größte Tagesgabe 0,6 g.**

Monochloräthan. Äthylchlorid, Aether chloratus, $CH_3 \cdot CH_2 \cdot Cl$, wird durch Einwirkung von trockenem Salzsäuregas auf gut gekühlten absoluten Alkohol erhalten und bildet eine leicht flüchtige, ätherisch riechende Flüssigkeit, die in Wasser nur wenig, in Weingeist und Äther aber in jedem Verhältnis löslich ist. Äthylchlorid verbrennt mit grüngesäumter Flamme. Siedepunkt 12^0 bis $12,5^0$. Man prüft es auf **Salzsäure und Phosphorverbindungen** (s. Arzneibuch). Es wird in zugeschmolzenen oder mit einem geeigneten Verschluß versehenen (s. Abb. 65) Glasröhren in den Handel gebracht.

Die links befindliche Öffnung des mit abschraubbaren Metallkapseln versehenen Glasgefäßes (Abb. 65) gibt nach Abnahme der Verschraubung einen nach oben gerichteten Strahl. Wendet man das Gefäß um, so gibt die andere Öffnung einen nach unten gerichteten Strahl des Äthylchlorids.

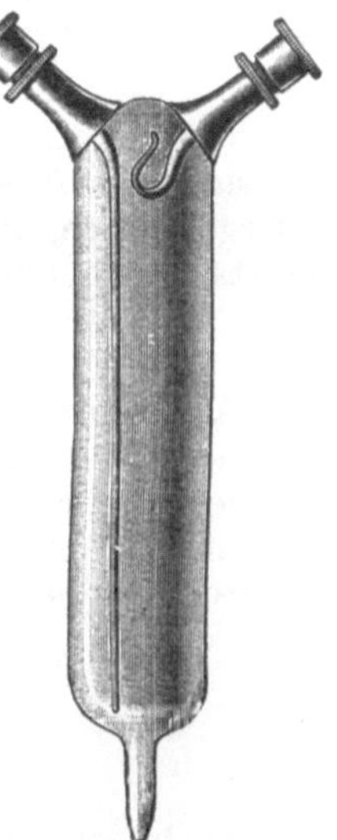

Abb. 65.
Äthylchlorid-Gefäß.

Anwendung. Als lokales Anästhetikum. Kühl und vor Licht geschützt vorsichtig aufzubewahren.

Monobromäthan, Äthylbromid[1]), Aether bromatus, $CH_3 \cdot CH_2 Br$, erhält man durch Destillation eines Gemisches von Äthylalkohol, Schwefelsäure und Kaliumbromid.

Beim Mischen von Äthylalkohol mit Schwefelsäure entsteht zunächst Äthylschwefelsäure, welche durch Kaliumbromid zu Monobromäthan und saurem schwefelsauren Kalium umgesetzt wird:

$$(C_2H_5)HSO_4 + KBr = KHSO_4 + C_2H_5Br.$$

Der besseren Haltbarkeit wegen versetzt man das als Anästhetikum benutzte Monobromäthan mit einer kleinen Menge Alkohol. Das Arzneibuch verlangt für Aether bromatus das spez. Gew. 1,453

---

[1]) Nicht zu verwechseln mit dem giftigen Äthylenbromid, $BrCH_2 \cdot CH_2Br$.

bis 1,457 und den Siedepunkt 38 bis 40°. Äthylbromid ist eine angenehm ätherisch riechende, stark lichtbrechende, neutrale, in Wasser unlösliche, in Weingeist und Äther lösliche Flüssigkeit, die bei Narkosen von kürzerer Dauer in Anwendung kommt. In braunen, fast ganz gefüllten Flaschen von höchstens 100 ccm Inhalt, vor Licht geschützt und vorsichtig aufzubewahren.

Man prüft es auf fremde organische Verbindungen, auf Phosphorverbindungen und auf Bromwasserstoffsäure.

Tetrachlormethan, Tetrachlorkohlenstoff, CCl_4, entsteht bei der Einwirkung von Chlor auf siedendes Chloroform im Sonnenlicht oder bei Gegenwart von kleinen Mengen Jod. Es wird in der Technik erhalten durch Behandeln von Schwefelkohlenstoff mit Chlorschwefel bei Gegenwart kleiner Mengen Eisen:

$$CS_2 + 2\,S_2Cl_2 = CCl_4 + 6\,S.$$

Eigenschaften. Eine bei 76° siedende, angenehm riechende Flüssigkeit vom spez. Gew. 1,599 bei 15°. In der Technik, weil nicht feuergefährlich, als ausgezeichnetes Lösungsmittel für viele organische Substanzen benutzt.

II. Alkohole.

Alkohole sind neutral reagierende hydroxylhaltige Kohlenstoffverbindungen. Sie sind dadurch gekennzeichnet, daß die Hydroxylgruppe an einem Kohlenstoffatom sich befindet, welches mit anderen Kohlenstoffatomen nur mit je einer Affinität und mit anderen Sauerstoffatomen überhaupt nicht verbunden ist, z. B.:

$$
\begin{array}{ccc}
CH_3 & CH_3 & CH_3 \\
| & | \diagdown H & | \\
CH_2 & C & CH_3{-}C{-}OH \\
\diagdown OH & | \diagdown OH & | \\
 & CH_3 & CH_3
\end{array}
$$

Nach der Anzahl der in einer Molekel einer Kohlenstoffverbindung enthaltenen alkoholischen Hydroxylgruppen unterscheidet man einwertige und mehrwertige Alkohole.

Die von den gesättigten oder Grenzkohlenwasserstoffen sich ableitenden Alkohole bezeichnet man als Grenzalkohole, die von den ungesättigten Kohlenwasserstoffen sich ableitenden Alkohole als ungesättigte.

a) Grenzalkohole.

1. Einwertige:

Methylalkohol, $CH_3 \cdot OH$ (Methan, in welchem 1 Wasserstoffatom durch Hydroxyl ersetzt ist).

Äthylalkohol, $C_2H_5 \cdot OH$ (abzuleiten vom Äthan).

Propylalkohol, $C_3H_7 \cdot OH$ (abzuleiten vom Propan).

Butylalkohol, $C_4H_9 \cdot OH$ (abzuleiten vom Butan).

Amylalkohol, $C_5H_{11} \cdot OH$ (abzuleiten vom Pentan) usw.

2. Zweiwertige.

Glykolalkohol, $\begin{array}{c} CH_2 \cdot OH \\ | \\ CH_2 \cdot OH \end{array}$ (abzuleiten vom Äthan, $\begin{array}{c} CH_3 \\ | \\ CH_3 \end{array}$, in welchem zwei Wasserstoffatome durch Hydroxyle ersetzt sind).

3. Dreiwertige:

$$CH_2 \cdot OH \quad\quad\quad\quad\quad\quad CH_3$$

Glycerin, $CH \cdot OH$ (abzuleiten vom Propan CH_2, in welchem drei Wasser-

$$CH_2 \cdot OH \quad\quad\quad\quad\quad\quad CH_3$$

stoffatome durch Hydroxyle ersetzt sind).

4. Vierwertige: Erythrit, $CH_2OH \cdot (CH \cdot OH)_2 \cdot CH_2OH$.
5. Fünfwertige: Arabit, $CH_2OH \cdot (CH \cdot OH)_3 \cdot CH_2OH$.
6. Sechswertige: Mannit, $CH_2OH \cdot (CH \cdot OH)_4 CH_2OH$.

Die einwertigen Alkohole werden, je nachdem das die Hydroxylgruppe tragende Kohlenstoffatom mit ein oder mehreren Kohlenstoffatomen direkt verbunden ist, in drei verschiedene Klassen eingeteilt, in primäre, sekundäre, tertiäre.

Bei den primären Alkoholen findet sich das Hydroxyl an einem endständigen Kohlenstoffatom. Bei den sekundären Alkoholen ist das die Hydroxylgruppe gebunden haltende Kohlenstoffatom noch mit zwei anderen Kohlenstoffatomen verknüpft. In den tertiären Alkoholen steht das die Hydroxylgruppe bindende Kohlenstoffatom noch mit drei anderen Kohlenstoffatomen in Verbindung:

Primäre Alkohole sind daher durch die Gruppe $-C\diagup^{H_2}_{\diagdown OH}$,

sekundäre durch die Gruppe $-C\diagup^{H}_{\diagdown OH}$,

tertiäre durch die Gruppe $-C-OH$ gekennzeichnet:

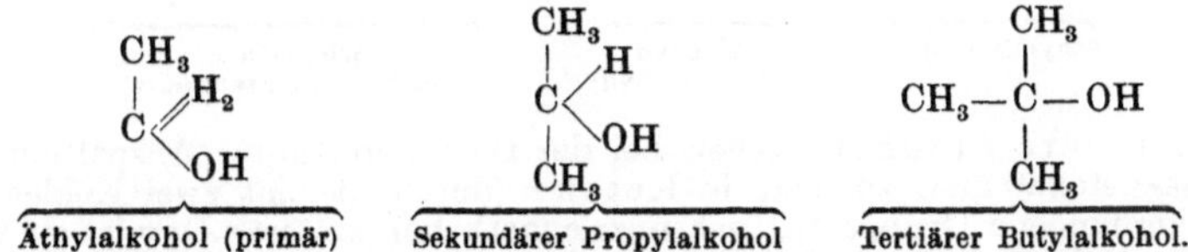

Äthylalkohol (primär)	Sekundärer Propylalkohol	Tertiärer Butylalkohol.

Die Alkohole werden als Derivate des Methylalkohols, welcher als Carbinol bezeichnet wird, aufgefaßt. Durch Ersatz eines Wasserstoffatoms im Carbinol durch Alkyle entstehen primäre Alkohole, z. B.:

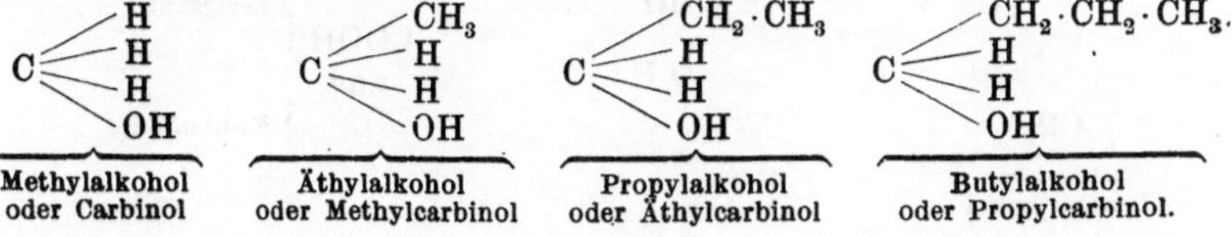

Methylalkohol oder Carbinol	Äthylalkohol oder Methylcarbinol	Propylalkohol oder Äthylcarbinol	Butylalkohol oder Propylcarbinol.

Durch Ersatz von zwei Wasserstoffatomen im Carbinol durch Alkyle entstehen sekundäre Alkohole, z. B.

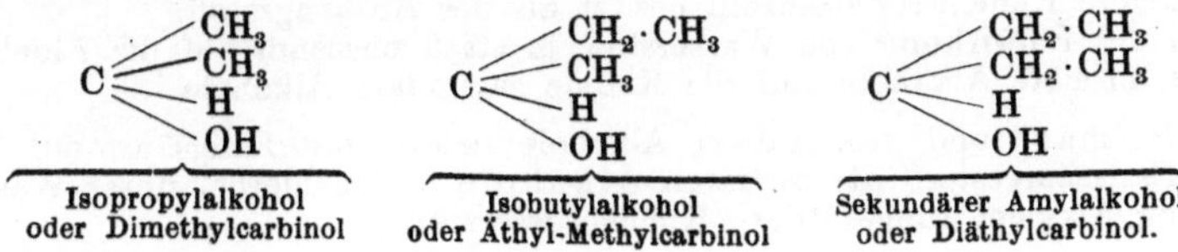

Isopropylalkohol oder Dimethylcarbinol	Isobutylalkohol oder Äthyl-Methylcarbinol	Sekundärer Amylalkohol oder Diäthylcarbinol.

Durch Ersatz der drei Wasserstoffatome des Carbinols durch Alkyle entstehen **tertiäre Alkohole**, z. B.:

$$C \diagdown \begin{matrix} CH_3 \\ CH_3 \\ CH_3 \\ OH \end{matrix} \qquad\qquad C \diagdown \begin{matrix} CH_2 \cdot CH_3 \\ CH_3 \\ CH_3 \\ OH \end{matrix}$$

Tertiärer Butylalkohol   Tertiärer Amylalkohol
Trimethylcarbinol   Dimethyläthylcarbinol.

Man bezeichnet die Alkohole auch nach den Kohlenwasserstoffen, aus welchen sie entstanden gedacht werden, durch Anhängung der Silbe ol an den Namen des entsprechenden Kohlenwasserstoffs, z. B.:

$$CH_3 \cdot OH = \text{Methanol} \qquad CH_3 \cdot CH_2 \cdot OH = \text{Äthanol}$$
$$CH_3 \cdot CH_2 \cdot CH_2 \cdot OH = \text{1-Propanol} \qquad CH_3 \cdot CH \cdot OH \cdot CH_3 = \text{2-Propanol.}$$

Die **primären, sekundären** und **tertiären Alkohole** lassen sich wie folgt unterscheiden:

1. **Primäre Alkohole** gehen bei der Oxydation unter Abspaltung von zwei Wasserstoffatomen zunächst in **Aldehyde** (durch die Gruppe $-C{\diagdown}^{H}_{O}$ gekennzeichnet), bei weiterer Oxydation in **Carbonsäuren** (durch die Gruppe $-C{\diagup}^{O}_{OH}$ gekennzeichnet) über:

$$\underbrace{\begin{matrix} CH_3 \\ | \\ C \\ | \\ OH \end{matrix}\diagup^{H}_{H}}_{\text{Äthylalkohol}} \longrightarrow \underbrace{\begin{matrix} CH_3 \\ | \\ C \\ | \\ OH \end{matrix}\diagup^{H}_{O\,H}}_{\substack{\text{Aldehyd} \\ \text{(Acetaldehyd)}}} \longrightarrow \underbrace{\begin{matrix} CH_3 \\ | \\ C \end{matrix}\diagup^{O}_{OH}}_{\substack{\text{Carbonsäure} \\ \text{(Acetsäure od. Essigsäure).}}}$$

Sekundäre Alkohole gehen bei der Oxydation unter Abspaltung von zwei Wasserstoffatomen zunächt in **Ketone** (durch die mit zwei Kohlenstoffatomen verbundene Gruppe CO gekennzeichnet), bei weiterer Oxydation unter Zerfall der Molekel in zwei Carbonsäuren über, deren Kohlenstoffgehalt selbstverständlich geringer sein muß, als der Kohlenstoffgehalt des Ausgangsstoffes:

$$\underbrace{\begin{matrix} CH_3 \\ | \\ C \diagup^{H}_{OH} \\ | \\ CH_3 \end{matrix}}_{\substack{\text{Sekundärer} \\ \text{Propylalkohol}}} \longrightarrow \underbrace{\begin{matrix} CH_3 \\ | \\ C \diagup^{OH}_{O\,H} \\ | \\ CH_3 \end{matrix}}_{\substack{\text{Keton} \\ \text{(Aceton)}}} \longrightarrow \left.\begin{matrix} CH_3 \\ | \\ COOH \end{matrix}\right\}\text{Essigsäure}$$

und

$$CO_2 \Big\}\text{Kohlensäure.}$$

Tertiäre Alkohole geben keine Zwischenprodukte, sondern gehen bei der Oxydation unter Zerfall der Molekel meist in Carbonsäuren über, deren jede eine geringere Kohlenstoffatomzahl besitzt als der Ausgangsstoff.

Bei der Einwirkung von Wasserstoff in statu nascendi auf die Aldehyde entstehen primäre Alkohole, auf die Ketone sekundäre Alkohole.

2. **Primäre** und **sekundäre Alkohole** liefern, mit Essigsäure auf 155° erhitzt, Essigsäureester, die **tertiären Alkohole** bilden hierbei unter Wasserabspaltung Alkylene (ungesättigte Kohlenwasserstoffe).

3. Beim Erhitzen primärer Alkohole mit Natronkalk werden die denselben entsprechenden Säuren gebildet:

$$CH_3 \cdot CH_2 \cdot OH + NaOH = CH_3 \cdot COONa + 2 H_2$$

Äthylalkohol   Essigsaures Natrium.

Die Hydroxylwasserstoffatome der Alkohole lassen sich durch Kalium oder Natrium ersetzen. Die entsprechenden Verbindungen werden Metallalkoholate genannt, z. B.:

$$2 CH_3 \cdot CH_2 \cdot OH + Na_2 = 2 CH_3 \cdot CH_2 \cdot ONa + H_2$$

Äthylalkohol   Natriumalkoholat (Natriumäthylat).

1. Einwertige Alkohole.

Methylalkohol, Carbinol, Methanol, Holzgeist, CH_3OH, kommt im freien Zustande in den Früchten verschiedener Heracleumarten vor, sowie im Gaultheriaöl als Salicylsäureester. Er bildet sich bei der trockenen Destillation des Holzes und findet sich daher im Holzessig, aus welchem er durch fraktionierte Destillation gewonnen werden kann.

Man stumpft die Essigsäure des Holzessigs mit Kalkmilch ab und destilliert $^1/_{10}$ von der Gesamtflüssigkeit ab. Das Destillat wird durch mehrmalige Destillation über Ätzkalk nach und nach entwässert, bis schließlich nur noch Methylalkohol neben Aceton übergeht. Man behandelt dieses Gemisch mit Calciumchlorid, mit welchem Methylalkohol eine kristallisierende Verbindung eingeht, und bewirkt dadurch eine Trennung vom Aceton. Unterwirft man die Verbindung Calciumchlorid-Methylalkohol einer Destillation mit Wasserdämpfen, so findet eine Zerlegung der Verbindung statt, und Methylalkohol destilliert, welcher durch wiederholte Destillation über Ätzkalk entwässert wird.

Methylalkohol bildet eine farblose, leicht bewegliche, dem Weingeist ähnlich riechende, brennbare Flüssigkeit von brennendem Geschmack. Siedepunkt 66°, spez. Gew. 0,7997 bei 15°. Durch Oxydationsmittel geht Methylalkohol zunächst in Formaldehyd, dann in Ameisensäure und schließlich in Kohlensäure über.

Methylalkohol ist ein starkes Gift; nach innerlicher Darreichung treten heftige Koliken auf, die zum Tode führen können. Vielfach ist nach einer Methylalkoholvergiftung Erblindung beobachtet worden.

Der rohe Holzgeist des Handels ist ein im wesentlichen aus acetonhaltigem Methylalkohol bestehendes Präparat, das zum Denaturieren von Weingeist (Äthylalkohol) Verwendung findet.

In der Neuzeit kommen für äußerliche Zwecke bestimmte Präparate in den Handel, die unter Verwendung eines mit rohem Holzgeist versetzten Weingeistes, also eines solchen, der Methylalkohol enthält, bereitet wurden. Unter den Namen Spiritol und Spiritogen sind im wesentlichen aus Methylalkohol bestehende Produkte, die zur Herstellung von sonst mit Äthylalkohol bereiteten Präparaten Verwendung finden sollen, angeboten worden. Auch in Schnaps wurde Methylalkohol aufgefunden.

Um Methylalkohol in Flüssigkeiten nachzuweisen, kann man wie folgt verfahren:

10 ccm der zu prüfenden Flüssigkeit werden in einem 50 ccm fassenden Kölbchen (s. Abb. 66), auf welches ein als Kühler wirkendes doppelt rechtwinklig gebogenes Glasrohr mittels eines durchbohrten Gummistopfens aufgesetzt ist, und welches auf einem doppelten Drahtnetz steht, sehr langsam und vorsichtig mit kleiner Flamme zum Sieden erhitzt. Das Destillat wird in einem kleinen, in Zehntel-Kubikzentimeter geteilten Meßzylinder aufgefangen. Man destilliert genau 1 ccm ab und leitet die Destillation so, daß diese Menge innerhalb 4 bis 5 Minuten übergeht; bei zu schnell geleiteter Destillation ist das Destillat heiß, und es können alsdann Verluste an Holzgeist eintreten.

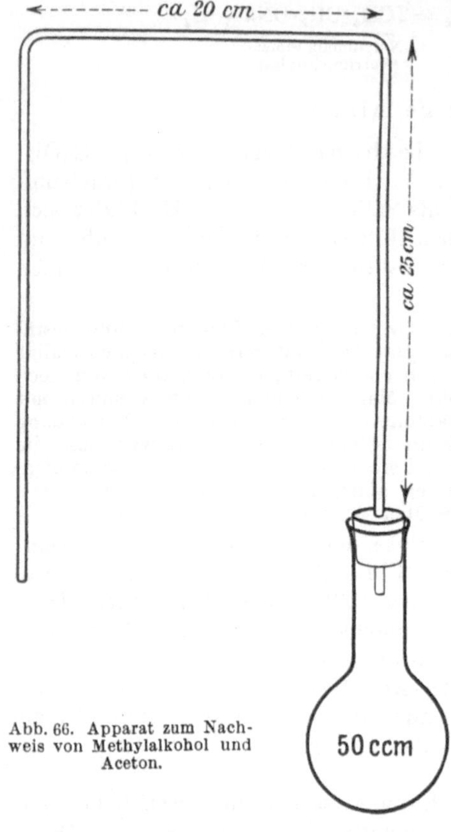

Abb. 66. Apparat zum Nachweis von Methylalkohol und Aceton.

Das Destillat wird mit 4 ccm verdünnter Schwefelsäure ($20\,^0/_0$) gemischt und in ein weites Reagenzglas übergeführt. Man trägt unter guter Kühlung des Reagenzglases (durch Eintauchen in kaltes Wasser) und stetem Umschütteln nach und nach 1 g sehr fein zerriebenes Kaliumpermanganat ein. Nachdem die Violettfärbung der letzten Portion verschwunden ist, filtriert man durch ein kleines trockenes Filter in ein Reagenzglas, erhitzt das meist rötlich gefärbte Filtrat 20 bis 30 Sekunden bis zum schwachen Sieden, kühlt alsdann ab und mischt 1 ccm der nun farblosen Flüssigkeit in einem Reagenzglase unter gutem Kühlen mit 5 ccm konz. Schwefelsäure. Zu der abgekühlten Mischung werden 2,5 ccm einer frisch bereiteten Lösung von 0,2 g salzsaurem Morphin in 10 ccm konz. Schwefelsäure gefügt. Da diese Flüssigkeiten sich durch Schütteln schwer mischen, bewirkt man die Mischung durch sorgfältiges Rühren mit einem Glasstab. Man läßt nun bei Zimmertemperatur 20 Minuten lang stehen und beobachtet die Färbung der Flüssigkeit. Enthält das ursprüngliche Präparat mindestens $0,5\,^0/_0$ Methylalkohol, so ist die Flüssigkeit violett bis rotviolett gefärbt. Gelbliche oder bräunliche Färbungen bleiben unberücksichtigt (nach Fendler und Mannich).

Bei der Einwirkung von Schwefeltrioxyd auf absoluten Methylalkohol bei 0^0 bildet sich Methylschwefelsäure

$$CH_3OH + SO_3 = CH_3HSO_4,$$

woraus bei der Destillation im Vakuum Dimethylsulfat $(CH_3)_2SO_4$ entsteht. Dieses wird zum Methylieren organischer Verbindungen angewendet.

Äthylalkohol, Alkohol, Weingeist, Spiritus vini, $CH_3 \cdot CH_2 \cdot OH$, kommt im freien Zustande vor in den Früchten von Heracleumarten, von Pastinaca sativa, Anthriscus cerefolium und bildet sich bei der geistigen und alkoholischen Gärung verschiedener

Zuckerarten. Die alkoholische Gärung wird durch Hefe (Saccharomyces-Arten) bewirkt. Die Hefepilze erzeugen ein eigentümliches Ferment, die Zymase, welche Traubenzucker und andere direkt gärungsfähige Zuckerarten in Alkohol und Kohlendioxyd zersetzt:

$$C_6H_{12}O_6 = 2C_2H_5 \cdot OH + 2CO_2.$$

Diese Umsetzung verläuft nicht völlig glatt; gegen $6\,^0/_0$ Zucker werden bei der Gärung in andere Stoffe, wie Fuselöl, Glycerin, Bernsteinsäure, übergeführt.

Bei dem Zuckerabbau durch Hefegärung entsteht nach Neuberg als Zwischenprodukt Brenztraubensäure CH_3—CO—$COOH$. Diese wird durch das Enzym Carboxylase unter Kohlendioxydabgabe weiter gespalten, wobei Acetaldehyd gebildet wird, der dann durch Reduktionswirkung in Äthylalkohol übergeht. Bei Gegenwart schwefligsaurer Salze wird bei der Hefegärung der als Zwischenprodukt entstehende Acetaldehyd gebunden (fixiert, „abgefangen") und dabei die äquivalente Menge Glycerin gebildet:

$$C_6H_{12}O_6 = \underbrace{CH_3 \cdot CHO}_{\text{Acetaldehyd}} + CO_2 + \underbrace{C_3H_8O_3}_{\text{Glycerin.}}$$

Wenn der Alkohol einer gärenden Flüssigkeit sich auf 14 bis 16 Gewichtsprozent Alkohol angereichert hat, kommt die Gärung zum Stillstande, indem der Hefepilz nicht mehr zu wachsen, bzw. die Zymase den Zucker nicht mehr zu zerlegen vermag. Auch beim Erhitzen der Flüssigkeit auf 60^0 wird der Hefepilz getötet, bzw. die Zymase unwirksam.

Nicht alle Zuckerarten zerfallen direkt durch die Tätigkeit der Hefe. Direkt gärungsfähig sind z. B. Traubenzucker, Fruchtzucker und Galaktose, nicht direkt (indirekt) gärungsfähig, z. B. Rohrzucker. Man kann diesen aber in gärungsfähigen Zucker umwandeln, invertieren, indem man Rohrzucker mit verdünnten Säuren in der Wärme behandelt. Auch schon durch anhaltendes Kochen der wässerigen Lösung, sowie durch die Einwirkung der Hefe wird Rohrzucker gärungsfähig, indem das von den Hefepilzen ausgeschiedene Enzym Invertin eine Spaltung des Zuckers bewirkt. Dieser nimmt eine Molekel Wasser auf und zerfällt in zwei direkt gärungsfähige Zuckerarten, in Traubenzucker und Fruchtzucker (s. Zucker).

Man kann auch das in besonderen Reservestoffbehältern von Pflanzen (Knollen, Wurzeln, Stämmen) vorkommende Stärkemehl zur Alkoholgewinnung benutzen, indem beim Behandeln stärkemehlhaltiger Stoffe bei höherer Temperatur mit einem wässerigen Gerstenmalzauszug ein in diesem enthaltenes eigentümliches Enzym, die Diastase, die Verzuckerung des Stärkemehls (Bildung von Maltose neben Dextrin) bewirkt. Die Maltose wird durch die Hefe in Alkohol und Kohlensäure zerlegt.

Viele zuckerhaltige Pflanzensäfte (von Weintrauben, Stachelbeeren, Johannisbeeren usw.) unterliegen unter geeigneten Bedingungen gleichfalls einer alkoholischen Gärung und liefern die als Wein (Obstweine) bekannten alkoholischen Getränke. Je nach dem Zucker-

gehalt des der Gärung unterworfenen Saftes wird ein alkoholreicheres
oder -ärmeres Produkt erhalten. Der Alkoholgehalt der verschiedenen
Weine schwankt bei leichten deutschen Weinen zwischen 6 bis 8 Volum-
(Raum-)prozenten, bei gehaltreicheren deutschen Weinen zwischen 8
bis 12, bei französischen Weinen zwischen 10 und 12 Volumprozenten.
Südländische (spanische, italienische, griechische, ungarische) Weine,
welche bei hohem Zuckergehalte gleichzeitig einen hohen Alkoholgehalt besitzen (mehr als 16 g in 100 ccm Wein), sind Kunsterzeug-
nisse. Die südländischen Weine werden in der Weise hergestellt,
daß Traubensaft (Most) nicht unmittelbar der Gärung unterworfen,
sondern zuvor durch Eindampfen konzentriert und mit etwas Most
oder Reinhefe zwecks Einleitung des Gärungsvorganges versetzt wird.
Ungarweine stellt man her, indem man Trockenbeeren mit Most auszieht und die so erhaltenen zuckerreichen Flüssigkeiten vergären läßt.

Eine Vergärung von Gerstenmalzauszügen mit Zusatz von Hopfen
liefert das Bier. Man unterscheidet ober- und untergärige Biere.
Bei ersteren verläuft die Gärung bei mittlerer Temperatur und oft
stürmisch, wodurch das Hefegut an die Óberfläche der gärenden
Flüssigkeit gerissen wird. Auf diese Weise werden die Weißbiere
(Berliner Weißbier, Lichtenhainer) erzeugt. Die untergärigen
Biere (Lagerbiere) werden durch Gärung bei niedriger Temperatur
(bis ca. $+5^0$) unter Zusatz von Hopfenauszügen hergestellt. Die
Lagerbiere enthalten gegen 3 bis 5 Volumprozent Alkohol und gegen
$8\,^0/_0$ Extraktivstoffe.

Unterwirft man Traubenwein der Destillation, so geht im An-
fange der Destillation eine alkoholreiche Flüssigkeit über, welche
ätherisch riechende Stoffe (Fruchtäther) enthält. Das von vergorenem
Traubensaft (Wein) erhaltene Destillat führt den Namen Cognac,
enthält gegen $40\,^0/_0$ Alkohol und wird im Arzneibuch als Spiritus
e Vino, Weinbranntwein, bezeichnet.

Aus vergorenem Reis oder vergorenem Palmsaft wird in Ostindien Arrak, aus vergorener Zuckerrohrmelasse Rum, aus vergorenen reifen Zwetschen Zwetschenbranntwein, aus vergorenen,
mit den Kernen zerstoßenen Kirschen das blausäurehaltige Kirsch-
wasser gewonnen.

Man nennt das Verfahren, aus alkoholhaltigen Stoffen durch
Destillation alkoholreiche Flüssigkeiten zu gewinnen, das Brennen,
und das Produkt selbst Branntwein. Insbesondere wird unter
Branntwein die durch Vergären verzuckerter Kartoffelstärke oder
der verzuckerten Stärke der Gramineenfrüchte erhaltene alkoholische
Flüssigkeit verstanden. Der Alkohol oder Spiritus oder Weingeist, welcher in der Technik, im Haushalt, in der Apotheke zur
Herstellung pharmazeutischer Präparate, zu Trinkzwecken usw. vielseitige Verwendung findet, wird meist aus Kartoffeln „gebrannt“.
Nur geringe Mengen werden aus Getreide hergestellt und als Korn-
branntwein, Korn, fast ausschließlich zu Trinkzwecken benutzt.

Alkoholgewinnung aus Kartoffeln. Die Kartoffeln werden ge-
kocht, zerkleinert, mit Wasser zu einem Brei angerührt und, mit $5\,^0/_0$ Malz ver-

setzt, bei einer Temperatur von 60° belassen. Neuerdings zieht man vor, die Kartoffeln im „Dämpfer" (Abb. 67), d. h. in einem Autoklaven mit Dampf bei 2 bis 3 Atmosphären Druck und einer Temperatur von 140 bis 150° vorzubereiten. Aus dem „Dämpfer" kommen die Kartoffeln in Form eines Breies heraus, der sodann mit dem zerquetschten und mit Wasser angerührten Malz versetzt und im Maischeapparat auf gegen 60° erhitzt wird. Die jetzt dünnflüssig gewordene Masse (die Maische) läßt man in Bottichen abkühlen und leitet bei einer Temperatur von 15 bis 20° mit Hefe die alkoholische Gärung ein. Die vergorene Masse unterwirft man der Destillation und reinigt das Destillat von Nebenstoffen wie Acetaldehyd, Acetal, Fuselöl usw., durch fraktionierte Destillation in sog. Ko-lonnenapparaten (De-phlegmatoren).

Die vergorene Maische läßt man in das Maische-reservoir A (s. Abb. 68) ein. Dieses steht in Verbindung mit einer zweiarmigen Wage, deren einer Arm Gewichts-stücke, deren anderer eine mit Ausfluß versehene Schale trägt. Aus dem Reservoir wird durch das mit einem Ventil verschließbare Rohr g die Maische in die Schale eingeführt und stellt sich in dieser in solcher Höhe ein, wie es die Belastung der Gewichtsschale gestattet. Diese Vorrichtung hat den Zweck, nur eine ganz be-stimmte Menge Maische in einer bestimmt festgesetzten Zeit in die Maischedestil-liersäule gelangen zu lassen. In dieser sinkt allmählich ein fester Absatz zu Boden und tritt als Schlempe in den Schlempeausflußregu-lator D ein. Der Schlem-peprober h zeigt die Ab-wesenheit von Alkohol in der Schlempe jederzeit an. Indem in die Maischedestil-liersäule in dünnem Strahl die Maische einfällt, beggeg-net sie den von unten nach

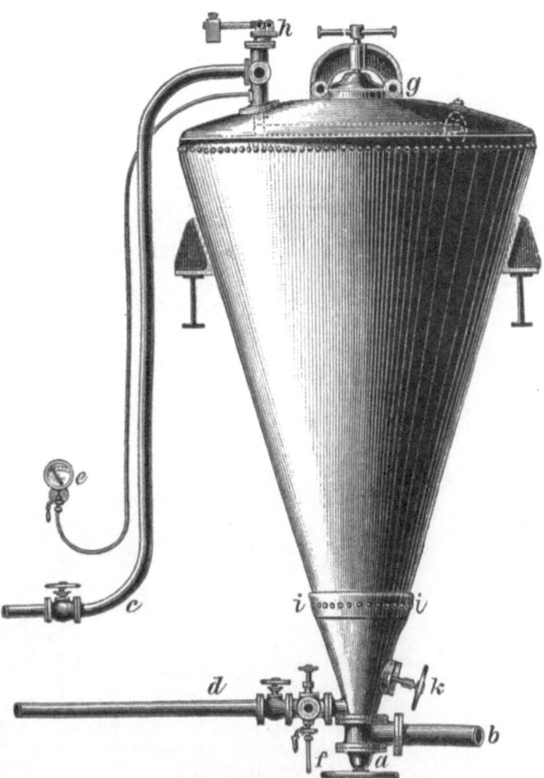

Abb. 67. Dämpfer für Kartoffeln.

oben aufsteigenden Wasserdämpfen. Diese nehmen aus der Maische den Alkohol dampfförmig mit fort und gelangen durch das Rohr a in den leeren Untersatz E der ersten Rektifiziersäule. In dem oberen Teile dieser sind mehrere Dephleg-matoren G enthalten, viereckige, übereinander befindliche Kästen, von denen ein jeder von mehreren geraden, an beiden Enden offenen Rohren durchzogen ist. Von dem Wasserregulator U strömt durch die oberste Rohrreihe der Dephlegmatoren Kühlwasser, welches mittels seitlicher Rinnen durch die nächste unterste Rohr-reihe und so durch alle Dephlegmatoren geleitet wird, bis es unten stark erwärmt anlangt und zum Warmwasserbehälter abläuft. Das Innere der Dephlegmatoren ist mit Porzellankugeln gefüllt. Unterhalb der Dephlegmatoren G befinden sich die gleichfalls mit Porzellankugeln gefüllten Rektifikatoren F. In diese fällt der in G aus den Alkoholdämpfen gebildete (kondensierte) Lutter (Nieder-schlag) zurück, der nur noch wenig Äthylalkohol enthält, hingegen fast die ge-

 Alkohole.

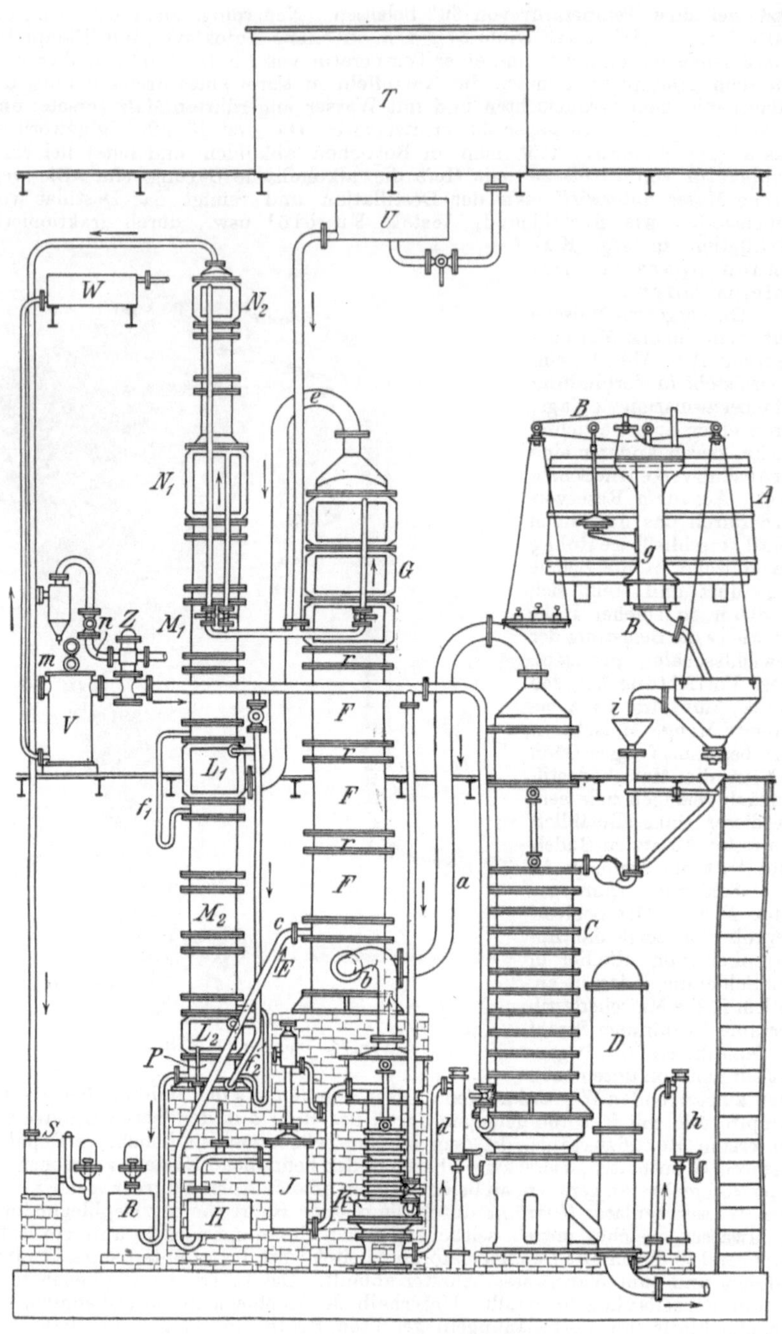

Abb. 68. Maische — Rektifizierapparat.

samte Menge des schwerflüchtigen Fuselöls. Bei c der Säule tritt der Lutter aus, wird im Kühler H vollends abgekühlt und in den Fuselölabscheider J geführt, in welchem das spezifisch leichtere Öl nach oben in ein engeres Rohr aufsteigt und hier abgezogen werden kann, während der vom Fuselöl größtenteils befreite Lutter zwecks Gewinnung des darin noch enthaltenen Alkokols in die kleine Lutterdestilliersäule weitergeleitet wird. Der in dieser wiedergewonnene Alkohol tritt durch das Rohr b in die erste Rektifiziersäule zurück. Das aus der Lutterdestilliersäule abfließende Wasser wird durch den Lutterprober d auf die Abwesenheit von Alkohol geprüft

Der aus der ersten Rektifiziersäule aus e austretende Alkoholdampf ist zwar frei von Fuselöl, enthält aber noch die leicht flüchtigen Äther und Aldehyde (Acetaldehyd). Zur Abscheidung dieser wird der Alkoholdampf in eine zweite Rektifiziersäule geleitet, in die er in der Mitte bei L_1 eintritt. Der obere Teil dieser Säule besteht aus den Dephlegmatoren N_1 und N_2 und aus mehreren Rektifikatoren M_1. In den letzteren wird der „Feinsprit" niedergeschlagen, erfährt in den Rektifikatoren M_2 nochmals eine schwache Erwärmung und dadurch bewirkte Trennung von den leichter flüchtigen Stoffen und verläßt dann nach Passieren des Kühlers R den Apparat. Die leichter flüchtigen Produkte werden oben aus der zweiten Rektifiziersäule fortgeführt und in dem Vorlaufkühler S verdichtet.

In Nordindien gewinnt man aus den „Mahowa flowers", den ca. $60^0/_0$ größtenteils Invertzucker enthaltenden gelben Blüten der Bassia butyracea durch Vergären Alkohol. Der Baum blüht im April; die heruntergefallenen Blüten werden aufgelesen und zur Alkoholgewinnung benutzt.

Der in den Handel gelangende Sprit oder rektifizierte Weingeist enthält noch 5 bis $10^0/_0$ Wasser. Um ihn davon zu befreien, wird er über wasserentziehenden Mitteln (Ätzkalk, geglühter Pottasche) wiederholt destilliert. Man erhält so den Alcohol absolutus des Handels mit gewöhnlich noch 0,25 bis $0,5^0/_0$ Wassergehalt.

Wasserfreier Alkohol ist eine farblose, leicht bewegliche Flüssigkeit von angenehm geistigem Geruch und brennendem Geschmack. In wasserfreiem Zustand wirkt Äthylalkohol giftig, mit Wasser verdünnt anregend. Er ist leicht entzündlich und verbrennt mit bläulicher Flamme zu Wasser und Kohlendioxyd. Mit Wasser, Äther, Chloroform läßt er sich in jedem Verhältnis klar mischen. Beim Verdünnen mit Wasser findet Erwärmung und Kontraktion (Raumverminderung) statt. Die größte Raumverminderung tritt ein beim Vermischen von 53,94 Raumteilen Alkohol mit 49,93 Raumteilen Wasser. Es werden hierbei 100 Raumteile Flüssigkeit erhalten. Das spez. Gew. des Äthylalkohols mit 99,66 bis 99,46 Volumprozent oder 99,44 bis 99,11 Gewichtsprozent Alkohol (Alcohol absolutus) ist 0,796 bis 0,797, der Siedepunkt liegt bei $78,4^0$. Die Siedepunkte der Gemische von Alkohol und Wasser sind je nach dem darin enthaltenen Alkohol verschieden, liegen niedriger bei hohem Alkoholgehalt und umgekehrt.

Den Alkoholgehalt bestimmt man durch sog. Alkoholometer, das sind gläserne Spindeln, welche durch mehr oder weniger tiefes Eintauchen beim Schwimmen das spez. Gew. des Alkoholgemisches anzeigen. Auf der Skala dieser Spindeln ist aber nicht das spez. Gew., sondern der demselben entsprechende Alkoholgehalt in Prozenten angegeben, und zwar entweder in Gewichtsprozenten (Alkoholometer nach Richter) oder in Volum- oder Raumprozenten (Alkoholometer nach Tralles).

Das Arzneibuch schreibt einen Spiritus oder Weingeist von 91,29 bis 90,09 Volumprozent oder 87,35 bis 85,80 Gewichtsprozent Alkohol vor. Das spez. Gew. eines solchen Weingeistes ist 0,830 bis 0,834.

Außerdem ist im Arzneibuch ein **Spiritus dilutus** aufgeführt, welcher durch Mischen von 7 T. Spiritus mit 3 T. destilliertem Wasser hergestellt werden soll. Eine solche Flüssigkeit entspricht 69 bis 68 Raumprozenten oder 61 bis 60 Gewichtsprozenten an absolutem Alkohol und besitzt das spez. Gew. 0,892 bis 0,896.

Zum **Nachweis von Äthylalkohol** unterwirft man die zu untersuchende Flüssigkeit der Destillation auf dem Wasserbade und behandelt die ersten Anteile des Destillates, in welchen der Äthylalkohol sich befindet, wie folgt: Man stumpft, wenn das Destillat sauer reagieren sollte, die Säure mit Kaliumkarbonat ab, fügt zu einer kleinen Menge der Flüssigkeit verdünnte Kalilauge, erwärmt das Gemisch auf etwa 50^0 und setzt unter Umschütteln so viel einer Lösung von Jod in Kaliumjodid hinzu, daß eine schwache Gelbfärbung der Flüssigkeit bestehen bleibt. Beim Vorhandensein von Alkohol scheiden sich nach dem Erkalten der Flüssigkeit kleine gelbe Kristalle von Jodoform ab (**Liebensche Jodoformreaktion**).

Enthält das Destillat größere Mengen Alkohol, so läßt sich dieser schon durch den Geruch und die Brennbarkeit der Flüssigkeit nachweisen.

Wasserfreier Alkohol wird fast nur zu wissenschaftlichen Zwecken benutzt, der wasserhaltige Alkohol hingegen findet eine sehr weitgehende Anwendung, vor allem zu Genußzwecken (zu „alkoholischen Getränken"), zur Herstellung pharmazeutischer Präparate, besonders von Tinkturen und Extrakten, zur Bereitung von Parfüms, von Lacken, Firnissen, zur Darstellung vieler chemischer Präparate, zu Brennzwecken, zur Konservierung anatomischer Präparate, bei der Behandlung der Furunkulose, zum Desinfizieren der Hände usw.

Der zu Genußzwecken benutzte Spiritus ist mit einer hohen Steuer belastet; um den Spiritus für Genußzwecke untauglich zu machen und ihn von der steueramtlichen Kontrolle zu befreien, wird er **denaturiert**, d. h. mit Stoffen versetzt, die eine Verwendung zu Genußzwecken erschweren. Als **Denaturierungsmittel** werden **roher Holzgeist** (s. unter Methylalkohol) und **Pyridinbasen** (s. später) benutzt. Über die **Prüfung des Spiritus** s. Arzneibuch.

Propylalkohole, Propanole, $C_3H_7 \cdot OH$.

Der normale, primäre Propylalkohol, $CH_3 \cdot CH_2 \cdot CH_2 \cdot OH$, ist eine bei $97,4^0$ siedende Flüssigkeit, kommt im Fuselöl vor und wird daraus gewonnen.

Der **sekundäre** Propylalkohol, $\begin{matrix} CH_3 \\ CH_3 \end{matrix}\!\!>\!\!CH \cdot OH$, siedet bei $82,7^0$ und läßt sich aus dem Isopropyljodid durch Kochen mit Wasser und frisch gefälltem Bleihydroxyd am Rückflußkühler gewinnen. Neuerdings wird er aus Aceton durch katalytische Reduktion mit Wasserstoff (unter Verwendung von Nickel als Katalysator) dargestellt.

Butylalkohole, Butanole. $C_4H_9 \cdot OH$.
Von den 4 möglichen Isomeren sind 2 primär, 1 sekundär und 1 tertiär:

Normal-Butylalkohol (primär) — Isobutylalkohol (primär) — Äthyl-Methylcarbinol (sekundär) — Trimethylcarbinol (tertiär).

Von diesen Alkoholen findet sich der primäre Isobutylalkohol (Gärungs-butylalkohol) im Fuselöl und wird daraus gewonnen. Isobutylalkohol ist in dem ätherischen Öl von Anthemis nobilis mit Isobuttersäure und Angelikasäure verbunden als Ester (s. dort).

Amylalkohole, $C_5H_{11} \cdot OH$. Es sind 8 isomere Alkohole dieser Zusammensetzung möglich und bekannt, und zwar a) vier primäre, b) drei sekundäre, c) ein tertiärer.

Von folgenden Alkoholen sind Nr. 2 und 8, der Gärungsamyl-alkohol und das Amylenhydrat, von Wichtigkeit.

a)

1. Normal-Amylalkohol — **2.** Isobutylcarbinol (Gärungsamyl-alkohol) — **3.** Aktiver Amylalkohol[1] — **4.** Tertiärbutyl-Carbinol

b)

5. Methylnormalpropyl-carbinol — **6.** Methylisopropyl-carbinol — **7.** Diäthylcarbinol

---

[1] Deshalb „aktiv" genannt, weil er die Ebene des polarisierten Lichtes ablenkt. Das mit einem * bezeichnete Kohlenstoffatom ist ein asymmetrisches und bedingt die optische Aktivität (s. Oxypropionsäuren oder Milchsäuren).

c)

8.

C_2H_5

$CH_3{-}\overset{|}{C}{-}CH_3$

$\overset{|}{OH}$

Dimethyläthylcarbinol
(Amylenhydrat).

Der Gärungsamylalkohol bildet den Hauptbestandteil des Fuselöls und wird daraus durch fraktionierte Destillation als eine bei 132 bis 133° siedende, klare, farblose, ölige Flüssigkeit erhalten, die in Wasser fast unlöslich ist.

Amylenhydrat oder den tertiären Amylalkohol, Dimethyläthylkarbinol, welches als Hypnotikum medizinisch verwendet wird, gewinnt man durch Einwirkung von Schwefelsäure auf Amylen, Übersättigen mit Natronlauge und nachfolgende Destillation.

Amylen wird aus Gärungsamylalkohol durch Behandeln mit wasserentziehenden Mitteln (konz. Schwefelsäure, Chlorzink) dargestellt:

$$C_5H_{11}OH = C_5H_{10} + H_2O.$$

Auf das Amylen läßt man ein Gemisch gleicher Volumina Schwefelsäure und Wasser einwirken, wobei Amylschwefelsäure gebildet wird:

$$C_5H_{11}OH + H_2SO_4 \;=\; \begin{array}{c} CH_3\;\;CH_3 \\ \diagdown\diagup \\ C{-}OSO_2OH \\ | \\ CH_2 \\ | \\ CH_3 \end{array}$$

Aus dieser wird bei der Destillation mit wässerigen Alkalien Amylenhydrat neben Alkalibisulfat gebildet:

$$\begin{array}{c} CH_3\;\;CH_3 \\ \diagdown\diagup \\ C{-}OSO_2OH \\ | \\ CH_2 \\ | \\ CH_3 \\ \underline{\text{Amylschwefelsäure}} \end{array} \;+\; NaOH \;=\; \begin{array}{c} CH_3\;\;CH_3 \\ \diagdown\diagup \\ C{-}OH \\ | \\ CH_2 \\ | \\ CH_3 \\ \underline{\text{Tertiäres Dimethyl-}} \\ \text{äthylcarbinol.} \end{array} \;+\; SO_2\diagup^{OH}_{\diagdown ONa}$$

Amylenhydrat ist eine zwischen 99° und 103° siedende Flüssigkeit von eigentümlichem, ätherisch-gewürzhaftem Geruch und brennendem Geschmack. Spez. Gew. 0,815 bis 0,820. Amylenhydrat löst sich in 8 T. Wasser und ist mit Weingeist, Äther, Chloroform, Petroleumbenzin, Glycerin und fetten Ölen klar mischbar. Amylenhydrat prüft man auf Gärungsamylalkohol, Amylen und Aldehyde (s. Arzneibuch).

Anwendung. Amylenhydrat wird als Hypnotikum in Dosen von 2 bis 4 g in Bier oder Wein oder in wässeriger Lösung gebraucht. Auch in Klistier wirkt es hypnotisch. Amylenhydrat kam in Vereinigung mit Chloralhydrat unter dem Namen Dormiol als Schlafmittel in den Verkehr. Vor Licht geschützt und vorsichtig aufzubewahren. Größte Einzelgabe 4,0 g, größte Tagesgabe 8,0 g.

Von höher molekularen einsäurigen Grenzalkoholen seien erwähnt:

n-Hexylalkohol, $C_6H_{13} \cdot OH$, und n-Oktylalkohol, $C_8H_{17} \cdot OH$, finden sich als Essigsäure- und Buttersäureester im ätherischen Öl der Samen von Heracleum-Arten.

Cetylalkohol, Hexadecylalkohol, $C_{16}H_{33} \cdot OH$, eine bei 49,5° schmelzende Masse, wird durch Verseifen von Walrat, Cetaceum, das im wesentlichen aus Palmitinsäure-Cetylester besteht, gewonnen (über Ester s. später).

Cerylalkohol, Cerotin, $C_{26}H_{53} \cdot OH$, bildet als Cerotinsäureester das chinesische Wachs. Bei 79° schmelzende, weiße, kristallinische Masse.

Melissylalkohol, Myricylalkohol, $C_{30}H_{61} \cdot OH$, kommt als Palmitinsäureester im Bienenwachs vor; eine bei 85° schmelzende Masse.

Melissylalkohol mit Cerotinsäure verestert ist der wesentliche Bestandteil des Carnaubawachses, eines auf der Oberfläche der jungen Blätter der brasilianischen Palme Corypha cerifera oder Copernicia cerifera sich findenden Ausscheidung.

2. Zweiwertige Alkohole.

Die zweiwertigen Grenzalkohole führen den Namen Glykole. Je nachdem die beiden Hydroxylgruppen der Glykole in benachbarter oder entfernterer Stellung sich befinden, unterscheidet man α-, β-, γ-, δ-Glykole. Je nachdem die Hydroxylgruppen primären, sekundären oder tertiären Alkoholgruppen angehören, unterscheidet man diprimäre, disekundäre, primärsekundäre usw. Glykole. Man bezeichnet die Glykole auch durch Anhängung der Endung diol an den Namen des Stammkohlenwasserstoffs.

Glykol, $HO \cdot CH_2 \cdot CH_2OH$, leitet sich ab vom Äthan. Es heißt daher auch Äthandiol.

Man gewinnt die Glykole durch Erhitzen der Alkylenjodide mit Silberacetat und Zerlegen des gebildeten Essigsäureesters mit Kalilauge:

$$JCH_2 \cdot CH_2J + 2\,CH_3COOAg = \begin{array}{c} CH_2OCOCH_3 \\ | \\ CH_2OCOCH_3 \end{array} + 2\,AgJ$$

Äthylenjodid — Silberacetat — Äthylendiacetat — Silberjodid

$$\begin{array}{c} CH_2OCOCH_3 \\ | \\ CH_2OCOCH_3 \end{array} + 2\,KOH = \begin{array}{c} CH_2OH \\ | \\ CH_2OH \end{array} + 2\,CH_3COOK$$

Glykol — Kaliumacetat.

Glykole entstehen auch bei der Oxydation der Olefine mit Kaliumpermanganat in neutraler Lösung, ferner aus Diaminen (s. später) beim Behandeln mit salpetriger Säure:

$$CH_2NH_2 \cdot CH_2 \cdot CH_2 \cdot CH_2NH_2 + 2\,HNO_2 = CH_2OH \cdot CH_2 \cdot CH_2 \cdot CH_2OH + 2\,H_2O + 4\,N$$

Tetramethylendiamin — Tetramethylenglykol.

Ditertiäre Glykole entstehen neben sekundären Alkoholen bei der Einwirkung von Wasserstoff in statu nascendi auf Ketone. Aus Aceton erhält man so das Tetramethyläthylenglykol:

$$2\,CH_3 \cdot CO \cdot CH_3 + H_2 == \begin{matrix} CH_3 \\ \\ CH_3 \end{matrix}\Big\rangle COH \cdot COH \Big\langle \begin{matrix} CH_3 \\ \\ CH_3 \end{matrix}.$$

Dieses ditertiäre Glykol führt auch den Namen Pinakon.

Glykol, Äthylenglykol, Äthandiol, eine bei 197,5° siedende Flüssigkeit vom spez. Gew. 1,125, welche mit Wasser und Alkohol mischbar ist, sich aber in Äther nur wenig löst. Durch wasserentziehende Mittel geht es unter Wasserabspaltung über in Äthylenoxyd:

$$\begin{matrix} CH_2 O\,|H \\ | \\ CH_2\,|OH \end{matrix} == \begin{matrix} CH_2 \\ | \\ CH_2 \end{matrix}\Big\rangle O + H_2O$$

$$\underbrace{\hphantom{CH_2OH}}_{\text{Glykol}} \quad \underbrace{\hphantom{CH_2}}_{\text{Äthylenoxyd.}}$$

Bei der Oxydation geht Glykol in Glykolaldehyd über, bei der Einwirkung stärkerer Oxydationsmittel, z. B. Salpetersäure werden gebildet: Glykolsäure, Glyoxal, Glyoxylsäure, Oxalsäure:

$$\underbrace{\begin{matrix} CHO \\ | \\ CH_2 \cdot OH \end{matrix}}_{\text{Glykolaldehyd}} \quad \underbrace{\begin{matrix} COOH \\ | \\ CH_2 \cdot OH \end{matrix}}_{\text{Glykolsäure}} \quad \underbrace{\begin{matrix} CHO \\ | \\ CHO \end{matrix}}_{\text{Glyoxal}} \quad \underbrace{\begin{matrix} COOH \\ | \\ CHO \end{matrix}}_{\text{Glyoxylsäure}} \quad \underbrace{\begin{matrix} COOH \\ | \\ COOH \end{matrix}}_{\text{Oxalsäure.}}$$

Glykol ist an Stelle von Glycerin zur Anwendung empfohlen worden.

3. Dreiwertige Alkohole.

Ein dreiwertiger Grenzalkohol ist das

Glycerin, $C_3H_5(OH)_3 = CH_2OH — CHOH — CH_2OH$. Glycerin wurde im Jahre 1799 von Scheele bei der Bereitung von Bleipflaster entdeckt und Ölsüß genannt. Chevreul gab ihm später den Namen Glycerin (von $\gamma\lambda\upsilon\varkappa\acute{\upsilon}\varsigma$, glykys = süß). Glycerin ist ein Bestandteil der Fette und darin, an Säuren der Fettsäure- und Ölsäurereihe gebunden, in Form von Estern enthalten.

Behandelt man Fette mit wässerigen Ätzalkalien oder Schwermetalloxyden (besonders Bleioxyd) in der Wärme, so findet eine Zerlegung der Ester statt. Die Säuren werden an die Metalle gebunden, bei der Verwendung von Ätzalkalien Seifen, bei der Verwendung von Bleioxyd Pflaster bildend, während das Glycerin in Freiheit gesetzt wird.

Die Hauptmenge des Handelsglycerins wird als Nebenprodukt bei der Stearinkerzenbereitung oder bei der Verseifung der Fette mit überhitztem Wasserdampf dargestellt. Bei der Stearinkerzenbereitung geschieht die Verseifung der Fette mit Kalkmilch in geschlossenen Kesseln (Autoklaven) bei höherer Temperatur, wobei eine etwas Kalk enthaltende Glycerinlösung erhalten wird, welche sich von den darauf schwimmenden Fettsäuren und den Kalkseifen gut trennen läßt.

Die Verseifung der Fette mit Wasserdampf bewirkt man, indem man in die in Destillierblasen befindlichen Fette bis auf 300° und darüber erhitzten Wasserdampf leitet. Dieser zerlegt die Fette in Glycerin und Fettsäuren (bez. Ölsäure):

$$\underbrace{C_3H_5(O \cdot C_{18}H_{35}O)_3}_{\text{Stearinsäure-Glycerinester}} + 3\,H_2O = \underbrace{C_3H_5(OH)_3}_{\text{Glycerin}} + \underbrace{3\,C_{18}H_{36}O_2}_{\text{Stearinsäure.}}$$

Glycerin sowohl wie die leicht flüchtigen Fettsäuren (Essigsäure, Buttersäure) destillieren mit den Wasserdämpfen, und im Destillat schwimmen auf dem glycerinhaltigen Wasser die Fettsäuren als feste zusammenhängende Masse.

Das wässerige Glycerin wird entweder durch Raffinieren oder durch Destillation weiter gereinigt. Das Raffinieren, welches nur technisch verwertbare Glycerine liefert, besteht darin, daß man einen etwaigen Säuregehalt durch Abstumpfen mit Kalk beseitigt, die gefärbte Flüssigkeit mit Knochenkohle entfärbt und unter vermindertem Luftdruck (im Vakuum) bis zu dem gewünschten Konzentrationsgrad eindunstet.

Neuerdings wird Glycerin auch auf biologischem Wege durch Einwirkung von Hefe bei Gegenwart schwefligsaurer Salze auf invertierten Rohrzucker gewonnen (s. alkoholische Gärung, S. 307).

Das durch Destillation gereinigte, medizinisch benutzte Glycerin gewinnt man, indem man das Rohglycerin im Vakuum zunächst bis zu einem spez. Gew. von 1,15 eindampft, hierauf mit einem Dampfstrom auf 110^0 erhitzt, bis das Destillat nicht mehr sauer reagiert, und sodann mit gespannten Wasserdämpfen bei 175^0 bis 180^0 destilliert. Man fängt das Destillat in besonders gebauten Vorlagen auf, welche zugleich eine Konzentration in der Weise gestatten, daß durch fraktionierte Abkühlung in dem ersten Verdichtungsraum ein nur noch wenig Wasser enthaltendes Glycerin gesammelt werden kann.

Zwecks weiterer Reinigung kann man Glycerin auch kristallisieren lassen. Das geschieht, wenn man möglichst wasserfreies Glycerin längere Zeit bei 0^0 stehen läßt. Haben sich einmal Kristalle gebildet, so kann man mit kleinen Mengen solcher größere Mengen Glycerin bei 0^0 zum Kristallieren bringen.

Glycerin bildet eine klare, farblose und geruchlose, süß schmeckende, neutrale, sirupartige Flüssigkeit, welche in jedem Verhältnis in Wasser, Weingeist und Ätherweingeist, nicht aber in Äther, Chloroform und fetten Ölen löslich ist. Das Arzneibuch verlangt von dem Glycerin das spez. Gew. 1,225 bis 1,235, einem Gehalte von gegen 90 Teilen reinem Glycerin in 100 Teilen entsprechend. Glycerin ist sehr hygroskopisch. Alkalien, alkalische Erden und viele Metalloxyde sind darin löslich. Man prüft es auf Arsenverbindungen, Schwermetalle, Schwefelsäure, Salzsäure, Calciumsalze, Oxalsäure, Eisensalze, Akrolein, Ameisensäure, Zuckerarten, Ammoniumverbindungen, Fettsäureester (s. Arzneibuch).

Glycerin liefert bei der Destillation mit wasserentziehenden Mitteln einen Aldehyd, das Akrolein. Bei schwacher Oxydation wird es in Glycerose übergeführt, bei Behandlung mit stärker wirkenden Oxydationsmitteln in **Glycerinsäure**, **Tartronsäure**, **Mesoxalsäure**.

$$
\begin{array}{ccccc}
\text{CHO} & \text{CH}_2\cdot\text{OH} & \text{COOH} & \text{COOH} & \text{COOH} \\
| & | & | & | & | \\
\text{CH}\cdot\text{OH} & \text{CO} & \text{CH}\cdot\text{OH} & \text{CH}\cdot\text{OH} & \text{CO} \\
| & | & | & | & | \\
\text{CH}_2\cdot\text{OH} & \text{CH}_2\cdot\text{OH} & \text{CH}_2\text{OH} & \text{COOH} & \text{COOH} \\
\underbrace{\text{Glycerinaldehyd} \quad \text{Dioxyaceton}} & & \text{Glycerinsäure} & \text{Tartronsäure} & \text{Mesoxalsäure.} \\
\text{Glycerose} & & & &
\end{array}
$$

Anwendung. Glycerin findet Anwendung in der Medizin und Pharmazie, zum Füllen von Gasuhren, zur Herstellung einer Buchdruckerwalzen- und Hektographenmasse, zur Bereitung von säurefesten Kitten (Glycerin-Mennige-Kitt), zur Gewinnung von „Nitroglycerin".

Als Ersatzmittel für Glycerin wird unter dem Namen **Perkaglycerin** eine dicke wässerige Lösung von milchsaurem Kalium verwendet, die aber in manchen Mischungen, zu denen Glycerin benutzt wird, nicht brauchbar ist.

4. Vierwertige Alkohole.

Hierzu gehört **Erythrit**, $CH_2OH—CHOH—CHOH—CH_2OH$, welcher in Protococcus vulgaris Lamy, einer Algenart, vorkommt. Er bildet süß schmeckende Kristalle, welche sich leicht in Wasser lösen, schwer löslich in kaltem Alkohol und unlöslich in Äther sind.

5 Fünfwertige Alkohole.

Hierzu gehören der in Adonis vernalis vorkommende **Adonit**, $CH_2OH—(CH\cdot OH)_3—CH_2OH$, der bei der Einwirkung von Natriumamalgam auf Arabinose gebildete **Arabit** und endlich der **Xylit**, der durch die Reduktion des Holzgummis, der **Xylose**, entsteht.

6. Sechswertige Alkohole.

Ein sechswertiger Alkohol ist der **Mannazucker** oder **Mannit**, $CH_2OH—(CH\cdot OH)_4—CH_2OH$, der im Pflanzenreich sehr verbreitet vorkommt und in reichlicher Menge in der Manna, dem Safte der Manna-Esche, Fraxinus ornus, sich findet. Die Röhren-Manna, Manna canellata, enthält gegen 40 bis $60\,^0/_0$ Mannit. Er wird durch Auskochen der Manna mit Alkohol gewonnen und kristallisiert in feinen, weißen, seidenglänzenden Nadeln, aus Wasser in farblosen bei 165 bis 166^0 schmelzenden Prismen. Mannit schmeckt sehr süß. Er liefert bei der Oxydation **Mannose**, und zwar eine Aldose-d-Mannose (s. Zuckerarten).

Dulcit (Melampyrin, Evonymit), ebenfalls ein sechswertiger Alkohol, findet sich in verschiedenen Pflanzen (so in Melampyrum nemorosum, Scrophularia nodosa, Evonymus europaeus usw.). Schmelzp. 188^0; liefert bei der Oxydation d- und l-Galaktose (s. Zuckerarten).

Sorbit kommt in den Vogelbeeren und den Früchten vieler

Rosaceen vor. Er kristallisiert mit $^1/_2$ Mol. H_2O und schmilzt bei 75^0. Bei der Oxydation liefert er d-Glukose.

An dieser Stelle mag noch eines cyklischen Alkohols der Formel $C_6H_6(OH)_6 \cdot 2\,H_2O$ gedacht sein, des Inosits oder Phaseomannits, der in vielen Pflanzen verbreitet ist. Er findet sich darin meist in Form des Calcium- und Magnesiumsalzes einer Inositphosphorsäure. Diese Verbindung führt den Namen Phytin.

b) Ungesättigte Alkohole.

Die ungesättigten Alkohole leiten sich von den ungesättigten Kohlenwasserstoffen, den Olefinen, ab.

Vinylalkohol, Vinol, $CH_2 = CH \cdot OH$, ist im Äther enthalten und läßt sich daraus in Form einer Quecksilberoxychloridverbindung abscheiden. Er entsteht unter gleichzeitiger Bildung von Wasserstoffsuperoxyd bei der Oxydation des Äthers durch Luftsauerstoff. Es ist bisher nicht gelungen, den Vinylalkohol in reiner Form abzuscheiden. Bei dahingehenden Versuchen verwandelt er sich in den isomeren Acetaldehyd: $CH_2 = CH \cdot OH \rightarrow CH_3 \cdot CHO$.

Allylalkohol, Propenol, ist ein Abkömmling des Propylens, $CH_2 = CH - CH_3$, in welchem ein Wasserstoffatom der Methylgruppe durch die Hydroxylgruppe ersetzt ist: $CH_2 = CH - CH_2 \cdot OH$.

Man gelangt vom Glycerin zum Allylalkohol, indem man auf ein Gemisch von 4,5 T. Glycerin und 3 T. Jod 1,5 bis 2 T. gelben Phosphor in einer tubulierten, gekühlten Retorte einwirken läßt. Man wäscht das Einwirkungsprodukt mit verdünnter Natronlauge, entwässert mit Chlorcalcium, destilliert das entstandene Allyljodid ab und befreit es durch nochmalige Destillation von mitentstandenen Nebenprodukten:

$$
\begin{array}{ccccc}
CH_2\,OH & & & CH_2J & \\
| & & & | & \\
CH\,OH & + & P \!\!\begin{array}{l}J\\J\\J\end{array} & = & CHJ & + & H_3PO_3. \\
| & & & | & \\
CH_2\,OH & & & CH_2J & \\
\underbrace{\qquad\qquad}_{\text{Glycerin}} & & \underbrace{\qquad}_{\text{Phosphortrijodid}} & \underbrace{\qquad}_{\text{Trijodhydrin}}
\end{array}
$$

Das zunächst gebildete Trijodhydrin zerfällt unter Jodabspaltung in Allyljodid:

$$
\begin{array}{ccccc}
CH_2\,J & & CH_2 & & \\
| & & \| & & \\
CH\,J & = & CH & + & J_2. \\
| & & | & & \\
CH_2\,J & & CH_2J & & \\
\underbrace{\qquad}_{\text{Trijodhydrin}} & & \underbrace{\qquad}_{\text{Allyljodid}}
\end{array}
$$

Allyljodid ist eine farblose, bei 10^0 siedende Flüssigkeit, welche zur Darstellung des künstlichen Senföls (s. dort) Verwendung findet. Behandelt man Allyljodid mit oxalsaurem Silber, so entsteht Oxalsäure-Allylester, welcher durch Kaliumhydroxyd zersetzt wird, indem neben Kaliumoxalat Allylalkohol sich bildet. Auch beim Erhitzen von 4 T. Glycerin und 1 T. kristallisierter Oxalsäure erhält man unter Kohlensäureentwicklung Allylalkohol. Bei der Oxydation des Allylalkohols entsteht Allylaldehyd oder Akrolein, $CH_2 = CH - C\!\!\begin{array}{l}H\\O\end{array}$, derselbe Stoff, welcher auch bei der trockenen Destillation von Glycerin oder Fetten erhalten wird.

III. Äther.

Unter der Bezeichnung „Äther“ faßt man eine Anzahl meist leicht entzündlicher, flüchtiger Verbindungen zusammen, welche durch Vereinigung zweier Molekeln Alkohol unter Wasseraustritt entstehen. Findet eine solche Vereinigung zwischen Molekeln eines und desselben Alkohols statt, so nennt man den Äther einen einfachen, besitzen aber die zusammentretenden Alkohole eine verschiedene Molekulargröße, so entsteht ein gemischter Äther:

Einfache Äther sind der Methyl- und Äthyläther:

$$CH_3 \cdot OH + HO \cdot CH_3 = CH_3 - O - CH_3 + H_2O$$

2 Mol. Methylalkohol — 1 Mol. Methyläther — 1 Mol. Wasser.

$$\begin{matrix} CH_3 \\ | \\ CH_2 \cdot OH \end{matrix} + \begin{matrix} CH_3 \\ | \\ HO \cdot CH_2 \end{matrix} = \begin{matrix} CH_3 \\ | \\ CH_2 \end{matrix} - O - \begin{matrix} CH_3 \\ | \\ CH_2 \end{matrix} + H_2O$$

2 Mol. Äthylalkohol — 1 Mol. Äthyläther — 1 Mol. Wasser.

Ein gemischter Äther ist der Methyl-Äthyläther:

$$CH_3 \cdot OH + \begin{matrix} CH_3 \\ | \\ OH \cdot CH_2 \end{matrix} = CH_3 - O - \begin{matrix} CH_3 \\ | \\ CH_2 \end{matrix} + H_2O$$

1 Mol. Methylalkohol — 1 Mol. Äthylalkohol — 1 Mol. Methyläthyläther. — 1 Mol. Wasser.

Durch Vereinigung von Molekeln eines Alkohols und einer Säure (anorganischer oder organischer) entstehen unter Wasseraustritt Verbindungen, welche man mit dem Namen zusammengesetzte Äther oder Ester bezeichnet. Diese werden später erörtert werden.

Die einfachen und gemischten Äther bilden sich durch Einwirkung wasserentziehender Mittel (z. B. Schwefelsäure, Zinkchlorid usw.) auf die Alkohole oder durch Einwirkung von Silberoxyd auf Jodalkyle (Jodverbindungen der Alkoholradikale):

$$2\,C_2H_5J + Ag_2O = C_2H_5 \cdot O \cdot C_2H_5 + 2\,AgJ.$$

Auch bei der Behandlung von Jodalkylen mit den Metallverbindungen der Alkohole (den Alkoholaten) entstehen Äther:

$$C_2H_5J + Na\,OCH_3 = C_2H_5 \cdot O \cdot CH_3 + NaJ$$

Äthyljodid — Natriummethylat — Methyläthyläther — Natriumjodid.

Äthyläther, Äther, Schwefeläther, Aether sulfuricus, $C_2H_5 \cdot O \cdot C_2H_5$, wird durch Destillation von Äthylalkohol mit konzentrierter Schwefelsäure gewonnen und trug früher den Namen Schwefeläther, weil man Schwefel als Bestandteil des Äthers irrtümlich annahm.

Zur Darstellung des Äthyläthers mischt man 9 T. konzentrierter Schwefelsäure und 5 T. Äthylalkohol (von 96%), wobei unter Wasseraustritt zunächst Äthylschwefelsäure gebildet wird.

Erhitzt man zum Sieden (bei 140 bis 145°) und läßt mittels eines Rohres zu der siedenden Flüssigkeit Äthylalkohol hinzufließen, ohne daß hierdurch das Sieden unterbrochen wird, so wird Schwefelsäure zurückgebildet, während Äthyläther destilliert:

$$SO_2\Big\langle{OC_2H_5 \atop OH} + C_2H_5OH = SO_2\Big\langle{OH \atop OH} + {C_2H_5 \atop C_2H_5}\Big\rangle O.$$

Äthylschwefelsäure   Äthylalkohol   Schwefelsäure   Äthyläther.

Man nimmt die Darstellung in gläsernen Destillierkolben (bei der Darstellung im großen in Blei- oder Kupferretorten) vor. In den Destillierkolben taucht ein Thermometer sowie die mit Hahnverschluß versehene Zuleitungsröhre für Äthylalkohol ein. Die Ätherdämpfe werden neben entweichendem Wasserdampf und kleinen Mengen Äthylalkohol in Kühlern verdichtet. Wegen der Leichtentzündlichkeit der Ätherdämpfe und der dadurch bedingten Feuersgefahr vermeidet man bei der Darstellung im großen zum Erhitzen der Ätherschwefelsäure offene Flammen.

Bei mangelndem Alkoholzutritt wird die Äthylschwefelsäure in Äthylen und Schwefelsäure zerlegt. Steigt die Temperatur über 145° hinaus, so findet Entwicklung von schwefliger Säure und Kohlendioxyd statt.

Da durch Einwirkung des Äthylalkohols auf die Äthylschwefelsäure stetig Schwefelsäure zurückgebildet wird, so liefert diese mit neuen Mengen Äthylalkohol Äthylschwefelsäure. Diese Fähigkeit hört jedoch mit dem Grade, wie die Schwefelsäure wasserhaltiger wird, auf, und man muß sodann neue konzentrierte Säure verwenden. In der Regel vermag 1 T. Schwefelsäure 10 T. Alkohol in Äther überzuführen.

Das wasser- und alkoholhaltige Destillat, welchem Vinylalkohol, $CH_2 = CH \cdot OH$, schweflige Säure und andere Stoffe als Verunreinigung beigemischt sein können, wird mit Kalkmilch, darauffolgend mit Wasser geschüttelt und durch nochmalige Destillation gereinigt.

Äthyläther ist eine farblose, leicht bewegliche, eigenartig riechende, brennend schmeckende Flüssigkeit vom spez. Gew. 0,720 bei 15°. Siedep. 34,9°. Luft und Licht wirken auf den Äther zersetzend ein; es bilden sich Wasserstoffsuperoxyd, Äthylperoxyd und andere Stoffe. Äther ist sehr leicht entzündlich und verbrennt mit leuchtender Flamme. Er verdampft unter starker Wärmeentziehung; läßt man einige Tropfen Äther auf der Handfläche verdunsten, so macht sich ein Kältegefühl bemerkbar. Die Ätherdämpfe sind schwer und sinken nach unten. Sie bilden mit atmosphärischer Luft ein explosives Gemisch. Man hat daher beim Umgehen mit Äther die größte Vorsicht zu beachten und darf z. B. das Umfüllen des Äthers von einer Flasche in die andere niemals in der Nähe von Flammen vornehmen! Äthyläther läßt sich mit Alkohol in jedem Verhältnis mischen; von Wasser sind 10 T. zur Lösung erforderlich. Anderseits nehmen

36 T. Äther 1 T. Wasser auf. Schüttelt man daher gleiche Raumteile Wasser und Äther, so erhält man zwei Flüssigkeitsschichten: die untere ist mit Äther gesättigtes Wasser, die obere wasserhaltiger Äther. Äther ist ein gutes Lösungsmittel für viele Stoffe, z. B. Öle, Fette, Harze, Alkaloide, und findet deshalb eine weitgehende Anwendung in der Industrie und im chemischen Laboratorium.

Ein über Natrium destillierter Äther wird für verschiedene chemische Operationen, wobei es auf absolut wasserfreien Äther ankommt, sowie zu Narkosen angewendet.

Ein Gemisch von 1 T. Äther und 3 T. Weingeist wird unter der Bezeichnung Spiritus aethereus, Ätherweingeist, Hoffmannstropfen medizinisch benutzt. Auch zur Herstellung einiger Tinkturen kommt Äthyläther entweder für sich oder mit Alkohol gemischt in Anwendung.

Man prüft Äther auf freie Säuren, Aldehyd, Vinylalkohol, Wasserstoffsuperoxyd, Äthylperoxyd (s. Arzeibuch). Narkoseäther soll in braunen, fast ganz gefüllten und gut verschlossenen Flaschen von höchstens 150 ccm Inhalt aufbewahrt werden.

Von anderen Äthern seien erwähnt:

Äthylmethyläther, $C_2H_5 \cdot O \cdot CH_3$. Siedep. 11^0.
n-Propyläther, $C_3H_7 \cdot O \cdot C_3H_7$. Siedep. 86^0.
n-Propylmethyläther, $C_3H_7 \cdot O \cdot CH_3$. Siedep. 50^0.

IV. Merkaptane und Thioäther.

Merkaptane und Thioäther sind schwefelhaltige Verbindungen. Sie sind als Alkohole bzw. Äther aufzufassen, in welchen die Sauerstoffatome durch Schwefel ersetzt sind. Die Verbindungen sind giftig. Sie werden als Alkylsulfhydrate, z. B. $C_2H_5 \cdot SH$, Äthylsulfhydrat (Äthylmerkaptan), die Thioäther auch als Alkylsulfide, z. B. $C_2H_5 \cdot S \cdot C_2H_5$, Äthylsulfid, bezeichnet. Der Name „Merkaptan" leitet sich von der Eigenschaft dieser Stoffe ab, sich mit Quecksilberoxyd leicht zu Verbindungen zu vereinigen (Mercurium captans, Quecksilber aufnehmend).

Merkaptane werden durch Destillation alkylschwefelsaurer Salze mit Kaliumhydrosulfid dargestellt, z. B.

$$K(C_2H_5)SO_4 + KSH = K_2SO_4 + \underset{\text{Äthylmerkaptan}}{\underline{C_2H_5 \cdot SH}}$$

und bilden durchdringend und ekelhaft riechende, farblose Flüssigkeiten.

Auch Thioäther, die bei der Destillation ätherschwefelsaurer Salze mit Kaliumsulfid entstehen, sind unangenehm riechende Flüssigkeiten.

Von dem Äthylmerkaptan leitet sich das als Schlafmittel verwendete

Sulfonal oder Diäthylsulfondimethylmethan ab.

Bringt man Äthylmerkaptan und Aceton (s. später) zusammen, so entsteht unter Wasserabspaltung Merkaptol:

$$\begin{matrix} CH_3 \\ \diagdown \\ CH_3 \diagup \end{matrix} C:O \; + \; \begin{matrix} H\,SC_2H_5 \\ \\ H\,SC_2H_5 \end{matrix} = \begin{matrix} CH_3 \\ \diagdown \\ CH_3 \diagup \end{matrix} C \begin{matrix} S\cdot C_2H_5 \\ \diagdown \\ S\cdot C_2H_5 \end{matrix} \; + \; H_2O.$$

1 Mol. Aceton   2 Mol. Äthylmerkaptan   1 Mol. Merkaptol.

Man erleichtert die Wasserabspaltung durch Einleiten von trockenem Salzsäuregas.

Bei der Oxydation des Merkaptols mit Kaliumpermanganat lagern sich Sauerstoffatome an den Schwefel, und Diäthylsulfondimethylmethan wird gebildet:

$$\begin{matrix} CH_3 \\ \diagdown \\ CH_3 \diagup \end{matrix} C \begin{matrix} S\cdot C_2H_3 \\ \diagdown \\ S\cdot C_2H_5 \end{matrix} \; + \; 4\,O = \begin{matrix} CH_3 \\ \diagdown \\ CH_3 \diagup \end{matrix} C \begin{matrix} SO_2\cdot C_2H_5 \\ \diagdown \\ SO_2\cdot C_2H_5 \end{matrix}$$

Merkaptol   Diäthylsulfondimethylmethan.

Sulfonal stellt farb-, geruch-, geschmacklose, prismatische Kristalle dar, welche in der Wärme vollkommen flüchtig sind und mit 500 T. Wasser von 15⁰, 15 T. siedendem Wasser, mit 65 T. kaltem und 2 T. siedendem Weingeist, sowie mit 135 T. Äther neutrale Lösungen geben. Schmelzpunkt 125 bis 126⁰. Beim Erhitzen mit einem Stückchen Holzkohle erfährt Sulfonal eine Reduktion, und ein merkaptanähnlicher Geruch tritt auf.

Unter dem Namen **Trional** oder **Methylsulfonal** wird das Diäthylsulfonäthylmethylmethan:

$$\begin{matrix} CH_3 \\ \diagdown \\ C_2H_5 \diagup \end{matrix} C \begin{matrix} SO_2\cdot C_2H_5 \\ \diagdown \\ SO_2\cdot C_2H_5 \end{matrix}$$

, als **Tetronal** das Diäthylsulfondiäthylmethan:

$$\begin{matrix} C_2H_5 \\ \diagdown \\ C_2H_5 \diagup \end{matrix} C \begin{matrix} SO_2\cdot C_2H_5 \\ \diagdown \\ SO_2\cdot C_2H_5 \end{matrix}$$

medizinisch zu gleichem Zwecke wie Sulfonal benutzt.

Trional oder **Methylsulfonal** bildet bei 76⁰ schmelzende Kristalltafeln, die in Äther und Weingeist leicht löslich sind und von 320 T. kaltem Wasser aufgenommen werden.

Sulfonal und **Trional** (**Methylsulfonal**) werden auf **Merkaptol, Schwefelsäure, Salzsäure** geprüft (s. Arzneibuch) und sollen **vorsichtig aufbewahrt** werden. Die **größte Einzelgabe** beider ist 2,0 g, die größte **Tagesgabe 4,0 g.**

V. Aldehyde.

A. Aldehyde mit einfachen Bindungen.

Der Name „Aldehyd" ist entstanden durch Zusammenziehung der Worte **Alcohol dehydrogenatus** und besagt, daß die dieser Klasse angehörenden Stoffe von den Alkoholen sich ableiten, denen Wasserstoffatome entzogen sind. Aldehyde entstehen durch Oxydation primärer Alkohole:

21*

$$\underbrace{\overset{\text{CH}_3}{\underset{\overset{|}{\text{OH}}}{\overset{|}{\text{C}}}{\overset{H}{\underset{H}{<}}}}_{\text{Äthylalkohol}} + \text{O} = \underbrace{\overset{\text{CH}_3}{\underset{\text{O H}}{\overset{|}{\text{C}}}{\overset{H}{\underset{\text{O H}}{<}}}}_{\substack{\text{Nicht beständige Ver-}\\ \text{bindung}}} = \underbrace{\overset{\text{CH}_3}{\underset{}{\overset{|}{\text{C}}}{\overset{O}{\underset{H}{<}}}}_{\text{Acetaldehyd.}} + \text{H}_2\text{O}.$$

Als Oxydationsmittel für die Darstellung der Aldehyde aus Alkoholen werden vorzugsweise Kaliumdichromat und Schwefelsäure benutzt.

Aldehyde sind einer weiteren Oxydation fähig und gehen dabei in Säuren über. So entsteht aus Acetaldehyd Essigsäure:

$$\underbrace{\text{CH}_3 \cdot \text{CHO}}_{\text{Acetaldehyd}} + \text{O} = \underbrace{\text{CH}_3 \cdot \text{COOH}}_{\text{Essigsäure.}}$$

Aldehyde werden auch gebildet beim Erhitzen der Calciumsalze von Carbonsäuren mit ameisensaurem Calcium, sowie bei der Einwirkung von naszierendem Wasserstoff (Natriumamalgam oder Natrium) auf die feuchte ätherische Lösung der Säurechloride oder Säureanhydride:

$$\underbrace{\text{CH}_3\text{CO} \cdot \text{Cl}}_{\text{Acetylchlorid}} + \text{H}_2 = \underbrace{\text{CH}_3\text{CHO}}_{\text{Acetaldehyd}} + \text{HCl}$$

$$\underbrace{\left.\begin{matrix}\text{CH}_3\text{CO}\\ \text{CH}_3\text{CO}\end{matrix}\right\rangle\text{O}}_{\substack{\text{Essigsäure-}\\ \text{anhydrid}}} + 2\,\text{H}_2 = \underbrace{2\,\text{CH}_3\text{CHO}}_{\text{Acetaldehyd.}} + \text{H}_2\text{O}$$

Die hierbei erhaltenen Aldehydausbeuten sind meist sehr schlecht. Technisch vorteilhafter stellt man indes Aldehyde nach Rosenmund durch katalytische Reduktion von Säurechloriden unter Verwendung von Palladium als Katalysator dar. Indem man in geschlossenen Gefäßen bei hoher Temperatur und unter Anwendung von Benzolkohlenwasserstoffen als Verdünnungsmittel arbeitet, ist es möglich, die Reduktion beim Aldehyd stehen bleiben und nicht weiter bis zum Alkohol fortschreiten zu lassen.

Man pflegt die Aldehyde nach den aus ihnen entstehenden Säuren zu benennen: Formaldehyd (Acidum formicicum = Ameisensäure), Acetaldehyd (Acidum aceticum = Essigsäure).

Ihrer leichten Oxydierbarkeit halber wirken die Aldehyde einer großen Anzahl von Verbindungen gegenüber als kräftige Reduktionsmittel: Aus ammoniakalischer Silberlösung scheiden die Aldehyde metallisches Silber in Form eines glänzenden Spiegels (Silberspiegel) ab. Alkalische Kupfertartratlösung (Fehlingsche Lösung) wird von ihnen in der Wärme unter Abscheidung von rotem Kupferoxydul reduziert.

Aldehyde sind ferner dadurch gekennzeichnet, daß sie mit verschiedenen Stoffen Additionsreaktionen geben, so mit Ammoniak, mit sauren schwefligsauren Alkalien und mit Cyanwasserstoff:

a) $\underbrace{\text{CH}_3 \cdot \text{CHO}}_{\text{Acetaldehyd}} + \text{NH}_3 = \underbrace{\text{CH}_3 \cdot \text{CH(OH)(NH}_2)}_{\text{Acetaldehydammoniak}}$

b) $\text{CH}_3 \cdot \text{CHO} + \text{NaHSO}_3 = \text{CH}_3 \cdot \text{CH(OH)SO}_3\text{Na}$

c) $\text{CH}_3\text{CHO} + \text{HCN} = \text{CH}_3 \cdot \text{CH(OH)CN}.$

Mit Wasser vereinigen sich Aldehyde für gewöhnlich nicht, wohl aber die polyhalogenierten Aldehyde, wie Chloral, das sich mit Wasser zu Chloralhydrat verbindet (s. Chloral). Auch mit Alkoholen vereinigen sich nur die polyhalogenierten Aldehyde zu Aldehyd-alkoholaten, z. B. Chloral zu Chloralalkoholat. Erwärmt man hingegen die gewöhnlichen Aldehyde mit Alkoholen auf 100^0, so vereinigen sie sich mit 2 Mol. derselben unter Wasseraustritt zu Acetalen:

$$CH_3C\underset{O}{\overset{H}{\langle}} + \begin{matrix} H O \cdot C_2H_5 \\ H O \cdot C_2H_5 \end{matrix} = CH_3CH\underset{OC_2H_5}{\overset{OC_2H_5}{\langle}} + H_2O.$$

Wichtig ist die Fähigkeit der Aldehyde, mit Phenylhydrazin (s. dort und bei Zucker) kristallisierende Verbindungen, Hydrazone, zu bilden. Und endlich sei erwähnt, daß Hydroxylamin mit Aldehyden unter Bildung von Oximen (Aldoximen), meist gut kristallisierenden Verbindungen, reagiert:

$$CH_3 \cdot CHO + NH_2OH = \underbrace{CH_3 \cdot CH : NOH}_{\text{Acetoxim.}} + H_2O$$

Eine bemerkenswerte Eigenschaft der Aldehyde besteht darin, daß sie sich leicht polymerisieren, und zwar wird hierbei die Molekulargröße in der Regel zunächst verdreifacht (s. Paraldehyd).

Semikarbazid, $CO\underset{NH-NH_2}{\overset{NH_2}{\langle}}$, reagiert mit Aldehyden unter Bildung von Semikarbazonen.

Formaldehyd, $H \cdot CHO$, bildet sich beim Leiten eines Gemenges von Methylalkoholdampf und atmosphärischer Luft über glühende Kupfer- oder Platinspiralen. Formaldehyd ist bei gewöhnlicher Temperatur ein eigentümlich riechendes Gas, welches von Wasser reichlich gelöst wird. Er gelangt in 35 bis $40^0/_0$iger wässeriger Lösung in den Handel. Formaldehyd polymerisiert sich leicht zu Paraformaldehyd $(CH_2O)_n$, der unter dem Namen Paraform medizinische Verwendung findet. Schon beim Eindampfen der wässerigen Lösung des Formaldehyds auf dem Wasserbade bleibt der polymere Stoff als weißes, amorphes, in Wasser unlösliches Pulver zurück.

Formaldehydlösung ist gegen die oxydierende Einwirkung des Luftsauerstoffs ziemlich beständig. Lichtwirkung beschleunigt die Bildung von Ameisensäure, aus welchem Grunde die Aufbewahrung der Formaldehydlösung unter Lichtschutz erfolgen soll.

Gehaltsbestimmung der Formaldehydlösung (Formaldehyd solutus). Zur vollständigen Entfärbung eines Gemisches von 3 ccm Formaldehydlösung, 50 ccm einer frisch bereiteten Natriumsulfitlösung. die in 100 ccm 25 g kristallisiertes Natriumsulfit enthält, und 1 Tropfen Phenolphtaleinlösung, müssen nach Abzug der Säuremenge, die eine Mischung von 12 ccm der Natriumsulfitlösung, 80 ccm Wasser und 1 Tropfen Phenolphtaleinlösung für sich zur

Entfärbung verbraucht, mindestens 37,8 ccm Normal-Salzsäure erforderlich sein, was einem Gehalte von $35\,\%$ Formaldehyd entspricht (1 ccm Normal-HCl $= 0,03002$ g Formaldehyd).

Diese Gehaltsbestimmung beruht auf folgender Reaktion:

Natriumsulfit und Formaldehyd reagieren unter Bildung von oxymethylsulfonsaurem Natrium und Natriumhydroxyd:

$$CH_2O + Na_2SO_3 + H_2O = \underbrace{(CH_2 \cdot OH)SO_3Na}_{\substack{\text{oxymethylsulfonsaures} \\ \text{Natrium.}}} + NaOH$$

Die hierbei sich abspaltende Natronlauge wird mit Normal-Salzsäure titriert, und zwar entspricht zufolge vorstehender Gleichung 1 Mol. NaOH, und daher auch 1 Mol. HCl einer Molekel CH_2O. Die Molekulargröße des letzteren ist 30,02. Durch 1 ccm Normal-HCl werden daher 0,03002 g Formaldehyd, durch 37,8 ccm $= 0,03002 \cdot 37,8 = 1,134756$ g angezeigt, welche Menge in 3 ccm der verwendeten Formaldehydlösung enthalten ist, das sind auf 100 ccm $= \dfrac{1,134756 \cdot 100}{3} = 37,8252$ g. Um die in **100** g Formaldehydlösung enthaltene Menge Formaldehyd zu finden, also den Prozentgehalt zu ermitteln, muß man die Zahl 37,8252 durch die Zahl des spez. Gewichtes der Formaldehydlösung dividieren, also durch 1,079, das sind $\dfrac{37,8252}{1,079} = \text{rund } \mathbf{35\,\%}$.

Da das verwendete Natriumsulfit eine schwach alkalische Reaktion besitzt, so muß bei der Titration eine Korrektion angebracht werden, indem man in einem Sonderversuch mit Normal-Salzsäure titriert, um die in den nicht gebundenen Anteilen der Natriumsulfitlösung $(50 - 37,8 = \text{rund } 12 \text{ ccm})$ enthaltene Alkalimenge festzustellen.

Vorsichtig und vor Licht geschützt aufzubewahren.

Anwendung. Formaldehydlösung (auch Formalin oder Formol genannt) findet ihrer stark desinfizierenden Eigenschaften halber häufige medizinische Anwendung. Kieselgur, mit Formaldehyd getränkt, führt den Namen Formalith. Für innerlichen Gebrauch wird Formaldehyd an Milchzucker gebunden und das entstehende Produkt in Tablettenform gebracht. Die Tabletten führen den Namen Formamint. Formaldehydlösung wird auch zur Konservierung anatomischer Präparate benutzt, da der Formaldehyd die Eigenschaft zeigt, Eiweißstoffe in eine harte, elastische Masse zu verwandeln, die in Wasser völlig unlöslich ist. Casein mit Formaldehyd behandelt liefert eine hornartige Masse, die unverbrennlich bzw. schwer verbrennlich ist, den Namen Galalith führt und an Stelle von Celluloid zur Herstellung der mannigfachsten Schmuck- und Gebrauchsgegenstände (Kämme, Federhalter usw.) dient. Durch Einwirkung von Formaldehyd auf Phenole, Cumaran, Terpene usw. werden Kunstharze gebildet, die die Namen Bakelit, Resinit, Kunstmastix führen und einer vielseitigen technischen Verwendung fähig sind.

Formaldehyd wird auch als Konservierungsmittel für Wein, Bier, Fruchtkonserven usw. gebraucht: bei Wein 0,0005 g auf 1 Liter, bei Bier 0,001 g, und für je 100 g Fruchtkonserven 0,01 g. Formaldehyd dient in der Chirurgie zum Reinigen der Schwämme (mit $1^0/_0$igen Lösungen); zur Herstellung von sterilen Verbandsmaterialien; zum Reinigen der Hände (mit $1^0/_0$igen Lösungen); zum Desodorieren von Fäkalien, gegen Fußschweiß usw.

Hexamethylen. Wird Formaldehydlösung zuvor mit Salmiakgeist stark alkalisch gemacht und sodann im Wasserbade verdunstet, so verbleibt ein weißer, kristallinischer, in Wasser sehr leicht löslicher Rückstand, das sog. Hexamethylentetramin von der Zusammensetzung $(CH_2)_6N_4$.

Formaldehyd nimmt unter den Aldehyden eine Sonderstellung ein. Diese zeigt sich u. a. auch in dem Verhalten gegen Ammoniak, das nicht, wie bei anderen Aldehyden, einfach additionell gebunden wird, sondern sich mit Formaldehyd zu dem cyklischen Hexamethylen vereinigt.

Eigenschaften und Prüfung des Hexamethylens. Farbloses, kristallinisches Pulver, das sich beim Erhitzen verflüchtigt, ohne zu schmelzen. Es löst sich in 1,5 T. Wasser und in 10 T. Weingeist. Die Lösungen bläuen Lackmuspapier. Man prüft auf Ammoniumsalze, Paraformaldehyd, Schwefelsäure und Salzsäure (s. Arzneibuch).

Hexamethylentetramin hat unter dem Namen Urotropin als harnsäurelösendes. Mittel medizinische Verwendung gefunden.

Formaldehydsulfooxylat (vgl. Unterschweflige Säure im Anorgan. Teil). Bei der Einwirkung von Formaldehyd auf unterschwefligsaures Natrium ($Na_2S_2O_4$) entsteht neben Formaldehydbisulfit, $CH_2O \cdot SO_3HNa \cdot H_2O$, auch Formaldehydsulfooxylat, $CH_2O \cdot SO_2HNa \cdot 2 H_2O$, das unter dem Namen Rongalit in den Handel kommt und die Eigenschaft besitzt, in Wasser unlös'iche organische Farbstoffe, wie Indigo, in alka'ischer Flüssigkeit in lösliche Reduktionsprodukte überzuführen. Diese werden von der Faser aufgenommen und dann von der Luft durch Oxydationswirkung wieder in die Farbstoffe zurückverwandelt (Küpenfärberei, s. Indigo).

Acetaldehyd, Aldehyd, $CH_3 \cdot CHO$, wird durch Destillation von Äthylalkohol mit Kaliumdichromat und Schwefelsäure erhalten und gereinigt, indem man den Aldehyd an Ammoniak bindet und das mit Äther gewaschene kristallisierte Aldehyd-Ammoniak mit verdünnter Schwefelsäure im Wasserbade destilliert. Durch nochmalige Destillation über Calciumchlorid erhält man den Acetaldehyd als eine farblose, leicht bewegliche, erstickend riechende, bei 21^0 siedende Flüssigkeit. Läßt man diese bei mittlerer Temperatur mit kleinen Mengen Schwefelsäure oder Salzsäure oder Zinkchlorid stehen, so polymerisiert sich der Acetaldehyd, indem 3 Molekeln zu Paraldehyd, $(CH_3CHO)_3$, zusammentreten.

Paraldehyd bildet eine klare, farblose, neutrale Flüssigkeit von eigentümlich ätherischem Geruch und brennend kühlendem Geschmack. Spez. Gew. 0,998 bis 1,000, Siedepunkt 123 bis 125^0. Bei starker Abkühlung erstarrt Paraldehyd zu einer kristallinischen, bei $+10,5^0$ schmelzenden Masse. Er löst sich in 8,5 T. Wasser zu einer Flüssigkeit, die sich beim Erwärmen trübt. Mit Weingeist und Äther mischt er sich in jedem Verhältnis. Das Arzneibuch gestattet im Paraldehyd einen kleinen Gehalt an Acetaldehyd. Der Erstarrungspunkt eines solchen Präparates liegt niedriger, nach dem Arzneibuch bei $+6^0$ bis $+7^0$.

Paraldehyd wird geprüft auf die Löslichkeit in Wasser, auf einen Gehalt an Schwefelsäure, Salzsäure, Essigsäure, Acetaldehyd, Amylverbindungen (s. Arzneibuch).

Anwendung als Schlafmittel. Vor Licht geschützt und vorsichtig aufzubewahren. Größte Einzelgabe 5,0 g; größte Tagesgabe 10,0 g.

Ein wichtiger Abkömmling des Acetaldehyds ist der Trichloraldehyd, oder Chloral, ein Acetaldehyd, dessen drei Methylwasserstoffatome durch Chlor zersetzt sind.

Trichloraldehyd, Chloral, $CCl_3 \cdot CHO$, wurde 1832 zuerst von Liebig dargestellt. Er bildet sich bei der Einwirkung von Chlor auf Äthylalkohol. Man leitet trockenes Chlorgas in Alkohol von $96^0/_0$, solange es noch gebunden wird. Beim Beginn der Einwirkung kühlt man, gegen Ende derselben erwärmt man auf 60 bis 70^0.

$$CH_3 \cdot CH_2 \cdot OH \longrightarrow CH_3 \cdot CH{<}^{OH}_{Cl} \longrightarrow CH_3 \cdot CH{<}^{OC_2H_5}_{OH} \longrightarrow$$

$$\underbrace{\qquad}_{\text{Äthylalkohol}} \qquad \underbrace{\qquad}_{\text{Monochloralkohol}} \qquad \underbrace{\qquad}_{\text{Aldehydalkohol}}$$

$$CH_3CH{<}^{OC_2H_5}_{OC_2H_5} \longrightarrow CH_2ClCH{<}^{OC_2H_5}_{OC_2H_5} \longrightarrow CHCl_2CH{<}^{OC_2H_5}_{OC_2H_5} \longrightarrow$$

$$\underbrace{\qquad}_{\text{Acetal}} \qquad \underbrace{\qquad}_{\text{Monochloracetal}} \qquad \underbrace{\qquad}_{\text{Dichloracetal}}$$

$$CHCl_2CH{<}^{OC_2H_5}_{OH}$$

$$\underbrace{\qquad}_{\text{Dichloraldehydalkoholat.}}$$

Als Endprodukt bildet sich Chloralalkoholat. $CCl_3CH{<}^{OC_2H_5}_{OH}$.

Man versetzt es mit der dreifachen Menge Schwefelsäure, erhitzt es schwach am Rückflußkühler und destilliert das Chloral ab:

$$\underbrace{CCl_3CH{<}^{OC_2H_5}_{OH}}_{\text{Chloralalkoholat}} + H_2SO_4 = \underbrace{CCl_3CHO}_{\text{Chloral}} + \underbrace{SO_2{<}^{OH}_{OC_2H_5}}_{\substack{\text{Äthyl-}\\\text{schwefelsäure.}}} + H_2O.$$

Zwecks Reinigung unterwirft man das Chloral einer nochmaligen Destillation.

Chloral bildet eine farblose, stechend riechende Flüssigkeit vom Siedepunkt 97^0. Beim Aufbewahren geht das Chloral in eine feste polymere Verbindung über. Bringt man Chloral mit Wasser (auf 100 T. Chloral 12 bis 13 T. Wasser) zusammen, so verbindet es sich damit zu einem gut kristallisierenden Stoff, dem

Chloralhydrat, $CCl_3 \cdot CH(OH)_2$, farblose, bei 50 bis 51° schmelzende Kristalle von stechendem Geruch und schwach bitterem, ätzendem Geschmack. Sie lösen sich leicht in Wasser, Weingeist und Äther, weniger in fetten Ölen und Schwefelkohlenstoff. Beim Erwärmen mit Natronlauge geben sie eine trübe, unter Abscheidung von Chloroform sich klärende Lösung:

$$CCl_3 \cdot CH(OH)_2 + NaOH = CHCl_3 + H_2O + \underbrace{HCOONa}_{\substack{\text{Natrium-}\\\text{formiat.}}}$$

Die Zersetzbarkeit des Chloralhydrats durch Alkalien in Chloroform war die Veranlassung, daß das Chloralhydrat im Jahre 1869 durch O. Liebreich als Schlafmittel in den Arzneischatz eingeführt wurde. Man nahm an, daß das alkalisch reagierende Blut eine Spaltung in dem erwähnten Sinne veranlasse. Diese Deutung der Chloralwirkung hat sich zwar als nicht zutreffend erwiesen, das Chloralhydrat ist aber als Schlafmittel ein geschätztes Arzneimittel geworden.

Nach dem Gebrauch von Chloralhydrat findet sich im Harn Urochloralsäure, $C_8H_{11}Cl_3O_7$, eine bei 142° schmelzende, Fehlingsche Lösung reduzierende Verbindung, die sich beim Kochen mit verdünnter Salz- oder Schwefelsäure in Glukuronsäure, $CHO[CHOH]_4COOH$, und Trichloräthylalkohol, $CCl_3 \cdot CH_2OH$, spaltet.

Schon bei mittlerer Temperatur verflüchtigt sich Chloralhydrat in geringer Menge; erhitzt man es über seinen Schmelzpunkt hinaus, so zerfällt es in Chloral und Wasser. Durch Oxydationsmittel wird Chloralhydrat (ebenso wie Chloral) in Trichloressigsäure übergeführt:

$$CCl_3 \cdot CH(OH)_2 + O = \underbrace{CCl_3 \cdot COOH}_{\text{Trichloressigsäure.}} + H_2O$$

Wird Chloralhydrat mit einem gleichen Gewichtsteil Kampfer bei gelinder Wärme zusammengerieben, so erhält man eine klare, ölartige Flüssigkeit, das medizinisch verwendete Chloral-Kampferliniment.

Chloralhydrat findet neben seinem Gebrauch als Schlafmittel auch Anwendung in der Mikroskopie: Eine Lösung von 5 T. Chloralhydrat in 2 T. Wasser dient zum Aufhellen der durch den Pflanzenkörper gemachten Schnitte, indem die meisten Inhaltsstoffe der Zellen gelöst werden oder stark verquellen, während die Zellmembranen sich kaum verändern.

Prüfung. Man prüft Chloralhydrat auf Salzsäure, organische Verunreinigungen, Choralalkoholat (s. Arzneibuch).

Anwendung. Als Hypnotikum: Dosis 1,0 bis 2,0 g. Bei konvulsivischen Leiden, bei urämischen Krämpfen und bei epileptiformen Kinderkrämpfen infolge von Kolik, bei Tetanus, bei Pruritus, auch bei Asthma nervos., Singultus, Keuchhusten. Dosis als Sedativum 0,2 g bis 0,5 g 1- bis 2 stündlich. Vorsichtig aufzubewahren. Größte Einzelgabe 3,0 g; größte Tagesgabe 6,0 g.

Eine Verbindung des Chlorals mit Formamid oder Ameisensäureamid liefert das als Schlafmittel benutzte

Chloralformamid, Chloralum formamidatum,

$$CCl_3 \cdot CH(OH)NH \cdot OCH.$$

Zu seiner Darstellung werden 146,5 T. Chloral und 45 T. Formamid, $HCONH_2$, miteinander gemischt, wobei unter Erwärmung Chloralformamid entsteht.

Eigenschaften und Prüfung. Chloralformamid bildet farblose, glänzende, geruchlose Kristalle von schwach bitterem Geschmack, die bei 114^0 bis 115^0 schmelzen, sich langsam in etwa 30 T. Wasser von 15^0, sowie in 2,5 T. Weingeist lösen. Beim Erwärmen mit Natronlauge geben die Kristalle eine trübe, unter Abscheidung von Chloroform sich klärende Lösung. Man prüft auf **Salzsäure** und **Chloralalkoholat** (s. Arzneibuch).

Anwendung. Als Hypnotikum. Dosis 2,0 g bis 3,0 g. **Vorsichtig aufzubewahren. Größte Einzelgabe 4,0 g; größte Tagesgabe 8,0 g.**

Butylchloral, $CH_3 \cdot CHCl \cdot CCl_2 \cdot CHO$. Leitet man einen langsamen Strom von Chlor in Acetaldehyd oder Paraldehyd, indem man anfänglich kühlt, gegen Ende der Reaktion schwach erwärmt und die Temperatur dann bis auf 100^0 steigert, dann entsteht eine Verbindung des Butylchlorals mit Alkohol, die man mit Schwefelsäure zerlegt. Das Butylchloral siedet bei 163^0 bis 165^0 und verbindet sich mit Wasser zu **Butylchloralhydrat,** $CH_3 \cdot CHCl \cdot CCl_2 \cdot CH(OH)_2$, welches wie das Chloralhydrat als Hypnotikum benutzt wird. Butylchloralhydrat löst sich in 30 T. Wasser von 15^0, in heißem Wasser ziemlich leicht. Mit Wasserdämpfen ist es flüchtig. **Vorsichtig aufzubewahren!**

B. Aldehyde mit Doppel-Bindungen.

Das Anfangsglied dieser Reihe ist der **Akrylaldehyd** oder das **Akrolein,** das bei der Zersetzung des Glycerins durch Wasserabspaltung aus diesem gebildet wird:

$$
\begin{array}{ccc}
CH_2\,|\,OH & & CH_2 \\
| & & \| \\
CH\;|\,O\;H & \longrightarrow & CH \\
| & & | \\
CH\;|\,H\,O\;H & & CH \\
& & \diagdown\!O
\end{array}
$$

Glycerin   Akrylaldehyd.

Zu seiner Darstellung erhitzt man reines Glycerin mit saurem Kaliumsulfat oder geringen Mengen Phosphorsäure (spez. Gew. 1,73). Akrylaldehyd ist eine wasserhelle, stark lichtbrechende, wasserlösliche Flüssigkeit von starkem und unangenehmem Geruch, welche große Neigung zur Oxydation und Polymerisation zeigt.

Von den höheren Homologen der Akrylaldehydreihe seien erwähnt der α-β-**Hexylenaldehyd**

$$CH_3 - CH_2 - CH_2 - \underset{\beta}{CH} = \underset{\alpha}{CH} - CHO,$$

welcher bei der Destillation grüner Blätter mit Wasserdämpfen erhalten werden kann und daher auch **Blätteraldehyd** genannt worden ist.

Der Akrylaldehydreihe gehört auch der zuerst im Citronellöl (von **Andropogon Nardus**) aufgefundene Citronellaldehyd (d-Citronellal) an:

$$\begin{array}{c}CH_3\\ \\ CH_3\end{array}\!\!\!\!\Big\rangle C=CH-CH_2-CH_2-CH-CH_2-CHO\,.$$
$$\underset{\displaystyle CH_3}{\big|}$$

Ein Aldehyd mit 2 Doppelbindungen in der Molekel ist das im Lemongrasöl (**Andropogon citratus**), im Citronenöl und zahlreichen anderen ätherischen Ölen vorkommende Citral, auch Geranial, Neral, Lemonal genannt:

$$\begin{array}{c}CH_3\\ \\ CH_3\end{array}\!\!\!\!\Big\rangle C=CH-CH_2-CH_2-C=CH-CHO\,.$$
$$\underset{\displaystyle CH_3}{\big|}$$

VI. Ketone.

Während durch Oxydation der primären Alkohole Aldehyde gebildet werden, entstehen durch Oxydation der sekundären Alkohole Ketone, Stoffe, welche durch die Gruppe CO (Carbonylgruppe) charakterisiert sind. Verknüpft die Gruppe CO zwei Alkyle und sind diese identisch, so liegt ein einfaches Keton vor; sind sie verschieden, nennt man das Keton ein gemischtes, z. B.:

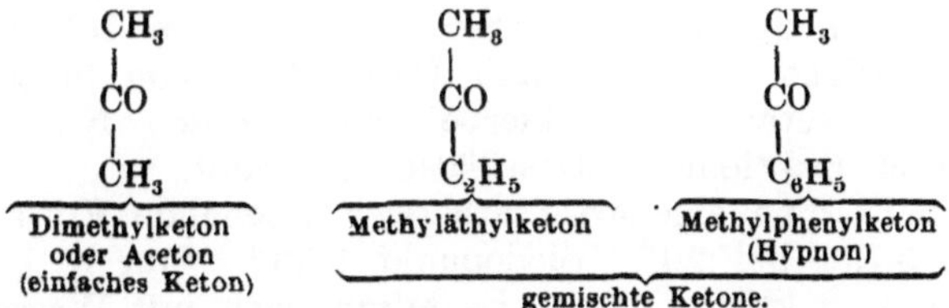

Natürlich vorkommende Ketone sind das Methylnonylketon, $CH_3 \cdot CO \cdot C_9H_{19}$, und das Methylheptylketon, $CH_3 \cdot CO \cdot C_7H_{15}$, aus welchen im wesentlichen das ätherische Öl der Gartenraute (Ruta graveolens) besteht. Aceton findet sich in geringer Menge im Blut und im normalen Harn, in größerer Menge in dem Harn der Diabetiker. Man spricht in diesen Fällen von Acetonurie der Diabetiker.

Ketone werden gebildet:

1. durch Oxydation sekundärer Alkohole:

$$\underbrace{CH_3 \cdot CH(OH) \cdot CH_3}_{\text{Isopropylalkohol}} + O = \underbrace{CH_3 \cdot CO \cdot CH_3}_{\text{Aceton}} + H_2O$$

2. durch Destillation der Natrium-, Calcium- oder Baryumsalze organischer Säuren:

$$\underbrace{2\,(CH_3COONa)}_{\substack{\text{2 Mol.}\\\text{Natriumacetat}}} = \underbrace{CH_3 \cdot CO \cdot CH_3}_{\substack{\text{1 Mol.}\\\text{Aceton}}} + \underbrace{Na_2CO_3}_{\substack{\text{1 Mol.}\\\text{Natrium-}\\\text{karbonat.}}}$$

3. aus den Ketonchloriden durch Erhitzen mit Wasser:

$$CH_3 \cdot CCl_2 \cdot CH_3 + H_2O = CH_3 \cdot CO \cdot CH_3 + 2\,HCl\,.$$

Die Ketone gehen durch Einwirkung kräftig wirkender Oxydationsmittel in Säuren über, und zwar entstehen zwei Säuren, deren jede eine geringere Zahl von Kohlenstoffatomen besitzt als das Keton, aus welchem sie hervorgegangen sind.

Diejenigen Ketone, welche die Gruppe CH_3—CO— besitzen, verbinden sich mit sauren schwefligsauren Alkalien zu gut kristallisierenden Doppelverbindungen und werden durch die Einwirkung von unterbromigsaurem Natrium (sog. **Bromlauge**, hergestellt durch Eintragen von Brom in kalte Natronlauge) unter Bildung von Bromoform oxydiert.

Mit **Hydroxylamin** liefern die Ketone unter Wasserabspaltung **Ketoxime**:

$$CH_3 \cdot CO \cdot CH_3 + NH_2OH = \underbrace{CH_3 \cdot C : NOH(CH_3)}_{\text{Acetoxim}} + H_2O ,$$

mit **Semikarbazid Semikarbazone**:

$$\underbrace{CH_3 \cdot CO \cdot C_9H_{19}}_{\text{Methylnonylketon}} + CO \begin{smallmatrix} NH_2 \\ \\ NH-NH_2 \end{smallmatrix} = \underbrace{C \begin{smallmatrix} CH_3 \\ = N \cdot NH \cdot CONH_2 \\ C_9H_{19} \end{smallmatrix}}_{\substack{\text{Semikarbazon des} \\ \text{Methylnonylketons.}}} + H_2O$$

Aceton, Dimethylketon, $CH_3 \cdot CO \cdot CH_3$, entsteht bei der trockenen Destillation von Weinsäure, Citronensäure, Zucker, Cellulose (Holz) und findet sich daher auch in dem rohen Holzessig. Technisch gewinnt man es durch Destillation von holzessigsaurem Kalk (Calciumacetat). Von hierbei entstehenden Nebenprodukten wird es durch fraktionierte Destillation getrennt.

Aceton ist eine eigenartig ätherisch riechende Flüssigkeit vom spez. Gew. 0,792 bei 20°. Siedepunkt 56,3°. Durch hohe Kältegrade erstarrt es kristallinisch. Es mischt sich mit Wasser, Alkohol und Äther. Für eine große Zahl organischer Verbindungen ist es ein vortreffliches Lösungsmittel.

Um Spiritus, der mit rohem, acetonhaltigem Holzgeist denaturiert wird, als solchen zu erkennen, läßt das Arzneibuch auf Aceton wie folgt prüfen: 5 ccm Weingeist werden in einem 50 ccm fassenden Kölbchen, das mit einem zweimal rechtwinklig gebogenen, ungefähr 75 cm langen Glasrohr und einer Vorlage verbunden ist (s. Abb. 66. S. 306) mit kleiner Flamme vorsichtig erhitzt, bis etwa 1 ccm Destillat übergegangen ist. Auf Zusatz der gleichen Menge Natronlauge und 5 Tropfen Nitroprussidnatriumlösung darf eine Rotfärbung, die nach dem vorsichtigen Übersättigen der Flüssigkeit mit Essigsäure in violett übergeht, nicht auftreten, andernfalls Aceton vorhanden ist.

Aceton wird zur Darstellung ·von Sulfonal, Chloroform, Jodoform usw. benutzt, neuerdings auch durch katalytische Reduktion mit Nickel und Wasserstoff zur Darstellung von Isopropylalkohol (s. dort) verwendet.

Läßt man Zinkchlorid, Salzsäure oder Schwefelsäure auf Aceton einwirken, so vereinigen sich zwei Molekeln desselben unter Wasseraustritt zu

Mesityloxyd, das mit einer dritten Molekel Aceton sich zu Phoron kondensiert:

$$(CH_3)_2CO + CH_3 \cdot CO \cdot CH_3 = \overset{CH_3}{\underset{CH_3}{>}} C : CH \cdot CO \cdot CH_3 + H_2O$$

Mesityloxyd

$$\rightarrow \overset{CH_3}{\underset{CH_3}{>}} C : CH \cdot CO \cdot CH : C \overset{CH_3}{\underset{CH_3}{<}}$$

Phoron.

Mit konz. Schwefelsäure gehen Aceton und einige andere Ketone in cyklische Stoffe der Benzolreihe über. Aceton liefert Mesitylen (s. dort).

Dem Mesityloxyd hinsichtlich der Konstitution nahe steht das Methyl-heptenon $(CH_3)_2C : CH \cdot CH_2 \cdot CH_2 \cdot CO \cdot CH_3$, das sich in verschiedenen ätherischen Ölen findet. Es entsteht bei der Destillation von Cinolsäureanhydrid.

Bei der Einwirkung von Ammoniak auf Aceton entstehen zwei Basen, das Diacetonamin $\overset{CH_3}{\underset{CH_3}{>}} C(NH_2) - CH_2 \cdot CO \cdot CH_3$ und das cyklische Triacetonamin

Aus dem Diacetonamin wird das als Lokalanästhetikum benutzte Eukain B (s. heterocyklische Verbindungen) gewonnen.

Unter Diketonen versteht man Verbindungen, in welchen 2 Ketogruppen enthalten sind; stehen sie zueinander in benachbarter Stellung, so nennt man sie α-Diketone. Sie sind dann aufzufassen als Verbindungen zweier Säureradikale, wie z. B. das Diacetyl $CH_3 \cdot CO \cdot CO \cdot CH_3$. Läßt man hierauf Hydroxylamin einwirken, so erhält man α-Dimethylglyoxim von der Konstitution

$$\begin{array}{c} CH_3 \\ | \\ C : NOH \\ | \\ C : NOH \\ | \\ CH_3, \end{array}$$

welches als bestes Reagens auf Nickelverbindungen (s. dort) in Anwendung kommt.

VII. Säuren.

Organische Säuren sind durch die Carboxylgruppe $- C \overset{O}{\underset{OH}{<}}$ gekennzeichnet. Man nennt sie auch Carbonsäuren. Je nach der Zahl der in einer Molekel vorhandenen Carboxylgruppen bemißt man die Basizität der Säuren. Einbasisch ist z. B. Essigsäure, CH_3COOH, zweibasisch die Malonsäure, $COOH \cdot CH_2 \cdot COOH$, und Bernsteinsäure, $COOH \cdot CH_2 \cdot CH_2 \cdot COOH$, dreibasisch die Citronensäure:

$$COOH \cdot CH_2 \cdot C(OH) \Big\langle {COOH \atop CH_2 \cdot COOH} \cdot$$

A. Einbasische Säuren, Monocarbonsäuren der Fettsäurereihe.

Durch Oxydation gesättigter primärer einwertiger Alkohole (bzw. der Aldehyde) der Fettreihe gelangt man zu einer homologen Reihe einbasischer Säuren der Formel $C_nH_{2n}O_2$. Man nennt diese Säuren Fettsäuren, weil einige von ihnen Bestandteile der Fette sind. Das erste Glied dieser Reihe ist die Ameisensäure.

Die bisher bekannten Glieder der Reihe sind:

Ameisensäure,	CH_2O_2	Schmp.	$+ 8,5^0$	Siedep.	101^0
Essigsäure,	$C_2H_4O_2$	"	$+16,5^0$	"	118^0
Propionsäure,	$C_3H_6O_2$	"	-22^0	"	141^0
Buttersäuren,	$C_4H_8O_2$			"	154 bis 162^0
Valeriansäuren,	$C_5H_{10}O_2$			"	164 bis 185^0
Capronsäure,	$C_6H_{12}O_2$	"	$- 1,5^0$	"	205^0
Önanthylsäure,	$C_7H_{14}O_2$	"	$- 10^0$	"	223^0
Caprylsäure,	$C_8H_{16}O_2$	"	$+ 16^0$	"	236^0
Pelargonsäure,	$C_9H_{18}O_2$	"	$+12,5^0$	"	254^0
Caprinsäure,	$C_{10}H_{20}O_2$	"	$+31,4^0$	"	269^0
Undecylsäure,	$C_{11}H_{22}O_2$	"	$+28,5^0$		
Laurinsäure,	$C_{12}H_{24}O_2$	"	$+43,5^0$		
Tridecylsäure,	$C_{13}H_{26}O_2$	"	$+40,5^0$		
Myristinsäure,	$C_{14}H_{28}O_2$	"	$+54^0$		
Pentadecylsäure,	$C_{15}H_{30}O_2$	"	$+51^0$		
Palmitinsäure,	$C_{16}H_{32}O_2$	"	$+62,6^0$		
Margarinsäure,	$C_{17}H_{34}O_2$	"	$+60^0$		
Stearinsäure,	$C_{18}H_{36}O_2$	"	$+69,3^0$		
Arachinsäure,	$C_{20}H_{40}O_2$	"	$+77^0$		
Behensäure,	$C_{22}H_{44}O_2$	"	$+83,5^0$		
Carnaubasäure,	$C_{24}H_{48}O_2$				
Cerotinsäure,	$C_{26}H_{52}O_2$	"	$+79^0$		
Melissinsäure,	$C_{30}H_{60}O_2$	"	$+91^0$.		

Jedes nächstfolgende Glied dieser Reihe ist von dem vorhergehenden durch ein Plus von CH_2 unterschieden und kann entstanden gedacht werden durch Ersatz eines Wasserstoffatoms des vorhergehenden Gliedes durch die Methylgruppe CH_3. Findet dieser Ersatz in einem End-Kohlenwasserstoffrest statt, so entstehen die normalen Säuren, in anderem Falle werden isomere Säuren gebildet. Während von den drei ersten Gliedern nur je eine Säure möglich ist, sind von dem vierten Glied zwei isomere Säuren, von dem fünften Glied vier isomere Säuren möglich und bekannt:

$$
\begin{array}{llllll}
\text{CH}_3 & & \text{CH}_3 & \text{CH}_3 & \text{CH}_3 & \\
| & & | & & | & \\
\text{CH}_2 & \text{CH}_3\ \text{CH}_3 & \text{CH}_2 & \text{CH}_3\ \text{CH}_3 & \text{CH}_2 & \text{CH}_3\ \text{CH}_3
\end{array}
$$

Normal- Buttersäure	Iso- Buttersäure	Normal- Valeriansäure	Iso- Valeriansäure	Methyl-Äthyl- Essigsäure	Trimethyl- Essigsäure

2 isomere Buttersäuren · · · · · · 4 isomere Valeriansäuren.

Ameisensäure, Acidum formicicum, Acidum formicarum, $H \cdot COOH$, findet sich im freien Zustande in den Ameisen (Formica rufa), in den Fichtennadeln, im Terpentin, im Honig usw. Sie bildet sich bei der Oxydation von Methylalkohol und bei der Einwirkung von Kaliumhydroxyd auf Chloroform, Bromoform, Jodoform:

$$CHCl_3 + 4\,KOH = HCO \cdot OK + 3\,KCl + 2\,H_2O.$$

Auch bei der Einwirkung von Alkalien auf Chloral (s. S. 329), ferner beim Erhitzen von Kaliumhydroxyd mit Kohlenoxyd auf 100^0:

$$KOH + CO = HCO \cdot OK.$$

Wird nach Liebig 1 T. Stärke der oxydierenden Einwirkung von Braunstein (4 T.), konz. Schwefelsäure (4 T.) und Wasser (4 T.) unterworfen, so destilliert Ameisensäure.

Die technische Darstellung der Ameisensäure geschieht jedoch meist aus Oxalsäure, die beim Erhitzen unter Kohlensäureabgabe in Ameisensäure übergeht:

$$
\begin{array}{ccc}
C \!\!\diagdown\!\! \begin{smallmatrix} O \\ O\,H \end{smallmatrix} & & \\
| & = & C \!\!\diagup\!\!\begin{smallmatrix} H \\ O \\ OH \end{smallmatrix} + CO_2. \\
C \!\!\diagdown\!\! \begin{smallmatrix} O \\ OH \end{smallmatrix} & &
\end{array}
$$

Zur Erzielung guter Ausbeuten nach diesem Verfahren erhitzt man ein Gemisch gleicher Teile kristallisierter Oxalsäure und Glycerin. Hierbei wird zunächst ein Glycerinester der Ameisensäure (Glycerinformiat) gebildet, welcher durch die Einwirkung von Wasser in Glycerin und Ameisensäure zerlegt wird.

Man erhält durch Destillation nach diesem Verfahren eine bis gegen $50\,^0/_0$ Ameisensäure haltende wässerige Lösung, welche zur Herstellung der $25\,^0/_0$igen Ameisensäure entsprechend mit Wasser verdünnt werden muß. Diese soll das spez. Gew. 1,061 bis 1,064 besitzen, einem Gehalt von 24 bis $25\,^0/_0$ Ameisensäure entsprechend.

Wasserfreie Ameisensäure erhält man durch Zerlegen von Bleiformiat (ameisensaurem Blei) mit Schwefelwasserstoff:

$$(HCOO)_2Pb + H_2S = 2\,HCOOH + PbS.$$

Eigenschaften und Prüfung. Reine Ameisensäure ist eine farblose Flüssigkeit von stechendem Geruch und stark saurem Geschmack.

Zufolge der in ihrer Molekel enthaltenen Aldehydgruppe $\begin{array}{c} HC = O \\ | \\ OH \end{array}$ wirkt sie reduzierend ein auf ammoniakalische Silberlösung.

Erwärmt man fein verteiltes Quecksilberoxyd mit wässeriger Ameisensäure, so wird sie zu Kohlendioxyd oxydiert:

$$HCOOH + HgO = CO_2 + Hg + H_2O \, .$$

Essigsäure liefert mit Quecksilberoxyd ein Acetat. Zufolge dieses verschiedenen Verhaltens kann man Essigsäure in Ameisensäure nachweisen, indem man 1 ccm der $25\,^0/_0$igen Ameisensäure mit 5 ccm Wasser verdünnt und mit 1,5 g gelbem Quecksilberoxyd unter Umschütteln im Wasserbade erhitzt, bis keine Gasentwicklung mehr stattfindet. Das Filtrat reagiert sauer, wenn es Quecksilberacetat enthält.

Ameisensäure wird geprüft auf Akrolein, Chlorwasserstoff, Oxalsäure und Metalle (s. Arzneibuch).

Der Gehalt der Ameisensäure wird durch Titration ermittelt.

Jeder ccm Normal-Kalilauge zeigt 0,046 02 g Ameisensäure an.

Anwendung. Ameisensäure dient zur Bereitung des Ameisenspiritus (Spiritus formicarum), indem man 1 T. Ameisensäure in 14 T. Weingeist und 5 T. Wasser löst. Ameisenspiritus enthält daher $5\,^0/_0$ reine Ameisensäure. Ameisensäure bzw. Ameisenspiritus werden zu Einreibungen bei rheumatischen Leiden benutzt.

Essigsäure, Acidum aceticum, $CH_3 \cdot COOH$, entsteht bei der Oxydation des Äthylalkohols. Bei der sog. Essigsäuregärung und der trockenen Destillation des Holzes erhält man verdünnte Essigsäurelösungen, welche den Namen **Essig** führen und je nach ihrer Herkunft als Weinessig, Bieressig, Fruchtessig (Äpfel-, Himbeer-, Pflaumenessig usw.), Holzessig usw. bezeichnet werden.

Das älteste Verfahren der Essigbereitung besteht darin, daß man verdünnte alkohol- oder zuckerhaltige Flüssigkeiten, wie Wein, Bier, Fruchtsäfte, Bierwürze usw. bei Luftzutritt einer Temperatur von 20^0 bis 35^0 aussetzt. Durch die Tätigkeit des Bacillus acidi acetici (Mycoderma aceti) wird eine Essigsäuregärung bewirkt, d. h. Äthylalkohol wird zu Essigsäure oxydiert. Zuckerhaltige Flüssigkeiten erfahren durch Hefepilze zunächst eine alkoholische Gärung, und der entstandene Alkohol wird dann oxydiert. Man nimmt an, daß der Essigsäurebazillus befähigt ist, Sauerstoff zu ozonisieren und so den Alkohol zu oxydieren. Man erhält sauer schmeckende Flüssigkeiten, welche je nach der Art der verwendeten alkohol- oder zuckerhaltigen Flüssigkeit von verschiedener Farbe und verschiedenem Geruch und Geschmack sind. Die Essigbildung wird in alkohol- oder zuckerhaltigen Flüssigkeiten schneller hervorgerufen, wenn man diesen eine kleine Menge fertigen Essigs hinzusetzt. Im Essig finden sich häufig den Nematoden angehörende Essigälchen (Leptodera oxyphila oder Anguilla aceti), 0,2 bis 0,5 cm lange, schlanke Fadenwürmer von großer Beweglichkeit.

Vielfach wird Essig noch nach dem Verfahren der sog. Schnellessigfarikation gewonnen. Diese besteht darin, daß man reinen verdünnten Äthylalkohol, mit $20\,^0/_0$ fertigem Essig versetzt (Essiggut), in 2 bis 3 m hohen und 1 bis 1,5 m weiten Fässern (den Gradierfässern oder Essigbildnern, Abb. 69) der Oxydation aussetzt.

Auf dem siebartig durchlöcherten Boden des Gradierfasses sind Buchenholzspäne, welche vorher ausgekocht und sodann mit Essig angefeuchtet wurden, locker aufgeschichtet. Im oberen Teil des Fasses ruht auf einem Falz die hölzerne Siebbütte *d*, deren siebartige Durchlöcherung durch herabhängende baumwollene Fäden geschlossen ist. Man gießt auf die Siebbütte ein Gemisch aus 1 T. $60\,^0/_0$igem Weingeist, 5 T. Wasser und 1,5 T. Essig, weches an den Fäden auf die Späne langsam herabtropft. An der seitlichen Wandung des Fasses befinden sich kleine Öffnungen (*e*), in der Siebbütte weitere, offene Glasrohre, damit die atmosphärische Luft ungehinderten Zu- und Austritt hat. Das aus Glas gefertigte Heberohr *g* steigt bis zur untersten Löcherreihe auf, so daß der Teil des Fasses unter dem Siebboden *i* stets mit der Flüssigkeit gefüllt bleibt. Hierdurch wird ein zu schnelles Abkühlen des Inhalts des Gradierfasses vermieden. Dem herabtropfenden Essiggut ist durch die Hobelspäne eine große Oberfläche geboten. Zufolge der Oxydationswirkung findet Temperaturerhöhung bis auf 40° statt, über welche hinaus aber eine Erwärmung nicht gehen darf, will man nicht Verluste an Weingeist und bereits entstandener Essigsäure erleiden. Man mäßigt die Wärme durch Aufgießen kalten Essiggutes. Das aus dem Gradierfaß Abfließende gibt man in die Siebbütte eines zweiten Gradierfasses und bewirkt schließlich noch in einem dritten Gradierfaß die vollständige Überführung des Äthylalkohols in Essigsäure.

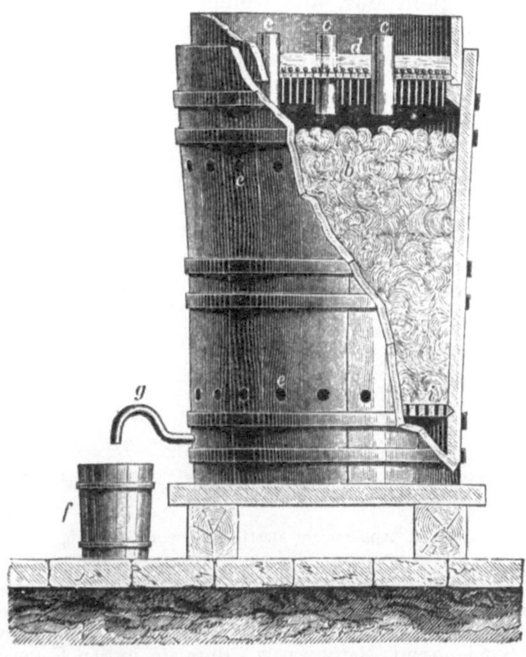

Abb. 69. Gradierfaß oder Essigbildner.

Man kann, wenn jedem Aufguß noch etwas Weingeist hinzugesetzt wird, den Essigsäuregehalt des Essigs auf 12 bis $14\,^0/_0$ bringen. Meist enthält er jedoch weniger. Essig pflegt man heute durch Mischen von Essigsäure mit Wasser unter Beifügung einer kleinen Menge Essigester herzustellen.

Das Arzneibuch läßt einen Essig (Acetum) verwenden, welcher einen Mindestgehalt von $6\,^0/_0$ Essigsäure haben soll. Essig muß klar

und frei sein von verunreinigenden Metallen, wie Zink, Blei, Kupfer;
ein kleiner Gehalt an Schwefelsäure und Salzsäure bzw. deren Salze
ist gestattet.

Bei der trockenen Destillation des Holzes wird neben
gasförmigen und teerartigen Produkten eine wässerige Flüssigkeit
erhalten, deren wichtigste Bestandteile Essigsäure, Methylalkohol,
Aceton, Furfurol, Phenole und empyreumatische Stoffe verschiedener
Art sind. Man nennt dieses Destillat Holzessig, Acetum pyrolignosum. Das Rohdestillat stellt eine braune, nach Teer und zugleich nach Essigsäure riechende, sauer und bitterlich schmeckende
Flüssigkeit dar, aus welcher beim Aufbewahren teerartige Stoffe sich
abscheiden. Sie enthält gegen 6 $^0/_0$ Essigsäure. Durch nochmalige
Destillation erhält man daraus den rektifizierten Holzessig, Acetum pyrolignosum rectificatum, eine farblose oder gelbliche, klare
Flüssigkeit von brenzlichem und saurem Geruch und Geschmack, welche
mindestens 5 $^0/_0$ Essigsäure enthalten soll.

Zur Verarbeitung auf Holzessig kommen Fichten-, Birken- und Buchenholz in Anwendung. Die Destillation wird meist in stehenden Zylindern aus Gußeisen vorgenommen (Abb. 70).

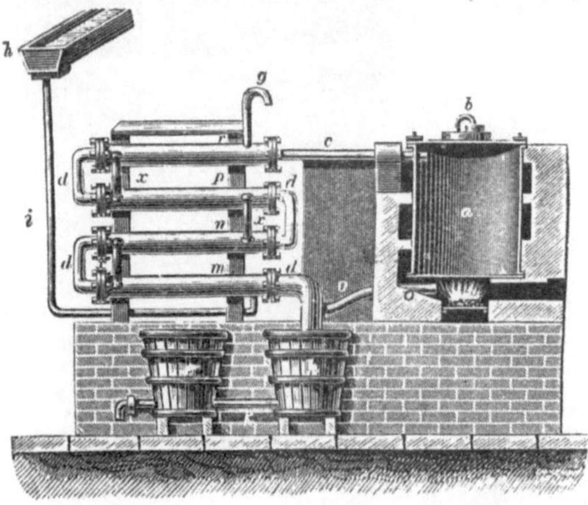

Abb. 70. Apparat zur Destillation von Holzessig.

Nach Abheben des Deckels b wird die Retorte a
mit dem kleingespaltenen Holz oder Sägespänen beschickt. Durch ein Röhren-
system, welches durch Zufluß von Wasser gekühlt wird, werden die Destillations-
produkte verdichtet und sammeln sich in h und e, während die gasigen Produkte
(Kohlenoxyd, Methan usw.) durch o in den Feuerungsraum geleitet werden und
als Heizmaterial dienen.

Holzessig wird außer zur Gewinnung von Methylalkohol und
Aceton und seiner immerhin beschränkten Anwendung als Arzneimittel vorzugsweise zur Gewinnung der Essigsäure benutzt.

Prüfung und Anwendung des Holzessigs. Man prüft
den Gehalt eines Holzessigs an sog. empyreumatischer Substanz mit Kaliumpermanganat, das dadurch entfärbt wird. Den
Essigsäuregehalt ermittelt man durch Titration (s. Arzneibuch).

Zu antiseptischen Verbänden und als Zusatz zu Waschwässern
in 1,5 bis 5 $^0/_0$ iger Lösung benutzt.

Acidum aceticum. Zwecks Gewinnung von Essigsäure neu-
tralisiert man Holzessig mit Calciumhydroxyd und unterwirft die
Flüssigkeit der Destillation, wobei Methylalkohol und Aceton in das
Destillat übergehen. Den Destillationsrückstand löst man in Wasser,

trennt die teerartigen Produkte durch Filtration und setzt das Calciumacetat mit Natriumsulfat um. Man dampft das Filtrat zur Trockene ein, erhitzt längere Zeit auf 250° bis 260° zur Zerstörung der noch beigemengten empyreumatischen Substanzen und destilliert nach Zusatz von Schwefelsäure die Essigsäure.

Eigenschaften und Prüfung. Reine **Essigsäure**, Acidum aceticum concentratum, Acidum aceticum glaciale, bildet unterhalb der Temperatur von 16° eine aus rhombischen Tafeln bestehende, eisartige Kristallmasse (daher die Bezeichnung Eisessig), welche gegen 17° zu einer farblosen, stechend sauer riechenden und schmeckenden Flüssigkeit schmilzt. Siedepunkt 118°. Reine Essigsäure mischt sich mit Wasser, Alkohol und Äther in jedem Verhältnis. Beim Mischen mit Wasser zeigt sich anfangs eine Kontraktion; es findet daher eine Zunahme des spez. Gewichtes statt, bis die Zusammensetzung der Lösung dem Hydrate $C_2H_4O_2 \cdot H_2O$ entspricht. Das spez. Gew. beträgt dann 1,0748 bei 15°, der Gehalt der Lösung an Essigsäure 77 bis 80$^0/_0$. Verdünnt man weiter mit Wasser, so nimmt das spez. Gew. wieder ab, und zwar besitzt eine 43$^0/_0$ige Lösung das gleiche spez. Gew. wie wasserfreie Essigsäure, nämlich 1,0497 bei 20°.

Acidum aceticum des Arzneibuches soll das spez. Gew. 1,064 besitzen, welches 96$^0/_0$iger reiner Essigsäure entspricht. Außerdem ist ein Acidum aceticum dilutum (verdünnte Essigsäure) offizinell, welches in 100 T. 30 T. Essigsäure enthalten soll und das spez. Gew. 1,041 besitzt.

Die Prüfung der Essigsäure hat sich auf Verunreinigungen durch Arsen, Schwefelsäure, schweflige Säure, Ameisensäure, Salzsäure, Metalle und empyreumatische Stoffe zu erstrecken.

Den Gehalt an CH_3COOH bestimmt man durch Titration (siehe Arzneibuch).

Anwendung. Essigsäure wird als Riech- und Ätzmittel, zur Bereitung von Saturationen und zur Herstellung chemisch-pharmazeutischer Präparate benutzt. Essigsäure ist ein gutes Lösungsmittel für viele organische Stoffe und dient daher zum Umkristallisieren organischer Verbindungen.

Kaliumacetat, Essigsaures Kalium, Kalium aceticum, $CH_3 \cdot COOK$, wird durch Sättigen von Essigsäure mit Kaliumkarbonat und Eindampfen auf dem Wasserbade zur Trockene als ein weißes, zerfließliches Salz erhalten. Das Arzneibuch schreibt, da der zerfließlichen Eigenschaft halber trockenes Salz nur schlecht aufbewahrt werden kann, die Bereitung eines Liquor Kalii acetici vor: Zu 50 T. verdünnter Essigsäure ($= 30^0/_0$ige Essigsäure) fügt man allmählich 24 T. Kaliumbikarbonat, erhitzt zum Sieden, neutralisiert hierauf vollständig mit Kaliumbikarbonat und verdünnt die erkaltete Flüssigkeit mit Wasser bis zu einem spez. Gew. 1,176 bis 1,180. Die Neutralität der Flüssigkeit kann nur in sehr verdünnter Lösung mit Hilfe von Lackmuspapier festgestellt werden. In konzentrierter Lösung zeigt das Kaliumacetat amphotere Reaktion, d. h. bläut rotes Lackmuspapier und rötet blaues Lackmuspapier.

Anwendung. Als Diuretikum wird Liq. Kalii acetici in Dosen von 2 g bis 10 g in Mixtur mehrmals täglich angewendet.

Natriumacetat, Essigsaures Natrium, Natrium aceticum, $CH_3 \cdot COONa \cdot 3 H_2O$, wird durch Sättigen des rohen Holzessigs mit Natriumkarbonat, Abdampfen zur Trockene, Erhitzen bis 250^0, Aufnehmen in Wasser und Abdampfen zur Kristallisation gewonnen. Es kristallisiert in Prismen, welche an warmer, trockener Luft verwittern. Erhitzt man kristallwasserhaltiges Natriumacetat bis zu 120^0, so verliert es vollständig sein Kristallwasser und geht in Natrium aceticum siccum über. Medizinisch wird Natriumacetat als Diuretikum angewendet, Dosis 5 bis 10% haltende Lösungen eßlöffelweße. In größeren Dosen wirkt es purgierend. Bei Darmkatarrhen werden Dosen von 0,5 g verordnet.

Ammoniumacetatlösung, Liquor Ammonii acetici. Durch Eindampfen einer durch Ammoniak gesättigten Essigsäurelösung läßt sich ein Ammoniumacetat der Zusammensetzung $CH_3 \cdot COONH_4$ nicht gewinnen, da beim Eindunsten unter Ammoniakverlust saure Salze verschiedener Zusammensetzung entstehen. Früher war ein Liquor Ammonii acetici offizinell, welcher durch Mischen von 5 T. Salmiakgeist (spez. Gew. 0,960) und 6 T. verdünnter Essigsäure ($= 30\%$ ige Essigsäure), Erhitzen bis zum Sieden, nach vollständigem Erkalten Neutralisieren mit Ammoniak und Verdünnung mit Wasser auf ein spez. Gewicht von 1,032 bis 1,034 ($= 15\%$ Ammoniumacetat) bereitet wird.

Bleiacetat, Essigsaures Blei, Bleizucker, Plumbum aceticum, $(CH_3 \cdot COO)_2 Pb \cdot 3 H_2O$, wird dargestellt durch Lösen von fein geschlemmtem Bleioxyd bei gelinder Wärme in verdünnter Essigsäure und Eindampfen der Lösung zur Kristallisation.

Eigenschaften und Prüfung. Bleiacetat bildet farblose, durchscheinende, schwach verwitternde Kristalle oder weiße kristallinische Massen, welche nach Essigsäure riechen, sich in 2,3 T. Wasser und in 29 T. Weingeist lösen. Die wässerige Lösung besitzt einen süßlich zusammenziehenden Geschmack. Die verdünnte wässerige Lösung trübt sich infolge der Einwirkung der Kohlensäure der Luft oder des Wassers, indem sich kohlensaures Blei abscheidet. Die gleichzeitig frei werdende geringe Menge Essigsäure verhindert einen weiteren Angriff der Kohlensäure. Auch beim Aufbewahren des kristallisierten Bleiacetats erleidet es durch die Kohlensäure der Luft eine oberflächliche Zersetzung und löst sich dann trübe in Wasser.

Man prüft auf Kupfer- und Eisensalze (s. Arzneibuch).

Anwendung. Äußerlich als zusammenziehendes Mittel in Form von Klistieren; gegen Gonorrhöe in Form von Einspritzungen (Dosis 0,1 g bis 0,5 g auf 100 g Wasser). Als Augenwasser 0,05 g bis 0,25 g auf 100 g. Innerlich bei Darmblutungen: Dosis 0,005 g bis 0,03 g in Pulvern oder Pillen. Vorsichtig aufzubewahren. Größte Einzelabgabe 0,1 g; größte Tagesgabe 0,3 g.

Basisches Bleiacetat, Basisch essigsaures Blei, Plumbum subaceticum, ist eine Verbindung, welche in dem medizinisch verwendeten **Bleiessig, Liquor Plumbi subacetici,** Acetum Plumbi, enthalten ist. Bleiacetat vermag sich mit Bleioxyd zu basischen Salzen zu verbinden, indem man entweder die Lösung von Bleiacetat mit Bleioxyd erwärmt oder beide Stoffe durch Zusammenschmelzen vereinigt. Es sind Verbindungen von verschiedener Basizität bekannt. Ein sog. $^2/_3$-Acetat $[(CH_3COO)_2Pb]_2 \cdot PbO \cdot H_2O$ ist in dem Bleiessig enthalten. Man nennt diese Verbindung deshalb $^2/_3$-Acetat, weil von 3 Bleiatomen 2 in Form von Bleiacetat vorhanden sind.

Zur Bereitung des Bleiessigs verreibt man 1 T. Bleiglätte (Bleioxyd) mit 3 T. Bleiacetat und erhitzt unter Zusatz von 0,5 T. Wasser in einem bedeckten Gefäße auf dem Wasserbade, bis eine gleichmäßig weiße oder rötlich-weiße Mischung entstanden ist. Man fügt sodann noch 9,5 T. Wasser allmählich hinzu, stellt, wenn die Masse ganz oder bis auf einen kleinen Rückstand zu einer trüben Flüssigkeit gelöst ist, diese in einem wohlverschlossenen Gefäß zum Absetzen beiseite und filtriert.

Eigenschaften und Prüfung. Bleiessig bildet eine klare, farblose Flüssigkeit von süßem, zusammenziehendem Geschmack. Spez. Gew. 1,235 bis 1,240. Kohlensäurehaltiges Wasser ruft darin eine Fällung von basischem Bleikarbonat hervor. Bleiessig trübt sich daher beim Stehen an der Luft. Man prüft auf einen etwaigen Alkaligehalt und auf Kupfersalz (s. Arzneibuch).

Anwendung. Bleiessig findet pharmazeutische Anwendung vorwiegend zur Bereitung von Bleiwasser (Aqua plumbi, Aqua Goulardi) und von Bleisalbe (Unguentum Plumbi, Ung. Saturni). Vorsichtig aufzubewahren.

Basisches Aluminiumacetat. Neutrales Aluminiumacetat $(CH_3COO)_3Al$ ist nur in wässeriger Lösung bekannt und wird durch Zusammenbringen von Aluminiumsulfatlösung mit einer äquivalenten Menge Baryumacetatlösung erhalten, wobei sich Baryumsulfat abscheidet. In dem als Antiseptikum benutzten Liquor Aluminii acetici (Aluminiumacetatlösung, essigsaure Tonerdelösung) ist ein basisches Salz der Zusammensetzung $(CH_3COO)_2(OH)Al$ enthalten.

Zur Darstellung der Aluminiumacetatlösung werden 100 T. Aluminiumsulfat in 270 T. Wasser gelöst, die Lösung wird filtriert und auf das spez. Gew. von 1,152 gebracht. In die klare Lösung wird eine Anreibung von 46 T. Calciumkarbonat mit 60 T. Wasser allmählich unter beständigem Umrühren eingetragen und dann der Mischung 120 T. verdünnte Essigsäure nach und nach zugesetzt. Die Mischung bleibt in einem offenen Gefäß unter wiederholtem Umrühren so lange stehen, bis eine Gasentwicklung sich nicht mehr bemerkbar macht. Der Niederschlag wird alsdann ohne Auswaschen von der Flüssigkeit abgeseiht; diese wird filtriert und mit Wasser auf das spez. Gew. 1,044 bis 1,048 gebracht.

Die Essigsäure führt einen Teil des Calciumkarbonats unter Entwicklung von Kohlensäure in Calciumacetat über; dieses setzt sich mit Aluminiumsulfat in Calciumsulfat und Aluminiumacetat um, während ein anderer Teil des Aluminiumsulfats mit dem im Überschuß vorhandenen Calciumkarbonat unter Kohlensäureentwicklung Aluminiumhydroxyd bildet. Letzteres erzeugt mit Aluminiumacetat basisches Salz von obiger Zusammensetzung.

Eigenschaften und Prüfung. Aluminiumacetatlösung bildet eine klare, farblose Flüssigkeit und enthält 7,3 bis 8,3 °/₀ basisches Salz. Beim Erhitzen im Wasserbade gerinnt sie nach Zusatz des fünfzigsten Teiles Kaliumsulfat und wird nach dem Erkalten in kurzer Zeit wieder flüssig und klar. Diese Reaktion beruht darauf, daß in der Wärme zwischen basischem Aluminiumacetat und Kaliumsulfat eine Umsetzung zu Aluminiumsulfat und Kaliumacetat erfolgt, während sich Aluminiumhydroxyd gallertartig abscheidet. Beim Abkühlen vollzieht sich eine Umsetzung in entgegengesetztem Sinne, und das Aluminiumhydroxyd wird vom Aluminiumacetat gelöst. Erwärmt man die basische Aluminiumacetatlösung für sich auf gegen 40°, so scheidet sich unter Abspaltung von Essigsäure ein unlösliches basisches Salz ab. Die Aluminiumacetatlösung soll 2,3 bis 2,6 $^0/_0$ Aluminiumoxyd in Form seines basischen Acetates enthalten.

Eine mit Weinsäure in Essigsäure versetzte Aluminiumacetatlösung führt den Namen **Liquor Aluminii acetico-tartarici** und enthält annähernd 45 $^0/_0$ Aluminiumacetotartrat.

Anwendung. Aluminiumacetatlösung wird äußerlich als Desinfektionsmittel zu Umschlägen, Waschungen, Spülungen mit dem fünffachen Wasser verdünnt. Als Mund- und Gurgelwasser (1:20 bis 30), bei Fußschweiß mit dem 3fachen Wasser verdünnt.

Zinkacetat, Essigsaures Zink, Zincum aceticum, $(CH_3 \cdot COO)_2 Zn \cdot 2H_2O$, durch Auflösen von Zinkoxyd in Essigsäure und Abdampfen zur Kristallisation erhalten. 6 seitige monokline Tafeln, die sich in 2,7 T. Wasser von 15 ^{0} und 1,5 T. siedendem Wasser lösen. In 36 T. 90 $^0/_0$ igem Alkohol löslich.

Merkuroacetat, Essigsaures Quecksilberoxydul, $(CH_3 \cdot COO)_2 Hg_2$, durch Fällung einer Merkuronitratlösung mit Natriumacetatlösung erhalten. Weiße, glänzende Kristallmasse, in Wasser schwer löslich.

Merkuriacetat, Essigsaures Quecksilberoxyd, $(CH_3COO)_2 Hg$, stellt man dar durch Auflösen von 1 T. HgO in 2 T. 30 $^0/_0$ iger Essigsäure. Es scheidet sich in tafelförmigen Kristallen ab, die sich in 4 T. Wasser von 10 ^{0} lösen. Die Lösung reagiert sauer. Man benutzt Merkuriacetat u. a. als Oxydationsmittel in der Alkaloidchemie.

Cupriacetat, Essigsaures Kupfer, Cuprum aceticum

$$(CH_3 \cdot COO)_2 Cu \cdot H_2O,$$

auch kristallisierter Grünspan genannt, wird durch Auflösen von gewöhnlichem Grünspan (basisch essigsaurem Kupfer) in verdünnter Essigsäure und Abdampfen zur Kristallisation erhalten. Er bildet dunkelblaugrüne Kristalle, Grünspan, Aerugo, Cuprum subaceticum, besteht aus basischem Cupriacetat verschiedener Zusammensetzung und wird bereitet, indem man auf Kupferbleche verdünnte Essigsäurelösung unter Luftzutritt einwirken läßt und die auf den Blechen sich bildende Grünspanschicht abstreicht. Je nach der größeren oder geringeren Basizität des Grünspans unterscheidet man grüne und blaue Handelsware.

Unter dem Namen Schweinfurter Grün, Giftgrün wird eine Doppelverbindung von Cupriacetat und Cupriarsenit der Zusammensetzung $(CH_3COO)_2 Cu \cdot 3(AsO_2)_2 Cu$ verstanden, eine Verbindung, die als grüner Farbstoff ehemals verwendet wurde.

Basisches Ferriacetat. Neutrales Ferriacetat $(CH_3COO)_3 Fe$ bildet sich beim Auflösen von frisch gefälltem Ferrihydroxyd in der berechneten Menge Essigsäure. Ein basisches Ferriacetat der Zusammensetzung $(CH_3COO)_2(OH)Fe$, auch basisches Ferri-$^2/_3$-Acetat genannt, ist in dem **Liquor Ferri subacetici** enthalten.

Zur Bereitung des Präparates werden 5 T. Ferrichloridlösung (spez. Gew. 1,280 bis 1,282) mit 25 T. Wasser verdünnt und alsdann unter Umrühren eine Mischung von 5 T. Salmiakgeist (spez. Gew. 0,960) und 100 T. Wasser hinzugefügt mit der Vorsicht, daß die Flüssigkeit alkalisch bleibt. Der Niederschlag wird mit Wasser ausgewaschen, dann möglichst stark ausgepreßt und in einer Flasche mit 4 T. verdünnter Essigsäure an einem kühlen Orte unter öfterem Umschütteln so lange stehen gelassen, bis er sich fast vollkommen gelöst hat. Hierauf setzt man der filtrierten Lösung so viel Wasser zu, daß ihr spez. Gew. 1,087 bis 1,091 beträgt.

Basische Ferriacetatlösung ist eine Flüssigkeit von rotbrauner Farbe. Spez. Gew. 1,087 bis 1,091. Sie scheidet in der Siedehitze unter Essigsäureabspaltung einen rotbraunen Niederschlag ab, welcher aus basischem **Ferri-$^1/_3$-Acetat** besteht:

$$(CH_3COO)_2(OH)Fe + H_2O = (CH_3COO)(OH)_2Fe + CH_3COOH$$

Basisches Ferri-$^2/_3$-Acetat   Basisches Ferri-$^1/_3$-Acetat   Essigsäure.

Nachweis der Essigsäure. Erhitzt man ein essigsaures Salz mit Äthylalkohol und Schwefelsäure, so tritt Geruch nach Essigester auf.

Beim Erhitzen von Kalium- oder Natriumacetat mit arseniger Säure bildet sich das sehr übelriechende, giftige **Kakodyloxyd** oder **Alkarsin**, ein Tetramethyldiarsenoxyd:

$$As_4O_6 + 8\,CH_3COONa = 2\,As_2O(CH_3)_4 + 4\,Na_2CO_3 + 4\,CO_2.$$

Essigsaure Salze geben mit neutralem Ferrichlorid gemischt eine blutrote Lösung, die beim Kochen unter Abspaltung von basischem Ferri-$^1/_3$-Acetat getrübt wird.

Bei der Einwirkung von Chlor auf Essigsäure werden nach und nach die drei Methylwasserstoffatome derselben durch Chlor ersetzt, und man erhält **Monochlor-, Dichlor-** und **Trichloressigsäure.**

Monochloressigsäure, $CH_2 \cdot Cl \cdot COOH$, Siedepunkt 185 bis 187°, trennt man von Essigsäure durch fraktionierte Destillation. Monochloressigsäure kristallisiert aus Benzol in großen, farblosen, rhombischen Tafeln; sie wird zur Darstellung von Glykolsäure, Glykokoll und Malonsäure (s. dort) benutzt.

Trichloressigsäure, Acidum trichloraceticum, $CCl_3 \cdot COOH$, bildet farblose, leicht zerfließliche, rhomboedrische Kristalle von schwach stechendem Geruch, in Wasser, Weingeist und Äther löslich, bei 55° schmelzend und bei 195° siedend. Die Kristalle entwickeln, mit überschüssiger Kalilauge erwärmt, Chloroform. Trichloressigsäure zerfällt durch KOH in Chloroform und Kaliumkarbonat:

$$CCl_3 \cdot COOK + KOH = CCl_3H + K_2CO_3.$$

Acetylchlorid. Läßt man auf Essigsäure Phosphorpentachlorid einwirken, so wird das Hydroxyl der Carboxylgruppe durch Chlor ersetzt, und man gelangt zum **Acetylchlorid**, einer farblosen, durch Wasser leicht zersetzbaren Flüssigkeit:

$$CH_3 \cdot COOH + PCl_5 = CH_3 \cdot COCl + POCl_3 + HCl$$

Acetyl-chlorid   Phosphor-oxychlorid.

Essigsäureanhydrid entsteht bei der Einwirkung von Acetylchlorid auf Natriumacetat:

$$CH_3 \cdot COCl + CH_3COONa = (CH_3CO)_2O + NaCl$$

Essigsäure-anhydrid.

Essigsäureanhydrid ist eine stechend riechende Flüssigkeit, die zu Acetylierungen, d. h. zum Einführen der Acetylgruppe, CH_3CO, für Wasserstoff in organische Verbindungen benutzt wird.

Propionsäure, Methylessigsäure, Propansäure, $CH_3 \cdot CH_2$ COOH, ist zuerst von Gottlieb 1847 durch Schmelzen von Rohrzucker mit Ätzkali erhalten worden. Sie findet sich im rohen Holzessig und im Braunkohlenteer und bildet sich bei der Spaltpilzgärung aus äpfelsaurem und milchsaurem Calcium. Synthetisch wird sie erhalten durch Kochen von Äthylcyanid mit Wasser. Farblose Flüssigkeit, Siedepunkt 140,7⁰.

Buttersäuren. Von den zwei möglichen und bekannten Säuren

$$CH_3 \cdot CH_2 \cdot CH_2 \cdot COOH \quad \text{und} \quad (CH_3)_2 \cdot CH \cdot COOH$$

Normal-Buttersäure Isobuttersäure

kommt die erstere im freien Zustand und mit Glycerin verbunden als Glycerinester im Pflanzen- und Tierreich vor. Die Kuhbutter enthält einige Prozent dieses Esters. In der Fleischflüssigkeit und im Schweiß ist Normal-Buttersäure im freien Zustand nachgewiesen worden. Sie entsteht u. a. bei der Buttersäuregärung von Zucker und Stärke. Ranzig riechende Flüssigkeit. Isobuttersäure findet sich im freien Zustand im Johannisbrot (Ceratonia Siliqua). Das Calciumsalz der Normalbuttersäure ist in heißem Wasser schwieriger löslich als in kaltem; die kalt gesättigte Lösung trübt sich daher beim Erwärmen.

Valeriansäuren, $C_5H_{10}O_2$. Die vier möglichen Isomeren besitzen die folgenden Konstitutionen:

$$CH_3 \cdot CH_2 \cdot CH_2 \cdot CH_2 \cdot COOH \qquad (CH_3)_2CH \cdot CH_2COOH$$

n-Valeriansäure (n-Propylessig- Isovaleriansäure (Iso-
säure, Pentansäure) propylessigsäure)

$$\begin{array}{c} CH_3 \\ C_2H_5 \end{array}\!\!\!>\!CH \cdot COOH \qquad (CH_3)_3C \cdot COOH$$

Methyläthyl- Trimethylessigsäure
essigsäure (Pivalinsäure).

Die offizinelle Valeriansäure (Acidum valerianicum) findet sich in freiem Zustande und in Form von Estern im Tier- und Pflanzenreich, besonders in der Baldrianwurzel (Valeriana officinalis) und in der Angelikawurzel (Angelica Archangelica), in faulem Eiweiß, Käse und auch im Schweiß. Man gewinnt sie aus der Baldrianwurzel durch Auskochen mit Wasser oder Sodalösung. Die offizinelle Baldriansäure besteht aus einem Gemisch von Isovaleriansäure und optisch aktiver Methyläthylessigsäure. Auf künstlichem Wege erhält man ein ähnliches Gemisch durch Oxydation von Gärungsamylalkohol mit Chromsäure. Mit Wasser bildet Valeriansäure das Hydrat $C_5H_{10}O_2 \cdot H_2O$, welches in 26,5 T. Wasser löslich ist.

Von den **höher molekularen Fettsäuren** findet sich n-Hexylsäure oder Capronsäure, $CH_3(CH_2)_4COOH$, in freiem Zustande im Schweiße, im rohen Holzessig, verestert in der Kuh- und Ziegenbutter und im Kokosnußöl, sowie in der Arnikawurzel. Capronsäure bildet sich bei der Buttersäuregärung neben Buttersäure. Siedepunkt 205⁰.

Die n-Heptylsäure oder Önanthylsäure, $CH_3(CH_2)_5COOH$, kommt in freier Form im ätherischen Kalmusöl vor und wird durch Oxydation des Önanthols (Önanthaldehyd, bei der Destillation des Rizinusöles erhalten) gewonnen.

Die n-Oktylsäure oder Caprylsäure, $CH_3(CH_2)_6COOH$, ist frei im Schweiße und als Glycerinester in der Ziegenbutter enthalten und im Weinfuselöl beobachtet worden. Schmelzpunkt 16^0.

Die n-Nonylsäure oder Pelargonsäure, $CH_3(CH_2)_7COOH$ ist aus den Blättern von Pelargonium roseum abgeschieden worden; sie wird durch Oxydation des Rautenölketons, des Nonylmethylketons gewonnen.

Die n-Decylsäure oder Caprinsäure, $CH_3(CH_2)_8COOH$, ist als Glycerinester in der Kuh- und Ziegenbutter, sowie im Kokosnußöl enthalten. Schmelzpunkt 30^0.

Von anderen höheren Fettsäuren ist die n-Dodecylsäure oder Laurinsäure, $CH_3(CH_2)_{10}COOH$, als Glycerinester ein Bestandteil des fetten Öles der Lorbeerfrüchte; Myristinsäure, $C_{14}H_{28}O_2$, findet sich als Glycerinester in der Muskatbutter, als Cetylester im Walrat. Palmitinsäure, $C_{16}H_{32}O_2$ (Schmelzpunkt $62{,}6^0$), bildet als Glycerinester neben den Glycerinestern der Stearinsäure, $C_{18}H_{36}O_2$ (Schmelzpunkt $69{,}3^0$), und Ölsäure, $C_{18}H_{34}O_2$, den Hauptbestandteil der tierischen und pflanzlichen Fette. Arachinsäure, $C_{20}H_{40}O_2$, ist ein Bestandteil des Erdnußöls (des Öls der Samen von Arachis hypogaea). Behensäure, $C_{22}H_{44}O_2$ (Schmelzpunkt $83{,}5^0$), kommt als Glycerid in dem Behenöl (aus den Samen von Moringa oleifera durch Pressen bereitet) vor. Ein Derivat der Behensäure, die Monojodbehensäure, durch Einwirkung von Natriumjodid auf Monobrombehensäure (aus Erukasäure und Bromwasserstoff) dargestellt, kommt in Form des Calciumsalzes unter dem Namen Sajodin als Arzneimittel in den Verkehr. Cerotinsäure, $C_{26}H_{52}O_2$, findet sich im freien Zustande im Bienenwachs und bildet als Cerylester den Hauptbestandteil des chinesischen Wachses.

In der Neuzeit sind aus den bei der Braunkohlendestillation erhaltenen Gasölen durch Einwirkung von Ozon oder auch durch Sauerstoff (Verfahren von Harries oder Kelber) auf die in den Gasölen enthaltenen ungesättigten Kohlenwasserstoffe neben Formaldehyd hoch- und niedrigmolekulare Fettsäuren (besonders Stearin-, Palmitin-, Myristicinsäure) gewonnen worden, die sich zur Seifenbereitung eignen.

Oxysäuren oder Alkoholsäuren der Fettsäurereihe.

Unter Oxysäuren versteht man Säuren, in deren Molekel außer der Carboxylgruppe noch ein alkoholisches Hydroxyl vorhanden ist. Sie besitzen daher zugleich Alkoholcharakter und heißen Alkoholsäuren.

Zwei hierher gehörige Säuren sind die

Oxyessigsäure oder Glykolsäure und die

Oxypropionsäure oder Milchsäure.

Oxyessigsäure, Glykolsäure, $CH_2(OH) \cdot COOH$, findet sich in den unreifen Weintrauben, in den Blättern des wilden Weins (Ampelopsis hederacea) und entsteht als Kaliumsalz bei der Einwirkung von Kaliumhydroxyd auf monochloressigsaures Kalium:

$$CH_2Cl \cdot COOK + KOH = CH_2(OH) \cdot COOK + KCl$$

$\underbrace{\qquad\qquad}_{\text{Monochloressigsaures Kalium}} \qquad \underbrace{\qquad\qquad}_{\text{Oxyessigsaures Kalium.}}$

Farblose, zerfließliche Kristalle. Schmelzpunkt 80^0.

Oxypropionsäuren, Milchsäuren. Je nachdem in der Propionsäure an Stelle eines Wasserstoffatoms in dem der Carboxylgruppe benachbarten Kohlenwasserstoffrest oder in dem entfernteren eine Hydroxylgruppe sich befindet, unterscheidet man α- und β-Oxypropionsäure:

$$\underbrace{CH_3 \cdot CH_2 \cdot COOH}_{\text{Propionsäure}} \qquad \underbrace{CH_3 \cdot CH(OH) \cdot COOH}_{\alpha\text{-Oxypropionsäure}} \qquad \underbrace{CH_2(OH) \cdot CH_2 \cdot COOH}_{\beta\text{-Oxypropionsäure.}}$$

Die α-Oxypropionsäure wird wegen der darin enthaltenen Gruppe $CH_3 — CH =$ als Äthylidenmilchsäure, die β-Oxypropionsäure wegen der darin enthaltenen Äthylengruppe $— CH_2 — CH_2 —$ als Äthylenmilchsäure bezeichnet. Von der Äthylidenmilchsäure sind ferner verschiedene Formen bekannt, und zwar optisch aktive wie inaktive. Die rechts drehende Form heißt auch Para- oder Fleischmilchsäure, während die optisch inaktive die gewöhnliche oder Gärungsmilchsäure ist, das Acidum lacticum des Arzneibuches.

Die optische Aktivität organischer Substanzen ist nach van't Hoff an die Anwesenheit mindestens eines „asymmetrischen" Kohlenstoffatoms geknüpft, d. h. es kommt in ihnen mindestens ein Kohlenstoffatom vor, welches mit vier unter sich verschiedenen Atomen bzw. Atomgruppen verbunden ist.

Denkt man sich das Kohlenstoffatom inmitten eines Tetraeders gelegen und an den vier Ecken desselben die mit dem Kohlenstoffatom verbundenen, unter sich verschiedenen Atome oder Atomgruppen befindlich, so sind zwei verschiedene Anordnungen der Gruppen möglich (s. Abb. 71 u. 72).

In Abb. 71 ist entgegengesetzt dem Lauf des Zeigers der Uhr die Aufeinanderfolge der Gruppen $R_1 \, R_2 \, R_3$, in der Abb. 72 entsprechend dem Lauf des Zeigers der Uhr. Versucht man durch Drehung der beiden Figuren diese in die gleiche Lage zu bringen, so wird man sich davon überzeugen, daß es unmöglich ist. Die beiden Figuren verhalten sich wie die linke Hand zur rechten, sie lassen sich nicht zur Deckung bringen, die eine ist das Spiegelbild der anderen.

Betrachten wir diese Verhältnisse an der α-Oxypropionsäure:

$$CH_3 \cdot C^*H \cdot OH \cdot COOH.$$

In den nachstehenden Bildern ist das mit einem * versehene und in Kursivschrift gesetzte C das inmitten eines Tetraeders befindliche asymmetrische Kohlenstoffatom, welches mit den in den Ecken des Tetraeders gelegenen Gruppen — CH_3, — OH, — COOH und dem Atom — H verknüpft ist (s. Abb. 73 u. 74).

Das asymmetrische Kohlenstoffatom C^* ist zwar in beiden Fällen mit den gleichen Atomen bzw. Atomgruppen verbunden, die beiden

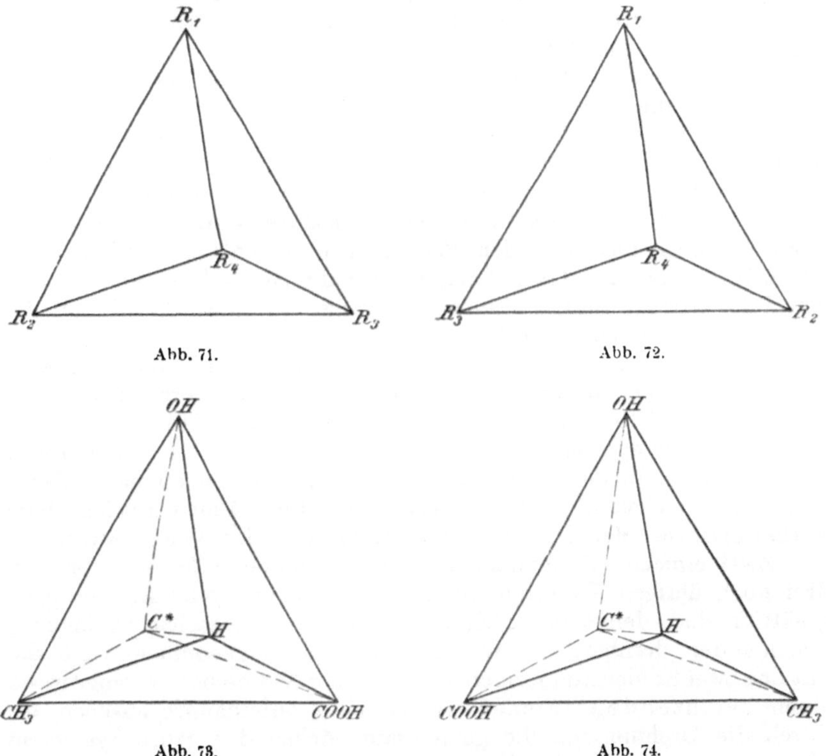

Abb. 71.　　　　　　　　Abb. 72.

Abb. 73.　　　　　　　　Abb. 74.

Verbindungen sind „strukturidentisch", aber die räumliche Anordnung der Gruppen ist eine verschiedene.

Die beiden konstruierten Gebilde sind Spiegelbilder voneinander. Die eine Form dreht die Ebene des polarisierten Lichtes nach rechts, die andere nach links. Man kann diese Verschiedenheit auch durch die folgenden Bilder veranschaulichen:

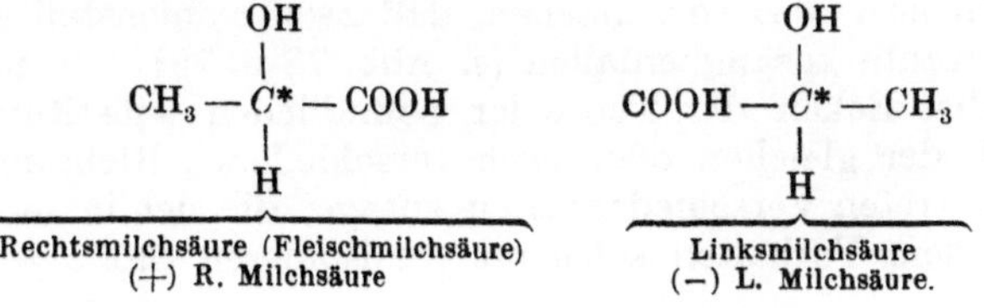

$$\begin{matrix} & OH & & & OH & \\ & | & & & | & \\ CH_3 - & C^* & - COOH & \quad COOH - & C^* & - CH_3 \\ & | & & & | & \\ & H & & & H & \end{matrix}$$

Rechtsmilchsäure (Fleischmilchsäure)　　　Linksmilchsäure
(+) R. Milchsäure　　　　　　　　　　(−) L. Milchsäure.

Man nennt diese Art Isomerie stereochemische Isomerie oder Stereoisomerie.

In gleichem Maße, wie das eine Isomere nach rechts dreht, dreht das andere nach links. Ein Gemisch gleicher Gewichtsmengen beider Isomeren kann keine Drehung zeigen, da die Rechtsdrehung des einen Bestandteiles eines solchen Gemisches die Linksdrehung des anderen aufhebt. Ein solches Gemisch ist daher optisch inaktiv.

Man nennt es racemisch, abgeleitet von racemus, die Traube, weil bei der Traubensäure (s. dort) ein derartig optisch inaktives Gemisch zuerst beobachtet worden ist.

Die gewöhnliche Gärungsmilchsäure ist optisch inaktiv; sie läßt sich aber in die rechts- und linksdrehende Form zerlegen, wenn man ihr Strychninsalz darstellt. Das Strychninsalz der linksdrehenden Milchsäure ist schwerer löslich als das der Rechtsmilchsäure und kristallisiert daher aus einem Gemisch beider zuerst aus.

Man kann auch aus inaktiver Milchsäure Linksmilchsäure dadurch erhalten, daß man den Bacillus acidi laevolactici auf inaktive Milchsäure einwirken läßt. Hierbei wird die Rechtsform dieser durch den Pilz zerstört und zu seiner Nahrung verbraucht, während die Linksmilchsäure unangegriffen bleibt.

Sind in der Molekel einer Verbindung zwei asymmetrische Kohlenstoffatome vorhanden, so gestalten sich die Verhältnisse noch verwickelter. Selbst in dem Falle, daß die mit den beiden asymmetrischen Kohlenstoffatomen verbundenen Atome bzw. Atomgruppen gleich sind, d. h. die Gruppen des einen gleich denen des anderen C^*-Atoms, sind schon vier Stereoisomere möglich. Man vergleiche diese Verhältnisse bei der Dioxybernsteinsäure oder Weinsäure.

Zwei einfach miteinander verkettete Kohlenstoffatome, deren je drei noch übrigen Valenzen durch andere Atome oder Atomgruppen gesättigt sind, denkt man sich um ihre Verbindungsachse unabhängig voneinander drehbar. J. Wislicenus hat angenommen, daß die mit den zwei Kohlenstoffatomen verbundenen Atome oder Atomgruppen einen „richtenden“ Einfluß wechselseitig aufeinander ausüben, bis durch die Drehung um die gemeinsame Achse das ganze System in die „begünstigte Konfiguration“ oder in die „bevorzugte Lagerung“ gelangt. Man mache sich diese Vorstellung klar an zwei sich in einer Ecke berührenden Tetraedern (s. Abbildungen der verschiedenen Weinsäuren, Abb. 75, 76, 77).

Sind in Verbindungen Kohlenstoffatome mit je zwei Wertigkeitseinheiten verbunden, so ist nach van't Hoff die freie Drehbarkeit der beiden Systeme infolge der doppelten Bindung gehemmt. Es sind aber immer noch Raumisomerien möglich.

Man kann sich dies so vorstellen, daß zwei Kohlenstofftetraeder mit je einer Kante zusammenfallen (s. Abb. 78 u. 79). Je nachdem nun die an den Ecken der Tetraeder befindlichen substituierenden Gruppen nach der gleichen oder nach verschiedenen Richtungen hin gewandt sind, treten Verschiedenheiten zutage, die sich in den Eigenschaften und dem Verhalten solcher stereoisomeren Stoffe zeigen.

Diese Bindungsverhältnisse lassen sich auch wie folgt wiedergeben:

$$A—C—B \qquad A—C—B$$
$$\| \qquad \text{und} \qquad \|$$
$$B—C—D \qquad D—C—B$$

Setzt man in diese Formel z. B. für A die Methylgruppe, für B Wasserstoff, für D die Carboxylgruppe, und bezeichnen C die

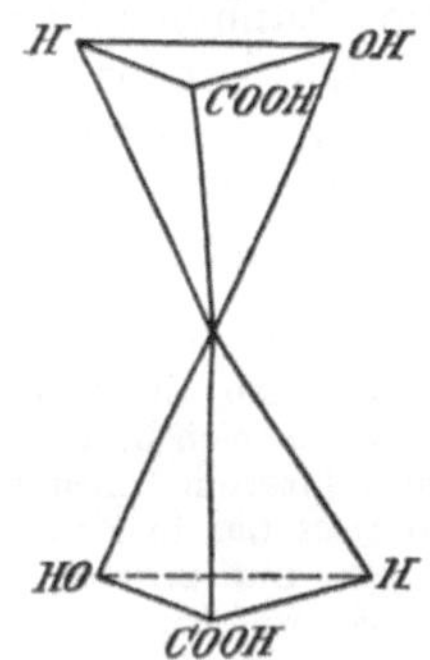

Abb. 75. Formel der Rechtsweinsäure.

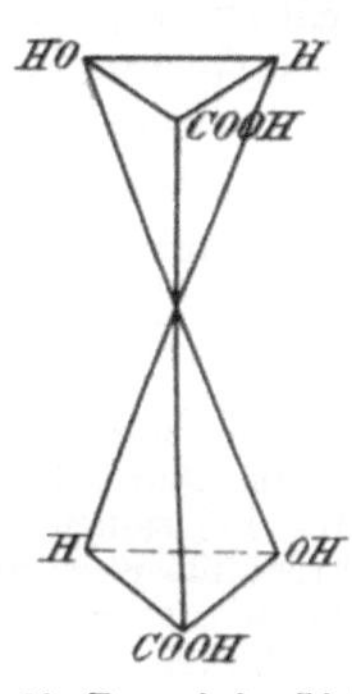

Abb. 76. Formel der Linksweinsäure.

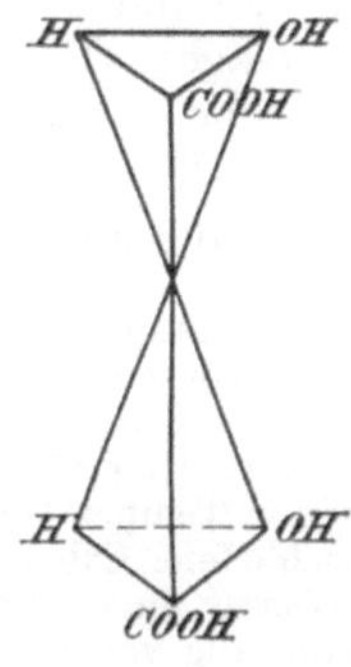

Abb. 77. Formel der Mesoweinsäure.

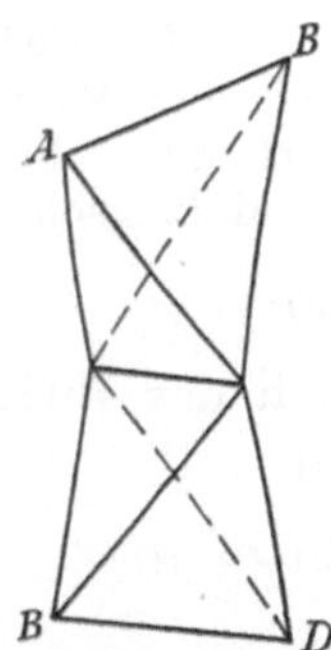

Abb. 78. Tetraeder mit je einer Kante zusammenfallend.

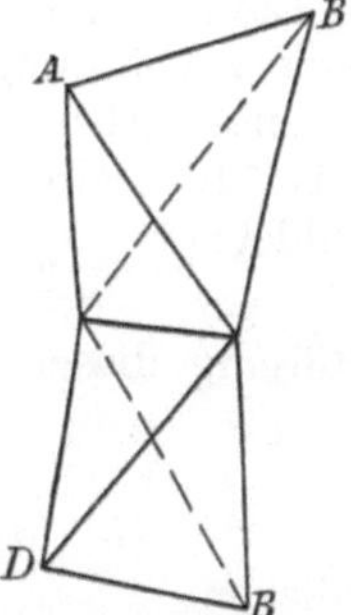

Abb. 79. Tetraeder mit je einer Kante zusammenfallend.

beiden Kohlenstoffatome, so hat man das Bild der Krotonsäure in zwei verschiedenen sterischen Formen (s. Abb. 78 u. 79):

$$CH_3—C—H \qquad CH_3—C—H$$
$$\| \qquad \text{und} \qquad \|$$
$$H—C—COOH \qquad COOH—C—H$$

Man nennt die erstere Form auch die trans-Form, weil die beiden Substituenten CH_3 und COOH nach verschiedenen Richtungen des Raumes gewandt sind, die zweite Form die cis-Form, weil diese Substituenten in gleicher Richtung im Raume liegen.

Milchsäure, Optisch-inaktive Äthylidenmilchsäure, a-Oxypropionsäure, [d + l] Milchsäure, Acidum lacticum, $CH_3 \cdot CH \cdot OH \cdot COOH$. Milchsäure findet sich als Zersetzungsprodukt des Milchzuckers und anderer Zuckerarten, des Gummis, Stärkemehls und vieler anderer organischer Verbindungen, im Magensaft, in der sauren Milch, im Sauerkraut, in den sauren Gurken, in eingemachten Früchten, in Pflanzenextrakten usw.

Man gewinnt Milchsäure durch die Milchsäuregärung des Zuckers, welche durch Mikroorganismen veranlaßt wird. Zwar können nachweislich eine große Zahl von Bakterienarten Milchsäuregärung hervorrufen, so die sämtlichen Eiterpilze, besonders die Staphylokokken. Als Ursache des freiwilligen Gerinnens der Kuhmilch kommt aber unter den Bakterien derselben besonders ein Pilz in Betracht, welcher als Bacillus acidi lactici bezeichnet wird.

Zur Bereitung der Milchsäure löst man 3 kg Rohrzucker und 15 g Weinsäure in 17 l siedendem Wasser und überläßt einen Tag sich selbst. Der Rohrzucker ist nunmehr in Invertzucker (Gemenge von Glukose und Fruktose) übergeführt worden. Der Mischung fügt man 4 l saure Milch hinzu, in welcher 100 g alter Käse gleichmäßig verteilt sind, und zur Bindung der sich bildenden Milchsäure 1,2 kg Calciumkarbonat. Man läßt 8 Tage unter öfterem Umrühren bei einer Temperatur von 35 bis 45° stehen, sammelt hierauf das in Krusten abgeschiedene Calciumlaktat, kristallisiert es aus Wasser um und zersetzt das mit Wasser angeriebene Salz durch die berechnete Menge Schwefelsäure. Man dunstet die von Calciumsulfat abfiltrierte Flüssigkeit bis zu der Konsistenz eines dünnen Sirups ein, zieht diesen mit Äther aus und dampft die ätherische Lösung, welche reine Milchsäure enthält, abermals zu einem Sirup ein.

Durch Eindampfen gelingt es nicht, eine der Formel $C_3H_6O_3$ entsprechende Verbindung zu erhalten, weil sie hierbei eine teilweise Zersetzung unter Abspaltung von Wasser erleidet. Beim Erhitzen auf 130° bis 140° wird aus Milchsäure die einbasische Dimilchsäure gebildet:

$$2\,C_3H_6O_3 = C_6H_{10}O_5 + H_2O.$$

Die Bildung dieser Säure läßt sich durch das Bild:

$$CH_3 \cdot CH(OH) \cdot COO\,H + HO\; \overset{\displaystyle CH_3}{\underset{}{|}}\!CH \cdot COOH$$

veranschaulichen.

Die alkoholische Hydroxylgruppe der einen Molekel der Milchsäure reagiert also mit dem Wasserstoffatom der Carboxylgruppe einer zweiten Molekel Milchsäure unter Wasserbildung.

Beim Kochen mit Wasser oder Ätzalkalien geht Dimilchsäure unter Wasseraufnahme wieder in gewöhnliche Milchsäure über. Erhitzt man hingegen Dimilchsäure oder Milchsäure über 150° hinaus, so entsteht unter abermaligem Wasserverlust Laktid oder Milchsäureanhydrid: $C_3H_6O_2$.

Beim Erhitzen von Milchsäure mit verdünnter Schwefelsäure auf 130° werden Acetaldehyd und Ameisensäure gebildet:

$$\underbrace{CH_3 \cdot CH \cdot O\,H \cdot COOH}_{\text{Milchsäure}} = \underbrace{CH_3CHO}_{\text{Acetaldehyd}} + \underbrace{HCOOH}_{\text{Ameisensäure.}}$$

Bei gemäßigter Oxydation geht Milchsäure in Brenztraubensäure über:

$$CH_3 \cdot CH(OH) \cdot COOH + O = CH_3 \cdot CO \cdot COOH + H_2O,$$

bei stärkerer Oxydation bildet sich zunächst Acetaldehyd, dann Essigsäure:

$$CH_3CH(OH) \cdot COOH + 2\,O = CH_3COOH + CO_2 + H_2O.$$

Eigenschaften und Prüfung. Gärungsmilchsäure ist eine farblose, sirupdicke Flüssigkeit, welche mit Wasser, Alkohol und Äther in jedem Verhältnis klar mischbar ist.

Das Arzneibuch läßt ein Präparat von gegen $75\,^0/_0$ Milchsäure und $15\,^0/_0$ Milchsäureanhydrid verwenden. Diese Milchsäure hat ein spez. Gew. von 1,21 bis 1,22. Geprüft wird Milchsäure auf **Butter-säure, Schwefelsäure, Salzsäure, Kalk, Weinsäure, Citronen-säure, Zucker, Glycerin, Mannit, Schwermetalle.**

Die Gehaltsbestimmung der Milchsäure erfolgt durch Titration, und die an Milchsäureanhydrid nach dem Aufspalten desselben durch Erwärmen mit Kalilauge durch Zurücktitrieren des Überschusses an letzterer. Zu dem Zwecke werden 5 g Milchsäure in einem Meßkölbchen mit Wasser auf 50 ccm verdünnt. 20 ccm dieser Mischung werden in einem Kölbchen aus Jenaer Glas mit Normal-Kalilauge neutralisiert. Hierzu müssen mindestens 16,6 ccm Normal-Kalilauge erforderlich sein (entsprechend 74,7 $^0/_0$ Milchsäure). Die neutralisierte Flüssigkeit wird mit weiteren 10 ccm Normal-Kalilauge versetzt und 1 Stunde lang auf dem Wasserbade erwärmt. Zum Neutralisieren sind etwa 3,3 ccm Normal-Salzsäure erforderlich (entsprechend 15 $^0/_0$ Anhydrid). 1 ccm Normal-Kalilauge = 0,090 059 Milchsäure.

Anwendung. Milchsäure wird bei fungösen Erkrankungen der Weichteile, bei tuberkulösen Kehlkopfgeschwüren, bei Krupp und Diphtheritis zum Bepinseln bzw. zu Inhalationen benutzt; innerlich gegen grüne Durchfälle der Kinder (5 g bis 10 g in Form von Limonade).

Kaliumlaktat, milchsaures Kalium, kommt als dicke Flüssig-keit unter dem Namen Perkaglycerin als Ersatzmittel für Glycerin in den Verkehr.

Natriumlaktat, milchsaures Natrium, bildet mit wenig Wasser eine farblose, schwer bewegliche Flüssigkeit, die unter dem Namen Perglycerin als Ersatzmittel für Glycerin angewendet worden ist.

Calciumlaktat, Milchsaures Calcium, Calcium lacticum, $(CH_3CH \cdot OH \cdot COO)_2Ca \cdot 5\,H_2O$, wird bei der Milchsäuregärung durch Abstumpfen der gebildeten Säure mit Kalkmilch erhalten. Es kristal-lisiert in feinen Nadeln, die sich in 9,5 T. Wasser von 15^0 lösen und in heißem Wasser sehr leicht löslich sind.

Zinklaktat, Milchsaures Zink, Zincum lacticum, $(CH_3 \cdot CH \cdot OH \cdot COO)_2Zn \cdot 3\,H_2O$, wird durch Sättigen reiner Milchsäure mit Zinkoxyd und Umkristallisieren aus Wasser in Form farbloser, luftbeständiger, rhombischer Säulen erhalten, welche sich in 60 T. Wasser lösen.

Ferrolaktat, Milchsaures Eisenoxydul, Ferrum lacticum, $(CH_3CH \cdot OH \cdot COO)_2Fe \cdot 3\,H_2O$. Zwecks Darstellung wird das bei der Milchsäuregärung durch Sättigen der Milchsäure mit Calciumkarbonat erhaltene Calciumlaktat nach mehrfachem Umkristallisieren aus Wasser in konz. Lösung mit der berechneten Menge Ferrochlorid versetzt.

Ferrolaktat scheidet sich nach mehrtägigem Stehenlassen, wobei der Luftzutritt möglichst verhindert werden muß, in Form grünlich-weißer, aus kleinen, nadelförmigen Kristallen bestehender Krusten oder in Form eines kristallinischen Pulvers ab. Es besitzt einen eigentümlichen Geruch, löst sich bei fortgesetztem Schütteln langsam in 40 T. ausgekochtem Wasser von 15°, in 12 T. siedendem Wasser und kaum in Weingeist. Man prüft auf **weinsaures, citronensaures, äpfelsaures Salz, auf Schwermetallsalze, Zucker und Gummi** (s. Arzneibuch).

Anwendung. Gegen Blutarmut innerlich 0,2 g bis 0,5 g mehrmals täglich.

Fleischmilchsäure, Rechtsmilchsäure, Paramilchsäure wurde von **Berzelius** 1808 in der Muskelflüssigkeit entdeckt und später auch in verschiedenen tierischen Organen aufgefunden. Sie ist in dem **Liebig**schen Fleischextrakt enthalten. **Liebig** wies die Verschiedenheit der Fleischmilchsäure von der Gärungsmilchsäure 1847 nach. Die wässerige Lösung der Fleischmilchsäure lenkt den polarisierten Lichtstrahl nach rechts ab, und zwar beträgt bei $1^1/_2 \%$iger Lösung $[\alpha]_D = +2{,}61°$.

Von den bekannten homologen α-Oxysäuren sollen genannt werden die **α-Oxybuttersäure** und **α-Oxyisobuttersäure,** die **α-Oxyvaleriansäuren** und **α-Oxycapronsäuren (Leucinsäure).** Eine β-Oxycarbonsäure ist die **Äthylenmilchsäure** oder **Hydrakrylsäure.** Zu ihren Homologen gehören die β-Oxybuttersäuren, die β-Oxycapronsäuren usw.

Die γ- und δ-Oxysäuren sind dadurch ausgezeichnet, daß sie einfache cyklische Ester bilden können, indem die Carboxylgruppe mit der alkoholischen Hydroxylgruppe unter Wasserabspaltung reagiert. Die so entstehenden cyklischen Ester der γ- und δ-Oxysäuren nennt man **Laktone** (und zwar γ- und δ-**Laktone**). Die γ-Laktone bilden sich sehr leicht und zeichnen sich durch große Beständigkeit aus; sie werden erst nach längerem Kochen mit Wasser in die γ-Oxysäuren zurückverwandelt, während die δ-Laktone bei Berührung mit Wasser dieses schon bei gewöhnlicher Temperatur allmählich aufnehmen.

Ein γ-Lakton ist z. B. das **Butyrolakton:**

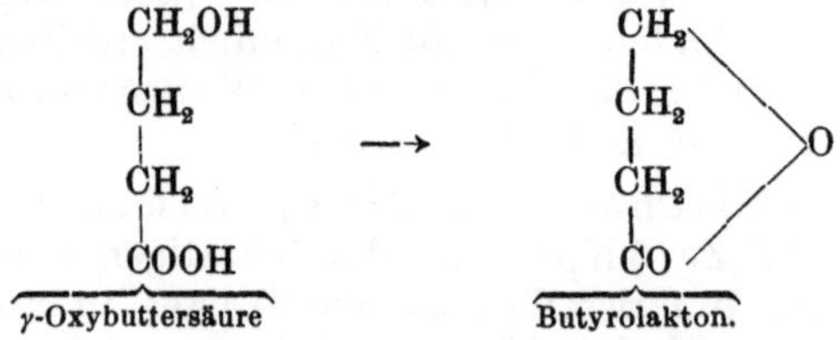

$$
\begin{array}{ccc}
CH_2OH & & CH_2 \\
| & & | \\
CH_2 & & CH_2 \\
| & \longrightarrow & | \quad\rangle O \\
CH_2 & & CH_2 \\
| & & | \\
COOH & & CO
\end{array}
$$

γ-Oxybuttersäure $\qquad\qquad$ Butyrolakton.

Aminosäuren der Fettsäurereihe.

Durch Ersatz von Wasserstoff in den Alkylgruppen der Carbonsäuren durch die Amingruppe (NH_2) entstehen **Aminosäuren,** z. B.:

$$CH_3 \cdot COOH \longrightarrow CH_2(NH_2) \cdot COOH$$

Essigsäure $\qquad\qquad$ Aminoessigsäure.

Befindet sich die Aminogruppe in benachbarter Stellung zur Carboxylgruppe, so nennt man die Säure α-Aminosäure; je nach der Entfernung der Aminogruppe von der Carboxylgruppe unterscheidet man β-, γ-, δ-Aminosäuren, z. B.:

$$CH_3 \cdot CH(NH_2) \cdot COOH \qquad CH_2(NH_2) \cdot CH_2 \cdot CH_2 \cdot COOH$$
α-Aminopropionsäure   γ-Aminobuttersäure

$$CH_3 \cdot CH_2(NH_2)CH_2 \cdot CH_2 \cdot COOH \qquad CH_2(NH_2) \cdot CH_2 \cdot CH_2 \cdot CH_2 \cdot COOH$$
γ-Aminovaleriansäure   δ-Aminovaleriansäure.

Je nach der Anzahl der Aminogruppen in Fettsäuremolekeln unterscheidet man Monamino-, Diamino-, Triaminosäuren usw.

Aminosäuren werden bei der Aufspaltung der Eiweißstoffe, der Proteine (s. im Anschluß an dieses Kapitel), mittels Säuren oder Alkalien, auch durch Enzyme, erhalten. Es müssen in den Eiweißstoffen daher die Reste der Aminosäuren verkettet sein. Emil Fischer hat auf synthetischem Wege solche Verkettungen von Aminosäuren bewirkt und ist dabei zu Produkten gelangt, die mit den aus den Eiweißstoffen durch partielle Spaltung erhaltenen, noch eiweißähnlichen Stoffen — den Albumosen und Peptonen — zu vergleichen sind. Fischer nennt daher seine synthetischen Produkte Polypeptide und unterscheidet zwischen Di-, Tri-, Tetra-, Pentapeptiden, je nachdem zwei, drei, vier, fünf oder mehrere Aminosäurereste zu einer Molekel vereinigt sind. Das einfachste Dipeptid, welches durch Verkettung von zwei Molekeln Aminoessigsäure entsteht, hat die folgende Konstellation:

$$COOH \cdot CH_2NH \; H \; + \; HO \; OC \cdot CH_2 \cdot NH_2.$$

Das solcherart entstehende Produkt besitzt noch eine freie Carboxylgruppe und eine freie Aminogruppe. Es läßt sich also nach der Carboxylseite und nach der Aminoseite hin mit neuen Molekeln von Aminosäuren zu kompliziert zusammengesetzten Molekeln verketten. Es entsteht dann eine Kette, die sich durch das Schema

$$COOH \dots NH \cdot CO \dots NH \cdot CO \dots NH \cdot CO \dots \dots NH_2$$

kennzeichnen läßt.

E. Fischer hat die verschiedenen Aminosäuren auf diese Weise verkettet und ist so zu einer großen Zahl künstlicher Polypeptide gelangt.

Bei der Spaltung der Eiweißstoffe, der Hydrolyse, die meist durch Kochen mit rauchender Salzsäure bewirkt wird, sind die folgenden Aminosäuren der Fettreihe beobachtet worden:

Aminoessigsäure (Glykokoll): $CH_2(NH_2) \cdot COOH$,

α-Aminopropionsäure (Alanin): $CH_3 \cdot CH(NH_2) \cdot COOH$,

α-Aminoisovaleriansäure (Valin): $(CH_3)_2CH \cdot CH(NH_2) \cdot COOH$,

α-Aminoisobutylessigsäure (Leucin):
$$(CH_3)_2CH \cdot CH_2 \cdot CH(NH_2)COOH,$$

α-Amino-β-Methyl-β-Äthylpropionsäure (Isoleucin):
$$\begin{matrix} CH_3 \\ C_2H_5 \end{matrix} \Big\rangle CH \cdot CH(NH_2) \cdot COOH.$$

Von Diaminoderivaten der Fettsäuren sind bei der Eiweißspaltung erhalten worden:

α-, δ-Diaminovaleriansäure (Ornithin):
$$CH_2(NH_2) \cdot CH_2 \cdot CH_2 \cdot CH(NH_2) \cdot COOH,$$

α-, ε-Diaminocapronsäure (Lysin):
$$CH_2(NH_2) \cdot CH_2 \cdot CH_2 \cdot CH_2 \cdot CH(NH_2) \cdot COOH.$$

Außerdem sind zu nennen:

α-Amino-β-Oxypropionsäure (Serin):
$$CH_2(OH) \cdot CH(NH_2) \cdot COOH, \text{ ferner das}$$
Disulfid der α-Amino-β-Sulfhydrylpropionsäure (Cystin):
$$S - CH_2 - CH(NH_2) \cdot COOH$$
$$|$$
$$S - CH_2 - CH(NH_2) \cdot COOH, \text{ einige Amino-}$$
derivate von Dicarbonsäuren (z. B. Asparaginsäure), sowie Phenylalanin, Oxyphenylalanin (Tyrosin), Prolin, Tryptophan, Histidin (s. weiter unten) u. a.

Zur Identifizierung werden die durch Salzsäurespaltung aus den Eiweißstoffen erhaltenen Aminosäuren nach E. Fischer durch Einleiten von HCl in ihre alkoholische Lösung verestert und die Ester im Vakuum einer fraktionierten Destillation unterworfen. —

Die Aminosäuren lösen sich leicht in Wasser, schwer in Alkohol und Äther. Viele besitzen einen süßen Geschmack.

Aminoessigsäure, $CH_2(NH_2) \cdot COOH$, wurde zuerst bei der Hydrolyse des Leims erhalten und wegen ihrer Herkunft und ihres süßen Geschmacks Leimsüß oder Glykokoll[1]) genannt.

Man gewinnt sie synthetisch durch Einwirkung von Ammoniak auf Monochloressigsäure:
$$CH_2Cl \cdot COOH \longrightarrow CH_2(NH_2)COOH.$$

Farblose, süß schmeckende Kristalle, die sich in 4,3 T. Wasser von $15.^0$ lösen.

Eine Benzoyl-Aminoessigsäure findet sich im Pferdeharn und führt den Namen Hippursäure (s. Benzoesäure).

Eiweißstoffe.

Eiweißstoffe oder Proteine[2]) sind stickstoffhaltige und vielfach auch Schwefel enthaltende organische Verbindungen, die in allen Tieren und Pflanzen vorkommen und an dem Aufbau und der Erhaltung derselben hervorragendsten Anteil nehmen. Eiweißstoffe sind neben Kohlenhydraten und Fetten unentbehrliche Bestandteile der menschlichen und tierischen Nahrung. Sie besitzen eine sehr komplizierte Zusammensetzung und ein hohes Molekulargewicht. Sie sind Kolloide und koagulieren fast alle beim Erhitzen. Bei der hydrolytischen Spaltung mit Säuren entstehen, wie aus dem vorhergehenden Kapitel ersichtlich, kristallisierende Aminosäuren.

Dem in tierischen und pflanzlichen Organen als „lebende Materie" sich findenden Eiweiß oder Albumin hat Lieberkühn die empirische Formel

---

[1]) Abgeleitet von colla, der Leim.
[2]) Abgeleitet von πρῶτος, protos, der erste — deshalb so genannt, weil das Leben von Tieren und Pflanzen an die Eiweißstoffe vorwiegend gebunden ist.

$C_{72}H_{112}N_8SO_{22}$ gegeben. Bei der Hydrolyse liefert es 16 Aminosäuren, von denen eine Anzahl zu dem Alanin, der α-Aminopropionsäure, in Beziehung stehen, so:

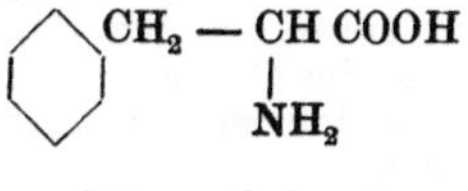

$$CH_2 - CH\,COOH \;|\; NH_2$$

Phenylalanin.

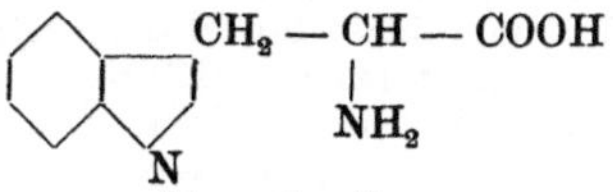

$$CH_2 - CH - COOH \;|\; NH_2$$

Tryptophan.

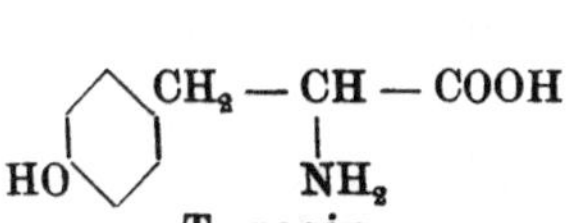

$$HO\text{—}\bigcirc\text{—}CH_2 - CH - COOH \;|\; NH_2$$

Tyrosin.

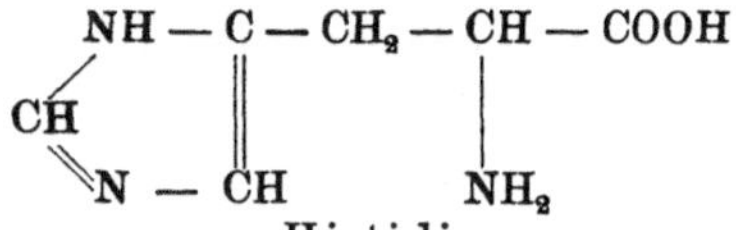

$$NH - C - CH_2 - CH - COOH$$
$$CH \qquad N - CH \qquad NH_2$$

Histidin.

$$S_2 \Big\langle {CH_2 - CH - COOH \;|\; NH_2 \atop CH_2 \cdot CH \cdot COOH \;|\; NH_2}$$

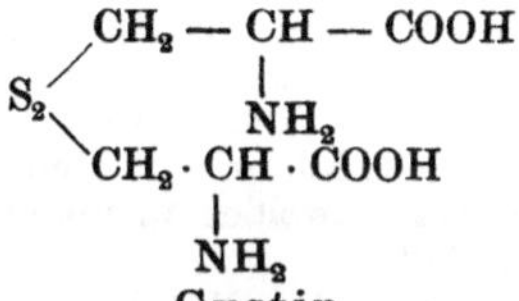

Cystin.

Die einfachsten Proteinstoffe, die Protamine, bestehen fast nur aus Diaminosäuren; sie sind schwefelfrei.

Eiweißstoffe kommen in den Organismen teils gelöst, teils im halbweichen oder festen Zustande vor. Stets sind sie zu mehreren nebeneinander anzutreffen. Einige lösen sich in Wasser zu kolloiden Lösungen, alle aber werden von Alkalilaugen zu Albuminaten aufgenommen, wobei sie eine teilweise Zersetzung erleiden. Mit anorganischen Säuren verbinden sie sich zu Acidalbuminen. Eiweißlösungen lenken die Ebene des polarisierten Lichtes nach links ab.

Man kann Eiweißstoffe durch Farbreaktionen und auf Grund von Fällungs-reaktionen erkennen und nachweisen:

Erhitzt man eine Eiweißlösung mit Alkalilauge und einer sehr geringen Menge Cuprisulfat, so färbt sich die Flüssigkeit blauviolett (Biuretreaktion; vgl. auch Harnstoff). Mit konz. Salpetersäure erhitzt, färben sich Eiweißstoffe gelb, auf Zusatz von Ammoniak orange (Xanthoproteinreaktion). Erhitzt man sie mit einer Oxydsalz haltenden Lösung von Merkuronitrat (Millons Reagens)[1], so färben sie sich purpurrot. Beim Erwärmen von Eiweißstofflösungen mit dem Indenderivat Ninhydrin (s. dort) entsteht eine violette Färbung.

Tannin, Bleiessig, viele Metallsalze, Kaliumferrocyanid bei Gegenwart von freier Essigsäure, Metaphosphorsäure, Sulfosalicylsäure und andere organische Säuren fällen Eiweißlösungen. So wird zum Nachweis von Eiweiß im Harn nach Esbach eine Lösung von 10 g Pikrinsäure und 20 g Citronensäure in 1000 ccm Wasser benutzt. Nach Riegler verwendet man zum Nachweis von Harneiweiß eine 5 %ige Lösung von β-Naphtalinsulfosäure, von welcher einige Tropfen dem Harn zugesetzt bei Gegenwart von Eiweiß eine Trübung bzw. Niederschlag entstehen lassen. Schichtet man über 5 ccm konz. Salpetersäure das gleiche Volum eiweiß-haltigen Harn, so entsteht an der Berührungsfläche schon bei geringen Mengen Eiweiß (0,03 %) ein weißer Ring (Hellersche Probe). Eine Ausscheidung von Eiweiß aus Harn erfolgt auch, wenn man ihn mit Essigsäure ansäuert und im Wasserbade erwärmt.

Man teilt die Eiweißstoffe ein in:

1. Einfache Eiweißstoffe oder Proteine, wozu Albumine (Eier-albumin, Serumalbumin), Globuline (Fibrinogen, Fibrin, Thyreoglo-bulin der Schilddrüse, Myosin, die Pflanzenglobuline, Edestin, Ex-

---

[1] Man bereitet Millons Reagens, indem man 1 T. Quecksilber unter Küh-lung in 1 T. rauchender Salpetersäure und 1 T. Salpetersäure (spez. Gew. 1,4) löst und die erhaltene Lösung mit 2 T. Wasser verdünnt.

celsin, Conglutin, Legumin, Phaseolin) und die Klebereiweißstoffe (Gliadin, Hordein, Zein) gehören.

Von diesen ist das Eieralbumin wohl der am häufigsten untersuchte Eiweißstoff. Es bildet den Hauptbestandteil der konzentrierten Eiweißlösung (Eiereiweiß, Hühnereiweiß) und enthält neben Eieralbumin noch ein Globulin, ein Mukoid und Glukosamin. Bei der Aufspaltung des Eieralbumins sind 17 verschiedene Aminosäuren gefunden worden.

Es dient zur Herstellung einer großen Zahl medizinisch verwendeter Albuminpräparate, so des Liquor ferri albuminati, des Tannalbin, des Jodomenin und der Bismutose (Wismutverbindungen), des Histosan (Guajakolverbindung) usw.

Die Globuline sind koagulierbare Eiweißstoffe, die nicht wie die Albumine in reinem Wasser und in verdünnten Säuren löslich sind, wohl aber von verdünnten Alkalien, sowie von stärkeren Säuren und Neutralsalzlösungen aufgenommen werden. Die Globuline lassen sich aus ihren Lösungen durch Magnesiumsulfat, zum Teil auch durch Natriumchlorid bei vollständiger Sättigung, durch Ammoniumsulfat schon bei Halbsättigung ihrer Lösungen ausfällen.

Serumglobulin ist ein Teil der Eiweißstoffe des Blutserums. Bei Nierenerkrankungen geht es neben Albumin in den Harn über und scheint den wesentlichen Bestandteil des Harneiweißes zu bilden. Die Koagulationstemperatur des Globulins liegt bei 75°.

Fibrinogen ist ein Bestandteil des Blutplasmas aller Wirbeltiere; es wird, nachdem das Blut die Ader verlassen hat, durch ein besonderes Ferment (Fibrinferment) in Fibrin umgewandelt (Gerinnung des Blutes). Vor ihrer Gerinnung nennt man die Blutflüssigkeit Plasma, die vom Fibrinogen befreite Serum.

In dem Sarkoplasma, der eiweißreichen Flüssigkeit der quergestreiften Muskeln, ist ein eigenartiger Eiweißstoff enthalten, das Myosin, das spontan gerinnt. Die Totenstarre ist die Folge der Gerinnung des Myosins.

Die meisten Pflanzeneiweiße sind Globuline; sie finden sich vor allem in den Samen und lassen sich daraus nach Entfernung des Fettes durch Kochsalzlösung extrahieren. Viele Pflanzenglobuline kristallisieren, so die der Paranüsse (Excelsin), des Hanfsamens (Edestin), der Rizinussamen (Ricin), der Mandeln (Amandin), Die Leguminosensamen enthalten die Globuline Conglutin, Legumin, Phaseolin).

Zu den alkohollöslichen Eiweißstoffen der Getreidearten gehören das Gliadin des Roggens und Weizens, das Hordein der Gerste und das Zein des Mais. Diese auch unter der Bezeichnung Klebereiweiß bekannten Stoffe sind in absolutem Alkohol unlöslich, lassen sich mit 70%igem Alkohol aber leicht in Lösung bringen.

2. Zusammengesetzte Eiweißstoffe oder Proteide: Phosphorproteide, welche den Hauptbestandteil des Protoplasmas bilden, Vitellin im Dotter der Hühnereier, Casein in der Milch der Säuger, Lecithalbumine in der Gehirn- und Nervensubstanz, Blutfarbstoffe (Hämoglobin, Oxyhämoglobin, Methämoglobin), Glykoproteide (Mucine oder Schleimstoffe). Die Nukleoproteide (Nukleinsäure, welche sich aus sechs wohl aufgeklärten Bausteinen zusammensetzt).

3. Proteinoide oder Albuminoide führen auch die Bezeichnung Gerüsteiweiße. Sie bilden die Gerüstsubstanzen der Tiere, also die Grundsubstanzen, in welche die Zellen eingelagert sind. Man teilt sie ein in Kollagene oder Leimsubstanzen, Keratin, welches die Hornsubstanzen bildet (die verhornten oberen Schichten der Epidermis, die Haare, Federn, Hufe, Hörner, Nägel usw.), Elastin (das elastische Bindegewebe: Sehnen), Fibroin und Seidenleim, Spongin (das Gerüst der Badeschwämme) usw.

Viele natürliche Eiweißstoffe werden durch Fermente (Pepsin, Trypsin) gelöst und zunächst in Albumosen und weiterhin in schwefelfreie Peptone gespalten.

Das eiweißspaltende (proteolytische) Ferment Pepsin gewinnt

man aus der Magenschleimhaut der Schweine, Schafe oder Kälber durch Abschaben, Befreien von den Schleimmassen, Eintrocknen bei einer 40° nicht übersteigenden Temperatur und Verdünnen mit Milchzucker, Traubenzucker, Stärkemehl, Gummi oder anderen Körpern bis auf die gewünschte Stärke. Das Pepsin des Arzneibuches ist so eingestellt, das 1 T. 100 T. geronnenes Hühner-Eiweiß unter gewissen Bedingungen zu lösen vermag.

Die Verdauungskraft des Pepsins wird wie folgt festgestellt: Von einem Hühnerei, welches 10 Minuten in kochendem Wasser gelegen hat, wird das erkaltete Eiweiß durch ein zur Bereitung von grobem Pulver bestimmtes Sieb gerieben. 10 g dieses zerteilten Eiweißes werden mit 100 ccm warmem Wasser von 50° und 0,5 ccm Salzsäure gemischt und 0,1 g Pepsin hinzugefügt. Wird dann das Gemisch unter wiederholtem Durchschütteln drei Stunden bei 45° stehen gelassen, so muß das Eiweiß bis auf wenige, weißgelbliche Häutchen gelöst sein.

Soll diese Probe ein brauchbares und verläßliches Resultat geben, so ist auf die genaue Zubereitung des Eiweißes für den Versuch große Aufmerksamkeit zu verwenden. Auch empfiehlt sich, das Gemisch nicht nur wiederholt durchzuschütteln, sondern während der 3 Stunden Einwirkung mit einem Rührwerk in dauernder Bewegung zu halten.

B. Ungesättigte Monokarbonsäuren.

Olefinmonocarbonsäuren, Akrylsäurereihe.

Man nennt die Säuren dieser Reihe auch Ölsäuren, weil zu ihnen die Ölsäure, $C_{18}H_{34}O_2$, gehört. Sie unterscheiden sich von den Fettsäuren durch einen Mindergehalt von zwei Wasserstoffatomen und lassen sich ableiten von den Alkylenen C_nH_{2n}, in welchen ein Wasserstoffatom durch die Carboxylgruppe ersetzt ist. Ihre allgemeine Formel ist daher $C_nH_{2n-1}COOH$.

Das erste Glied dieser Reihe ist die

Akrylsäure, Propensäure, $CH_2:CH\cdot COOH$, aufzufassen als Äthylen, in welchem ein Wasserstoffatom durch Carboxyl ersetzt ist. Akrylsäure entsteht aus dem Akrolein durch Oxydation mit Silberoxyd.

Das nächsthöhere Homologe der Akrylsäure ist die Krotonsäure, $C_4H_6O_2$, von welcher vier Isomere dargestellt sind. Von diesen ist die feste Krotonsäure vom Schmelzpunkt 71° und Siedepunkt 180° mit der flüssigen Isokrotonsäure vom Siedepunkt 172° stereoisomer. Beide Säuren besitzen die gleiche Strukturformel

$$CH_3\cdot CH:CH\cdot COOH,$$

da sie bei der Reduktion in n-Buttersäure übergehen und bei der Oxydation mit Permanganat neben Dioxybuttersäure

$$CH_3\cdot CH(OH)\cdot CH(OH)\cdot COOH$$

Oxalsäure liefern.

Zur Erklärung der Verschiedenheit dieser beiden Säuren trotz gleicher Strukturformel dient die Annahme, daß hier eine Anordnung der Atomgruppen nach verschiedener Richtung des Raumes hin, eine sterische Verschiedenheit vorliegt.

Die Krotonsäuren tragen ihren Namen zu Unrecht, denn sie kommen im Krotonöl, wie anfänglich angenommen, nicht vor. Die beiden stereoisomeren Säuren sind im Holzessig beobachtet worden.

Von den 5 Kohlenstoffatome enthaltenden Säuren der Akrylsäurereihe sind

$$\text{Angelikasäure} \quad \begin{matrix} H \\ \diagdown \\ CH_3 \diagup \end{matrix} C:C \begin{matrix} \diagup COOH \\ \diagdown \\ CH_3 \end{matrix} \quad \text{und Tiglinsäure} \quad \begin{matrix} CH_3 \\ \diagdown \\ H \diagup \end{matrix} C:C \begin{matrix} \diagup COOH \\ \diagdown \\ CH_3 \end{matrix} \quad \text{zu}$$

nennen. Diese beiden Säuren sind ebenfalls stereoisomer und stehen in demselben Verhältnis wie die Isokrotonsäure zur Krotonsäure.

Angelikasäure findet sich im freien Zustande in der Angelikawurzel (Angelica Archangelica), als Butyl- und Amylester neben Tiglinsäureamylester im Römisch Kamillenöl (Anthemis nobilis).

Von höheren Gliedern der Akrylsäurereihe ist die

Ölsäure, $C_{18}H_{34}O_2$ oder $C_8H_{17} \cdot CH:CH \cdot (CH_2)_7 \cdot COOH$, zu erwähnen, welche als Glycerinester (Triolein) in fast sämtlichen Fetten und fetten Ölen neben den Glycerinestern der Fettsäuren vorkommt. Durch Kaliumpermanganat wird Ölsäure zu **Azelaïnsäure**, $C_9H_{16}O_4$, und **Pelargonsäure**, $C_9H_{18}O_2$, oxydiert, bei gemäßigter Oxydation zu **Dioystearinsäure**. Bei der Einwirkung von salpetriger Säure entsteht aus Ölsäure die ihr stereoisomere **Elaidinsäure** vom Schmelzpunkt 51°. Bei der Reduktion der Ölsäure und Elaidinsäure mit Jodwasserstoff wird Stearinsäure gebildet.

Die im Leinöl und anderen trocknenden Ölen enthaltene **Leinölsäure** oder **Linolsäure** entspricht der Zusammensetzung $C_{18}H_{32}O_2$. Sie gehört einer Säurereihe der allgemeinen Formel $C_nH_{2n-4}O_2$ an und findet sich meist in Begleitung einer noch ungesättigteren Säure, der **Linolensäure** $C_{18}H_{30}O_2$.

Ricinusölsäure, $C_{18}H_{34}O_3$, ist eine Oxysäure der Ölsäurereihe:

$$CH_3(CH_2)_5 CH \cdot OH \cdot CH_2 \cdot CH:CH \cdot (CH_2)_7 \cdot COOH.$$

Sie kommt als Glycerinester im Ricinusöl vor und zerfällt bei der Destillation in **Önanthol**, einen Aldehyd von der Zusammensetzung $C_7H_{14}O$, und in **Undecylensäure**, $C_{11}H_{20}O_2$. Durch Einwirkung von Schwefelsäure auf Ricinusöl entsteht eine Ricinusölschwefelsäure $(C_{18}H_{33}O_2)HSO_4$, das **Türkischrotöl** der Färber. Ein **Ricinstearolsäuredijodid** ist das als Arzneimittel verwendete **Dijodyl**.

C. Zweibasische gesättigte Säuren.

Das Anfangsglied einer Reihe zweibasischer Säuren, welche der allgemeinen Formel $C_nH_{2n-2}O_4$ entsprechen, ist die

$$\text{Oxalsäure} \qquad COOH—COOH.$$

Ihr folgen in der Reihe die

$$
\begin{aligned}
&\text{Malonsäure} && COOH \cdot CH_2 \cdot COOH, \\
&\text{Bernsteinsäure} && COOH(CH_2)_2 \cdot COOH, \\
&\text{Glutarsäure} && COOH(CH_2)_3 \cdot COOH, \\
&\text{Adipinsäure} && COOH(CH_2)_4 COOH, \\
&\text{Pimelinsäure} && COOH \cdot (CH_2)_5 COOH, \\
&\text{Korksäure} && COOH(CH_2)_6 COOH.
\end{aligned}
$$

Von diesen seien erwähnt:

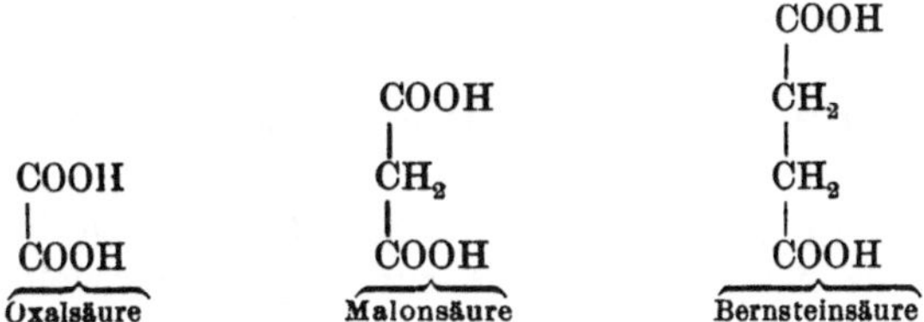

und die sich von der Bernsteinsäure ableitenden Oxysäuren

Oxalsäure, Kleesäure, Äthandisäure, Acidum oxalicum,
findet sich in Form ihrer Salze, besonders der Kalium- oder Calciumsalze, in vielen Pflanzen. Das Kaliumsalz kommt als Bioxalat
bzw. als Tetroxalat in Oxalis- und Rumex-Arten vor, während Cal-
ciumoxalatkristalle sich häufig in pflanzlichen Zellen finden. Calciumoxalat kommt auch im tierischen Organismus vor, so im Harn, im
Schleim der Gallenblase, in den Harnsteinen (Maulbeersteinen) usw.

Oxalsäure bildet sich beim Behandeln zahlreicher organischer
Stoffe mit Oxydationsmitteln (z. B. von Zucker mit Salpetersäure)
oder beim Schmelzen mit Ätzalkalien (z. B. von Cellulose mit Kaliumhydroxyd) und wird gewonnen durch Einwirkung ätzender Alkalien
auf Holz (Sägespäne).

Darstellung. In eine aus 40 T. Kaliumhydroxyd und 60 T. Natriumhydroxyd bereitete Lauge vom spez. Gew. 1,35 trägt man 50 T. Sägespäne (von
Tannen- oder Kiefernholz) ein und erhitzt den Brei in 1 cm hoher Schicht auf
eisernen Platten auf 240 bis 250°, bis die Masse eine weißliche Farbe angenommen hat und völlig trocken geworden ist. Man laugt die Masse nach dem
Erkalten mit Wasser aus und sammelt das nach dem Erkalten der eingedampften
Lösung auskristallisierte oxalsaure Salz. Dieses wird mit Kalkmilch in unlösliches Calciumoxalat übergeführt und aus letzterem durch Behandeln mit Schwefelsäure Oxalsäure in Freiheit gesetzt. Ein mehrmaliges Umkristallisieren liefert
die reine Säure.

Oxalsäure kristallisiert aus Wasser in farblosen, monoklinen
Säulen mit 2 Mol. Kristallwasser. Sie löst sich bei gewöhnlicher
Wärme in 9 T. Wasser und $2^1/_2$ T. Alkohol von $96\,^0/_0$ zu einer
stark sauer reagierenden Flüssigkeit. Von heißem Wasser oder Alkohol wird Oxalsäure leicht gelöst. Beim Behandeln mit konz.
Schwefelsäure oder anderen wasserentziehenden Mitteln zerfällt sie
in Kohlendioxyd, Kohlenoxyd und Wasser:

$$\begin{array}{c} CO\ O\ H \\ | \qquad \\ CO \quad OH \end{array} = CO_2 + CO + H_2O.$$

In saurer Lösung wird Oxalsäure durch Kaliumpermanganat unter Kohlendioxydbildung oxydiert:

$$5\ \begin{matrix} COOH \\ | \\ COOH \end{matrix} + 2\,KMnO_4 + 3\,H_2SO_4 = K_2SO_4 + 2\,MnSO_4 + 10\,CO_2 + 8\,H_2O.$$

Oxalsäure ist leicht in chemischer Reinheit zu beschaffen und dient daher als Ausgangsmaterial zur Herstellung von Normalsäure für maßanalytische Arbeiten.

Zum Nachweis der Oxalsäure und ihrer Salze sind lösliche Calciumsalze geeignet, welche in ammoniakalischer (oder essigsaurer) Lösung eine Fällung von Calciumoxalat, $(COO)_2Ca$, bewirken. Anderseits werden oxalsaure Salze zum Nachweis und zur Bestimmung von Calciumverbindungen benutzt.

Oxalsäure bildet zwei Reihen von Salzen, neutrale und saure, je nachdem eine oder beide Wasserstoffatome durch Metalle ersetzt sind. Das in dem Safte von Oxalis- und Rumexarten vorkommende oxalsaure Salz ist saures Kaliumoxalat, Kalium bioxalicum $(COO)_2HK \cdot H_2O$. Es kristallisiert in farblosen, luftbeständigen, sauer und bitter schmeckenden, monoklinen Kristallen, welche bei 100^0 in 14 T. Wasser löslich sind. Unter dem Namen Kleesalz, Oxalium, Sal acetosellae, kommt meist ein Kaliumbioxalat in den Handel, das wechselnde Mengen Kaliumtetraoxalat enthält, ja vielfach ganz aus $(COOH \cdot COOK + COOH \cdot COOH \cdot H_2O)$ besteht. Kleesalz dient zur Entfernung von Rost und Tintenflecken, wobei sich lösliches Ferri-Kaliumoxalat bildet.

Als Reagens, besonders zum Nachweis und zur Bestimmung von Calciumverbindungen, dient Ammoniumoxalat, $(COO)_2(NH_4)_2 \cdot H_2O$. Es bildet farblose, in 23,7 T. Wasser lösliche Kristalle.

Für photographische Zwecke kommt das in großen Kristallen erhältliche neutrale Kaliumoxalat in Anwendung.

Oxalsäure und ihre löslichen Salze sind sehr giftig!

Malonsäure, Propandisäure, $CH_2\!\!\begin{matrix}\diagup COOH \\ \diagdown COOH\end{matrix}$, kommt an Calcium gebunden in den Zuckerrüben vor und bildet sich bei der Oxydation der Äpfelsäure (daher ihr Name. Acidum malicum heißt Äpfelsäure). Malonsäure wird dargestellt aus der Monochloressigsäure, die durch Behandeln mit Kaliumcyanid in Cyanessigsäure übergeht. Beim Verseifen dieser mit Kalilauge entsteht das Kaliumsalz der Malonsäure:

$$\underbrace{CN \cdot CH_2 \cdot COOH}_{\text{Cyanessigsäure}} + 2\,KOH = \underbrace{COOK \cdot CH_2 \cdot COOK}_{\text{Kaliummalonat.}} + NH_3$$

Malonsäure bildet wasser-, alkohol- und ätherlösliche Tafeln vom Schmelzpunkt 132^0. Beim Erhitzen über den Schmelzpunkt zerfällt sie in Essigsäure und Kohlendioxyd. Erhitzt man sie mit Phosphorpentoxyd, so bildet sich Kohlensuboxyd (s. S. 123). Man gibt ihm die Konstitutionsformel $OC = C = CO$.

Bernsteinsäure. Die normale oder gewöhnliche Bernstein-säure, Succinsäure, Acidum succinicum, Äthylenbern-steinsäure, COOH·CH$_2$·CH$_2$·COOH, kommt im freien Zustande im Bernstein vor und findet sich in Form von Salzen in einigen Pflanzen, sowie im tierischen Organismus.

Zur Darstellung der Bernsteinsäure erhitzt man Bernstein in Retorten, wobei Bernsteinsäure sublimiert; in die Vorlage geht ein teerartiger Stoff über, das rote Bernsteinöl. Auch bei der Gärung von äpfelsaurem Salz wird Bernsteinsäure gebildet. Auf synthetischem Wege gelangt man zu ihr durch Behandeln von Äthylenbromid mit Kaliumcyanid und Kochen des entstandenen Äthylencyanids mit Wasser:

$$\underbrace{CN·CH_2·CH_2·CN}_{\text{Äthylencyanid}} + 4\,H_2O = \underbrace{COONH_4·CH_2·CH_2·COONH_4}_{\text{Ammoniumsuccinat.}}$$

Reine Bernsteinsäure bildet farb- und geruchlose, wasserlösliche Prismen vom Schmelzpunkt 185^0. Sie läßt sich sublimieren, zerfällt dabei aber zum Teil in Bernsteinsäureanhydrid und Wasser.

Früher offizinell war eine durch Sättigen der rohen, durch Destillation aus dem Bernstein gewonnenen Säure mit Salmiakgeist oder kohlensaurem Ammon erhaltene Lösung, der Liquor Ammonii succinici.

Beim Erhitzen der Bernsteinsäure mit Phosphorsäureanhydrid entsteht Bernsteinsäureanhydrid: $\begin{matrix} CH_2-CO \\ | \qquad\quad >O \\ CH_2-CO \end{matrix}$, das beim Erhitzen im Ammoniakstrom in Succinimid übergeht:

$$\underbrace{\begin{matrix} CH_2-CO \\ | \qquad\quad >O \\ CH_2-CO \end{matrix}}_{\substack{\text{Bernsteinsäure-}\\\text{anhydrid}}} + NH_3 = \underbrace{\begin{matrix} CH_2-CO \\ | \qquad\quad >NH \\ CH_4-CO \end{matrix}}_{\text{Succinimid.}} + H_4O .$$

Im Succinimid läßt sich der Wasserstoff der NH-Gruppe gegen Metalle austauschen. Ein medizinisch verwendetes Präparat ist das Quecksilbersuccinimid.

Bernsteinsäureanhydrid und Bernsteinsäureimid sind cyklische Gebilde; sie stehen in Beziehung zum Furan und Pyrrol.

Eine **Monomethylbernsteinsäure,** COOH·CH·(CH$_3$)·CH$_2$·COOH, ist die Brenzweinsäure, welche bei der trockenen Destillation von Weinsäure, sowie auch beim Erhitzen von Weinsäure mit starker Salzsäure entsteht und bei 112^0 schmelzende Kristalle bildet.

Isopropylbernsteinsäure

$$\begin{matrix} CH·\left(CH <^{CH_3}_{CH_3}\right)COOH \\ | \\ CH_2·COOH \end{matrix}$$

bildet sich beim Schmelzen von Kampfersäure mit Alkali. Schmelzpunkt 114^0.

Äthylidenbernsteinsäure, CH$_3$·CH$<^{COOH}_{COOH}$, auch Isobernsteinsäure oder **Methylmalonsäure** genannt, entsteht aus α-Chlor- oder α-Brompropionsäure mit Kaliumcyanid. Die Säure schmilzt bei 130^0 unter Zersetzung.

Glutarsäure, normale Brenzweinsäure $CH_2\big\langle\begin{smallmatrix}CH_2-COOH\\CH_2-COOH\end{smallmatrix}$, wird aus Trimethylenbromid durch Einwirkung von Kaliumcyanid erhalten. Schmelzpunkt 97⁰.

Adipinsäuren der Formel $C_4H_8(COOH)_2$ sind neun Isomere bekannt. Von ihnen ist die normale Adipinsäure $\begin{smallmatrix}CH_2\cdot CH_2\cdot COOH\\|\\CH_2\cdot CH_2\cdot COOH\end{smallmatrix}$, zuerst durch Oxydation der Fette (von adeps, Fett) mittels Salpetersäure erhalten worden. Schmelzpunkt 148⁰.

Normal-Pimelinsäure, $CH_2\big\langle\begin{smallmatrix}CH_2\cdot CH_2\cdot COOH\\CH_2\cdot CH_2\cdot COOH\end{smallmatrix}$, bildet sich aus dem Suberon durch Oxydation, auch aus Salicylsäure durch Einwirkung von Natrium in amylalkoholischer Lösung. Schmelzpunkt 105⁰.

Korksäure, Suberinsäure, $\begin{smallmatrix}CH_2\cdot CH_2\cdot CH_2\cdot COOH\\|\\CH_2\cdot CH_2\cdot CH_2\cdot COOH\end{smallmatrix}$, wird durch Kochen von Kork oder fetten Ölen mit Salpetersäure gewonnen. Bei der trockenen Destillation ihres Calciumsalzes bildet sich Suberon $\begin{smallmatrix}CH_2\cdot CH_2\cdot CH_2\\|\qquad\qquad\quad\rangle CO\\CH_2\cdot CH_2\cdot CH_2\end{smallmatrix}$.

Azelaïnsäure, $(CH_2)_7\big\langle\begin{smallmatrix}COOH\\COOH\end{smallmatrix}$, bildet sich bei der Oxydation des Rizinusöles und anderer fetter Öle, auch des Schellacks mittels Kaliumpermanganats in alkalischer Lösung. Schmelzpunkt 106⁰.

Sebazinsäure, $(CH_2)_8\big\langle\begin{smallmatrix}COOH\\COOH\end{smallmatrix}$, entsteht beim Kochen von Jalapenharz, sowie bei der Oxydation von Stearinsäure mit Salpetersäure. Praktisch gewinnt man Sebazinsäure durch trockene Destillation der Ölsäure oder durch mehrstündiges Erhitzen von Ricinusöl mit 40⁰/₀iger Natronlauge. Schmelzpunkt 133⁰.

Oxysäuren oder Alkoholsäuren der Oxalsäurereihe.

Von diesen sind zwei Abkömmlinge der Bernsteinsäure wichtig, die Monooxybernsteinsäure oder Äpfelsäure und Dioxybernsteinsäure oder Weinsäure.

Monooxybernsteinsäure, Äpfelsäure, Acidum malicum, $*C\big\langle\begin{smallmatrix}H\\OH\cdot COOH\\|\\CH_2\cdot COOH\end{smallmatrix}$, ist eine der im Pflanzenreich am häufigsten vorkommenden organischen Säuren. Äpfelsäure enthält ein asymmetrisches Kohlenstoffatom (das in der Formel mit einem * bezeichnete) und kann daher in 3 Modifikationen auftreten: rechtsdrehend, linksdrehend und inaktiv. In vielen Pflanzensäften findet sich die linksdrehende Modifikation. Sie ist teils frei, teils an Kalium, Calcium, Magnesium, auch an organische Basen gebunden in Wurzeln, Stengelteilen, Blättern, besonders aber in Früchten (sauren Äpfeln, unreifen Trauben, Stachel- und Johannisbeeren, Himbeeren, unreifen Vogelbeeren usw.) enthalten.

In optisch inaktiver Form kann sie u. a. aus dem in vielen Pflanzensäften vorkommenden **Asparagin**, einem **Aminosuccinsäureamid**, durch Einwirkung von salpetriger Säure erhalten werden:

$$\underbrace{\begin{matrix} C\!\!<^{\displaystyle H}_{\displaystyle NH_2}\!\cdot COOH \\[2pt] | \\ CH_2\cdot CONH_2 \end{matrix}}_{\text{Asparagin}} + 2\,NO_2H = \underbrace{\begin{matrix} C\!\!<^{\displaystyle H}_{\displaystyle OH}\!\cdot COOH \\[2pt] | \\ CH_2\cdot COOH \end{matrix}}_{\text{Äpfelsäure.}} + 4\,N + 2\,H_2O\,.$$

Man gewinnt die natürlich vorkommende Äpfelsäure am besten aus dem Saft unreifer Vogelbeeren (den Beeren von Sorbus aucuparia), den man unter Kalkzusatz einkocht und das abgeschiedene und durch Umkristallisation gereinigte Calciumsalz mit der berechneten Menge Schwefelsäure zerlegt.

Äpfelsäure kristallisiert schwer. Sie bildet meist zerfließliche, aus feinen Nadeln bestehende Kristalldrusen, die sich leicht in Wasser und Alkohol, wenig in Äther lösen. Die natürlich vorkommende Äpfelsäure lenkt die Ebene des polarisierten Lichtes nach links ab. Mit zunehmender Konzentration vermindert sich der Drehungswinkel. Bei einer $34\,^0/_0$ igen Äpfelsäurelösung ist das Drehungsvermögen aufgehoben und bei noch stärkeren Konzentrationen erscheint dann eine Rechtsdrehung.

Von den Salzen der Äpfelsäure findet ein Eisensalz, welches in **Extractum ferri pomatum** enthalten ist, medizinische Verwendung.

Bereitung des Extractum ferri pomatum. 50 T. reife, saure Äpfel werden in einen Brei verwandelt und ausgepreßt. Der Flüssigkeit wird 1 T. gepulvertes Eisen hinzugesetzt und die Mischung auf dem Wasserbade so lange erwärmt, bis die Gasentwicklung aufgehört hat. Die mit Wasser auf 50 T. verdünnte Flüssigkeit wird mehrere Tage beiseite gestellt, filtriert und zu einem dicken Extrakt eingedampft.

Beim **Erhitzen** der Äpfelsäure auf 150^0 geht sie unter Abspaltung von Wasser und Bildung kleiner Mengen Maleinsäureanhydrid in **Fumarsäure** über.

Fumarsäure, $C_2H_2(COOH)_2$, findet sich in freiem Zustande in vielen Pflanzen, u. a. in **Fumaria officinalis**, im **isländischen Moos**, in einigen Pilzen.

Fumarsäure ist in kaltem Wasser schwer löslich und kann daraus in kleinen weißen Nadeln erhalten werden, die gegen 200^0 sublimieren.

Der Fumarsäure isomer und von ihr durch die räumliche Anordnung der Atome bzw. Atomgruppen verschieden („sterisch" isomer) ist die **Maleinsäure**. Man drückt diese Verschiedenheit wie folgt aus:

$$\underbrace{\begin{matrix} COOH\!-\!C\!-\!H \\ \| \\ H\!-\!C\!-\!COOH \end{matrix}}_{\text{Fumarsäure}} \quad \text{und} \quad \underbrace{\begin{matrix} H\!-\!C\!-\!COOH \\ \| \\ H\!-\!C\!-\!COOH \end{matrix}}_{\text{Maleinsäure.}}$$

Fumarsäure ist die **trans**-Form, die Maleinsäure die **cis**-Form.

Man gibt der Maleinsäure diese Konstitution, weil sie leicht ein Anhydrid zu bilden vermag, und man daher annehmen darf, daß die beiden Carboxylgruppen in der gleichen Richtung des Raumes sich befinden. Fumarsäure bildet kein Anhydrid.

Dioxybernsteinsäure, Weinsäure,

$$\begin{array}{c} C\!\!<\!\!\begin{array}{l} H \\ OH \end{array} \cdot COOH \\ \mid \\ C\!\!<\!\!\begin{array}{l} OH \\ \cdot COOH \\ H \end{array} \end{array}$$

Man kennt vier verschiedene Modifikationen, denen die gleiche Formel zukommt, und deren Verschiedenheit auf Stereoisomerie beruht.

1. **Rechts-Weinsäure** (Polarisationsebene rechts drehend),
2. **Links-Weinsäure** (Polarisationsebene links drehend),
3. **inaktive Weinsäure** oder **Mesoweinsäure** (optisch inaktiv),
4. **Traubensäure** (optisch inaktiv), bestehend aus d- und l-Weinsäure.

Man kann diese Dioxybernsteinsäuren durch die folgenden Konfigurationsformeln[1]) veranschaulichen:

$$\begin{array}{ccc} COOH & COOH & COOH \\ \mid & \mid & \mid \\ H\!-\!*C\!-\!OH & HO\!-\!*C\!-\!H & H\!-\!*C\!-\!OH \\ \mid & \mid & \mid \\ HO\!-\!*C\!-\!H & H\!-\!*C\!-\!OH & H\!-\!*C\!-\!OH \\ \mid & \mid & \mid \\ COOH & COOH & COOH \\ \text{Rechtsweinsäure} & \text{Linksweinsäure} & \text{Mesoweinsäure.} \end{array}$$

Mesoweinsäure ist eine Substanz, deren Inaktivität durch „**intramolekularen Ausgleich**" bedingt ist, d. h. die von dem einen asymetrischen Kohlenstoffatom bewirkte polarimetrische Drehung wird aufgehoben durch die von dem andern bewirkte gleichgroße in entgegengesetzter Richtung.

Traubensäure oder **Paraweinsäure** entsteht durch Vereinigung gleicher Mengen Rechtsweinsäure (Dextroweinsäure oder d-Weinsäure) und Linksweinsäure (Lävoweinsäure oder l-Weinsäure). Sie wird auch die „racemische" Form der Weinsäure genannt; ihre Salze heißen **Racemate** (von racemus, Traube). Traubensäure kommt neben Weinsäure im Traubensafte vor und entsteht bei der Darstellung der gewöhnlichen Weinsäure, wenn die Weinsteinlösungen über freiem Feuer eingedampft werden. Auch die Anwesenheit von Tonerde begünstigt die Bildung der Traubensäure. Erhitzt man die gewöhnliche Weinsäure mit Wasser auf 175^0, so entsteht Traubensäure neben Mesoweinsäure.

Man kann Traubensäure in die beiden sie zusammensetzenden d- und l-Weinsäuren auf folgende Weise spalten:

1. Man bringt in eine Traubensäurelösung eine Kultur des Pilzes Penicillium glaucum, welcher die d-Weinsäure zerstört und die l-Weinsäure übrig läßt.

---

[1]) Die mit einem * versehenen Kohlenstoffatome sind „asymmetrisch".

2. Läßt man das Natrium-Ammoniumsalz der Traubensäure unterhalb + 28° aus seiner Lösung auskristallisieren, so erhält man verschieden gestaltete rhombische Kristalle. Bei den einen ist nach rechts eine hemiedrische Fläche ausgebildet, bei den andern eine solche nach links. Sammelt man diese und jene Kristalle für sich und stellt aus ihnen die freien Säuren dar, so erhält man aus den mit nach links gewandter Fläche die Polarisationsebene des Lichts nach links drehende, aus ersteren nach rechts drehende Weinsäure.

3. Aus einer wässerigen Lösung von traubensaurem Cinchonin scheidet sich zunächst das schwerer lösliche l-weinsaure Cinchonin aus, aus welchem die l-Weinsäure gewonnen werden kann.

Rechtsweinsäure, Gewöhnliche Weinsäure, Weinstein-säure, Acidum tartaricum, kommt in großer Verbreitung in der Natur vor, teils frei, teils an Kalium oder Calcium gebunden in Früchten, Wurzeln, Blättern usw. Die Weinbeeren und Tamarinden sind besonders reich an Weinsäure.

Darstellung. Man kocht Weinstein (saures weinsaures Kalium) mit Wasser und Calciumkarbonat (Kreide), wodurch sich schwer lösliches Calcium-tartrat abscheidet, während neutrales Kaliumtartrat in Lösung bleibt, und versetzt das Filtrat mit einer entsprechenden Menge Calciumchlorid, vereinigt das ausgeschiedene Calciumtartrat mit dem ersten Posten, wäscht mit Wasser aus und zerlegt das Calciumsalz durch die berechnete Menge verdünnter Schwefelsäure.

Die von dem Calciumsulfat abfiltrierte Lösung von Weinsäure wird mit Tierkohle geklärt, bei einer 75° nicht übersteigenden Temperatur eingedunstet und der Kristallisation überlassen.

Eigenschaften und Prüfung. Rechtsweinsäure kristallisiert in farblosen, luftbeständigen, monoklinen Prismen, welche in ca. 1 T. Wasser und 4 T. Weingeist löslich sind. Bei schnellem Erhitzen schmilzt sie zwischen 167° und 170°. Beim Erhitzen auf höhere Temperatur verkohlt sie unter Verbreitung von Karamelgeruch.

Beim Erhitzen der Weinsäure mit wenig Wasser auf 175° geht sie in ein Gemisch von Traubensäure und Mesoweinsäure über, von welchen die erstere ihrer schwereren Löslichkeit halber zuerst auskristallisiert.

Erwärmt man Weinsäure mit einer Lösung von 1 T. Resorcin und 100 T. konz. Schwefelsäure auf gegen 130°, so entsteht eine violett-rote Färbung. Die Anwesenheit von salpetersauren und salpetrig-sauren Salzen verhindert die Reaktion. Durch die Resorcinreaktion kann Weinsäure von Bernsteinsäure, Äpfelsäure und Citronensäure unterschieden werden.

Überschüssiges Kalkwasser scheidet aus Weinsäurelösungen Calciumtartrat aus, das allmählich kristallisiert. Bei Gegenwart von Weinsäure wird die Fällung von Aluminium-, Ferri-und Kupfersalzen durch Ätzalkalien verhindert. (Vgl. Fehlingsche Lösung.) Man prüft Weinsäure auf Schwefelsäure, Kalk, Traubensäure, Oxalsäure und Metalle (s. Arzneibuch).

Anwendung. Weinsäure dient innerlich als kühlendes und er-frischendes Mittel zu 0,2 g bis 1,0 g mehrmals täglich in Pulverform (mit 20 bis 40 g Zucker oder Citronenölzucker); zur Bereitung von Brausepulver und Saturationen.

Saures weinsaures Kalium ist ein schwer lösliches Salz. Weinsäure dient daher als Reagens auf Kaliumsalze.

Kaliumbitartrat, Saures weinsaures Kalium, Weinstein, Kalium bitartaricum, Tartarus,

$$\begin{array}{l} CH(OH)COOH \\ | \\ CH(OH)COOK, \end{array}$$

findet sich in den Weinbeeren und scheidet sich bei der Gärung des Weinmostes neben saurem Calciumtartrat in Form kristallinischer Krusten in den Weinfässern ab. Es gelangt meist rötlich gefärbt als roher Weinstein, Tartarus crudus, in den Handel.

Zur Darstellung des reinen Weinsteins, Tartarus depuratus, löst man den rohen Weinstein in kochendem Wasser, fällt durch Behandlung mit eisenfreiem Ton, Eiweiß oder Knochen- oder Blutkohle den Weinfarbstoff und läßt das Filtrat unter stetem Umrühren auskristallisieren. Der Weinstein scheidet sich hierbei in Form eines feinen, weißen, kristallinischen Pulvers (Weinsteinrahm, Cremor tartari) ab.

Eigenschaften und Prüfung. Weißes kristallinisches, säuerlich schmeckendes Pulver, in 230 T. Wasser von 15^0 und 20 T. siedendem Wasser löslich. Man prüft das Präparat auf Sulfat, Chlorid, fremde Metalle und Ammoniumsalze (s. Arzneibuch).

Anwendung. Weinstein dient als Purgans, Dosis 2 g bis 8 g, als Diuretikum und durstlöschendes Mittel, Dosis 1 g bis 2 g, zur Bereitung der sauren Molken, sowie in Gemisch mit Salpeter und Zucker als niederschlagendes Pulver (Pulvis temperans) teelöffelweise.

Kaliumtartrat, Neutrales, weinsaures Kalium, Kalium tartaricum,

$$\begin{array}{l} CH(OH)\cdot COOK \\ | \qquad\qquad \cdot {}^1\!/_2\, H_2O, \\ CH(OH)\cdot COOK \end{array}$$

wird durch Eintragen des reinen Weinsteins in eine Lösung von Kaliumkarbonat oder -bikarbonat bis zur Sättigung und Eindampfen der Lösung in Form farbloser, luftbeständiger, monokliner Kristalle erhalten, die in 0,7 T. Wasser, in Weingeist nur wenig löslich sind.

Anwendung. Als Diuretikum und Purgans.

Natrium-Kaliumtartrat, Weinsaures Kalium-Natrium, Seignettesalz, Rochellesalz, Tartarus natronatus, Sal polychrestum Seignetti,

$$\begin{array}{l} CH(OH)COOK \\ | \qquad\qquad \cdot 4\,H_2O. \\ CH(OH)COONa \end{array}$$

Darstellung. Man löst 4 T. kristallisiertes Natriumkarbonat und 5 T. reinen Weinstein in 25 T. heißem destillierten Wasser unter Erwärmung und dampft das Filtrat zur Kristallisation ein.

Eigenschaften und Prüfung. Farblose, durchsichtige Säulen von mild salzigem Geschmack, welche von 1,4 T. Wasser zu einer neutralen Flüssigkeit gelöst werden. Das Salz wird geprüft auf Schwermetalle, Kalk, Sulfat, Chlorid und Ammoniumsalze (s. Arzneibuch).

Anwendung. Es dient zur Herstellung der Fehlingschen Lösung (s. dort), sowie medizinal als Abführmittel. Dosis 15 g bis 30 g, in kleinen Dosen als Diuretikum.

Antimonyl-Kaliumtartrat, Weinsaures Antimonyl-Kalium, Brechweinstein. Tartarus stibiatus, Tartarus emeticus,

$$\begin{array}{l} CH(OH) \cdot COOK \\ | \qquad\qquad\qquad\qquad \cdot \frac{1}{2} H_2O. \\ CH(OH) \cdot COO(SbO) \end{array}$$

Darstellung. Man erwärmt 4 T. frisch bereitetes Antimonoxyd und 5 T. reinen Weinstein in einer Porzellanschale mit 40 T. destilliertem Wasser unter öfterem Ergänzen des verdampfenden Wassers, bis fast alles gelöst ist und dampft das Filtrat zur Kristallisation ein.

Der einwertige Rest —SbO, welcher sich von der meta-antimonigen Säure

$$Sb \begin{array}{l} \diagup O \\ \diagdown OH \end{array} \quad \text{ableitet, heißt Antimonyl.}$$

Eigenschaften und Prüfung. Farblose, leicht verwitternde rhombische Oktaeder, die sich in 17 T. Wasser von 15^0 und in 3 T. siedendem Wasser lösen, in Weingeist unlöslich sind und beim Erhitzen verkohlen. Man prüft auf Arsen und bestimmt das Antimon quantitativ auf maßanalytischem Wege. Das Arzneibuchpräparat soll $99,7^0/_0$ ig sein (s. Arzneibuch).

Anwendung. Als Expektorans 0,005 g bis 0,02 g mehrmals täglich, als Emetikum (Brechmittel) 0,02 g bis 0,03 g alle 10 bis 15 Minuten. Stark brechenerregende Dosen (0,1 g bis 0,2 g) bringt man bei Vergiftungen durch narkotische Substanzen in Anwendung. Vorsichtig aufzubewahren. Größte Einzelgabe 0,1 g, größte Tagesgabe 0,3 g.

d) Dreibasische Säuren.

Von dem Kohlenwasserstoff Propan, C_3H_8, leitet sich eine dreibasische Säure, die Tricarballysäure

$$\begin{array}{l} CH_2 \cdot COOH \\ | \\ CH \cdot COOH \\ | \\ CH_2 \cdot COOH \end{array}$$

ab, welche in unreifen Runkelrüben beobachtet worden ist.

Man kann die Säure durch Reduktion von Citronensäure und Akonitsäure erhalten, auch aus dem Allyltribromid, indem man dieses mit Kaliumcyanid behandelt und das entstandene Tricyanid mit Kalilauge verseift. In Beziehung zur Trikarballylsäure steht die Kamphoronsäure, welche bei der Oxydation des Kampfers gebildet wird. Camphoronsäure ist eine Trimethyltricarballylsäure.

Eine **Oxy-Tricarballylsäure** ist die
Citronensäure, Acidum citricum,

$$\begin{array}{ccc}
CH_2 & \!\!\!\!C(OH)\!\!\!\! & CH_2 \\
| & | & | \\
COOH & COOH & COOH.
\end{array}$$

Sie kommt sowohl frei wie auch an Kalium und Calcium gebunden, meist von den Salzen der Wein- und Äpfelsäure begleitet, in vielen Pflanzen vor. Besonders reich an Citronensäure ist der Saft der noch nicht völlig reifen Citronen. Man klärt diesen mit Eiweiß, neutralisiert mit Calciumkarbonat (Kreide) in der Siedehitze und sammelt den kristallinischen Niederschlag. Er ist in kaltem Wasser leichter löslich als in heißem. Das citronensaure Calcium (Calciumcitrat) wird mit der berechneten Menge Schwefelsäure zerlegt, die Citronensäurelösung vom Calciumsulfat abfiltriert, wenn nötig, durch Tierkohle geklärt und zur Kristallisation eingedampft.

Auf künstlichem Wege kann man Citronensäure aus dem Dichloraceton gewinnen. Dieses wird zunächst mit Cyanwasserstoff und Salzsäure behandelt und das gebildete Produkt mit Kaliumcyanid in das Cyanid übergeführt. Beim Kochen des letzteren mit Salzsäure entsteht Citronensäure:

$$\begin{array}{ccccc}
CH_2Cl & CH_2Cl & CH_2Cl & CH_2\cdot CN & CH_2\cdot COOH \\
| & | & | & | & | \\
CO \;\rightarrow & C(OH)\cdot CN \rightarrow & C(OH)COOH \Rightarrow & C(OH)COOH \rightarrow & C(OH)COOH \\
| & | & | & | & | \\
CH_2Cl & CH_2Cl & CH_2Cl & CH_2\cdot CN & CH_2\cdot COOH
\end{array}$$

$$\underbrace{}_{\substack{\text{Dichlor-}\\\text{aceton}}}$$

Aus Traubenzucker läßt sich nach **Wehmer** durch Gärung mittels des Pilzes Citromycetes Citronensäure bilden.

Citronensäure kristallisiert in Form farbloser, durchscheinender luftbeständiger Kristalle mit 1 Mol. H_2O; bei 30^0 beginnen sie zu verwittern. Die wasserfreie Säure schmilzt bei 153^0. 1 T. der Säure bedarf zur Lösung 0,6 T. Wasser, 1,5 T. Weingeist und etwa 50 T. Äther.

Mischt man 1 ccm der $10^0/_0$igen wässerigen Citronensäurelösung mit 50 ccm Kalkwasser, so bleibt sie klar (Unterschied von **Weinsäure**), scheidet aber nach dem Kochen einen flockigen, weißen Niederschlag ab, welcher beim Abkühlen (in verschlossenem Gefäß) nach einigen Stunden sich wieder gelöst hat.

Arzneiliche Anwendung. In Wasser gelöst wird Citronensäure in Form von Limonaden als Erfrischungsgetränk, sowie bei fieberhaften Zuständen als kühlendes Mittel zu 0,5 g bis 1,0 g pro dosi gebraucht. Zur Bereitung von Pastillen werden 0,05 g mit 1,25 g Zucker vermischt. Viele „alkoholfreie Getränke" enthalten Citronensäure. Als Durstlöschmittel kommen citronensäurehaltige Bonbons in den Handel. Vielfach wird der citronensäurehaltige Saft der Citronen zur Herstellung von Limonaden benutzt (Citronenkuren). Äußerlich dient Citronensäure zu schmerzlindernden Um-

schlägen bei Krebsgeschwüren in 5- bis $10\,^0/_0$iger Lösung. Zu Gurgelwässern in $2\,^0/_0$iger Lösung bei Diphtheritis usw.

Beim Erhitzen der Citronensäure auf 175^0 verliert sie Wasser
und geht in **Akonitsäure** über:

$$\begin{array}{ccc}
CH_2 & \!\!\!\!\!\!\!\!C\!\!=\!\!=\!\!=\!\!=\!\!CH \\
| & | & | \\
COOH & COOH & COOH.
\end{array}$$

Die Akonitsäure findet sich in Aconitum Napellus, in Equi-
setum fluviatile, in der Runkelrübe und im Zuckerrohr. Die
Säure schmilzt bei 191^0 und zerfällt dabei in Kohlendioxyd und
Itakonsäureanhydrid

$$\begin{array}{cc}
CH_2 & \!\!\!\!\!\!\!\!C\!\!=\!\!CH_2 \\
| & | \\
CO\!-\!O\!-\!CO.
\end{array}$$

Von citronensauren Salzen werden besonders ein Ferri-
Ammoniumcitrat (Ferricitrat $+$ Ammoniumcitrat) und ein Ferripyrophosphat mit Ammoniumcitrat (Ferrum pyrophosphoricum cum Ammonio citrico) medizinisch verwendet. Ferrum
citricum effervescens ist ein in gekörnter Form in den Handel
gebrachtes Gemisch aus Natriumbikarbonat, Citronensäure, Weinsäure
und Ferri-Ammoniumcitrat und besitzt eine eigelbe Farbe.

Homologe der Citronensäure.

Von den höheren Homologen der Citronensäure findet arzneiliche Anwendung die Agaricinsäure (Agaricin), eine im Lärchen-
schwamm, Polyporus officinalis, vorkommende und daraus durch
Extraktion mit $90\,^0/_0$igem Alkohol erhaltene Säure, die als eine
Cetylcitronensäure aufzufassen ist:

$$\begin{array}{ccc}
CH_2 & \!\!\!\!\!\!\!\!CH(OH)\!-\!CH\!-\!C_{16}H_{33} \\
| & | & | & \cdot 1^1/_2\,H_2O. \\
COOH & COOH & COOH
\end{array}$$

Bei der Einwirkung von konz. Schwefelsäure auf Agaricinsäure
wird das bei 76^0 bis 77^0 schmelzende Heptdecylmethylketon
$C_{17}H_{35}CO\cdot CH_3$ erhalten. Beim Kochen der Agaricinsäure oder ihrer
Ester mit alkoholischer Kalilauge wird Stearinsäure abgespalten.
Erhitzt man Agaricinsäure für sich, so verliert sie Wasser und
Kohlendioxyd und geht in ein α-Methyl-γ-Pentadecylcitrakonsäure-
anhydrid

$$\begin{array}{c}
O \\
\diagup\diagdown \\
OC\quad CO \\
| \qquad | \\
C_{15}H_{31}\!-\!CH_2\!-\!C\!\!=\!\!=\!\!C\!-\!CH_3 \\
\gamma\qquad\beta\qquad\alpha
\end{array}$$

über. Analog verhält sich die Citronensäure beim Erhitzen.

Medizinale Anwendung. Agaricinsäure wird besonders gegen
die Nachtschweiße der Phthisiker gebraucht: Dosis 0,01 g steigend
bis 0,05 g pro die. Größte Einzelgabe 0,1 g.

VIII. Ester.

Zusammengesetzte Äther oder Ester entstehen durch Vereinigung von Alkoholen und Säuren unter Wasserabspaltung. Werden nicht alle ersetzbaren Wasserstoffatome einer Säure durch Alkoholreste (Alkyle) vertreten, so erhält man s a u r e E s t e r oder E s t e r - s ä u r e n.

Eine solche Estersäure bildet sich z. B. beim schnellen Vermischen gleicher Raumteile Äthylalkohol und konzentrierter Schwefelsäure.

Nach mehrstündigem Stehenlassen der Mischung an einem warmen Orte ist die größte Menge der Schwefelsäure in Äthylschwefelsäure, $(C_2H_5)HSO_4$, übergeführt worden. Verdünnt man mit Wasser und fügt eine Anreibung von Baryumkarbonat hinzu, so wird die nicht gebundene Schwefelsäure als Baryumsulfat gefällt, während äthylschwefelsaures Baryum in Lösung geht.

Beim Erhitzen mit Wasser oder Alkalihydroxyden zerfällt Äthylschwefelsäure in Alkohol und Schwefelsäure, bzw. schwefelsaures Salz. Äthylschwefelsäure ist der wesentliche Bestandteil der M i x - t u r a s u l f u r i c a a c i d a (H a l l e r s c h e s S a u e r).

Von Estern der salpetrigen Säure sind wichtig der

S a l p e t r i g s ä u r e ä t h y l e s t e r und
S a l p e t r i g s ä u r e a m y l e s t e r.

Salpetrigsäureäthylester, $NO \cdot OC_2H_5$, entsteht in reiner Form bei der Destillation von Äthylalkohol mit Kaliumnitrit und verdünnter Schwefelsäure und bildet den Hauptbestandteil des offizinellen

Spiritus Aetheris nitrosi, Spiritus nitrico-aethereus, Spiritus nitri dulcis, des versüßten Salpetergeistes.

Darstellung. 3 T. Salpetersäure werden mit 5 T. Weingeist vorsichtig überschichtet und 2 Tage, ohne umzuschütteln, beiseite gestellt. Alsdann wird die Mischung in einer Glasretorte der Destillation im Wasserbade unterworfen und das Destillat in einer Vorlage aufgefangen, welche 5 T. Weingeist enthält. Die Destillation wird fortgesetzt, solange noch aus dem Wasserbade etwas übergeht, jedoch abgebrochen, wenn in der Retorte gelbe Dämpfe auftreten. Das Destillat wird mit gebrannter Magnesia neutralisiert und nach 24 Stunden aus dem Wasserbade bei anfänglich sehr gelinder Erwärmung rektifiziert. Das Destillat wird in einer Vorlage aufgefangen, die 2 T. Weingeist enthält, und die Destillation wird abgebrochen, sobald das Gesamtgewicht der in der Vorlage befindlichen Flüssigkeit 8 T. beträgt.

Bei der Einwirkung der Salpetersäure auf Äthylalkohol wird ein Teil desselben durch die Salpetersäure zu Acetaldehyd und Essigsäure oxydiert. Die durch Reduktion entstandene salpetrige Säure verestert den unangegriffenen Teil des Alkohols, und die Essigsäure bildet mit Äthylalkohol Essigsäureäthylester.

E i g e n s c h a f t e n u n d P r ü f u n g. Klare, farblose oder schwach gelbliche Flüssigkeit von angenehmem ätherischen Geruch und süßlichem, brennendem Geschmack. Sie ist mit Wasser klar mischbar und besitzt das spez. Gewicht 0,840 bis 0,850. Bei längerer Aufbewahrung erfährt der in dem Präparat enthaltene Acetaldehyd eine

Oxydation zu Essigsäure. 10 ccm versüßter Salpetergeist dürfen nach Zusatz von 0,2 ccm Normalkalilauge Lackmuspapier nicht röten (s. Arzneibuch).

Anwendung. Als Diuretikum, Carminativum und Excitans, auch als Geschmackskorrigens für bittere Tinkturen. Dosis 10 bis 40 Tropfen mehrmals täglich auf Zucker.

Salpetrigsäureamylester, Salpetrigsäureisoamylester, Amylnitrit, Amylium nitrosum, $(CH_3)_2 \cdot CH \cdot CH_2 \cdot CH_2 \cdot O \cdot NO$, wird durch Einleiten von salpetriger Säure oder Untersalpetersäure in Gärungsamylalkohol bei gegen 100^0 gewonnen.

Eigenschaften und Prüfung. Klare, gelbliche, flüchtige Flüssigkeit von nicht unangenehmem, fruchtartigem Geruch, von brennendem, gewürzhaftem Geschmack, welche kaum löslich in Wasser in allen Verhältnissen mit Weingeist und Äther mischbar ist, bei 95^0 bis 97^0 siedet und, angezündet, mit gelber, leuchtender und rußender Flamme verbrennt. Spez. Gew. 0,875 bis 0,885. Man prüft auf freie Säuren, Valeraldehyd (mit ammoniakalischer Silberlösung) und Wasser.

Anwendung. Bei Angina pectoris, Hemicrania angiospastica, auch bei anderen auf Anämie oder Gefäßkrampf beruhenden Neuralgien. In Form von Inhalationen 1 bis 3 Tropfen auf Filtrierpapier, Watte oder auf ein Tuch gegossen zum Einatmen. Die Einatmung geschieht in aufrechter Stellung unter gehöriger Beobachtung des Kranken.

Vorsichtig und vor Licht geschützt aufzubewahren.

Der Salpetersäureester eines dreiwertigen Alkohols, des Glycerins, ist der

Salpetersäureglycerinester,

$$CH_2\text{---}CH\text{---}CH_2$$
$$\vert \qquad \vert \qquad \vert$$
$$ONO_2 \quad ONO_2 \quad ONO_2,$$

oder Glycerinnitrat, welches fälschlich den Namen **Nitroglycerin** führt. Man gewinnt es durch Einwirkung eines Gemenges von Schwefelsäure und Salpetersäure auf Glycerin. Der Ester findet beschränkte medizinische Verwendung. Mit Kieselgur vermischt, liefert er das unter dem Namen Dynamit bekannte Sprengmittel.

Von Estern, denen eine organische Säure zugrunde liegt, ist wichtig der

Essigsäureäthylester, Äthylacetat, Essigäther, Aether aceticus, $CH_3 \cdot COOC_2H_5$. Zu seiner Darstellung kann man entwässertes Natriumacetat mit der berechneten Menge Äthylschwefelsäure:

$$SO_2\!\!<\!\!{}^{OH}_{OC_2H_5} + CH_3COONa = SO_2\!\!<\!\!{}^{OH}_{ONa} + CH_3COOC_2H_5$$

Äthylschwefelsäure — Natriumacetat — Natriumbisulfat — Äthylacetat

im Wasserbade der Destillation unterwerfen.

24*

Hierbei destilliert Essigäther nebst wechselnden Mengen Wasser, Äthylalkohol und freier Essigsäure. Zur Befreiung von letztgenannten Stoffen wird das Destillat mit sehr verdünnter Sodalösung gewaschen, mit Calciumchlorid entwässert und der nochmaligen Destillation aus dem Wasserbade unterworfen.

Man kann zur Darstellung des Essigsäureäthylesters auch wie folgt verfahren:

In einen Halbliterkolben füllt man eine Mischung von 50 ccm Alkohol und 50 ccm konz. Schwefelsäure und versieht den Kolben mit einem doppelt durchbohrten Kork, in dessen einer Bohrung sich ein Tropftrichter befindet, während durch die zweite ein Verbindungsrohr führt, welches in einen langen, absteigenden Kühler mündet. Man erhitzt den Kolben in einem auf 140° erhitzten Ölbad und läßt durch den Tropftrichter allmählich eine Mischung von 400 ccm Alkohol und 400 ccm Eisessig hinzufließen, und zwar in demselben Maße wie der sich bildende Essigester destilliert. Das Destillat wird zur Entfernung der mitdestillierten Essigsäure in einem offenen Kolben so lange mit nicht zu verdünnter Sodalösung geschüttelt, bis die obere Schicht blaues Lackmuspapier nicht mehr rötet. Man trennt dann die obere Schicht mittels eines Scheidetrichters und schüttelt sie zur Entfernung des Alkohols mit einer Lösung von 100 g Calciumchlorid in 100 g Wasser. Die obere Schicht wird dann mit Chlorcalcium getrocknet und auf dem Wasserbade rektifiziert. Ausbeute 80 bis 90°/₀ der Theorie. (Nach Gattermann.)

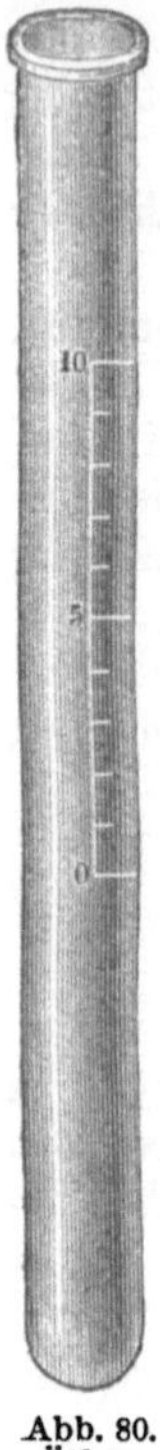

Eigenschaften und Prüfung. Essigester bildet eine klare, farblose, flüchtige, leicht entzündliche Flüssigkeit von eigentümlichem, angenehm erfrischendem Geruche, mit Weingeist und Äther in jedem Verhältnisse mischbar, bei 74 bis 77° siedend. Spez. Gew. 0,902 bis 0,906. — Ein völlig wasserfreier Essigester hält sich in ganz gefüllten, gut verschlossenen und vor Licht geschützten Flaschen unverändert. Man prüft das Präparat auf **riechende fremde Bestandteile,** auf **Amylverbindungen** und auf den **Säuregehalt.** Zur **Prüfung auf Alkohol bzw. Wasser** durchschüttelt man Essigäther im sog. Ätherprobierrohr (s. Abb. 80) mit Wasser. 10 ccm Wasser dürfen beim Schütteln mit 10 ccm Essigäther höchstens um 1 ccm zunehmen (s. Arzneibuch).

Anwendung. Essigester ist ein ausgezeichnetes Lösungsmittel für viele organische Substanzen und dient daher zum Umkristallisieren solcher. Arzneiliche Anwendung findet er als Riechmittel bei Ohnmachten, bei Hustenreiz und Erbrechen, bei hysterischen und hypochondrischen Zuständen innerlich zu 10 bis 30 Tropfen.

Abb. 80.
Ätherprobierrohr.

Acetessigester. Bei der Einwirkung von metallischem Natrium auf Essigester entsteht unter Abspaltung von Äthylalkohol das Natriumsalz einer Acetessigester genannten Verbindung, aus welchem mit Säure der Ester in Freiheit gesetzt werden kann. Es ist eine bei 181° siedende, angenehm obstähnlich riechende Flüssigkeit. Sie kommt in den beiden desmotropen[1]) Formen vor:

---

[1]) Abgeleitet von δεςμός, desmos, Band, und τρέπειν, trepein, verändern. Desmotropie besteht in der Platzverschiebung eines Wasserstoffatoms in organischen Verbindungen, wodurch sich infolge der dadurch bewirkten Atomumgruppierung ein Bindungswechsel vollzieht.

$$\begin{array}{ccc}
\mathrm{CH_3} & & \mathrm{CH_3} \\
| & & | \\
\mathrm{CO} & \text{und} & \mathrm{COH} \\
| & & \| \\
\mathrm{CH_2} & & \mathrm{CH} \\
| & & | \\
\underbrace{\mathrm{COOC_2H_5}} & & \underbrace{\mathrm{COOC_2H_5}} \\
\text{Ketoform} & & \text{Enolform.}
\end{array}$$

Zu den Estern gehört auch die für den Haushalt, für die chemische Großindustrie und für die Pharmazie wichtige Gruppe der **Fette**, ferner das **Wachs** und der **Walrat.**

Die Fette.

Fette sind im Tier- und Pflanzenreich weit verbreitet. Sie besitzen bei mittlerer Temperatur feste oder halbweiche oder flüssige Beschaffenheit. Die bei gewöhnlicher Temperatur festen Fette werden Talge, die halbweichen kurzweg Fette (oder Schmalz) und die flüssigen werden Öle oder fette Öle genannt. Die im Tierkörper in vielen Geweben verbreiteten Fette werden daraus meist durch Ausschmelzen gewonnen. Im Pflanzenreich enthalten besonders Früchte und Samen Fette, bzw. fette Öle, welche sich durch starkes Auspressen gewinnen lassen. Auf diese Weise erhält man aus den Mandeln das Mandelöl, aus den Oliven das Olivenöl, aus den Leinsamen das Leinöl, aus den Ricinussamen das Ricinusöl usw. Man kann aber auch mit Hilfe von Lösungsmitteln (Benzin, Schwefelkohlenstoff) die fetten Öle aus den Samen ausziehen. Nach Verdunsten des Lösungsmittels hinterbleibt das fette Öl. Gewöhnlich ist es, mag es nun durch Pressung oder durch Extraktion gewonnen sein, durch in kleiner Menge beigemischte Farb- oder andere Extraktivstoffe gefärbt. Der im frisch gewonnenen Olivenöl befindliche grüne Farbstoff ist Chlorophyll.

Sowohl das Tier- wie Pflanzenreich liefern eine Reihe wichtiger Fette.

Von tierischen festen Fetten sind der Hammeltalg (Unschlitt, Sebum ovile) zu nennen, welcher aus dem in der Bauchhöhle des Schafes abgelagerten Fette durch Ausschmelzen gewonnen wird, ferner als halbweiches Fett das Schweineschmalz (Adeps suillus), das aus dem Zellgewebe des Netzes und der Nieren des Schweines ausgeschmolzene, gewaschene und von Wasser befreite Fett. Ein flüssiges Fett ist der Lebertran (Oleum Jecoris Aselli), das aus frischen Lebern von Gadus morrhua bei tunlichst gelinder Wärme im Dampfbade gewonnene Öl von blaßgelber Färbung und eigentümlichem Geruch und Geschmack.

Das Pflanzenreich liefert an festen Fetten die Kakaobutter (Oleum Cacao), aus den entschälten Samen der Theobroma Cacao gepreßt, an fetten Ölen Mandelöl (Oleum Amygdalarum) aus den Mandeln, Leinöl (Oleum Lini) aus den Leinsamen, Mohnöl (Oleum Papaveris) aus den Mohnsamen, Ricinusöl (Oleum

Ricini) aus den Samen von Ricinus communis, Krotonöl (Oleum
Crotonis) aus den Samen von Croton tiglium, Olivenöl (Oleum
Olivarum) aus dem Fruchtfleisch von Olea europaea, Lorbeeröl
(Oleum Lauri) aus den Früchten von Laurus nobilis usw.

Alle die genannten und andere Fette sind neutrale Ester, in
denen ein dreiwertiger Alkohol, das Glycerin, mit meist hochmole-
kularen Säuren der Fettsäurereihe verkettet ist. Von den höheren
Fettsäuren kommen hier besonders Palmitinsäure, $C_{16}H_{32}O_2$, und
Stearinsäure, $C_{18}H_{36}O_2$, in Betracht. Ein größerer Gehalt an
Glycerinestern der zuletzt genannten Säuren bedingt die festere
Beschaffenheit der Fette. In den fetten Ölen findet sich neben den
Glycerinestern der genannten Fettsäuren auch der ölige Glycerinester
der Ölsäure (Oleinsäure, Elainsäure), $C_{18}H_{34}O_2$. Man be-
zeichnet die Palmitin-, Stearin- und Ölsäureglycerinester als Tri-
palmitin, Tristearin, Triolein.

Das Tripalmitin, $C_3H_5(OC_{16}H_{31}O)_3$, schmilzt gegen 63^0,
„   Tristearin, $C_3H_5(OC_{18}H_{35}O)_3$,   „   „ 70^0,
„   Triolein, $C_3H_5(OC_{18}H_{33}O)_3$,   „   „ 6^0.

Man kennt außerdem gemischte Glycerinester, d. h. solche, bei
welchen die Glycerinmolekel verschiedene Säurereste gebunden enthält.

Außer den genannten Säuren der Fettsäurereihe finden sich in
den Fetten Glycerinester der Buttersäure (in der Kuhbutter), der
Capron-, Capryl- und Caprinsäure, der Laurinsäure (im
Lorbeeröl), der Myristinsäure (im Muskatnußöl). Anderen Reihen
angehörende Säuren, welche an Glycerin gebunden in Fetten angetroffen werden, sind außer der bereits erwähnten Ölsäure die Leinölsäure oder Linoleinsäure (im Leinöl), $C_{18}H_{32}O_2$, die Krotonsäure und Tiglinsäure, die Ricinolsäure, $C_{18}H_{34}O_3$, usw.

Als Begleiter der tierischen Fette findet sich Cholesterin, der
pflanzlichen Fette Phytosterin, beides hochmolekulare Alkohole
von der Formel $C_{27}H_{45}OH$. Das bei den Wollwäschereien aus den
Waschwässern sich abscheidende Fett, das Wollfett (Adeps Lanae),
besteht im wesentlichen aus den Fettsäureverbindungen des Chole-
sterins und Isocholesterins. Man erkennt Cholesterin wie folgt:
Wird eine Lösung von Wollfett in Chloroform $(1 + 49)$ über Schwefelsäure geschichtet, so entsteht an der Berührungsstelle der beiden
Flüssigkeiten eine Zone von feurig braunroter Farbe, welche nach
24 Stunden am stärksten ist.

Wollfett besitzt eine große Aufnahmefähigkeit für Wasser. Es
läßt sich mit dem doppelten Gewicht Wasser mischen, ohne seine
salbenartige Beschaffenheit zu verlieren. Ein gereinigtes, Wasser
haltendes Wollfett kommt unter dem Namen Lanolin in den Verkehr und findet als Hautmittel und als Salbengrundlage Verwendung.

Erhitzt man Fette mit gespannten Wasserdämpfen oder mit Ätzalkalien, so werden sie, wie andere Ester, in Alkohol (Glycerin) und
Säuren zerlegt. Man nennt diesen Vorgang Verseifen der Fette
und die bei Verwendung von Ätzalkalien neben Glycerin gebildeten

fettsauren und ölsauren Alkalien Seifen. Auch beim Erhitzen der Fette mit Schwermetalloxyden, besonders Bleioxyd, findet eine Aufspaltung statt. Die hierdurch gebildeten Bleiverbindungen der Fett- und Ölsäuren werden Pflaster genannt.

Es gibt auch Fermente, die bei Gegenwart von Wasser Fette zu spalten vermögen. Man nennt diese fettspaltenden Fermente Lipasen. In den Ricinussamen wurde zuerst eine Lipase beobachtet und von ihrer fettspaltenden Wirkung in der Technik Gebrauch gemacht.

Erhitzt man Fette für sich, so entwickelt sich ein die Respirationsorgane belästigender Dampf, herrührend von einem Zersetzungsprodukt des Glycerins, dem Akrolein oder Aldehyd des Allylalkohols, $CH_2 : CH—CHO$.

Die reinen Fette sind farb- und geruchlos und besitzen neutrale Reaktion. Bei der Aufbewahrung aber erleiden sie, besonders infolge der Einwirkung des Luftsauerstoffs, Veränderungen; sie nehmen saure Reaktion und üblen Geruch an, Eigenschaften, die man unter der Bezeichnung „Ranzigwerden der Fette" zusammenfaßt. Hieran beteiligen sich einerseits die Zersetzungen, welchen die verunreinigenden Beimengungen der Fette, wie Schleim, Eiweißstoffe, Gewebsreste usw., besonders bei Gegenwart von Feuchtigkeit durch den Luftsauerstoff, und wohl auch durch Bakterien unterworfen sind, sowie anderseits die durch diese Stoffe bewirkte teilweise Spaltung der Fette in Glycerin und Fettsäuren, welche Produkte durch den Sauerstoff zu unangenehm riechenden und schmeckenden Stoffen oxydiert werden. Teilweise verestern sich auch die abgespaltenen niedrig molekularen Fettsäuren mit infolge der Gärung aus beigemengten Kohlenhydraten entstandenem Äthylalkohol. So wird der ranzige Geruch und Geschmack einer in Zersetzung begriffenen Kuhbutter auf entstandenen Buttersäureäthylester vorzugsweise zurückgeführt.

Einige fette Öle des Pflanzenreichs verwandeln sich durch Sauerstoffaufnahme aus der Luft zu festen, harzartigen Massen. Man nennt diese Öle, zu welchen Leinöl, Mohnöl, Nußöl gehören, trocknende fette Öle, im Gegensatz zu den nicht trocknenden fetten Ölen (Olivenöl, Mandelöl) u. a.

Die an Ölsäureglycerinestern oder den Estern anderer ungesättigter Säuren reichen Öle oder Fette von flüssiger oder halbweicher Konsistenz lassen sich härten, d. h. in feste Fette mit höherem Schmelzpunkt überführen, indem man sie bei Gegenwart eines geeigneten Katalysators (z. B. nach besonderen Methoden reduzierten metallischen Nickels) bei höherer Temperatur (120 bis 180⁰) mit Wasserstoff unter einem Druck von 10 Atmosphären behandelt. Hierdurch werden z. B. Ölsäureglycerinester in Stearinsäureglycerinester übergeführt, indem sich Wasserstoff an die ungesättigte Ölsäure anlagert und damit Stearinsäure bildet.

Die gehärteten Fette finden eine weitgehende Anwendung besonders in der Margarine- und Seifenindustrie.

Die Fette besitzen ein niedrigeres spezifisches Gewicht als Wasser und schwimmen daher auf diesem. Sie lassen sich mit Hilfe von Eiweißstoffen oder Gummi mit Wasser zu Flüssigkeiten von schleimiger Beschaffenheit mischen. Die so erhaltenen Flüssigkeiten, in welchen Fetttröpfchen im Wasser auf das feinste verteilt sind, besitzen ein milchig-trübes Aussehen und werden Emulsionen genannt. Zu den Emulsionen gehört die Milch (Kuhmilch), eine Flüssigkeit, in welcher neben Eiweißstoffen, Milchzucker (ca. 3 bis $4^0/_0$) und Alkalisalzen Butterfett ($2^1/_2$ bis $4^0/_0$) in sehr feiner Verteilung sich befindet.

Die Fette finden eine Anwendung vor allem als Nahrungsmittel; Nahrungsmittelfette sind besonders die Butter, das Schweinefett (Schweineschmalz), Olivenöl, Talg, Mohn- und Nußöl, Leinöl, Kokos- und Palmfett, sowie das der Butter nachgebildete Kunstfett, die Margarine. Aber auch in der Technik, z. B. als Schmieröle, zur Herstellung von Kerzen, Seifen, Salben, Pflastern, in der Lederindustrie usw. werden Fette in größtem Maßstabe benutzt.

Margarine wurde ursprünglich nach dem Verfahren des französischen Chemikers Mège-Mouriès aus Oleomargarin bereitet. Man erhält Oleomargarin aus dem Rindertalg, den man ausschmilzt und die Schmelze auf eine bestimmte Temperatur abkühlen läßt, wobei besonders der höher schmelzende Glycerinester der Stearinsäure (das „Stearin") zum Teil sich abscheidet und durch Abpressen entfernt wird. Zu 30 kg des zurückbleibenden Oleomargarins setzte man 25 Liter Kuhmilch und 25 Liter Wasser, welches den löslichen Teil von 100 g zerkleinerter Milchdrüse enthielt, und verarbeitete das Ganze in einem Butterfasse. Der erhaltene Oleomargarinrahm wurde nach Art der Butterbereitung weiter behandelt, gesalzen und gefärbt, auch wohl mit Riechstoffen wie Cumarin usw. versetzt.

Heute wird Margarine in Fabriken unter Verwendung der verschiedensten Tier-, besonders Pflanzenfette, in größtem Maßstabe hergestellt und ist eines der wichtigsten Volksnahrungsfette geworden.

Die Emulgierung der Fette geschieht fabrikatorisch in den Kirnmaschinen, das sind große Apparate, in welchen mittels Rührwerken die Milch (man verwendet Magermilch) und das Fett zu einer rahmähnlichen Masse emulgiert werden, auf welche beim Ausströmen aus der Kirne eiskaltes Wasser einfließt, wodurch in bröck'igen Massen die Margarine sich ausscheidet. Diese wird in Knetapparaten dann von dem Wasser befreit, mit Kochsalz versetzt und zu butterähnlicher Masse gepreßt. Um die Margarine der Butter ähnlich zu machen, um dem Produkt besonders die Eigenschaft der Butter, beim Schmelzen zu bräunen, zu schäumen und nicht zu spritzen, zu verleihen, versetzt man die Margarine nach Bernegau mit einer aus Eigelb und Glukose bestehenden Emulsion oder auch nur mit Eigelb. Auch wird, um der Margarine eine butterähnliche Beschaffenheit zu verleihen, die zur Emulgierung benutzte Magermilch, nachdem sie 2 Minuten lang bei 90^0 pasteurisiert ist, mit Reinkulturen von Milchsäurebazillen versetzt, die eine teilweise Säuerung der Milch bewirken. Diese Milch kommt dann in den Kirnen mit den Fetten zusammen.

Zwecks Verhinderung, daß Margarine und andere Ersatzmittel der Butter an Stelle derselben verkauft werden und somit eine Täuschung der Konsumenten im Gefolge haben, ist am 12. Juni 1887 ein Gesetz, betreffend den Verkehr mit Ersatzmitteln für Butter, erlassen worden, welches am 15. Juni 1897 durch das Gesetz, betreffend den Verkehr mit Butter, Käse, Schmalz und deren Ersatzmitteln ersetzt wurde. Nach den hierzu ergangenen Ausführungsbestimmungen vom 4. Juli 1897 muß, um die Erkennbarkeit von Margarine zu erleichtern, den bei der Fabrikation zur Verwendung kommenden Fetten und Ölen Sesamöl zugesetzt werden, und zwar zu 100 Gewichtsteilen der angewandten Fette und Öle müssen vor der weiteren Verarbeitung 10 Gewichtsteile Sesamöl hinzugefügt werden.

Man erkennt den Sesamölgehalt in einer Margarine daran, daß man das geschmolzene Margarinefett mit einem gleichen Volum rauchender Salzsäure (spez. Gew. 1,19) und einigen Tropfen einer 2%igen alkoholischen Furfurollösung schüttelt; die unter der Ölschicht sich absetzende Salzsäure nimmt dann eine deutliche Rotfärbung an.

Durch das vorstehend erwähnte Gesetz wird der zur Margarinebereitung nötige Milchzusatz zu den Fetten genau bestimmt, bzw. beschränkt. Die Verpackungen der Margarine müssen diese schon äußerlich dadurch kennzeichnen, daß ein roter Streifen die Verpackung umgibt.

Bei dem großen Bedarf der Margarineindustrie an Fetten hat man in der Neuzeit Umschau nach neuen pflanzlichen Fetten gehalten. Dabei hat sich gezeigt, daß man in der Auswahl der Fette Vorsicht walten lassen muß und nur solche verwenden darf, die sich durch physiologische Prüfung als für die menschliche Gesundheit unschädlich erwiesen haben.

Indem man diese Versuche außer acht ließ und Hydnocarpusfett (auch Maratti- oder Kardamomfett genannt) für die Herstellung einer Margarine verwendete, ereigneten sich infolge der Giftigkeit dieses Fettes schwere Vergiftungen nach dem Genuß der daraus hergestellten Margarine.

Zur Unterscheidung von Butter und Margarine bzw. zum Nachweis von Margarine in Butter dient die Bestimmung der sog. Reichert-Meißl-Zahl und der Polenske-Zahl. Das Butterfett enthält nämlich neben den Glyceriden der höher molekularen Fettsäuren (Stearin- und Palmitinsäure) und der Ölsäure auch eine nicht unwesentliche Menge von Glyceriden der niederen, mit Wasserdämpfen flüchtigen Fettsäuren (Buttersäure, Capron-, Capryl-, Caprinsäure), wodurch es sich von anderen tierischen und pflanzlichen Fetten, also auch von der Margarine, wesentlich unterscheidet. Man bestimmt die flüchtigen Fettsäuren nach dem Verfahren von Reichert-Meißl, indem man 5 g filtriertes Butterfett verseift, die Seife mit verdünnter Schwefelsäure zerlegt und die flüchtigen Fettsäuren mit Wasserdämpfen abdestilliert. In dem Destillat sind die flüchtigen Fettsäuren zum Teil in Wasser gelöst, zum Teil darin suspendiert. Man filtriert durch ein angenäßtes Filter und bestimmt mit $\frac{n}{10}$-Kalilauge oder $\frac{n}{10}$-Barytlauge die Säure des Filtrats. Man bedarf hierzu bei reinem Butterfett 26 bis 32 ccm $\frac{n}{10}$-Lauge. Diese Anzahl Kubikzentimeter heißt die Reichert-Meißl-Zahl. Bei Margarinefett liegt die Reichert-Meißl-Zahl bei 1,8 bis 2,5.

Die flüchtigen, aber nicht wasserlöslichen Fettsäuren, die nach dem Filtrieren des Destillates auf dem Filter zurückbleiben, werden in reinem säurefreien Alkohol gelöst und ebenfalls mit $\frac{n}{10}$-Lauge titriert. Die Anzahl der hierzu verbrauchten Kubikzentimeter heißt Polenske-Zahl. Ihr Verhältnis zur Reichert-Meißl-Zahl festzustellen, ist wichtig, wenn es sich um die Verfälschung einer Butter mit Kokosfett handelt.

Zwecks Prüfung und Wertbestimmung der Fette ermittelt man die physikalischen und chemischen Konstanten derselben. Hierzu gehören der Säuregrad, die Säure, Verseifungs-, Ester- und Jodzahl, deren Bestimmung neben der Feststellung von spezifischem Gewicht, von Schmelz- und Erstarrungspunkt, Löslichkeit in Alkohol, Brechungsindex, Farbreaktionen usw. vielfach einen Aufschluß über die Art des vorliegenden Fettes und seine eventuelle Fälschung geben.

Bestimmung des Säuregrads, der Säurezahl, Verseifungszahl, Esterzahl.

a) Unter Säuregrad eines Fettes versteht man die Anzahl Kubikzentimeter Normal-Kalilauge, die notwendig ist, um die in 100 g Fett vorhandene freie Säure zu neutralisieren.

Zur Bestimmung der freien Säure werden 5 bis 10 g Fett in 30 bis 40 ccm einer säurefreien Mischung gleicher Raumteile Alkohol und Äther gelöst und mit Zehntel-Normal-Kalilauge unter Zusatz von 1 ccm Phenolphtaleinlösung als Indikator titriert. Sollte während der Titration ein Teil des Fettes sich ausscheiden, so muß von dem Lösungsgemisch von neuem zugesetzt werden.

Beispiel. Angenommen, es seien 5,07 g Schweineschmalz angewendet und zur Titration 0,9 ccm Zehntel-Normal-Kalilauge ($= 0,09$ ccm Normal-Kalilauge) verbraucht worden, so berechnet sich der Säuregrad nach dem Ansatz

$$\frac{0,09 \cdot 100}{5,07} = 1,78.$$

b) Die Säurezahl gibt an, wieviel Milligramm Kaliumhydroxyd notwendig sind, um die in 1 g Wachs, Harz oder Balsam vorhandene freie Säure zu neutralisieren.

Beispiel. Angenommen, es wurde 1 g Kopaivabalsam angewendet, und es wurden zur Neutralisation der freien Säure 2,8 ccm weingeistige Halb-Normal-Kalilauge (1 ccm weingeistige Halb-Normal-Kalilauge $= 28,055$ mg Kaliumhydroxyd) verbraucht, so berechnet sich die Säurezahl nach dem Ansatz

$$\frac{2,8 \cdot 28,055}{1} = 78,55.$$

c) Unter Verseifungszahl versteht man die Anzahl Milligramm Kaliumhydroxyd, die zur Bindung der in 1 g Fett, Öl, Wachs und Balsam enthaltenen freien Säure und zur Zerlegung der Ester erforderlich ist.

Die Bestimmung der Verseifungszahl wird in folgender Weise ausgeführt:

Man wägt 1 bis 2 g des zu untersuchenden Stoffes in einem Kölbchen aus Jenaer Glas von 150 ccm Inhalt ab, setzt 25 ccm weingeistige Halb-Normal-Kalilauge hinzu und verschließt das Kölbchen mit einem durchbohrten Korke, durch dessen Öffnung ein 75 cm langes Kühlrohr aus Kaliglas führt. Man erhitzt die Mischung auf dem Wasserbade 15 Minuten lang zum schwachen Sieden. Um die Verseifung zu vervollständigen, mischt man den Kolbeninhalt durch öfteres Umschwenken, jedoch unter Vermeidung des Verspritzens an den Kork und an das Kühlrohr. Man titriert die vom Wasserbade genommene, noch heiße Seifenlösung nach Zusatz von 1 ccm Phenolphthaleinlösung sofort mit Halb-Normal-Salzsäure zurück (1 ccm Halb-Normal-Salzsäure $= 0,028055$ g Kaliumhydroxyd, Phenolphtalein als Indikator).

Bei jeder Versuchsreihe sind mehrere blinde Versuche in gleicher Weise, aber ohne Anwendung des betreffenden Stoffes auszuführen, um den Wirkungswert der weingeistigen Kalilauge gegenüber der Halb-Normal-Salzsäure festzustellen.

Beispiel. Angenommen, es seien angewendet 1,562 g Öl, die zur Verseifung zugesetzten 25 ccm weingeistige Kalilauge entsprächen 23,5 ccm Halb-Normal-Salzsäure, und es seien 12,8 ccm Halb-Normal-Salzsäure zur Neutralisation des nach der Verseifung noch vorhandenen freien Kaliumhydroxyds erforderlich gewesen. Demnach ist eine 23,5 — 12,8 = 10,7 ccm Halb-Normal-Salzsäure entsprechende Menge Kaliumhydroxyd zur Verseifung des angewendeten Öles erforderlich gewesen. Die Verseifungszahl berechnet sich daher nach dem Ansatz

$$\frac{10,7 \cdot 28,055}{1,562} = 192,2.$$

d) **Die Esterzahl gibt an, wieviel Milligramm Kaliumhydroxyd zur Verseifung der in 1 g ätherischem Öl oder Wachs vorhandenen Ester erforderlich sind.**

Die Esterzahl ergibt sich somit als Differenz zwischen Verseifungs- und Säurezahl.

e) **Jodzahl der Fette und Öle.** In den Fetten sind Ester ungesättigter Säuren (wie Ölsäure, Leinölsäure) enthalten, deren Molekeln doppelt miteinander verknüpfte Kohlenstoffatome enthalten. Zufolge dieser Eigenschaft vermögen die ungesättigten Säuren unter Aufhebung der Doppelbindung Halogenatome anzulagern. Je größer die Menge ungesättigter Säuren in einem Fette oder Öle ist, desto größere Mengen Jod werden von den Fetten oder Ölen aufgenommen.

Man hat nun ohne Rücksicht auf die Art der betreffenden ungesättigten Säure als Grundlage für die Beurteilung lediglich das Halogenabsorptionsvermögen eines Fettes angenommen und als Halogen das Jod hierfür in Vorschlag gebracht.

Während Chlor und Brom meist direkt an ungesättigte Säuren sich anzulagern vermögen, ist das beim Jod nicht der Fall. Man bedarf eines Jodüberträgers und benutzt hierzu die Quecksilberchloridlösung. Die Bestimmung des Jodadditionsvermögens oder der Jodzahl der Fette wurde von v. Hübl ausgearbeitet.

Die Jodzahl gibt an, wieviel Teile Jod von 100 Teilen eines Fettes oder Öles unter den Bedingungen des nachstehenden Verfahrens gebunden werden. (S. Tabelle S. 380.)

Zur Bestimmung der Jodzahl bringt man das geschmolzene Fett oder das Öl, und zwar bei Hammeltalg und Kakaobutter 0,8 bis 1,0 g, bei Schweineschmalz 0,6 bis 0,7 g, bei Erdnußöl, Mandelöl, Olivenöl und Sesamöl 0,3 bis 0,4 g, bei Lebertran und Leinöl 0,15 bis 0,18 g, in eine mit eingeriebenem Glasstopfen verschlossene Glasflasche von 250 ccm Inhalt, löst das Fett oder Öl in 15 ccm Chloroform und läßt 30 ccm einer mindestens 48 Stunden vor dem Gebrauche hergestellten Mischung gleicher Raumteile weingeistiger Jodlösung[1]) und

---

[1] Man löst 25 g Jod in 500 ccm Weingeist.

weingeistiger Quecksilberchloridlösung[1]) zufließen, wobei man die Pipette bei jedem Versuche in genau gleicher Weise entleert. Ist die Flüssigkeit nach dem Umschwenken nicht völlig klar, so wird noch etwas Chloroform hinzugefügt. Tritt binnen kurzer Zeit fast vollständige Entfärbung der Flüssigkeit ein, so muß man noch Jodquecksilberchloridmischung zusetzen. Die Jodmenge muß so groß sein, daß noch nach 2 Stunden die Flüssigkeit stark braun gefärbt erscheint. Nach dieser Zeit ist die Reaktion beendet. Bei Leinöl und Lebertran muß die Reaktionsdauer auf 18 Stunden ausgedehnt werden. Die Bestimmungen sind bei Zimmertemperatur und unter Vermeidung direkten Sonnenlichts auszuführen.

Tabelle der Erstarrungspunkte bzw. Schmelzpunkte, der Verseifungs- und Jodzahlen verschiedener Fette und Öle.

Name des Fettes	Erstarrungspunkt (E) bzw. Schmelzpunkt (S)	Verseifungszahl	Jodzahl
Butterfett	(S) 28°—33° (E) 20°—23°	225—230	26—33
Kokosnußöl	(S) 14°—20°	257,3—268,4	8,0—9,5
Erdnußöl (Arachisöl, Oleum Arachidis)	(E) 3°—7°	188—196,6	86—100
Kakaobutter (Oleum Cacao)	(S) 30°—34°	190—200	34—38
Lebertran (Oleum Jecoris Aselli)	—	184—196,6	155—175
Leinöl (Oleum Lini)	(E) —16° bis —25°	187—195	168—176
Mandelöl (Oleum Amygdalarum)	bei —10° noch nicht erstarrend	189—192,5	93—100
Olivenöl (Oleum Olivarum)	beginnt bei +2° sich zu trüben, scheidet bei —6° reichlich festes Glycerid ab	189—196	80—88
Ricinusöl (Oleum Ricini)	(E) —10° bis —18°	176—181	82—88
Schweinefett (Adeps suillus)	(S) 35°—38°	195—196,6	46—66
Sesamöl (Oleum Sesami)	(E) —4° bis —6°	188—193	103—112

[1]) Man löst 30 g Quecksilberchlorid in 500 ccm Weingeist.

Man versetzt dann die Lösung mit 15 ccm Kaliumjodidlösung, schwenkt um und fügt 100 ccm Wasser hinzu. Scheidet sich hierbei ein roter Niederschlag aus, so war die zugesetzte Menge Kaliumjodidlösung ungenügend und muß durch Zusatz einer weiteren Menge erhöht werden. Man läßt nun unter häufigem Schütteln so lange Zehntel-Normal-Thiosulfatlösung zufließen, bis die wässerige Flüssigkeit und die Chloroformschicht nur noch schwach gefärbt sind. Alsdann wird unter Zusatz von Stärkelösung zu Ende titriert. Mit jeder Bestimmung ist zugleich ein blinder Versuch in gleicher Weise, aber ohne Anwendung eines Fettes oder Öles, zur Feststellung des Wirkungswerts der Jodquecksilberchloridmischung auszuführen. Bei Leinöl und Lebertran ist sowohl zu Beginn als auch am Ende der Bestimmung ein blinder Versuch auszuführen und der Berechnung des Wirkungswerts der Jodquecksilberchloridmischung das Mittel dieser beiden Versuche zugrunde zu legen.

Beispiel. Angenommen, es seien 0,605 g Schweineschmalz und 30 ccm Jodquecksilberchloridmischung angewendet worden. Bei dem blinden Versuch seien zur Titration des Jods 45,5 ccm, bei der Bestimmung selbst 18,7 ccm Zehntel-Normal-Thiosulfatlösung verbraucht worden. Es ist somit die 26,8 ccm Zehntel-Normal-Thiosulfatlösung entsprechende Menge Jod $= 0{,}3402$ g (1 ccm Zehntel-Normal-Thiosulfatlösung $= 0{,}012\,692$ g Jod, Stärkelösung als Indikator) von der angewendeten Menge Schweineschmalz gebunden worden. Es berechnet sich also im vorliegenden Fall für das Schweineschmalz die Jodzahl

$$\frac{0{,}3402 \cdot 100}{0{,}605} = 56{,}23\,.$$

Neuerdings bevorzugt man zur Jodzahlbestimmung die **Hanus**sche Methode. Sie wird wie folgt ausgeführt: 0,6 bis 0,7 g bei festen Fetten, 0,2 bis 0,25 g bei Ölen mit einer Jodzahl unter 120 und 0,1 bis 0,15 g bei Oelen von höherer Jodzahl als 120 werden in ein Fläschchen mit eingeschliffenem Glasstopfen von 200 ccm Inhalt eingeführt und in 10 ccm Chloroform gelöst. Sodann fügt man 25 ccm einer Jodbromlösung (10,0 Jodbrom auf 500 ccm Eisessig), deren Titer bekannt ist, hinzu und läßt das Gemisch gut verschlossen unter zeitweiligem Durchschütteln $^{1}/_{4}$ Stunde stehen. Nach beendigter Reaktion fügt man 15 ccm Jodkaliumlösung (1 : 10) hinzu und titriert mit Natriumthiosulfatlösung den Jodüberschuß zurück.

Seifen, Sapones. Zur Bereitung der Seifen dienen sowohl tierische wie pflanzliche Fette. Die Eigenschaften der Seifen sind je nach der Natur der Rohstoffe, welche zur Seifenbereitung verwendet werden, verschieden. Kalilauge liefert weiche, gallertartige, schmierige Seifen (**Kaliseifen**), Natronlauge hingegen feste, harte Seifen (**Natronseifen**). Aber auch von der Verschiedenheit der verwendeten Fette ist die Bildung einer härteren oder weicheren Seife abhängig. Der Talg liefert vermöge seines größeren Gehaltes an Stearinsäure eine härtere Seife als die flüssigen Fette, deren größerer Oleingehalt die weichere Ölseife gibt.

Die beim Kochen von Alkalien mit Fett gebildete, wasserlösliche, dickflüssige Masse heißt Seifenleim. Die Natronseifen lösen sich in verdünnten Kochsalzlösungen; beträgt der Gehalt an Kochsalz in diesen jedoch mehr als $5^0/_0$, so scheiden sich die Natronseifen ab. Man benutzt diese Eigenschaft zu ihrer Abscheidung, indem man dem Seifenleim Kochsalz hinzufügt (Aussalzen der Seife). Die unter der abgeschiedenen erstarrenden Seife befindliche Flüssigkeit heißt Unterlauge und enthält neben Glycerin überschüssiges Alkali und Kochsalz. Ist der Seifenleim sehr konzentriert und werden größere Mengen Kochsalz zur Abscheidung benutzt, so wird die Seife verhältnismäßig wasserarm. In die Natronseifen geht Wasser bis zu $70^0/_0$, gewöhnlich enthalten sie 11 bis $20^0/_0$. Sie werden in letzterem Falle Kernseifen genannt zum Unterschiede von den gefüllten oder geschliffenen Seifen, in welchen größere Mengen Wasser, auch Glycerin und verunreinigende Salze enthalten sind.

Da bei der Herstellung der Kaliseifen das Aussalzen fortfällt — ein Zusatz von Kochsalz würde die Kaliseifen in Natronseifen umwandeln — bleibt Glycerin den Kaliseifen beigemengt.

Das Arzneibuch läßt eine Kaliseife, Sapo kalinus, wie folgt bereiten: 43 T. Leinöl werden im Wasserbade in einem geräumigen, tiefen Zinn- oder Porzellangefäße auf etwa 70^0 erwärmt und dann unter Umrühren 58 T. Kalilauge (spez. Gew. 1,138), welche mit 5 T. Weingeist vermischt sind, hinzugefügt. Die erhaltene Mischung wird im Dampfbade bis zur Verseifung erwärmt.

Eine Kaliseife ist auch in dem medizinisch verwendeten Seifenspiritus, Spiritus saponatus, enthalten, welcher aus 6 T. Olivenöl, 7 T. Kalilauge (spez. Gew. 1,138), 30 T. Weingeist und 17 T. Wasser bereitet werden soll. Das Öl wird mit der Kalilauge und 7,5 T. Weingeist auf dem Wasserbade im Sieden erhalten, bis Verseifung erfolgt ist und eine Probe der Flüssigkeit mit Wasser und Weingeist ohne Trübung sich mischen läßt. Nachdem der durch Verdampfen verloren gegangene Weingeist ersetzt ist, werden die noch übrigen 22,5 T. desselben und das Wasser hinzugefügt und die Mischung nach dem Erkalten filtriert.

Zur Bereitung der Natronseifen kommen Talg (liefert Talgkernseife, Hausseife), Olivenöl, Kokosöl, Palmöl usw. in Anwendung. Das Kokosöl dient, mit anderen Fetten vermischt, besonders zur Herstellung der feineren Toiletteseifen. Natronseifen erhalten je nach ihrem bestimmten Verwendungszwecke verschiedene Zusätze, wie Kolophonium, Wasserglas, Sand, Bimsstein, und liefern dann die Harz-, Wasserglas-, Sand-, Bimssteinseife.

Eine zu medizinischen Zwecken bestimmte Natronseife, Sapo medicatus, läßt das Arzneibuch nach folgender Vorschrift bereiten:

120 T. Natronlauge (spez. Gewicht 1,168—1,172) werden im Dampfbade erhitzt und mit einem geschmolzenen Gemenge von 50 T. Schweineschmalz und 50 T. Olivenöl versetzt. Nach halbstündigem Erhitzen fügt man 12 T. Weingeist und, sobald die Masse gleichförmig geworden ist, nach und nach 200 T. Wasser hinzu. Alsdann erhitzt man nötigenfalls unter Zusatz kleiner Mengen Natronlauge weiter, bis sich ein durchsichtiger, in heißem Wasser ohne Abscheidung von Fett löslicher Seifenleim gebildet hat. Hierauf wird eine filtrierte Lösung von 25 T. Kochsalz und 3 T. Natriumkarbonat in 80 T. Wasser hinzugefügt und die ganze Masse unter Umrühren weiter erhitzt, bis sich die Seife vollständig abgeschieden hat.

Von Wichtigkeit sind ferner die mit verschiedenen Arzneistoffen versetzten medizinischen Seifen (Schwefel-, Jod-, Borax-, Tannin-, Teer-, Sublimat-, Thiol-, Ichthyolseife usw.), welche nach Unnas Vorschlag überfettet, d. h. mit einem Überschuß an Fettstoffen versetzt werden.

Pflaster, Emplastra. Zur Bereitung des Bleipflasters (Emplastrum Lithargyri) werden 1 T. Erdnußöl, 1 T. Schweineschmalz, 1 T. feingepulverte Bleiglätte, welche mit 1 T. Wasser zu einem Brei angerieben, bei mäßigem Feuer unter bisweiligem Zusatz von Wasser und unter fortdauerndem Umrühren so lange gekocht, bis die Pflasterbildung beendet ist. Das noch warme Pflaster wird sofort durch wiederholtes Durchkneten mit warmem Wasser vom Glycerin und darauf durch längeres Erwärmen im Dampfbade vom Wasser befreit. — Wird beim Pflasterkochen kein Wasser zugesetzt, wie bei der Bereitung des Emplastrum fuscum, des Mutterpflasters, so nimmt das Pflaster infolge Anbrennens eine dunkle Farbe an, und gegen Ende der Pflasterbildung treten durch Zersetzung des Glycerins sich bildende Akroleindämpfe auf.

Die Mehrzahl der von den Arzneibüchern aufgeführten Pflaster (Heftpflaster, Spanischfliegenpflaster, Bleiweißpflaster, Quecksilberpflaster, Seifenpflaster usw.) sind Gemische aus Bleipflaster und verschiedenen Arzneistoffen.

Wachs, Bienenwachs, Cera flava, findet sich auf den Wachshäuten der schuppigen Hinterleibsringe der geschlechtslosen Arbeitsbienen abgesondert und wird zum Aufbau der aus sechseckigen Zellen bestehenden „Waben“ benutzt. Es bildet im ausgeschmolzenen Zustande eine gelbe, auf dem Bruche körnige Masse von angenehm honigartigem Geruche. Es schmilzt zwischen $63,5^0$ und $64,5^0$ und hat ein spez. Gew. von 0,96 bis 0,97; der Schmelzpunkt des durch das Sonnenlicht gebleichten Wachses, der Cera alba, liegt etwas höher, zwischen 64^0 und 65^0, und sein spez. Gew. beträgt 0,968 bis 0,973.

Bienenwachs ist kein einheitlicher Stoff. Es läßt sich durch siedenden Alkohol in zwei Bestandteile zerlegen: in Cerin (gegen $20^0/_0$) und Myricin (gegen $80^0/_0$), welchen verschiedene andere Stoffe in kleinen Mengen beigemischt sind. Cerin besteht im wesentlichen aus einer freien Fettsäure, der Cerotinsäure, $C_{26}H_{52}O_2$, das Myricin aus Palmitinsäure-Melissylester, $C_{15}H_{31}CO \cdot OC_{30}H_{61}$.

Verfälschungen mit Talg, Pflanzen- und Mineralwachs (Ceresin), Stearinsäure und Harz lassen sich durch Bestimmung des spezifischen Gewichtes und des Schmelzpunktes, sowie durch die Löslichkeit und durch Verseifungsversuche feststellen. Eine heiß bereitete weingeistige Lösung gibt nach mehrstündiger Abkühlung auf 15^0 C beim Filtrieren eine fast farblose Flüssigkeit, welche durch Wasser nur schwach opalisierend getrübt werden und blaues Lackmuspapier nicht oder nur sehr schwach röten darf. Diese Probe hält nur ganz reines Bienenwachs.

Das Arzneibuch läßt das spez. Gewicht, sowie Säure- und Esterzahl des gelben Wachses feststellen.

Säurezahl 18,7 bis 24,3. Esterzahl 72,9 bis 76,7. Das Verhältnis von Säurezahl zu Esterzahl muß 1 : 3,6 bis 3,8 sein.

Zur Bestimmung des spezifischen Gewichts mischt man 2 Teile Weingeist mit 7 Teilen Wasser, läßt die Flüssigkeit so lange stehen, bis alle Luftbläschen daraus verschwunden sind, und bringt Kügelchen von gelbem Wachs hinein. Die Kügelchen müssen in der Flüssigkeit schweben oder zum Schweben gelangen, wenn durch Zusatz von Wasser das spezifische Gewicht der Flüssigkeit auf 0,960 bis 0,970 gebracht wird. Die Wachskügelchen werden so hergestellt, daß man das gelbe Wachs bei möglichst niedriger Temperatur schmilzt und in ein bis zum Rande mit auf ca. 50° erwärmten Spiritus gefülltes Reagenzglas gleiten läßt. Bevor die so erhaltenen, allseitig abgerundeten Körper zur Bestimmung des spezifischen Gewichts benutzt werden, müssen sie 24 Stunden an der Luft gelegen haben.

Werden 5 g gelbes Wachs in einem Kölbchen mit 85 g Weingeist und 15 g Wasser übergossen, und wird das Gemisch, nachdem das Gewicht des Kölbchens mit Inhalt festgestellt ist, 5 Minuten lang auf dem Wasserbad im Sieden erhalten, die Mischung darauf durch Einstellen in kaltes Wasser auf Zimmertemperatur abgekühlt und der verdampfte Weingeist durch Zusatz eines Gemisches von 85 Teilen Weingeist und 15 Teilen Wasser ersetzt, so dürfen 50 ccm des mit Hilfe eines trockenen Filters erhaltenen Filtrats nach Zusatz von 1 ccm Phenolphtaleinlösung bis zur bleibenden Rötung höchstens 2,3 ccm Zehntel-Normal-KOH verbrauchen (Stearinsäure, Harze).

Zur Bestimmung der Säurezahl werden 3 g gelbes Wachs mit 50 ccm Weingeist in einem mit Rückflußkühler versehenen Kölbchen auf dem Wasserbade zum Sieden erhitzt und nach Zusatz von 1 ccm Phenolphtaleinlösung siedend heiß mit weingeistiger Halb-Normal-KOH bis zur Rötung versetzt, wozu nicht weniger als 2 ccm und nicht mehr als 2,6 ccm verbraucht werden dürfen.

Zur Bestimmung der Esterzahl fügt man der Mischung weitere 20 ccm weingeistige Halb-Normal-KOH hinzu, erhitzt die Mischung 1 Stunde lang auf dem Wasserbad und titriert siedend heiß mit Halb-Normal-HCl bis zur Entfärbung, wozu nicht weniger als 11,8 ccm und nicht mehr als 12,2 ccm verbraucht werden dürfen.

Aus den vorstehenden Zahlen berechnen sich die folgenden Werte:

a) Säurezahl: 2 ccm Halb-Normal-KOH enthalten $\dfrac{56{,}11 \cdot 2}{2 \cdot 1000} =$ 0,056 11 g KOH; 2,6 ccm Halb-Normal-KOH enthalten $\dfrac{56{,}11 \cdot 2{,}6}{2 \cdot 1000} =$ 0,072 943 g KOH. Diese Mengen sind erforderlich, um die in 3 g gelbem Wachs enthaltene freie Säure zu binden. Die ermittelten Säurezahlen sind demnach $\dfrac{56{,}11}{3} = 18{,}7$ bzw. $\dfrac{72{,}943}{3} = 24{,}3$.

b) Esterzahl: $20 - 12{,}2 = 7{,}8$ ccm Halb-Normal-KOH enthalten $\dfrac{56{,}11 \cdot 7{,}8}{2 \cdot 1000} = 0{,}218\,829$ g KOH; $20 - 11{,}8 = 8{,}2$ ccm Halb-Normal-KOH enthalten $\dfrac{56{,}11 \cdot 8{,}2}{2 \cdot 1000} = 0{,}230\,051$ g KOH. Diese Mengen sind erforder-

lich, um die in 3 g gelbem Wachs in Esterform enthaltene Säuremenge zu binden. Die ermittelten Esterzahlen sind demnach $\dfrac{218,829}{3} =$

72,9 bzw. $\dfrac{230,051}{3} = 76,7.$

Fälschungsmittel beeinflussen die Konstanten des Wachses wie folgt:

1. **Paraffin (Ceresin)** erhöht das spezifische Gewicht und drückt die Säure-, Ester- und Verseifungszahl herab.
2. **Stearinsäure** erhöht das spezifische Gewicht, ebenso die Säure- und Verseifungszahl.
3. **Carnaubawachs** drückt die Säurezahl herab, wodurch sich eine ganz abnorme Verhältniszahl ergibt.

Weißes Wachs, Cera alba.

Spez. Gew. 0,968 bis 0,973. Schmelzp. 64° bis 65°. Säurezahl 18,7 bis 22,4. Esterzahl 74,8 bis 76,7. Das Verhältnis von Säurezahl zu Esterzahl muß 1 : 3,6 bis 3,8 sein.

Die Bestimmung des spezifischen Gewichts, der Säure- und Esterzahl und die übrigen Prüfungen werden in entsprechender Weise wie bei Cera flava ausgeführt.

Bienenwachs findet eine Verwendung zur Herstellung von Wachskerzen, Wachsstöcken, von Wachspapier, sowie zur Bereitung vieler Salben und Pflaster.

Da in der Neuzeit in die Bienenstöcke aus Ceresin hergestellte Kunstwaben eingesetzt werden, auf welchen die Bienen dann weiter bauen können, so gelangen vielfach Wachssorten in den Verkehr, die ceresinhaltig sind, ohne daß ihnen in betrügerischer Absicht Ceresin zugesetzt ist. Den Einfluß eines Ceresinzusatzes auf das spezifische Gewicht des Bienenwachses zeigt folgende von E. Dieterich ausgearbeitete Tabelle:

Gelbes Wachs Spez. Gew. 0,963 Teile	Gelbes Ceresin Spez. Gew. 0,922 Teile	Spez. Gew. der Mischung	Weißes Wachs Spez. Gew. 0,973 Teile	Weißes Ceresin Spez. Gewicht 0,918 Teile	Spez. Gew. der Mischung.
80	20	0,9575	80	20	0,962
60	40	0,950	60	40	0,951
40	60	0,937	40	60	0,938
20	80	0,931	20	80	0,932

Walrat.

Walrat, Cetaceum, Spermaceti, ist der gereinigte, feste Anteil des Inhalts besonderer Höhlen im Körper der Pottwale, besonders des Physeter macrocephalus. Der Hauptbestandteil des Walrats ist Cetin oder Palmitinsäure-Cetylester, $C_{15}H_{31}CO$ $OC_{16}H_{33}$, neben welchem noch Ester der Laurin-, Myristin- und Stearinsäure mit hochmolekularen Alkoholen vorkommen.

Walrat bildet eine großblättrige, glänzende, leicht zerreibliche Kristallmasse vom spez. Gew. 0,940 bis 0,945, welche zwischen 45^0 und 54^0 zu einer farblosen, klaren Flüssigkeit schmilzt.

Walrat findet Verwendung zur Herstellung des Cold-Creams (Unguentum leniens).

IX. Alkylamine.

Die Amine oder Ammoniakbasen sind basische Verbindungen, die sich von Ammoniak ableiten lassen, indem ein oder mehrere Wasserstoffatome desselben durch Alkoholreste (Alkyle) ersetzt sind. Leiten sich diese Verbindungen von einer Molekel Ammoniak ab, so nennt man sie Monamine, während den Diaminen zwei Molekeln Ammoniak zugrunde liegen.

a) Alkylmonamine.

Die Monamine werden, je nachdem ein, zwei oder drei Wasserstoffatome des Ammoniaks ersetzt sind, primäre, sekundäre und tertiäre Monamine genannt:

$$N\!\!\begin{cases} H \\ H \\ H \end{cases} \qquad N\!\!\begin{cases} CH_3 \\ H \\ H \end{cases} \qquad N\!\!\begin{cases} CH_3 \\ CH_3 \\ H \end{cases} \qquad N\!\!\begin{cases} CH_3 \\ CH_3 \\ CH_3 \end{cases}$$

Ammoniak	Monomethylamin (primäres Monamin)	Dimethylamin (sekundäres Monamin)	Trimethylamin (tertiäres Monamin)

Die sekundären Monamine, welche durch den zweiwertigen Rest $=$ NH gekennzeichnet sind, heißen auch Iminbasen, während die tertiären Monamine Nitrilbasen genannt werden.

Die Amine besitzen basische Eigenschaften und liefern, wie Ammoniak, durch Anlagerung von Säuren Salze, z. B. $N(CH_3)H_2 \cdot HCl$ (chlorwasserstoffsaures Monomethylamin).

Zur Darstellung der Amine erhitzt man:

1. Alkyljodide (oder Bromide oder Chloride) mit alkoholischem Ammoniak in geschlossenen Gefäßen auf 100^0. Hierbei werden dann meist Gemische der halogenwasserstoffsauren primären, sekundären und tertiären Monamine gebildet:

$$CH_3J + NH_3 = NH_2CH_3 + HJ$$
$$2\,CH_3J + NH_3 = NH(CH_3)_2 + 2\,HJ$$
$$3\,CH_3J + NH_3 = N(CH_3)_3 + 3\,HJ.$$

Als letztes Produkt der Einwirkung von Ammoniak auf Alkyljodid entsteht Tetraalkylammoniumjodid:

$$4\,CH_3J + NH_3 = N(CH_3)_4J + 3\,JH.$$

Die Mono-, Di- und Trialkylammoniumjodide werden durch Kali- oder Natronlauge zersetzt, indem neben Kalium- oder Natriumjodid die freien Mono-, Di- oder Trialkylamine entstehen. Auf die Tetraalkylammoniumjodide sind wässerige Kali- oder Natronlauge ohne Einwirkung, wohl aber werden die Tetraalkylammoniumjodide durch alkoholische Kalilauge oder durch feuchtes Silberoxyd zersetzt, und es entstehen dann Tetraalkylammoniumhydroxyde:

$$2\,N(CH_3)_4J + Ag_2O + H_2O = 2\,N(CH_3)_4OH + 2\,AgJ$$

Tetramethylammonium-
hydroxyd.

Es liegen hier quartäre Alkylammoniumbasen vor, welche aufzufassen sind als Ammoniumhydroxyd, dessen vier mit Stickstoff verbundene Wasserstoffatome durch Alkyle ersetzt sind.

Amine entstehen auch:

2. Durch Einwirkung von naszierendem Wasserstoff (aus Natrium und Alkohol) auf Nitrile (s. später):

$$CN_3 \cdot CN + 4\,H = CH_3 \cdot CH_2 \cdot NH_2$$

Acetonnitril   Äthylamin.

3. Durch Behandlung der Monocarbonsäureamide mit Brom und Alkalilauge nach A. W. v. Hofmann:

$$CH_3CONH_2 + Br_2 + KOH = CH_3CONHBr + KBr + H_2O$$

Acetamid   Acetbromamid.

$$CH_3CONHBr + 3\,KOH = CH_3 \cdot NH_2 + KBr + K_2CO_3 + H_2O$$

Methylamin.

Die Basizität der Alkylamine wächst mit dem Eintritt der Alkyle für Wasserstoffatome des Ammoniaks.

Den Alkylaminbasen entsprechend sind vom Phosphorwasserstoff und Arsenwasserstoff ausgehend analog zusammengesetzte Phosphorbasen (Phosphine) und Alkylphosphoniumverbindungen, bzw. Arsenbasen (Arsine) und Alkylarsoniumverbindungen erhalten worden.

Vom Antimon kennt man Stibine und Stiboniumverbindungen.

Um ein primäres von einem sekundären und dieses von einem tertiären Amin zu unterscheiden, behandelt man das Amin abwechselnd mit Methyljodid und Kalilauge, bis sämtliche Wasserstoffatome, die mit dem Stickstoff des Amins in Verbindung standen, durch Alkyle (Methyl) ersetzt sind. Wieviel Methylgruppen bei diesem Verfahren in das Molekül des Amins eingetreten sind, erfährt man durch die Analyse des aus der Base hergestellten Platinchloriddoppelsalzes. Blieb die Base bei der Behandlung mit Methyljodid unverändert, bzw. ließ sich nur eine Methyljodidverbindung erhalten, so lag ein tertiäres Alkylamin vor.

Zur Charakterisierung dient auch das Verhalten der primären, sekundären und tertiären Basen gegenüber der Einwirkung von salpetriger Säure.

Während bei der Einwirkung dieser auf primäre Basen eine Spaltung in Stickstoff, Wasser und einen einwertigen Alkohol erfolgt:

$$CH_3 \cdot N\;\boxed{H_2 + O}\;N\,OH = CH_3 \cdot OH + N_2 + H_2O$$

Monomethylamin   Salpetrige Säure   Methylalkohol

liefern sekundäre Basen unter gleichen Bedingungen Nitrosoverbindungen, sog. Nitrosamine:

$$\begin{array}{c}CH_3 \\ \diagdown \\ CH_3\diagup\end{array}\!\!N H + HO\,NO = \begin{array}{c}CH_3 \\ \diagdown \\ CH_3\diagup\end{array}\!\!N\cdot NO + H_2O$$

Dimethylamin　　　Salpetrige Säure　　　Nitrosodimethylamin.

Tertiäre Amine werden durch salpetrige Säure nicht verändert. Primäre Monamine bilden beim Erwärmen mit Chloroform und alkoholischer Kalilauge Isonitrile (s. dort).

Methylamin, NH_2CH_3, ist in Mercurialis perennis und annua, sowie im Holzdestillat aufgefunden; auch ist es bei der Zersetzung verschiedener Alkaloide, wie Coffein, Morphin, beobachtet worden. Es ist ein ammoniakähnlich riechendes Gas.

Dimethylamin, $NH(CH_3)_2$, entsteht durch Zersetzung des Nitrosodimethylanilins durch Kalilauge. Es bildet ein in Wasser leicht lösliches Gas, das zu einer bei $7,2^0$ siedenden Flüssigkeit kondensiert werden kann.

Vom Dimethylamin leitet sich das als Kokainersatzmittel in den Arzneischatz eingeführte Stovain ab[1]). Es ist ein Benzoyläthyldimethylaminopropanolhydrochlorid:

$$\begin{array}{c}C_2H_5 \\ | \\ CH_3\cdot C\cdot CH_2\cdot N(CH_3)_2\cdot HCl \\ | \\ O\cdot CO\cdot C_6H_5.\end{array}$$

Man gewinnt es nach Fourneau durch Einwirkung von Dimethylamin auf Monochloraceton, wobei Dimethylaminoaceton gebildet wird:

$$CH_3\cdot CO\cdot CH_2\,Cl + H\,N\!\!\begin{array}{c}CH_3 \\ \diagup \\ \diagdown \\ CH_3\end{array} = CH_3\cdot CO\cdot CH_2\cdot N\!\!\begin{array}{c}CH_3 \\ \diagup \\ \diagdown \\ CH_3\end{array} + HCl.$$

Monochloraceton　　　Dimethylamin　　　Dimethylaminoaceton.

Läßt man auf Dimethylaminoaceton Magnesiumäthyljodid einwirken (Grignards Reaktion), so entsteht ein Additionsprodukt, das durch Wasser in Äthyldimethylamino-Propanol übergeht:

$$CH_3\cdot CO\cdot CH_2\cdot N\!\!\begin{array}{c}CH_3 \\ \diagup \\ \diagdown \\ CH_3\end{array} \xrightarrow{MgJC_2H_5} \begin{array}{c}C_2H_5 \\ | \\ CH_3\cdot C\cdot CH_2\cdot N\!\!\begin{array}{c}CH_3 \\ \diagup \\ \diagdown \\ CH_3\end{array} \\ | \\ OMgJ\end{array} \xrightarrow{H_2O}$$

$$\begin{array}{c}C_2H_5 \\ | \\ CH_3\cdot C\cdot CH_2\cdot N\!\!\begin{array}{c}CH_3 \\ \diagup \\ \diagdown \\ CH_3\end{array} + MgJOH \\ | \\ OH\end{array}$$

Äthyl-Dimethylamino-Propanol.

---

[1]) Gesetzlich geschützt und deshalb auch vom Arzneibuch angenommen ist für dieses Produkt der Name Stovaine. Der Name ist dadurch entstanden, daß der Darsteller Fourneau (fourneau heißt Ofen) seinen Namen ins Englische übersetzte (stove = Ofen) und dieses Wort wieder französierte.

Durch Einwirkung von Benzoylchlorid auf dieses Produkt bildet man den Benzoesäureester oder das Benzoyläthyldimethylaminopropanolhydrochlorid. Es liegt dieser Verbindung der Isopropylalkohol (ein Propanol 2) zugrunde:

$$CH_3 \cdot \underset{\underset{OH}{|}}{\overset{\overset{H}{|}}{C}} - CH_3 \, .$$

Das salzsaure Salz des Stovains bildet ein weißes kristallinisches Pulver, welches sich leicht in Wasser und Weingeist löst, aber fast unlöslich in Äther ist. Schmelzpunkt 175°. Es ruft auf der Zunge vorübergehende Unempfindlichkeit hervor.

In naher Beziehung zum Stovain steht das ebenfalls als Kokainersatzmittel gebräuchliche Alypin. Es ist ein Benzoyltetramethyldiaminoäthylpropanolmonohydrochlorid von der Konstitution:

$$(CH_3)_2N \cdot CH_2 - \underset{\underset{O \cdot CO \cdot C_6H_5}{|}}{\overset{\overset{C_2H_5}{|}}{C}} \cdot CH_2 \cdot N(CH_3)_2 \cdot HCl \, .$$

Alypin bildet bei 169° schmelzende, leicht wasserlösliche Kristalle.

Trimethylamin, $N(CH_3)_3$, kommt in der Heringslake und in der Melasseschlempe vor. Es bildet sich auch durch Zersetzung des Cholins, einer quartären Base, durch Einwirkung von Alkali:

$$N\begin{smallmatrix} -C_2H_4 \cdot OH \\ -CH_3 \\ -CH_3 \\ -CH_3 \\ -OH \end{smallmatrix} = N\begin{smallmatrix} -CH_3 \\ -CH_3 \\ -CH_3 \end{smallmatrix} + \begin{smallmatrix} CH_2-OH \\ | \\ CH_2-OH \end{smallmatrix}$$

Cholin   Trimethylamin   Äthylenglykol
(Oxäthyl-Trimethyl-   (Glykolalkohol).
Ammoniumhydroxyd)

Cholin entsteht aus im Tier- und Pflanzenreich (Gehirn, in den Nerven, im Eigelb, in vielen Pflanzenteilen), weit verbreiteten wachsähnlichen Substanzen, den Lecithinen, die beim Kochen mit Säuren oder Barytwasser in Cholin, Glycerinphosphorsäure, Stearinsäure, Palmitinsäure und Ölsäure zerfallen.

Lecithine werden meist aus dem Eigelb durch Extraktion mit Aceton und anderen Lösungsmitteln gewonnen und kommen unter verschiedenen Namen (Lecithol, Lecithin, Biocitin, Neocithin, Letalbin, Lecin u. a.), vielfach mit anderen Stoffen versetzt in den Handel. Diese Präparate werden bei Anämie, Nervenleiden, herabgesetzter Ernährung als Kräftigungsmittel usw. benutzt.

Bei der Oxydation des Cholins entsteht Betain (Lycin), eine auch in der Runkelrübe vorkommende Base:

$$\begin{smallmatrix} CH_2OH \\ | \\ CH_2N(CH_3)_3OH \end{smallmatrix} \xrightarrow{+2O} \begin{smallmatrix} COOH \\ | \\ CH_2N(CH_3)_3OH \end{smallmatrix} \xrightarrow{H_2O \text{ Abspaltung}} \begin{smallmatrix} COO \\ | \quad \diagdown \\ CH_2 \cdot N(CH_3)_3 \end{smallmatrix}$$

Cholin   Zwischenprodukt   Betain.

Das chlorwasserstoffsaure Salz des Betains ist ein schön kristallisierender Stoff, der beim Lösen in Wasser zu gegen $40^0/_0$ in Betain und freie Chlorwasserstoffsäure dissoziiert ist. Aus diesem Grunde findet das Salz unter dem Namen Acidol an Stelle der verdünnten Salzsäure therapeutische Anwendung.

Bei der Fäulnis und beim Kochen mit Barytwasser geht Choln in die giftige Base Neurin oder Trimethylvinylammoniumydroxyd über:

$$\underbrace{\overset{CH_2|OH}{\underset{CH\ |H\ |N(CH_3)_3OH}{|}}}_{Cholin} = \underbrace{\overset{CH_2}{\underset{CHN(CH_3)_3OH}{\|}}}_{Neurin.} + H_2O.$$

Neurin ist unter den Produkten der Eiweißfäulnis, besonders unter den in Leichen entstandenen Ptomainen beobachtet worden.

b) Alkylendiamine.

Die Diamine leiten sich von zwei Molekeln Ammoniak ab, in welchen Wasserstoffatome durch Alkoholreste ersetzt sind. Die einfachste Form ist das Äthylendiamin der Formel $\begin{vmatrix} CH_2NH_2 \\ CH_2NH_2 \end{vmatrix}$, welches neben anderen Stoffen bei der Einwirkung von alkoholischem Ammoniak auf Äthylenbromid gebildet wird. Aus einer Lösung von 10 T. Silberphosphat und 10 T. Äthylendiamin in 100 T. Wasser besteht das bei Gonorrhöe benutzte Argentamin.

Von den Homologen des Äthylendiamins sind das Tetramethylendiamin, $NH_2(CH_2)_4NH_2$, und das Pentamethylendiamin, $NH_2(CH_2)_5NH_2$, unter den Fäulnisprodukten aufgefunden worden. Ersteres wurde mit dem Namen Putrescin belegt, das Pentamethylendiamin Cadaverin genannt.

Unter den Einwirkungsprodukten von Ammoniak auf Äthylenbromid findet sich auch ein cyklisches Diamin, dessen Bildung sich auf folgende Weise vollzieht:

$$2\begin{vmatrix} CH_2Br \\ CH_2Br \end{vmatrix} + 6\,NH_3 = NH\begin{matrix} CH_2{-}CH_2 \\ CH_2{-}CH_2 \end{matrix}NH + 4\,NH_4Br.$$

Dieses Diamin heißt Diäthylendiamin oder Piperazin. Der Name Piperazin deutet auf die Beziehungen dieses Stoffes zu dem basischen Spaltungsprodukt hin, das aus dem im Pfeffer vorkommenden Alkaloid Piperin erhalten wird und den Namen Piperidin führt.

Piperidin ist Cyklo-Pentamethylenamin von der Formel

$$NH\begin{matrix} CH_2{-}CH_2 \\ CH_2{-}CH_2 \end{matrix}CH_2.$$

Technisch gewinnt man Piperazin aus dem Diphenyldiäthylendiamin $C_6H_5N\begin{matrix} CH_2{-}CH_2 \\ CH_2{-}CH_2 \end{matrix}NC_6H_5$, dem Einwirkungsprodukt von Anilin auf Äthylenbromid bei Gegenwart von Alkali. Man läßt auf das Diphenyldiäthylendiamin salpetrige Säure einwirken und spaltet die Dinitrosoverbindung durch Alkali in Nitrosophenol und Piperazin:

$$NOC_6H_4N\begin{matrix} CH_2-CH_2 \\ CH_2-CH_2 \end{matrix}NC_6H_4NO + 2\,NaOH =$$

$$HN\begin{matrix} CH_2-CH_2 \\ CH_2-CH_2 \end{matrix}NH + 2\,C_6H_4(NO)ONa.$$

Piperazin wurde seiner Harnsäure lösenden Eigenschaften halber therapeutisch bei Gicht verwendet. Es kristallisiert aus Alkohol in farblosen, bei 104° schmelzenden hygroskopischen Blättern.

Aus **chinasaurem Piperazin** bestehen die Präparate **Sidonal** und **Neu-Sidonal**.

Ein weinsaures Dimethylpiperazin

$$CH_3N\begin{matrix} CH_2-CH_2 \\ CH_2-CH_2 \end{matrix}NCH_3 \cdot C_4H_6O_6$$

wird **Lycetol** genannt.

Bei der trockenen Destillation von 1 Mol. salzsaurem Äthylendiamin mit 2 Mol. Natriumacetat entsteht eine leicht zerfließliche, bei 105° schmelzende Base, das **Lysidin** oder **Methylglyoxalidin**, $\begin{matrix} CH_2-NH \\ | \\ CH_2-N \end{matrix}\!\!>C\cdot CH_3$, welches wie das Piperazin als harnsäurelösendes Mittel angewendet worden ist.

X. Cyanwasserstoff, Cyanide und Cyanate.

Der Name **Cyan** leitet sich ab von dem griechischen *κυανός*, blau, weil die Cyangruppe $-C\equiv N\,(-Cy)$ mit den Oxyden des Eisens blaugefärbte Verbindungen (Berlinerblau) bildet. Die Verbindung des Cyans mit Wasserstoff heißt **Blausäure**.

Cyanwasserstoff, Cyanwasserstoffsäure, Blausäure, Acidum hydrocyanicum, $H-C\equiv N$. Cyanwasserstoff findet sich in kleiner Menge im Tabakrauch und entsteht durch Zersetzung verschiedener Glukoside bei Gegenwart von Feuchtigkeit durch Fermente, so aus dem in den bitteren Mandeln enthaltenen Glukosid Amygdalin durch die Einwirkung des gleichfalls darin vorkommenden Fermentes Emulsin bei Gegenwart von Wasser.

Man benutzt zur Darstellung von Cyanwasserstoff das gelbe **Blutlaugensalz** (Kaliumferrocyanid), welches mit verdünnter Schwefelsäure destilliert wird.

Hierbei ist höchste Vorsicht geboten, da Cyanwasserstoff eine der giftigsten Verbindungen ist; schon ein Atemzug des reinen Gases kann den Tod eines Menschen herbeiführen.

Reiner Cyanwasserstoff ist eine farblose, bei 26,5° siedende, bittermandelartig riechende Flüssigkeit. Bei längerer Aufbewahrung in wässeriger Lösung scheidet er braune Flocken (Paracyan) ab, während sich gleichzeitig ameisensaures Ammonium bildet:

$$H\!-\!CN + 2\,H_2O = H\!-\!C\!\!<\!\!\begin{array}{l}O\\ONH_4\end{array}.$$

Die Gegenwart einer kleinen Menge Schwefelsäure erhöht die Haltbarkeit wässeriger Blausäure. Cyanwasserstoff ist ein Blutgift; er bildet aus dem Hämoglobin Cyanmethämoglobin. Solches Blut zeichnet sich durch hellrote Farbe und durch größere Haltbarkeit aus als gewöhnliches Blut.

Zum Nachweis von Blausäure destilliert man das schwach angesäuerte Untersuchungsmaterial, fügt zu dem Destillat eine sehr verdünnte Lösung von Eisenvitriol, Ferrichlorid und Natronlauge hinzu, erwärmt auf ca. 50^0 und übersäuert mit Salzsäure. Im Falle Blausäure im Destillat vorhanden war, scheidet sich Berlinerblau als blau gefärbter Niederschlag ab.

Cyanwasserstoff ist im Bittermandelwasser (s. Benzaldehyd), zu 1 p. M. enthalten.

Er ist zwar nur eine schwache Säure, wirkt aber doch — ähnlich den Halogenwasserstoffen — auf Metalloxyde (z. B. Quecksilberoxyd) lösend ein unter Bildung von Cyaniden.

Mercuricyanid, Hydrargyrum cyanatum, $Hg(CN)_2$, bildet farblose, durchscheinende, säulenförmige Kristalle, welche sich in 12,8 T. Wasser von 15^0, 3 T. siedendem Wasser und 12 T. Weingeist von $90^0/_0$ lösen. Sie sind sehr giftig. Erhitzt man Mercuricyanid, so zerfällt es in Quecksilber und ein farbloses Gas, Dicyan, $(CN)_2$. Als lockerer, braunschwarzer Stoff bleibt hierbei ein polymeres Cyan $(C_2N_2)_n$, das Paracyan, zurück.

Ähnlich den Halogenwasserstoffen gibt Cyanwasserstoff auf Zusatz von Silbernitratlösung einen weißen Niederschlag von Silbercyanid, AgCN, welches in Kaliumcyanid und in Kalilauge löslich ist.

Von seinen Salzen, welche die Namen Cyanide führen, ist das Kaliumcyanid, KCN, das wichtigste. Man gewinnt es aus dem Kaliumferrocyanid.

Die den Halogeneisenverbindungen entsprechenden Verbindungen Ferrocyan, $Fe(CN)_2$, und Ferricyan, $Fe(CN)_3$, sind in reinem Zustande bisher nicht erhalten worden. Durch Fällung einer Ferrobzw. Ferrisalzlösung mit Kaliumcyanid werden Niederschläge erhalten, die im Überschuß des Fällungsmittels löslich sind. Aus diesen Lösungen kristallisieren Verbindungen von der Zusammensetzung:

$K_4Fe(CN)_6$, Kaliumferrocyanid oder gelbes Blutlaugensalz und

$K_3Fe(CN)_6$, Kaliumferricyanid oder rotes Blutlaugensalz.

Diese Verbindungen sind als komplexe Salze aufzufassen, sie ionisieren in das Anion $Fe(CN)_6''''$, bzw. $Fe(CN)_6'''$ und das Kation $K_4^{....}$ bzw. $K_3^{...}$.

In den Ferro- und Ferricyanidverbindungen des Kaliums ist also das Eisen nicht als Ion vorhanden und deshalb auch nicht durch die üblichen Fällungsmittel für Eisen (Ammoniak, Schwefelammon) abscheidbar.

Kaliumferrocyanid, Ferrocyankalium, gelbes Blutlaugensalz, Kalium ferrocyanatum, $K_4Fe(CN)_6 \cdot 3\,H_2O$.

Zu seiner Darstellung werden stickstoffhaltige organische Stoffe (Blut, Horn, Lederabfälle, Gasreinigungsmassen usw.) oder daraus bereitete Kohle mit Kaliumkarbonat unter Zusatz von Eisen erhitzt. Durch Einwirkung der stickstoffhaltigen Kohle auf Kaliumkarbonat entsteht Kaliumcyanid, welches beim Auslaugen durch Wasser mit Schwefeleisen, durch Einwirkung der schwefelhaltigen organischen Stoffe auf Eisen gebildet, sich umsetzt zu Kaliumferrocyanid und Kaliumsulfid.

Kaliumferrocyanid kristallisiert in Form großer, gelber, luftbeständiger Oktaeder. Die Kristalle sind sehr weich; bei 100^0 verlieren sie das ganze Wasser und zerfallen zu einem weißen Pulver. Sie lösen sich in 4 T. Wasser von 15^0 und in 2 T. siedendem Wasser. Die Lösung ist nicht giftig. Mit mäßig verdünnter Schwefelsäure wird beim Erhitzen Cyanwasserstoff entwickelt (s. oben). Das Kalium läßt sich durch andere Metalle ersetzen, z. B. durch Silber, Kupfer, Zink, auch durch Eisen. Kaliumferrocyanid bildet mit Eisen, das sich in der Oxydform befindet, einen blau gefärbten Niederschlag, Berlinerblau:

$$3\,\underbrace{K_4Fe(CN)_6}_{\text{Kaliumferrocyanid}} + 4\,FeCl_3 = \underbrace{\overset{\text{III}\;\text{II}}{Fe_4[Fe(CN)_6]_3}}_{\text{Berlinerblau.}} + 12\,KCl$$

Kaliumferrocyanid dient daher als Reagens auf Eisenoxydsalze, mit welchen es eine Blaufärbung, bzw. blauen Niederschlag hervorruft.

In reinem Wasser ist Berlinerblau löslich, nicht aber in Salzlösungen.

Durch Einwirkung oxydierender Mittel auf Kaliumferrocyanid, z. B. durch Einleiten von Chlor in eine wässerige Lösung desselben, bis diese mit Ferrisalz keine Blaufärbung mehr gibt, entsteht:

Kaliumferricyanid, Ferricyankalium, rotes Blaulaugensalz, Kalium ferricyanatum, $K_3Fe(CN)_6$:

$$\underbrace{K_4Fe(CN)_6}_{\text{Kaliumferrocyanid}} + Cl = \underbrace{K_3Fe(CN)_6}_{\text{Kaliumferricyanid.}} + KCl$$

Kaliumferricyanid bildet dunkelrubinrote rhombische Prismen, welche sich in $2\,^1/_2$ T. Wasser von 15^0 und $1\,^1/_2$ T. siedendem Wasser lösen. Läßt man Kaliumferricyanid auf Ferrosalze einwirken, so wird ein blau gefärbter Stoff, Turnbulls Blau, gefällt:

$$2\,\underbrace{K_3Fe(CN)_6}_{\text{Kaliumferricyanid}} + 3\,FeSO_4 = \underbrace{\overset{\text{II}\;\text{III}}{Fe_3[Fe(CN)_6]_2}}_{\text{Turnbulls Blau.}} + 3\,K_2SO_4$$

Läßt man auf Kaliumferrocyanid Salpetersäure einwirken und neutralisiert die vom auskristallisierten Salpeter abfiltrierte Lösung mit Natriumkarbonat, so erhält man nach der Konzentration rote

Prismen von der Zusammensetzung $Na_2Fe(CN)_5(NO)\cdot 2\,H_2O$, das **Nitroprussidnatrium.** Es ist ein empfindliches Reagens auf Schwefelalkalien und Schwefelwasserstoff, mit welchen eine ammoniakalische Lösung von Nitroprussidnatrium sich violett färbt, sowie auf **Aceton** (s. dort).

Kaliumcyanid, Cyankalium, Kalium cyanatum, KCN. Zu seiner Darstellung mischt man 8 T. entwässertes Kaliumferrocyanid und 3 T. Kaliumkarbonat und erhitzt bis zum ruhigen Schmelzen. Da hierbei stets auch Kaliumcyanat (CNOK) gebildet wird, so fügt man dem obigen Gemisch vor dem Schmelzen etwas Kohle bei, welche eine Reduktion des Cyanats zu Cyanid veranlaßt.

Kaliumcyanid ist sehr giftig. Die wässerige Lösung zersetzt sich beim Aufbewahren, schneller beim Kochen, indem unter Entweichen von Ammoniak Kaliumformiat gebildet wird.

In völlig trockenem Zustande ist Kaliumcyanid geruchlos; es zieht jedoch leicht Feuchtigkeit an und riecht dann infolge der Einwirkung des Kohlendioxyds der Luft nach Blausäure. Wird Kaliumcyanid mit Bleioxyd zusammengeschmolzen, so entzieht es dem letzteren Sauerstoff (auch anderen Metalloxyden gegenüber wirkt es als Reduktionsmittel) und geht in cyansaures Kalium (Kaliumcyanat) über.

Anwendung. Kaliumcyanid wird in der Photographie zum Lösen des Bromsilbers, in der Technik zur Herstellung von Gold- und Silberbädern zwecks galvanischer Vergoldung und Versilberung, sowie zur Extraktion von Gold aus den goldführenden Gesteinen (s. Gold) benutzt.

Kaliumcyanat, cyansaures Kalium, Kalium cyanicum, CNOK, kristallisiert aus Alkohol in Form farbloser Blättchen, die mit Wasser gekocht in Ammonium- und Kaliumkarbonat zerfallen.

Ammoniumcyanat, cyansaures Ammon, $CNO(NH_4)$, welches als lockeres Pulver durch Vereinigung von Cyansäure und Ammoniakdampf erhalten werden kann, hat die bemerkenswerte Eigenschaft, in wässeriger Lösung beim Eindampfen eine molekulare Umlagerung zu erleiden und Harnstoff, das Diamid der Kohlensäure zu bilden (s. Harnstoff S. 399):

$$C\Big\langle{}^{=N}_{\ ONH_4} \quad = \quad C\Big\langle{}^{NH_2}_{\ \ O}_{\ NH_2}$$

Ammoniumcyanat   Harnstoff.

Isomer der Cyansäure ist die

Knallsäure oder Karbyloxim, $C=N\cdot OH$, eine der Blausäure ähnlich riechende und, wie diese, stark giftige Verbindung. Von ihren Salzen findet das Quecksilbersalz, das **Knallquecksilber,** $(C=NO)_2Hg\cdot{}^1/_2\,H_2O$ als Explosionserreger zur Füllung der Zündhütchen Verwendung. Man gewinnt dieses Salz, indem man Quecksilber in überschüssiger Salpetersäure löst und diese Lösung der Einwirkung von Alkohol aussetzt. Knallquecksilber kristallisiert in weißen, seidenglänzenden Nadeln.

XI. Thiocyanate und Isothiocyanverbindungen.

Stoffe, welche an Stelle des Sauerstoffs der Cyansäure oder Isocyansäure Schwefel enthalten, sind

CNSH (Thiocyansäure) und CSNH (Isothiocyansäure).

Thiocyansäure oder **Rhodanwasserstoff** läßt sich durch Destillation seines Kaliumsalzes mit Schwefelsäure erhalten.

Das **Kaliumsalz**, **Kalium rhodanatum**, **Kalium sulfocyanatum**, **CNSK**, bildet sich beim Zusammenschmelzen von gelbem Blutlaugensalz mit Kaliumkarbonat und Schwefel. Auch entsteht es beim Kochen einer konz. wässerigen Kaliumcyanidlösung mit Schwefel und kristallisiert aus Alkohol in langen, farblosen, an feuchter Luft zerfließlichen Prismen.

Thiocyansaures Ammonium, **Ammonium rhodanatum**, **Ammonium sulfocyanatum**, wird durch Eintragen von 25 T. Schwefelkohlenstoff in ein Gemisch aus 100 T. starkem Salmiakgeist und 100 T. Alkohol dargestellt:

$$\mathrm{CS_2 + 4\,NH_3 = \underbrace{CNS(NH_4)}_{\substack{\text{Ammoniumsulfo-}\\\text{cyanat.}}} + (NH_4)_2 S.}$$

Die Salze der Thiocyansäure geben mit organischen Eisenoxydsalzen blutrote Färbungen und werden daher als Reagens auf Eisenoxydsalze benutzt.

Isothiocyansäure $C\!\!\begin{smallmatrix}\diagup S\\ \diagdown NH\end{smallmatrix}$ ist im freien Zustande nicht bekannt. Ihre Ester spielen in der Medizin und Pharmazie eine wichtige Rolle. Die unter dem Namen **Senföle** bekannte Reihe schwefelhaltiger organischer Verbindungen leitet sich von der Isothiocyansäure ab.

Hier kommen besonders zwei Senföle in Betracht:

das **Allylsenföl** oder **Oleum Sinapis** des Deutschen Arzneibuches, als

Isothiocyansäure-Allylester, $C\!\!\begin{smallmatrix}\diagup S\\ \diagdown N\cdot CH_2 - CH = CH_2\end{smallmatrix}$,

aufzufassen, und

das **Butylsenföl**, welches sich im ätherischen Öle des Löffelkrautes (Cochlearia officinalis) findet und im **Spiritus Cochleariae** enthalten ist. Es wird als

Isothiocyansäureester des sekundären Butylalkohols

$$C\!\!\begin{smallmatrix}\diagup S\\ \diagdown N - CH\end{smallmatrix}\!\!\begin{smallmatrix}\diagup CH_3\\ \diagdown CH_2 - CH_3\end{smallmatrix}$$

aufgefaßt.

Allylsenföl, Senföl, Oleum Sinapis, $C\!\!\begin{smallmatrix}\diagup S\\ \diagdown N\cdot C_3 H_5\end{smallmatrix}$.

Senföl wird aus dem schwarzen Senfsamen (Sinapis nigra) oder Sareptasenfsamen (Sinapis juncea) gewonnen. Es ist darin nicht fertig gebildet. In den Senfsamen findet sich ein **myronsaures Kalium** (Sinigrin) genanntes Glukosid, das durch das Ferment **Myrosin** der Senfsamen bei Gegenwart von Wasser eine Spaltung erfährt:

$$\underbrace{C_{10}H_{16}KNS_2O_9}_{\text{Sinigrin}} + H_2O = \underbrace{C{<}^{S}_{N \cdot C_3H_5}}_{\text{Allylsenföl}} + \underbrace{C_6H_{12}O_6}_{\text{Glukose}} + KHSO_4.$$

Darstellung. Man rührt in einer verzinnten Destillierblase 1 T. gepulverte und durch Pressen vom fetten Öl befreite Senfsamen mit 6. T. kaltem Wasser an, überläßt einige Stunden sich selbst und unterwirft der Destillation. Das Senföl ist in dem wässerigen Destillat enthalten und scheidet sich auf der Oberfläche desselben nach Hinzufügung von Natriumsulfat (wodurch das spez. Gewicht der wässerigen Flüssigkeit erhöht wird) ab; das Öl wird abgehoben, mit geschmolzenem Ca'ciumchlorid entwässert und einer nochmaligen direkten Destillation unterworfen.

Man kann auch auf synthetischem Wege Allylsenföl gewinnen, und zwar aus dem Allyljodid. Zu dem Zwecke erhitzt man am Rückflußkühler ein Gemisch von Kaliumrhodanat und Allyljodid in alkoholischer Lösung so lange, bis die Menge des sich abscheidenden Kaliumjodids sich nicht mehr vermehrt, verdünnt hierauf mit Wasser, hebt das Senföl ab, entwässert es und reinigt es durch Destillation:

$$\underbrace{C{\equiv}^N_{S}\,[K+J]}_{\substack{\text{Kalium-}\\\text{rhodanat}}}\ \underbrace{CH_2{-}CH=CH_2}_{\text{Allyljodid}} = \underbrace{C{\equiv}^N_{S \cdot CH_2{-}CH=CH_2}}_{\text{Thiocyansäure-Allylester}} + \underbrace{KJ}_{\substack{\text{Kalium-}\\\text{jodid.}}}$$

Der solcherweise anfänglich gebildete Allylester der Thiocyansäure wird in der Wärme in den der Isothiocyansäure umgelagert:

$$\underbrace{C{\equiv}^N_{S \cdot CH_2{-}CH=CH_2}}_{\text{Rhodanallyl}} = \underbrace{C{<}^{S}_{N \cdot CH_2{-}CH=CH_2}}_{\text{Allylsenföl.}}$$

Nach dem Arzneibuch ist dieses **synthetische Senföl** zu verwenden. Es bildet eine äußerst scharf riechende, farblose oder gelbliche, stark lichtbrechende Flüssigkeit vom spez. Gew. 1,022 bis 1,025. Der Siedepunkt liegt zwischen 148° bis 150°. In Weingeist ist Senföl in jedem Verhältnis löslich. Beim Erwärmen mit Ammoniak bildet sich **Thiosinamin** oder **Allylthioharnstoff**:

$$\underbrace{C{<}^{S}_{N \cdot C_3H_5} + \overset{NH_2}{\underset{H}{|}}}_{\text{Senföl}} = \underbrace{C{<}^{NH_2}_{N}{<}^{S}_{\ }{}^{H}_{C_3H_5}}_{\text{Thiosinamin.}}$$

Gehaltsbestimmung des Senföls: 5 ccm einer Lösung des Senföls in Weingeist $(1 + 49)$ werden in einem Meßkolben von 100 ccm Inhalt mit 10 ccm Ammoniakflüssigkeit und 50 ccm Zehntel-Normal-Silbernitratlösung gemischt. Dem Kolben wird ein kleiner Trichter aufgesetzt und die Mischung 1 Stunde lang im Wasserbade erhitzt. Nach dem Abkühlen und Auffüllen mit Wasser auf 100 ccm dürfen für 50 ccm des klaren Filtrats nach Zusatz von 6 ccm Salpetersäure und 1 ccm Ferri-Ammoniumsulfatlösung höchstens 16,8 ccm Zehntel-Normal-Ammoniumrhodanidlösung bis zum Eintritt der Rotfärbung erforderlich sein, was einem Mindestgehalte von $97^0/_0$ Allylsenföl entspricht (1 ccm Zehntel-Normal-Silbernitrat-lösung $= 0{,}004\,956$ g Allylsenföl, Ferri-Ammoniumsulfat als Indikator).

Ammoniak bildet mit dem Allylsenföl Al'ylthioharnstoff (s. S. 396) und durch die Einwirkung von Silbernitrat auf letzteren findet Zersetzung unter Bildung von sich abscheidendem schwarzen Silbersulfid statt. Zur Zersetzung von 1 Mol. Allylthioharnstoff sind 2 Mol. Silbernitrat erforderlich.

1 ccm Zehntel-Normal-Silbernitratlösung zersetzt daher, da das Molekulargewicht des Senföles 99,12 ist, $\dfrac{99{,}12}{2 \cdot 10\,000} = 0{,}004\,956$ g Senföl. Den nicht in Reaktion getretenen Überschuß an Silbernitrat titriert man mit Zehntel-Normal-Ammoniumrhodanidlösung zurück. Diese wird, soba'd sämtliches Silber als Rhodanid gefällt ist, durch die Ferrisalzlösung rot gefärbt; die Ferriammonium-sulfatlösung dient daher als Indikator.

Zur Titration gelangen 5 ccm einer Lösung von $1 + 49$, also 0,1 ccm Senföl und von der auf 100 ccm aufgefüllten Lösung schließlich die Hälfte, also $\dfrac{0{,}1}{2} = 0{,}05$ ccm Senföl.

Zur Zurücktitration des nicht gebundenen Silbernitrats müssen 16,8 Zehntel-Normal-Ammoniumrhodanidlösung erforderlich sein, also zur Bindung der in 0,05 ccm Oleum Sinapis enthaltenen Menge an Allylsenföl $25 - 16{,}8 = 8{,}2$ ccm. Man ermittelt daher

$$0{,}004\,956 \cdot 8{,}2 = 0{,}040\,639\,2 \text{ g},$$

das sind für 100 ccm Oleum Sinapis

$$0{,}05 : 0{,}040\,639\,2 = 100 : x$$
$$x = \frac{0{,}040\,639\,2 \cdot 100}{0{,}05} = 81{,}2784^0/_0.$$

Berücksichtigt man, daß das spezifische Gewicht der weingeistigen Lösung gegen 0,835 beträgt, so erhält man den wahren Proz ntgehalt, indem man mit dieser Zahl in den erhaltenen Wert 81,2784 dividiert.

Das Oleum Sinapis soll daher einen Gehalt an Allylsenföl haben von

$$\frac{81{,}2784}{0{,}835} = \text{rund } 97^0/_0.$$

Anwendung. Äußerlich als Hautreizmittel in weingeistiger Lösung (als Spiritus Sinapis). Vorsichtig aufzubewahren!

XII. Nitrile und Isonitrile.

Das Wasserstoffatom des Cyanwasserstoffs kann durch Alkohol-reste (Alkyle) ersetzt werden. Diese Alkylcyanide, z. B. $CH_3 \cdot CN$, $C_2H_5 \cdot CN$ usw., werden mit dem Namen Nitrile bezeichnet. Da sie beim Erhitzen mit Wasser leicht in Säuren, bzw. deren Ammoniumsalze übergehen, so nennt man sie auch **Säurenitrile**, und zwar je nach der entstehenden Säure, z. B. heißt $CH_3 \cdot CN$: **Acetonitril**, denn

$$CH_3 \cdot CN + 2\,H_2O = CH_3 \cdot C \overset{O}{\underset{ONH_4}{<}}$$

$$\underbrace{}_{\text{Essigsaures Ammon.}}$$

$C_2H_5 \cdot CN$ heißt **Propionnitril**, denn

$$C_2H_5 \cdot CN + 2\,H_2O = C_2H_5 \cdot C \overset{O}{\underset{ONH_4}{<}}$$

$$\underbrace{}_{\text{Propionsaures Ammon.}}$$

Nitrile werden gebildet durch Erhitzen von Jodalkylen mit Kaliumcyanid:

$$\underbrace{CH_3 J}_{\text{Methyljodid}} + \underbrace{K\,CN}_{\text{Kaliumcyanid}} = \underbrace{CH_3 \cdot CN}_{\text{Acetonitril}} + \underbrace{KJ}_{\text{Kaliumjodid.}}$$

Nitrile sind farblose, ätherartig riechende, flüchtige Flüssigkeiten.

Isonitrile heißen Verbindungen, die sich vom Isocyan $-N \equiv C$ ableiten, dessen Stickstoffatom an einen Alkoholrest gekettet ist. Isonitrile sind äußerst unangenehm riechende, giftige Flüssigkeiten, die beim Erwärmen von Chloroform und einer primären Aminbase mit alkoholischer Kalilauge gebildet werden:

$$\underbrace{CH_3 \cdot N\,H_2}_{\text{Methylamin}} + \underbrace{\overset{H}{\underset{Cl_3}{>}}C}_{\text{Chloroform}} + 3\,KOH = \underbrace{CH_3 \cdot N = C}_{\text{Methylisocyanid.}} + 3\,KCl + 3\,H_2O.$$

Auch die der aromatischen Reihe angehörenden Amine geben, mit Chloroform und alkoholischer Kalilauge erhitzt, **Isonitrile**.

XIII. Amidderivate der Kohlensäure.

Karbaminsäure ist als das Monamid der Kohlensäure, **Harnstoff** als deren Diamid aufzufassen:

$$\underbrace{CO \overset{OH}{\underset{NH_2}{<}}}_{\text{Carbaminsäure}} \qquad\qquad \underbrace{CO \overset{NH_2}{\underset{NH_2}{<}}}_{\text{Harnstoff.}}$$

Läßt man trockenes Kohlendioxyd und trockenes Ammoniak zusammentreten, so vereinigen sich beide zu **karbaminsaurem Ammon**:

$$CO_2 + 2\,NH_3 = CO \overset{ONH_4}{\underset{NH_2}{<}}.$$

In dem käuflichen Ammoniumkarbonat (Hirschhornsalz), siehe S. 168, ist neben saurem Ammoniumkarbonat karbaminsaures Ammon (Ammoniumkarbamat) enthalten.

Die Ester der Karbaminsäure führen den Namen **Urethane**.

Sie werden gebildet z. B. durch Einwirkung von Ammoniak auf Kohlensäureester oder Chlorkohlensäureester:

$$CO{<}^{OC_2H_5}_{OC_2H_5} + NH_3 = CO{<}^{OC_2H_5}_{NH_2} + C_2H_5OH.$$

Kohlensäureester entstehen bei der Einwirkung von Alkoholen auf Chlorkohlenoxyd. Urethane lassen sich auch erhalten durch Erhitzen von Cyansäure mit Alkoholen:

$$CNOH + C_2H_5 \cdot OH = CO{<}^{OC_2H_5}_{NH_2}.$$

Äthylurethan, oder kurzweg Urethan genannt, findet als Hypnotikum medizinische Anwendung. Es bildet farblose, wasserlösliche Säulen oder Blättchen vom Schmelzpunkt 50^0 bis 51^0.

Harnstoff, Carbamid, $CO{<}^{NH_2}_{NH_2}$, findet sich im Harn der Säugetiere. Beim Eindampfen des mit Salpetersäure versetzten Harns wird salpetersaurer Harnstoff (1 Mol. Harnstoff $+$ 1 Mol. Salpetersäure) erhalten. Harnstoff entsteht durch Zersetzung von Eiweißstoffen. Ein erwachsener Mensch scheidet täglich gegen 30 g Harnstoff ab.

Künstlich erhält man Harnstoff beim Eindampfen einer Lösung von cyansaurem Ammonium, welches infolge einer intramolekularen Atomverschiebung in Harnstoff übergeht (s. Cyansäure). Auch bildet sich Harnstoff beim Erhitzen eines Gemisches von Kohlendioxyd und Ammoniak auf 135 bis 150^0:

$$CO_2 + 2NH_3 = CO{<}^{NH_2}_{NH_2} + H_2O.$$

Man gewinnt ihn praktisch durch Eindampfen einer Lösung äquivalenter Mengen Kaliumcyanat und Ammoniumsulfat und Extraktion des Abdampfrückstandes mit Alkohol.

Harnstoff schmilzt bei 132 bis 133^0, kristallisiert in langen, rhombischen Prismen oder Nadeln und besitzt einen kühlenden, dem Salpeter ähnlichen Geschmack. Er löst sich in 1 T. kaltem Wasser und in 5 T. Alkohol. Beim Erhitzen über seinen Schmelzpunkt zerfällt er in Ammoniak, Ammelid,

$$\text{Biuret} \left(\text{Allophansäureamid, } CO{<}^{NH_2}_{NH - CO \cdot NH_2} \right)$$

und Cyanursäure: $C_3H_3 \cdot O_3N_3$.

Löst man diese Schmelze nach dem Erkalten in Wasser und fügt zu der Lösung etwas Kalilauge und Cuprisulfat, so gibt das Allophansäureamid eine **violettrote Färbung**. Man nennt diese Reaktion **Biuretreaktion**. Eiweißstoffe geben eine ähnliche Färbung bei gleicher Behandlung (s. Eiweißstoffe S. 355).

Läßt man auf Harnstoff unterbromigsaures Salz einwirken, so zerfällt er in Kohlendioxyd und Stickstoff:

$$CO{<}^{NH_2}_{NH_2} + 3NaOBr = CO_2 + N_2 + 2H_2O + 3NaBr.$$

Hierauf gründet sich eine quantitative Harnstoffbestimmung unter Verwendung des Knop-Hüfnerschen Apparats.

Anwendung. Harnstoff wird als harnsäurelösendes Mittel und als Diuretikum medizinisch benutzt.

Die Wasserstoffatome des Harnstoffs lassen sich sowohl durch Alkohol- wie Säurereste ersetzen. So entsteht bei der Einwirkung von Essigsäureanhydrid oder Acetylchlorid auf Harnstoff **Acetylharnstoff** $CO\begin{cases} NH \cdot CO \cdot CH_3 \\ NH_2 \end{cases}$ Läßt man Bromvaleriansäurebromid auf Harnstoff einwirken, so bildet sich ein **Brom-isovalerianylharnstoff**

$$CO\begin{cases} NH \cdot CO - CHBr - CH \begin{cases} CH_3 \\ CH_3 \end{cases}, \\ NH_2 \end{cases}$$

der eine bei 145° schmelzende und unter dem Namen **Bromural** als Sedativum im Arzneischatz verwendete Substanz darstellt. Die entsprechende Jodverbindung führt den Namen **Jodival**.

Ein **Bromdiäthylacetylharnstoff**

$$CO\begin{cases} NH \cdot CO \cdot CBr \begin{cases} C_2H_5 \\ C_2H_5 \end{cases} \\ NH_2 \end{cases}$$

ist das als Beruhigungsmittel gebräuchliche **Adalin**. Schmelzp. 116°.

Bei der Einwirkung von Hydrazinsulfat $(NH_2 - NH_2)SO_4H_2$ auf cyansaures Kalium in wässeriger Lösung oder bei mehrstündigem Erhitzen gleicher Moleküle Harnstoff und Hydrazinhydrat entsteht **Amidoharnstoff oder Semicarbazid** $CO\begin{cases} NH_2 \\ NH - NH_2 \end{cases}$, dessen salzsaures Salz wasserlösliche, bei 90° schmelzende Kristalle bildet, die eine Anwendung zur Identifizierung von Aldehyden und Ketonen finden.

Dem Urethan und dem Harnstoff entsprechen Verbindungen, in welchen an Stelle von Sauerstoff sich Schwefel in der Molekel befindet. Es sind dies die Verbindungen:

$$CO\begin{cases} SC_2H_5 \\ NH_2 \end{cases} \qquad CS\begin{cases} OC_2H_5 \\ NH_2 \end{cases} \qquad CS\begin{cases} SC_2H_5 \\ NH_2 \end{cases} \qquad CS\begin{cases} NH_2 \\ NH_2 \end{cases}$$

Thiocarbamin-   Sulfcarbamin-   Dithiocarbamin-   Thioharnstoff.
säureester   säureester   säureester

Thioharnstoff ist ein in Wasser und Alkohol löslicher, in rhombischen Prismen kristallisierender Stoff. Er entsteht beim Erhitzen von Rhodanammonium auf 170 bis 180°.

Behandelt man Schwefelkohlenstoff mit alkoholischer Kalilauge, so entsteht das in seidenglänzenden, gelben Nadeln kristallisierende **äthylxanthogensaure Kali**, das Kaliumsalz einer äthylierten **Sulfthiokohlensäure (Xanthogensäure)** $CS\begin{cases} OC_2H_5 \\ SK \end{cases}$

Guanidin ist eine im Guano vorkommende Base und wird erhalten durch Erhitzen von Cyanjod mit Ammoniak und Ammoniumchlorid bei Gegenwart von Alkohol.

Das durch Einwirkung von Ammoniak auf Cyanjod zunächst entstehende Cyanamid wird durch Ammoniumchlorid wie folgt verändert:

$$NH_2C \equiv N + NH_3HCl = C \Big\langle {}^{NH_2 \cdot HCl}_{=NH \atop NH_2}$$

Guanidin ist also aufzufassen als Harnstoff, dessen Sauerstoffatom durch die Imidgruppe ersetzt ist.

Eine Methylguanidinessigsäure $C \Big\langle {}^{NH_2}_{=NH \atop N(CH_3)CH_2COOH}$ ist die in der Fleisch-

brühe vorkommende Base **Kreatin**, aus welcher beim Eindampfen der wässerigen Lösung, besonders bei Gegenwart von Säuren, unter Wasserabspaltung, die sich zwischen der Amid- und Carboxylgruppe vollzieht, **Kreatinin** entsteht:

$$C \Big\langle {}^{NH}_{=NH \atop N(CH_3)CH_2 \cdot CO} .$$

XIV. Cyklische Derivate des Harnstoffs (Ureide).

Als **Ureide** bezeichnet man die cyklischen Derivate des Harnstoffs mit organischen Säuren.

Läßt man auf Harnstoff Glykolsäure einwirken, so entsteht das Ureid der Glykolsäure, welches den Namen **Hydantoin** führt:

$$\underbrace{{}^{CH_2-OH}_{CO-OH}}_{Glykolsäure} + {}^{H_2N}_{H_2N}\!\!\Big\rangle CO = 2\,H_2O + \underbrace{{}^{CH_2-NH}_{CO-NH}\!\!\Big\rangle CO}_{Hydantoin.}$$

Bei der Kondensation von Harnstoff und Oxalsäure entsteht das Ureid derselben, welches **Parabansäure** genannt wird:

$$\underbrace{{}^{CO-OH}_{CO-OH}}_{} + {}^{H_2N}_{H_2N}\!\!\Big\rangle CO = 2\,H_2O + \underbrace{{}^{CO-NH}_{CO-NH}\!\!\Big\rangle CO}_{Parabansäure.}$$

Das nächst höhere Homologe der Oxalsäure, die **Malonsäure**, liefert ein Ureid, welches **Barbitursäure** heißt:

$$\underbrace{{}^{CO-OH}_{CH_2 \atop CO-OH}}_{Malonsäure} + {}^{H_2N}_{H_2N}\!\!\Big\rangle CO = 2\,H_2O + \underbrace{{}^{CO-NH}_{CH_2 \atop CO-NH}\!\!\Big\rangle CO}_{Barbitursäure.}$$

Man verwendet zur Kondensation am besten Malonsäureester unter Zusatz von Natriummethylat.

Kondensiert man Harnstoff mit Diäthylmalonsäureester:

$$\underbrace{{}^{C_2H_5}_{C_2H_5}\!\!\Big\rangle C\!\!\Big\langle {}^{COOC_2H_5}_{COOC_2H_5}}_{{Diäthylmalonsäure-\atop äthylester}} + {}^{H_2N}_{H_2N}\!\!\Big\rangle CO = \underbrace{{}^{C_2H_5}_{C_2H_5}\!\!\Big\rangle C\!\!\Big\langle {}^{CO-HN}_{CO-HN}\!\!\Big\rangle CO}_{{Diäthylbarbitur-\atop säure}} + 2\,C_2H_5OH,$$

so erhält man **Diäthylmalonylharnstoff**, welcher unter dem Namen **Veronal** oder **Diäthylbarbitursäure** (**Acidum diaethylbarbituricum**) als Schlafmittel arzneiliche Verwendung findet. Veronal bildet ein weißes, schwach bitter schmeckendes Kristallpulver. Es schmilzt bei 190° bis 191° und ist ohne Rückstand sublimierbar. Veronal löst sich in 170 T. Wasser von 15° und in 17 T. siedendem Wasser; leicht löslich ist es in Äther, Aceton, Essigäther, warmem Alkohol, schwerer löslich in Chloroform und Eisessig. Die wässerige Lösung rötet Lackmuspapier.

Medizinale Anwendung. Bei Erwachsenen rufen 0,5 g Veronal mehrstündigen Schlaf hervor. Für Frauen genügen oft 0,3 g. Man nimmt es in heißem Tee oder Milch. **Vorsichtig aufzubewahren. Größte Einzelgabe 0,75 g, größte Tagesgabe 1,5 g.**

Als **Medinal** kommt das Mononatriumsalz der Diäthylbarbitursäure in den Handel und wird zu gleichem Zweck und in gleicher Dosis wie das Veronal verwendet.

Unter der Bezeichnung **Codeonal** wird eine Mischung aus 2 T. diäthylbarbitursaurem Codein und 15 T. diäthylbarbitursaurem Natrium in den Arzneiverkehr gebracht. Codeonal ist angezeigt, wenn Schlaflosigkeit als Folge von Schmerzen oder von Husten, Atemnot usw. besteht. Dosis 0,34 g.

Neben dem Veronal wird auch ein **Dipropylmalonylharnstoff**

$$\begin{matrix} C_3H_7 \\ \\ C_3H_7 \end{matrix} \!\! >\!\! C \!\! < \!\! \begin{matrix} CO - HN \\ \\ CO - HN \end{matrix} \!\! > CO$$

unter dem Namen **Proponal** als Schlafmittel benutzt.

Ein Ureid der Mesoxalsäure ist das **Alloxan** $CO <\!\! \begin{matrix} CO - NH \\ \\ CO - NH \end{matrix} \!\!> CO$, welches auch bei der Oxydation der Harnsäure (s. dort) erhalten wird. Es ist in Wasser leicht löslich und hat die Eigenschaft, die Haut purpurrot zu färben. Bei der Reduktion geht es in **Alloxantin** über, das mit Ammoniak eine tief violettrote Färbung gibt, das **Murexid**. Auch Harnsäure und ihre Derivate geben die **Murexidreaktion** (s. später).

Man gibt dem Alloxantin die folgende Konstitution:

$$CO <\!\! \begin{matrix} NH - CO \\ \\ NH - CO \end{matrix} \!\!> C \!\! \begin{matrix} OH \\ | \\ \end{matrix} \!\! - O - C \!\! \begin{matrix} CO - NH \\ \\ C - NH \\ | \\ OH \end{matrix} \!\!> CO.$$

XV. Die Puringruppe.

Bei der Kondensation der Malonsäure mit Harnstoff (s. vorstehend) entsteht Barbitursäure, ein Sechsring, in welchem die Kohlenstoff- und Stickstoffatome sich wie folgt ordnen:

$$C <\!\! \begin{matrix} N - C \\ | \\ C \\ | \\ N - C \end{matrix} \!\!> C.$$

Nimmt man an, daß sich an dieses Gebilde noch eine Molekel

Harnstoff anordnet, so entsteht eine bicyklische Verbindung, ein Diureid:

$$\begin{array}{ccc} & N - C & \\ & | & \\ C\big< & C - N & \\ & | & \big> C. \\ & N - C - N & \end{array}$$

Derivate eines solchen Diureids sind im Tier- und Pflanzenreich sehr verbreitet. Es gehören dazu die in tierischen Sekreten vorkommenden Stoffe: Harnsäure, Xanthin, Hypoxanthin, Adenin, Guanin. Pflanzliche Diureide sind die Alkaloide Theobromin, Theophyllin (Theocin) und Coffein.

Diese Ureide lassen sich von einer Stammsubstanz ableiten, der die Formel

$$\begin{array}{ccc} N = CH & \\ | \quad | & \\ HC \quad C - NH & \\ \| \quad \| & \big> CH \\ N - C - N & \end{array}$$

zukommt und welcher E. Fischer den Namen Purin gegeben hat. Um die Stellen im „Purinkern“, an welchen die Atome oder Atomgruppen sich befinden, bezeichnen zu können, werden die das Ringsystem als Glieder bildenden Elemente mit Ziffern versehen.

$$\begin{array}{ccc} (1) \quad (6) & \\ N = CH & \\ | \quad | \quad (7) & \\ HC_{(2)(5)}C - NH \quad (8) & \\ \| \quad \| \quad\quad \big> CH \\ N - C - N & \\ (3) \quad (4) \quad (9) & \end{array}$$

Von Purinderivaten sollen die folgenden erläutert werden:

Harnsäure,
$$\begin{array}{ccc} NH - CO & \\ | \quad | & \\ CO \quad C - NH & \\ | \quad \| \quad \big> CO \\ NH - C - NH & \end{array}$$
, ein 2, 6, 8 Trioxypurin. Findet sich im Harn der Wirbeltiere, im menschlichen und Säugetier-Harn nur in geringer Menge in Form von Salzen, in reichlicher Menge ist sie vorhanden in dem Harn der Vögel. Dunstet man diesen ein, so besteht die Hauptmasse des Rückstandes aus dem Ammoniumsalz der Harnsäure. So erklärt sich das reichliche Harnsäurevorkommen im Guano. Auch die Verdauungsprodukte der Schlangen, Eidechsen, Insekten sind reich an Harnsäure. Sie bildet oft den wesentlichen Bestandteil der Blasensteine, Harnsteine, der Nierensteine und der Harnsedimente. Eine durch Anhäufung von Harnsäure bzw. Uraten (harnsauren Salzen) im Blute hervorgerufene Krankheit ist die Gicht (Arthritis).

Harnsäure bildet in reinem Zustande kleine farblose Kristalle, die sehr schwer in Wasser löslich sind.

Xanthin und **Hypoxanthin** finden sich im normalen Harn; Xanthin läßt sich durch die folgende Formel charakterisieren:

$$\begin{array}{ccc} NH - CO & \\ | \quad | & \\ CO \quad C - NH & \\ | \quad \| \quad \big> CH. \\ NH - C - N & \end{array}$$

Xanthin 2, 6 Dioxypurin.

Guanin, das im Guano, in der Leber und der Pankreasdrüse des Ochsen, in der Haut der Schildkröten, in der Hefe, der Zuckerrübe und vielen anderen Pflanzen beobachtet wurde, ist ein Aminooxypurin von der Formel:

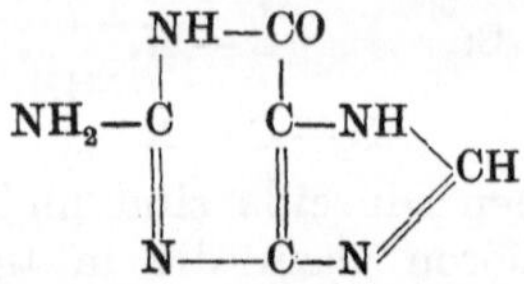

$$\begin{array}{ccc} & \text{NH--CO} & \\ & | \qquad | & \\ \text{NH}_2\text{--C} & \text{C--NH} & \\ & \| \qquad \| & \diagdown\text{CH} \, . \\ & \text{N----C--N} & \diagup \end{array}$$

Adenin ist ein Aminopurin, welches im Sperma des Karpfens, in der Thymus- und Pankreasdrüse, in der Leber, Milz, auch im leukämischen Harn beobachtet wurde. Seine Formel ist:

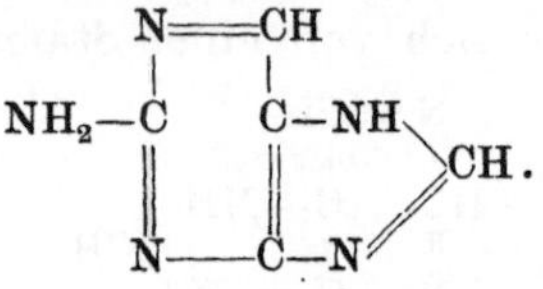

$$\begin{array}{ccc} & \text{N===CH} & \\ & | \qquad | & \\ \text{NH}_2\text{--C} & \text{C--NH} & \\ & \| \qquad \| & \diagdown\text{CH} \, . \\ & \text{N----C--N} & \diagup \end{array}$$

Methylxanthine sind in verschiedenen Pflanzen vorkommende, wichtige, zur Gruppe der Alkaloide gehörende Stoffe; Dimethylxanthine sind das Theobromin und Theophyllin, Trimethylxanthin das Coffein. Ihre Formeln veranschaulichen die folgenden Bilder:

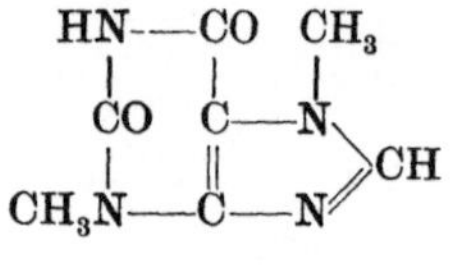

3, 7 Dimethyl- 2, 6 Dioxypurin = Theobromin	1, 3 Dimethyl- 2, 6 Dioxypurin = Theophyllin	1, 3, 7 Trimethyl- 2, 6 Dioxypurin = Coffein.

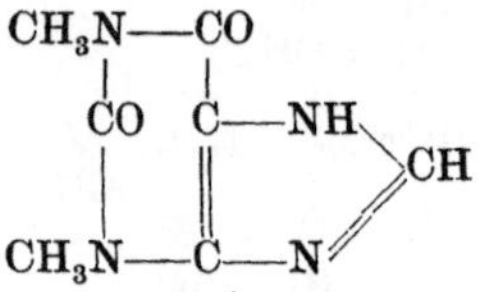

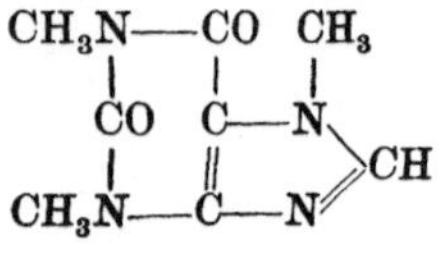

Coffein, Kaffein, Thein, $C_8H_{10}N_4O_2 \cdot H_2O$, findet sich in den Kaffeebohnen (Coffea arabica) bis zu $2\,^0/_0$, im Tee (Thea chinensis und Th. Bohea) bis zu $1{,}8\,^0/_0$, im Paraguaytee oder Maté (Ilex paraguayensis) bis zu $1\,^0/_0$, in den Samen der Paullinia sorbilis (zerquetscht und zu Broten geformt unter dem Namen Guarana bekannt) bis zu $2{,}85\,^0/_0$, in den Kolanüssen bis zu $2{,}1\,^0/_0$ usw.

Theobromin kommt in den Kakaobohnen (Theobroma Cacao) vor.

Zur Gewinnung von Coffein wird der sog. Teestaub, der auf den Teelagern abfallende Kehricht, benutzt. Man kocht den Teestaub unter Beigabe von gelöschtem Kalk mit Wasser aus, dampft die Auszüge unter Zusatz von Bleiessig ein, zieht den Rückstand mit heißem Alkohol oder Benzol oder Chloroform aus, verdampft das Lösungsmittel und kristallisiert das Coffein aus Wasser um.

Coffein kristallisiert in langen, weißen, seidenglänzenden, biegsamen Nadeln mit 1 Mol. Kristallwasser, die sich in 80 T. Wasser von $15\,^0$ zu einer farblosen, neutralen, schwach bitter schmeckenden Flüssigkeit lösen. Von siedendem Wasser sind 2 T. zur Lösung erforderlich. Es löst sich in nahezu 50 T. Weingeist und in 9 T. Chloroform; von Äther wird es wenig aufgenommen. An der Luft

verliert es einen Teil seines Kristallwassers; bei 100^0 wird es wasserfrei. Es schmilzt bei 234 bis 235^0, beginnt jedoch schon bei wenig
über 100^0 sich in geringer Menge zu verflüchtigen und bei 180^0
ohne Rückstand zu sublimieren.

Wird eine Lösung von 1 T. Coffein in 10 T. frischem
Chlorwasser auf dem Wasserbade eingedampft, so verbleibt
ein gelbroter Rückstand, der bei sofortiger Einwirkung
von Ammoniak schön purpurrot gefärbt wird. (Murexidreaktion.) (Siehe S. 402).

Von den Salzen des Coffeins lassen sich das chlor- und brom-
wasserstoffsaure, sowie das schwefelsaure in farblosen Kristallen
erhalten. Das unter dem Namen Coffeïnum citricum in den
Handel gelangende Präparat ist ein Gemenge von Coffein und Citronensäure. Coffeïnum-Natrium salicylicum ist ein Gemisch
aus 50 T. Coffein und 60 T. Natriumsalicylat. Theobromino-
Natrium salicylicum ist ein Theobrominnatriumsalicylat, welches
unter dem Namen Diuretin dem Arzneischatz übergeben wurde und
als Diuretikum benutzt wird. Über seine Gehaltsbestimmung enthält das Arzneibuch genaue Angaben.

Anwendung. Coffein und seine Präparate werden als Analep-
tikum, Diuretikum, in manchen Fällen bei idiopathischer und hyste-
rischer Hemikranie benutzt; Dosis 0,05 bis 0,5 g mehrmals täglich,
bei Collaps als Erregungsmittel, als Antidot bei Morphinvergiftung.
Ihrem Gehalte an Coffein bzw. Theobromin verdanken auch Kaffee,
Tee, Kakao, Kola die hohe Bedeutung als anregende Genußmittel.
Coffein ist vorsichtig aufzubewahren. Größte Einzelgabe
0,5 g; größte Tagesgabe 1,5 g.

E. Fischer hat auf synthetischem Wege Coffein, wie folgt, dargestellt:

Dimethylharnstoff wird zunächst mit Malonsäure zu an den beiden Stick-
stoffatomen methylierter Barbitursäure kondensiert:

$$
\begin{array}{ccccccc}
\mathrm{NH\,CH_3} & & \mathrm{HO\,OC} & & & \mathrm{CH_3N{-}CO} \\
| & & & & & \quad|\qquad| \\
\mathrm{CO} & + & \qquad\mathrm{CH_2} & = & 2\,\mathrm{H_2O} + & \mathrm{OC}\quad\mathrm{CH_2} \\
| & & & & & \quad|\qquad| \\
\mathrm{NH\,CH_3} & & \mathrm{HO\,OC} & & & \mathrm{CH_3N{-}CO}
\end{array}
$$

<table>
<tr><td>Dimethyl-
harnstoff</td><td>Malonsäure</td><td>Dimethylierte
Barbitursäure.</td></tr>
</table>

Durch Einwirkung von salpetriger Säure wird die dimethylierte Barbitursäure in Dimethylviolursäure und letztere durch Reduktion (Jodwasserstoff) in
Dimethyluramil übergeführt:

$$
\begin{array}{ccc}
\mathrm{CH_3N{-}CO} & & \mathrm{CH_3N{-}CO} \\
\quad|\qquad| & & \quad|\qquad| \\
\mathrm{OC}\quad\mathrm{C{=}NOH} & \rightarrow & \mathrm{OC}\quad\mathrm{CHNH_2} \\
\quad|\qquad| & & \quad|\qquad| \\
\mathrm{CH_3N{-}CO} & & \mathrm{CH_3N{-}CO}
\end{array}
$$

<table>
<tr><td>Dimethylviolursäure</td><td>Dimethyluramil.</td></tr>
</table>

Das Dimethyluramil geht durch die Einwirkung von Kaliumcyanat in Dimethylpseudoharnsäure über, aus welcher beim Schmelzen mit Oxalsäure 1 bis 3-Dimethylharnsäure gebildet wird:

$$
\begin{array}{ccc}
CH_3N\!-\!CO & & CH_3N\!-\!CO \\
| \quad\quad | & & | \quad\quad | \\
OC \quad CH\cdot NHCONH_2 & \rightarrow & OC \quad C\!-\!NH{\diagdown} \\
| \quad\quad | & & | \quad\quad \| \quad\quad CO \\
CH_3N\!-\!CO & & CH_3N\!-\!C\!-\!NH{\diagup}
\end{array}
$$

$$\underbrace{\qquad\qquad}_{\text{Dimethylpseudoharnsäure}} \qquad\qquad \underbrace{\qquad\qquad}_{\text{1 bis 3-Dimethylharnsäure.}}$$

Durch Einwirkung von Phosphorpentachlorid auf Dimethylharnsäure entsteht Chlortheophyllin, das bei der Reduktion mit Jodwasserstoff in Theophyllin übergeht:

$$
\begin{array}{ccc}
CH_3N\!-\!CO & & CH_3N\!-\!CO \\
| \quad\quad | & & | \quad\quad | \\
OC \quad C\!-\!NH{\diagdown} & & OC \quad C\!-\!NH{\diagdown} \\
| \quad\quad \| \quad\quad CCl & \longrightarrow & | \quad\quad \| \quad\quad CH \\
CH_3N\!-\!C\!-\!N{\diagup} & & CH_3N\!-\!C\!-\!N{\diagup}
\end{array}
$$

$$\underbrace{\qquad\qquad}_{\text{Chlortheophyllin}} \qquad\qquad \underbrace{\qquad\qquad}_{\text{Theophyllin.}}$$

Durch Methylierung entsteht aus dem Theophyllin Coffein.

W. Traube hat den Aufbau des Theobromins und Coffeins aus der Cyanessigsäure bewirkt.

Cyanessigsäure und Methylharnstoff vereinigen sich bei Gegenwart von Phosphoroxychlorid zu Cyanacetylmethylharnstoff, $CN\cdot CH_2\cdot CO\cdot NH\cdot CO\cdot NH\cdot CH_3$, welcher durch Einwirkung von Alkalien in das isomere 3-Methyl-4-Amino-2,6-Dioxypyrimidin:

$$
\begin{array}{ccc}
HN\!-\!CO & & N\!=\!CO \\
| \quad\quad | & & | \quad\quad | \\
OC \quad CH_2 & \text{bzw.} & OC \quad CH \\
| \quad\quad | & & | \quad\quad \| \\
CH_3N\!-\!C\!=\!NH & & CH_3N\!-\!C\cdot NH_2
\end{array}
$$

umgelagert wird. Salpetrige Säure führt die letztere Verbindung in eine Isonitrosoverbindung:

$$
\begin{array}{c}
HN\!-\!CO \\
| \quad\quad | \\
OC \quad C\!=\!NOH \\
| \quad\quad | \\
CH_3N\!-\!C\!=\!NH
\end{array}
$$

über, und man erhält durch Reduktion derselben das 3-Methyl-4,5-Diamino-2,6-Dioxypyrimidin:

$$
\begin{array}{c}
HN\!-\!CO \\
| \quad\quad | \\
OC \quad C\cdot NH_2 \\
| \quad\quad \| \\
CH_3N\!-\!C\cdot NH_2,
\end{array}
$$

das beim Kochen mit starker Ameisensäure eine Formylverbindung liefert, welche leicht Wasser abspaltet und in 3-Methylxanthin (3-Methyl-2,6-Dioxypurin) übergeht:

$$
\begin{array}{ccc}
HN\!-\!CO & & HN\!-\!CO \\
| \quad\quad | & & | \quad\quad | \\
OC \quad C\!-\!NH\cdot COH = H_2O + & & OC \quad C\!-\!NH{\diagdown} \\
| \quad\quad \| & & | \quad\quad \| \quad\quad CH. \\
CH_3N\!-\!C\!-\!NH_2 & & CH_3N\!-\!C\!-\!N{\diagup}
\end{array}
$$

Behandelt man dieses mit je einer Molekel Methyljodid und Alkalihydroxyd, so entsteht Theobromin. Verwendet man je zwei Molekeln Methyljodid und Alkalihydroxyd, so erhält man Coffein.

XVI. Kohlenhydrate.

Zu den Kohlenhydraten rechnet man die aus Kohlenstoff, Wasserstoff und Sauerstoff bestehenden Verbindungen, in welchen die Elemente Wasserstoff und Sauerstoff sich in dem Verhältnis der Zusammensetzung des Wassers, also wie 2:1 befinden. Die natürlich vorkommenden Zuckerarten, Stärkemehl, Dextrin, Cellulose, Gummi werden unter dem Begriff „Kohlenhydrate" zusammengefaßt.

Die Zuckerarten sind die ersten Oxydationsprodukte mehrwertiger Alkohole von Aldehyd- oder Ketoncharakter.

Es gehören nach dieser Auffassung also auch der Glykolaldehyd, $\begin{array}{c} CH_2OH \\ | \\ CHO \end{array}$, ferner der Glycerinaldehyd, $CH_2 \cdot OH—CH \cdot OH—CHO$, und das aus dem Glycerin durch Oxydation entstehende Dioxyaceton, $CH_2OH — CO — CH_2OH$, zu den Zuckerarten.

Aldehydalkohole (Aldehydzucker) werden Aldosen, Ketonalkohole (Ketonzucker) Ketosen genannt.

Um die in einer Zuckerart enthaltene Anzahl Kohlenstoffatome zu kennzeichnen, schiebt man zwischen die Silben Aldo—sen bzw. Keto—sen das entsprechende griechische Zahlwort:

$$
\begin{array}{ccc}
CH_2OH & CH_2OH & CH_2OH \\
| & | & | \\
CH \cdot OH & CO & (CH \cdot OH)_2 \\
| & | & | \\
CH\,O & CH_2OH & CH\,O \\
\hline
\text{Glycerinaldehyd} & \text{Dioxyaceton} & \text{Araabinose} \\
= \text{Aldotriose} & = \text{Ketotriose} & = \text{Aldopentose.}
\end{array}
$$

Glukose oder Traubenzucker ist eine Aldohexose, Fruktose oder Fruchtzucker eine Ketohexose, weil die Molekel dieser Zuckerarten je 6 Kohlenstoffatome enthält, ersterer Zucker ein Aldehyd- und letzterer ein Ketonzucker ist.

Die Molekeln eines einfachen Zuckers (z. B. der Glukose und Fruktose) können sich unter Austritt von Wasser zu einer größeren Molekel vereinigen, und diese kann auf einfache Weise (z. B. durch Erwärmen mit verdünnten Säuren) wieder in die einfachen Zuckerarten zerlegt werden.

Die einfachen Zucker, welche sich nicht spalten lassen, ohne daß der Charakter der Spaltprodukte als Zuckerart aufgehoben wird, nennt man Monosaccharide. Es gehören hierzu der Glycerinaldehyd, die Arabinosen und Xylosen, Trauben- und Fruchtzucker.

Wenn zwei Molekeln einfacher Zuckerarten zu einer größeren Molekel, einem ätherartigen Anhydrid, zusammentreten, so entsteht ein Disaccharid (Rohr-, Milchzucker, Maltose), aus drei Molekeln einfacher Zuckerarten ein Trisaccharid (Raffinose). Stärkemehl, Dextrin, Cellulose, deren Molekulargröße noch nicht bekannt ist, werden als Polysaccharide bezeichnet.

Die Kohlenhydrate finden sich vorzugsweise im Pflanzenreich und gehören zu den physiologisch wichtigsten Stoffen; sie werden als „Reservestoffe" in den Pflanzen aufgespeichert und später assimiliert. Eine außerordentlich große Bedeutung besitzen die Kohlenhydrate, besonders Rohrzucker, Milchzucker, Stärkemehl, für die Ernährung von Menschen und Tieren.

A. Monosaccharide.

Monosaccharide sind in der Natur weit verbreitet. Sie können auch durch hydrolytische Spaltung aus Di- und Trisacchariden, sowie bei der Spaltung von Glukosiden mittels Säuren oder Fermenten gewonnen werden. Die Monosaccharide sind optisch aktiv, da sie „asymmetrische" Kohlenstoffatome besitzen. Vielfach zeigen sie die Erscheinung der Mutarotation (s. später). Sie schmecken süß, haben neutrale Reaktion, sind in Wasser leicht löslich und kristallisieren in reinem Zustande gut. Unter der Einwirkung des Hefepilzes unterliegen mehrere Monosaccharide der alkoholischen Gärung, wobei Kohlensäure und Alkohol entstehen. Einige Zuckerarten, wie die natürliche d-Glukose (rechts drehende Glukose) und die d-Fruktose, vergären leicht, ihre synthetisch dargestellten optischen Antipoden, die l-Glukose (links drehende Glukose) und die l-Fruktose aber nicht.

Für Monosaccharide sind die folgenden Reaktionen charakteristisch:

1. Monosaccharide reduzieren beim Erwärmen ammoniakalische Silberlösung unter Abscheidung von metallischem Silber.

2. Beim Erwärmen mit Fehlingscher Lösung (alkalischer Kupfertartratlösung) scheidet sich rotes Kupferoxydul ab.

3. Beim Erwärmen mit Kali- oder Natronlauge färben sich die Monosaccharide gelb, dann braun, und verharzen.

4. Beim Erwärmen mit Phenylhydrazin $C_6H_5NH—NH_2$ in essigsaurer Lösung entsteht ein gelber, kristallinischer, in Wasser schwer löslicher Niederschlag, ein Osazon.

Die Einwirkung des Phenylhydrazins vollzieht sich in folgenden drei Phasen:

Zunächst regiert das Phenylhydrazin mit der Carbonylgruppe unter Abspaltung von Wasser und Bildung eines Hydrazons:

$$CH\cdot OH \qquad\qquad CH\cdot OH$$
$$CO + H_2N—NHC_6H_5 \;=\; C = N—NHC_6H_5 \quad + H_2O.$$

Hierauf wirkt eine zweite Molekel Phenylhydrazin auf die der Carbonylgruppe benachbarte Alkoholgruppe, indem es dieser Wasserstoff entzieht und sie in eine Carbonylgruppe überführt, während das Phenylhydrazin dabei in Anilin und Ammoniak übergeht:

$$C \overset{H \quad H_2N}{\underset{OH + HN—C_6H_5}{\diagdown}} \;=\; CO + NH_3 + \underset{\text{Anilin}}{C_6H_5NH_2}$$

Nunmehr wirkt eine dritte Molekel Phenylhydrazin auf die neu entstandene Carbonylgruppe abermals unter Wasserabspaltung und

Hydrazonbildung ein, und somit entsteht als Endprodukt der Einwirkung die folgende Konfiguration:

$$\begin{array}{l} C = N-NHC_6H_5 \\ C = N-NHC_6H_5 \end{array}$$

Diese Gruppierung ist für die Osazone charakteristisch. Die Bildung eines Osazons kommt also dadurch zustande, daß e i n e Molekel einer Monose mit 3 Molekeln Phenylhydrazin reagiert.

Erwärmt man das Glukosazon mit konz. Salzsäure, so werden die beiden Phenylhydrazinreste abgespalten und es entsteht ein als Oson der Glukose bezeichneter Ketoaldehyd:

$$\begin{array}{l} CH_2OH \\ (CH \cdot OH)_3 \\ CO \\ CHO, \end{array}$$

der beim Behandeln mit Wasserstoff in statu nascendi eine Ketose, und zwar Fruktose liefert.

Von den Monosacchariden sind die Glycerose, die Pentosen und Hexosen wichtig.

Die durch vorsichtige Oxydation des Glycerins mit Salpetersäure oder mit Bromlauge (unterbromigsaurem Natrium) erhaltene sirupartige Flüssigkeit heißt Glycerose. Sie kann als ein Gemenge angesehen werden, bestehend aus

Glycerinaldehyd, $CH_2OH-CH \cdot OH-C{<}^{O}_{H}$, und Dioxyaceton,

$CH_2 \cdot OH-CO-CH_2 \cdot OH$.

Durch Einwirkung von Ätznatron auf Glycerose findet eine Kondensation zu einem Gemisch von d + l-Fruktose (der a-Akrose) statt.

Pentosen. $C_5H_{10}O_5$.

Eine Aldopentose läßt sich durch die folgende Formel ausdrücken, bei welcher die drei asymmetrischen Kohlenstoffatome mit * gekennzeichnet sind:

$$\begin{array}{l} CH_2 \cdot OH \\ *CH \cdot OH \\ *CH \cdot OH \\ *CH \cdot OH \\ CHO \end{array}$$

Zu den Pentosen gehören die Arabinosen und Xylosen. Praktisch stellt man l-Arabinose aus Gummi arabicum oder Kirschgummi dar durch Kochen dieser mit verdünnter Schwefelsäure. d-Xylose (Holzzucker) erhält man durch Kochen von Kleie, Holz, Stroh usw. mit verdünnten Säuren.

Bei schwacher Oxydation gehen Arabinose und Xylose in **Arabon-
säure** bzw. **Xylonsäure**, $CH_2 \cdot OH - (CH \cdot OH)_3 - COOH$ über, bei kräftiger Oxydation in **Trioxyglutarsäure**, $COOH - (CH \cdot OH)_3 - COOH$.

Durch Reduktionsmittel liefern die Pentosen Arabinose und Xylose die beiden stereoisomeren fünfwertigen Alkohole Arabit und Xylit. Die wässerige Lösung der beiden Pentosen zeigt die Erscheinung der Mutarotation, d. h. die Lösung dreht unmittelbar nach ihrer Bereitung die Ebene des polarisierten Lichtes stärker als nach einiger Zeit. Die Konstanz des Drehungswinkels tritt erst später ein. Man erklärt diese Erscheinung, welche übrigens auch bei anderen optisch aktiven Substanzen beobachtet wird, z. B. bei der Glukose, dadurch, daß in wässeriger Lösung die Monose einen Übergang in eine andere Modifikation erfährt. Man hält es für möglich, daß Xylose gleich nach ihrer Lösung die Form

$$CH_2 \cdot OH - CH \cdot OH - CH \cdot OH - CH \cdot C \underset{O}{\overset{OH}{\diagdown}} H$$

besitzt, welche dann später in

$$CH_2 \cdot OH - CH \cdot OH - CH \cdot OH - CH \cdot OH - C \overset{O}{\underset{H}{\diagup}}$$

übergeht.

Die Pentosen lassen sich durch eine charakteristische Reaktion erkennen. Beim Kochen mit verdünnten Säuren (Schwefelsäure oder Salzsäure) wird **Furfurol** gebildet, das sich im Destillat nachweisen läßt. Furfurol färbt sich mit Anilin oder Xylidin und Salzsäure schön rot. Furfurol wurde zuerst durch Destillation von Kleie (furfur, daher der Name „Furfurol") mit verdünnter Schwefelsäure erhalten. Es ist ein zur Gruppe der cyklischen Verbindungen gehörender Aldehyd, $C_4H_3O \cdot CHO$, ein Abkömmling des Furans.

In vielen Pflanzen finden sich Polyosen der Pentosen, welche **Pentosane** genannt werden. Auch sie bilden beim Kochen mit verdünnten Säuren Furfurol.

Man kann Arabinose durch **Abbau** aus der Glukose synthetisch erhalten und anderseits **Glukose** synthetisch aus der Arabinose durch **Aufbau**. Diese wichtigen Synthesen lassen sich auf folgende Weise ermöglichen.

1. **Bildung von Arabinose aus Glukose.**

Ein Oxydationsprodukt der Glukose ist die Glukonsäure; wird diese mit Wasserstoffsuperoxyd und Ferriacetat behandelt, so spaltet sich Kohlendioxyd ab, und unter gleichzeitiger Oxydation entsteht Arabinose:

$$
\begin{array}{ccccc}
CH_2 \cdot OH & & CH_2 \cdot OH & & CH_2OH \\
| & & | & & | \\
H-C-OH & & H-C-OH & & H-C-OH \\
| & & | & & | \\
H-C-OH & +O & H-C-OH & +O & H-C-OH \; + CO_2 + H_2O. \\
| & \longrightarrow & | & \longrightarrow & | \\
HO-C-H & & HO-C-H & & HO-C-H \\
| & & | & & | \\
H-C-OH & & H-C-OH & & CHO \\
| & & | & & \\
CHO & & COOH & & \\
\text{Glukose} & & \text{Glukonsäure} & & \text{Arabinose.}
\end{array}
$$

2. Bildung von Glukose aus Arabinose.

Man läßt auf Arabinose Blausäure einwirken und verseift das Oxysäurenitril zu Glukonsäure, die bei der Reduktion mit Natriumamalgam in Glukose übergeht:

$$
\begin{array}{ccccccc}
 & & CH_2OH & & CH_2OH & & CH_2OH \\
CH_2 \cdot OH & & | & & | & & | \\
| & & H-C-OH & & H-C-OH & & H-C-OH \\
H-C-OH & & | & & | & & | \\
| & +\,HCN & H-C-OH & \longrightarrow & H-C-OH & \longrightarrow & H-C-OH \\
H-C-OH & \longrightarrow & | & & | & & | \\
| & & HO-C-H & & HO-C-H & & HO-C-H \\
HO-C-H & & | & & | & & | \\
| & & H-C-OH & & H-C-OH & & H-C-OH \\
CHO & & | & & | & & | \\
 & & CN & & COOH & & CHO
\end{array}
$$

Arabinose   Glukonsäurenitril   Glukonsäure   Glukose.

Hexosen.

Zu den Hexosen gehören **Glukose (Traubenzucker)**, **Fruktose (Lävulose, Fruchtzucker)**, **Mannose**, **Galaktose**, **Sorbinose**.

1. Glukose oder **Traubenzucker**, $C_6H_{12}O_6$, auch **Dextrose** genannt, findet sich in dem Safte der Weintrauben, der Feigen, neben Fruktose im Honig und in vielen süß schmeckenden Früchten. Das Blut, die Leber und andere innere Organteile der Säugetiere enthalten kleine Mengen Glukose; bei einigen Krankheiten, z. B. der Harnruhr (Diabetes mellitus), wird sie in erheblicher Menge erzeugt und mit dem Harn abgeschieden (**Harnzucker**). Aus dem Rohrzucker entsteht neben Fruktose Glukose, wenn Lösungen des ersteren mit verdünnten Säuren erwärmt, „invertiert" werden (**Invertzucker**). Der Honig besteht im wesentlichen aus einem Gemisch von Glukose und Fruktose.

Fabrikmäßig wird Glukose dargestellt durch Erhitzen von Stärkemehl mit verdünnten Säuren. Man nennt die Glukose daher auch **Stärkezucker**.

Glukose ist eine Aldohexose. Die Aldohexosen enthalten 4 asymmetrische Kohlenstoffatome. Es sind daher 16 stereoisomere Aldohexosen möglich und zum großen Teil auch bekannt. Daß in Aldohexosen 5 Hydroxylgruppen vorhanden sind, läßt sich durch die Darstellung eines Pentaacetylderivates (eines Derivates, das durch Eintritt von 5 Essigsäureresten $-COCH_3$ für 5 Hydroxylwasserstoffatome des Zuckers entsteht) erweisen.

Glukose kristallisiert aus Wasser mit 1 Mol. Kristallwasser meist in kleinen, farblosen, warzenförmigen, süß schmeckenden Kristallen. 100 Teile Wasser lösen bei gewöhnlicher Wärme 100 Teile der kristallwasserhaltigen, 100 Teile 85%igen Alkohols bei 17^0 2 Teile der kristallwasserfreien Glukose, bei Siedehitze 21,7 Teile. Der Schmelzpunkt reiner wasserfreier Glukose liegt bei 146^0. Das Osazon der d-Glukose (d-Glukosazon) schmilzt bei raschem Erhitzen bei 204^0

bis 205°. Glukose läßt sich leicht vergären. Sie lenkt den polarisierten Lichtstrahl nach rechts ab und zeigt Mutarotation.

Durch Oxydation entsteht aus der Glukose Glukonsäure, $CH_3 \cdot OH - (CH \cdot OH)_4 - COOH$. Weitere Oxydation führt die Glukonsäure in Zuckersäure, $COOH - (CH \cdot OH)_4 - COOH$, über.

2. **Fruktose** oder **Fruchtzucker** ist eine Ketose. Das Vorkommen der Fruktose ist bereits bei der Glukose erwähnt. Während Stärkemehl bei der Hydrolyse (Kochen mit verdünnten Säuren) ausschließlich Glukose liefert, entsteht durch Hydrolyse einer in den Dahliaknollen vorkommenden Polyose, des Inulins, ausschließlich Fruktose.

Fruktose kann aus der Melasse gewonnen werden, indem 1 Teil dieser in 6 Teilen Wasser gelöst und mit Salzsäure invertiert wird. Die Menge der Säure ist je nach dem Aschengehalt der Melasse zu bemessen.

Nach beendigter Inversion wird durch Zusatz von Eis die Temperatur auf 0° ermäßigt und durch Zusatz von Kalkmilch unter Umrühren Fruktose-Kalk gefällt. Die Farbstoffe und andere Nebenstoffe der Melasse werden von dem Glukose-Kalk in Lösung gehalten. Man sammelt den Fruktosekalk, wäscht ihn mit Eiswasser aus und zerlegt ihn mit Kohlensäure.

Fruktose kristallisiert schwer; Schmelzpunkt 95°. Sie löst sich leicht in Wasser. Sie dreht die Ebene des polarisierten Lichtes nach links, trotzdem wird sie als d-Fruktose bezeichnet. Das geschieht, weil die d-Glukose über das Osazon und Oson hinaus in Fruktose übergeht und letztere deshalb mit der d-Glukose in genetischem Zusammenhange steht.

Fruktose liefert bei der Oxydation mit Quecksilberoxyd bei Gegenwart von Baryumhydrat u. a. Trioxyglutarsäure,

$$COOH - (CH \cdot OH)_3 - COOH.$$

Das Osazon der Fruktose ist mit dem der Glukose identisch.

Mel, Honig, besteht hauptsächlich aus den von Arbeitsbienen (Apis mellifica) aufgesogenen Nektarsäften der Blumen, welche von den Bienen in die Wabenzellen entleert und zur Ernährung der jungen Brut aufgespeichert werden. Zur Gewinnung läßt man den Honig unter schwachem Erwärmen aus den Honigwaben ausfließen oder schleudert ihn mittels Zentrifugen aus diesen aus.

Honig ist gelblich bis braun, frisch von Sirupkonsistenz, durchscheinend, durch längeres Stehen dicker und kristallinisch werdend, von angenehmem, eigenartigem Geruch und süßem Geschmack. Spez. Gew. 1,410 und 1,445. Er reagiert schwach sauer und besteht im wesentlichen aus Glukose und Fruktose neben etwas Rohrzucker, sowie geringen Mengen Farbstoffen, Wachs, freier Ameisensäure und Eiweißstoffen. Unter dem Mikroskop erkennt man Blütenpollen verschiedener Gestalt.

Verfälschungen durch Stärkesirup und Rohrzucker sind nicht immer leicht nachzuweisen; die Honiglösung zeigt zufolge des höheren Fruktosegehaltes eine Linksdrehung, doch gibt es auch echte Honige (z. B. Coniferenhonige), welche die Ebene des polarisierten Lichtes nach rechts ablenken.

Eine Mischung aus 1 T. Honig und 2 T. Wasser besitzt ein spezifisches Gewicht von 1,111.

Die filtrierte wässerige Lösung soll durch Silbernitrat- und Baryumnitratlösung nur schwach getrübt (Prüfung auf Chloride und Sulfatgehalt) und durch Zusatz eines gleichen Raumteiles Ammoniakflüssigkeit (fremde Farbstoffe) nicht verändert werden. 5 ccm dieser Honiglösung sollen durch einige Tropfen rauchende Salzsäure nicht sofort rosa oder rot gefärbt werden (Azofarbstoff).

Werden 15 ccm der wässerigen Lösung (1 + 2) auf dem Wasserbade erwärmt, mit 0,5 ccm Gerbsäurelösung versetzt und nach der Klärung filtriert, so darf 1 ccm des erkalteten, klaren Filtrates nach Zusatz von 2 Tropfen rauchender Salzsäure durch 10 ccm absoluten Alkohol nicht milchig getrübt werden (Stärkesirup, Dextrin).

Zum Nachweis von Kunsthonig eignet sich gut die Fiehesche Reaktion, die den Nachweis von Oxy-Methylfurfurol $C_5H_2O_2(CH_3)OH$ gestattet, eine Verbindung, welche in kleiner Menge immer in technischem Invertzucker vorkommt. Zur Ermittelung dieser Substanz verreibt man 5 g Honig mit reinem Äther, verdunstet das ätherische Filtrat und versetzt den Trockenrückstand mit einigen Tropfen einer frisch bereiteten Lösung von 1 g Resorcin in 100 g Salzsäure (spez. Gew. 1,19). Kunsthonig gibt hierbei eine orangerote, bald in Kirschrot und endlich in Braunrot übergehende Färbung.

Zum Neutralisieren von 10 g Honig dürfen, nach dem Verdünnen mit der fünffachen Menge Wasser, nicht mehr als 0,5 ccm Normal-KOH erforderlich sein, Phenolphtalein als Indikator. Ein höherer Säuregehalt (Essigsäure) könnte auf die eingetretene saure Gärung zurückgeführt werden.

Honig darf nach dem Verbrennen nicht weniger als 0,1 und nicht mehr als $0,8\,^0/_0$ Rückstand hinterlassen (Invertzucker, Stärkezucker).

Zu arzneilichem Gebrauch wird Honig durch Auflösen in Wasser, Klären und Kolieren gereinigt und durch Wiedereindampfen zur Sirupkonsistenz gebracht.

3. **Mannose** ist eine durch vorsichtige Oxydation des Mannits zu erhaltende Aldose und wird praktisch am besten aus Steinnußspänen durch Kochen mit verdünnter Schwefelsäure dargestellt. Sie bildet in reinem Zustande bei 136^0 schmelzende Kristalle. Mannose und Glukose sind stereoisomer. Die Stereoisomerie wird auf eine verschiedene Anordnung der Gruppen am α-Kohlenstoffatom zurückgeführt:

$$CH_2 \cdot OH - CH \cdot OH - CH \cdot OH - CH \cdot OH - \overset{\alpha}{C}H \cdot OH - C\diagup_{\diagdown H}^{O}.$$

4. **Galaktose** wird durch Hydrolyse des Milchzuckers dargestellt und kann auch durch vorsichtige Oxydation des sechswertigen Alkohols Dulcit gewonnen werden. Galaktose schmilzt bei 168^0, ihre wässerige Lösung lenkt die Ebene des polarisierten Lichtes stark rechts ab; sie zeigt Mutarotation. Galaktose läßt sich vergären. Sie ist eine Aldose, denn sie geht bei vorsichtiger Oxydation in eine Säure mit

6 Kohlenstoffatomen, die **Galaktonsäure**, $C_6H_{12}O_7$, über. Bei weiterer Oydation wird **Schleimsäure**,

$$COOH - (CH \cdot OH)_4 - COOH,$$

gebildet.

5. Sorbinose, Sorbin, findet sich im Safte der Vogelbeeren (Sorbus aucuparia). Schmelzp. 154°. Ist durch Hefe nicht vergärbar.

Als allgemeine Reaktion für Hexosen wird die Bildung von Lävulinsäure angesprochen, die beim Kochen der Hexosen mit konzentrierter Salzsäure entsteht. Als Nebenprodukt werden braune Massen (Humusstoffe) abgeschieden.

Lävulinsäure, $CH_3 - CO - CH_2 - CH_2 - COOH$, ist eine γ-Ketonsäure; sie bildet ein in Wasser schwer lösliches Silbersalz.

B. Disaccharide.

Zu den Disacchariden gehören Rohrzucker, Milchzucker, Maltose, Melibiose, Mykose, Isomaltose, Cellose.

Rohrzucker, Saccharose, Saccharum, $C_{12}H_{22}O_{11}$, findet sich im Safte des Zuckerrohrs (Saccharum officinarum L.), der Zuckerrübe (mehrerer durch Kultur erzeugter Spielarten von Beta vulgaris), des Zuckerahorns (Acer dasycarpum Willd.), des Sorghos (Sorghum vulgare Pers.) und in vielen anderen Pflanzen. Für Europa ist die Rübenzuckergewinnung von größter Bedeutung geworden.

Rohrzuckergewinnung aus den Rüben. Die 15 bis 20% Zucker enthaltenden Rüben werden zunächst in eisernen, mit Flügelwelle versehenen Zylindern gewaschen, das Kopfende und etwaige faulige Stellen durch Ausschneiden beseitigt und sodann zu einem gleichmäßigen Brei zerquetscht. Zweckmäßig macht man den Brei durch Hinzufügen von Wasser noch dünnflüssiger und preßt ihn dann aus (Preßverfahren). Man kann auch durch Zentrifugieren den Saft von den festen Bestandteilen sondern. Zur Zeit wird das Diffusionsverfahren bevorzugt, welches darin besteht, daß die in feine „Schnitzel" gebrachten Rüben in Diffusionsapparaten mit Wasser ausgelaugt werden.

Der nach der einen oder anderen Methode gewonnene Saft wird auf 80° erwärmt, mit frisch gelöschtem Kalk versetzt, bis zum Sieden erhitzt und einige Zeit im Kochen erhalten. Die freien Säuren des Saftes (Oxalsäure, Citronensäure u. a.) werden an Calcium gebunden, und mit diesen Kalksalzen scheiden sich Eiweiß, Schleim und andere Verunreinigungen des Saftes teils als feste Schaumdecke, teils als schlammiger Bodensatz ab. Man überläßt die Flüssigkeit kurze Zeit dem Klären, sammelt den Schlamm, welcher nochmals mit Wasser ausgezogen wird, und bringt die vom Bodensatz befreite Flüssigkeit auf die Vorfilter, das sind Eisenblechkästen mit siebartig durchlöchertem Boden. Der Boden ist mit einem Tuche bedeckt, auf welchem eine Schicht gekörnter Knochenkohle ausgebreitet ist. In den filtrierten Saft, welcher neben Salzen freien und an Calcium gebundenen Zucker (Calciumsaccharat) enthält, wird Kohlensäure zur Zerlegung des Calciumsaccharats geleitet. Nach dem Absetzen des Calciumkarbonats wird die überstehende klare Zuckerlösung zur Entfärbung durch mit gekörnter Knochenkohle gefüllte zylindrische Gefäße gedrückt und der erhaltene „Dünnsaft" in großen Vakuumapparaten eingedickt. Der „Dicksaft" wird nochmals durch Knochenkohle filtriert und sodann in den Vakuumapparaten bis zur Kristallisation eingedampft. Man benutzt zur Klärung der gefärbten Zuckersirupe an Stelle der Knochenkohle auch die entfärbende Kraft der schwefligen Säure. — Der kristallisierende Anteil, die Moskowade, wird von der nicht kristallisierenden Melasse, einem dicken braunen Sirup, getrennt und den Zuckerraffinerien übergeben, in welchen durch nochmaliges Umkristallisieren schließlich der reine Zucker in Form von Hutzucker, Würfelzucker, Farin dargestellt wird.

Zu dem Zwecke läßt man die im Vakuum hinreichend eingekochte Flüssigkeit in einen geräumigen, durch Dampf heizbaren Kessel, den Kühler, abfließen, erhitzt in diesem zunächst auf 85 bis 90° und überläßt einem ganz allmählichen Abkühlen unter zeitweiligem Umrühren. Sobald sich Kristalle in reichlicher Menge abscheiden, schöpft man die Flüssigkeit in die bekannten Zuckerhutformen aus Eisenblech, welche im Innern mit Kopallack überzogen sind und in der Spitze eine durch Stopfen verschließbare Öffnung besitzen. Man rührt den Inhalt der gefüllten Form häufig um, entfernt, nachdem er erstarrt ist, den Stopfen und läßt die Mutterlauge abfließen. Es bleibt jedoch eine gewisse Menge des gelb bis bräunlich gefärbten Sirups in den Zwischenräumen der Kristalle hängen und erteilt dem Zuckerbrote eine gelbliche Färbung. Zur Beseitigung des Sirups befestigt man die Formen mit der offenen Spitze auf Röhren, in denen ein luftverdünnter Raum hergestellt ist (Nutschapparat) und bringt auf die obere, breite Fläche des Zuckerhutes eine Schicht farblosen Zuckersirups (das „Decken" des Zuckers). Diese durchdringt allmählich das Zuckerbrot und verdrängt die gefärbte Mutterlauge, welche durch die Tätigkeit des Nutschapparates in die Röhren abfließt. Das Zuckerbrot erscheint dann bis auf die Spitze weiß; die gelblich gefärbte Spitze wird abgeschlagen, dem Brote eine neue Spitze angedreht und dasselbe schließlich bei 25 bis 40° völlig ausgetrocknet.

In den eingekochten Saft pflegt man vor dem Ausschöpfen in die Form eine geringe Menge Ultramarinblau einzurühren, wodurch der Raffinadezucker einen schwach bläulichen Ton erhält und eine „blendende Weiße" vortäuscht.

Zur Bereitung von Melis verwendet man den von der Raffinade abfließenden Sirup, welcher auf „gröberes Korn" eingekocht wird.

Unter Kandis versteht man einen großkristallisierten Zucker.

Aus der Melasse, in welcher noch reichlich kristallisierbarer Zucker enthalten ist, wird durch weitere Konzentration das sog. Nachprodukt oder Farin gewonnen. Schließlich scheidet man den darin noch enthaltenen Rohzucker entweder durch das Osmose- oder das Elutionsverfahren ab. Ersteres Verfahren bezweckt, den großen Salzgehalt der Melasse durch Dialyse zu entfernen; der Salzgehalt verhindert die Kristallisierbarkeit des Zuckers. Bei dem Elutionsverfahren bindet man den Rohzucker an Strontiumhydroxyd. Diese Verbindung ist in einer heißen Lösung des Strontiumhydroxyds nahezu unlöslich. Die Abscheidung wird mit reinem Wasser aufgenommen und mit Kohlensäure zerlegt. Aus dem Filtrat gewinnt man durch Abdampfen kristallisierten Rohzucker.

Rübenmelasse findet auch Verwendung zur Gewinnung von Weingeist.

Rohrzucker kristallisiert in farblosen, monoklinen Prismen, welche sich leicht in Wasser zu einer klaren, rein süß schmeckenden Flüssigkeit lösen. In 90%igem Alkohol ist er schwer löslich. Die wässerige Lösung lenkt den polarisierten Lichtstrahl nach rechts ab. In 10%iger wässeriger Lösung beträgt $[\alpha]_D^{20°} = + 66,496°$ oder nach Tollens für jede Konzentration $[\alpha]_D = 66,386 + 0,015035 \cdot P - 0,0003986 \cdot P^2$ (P = Prozentgehalt an Rohrzucker). Aus 3 Teilen Rohrzucker und 2 Teilen Wasser bereitet man den arzneilich verwendeten Zuckersirup (Sirupus simplex, Sirupus Sacchari). Rohrzuckerlösung ist in der Wärme ohne Einwirkung auf Fehlingsche Lösung. Beim Erhitzen bis auf 160° schmilzt Rohrzucker und erstarrt beim Erkalten zu einer glasigen Masse (Gerstenzucker), welche erst nach längerem Liegen wieder kristallinisch wird. Beim Erhitzen bis auf 200° geht Rohrzucker in Karamel über; eine wässerige

Lösung von Karamel dient als „Zuckercouleur" zum Braunfärben von Likören, Soßen usw.

Auf dem Platinblech stark erhitzt, schwärzt sich Rohrzucker unter reichlicher Entwicklung von Kohlenoxyd, Methan, Kohlensäure usw. Auch beim Übergießen von konz. Schwefelsäure findet Verkohlung des Zuckers statt. Mit starken Basen vereinigt sich Rohrzucker zu Saccharaten; setzt man zu Zuckersirup Calciumhydroxyd, so wird dieses in beträchtlicher Menge gelöst, und auf Zusatz von Weingeist fällt ein Calciumsaccharat aus. Einige Metalloxyde (Kupferoxyd, Eisenoxyd), welche in reinem Wasser unlöslich sind, werden von zuckerhaltigem Wasser in kleiner Menge gelöst, namentlich bei Gegenwart von Alkalien (vgl. Ferrum oxydatum saccharatum). Rohrzuckerlösungen werden beim Erwärmen mit verdünnter Schwefelsäure oder Salzsäure invertiert, d. h. ihr Drehungsvermögen wird umgekehrt. Es entstehen dabei, indem 1 Molekel Rohrzucker 1 Molekel Wasser aufnimmt, 1 Molekel Glukose und 1 Molekel Lävulose. Während Rohrzucker stark rechts dreht, ist der durch Inversion erhaltene Invertzucker (Glukose + Lävulose) linksdrehend. Fruktose dreht stärker nach links als Glukose entsprechend nach rechts.

Milchzucker, Laktose, Laktobiose, Saccharum Lactis, $C_{12}H_{22}O_{11} \cdot H_2O$, findet sich in der Milch der Säugetiere. Frauenmilch enthält ca. $5\,{}^0/_0$, Kuhmilch 4 bis $5\,{}^0/_0$ Milchzucker. Die Gewinnung desselben geschieht aus der Kuhmilch in größeren Molkereien, indem man die Molken — die nach Entfernung des Butterfettes und des Caseins aus der Kuhmilch hinterbleibende Flüssigkeit — in Vakuumapparaten zu einem dünnen Sirup eindunstet. Es werden Holzstäbe eingehängt, an welchen sich die Milchzuckerkristalle ansetzen. Durch mehrmaliges Umkristallisieren wird Milchzucker in Form rhombischer Kristalle mit 1 Mol. Wasser erhalten. Diese lösen sich in 7 T. Wasser von 15^0 und in 1 T. siedendem Wasser und werden von absolutem Alkohol und von Äther nicht aufgenommen. Die wässerige Lösung dreht den polarisierten Lichtstrahl nach rechts. Milchzucker schmeckt nur wenig süß. Er reduziert Fehlingsche Lösung und alkalische Wismutoxydlösung.

Reine Hefe versetzt Milchzucker nicht in Gärung, jedoch wird diese durch zymogene Schizomyzeten veranlaßt. Es wird neben Milchsäure hierbei stets Alkohol gebildet. In der Kirgisensteppe bereitet man aus Stutenmilch ein alkoholisches Getränk, Kumys genannt, aus Kuhmilch ein solches, welches Kefir heißt und als diätetisches Heilmittel angewendet wird. Yoghurt wird ein in Bulgarien, neuerdings auch in Deutschland mit Hilfe des Fermentes Maya aus Milch hergestelltes Präparat genannt, das dieser eine dickliche Beschaffenheit und bananenartigen Geschmack verleiht. Bei Verdauungskrankheiten empfohlen. Das Sauerwerden der Milch beruht darauf, daß ein Teil des Milchzuckers in Milchsäure übergeht, welch letztere die Gerinnung des Caseins und damit das „Dickwerden" der Milch bewirkt.

Zur Prüfung eines Milchzuckers auf Rohrzucker werden 0,5 g des ersteren mit 10 ccm Schwefelsäure in einem mit Schwefelsäure gespülten Probierrohre gemischt. Das Gemisch färbt sich innerhalb einer Stunde höchstens gelblich, aber braun, wenn Rohrzucker zugegen ist.

Durch Hydrolyse zerfällt Milchzucker in Galaktose und Glukose.

Maltose wird aus Stärkemehl durch Einwirkung von Diastase (s. S. 307) gewonnen und ist im Malz enthalten. Ein in der Hefe enthaltenes Ferment führt vor Eintritt der Gärung die Maltose in zwei Molekeln Glukose über.

Maltose kristallisiert in weißen feinen Nadeln. Sie dreht stark rechts. Beim Kochen mit verdünnten Mineralsäuren wird nur d-Glukose gebildet.

Mykose, Trehalose, findet sich im Mutterkorn und in der Trehalamanna. Mykose ist der Maltose stereoisomer und wird durch das in dem Pilz Aspergillus niger vorkommende Enzym Trehalase in 2 Mol. d-Glukose gespalten.

C. Trisaccharide.

Zu den Trisacchariden gehören Raffinose, Melezitose, Stachyose, Gentianose.

Raffinose, Melitose, Melitriose, $C_{18}H_{32}O_{16} \cdot 5H_2O$, kommt in reichlicher Menge in der von Eukalyptusarten gewonnenen australischen Manna vor, in geringerer Menge im Baumwollensamenmehl und in den Runkelrüben. Raffinose wird aus den Mutterlaugen von der Rübenzuckerkristallisation (aus der Melasse) gewonnen. Raffinose zerfällt bei der Hydrolyse in d-Glukose, d-Fruktose und d-Galaktose.

Melezitose, $C_{18}H_{32}O_{16} \cdot 2H_2O$, kommt im Safte von Pinus larix und in der persischen Manna vor. Schmilzt wasserfrei bei 148°.

Stachyose, $C_{18}H_{32}O_{16}$, ist aus den Wurzelknollen von Stachys tubifera gewonnen worden.

Gentianose kommt in der Wurzel von Gentiana lutea vor.

D. Polysaccharide.

Die Polysaccharide sind meist amorphe, nicht süß schmeckende Stoffe, die durch Hydrolyse in Pentosen und Hexosen spaltbar sind.

Zu den Polyosen gehören Cellulose, Lignin, Stärkemehl, Dextrin, Inulin, Glykogen, Lichenin, Arabin (Gummi), Pflanzenschleime, Pektinstoffe.

Cellulose, $(C_6H_{10}O_5)_n$, kommt in mehr oder weniger reinem Zustand in allen Pflanzen vor, den Hauptbestandteil der Zellwandungen bildend. Meist ist Cellulose von fremdartigen Stoffen durchsetzt, die nur schwer daraus abgeschieden werden können. Der wesentliche Bestandteil des Holzes, die Flachsfaser, Baumwolle, Holundermark usw. sind Cellulose. In besonders reiner Form kann man sie aus der Baumwolle gewinnen, indem man diese mit verdünnten Ätzalkalien, darauffolgend mit verdünnter Salzsäure, mit Chlorwasser, Wasser, Alkohol und schließlich mit Äther behandelt.

Reine Cellulose ist ein weißer, etwas durchscheinender Stoff, welcher eine große Aufsaugungsfähigkeit für Flüssigkeiten besitzt und daher als Verbandwatte bei der Wundbehandlung in Anwenwendung kommt. Aus mehr oder weniger reiner Cellulose wird Papier bereitet und werden Zeugstoffe bzw. Kleidungsstücke hergestellt. Zur Bereitung von Papier wird Cellulose durch Erhitzen mit konz. Alkalilauge oder einer Lösung von Calciumbisulfit unter Druck vom Lignin befreit. Der erhaltene Brei wird gebleicht, auf Unterlagen aus Filz gepreßt und sodann getrocknet. Die zur Behandlung der Cellulose benutzte Sulfitlauge neutralisiert man und läßt sie zur Erzeugung von Alkohol vergären. Cellulose ist durch ihre Löslichkeit in konz. wässeriger Lösung von Kupferoxydammoniak (Schweizers Reagens) ausgezeichnet. Bei der Einwirkung von kalter konzentrierter Schwefelsäure auf Cellulose quillt diese zu einer kleisterartigen Masse auf (Amyloid). Wird Papier kurze Zeit in kalte konzentrierte Schwefelsäure getaucht, so überzieht sich die Oberfläche des Papieres mit Amyloid, und man erhält Pergamentpapier. Wird Cellulose (z. B. Baumwolle oder Papier) zunächst mit konzentrierter Schwefelsäure behandelt, dann mit verdünnter Schwefelsäure gekocht, so wird ausschließlich d-Glukose gebildet.

Starke Salpetersäure führt Cellulose in sog. Nitrocellulose über. Diese Bezeichnung ist aber unrichtig, denn tatsächlich entstehen Salpetersäureester der Cellulose. Je nach der Stärke der Salpetersäure, der Dauer der Einwirkung und der Höhe der hierbei obwaltenden Temperatur werden verschiedene Produkte gebildet (Collodiumwatte, Pyroxylin oder Schießbaumwolle). Die in einem Äther-Alkohol-Gemisch lösliche Collodiumwolle (die Flüssigkeit heißt Collodium) besteht im wesentlichen aus einem Gemisch von Cellulosetetranitrat, $C_{12}H_{16}(ONO_2)_4O_6$, und Cellulosepentanitrat, $C_{12}H_{15}(ONO_2)_5O_5$, während die zu Sprengzwecken benutzte Schießbaumwolle ein Cellulosehexanitrat, $C_{12}H_{14}(ONO_2)_6O_4$, darstellt.

Beim Verdunsten von Collodium hinterbleibt ein durchsichtiges Häutchen (Celloidin). Zur Feststellung des Gehaltes eines Collodiums an Celloidin verfährt man wie folgt:

Man erwärmt 10 g Collodium auf dem Wasserbad und setzt tropfenweise unter beständigem Rühren 10 ccm Wasser hinzu, wobei sich gallertige Flocken abscheiden. Man dampft diese Mischung auf dem Wasserbad ein und trocknet den Rückstand bei 100°. Das Arzneibuch verlangt, daß sein Gewicht mindestens 0,4 g betrage.

Ein Spanisch-Fliegen-Collodium (Collodium cantharidatum) stellt man her, indem man einen ätherischen Auszug grob gepulverter spanischer Fliegen mit Collodium mischt. Mit Kampfer oder Nitronaphtalin zusammengepreßte Collodiumwolle findet eine Anwendung als Ersatz für Hartgummi und Elfenbein und führt den Namen Celluloid. Angezündet verbrennt es lebhaft mit leuchtender Flamme; seine Verwendung zu Films für kinematographische Zwecke ist daher mit Gefahren verknüpft.

Läßt man Collodium durch eine sehr feinlöcherige Düse in Wasser eintreten, so besitzt das in feinsten Fäden erhältliche Celloidin Seidenglanz. Sie werden versponnen und zu seidenartigen Geweben verarbeitet (Kunstseide nach Chardonnet). Zur Beseitigung der Feuergefährlichkeit dieser Zeuge werden sie mittels Schwefelammon denitriert, d. h. von den Nitrogruppen befreit. Außer dieser Kunstseide gibt es noch eine solche aus Celluloseacetaten bereitete und eine Xanthogenatseide. Zur Herstellung der letzteren behandelt man Cellulose mit Natronlauge und Schwefelkohlenstoff, wobei ein dicker Sirup (Viskose) entsteht, der das Natriumsalz der Cellulosexanthogensäure bildet. Die Viskose wird wie Collodium auf Kunstseide verarbeitet und liefert die Viskoseseide. Xanthogensaure Salze sind solche der unsymmetrischen Disulfokohlensäure, z. B. ist das Kaliumsalz des Äthylesters nach der Formel $KS - CS - OC_2H_5$ zusammengesetzt.

Die vorstehend erwähnten Celluloseacetate oder Acetylcellulosen werden durch Einwirkung von Essigsäureanhydrid bei Gegenwart von konz. Schwefelsäure auf Cellulose gebildet und als Cellon an Stelle des feuergefährlichen Celluloids wie dieses verwendet.

Zaponlack ist eine Lösung von Collodiumwolle in Aceton oder Amylacetat. Durch Lösen von Collodiumwolle in „Nitroglycerin" zu gleichen Teilen gewinnt man eine Sprenggelatine; die daraus hergestellten Sprengstoffe sind als Gelatinedynamite, Ballistit und Filit bekannt. Rauchloses Schießpulver wird aus Schießbaumwolle bereitet, die man nach dem Befeuchten mit Aceton zu einer amorphen Masse formt und körnt.

Stärkemehl, Amylum, kommt in vielen Pflanzenzellen in Form mikroskopischer, eigentümlich geschichteter Körnchen vor, die unter dem Einfluß von Licht und Kohlensäure der Luft in den Chlorophyllkörnern der Pflanzen gebildet werden. Stärkemehl lagert sich entweder in den Wurzeln oder Knollen ab (Marantastärke oder Arrow-root, Kartoffelstärke), im Innern des Stammes (Sago), oder in den Früchten und Samen (Weizenstärke, Mais-, Reisstärke usw.).

Weizenstärke, Amylum Tritici, wird entweder aus dem Mehl oder den ganzen Körnern des Weizens mit Wasser ausgewaschen. Die Körner werden mit Wasser eingeweicht, sodann zwischen Walzen zerquetscht und mit Wasser zu einem dünnen Brei angerieben. Man überläßt der Ruhe, bis das Wasser einen säuerlichen Geschmack angenommen hat (der Kleber wird auf diese Weise durch Gärung zerstört), knetet und wäscht in Haarsieben aus. Aus dem abfließenden „Stärkewasser" setzt sich dann das Stärkemehl (Satzmehl) ab und wird durch öfteres Aufrühren mit neuen Mengen kaltem Wasser ausgewaschen, d. h. von löslichen Stoffen befreit.

Weizenstärke bildet ein weißes, sehr feines Pulver, unter Wasser bei 150facher Vergrößerung betrachtet, annähernd kreisrunde Körper, die einen von sehr geringem, die anderen, weniger zahlreichen, von sehr viel größerem Durchmesser. Mittlere Körner finden sich seltener.

Läßt man Weingeist dazutreten, so zeigt sich, daß die großen Körper linsenförmig oder plankonvex sind.

Kartoffelstärke besteht aus mehr eiförmigen, geschichteten Körnchen mit exzentrischem Kern.

Stärkemehl hat die Eigenschaft, mit heißem Wasser aufzuquellen und **Kleister** zu bilden. Hierbei wird die Schichtung der Körner undeutlich, die Hülle zersprengt und das Innere tritt heraus.

Weizenstärke quillt bei 50^0 mit Wasser auf und „verkleistert" bei 65^0, Roggenstärke bereits bei $62{,}5^0$. Hierauf beruht eine Unterscheidungsmethode beider Stärkearten bzw. ein Nachweis der einen in der anderen. Kocht man Stärkekleister längere Zeit, so verliert er die schleimige Beschaffenheit; es bildet sich „lösliche Stärke" (Amylogen). Durch Jod wird Stärkekleister oder Stärkelösung in der Kälte unter Bildung von Jodstärke tiefblau gefärbt.

Beim Kochen mit verdünnten Säuren wird die Stärke gespalten, und es entsteht ausschließlich d-Glukose.

Wird Stärkemehl mit verdünnten Säuren oder Malzaufguß nur schwach erwärmt, so bildet sich ein klar löslicher, die Ebene des polarisierten Lichtes nach rechts ablenkender und deshalb Dextrin genannter Stoff. Auch beim Erhitzen der trockenen Stärke auf 200^0 entsteht Dextrin, und erklärt sich so das Vorkommen desselben in Brot und anderen Backwaren. Verschiedene Modifikationen des Dextrins, die beim Erhitzen desselben entstehen, heißen Amylodextrin, Erythrodextrin, Achroodextrin. Sie sind bisher wenig untersucht.

Dextrin oder Stärkegummi bildet eine mehr oder weniger gelblich gefärbte, gummiartige Masse, die sich in Wasser klar löst und daraus auf Zusatz von Weingeist flockig gefällt wird. Eine reine Dextrinlösung wird durch Jod nicht gebläut, alkalische Kupferoxydlösung (Fehlingsche Lösung) durch Dextrin in der Kälte nicht reduziert, wohl aber in der Wärme; infolge der Einwirkung des freien Alkalis auf Dextrin geht dieses in Glukose über.

Dextrin ist ein Polysaccharid, dessen Molekel kleiner als die der Stärke ist. Dextrin dient als Klebemittel.

Zu den Stärkearten rechnet man auch das Lichenin, die Moosstärke, welche in vielen Flechten, so im isländischen Moos vorkommt, das Inulin, welches sich in den Wurzeln der Georginen (Dahlien), in Inula Helenium und anderen Compositen findet. Bei der Einwirkung von verdünnten Säuren geht Lichenin in d-Glukose, Inulin in d-Fruktose über.

Glykogen, sog. tierisches Stärkemehl kommt in der Leber und in vielen tierischen Zellen vor, besonders reichlich im Pferdefleisch.

Die **Gummiarten**, $(C_6H_{10}C_5)_n$, werden in eigentliche Gummiarten (welche in Wasser leicht löslich sind) und in Pflanzenschleime (welche in Wasser zu Gallerten aufquellen) eingeteilt.

Zu den eigentlichen Gummiarten gehört das arabische Gummi, Gummi arabicum, das im wesentlichen aus dem Calciumsalz der der Formel $(C_6H_{10}C_5)_n$, entsprechenden Arabinsäure, Gummisäure, oder dem Arabin besteht. Gummi arabicum bildet farblose oder gelbliche, durchsichtige, rundliche Massen mit muschligem, glasglänzendem Bruche, welche von Wasser zu einer dicken, klebrigen Flüssigkeit (Mucilago Gummi arabici) gelöst werden und in Alkohol und Äther unlöslich sind.

Kirschgummi und Traganthgummi stehen hinsichtlich ihrer Zusammensetzung dem Gummi arabicum nahe. Dieses vermittelt den Übergang zu den Pflanzenschleimen, die sich in zahlreichen Pflanzen (im Leinsamen, Flohsamen, in den Quittenkernen, in der Althäawurzel, in den Knollen von Orchisarten [Salep], in Lichen Carrageen usw.) finden und mit Wasser gallertartige Flüssigkeiten bilden.

Pektinstoffe oder Pflanzengallerte, Pektine[1]) kommen besonders in fleischigen Früchten, Wurzeln, Baumrinden usw. vor. Auf sie ist das Erstarren der Abkochungen von Früchten zu Gallerten, Fruchtgelees, zurückzuführen.

B. Carbocyklische Verbindungen.

Unter carbocyklischen Verbindungen werden Stoffe verstanden, welche Kohlenstoffatome ringförmig miteinander verknüpft enthalten.

Gehören dem Ringe drei Kohlenstoffatome an, so heißen diese Verbindungen tricarbocyklisch, tetracarbocyklisch, wenn sie vier, pentacarbocyklisch, wenn sie fünf, hexacarbocyklisch, wenn sie sechs, heptacarbocyklisch, wenn sie sieben und oktocarbocyklisch, wenn sie acht Kohlenstoffatome im Ringe enthalten. Von diesen Verbindungen haben die Sechsringe hervorragende Bedeutung. Zu ihnen gehören die Verbindungen der Benzolreihe, die früher mit dem Namen „aromatische Stoffe“ belegt wurden.

I. Tri-, Tetra-, Penta-, Hepta- und Oktocarbocyklische Verbindungen.

Trimethylen, $\begin{matrix} CH_2 \\ | \quad \rangle CH_2 \\ CH_2 \end{matrix}$, ist ein bei gewöhnlicher Temperatur gasförmiger Stoff, welcher durch Behandeln von Trimethylenbromid mit Natrium erhalten wird. Durch Rotglühhitze wird Trimethylen zu Propylen umgelagert.

Von dem Tetramethylen ist der Ester einer Dikarbonsäure bekannt, welcher erhalten wird, wenn man Trimethylenbromid mit Natriummalonsäureester behandelt:

$$\begin{matrix} CH_2Br \\ | \\ CH_2 \\ | \\ CH_2Br \end{matrix} \; + \; Na_2C \!\!\begin{matrix} COOC_2H_5 \\ \\ COOC_2H_5 \end{matrix} \; = \; H_2C \;\begin{matrix} CH_2 \\ \\ C \\ H_2 \end{matrix}\; C \!\!\begin{matrix} COOC_2H_5 \\ \\ COOC_2H_5 \end{matrix} \; + \; 2\,NaBr$$

$$\underbrace{\text{Trimethylen-}}_{\text{bromid}} \qquad \underbrace{\text{Natriummalonsäure-}}_{\text{ester.}}$$

---

[1]) Abgeleitet von πηκτίς, pektis, geronnen.

Von dem **Pentamethylen** ist ein Ketoderivat dargestellt worden durch trockene Destillation des adipinsauren Calciums.

$$\begin{array}{ccc}
CH_2 - CH_2 - CO\,O & & CH_2 - CH_2 \\
| \qquad\qquad\qquad\quad \Big\rangle Ca \;=\; CaCO_3 + & | \qquad\qquad \Big\rangle CO \\
CH_2 - CH_2 - CO\,O & & CH_2 - CH_2
\end{array}$$

Adipinsaures Calcium   Ketotetramethylen.

Zu den heptacarbocyklischen Verbindungen gehören das **Suberan** und **Suberon.**

Suberan oder **Heptamethylen,**
$$\begin{array}{c} CH_2 - CH_2 - CH_2 \\ | \qquad\qquad\qquad\quad \Big\rangle CH_2, \\ CH_2 - CH_2 - CH_2 \end{array}$$
wird durch
Reduktion von Suberyljodid erhalten und bildet eine bei 117° siedende Flüssigkeit.

Suberon oder **Ketoheptamethylen,**
$$\begin{array}{c} CH_2{-}CH_2{-}CH_2 \\ | \qquad\qquad\qquad \Big\rangle CO, \\ CH_2{-}CH_2{-}CH_2 \end{array}$$
entsteht
bei der trockenen Destillation von **suberinsaurem Calcium:**

$$\begin{array}{ccc}
CH_2 - CH_2 - CH_2 - CO\,O & & CH_2 - CH_2 - CH_2 \\
| \qquad\qquad\qquad\qquad\qquad\qquad \Big\rangle Ca \;=\; CaCO_3 + & | \qquad\qquad\qquad\quad \Big\rangle CO \\
CH_2 - CH_2 - CH_2 - CO\,O & & CH_2 - CH_2 - CH_2
\end{array}$$

Suberinsaures Calcium   Suberon.

Suberon stellt eine bei 180° siedende, pfefferminzartig riechende Flüssigkeit dar, die ein bei 23° schmelzendes Oxim bildet.

Zu der **Cyklooktan-Reihe** gehört nach den Untersuchungen von **Harries** der Kautschuk. Zufolge seines Zerfalls bei der Oxydation mit Ozon in den Aldehyd der Lävulinsäure wird dem Kautschuk die Formel eines Polymeren des Dimethylcyklooktadiens zugeschrieben:

$$\left[\begin{array}{c}
\qquad\quad CH_2 - CH_2 \\
CH_3\cdot C \diagup \qquad\qquad\quad \diagdown CH \\
\| \qquad\qquad\qquad\qquad\qquad \| \\
HC \diagdown \qquad\qquad\quad \diagup C\cdot CH_3 \\
\qquad\quad CH_2 - CH_2
\end{array}\right]_n.$$

Auf künstlichem Wege hat man Kautschuk aus Isopren (s. Seite 296) gewonnen.

II. Hexacarbocyklische Verbindungen.

Die hexacarbocyklischen oder die der Benzol- oder aromatischen Reihe angehörenden Verbindungen lassen sich von dem **Benzol** ableiten, einem Kohlenwasserstoff der Formel C_6H_6. Die Konstitution des Benzols hat **A. Kekulé** zuerst als eine ringförmige bezeichnet und als passendsten Ausdruck hierfür folgende Atomgruppierung angenommen:

$$\begin{array}{c}
CH \\
HC \diagup\!\diagdown CH \\
| \qquad \| \\
HC \diagdown\!\diagup CH \\
CH
\end{array}$$

Von anderen Forschern sind für das Benzol die folgenden Formulierungen aufgestellt worden:

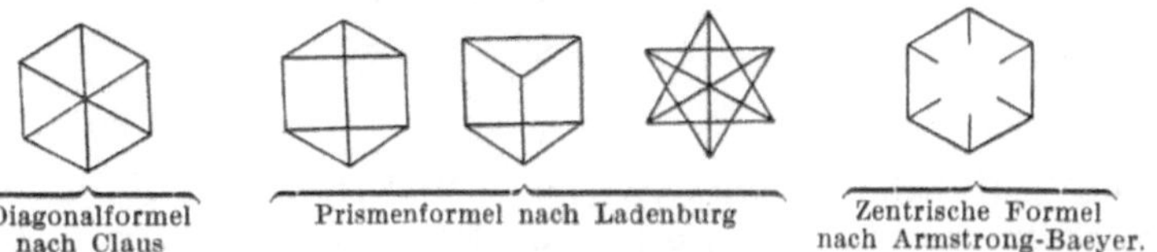

Durch Ersatz von Wasserstoffatomen in diesem „Benzolkern" durch Alkylgruppen, Hydroxyle, Carboxyle usw. werden die verschiedenen Abkömmlinge des Benzols: aromatische Kohlenwasserstoffe, Phenole, aromatische Säuren usw. gebildet.

Die Verbindungen der Benzolreihe werden deshalb „aromatische" genannt, weil viele derselben sich durch aromatischen Geruch und Geschmack auszeichnen.

1. Benzol und seine Homologen.

Bei den Kohlenwasserstoffen und anderen Verbindungen der Fettreihe haben wir homologe Reihen kennen gelernt, deren aufeinanderfolgende Glieder sich durch die Differenz CH_2 unterscheiden. Auch in der aromatischen Reihe sind homologe Verbindungen bekannt, und zwar in erweitertem Maße. Während nämlich einerseits Reste der Fettreihe (z. B. Methyl) substituierend für Wasserstoffatome des Benzolkerns eintreten können und sog. aliphatische[1]) Homologe bilden, gibt es anderseits auch Kohlenwasserstoffe, die sich dadurch vom Benzol ableiten, daß aromatische Reste an den Benzolkern gekettet sind. Man nennt diese Stoffe aromatische Homologe. Sie lassen sich zu einer Reihe zusammenstellen, deren benachbarte Glieder durch die Differenz C_4H_2 unterschieden sind.

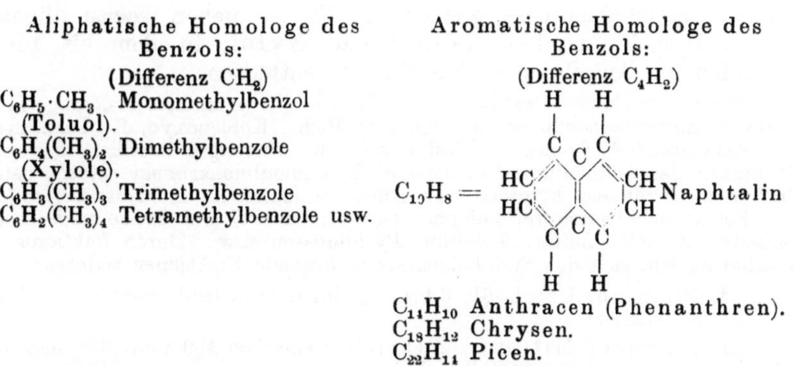

Aliphatische Homologe des Benzols:

(Differenz CH_2)
$C_6H_5 \cdot CH_3$ Monomethylbenzol (Toluol).
$C_6H_4(CH_3)_2$ Dimethylbenzole (Xylole).
$C_6H_3(CH_3)_3$ Trimethylbenzole
$C_6H_2(CH_3)_4$ Tetramethylbenzole usw.

Aromatische Homologe des Benzols:

(Differenz C_4H_2)

$C_{10}H_8 =$ Naphtalin

$C_{14}H_{10}$ Anthracen (Phenanthren).
$C_{18}H_{12}$ Chrysen.
$C_{22}H_{14}$ Picen.

Werden zwei oder mehrere Wasserstoffatome des Benzols durch andere Elemente oder Gruppen von Elementen ersetzt, so können

---

[1]) Abgeleitet von ἀλίφα, alipha, Fett.

mehrere isomere Verbindungen (Stellungsisomere) gebildet werden. Drückt man das Benzol durch ein Sechseck aus und bezeichnet die Ecken mit Ziffern in folgender Anordnung:

so sind z. B. beim Eintritt von zwei Methylgruppen in das Benzol (Dimethylbenzol oder Xylol) **drei** Stellungsisomere, nämlich 1 : 2; 1 : 3; 1 : 4, möglich und bekannt.

Die benachbart substituierten Verbindungen 1 : 2 (oder 1 : 6) heißen **Ortho-**[1]), die in den Stellungen 1 : 3 (oder 1 ; 5) heißen **Meta-**[2]), und 1 : 4 substituierten heißen **Para-**[3])Verbindungen.

Orthoxylol   Metaxylol   Paraxylol.

Werden **drei** Wasserstoffatome des Benzols substituiert, und zwar so, daß zwei der substituierenden Gruppen einander gleich, die dritte verschieden ist, so sind folgende 6 Stellungsisomere möglich:

1 : 2 : 3   1 : 2 : 4   1 : 3 : 2   1 : 3 : 4   1 : 3 : 5   1 : 4 : 2

Nitroxylole.

Benzol, C_6H_6, entsteht beim Durchleiten von Acetylen durch glühende eiserne Röhren und wird bei der fraktionierten Destillation des Steinkohlenteers gewonnen. Es ist neben seinen aliphatischen Homologen, dem Toluol und Xylol, in dem bis 150° übergehenden Anteile, dem Leichtöle, enthalten.

Bei der trockenen Destillation der Steinkohlen entstehen gasförmige Produkte (Kohlenwasserstoffe der aliphatischen Reihe, Kohlenoxyd, Kohlendioxyd, Schwefelwasserstoff, Cyanwasserstoff u. a), ein wässeriges Destillat, das sog. Gaswasser, das Ammoniumsalze, namentlich Ammoniumkarbonat enthält, dann ein Teer. In diesem kommen vor neben aromatischen Kohlenwasserstoffen auch Fettkohlenwasserstoffe, Thiophen (s. weiter unten) und dessen methylierte Derivate, Phenole, Anilin, Toluidin, Pyridinbasen usw. Durch fraktionierte Destillation läßt sich der Steinkohlenteer in folgende Fraktionen zerlegen:

     I. Fraktion: Leichtöl, 3 bis 5%, bis 150° siedend, spezifisch leichter als Wasser;

     II. Fraktion: Mittelöl, 8 bis 10%, zwischen 150 und 210° siedend, ungefähr vom spez. Gew. 1;

---

[1]) Abgeleitet von ὀρθός, orthos, in gerader Richtung.
[2]) Abgeleitet von μέτα, meta, hinterher, nach.
[3]) Abgeleitet von παρά, para, darüberhinaus.

III. **Fraktion:** Schweröl, 8 bis 10%, zwischen 210 und 270⁰ siedend, spezifisch schwerer als Wasser;

IV. **Fraktion:** Grünöl oder Anthracenöl, 16 bis 20%, grün gefärbt, Siedepunkt 270 bis 400⁰.

V. **Rückstand:** Pech.

Das Benzol des Steinkohlenteers ist meist durch einen hinsichtlich seiner Eigenschaften ihm ähnlichen, aber schwefelhaltigen cyklischen Stoff $\begin{array}{c} CH = CH \\ | \qquad\quad \rangle S \\ CH = CH \end{array}$, Thiophen genannt, verunreinigt. Thiophen läßt sich auf synthetischem Wege durch Erhitzen eines Gemenges von bernsteinsaurem Natrium und Phosphortrisulfid

$$\begin{array}{c} CH_2 - COONa \\ | \\ CH_2 - COONa \end{array} \longrightarrow \begin{array}{c} CH = CH \\ | \qquad\quad \rangle S \\ CH = CH \end{array}$$

erhalten und bildet eine bei 84⁰ siedende Flüssigkeit. Thiophen gibt beim Vermischen mit wenig Isatin und konz. Schwefelsäure eine dunkelblaue Färbung, die sog. **Indopheninreaktion**, und kann hierdurch im Benzol nachgewiesen werden.

Beim Erhitzen von benzoesaurem Natrium mit Natriumhydroxyd (oder Natronkalk) erhält man reines Benzol:

$$C_6H_5 \cdot C \begin{array}{c} {\nearrow} O \\ {\searrow} ONa \end{array} + NaO\,H = C_6H_6 + Na_2CO_3$$

$$\underbrace{}_{\text{Natriumbenzoat}} \qquad\qquad \underbrace{}_{\text{Benzol.}}$$

Benzol ist eine farblose, aromatisch riechende, bei 80,4⁰ siedende Flüssigkeit, die beim Abkühlen kristallinisch erstarrt. Schmelzpunkt der Kristalle + 5,4⁰. Spez. Gew. 0,8799 bei 20⁰. Benzol ist in Wasser nahezu unlöslich, hingegen mischbar mit abs. Alkohol, Äther, Aceton usw. Benzol brennt mit leuchtender und rußender Flamme. Es wird als Lösungsmittel für viele organische Stoffe benutzt und dient daher zum Umkristallisieren solcher. Seine Hauptverwendung findet es zur Darstellung von Nitrobenzol und Anilin (s. später).

Toluol, $C_6H_5CH_3$, kommt im Steinkohlenteer vor und wird auch daraus gewonnen. Es entsteht ferner bei der trockenen Destillation des Tolubalsams und leitet hiervon seinen Namen ab. Es siedet bei 110,3⁰. Toluol wird besonders verwendet zur Gewinnung des Benzylalkohols, des Benzaldehyds und der Benzoesäure.

Die Siedepunkte der verschiedenen Dimethylbenzole oder **Xylole** (Ortho-, Meta- und Paraxylol) liegen zwischen 138⁰ und 142⁰.

Zu den Trimethylbenzolen gehören **Mesitylen** (symmetrisches Trimethylbenzol), **Pseudocumol** und **Hemimellithol**. **Cumol** ist ein **Isopropylbenzol** $C_6H_5 \cdot CH \begin{array}{c} {\nearrow} CH_3 \\ {\searrow} CH_3 \end{array}$.

Ein p-Methylisopropylbenzol $\left(C_6H_4 \begin{array}{c} {\nearrow} CH_3(1) \\ {\searrow} CH \begin{array}{c} {\nearrow} CH_3 \\ {\searrow} CH_3 \end{array} (4) \end{array} \right)$ ist das **Cymol,**

welches in verschiedenen ätherischen Ölen aufgefunden worden ist,
zuerst im römischen Kümmelöl (von Cuminum cyminum); daher
sein Name. Cymol steht in Beziehung zu den Terpenen (s. dort).

Durol ist ein symmetrisches Tetramethylbenzol und im Steinkohlenteer aufgefunden worden.

Verhalten der aromatischen Kohlenwasserstoffe.

Läßt man auf Benzol Chlor oder Brom einwirken, so treten
diese wasserstoffsubstituierend in die Molekel ein. Die Jodabkömm-
linge lassen sich darstellen durch Erhitzen von Benzol, Jod und Jodsäure bei 200^0. Durch Einwirkung konzentrierter Schwefelsäure auf
Benzol wird Benzolsulfonsäure $C_6H_5 \cdot SO_3H$ gebildet, die durch schmelzendes Alkali in Phenol übergeht (s. später).

Wirken Chlor oder Brom auf Toluol ein, so kann ein Wasser-
stoffersatz entweder im Benzolkern oder in der Seitenkette
(Methyl) geschehen. Letzterer Fall tritt ein, wenn Toluol mit Chlor
oder Brom in der Wärme behandelt wird; in der Kälte findet eine
Substituierung von im Kern gebundenen Wasserstoffatomen statt. So
werden je nach der Dauer der Einwirkung von Chlor auf siedendes
Toluol nacheinander:

$$\underbrace{C_6H_5CH_2Cl}_{\text{Benzylchlorid}} \qquad \underbrace{C_6H_5CHCl_2}_{\text{Benzalchlorid}} \qquad \underbrace{C_6H_5CCl_3}_{\text{Benzotrichlorid}}$$

gebildet. Diese Stoffe sind durch ihr verschiedenes Verhalten gegen
heißes Wasser gekennzeichnet, indem das Monochlorprodukt hierbei
Benzylalkohol, das Benzalchlorid **Benzaldehyd** und das **Benzotrichlorid Benzoesäure** liefert:

a) $\qquad \underbrace{C_6H_5CH_2Cl}_{\text{Benzylchlorid}} + H_2O = \underbrace{C_6H_5CH_2 \cdot OH}_{\text{Benzylalkohol}} + HCl.$

b) $\qquad \underbrace{C_6H_5CHCl_2}_{\text{Benzalchlorid}} + H_2O = \underbrace{C_6H_5C{\overset{\displaystyle O}{\underset{H}{<}}}}_{\text{Benzaldehyd}} + 2\,HCl.$

c) $\qquad \underbrace{C_6H_5CCl_3}_{\text{Benzotrichlorid}} + 2\,H_2O = \underbrace{C_6H_5C{\overset{\displaystyle O}{\underset{OH}{<}}}}_{\text{Benzoesäure}} + 3\,HCl.$

Läßt man auf Benzol rauchende Salpetersäure oder ein Gemisch von konzentrierter Salpetersäure und Schwefelsäure (letztere
befördert die Wasserabspaltung) einwirken, so wird zunächst ein
Wasserstoffatom des Benzols durch die Nitrogruppe ersetzt, das Benzol
wird „nitriert":

$$\underbrace{C_6H_5\,H}_{\text{Benzol}} + \underbrace{\overset{\displaystyle N\overset{O}{\Leftarrow}O}{OH}}_{\text{Salpetersäure}} = \underbrace{C_6H_5NO_2}_{\text{Nitrobenzol}} + H_2O.$$

Man wäscht nach beendigter Nitrierung mit Wasser, entwässert das Nitrobenzol und reinigt es durch fraktionierte Destillation von in kleiner Menge mitentstandenem Dinitrobenzol oder von unverändertem Benzol.

2. Stickstoffhaltige Abkömmlinge des Benzols und Toluols.

Nitrobenzol, $C_6H_5NO_2$, wird im großen dargestellt, indem man unter Umrühren ein Gemisch von Salpetersäure und Schwefelsäure (Nitriersäure) zu Benzol fließen läßt. Man nimmt die Einwirkung in gußeisernen Zylindern vor.

Darstellung im Laboratorium: Man trägt vorsichtig 100 g Salpetersäure vom spez. Gew. 1,4 (ca. 65% HNO_3) zu 150 g konz. Schwefelsäure, die sich in einem Halbliterkolben befindet, unter Umschütteln ein und fügt zu dem erkalteten Gemisch allmählich 50 g Benzol hinzu. Steigt die Temperatur hierbei über 60^0, so senkt man den Kolben in kaltes Wasser zum Abkühlen. Schließlich beendigt man die Einwirkung des Nitriergemisches auf das Benzol durch Erwärmen des mit einem Rückflußkühler versehenen Kolbens auf dem Wasserbade. Im Kolben haben sich zwei Schichten gebildet, deren untere aus dem Nitriergemisch besteht und mittels eines Scheidetrichters von der oberen, im wesentlichen aus Nitrobenzol bestehenden Schicht getrennt wird. Diese wäscht man mit Wasser, welches sich nunmehr über dem Nitrobenzol ansammelt, trennt letzteres mittels Scheidetrichters vom Waschwasser, trocknet das Nitrobenzol mit Calciumchlorid und reinigt es durch Destillation aus einem Fraktionierkolben. Ausbeute ca. 65 g.

Nitrobenzol ist eine gelbliche, nach Bittermandelöl riechende, bei *206* bis *207⁰* siedende Flüssigkeit, welche unter dem Namen *Mirbanöl, Essence de Mirban,* zu Parfüms (besonders als Zusatz zu Seifen) Verwendung findet.

Über die Gewinnung von Anilin aus Nitrobenzol s. weiter unten.

Durch den Eintritt einer Nitrogruppe in die Molekel des Toluols können 3 Nitrotoluole entstehen. Bei der direkten Nitrierung von Toluol bilden sich o- und p-Nitrotoluole.

Ein 2, 4, 6 Trinitropseudobutyltoluol

$$
\begin{array}{c}
CH_3 \\
NO_2 \underset{\displaystyle NO_2}{\overset{\displaystyle}{\bigcirc}} NO_2 \quad C\!\!\begin{array}{l} CH_3 \\ CH_3 \\ CH_3 \end{array}
\end{array}
$$

besitzt moschusähnlichen Geruch und kommt als künstlicher Moschus in den Verkehr.

Anilin, Phenylamin, $C_6H_5NH_2$. Unterwirft man Nitrobenzol der reduzierenden Einwirkung von Wasserstoff in statu nascendi in saurer Lösung, so wird die Nitrogruppe in die Aminogruppe umgewandelt, und es entsteht **Aminobenzol** oder Anilin:

$$C_6H_5NO_2 + 6\,H = C_6H_5NH_2 + 2\,H_2O.$$

Reduziert man Nitrobenzol mit Zinn und Salzsäure, so bindet sich das Anilin an die Salzsäure, und das salzsaure Anilin bildet mit dem Zinnchlorür ein Zinndoppelsalz, welches durch Einleiten von Schwefelwasserstoff zerlegt wird. Nach Abfiltrieren des Schwefelzinns wird aus dem Filtrat durch Hinzufügen von Calciumhydroxyd das Anilin in Freiheit gesetzt und mittels Wasserdämpfe abdestilliert.

Anilin wurde 1826 von Unverdorben durch Destillation des Indigos entdeckt, daher auch sein Name (die Indigopflanze heißt Indigofera anil).

In der Technik gewinnt man Anilin durch Reduktion von Nitrobenzol mit Eisen und Salzsäure oder Essigsäure.

Darstellung von Anilin im Laboratorium. In einem $1^{1}/_{2}$ l-Kolben übergießt man 90 g granuliertes Zinn mit 50 g Nitrobenzol und fügt nach und nach 250 g Salzsäure vom spez. Gew. 1,19 hinzu. Die erste Einwirkung erfolgt meist unter starker Temperaturerhöhung; es muß daher gekühlt werden. Gegen Ende der Einwirkung erwärmt man schwach. Man vermischt sodann mit 100 ccm Wasser, setzt durch Hinzufügen einer Lösung von 150 g Natriumhydroxyd in 200 ccm Wasser oder so viel Natronlauge, daß die Reaktion der Lösung alkalisch ist, das Anilin in Freiheit und destilliert es mit Wasserdämpfen ab. Das ca. 300 ccm betragende Destillat versetzt man mit ca. 75 g Natriumchlorid zur besseren Abscheidung des Anilins und schüttelt dieses mit Äther aus. Beim vorsichtigen Abdampfen oder Abdestillieren des Äthers hinterbleibt dann das Anilin.

Reines **Anilin** ist eine farblose, ölige Flüssigkeit vom Siedepunkt 184,5°, welche sich an der Luft und dem Licht schnell dunkel färbt. Chlorkalklösung färbt das Anilin purpurviolett, nach und nach schmutzigrot. Auch andere Oxydationsmittel, wie Chromsäure, Salpetersäure usw., rufen blaue bis rote Färbungen hervor. Durch die wässerige Lösung der Anilinsalze wird Holzstoff (Fichtenholz, Holundermark) gelb gefärbt. Diese Reaktion kann daher zum Nachweis von Holzfaser in Papier benutzt werden.

Anilin bildet mit Säuren Salze, indem Säure sich an das Stickstoffatom des Anilins in analoger Weise anlagert, wie an das des Ammoniaks, z. B. $C_6H_5NH_2 \cdot HCl$.

Anilin und seine Salze sind giftig.

Anilin dient neben Toluidinen zur Herstellung von Anilinfarbstoffen. Unter Toluidinen werden die durch Reduktion der Nitrotoluole erhaltenen Verbindungen

$$C_6H_4 \underset{\text{NH}_2\ (2)}{\overset{\text{CH}_3\ (1)}{<}} \qquad C_6H_4 \underset{\text{NH}_2\ (3)}{\overset{\text{CH}_3\ (1)}{<}} \qquad C_6H_4 \underset{\text{NH}_2\ (4)}{\overset{\text{CH}_3\ (1)}{<}}$$

Orthotoluidin   Metatoluidin   Paratoluidin

verstanden.

Läßt man auf ein Gemisch von Anilin und Ortho- und Paratoluidin (man nennt dieses Gemisch **Anilinöl**) oxydierende Mittel, wie Zinnchlorid, Quecksilberchlorid, Arsensäure usw., einwirken, so entstehen Verbindungen, die **Rosanilin**, $C_{20}H_{19}N_3$, bzw. **Pararosanilin**, $C_{19}H_{17}N_3$, genannt werden. Die salzsauren Salze dieser Rosaniline (im Handel befinden sich meist Gemische derselben) bilden den als **Anilinrot** oder **Fuchsin** bekannten Anilinfarbstoff. Auch andere Anilinfarbstoffe leiten sich von den Rosanilinen ab. (S. später Triphenylmethan.)

Mit schwefliger Säure verbindet sich Fuchsin zu einer farblosen Verbindung, welche durch Aldehyde eine Rotfärbung erfährt.

Erhitzt man Anilin und Anilinchlorhydrat auf 140°, so erhält man Diphenylamin, $C_6H_5 — NH — C_6H_5$:

$$C_6H_5NH_2 \cdot HCl + C_6H_5NH_2 = NH(C_6H_5)_2 + NH_4Cl.$$

Eine Lösung von Diphenylamin in konz. Schwefelsäure erfährt durch Spuren Salpetersäure infolge einer Oxydationswirkung eine tief dunkelblaue Färbung. **Man benutzt daher Diphenylamin als empfindliches Reagens auf Salpetersäure.**

Bei der Einwirkung von Chlorzink auf ein Gemisch von Benzotrichlorid und Dimethylanilin oder ein Gemisch von Benzoylchlorid und Dimethylanilin entsteht das salzsaure Salz einer Base von der Konstitution

$$C_6H_5C \begin{cases} C_6H_4N\,(CH_3)_2 \\ C_6H_4N\,(CH_3)_2\,Cl, \end{cases}$$

welches unter dem Namen **Bittermandelölgrün** oder **Malachitgrün** bekannt ist und als Farbstoff verwendet wird.

Anilide einbasischer Fettsäuren.

Beim Erhitzen von Fettsäuren mit Anilin entstehen unter Wasserabspaltung **Anilide**, z. B. bildet sich beim Kochen von Ameisensäure mit Anilin **Formanilid**:

$$C_6H_5NH_2 + \underbrace{H \cdot COOH}_{\text{Ameisensäure}} + \underbrace{C_6H_5NH \cdot C \begin{smallmatrix} H \\ \\ O \end{smallmatrix}}_{\text{Formanilid.}} + H_2O.$$

Von den Aniliden findet das **Acetanilid** oder **Antifebrin**, $C_6H_5NH \cdot COCH_3$, medizinische Verwendung.

Zu seiner Darstellung kocht man gleiche Teile Anilin und Eisessig:

$$\underbrace{C_6H_5N \begin{smallmatrix} H \\ \\ H \end{smallmatrix}}_{\text{Anilin}} + \underbrace{HO \diagdown C \cdot CH_3}_{\text{Essigsäure}} = \underbrace{C_6H_5N \begin{smallmatrix} H \\ \\ CO \cdot CH_3 \end{smallmatrix}}_{\text{Acetanilid.}} + H_2O.$$

Darstellung: Man mischt in einem 500 ccm-Kolben 100 g Anilin und 100 g Essigsäure (96 %), setzt auf den Kolben mittels eines Korkes ein ca. 1 m langes und 1 cm im Lichten weites Rohr und hält die Flüssigkeit auf einem Drahtnetz ca. 6 Stunden lang im Sieden. (Bei Zusatz von 10 g entwässertem Natriumacetat bedarf es eines Siedens von etwa 4 Stunden.) Das lange Glasrohr wirkt hierbei als Rückflußkühler für die Essigsäure. Dann gießt man die Lösung in 2 l kaltes destilliertes Wasser und sammelt das sich in fester Form ausscheidende Acetanilid auf einem Filter, wäscht es mit Wasser aus und kristallisiert es (ev. unter Benutzung von Tierkohle) aus Wasser um. Hierzu sind ca. $3\frac{1}{2}$ l siedendes Wasser erforderlich.

Acetanilid bildet farblose, glänzende Kristallblättchen vom Schmelzpunkt 113 bis 114°. Sie lösen sich in 230 T. Wasser von 15° und etwa 22 T. siedendem Wasser, sowie in 4 T. Weingeist. In Äther und Chloroform sind sie leicht löslich. Mit Kalilauge erhitzt, entwickelt Acetanilid aromatisch riechende Dämpfe; auf Zusatz einiger Tropfen Chloroform und erneutes Erhitzen tritt der widerliche Isonitrilgeruch auf (s. S. 398).

Anwendung. Besonders als Antineuralgikum. Dosis 0,25 g. Vorsichtig aufzubewahren. Größte Einzelgabe 0,5 g; größte Tagesgabe 1,5 g!

In Beziehung zum Acetanilid steht das **p-Acetphenetidin** oder

Phenacetin. Es ist ein p-Äthoxyacetanilid, $C_6H_4 \big\langle \begin{smallmatrix} OC_2H_5 & (1) \\ NH \cdot CO \cdot CH_3 & (4) \end{smallmatrix}$.

Man gewinnt Phenacetin, indem man bei niedriger Temperatur Salpetersäure auf Phenol (Karbolsäure) einwirken läßt, wobei Ortho- und Para-Nitrophenol entstehen:

$$C_6H_4 \big\langle \begin{smallmatrix} OH & (1) \\ NO_2 & (2) \end{smallmatrix} \quad \text{und} \quad C_6H_4 \big\langle \begin{smallmatrix} OH & (1) \\ NO_2 & (4) \end{smallmatrix}.$$

Man verflüchtigt die Orthoverbindung, die in schön gelben Nadeln kristallisiert, mit Wasserdämpfen. Aus dem Rückstand scheidet sich das mit Wasserdämpfen nicht flüchtige p-Nitrophenol ab.

Auf p-Nitrophenolnatrium läßt man im Druckgefäß (Autoklaven) bei höherer Temperatur Äthylbromid einwirken, reduziert den entstandenen Äthyläther des p-Nitrophenols (p-Nitrophenetol) mit Wasserstoff in statu nascendi (Zinn und Salzsäure) und kocht das in geeigneter Weise abgeschiedene p-Phenetidin mit Essigsäure:

a)
$$\underbrace{C_6H_4 \big\langle \begin{smallmatrix} O \, Na \\ NO_2 \end{smallmatrix}}_{\text{p-Nitrophenolnatrium}} + \underbrace{Br \, C_2H_5}_{\text{Äthylbromid}} = \underbrace{C_6H_4 \big\langle \begin{smallmatrix} OC_2H_5 \\ NO_2 \end{smallmatrix}}_{\text{p-Nitrophenetol.}} + NaBr$$

b)
$$C_6H_4 \big\langle \begin{smallmatrix} OC_2H_5 \\ NO_2 \end{smallmatrix} + 3\,H_2 = \underbrace{C_6H_4 \big\langle \begin{smallmatrix} OC_2H_5 \\ NH_2 \end{smallmatrix}}_{\text{p-Phenetidin.}} + 2\,H_2O$$

c)
$$C_6H_4 \big\langle \begin{smallmatrix} OC_2H_5 \\ NH_2 \end{smallmatrix} + \underbrace{CH_3 \cdot COOH}_{\text{Essigsäure}} = \underbrace{C_6H_4 \big\langle \begin{smallmatrix} OC_2H_5 \\ NH \cdot CO \cdot CH_3 \end{smallmatrix}}_{\text{Phenacetin.}} + H_2O$$

Phenacetin kristallisiert aus Wasser in farblosen, glänzenden Blättchen vom Schmelzpunkt 135°. Sie geben mit 1400 T. kaltem und mit 70 T. siedendem Wasser, sowie mit etwa 16 T. Weingeist neutral reagierende Lösungen. Beim Schütteln mit Salpetersäure wird Phenacetin gelb gefärbt (Bildung von Nitrophenacetin). Kocht man 0,2 g Phenacetin mit 2 ccm Salzsäure 1 Minute lang, verdünnt hierauf die Lösung mit 10 ccm Wasser und filtriert nach dem Erkalten, so nimmt die Flüssigkeit auf Zusatz von 6 Tropfen Chromsäurelösung allmählich eine rubinrote Färbung an. Phenetidin ist ein leicht oxydierbarer Stoff und geht hierbei in gefärbte Verbindungen über.

Man prüft Phenacetin auf eine Verfälschung mit Acetanilid (s. Arzneibuch).

Anwendung. Besonders als Antineuralgikum und bei Gelenkrheumatismus. Dosis 0,5 g bis 1,0 g. Vorsichtig aufzubewahren. Größte Einzelgabe 1,0 g; größte Tagesgabe 3,0 g!

Mit dem Namen Laktophenin,

$$\text{Lactylphenetidinum, } C_6H_4 \begin{cases} \text{NHCOCH(OH)} \cdot CH_3 & (1) \\ \text{OC}_2H_5 & (4) \end{cases}$$

bezeichnet man die aus p-Phenetidin und Milchsäure unter Wasserabspaltung hergestellte Verbindung.

Apolysin ist ein zweifach citronensaures p-Phenetidin, Citrophen das Mono-p-Phenetidid der Akonitsäure mit 1 Mol. Kristallwasser. Das die 250fache Süßkraft des Zuckers besitzende p-Phenetol-

carbamid $CO \begin{cases} NH \cdot C_6H_4 \cdot OC_2H_5 \\ NH_2 \end{cases}$ (durch Einwirkung von Kaliumcyanat

auf salzsaures p-Phenetidin darstellbar), findet unter dem Namen Dulcin wegen seines rein süßen Geschmackes und seiner Unveränderlichkeit beim Kochen zunehmende Verwendung bei der Herstellung von Limonaden, Fruchtsäften, als Zusatz zum Bier usw.

Arsanilsäure und ihre Derivate.

Läßt man auf Anilin Arsensäure bei 190 bis 200^0 einwirken, so tritt in p-Stellung zur Aminogruppe der Arsensäurerest, und man erhält eine als Arsanilsäure, $C_6H_4(NH_2) \cdot AsO_3H_2$, bezeichnete Substanz:

$$AsO(OH)_2$$

$$NH_2.$$

Ihr Natriumsalz, das Natrium arsanilicum,

$$C_6H_4(NH_2) \cdot AsO_3HNa,$$

führt den Namen Atoxyl und wird gegen die Schlafkrankheit empfohlen.

Kocht man Atoxyl mit Eisessig, oder läßt man es bei Zimmertemperatur mit Essigsäureanhydrid stehen, so wird die Aminogruppe acetyliert, und man erhält Acetyl-p-aminophenylarsinsäure, deren Natriumsatz, Natrium acetylarsanilicum, unter dem Namen Arsacetin in den Arzneischatz eingeführt wurde. Prüfung und Wertbestimmung s. Arzneibuch. Sowohl das Natrium arsanilicum wie das Natrium acetylarsanilicum sind sehr vorsichtig aufzubewahren! Größte Einzelgabe für beide Präparate je 0,2 g.

Durch Reduktion einer p-Oxy-m-Nitrophenylarsinsäure entsteht ein p-Dioxy-m-Diamidoarsenobenzol, dessen salzsaures Salz:

$$As = As$$

$$HCl \cdot NH_2 \qquad NH_2 \cdot HCl$$

$$OH \qquad OH$$

unter dem Namen Salvarsan zur Bekämpfung der Syphilis Verwendung findet.

Die als Ausgangsmaterial dienende Nitrooxyphenylarsinsäure kann nach Benda z. B. durch Nitrieren der p-Oxyphenylarsinsäure oder durch Erwärmen der Nitroarsanilsäure mit Ätzalkalien gewonnen werden. Die Reduktion kann stufenweise oder aber in einer einzigen Operation bis zum Endprodukt durchgeführt werden. Nach Ehrlichs Versuchen ist das Natriumhydrosulfit ein hierfür besonders geeignetes Reduktionsmittel. Reduziert man mit Natriumamalgam, so wird zunächst Aminophenolarsinsäure gebildet, diese kann man mittels Jodkalium und schwefliger Säure zum Aminophenolarsenoxyd und letzteres mit Natriumhydrosulfit zur Arsenoverbindung reduzieren.

Darstellung: 50 g Nitroarsanilsäure werden in 150 ccm Kalilauge von 36° Bé. gelöst. Die rote Lösung wird dann so lange auf 80° erwärmt (Ammoniakabspaltung) bis eine angesäuerte Probe, mit Natriumnitrit versetzt, keine Reaktion mehr gibt. Die stark nach Ammoniak riechende Lösung wird mit 300 g Eis verdünnt und mit 100 ccm reiner Salzsäure (1,185 spez. Gew.) übersättigt. Die gebildete Nitrooxyphenylarsinsäure fällt nach längerem Stehen aus.

Zur Reduktion zu Salvarsan werden in 13 l Wasser 513 g krist. Magnesiumchlorid und hierauf 2950 g Natriumhydrosulfit (80%ig) eingerührt. Unmittelbar darauf läßt man eine kalte Lösung von 197 g Nitrooxyphenylarsinsäure in 4,5 l Wasser und 135 ccm zehnfach normaler Natronlauge einlaufen. Man wärmt dann auf 55 bis 60° an. Ein gelber Niederschlag scheidet sich allmählich ab. Sobald die Reduktion beendet ist (eine filtrierte Probe darf sich beim Erhitzen nur noch schwach trüben), wird abgesaugt, gut ausgewaschen und gepreßt. Der noch feuchte Niederschlag wird dann durch Lösen in 1700 ccm Methylalkohol und der berechneten Menge alkoholischer Salzsäure (0,75 Mol.) in das Dichlorhydrat übergeführt. Dieses wird durch Zufügen von stark gekühltem Äther als feiner mikrokristallinischer, fahlgelber Niederschlag ausgefällt. Man saugt ab, wäscht mit Äther, trocknet im Vakuum und füllt das Präparat in hoch evakuierte oder mit einem indifferenten Gas gefüllte Röhrchen ab. Da das Präparat außerordentlich leicht durch den Sauerstoff der Luft in das giftige Aminooxyphenylarsenoxyd übergeführt wird, muß bei allen oben beschriebenen Operationen die Einwirkung der Luft verhindert werden. Die Fabrikation wird dadurch erschwert (nach „Ullmann").

Neosalvarsan ist eine Verbindung des Salvarsans mit Formaldehydnatriumsulfoxylat:

$$C_{12}H_{11}O_2As_2N_2 \cdot CH_2O \cdot SONa.$$

(Vgl. Formaldehyd, S. 327).

Unter dem Namen Silbersalvarsan werden Natriumsalze des Silberdioxydiamidoarsenobenzols verstanden.

Diazoverbindungen (Diazoniumsalze).

Läßt man bei Gegenwart von Mineralsäure auf Anilin oder andere aromatische primäre Amine salpetrige Säure unter Abkühlung einwirken, so wird Stickstoff an Stickstoff gelagert, und es entsteht eine Diazoverbindung. Diese Reaktion wurde von P. Grieß 1860 gefunden:

$$C_6H_5NH_2 \cdot HCl + HNO_2 = C_6H_5N : NCl + 2 H_2O$$

Nach Blomstrand-Strecker-Erlenmeyer sind die Salze der Diazoverbindungen als Ammoniumsalze zu betrachten nach Art der quartären Ammoniumverbindungen:

$$C_6H_5N = (CH_3)_3 \qquad\qquad C_6H_5N \equiv N$$
$$\qquad\quad | \qquad\qquad\qquad\qquad\qquad\quad |$$
$$\qquad\;\; Cl \qquad\qquad\qquad\qquad\qquad\quad Cl$$

Man nennt diese früher als Diazosalze bezeichneten Verbindungen Diazoniumsalze. Das Diazobenzolchlorid oder (nach der neueren Auffassung Benzoldiazoniumchlorid, $C_6H_5NCl = N$, bildet farblose Nadeln, das Benzoldiazoniumnitrat, $C_6H_5N(NO_3) \equiv N$, lange farblose Nadeln, die durch Stoß oder Schlag oder gelindes Erhitzen heftig explodieren.

Man nennt die Überführung aromatischer primärer Amine in Diazoniumsalze durch Einwirkung von salpetriger Säure auf die Salze der primären Basen das **Diazotieren der Amine.**

Kocht man aromatische Diazoniumsalze mit Wasser (am besten eignen sich die schwefelsauren Salze zu dieser Reaktion), so findet unter Stickstoffabspaltung die Bildung von Phenolen statt:

$$\underbrace{C_6H_5N_2SO_4H}_{\text{Diazoniumsulfat}} + H_2O = \underbrace{C_6H_5OH}_{\text{Phenol.}} + N_2 + H_2SO_4$$

Beim Erhitzen der Diazoniumsalze mit starkem Alkohol wird die Diazogruppe durch Wasserstoff ersetzt, Stickstoff wird abgespalten und Alhohol zu Aldehyd oxydiert:

$$C_6H_5N_2Cl + \underbrace{CH_3CH_2OH}_{\text{Äthylalkohol}} = \underbrace{C_6H_6}_{\text{Benzol}} + N_2 + HCl + \underbrace{CH_3CHO}_{\text{Acetaldehyd.}}$$

Diazoamido- und Amidoazoverbindungen.

Diese Gruppe von Verbindungen leitet sich von dem in freier Form nicht bekannten Stickstoffwasserstoff $NH = N - NH_2$ ab, worin der Wasserstoff der Imidogruppe durch einen aromatischen Rest, der Wasserstoff der Amidogruppe durch aliphatische oder aromatische Reste ersetzt sind.

Man gewinnt Diazoamidoverbindungen durch Einwirkung primärer und sekundärer aromatischer Amine auf Diazoniumsalze:

$$\underbrace{C_6H_5N_2Cl}_{\text{Diazoniumchlorid}} + \underbrace{C_6H_5NH_2}_{\text{Anilin}} = \underbrace{C_6H_5N : N - NHC_6H_5}_{\text{Diazoamidobenzol.}} + HCl$$

Auch entstehen Diazoamidoverbindungen durch Einwirkung von salpetriger Säure auf primäre Amine bei **Abwesenheit von Mineralsäuren:**

$$\underbrace{2\,C_6H_5NH_2 \cdot HCl}_{\text{Salzsaures Anilin}} + KNO_2 = \underbrace{C_6H_5N : N - NHC_6H_5}_{\text{Diazoamidobenzol.}} + KCl + HCl + 2\,H_2O$$

Diazoamidobenzol bildet goldgelbe, glänzende Blättchen oder Prismen, welche bei 96^0 schmelzen und, höher erhitzt, explodieren.

Eine sehr merkwürdige Umlagerung erfahren Diazoamidoverbindungen beim Erhitzen mit salzsaurem Anilin. Hierbei geht z. B. das gegen Säuren fast indifferente Diazoamidobenzol in das stark basische **Amidoazobenzol** über, indem das in p-Stellung zur Imidogruppe des Diazoamidobenzols befindliche Wasserstoffatom durch die Amidgruppe substituiert wird:

$$\underbrace{C_6H_5N : N - NH\langle\!\!\!\bigcirc\!\!\!\rangle H}_{\text{Diazoamidobenzol}} \longrightarrow \underbrace{C_6H_5N : N\langle\!\!\!\bigcirc\!\!\!\rangle NH_2}_{\text{Amidoazobenzol.}}$$

Amidoazobenzol dient als Ausgangsmaterial für Diazofarbstoffe und **Induline.** Die Sulfonsäuren des Amidoazobenzols sind als **Säuregelb** oder **Echtgelb** benutzte gelbe Farbstoffe.

Dimethylamidooazobenzol

$$CH_3 \; CH_3$$
$$\diagdown\!N\!\diagup$$
$$|$$
$$\langle\!\!\!\bigcirc\!\!\!\rangle$$
$$N = N\langle\!\!\!\bigcirc\!\!\!\rangle$$

läßt das Arzneibuch als Indikator bei der Titration von Mineralsäuren einerseits und Karbonaten andererseits verwenden. Die Salze der Base zeichnen sich durch eine schöne rote Farbe aus.

Eine Dimethylamidooazobenzolcarbonsäure

$$(HOOC) \cdot H_4C_6 \cdot N = N \cdot C_6H_4N(CH_3)_2$$

wird unter dem Namen **Methylrot** gleichfalls als Indikator benutzt.

Azooxyverbindungen. Oxyazoverbindungen.

Läßt man auf aromatische Nitroverbindungen in alkoholischer Lösung Natriumamalgam einwirken, so erhält man **Azooxyverbindungen**, d. h. Verbindungen, in welchen die beiden miteinander verknüpften Stickstoffatome noch außerdem durch Sauerstoff verbunden sind und aromatische Reste tragen. Aus Nitrobenzol erhält man auf diese Weise **Azooxybenzol**.

In methylalkoholischer Lösung vollzieht sich die Bildung des Azooxybenzols wie folgt:

$$4\,C_6H_5 \cdot NO_2 + 3\,CH_3 \cdot ONa = 2\; \begin{matrix} C_6H_5N \\ | \\ C_6H_5N \end{matrix}\!\!>\!\!O + 3\,HCOONa + 3\,H_2O$$

$$\underbrace{}_{} \quad \underbrace{}_{\text{Natriummethylat}} \quad \underbrace{}_{\text{Azooxybenzol}} \quad \underbrace{}_{\substack{\text{Ameisensaures} \\ \text{Natrium.}}}$$

Azooxybenzol bildet gelbe Kristalle vom Schmelzpunkt 36° und geht beim Erhitzen mit konzentrierter Schwefelsäure in p-**Oxyazobenzol** über:

$$\begin{matrix} C_6H_5N \\ | \\ C_6H_5N \end{matrix}\!\!>\!\!O \quad \longrightarrow \quad \begin{matrix} C_6H_5N \\ \| \\ NC_6H_4OH \end{matrix}.$$

Azoverbindungen. Hydrazoverbindungen.

Unterwirft man aromatische Nitroverbindungen in alkalischer Lösung einer Reduktion mit Zinkstaub oder mit Zinnchlorür und Natronlauge, so entstehen **Azoverbindungen**, in welchen die beiden Stickstoffatome doppelt verknüpft sind und zwei aromatische Reste tragen.

Aus Nitrobenzol erhält man auf diese Weise **Azobenzol**:

$$\left.\begin{matrix} C_6H_5NO_2 \\ \\ C_6H_5NO_2 \end{matrix}\right\} + 4\,Zn = \begin{matrix} C_6H_5N \\ \| \\ C_6H_5N \end{matrix} + 4\,ZnO$$

$$\underbrace{}_{\text{2 Mol. Nitrobenzol}} \qquad\qquad \underbrace{}_{\text{Azobenzol.}}$$

In kleiner Menge wird hierbei Hydrazobenzol gebildet. Völlig führt man Azobenzol in Hydrazobenzol über, wenn man es in alkoholischer Kalilauge mit Zinkstaub behandelt:

$$\begin{matrix} C_6H_5N \\ \| \\ C_6H_5N \end{matrix} + H_2 = \begin{matrix} C_6H_5NH \\ | \\ C_6H_5NH \end{matrix}$$

$$\underbrace{}_{\text{Azobenzol}} \qquad\qquad \underbrace{}_{\text{Hydrazobenzol.}}$$

Durch Oxydationsmittel geht Hydrazobenzol leicht wieder in Azobenzol über.

Azobenzol bildet bei 68° schmelzende, orangerote, rhombische Kristalle, Hydrazobenzol farblose, bei 131° schmelzende Tafeln oder Blättchen von kampferartigem Geruch.

Bei der Einwirkung von Mineralsäuren erleidet das gegen Säuren ziemlich indifferente Hydrazobenzol eine molekulare Umlagerung in einen stark basischen Stoff, das **Benzidin**:

$$\begin{matrix} C_6H_5 \cdot NH \\ | \\ C_6H_5 \cdot NH \end{matrix} \quad \longrightarrow \quad \begin{matrix} C_6H_4NH_2 \\ | \\ C_6H_4NH_2 \end{matrix}$$

$$\underbrace{}_{\text{Hydrazobenzol}} \qquad\qquad \underbrace{}_{\text{Benzidin.}}$$

Die Amidogruppen des Benzidins stehen in Parastellung zueinander:

$$NH_2\langle\underline{\quad}\rangle - \langle\underline{\quad}\rangle NH_2.$$

Sind die in Parastellung befindlichen Wasserstoffatome des Hydrazobenzols substituiert, so tritt die Benzidinumlagerung nicht ein. Ist nur eines dieser Wasserstoffatome substituiert, so tritt eine halbe Umlagerung, die sog. Semidin-Umlagerung, ein:

$$\begin{array}{ccc} C_6H_5NH & & C_6H_4\cdot NH_2 \\ | & \longrightarrow & | \\ CH_3OC\cdot HN - C_6H_4NH & & NH\cdot C_6H_4\cdot NH\cdot COCH_3 \end{array}$$

Die Azoverbindungen sind zwar gefärbte Stoffe, aber keine Farbstoffe. In ihnen ist der Farbstoffcharakter latent. Man nennt sie Chromogene. Sie werden zu Farbstoffen, wenn man sog. auxochrome Gruppen in die Molekel einführt. Zu solchen Gruppen gehören die Amido- und die Hydroxylgruppe. Amidoazoverb:ndungen, Oxyazoverbindungen, ganz besonders aber Amidoazobenzolsulfonsäuren bilden ausgezeichnete Farbstoffe. Azofarbstoffe werden zum Färben von Wolle und Seide benutzt.

Hydrazinverbindungen.

Aus Diazoniumsalzen entstehen durch Reduktion Hydrazine. Läßt man auf Benzoldiazoniumchlorid Zinnchlorür in salzsaurer Lösung einwirken, so bildet sich salzsaures Phenylhydrazin:

$$C_6H_5N_2Cl + 4H = C_6H_5NH\cdot NH_2\cdot HCl.$$

Eine andere Darstellungsmethode des Phenylhydrazins besteht darin, daß man in eine kalt gehaltene Lösung eines Benzoldiazoniumsalzes eine schwach alkalische Lösung von schwefligsaurem Natrium einfließen läßt, worauf sich diazobenzolsulfonsaures Natrium ausscheidet. Dieses wird mit Zinkstaub und Essigsäure reduziert, d. h. in phenylhydrazinsulfonsaures Natrium übergeführt, welches beim Kochen mit Salzsäure das salzsaure Salz des Phenylhydrazins liefert:

$$\underbrace{C_6H_5N_2Cl}_{\substack{\text{Benzoldiazonium-}\\\text{chlorid}}} + Na_2SO_3 = \underbrace{C_6H_5N_2SO_3Na}_{\substack{\text{Diazobenzolsulfonsaures}\\\text{Natrium.}}} + NaCl$$

$$C_6H_5N_2SO_3Na + 2H = \underbrace{C_6H_5NH - NHSO_3Na}_{\substack{\text{Phenylhydrazinsulfonsaures}\\\text{Natrium.}}}$$

$$C_6H_5NH - NHSO_3Na + H_2O + HCl = C_6H_5NH - NH_2\bullet HCl + NaHSO_4.$$

Phenylhydrazin bildet bei $19,6^0$ schmelzende, tafelförmige Kristalle, Siedepunkt 241 bis 242^0 unter teilweiser Zersetzung. Phenylhydrazin zersetzt sich an der Luft, indem es sich bräunt und ammoniakalischen Geruch annimmt.

Phenylhydrazin ist ein wichtiges Reagens in der Zuckergruppe (s. dort) und bildet das Ausgangsmaterial zur Darstellung des Antipyrins.

Aminobenzolsulfonsäuren. Durch Reduktion der drei möglichen Nitrobenzolsulfonsäuren entstehen die entsprechenden Aminosulfonsäuren. Die p-Verbindung entsteht durch Behandeln von Anilin mit rauchender Schwefelsäure (ca. $10^0/_0$ SO_3 enthaltend) bei 180^0. p-Aminobenzolsulfonsäure, welche zur Herstellung von verschiedenen Farbstoffen als Ausgangsmaterial benutzt wird, führt den Namen Sulfanilsäure. Sie kristallisiert mit 1 Mol. H_2O in Form rhombischer Tafeln, die in 112 T. Wasser löslich sind.

Läßt man salpetrige Säure auf Sulfanilsäure einwirken, so erhält

man ein anormal zusammengesetztes Diazoprodukt, für welches man
die Konfiguration

$$
\begin{array}{c}
N \\
\parallel \\
N \\
\cdots \\
\bigcirc \\
S - O \\
\diagup\!\!\diagdown \\
O \quad O
\end{array}
$$

annimmt. Diese als **Diazobenzolsulfonsäure** bezeichnete Verbindung dient zur Herstellung vieler Azofarbstoffe. Bei der Einwirkung von Dimethylanilin auf Diazobenzolsulfonsäure wird eine
Dimethylaminoazobenzolsulfonsäure erhalten:

$$
C_6H_4\!\!\begin{array}{c}\diagup N_2\\ \diagdown SO_2\end{array}\!\!\!>\!\!O + \bigcirc\!\!N\!\!\begin{array}{c}\diagup CH_3\\ \diagdown CH_3\end{array} = HSO_3\bigcirc N:N\bigcirc N\!\!\begin{array}{c}\diagup CH_3\\ \diagdown CH_3\end{array}.
$$

Das Natriumsalz dieser Säure ist das **Helianthin** oder **Tropäolin 0**
des Handels.

3. Phenole.

Phenole sind Hydroxylverbindungen, welche als Abkömmlinge
des Benzols oder seiner Homologen aufzufassen sind, indem am Kern
befindliche Wasserstoffatome durch Hydroxylgruppen ersetzt werden.

Das einfachste Phenol ist die kurzweg als **Phenol**, **Benzophenol** oder **Carbolsäure** bezeichnete Verbindung, ein Benzol, in
welchem 1 Wasserstoffatom durch Hydroxyl ersetzt ist: $C_6H_5 \cdot OH$.

Unter „aromatischen Alkoholen" werden diejenigen Benzol-
abkömmlinge verstanden, welche in den Seitenketten alkoholische
Hydroxylgruppen enthalten, z. B.: Benzylalkohol, $C_6H_5 \cdot CH_2OH$.

Phenole werden, wie in der Fettreihe die Alkohole, nach der
Anzahl der an Kernkohlenstoffatome gebundenen Hydroxylgruppen
als **ein-** und **mehrwertige** (ein- und mehrsäurige) unterschieden.

Übersicht der medizinisch-pharmazeutisch wichtigsten
Phenole.

a) **Einwertige Phenole.** Phenol. Kresole. Thymol. Carvacrol.
b) **Zweiwertige Phenole.** Brenzkatechin. Resorcin. Hydrochinon.
c) **Dreiwertige Phenole.** Pyrogallol. Phloroglucin. Oxyhydrochinon.

a) Einwertige Phenole.

Phenol, Benzophenol, Carbolsäure[1]), Acidum carbolicum
s. phenylicum, $C_6H_5 \cdot OH$, findet sich unter den Produkten der
trockenen Destillation der Steinkohlen, in geringer Menge auch in

---

[1]) Carbolsäure ist eine unrichtige Bezeichnung, denn die Verbindung ist
keine carboxylhaltige Substanz, also keine Säure. Sie wurde wegen ihrer Löslichkeit in Alkali als Säure ursprünglich angesprochen. Da für dieses Phenol der
Name Carbolsäure sich allgemein eingebürgert hat, so sei er auch hier gebraucht.

denjenigen der Braunkohlen und des Holzes. Carbolsäure entsteht bei der Fäulnis der Eiweißstoffe.

Synthetisch wird sie gewonnen:

1. Durch Schmelzen von Benzolsulfonsäure mit Kalium- oder Natriumhydroxyd:

$$\underbrace{C_6H_5 - SO_3Na}_{\text{Benzolsulfonsaures Natrium}} + NaOH = \underbrace{C_6H_5OH}_{\text{Phenol}} + \underbrace{Na_2SO_3}_{\text{Natriumsulfit.}}$$

2. Durch Kochen von Benzoldiazoniumsulfat mit Wasser (s. S. 433).

Die praktische Gewinnung des Phenols geschieht aus dem Steinkohlenteer, welchen man einer fraktionierten Destillation unterwirft. Das Schweröl (die bis 270⁰ übergehenden Anteile) wird mit Natronlauge behandelt, worin sich Carbolsäure und andere Phenole, besonders Kresole und Xylenole, lösen, während Kohlenwasserstoffe und andere Nebenstoffe beim Verdünnen der Natronlösung mit Wasser sich als Ölschicht absondern.

Die Natronlösung der Phenole wird zunächst mit wenig Schwefelsäure angesäuert, wodurch braune, harzartige Stoffe gefällt werden, und sodann mit einem weiteren kleinen Anteil Schwefelsäure versetzt, welcher die teilweise Abscheidung der Kresole, Xylenole usw. bewirkt. Hierauf übersättigt man die Lösung mit Schwefelsäure und unterwirft die abgeschiedenen und dann entwässerten Phenole der Rektifikation, indem man die zwischen 180⁰ und 190⁰ übergehenden Anteile gesondert auffängt. Bei einer wiederholten Destillation sammelt man als reines Phenol die zwischen 182⁰ und 183⁰ destillierende Flüssigkeit, die an einem kühlen Orte rasch zu Kristallen erstarrt.

Phenol kristallisiert in farblosen Nadeln, die in völlig wasserfreiem Zustand zwischen 41⁰ und 42⁰ schmelzen und zwischen 182⁰ und 183⁰ sieden. Es löst sich in 14 T. Wasser von 15⁰ zu einer farblosen, Lackmusfarbstoff schwach rötenden Flüssigkeit. Mit Ferrichlorid gibt es in verdünnter wässeriger Lösung Violettfärbung. In Alkohol, Äther, Chloroform, Glycerin, Schwefelkohlenstoff, fetten Ölen und ätzenden Alkalien ist es leicht löslich. Mit letzteren, sowie mit anderen Basen geht es feste Verbindungen ein, die sog. Phenolate (Natriumphenolat, $C_6H_5 \cdot ONa$, Quecksilberphenolat $(C_6H_5O)_2Hg$ usw.). Phenolate sind Verbindungen, welche durch Kohlensäure wieder gespalten werden. Bromwasser erzeugt noch in einer Lösung von 1 T. Carbolsäure in 50000 T. Wasser einen weißen flockigen Niederschlag von Tribromphenol, $C_6H_2Br_3OH$.

Von der Reinheit der Carbolsäure überzeugt man sich durch Bestimmung des Erstarrungs- und Siedepunktes, sowie durch die Klarlöslichkeit in 15 T. Wasser. Enthält Carbolsäure höhere Homologe des Phenols, wie Kresole, Xylenole, so erhält man, weil diese sehr schwer oder unlöslich in Wasser sind, trübe Lösungen. Carbolsäure darf beim Verdampfen auf dem Wasserbade höchstens 0,1⁰/₀ Rückstand hinterlassen. Das häufig beobachtete Rotwerden der Carbolsäure ist nicht immer auf Verunreinigungen derselben zurückzuführen, sondern kann auch durch äußere Einflüsse bedingt sein; der entstehende rote Farbstoff ist ein Oxydationsprodukt des Phenols, der sich besonders leicht in ammoniakhaltiger Luft bildet.

Anwendung. In 2- bis $3\,^0/_0$iger wässeriger Lösung dient es als Antiseptikum bei der Wundbehandlung. Zur bequemeren Dispensation schreibt das Arzneibuch ein **Acidum carbolicum liquefactum** vor, welches durch Lösen von 1 T. Wasser in 10 T. Phenol bereitet wird und ein bei gewöhnlicher Temperatur flüssig bleibendes, klares Gemisch darstellt.

Phenol ist giftig. Es wirkt stark ätzend und ruft auf der Haut weiße Flecken hervor. Vorsichtig aufzubewahren. **Innerlich größte Einzelgabe 0,1 g; größte Tagesgabe 0,3 g.**

Die sog. **rohe Carbolsäure** des Handels, **Acidum carbolicum crudum**, enthält **kein** oder nur Spuren der Verbindung $C_6H_5 \cdot OH$, besteht vielmehr aus wechselnden Mengen anderer Phenole (besonders der bei der Carbolsäuregewinnung abfallenden Kresole) und aus Kohlenwasserstoffen. Der Wert der verschiedenen Handelssorten „roher Carbolsäure" wird nach ihrem Gehalt an Kresolen bemessen (s. weiter unten: Kresole).

Die „**rohe Carbolsäure**" oder die **Rohkresole** finden in mannigfachen Zubereitungen unter verschiedenen Namen Verwendung zu Desinfektionszwecken. So ist **Creolin** eine Kresolschwefelsäure, in welcher Teerkohlenwasserstoffe gelöst sind, **Lysol** eine durch Kaliseife hergestellte $50\,^0/_0$ige Lösung der Kresole.

Phenolsulfonsäure, $C_6H_4(OH) \cdot SO_3H$. Läßt man auf Phenol konz. Schwefelsäure einwirken, so wird unter Abspaltung von Wasser Phenolsulfonsäure gebildet:

$$C_6H_4 \!\!\begin{array}{c} OH \\ H \end{array} + HO-S \!\!\begin{array}{c} O \\ O \\ OH \end{array} = C_6H_4 \!\!\begin{array}{c} OH \\ SO_3H \end{array} + H_2O.$$

Bei mittlerer Temperatur (15^0 bis 20^0) entsteht hierbei **Orthophenolsulfonsäure**, beim Erwärmen auf gegen 90^0 **Paraphenolsulfonsäure.** Man sättigt mit Baryumkarbonat, wobei die nicht in Verbindung getretene Schwefelsäure als Baryumsulfat abgeschieden wird, während paraphenolsulfonsaures Baryum in Lösung bleibt. Zur Darstellung des medizinisch verwendeten

Zincum sulfocarbolicum, paraphenolsulfonsauren Zinks, $[C_6H_4(OH)SO_3]_2Zn \cdot 8\,H_2O$, wird das Baryumsalz der Paraphenolsulfonsäure mit der berechneten Menge Zinksulfat versetzt und die vom abgeschiedenen Baryumsulfat abfiltrierte Flüssigkeit zur Kristallisation eingedampft.

Das Zinksalz kristallisiert in farblosen rhombischen Prismen oder Tafeln, welche von 2 T. Wasser und von 2 T. Alkohol gelöst werden.

Anwendung. An Stelle von Zinksulfat in wässeriger Lösung zur Einspritzung bei Gonorrhöe; auch in der Augenheilkunde bei Conjunctivitis benutzt.

Trinitrophenol, Pikrinsäure, Acidum picronitricum, $C_6H_2(NO_2)_3OH$. Bei der Einwirkung von Salpetersäure auf Phenol findet je nach der Dauer der Einwirkung, der Höhe der hierbei obwaltenden Temperatur und der Stärke der Salpetersäure eine verschieden verlaufende Nitrierung statt. Man gewinnt Pikrinsäure praktisch, indem man durch Einwirkung von konz. Schwefelsäure auf Phenol bei 110^0 zunächst p-Phenolsulfonsäure bildet, die sodann in die dreifache Menge $70^0/_0$iger Salpetersäure eingetragen wird. Das Gemisch wird schließlich auf 40^0 erwärmt.

Pikrinsäure bildet sich bei der Behandlung vieler organischer Verbindungen, z. B. von Indigo, Anilin, Leder, Wolle, Harzen mit Salpetersäure und besitzt die Konstitution:

$$\begin{array}{c} OH \\ NO_2 \diagup\!\!\!\bigcirc\!\!\!\diagdown NO_2 \\ NO_2 \end{array}.$$

Pikrinsäure bildet bei 122^0 schmelzende, glänzende, gelbliche Blättchen oder Prismen, welche bei mittlerer Temperatur von 86 T. Wasser zu einer stark gelb gefärbten Flüssigkeit gelöst werden. Pikrinsäure färbt in saurem Bade Seide und Wolle schön gelb und dient besonders zur Herstellung von Sprengstoffen.

Kresole, Oxytoluole. Die **drei** Isomeren werden als o-, m- und p-Kresol bezeichnet.

$$\text{o-Kresol}, \ C_6H_4\!\!\begin{array}{l} \diagup CH_3 \ (1) \\ \diagdown OH \ (2); \end{array} \qquad \text{Schmp. } 31^0, \text{ Sdp. } 188^0.$$

$$\text{m-Kresol}, \ C_6H_4\!\!\begin{array}{l} \diagup CH_3 \ (1) \\ \diagdown OH \ (3), \end{array} \qquad \text{Schmp. } 4^0, \text{ Sdp. } 201^0.$$

$$\text{p-Kresol}, \ C_6H_4\!\!\begin{array}{l} \diagup CH_3 \ (1) \\ \diagdown OH \ (4), \end{array} \qquad \text{Schmp. } 36^0, \text{ Sdp. } 198^0.$$

Das Arzneibuch verlangt für die arzneiliche Verwendung ein rohes Kresol, welches gegen $50^0/_0$ m-Kresol enthalten soll. Es ist eine klare, gelbliche oder gelblich-braune Flüssigkeit, die in viel Wasser bis auf wenige Flocken, in Weingeist und Äther völlig löslich ist. Die wässerige Lösung wird durch Ferrichloridlösung blauviolett gefärbt.

Schüttelt man 10 ccm rohes Kresol mit 50 ccm Natronlauge und 50 ccm Wasser in einem Meßzylinder von 200 ccm Inhalt, so dürfen nach halbstündigem Stehen nur wenige Flocken ungelöst bleiben (Naphtalin). Setzt man dann 30 ccm Salzsäure und 10 g Natriumchlorid hinzu, schüttelt und läßt darauf ruhig stehen, so sammelt sich die ölartige Kresolschicht oben an; sie muß mindestens 9 ccm betragen. Den m-Kresol-Gehalt bestimmt man durch Einwirkung eines Gemisches von konz. Schwefelsäure und Salpetersäure auf das Rohkresol, wobei o- und p-Kresole zerstört werden und das m-Kresol in kristallisierendes Trinitro-m-Kresol übergeführt wird (s. Arzneibuch). Rohkresol ist vorsichtig aufzubewahren.

Thymol, Methylisopropylphenol, $C_6H_3\diagdown\!\!\begin{smallmatrix}CH_3\\CH(CH_3)_2\\OH\end{smallmatrix}$ [1, 4, 3], findet sich in verschiedenen ätherischen Ölen, so im Thymianöl (von Thymus vulgaris), im Monardaöl (von Monarda punctata), im Ajowanöl (von Ptychotis Ajowan) usw. und wird daraus durch Behandeln mit Natronlauge und Abscheidung des in dieser gelösten Phenols mit Salzsäure gewonnen. Thymol bildet farblose, hexagonale Kristalle vom Schmelzpunkt 49^0 bis 50^0, die sich in weniger als 1 T. Weingeist, Äther, Chloroform, in etwa 1100 T. Wasser, sowie in 2 T. Natronlauge lösen. Thymol besitzt einen angenehm thymianartigen Geruch und findet als Antiseptikum besonders für Mundwasser, zum Verbande bei Geschwüren und bei Verbrennungen Anwendung. Ein Dijoddithymol ist das als Ersatzmittel für Jodoform gebrauchte Aristol oder Annidalin

$$C_3H_7\diagup\!\!\!\!\begin{smallmatrix}CH_3\\ \\JO\end{smallmatrix}\!\!\diagdown C_6H_2 - C_6H_2 \diagup\!\!\begin{smallmatrix}CH_3\\ \\OJ\end{smallmatrix}\!\!\diagdown C_3H_7\ .$$

Carvacrol, dem Thymol isomer, $C_6H_3\diagdown\!\!\begin{smallmatrix}CH_3\\CH(CH_3)_2\\OH\end{smallmatrix}$ [1, 4, 2], ist im Kümmelöl (von Carum carvi) und im ätherischen Öle einiger Saturejaarten aufgefunden worden. Es entsteht u. a. beim Erhitzen von Kampfer mit Jod am Rückflußkühler und bildet bei 0^0 schmelzende Kristalle. Sdp. 236^0.

b) Zweiwertige Phenole.

Die zweiwertigen Phenole

Brenzkatechin, Resorcin und Hydrochinon werden nach der Stellung ihrer Hydroxylgruppen unterschieden als

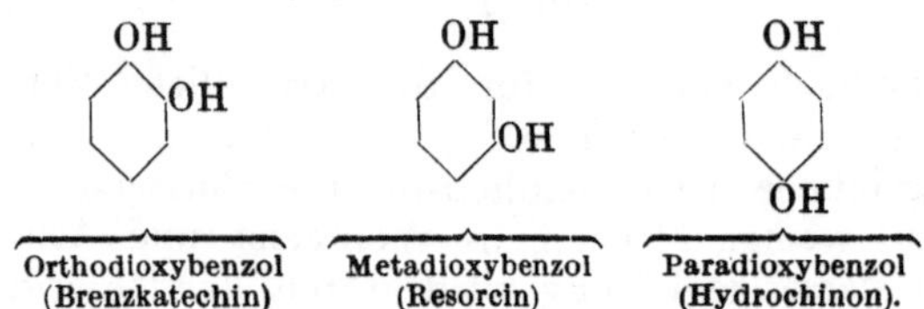

Orthodioxybenzol
(Brenzkatechin)
Metadioxybenzol
(Resorcin)
Paradioxybenzol
(Hydrochinon).

Von diesen Verbindungen werden Resorcin und Hydrochinon arzneilich verwendet.

Resorcin entsteht beim Schmelzen verschiedener Gummiharze (z. B. Galbanum, Asa foetida) mit Kaliumhydroxyd und wird praktisch durch Schmelzen der Metaphenolsulfonsäure oder der Metabenzoldisulfonsäure mit Kaliumhydroxyd gewonnen.

Resorcin kristallisiert in farblosen Tafeln oder Prismen vom Schmelzpunkt 110^0 bis 111^0, die sich in 1 T. Wasser, 1 T. Weingeist, leicht in Äther sowie in Glycerin, schwer in Chloroform und

Schwefelkohlenstoff lösen. Die wässerige Lösung $(1+19)$ wird durch Bleiessig weiß gefällt (o-Dioxybenzol wird auch von neutralem Bleiacetat gefällt, Resorcin nicht). Erwärmt man 0,05 g Resorcin und 0,1 g Weinsäure und 10 Tropfen Schwefelsäure vorsichtig, so entsteht eine dunkelkarminrote Färbung. **Resorcin soll vor Licht geschützt aufbewahrt werden.**

Beim Erhitzen von Resorcin mit Phtalsäureanhydrid entsteht **Fluorescein.** Durch Einwirkung von Brom auf eine Eisessiglösung des Fluoresceins entsteht **Tetrabromfluorescein,** $C_{20}H_8Br_4O_5$, das unter dem Namen **Eosin** bekannt ist. Das Kalium- und Natriumsalz des Eosins färben Wolle und Seide rot, letztere mit gelbroter Fluoreszenz. Ein **Tetrajodfluorescein,** $C_{20}H_8J_4O_5$, führt den Namen **Erythrosin.** Die Verwendung der Eosine als Indikatoren in der Maßanalyse ist bemerkenswert.

Durch Erhitzen von Natriumnitrit mit Resorcin auf 130^0 wird ein tiefblauer Farbstoff, **Lacmoid,** erhalten, der ebenfalls als Indikator benutzt wird. Eine Arzahl anderer Farbstoffe, wie das **Resorufin, Resazurin,** werden durch Einwirkung von N_2O_3 haltender Salpetersäure auf Resorcin gebildet.

Ein homologes Resorcin ist das **Orcin,** $C_6H_3{<}\!\!\begin{array}{l}CH_3\,(1)\\-OH\,(3)\\OH\,(5)\end{array}$, welches in verschiedenen Flechten (Roccella, Lecanora) entweder als Orcincarbonsäure oder Orsellinsäure, bzw. deren Ester vorkommt. Schmilzt man Aloeextrakt mit Kaliumhydroxyd, so entsteht Orcin. Beim Stehenlassen einer ammoniakalischen Lösung des Orcins an der Luft bildet sich **Orcein,** $C_{28}H_{24}N_2O_7$, welches sich als rotbraunes Pulver abscheidet. Es bildet mit Metalloxyden rote Lackfarben. **Orseillefarbstoff (Persico, franz. Purpur, Cudbear)** besteht im wesentlichen aus Orcein.

Hydrochinon bildet farblose, bei 169^0 schmelzende, süß schmeckende Nadeln. Es wird bei der trockenen Destillation der Chinasäure gebildet und praktisch dargestellt aus dem **Chinon,** einer Verbindung, die bei der Oxydation von Anilin mit Chromsäure entsteht.

Chinone werden diejenigen Verbindungen genannt, in welchen zwei dem Benzolkern angehörende Wasserstoffatome durch zwei Sauerstoffatome meist in Parastellung, selten in Orthostellung ersetzt sind. Man nennt die Chinone hiernach **Parachinone** bzw. **Orthochinone. Metachinone** sind nicht bekannt.

Man gibt dem einfachsten Chinon, dem **Benzochinon,** folgende Konstitutionsformeln:

<table>
<tr><td align="center">C
CH⟨ ⟩CH
| O |
| |
| O |
CH⟨ ⟩CH
C

Hyperoxydformel</td><td align="center">oder</td><td align="center">CO
CH⟨ ⟩CH

CH⟨ ⟩CH
CO

Ketonformel.</td></tr>
</table>

Man gewinnt es, indem man in eine Lösung von Anilin in überschüssiger, verdünnter Schwefelsäure allmählich unter guter Kühlung gepulvertes Kaliumdichromat einträgt und nach beendigter Reaktion aus dem erkalteten Gemisch das Chinon mit Äther ausschüttelt. Leitet man vor der Ausschüttelung mit Äther Schwefel-

dioxyd in die Flüssigkeit ein, so wird das Chinon in Hydrochinon übergeführt:

$$\underbrace{C_6H_4O_2}_{\text{Chinon}} + SO_2 + 2\,H_2O = H_2SO_4 + \underbrace{C_6H_4(OH)_2}_{\text{Hydrochinon}}$$

welches beim Ausschütteln mit Äther in diesen übergeht.

Chinon bildet eigenartig riechende, goldgelbe Prismen vom
Schmelzpunkt 116⁰.

Ersetzt man im Chinon nacheinander die beiden Sauerstoffatome durch die Gruppe $=NH$, so werden **Chinonmonimin** und
Chinondiimin gebildet. Man erhält diese Verbindungen, indem
man p-Aminophenol bzw. p-Phenylendiamin mit Silberoxyd in ätherischer Lösung oxydiert:

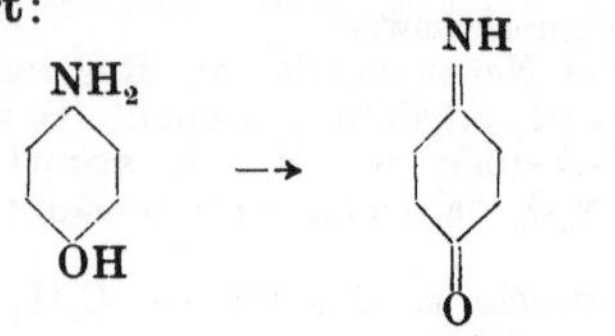

Von beiden Verbindungen leiten sich viele Farbstoffe ab, vom
Monimin z. B. die **Indoaniline** (**Phenolblau** entsteht durch
Kuppeln mit Dimethylanilin), vom Diimin die **Indamine**. Zu
letzteren gehört das **Phenylenblau**:

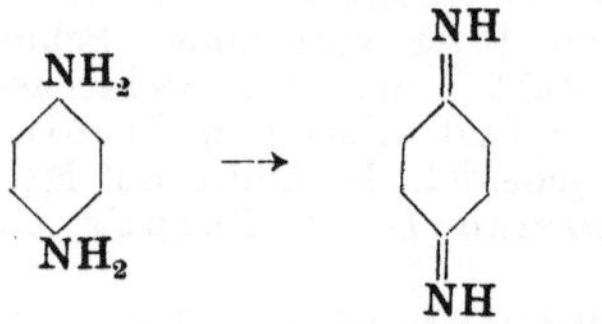

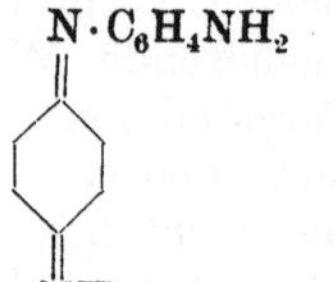

Oxydiert man Indoaniline und Indoamine gemeinsam mit aromatischen Basen, so erhält man die Farbstoffgruppe der **Induline**
und **Safranine**.

Brenzkatechin ist als solches pharmazeutisch von geringem
Interesse, wohl aber sind zu ihm in Beziehung stehende Verbindungen, **Adrenalin**, **Guajakol** und **Eugenol** wichtig.

Adrenalin wurde von **Takamine** aus der Nebenniere isoliert.
Es ist das blutdrucksteigernde Prinzip derselben und als o-**Dioxy-
phenyläthanolmethylamin** zu bezeichnen:

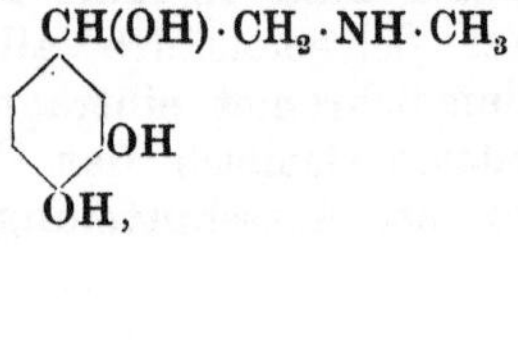

also ein Derivat des Brenzkatechins. Adrenalin ist synthetisch dargestellt worden und kommt in Form des salzsauren Salzes auch als **Suprareninhydrochlorid, Paranephrin, Epinephrin, Epirenan** in den Verkehr.

Guajakol ist als der Monomethyläther des Brenzkatechins aufzufassen, **Eugenol** als ein Guajakol, in welchem ein Kernwasserstoffatom durch die Allylgruppe ersetzt ist:

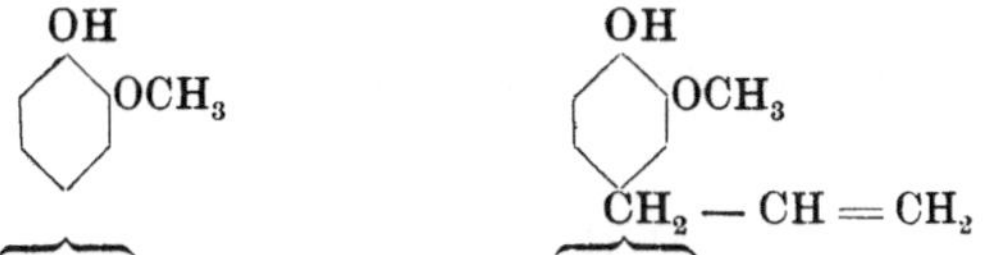

$$\text{Guajakol} \qquad\qquad \text{Eugenol.}$$

Guajakol kommt im Buchenholzteer vor und bildet den Hauptbestandteil des daraus durch fraktionierte Destillation gewonnenen **Kreosots.** Reines Guajakol schmilzt bei 28^0 und siedet über 200^0. Es findet in reinem Zustande, sowie als Benzoylverbindung (Benzoylguajakol) oder als Karbonat (Guajacolum carbonicum) arzneiliche Verwendung bei phthisischen Zuständen.

Guajakolkarbonat wird bei der Einwirkung von Kohlenoxychlorid auf Guajakolnatrium erhalten:

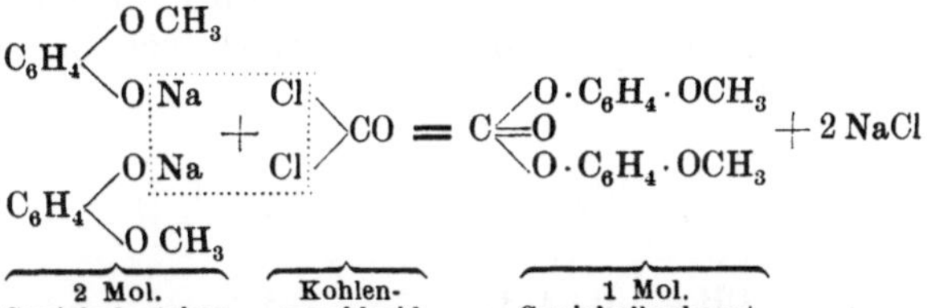

$$\text{2 Mol. Guajakolnatrium} + \text{Kohlenoxychlorid} = \text{1 Mol. Guajakolkarbonat.} + 2\,\text{NaCl}$$

Es ist ein weißes kristallinisches Pulver, leicht löslich in Chloroform und heißem Weingeist, schwer löslich in Äther. Schmelzpunkt 86^0 bis 88^0.

Eugenol ist in verschiedenen ätherischen Ölen nachgewiesen worden und bildet den Hauptbestandteil des **Nelkenöls (Oleum Caryophyllorum).** Es kommt darin auch in kleiner Menge als Acetylverbindung vor. Eugenol siedet bei 274^0.

Es wird gegen Zahnschmerz gebraucht und dient besonders zur synthetischen Herstellung des **Vanillins.** Eugenol wird durch Kochen mit alkoholischer Kalilauge am Rückflußkühler in Isoeugenol umgewandelt, wobei die Allylgruppe des Eugenols in eine Propenylgruppe übergeht:

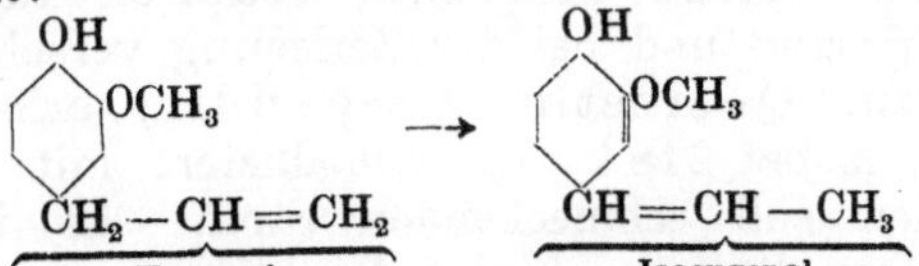

$$\text{Eugenol} \qquad\longrightarrow\qquad \text{Isoeugenol.}$$

Bei der Oxydation des Isoeugenols wird der Kohlenwasserstoffrest der Seitenkette an der Stelle der Doppelbindung abgesprengt

und dafür ein O-Atom eingesetzt; es entsteht der Monomethyläther
des Protokatechualdehyds oder **Vanillin**:

$$\text{Vanillin.}$$

Dem Eugenol isomer ist das **Chavibetol** des ätherischen Öles der
Blätter von Piper Betle,

$$C_6H_3 \begin{cases} OH & (1) \\ OCH_3 & (2) \\ CH_2-CH=CH_2 & (5) \end{cases}.$$

Safrol oder Shikimol ist ein Allylbrenzkatechinmethylenäther:

Es findet sich im Sassafrasöl und im Kampferöl. Durch heiße alkoholische Kalilauge geht es in Isosafrol über, einen Propenyl-
brenzkatechinmethylenäther, und dieser liefert bei der Oxydation
Heliotropin (Piperonal):

$$\text{Propenylbrenzkatechin-}\atop\text{methylenäther} \longrightarrow \text{Piperonal.}$$

c) Dreiwertige Phenole.

$$\underset{\substack{\text{Phloroglucin}\\1:3:5}}{} \qquad \underset{\substack{\text{Pyrogallol}\\1:2:3}}{} \qquad \underset{\substack{\text{Oxyhydrochinon}\\1:2:4.}}{}$$

Von diesen Verbindungen wird das **Phloroglucin** beim Schmelzen
verschiedener Harze (Kino, Katechu, Drachenblut) mit Kalium-
oder Natriumhydroxyd und bei der Zerlegung verschiedener Glukoside (Phloridzin, Quercetin, Hesperidin) erhalten. Schnell
erhitzt, schmilzt es bei 218°. Es kristallisiert mit 2 Mol. Wasser
und bildet einen süß schmeckenden Stoff. Es ist in Wasser,
Alkohol und Äther löslich. Einige Reaktionen des Phloroglucins,
vor allem sein Verhalten gegen Hydroxylamin, deuten darauf hin,
daß dem Phloroglucin auch eine tautomere Form, die sog. Ketoform

$$\begin{array}{c} CH_2 \\ OC \diagup \diagdown CO \\ H_2C \diagdown \diagup CH_2 \\ CO \end{array}$$

eigen ist. Phloroglucin ist ein Reagens auf Holzstoff: es färbt diesen bei Gegenwart von starker Salzsäure lebhaft rot. Als Reagens auf Phloroglucin in Pflanzenteilen dient eine Vanillinlösung, die aus 0,05 g Vanillin, 0,5 g Weingeist, 0,5 g Wasser und 3 g starker Salzsäure bereitet ist. Phloroglucinhaltige Pflanzenteile werden durch Betupfen mit einem Tropfen dieser Lösung erst hellrot, dann violettrot gefärbt.

Pyrogallol (früher als **Pyrogallussäure** bezeichnet) entsteht beim Erhitzen der **Gallussäure** (s. S. 459) für sich oder mit Wasser auf 200^0 bis 210^0. Zweckmäßig nimmt man das Erhitzen in einem Kohlendioxydstrom vor; gegen 200^0 verflüchtigt sich Pyrogallol:

$$C_6H_2 \begin{cases} CO \cdot O H\ (1) \\ OH \quad (3) \\ OH \quad (4) \\ OH \quad (5) \end{cases} = C_6H_3 \begin{cases} OH \\ OH \\ OH \end{cases} - CO_2$$

Gallussäure   Pyrogallol   Kohlendioxyd.

Pyrogallol kristallisiert in farblosen, glänzenden Nadeln oder Blättchen, welche sich leicht in Wasser, Alkohol und Äther lösen. Schmelzp. 132^0. Bei vorsichtigem Erhitzen sublimiert es, ohne sich zu zersetzen. Die Lösung des Pyrogallols in Kali- oder Natronlauge nimmt unter Braunfärbung schnell Sauerstoff aus der Luft auf, und es werden im wesentlichen Kohlensäure und Essigsäure gebildet. Man benutzt daher die alkalische Pyrogallollösung in der Gasanalyse zur Bindung und quantitativen Bestimmung von freiem Sauerstoff in Gasgemengen. Die große Aufnahmefähigkeit für Sauerstoff äußert Pyrogallol auch gegenüber Gold-, Silber- und Quecksilbersalzen, welche es zu Metallen reduziert.

Die wässerige Lösung des Pyrogallols wird durch eine frisch bereitete Lösung von Ferrosulfat indigoblau, durch Ferrichloridlösung braunrot gefärbt.

Anwendung. Bei Psoriasis, bei Eczema marginatum und bei Lupus. Als Applikationsform dient vorzugsweise Salbe 1:10 bis 20, bei Ozaena $2^0/_0$ ige wässerige Lösung. Innerlich bei Lungen- und Magenblutung 0,05 g mehrmals täglich. **Vor Licht geschützt aufzubewahren!**

Oxyhydrochinon bildet sich neben Tetra- und Hexaoxydiphenyl beim Schmelzen von Hydrochinon mit Kaliumhydroxyd. Man erhält Oxyhydrochinon vorteilhaft durch Kochen von Chinon mit Essigsäure und Zerlegen des Oxyhydrochinonacetats mit Alkali. Schmelzp. $140,5^0$.

4. Phenoläther.

Unter **Phenoläthern** versteht man alkylierte Phenole, d. h. Phenole, deren Hydroxylwasserstoffatome durch Alkylgruppen ersetzt sind. Man gewinnt Phenoläther durch Behandeln von Alkaliphenolaten mit Alkyljodiden. Der Methyläther des Phenols heißt **Anisol**, $C_6H_5OCH_3$, der Äthyläther **Phenetol**, $C_6H_5OC_2H_5$. Viele Phenoläther finden sich in der Natur, besonders als Bestandteile ätherischer Öle.

Zu solchen gehören **Eugenol** (siehe S. 443), **Asaron**, ein

Propenyltrimethoxybenzol $\quad$, welches im Haselwurz-, im Matico- und im Kalmusöl aufgefunden worden ist, **Myristicin**, ein (1) Allyl (3,4) Methylendioxy (5) Methoxybenzol

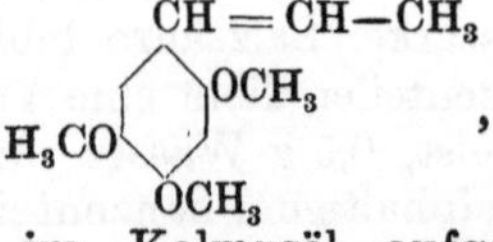

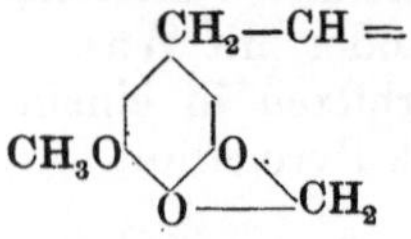

, welches im Muskatnußöl, im französischen Petersilienöl und in Maticoölen vorkommt, **Apiol** des Petersilienöls:

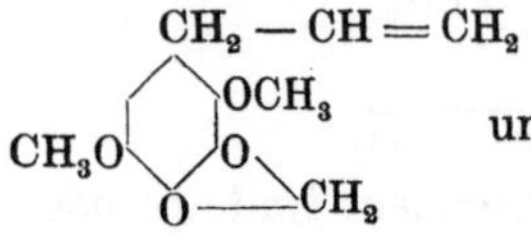

und **Isapiol** des Dillöls: 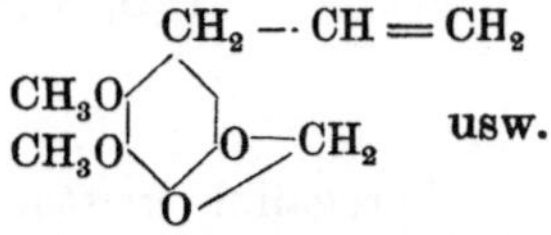 $\quad$ usw.

Im **Anisöl** findet sich Anethol, im **Esdragonöl** das ihm isomere **Methylchavicol**:

Anethol (p-Propenylanisol) $\qquad$ Methylchavicol (p-Allylanisol)

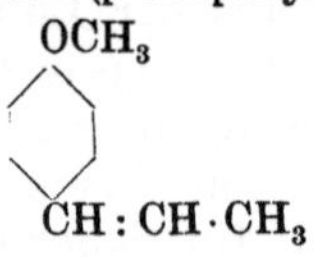

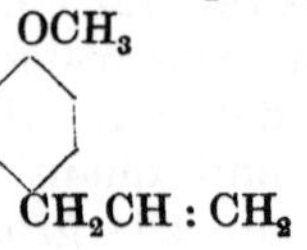

5. Aromatische Aldehyde.

Die aromatischen Aldehyde sind wie diejenigen der Fettreihe durch die einwertige Gruppe CHO gekennzeichnet. Sie entstehen durch Oxydation primärer aromatischer Alkohole.

Von aromatischen Aldehyden sind pharmazeutisch-medizinisch wichtig **Benzaldehyd**, **Zimtaldehyd** und **Salicylaldehyd**.

Benzaldehyd (**Bittermandelöl**), $C_6H_5 \cdot CHO$. Bei der Einwirkung von Chlor auf siedendes Toluol wird zunächst **Benzylchlorid**, $C_6H_5CH_2Cl$, gebildet, welches bei der Behandlung mit Wasser Benzylalkohol, $C_6H_5 \cdot CH_2OH$, liefert. Unterwirft man diesen einer vorsichtig geleiteten Oxydation, so geht er in Benzaldehyd über.

Das durch weitere Einwirkung von Chlor auf Benzylchlorid entstehende Benzalchlorid, $C_6H_5CHCl_2$, liefert beim Kochen mit Wasser direkt Benzaldehyd.

Benzaldehyd entsteht auch bei der Oxydation der Zimtsäure, sowie durch Zerlegung eines in den bitteren Mandeln, in Pfirsichkernen und anderen Pflanzenteilen aus den Familien der Amygdaleae und Pomaceae vorkommenden Glukosides, des **Amygdalins**. Die bitteren Mandeln enthalten gegen $3\,^0/_0$ davon und ein Enzym, Emulsin, welches bei Gegenwart von Wasser zersetzend auf Amygdalin einwirkt. Bittere Mandeln sind in trockenem Zustande geruchlos; stößt man sie jedoch mit Wasser zu einem Brei an, so verbreitet sich ein ätherischer (sog. Bittermandelöl-)Geruch, indem Amygdalin im Sinne folgender Gleichung gespalten wird:

$$C_{20}H_{27}NO_{11} + 2\,H_2O = 2\,C_6H_{12}O_6 + HCN + C_6H_5C\!\!\begin{array}{c}\diagup O\\ \diagdown H\end{array}$$

$$\underbrace{\phantom{C_{20}H_{27}NO_{11}}}_{\text{Amygdalin}} \qquad\qquad \underbrace{}_{\text{Glukose}} \underbrace{}_{\substack{\text{Cyanwasser-}\\\text{stoff}}} \underbrace{}_{\text{Benzaldehyd.}}$$

Unterwirft man den mit Wasser verdünnten Brei aus bitteren Mandeln der Destillation, so geht in das wässerige Destillat neben kleinen Mengen nebenher gebildeter Produkte im wesentlichen Cyanwasserstoff und Benzaldehyd, bzw. eine Verbindung beider, **Benz**-

aldehydcyanhydrin, $C_6H_5C\!\!\begin{array}{c}\diagup OH\\ -H\\ \diagdown CN\end{array}$, über. Dieses wässerige Destillat

wird unter dem Namen **Bittermandelwasser, Aqua Amygdalarum amararum,** arzneilich verwendet. Es wird mit Wasser und Weingeist verdünnt, so daß 1000 T. Flüssigkeit 1 T. Cyanwasserstoff enthalten.

Bereitung von Bittermandelwasser. 12 T. grob gepulverte bittere Mandeln werden ohne Erwärmung durch Pressen soweit wie möglich von dem fetten Öl befreit, dann in ein mittelfeines Pulver verwandelt. Dieses wird, mit 20 T. destilliertem Wasser gut gemischt, in eine geräumige Destillierblase gebracht, welche so eingerichtet ist, daß gespannte Wasserdämpfe hindurchstreichen können. Man überläßt zweckmäßig 12 Stunden sich selbst und destilliert vorsichtig bei sorgfältiger Abkühlung 9 T. in eine Vorlage ab, welche 3 T. Weingeist enthält. Alsdann fängt man gesondert 3 T. eines zweiten Destillats auf. Die Destillate werden auf ihren Gehalt an Cyanwasserstoff geprüft; das erste Destillat wird nötigenfalls mit einer Mischung aus 1 T. Weingeist und 3 T. des zweiten Destillats so weit verdünnt, daß in 1000 T. 1 T. Cyanwasserstoff enthalten ist. Spez. Gew. 0,970 bis 0,980.

Bei einem Gehalt von gegen $35\,^0/_0$ fettem Öl liefern die bitteren Mandeln ungefähr die doppelte Menge an Bittermandelwasser (auf ungepreßte Mandeln bezogen), welches der Vorschrift des Arzneibuches Genüge leistet.

Gehaltsbestimmung von Aqua Amygdalarum amararum.

Werden 10 ccm Bittermandelwasser mit 0,8 ccm Zehntel-Normal-Silbernitrat und einigen Tropfen Salpetersäure vermischt, und wird vom entstandenen Niederschlage abfiltriert, so muß das Filtrat den eigenartigen Geruch des Bittermandelwassers zeigen und darf durch weiteren Zusatz von Zehntel-Normal-$AgNO_3$ nicht mehr getrübt werden. Da 1 ccm der letzteren $= 0{,}002\,702$ g HCN anzeigt, so werden durch 0,8 ccm in 10 ccm Bittermandelwasser $0{,}8\cdot0{,}002\,702 = 0{,}021\,616$ g, in 100 ccm Bittermandelwasser $= 0{,}021\,616$ g und unter Berücksichtigung des spez. Gew. $\dfrac{0{,}021\,616}{0{,}970} =$ rund $0{,}021\,^0/_0$ freier Cyanwasserstoff angezeigt. Der als Benzaldehydcyanhydrin im Bittermandelwasser gebundene Cyanwasserstoff wird durch Silbernitrat nicht gefällt. Den Gesamtcyanwasserstoffgehalt läßt das Arzneibuch nach der Liebigschen Methode bestimmen. Diese beruht darauf, daß bei der Einwirkung von Silbernitrat auf Cyankalium oder Cyanammonium erst dann eine Fällung von Cyansilber erfolgt, wenn das anfänglich entstehende wasserlösliche Ammonium-Silbercyanid mit einem Überschuß von Silbernitrat versetzt wird:

$$2\,NH_4 \cdot CN + AgNO_3 = \underbrace{NH_4 \cdot Ag(CN)_2}_{\text{wasserlöslich}} + NH_4 \cdot NO_3$$

$$NH_4 \cdot Ag(CN)_2 + AgNO_3 = \underbrace{2\,AgCN}_{\text{Fällung.}} + NH_4 \cdot NO_3$$

25 ccm Bittermandelwasser, mit 100 ccm Wasser verdünnt, versetze man mit 1 ccm Ammoniakflüssigkeit und mit 2 ccm Kaliumjodidlösung und füge unter fortwährendem Umrühren so lange Zehntel-Normal-Silbernitratlösung hinzu, bis eine bleibende weißliche Trübung eingetreten ist. Es müssen hierzu mindestens 4,5 und dürfen höchstens 4,8 ccm Silbernitratlösung erforderlich sein.

Hierdurch wird ein Prozentgehalt von mindestens 0,099 bis höchstens $0,107\,^0/_0$ HCN im Bittermandelwasser festgestellt.

Anwendung. Innerlich gegen Hustenreiz und Magenschmerzen. Dosis 0,5 g bis 1 g mehrmals täglich. Vielfach gemeinsam mit Morphium als schmerzstillendes Mittel. Vor Licht geschützt und vorsichtig aufzubewahren. Größte Einzelgabe 2,0 g! Größte Tagesgabe 6,0 g!

Durch Destillation der Kirschlorbeerblätter (von Prunus Laurocerasus) mit Wasserdämpfen erhält man Kirschlorbeerwasser, Aqua Laurocerasi, welches mit dem Bittermandelwasser fast völlige Übereinstimmung zeigt und ebenfalls mit $^1/_{10}\,^0/_0$ Cyanwasserstoffgehalt medizinisch benutzt wird.

Das durch Destillation von bitteren Mandeln mit Wasserdämpfen gewonnene Bittermandelöl ist wegen seines Cyanwasserstoffgehaltes stark giftig. Mit Hilfe von verdünnter Kali- oder Natronlauge kann man dem Bittermandelöl den Cyanwasserstoff entziehen. Ein solches Bittermandelöl befindet sich im Handel unter der Bezeichnung Oleum Amygdalarum amararum sine acido hydrocyanico.

Reiner Benzaldehyd, das sog. künstliche Bittermandelöl, ist eine farblose oder etwas gelbliche, stark lichtbrechende Flüssigkeit vom Siedep. 177 bis 179⁰, welche schon durch die Oxydationswirkung der Luft in Benzoesäure übergeht. Man prüft den medizinisch verwendeten Benzaldehyd auf Blausäure, Nitrobenzol und Chlorverbindungen (s. Arzneibuch). Zum Nachweis der letzteren kann man ein zusammengefaltetes Stückchen Filtrierpapier mit 5 bis 6 Tropfen Benzaldehyd tränken und es in einer Porzellanschale unter einem großen, innen mit Wasser angefeuchteten Becherglase verbrennen. Nach der Verbrennung spült man den Inhalt des Becherglases mit wenig Wasser auf ein Filter. Enthielt Benzaldehyd Chlorverbindungen, so scheidet das mit Salpetersäure angesäuerte Filtrat auf Zusatz von Silbernitratlösung Chlorsilber ab.

p-Isopropylbenzaldehyd $C_6H_4 \underset{\displaystyle CH \underset{CH_3}{\overset{CH_3}{<}} (4)}{\overset{CHO \quad (1)}{<}}$ kommt im Römisch-

kümmelöl (von Cuminum Cyminum), sowie im Cicutaöl (von Cicuta virosa) vor und heißt **Cuminol**.

Zimtaldehyd, $C_6H_5 \cdot CH:CH \cdot CHO$, aufzufassen als β-**Phenylakrolein**, ist der Hauptbestandteil des **Zimtöles, Oleum Cassiae**, dessen Geruch er bedingt. Zimtaldehyd entsteht bei der Oxydation des Zimtalkohols, des **Styrons**, $C_6H_5 \cdot CH:CH \cdot CH_2OH$, welches in Form seines Zimtsäureesters im flüssigen Styrax vorkommt.

Künstlich erhält man Zimtaldehyd durch Einwirkung von Salzsäuregas oder Natronlauge oder Natriumäthylat auf ein Gemisch von Benzaldehyd und Acetaldehyd (**Perkin**sche Synthese):

$$C_6H_5CH\underbrace{O+H_2}HC-CHO = C_6H_5CH:CH-CHO + H_2O$$
$$\underbrace{\text{Benzaldehyd}} \qquad \underbrace{\text{Acetaldehyd}} \qquad \underbrace{\text{Zimtaldehyd.}}$$

Salicylaldehyd, $C_6H_4 \underset{OH \quad (2)}{\overset{CHO \,(1)}{<}}$, oder Ortho-Oxybenzaldehyd

findet sich im ätherischen Öl von Spiraea Ulmaria und wurde früher salicylige oder spiroylige Säure genannt. Synthetisch gewinnt man ihn durch Erhitzen von alkalischer Phenollösung mit Chloroform:

$$C_6H_5ONa + CHCl_3 + H_2O = C_6H_4\underset{OH \quad (2)}{\overset{CHO\,(1)}{<}} + NaCl + 2\,HCl$$
$$\underbrace{\text{Phenolnatrium}} \qquad \qquad \underbrace{\text{Salicylaldehyd.}}$$

Von dem gleichzeitig sich bildenden p-Oxybenzaldehyd wird Salicylaldehyd durch Destillation mit Wasserdämpfen, womit er leicht flüchtig ist, getrennt.

Die aromatischen Aldehyde lassen sich mit Dimethylanilin und mit Phenolen leicht kondensieren. Charakteristisch für die aromatischen Aldehyde ist eine bei Gegenwart von Kaliumcyanid stattfindende Polymerisation. Kocht man eine alkoholisch-wässerige Lösung von Benzaldehyd und Kaliumcyanid am Rückflußkühler auf dem Wasserbade einige Zeit, so scheidet sich beim Erkalten ein **Benzoin** genannter Stoff ab, welchem man die Konstitution $\begin{matrix} C_6H_5 \cdot CO \cdot CH \cdot C_6H_5 \\ | \\ OH \end{matrix}$

gibt. Oxydiert man Benzoin (z. B. mit Salpetersäure), so wird es, wie jeder andere sekundäre Alkohol, zu einem Keton oxydiert, und man erhält eine Verbindung der Formel $C_6H_5CO \cdot CO \cdot C_6H_5$, **Dibenzoyl** oder **Benzil**.

6. Aromatische Ketone.

Man unterscheidet zwischen **gemischten fett-aromatischen Ketonen** und **rein-aromatischen Ketonen**. Bei ersteren ist die Keto-Gruppe einerseits mit einem aliphatischen, andererseits mit einem aromatischen Rest verknüpft. Ein solches Keton ist das auch als Schlafmittel unter dem Namen **Hypnon** synthetisch dargestellte **Methylphenylketon** oder **Acetophenon**:

$$CH_3 \cdot CO \cdot C_6H_5.$$

Ein rein **aromatisches Keton**, d. h. ein solches, bei welchem die Ketogruppe **zwei** aromatische Reste verknüpft, ist das **Diphenylketon** oder **Benzophenon**:

$$C_6H_5 \cdot CO \cdot C_6H_5.$$

Man gewinnt die aromatischen Ketone durch trockene Destillation der Calciumsalze der betreffenden Säuren, z. B. das **Benzophenon**:

$$\begin{array}{c} C_6H_5 \cdot COO \\ C_6H_5CO \cdot O \end{array} \!\!\Big\rangle Ca = C_6H_5 \cdot CO \cdot C_6H_5 + CaCO_3$$

Benzoesaures Calcium.

Auch eignet sich zur Darstellung der aromatischen Ketone die **Friedel-Craftssche Synthese**. Diese besteht darin, daß bei Gegenwart von Aluminiumchlorid ein Säurechlorid auf aromatische Kohlenwasserstoffe einwirkt, z. B.:

$$CH_3COCl + C_6H_6 = CH_3CO \cdot C_6H_5 + HCl$$

Acetylchlorid   Benzol   Methylphenylketon.

Durch Einwirkung von Salpetersäure auf Benzophenon entstehen Nitroverbindungen, von denen das o-Derivat bei der Reduktion ein o-Aminoderivat bildet, das bei der Oxydation mit Bleioxyd **Akridon** liefert:

$$\begin{array}{c} CO \\ NH \end{array}$$

Die Aminobenzophenone liefern mehrere wichtige Farbstoffe. So erhält man vom Tetramethyl-pp-diaminobenzophenon (auch **Michlersches Keton** genannt, aus Kohlenoxychlorid, Dimethylanilin und Aluminiumchlorid nach der **Friedel-Craftsschen** Methode gewonnen) durch Erhitzen mit Salmiak und Zinkchlorid einen schön goldgelben Farbstoff, das **Auramin**.

$$\begin{array}{c} CH_3 \\ CH_3 \end{array}\!\!\Big\rangle N \cdot C_6H_4 \cdot CO \cdot C_6H_4N\!\Big\langle\!\!\begin{array}{c} CH_3 \\ CH_3 \end{array} = \begin{array}{c} CH_3 \\ CH_3 \end{array}\!\!\Big\rangle N : C_6H_4 : C \cdot C_6H_4N\!\Big\langle\!\!\begin{array}{c} CH_3 \\ CH_3 \end{array} + H_2O .$$
$$+ \, Cl \text{------} NH_4 \qquad\qquad\qquad\quad Cl \qquad\quad NH_2$$

7. Aromatische Säuren.

Wie die Säuren der Fettreihe sind auch die aromatischen Säuren durch die einwertige Carboxylgruppe — COOH gekennzeichnet, welche entweder sich an einem Kernkohlenstoffatom des Benzols oder seiner Homologen oder in Seitenketten derselben befindet.

Man unterscheidet zwischen **ein-** und **mehrbasischen** aromatischen Säuren, je nach der Anzahl der in der Molekel enthaltenen Carboxylgruppen.

Eine **einbasische**, am Kern carboxylierte Säure ist die **Benzoesäure**, $C_6H_5 \cdot C\!\!\Big\langle\!\!\begin{array}{c} O \\ OH \end{array}$, eine in der Seitenkette carboxylierte einbasische Säure die **Zimtsäure**, $C_6H_5 \cdot CH:CH \cdot C{<}^O_{OH}$

Zu den zweibasischen Säuren gehört die **Phtalsäure**,

$$C_6H_4{<}^{CO \cdot OH\ (1)}_{CO \cdot OH\ (2)}$$

Wie in der aliphatischen, so auch sind in der aromatischen Reihe **Oxysäuren** bekannt (den Alkoholsäuren der Fettreihe entsprechend), z. B. **Salicylsäure**, **Protokatechusäure** und **Gallussäure**:

COOH	OH COOH	OH OH COOH	OH HOOC OH OH
Benzoesäure	Orthooxybenzoe- säure (Salicylsäure)	1, 2, 4 Dioxy- benzoesäure (Protokatechusäure)	1, 2, 3, 5 Trioxy- benzoesäure (Gallussäure).

Die Oxysäuren besitzen zufolge ihrer an Kernkohlenstoffatome geketteten Hydroxylgruppen phenolartige Eigenschaften.

Benzoesäure, Acidum benzoicum, $C_6H_5 \cdot COOH$. Benzoesäure kommt sowohl frei, wie in Form von Estern vor. In ungebundenem Zustande findet sich Benzoesäure in der Siam- und Sumatrabenzoe. Verestert ist sie im Perubalsam und Tolubalsam enthalten. Auf künstlichem Wege wird sie bei der Oxydation des Benzaldehyds, beim Behandeln von Benzotrichlorid mit heißem Wasser, bei der Spaltung der im Harn der Pflanzenfresser vorkommenden Hippursäure durch Fäulnis:

$$N{<}^{CO \cdot C_6H_5}_{H} \quad +\ H \quad = \quad {|}\ NH_2 \quad + C_6H_5 \cdot COOH$$

$$CH_2{-}COOH \qquad\qquad CH_2{-}COOH$$

Hippursäure · · · · · · · · · · · · · · · · · · Aminoessigsäure · · · Benzoesäure
(Benzoyl-Glykokoll) · · · · · · · · · · · · (Glykokoll)

sowie endlich bei der Oxydation von Toluol mit Kaliumdichromat und Schwefelsäure gewonnen:

$$C_6H_5 \cdot CH_3 + 3\,O = C_6H_5 \cdot COOH + H_2O.$$

Die künstliche Benzoesäure des Handels, Acidum benzoicum artificiale, wird meist durch Zersetzen des Benzotrichlorids mit Wasser dargestellt. Für den pharmazeutischen Gebrauch soll Benzoesäure durch Sublimation aus Siambenzoe bereitet werden. Sumatrabenzoe liefert eine zimtsäurehaltende Benzoesäure und ist von dem medizinischen Gebrauch ausgeschlossen.

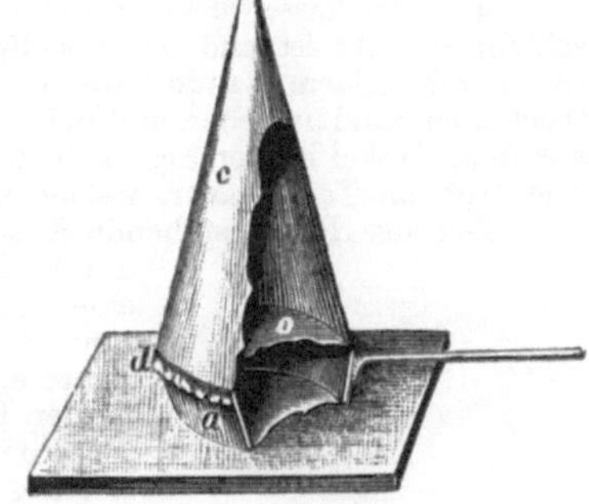

Abb. 81.
Vorrichtung zur Benzoesäuresublimation.

29*

Zur Darstellung kleiner Mengen Benzoesäure schüttet man auf einen flachen Tiegel aus Gußeisen oder Eisenblech (Abb. 81) eine 2 bis 3 cm hohe Schicht grob gepulvertes Benzoeharz, bedeckt mit einer Scheibe lockeren Filtrierpapieres (*o*), welches mit einer Nadel vielfach durchlocht ist, und stülpt darüber eine aus starkem Papier gedrehte Tüte, die bei *d* mittels eines Bindfadens befestigt wird. Man setzt den Tiegel in ein Sandbad oder auf eine heiße Herdplatte und sorgt dafür, daß der Tiegelinhalt zwischen 130° und 140° einige Stunden lang erhitzt bleibt, welche Temperatur durch ein eingesetztes Thermometer beobachtet werden kann. In der Tüte haben sich nach einiger Zeit Benzoesäurekristalle angesetzt. Die Scheibe *o* dient dazu, das Zurückfallen der letzteren in den Tiegelinhalt zu verhindern.

Abb. 82. Vorrichtung zur Sublimation von Benzoesäure nach **Hager**.

Die Gewinnung von Benzoesäure im großen erfolgt in Apparaten, wie ein solcher in Abb. 82 abgebildet ist.

a ist ein kasserolleartiges Gefäß, dessen Boden mit einer 1 cm hohen Sandschicht bedeckt ist und das tiegelförmige Einsatzgefäß (Abb. 83) trägt. Dieses reicht mit seinem Rande nahe an die Rohrmündung des Kastens *b*, wird mit trockenem Sand umgeben und zu $^1/_2$ bis $^3/_4$ mit gepulvertem Benzoeharz gefüllt. Das aus dem Deckel hervorragende Thermometer *t* taucht in das Benzoeharz ein und gestattet, die Temperatur, welche auf gegen 140° zu halten ist, zu beobachten.

Der aus Holz bestehende Kasten *b* ist mit glattem Papier ausgeklebt, weist durch die Wände *g* und *h* dem Benzoesäuredampf einen größeren Weg an und steht mit dem Schornstein *d* in Verbindung. Durch das nach unten gerichtete, an das Gefäß *a* angesetzte Rohr *c e* tritt in der Richtung des Pfeiles kalte Luft ein und bewirkt eine Fortführung des Benzoesäuredampfes. Der Luftzug wird durch eine am Schornstein angebrachte Verschlußklappe *f* geregelt. — Gutes Benzoeharz liefert, in diesem Apparat der Sublimation unter-

Abb. 83.
Tiegelförmiges Einsatzgefäß.

worfen, gegen 20 %/₀ Benzoesäure. Um die letzten Anteile im Harz zurückbleibender Säure noch zu gewinnen, kocht man den Rückstand mit Sodalösung aus und fällt die Benzoesäure durch Ansäuern des Filtrats mit verdünnter Schwefelsäure. Die solcherart erhaltene Benzoesäure wird meist bei einer neuen Verarbeitung von Harz mit in das Sublimiergefäß gegeben.

Die durch Sublimation gewonnene Benzoesäure bildet weißliche, später gelblich bis bräunlichgelb werdende Blättchen oder nadelförmige Kristalle von seidenartigem Glanz, benzoeartigem und zugleich brenzlichem Geruch. In etwa 370 T. kaltem Wasser, reichlich in siedendem Wasser, sowie in Weingeist, Äther und Chloroform ist sie löslich und mit Wasserdämpfen flüchtig.

Die gelbliche Färbung dieser Benzoesäure rührt von den nicht unangenehm riechenden Nebenprodukten der trockenen Destillation des Benzoeharzes her. Reine Benzoesäure bildet farblose, glänzende, geruchlose Nadeln, welche bei 121° schmelzen und schon weit unter ihrem Siedepunkt (250°) sublimieren.

Bei der Prüfung der Benzoesäure wird Rücksicht genommen auf **Zimtsäure und die chlorhaltige synthetische Benzoesäure.** Eine derartig verunreinigte Benzoesäure ist für den pharmazeutischen Gebrauch zu verwerfen. Benzoesäure soll empyreumatische Stoffe enthalten, deren Anwesenheit durch die Reduktionsfähigkeit gegenüber Permanganat festgestellt wird. (Über die Prüfung s. Arzneibuch.)

Anwendung. Benzoesäure wird als Expektorans und Excitans innerlich in Pulver- oder Pillenform von 0,1 g bis 0,5 g mehrmals täglich, als Antipyretikum (zu 0,5 g bis 1 g) 1- bis 3 stündlich gebraucht. Als Zusatz zu Tinct. opii benzoica.

Von Salzen der Benzoesäure war ehemals das Natrium benzoicum offizinell, welches aus künstlicher Benzoesäure bereitet wurde. Es ist ein weißes amorphes, leicht wasserlösliches Pulver.

Von Abkömmlingen der Benzoesäure ist das zu Synthesen häufig benutzte Benzoylchlorid zu nennen, welches bei der Einwirkung von Phosphorpentachlorid auf Benzoesäure entsteht:

$$C_6H_5 \cdot COOH + PCl_5 = C_6H_5 \cdot COCl + HCl + POCl_3$$

Benzoesäure   Phosphorpentachlorid   Benzoylchlorid   Phosphoroxychlorid.

Der einwertige Rest $C_6H_5 \cdot CO$ — wird **Benzoyl** genannt (wie der einwertige aliphatische Rest $CH_3 \cdot CO$ — Acetyl heißt).

Bei der Einwirkung von Benzoylchlorid auf Phenole oder Amine bei Gegenwart von Alkali werden jene mit Leichtigkeit „benzoyliert", z. B:

$$C_6H_4{<}^{OCH_3}_{ONa} + C_6H_5 \cdot COCl = NaCl + C_6H_4{<}^{OCH_3}_{O \cdot COC_6H_5}$$

Guajakolnatrium   Benzoylchlorid   Benzoylguajakol.

$$C_6H_5NH_2 + C_6H_5 \cdot COCl + NaOH = C_6H_5NH \cdot COC_6H_5 + NaCl + H_2O$$

Anilin   Benzoylchlorid   Benzoylanilin (Benzanilid).

Bei der Einwirkung von Benzoylchlorid auf Ammoniak oder Ammoniumkarbonat entsteht **Benzamid**, $C_6H_5CONH_2$, ein in heißem Wasser, Alkohol und Äther leicht löslicher Stoff vom Schmelzpunkt 130°, Siedepunkt 288°.

Eine Benzoylaminoessigsäure oder Benzoylglykokoll,

$$HOOC \cdot CH_2 \cdot NH \cdot COC_6H_5$$

ist die bei 187° schmelzende Hippursäure, die in erheblicher Menge im Harn von Pflanzenfressern, z. B. im Kuh- und Pferdeharn auftritt und künstlich aus Glykokoll und Benzoylchlorid bei Gegenwart von Natronlauge gewonnen werden kann.

Nicht zu verwechseln mit Benzoylchlorid ist das Benzylchlorid, $C_6H_5CH_2Cl$, das durch Einwirkung von Chlor auf siedendes Toluol (s. S. 446) dargestellt wird und als das Chlorid des Benzylalkohols anzusehen ist.

Bei der Einwirkung von Salpetersäure auf Benzoesäure entsteht im wesentlichen m-Nitrobenzoesäure, in kleinerer Menge o- und p-Nitrobenzoesäure. Bei der Reduktion werden aus den Nitrobenzoesäuren die Aminobenzoesäuren erhalten, von welchen die o-Aminobenzoesäure den Namen Anthranilsäure führt, weil sie zuerst bei der Einwirkung von Kali auf Indigo(anil) erhalten worden ist. Sie bildet bei 145° schmelzende Kristalle. Salpetrige Säure führt die Anthranilsäure in wässeriger Lösung in Salicylsäure über.

Der Äthylester der p-Aminobenzoesäure $C_6H_4\begin{cases} NH_2 \\ COOC_2H_5 \end{cases}$ ist das von E. Ritsert in den Arzneischatz eingeführte und als Lokalanästhetikum benutzte Anästhesin. Zu gleichem Zweck angewendet das p-Aminobenzoesäure-Diäthylaminoäthylätherhydrochlorid unter der Bezeichnung Novokain:

$$C_6H_4\begin{cases} CO \cdot OCH_2 - CH_2 \cdot N(C_2H_5)_2 \ (1) \\ NH_2 \hspace{3.5cm} (4) \end{cases} HCl.$$

Zu der Benzoesäure in naher Beziehung steht der Abkömmling einer Sulfonbenzoesäure, nämlich das als Süßstoff benutzte **Saccharin**.

Saccharin ist als o-Anhydrosulfaminbenzoesäure oder Benzoesäuresulfinid zu bezeichnen. Man gewinnt es, indem man Toluol durch Einwirkung von Schwefelsäure in ein Gemisch von o- und p-Toluolsulfonsäure verwandelt. Nur die erstere ist für die Saccharinfabrikation von Weit. Man führt sie mittels Phosphorpentachlorids in das o-Toluolsulfochlorid $C_6H_4\begin{cases} CH_3 \ (1) \\ SO_2Cl \ (2) \end{cases}$ über, welches durch Behandeln mit Ammoniak o-Toluolsulfamid $C_6H_4\begin{cases} CH_3 \\ SO_2NH_2 \end{cases}$ bildet. Dieses wird mit Kaliumpermanganat der Oxydation unterworfen, wobei zunächst o-Sulfaminbenzoesäure entsteht, die unter Wasserabspaltung in die Anhydrosäure übergeht:

$$C_6H_4\begin{cases} CO \cdot OH \\ SO_2NH \cdot H \end{cases} \longrightarrow C_6H_4\begin{cases} CO \\ SO_2 \end{cases} NH$$

Saccharin.

Saccharin besitzt die 500fache Süßkraft des Rohrzuckers. Ihr Natriumsalz wird gebildet durch Substitution des Imidwasserstoffs durch Natrium und ist in Wasser leicht löslich. Das kristallwasserhaltige Natriumsalz führt den Namen Kristallose.

Mandelsäure ist eine Phenylglykolsäure, $C_6H_5 \cdot CH(OH) \cdot COOH$. Sie entsteht beim Erwärmen von Amygdalin mit rauchender Salzsäure und ist linksdrehend. Auch eine rechtsdrehende und racemische Form ist bekannt.

Salicylsäure, Orthooxybenzoesäure, Acidum salicylicum,

$C_6H_4\diagdown \begin{smallmatrix}COOH\,(2)\\ OH\quad(1)\end{smallmatrix}$. Salicylsäure findet sich als Methylester in dem ätherischen Öl von Gaultheria procumbens (Wintergreenöl), in dem ätherischen Öl der Betula lenta, in der Senegawurzel usw.

Salicylsäure wird aus dem in der Weidenrinde vorkommenden Glukosid **Salicin** (nach diesem Stoff trägt sie ihren Namen) erhalten.

Salicin zerfällt durch Emulsin in **Glukose** und **Saligenin** (Orthooxybenzylalkohol):

$$\underbrace{C_{13}H_{18}O_7}_{\text{Salicin}} + H_2O = \underbrace{C_6H_{12}O_6}_{\text{Glukose}} + \underbrace{C_6H_4\diagdown \begin{smallmatrix}OH\quad(1)\\ CH_2OH\,(2)\end{smallmatrix}}_{\text{Saligenin.}}$$

Saligenin geht bei der Oxydation in Salicylaldehyd und weiterhin in Salicylsäure über.

Zur synthetischen Darstellung der Salicylsäure nach **Kolbes** Verfahren wird Phenol (Carbolsäure) in Natronlauge gelöst, das sich bildende Phenolnatrium zur staubigen Trockene abgedampft und in einem Kohlensäurestrom mehrere Stunden lang auf 180^0 erhitzt. Es beginnt Phenol abzudestillieren. Man setzt das Erhitzen fort, solange noch Phenoldämpfe auftreten, indem man die Temperatur allmählich auf gegen 220^0 steigert:

$$\underbrace{2\,C_6H_5\cdot ONa}_{\text{Phenolnatrium}} + CO_2 = \underbrace{C_6H_5\cdot OH}_{\text{Phenol}} + \underbrace{C_6H_4\diagdown \begin{smallmatrix}ONa\quad(1)\\ CO\cdot ONa\,(2)\end{smallmatrix}}_{\text{Dinatriumsalicylat.}}$$

Man löst das entstandene Dinatriumsalicylat in Wasser und scheidet die Salicylsäure durch Salzsäure ab.

Verwendet man an Stelle des Phenolnatriums Phenolkalium bei obigem Prozeß, so wird nicht Salicylsäure, sondern im wesentlichen die isomere Paraoxybenzoesäure gebildet.

Nach dem **Kolbe**schen Darstellungsverfahren wird nur die Hälfte des Phenols in Salicylsäure umgewandelt. Die Gesamtmenge Phenol läßt sich nach **Schmitt** zur Gewinnung von Salicylsäure nutzbar machen, wenn man wie folgt verfährt. Trockenes Phenolnatrium wird im Autoklaven unter Abkühlung und unter Druck mit Kohlendioxyd gesättigt, wodurch phenylkohlensaures Natrium entsteht:

$$C_6H_5\cdot ONa + CO_2 = \underbrace{C_6H_5O\cdot COONa}_{\substack{\text{Phenylkohlensaures}\\\text{Natrium,}}}$$

das sich beim Erhitzen auf 120^0 bis 130^0 zu Natriumsalicylat umlagert:

$$\underbrace{C_6H_5O\cdot COONa}_{\substack{\text{Phenylkohlensaures}\\\text{Natrium}}} = \underbrace{C_6H_4\diagdown \begin{smallmatrix}OH\\ COONa\end{smallmatrix}}_{\text{Natriumsalicylat.}}$$

Die aus dem Natriumsalicylat mittels Salzsäure abgeschiedene Salicylsäure wird durch Umkrystallisieren aus Wasser oder besser durch Sublimation gereinigt.

Salicylsäure bildet leichte, weiße, nadelförmige Kristalle oder ein lockeres, weißes kristallinisches, geruchloses Pulver von süßlich-saurem, kratzendem Geschmack, in etwa 500 T. Wasser von 15^0 und in 15 T. siedendem Wasser, leicht in heißem Chloroform, sehr leicht in Weingeist und in Äther löslich. Schmelzp. 157^0. Ein Gehalt an Kresotinsäuren [$C_6H_3(CH)_3)(OH)COOH$], entstanden bei Verwendung eines kresolhaltigen Phenols zur Darstellung der Salicylsäure, drückt den Schmelzpunkt herab. Wird Salicylsäure über den Schmelzpunkt hinaus erhitzt, so verflüchtigt sie sich bei vorsichtigem Erhitzen unzersetzt, bei schnellem Erhitzen unter Entwicklung von Phenol. Die wässerige Lösung der Salicylsäure wird durch Ferrichloridlösung dauernd blauviolett, in starker Verdünnung violettrot gefärbt. Über die Prüfung der Salicylsäure s. Arzneibuch.

Beim Kochen der wässerigen Lösung verflüchtigt sich Salicylsäure mit dem Wasserdämpfen. Beim Kochen von Salicylsäure mit Essigsäure (besser Essigsäureanhydrid) entsteht **Acetylsalicylsäure,** $C_6H_4\!\!<^{O \cdot COCH_3}_{COOH}$, vom Schmelzpunkt 135^0, die unter dem Namen **Acidum acetylosalicylicum** oder **Aspirin** an Stelle der Salicylsäure medizinische Verwendung findet.

Anwendung. Salicylsäure wird äußerlich in Form von Lösungen, Salben, Streupulvern usw. bei der Wundbehandlung, bei Haut-, Mund- und Zahnkrankheiten, innerlich gegen akuten Gelenkrheumatismus und Hemikranie, als Antipyretikum verwendet. Bei Gastritis und Cystitis 0,1 g bis 0,5 g.

Acetylsalicylsäure wird besonders bei Influenza, Erkältungen, Gelenk- und Muskelrheumatismus, Neuralgien gerühmt. Dosis 0,5 bis 1,0 g bei Erwachsenen mehrmals täglich.

Von den Salzen der Salicylsäure sind erwähnenswert **Natriumsalicylat, das basische Wismut- und basische Quecksilbersalicylat,** von den Estern der **Salicylsäuremethylester (Wintergreenöl)** und **Salicylsäurephenylester (Salol).**

Natriumsalicylat, Salicylsaures Natrium, Natrium salicylicum, $C_6H_4\!\!<^{OH\ \ (1)}_{COONa\ (2)}$, wird dargestellt durch Verreiben von 16,5 T. reiner Salicylsäure und 10 T. Natriumbikarbonat mit wenig destilliertem Wasser in einer Porzellanschale und Eintrocknen auf dem Wasserbade. Das trockene Natriumsalicylat wird aus ätherhaltigem Alkohol umkristallisiert und bildet kleine, bläulichgrauglänzende, schuppige Kristalle, welche von Wasser zu einer neutralen, süßlich schmeckenden Flüssigkeit gelöst werden. Arzneilich wird Natriumsalicylat bei Gelenkrheumatismus, Gicht usw. verwendet. Über die Prüfung s. Arzneibuch.

Salicylsäuremethylester, Gaultheriaöl, Wintergreenöl, $C_6H_4\!\!<^{OH\ \ (1)}_{CO \cdot OCH_3\ (2)}$, wird künstlich dargestellt durch Destillation eines

Gemenges aus 2 T. Salicylsäure, 2 T. Methylalkohol und 1 T. konz. Schwefelsäure oder durch Einleiten von Salzsäuregas in eine Lösung der Salicylsäure in Methylalkohol. Salicylsäuremethylester ist eine farblose, angenehm riechende Flüssigkeit vom Siedepunkt 224^0.

Salicylsäurephenylester, Phenylsalicylat, Phenylum salicylicum, Salol, $C_6H_4 \diagdown \begin{matrix} OH & (1) \\ COOC_6H_5 & (2) \end{matrix}$, ist zu betrachten als Salicylsäure, deren Carboxylwasserstoff durch den einwertigen Phenylrest $-C_6H_5$ ersetzt ist. Man gewinnt Salol, indem man auf ein Gemenge von Natriumsalicylat und Phenolnatrium Phosphoroxychlorid bei einer Temperatur von 125^0 einwirken läßt:

$$2\,C_6H_4\diagdown\begin{matrix}OH\\COONa\end{matrix} + 2\,C_6H_5ONa + POCl_3 = 2\,C_6H_4\diagdown\begin{matrix}OH\\COOC_6H_5\end{matrix} + NaPO_3 + 3\,NaCl$$

Salicylsäure-
phenylester.

Aus Alkohol kristallisiert, bildet Salol ein weißes, kristallinisches Pulver von schwach aromatischem Geruch und Geschmack, welches bei gegen 42^0 schmilzt, fast unlöslich in Wasser ist und sich in 10 T. Weingeist und 0,3 T. Äther löst. Über die Prüfung s. Arzneibuch.

Anwendung. Als Antirheumatikum, Dosis 1 g bis 2 g mehrmals täglich. Bei Blasenkatarrh 1 g bis 2 g 3 mal täglich bis 3 stündlich. Als Streupulver bei chronischen Unterschenkelgeschwüren, bei Dysenterie der Kinder, Dosis 0,15 g 3 stündlich.

Bei der Einwirkung von Ammoniak auf Salicylsäuremethylester bildet sich Salicylamid, $C_6H_4\diagdown\begin{matrix}OH\\CONH_2\end{matrix}$, ein bei 138^0 schmelzender Stoff, der vorübergehend arzneiliche Verwendung gefunden hat.

Läßt man Phosphoroxychlorid auf Salicylsäure in Xylollösung einwirken, so entstehen sog. Salicylide, von welchen das Tetrasalicylid:

$$\begin{matrix} OC_6H_4 \cdot COO \cdot C_6H_4 \cdot CO \\ | \qquad\qquad\qquad\qquad | \\ CO \cdot C_6H_4 \cdot O \cdot CO \cdot C_6H_4 O \end{matrix}$$

von dem Polysalicylid $(C_7H_4O_2)_n$ durch kochendes Chloroform getrennt werden kann. Tetrasalicylid bildet mit Chloroform eine in Oktaedern kristallisierende Verbindung, Salicylidchloroform, $(C_7H_4O_2)_4 \cdot 2\,CHCl_3$, welche $33^0/_0$ Chloroform enthält und zur Darstellung von reinem Chloroform für Narkosezwecke verwendet wird. Chloroform wird aus dem Salicylidchloroform leicht wieder abgespalten, schon durch die Einwirkung schwacher Basen.

Anissäure, p-Methoxybenzoesäure $\begin{matrix} OCH_3 \\ \hexagon \\ COOH \end{matrix}$, ist isomer mit Salicylsäuremethylester. Sie wird durch Oxydation von Anethol, dem Hauptbestandteil des Anisöles, gewonnen. Anethol ist ein p-Propenylanisol (Ringstruktur mit OCH_3 oben und $CH=CH-CH_3$ unten), das bei der Oxydation mit

Chromsäure zunächst in Anisaldehyd (Ringstruktur mit OCH_3 oben und CHO unten), bei weiterer Oxydation

in Anissäure übergeht. Diese bildet bei 185° schmelzende Kristalle. Siedepunkt 280°.

Protokatechusäure, Dioxybenzoesäure, $C_6H_3{<}{=}\begin{smallmatrix}OH & (1)\\ OH & (2)\\ COOH & (4)\end{smallmatrix}$, entsteht beim Schmelzen vieler Harze mit Kaliumhydroxyd. Die wasser-
freie Säure schmilzt bei 190°.

Ein Abkömmling des dieser Säure entsprechenden Aldehyds ist
das Vanillin, der Geruchsstoff der Vanilleschoten. Es ist der Monomethyläther des Protokatechualdehyds (s. S. 444). Es kann
aus dem Coniferin gewonnen werden, einem in dem Kambialsafte
der Nadelhölzer vorkommenden Glukosid. Dieses zerfällt bei der Einwirkung verdünnter Säuren in Glukose und Coniferylalkohol:

$$\underbrace{C_{16}H_{22}O_8}_{\text{Coniferin}} + H_2O = C_6H_{12}O_6 + \underbrace{C_{10}H_{12}O_3}_{\text{Coniferylalkohol.}}$$

Coniferylalkohol geht bei der Oxydation (mit Kaliumdichromat
und Schwefelsäure) in Vanillin über bei gleichzeitiger Bildung von
Acetaldehyd:

$$\underbrace{C_{10}H_{12}O_3}_{\text{Coniferylalkohol}} + O = \underbrace{C_6H_3{<}\begin{smallmatrix}OH\\OCH_3\\CHO\end{smallmatrix}}_{\text{Vanillin}} + \underbrace{\begin{smallmatrix}CH_3\\CHO\end{smallmatrix}}_{\text{Acetaldehyd.}}$$

Auch bei der Oxydation des durch alkoholische Kalilauge aus
dem Eugenol durch Atomumlagerung entstandenen Isoeugenols mit
Kaliumpermanganat wird Vanillin erhalten (s. Eugenol S. 443).

Der Methylenäther des Protokatechualdehyds ist das Piperonal
oder Heliotropin (s. S. 444):

(Ringstruktur mit $O{-}CH_2{-}O$ Methylendioxygruppe oben und CHO unten)

eine angenehm nach Heliotrop duftende Substanz, welche bei 37°
schmilzt und bei 263° siedet. Sie wird durch Oxydation der
Piperinsäure:

$$C_6H_3{<}\begin{smallmatrix}O\\O\end{smallmatrix}{>}CH_2 \quad (\text{mit Seitenkette}) \quad CH:CH\cdot CH:CH-COOH$$

(Methylendioxy-Cinnamenylakrylsäure) erhalten. Heliotropin wurde
auch in den Früchten der Vanilla Pompona aufgefunden. Synthetisch erhält man es am vorteilhaftesten aus dem Safrol. Dieses
wird durch die Einwirkung von alkoholischer Kalilauge in Isosafrol
umgelagert und letzteres der Oxydation unterworfen:

$$
\begin{array}{ccc}
\underset{\substack{\text{Safrol}\\ \text{(Allylbrenzkatechin-}\\ \text{methylenäther)}}}{\overbrace{\begin{array}{c} O\!\!-\!\!CH_2 \\ \diagdown O \diagup \\ \\ CH_2\cdot CH:CH_2 \end{array}}}
\ \rightarrow\
\underset{\substack{\text{Isosafrol}\\ \text{(Propenylbrenzkatechin-}\\ \text{methylenäther)}}}{\overbrace{\begin{array}{c} O\!\!-\!\!CH_2 \\ \diagdown O \diagup \\ \\ CH:CH\cdot CH_3 \end{array}}}
\ \rightarrow\
\underset{\text{Piperonal.}}{\overbrace{\begin{array}{c} O\!\!-\!\!CH_2 \\ \diagdown O \diagup \\ \ H \\ C\diagdown \\ \ O \end{array}}}
$$

Gallussäure, Trioxybenzoesäure, Acidum gallicum,
$C_6H_4 \left\{ \substack{(OH)_3 \\ COOH} \right.$, kommt im chinesischen Tee, im Sumach, in den Divi-
Divi-Schoten (Caesalpinia Coriaria), in den Galläpfeln vor. Sie wird
beim Kochen des Tannins mit verdünnten Säuren oder Alkalien,
sowie bei der Gärung von Tanninlösungen erhalten. Gallussäure
kristallisiert in farblosen, seidenglänzenden Nadeln, welche in 100 T.
kaltem und in 3 T. siedendem Wasser löslich sind. Wird sie über
ihren Schmelzpunkt, welcher bei gegen 220° liegt, erhitzt, so zerfällt
sie in Pyrogallol und Kohlendioxyd (s. Pyrogallol).

In naher Beziehung zur Gallussäure steht die Gallusgerbsäure
oder das Tannin, ein zu den Gerbstoffen oder Tannoiden
gerechneter Stoff.

Die Gerbstoffe oder Gerbsäuren sind im Pflanzenreich sehr
verbreitet. Sie sind wasser- und alkohollöslich; viele schmecken herb
zusammenziehend, werden durch Eisenoxydul- bzw. Eisenoxydsalze
blau oder grün gefärbt, fällen Leim- und Alkaloidlösungen und
führen tierische Häute in Leder über. Bleiacetat und Bleiessig
fällen die Gerbstoffe aus ihren Lösungen. Einige Gerbstoffe werden
durch Ammoniumsulfat aus ihren Lösungen abgeschieden, viele durch
Natriumchlorid, Schwefelsäure usw. Einige Gerbstoffe scheinen
Glukoside der Gallussäure, andere Phloroglucide derselben und anderer
Oxysäuren zu sein. Man pflegt die Gerbstoffe einzuteilen in Tanno-
gene, das sind Phenolkarbonsäuren, wie Gallus-, Protokatechu- und
Kaffeesäure, in Tannoide (Depside der Tannogene) und Gluko-
tannoide (Ester der Tannoide und Tannogene mit Zuckerarten).
Mit dem Namen Depside[1]) werden die auf synthetischem Wege
durch Verkettung von Phenolkarbonsäuren unter sich erhaltenen
Produkte von Gerbstoffcharakter bezeichnet. Man hat weiterhin die
Depside mit Zuckerarten zu Glukosiden verkettet, welche ähnliche
Eigenschaften wie die natürlich vorkommenden Gerbstoffe zeigen.

Gallusgerbsäure, Tannin, Gerbsäure, Acidum tannicum,
findet sich in den kleinasiatischen Galläpfeln (Gallae turticae),
welche auf den Blattknospen und jüngeren Ästen von Quercus lusi-

---

[1]) Abgeleitet von depsein, gerben.

tanica var. tinctoria durch den Stich der Gallwespe, Cynips gallae tinctoriae, entstehen, zu 50 bis 60 °/₀, ferner in den chinesischen Gall-äpfeln (Gallae chinenses), die auf den Blattstielen und Zweigen von Rhus semialata infolge des Stiches der Aphis chinensis vor-kommen, zu 60 bis 75 °/₀ und in mehreren anderen Gallen verschie-dener Quercusarten.

Zur Darstellung des Tannins dienen sowohl die kleinasiatischen sowie die chinesischen Gallen.

Um kleine Mengen Tannin aus Galläpfeln darzustellen, bedient man sich eines Scheidetrichters. Man füllt diesen mit grob zerstoßenen, vom Pulver durch Absieben befreiten Galläpfeln und überschichtet mit einem Gemisch aus 4 Teilen Äther und 1 Teil Weingeist, so daß die Flüssigkeit einige Zentimeter über den Galläpfeln steht. Nach 2 Tagen läßt man die gefärbte Flüssigkeit durch Öffnen des Stopfens ablaufen, übergießt nochmals mit dem Alkohol-Äther-Gemisch und läßt nach eintägiger Einwirkung wiederum ab. Man sammelt die alkohol-ätherischen Extraktlösungen, filtriert nach dem Absetzen und schüttelt in einem Scheidetrichter mit ¹/₃ Raumteil destilliertem Wasser. Es bilden sich hierbei drei Schichten, deren untere eine alkoholisch-wässerige Tanninlösung ist, deren mittlere wässerige nur wenig Tannin enthält, und deren obere eine ätherische Lösung von Fett, Harz, Farbstoff, Gallussäure, Ellag-säure usw. darstellt. Die unteren beiden Schichten werden von der oberen Flüssigkeitsschicht gesondert, bei gelinder Wärme, am besten im Vakuum, ab-gedunstet und der völlig trockene Rückstand zu einem sehr feinen Pulver zerrieben.

Die Darstellung des Tannins im großen geschieht im wesentlichen nach den gleichen Grundsätzen wie den vorstehend erörterten.

Man kennt im Handel neben dem gewöhnlichen Tannin auch ein Acidum tannicum levissimum oder Schaumtannin, welches durch Aufstreichen konzentrierter Tanninlösungen auf Glasplatten, Trocknen, Abstreichen mit einem Messer und Zerreiben bereitet wird. — Eine zu feinen Fäden ausgezogene dicke Tanninlösung verliert in erwärmten Räumen schnell Feuchtigkeit und liefert beim Zerbrechen der trockenen goldgelben Fäden das sog. Kristall-tannin. Die technischen Tannine werden durch Ausziehen der Galläpfel mit Wasser und Eindunsten der erhaltenen Lösungen zur Trockene bereitet.

Gallusgerbsäure bildet ein schwach gelbliches Pulver oder eine glänzende, wenig gefärbte, lockere Masse, welche mit 1 T. Wasser sowie mit 2 T. Weingeist eine klare, eigentümlich riechende, sauer reagierende und zusammenziehend schmeckende Lösung gibt. In absolutem Äther ist Gerbsäure sehr schwer löslich, löslich in 8 T. Glycerin. Aus der wässerigen Lösung $(1 + 4)$ wird sie durch Zusatz von Schwefelsäure oder von Natriumchlorid abge-schieden. Eisenchloridlösung erzeugt in Tanninlösung einen blau-schwarzen, auf Zusatz von Schwefelsäure wieder verschwindenden Niederschlag. Bleiacetat oder Bleiessig rufen in wässerigen Gerb-säurelösungen Niederschläge von Bleitannat hervor. Über die Prüfung s. Arzneibuch.

Anwendung. Als Adstringens, Streu- und Schnupfpulver; gegen Fluor albus und Gonorrhöe; Pinselungen bei Pharyngitis; bei Diarrhöe und als Gegengift bei Vergiftungen mit Alkaloiden.

Ebenfalls arzneilich verwendete Derivate des Tannins sind das Tannalbin, welches durch Erhitzen einer Eiweiß-Gerbsäureverbin-dung auf 110° bis 120° gewonnen wird, ferner das Acetyltannin, oder Tannigen, ein durch Acetylieren von Tannin gewonnenes Gemisch von **Diacetyl-** und **Triacetyltannin**, endlich das **Tannoform** oder **Methylenditannin**, das durch Einwirkung von Formaldehyd auf Tannin entsteht. **Tannopin** ist ein **Hexamethylentetramin-tannin**, **Tannismut** ein **Wismutditannin**, **Captol** ein **Chloraltannin**.

Ein dem Tannin ähnliches Produkt ist auf synthetischem Wege durch Verkettung von 5 Mol. Galloylgallussäure mit 1 Mol. Glukose erhalten worden.

Andere Gerbsäuren sind die **Kinogerbsäure, Katechugerb-säure, Ratanhiagerbsäure**, die kristallisierende **Chebulinsäure** aus den Myrobalanen, welche mit dem in den Handel gelangenden **Eutannin** identisch ist, **Moringagerbsäure** oder **Maclurin, Kaffeegerbsäure, Eichengerbsäure, Chinagerbsäure.**

Von einer **zweibasischen aromatischen Säure**, der

Orthoptalsäure, $C_6H_4\diagdown\begin{smallmatrix}CO\cdot OH(1)\\CO\cdot OH(2)\end{smallmatrix}$, leitet sich das als Indikator in der Maßanalyse benutzte **Phenolphtalein** ab. Orthophtalsäure wird bei der Oxydation des Naphtalins mittels Salpetersäure gebildet; in der Technik benutzt man hierzu Schwefelsäure und Quecksilber. Orthophtalsäure stellt bei 185^0 schmelzende, farblose Prismen dar, die beim Erhitzen über den Schmelzpunkt hinaus unter Wasserabspaltung in **Phtalsäureanhydrid**, $C_6H_4\diagdown\begin{smallmatrix}CO\\CO\end{smallmatrix}\diagup O$, übergehen. Schmilzt man dieses mit Phenol bei Gegenwart wasserentziehender Mittel (z. B. Zinkchlorid oder konz. Schwefelsäure), so entsteht Phenolphtalein:

$$C_6H_4\diagdown\begin{smallmatrix}C\,O\\C\,O\end{smallmatrix}\diagup O + \begin{smallmatrix}H\,H_4C_6\cdot OH\\H\,H_4C_6\cdot OH\end{smallmatrix} = \begin{smallmatrix}HO\cdot H_4C_6\diagdown\\H_4C_6\diagup\end{smallmatrix} C\diagdown\begin{smallmatrix}C_6H_4\cdot OH\\CO\end{smallmatrix}\diagup O + H_2O$$

1 Mol. Phtalsäureanhydrid	2 Mol. Phenol	1 Mol. Phenolphtalein.

Phenolphtalein ist ein gelblich weißes bei ungefähr 260^0 schmelzendes Pulver, das in Wasser unlöslich ist, sich in 12 Teilen Weingeist löst und **von Ätzalkalien mit fuchsinroter Färbung aufgenommen** wird.

Medizinische Anwendung. Phenolphtalein wird in der Neuzeit als Laxans benutzt. Dosis: 0,1 g bis 0,3 g 1- bis 2mal täglich, Kindern 0,05 g bis 0,15 g. Das Abführmittel **Laxinkonfekt** besteht aus Äpfelextrakt mit 0,12 g Phenolphtalein und Zucker. **Chocolin** ist ein Kakao mit Mannit und Phenolphtalein.

8. Ungesättigte aromatische Säuren mit Carboxyl in der Seitenkette.

Zimtsäure, β-**Phenylakrylsäure**, $C_6H_5CH:CH\cdot COOH$, findet sich teils frei, teils verestert im Perubalsam, Tolubalsam, im Styrax und wird bei der Oxydation des Zimtaldehyds erhalten, welcher als wesentlicher Bestandteil im Zimtöl (Oleum Cassiae) vorkommt.

Technisch vorteilhaft gewinnt man Zimtsäure nach dem Perkin schen Verfahren durch Erhitzen eines Gemenges von Benzaldehyd, Natriumacetat und Essigsäureanhydrid:

$$C_6H_5CHO + H_2HC \cdot COONa = C_6H_5 \cdot CH = CH-COONa + H_2O.$$

Reine Zimtsäure ist eine aus Wasser in Nadeln kristallisierende Substanz vom Schmelzp. 133°. Sie löst sich in 3500 Teilen Wasser von 17°, leicht in heißem Wasser.

Durch Einwirkung von Natriumamalgam wird Zimtsäure in Hydrozimtsäure (Phenylpropionsäure) $C_6H_5CH_2 \cdot CH_2 \cdot COOH$ übergeführt.

Eine Ortho-Oxyzimtsäure, [Formel], kommt in zwei Formen, als Cumarsäure und Cumarinsäure, vor. Sie ist nur in ihren Salzen bekannt und geht, aus diesen frei gemacht, unter Wasserabspaltung in Cumarin, [Formel], über. Cumarin ist der Riechstoff des Waldmeisters (Asperula odorata), der Tonkabohnen, des Wiesen-Ruchgrases (Anthoxanthum odoratum), des Steinklees (Melilotus officinalis).

Eine 3,4 Dioxyzimtsäure, [Formel], ist die **Kaffeesäure**, eine 2,4 Dioxyzimtsäure, [Formel], die **Umbellsäure**, welche durch Wasseraufnahme aus dem Umbelliferon, [Formel], gebildet wird. Umbelliferon ist in der Rinde des Seidelbastes, Daphne Mezereum, enthalten und entsteht bei der Destillation verschiedener Umbelliferenharze, z. B. von Galbanum und Asa foetida.

Zu den inneren Anhydriden von Trioxyzimtsäuren rechnet man Daphnetin, ein 3,4 Dioxycumarin und Aesculetin, ein 4,5 Dioxycumarin.

Atropasäure, α-Phenylakrylsäure, [Formel], bildet sich aus der bei der Spaltung der Alkaloide Atropin und Hyoscyamin erhältlichen Tropasäure beim Erhitzen mit Salzsäure oder Barythydrat:

[Formel: Tropasäure → Atropasäure.]

9. Hydroaromatische Verbindungen, Terpene und Kampfer.

Zu den hydroaromatischen Verbindungen werden das hydrierte Benzol und dessen Abkömmlinge gerechnet. Das hexahydrierte Benzol, Hexahydrobenzol:

$$CH_2 \atop CH_2 \; CH_2 \atop CH_2 \; CH_2 \atop CH_2$$

kann als Grundkohlenwasserstoff für die Gruppe der hydroaromatischen Verbindungen angesehen werden.

Die Hexahydrobenzole führen auch den Namen Naphtene oder Cyklohexane. Hexahydrobenzol ist eine petroleumartig riechende Flüssigkeit, die bei der Einwirkung von Natrium auf Hexamethylendibromid, $BrCH_2—(CH_2)_4—CH_2Br$, gebildet wird. Leitet man Phenol im Wasserstoffstrom über stark erhitztes fein verteiltes Nickel, so erhält man Cyklohexanon, $CH_2 \diagup {CH_2—CH_2} \atop {CH_2—CH_2} \diagdown CO$.

Durch Substitution von Wasserstoffatomen der Naphtene durch Hydroxyle entstehen die Ringalkohole der hydroaromatischen Kohlenwasserstoffe. Der in den Eicheln vorkommende Quercit und der im Herzmuskel und im Harn, sowie in den Bohnen (von Phaseolus vulgaris) und den unreifen Erbsen sich findende Inosit sind solche Ringalkohole:

$$CH_2 \diagup {CH(OH)—CH(OH)} \atop {CH(OH)—CH(OH)} \diagdown CH(OH) \qquad CH(OH) \diagup {CH(OH)—CH(OH)} \atop {CH(OH)—CH(OH)} \diagdown CH(OH)$$
Quercit $\qquad\qquad$ Inosit.

Bei Anwendung starker Oxydationsmittel, wie Salpetersäure, auf Ringalkohole findet vielfach Aufspaltung des Ringes statt, und es entstehen aliphatische Säuren.

So wird durch Behandeln von Cyklohexanol,

$$CH_2 \diagup {CH_2—CH_2} \atop {CH_2—CH_2} \diagdown CH·OH,$$

mit Salpetersäure Adipinsäure,

$$COOH—CH_2—CH_2—CH_2—CH_2—COOH,$$

gebildet.

Zu den Monokarbonsäuren der hydroaromatischen Verbindungen gehört die Chinasäure, eine Hexahydro-tetraoxybenzoesäure, $C_6H_7(OH)_4COOH$. Chinasäure findet sich in den Chinarinden, in den Kaffeebohnen und im Heidelbeerkraut. Eine Piperazinverbindung der Chinasäure wird als Gichtmittel unter dem Namen Sidonal benutzt.

Als hydroaromatische Stoffe bzw. Derivate solcher sind auch die Terpene aufzufassen, die in den meisten ätherischen Ölen vorkommenden Kohlenwasserstoffe, $C_{10}H_{16}$, und die von ihnen sich ableitenden sauerstoffhaltigen Verbindungen. Außer Terpenen der Zusammensetzung $C_{10}H_{16}$ kennen wir solche, welche der Formel $C_{15}H_{24}$ entsprechen, die sog. Sesquiterpene und Hemiterpene, C_5H_8, sowie olefinische Terpene.

Die von den Terpenen sich ableitenden Alkohole und Ketone heißen Kampfer.

Olefinische Terpenalkohole sind das im Rosen-, Geranium-, Pelargoniumöl vorkommende Geraniol:

$$\begin{matrix} CH_3 \diagdown \\ \\ CH_3 \diagup \end{matrix} C : CH \cdot CH_2 \cdot CH_2 \cdot C(CH_3) : CH \cdot CH_2OH$$

und das im Linaloeöl, Bergamottöl, Limettöl, Lavendelöl vorkommende Linalool:

$$\begin{matrix} CH_3 \diagdown \\ \\ CH_3 \diagup \end{matrix} C : CH \cdot CH_2 \cdot CH_2 \cdot C(CH_3)OH \cdot CH : CH_2 .$$

Von den in ätherischen Ölen, z. B. im Citronenöl und Lemongrasöl, sich findenden olefinischen Terpenaldehyden sei das Citral (Geranial), $C_9H_{15}CHO$, erwähnt, welchem man die folgende Konstitution gibt:

$$\begin{matrix} CH_3 \diagdown \\ \\ CH_3 \diagup \end{matrix} C : CH \cdot CH_2 \cdot CH_2 \cdot C(CH_3) : CH \cdot CHO .$$

Durch Einwirkung von Aceton auf Citral erhält man das als Veilchenparfüm verwendete α- und β-Ionon:

$$C_9H_{15}CH : CH—CO—CH_3 .$$

Die Mehrzahl der cyklischen Terpene leitet sich von dem p-Cymol ab, einem p-Methylisopropylbenzol:

$$\begin{matrix} & & \overset{(7)}{CH_3} & & \\ & & | & & \\ CH & = & C & - & CH \\ (6) & & (1) & & (2) \\ | & & & & \| \\ CH & = & C & — & CH \\ (5) & & (4) & & (3) \\ & & | & & \\ & & (8)\,CH & & \\ & & \diagup \diagdown & & \\ & CH_3 & & CH_3 & \\ & (10) & & (9). & \end{matrix}$$

Man bezeichnet die Kohlenstoffatome des p-Cymols mit Ziffern in der vorstehenden Weise.

Besonders den Arbeiten Wallachs ist die Feststellung zu danken, daß die Zahl der voneinander wirklich verschiedenen Terpene eine weit kleinere ist, als man früher annahm.

Man kennt mit Sicherheit folgende 8 verschiedene Terpene:

Pinen, Camphen, Fenchen, Limonen, Dipenten, Sylvestren, Terpinolen, Terpinen und Phellandren.

Von diesen ist das Camphen bei mittlerer Temperatur fest.
Schmelzp. 48⁰. Von den optisch aktiven Terpenen sind rechts- und
linksdrehende Formen bekannt.

Als allgemeine Reagenzien für die Terpene kommen die folgenden in Betracht:

1. Beim Einleiten von trockenem Chlorwasserstoff in Terpene
entstehen Additionsprodukte, und zwar nehmen Pinen, Camphen,
Fenchen je 1 Molekel HCl auf, Limonen, Dipenten, Terpinolen
je 2 Molekeln HCl.

2. Läßt man auf eine Terpenlösung in Eisessig Brom einwirken,
so wird dieses gebunden. Limonen, Dipenten, Sylvestren, Terpinolen
liefern hierbei kristallisierende Tetrabromide von verschiedenem
Schmelzpunkt.

3. Nitrosylchlorid, NOCl, vermögen einige Terpene anzulagern
und damit kristallisierende Verbindungen zu bilden. Zur Darstellung
solcher Terpennitrosochloride läßt man auf eine Terpenlösung in
Eisessig Äthylnitrit oder Amylnitrit und Salzsäure einwirken.

Bringt man die Nitrosochloride mit Basen, wie Benzylamin,
Piperidin u. a., zusammen, so wird das Chloratom gegen den Aminrest
ausgetauscht und es entstehen gut kristallisierende Verbindungen,
die sog. Nitrolamine:

$$C_{10}H_{16}\big\langle {}^{NO}_{NHR}.$$

Sind die mit Nitrosylchlorid erhältlichen Verbindungen der
Terpene blau gefärbt, so wird dies als Beweis dafür erachtet, daß
sie eine doppelte Bindung in der Seitenkette haben.

Eines der weitestverbreiteten Terpene ist das Pinen, welchem
man die folgende Konstitution gibt:

$$
\begin{array}{ccc}
CH = C(CH_3) & \!\!\!\!\!\! & CH \\
| & C(CH_3)_2 & | \\
CH_2 & CH & CH_2 .
\end{array}
$$

Pinen bildet den wesentlichen Bestandteil des deutschen, französischen und amerikanischen Terpentinöls. Letzteres dreht die
Ebene des polarisierten Lichtes rechts, französisches links. Mit
1 Mol. HCl vereinigt sich Pinen zu einer bei 125⁰ schmelzenden
Kristallmasse, $C_{10}H_{17}Cl$, von kampferähnlichem Geruch, dem „künstlichen Kampfer“. Dieses Präparat ist nicht zu verwechseln mit
dem dem wirklichen Kampfer identischen bzw. isomeren, auf synthetischem Wege gewonnenen Produkt.

Läßt man Pinen mit verdünnter Salpetersäure und Alkohol
stehen, so wird es in einen gut kristallisierenden Stoff, Terpinhydrat, $C_{10}H_{18}(OH)_2 \cdot H_2O$, übergeführt. Beim Kochen mit verdünnten Säuren spaltet Terpinhydrat teilweise wieder Wasser ab
und geht in einen angenehm riechenden Stoff Terpineol, $C_{10}H_{17}OH$,
über, durch weitere Wasserabspaltung bilden sich Dipenten, Terpinen,
Terpinolen.

d-Limonen (rechtsdrehendes L.) findet sich im Pomeranzenschalenöl und anderen ätherischen Ölen, l-Limonen (linksdrehendes L.) u. a. im Fichtennadelöl, im russischen Pfefferminzöl. Die Limonene riechen angenehm citronenartig. Durch Vereinigung gleicher Teile von d- und l-Limonen entsteht Dipenten.

Zu den Sesquiterpenen rechnet man u. a. Cadinen, Caryophyllen.

Isopren, C_5H_8, das durch Destillation von Kautschuk entsteht, ist ein Hemiterpen.

Von den Kampferarten seien erwähnt die Alkohole Menthol und Borneol (Borneokampfer) und die Ketone Carvon, Thujon, Pulegon und Japankampfer (gewöhnlicher Kampfer).

Menthol, l-Menthol, Menthakampfer, ist ein Abkömmling des Menthans und zwar ein sekundärer Alkohol. Es ist der wesentliche Bestandteil des Pfefferminzöles (von Mentha piperita) und des Öles der japanischen Minze (Mentha canadensis piperascens Briqu.). In dem aus den Blättern der letzteren Menthaart durch Destillation gewonnenen ätherischen Öl kommt es bis zu $85^0/_0$ vor. Das ätherische Öl der Mentha piperita enthält nur bis gegen $50^0/_0$ Menthol. Es wird durch Ausfrierenlassen aus dem ätherischen Öl gewonnen. Menthol bildet farblose, bei 44^0 schmelzende Kristalle von eigentümlichem kampferähnlichen Geruch. Die Konstitution des Menthols ist folgende:

$$
\begin{array}{c}
CH_3 \\
| \\
CH_2-CH-CH_2 \\
| \qquad\quad | \\
CH_2-CH-CH(OH) \\
| \\
CH \\
\diagup\,\diagdown \\
CH_3 \quad CH_3 .
\end{array}
$$

Durch Wasserabspaltung geht es über in Menthen:

$$
\begin{array}{c}
CH_3 \\
| \\
CH_2-CH-CH_2 \\
| \qquad\quad | \\
CH_2-C=CH \\
| \\
CH \\
\diagup\,\diagdown \\
CH_3 \quad CH_3 .
\end{array}
$$

Anwendung. Menthol wird äußerlich als lokales Anästetikum in Form von Mentholstiften (Migränestifte) oder in Form einer alkoholischen Lösung $(1+9)$, auch in Form von Salben, Schnupfpulver bei Katarrhen und Schleimhautschwellung angewendet, innerlich bei Cardialgien, Kolikschmerzen, Erbrechen, Durchfall.

Zu gleichem Zweck dient auch das Pfefferminzöl, besonders innerlich gegen Blähungen, äußerlich als Zusatz zu Zahnpulvern.

Terpin und Cineol. Sind in dem Menthan an bezeichneter Stelle für 2 Wasserstoffatome 2 Hydroxylgruppen substituierend eingetreten, so gelangt man zum Terpin:

$$\begin{array}{c}
HO\quad CH_3\\
\diagdown\;\diagup\\
CH_2-C\!-\!-\!-CH_2\\
|\qquad\qquad|\\
CH_2-CH-CH_2\\
|\\
COH\\
\diagup\diagdown\\
CH_3\;CH_3,
\end{array}$$

welches unter Wasserabspaltung in ein inneres Anhydrid sich umwandeln kann. Dieses führt den Namen Cineol:

$$\begin{array}{c}
CH_3\\
|\\
CH_2\!-\!-\!-C\!-\!-\!-CH_2\\
|\qquad|\qquad|\\
|\qquad O\qquad|\\
|\qquad|\qquad|\\
|\quad CH_3-C-CH_3\quad|\\
|\qquad|\qquad|\\
CH_2\!-\!-\!-CH\!-\!-\!-CH_2.
\end{array}$$

Cineol ist zuerst im ätherischen Öl des „Wurmsamens", Oleum Cinae, beobachtet worden und hat daher seinen Namen. Es kommt aber auch in vielen anderen ätherischen Ölen vor, so im Eukalyptusöl, Rosmarinöl, Lorbeerblätteröl usw. Cineol gibt mit konz. Phosphorsäure und Arsensäure kristallinische Verbindungen.

Borneol, Borneokampfer, Kamphol, findet sich in der rechtsdrehenden Form in dem auf Borneo und Sumatra vorkommenden Baume Dryobalanops Camphora und ist auch im Rosmarin- und Spiköl enthalten.

l-Borneol und i-Borneol kommen in Baldrianöl vor.

Borneol besitzt einen kampferartigen, zugleich aber pfefferähnlichen Geruch. Es geht durch vorsichtige Oxydation mit Salpetersäure in gewöhnlichen Kampfer über, während dieser bei der Reduktion Borneol liefert.

Das Keton Carvon, $C_{10}H_{14}O$,

$$\begin{array}{c}
CH_3\\
|\\
CH\!=\!C\!-\!-\!-CO\\
|\qquad\qquad|\\
CH_2-CH-CH_2\\
|\\
C\\
\diagup\diagdown\\
CH_2\;CH_3
\end{array}$$

kommt in seiner rechtsdrehenden Form im Kümmelöl und im Dillöl vor, l-Carvon im Krauseminzöl und im Kuromojiöl.

Thujon oder Tanaceton, $C_{10}H_{16}O$:

$$\begin{array}{c}
CH_3\\
|\\
CH-CH-CO\\
\diagdown\;|\qquad|\\
CH_2-C\!-\!-\!-CH_2\\
|\\
CH\\
\diagup\diagdown\\
CH_3\;CH_3
\end{array}$$

ist ein Bestandteil des Thujaöles, des Rainfarnöles (von Tanacetum vulgare) und kommt auch im Salbeiöl und Wermutöl vor:

Pulegon, $C_{10}H_{16}O$:

$$
\begin{array}{c}
CH_3 \\
| \\
CH_2{-}CH{-}CH_2 \\
|\qquad\quad| \\
CH_2{-}C{=\!=}CO \\
\| \\
C \\
\diagup\diagdown \\
CH_3\ CH_3
\end{array}
$$

ist im ätherischen Öl von Mentha pulegium enthalten.

Gewöhnlicher Kampfer, Japankampfer, $C_{10}H_{16}O$, ist ein eigenartig riechender, brennend schmeckender, bei 175° bis 179° schmelzender und bei 204° siedender Stoff, der im Kampferbaum, Cinnamomum Camphora, enthalten ist und durch Destillation des Holzes mit Wasserdampf und Reinigen durch Sublimation gewonnen wird. Auch in anderen ätherischen Ölen ist Kampfer, vielfach neben Borneol, aufgefunden worden.

Kampfer bildet farblose oder weiße, kristallinische, mürbe Stücke, riecht eigenartig durchdringend und schmeckt brennend scharf. In Wasser ist er nur wenig, in Äther, Chloroform, Weingeist und in Ölen reichlich löslich. Kampfer dreht den polarisierten Lichtstrahl nach rechts. Für eine 20%ige Lösung in absolutem Alkohol ist $[\alpha]_D\,20° = +\,44{,}22°$.

Für 20 g Kampfer auf 100 g Alkohol gelöst gilt:

$$
[\alpha] = \frac{\alpha \cdot 100}{l \cdot p \cdot d} = \frac{14{,}6 \cdot 100}{2 \cdot 20 \cdot 0{,}82} = 44{,}5°.
$$

Für 20 g Kampfer auf 100 ccm Alkohol gelöst gilt:

$$
[\alpha] = \frac{\alpha \cdot 100}{l \cdot c} = \frac{17{,}75 \cdot 100}{2 \cdot 20} = 44{,}375°.
$$

Kampfer ist ein Keton, mit Hydroxylamin bildet er bei 118° bis 119° schmelzendes Kampferoxim $C_{10}H_{16}:NOH$. Durch Reduktionsmittel wird Kampfer in ein Gemisch von zwei sekundären Alkoholen, Borneol und Isoborneol, übergeführt.

Auf synthetischem Wege gewinnt man Kampfer, indem man durch Einwirkung von Salzsäuregas auf Terpentinöl bzw. auf Pinen Pinenhydrochlorid darstellt, welches in Isoborneol und durch Oxydation in Kampfer übergeführt wird.

Synthetischer Kampfer ist die racemische Form des Kampfers, dreht daher die Ebene des polarisierten Lichtes nicht oder nur unwesentlich und läßt sich dadurch von dem Naturkampfer unterscheiden.

Beim Erhitzen mit Salpetersäure liefert Kampfer verschiedene Säuren, besonders d-Kampfersäure und Kamphoronsäure.

Dem Kampfer und der Kampfersäure gibt man die folgenden Konstitutionsformeln:

$$
\begin{array}{ll}
\begin{array}{c}
CH_3 \\
| \\
CH_2\!-\!\!-\!C\!-\!\!-\!\!-\!CO \\
\;|\;\; | \quad\;\; | \\
|\; CH_3\!-\!C\!-\!CH_3\; | \\
\;|\;\;\;\;\; | \;\;\;\;\;\; | \\
CH_2\!-\!\!-\!CH\!-\!\!-\!CH_2 \\
\underbrace{\qquad\qquad}_{\text{Kampfer}}
\end{array}
&
\begin{array}{c}
CH_3 \\
| \\
CH_2\!-\!\!-\!C\!-\!\!-\!\!-\!COOH \\
\;|\;\; | \\
|\; CH_3\!-\!C\!-\!CH_3 \\
\;|\;\;\;\;\; | \\
CH_2\!-\!\!-\!CH\!-\!\!-\!COOH. \\
\underbrace{\qquad\qquad}_{\text{Kampfersäure.}}
\end{array}
\end{array}
$$

Kampfersäure ist eine bei 186° schmelzende, in farblosen Blättern kristallisierende Säure.

Anwendung. Kampfer findet Anwendung zur Herstellung von Spiritus camphoratus, Oleum camphoratum, Opodeldok und zu verschiedenen Linimenten, als Zusatz zu Pflastern (Emplastrum fuscum camphoratum). Kampferlösungen werden äußerlich bei rheumatischen Schmerzen zum Einreiben benutzt. Innerlich dient Kampfer wegen seiner belebenden Beeinflussung der Zentralorgane, des Nervensystems als Excitans. In Vinum camphoratum und Tinctura Opii benzoica ist Kampfer enthalten. Kampfer wird besonders auch als Mottenmittel benutzt.

Kampfersäure dient gegen die Nachtschweiße der Phthisiker. Dosis 1 g bis 1,5 g. Äußerlich zu Ausspülungen bei Cystitis, als Adstringens bei Erkrankungen des Pharynx, Larynx und der Nase.

Ätherische Öle, von welchen das Arzneibuch Wertbestimmungen ausführen läßt, sind **Oleum Cinnamomi** (Zimtaldehydgehalt 66° bis 76°), **Oleum Lavandulale** (mit mindestens 29,3°/$_0$ Linalylacetat), **Oleum Santali** (mit mindestens 90°/$_0$ Santalol, einem Sesquiterpenalkohol der Formel $C_{15}H_{24}O$), **Oleum Sinapis**, **Oleum Thymi** (mit mindestens 20°/$_0$ Thymol und Carvacrol).

III. Mehrkernige aromatische Kohlenwasserstoffe.

Mehrkernige aromatische Kohlenwasserstoffe entstehen durch Zusammentreten von zwei oder mehreren aromatischen Kohlenwasserstoffen, indem sich je 1, 2 oder 3 Kohlenstoffatome des einen mit je 1, 2 oder 3 Kohlenstoffatomen des oder der anderen Kohlenwasserstoffe verketten. Es kann die Bindung der aromatischen Kohlenwasserstoffe auch durch Reste von Fettkohlenwasserstoffen geschehen.

Die wichtigsten mehrkernigen aromatischen Kohlenwasserstoffe lassen sich durch folgende Bilder veranschaulichen:

⬡—⬡ , $C_6H_5\!-\!C_6H_5$, Diphenyl.

⬡—⬡CH$_3$, $C_6H_5\!-\!C_6H_4(\overline{CH_3})$, m-Phenyltolyl.

⬡—⬡CH$_3$, $C_6H_5\!-\!C_6H_4(\overline{CH_3})$, p-Phenyltolyl.

$(C_6H_5)_2CH_2$, Diphenylmethan.

$(C_6H_5)_3CH$, Triphenylmethan.

$(C_6H_5)_2\diagdown\begin{smallmatrix}CH_2\\|\\CH_2\end{smallmatrix}$, Dibenzyl.

$(C_6H_5)_2\diagdown\begin{smallmatrix}CH\\||\\CH\end{smallmatrix}$, Stilben.

$(C_6H_5)_2\diagdown\begin{smallmatrix}C\\|||\\C\end{smallmatrix}$, Tolan.

Inden.   Fluoren.

$C_{10}H_8$, Naphthalin. $C_{14}H_{10}$, Phenanthren,

$C_{14}H_{10}$, Anthracen.

Von diesen Kohlenwasserstoffen bieten das **Triphenylmethan**, das **Inden** und das **Naphtalin**, bzw. deren Abkömmlinge das weitestgehende Interesse.

Triphenylmethan wird durch Einwirkung von Aluminiumchlorid auf Benzalchlorid und Benzol gewonnen und bildet farblose, bei 93° schmelzende Prismen.

Eine große Zahl wichtiger Farbstoffe, die **Rosaniline**, leiten sich vom Triphenylmethan ab.

Unterwirft man ein Gemisch von 1 Mol. p-Toluidin und 2 Mol. Anilin der Oxydation mit Arsensäure oder Nitrobenzol, so findet, indem die Methylgruppe des Toluidins das sog. Methankohlenstoffatom hergibt, die Bildung von **Pararosanilin** statt:

$$\begin{matrix}CH_3\!-\!C_6H_4NH_2\\C_6H_5NH_2\\C_6H_5NH_2\end{matrix}+3\,O=(HO)C\diagdown\begin{matrix}C_6H_4NH_2\\-C_6H_4NH_2\\C_6H_4NH_2\end{matrix}+2\,H_2O$$

1 Mol. p-Toluidin   Pararosanilin.
+ 2 Mol. Anilin

Mit Säuren liefert Pararosanilin einen roten Farbstoff. Durch Reduktion geht die Base in **Paraleukanilin**, $HC(C_6H_4NH_2)_3$, über, einen farblosen, kristallisierbaren Stoff, der durch Oxydation in die Farbbase zurückverwandelt werden kann.

Bei der Oxydation eines Gemisches gleicher Molekeln Anilin, o-Toluidin und p-Toluidin mit Arsensäure, Merkurinitrat oder

Nitrobenzol entsteht Rosanilin, $(HO)C \begin{cases} C_6H_3 \begin{cases} CH_3 \\ NH_2 \end{cases} \\ C_6H_4NH_2 \\ C_6H_4NH_2 \end{cases} \cdot 2H_2O$. Das salz-

saure Salz dieser Base mit einem Äquivalent Säure ist das in grünen, metallglänzenden Kristallen erhältliche Fuchsin, das sich in Wasser mit schön roter Farbe löst.

Ersetzt man Wasserstoffatome der Aminogruppen des Pararosanilins und Rosanilins durch Alkylgruppen, so wird die Farbe der Lösung des Farbstoffes mehr und mehr violett. Ein Pentamethylpararosanilin ist das Methylviolett. Anilinblau ist ein Rosanilin, in welchem je ein Wasserstoffatom der Aminogruppe durch Phenyl substituiert ist.

Pararosanilin- und Rosanilinfarbstoffe färben Wolle und Seide direkt. Zur Färbung von Kattun muß ein Beizen des Zeugstoffes vorangehen.

Inden, kommt im Steinkohlenteer und im Leuchtgas vor und bildet eine bei 182° siedende Flüssigkeit. Es läßt sich mit Natrium in alkoholischer Lösung hydrieren und geht in

Hydrinden über, das sich ebenfalls im Steinkohlenteer findet. Ein Diketohydrindenderivat führt den Namen Ninhydrin und wird zum Nachweis von Eiweißstoffen (s. dort) benutzt.

Naphtalin, $C_{10}H_8$, wird aus den zwischen 180° und 270° übergehenden Anteilen des Steinkohlenteers, dem sog. Schweröl, gewonnen. Es scheidet sich daraus kristallinisch ab und wird nach dem Abpressen durch Sublimation und für den pharmazeutischen Gebrauch durch Umkristallisieren aus Alkohol gereinigt.

Naphtalin kristallisiert in weißen, glänzenden Blättern, die bei 80° schmelzen und bei 218° sieden. Es besitzt einen eigenartigen durchdringenden Geruch und brennenden Geschmack. In Wasser löst es sich nicht, schwer in kaltem, leicht in heißem Alkohol und in Äther. Es verdampft schon bei gewöhnlicher Temperatur; angezündet, verbrennt es mit leuchtender, rußender Flamme.

Anwendung. Innerlich bei Erkrankungen der Luftwege als expektorierendes Mittel. Gegen veraltete Dickdarmkatarrhe, bei Brechdurchfall. Dosis 0,1 g bis 0,5 g bis 0,8 g. Gegen Spulwürmer bei Kindern. Dosis 0,1 g. Äußerlich (mit Zuckerpulver gemischt) zur antiseptischen Wundbehandlung, gegen Skabies und verschiedene Hautkrankheiten in Salbenform oder in Olivenöl ($10\,^0/_0$ige Lösung).

Durch Substitution von Wasserstoffatomen des Naphtalins lassen sich in analoger Weise wie beim Benzol Halogenderivate, Nitronaphtaline, Naphtylamine, Naphtolsulfonsäuren, Phenole usw. gewinnen.

Tetrahydronaphtalin, $\begin{smallmatrix} & CH_2 & CH \\ CH_2 & C & CH \\ CH_2 & & CH \\ & C & CH \\ & CH_2 & CH \end{smallmatrix}$ ein mit Wasserstoff bei Gegenwart von reduziertem Nickel hydriertes Naphtalin ist in der Neuzeit unter dem Namen Tetralin, eine intensiv riechende Flüssigkeit, an Stelle von Petroleum für Beleuchtungszwecke und als Lösungsmittel für Harze in der Lackindustrie viel verwendet worden.

Erhitzt man Naphtalin und konz. Schwefelsäure zu gleichen Teilen mehrere Stunden lang unter häufigerem Umrühren auf 200^0, so wird zum größten Teil β-Naphtalinsulfonsäure gebildet, welche beim Schmelzen mit Kalium- oder Natriumhydroxyd β-Naphtol liefert:

$$C_{10}H_7 \cdot SO_3H + 3\,KOH = C_{10}H_7 \cdot OK + K_2SO_3 + 2\,H_2O.$$

β-Naphtol, $C_{10}H_7 \cdot OH$, bildet farblose, glänzende Kristallblättchen von schwach phenolartigem Geruch und brennend scharfem Geschmack. Schmelzp. 122^0. Es gibt mit 1000 T. kaltem und 75 T. siedendem Wasser Lösungen, welche Lackmuspapier nicht verändern. In Weingeist, Äther, Chloroform, Kali- und Natronlauge ist es leicht löslich.

Anwendung. β-Naphtol wird als äußerliches Mittel bei Skabies und verschiedenen Hautkrankheiten (Psoriasis, Akne) in Form von alkoholischen Lösungen oder Salben benutzt. Vor Licht geschützt aufzubewahren!

α-Naphtol, $C_{10}H_7 \cdot OH$, schmilzt bei 94^0, siedet bei 278^0 bis 280^0 und wird aus der α-Naphtalinsulfonsäure durch Schmelzen mit Kaliumhydroxyd erhalten:

Die Sulfonsäuren der Naphtole werden zur Herstellung von Farbstoffen benutzt. Besonders häufig dient zu diesem Zwecke die sog. R-Säure, eine Disulfonsäure des β-Naphthols von folgender Konstitution:

$$HO_3S \cdot C_{10}H_5(OH) \cdot SO_3H.$$

Man pflegt diese Säure in Form ihres Natriumsalzes als Reagens auf Diazoverbindungen zu benutzen, mit welchen es meist rot gefärbte Azofarbstoffe bildet.

Den Chinonen der Benzolreihe entsprechen auch solche der Naphtalinreihe. Ein Dioxyderivat des α-Naphtochinons ist das **Naphtazarin**:

welches als schwarzer Beizenfarbstoff für Wolle und Seide Verwendung findet.

C. Heterocyklische Verbindungen.

1. Fünfgliedrige Ringe.

Von diesen sind das Furfuran (Furan), Thiophen und Pyrrol als Stammsubstanzen für eine Anzahl wichtiger Verbindungen anzuführen:

Furfuran ist eine bei 32° siedende Flüssigkeit, welche zuerst durch Destillation des brenzschleimsauren Baryums erhalten wurde. Vom Furfuran leitet sich durch Ersatz eines Wasserstoffatoms durch eine primäre Alkoholgruppe $C_4H_3O \cdot CH_2OH$ der Furfuralkohol ab, der aus dem Aldehyd Furfurol durch Reduktion mit Natriumamalgam und Essigsäure erhalten werden kann. Furfuralkohol ist von E. Erdmann im Kaffeeöl aufgefunden worden, einem Öl, welches bei Behandlung gerösteter Kaffeebohnen mit Wasserdampf in das Destillat übergeht und aus diesem durch Extraktion mit Äther gewonnen werden kann.

Furfurol, $C_4H_3O(CHO)$, auch α-Furol genannt, bildet sich bei der Destillation von Kleie (furfur heißt die Kleie, daher der Name Furfurol), von Zucker, Holz mit verdünnter Schwefelsäure, besonders der Pentosen, bzw. Pentosane (s. S. 410) haltenden Stoffe mit Salzsäure. Furfurol gibt mit Anilin und Salzsäure Rotfärbung.

Thiophen, $C_4H_4 : S$, ist von V. Meyer 1883 zuerst in Benzolkohlenwasserstoffen aufgefunden worden. Es ist ein steter Begleiter des Benzols und die Ursache der Blaufärbung, welche thiophenhaltiges Benzol mit wenig Isatin und konz. Schwefelsäure (Indopheninreaktion) gibt (s. S. 425).

Pyrrol, $C_4H_4 : NH$, wurde 1834 von Runge im Steinkohlenteer und im Knochenteer entdeckt. Der Name Pyrrol leitet sich von dem griechischen $\pi\nu\varrho\varrho\acute{o}\varsigma$ (pyrros), feuerrot, ab, weil Pyrrol einen mit Salzsäure befeuchteten Fichtenspan feuerrot färbt.

Man erhält Pyrrol synthetisch u. a. durch Destillation von Succinimid mit Zinkstaub:

Ein Tetrajodpyrrol $JC \stackrel{NH}{\diagup\diagdown} CJ$, wird durch Behandeln einer alkoholischen Pyrrollösung mit alkoholischer Jodlösung erhalten. Es bildet

ein gelbes, kristallinisches Pulver, das an Stelle des Jodoforms und
zu gleichem Zweck wie dieses medizinische Verwendung findet. Es
führt im Arzneischatz den Namen Jodol.

Ein Pyrrol, in welchem eine CH-Gruppe durch N ersetzt ist, heißt Pyrazol

$$\begin{array}{c} NH \\ \diagup \diagdown \\ CH\ N \\ \| \quad \| \\ CH-CH \end{array}$$. Dieser Stoff bildet sich bei der Einwirkung von Hydrazinhydrat

auf Epichlorhydrin, $O\!\!<\!\!\begin{array}{c} CH\cdot CH_2Cl \\ | \\ CH_2 \end{array}$, erhalten aus dem Dichlorester des Glycerins,

dem α-Dichlorhydrin, mit Natriumhydroxyd. Vorteilhafter gewinnt man Pyrazol
aus seinen Carbonsäuren durch Kohlensäureabspaltung. Pyrazol ist eine schwache,
kristallisierende Base, die bei 70^0 schmilzt und bei 187^0 siedet.

Durch naszierenden Wasserstoff aus Natrium und Alkohol werden die
Pyrazole, besonders die N-Phenylpyrazole in Dihydropyrazole oder
Pyrazoline umgewandelt.

Ein Dihydropyrazol entsteht auch bei der Einwirkung von Hydrazin-

hydrat auf Akrolein. Dieses Pyrazolin besitzt die Konstitution $\begin{array}{c} NH \\ \diagup \diagdown \\ CH_2\ N \\ | \quad \| \\ CH_2-CH \end{array}$. Es

ist ein bei 144^0 siedendes Öl. Mit dem Namen Pyrazolone werden Keto-
dihydropyrazole bezeichnet, welche L. Knorr 1883 entdeckte.

Ein medizinisch-pharmazeutisch wichtiges Derivat des Pyrazolons
ist das Phenyldimethylpyrazolon oder Antipyrin.

Zu seiner Darstellung bringt man Acetessigester (s. S. 372)
und Phenylhydrazin zusammen.

Bei dieser Vereinigung findet schon bei gewöhnlicher Temperatur
Wasserabspaltung statt, beim Erhitzen des so entstandenen Phenyl-
hydrazinacetessigesters auch Alkoholaustritt und zugleich Ringschluß
zu dem Pyrazolon.

Legt man dem Acetessigester bei dieser Reaktion die Enolform
zugrunde, so kann man durch folgendes Bild den sich vollziehenden
Ringschluß veranschaulichen:

$$\underbrace{\begin{array}{c} CH_3 \\ | \\ C\,OH \\ \| \\ CH \\ | \\ CO\,OC_2H_5 \end{array}}_{\text{Acetessigester}} + \underbrace{\begin{array}{c} \\ H-N-H \\ \\ | \\ H-N-C_6H_5 \end{array}}_{\text{Phenylhydrazin}} = \underbrace{\begin{array}{c} C_6H_5 \\ | \\ N \\ \diagup \diagdown \\ HN \quad CO \\ | \qquad | \\ CH_3\cdot C=\!\!=CH \end{array}}_{\text{Phenylmethylpyrazolon.}} + H_2O + C_2H_5\cdot OH$$

Wird Phenylmethylpyrazolon mit Methyljodid und Methylalkohol
im Autoklaven bei 140^0 einige Stunden lang erhitzt, so lagert sich
Methyljodid an das sekundäre Stickstoffatom an, und aus dem entstandenen jodwasserstoffsauren Phenyldimethylpyrazolon bildet sich
mit Natronlauge die freie Base, das Phenyldimethylpyrazolon

oder **Antipyrin**, das sich mit Chloroform ausschütteln und aus Benzol oder Toluol oder auch Benzin umkristallisieren läßt.

Antipyrin oder Pyrazolonum phenyldimethylicum,

$$\begin{array}{c} C_6H_5 \\ | \\ N \\ \diagup \diagdown \\ CH_3 \cdot N \quad CO \\ | \qquad | \\ CH_3 \cdot C = CH \end{array}$$

bildet farblose, tafelförmige, bitter schmeckende Kristalle vom Schmelzpunkt 110° bis 112°. 1 T. Antipyrin löst sich in 1 T. Wasser, in 1 T. Weingeist, 1,5 T. Chloroform und in 80 T. Äther. Die wässerige Lösung des Antipyrins (1 + 99) gibt mit Gerbsäurelösung eine reichliche weiße Fällung. 2 ccm wässeriger Antipyrinlösung (1 + 999) geben mit 1 Tropfen Ferrichloridlösung eine tiefrote Färbung, welche auf Zusatz von 10 Tropfen Schwefelsäure in hellgelb übergeht.

2 ccm der wässerigen Lösung (1 + 99) werden durch 2 Tropfen rauchender Salpetersäure grün gefärbt: Es bildet sich Isonitrosoantipyrin:

$$\begin{array}{c} C_6H_5 \\ | \\ N \\ \diagup \diagdown \\ CH_3 \cdot N \quad CO \\ | \qquad | \\ CH_3 \cdot C = C - NO \, . \end{array}$$

Aus konz. Lösungen scheidet sich letzteres in grünen Kristallen ab. Man erhält es am besten, wenn man die mit Kaliumnitritlösung versetzte Antipyrinlösung mit verdünnter Schwefelsäure ansäuert. Über die Prüfung des Antipyrins s. Arzneibuch.

Anwendung. Kräftig wirkendes Antipyretikum, auch bei Gelenkrheumatismus, als Antineuralgikum, bei Kinderdiarrhöen usw. in Anwendung. Äußerlich zeigt es fäulnishemmende, hämostatische und anästhetische Eigenschaften. Dosis 0,5 g bis 1 g (3- bis 4 mal täglich) für Erwachsene. 0,2 g bis 0,5 g bis 0,8 g (3- bis 4 mal täglich) für Kinder. **Vorsichtig aufzubewahren. Größte Einzelgabe 2 g, größte Tagesgabe 4 g.**

Pyramidon, Dimethylamino-Antipyrin, Pyrazolonum dimethylaminophenyldimethylicum, Dimethylaminophenyldimethylpyrazolon, ist aufzufassen als ein Antipyrin, in welchem ein Wasserstoffatom des Fünfringes durch die Dimethylamingruppe ersetzt ist. Man gewinnt es durch Reduktion des Isonitrosoantipyrins mit Zinkstaub und Essigsäure in alkoholischer Lösung zur Aminoverbindung und Methylierung der beiden Wasserstoffatome der NH_2-Gruppe mittels Methyljodid in methylalkoholischer Lösung bei Gegenwart von Kaliumhydroxyd:

$$
\underset{\text{Isonitrosoantipyrin}}{\underbrace{
\begin{array}{c}
C_6H_5 \\
| \\
N \\
CH_3\cdot N \quad CO \\
| \qquad | \\
CH_3\cdot C = C\cdot NO
\end{array}}}
\ \rightarrow\
\underset{\text{Aminoantipyrin}}{\underbrace{
\begin{array}{c}
C_6H_5 \\
| \\
N \\
CH_3\cdot N \quad CO \\
| \qquad | \\
CH_3\cdot C = C\cdot NH_2
\end{array}}}
\ \rightarrow\
\underset{\text{Dimethylaminoantipyrin.}}{\underbrace{
\begin{array}{c}
C_6H_5 \\
| \\
N \\
CH_3\cdot N \quad CO \\
| \qquad | \quad\ \ \nearrow CH_3 \\
CH_3\cdot C = C\cdot N \\
\qquad\qquad\qquad \searrow CH_3
\end{array}}}
$$

Pyramidon bildet farblose Kristalle, die sehr leicht in Weingeist, weniger leicht in Äther und in 20 T. Wasser löslich sind. Schmelzpunkt 108°. Ferrichloridlösung färbt die mit Salzsäure schwach angesäuerte wässerige Lösung des Pyramidons (1 + 20) blauviolett. Im Gegensatz zu Antipyrin gibt Pyramidon mit salpetriger Säure keine Grünfärbung, liefert also keine Isonitrosoverbindung, weil das Wasserstoffatom, für welches beim Antipyrin die Nitrosogruppe eintritt, beim Pyramidon durch die Dimethylamingruppe ersetzt ist. Über die Prüfung s. Arzneibuch.

Anwendung. Pyramidon wird als Antipyretikum, Antineuralgikum, Analgetikum gebraucht, bei chronischen und akuten Fiebern, Kopfschmerzen und Influenza. Dosis 0,3 bis 0,5 g. Vor Licht geschützt und vorsichtig aufzubewahren. Größte Einzelgabe 0,5 g, größte Tagesgabe 1,5 g.

Salipyrin, Salicylsaures Antipyrin, Pyrazolonum phenyldimethylicum salicylicum, $C_{11}H_{12}ON_2\cdot C_7H_6O_3$, wird durch Zusammenschmelzen von Antipyrin und Salicylsäure in äquimolekularen Mengen und Umkristallisieren aus Alkohol dargestellt. Schmelzpunkt 91° bis 92°. Es bildet ein weißes, grobkristallinisches Pulver oder sechsseitige Tafeln von schwach süßlichem Geschmack; löslich in 250 T. Wasser von 15° und in 40 T. siedendem Wasser, leicht in Weingeist, weniger leicht in Äther.

Anwendung. Als Antipyretikum, bei akutem und chronischem Gelenkrheumatismus, besonders als Mittel gegen Influenza gerühmt, sowie bei Menstrualbeschwerden. Dosis 0,5 g bis 1 g. Vorsichtig aufzubewahren. Größte Einzelgabe 2 g, größte Tagesgabe 6 g.

Tolypyrin, das eine dem Antipyrin ähnliche therapeutische Wirkung äußert, ist ein p-Tolyldimethylpyrazolon

$$
\begin{array}{c}
CH_3 \\
\big|\ \ \text{(C}_6\text{H}_4\text{)} \\
N \\
CH_3N \quad CO \\
|\qquad\ | \\
CH_3C = CH\,.
\end{array}
$$

Tolysal, das salicylsaure Salz des Tolypyrins.

Zu dem Pyrrol in Beziehung steht Benzopyrrol oder Indol

$$
C_6H_4\!\!\begin{array}{c} \diagup NH \diagdown \\ \diagdown CH \diagup \end{array}\!\!CH\,.
$$

Zum Indol gelangt man vom Indigo aus. Durch Oxydation des Indigos mit Salpetersäure wird Isatin erhalten, $C_6H_4\langle{}^{N}_{CO}\rangle C\cdot OH$, das bei der Behandlung mit Zinkstaub und Salzsäure zu Dioxindol reduziert wird:

$$C_6H_4\langle{}^{NH}_{CO}\rangle CH\cdot OH\,.$$

Reduziert man Dioxindol weiter mit Zinn und Salzsäure, so entsteht Oxindol, das bei der Destillation mit Zinkstaub Indol liefert:

$$C_6H_4\langle{}^{NH}_{CH_2}\rangle CO \;\longrightarrow\; C_6H_4\langle{}^{NH}_{CH}\rangle CH$$

Oxindol   Indol.

Indol findet sich neben β-Methylindol (Skatol), $C_8H_5(CH_3)NH$, in den menschlichen Fäzes und bedingt deren unangenehmen Geruch.

Indigo, ein altbekannter und viel gebrauchter blauer Farbstoff, wird aus der Indigopflanze (Indigofera tinctoria) und dem Färber-Waid (Isatis tinctoria) gewonnen. In diesen Pflanzen kommt ein Glukosid vor, das Indikan, welches bei der Einwirkung verdünnter Säuren oder durch die oxydierende Einwirkung der Luft bei Gegenwart von Wasser gespalten wird und Indigo liefert. Den so gewonnenen Indigo befreit man von verunreinigenden Stoffen, wie Indigoleim, Indigobraun, Indigorot, durch Ausziehen mit Wasser, Alkohol und Alkalien. Es bleibt dann Indigotin als ein dunkelblaues Pulver zurück. Reduktionsmittel, z. B. Eisenvitriol und Kalk, führen es in einen weißen kristallinischen Stoff über, das Indigoweiß, welches sich vom Indigo durch einen Mehrgehalt von 2 Wasserstoffatomen unterscheidet. Indigoweiß ist in Alkalien löslich. Mit einer solchen alkalischen Lösung des Indigoweiß tränkt man die Gewebe, welche man mit Indigo blau färben will, und hängt sie an die Luft. Durch die Oxydationswirkung dieser wird das Indigoweiß dann allmählich oxydiert zu blauem Indigo, welcher auf der Faser des Gewebes fest haftet. Die alkalische Lösung des Indigoweiß heißt „Indigoküpe" (vgl. Formaldehydsulfooxylat).

Indigoblau oder Indigotin,

$$C_6H_4\langle{}^{CO}_{NH}\rangle C:C\langle{}^{CO}_{NH}\rangle C_6H_4\,,$$

kann auf synthetischem Wege nach verschiedenen Methoden gewonnen werden, von denen einige in der Neuzeit eine technische Bedeutung erlangt haben und eine starke Konkurrenz für den natürlichen Indigo der englischen Indigopflanzungen Bengalens bilden.

Das meist benutzte Verfahren der künstlichen Indigodarstellung gründet sich auf die von Heumann aufgefundene Synthese, nach welcher Phenylglykokollorthocarbonsäure durch Schmelzen mit Ätzkali zum Indigo führt.

Phenylglykokollorthocarbonsäure wird aus Anthranilsäure (o-Aminobenzoesäure) und Monochloressigsäure dargestellt. Anthranilsäure
gewinnt man technisch aus dem Naphtalin, indem dieses durch
Oxydation in Phtalsäure, bzw. Phtalsäureanhydrid und weiterhin
in Phtalimid, letzteres mittels alkalischer Bromlösung in Anthranilsäure übergeführt wird.

Die praktisch im großen ausgeführte Indigosynthese läßt sich daher wie
folgt veranschaulichen:

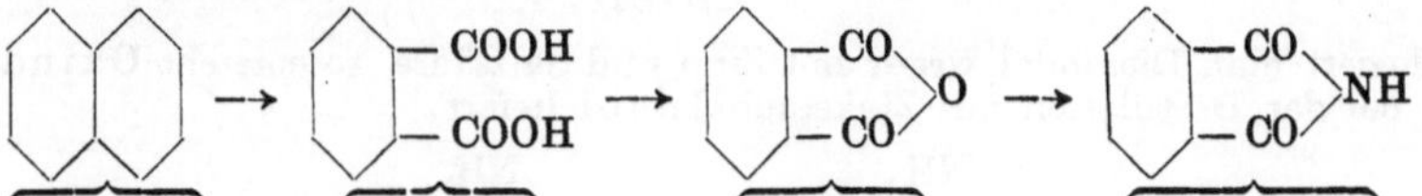

$$\text{Naphtalin} \rightarrow \text{Phtalsäure} \rightarrow \text{Phtalsäureanhydrid} \rightarrow \text{Phtalimid.}$$

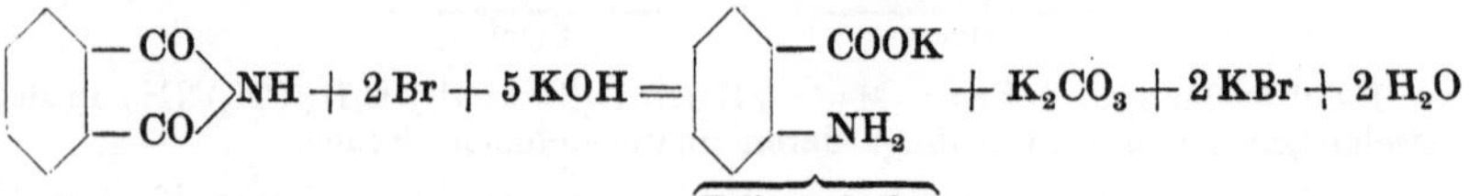

$$\text{Phtalimid} + 2\,Br + 5\,KOH = \text{Kaliumsalz der Anthranilsäure} + K_2CO_3 + 2\,KBr + 2\,H_2O$$

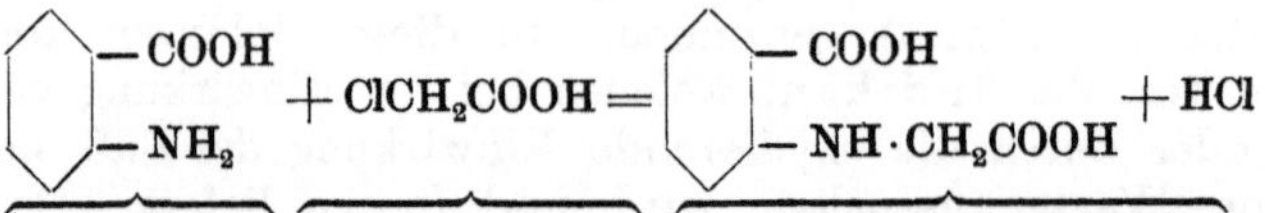

$$\text{Anthranilsäure} + ClCH_2COOH = \text{Phenylglykokollorthocarbonsäure} + HCl$$

$$2\,\{\,\text{Phenylglykokollorthocarbonsäure}\,\} \xrightarrow{+KOH+O} \text{Indigo.}$$

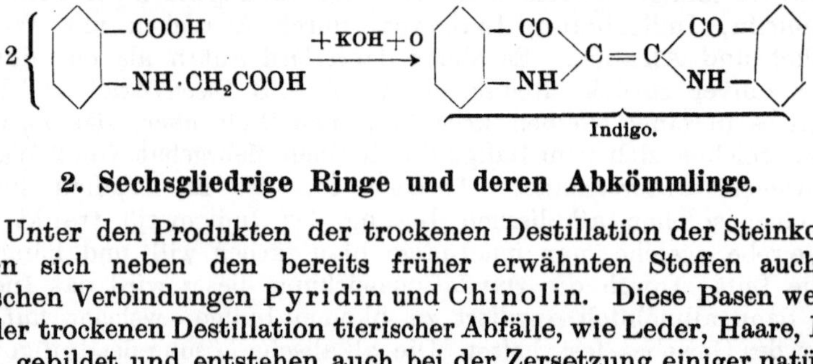

2. Sechsgliedrige Ringe und deren Abkömmlinge.

Unter den Produkten der trockenen Destillation der Steinkohlen
finden sich neben den bereits früher erwähnten Stoffen auch die
basischen Verbindungen Pyridin und Chinolin. Diese Basen werden
bei der trockenen Destillation tierischer Abfälle, wie Leder, Haare, Leim
usw., gebildet und entstehen auch bei der Zersetzung einiger natürlich
vorkommender organischer Basen des Pflanzenreiches (Alkaloide).

Man faßt das **Pyridin**, C_5H_5N, als ein Benzol auf, in welchem
eine CH-Gruppe durch Stickstoff ersetzt ist. Man gibt von
den drei für das Pyridin aufgestellten Formeln:

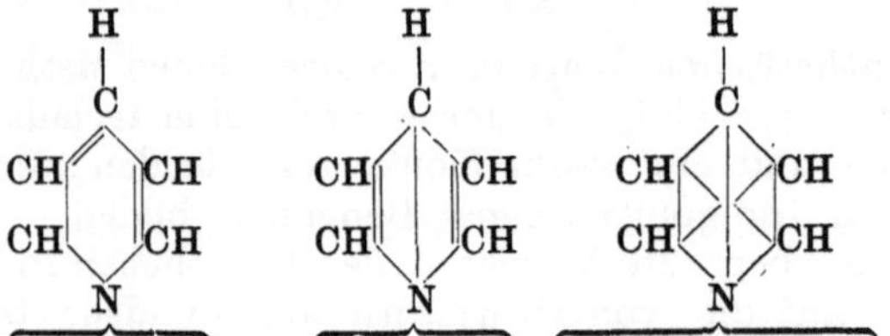

<table>
<tr><td align="center">Nach Körner</td><td align="center">Nach Riedel</td><td align="center">Nach Bamberger und
von Pechmann</td></tr>
</table>

der ersteren den Vorzug.

Pyridin und seine homologen Verbindungen: $C_5H_4(CH_3)N$ Picoline, $C_5H_3(CH_3)_2N$ Lutidine, $C_5H_2(CH_3)_3N$ Collidine, werden als Pyridinbasen bezeichnet. Es sind in reinem Zustande farblose, stark alkalisch reagierende, unangenehm stechend riechende Flüssigkeiten, welche sich unzersetzt verflüchtigen lassen und mit Säuren Salze bilden. Sie dienen u. a. zum Denaturieren des Alkohols, um ihn für Genußzwecke untauglich zu machen.

Das durch trockene Destillation tierischer Abfälle erhaltene Tieröl, **Oleum animale foetidum**, besteht neben Aminen, Nitrilen, Pyrrol usw. zu einem großen Teil aus Pyridinbasen.

Pyridin entsteht auch bei der Destillation der Pyridincarbonsäuren mit Kalk. Von Pyridin und seinen Homologen sind Halogenpyridine, Pyridinsulfonsäuren, Nitropyridine, Aminopyridine, Oxypyridine (Pyridone), Pyridincarbonsäuren und Hydropyridinderivate dargestellt worden.

Pyridincarbonsäuren lassen sich durch Oxydation der homologen Pyridine mit Kaliumpermanganat gewinnen. Eine β-Pyridincarbonsäure ist die Nikotinsäure, 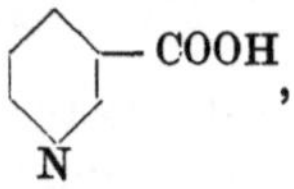 , welche durch Oxydation des Alkaloids Nikotin erhalten wird.

Eine β-, γ-Pyridindicarbonsäure ist die Cinchomeronsäure, , die bei der Oxydation des Cinchonins und Cinchonidins mit Salpetersäure entsteht.

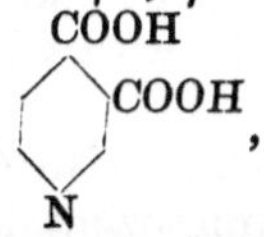

Die durch Reduktion der Pyridine mit Natrium und Alkoholen in der Hitze erhaltenen Hydroprodukte heißen Piperidine.

Das bei der Spaltung des im Pfeffer vorkommenden Piperins mit alkoholischer Kalilauge neben Piperinsäure entstehende Piperidin ist ein Hexahydropyridin 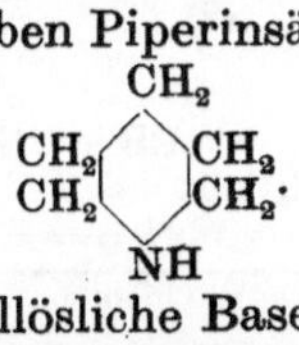 . Es bildet eine bei 160° siedende, wasser- und alkohollösliche Base von pfefferartigem Geruch.

Als ein Piperidinderivat, und zwar als ein Trimethylbenzoxypiperidinhydrochlorid ist das als Lokalanästhetikum gebräuchliche **Eucain B** aufzufassen:

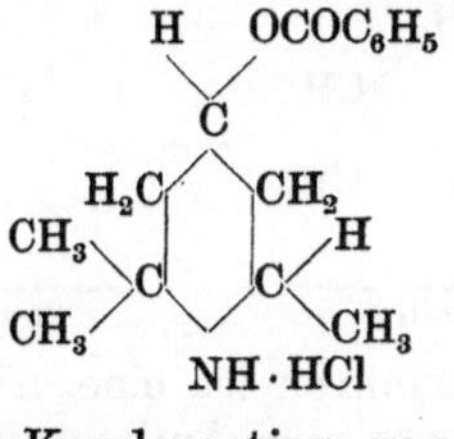

Man erhält es durch Kondensation von Ammoniak und Aceton und Behandeln des hierdurch entstehenden Diacetonamins mit

Acetaldehyd. Hierbei bilden sich zwei stereoisomere Vinyldiaceton-
alkamine:

$$(CH_3)_2 = C - CH_2 \qquad\qquad (CH_3)_2 = C - CH_2$$
$$|\qquad\quad | \qquad\qquad\qquad\qquad |\qquad\quad |$$
$$NH \quad CHOH \quad\text{und}\quad NH \quad HCOH$$
$$|\qquad\quad | \qquad\qquad\qquad\qquad |\qquad\quad |$$
$$CH_3 \cdot HC - CH_2 \qquad\qquad CH_3 \cdot HC - CH_2$$

$$\underbrace{\qquad\qquad\qquad\qquad}_{\substack{\text{labiles}\\\text{Vinyldiacetonalkamin}}} \qquad \underbrace{\qquad\qquad\qquad\qquad}_{\substack{\text{stabiles}\\\text{Vinyldiacetonalkamin.}}}$$

Durch Erhitzen mit Natriumamylat geht die bei 161 bis 162⁰
schmelzende labile Form in die bei 138⁰ schmelzende stabile über.
Durch Benzoylieren erhält man aus dem stabilen Vinyldiaceton-
alkamin eine Base, deren salzsaures Salz das Eukain B ist.

Die **Chinoline** sind als Benzopyridine aufzufassen. Die Konstitution des Chinolins und Isochinolins ist die folgende:

$$\underbrace{\text{[Strukturformel]}}_{\text{Chinolin}} \qquad \underbrace{\text{[Strukturformel]}}_{\text{Isochinolin.}}$$

Chinolin wurde 1842 von Gerhardt bei der Destillation der
Alkaloide Chinchonin und Chinin mit Kalihydrat beobachtet. Daher
auch sein Name.

Synthetisch wurde Chinolin von Baeyer, von Königs und später
von Skraup dargestellt. Nach des letzteren Methode wird Chinolin
in der Praxis gewonnen.

v. Baeyer gelangte zum Chinolin, indem er Ortho-Nitrozimt-
aldehyd reduzierte; der dabei entstehende Ortho-Aminozimtaldehyd
spaltet Wasser ab, wobei der heterocyklische Ring des Chinolins sich
bildet:

$$C_6H_4\big\langle{}^{CH=CH-CHO}_{NO_2}\ (1) \quad\rightarrow\quad C_6H_4\big\langle{}^{CH=CH-CHO}_{NH_2}$$
$$\underbrace{\qquad\qquad}_{\text{Ortho-Nitrozimtaldehyd}} \qquad (2) \qquad \underbrace{\qquad\qquad}_{\text{Ortho-Aminozimtaldehyd}}$$

$$\rightarrow\ C_6H_4\big\langle{}^{CH=CH}_{N=CH}$$
$$\underbrace{\qquad\qquad\qquad}_{\text{Chinolin.}}$$

Königs erhielt Chinolin durch Überleiten von Allylanilin,
dem Kondensationsprodukt von Akrolein und Anilin, über rotglühen-
des Bleioxyd:

$$\underbrace{\text{[Strukturformel]}}_{\text{Allylanilin}} \quad\rightarrow\quad \underbrace{\text{[Strukturformel]}}_{\text{Chinolin.}}$$

Das Skraupsche Verfahren ist eine Abänderung des Königs-
schen. Nach Skraup erhitzt man Anilin mit Glycerin, Schwefelsäure
und Nitrobenzol. Das letztere dient als Oxydationsmittel.

Chinolin ist eine bei 239° siedende, farblose, stark lichtbrechende Flüssigkeit von eigenartig aromatischem Geruch. Bei der Oxydation des Chinolins mit Kaliumpermanganat erhält man α-, β-Pyridindicarbonsäure, bei der Reduktion des Chinolins mit Zinn und Salzsäure entsteht Tetrahydrochinolin.

Anwendung. ·Chinolin besitzt stark antiseptische Eigenschaften. Donat hat zuerst darauf hingewiesen. Es wird in alkoholischer Lösung zu Mund- und Zahnwässern, zu Pinselungen und zu Gurgelwässern benutzt. Auch das weinsaure und salicylsaure Chinolin finden medizinische Anwendung.

Die Bezeichnung der Chinolinderivate geschieht wie folgt:

2-Phenyl-4-Chinolincarbonsäure, die als Gichtmittel unter dem Namen **Atophan** in den Handel kommt, besitzt die Konstitution:

Von den sieben möglichen und bekannten isomeren Monomethylchinolinen ist das Chinaldin, das 2-Methylchinolin, das wichtigste. Es ist eine bei 270° siedende Flüssigkeit, die mit dem Chinolin gemeinsam in Steinkohlenteer vorkommt.

Arzneilich verwendete synthetisch dargestellte Derivate des Chinolins sind das **Kairin, Thallin, Analgen.**

Von diesen Verbindungen beansprucht die erstgenannte nur noch historisches Interesse. Sie war das erste auf synthetischem Wege gewonnene Ersatzmittel für Chinin, welches von O. Fischer 1882 dargestellt und dem Arzneischatz übergeben wurde.

Kairin ist als salzsaures o-Oxychinolin {äthyl}{metyl} tetrahydrür zu bezeichnen:

Äthylverbindung   Methylverbindung.

Zur Gewinnung der Äthylverbindung stellt man durch Einwirkung von Schwefelsäure auf Chinolin o-Chinolinsulfonsäure

dar, die beim Schmelzen mit Kalihydrat o-Oxychinolin liefert. Durch
Reduktion mit Zinn und Salzsäure entsteht o-Oxychinolintetrahydrür
und durch Erhitzen dieses mit Äthyljodid die Äthylverbindung.

Thallin wurde 1885 von Skraup dargestellt und von Jackson in den
Arzneischatz eingeführt.

Thallin ist Tetrahydroparachinanisol: CH_3O ⟨⟨ CH_2, CH_2, CH_2, NH ⟩⟩, das

als schwefelsaures Salz, Thallinum sulfuricum, innerlich als Antipyretikum,
äußerlich als Antiseptikum verwendet worden ist. Der Name Thallin wurde
dem Stoff gegeben, weil seine Lösungen durch Ferrichlorid eine dunkelgrüne
Färbung annehmen.

Man gewinnt Thallin, indem man ein Gemenge von Paraaminoanisol,
Paranitroanisol, Glycerin und Schwefelsäure (nach der Skraupschen Chinolin-
synthese) längere Zeit auf 150^0 erhitzt, das Reaktionsprodukt alkalisch macht
und das Para-Chinanisol abdestilliert. Dieses wird durch Reduktion mit
Zinn und Salzsäure in Tetrahydroparachinanisol, das freie Thallin, übergeführt.

Analgen wurde 1891 von Vis dargestellt und von Loebel in die Therapie
eingeführt.

Analgen ist o-Äthoxyanamonobenzoylaminochinolin $\big[\, COC_6H_5,\ NH,\ N,\ OC_2H_5 \,\big]$

Zu seiner Darstellung geht man vom o-Oxychinolin aus, welches man äthyliert,
sodann nitriert, das Nitroprodukt zur Aminoverbindung reduziert und diese
benzoyliert.

Alkaloide.

Die in Pflanzen vorkommenden, meist an organische Säuren gebundenen, stickstoffhaltigen, basischen Stoffe werden Alkaloide
oder Pflanzenbasen genannt. Der Apotheker Friedrich Wilhelm
Sertürner entdeckte 1817[1]) in der Apotheke in Einbeck als erstes
Alkaloid das Morphium im Opium und erkannte es als eine Base.
Die Alkaloide sind meist tertiäre Basen. In vielen Fällen sind
sie Abkömmlinge des Pyridins, Piperidins und Chinolins und durch
starke physiologische Wirkung ausgezeichnet. Die Konstitution mehrerer Alkaloide ist bereits mit Sicherheit festgestellt.

Man unterscheidet flüchtige und nichtflüchtige Alkaloide. Erstere
werden in der Regel dadurch gewonnen, daß man die zerkleinerten
Pflanzenteile nach Zusatz von Natronlauge oder Kalkmilch mit Wasserdämpfen destilliert. Die nichtflüchtigen Alkaloide pflegt man mit
angesäuertem Wasser oder angesäuertem Alkohol aus den Pflanzenteilen auszuziehen. Aus den sauren wässerigen Lösungen werden
nach Übersättigung mit Natronlauge, Soda oder Ammoniak die Alkaloide

---

[1]) C. Stich tritt für das Jahr 1817 als Entdeckungsjahr des Morphiums
ein. Man findet vielfach aber angegeben, daß Sertürner schon 1804, als er
noch in Hameln eine Apotheke besaß, das Morphium entdeckt habe.

in Freiheit gesetzt, auf dem Filter gesammelt oder mit Äther, Chloroform, Benzol oder anderen Lösungsmitteln ausgeschüttelt und nach dem Verdampfen der Lösungsmittel in geeigneter Weise durch Umkristallisieren gereinigt. Hat man mit angesäuertem Alkohol aus den Pflanzenteilen Auszüge hergestellt, so wird von ihnen der Alkohol abdestilliert, der Rückstand mit Wasser aufgenommen und die Alkaloide werden durch Alkalien oder Ammoniak abgeschieden. Oft finden sich in den Pflanzen mehrere Alkaloide nebeneinander, und man erhält in diesem Falle bei der Fällung der wässerigen Salzlösungen mit Alkali Gemische der Alkaloide. Man bewirkt eine Trennung, indem man die Alkaloide oder ihre Salze mit verschiedenen Lösungsmitteln nacheinander behandelt, die in jedem Einzelfalle besonders herausgefunden werden müssen.

Die salzsauren Salze vieler Alkaloide vereinigen sich mit Platin- und Goldchlorid zu schwer löslichen, meist kristallisierbaren Doppelsalzen. Gerbsäure, Pikrinsäure, Phosphormolybdänsäure, Phosphorwolframsäure, Jodjodkalium, Kaliumquecksilberjodid und Kaliumwismutjodid rufen in Alkaloidlösungen Niederschläge hervor und werden daher als Alkaloidreagenzien bezeichnet. Zur Erkennung der Alkaloide dienen Farbreaktionen, die mit konzentrierter Schwefelsäure, Vanadinschwefelsäure, mit Chromsäure, Salpetersäure, Ferrichlorid usw. erhalten werden.

Erdmanns Alkaloidreagens ist ein Gemisch aus 10 Tropfen sehr verdünnter Salpetersäure (12 Tropfen Salpetersäure von $25\,^0/_0$ auf 100 ccm Wasser) und 20 g reiner konzentrierter Schwefelsäure.

Fröhdes Alkaloidreagens ist eine Lösung von 1 g Natrium- oder Ammoniummolybdat in 100 ccm konzentrierter Schwefelsäure.

Die Alkaloide werden als die Träger der Wirkung der Drogen angesprochen, in denen sie sich finden. Diese Ansicht ist indes nicht völlig zutreffend, denn neben der Alkaloidwirkung kommt auch die Wirkung der Nebenstoffe, wie Gerbstoffe, Pflanzensäuren in Betracht. Oft ist auch die Wirkung der Droge nicht an ein in ihr vorkommendes Alkaloid gebunden, sondern stellt eine Gesamtwirkung der verschiedenen Alkaloide dar. Dies ist z. B. der Fall beim Opium und bei der Chinarinde. Die Opiumwirkung läßt sich nicht durch die Wirkung des Morphins, das neben anderen Alkaloiden in besonders reichlicher Menge im Opium vorkommt, ersetzen, und ebenso ist die Anwendung der Chinarinde in Form von Dekokten, Extrakten und Tinkturen nicht überflüssig geworden dadurch, daß man eines ihrer wichtigsten Alkaloide, das Chinin, abschied und für sich therapeutisch benutzt.

Wenn dennoch eine Wertbestimmung vieler alkaloidführender Drogen auf die Bestimmung der Alkaloide oder meist des wichtigsten derselben (wie z. B. des Morphiums im Opium) sich beschränkt, so hat dies seinen Grund darin, daß quantitative Methoden zu einer Bestimmung der Nebenstoffe der Drogen entweder bisher nicht vorhanden oder in der Ausführung so schwierig sind, daß man davon absehen muß. Die quantitative Bestimmung des „führenden" Alkaloids einer Droge bietet auch immerhin Gewähr, daß die Droge sorgfältig ausgewählt, bzw. zubereitet wurde und ihr von den wertvollen Alkaloiden nichts entzogen wurde. Das Arzneibuch schreibt daher für die alkaloidführenden Drogen Verfahren zur Alkaloidbestimmung vor.

Sauerstofffreie Alkaloide.

Zu den sauerstofffreien Alkaloiden gehören das Coniin und Nikotin.

Coniin.

Coniin, $C_8H_{17}N$, kommt, wahrscheinlich an Äpfelsäure gebunden, in allen Teilen der Schierlingspflanze, Conium maculatum, besonders in den Früchten vor. Es ist eine farblose, **stark giftige**, nach Mäuseharn riechende, bei 166 bis 167° siedende Flüssigkeit. Spez. Gew. 0,866 bei 0°. $[\alpha]_D = + 18,3°$.

Coniin ist als ein d-α-Normalpropylpiperidin aufzufassen:

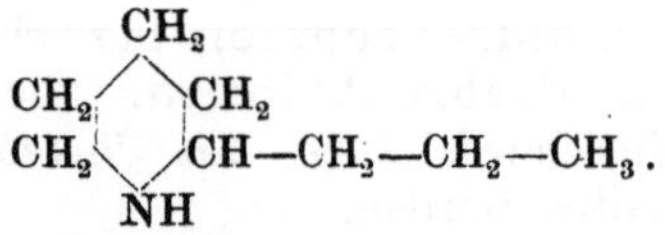

$$
\begin{array}{c}
CH_2 \\
CH_2 \quad\quad CH_2 \\
CH_2 \quad\quad CH\!-\!CH_2\!-\!CH_2\!-\!CH_3 . \\
NH
\end{array}
$$

Ladenburg hat es auf synthetischem Wege erhalten.

Neben Coniin sind im Schierling noch die Basen γ-Conicein, $C_8H_{15}N$, und Conhydrin, $C_8H_{17}NO$, in kleinen Mengen Pseudoconhydrin, $C_8H_{17}NO$, und Methylconiin, $C_9H_{19}N$, beobachtet worden.

Nikotin.

Nikotin, $C_{10}H_{14}N_2$, findet sich in den Blättern der verschiedenen Tabakarten (Nicotiana tabacum, N. rustica, macrophylla usw.). Es bildet eine farblose, an der Luft sich schnell gelb färbende, **stark giftige** Flüssigkeit, welche bei 245° siedet. Es löst sich in Wasser, Alkohol und Äther und besitzt einen betäubenden Geruch und einen brennenden Geschmack. Die Tabake enthalten bis gegen 5°/₀ Nikotin. In kleinen Mengen sind noch Nebenalkaloide im Tabak aufgefunden worden.

Das Nikotin ist nach Pinner als ein β-Pyridyl-n-Methylpyrrolidin aufzufassen:

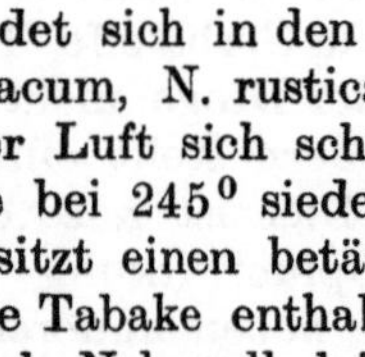

$$
\begin{array}{c}
NCH_3 \\
-CH \quad CH_2 \\
CH_2\!-\!CH_2 \\
N
\end{array}
$$

Bei der Oxydation wird der Pyrrolring abgespalten und Nikotinsäure (β-Pyridinkarbonsäure) gebildet.

Ein Nikotinsäurebetain 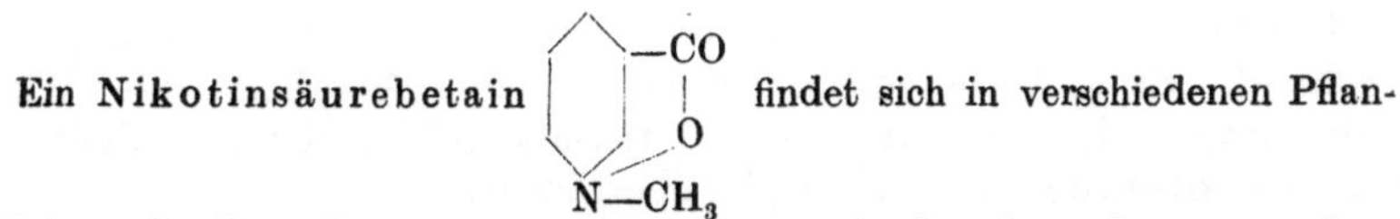 findet sich in verschiedenen Pflanzen (Trigonella, Cannabis, Pisum, Avena, Strophanthus) und wurde wegen seines Vorkommens in Trigonella, wo es zuerst aufgefunden wurde, **Trigonellin** genannt.

Sauerstoffhaltige Alkaloide.

Die wichtigeren sauerstoffhaltigen Alkaloide gehören folgenden Pflanzenfamilien an:

Liliaceae: Sabadilla (**Veratrin**) Colchicum (**Colchicin**).
Ranunculaceae: Aconitum (**Aconitin**), Hydrastis (**Hydrastin**).
Papaveraceae: Papaver somniferum (**Opiumbasen:** Morphin, Codein, Narkotin).
Rutaceae: Pilocarpus (**Pilokarpin**).
Erythroxylaceae: Erythroxylum (**Cocaïn**).
Leguminosae: Physostigma (**Physostigmin**).
Punicaceae: Punica granatum (**Pelletierin, Isopelletierin, Pseudopelletierin, Methylpelletierin**).
Solanaceae: Atropa und Hyoscyamus (**Atropin, Hyoscyamin, Skopolamin**).
Loganiaceae: Strychnos (**Strychnin, Brucin**).
Rubiaceae: Cinchona (**Chinabasen**), Coffea (**Coffein**), Cephaëlis Ipecacuanha (**Emetin**).

Veratrin. In den Sabadillsamen (Sabadilla officinalis) kommt Veratrin neben anderen Basen, nämlich Sabadillin, Sabadin, Sabadinin vor.

Das im Handel erhältliche amorphe Veratrin soll im wesentlichen aus einem Gemisch bestehen:

von kristallisiertem Veratrin (Cevadin), $C_{32}H_{49}O_9N$,
„ amorphem Veratrin (Veratridin), $C_{37}H_{53}O_{11}N$,
„ Sabadillin (Cevadillin), $C_{34}H_{53}O_8N$.

Die Alkaloide sind in der Pflanze an Cevadinsäure und Veratrumsäure gebunden.

Das arzneilich verwendete Veratrin bildet ein weißes, lockeres Pulver oder weiße, amorphe Massen, deren Staub heftig zum Niesen reizt. Veratrin löst sich in 4 T. Weingeist und in 2 T. Chloroform; in Äther ist es weniger leicht, jedoch vollständig löslich. Diese Lösungen reagieren stark alkalisch. In verdünnter Schwefelsäure und in Salzsäure löst es sich zu scharf und bitter schmeckenden Flüssigkeiten. Mit Salzsäure gekocht, liefert es eine rot gefärbte Lösung. Mit 100 T. Schwefelsäure verrieben, erteilt Veratrin dieser zunächst eine grüngelbe Fluoreszenz, allmählich (schnell beim Erhitzen) tritt jedoch starke Rotfärbung ein. Sehr vorsichtig aufzubewahren! Größte Einzelgabe 0,002 g; größte Tagesgabe 0,005 g.

Colchicin, $C_{22}H_{25}O_6N$, ist das Alkaloid der Samen der Herbstzeitlose (Colchicum autumnale) und wird daraus in Form einer amorphen, hellgelben, gummiartigen Masse, neuerdings auch kristallisiert, gewonnen. Colchicin schmilzt bei 145°, löst sich leicht in Wasser

und Alkohol, kaum in Äther, und ist in wässeriger Lösung linksdrehend. Es läßt sich durch Behandeln mit Alkalien unter Wasseraufnahme und Abspaltung von Methylalkohol in das Alkalisalz einer
Säure (Colchicein) $C_{21}H_{23}O_6N$ überführen.

Das bitter schmeckende Alkaloid wirkt abführend und brechenerregend. Es ist stark giftig und wird in kleiner Dosis als Mittel gegen
Gicht (besonders in Vereinigung mit Kaliumjodid, Liqueur de Laville)
medizinisch benutzt. Sehr vorsichtig aufzubewahren!

Aconitin, $C_{34}H_{47}O_{11}N$, kommt an Aconitsäure gebunden im
Kraut von Aconitum Napellus vor; in kleinerer Menge findet sich
darin auch das Alkaloid Pikroaconitin.

Aconitum ferox enthält hauptsächlich Pseudaconitin, Aconitum japonicum Japaconitin, Aconitum heterophyllum Atisin,
Aconitum Lycoctonum Lycaconitin und Mycoctonin.

Aconitin ist der Essigester des Pikrocaonitins, das letztere der
Benzoesäureester des Aconins.

Das in Prismen kristallisierende Aconitin schmilzt bei schnellem
Erhitzen bei 197 bis 198° und wird von 4500 T. Wasser gelöst. Leicht
löslich ist es in Benzol, Alkohol und Chloroform, schwerer in Äther.
Es ist stark giftig! Die unter der Bezeichnung deutsches,
englisches und französisches Aconitin vorkommenden Handelssorten, welche aus Aconitum Napellus oder anderen Akonitarten
dargestellt werden, sind meist Gemische von Aconitin mit anderen
Aconitumbasen und besitzen daher nach dem größeren oder geringeren
Gehalt an Aconitin verschieden starke Wirkung. Sehr vorsichtig
aufzubewahren!

Hydrastin, $C_{21}H_{21}O_6N$, findet sich neben Berberin in dem
Wurzelstock von Hydrastis canadensis. Bei der Einwirkung von
Salpetersäure auf Hydrastin entsteht neben Opiansäure eine neue
Base, das Hydrastinin.

$$\underbrace{C_{21}H_{21}O_6N}_{\text{Hydrastin}} + H_2O + O = \underbrace{C_{10}H_{10}O_5}_{\text{Opiansäure}} + \underbrace{C_{11}H_{13}NO_3}_{\text{Hydrastinin,}}$$

deren chlorwasserstoffsaures Salz als Blutstillungsmittel in die Therapie
eingeführt wurde. Die wässerige Lösung des Hydrastininsalzes zeigt
blaue Fluoreszenz.

Hydrastin kristallisiert in Prismen vom Schmelzpunkt 132°,
das Hydrastinin bildet bei 116 bis 117° schmelzende Nadeln. Die
Konstitutionsformeln für Hydrastin, Hydrastinin und Hydrastininhydrochlorid sind die folgenden:

$$
\underbrace{\begin{array}{c}\text{CHO}\\ \text{CH}_2\ \text{O}\ \text{O}\ \text{NH}\cdot\text{CH}_3\ \text{CH}_2\ \text{CH}_2\end{array}}_{\text{Hydrastinin}}+\text{HCl}
\qquad
\underbrace{\begin{array}{c}\text{CH}\ \text{Cl}\\ \text{CH}_2\ \text{O}\ \text{O}\ \text{N}\ \text{CH}_3\ \text{CH}_2\ \text{CH}_2\end{array}}_{\text{Hydrastininhydrochlorid.}}+\text{H}_2\text{O}
$$

Hydrastinin ist neuerdings synthetisch dargestellt worden, indem man durch Erhitzen von ameisensaurem Homopiperonylamin eine Formylverbindung gewinnt, die beim Erwärmen mit Phosphorpentoxyd 6,7 Methylendioxy-3,4-Dihydroisochinolin bildet:

$$
\begin{array}{c}\text{CH}\\ \text{CH}_2\ \underset{6\ \ 5}{\overset{7\ \ 8}{\text{O}\ \text{O}}}\ \underset{4}{\overset{1\ \ 2}{\text{N}}}\ \overset{3}{\text{CH}_2}\\ \text{CH}_2\end{array}
$$

das beim Methylieren mit Methyljodid das Jodhydrat des Hydrastinins liefert.

Hydrastininhydrochlorid, $C_{11}H_{11}O_2N\cdot HCl$, bildet schwach gelbliche nadelförmige Kristalle, welche sich leicht in Wasser und Alkohol lösen. Schmelzp. 210°. Die wässerige Lösung muß neutral reagieren und darf durch Ammoniakflüssigkeit nicht getrübt werden (Prüfung auf Hydrastin). **Hydrastininhydrochlorid ist vorsichtig aufzubewahren. Größte Einzelgabe 0,03 g; größte Tagesgabe 0,1 g.**

Opiumbasen. In dem eingetrockneten Milchsaft, welcher beim Anritzen der unreifen Früchte von Papaver somniferum austritt, dem Opium, sind eine große Anzahl Alkaloide nachgewiesen worden, von welchen das Morphium oder Morphin am reichlichsten vorkommt und die weitaus größte Bedeutung beansprucht. Neben dem Morphin sind noch das Codein und Narkotin erwähnenswert; weniger wichtig sind Thebain, Papaverin, Narcein, Pseudomorphin, Kryptopin, Laudanin.

Morphin findet sich im Opium zu 10 bis 18 %. Ein gutes Opium soll mindestens 12 % enthalten; das Alkaloid ist im Opium an Mekonsäure gebunden. Mekonsäure ist eine Oxychelidonsäure oder Oxypyrondicarbonsäure:

$$
\begin{array}{c}\text{CO}\\ \text{HC}\quad\text{COH}\\ \text{HOOC}\cdot\text{C}\quad\text{C}\cdot\text{COOH}\\ \text{O}\end{array}
$$

Man gewinnt Morphin, indem man gepulvertes Opium mit Wasser auszieht, mit Calciumchloridlösung versetzt und die vom ausgeschiedenen mekonsauren Calcium abfiltrierte Lösung eindampft, worauf die salzsauren Salze des Morphins und Codeins auskristallisieren. Diese werden in Wasser gelöst und mit Ammoniak versetzt, wodurch Morphin ausgeschieden wird. Kalium- und Natriumhydroxyd, auch Calciumhydroxyd lösen das Morphin und sind deshalb zur Fällung nicht geeignet.

Morphin, $C_{17}H_{19}O_3N$, kristallisiert mit 1 Mol. Wasser in kleinen, glänzenden, farblosen, prismatischen Kristallen, die in 1000 T. kaltem und 400 T. siedendem Wasser löslich sind. Von Alkohol sind gegen 35 T. zur Lösung erforderlich; schwer löslich ist es in Äther. Es besitzt ein starkes Reduktionsvermögen: Ferrisalze sowohl wie Silber- und Wismutsalze, auch Jodsäure werden reduziert. Reine konz. Schwefelsäure löst das Morphin ohne Färbung; überläßt man diese Lösung einige Stunden der Ruhe und fügt etwas Salpetersäure hinzu, so tritt eine blutrote Färbung auf. Fröhdesches Reagens löst das Morphin mit violetter Farbe, Formaldehyd-Schwefelsäure mit purpurroter bis blauvioletter Farbe.

Die Konstitution des Morphins ist noch nicht mit Sicherheit völlig klargelegt. Auf Grund des bei seinem Abbau erhaltenen Spaltproduktes Morphol, eines Dioxyphenanthrens,

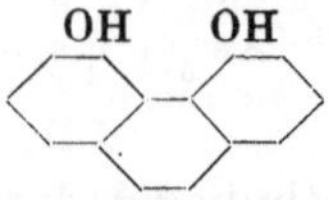

$$OH \qquad OH$$

wird es als ein Phenanthrenderivat aufgefaßt.

Die Arbeiten Knorrs, Vongerichtens und Pschorrs haben die folgende Konstitutionsformel des Morphins wahrscheinlich gemacht:

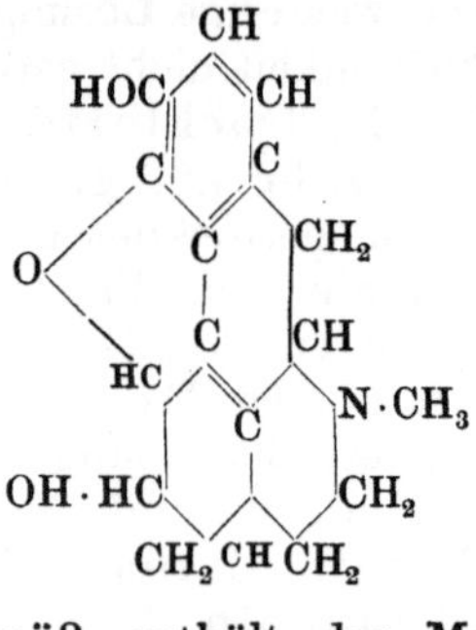

Dieser Formel gemäß enthält das Morphin ein phenolisches Hydroxyl (das in der Formel links oben befindliche OH) und ein alkoholisches Hydroxyl. Beide Hydroxylgruppen reagieren entsprechend ihrem verschiedenen Charakter, daher auch unter Bildung chemisch verschiedener Produkte.

Von seinen Salzen ist das chlorwasserstoffsaure **Morphinum hydrochloricum**, $C_{17}H_{19}O_3N \cdot HCl \cdot 3 H_2O$, offizinell. Es gelangt in Form weißer, seidenglänzender, oft büschelförmig vereinigter Kristallnadeln oder weißer, würfelförmiger Stücke von mikro-kristallinischer Beschaffenheit in den Handel. Es löst sich in 25 T. Wasser, sowie in 50 T. Weingeist zu einer farblosen, bitter schmeckenden Flüssigkeit. Man prüft es auf Apomorphin (s. Arzneibuch).

Anwendung. Wegen seiner schmerzstillenden, beruhigenden, krampfstillenden und schlafmachenden Wirkung ein vielgebrauchtes Arzneimittel, dessen Anwendung innerlich und subkutan (0,005 bis 0,01 g) erfolgt. Vorsichtig aufzubewahren. Größte Einzelgabe 0,03 g, größte Tagesgabe 0,1 g. Gegengifte des Morphins sind starker Kaffee, Begießungen und Waschungen, sowie Gaben von Atropin und Coffein.

Erhitzt man Morphin mit konz. Salzsäure auf 140 bis 150⁰, so spaltet sich, indem die alkoholische Hydroxylgruppe mit einem benachbarten Wasserstoff reagiert, eine Molekel Wasser ab, und man erhält **Apomorphin**, $C_{17}H_{17}O_2N$:

$$\underbrace{C_{17}H_{19}O_3N}_{\text{Morphin}} = \underbrace{C_{17}H_{17}O_2N}_{\text{Apomorphin}} + \underbrace{H_2O}_{\text{Wasser.}}$$

Als Nebenprodukt kann bei der Darstellung β-Chloromorphid entstehen, $C_{17}H_{18}O_2NCl$, welches die Wirkung des Apomorphins behindert und eine verstärkte morphin- bzw. strychninartige Wirkung des Präparates auslöst. Das salzsaure Salz, **Apomorphinum hydrochloricum**, $C_{17}H_{17}O_2N \cdot HCl \cdot {}^1/_2H_2O$, bildet weiße oder grauweiße Kriställchen, die mit etwa 50 T. Wasser oder 40 T. Weingeist neutrale Lösungen geben und in Äther und Chloroform fast unlöslich sind. An feuchter Luft, besonders unter Mitwirkung von Licht, färbt sich das Salz gleich der Base bald grün. Salpetersäure löst es mit blutroter Farbe. Die Lösung in überschüssiger Natronlauge färbt sich an der Luft purpurrot und allmählich schwarz. Der durch Natriumkarbonatlösung in der wässerigen Lösung des Salzes hervorgerufene Niederschlag nimmt an der Luft eine Grünfärbung an; er wird dann von Äther mit purpurvioletter, von Chloroform mit blauvioletter Farbe gelöst. Silbernitratlösung wird in der mit Ammoniak versetzten Lösung sogleich reduziert. Über die Prüfung s. Arzneibuch.

Anwendung. Besonders als Expektorans (Dosis 0,001 bis 0,005 g für Erwachsene, bei Kindern 0,0002 bis 0,0005 g in Lösung oder Pulvern) und als Emetikum (meist subkutan, Dosis 0,005 bis 0,01 g für Erwachsene, für Kinder bis zu 3 Monaten 0,0005 bis 0,0008 g, dann in steigender Dosis). Vorsichtig aufzubewahren. Größte Einzelgabe 0,02 g, größte Tagesgabe 0,06 g.

Diacetylmorphin. Erhitzt man Morphin mit Essigsäureanhydrid auf 85⁰, so werden beide Hydroxylgruppen acetyliert und man erhält Diacetylmorphin:

$$\underbrace{C_{17}H_{17}ON(OH)_2}_{\text{Morphin}} + 2\,\underbrace{\begin{matrix}CH_3COO\\[-2pt]CH_3COO\end{matrix}\!\!>\!\!O}_{\substack{\text{Essigsäure-}\\\text{anhydrid}}} = \underbrace{2\,CH_3COOH}_{\text{Essigsäure}} + \underbrace{C_{17}H_{17}ON(OCOCH_3)_2}_{\text{Diacetylmorphin.}}$$

Das salzsaure Salz des Diacetylmorphins, $C_{17}H_{17}ON(OCOCH_3)_2 \cdot HCl$, wird unter dem Namen **Heroinhydrochlorid** verwendet. Es bildet ein kristallinisches, weißes, bitter schmeckendes, leicht wasserlösliches Pulver, das in Weingeist schwer löslich und in Äther unlöslich ist. Schmelzpunkt etwa 230⁰. Man prüft es auf Morphin (s. Arzneibuch).

Anwendung. Heroinhydrochlorid übt eine beruhigende Wirkung auf die Atmung aus, die Atemfrequenz wird gemindert, der Hustenreiz beseitigt und zugleich eine narkotische Wirkung erzielt. Eine erhebliche, schmerzlindernde Wirkung kommt dem Mittel nicht zu. **Vorsichtig aufzubewahren. Größte Einzelgabe 0,005 g, größte Tagesgabe 0,015 g.**

Codein[1]), $C_{18}H_{21}O_3N \cdot H_2O$, ist ein Morphin, dessen phenolisches Hydroxyl methyliert ist. Es entspricht daher der Formel $C_{17}H_{17}ON(OH)(OCH_3)$ und wird synthetisch aus Morphin und Methyljodid dargestellt. Die freie Base bildet große, farblose Kristalle von bitterem Geschmack. Im Gegensatz zum Morphin wird Codein von Ätzalkalien kaum gelöst. Durch Sättigen mit Phosphorsäure erhält man das offizinelle, mit 2 Mol. Wasser kristallisierende **Codeïnum phosphoricum**, $C_{17}H_{17}ON(OH)OCH_3 \cdot H_3PO_4 \cdot 2\,H_2O$, welches feine, bitter schmeckende, leicht wasserlösliche Nadeln bildet. Es enthält $73,2\,^0/_0$ Codein und ist in 3,2 T. Wasser von 15^0 löslich. 0,01 g Codeinsalz liefert mit 10 ccm Schwefelsäure beim Erwärmen eine farblose Lösung. Verwendet man jedoch hierzu Schwefelsäure, die sehr geringe Mengen Ferrichlorid enthält, so färbt sich die Lösung blau oder violett. Das Präparat darf durch Trocknen bei 100^0 nicht mehr als 8,5 und nicht weniger als $8,2\,^0/_0$ an Gewicht verlieren (s. Arzneibuch).

Anwendung. Codeinphosphat wird als schmerzlinderndes Mittel in Dosen von 0,01 bis 0,05 g mehrmals täglich in Lösung, Pillen oder Pulvern gegeben. Viel angewandt bei Affektionen der Respirationsorgane und des Verdauungstraktus. **Vorsichtig aufzubewahren. Größte Einzelgabe 0,1 g, größte Tagesgabe 0,3 g.**

Äthylmorphin. Läßt man auf Morphin in äthylalkoholischer Lösung bei Gegenwart von Alkali Äthyljodid einwirken, so erhält man durch Äthylierung der phenolischen Hydroxylgruppe Äthylmorphin, dessen salzsaures Salz

$$C_{17}H_{17}ON(OH)(OC_2H_5) \cdot HCl \cdot 2\,H_2O$$

unter dem Namen **Dionin** in den Arzneischatz eingeführt ist. Dionin bildet ein weißes, bitter schmeckendes Kristallpulver, das in 12 T. Wasser und in 25 T. Weingeist löslich ist. Es sintert bei 119^0 und ist bei 122 bis 123^0 völlig geschmolzen.

Anwendung. Zu gleichem therapeutischen Zweck wie das Codein. **Vorsichtig aufzubewahren. Größte Einzelgabe 0,03 g; größte Tagesgabe 0,1 g.**

Peronin ist Benzylmorphinhydrochlorid; Morphinnarkotinmekonat führt den Namen Narkophin. Unter Pantopon wird ein sämtliche Alkaloide des Opiums enthaltendes Opiumpräparat verstanden.

Narcotin, $C_{22}H_{23}O_7N$, findet sich nächst dem Morphin im Opium am reichlichsten, und zwar im freien Zustande. Es wird von Wasser, Ammoniak und Kalilauge nicht gelöst, hingegen von Alkohol und Äther leicht aufgenommen. Narcotin kristallisiert in farblosen Kristallen vom Schmelzpunkt 176^0.

---

[1]) Abgeleitet von κώδεια, kodeia, Mohnkopf.

Narcotin steht chemisch dem Hydrastin nahe und zwar ist es ein methoxyliertes Hydrastin. Narcotin geht bei der Oxydation in Cotarnin über = methoxyliertes Hydrastinin. Die Konstitutionsformeln für Narcotin und Cotarnin lassen sich durch folgende Bilder kennzeichnen (vgl. auch Hydrastin und Hydrastinin):

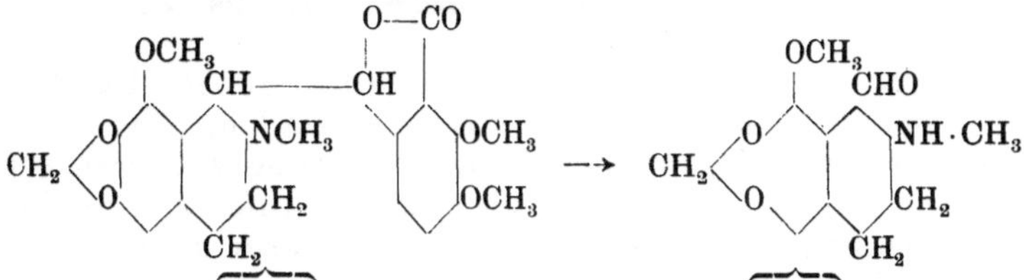

Narcotin $\longrightarrow$ Cotarnin.

Thebain, $C_{19}H_{31} \cdot O_3N$, ist ein Dimethyldehydromorphin.

Narcein, $C_{23}H_{27}O_8N$, steht dem Hydrastin nahe; es enthält einen am Stickstoffatom geöffneten Hydrastinring. Sein salicylsaures Salz ist im Arzneimittelschatz als Antispasmin bekannt.

Pilocarpin, $C_{11}H_{16}O_2N_2$, kommt neben den Alkaloiden Jaborin, $C_{11}H_{16}O_2N_2$, und Pilocarpidin, $C_{10}H_{11}O_2N_2$, in den Jaborandiblättern (Pilocarpus pennatifolius) vor.

Pilocarpin geht beim Erhitzen mit Wasser oder Salzsäure in Pyridinmilchsäure und Trimethylamin über:

$$\underbrace{C_{11}H_{16}O_2N_2}_{\text{Pilocarpin}} + H_2O = \underbrace{C_6H_9O_3N}_{\text{Pyridinmilchsäure.}} + N(CH_3)_3$$

Nach A. Pinner hingegen ist Pilocarpin ein Methylglyoxalinderivat und besitzt folgende Konstitution:

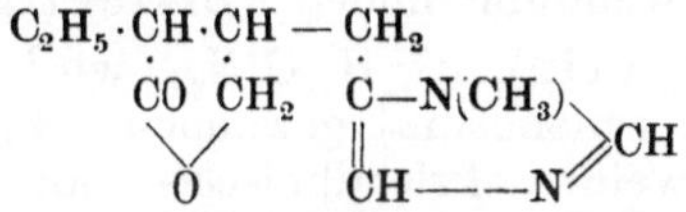

Das salzsaure Salz des Pilocarpins, Pilocarpinum hydrochloricum, bildet weiße, an der Luft Feuchtigkeit anziehende Kristalle von schwach bitterem Geschmack. Es wird durch Schwefelsäure ohne Färbung, durch rauchende Salpetersäure mit schwach grünlicher Farbe gelöst.

Pilocarpin wirkt schweißtreibend und erzeugt Speichelfluß; in größerer Menge wirkt es giftig.

Cocaïn, $C_{17}H_{21}O_4N$, kommt neben einer größeren Anzahl anderer ihm verwandter Alkaloide in den Blättern von Erythroxylon Coca vor. Die wichtigsten dieser Nebenalkaloide sind: Cinnamylcocaïn, $C_{19}H_{23}O_4N$, Truxillin, $(C_{19}H_{23}O_4N)_2$, β-Truxillin, $(C_{19}H_{23}O_4N)_2$, Tropacocaïn, $C_{15}H_{19}O_2N$, Hygrin, $C_8H_{15}ON$, Cuscohygrin, $C_{13}H_{24}O_2N$.

Cocaïn bildet in reinem Zustande farblose, prismatische Kristalle, die bei 98^0 schmelzen und leicht spaltbar sind. Schon die wässerige salzsaure Lösung des Cocaïns zersetzt sich beim Kochen; schneller erfolgt die Zersetzung beim Erhitzen mit Salzsäure im Sinne folgender Gleichung:

$$\underbrace{C_{17}H_{21}O_4N}_{\text{Cocaïn}} + 2\,H_2O = \underbrace{C_9H_{15}O_3N}_{\text{Ecgonin}} + \underbrace{C_6H_5\cdot COOH}_{\text{Benzoesäure}} + \underbrace{CH_3\cdot OH}_{\substack{\text{Methyl-}\\\text{alkohol.}}}$$

Das Cocaïn ist infolge dieser Zersetzung als ein Methyl-Benzoyl-Ecgonin aufzufassen.

Das salzsaure Salz, Cocainum hydrochloricum, besteht aus farblosen, durchscheinenden, wasserfreien Kristallen, die bei 183° schmelzen und mit Wasser und Weingeist neutrale Lösungen geben. Die Lösungen besitzen bitteren Geschmack und rufen auf der Zunge eine vorübergehende Unempfindlichkeit hervor (daher die Verwendung des Cocaïns als lokales Anästhetikum).

Die Willstätterschen Arbeiten weisen dem Ecgonin und Cocaïn die folgenden Konstitutionsformeln zu:

$$
\begin{array}{ll}
\text{Ecgonin} & \text{Cocaïn.}
\end{array}
$$

Anwendung. Als Lokalanästhetikum. Vorsichtig aufzubewahren. Größte Einzelgabe 0,05 g, größte Tagesgabe 0,15 g.

In der Java-Coca findet sich neben Cocaïn und anderen Cocabasen eine Tropacocaïn genannte Base, deren salzsaures Salz als Tropacocaïnum hydrochloricum $(C_6H_5\cdot CO)C_8H_{14}ON\cdot HCl$ an Stelle von Cocain Verwendung findet. Vorsichtig aufzubewahren.

Physostigmin (Eserin), $C_{15}H_{21}O_2N_3$, wird aus den Kalabarbohnen (Physostigma venenosum) gewonnen. **Physostigminum sulfuricum** bildet ein weißes, kristallinisches, an feuchter Luft zerfließendes Pulver, das sich sehr leicht in Wasser und Weingeist löst.

Das salicylsaure Salz, **Physostigminum salicylicum**, bildet farblose oder schwach gelbliche, glänzende Kristalle, welche in 85 T. Wasser und in 12 T. Weingeist löslich sind. Schmelzp. annähernd 180°. Die Lösungen färben sich in zerstreutem Licht innerhalb weniger Stunden rötlich.

Anwendung. Das Salicylat wird bei krankhaften Zuständen des Nervensystems (Epilepsie, Tetanus usw.) angewendet. Da das Mittel hochgradige Pupillenverengung hervorruft, wird es in der augenärztlichen Praxis in $^1/_3$ bis $^1/_2\,^0/_0$iger Lösung zur Beseitigung von Mydriasis, Akkommodationslähmungen und bei Glaukom angewandt.

Sehr vorsichtig aufzubewahren! Größte Einzelgabe 0,001 g, größte Tagesgabe 0,003 g.

Pelletierin, Isopelletierin, Methylisopelletierin, α**-N-Methylpiperidylpropan-2-on** und **Pseudopelletierin** sind die Alkaloide der Granatwurzelrinde. Siehe Wertbestimmung im Arzneibuch.

Die Zusammensetzung dieser 5 Granatwurzelalkaloide läßt sich durch die folgenden Konstitutionsformeln kennzeichnen:

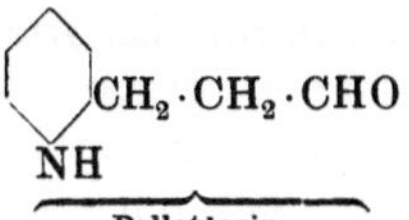

$CH_2 \cdot CH_2 \cdot CHO$ — NH — Pelletierin

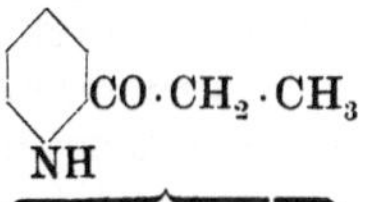

$CO \cdot CH_2 \cdot CH_3$ — NH — Isopelletierin

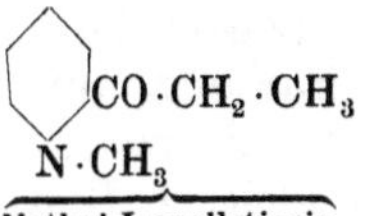

$CO \cdot CH_2 \cdot CH_3$ — $N \cdot CH_3$ — Methyl-Isopelletierin

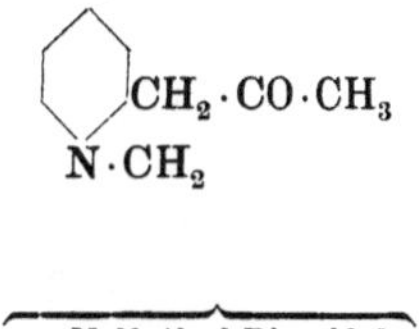

$CH_2 \cdot CO \cdot CH_3$ — $N \cdot CH_2$ — α-N-Methyl-Piperidyl-propan-2-on

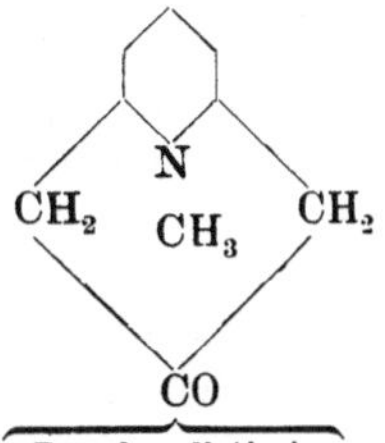

CH_2 — N — CH_3 — CH_2 — CO — Pseudopelletierin.

Die Granatwurzelrinde findet als Bandwurmmittel Verwendung.

Atropin, Hyoscyamin, Scopolamin. In den verschiedenen Pflanzenteilen von Atropa Belladonna, Hyoscyamus niger und H. albus, Datura Stramonium, Duboisia myoporoides, Scopolia carniolica, Mandragora officinarum kommen hauptsächlich drei Alkaloide vor, das Atropin, $C_{17}H_{23}O_3N$, das ihm isomere Hyoscyamin, $C_{17}H_{23}O_3N$, und das Scopolamin (Hyoscin), $C_{17}H_{21}O_4N$. Neben verhältnismäßig großen Mengen Hyoscyamin ist Atropin nur in kleiner Menge in den Drogen enthalten, in den Samen von Hyoscyamus niger wahrscheinlich nur Hyoscyamin.

Diese Tatsache war früher nicht völlig aufgeklärt, da bei der Verarbeitung jener Pflanzenteile auf Alkaloide stets in weitaus größter Menge Atropin erhalten wurde. Es hat sich gezeigt, daß das Hyoscyamin unter den Bedingungen der Darstellung in das isomere Atropin übergehen kann. Reines Hyoscyamin kann man in Atropin überführen, indem man jenes in luftverdünntem Raum 6 Stunden lang auf 110° erhitzt, oder indem man eine alkoholische, mit etwas Natronlauge versetzte Lösung von Hyoscyamin mehrere Stunden der Ruhe überläßt.

Aus Atropa Belladonna sind noch zwei andere Alkaloide: Atropamin, $C_{17}H_{21}O_2N$, und das ihm isomere Belladonnin, aus Duboisia myoporoides Pseudohyoscyamin, $C_{17}H_{23}O_3N$, isoliert worden.

Zur Darstellung des Atropins benutzt man die zwei- bis dreijährigen, kurz vor dem Blühen der Pflanze gesammelten Belladonnawurzeln, welche man fein pulvert, mit $^1/_{25}$ des Gewichtes Calciumhydroxyd versetzt und mit 90 %igem Alkohol bei mäßiger Wärme auszieht. Man filtriert, säuert schwach mit verdünnter Schwefelsäure an, filtriert abermals und destilliert im Wasserbade den Alkohol ab. Den Rückstand schüttelt man zur Befreiung von Harz, Fett usw. mit Äther oder Petroleumäther aus und versetzt sodann bis zur schwach alkalischen Reaktion mit Kaliumkarbonatlösung. Hierdurch werden nach mehrstündigem Stehen noch die letzten Anteile Harz neben anderen Verunreinigungen abgeschieden, worauf man nunmehr das Filtrat mit Kaliumkarbonatlösung in starkem Überschuß versetzt. Nach 24stündigem Stehen sammelt man das Rohatropin auf einem Filter und kristallisiert aus verdünntem Alkohol um.

Atropin, $C_{17}H_{23}O_3N$, bildet farblose, glänzende, säulenförmige oder spießige Kristalle vom Schmelzpunkt $115{,}5^0$, die in gegen 600 T. Wasser löslich sind. Konz. Schwefelsäure nimmt das Atropin ohne Färbung auf, färbt sich aber beim Erwärmen braun. Wird Atropin mit konz. Schwefelsäure erwärmt und sodann vorsichtig mit einem gleichen Raumteil Wasser versetzt, so macht sich ein süßlicher Geruch bemerkbar, der als hyazinthartig, auch wohl als an Schlehenblüte erinnernd bezeichnet wird. **Dampft man ein Körnchen Atropin in einem Porzellanschälchen mit einigen Tropfen rauchender Salpetersäure ein, so hinterbleibt ein gelblicher Rückstand, der, mit alkoholischer Kalilauge befeuchtet, eine violette Färbung annimmt. (Vitalische Reaktion.)**

Beim Erhitzen mit rauchender Salzsäure oder mit Barytwasser wird Atropin in Tropin und Tropasäure gespalten:

$$\underbrace{C_{17}H_{23}O_3N}_{\text{Atropin}} + H_2O = \underbrace{C_8H_{15}ON}_{\text{Tropin}} + \underbrace{C_8H_9O \cdot COOH}_{\text{Tropasäure.}}$$

Wird tropasaures Tropin, $C_8H_{15}ON \cdot C_9H_{10}O_3$, längere Zeit mit überschüssiger verdünnter Salzsäure im Wasserbade erwärmt, so spaltet sich Wasser ab und Atropin wird zurückgebildet.

Von den Salzen des Atropins ist das schwefelsaure:

Atropinum sulfuricum, $(C_{17}H_{23}O_3N)_2 \cdot H_2SO_4 \cdot H_2O$, offizinell. Es bildet ein weißes, kristallinisches, gegen 180^0 schmelzendes Pulver, das sich in gleichen Teilen Wasser und in 3 T. $90^0/_0$igem Alkohol zu neutral reagierenden Flüssigkeiten löst.

Anwendung. Hauptsächlich in der Augenheilkunde, und zwar in allen Fällen, wo Erweiterungen der Pupille indiziert sind. **Sehr vorsichtig aufzubewahren! Größte Einzelgabe 0,001 g, größte Tagesabgabe 0,003 g.**

Hyoscyamin, $C_{17}H_{23}O_3N$, kristallisiert in farblosen, glänzenden bei $108{,}5^0$ schmelzenden Nadeln. Es ist vom Atropin besonders durch seine optische Aktivität unterschieden. Für Hyoscyaminsulfat gilt nach Gadamer $[\alpha]_D = -26^0 48'$ bis $27^0 18'$ (p = 2,91, d = 1,0104). Hyoscyamin zerfällt bei der Spaltung mit rauchender Salzsäure oder Barytwasser in Tropasäure und Tropin.

Scopolamin (Atroscin, Hyoscin), $C_{17}H_{21}O_4N$, stellt eine zähe, sirupöse Masse dar, deren bromwasserstoffsaures Salz:

Scopolaminum hydrobromicum, $C_{17}H_{21}O_4N \cdot HBr \cdot 3\,H_2O$, in großen, farblosen Rhomben kristallisiert. Das über Schwefelsäure getrocknete Scopolaminhydrobromid schmilzt gegen 180^0. Es ist in Wasser und in Weingeist zu einer blaues Lackmuspapier schwach rötenden Flüssigkeit von bitterem und zugleich kratzendem Geschmack leicht löslich.

Auch Scopolamin gibt die Vitalische Reaktion (s. bei Atropin).

Anwendung. Scopolaminhydrobromid wird als Mydriatikum benutzt bei Iritis, bei chronischer Entzündung, bei sekundärem Glaukom. Innerlich als Hypnotikum, besonders bei Aufregungszuständen

Geisteskranker und Tobsüchtiger, meist subkutan: Dosis 0,0001 g
bis 0,0005 g. Der Schlaf tritt in der Regel nach 10 bis 12 Minuten
ein und dauert bis gegen 8 Stunden. Sehr vorsichtig aufzubewahren! Größte Einzelgabe 0,0005 g, größte Tagesgabe
0,0015 g.

Bei der Spaltung mit rauchender Schwefelsäure oder mit Barytwasser zerfällt Scopolamin in Tropasäure und Scopolin (Oscin):

$$\underbrace{C_{17}H_{21}O_4N}_{\text{Scopolamin}} + H_2O = \underbrace{C_8H_{13}O_2N}_{\text{Scopolin}} + \underbrace{C_8H_9O\cdot COOH}_{\text{Tropasäure.}}$$

Alle drei Alkaloide, das Atropin, Hyoscyamin und
Scopolamin, sind Mydriatica, d. h. die Lösungen ihrer Salze,
in das Auge gebracht, wirken stark pupillenerweiternd.

Die Konstitution der Spaltstücke des Atropins und Hyoscya-
mins, der Tropasäure und des Tropins kann als aufgeklärt bezeichnet
werden.

Die Tropasäure, eine α-Phenyl-β-Oxypropionsäure, kristallisiert
in bei 117° bis 118° schmelzenden Tafeln oder Prismen; ihre Kon-
stition ist:

$$\langle\text{C}_6\text{H}_5\rangle-\text{CH}\underset{\text{COOH}}{\overset{\text{CH}_2\text{OH}}{<}}$$

Sie geht beim Erhitzen unter Wasserabspaltung in die Atropasäure (α-Phenylakrylsäure) über und diese liefert bei der Oxydation
mit Permanganat Benzaldehyd:

$$\underbrace{\langle\text{C}_6\text{H}_5\rangle-\text{C}\underset{\text{COOH}}{\overset{\text{CH}_2}{<}}}_{\text{Atropasäure}} \rightarrow \underbrace{\langle\text{C}_6\text{H}_5\rangle-\text{CHO}}_{\text{Benzaldehyd.}}$$

Für das Tropin gilt die von Willstätter formulierte Konstitutionsformel:

$$\begin{array}{c}
\text{H} \\
\text{CH}_2\text{---C---CH}_2 \\
\mid \quad\quad\quad\quad \\
\text{N---CH}_3 \quad >\text{CH}\cdot\text{OH}. \\
\mid \quad\quad\quad\quad \\
\text{CH}_2\text{---C---CH}_2 \\
\text{H}
\end{array}$$

Hiernach stehen Ecgonin, die Spaltbase des Cocaïns (s. dort),
und das Tropin in nahen Beziehungen zueinander. Das Ecgonin ist
von dem Tropin dadurch unterschieden, daß jenes an Stelle eines
Wasserstoffatoms des Tropins in benachbarter Stellung zur sekundären
Alkoholgruppe eine Carboxylgruppe enthält.

Wie mit der Tropasäure vermag das Tropin auch mit anderen Säuren
esterartige Verbindungen zu bilden. Diese werden Tropeïne genannt. Das
Tropeïn aus Tropin und Mandelsäure, das Oxytoluyltropeïn, führt den
Namen Homatropin. Sein bromwasserstoffsaures Salz, $C_{16}H_{21}O_3N\cdot HBr$, bildet
ein weißes kristallinisches Pulver. Schmelzp. annähernd 214°. Auch das Homatropin besitzt mydriatische Eigenschaften. Sehr vorsichtig aufzubewahren!
Größte Einzelgabe 0,001 g, größte Tagesgabe 0,003 g.

Strychnin, $C_{21}H_{22}O_2N_2$, kommt in Begleitung von Brucin, an Äpfelsäure gebunden, in verschiedenen Teilen von Strychnosarten vor. Die Brechnüsse oder Krähenaugen, Samen der Strychnos nux vomica, enthalten gegen $0,9\,^0/_0$ dieser Alkaloide.

Zu ihrer Darstellung werden die Brechnüsse zwischen Walzen zerquetscht und mit $50\,^0/_0$igem Alkohol ausgekocht. Die Auszüge läßt man absetzen, destilliert den Alkohol ab, versetzt mit Bleiacetat, fällt aus dem Filtrat das überschüssige Blei durch Schwefelwasserstoff, dampft ein und scheidet mit Natronlauge oder Magnesia die Alkaloide ab. Die getrockneten Niederschläge kocht man mit $80\,^0/_0$igem Alkohol aus, konzentriert die Auszüge durch Abdampfen und läßt erkalten, worauf sich das Strychnin kristallinisch abscheidet, während das leichter lösliche Brucin in der Mutterlauge verbleibt.

Strychnin bildet farblose, außerordentlich bitter schmeckende Prismen, die erst gegen 265^0 schmelzen. In Wasser, absolutem Alkohol und in Äther ist es sehr schwer löslich. Das salpetersaure Salz, **Strychninum nitricum**, $C_{21}H_{22}O_2N_2 \cdot HNO_3$, kristallisiert in farblosen Nadeln, welche mit 90 T. kaltem und 3 T. siedendem Wasser, sowie mit 70 T. kaltem und 5 T. siedendem Alkohol neutrale Lösungen geben. Aus der wässerigen Lösung des Strychninnitrats scheidet Kaliumdichromatlösung rotgelbe Kriställchen ab, welche, mit Schwefelsäure in Berührung gebracht, vorübergehend blaue bis violette Färbung annehmen. Strychnin ist ein Krampfgift. Zur Prüfung auf Brucin verreibt man Strychninnitrat mit Salpetersäure; es färbt sich rot, wenn Brucin zugegen ist.

Anwendung. Bei atonischer Dyspepsie und chronischen Magenkatarrhen, bei Diarrhöen usw. Gegen Alcoholismus chronicus bis 0,01 g pro die. Sehr vorsichtig aufzubewahren! Größte Einzelabgabe 0,005 g, größte Tagesgabe 0,01 g.

Brucin, $C_{23}H_{26}O_4N_2 \cdot 4H_2O$, bildet farblose, monokline Tafeln. Brucin löst sich schwer in Wasser und in Äther, leicht in Alkohol. Von reiner konz. Schwefelsäure wird Brucin ohne Färbung aufgenommen; fügt man aber selbst nur Spuren Salpetersäure hinzu, so färbt sich die Schwefelsäurelösung des Brucins blutrot. Diese Reaktion ist so scharf und kennzeichnend, daß man das Brucin zum Nachweis kleiner Mengen Salpetersäure, z. B. im Trinkwasser, benutzt. Sehr vorsichtig aufzubewahren!

Chinabasen.

In den von verschiedenen Cinchonaarten abstammenden Chinarinden sind eine größere Zahl Alkaloide enthalten, deren wichtigstes das **Chinin** ist. Außer diesem sind erwähnenswert das Chinidin (Conchinin), Cinchonin, Cinchonidin, Chinamin. Zur Verarbeitung auf Chinabasen dient die Rinde kultivierter Cinchonen, neben der von Cinchona succirubra, die das Arzneibuch als Cortex Chinae aufführt, vorzugsweise die von Cinchona Calisaya Ledgeriana abstammende, welche die chininreichste ist (bis gegen $13\,^0/_0$). In der arzneilich verwendeten Chinarinde sollen nach dem Arzneibuch mindestens $6,5\,^0/_0$ Alkaloide enthalten sein.

Technische Darstellung der Chinaalkaloide, insbesondere des Chinins.

Die in Säcken zu 80 bis 120 Kilo aus Java eingeführte Chinarinde, $4^1/_2$ bis $7\,^0/_0$ Chinin enthaltend, wird auf Kollergängen fein gemahlen, gesiebt und mit gelöschtem Kalk gemischt; hierbei findet infolge Oxydation durch den Luftsauerstoff starke Dunkelfärbung statt. Das Gemisch wird nach schwachem Anfeuchten nochmals auf Kollergängen bearbeitet und in Extraktionsapparaten mit Braunkohlenteer-Kohlenwasserstoffen, die die Alkaloide aufnehmen, erschöpft. Als Extraktionsapparate pflegt man flache, mit Heizschlangen und Rührwerk versehene Kessel anzuwenden. Die wieder abgelassenen alkaloidführenden Kohlenwasserstoffe werden sodann in großen Holzbottichen mit verdünnter Schwefelsäure ausgeschüttelt. Das Durchmischen von Schwefelsäure und Kohlenwasserstoffen geschieht durch Einblasen eines Luftstromes. Die schwefelsaure Lösung wird hierauf mit Knochenkohle behandelt, welche neben den Farbstoffen auch kleine Mengen Alkaloide aufnimmt; sie wird nach dem Trocknen gepulvert und der ursprünglichen Rinde zwecks Extrahierens beigemischt. Die entfärbte schwefelsaure Lösung neutralisiert man in Holzbottichen von ca. 50 Liter Inhalt genau mit Natronlauge, worauf sich neutrales Chininsulfat abscheidet. Dieses dient zur Darstellung des chlorwasserstoffsauren Salzes, indem man jenes mit der berechneten Menge Baryumchlorid umsetzt.

Chinin, $C_{20}H_{24}O_2N_2$, wird aus den wässerigen Lösungen seiner Salze auf Zusatz von Alkalien als weißer, käsiger Niederschlag abgeschieden, der bald Wasser aufnimmt und das kristallinische Hydrat $C_{20}H_{24}O_2N_2 \cdot 3\,H_2O$ bildet. Chininhydrat löst sich bei 15^0 in 1670 T. Wasser, das wasserfreie Chinin in 1960 T. Wasser. Versetzt man die wässerige oder alkoholische Lösung des Chinins mit Schwefelsäure, Phosphorsäure, Salpetersäure, so entsteht eine schön blaue **Fluoreszenz.** Noch in einer Verdünnung von $1:100000$ ist die durch Schwefelsäure hervorgerufene Fluoreszenz bemerkbar. Trockenes Chlorgas färbt das Chinin karminrot und führt es in eine wasserlösliche Verbindung über. **Fügt man zur wässerigen Lösung eines Chininsalzes Chlorwasser (oder Bromwasser) und tropft sodann überschüssiges Ammoniak hinzu, so entsteht eine smaragdgrüne Färbung. Man bezeichnet diese Reaktion als Thalleiochinreaktion. Von den Salzen des Chinins werden das chlorwasserstoffsaure und schwefelsaure am häufigsten medizinisch benutzt. Chininum ferrocitricum, Eisenchinincitrat** wird durch Lösen von frisch gefälltem Chininhydrat in Ferricitratlösung und Eintrocknen der zu einem Sirup verdunsteten Lösung auf Glasplatten bereitet.

Chininum hydrochloricum, Chininhydrochlorid,

$$C_{20}H_{24}O_2N_2 \cdot HCl \cdot 2\,H_2O,$$

bildet weiße, glänzende, nadelförmige Kristalle von stark bitterem Geschmack, welche mit 3 T. Weingeist und mit 34 T. Wasser farblose, neutrale, nicht fluoreszierende Lösungen geben. Man prüft es auf Sulfat, Baryumsalz, fremde Alkaloide, anorganische Beimengungen, Feuchtigkeitsgehalt (s. Arzneibuch).

Anwendung. Vorzugsweise gegen Malaria, Influenza, intermittierende Krankheiten und bei Neurosen und Neuralgien. Gegen Intermittens 0,5 g 2 bis 3 mal vor dem Anfalle, bei Neuralgien 0,1 g bis 0,2 g mehrmals täglich. Vor Licht geschützt aufzubewahren.

Chininum sulfuricum, Chininsulfat, $(C_{20}H_{24}O_2N_2)_2\,H_2SO_4\cdot 8H_2O$, kristallisiert in weißen, feinen Nadeln von sehr bitterem Geschmack, welche sich in etwa 800 T. kaltem, in 25 T. siedendem Wasser, sowie in 6 T. siedendem Alkohol lösen. Die wässerige Lösung ist neutral und zeigt keine Fluoreszenz, doch ruft bereits ein Tropfen verdünnter Schwefelsäure in der Auflösung des Chininsulfats blaue Fluoreszenz hervor.

Löst man Chininsulfat in verdünnter Schwefelsäure und dampft zur Kristallisation ein, so erhält man die farblosen, glänzenden Prismen des sauren Chininsulfats, Chininum bisulfuricum, $C_{20}H_{24}O_2N_2\cdot H_2SO_4\cdot 7H_2O$.

Anwendung. Dosierung und Wirkung wie Chininum hydrochloricum. Vor Licht geschützt aufzubewahren!

Cinchonin, $C_{19}H_{22}ON_2$, kristallisiert aus Alkohol in bei 225^0 schmelzenden Kristallen. Es ist eine zweisäurige bitertiäre Base. Ihre Salzlösungen zeigen keine Fluoreszenz. Beim Erhitzen des Cinchonins mit Wasser auf 140^0 bis 160^0 bilden sich isomere Basen. Beim Erhitzen von Cinchonin mit Ätzkali bildet sich Chinolin.

Euchinin ist ein **Chinincarbonsäureäthylester**

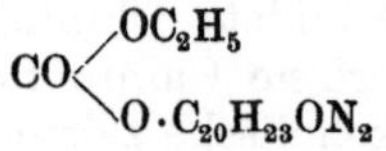

$$CO\diagdown\begin{smallmatrix}OC_2H_5\\[4pt]O\cdot C_{20}H_{23}ON_2\end{smallmatrix}$$

durch Einwirkung von Chlorkohlensäureester auf Chinin erhalten.

Durch P. Rabe ist die Konstitution des **Cinchonins** und **Chinins** endgültig aufgeklärt worden. Chinin ist **als ein Paramethoxycinchonin** aufzufassen:

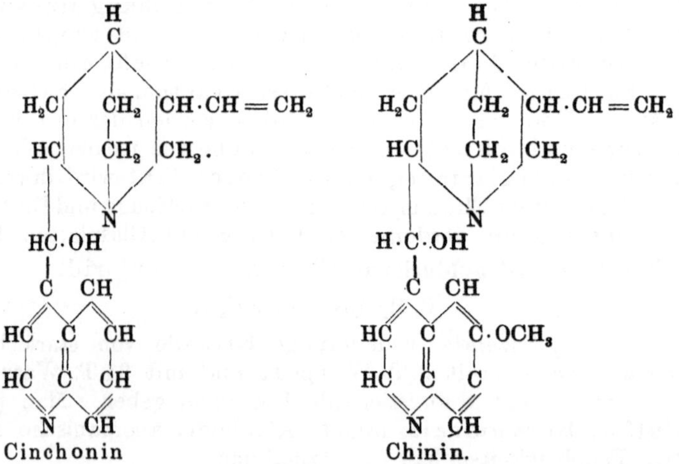

J. Morgenroth hat das durch Hydrierung der Vinylgruppe erhältliche Dihydrochinin und die an Stelle der Methoxygruppe im Chinolinkern des hydrierten Chinins eingesetzten höheren Alkylderivate systematisch auf ihre chemotherapeutischen Eigenschaften untersucht und als besonders wirksam das Äthyl- und Isooktylderivat befunden.

Ersteres führt den Namen Optochin und wird mit bestem Erfolg gegen Malaria und besonders gegen Pneumonie und Ulcus serpens verwendet. Das Isooktylderivat ist unter dem Namen Vuzin in den Arzneischatz eingeführt worden. Eukupin ist ein Isoamylderivat.

Vuzin zeigt eine geringere Wirkung gegen Pneumokokken als das Optochin, aber eine außerordentlich gesteigerte Wirkung gegen andere pathogene Mikroorganismen, besonders gegen die wichtigsten Wundinfektionserreger, die Streptokokken und Staphylokokken, auch gegen die Diphtheriebazillen und Meningokokken, sowie endlich gegen den Gasbrandbazillus. Vuzin wird neuerdings deshalb zur Wunddesinfektion mit Erfolg angewendet.

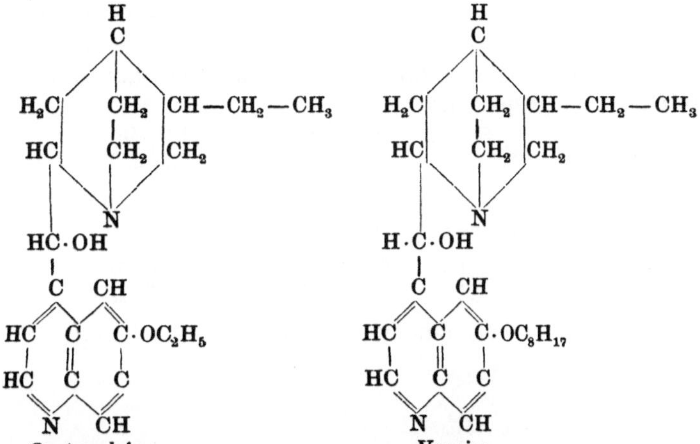

Optochin. Vuzin.

Das Optochin wird als Base und als salzsaures Salz (dieses in Salben und Lösungen nur äußerlich), das Vuzin als salzsaures Salz $C_{27}H_{40}O_2N_2 \cdot 2\,HCl \cdot 2\,H_2O$ benutzt.

Diese oxalkylierten Hydrochinine führen auch die Namen Äthyl- und Isooktylhydrocuprein. Cuprein ist ein in der Rinde von Remijia cuprea vorkommendes Alkaloid, das seiner Konstitution nach als ein Oxycinchonin aufzufassen ist. — Dem Chinin stereoisomer ist das Chinidin.

Durch Kochen mit verdünnten Säuren werden die Chinaalkaloide in die Chinatoxine umgewandelt, Stoffe von ketonartigem Charakter, in denen die Stickstoff-Kohlenstoffbindung des Piperidinkernes gelöst ist. Die Chinatoxine sind mit Unrecht für besonders giftig gehalten worden.

Glukoside.

Glukoside nennt man im Pflanzenreich vorkommende Verbindungen, die unter geeigneten Bedingungen (Behandeln mit verdünnten Säuren oder Alkalien, Einwirkung von Fermenten) in Zucker, meist Glukose, und andere Stoffe gespalten werden. Wir haben in früheren

Kapiteln bereits mehrere solcher Glukoside kennen gelernt (z. B. Amygdalin, Sinigrin, Coniferin, Salicin).

Es seien außer diesen noch folgende aufgeführt:

Iridin, $C_{24}H_{26}O_{13}$, findet sich in dem Rhizom von Iris florentina und wird mit verdünnter Schwefelsäure in Glukose und Irigenin gespalten:

$$\underbrace{C_{24}O_{26}O_{13}}_{\text{Iridin}} + H_2O = \underbrace{C_6H_{12}O_6}_{\text{Glukose}} + \underbrace{C_{18}H_{16}O_8}_{\text{Irigenin.}}$$

Das **Irigenin** ist ein α-Diketon, das dem Benzil entsprechend zusammengesetzt ist.

Populin, $C_{20}H_{22}O_8 \cdot 2\,H_2O$, findet sich neben Salicin in der Rinde und den Blättern von Populus tremula. Es ist als ein Benzoyl-salicin aufzufassen.

Phloridzin, $C_{21}H_{24}O_{10} \cdot 2\,H_2O$, ist in der Rinde des Apfelbaumes und anderer Obstbäume, besonders reichlich in der Wurzelrinde enthalten. Es wird beim Erhitzen mit verdünnten Säuren in Phloretin und Glukose gespalten:

$$\underbrace{C_{21}H_{14}O_{10}}_{\text{Phloridzin}} + H_2O = \underbrace{C_{15}H_{14}O_5}_{\text{Phloretin}} + \underbrace{C_6H_{12}O_6}_{\text{Glukose.}}$$

Beim Kochen mit Kalilauge spaltet sich das Phloretin in Phloroglucin und Phloretinsäure:

$$\underbrace{C_{15}H_{14}O_5}_{\text{Phloretin}} + H_2O = \underbrace{C_6H_6O_3}_{\text{Phloroglucin}} + \underbrace{C_9H_{10}O_3}_{\text{Phloretinsäure.}}$$

Phloretinsäure ist eine p-Oxyhydratropasäure:

$$\begin{array}{c} OH \\ \langle \rangle \\ CH(CH_3) - COOH. \end{array}$$

Äsculin, $C_{15}H_{16}O_9$, wurde zuerst in der Rinde von Aesculus hippocastanum aufgefunden, später auch in mehreren anderen Pflanzen nachgewiesen.

Äsculin kristallisiert in kleinen Prismen mit Kristallwasser. Die wasserfreie Verbindung schmilzt bei 205^0. Das Äsculin ist dadurch ausgezeichnet, daß seine wässerige Lösung noch bei starker Verdünnung blaue Fluoreszenz zeigt.

Durch Emulsin bei gegen 30^0 oder beim Erhitzen mit verdünnten Mineralsäuren wird Äsculin in Äsculetin und Glukose gespalten:

$$\underbrace{C_{15}H_{16}O_9}_{\text{Äsculin}} + H_2O = \underbrace{C_9H_6O_4}_{\text{Äsculetin}} + \underbrace{C_6H_{12}O_6}_{\text{Glukose.}}$$

Äsculetin findet sich in verschiedenen Pflanzen. Auch die wässerige Lösung des Äsculetins zeigt blaue Fluoreszenz.

Äsculetin ist aufzufassen als ein 4 bis 5 Dioxycumarin. Cumarin ist eine bei 67^0 schmelzende, gut kristallisierende Substanz, die im Waldmeister (Asperula adorata), im Steinklee (Melilotus officinalis), in den Tonkabohnen (Dipterix odorata), im Ruchgras

(Anthoxanthum odoratum) vorkommt und synthetisch dargestellt werden kann durch Erhitzen eines Gemisches von Essigsäureanhydrid, Natriumacetat und Salicylaldehyd.

Cumarin ist das innere Anhydrid der o-Oxyzimtsäure (o-Cumarsäure). Ein 4-Oxycumarin ist das bei der Destillation verschiedener Umbelliferenharze (z. B. Galbanum, Asa foetida) entstehende Umbelliferon (vgl. S. 462):

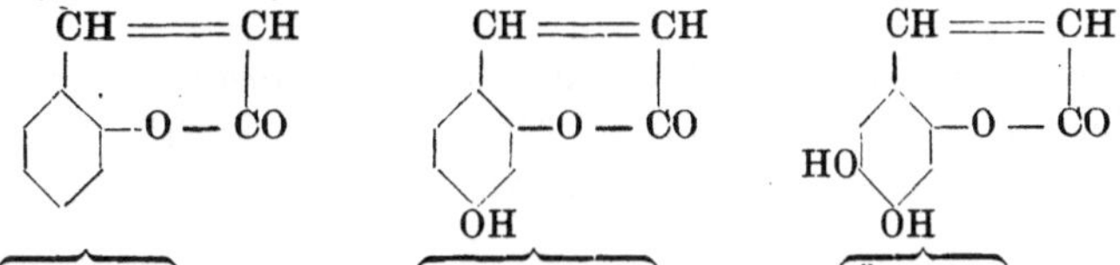

$$\text{Cumarin} \qquad \text{Umbelliferon} \qquad \text{Äsculetin.}$$

Strophanthine sind Glukoside der Strophanthussamen, die bei der hydrolytischen Spaltung neben Strophanthidinen Rhamnose $C_6H_{12}O_5 \cdot H_2O$, als Zuckerart liefern.

Das aus den Samen von Strophanthus gratus Franch. erhältliche Strophanthin kristallisiert sehr gut und schmilzt gegen 187^0 bis 190^0. Es entspricht der Zusammensetzung $C_{30}H_{46}O_{12} \cdot 9H_2O$. Es wird als g-Strophanthin. cristall. (d. h. Gratus-Strophanthin) arzneilich verwendet. Die aus anderen Strophanthusarten dargestellten Strophanthine kommen amorph in den Verkehr. Um sie voneinander zu unterscheiden, bezeichnet man sie wie folgt:

g-Strophanthin $=$ Str. aus Strophanthus gratus
h-Strophanthin $=$ Str. aus Strophanthus hispidus
k-Strophanthin $=$ Str. aus Strophanthus kombe.

Die Strophanthine sind außerordentlich stark wirkende Herzmittel; sie finden an Stelle der Digitalis steigende Verwendung.

Digitalisglukoside. Die Digitalisblätter (von Digitalis purpurea) enthalten eine größere Zahl verschiedener Glukoside, die mit den Namen Digitalin, Digitoxin, Digitonin, Digitophyllin, Digitalein, Gitin, Gitalin, Gitonin bezeichnet worden sind. Von ihnen kann bisher wohl nur das gut kristallisierende Digitoxin als eine einheitliche Substanz angesprochen werden. Kiliani gab ihm die Formel $C_{34}H_{45}O_{11}$, nach neueren Untersuchungen von Cloëtta entspricht die Zusammensetzung des Digitoxins der Formel $C_{44}H_{70}O_{14}$. Sein Schmelzpunkt liegt bei 252^0. Bei der Spaltung durch Säuren zerfällt es in Digitoxigenin, Digitoxose (eine Zuckerart) und einen öligen Stoff (nach Cloëtta). Von gleicher Zusammensetzung mit diesen sind die durch Vakuumdestillation aus dem Digitoxin erhältlichen Kristalle $C_8H_{14}O_4$.

An der Gesamtwirkung der Digitalis nimmt wohl die Mehrzahl der Glukoside teil, man stellt die Größe der Wirkung auf biologischem Wege durch den systolischen Herzstillstand beim Frosch fest.

Medizinisch verwendete Präparate, welche die Glukoside der Digitalis in mehr oder weniger reiner Form enthalten, sind: Digalen, Digipuratum, Digifolin, Digipan, Verodigen.

Ruberythrinsäure, $C_{26}H_{28}O_{14}$, ist ein in der Krappwurzel (Rubia tinctorium) vorkommendes Glukosid, welches das Material zur Bildung des Krappfarbstoffes, Alizarin, abgibt. Das in der Krappwurzel sich findende Ferment **Erythrozym** zerlegt die im wesentlichen an Kalk gebundene Ruberythrinsäure:

$$\underbrace{C_{26}H_{28}O_{14}}_{\substack{\text{Ruberythrin-}\\\text{säure}}} + 2\,H_2O = \underbrace{C_{14}H_8O_4}_{\text{Alizarin}} + \underbrace{2\,C_6H_{12}O_6}_{\text{Glukose.}}$$

Auch beim Kochen mit verdünnten Mineralsäuren. oder Alkalien wird das Glukosid in der angegebenen Weise zerlegt.

Alizarin ist ein 1 bis 2 - Dioxyanthrachinon:

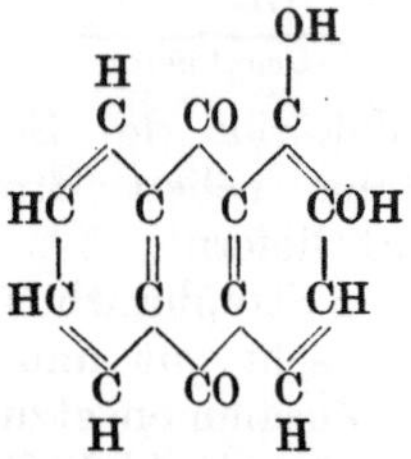

```
                OH
      H         |
      C   CO    C
     HC   C   C   COH
     HC   C   C   CH
      C   CO    C
      H         H
```

Es wird synthetisch dargestellt durch Überführung des Anthrachinons mit rauchender Schwefelsäure in Antrachinonmonosulfosäure und durch Erhitzen letzterer mit Kaliumchlorat und Natronhydrat auf 180 bis 200^0 unter Druck in Alizarinnatrium.

Auf synthetischem Wege sind Glukoside aus den Zuckerarten und den Phenolen bzw. Alkoholen gebildet worden. Läßt man Salicylaldehydkalium auf Acetobromglukose in alkoholischer Lösung aufeinander einwirken, so erhält man das Glukosid **Helicin**, aus Methylhydrochinon und Acetobromglukose das **Methylarbutin**. Auch konnte man mittels Enzyme Glukoside aufbauen, so das **Amygdalin** aus dem Mandelsäurenitrilglukosid und Glukose bei Gegenwart von Maltase.

Viele künstliche **Glukoside** sind von E. Fischer durch Einwirkung von Salzsäure auf das Gemisch von Alkohol bzw. Phenol und Zucker, sowie beim Behandeln der Alkohole (Methyl-, Äthyl-, Propyl-, Amylalkohol, Glycerin, Menthol u. a.) oder der Alkaliverbindungen von Phenolen mit Acetochlor- oder Acetobromglukose dargestellt worden.

Harze.

Viele Harze stehen in Beziehung zu den Terpenen. Die natürlich vorkommenden dicken Lösungen der Harze in ätherischen Ölen oder Estern werden **Balsame** genannt.

Pharmazeutisch wichtige Balsame sind:

Copaivabalsam, Perubalsam, Tolubalsam. Zur Wertbestimmung dieser ermittelt man im Copaivabalsam Säure- und Verseifungszahl, im Perubalsam den Estergehalt (das Cinnamein,

im wesentlichen Zimtsäure- und Benzoesäure-Benzylester), im Tolubalsam Säure- und Verseifungszahl.

Die Hartharze sind amorphe, meist glasglänzende Stoffe und
bestehen aus Harzsäuren, Alkoholen, Phenolen und Estern dieser
mit cyklischen Carbonsäuren, endlich Kohlenwasserstoffen. Kolophonium besteht im wesentlichen aus freien Harzsäuren. In amerikanischem Kolophonium ist Abietinsäure, $C_{19}H_{18}O_2$, im französischen
Kolophonium Pimarsäure, $C_{20}H_{30}O_2$, aufgefunden worden.

Durch schmelzendes Alkali werden aus Harzen Phenole und
Phenolcarbonsäuren gebildet, z. B. Resorcin, Phloroglucin, Protocatechu-
säure. Bei der Destillation mit Zinkstaub entstehen Benzol und
dessen Homologe, Naphtalin usw. Die Pflanzenschleime und Gummi
enthaltenden Harze werden Gummiharze genannt; sie geben an
Wasser lösliche Bestandteile ab. Solche Gummiharze sind Ammoniacum, Asa foetida, Galbanum, Myrrha.

Als Bestandteile von Harzen sind unterschieden worden: Harz-
säuren (Resinosäuren), Harzalkohole und -phenole (Resinole),
Gerbstoffcharakter tragende Harzphenole (Resinotannole), Ester
(Resine), an deren Bildung vielfach Benzoesäure, Zimtsäure und
Harzsäure teilnehmen, sowie endlich Resene, das sind in Alkali-
lauge unlösliche Stoffe.

Von technischer Bedeutung sind in der Neuzeit Kunstharze
geworden, die durch Einwirkung von Formaldehyd auf Phenole,
Cumaron, Inden usw. gewonnen werden. Solche Kunstprodukte sind
Bakelit und Resinit.

Anhang.

Einführung in die chemische und physikalisch-chemische Prüfung der Arzneistoffe.

Grundzüge der chemischen Analyse mit besonderer Berücksichtigung der Arzneibuchmethoden.

Die chemische Analyse bezweckt die Erforschung der chemischen Zusammensetzung der Stoffe und beschäftigt sich daher mit der chemischen Zerlegung dieser in einfache Bestandteile. Handelt es sich hierbei nur um den Nachweis dieser, so spricht man von qualitativer Analyse, während die quantitative Analyse die Bestandteile der betreffenden Stoffe nach Gewicht oder Maß bestimmt.

Die qualitative Analyse zerfällt in eine Prüfung der Stoffe auf trockenem und in eine solche auf nassem Wege. Die Prüfung auf trockenem Wege wird zweckmäßig zuerst vorgenommen und daher auch Vorprüfung genannt. Sie bezweckt eine Orientierung, um welche Bestandteile es sich handeln kann; nach dem Ausfall der Vorprüfung wählt man das Lösungsmittel zur Überführung der festen Stoffe in Lösungen.

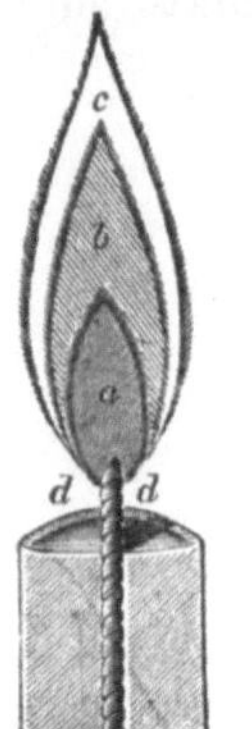
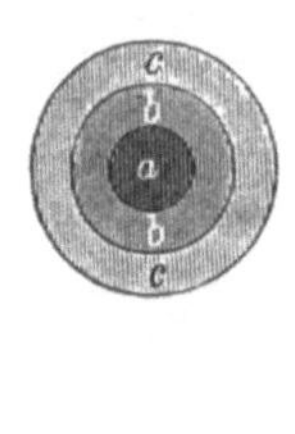
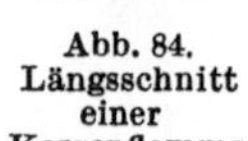

Abb. 84.
Längsschnitt
einer
Kerzenflamme.

Abb. 85.
Querschnitt
einer
Kerzenflamme.

Vorprüfung.

Flammenreaktionen.

Als Heizquelle für chemische Operationen benutzt man die Flamme eines Bunsenbrenners oder einer Spirituslampe, ein Wasserbad, Dampfbad, Ölbad, in chemischen Laboratorien auch elektrische Heizplatten und -röhren.

An jeder Flamme unterscheidet man drei Teile. Abb. 84 gibt den Längsschnitt einer Kerzenflamme wieder, Abb. 85 den Querschnitt einer solchen. Der innere dunkle Teil a ist der nicht leuchtende Kern, welcher unverbrannte Gase enthält; der mittlere Teil b ist die stark leuchtende Hülle, in welcher zufolge der Einwirkung des atmosphärischen Sauerstoffs starke Erhöhung der Temperatur und teilweise Zersetzung der Gase unter Abscheidung von weißglühendem Kohlenstoff stattfindet. Die äußere Hülle c ist weniger leuchtend, da der von allen Seiten zugängliche atmosphärische Sauerstoff die vollständige Verbrennung des Kohlenstoffs bewirkt.

Die einzelnen Teile der leuchtenden Flamme wirken ihrer verschiedenen Zusammensetzung zufolge auch chemisch verschieden auf Stoffe ein. Sauerstoffhaltige Stoffe werden durch den mittleren, leuchtenden, weißglühenden Kohlenstoff enthaltenden Teil b reduziert, d. h. es wird ihnen Sauerstoff entzogen. Man nennt daher diesen Teil der leuchtenden Flamme die **Reduktionsflamme**.

Durch den zu dem äußeren Teil c allseitig hinzutretenden Sauer-

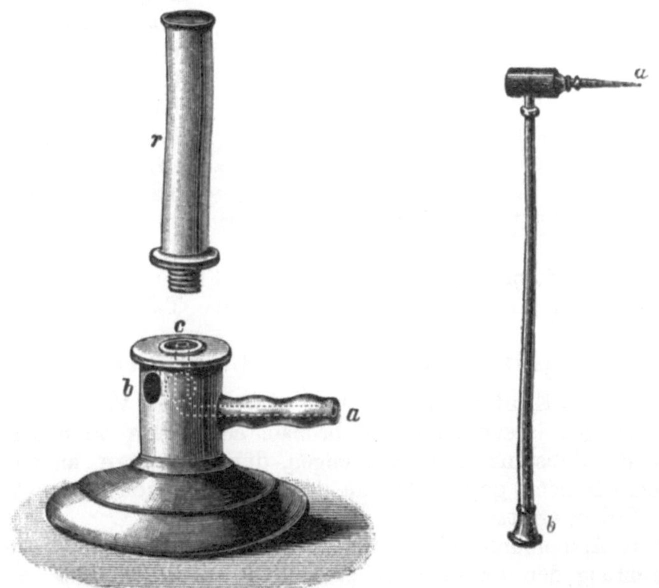

Abb. 86. Einfache Form eines Bunsenbrenners.   Abb. 87. Lötrohr.

stoff und die hierdurch bewirkte starke Temperaturerhöhung werden oxydierbare Körper oxydiert. Der äußere Teil der leuchtenden Flamme heißt daher **Oxydationsflamme**.

Eine nicht leuchtende Flamme erzielt man, indem man in den inneren Teil der Flamme einen Luftstrom eintreten läßt, wodurch infolge der vermehrten Sauerstoffzufuhr Kohlenstoff sich nicht mehr im weißglühenden Zustand abscheiden kann, sondern verbrennt. Eine solche nicht leuchtende Flamme wird in dem **Bunsenbrenner** erzeugt. Abb. 86 erläutert eine einfache Form des Bunsenbrenners. Bei a tritt der Gasstrom ein und gelangt bei c durch drei feine, sternförmig gruppierte Spalten in das Rohr r. Durch die infolge des Ausströmens des Gases bei c bewirkte Bewegung wird durch die im äußeren Mantel bei b befindliche Öffnung atmosphärische Luft eingesaugt, die sich im Rohr r mit dem Leuchtgas vermischt und die völlige Verbrennung des Kohlenstoffs bewirkt. Wird die Öffnung bei *b* geschlossen, so wird die Flamme in demselben Augenblick wieder leuchtend.

Die nicht leuchtende Flamme besitzt zufolge der beschleunigten Verbrennung eine höhere Temperatur als die leuchtende Flamme. Höhere Hitzegrade dieser kann man auch durch direktes Einblasen eines starken Luftstromes mittels des Lötrohres erzielen.

Das Lötrohr ist ein meist aus drei Teilen bestehendes rechtwinkeliges Metallrohr (s. Abb. 87), das im Winkel ausgebaucht ist. Bläst man mittels des Lötrohrs in den Kern einer leuchtenden Flamme (s. Abb. 88), so wird diese seitlich abgelenkt und spitzt sich zu. Die hohe Temperatur wird hierbei auf einen kleinen Querschnitt verdichtet.

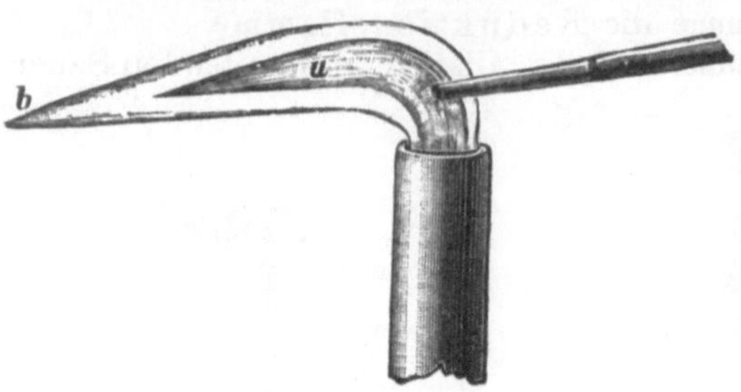
Abb. 88. Blasen mittels eines Lötrohres in die Flamme eines Bunsenbrenners.

Auch in der Lötrohrflamme ist der innere Flammenkegel *a* der reduzierende, der äußere *b* der oxydierende Teil.

Erhitzen der Stoffe in Glasröhrchen.

Die beim Erhitzen vieler Stoffe eintretenden Veränderungen und Erscheinungen lassen sich gut beobachten, wenn man eine kleine Menge der Substanz in einem engen, dünnwandigen, an einem Ende zugeschmolzenen, gegen 10 cm langen Röhrchen anfangs gelinde, dann stärker erhitzt.

Das Arzneibuch schreibt das Erhitzen von Substanzen zwecks Beobachtung der dabei sich zeigenden Veränderungen in Probierrohren von ungefähr 20 mm Weite vor.

Die beim Erhitzen im Glasröhrchen auftretenden Erscheinungen sind:

1. Abgabe von Wasser,
2. Auftreten von Gasen (Kohlendioxyd, Sauerstoff, rotbraune Dämpfe von Untersalpetersäure, violette Dämpfe von Jod, Ammoniak, Cyan, schweflige Säure),
3. Abscheidung von Kohle (organische Substanzen),
4. Bildung von Sublimaten (Quecksilberverbindungen, arsenige Säure, Ammoniumsalze, Schwefel, Jod usw.).

Verhalten verschiedener Arzneimittel beim Erhitzen:

Acidum arsenicosum: die kristallinische Säure verflüchtigt sich, ohne vorher zu schmelzen und gibt ein weißes, in glasglänzenden Oktaedern und Tetraedern kristallisierendes Sublimat. Die amorphe Säure verflüchtigt sich in unmittelbarer Nähe des Schmelzpunktes, so daß man ein beginnendes Schmelzen wahrnehmen kann.

Acidum benzoicum: zuerst zu einer gelblichen bis schwach bräunlichen Flüssigkeit schmelzend, dann vollständig sublimierend oder mit Hinterlassung eines geringen, braunen Rückstandes.

Calcium hypophosphorosum: verknistert beim Erhitzen und zersetzt sich bei höherer Temperatur unter Entwicklung eines selbstentzündlichen Gases, das mit helleuchtender Flamme verbrennt. Gleichzeitig schlägt sich im kälteren Teil des Probierrohres gelber und roter Phosphor nieder. Der weißliche Glührückstand wird beim Erkalten rötlichbraun.

Coffeïnum-Natrium salicylicum: beim Erhitzen in einem engen Probierrohr weiße, nach Carbolsäure riechende Dämpfe entwickelnd.

Hydrargyrum: vollständig flüchtig.

Hydrargyrum bichloratum: schmilzt und verflüchtigt sich vollständig.

Hydrargyrum bijodatum: wird gelb, schmilzt dann und verflüchtigt sich schließlich vollständig, indem sich ein gelbes Sublimat bildet, das allmählich wieder rot wird.

Hydrargyrum chloratum: ohne zu schmelzen flüchtig.

Hydrargyrum cyanatum: beim Erhitzen gleicher Teile Quecksilbercyanid und Jod entsteht zuerst ein gelbes, später rot werdendes Sublimat aus Quecksilberjodid, darüber ein weißes, aus nadelförmigen Kristallen bestehendes Sublimat aus Quecksilbercyanid.

Hydrargyrum oxydatum: unter Abscheidung von Quecksilber flüchtig.

Hydrargyrum praecipitatum album: unter Zersetzung, ohne zu schmelzen, flüchtig.

Hydrargyrum salicylicum: in einem sehr engen Probierrohre unter Beifügung eines Körnchens Jod erhitzt, bildet sich ein Sublimat von Quecksilberjodid.

Jodum: bildet violette Dämpfe.

Natrium aceticum: schmilzt bei 58° in seinem Kristallwasser, das wasserfreie Salz erst bei 315°.

Natrium arsanilicum: verkohlt und unter Verbreitung eines knoblauchartigen Geruches entsteht an dem kalten Teile des Probierrohres ein dunkler glänzender Beschlag von Arsen.

Natrium salicylicum: entwickelt weiße, nach Phenol riechende Dämpfe.

Pyrogallolum: sublimiert bei vorsichtigem Erhitzen unzersetzt.

Resorcinum: verflüchtigt sich.

Stibium sulfuratum aurantiacum: Schwefel sublimiert, und schwarzes Schwefelantimon bleibt zurück.

Terpinum hydratum: sublimiert in feinen Nadeln.

Erhitzen der Stoffe am Platindraht.

Man bringt eine kleine Menge der mit Wasser oder Salzsäure angefeuchteten Substanz an die kleine Schlinge eines frisch ausgeglühten dünnen Platindrahtes und beobachtet, ob beim Einführen der Substanz in die nicht leuchtende Flamme eines Bunsenbrenners Färbungen auftreten:

Gelbfärbung der Flamme (Natriumverbindungen),

Karminrotfärbung (Strontium, Lithium),

Gelbgrünfärbung (Baryum),

Grünfärbung (Kupferverbindungen, Borsäure),

Bläulichfärbung (Arsen, Antimon, Blei, Quecksilber),

Violettfärbung (Kalium, Rubidium, Caesium),

Gelbrotfärbung (Calcium).

Das Arzneibuch läßt die Flammenfärbung prüfen bei den

Kaliumverbindungen: (Kal. bromat., carbon., jodat., nitric., sulfuric., tartar.).
Die Flamme muß von Anfang an violett gefärbt sein, andernfalls die
Kaliumsalze Natriumverbindungen enthalten. (Gelbfärbung der Flamme.)
Lithium carbonicum: karminrote Färbung.
Natriumverbindungen: (Natr. bicarbon., bromat., carbon., chlorat., jodat., nitric.,
phosphoric., sulfuricum, thiosulfuric.). Gelbfärbung. Durch ein Kobalt-
glas betrachtet, darf die Flamme höchstens vorübergehend rot gefärbt
erscheinen.   (Kaliumsalze.)

Erkennung der Stoffe durch das Flammenspektrum.

Im Glühzustand befindliche feste Stoffe strahlen Licht verschiedener Wellenlänge aus und erzeugen ein kontinuierliches Spektrum,
wenn man das Licht durch ein Prisma zerlegt. Läßt man hingegen
das Licht glühender Dämpfe oder Gase durch ein Prisma hindurchgehen, so entsteht, da sie Licht von bestimmten, für jedes Gas charakteristischen Wellenlängen aussenden, ein diskontinuierliches
Spektrum (Linien- oder Bandenspektrum).

Die Linien dieser Flammenspektra haben bestimmte Farben —
sie sind durch dunkle Zwischenräume voneinander getrennt —, und
so kann man in Gemischen glühender Dämpfe und Gase an der Feststellung dieser farbigen Linien die Art des Stoffes erkennen, man
kann die Stoffe durch ihre Flammenspektren analysieren. Man nennt
diese Analyse Spektralanalyse und führt sie unter Verwendung
eines von Kirchhoff und Bunsen konstruierten einfachen Apparates,
des Spektralapparates, aus. Derselbe besteht im wesentlichen
aus einem Flintglasprisma mit einem brechenden Winkel von 60°,
einem mit Spalt versehenen Rohr (Kollimeter), durch welches das
Strahlenbündel des zu analysierenden glühenden Dampfes oder Gases
zu dem Prisma gelangt, einem Fernrohr und einem mit einer Skala
versehenen Rohr, durch deren Belichtung die Lage der farbigen
Linien bestimmt wird.

Erhitzen der Stoffe auf dem Platinblech.

Beispiele aus dem Arzneibuch:

Acidum boricum: beim Erhitzen auf ungefähr 70° bildet sich Metaborsäure;
bei höherer Temperatur (160°) entsteht eine glasig geschmolzene Masse,
die sich bei starkem Erhitzen aufbläht und in Borsäureanhydrid über-
geht.
Acidum citricum: schmilzt auf dem Platinblech und verkohlt dann unter Bil-
dung stechend riechender Dämpfe.
Acidum lacticum: Milchsäure verbrennt mit schwach leuchtender Flamme.
Acidum tartaricum: unter Verbreitung von Karamelgeruch verkohlend.
Acidum trichloraceticum: ohne Rückstand sich verflüchtigend.
Alumen: wird Alaun auf dem Platinblech erhitzt, so schmilzt er leicht, bläht
sich dann stark auf und läßt eine schaumige Masse zurück.
Ammonium bromatum: beim Erhitzen flüchtiges Pulver.
(Ebenso Ammon. carbon., Ammon. chloratum.)
Bismutum nitricum: Kristalle, die sich beim Erhitzen anfangs verflüssigen
und darauf unter Entwicklung von gelbroten Dämpfen zersetzen.
Bismutum subgallicum: verkohlt beim Erhitzen ohne zu schmelzen und hinter-
läßt beim Glühen einen graugelben Rückstand.

Bismutum subnitricum: entwickelt beim Erhitzen gelbrote Dämpfe.'
Bismutum subsalicylicum: verkohlt beim Erhitzen ohne zu schmelzen und
hinterläßt beim Glühen einen gelben Rückstand.
Borax: schmilzt im Kristallwasser, verliert nach und nach unter Aufblähen
das Kristallwasser und geht bei stärkerem Erhitzen in eine glasige
Masse über.
Carbo ligni pulveratus: ohne Flamme verbrennbar.
Hexamethylentetramin: verflüchtigt sich, ohne zu schmelzen.
Natrium bicarbonicum: gibt Kohlensäure und Wasser ab und hinterläßt einen
Rückstand, dessen wässerige Lösung durch Phenolphtaleinlösung
stark gerötet wird.
Sulfur: verbrennt mit wenig leuchtender blauer Flamme unter Entwicklung
eines stechend riechenden Gases (SO_2).
Tartarus depuratus: verkohlt unter Verbreitung von Karamelgeruch zu einer
grauschwarzen Masse.
(Ebenso Tartarus natronatus und Tartarus stibiatus.)
Zincum chloratum: schmilzt, zersetzt sich dabei unter Ausstoßung weißer
Dämpfe und hinterläßt einen in der Hitze gelben, beim Erkalten weiß
werdenden Rückstand.
Zincum oxydatum: färbt sich gelb, beim Erkalten wieder weiß.

Erhitzen der Stoffe auf der Kohle vor dem Lötrohr.

In der Aushöhlung eines flachen Stückes Holzkohle wird ein mit
Wasser zu einem Teige angefeuchtetes Gemisch von entwässertem
Natriumkarbonat und der Substanz mittels des Lötrohres stark erhitzt. Mehrere Metallverbindungen werden hierbei reduziert: aus
der Schmelze lassen sich nach dem Abschlämmen mit Wasser Metall-
körner auffinden von

Blei, grauweiß, zerdrückbar,

Wismut, weiß, spröde,

Zinn, weiß, zerdrückbar,

Silber, weiß, zerdrückbar,

Kupfer, rot,

Gold, gelb.

Vielfach ist in der Nähe oder an entfernterer Stelle von der
Schmelze auf der Kohle ein „Beschlag“ entstanden, der aus den
Oxyden der Metalle besteht.

Weiße Beschläge geben: Zinn, Antimon, Zink,
gelbe Beschläge: Blei, Wismut,
braunroten Beschlag: Cadmium.

Betupft man den Zinkbeschlag mit Kobaltnitratlösung und glüht
stark, so färbt sich der Rückstand grün (Rinmanns Grün, ein
Kobaltozinkat).
Wird die Schmelze selbst mit Kobaltnitratlösung betupft und
abermals stark erhitzt, so deutet das Entstehen einer blauen Farbe
auf Aluminiumverbindungen oder Phosphate, Silikate, Borate oder
Arsenate.

Arsenverbindungen verbreiten, auf der Kohle vor dem Lötrohr erhitzt, knoblauchartigen Geruch.

Erhitzen der Stoffe in der Phosphorsalzperle.

Bringt man in die erhitzte Schlinge eines Platindrahtes ein Stückchen Phosphorsalz (Natrium-Ammoniumphosphat), so schmilzt dieses und fließt unter Abgabe von Wasser und Ammoniak zu einer farblosen Perle von Natriummetaphosphat zusammen, welches die Schlinge des Platindrahtes ausfüllt.

$$NaH(NH_4)PO_4 = \underbrace{NaPO_3}_{\text{Natriummetaphosphat.}} + NH_3 + H_2O$$

Das Natriummetaphosphat hat die Fähigkeit, Metalloxyde unter bestimmten Färbungen zu lösen, indem ein Natrium-Metallsalz der Orthophosphorsäure hierbei gebildet wird, z. B.:

$$NaPO_3 + CuO = NaCuPO_4.$$

So liefern:

Kupfer und Chrom in der Oxydationsflamme grüne Perlen,
Kobalt färbt die Perle blau,
Mangan violett, Eisenoxyd in der Hitze rotgelb, in der Kälte gelb bis farblos,
In der Reduktionsflamme erteilt Kupfer der Perle eine trübe Rotfärbung.

Schmelzen der Stoffe auf Platinblech mit Soda und Salpeter.

Durch Schmelzen mit Soda und Salpeter auf dem Platinblech können Chrom und Mangan nachgewiesen werden. Chromhaltige Stoffe werden hierdurch in Chromat (chromsaures Salz) übergeführt, das sich in Wasser mit gelber Farbe löst und auf Zusatz von Essigsäure und Bleiacetatlösung eine Fällung von gelbem Bleichromat gibt. Ist Mangan vorhanden, so bildet sich eine blaugrüne Manganschmelze, deren wässerige Lösung infolge der Bildung von Permanganat eine Rotviolettfärbung annimmt.

Prüfung der in Lösung gebrachten Stoffe.

Die Kennzeichnung der Stoffe wird durch Abscheidung solcher oder ihrer Bestandteile aus Lösungen bewirkt. Handelt es sich bei der Prüfung um den Nachweis eines Anions, so ist im Arzneibuch der Name der betreffenden Säure in Klammern hinzugesetzt; bei dem Nachweis eines Kations ist der deutsche Name des Elementes mit dem Zusatz „salze" oder „verbindungen" gewählt.

Zur Herstellung von Lösungen für chemisch-analytische Zwecke benutzt man Wasser, Alkohol, Äther, Chloroform oder Säuren (Salzsäure, Salpetersäure, Königswasser) oder schmilzt die Substanz mit Alkali und löst nun erst in Wasser oder Säuren. Sollten selbst dann noch unlösliche Rückstände verbleiben, so „schließt" man diese auf verschiedene Weise auf: entweder mit Flußsäure (Silikate wie Feldspat) oder Glühen mit Barythydrat, Schmelzen mit Natriumkarbonat unter Zusatz von Kaliumchlorat (Schwefel- und Arsenmetalle: Kupfer-

kies, Schwefelkies, Speiskobalt) oder durch Schmelzen mit Kaliumkarbonat und Schwefel (Zinnoxyd, Antimonoxyd) usw.

Man beobachtet nunmehr die auf Zusatz von Reagenzien eintretenden Veränderungen (Reaktionen), die in bestimmten Färbungen,
in Niederschlägen, in der Entwicklung von Gasen usw. bestehen können.

Einer Anzahl Metallen gegenüber äußern gewisse Reagenzien
ein gleiches Verhalten, so daß mit ihnen die Metalle in Gruppen zerlegt werden können.   Ein solches wichtiges Gruppenreagens ist der
Schwefelwasserstoff.

Schwefelwasserstoff fällt aus saurer Lösung (d. h. durch Mineralsäure sauer gemachter Lösung):

     Cadmium, Kupfer, Wismut, Blei, Quecksilber, Silber,
     ferner **Zinn, Antimon, Arsen, Gold**

als Sulfide. Von diesen werden die vier letztgenannten beim Behandeln
mit Schwefelammon gelöst. Die übrigen Sulfide bleiben ungelöst.

Aus neutraler oder ammoniakalischer Lösung werden durch
Schwefelwasserstoff bzw. Schwefelammon:

     Aluminium, Chrom, Zink, Mangan, Eisen, Nickel,
     Kobalt, Oxalate und **Phosphate der alkalischen Erden,**

gefällt. Ungefällt bleiben die Alkalimetalle (**Kalium, Natrium,
Lithium, Rubidium, Caesium**) und die Erdalkalimetalle (**Baryum,
Strontium, Calcium**), sowie **Magnesium.**

Nach Trennung der Metalle in Gruppen tritt man an die weitere
Trennung der einen und derselben Gruppe angehörenden Metalle
heran, wofür zahlreiche Methoden ausgearbeitet sind, an deren Ver-
vollkommnung die analytische Chemie unausgesetzt tätig ist. Es
sollen hier nur diejenigen Methoden eine Erläuterung finden, die zum
Nachweis und zur Bestimmung der chemischen Bestandteile der
Arzneistoffe benutzt werden. Man unterscheidet hier wie auch in
der allgemeinen chemischen Analyse zwischen qualitativen und quantitativen Bestimmungen. Die letzteren werden unter Zuhilfenahme
der chemischen Wage ausgeführt und heißen alsdann **gewichts-
analytische Bestimmungen** zum Unterschied von der **Maßanalyse** oder **volumetrischen Analyse,** nach welcher quantitative
Bestimmungen nach **Maß** (Volum) vorgenommen werden.

Außerdem bedient man sich gewisser Hilfsmittel, durch deren
Ausführung die Charakterisierung von Stoffen erleichtert und die
chemische Reinheit von Stoffen auf einfache Weise oft festgestellt
werden kann. Hierher gehören die Bestimmung von **spezifischem
Gewicht, Schmelzpunkt, Siedepunkt, Erstarrungspunkt,**
Prüfung des **polarimetrischen Verhaltens,** die Feststellung der
sauren, alkalischen oder **neutralen Reaktion** durch Reagenz-
papiere, die Ausführung der **Elaidinreaktion** bei den fetten Ölen,
die Untersuchung von Substanzen auf **oxydierbare Stoffe,** die
Bestimmung des **Säuregrades,** der **Säure-, Ester-, Verseifungs-,
Jodzahl** der Fette, die Ausführung der **Diazoreaktion.** Diese
Hilfsmittel der Analyse sollen in nachfolgendem kurz erläutert werden.

Spezifisches Gewicht.

Da es sich bei den Arzneimitteln meist um die Ermittlung des spezifischen Gewichts von Flüssigkeiten handelt, so finden vorzugsweise Senkspindeln (Aräometer) und die Mohrsche Wage zu diesem Zweck Verwendung. Man kann sich aber auch der Pyknometer bedienen.

Das spezifische Gewicht wird ermittelt,

a) um den Konzentrationsgrad von Flüssigkeiten festzustellen, z. B. bei der Schwefelsäure, beim Alkohol usw.

b) um die Reinheit von Flüssigkeiten bzw. festen Stoffen festzustellen, z. B. bei Aether aceticus, Chloroform usw.

c) als Mittel zur Identifizierung, z. B. bei den ätherischen Ölen.

Über die Bestimmung des Schmelzpunktes, Erstarrungspunktes, Siedepunktes s. S. 277 und folgende.

Saure, alkalische, neutrale Reaktion durch Reagenzpapiere ermittelt.

Man benutzt zur Feststellung der sauren, alkalischen und neutralen Reaktion von Flüssigkeiten oder festen Stoffen Papiere, die mit blauer oder roter Lackmuslösung oder mit Kurkumatinktur getränkt sind.

Man macht von der Feststellung der sauren oder alkalischen oder neutralen Reaktion bei den Arzneimitteln Gebrauch erstens für Identitätsbestimmungen, zweitens für die Prüfung, indem eine große Zahl Arzneistoffe durch Beimischung von Fremdsubstanzen oder infolge von eingetretenen Zersetzungen saure oder alkalische Reaktion zeigen können, die sie im reinen oder unzersetzten Zustande nicht besitzen.

Diazoreaktion.

Von der „Diazoreaktion" macht das Arzneibuch wiederholt Gebrauch, wenn es sich um die Charakterisierung primärer Monamine der aromatischen Reihe handelt. Diese werden „diazotiert" und die entstandenen Diazoverbindungen durch die Einwirkung von Phenolen in Azofarbstoffe umgewandelt.

Z. B. Anästhesin, p-Aminobenzoesäureäthylester:

$$C_6H_4 \begin{cases} NH_2 \quad (1) \\ COOC_2H_5 \ (4) \end{cases}$$

Man versetzt eine Lösung von 0,1 g Anästhesin in 2 ccm Wasser und 3 Tropfen verdünnter Salzsäure mit 3 Tropfen Natriumnitritlösung, wodurch sich das Diazoniumchlorid des Benzoesäureäthylesters bildet; wird die Lösung mit 2 Tropfen einer Lösung von 0,01 g β-Naphtol in 5 g verdünnter Natronlauge (1 + 2) versetzt, so ent-

steht β-Naphtol-(α)-Azobenzoesäureäthylester, welcher sich durch eine
dunkel orangerote Färbung auszeichnet:

$$\underbrace{\begin{array}{c} N \\ \parallel\!\parallel\!\parallel \\ N\!-\!Cl \\ \bigcirc \\ COOC_2H_5 \end{array}}_{\substack{\text{Diazoniumchlorid}\\ \text{des}\\ \text{Benzoesäureäthyl-}\\ \text{esters [1, 4]}}} + \underbrace{C_{10}H_7OH}_{\text{β-Naphthol}} = \underbrace{\begin{array}{c} N \\ \parallel\!\parallel\!\parallel \\ N\!-\!C_{10}H_6OH \\ \bigcirc \\ COOC_2H_5 \end{array}}_{\substack{\text{β-Naphthol-Azobenzoë-}\\ \text{säureäthylester.}}} + HCl$$

Auch bei **Novokain** dem p-Aminobenzoyldiäthylaminoäthanol-
hydrochlorid $NH_2 \cdot C_6H_4 \cdot CO \cdot OC_2H_4 \cdot N(C_2H_5)_2 \cdot HCl$ [1, 4], wird die
Diazoreaktion in ähnlicher Weise ausgeführt.

Elaidinreaktion.

Zur Charakterisierung fetter Öle benutzt man u. a. die Eigenschaft der salpetrigen Säure, das flüssige Triolein von Fetten in das
isomere feste Elaidin zu verwandeln.

Die Probe kann wie folgt ausgeführt werden:

Man löst 1 ccm Quecksilber in 12 ccm kalter Salpetersäure von
1,420 spez. Gew. und schüttelt 2 ccm der frischen Lösung in einer
weithalsigen Flasche mit 20 ccm des zu prüfenden Öles, während
zwei Stunden von zehn zu zehn Minuten gut durch. Man überläßt
das Gemisch dann 24 Stunden an einem kühlen Ort der Ruhe.

Olivenöl und Mandelöl geben hierbei eine harte Masse, Leinöl,
Nußöl, Mohnöl bleiben flüssig, andere Öle liefern feste Ausscheidungen
oder werden butterartig.

Das Arzneibuch läßt die Elaidinprobe wie folgt ausführen:

1 ccm rauchende Salpetersäure, 1 ccm Wasser und 2 ccm des
zu prüfenden Öles werden kräftig durchschüttelt. Das Gemisch wird
je nach dem betreffenden Öl bei normaler Temperatur oder unter
Abkühlung aufbewahrt und die Reaktion nach einigen Stunden
(2 bis 6) oder 1 bis 2 Tagen beobachtet.

Oleum Amygdalarum und
Oleum Olivarum müssen, nach obigem Verfahren behandelt, eine feste Masse
geben; bei
Oleum Crotonis und
Oleum Jecoris Aselli, welche keine Elaidinreaktion geben dürfen, benutzt man
dieses Verfahren zur Feststellung der Reinheit bzw. Unvermischtheit
dieser Öle mit anderen.

Polarisation.

Die Feststellung des optischen Drehungsvermögens organischer
Substanzen bietet uns vielfach eine Handhabe zur Charakterisierung
und Reinheitsprüfung solcher. Das Arzneibuch macht daher Angaben
über das Verhalten gegenüber dem polarisierten Lichtstrahl bei

Acidum camphoricum, Camphora, Saccharum, Saccharum lactis, Scopolaminhydrobromid und den ätherischen Ölen.

Den direkt abgelesenen Drehungswinkel bezeichnet man mit α,
bezogen auf eine Länge des Beobachtungsrohres von 1 dcm und
bei gelbem Natriumlicht. Dieses wird mit D bezeichnet, weil die
gelbe Linie im Spektrum des Natriumlichtes mit dem Buchstaben D
des Spektrums zusammenfällt. Bei der Feststellung des Drehungswinkels ist die Temperatur von Einfluß. Sie muß also bei Be-
obachtungen berücksichtigt werden.

Sagt das Arzneibuch z. B. bei Oleum citri

$$\alpha_D\ 20^{\,0} = +58^{\,0}\ \text{bis}\ 65^{0},$$

so heißt das: Citronenöl dreht die Ebene des polarisierten Lichtes rechts,
und zwar beträgt der Drehungswinkel α bei Natriumlicht (D) und der
Temperatur von $20^{\,0}$ im 1 dcm-Rohr beobachtet $+58^{\,0}$ bis $+65^{\,0}$.

Den Drehungswinkel α bestimmt man bei Flüssigkeiten, die keine
einheitlichen chemischen Stoffe sind, wie z. B. die ätherischen Öle.
Bei einheitlichen chemischen Stoffen pflegt man die spezifische
Drehung zu ermitteln, d. h. man berücksichtigt bei Feststellung
des Drehungswinkels α neben Temperatur und der Rohrlänge auch
das spezifische Gewicht der Flüssigkeit bzw. die Konzentration der
zur Polarisation verwendeten Lösung. Um zu kennzeichnen, daß
die spezifische Drehung einer Flüssigkeit bestimmt wurde, setzt man
den Drehungswinkel α in eine eckige Klammer.

Bei an und für sich aktiven Flüssigkeiten ist

$$[\alpha] = \frac{\alpha}{1 \cdot d},$$

wobei α der beobachtete Drehungswinkel, 1 die Länge des Beobach-
tungsrohrs in Dezimetern und d das spezifische Gewicht der Flüssigkeit bedeutet.

Für Lösungen optisch aktiver Stoffe in indifferenten Lösungsmitteln ist

$$[\alpha] = \frac{\alpha \cdot 100}{1 \cdot c},$$

wobei c die Anzahl Gramm aktiver Substanz in 100 ccm Lösung (Konzentration) bedeutet oder

$$[\alpha] = \frac{\alpha \cdot 100}{1 \cdot p \cdot d},$$

wobei p = Prozentgehalt an aktiver Substanz in 100 g der Lösung,
und d das spezifische Gewicht dieser Lösung ist, $p \cdot d = c$.

Nur bei einer geringen Zahl aktiver Stoffe, z. B. Rohrzucker, ist das
spezifische Drehungsvermögen eine konstante Größe, meistens ändert es
sich mit Änderung der Konzentration und der Art des Lösungsmittels.

Gewichtsanalytische Bestimmungen.

Das Arzneibuch macht von gewichtsanalytischen Bestimmungen
nur wenig Gebrauch. Meist werden auf maßanalytischem Wege
quantitative Bestimmungen ausgeführt. Bei vielen organischen Arznei-

stoffen findet sich die Angabe, daß nach ihrem Verbrennen nur ein bestimmter Rückstand hinterbleiben darf. Die Menge dieses ist bei den einzelnen Arzneimitteln genau angegeben. Bei organischen Verbindungen beträgt der zulässige Verbrennungsrückstand meist $0,1\,^0/_0$.

Durch Gewicht festgestellt werden soll bei einer größeren Anzahl von Arzneistoffen der Wassergehalt und der Aschengehalt.

Bestimmung des Wassergehaltes der Arzneistoffe.

Die Bestimmung des Wassergehaltes geschieht durch Austrocknen der Arzneistoffe in passend zerkleinerter Form, wenn es sich um feste Stoffe handelt, entweder bei der Siedetemperatur des Wassers, also bei 100^0 oder in einem auf 105^0 geheizten geeigneten Trockenschrank bis zum konstanten Gewicht des Rückstandes. Oft auch muß ein Glühen im Porzellan- oder Platintiegel vorgenommen werden, um die letzten Anteile Wasser auszutreiben.

Aschenbestimmungen.

Organisch-chemische Stoffe sind entweder leicht verbrennlich (Alkohol, Äther) oder schwer verbrennlich (Glycerin) oder hinterlassen beim Verbrennen schwarze Kohle (Zucker), zu deren völliger Verbrennung oft starke und anhaltende Hitze erforderlich ist. Enthalten die organisch-chemischen Stoffe anorganische Verbindungen, so bleiben diese beim Verbrennen als sog. fixe Bestandteile zurück. Nicht immer sind diese in d e r Form in den organisch-chemischen Stoffen enthalten, als welche sie beim Verbrennen solcher zurückbleiben. So werden z. B. die organisch-sauren Salze (Calciumoxalat, Kaliumbitartrat) beim Verbrennen in die kohlensauren Salze übergeführt, oder, wenn es sich um ein organischsaures Calciumsalz handelt, unter Fortgang von Kohlendioxyd in Calciumoxyd.

Die beim Verbrennen organisch-chemischer Stoffe zurückbleibenden, also unverbrennlichen Bestandteile werden als A s c h e bezeichnet.

Durch eine Aschenbestimmung in Arzneimitteln kann man etwaige Verunreinigungen solcher feststellen, oder aber man kann dadurch auch die ordnungsgemäße Beschaffenheit und Zusammensetzung eines Arzneimittels ermitteln, z. B. den richtigen Gehalt eines organischsauren Salzes an Metall (Bismut. subgallic., Bismut. subnitric., Bismut. subsalicyl.) usw.

Das Arzneibuch läßt den beim Verbrennen hinterbleibenden Rückstand in folgender Weise ermitteln:

Eine dem Einzelfall angemessene Menge Substanz wird in einem ausgeglühten und gewogenen Tiegel durch eine mäßig starke Flamme zunächst verkohlt und dann verascht. Um die Verbrennung der Hauptmenge der Kohle zu beschleunigen, wird die Flamme mehrmals für kurze Zeit unter dem Tiegel entfernt. Wird durch fortgesetztes mäßiges Erhitzen eine weitere oder völlige Veraschung

nicht erreicht, so wird die Kohle mit heißem Wasser übergossen
und der gesamte Tiegelinhalt durch ein Filter von bekanntem
Aschengehalt filtriert. Das Filter wird mit möglichst wenig Wasser
nachgewaschen, mit dem darauf verbliebenen Rückstand in den
Tiegel gebracht, darin getrocknet und verascht. Sobald keine Kohle
mehr sichtbar und der Tiegel erkaltet ist, wird das Filtrat und das
zum Nachspülen des Filters benutzte Waschwasser in den Tiegel auf
dem Wasserbade nach Zusatz von etwas Ammoniumkarbonatlösung
eingedampft. Der nunmehr verbliebene Rückstand wird nochmals
kurze Zeit schwach geglüht und nach dem Erkalten des Tiegels gewogen. Von dem ermittelten Gewicht ist der Aschengehalt des
Filters abzuziehen.

Maßanalyse oder volumetrische Analyse.

Die Maßanalyse oder volumetrische Analyse bestimmt
die Menge eines Stoffes nach der verbrauchten Anzahl von Kubikzentimetern (ccm) eines Reagenses, durch welches eine gewisse Erscheinung (Niederschlag, Farbenveränderung) bedingt und hierdurch
der Endpunkt der Reaktion angezeigt wird. Vielfach sind es nicht
die aufeinander reagierenden Stoffe, durch welche der Endpunkt der
Reaktion bemerkbar wird, sondern man bedient sich hierzu eines
dritten Stoffes und nennt diesen Indikator.

Die bei diesen Bestimmungen gebräuchlichen Reagenzien bestehen
in Lösungen von bestimmtem Gehalt und werden Probeflüssig-
keiten, volumetrische Lösungen oder Maßflüssigkeiten genannt. Nach dem Namen Titerflüssigkeiten (abgeleitet von dem
französischen Wort titre, Gehalt) trägt die Maßanalyse auch die
Bezeichnung Titriermethode.

Mittels dieser Methode bestimmt man:

1. Säuren nach der zur genauen Sättigung nötigen Menge eines
   titrierten Alkalis (Acidimetrie);
2. Alkalien, ätzende wie kohlensaure, nach der zur Sättigung
   nötigen Menge einer titrierten Säure (Alkalimetrie);

Abb. 89. Quetschhahn *a*.   Abb. 90. Quetschhahn *b*.   Abb. 91. Quetschhahn *c*.

3. Oxydulsalze nach der zur höheren Oxydation erforderlichen
   Menge eines titrierten Oxydationsmittels, z. B. des Kaliumpermanganats (Oxydationsanalyse);
4. Stoffe, welche aus Kaliumjodid Jod frei machen (z. B. freies
   Chlor, Eisenoxydsalze), nach der Menge titrierter Natriumthiosulfatlösung, welche das frei werdende Jod bindet (Jodometrie);

5. Chloride, Bromide, Jodide, Cyanide nach der Menge titrierter Silbernitratlösung, welche zur vollständigen Fällung derselben nötig ist; in gleicher Weise das Silber durch die zur Ausfällung notwendige Menge titrierter Kochsalzlösung (Fällungsanalysen).

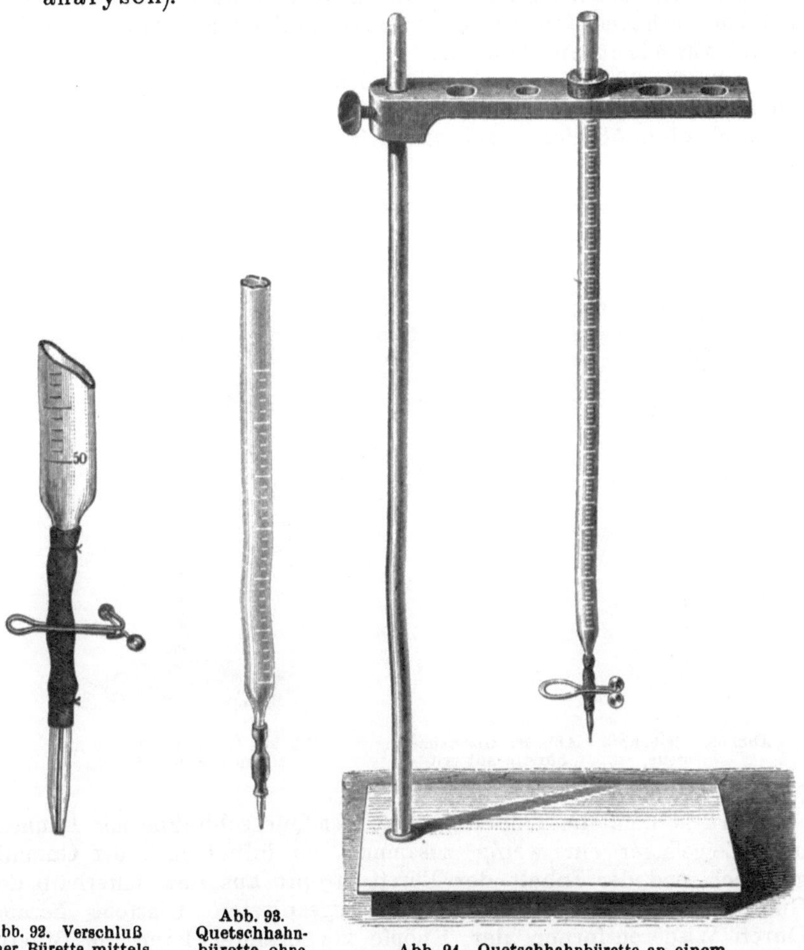

Abb. 92. Verschluß einer Bürette mittels eines Quetschhahnes.

Abb. 93. Quetschhahnbürette ohne Quetschhahn.

Abb. 94. Quetschhahnbürette an einem hölzernen Stativ.

Acidimetrie und Alkalimetrie werden auch unter der Bezeichnung Sättigungsanalyse zusammengefaßt.

Für das maßanalytische Arbeiten dienen als Maßgefäße bzw. Maßinstrumente: Büretten, Pipetten, Kolben, Zylinder.

Büretten.

Unter Büretten versteht man einseitig verschließbare, gegen 12 mm Durchmesser zeigende und in der Regel 50 bis 60 cm lange

Glasrohre, welche eine in Kubikzentimeter (ccm) und $\frac{1}{10}$ Kubik-zentimeter $\left(\frac{1}{10}\ \text{ccm}\right)$ eingeteilte Skala tragen und zum Abmessen der in Reaktion tretenden volumetrischen Lösungen benutzt werden.

Der Verschluß der Büretten wird entweder mittels Gummischlauchs und Quetschhahns (Quetschhahnbüretten) oder mittels Glashahns (Glashahnbüretten) bewirkt.

Abb. 89, 90, 91 zeigen verschiedene Formen der gebräuchlichen Quetschhähne, mit welchen der Gummi-schlauch, wie in Abb. 92, verschlossen wird.

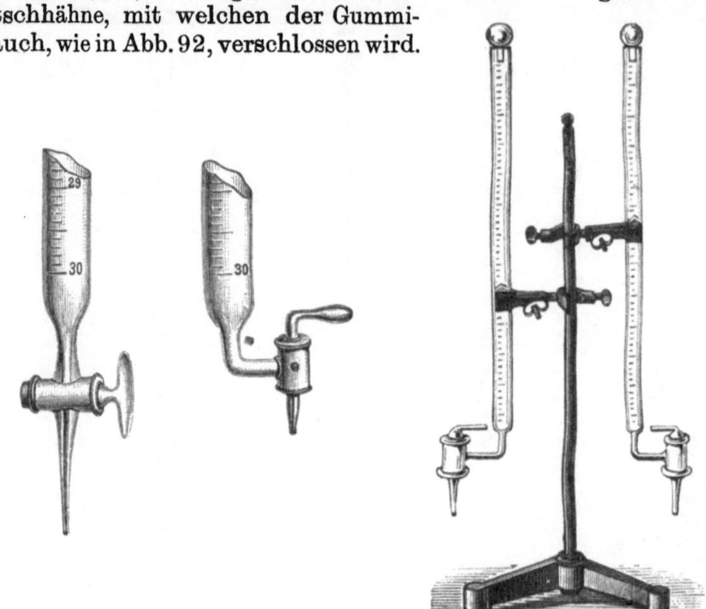

Abb. 95. Glashahn-bürette.

Abb. 96. Glashahn-bürette mit seit-lichem Hahn.

Abb. 97. Glashahnbüretten an einem eisernen Stativ.

Drückt man die beiden Knöpfe des Quetschhahns mit Daumen und Zeigefinger ein wenig zusammen, so öffnet sich der Gummi-schlauch, und der Inhalt der Bürette tropft aus dem unterhalb des Gummischlauchs sich befindenden zugespitzten Glasrohr heraus. Durch Wiederentfernen der Knöpfe voneinander kann die Bürette augenblicklich geschlossen werden. Der in Abb. 91 abgebildete Quetsch-hahn ermöglicht ein Verschließen und Öffnen des Gummischlauchs durch ein Schraubengewinde. Abb. 93 zeigt eine Quetschhahnbürette ohne Quetschhahn, Abb. 94 eine solche mit Quetschhahn, welche an einem hölzernen Stativ befestigt ist.

Bei den Glashahnbüretten, welche ganz aus Glas bestehen und daher zu allen bei der Maßanalyse in Betracht kommenden Flüssig-keiten benutzt werden können, befindet sich der Glashahn ent-weder in der Verlängerung des Glasrohrs oder zur Seite desselben Abb. 95 und 96).

Zum Befestigen der Büretten verwendet man neuerdings mit Vorliebe eiserne Stative, wie ein solches Abb. 97 mit zwei Glashahnbüretten veranschaulicht.

Neben den Ausflußbüretten sind auch Ausgußbüretten in Gebrauch, von welchen Abb. 98 und 99 zwei Formen wiedergeben.

Zweckmäßig befestigt man diese Ausgußbüretten auf einer hölzernen Unterlage.

Beim Gebrauch dieser Büretten neigt man sie schwach seitlich und veranlaßt hierdurch ein Austropfen der Flüssigkeit aus dem dünneren Schenkel. Bei der Bürette der Abb. 99 verschließt man die weitere, in der Zeichnung rechts befindliche Öffnung mit dem

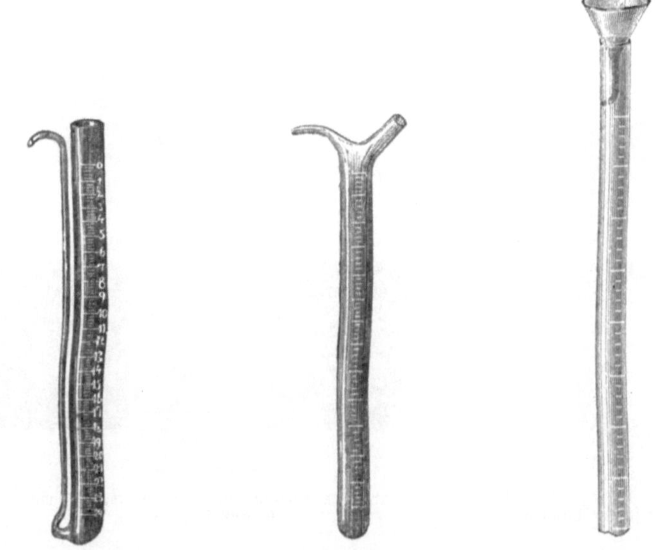

Abb. 98. Ausgußbürette *a*. Abb. 99. Ausgußbürette *b*. Abb. 100. Füllen der Bürette mittels Glastrichters.

Finger, neigt das Rohr seitlich und bewirkt durch vorsichtiges Heben des Fingers ein Austropfen.

Das Füllen von Büretten geschieht mittels eines Trichterchens, dessen Ablaufende zweckmäßig etwas gekrümmt ist (Abb. 100), so daß die einlaufende Flüssigkeit an der Wandung der Bürette herabläuft.

Hierdurch wird ein Spritzen und die Bildung von störenden Luftblasen vermieden. Vor dem Gebrauch der gefüllten Bürette hat man das Einfülltrichterchen zu entfernen und darauf zu achten, daß die Flüssigkeitsoberfläche in der Bürette durch nachlaufende Tropfen aus dem oberen, nicht gefüllten Teil nicht mehr verändert wird. Erst dann verzeichnet man den Stand der Flüssigkeit, den sie an der Skala einnimmt. Das Ablesen der Flüssigkeitsoberfläche in der Bürette kann, da jene dem Auge zwei konkave Krümmungen (oben *o*, unten *u*, Abb. 101) darbietet, auf zweierlei Art geschehen. Man ist allgemein dahin übereingekommen, daß man bei durchsichtigen Flüssigkeiten die untere konkave Krümmung *u*, den unteren Meniskus[1]) zum Ablesen wählt, bei undurchsichtigen Flüssigkeiten hingegen, wie bei Kaliumpermanganat- und Jodlösung, den oberen Meniskus. Wichtig für ein richtiges Ablesen ist es, daß die Flüssigkeitsoberfläche und das Auge in der gleichen horizontalen Ebene sich befinden. Um ein schärferes Ablesen zu ermöglichen, benutzt man ein halb schwarzes, halb weißes Stück Papier (Abb. 102) und hält es so hinter der Flüssigkeitsschicht, daß die schwarze Hälfte sich wenige Millimeter unter der Flüssigkeitsoberfläche befindet. Die untere konkave Krümmung derselben spiegelt sich dann auf der weißen Hinterwand schwarz ab.

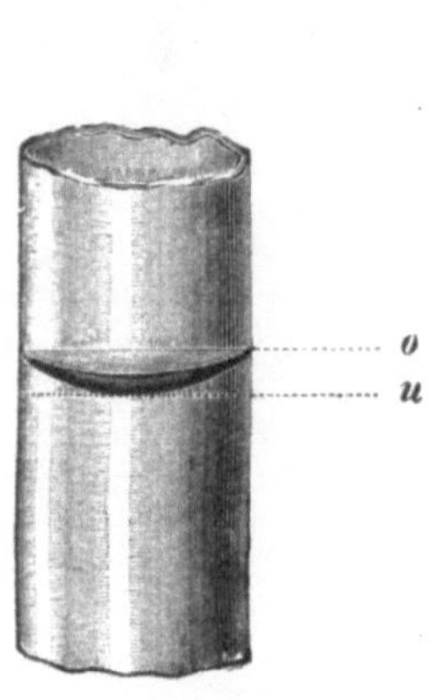

Abb. 101. Flüssigkeitsoberfläche in der Bürette.

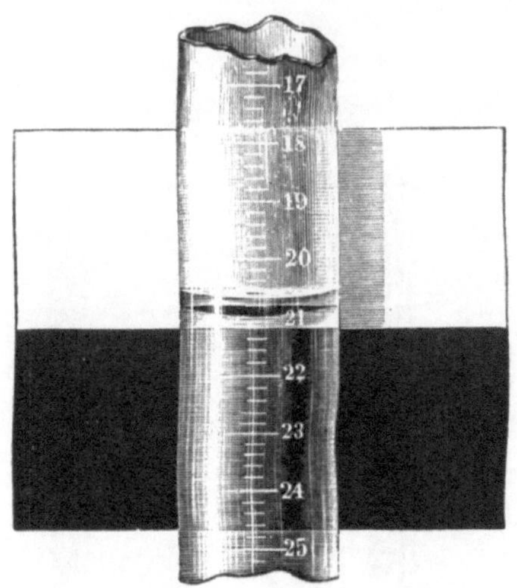

Abb. 102. Ablesen der Flüssigkeitsoberfläche in der Bürette.

Pipetten.

Unter Pipetten versteht man verschieden gestaltete, meist ausgebauchte zugespitzte Glasrohre, die mit einer Marke versehen sind, bis zu welcher eine bestimmte Anzahl Kubikzentimeter Flüssigkeit aufgesogen werden kann (Abb. 103, 104, 105).

In der Neuzeit bringt man auch Pipetten in den Verkehr, die oberhalb der Ausbauchung und des Eichstriches noch eine kugelige Erweiterung tragen. Diese hat den Zweck zu verhindern, daß beim Aufsaugen der Flüssigkeiten diese in die Mundhöhle eintreten.

Zum Unterschiede von den soeben besprochenen Pipetten, den Vollpipetten, gibt es auch graduierte Pipetten (Maßpipetten), das sind solche, bei denen eine Teilung in ccm und $\frac{1}{10}$ ccm angebracht ist.

Die Pipetten sind so geeicht, daß eine bestimmte Auslaufzeit

---

[1]) Abgeleitet von μηνίσκος, meniskos, Halbmond.

der Flüssigkeit vorgesehen ist und der letzte Tropfen in dem zugespitzten Ende der Glasröhre hängen, also unberücksichtigt bleiben kann. Ein Ausblasen des letzten Tropfens ist daher unstatthaft. In jedem Falle ist es notwendig, v o r dem Gebrauch der Pipetten und

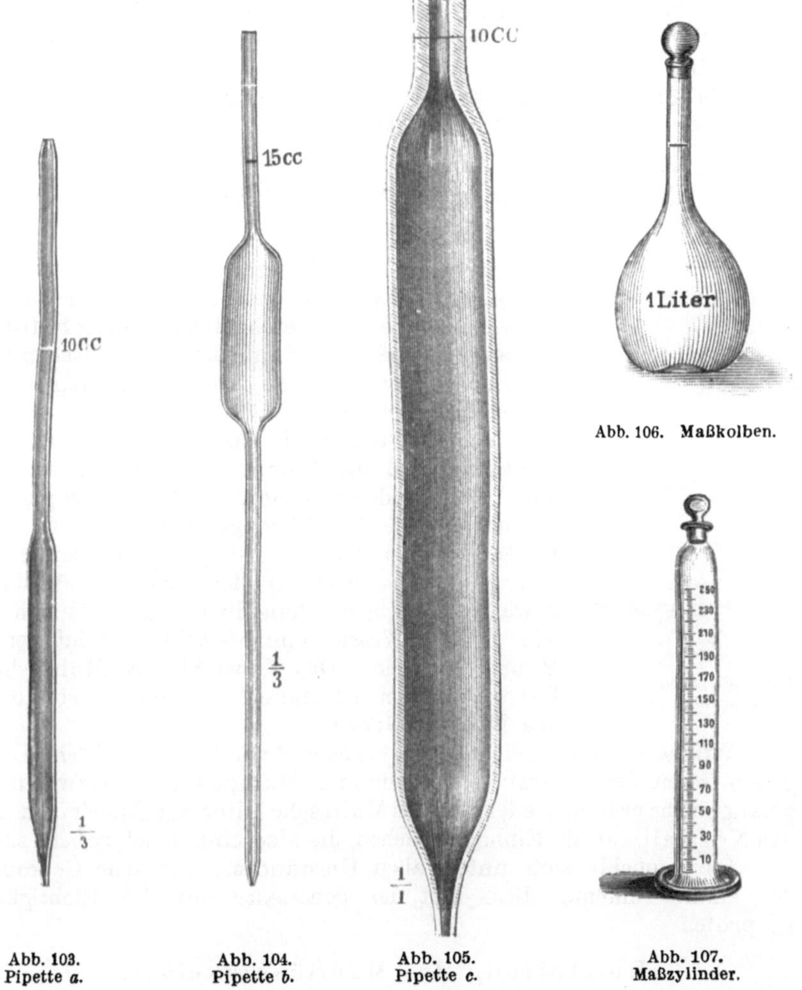

Abb. 106. Maßkolben.

Abb. 103.
Pipette *a*.

Abb. 104.
Pipette *b*.

Abb. 105.
Pipette *c*.

Abb. 107.
Maßzylinder.

anderer Maßinstrumente durch Nachwägen sich von der richtigen Eichung zu überzeugen.

Kolben und Zylinder.

Die Maßkolben und Maßzylinder werden zur Herstellung größerer Mengen von Maßflüssigkeiten benutzt. Man bevorzugt hierzu besonders die Maßkolben (Abb. 106), da bei diesen die den Inhalt nach

Kubikzentimetern angebende Marke in dem Hals des Kolbens sich
befindet. Die Flüssigkeitsoberfläche hat hierdurch einen geringeren
Durchmesser als in dem Maßzylinder (Abb. 107) und gestattet daher
ein schärferes Einstellen.

Neuerdings bringt man auch Maßkolben (Abb. 108) in den Handel,
welche oberhalb der Marke eine kugelige Ausbauchung haben, um
beim Durchmischen der Flüssigkeit dieser einen größeren Spielraum
im Kolben zu gewähren.

Als Einheitsflüssigkeitsmaß gilt das Liter. Der Inhalt einer
Literflasche oder eines Litergefäßes ist dem Gewicht der Wassermenge gleich, welche bei $+4^0$ C im luftleeren
Raum gewogen, einen Würfel von $\frac{1}{10}$ m Seiten-
länge anfüllt.

Da nun ein Abwägen und Einstellen von
Flüssigkeiten bei $+4^0$ und im luftleeren Raume
Schwierigkeiten begegnet, schlug Friedrich Mohr,
der sich um die Ausbildung der Maßanalyse große
Verdienste erworben hat, vor, ein Abwägen der
Flüssigkeitsmengen bei $17,5^0$ C vorzunehmen.

Verfährt man nach Mohr, so ist zu berück-
sichtigen, daß das Volum einer Flüssigkeit bei
$17,5^0$ C ein anderes Gewicht besitzt als das gleiche
Volum der gleichen Flüssigkeit bei $+4^0$ C. Bei
Wasser z. B. sind 997,8 g diejenige Wassermenge
von $17,5^0$ C, welche, in der Luft mit Messing-
gewichten gewogen, denselben Raum einnehmen
wie 1000 g Wasser von $+4^0$ C, im luftleeren
Raum gewogen. Das Gewicht des Mohrschen
Liters Wasser ist daher verschieden von dem
des Normalliters.

Abb. 108. Maßkolben mit
Ausbauchung im Hals.

Will man daher bei maßanalytischen Arbeiten keine Fehler be-
gehen, so muß man darauf achten, daß nur Maßgefäße zur Verwendung
gelangen, die sich entweder auf das Mohrsche Liter als Einheit oder auf
das Normalliter als Einheit beziehen, die also einheitlich geeicht sind.

Es empfiehlt sich unter allen Umständen, vor dem Gebrauch
der Maßinstrumente diese auf das genaueste auf ihre Richtigkeit
zu prüfen.

Herstellung der Maßflüssigkeiten.

Die Maßflüssigkeiten werden nach ihrem Gehalt an reaktions-
fähiger Verbindung in solche mit empirischem Gehalt und in
Normalflüssigkeiten (Normallösungen) unterschieden. Die
Maßflüssigkeiten mit empirischem Gehalt enthalten eine
bestimmte Menge des wirksamen Stoffes, welche in bestimmte Beziehung zu der Menge des zu prüfenden Stoffes gebracht ist, z. B.
1 ccm Maßflüssigkeit entspricht bei Anwendung von 10 g Unter-
suchungskörper $1\,^0/_0$ des betreffenden Wertes.

Die Normallösungen enthalten eine zum Atom- bzw. Molekulargewicht des wirksamen Stoffes in einem einfachen Verhältnis stehende Menge, und zwar stellt man die Normallösungen derartig, daß im Liter (1000 ccm) das Grammgewicht eines Äquivalentes der Verbindung oder eines Teiles derselben $\left(\frac{1}{10}, \frac{1}{100}\right)$ enthalten ist. Im letzteren Falle heißt die Lösung Zehntel-Normal $\left(\frac{n}{10}\right)$ oder Hundertstel-Normal $\left(\frac{n}{100}\right)$.

Das Äquivalent der Salzsäure, HCl, ist gleich $1{,}01 + 35{,}46 = 36{,}47$. Unter Normal-Salzsäure wird daher eine Flüssigkeit verstanden, von welcher 1 l 36,47 g HCl oder 145,88 g der offizinellen $25\,^0/_0$igen Salzsäure enthält. In 1 ccm der Normalsalzsäure $\left(\frac{n}{1}\,\text{HCl oder } n\text{-HCl}\right)$ sind daher enthalten 0,03647 g HCl, in 1 ccm $\frac{n}{10}$ HCl $= 0{,}003647$ g HCl, in 1 ccm $\frac{n}{100}$ HCl $= 0{,}0003647$ g HCl.

Das Äquivalent des Kaliumhydroxyds, KOH, ist gleich $39{,}10 + 16 + 1{,}01 = 56{,}11$; unter Normal-Kalilauge wird daher eine Flüssigkeit verstanden, von welcher 1 l 56,11 g Kaliumhydroxyd enthält. In 1 ccm der Normal-Kalilauge $\left(\frac{n}{1}\,\text{KOH oder } n\text{-KOH}\right)$ sind daher enthalten 0,05611 g KOH, in 1 ccm $\frac{n}{10}$ KOH $= 0{,}005611$ g KOH, in 1 ccm $\frac{n}{100}$ KOH $= 0{,}0005611$ g KOH.

Das Molekulargewicht des Silbernitrats $AgNO_3$ ist gleich $107{,}88 + 14{,}01 + 48 = 169{,}89$; unter Zehntel-Normal-Silberlösung $\left(\frac{n}{10}\,AgNO_3\right)$ wird daher eine Flüssigkeit verstanden, von welcher 1 l 16,989 g Silbernitrat enthält. In 1 ccm $\frac{n}{10}$ $AgNO_3$ sind daher enthalten 0,016989 g $AgNO_3$.

Bringt man eine gleiche Anzahl Kubikzentimeter n-HCl und n-KOH zusammen, so findet, da Salzsäure und Kaliumhydroxyd nach Äquivalentgewichten aufeinander einwirken:

$$HCl + KOH = KCl + H_2O,$$

eine völlige Sättigung statt.

Verwendet man an Stelle der Salzsäure Schwefelsäure zur Sättigung von Kaliumhydroxyd, so sind zur völligen Sättigung von 1 Molekel Schwefelsäure 2 Molekeln Kaliumhydroxyd erforderlich:

$$H_2SO_4 + 2\,KOH = K_2SO_4 + 2\,H_2O.$$

Man würde daher bei Verwendung einer Schwefelsäure, welche das Grammgewicht der Molekel $H_2SO_4 = 2{,}02 + 32{,}07 + 64 = 98{,}09$ im Liter Flüssigkeit enthält, zur völligen Sättigung das doppelte Volum einer n-KOH gebrauchen. Man verwendet aus Bequemlichkeitsrücksichten bei zweibasischen Säuren zur Herstellung einer Normallösung nur das halbe Äquivalent, also bei der Schwefelsäure $\frac{98,09}{2} = 49{,}045$ g H_2SO_4 auf 1 l Flüssigkeit. Es werden dann 10 ccm n H_2SO_4 auch 10 ccm n-KOH sättigen.

Unter Normallösung in diesem erweiterten Sinne versteht man daher die Flüssigkeit, von welcher 1 l das Grammgewicht eines auf ein Wasserstoffatom Bezug nehmenden Äquivalentes einer Verbindung enthält, z. B. das Grammgewicht der Molekel KOH, HCl oder der halben Molekel $\frac{Ba(OH)_2}{2}$, $\frac{H_2SO_4}{2}$.

Die Herstellung der Maßflüssigkeiten muß mit großer Sorgfalt geschehen. Man hat sich zuvor von der Reinheit des betreffenden Stoffes zu überzeugen, das Abwägen desselben so genau wie möglich vorzunehmen, den Stoff zunächst in einer kleinen Menge Flüssigkeit zu lösen und dann erst bis zu einem bestimmten Volum bei einer Temperatur von $17{,}5^0$ C die Lösung aufzufüllen. Eine öftere Nachprüfung des Titers ist durchaus notwendig und besonders dann auszuführen, wenn die betreffende Maßflüssigkeit längere Zeit außer Gebrauch war, da trotz sorgfältiger Aufbewahrung die Maßflüssigkeiten mit der Zeit Veränderungeu erleiden können.

Sättigungsanalyse.

Die Sättigungsanalysen zerfallen in **acidimetrische** und **alkalimetrische** und gründen sich darauf, daß Säuren und Alkalien sich sättigen. Um den Endpunkt der Sättigung zu erfahren, d. h. um festzustellen, daß nach dem Zusammenbringen von Säure mit Alkali weder die eine noch das andere im Überschuß vorhanden ist, bedarf man dritter Stoffe, sog. **Indikatoren**, welche das Eintreten gewisser Färbungen oder Fällungen bewirken und damit den Endpunkt der Reaktion anzeigen.

Die Art der Reaktionen, die sich zwischen Säuren und Basen in wässeriger Lösung vollziehen, beruht auf der Annahme, daß es **sich hierbei um Reaktionen zwischen ihren Ionen handelt.**

Soll ein Farbstoff als Indikator beim Titrieren von Säuren und Basen benutzt werden, so muß er selbst sauer oder basisch sein, damit er mit den Basen oder Säuren gut dissoziierte Salze bilden kann, und zwar muß der Indikator im dissoziierten Zustande eine andere Farbe haben als im nicht dissoziierten.

Ist der Farbstoff eine schwache Säure, welche im nicht dissoziierten Zustande keine Farbe besitzt, und ist das negative Säureion rot gefärbt, z. B. bei dem Phenolphthalein, so wird dieser Farbstoff in saurer Lösung farblos bleiben, in alkalischer hingegen, in welcher er mit dem Alkali ein gut dissoziierendes Salz bildet, rot gefärbt.

Die vom Arzneibuch in Anwendung gezogenen Indikatoren besitzen meist Säurecharakter; es sind dies das Phenolphtalein, Jodeosin, Hämatoxylin.

Der im Arzneibuch verwendete Indikator p-Dimethylamino-azonbenzol

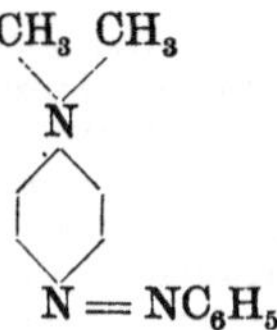

ist eine Base, die mit Säuren Rotfärbung gibt. Dieser Indikator ist nur bei Mineralsäuren, nicht bei organischen Säuren, verwendbar.

Um mit Normalsäuren $\left(\text{z. B. } \frac{n}{1} \text{ HCl oder n-HCl}\right)$ und Normal-laugen $\left(\text{z. B. } \frac{n}{10} \text{ NaOH oder n-NaOH}\right)$ Titrationen ausführen zu können, muß man zunächst darauf Bedacht nehmen, solche Normal-lösungen von genauestem Gehalt herzustellen. Wir wissen, daß eine Normalsalzsäure eine Flüssigkeit ist, welche in 1 l 36,47 g HCl oder 145,88 g der offizinellen $25\,^0/_0$igen Salzsäure enthält, aber wir haben noch nicht erfahren, wie eine verdünnte Salzsäure von genau diesem Gehalt hergestellt werden kann. Zur Bereitung einer ersten volu- metrischen Lösung muß die erforderliche Substanz auf der Wage mit Gewichten abgewogen werden. Hierzu eignet sich jedoch die flüchtige Salzsäure nicht. Man benutzt daher zur Grundlage einer volumetrischen Normal-Säurelösung eine bei mittlerer Temperatur feste und kristallisierende, daher in chemischer Reinheit zu erhaltende Säure. Dies ist die mit 2 Molekeln Wasser kristallisierende Oxal-säure: COOH—COOH·$2\,H_2O$.

Ihr Molekulargehalt beträgt 126,06. Oxalsäure ist eine zwei-basische Säure; zur Herstellung einer Normal-Oxalsäure wird man daher $\frac{126,06}{2} = 63,03$ g der kristallisierten Säure auf 1 l Flüssigkeit verwenden. Man stellt sich meist 100 ccm dieser Normal-Oxalsäure her, indem man 6,303 g kristallisierte Oxalsäure auf der chemischen Wage genau abwägt, in einem 100 ccm fassenden Maßkolben mit wenig Wasser löst und nach erfolgter Lösung bei einer Temperatur von 17,5° mit destilliertem Wasser bis zur Marke auffüllt.

Man kann aber auch von dem in chemischer Reinheit erhält-lichen Natriumkarbonat als Gewichtsgrundlage für die Maßanalyse ausgehen. Ein solches wird erhalten, indem man das in Kristall-drusen erhältliche reine Natriumbikarbonat auf 250° erhitzt:

$$2\,NaHCO_3 = Na_2CO_3 + H_2O + CO_2.$$

Zur Herstellung einer Normal-Natriumkarbonatlösung löst man 53 g $\left(\dfrac{Na_2CO_3}{2} = \dfrac{(23\cdot2)+12+48}{2} = 53\right)$ des völlig entwässerten Natrium-karbonats auf 1 l Flüssigkeit.

Zum Einstellen der Salzsäure auf n-Natriumkarbonatlösung verwendet man Dimethylaminoazobenzol als Indikator.

Herstellung einer Normal-Kalilauge (n-KOH).

Man löst 65 g möglichst chlorfreien Kaliumhydroxyds[1]) in 1 l Wasser, fügt so viel kalt gesättigtes Barytwasser hinzu, so lange noch ein Niederschlag entsteht (zur Ausfällung der Kohlensäure), und gießt nach dem Absetzen klar ab, am besten durch Glaswolle. Die so erhaltene Kalilauge stellt man mit Normal-Oxalsäure (deren Bereitung s. oben!) ein. Zu dem Zwecke pipettiert man 10 ccm der zu prüfenden Kalilauge ab, versetzt in einem auf eine weiße Unterlage gestellten Becherglase mit 2 Tropfen Phenolphtaleinlösung[2]) und läßt aus einer Bürette so viel Normal-Oxalsäure unter Umschütteln oder Umrühren hinzutropfen, bis gerade die Rotfärbung der Flüssigkeit verschwunden ist. Gesetzt, man hätte hierzu nötig 11,2 ccm Normal-Oxalsäure, so ist die Kalilauge zu stark, denn wäre sie normal, so hätten 10 ccm der Oxalsäure genügt, die Kalilauge zu sättigen. Man muß daher, um eine Normal-Kalilauge daraus zu machen, zu je 10 ccm (11,2−10) = 1,2 ccm Wasser hinzufügen, oder zu 1000 ccm 120 ccm Wasser, zu 950 ccm 95·1,2 = 114 ccm Wasser, dann werden gleiche Volumina der so verdünnten Kalilauge und der Normal-Oxalsäure sich gerade sättigen und die Kalilauge ist dann eine Normal-Lauge.

Will man mit der unverdünnten Kalilauge praktisch arbeiten, so ist auch dies zulässig, nur muß man in diesem Falle auf dem Etikett der Aufbewahrungsflasche einen sog. Faktor verzeichen, mit dem bei Verwendung dieser Kalilauge die volumetrischen Bestimmungen die Anzahl der verbrauchten Kubikzentimeter multipliziert werden muß. Dieser Faktor ist in dem angezogenen Beispiel 1,12 $\left(\frac{11,2}{10} = 1,12 \text{ [s. oben]}\right)$. Hat man z. B. zur Titration einer Säure zwecks deren Gehaltsbestimmung 7 ccm der Kalilauge mit dem Faktor 1,12 gebraucht, so entspricht diese Menge 7·1,12 = 7,84 ccm Normal-Kalilauge.

Ist die Kalilauge zu schwach, z. B. würden zur Neutralisation von 10 ccm derselben nur 9,4 ccm Normal-Oxalsäure erforderlich sein, so würde man, um mit einer solchen Kalilauge Titrationen auszuführen, die verbrauchte Anzahl Kubikzentimeter Kalilauge mit dem Faktor 0,94 $\left(\frac{9,4}{10} = 0,94\right)$ multiplizieren müssen. So entsprechen z. B. 7 ccm dieser schwächeren Kalilauge 7·0,94 = 6,58 ccm Normal-Kalilauge.

Herstellung einer Normal-Salzsäure (n-HCl).

Man verdünnt 150 g der offizinellen 25%igen Salzsäure (s. oben) auf 1 Liter Wasser bei 17,5° C.

Zur Feststellung des Titers dieser Salzsäure pipettiert man 10 ccm derselben ab, versetzt mit 2 Tropfen Phenolphtaleinlösung und läßt aus einer Bürette so lange Normal-Kalilauge unter Umschütteln hinzutropfen, bis eine dauernd rote Farbe der Flüssigkeit bestehen bleibt. Gesetzt, es wären hierzu 10.4 ccm n-KOH erforderlich, dann ist die Salzsäure zu stark. Um daraus eine Normal-Salzsäure herzustellen, muß man je 10 ccm der Säure mit 0,4 ccm Wasser, 100 ccm mit 4 ccm Wasser oder 980 ccm mit 39,2 ccm Wasser verdünnen. Man kann aber auch die Salzsäure, um damit Titrationen auszuführen, mit dem Faktor 1,04 ccm versehen. Hat man z. B. zur Titration einer Lauge 8 ccm Salzsäure zur Neutralisation nötig, so entspricht diese Menge = 8·1,04 = 8,32 ccm einer Normal-Säure.

---

[1]) Theoretisch sind für KOH 56,11 g erforderlich, man nimmt jedoch einen Überschuß und stellt später die Lösung ein.

[2]) Phenolphtaleinlösung wird hergestellt durch Lösen von 1 Teil Phenolphtalein in 99 Teilen verdünntem Weingeist. Die Lösung muß farblos sein.

Herstellung einer $\frac{n}{10}$ und $\frac{n}{100}$ Kalilauge.

Man bereitet eine $\frac{n}{10}$ KOH durch Verdünnen von 100 ccm n-KOH mit

900 ccm Wasser, eine $\frac{n}{100}$ KOH durch Verdünnen von 10 ccm n-KOH mit

990 ccm Wasser oder durch Verdünnen von 100 ccm $\frac{n}{10}$ KOH mit 900 ccm Wasser.

Herstellung einer $\frac{n}{10}$ und $\frac{n}{100}$ Säure.

Man bereitet z. B. eine $\frac{n}{10}$ HCl durch Verdünnen von 100 ccm n-HCl mit

900 ccm Wasser, eine $\frac{n}{100}$ HCl durch Verdünnen von 10 ccm n-HCl mit 990 ccm

Wasser oder durch Verdünnen von 100 ccm $\frac{n}{10}$ HCl mit 900 ccm Wasser.

Die Ausführung von Sättigungsanalysen mag an folgenden Beispielen erläutert sein:

1. **In einer Kalilauge von unbestimmtem Gehalt soll die in 6 Litern enthaltene Menge Kaliumhydroxyd bestimmt werden.**

Man mißt mit einer Pipette 10 ccm der betreffenden Kalilauge ab, gibt sie in ein Becherglas, fügt zwei Tropfen Phenolphtaleinlösung hinzu und läßt so viel Kubikzentimeter n-HCl aus einer Bürette heraustropfen, bis die rote Farbe der Flüssigkeit gerade verschwunden ist.

Angenommen, es seien, um die in den verwendeten 10 ccm Kalilauge enthaltene Menge Kaliumhydroxyd zu sättigen, 7,3 ccm n-HCl erforderlich. Da diese einer gleichen Anzahl Kubikzentimeter n-KOH entsprechen, und da 1 ccm der letzteren 0,056 11 g KOH (s. oben) enthält, so berechnet sich der Gehalt bei 7,3 ccm auf $0,056\,11 \cdot 7,3 = 0,409\,603$ g. In 10 ccm der geprüften Kalilauge sind 0,409 603 g KOH enthalten, in 6 Litern daher $0,409\,603 \cdot 600 = 245,7618$ KOH.

2. **In einer unverdünnten Schwefelsäure von unbekanntem Gehalt soll der Prozentgehalt an H_2SO_4 bestimmt werden.**

Man wiegt 10 g der zu prüfenden Schwefelsäure ab, verdünnt mit etwas Wasser, versetzt mit wenigen Tropfen Dimethylaminoazobenzollösung[1]) und tropft aus einer Bürette so lange n-KOH hinzu, bis die rote Farbe der Flüssigkeit in gelblich übergegangen ist. Werden hierzu 13,4 ccm n-KOH gebraucht, so berechnet sich der Gehalt der verdünnten Schwefelsäure wie folgt:

13,4 ccm n-KOH entsprechen einer gleichen Anzahl Kubikzentimeter n-H_2SO_4. 1 ccm der letzteren enthält

$$0,049\,038 \text{ g} \left(\frac{H_2SO_4}{2 \cdot 1000} = \frac{2,016 + 32,06 + 64}{2 \cdot 1000} = 0,049\,038 \right) H_2SO_4,$$

demnach 13,4 ccm $= 0,049\,038 \cdot 13,4 = 0,657\,1092$. In 10 g der geprüften Schwefelsäure ist diese Menge enthalten. Der Prozentgehalt derselben an H_2SO_4 beträgt daher 6,572 03.

---

[1]) Man löst 1 T. Dimethylaminoazobenzol in 199 T. Weingeist. Versetzt man die Mischung von 100 ccm Wasser und 2 Tropfen dieser Lösung mit 1 Tropfen $\frac{n}{10}$ Salzsäure, so muß eine deutliche Rotfärbung auftreten, die auf Zusatz von 1 Tropfen $\frac{n}{10}$ Kalilauge wieder verschwindet.

3. Eine durch Natriumsulfat verunreinigte Soda soll auf den Gehalt an letzterer geprüft werden.

Um Karbonate zu bestimmen, übersättigt man mit einer Normalsäure, erwärmt bis zum vollständigen Austreiben der Kohlensäure auf dem Wasserbade und titriert den Überschuß der verwendeten Normalsäure zurück.

Man wägt 1 g des verunreinigten Natriumkarbonats ab, löst in 10 g Wasser, versetzt mit 20 ccm n H_2SO_4 und erwärmt auf dem Wasserbade, bis die Kohlensäure ausgetrieben ist. Hierauf titriert man nach Hinzufügung eines Indikators mit n-KOH bis zur Sättigung der überschüssigen Schwefelsäure zurück.

Verbraucht man hierzu 4,5 ccm n-KOH, so haben von den 20 ccm n-H_2SO_4 $20 - 4,5 = 15,5$ ccm zur Sättigung des Natriumkarbonats gedient. 1 ccm H_2SO_4 entspricht 0,053 g Na_2CO_3 [$Na_2CO_3 = 106$; das maßanalytische Äquivalent beträgt daher 53], die verbrauchten 15,5 ccm $= 0,053 \cdot 15,5 = 0,8215$ g. In der verunreinigten Soda sind demnach 82,15 % Na_2CO_3 enthalten.

Bei Verwendung von Dimethylaminoazobenzol als Indikator kann man Karbonate mit Mineralsäuren direkt titrieren; man braucht also nicht zu übersättigen, um die Kohlensäure auszutreiben.

Oxydations- und Reduktionsanalyse.

Diese Bestimmungen gründen sich darauf, daß leicht Sauerstoff aufnehmende Verbindungen andere Stoffe, welche ihn leicht abgeben, reduzieren. Kennt man den Gehalt der oxydierenden Flüssigkeit, so kann man aus der verbrauchten Menge derselben auch die Menge des der Oxydation bzw. Reduktion unterworfenen Stoffes berechnen.

Als Oxydationsmittel kommt hier besonders Kaliumpermanganat in Betracht. Dieses führt z. B. Eisenoxydulsalzlösungen in Eisenoxydsalzlösungen über, wobei es entfärbt wird. Man nimmt die Bestimmung am besten in schwefelsaurer Lösung vor. Kaliumpermanganat wirkt auf Ferrosulfat bei Gegenwart von Schwefelsäure im Sinne folgender Gleichung ein:

$$2\,KMnO_4 + 10\,FeSO_4 + 8\,H_2SO_4 = 5\,Fe_2(SO_4)_3 + 2\,MnSO_4 + K_2SO_4 + 8\,H_2O.$$

Die Kaliumpermanganatlösung ist eine Maßflüssigkeit mit empirischem Gehalt. Sie wird zu besonderen Zwecken verschieden stark eingestellt. Man bestimmt, bevor man sie zu Prüfungen verwendet, ihren Gehalt an $KMnO_4$, indem man reinsten Eisendraht (mit einem Gehalt von 99,6 % Fe) in verdünnter Schwefelsäure löst und das Entfärbungsvermögen gegenüber Permanganatlösung feststellt, oder indem man letztere auf Oxalsäure von bekanntem Gehalt einwirken läßt. Bei Gegenwart von verdünnter Schwefelsäure reagieren Kaliumpermanganat und Oxalsäure in der Wärme im Sinne folgender Gleichung:

$$2\,KMnO_4 + 5\,C_2H_2O_4 + 4\,H_2SO_4 = 2\,MnSO_4 + 2\,KHSO_4 + 8\,H_2O + 10\,CO_2.$$

Jodometrie.

Jodlösungen wirken auf Natriumthiosulfat wie folgt ein:

$$2\,(Na_2S_2O_3 + 5\,H_2O) + 2\,J = 2\,NaJ + Na_2S_4O_6 + 10\,H_2O.$$

Man kann alle diejenigen Stoffe jodometrisch bestimmen, welche aus Kaliumjodidlösung Jod frei machen. Dazu gehören besonders

Chlor (Chlorwasser, Chlorkalk), Eisenoxydsalze, auch Wasserstoffsuperoxyd in saurer Lösung:

a) $Cl + KJ = KCl + J$,

b) $CaCl(OCl) + 2\,HCl + 2\,KJ = CaCl_2 + 2\,KCl + H_2O + J_2$,

c) $FeCl_3 + KJ = FeCl_2 + KCl + J$,

d) $H_2O_2 + 2\,KJ + H_2SO_4 = K_2SO_4 + 2\,H_2O + J_2$.

Diesen Gleichungen zufolge entspricht $1\,J : 1\,Cl$, $1\,J : 1\,FeCl_3$ und $2\,J : H_2O_2$.

Das ausgeschiedene Jod wird durch Zehntel-Normal-Natriumthiosulfatlösung bestimmt. Diese wird bereitet durch Lösen von 24,822 g kristallisiertem Natriumthiosulfat auf 1 Liter.

Es entspricht 1 ccm $\frac{n}{10}$ Natriumthiosulfat $= 0,012\,692$ g Jod.

Als Grundlage der Jodometrie benutzt man, da das Natriumthiosulfat hinsichtlich seiner chemischen Reinheit nicht verläßlich ist, am besten das gut und ohne Kristallwasser kristallisierende und durch Schmelzen von anhängender Feuchtigkeit völlig zu befreiende Kaliumdichromat.

Versetzt man eine Kaliumdichromatlösung von bekanntem Gehalt mit Kaliumjodid und Salzsäure, so scheidet 1 Molekel Kaliumdichromat 3 Molekeln Jod aus im Sinne folgender Gleichung:

$$K_2Cr_2O_7 + 6\,KJ + 14\,HCl = 2\,CrCl_3 + 8\,KCl + 7\,H_2O + 3\,J_2.$$

Eine $\frac{n}{60}$ Kaliumdichromatlösung entspricht daher einer $\frac{n}{10}$ Jodlösung oder einer $\frac{n}{10}$ Natriumthiosulfatlösung.

Man bereitet die Kaliumdichromatlösung, indem man $\frac{294,2}{60} = 4,903$ g Kaliumdichromat in einem Literkolben mit Wasser löst und zur Marke auffüllt.

Mit dieser Lösung stellt man die Thiosulfatlösung ein, indem man 30 ccm einer $3\,\%$igen wässerigen Kaliumjodidlösung, 6 bis 8 ccm offizineller Salzsäure und 200 ccm Wasser mit 20 ccm der Kaliumdichromatlösung mischt. Die Thiosulfatlösung muß so eingestellt werden, daß 20 ccm ausreichend sind, um die in vorstehendem Gemisch enthaltene Menge freien Jods zu binden.

Will man jodometrische Bestimmungen mit der Thiosulfatlösung ausführen, so läßt man zu der durch Jod braungefärbten Lösung aus einer Bürette so lange $\frac{n}{10}$ Natriumthiosulfat hinzutropfen, bis eine Entfärbung der Flüssigkeit eingetreten ist. Man kann die Titration auch unter Zusatz von Stärkelösung vornehmen, welche durch das Jod dunkelblau gefärbt wird. Die Blaufärbung verschwindet durch den geringsten Überschuß an Natriumthiosulfat.

Vgl. **Aqua chlorata, Calcaria chlorata, Ferrum.**

Fällungsanalyse.

Bei der Fällungsanalyse wird der zu untersuchende Stoff durch Zusatz der Maßflüssigkeit unlöslich abgeschieden. Den Endpunkt der Reaktion erkennt man entweder daran, daß das Fällungsmittel einen Niederschlag nicht mehr hervorbringt, oder ein solcher nicht mehr verschwindet, oder endlich, daß ein Indikator einen Farbenwechsel bewirkt. Ein solcher Indikator ist das Kaliumchromat, das bei der Titration der Chloride, Bromide, Jodide, Cyanide mit Silbernitrat in Anwendung kommt. Silbernitrat setzt sich mit den genannten Stoffen wie folgt um:

$$KCl + AgNO_3 = AgCl + KNO_3$$
$$KBr + AgNO_3 = AgBr + KNO_3 \text{ usw.}$$

Die Silberverbindungen scheiden sich als weiße oder gelblich-weiße Niederschläge ab. Auch Kaliumchromat gibt mit Silbernitrat eine Fällung von Silberchromat, welche sich aber durch eine lebhaft rote Farbe auszeichnet. Fügt man zu einer Chlorid, Bromid, Jodid oder Cyanid enthaltenden neutralen Lösung bei Gegenwart von etwas Kaliumchromat Silbernitrat, so findet die Bildung des roten Silberchromats erst dann statt, wenn das Chlor, Brom, Jod oder Cyan an das Silber gebunden ist. Das Erscheinen der roten Färbung deutet daher den Endpunkt der Reaktion an, und man kann aus der verbrauchten Anzahl Kubikzentimeter $\frac{n}{10}$ Silbernitratlösung den Gehalt an Chlorid, Bromid, Jodid oder Cyanid berechnen.

Bei der Titrierung der Cyanide kann man auch in anderer Weise vorgehen: bei Aqua Amygdalarum amararum ist dieses Verfahren erläutert.

Zum Einstellen der $\frac{n}{10}$ Silbernitratlösung verwendet man chemisch reines und geschmolzenes Natriumchlorid.

Register.

Anleitung zur qualitativen Analyse. Von Geh. Regierungsrat Dr. **Ernst Schmidt,** Professor an der Universität Marburg. Achte Auflage. 1919. Preis M. 5,—.

Der Gang der qualitativen Analyse. Für Chemiker und Pharmazeuten bearbeitet von Professor Dr. **F. Henrich,** Erlangen. Mit 4 Textfiguren. 1919. Preis **M.** 2,80.

Pharmazeutisch-chemisches Praktikum. Die Herstellung, Prüfung und theoretische Ausarbeitung pharmazeutisch-chemischer Präparate. Ein Ratgeber für Apothekereleven von Dr. **D. Schenk,** Apotheker und Nahrungsmittelchemiker. Mit 51 Textabbildungen. 1912.
Gebunden Preis M. 5,—

Pharmazeutische Übungspräparate. Anleitung zur Darstellung, Erkennung, Prüfung und stöchiometrischen Berechnung von offizinellen chemisch-pharmazeutischen Präparaten. Von Dr. **Max Biechele,** Apotheker. Dritte, verbesserte Auflage. Mit 6 Textfiguren. 1912.
Gebunden Preis M. 6,—.

Einführung in die Chemie. Ein Lehr- und Experimentierbuch. Von **Rudolf Ochs.** Zweite, vermehrte und verbesserte Auflage. Mit 244 Textfiguren und 1 Spektraltafel. 1921. Gebunden Preis M. 48,—.

Anfangsgründe der Chemie. Ein Leitfaden für Haushaltungs- und Gewerbeseminare, höhere Mädchen- und Fortbildungsschulen, Chemieschulen und ähnliche Anstalten. Von Reg.-Rat Dr. **Max Müller.** Zweite, durchgesehene und vermehrte Auflage. Mit 41 Textfiguren. 1920.
Preis M. 20,—.

Einführung in die physikalische Chemie für Biochemiker, Mediziner, Pharmazeuten und Naturwissenschaftler. Von Dr. **Walther Dietrich.** Mit 6 Abbildungen. 1921. Preis M. 20,—.

Hierzu Teuerungszuschläge

Die physikalisch-chemischen Grundlagen der Biologie.
Mit einer Einführung in die Grundbegriffe der höheren Mathematik. Von Dr. phil. **E. Eichwald,** ehemaliger Assistent, und Dr. phil. **A. Fodor,** erster Assistent am Physiologischen Institut der Universität Halle a. S. Mit 119 Textabbildungen und 2 Tafeln. 1919.

Preis M. 42,—; gebunden M. 48,—.

P$_H$-Tabellen, enthaltend ausgerechnet die Wasserstoffexponentwerte, die
sich aus gemessenen Millivoltzahlen bei bestimmten Temperaturen ergeben. Gültig für die gesättigte Kalomel-Elektrode. Von Dr. **Arvo Ylppö.** 1917.

Gebunden Preis M. 3,60.

Das Mikroskop und seine Anwendung. Handbuch der prak-
tischen Mikroskopie und Anleitung zu mikroskopischen Untersuchungen. Von Dr. **Hermann Hager.** Nach dessen Tode vollständig umgearbeitet und in Gemeinschaft mit bedeutenden Fachgelehrten herausgegeben von Prof. Dr. **Carl Mez,** Königsberg. Zwölfte, umgearbeitete Auflage. Mit 495 Textfiguren. 1920.

Gebunden Preis M. 38,—.

Einführung in die Mikroskopie. Von Prof. Dr. **P. Mayer.** Mit
28 Textfiguren. 1914.

Gebunden Preis M. 4,80.

Hermann Lenhartz, Mikroskopie und Chemie am Krankenbett.
Zehnte, umgearbeitete und vermehrte Auflage von Prof. Dr. **Erich Meyer,** Direktor der Medizinischen Klinik in Göttingen.

In Vorbereitung.

Die Arzneimittel-Synthese. Auf Grundlage der Beziehungen
zwischen chemischem Aufbau und Wirkung. Für Ärzte, Chemiker und Pharmazeuten. Von Dr. **Sigismund Fränkel,** a. o. Professor für medizinische Chemie an der Wiener Universität. Fünfte, umgearbeitete Auflage.

Erscheint im Sommer 1921.

Methode der Zuckerbestimmung, insbesondere zur Bestimmung
des Blutzuckers. Von Dr. med. **Ivar Bang,** o. Professor der medizinischen und physiologischen Chemie an der Universität Lund. Zweite Auflage. 1914.

Preis M. —,50. 10 Exemplare M. 4,—.

Praktischer Leitfaden der qualitativen und quantitativen Harnanalyse
(nebst Analyse des Magensaftes) für Ärzte, Apotheker und Chemiker. Von Prof. Dr. **S. Fränkel,** Wien. Dritte, umgearbeitete und erweiterte Auflage. Mit 6 Tafeln und 6 Blatt Erklärungen. 1919.

Gebunden Preis M. 5,60.

(Verlag von J. F. Bergmann in München.)

Hierzu Teuerungszuschläge

Hagers Handbuch der Pharmazeutischen Praxis für Apotheker, Ärzte, Drogisten und Medizinalbeamte.
Hauptwerk. Unter Mitwirkung von **Max Arnold** in Chemnitz, **G. Christ** in Berlin, **K. Dieterich** in Helfenberg, **Ed. Gildemeister** in Leipzig, **P. Janzen** in Perleberg, **C. Scriba** in Darmstadt, vollständig neu bearbeitet und herausgegeben von **B. Fischer** in Breslau und **C. Hartwich** in Zürich. Zwei Bände. Neunter, unveränderter Abdruck. Mit zahlreichen in den Text gedruckten Holzschnitten. Gebunden Preis je M. 120,—.
Ergänzungsband. Unter Mitwirkung von **Ernst Duntze** in Berlin, **M. Piorkowski** in Berlin, **A. Schmidt** in Geyer, **Georg Weigel** in Hamburg, **Otto Wiegand** in Leipzig, **Carl Wulff** in Buch, **Franz Zernik** in Steglitz, bearbeitet und herausgegeben von **W. Lenz** in Berlin und **G. Arends** in Chemnitz. Vierter, unveränderter Abdruck. Mit zahlreichen in den Text gedruckten Figuren. 1920. Gebunden Preis M. 80,—.

Neues Pharmazeutisches Manual. Von **Eugen Dieterich.** Dreizehnte, wenig veränderte Auflage. Herausgegeben von Prof. Dr. **Karl Dieterich,** Direktor der Chemischen Fabrik Helfenberg A.-G. vorm. Eugen Dieterich. Mit 148 Textfiguren. 1920. Gebunden Preis M. 60,—.

Die Tablettenfabrikation und ihre maschinellen Hilfsmittel. Von **Georg Arends.** Zweite, durchgearbeitete Auflage. Mit 25 Textfiguren. 1921. Preis M. 10,—.

Die Ampullenfabrikation. In ihren Grundzügen dargestellt von Dr. **Hans Freund,** Apotheker und Nahrungsmittelchemiker. Mit 68 Textfiguren. 1916. Kartoniert Preis M. 2,40.

Handbuch der Drogisten-Praxis. Ein Lehr- und Nachschlagebuch für Drogisten, Farbwarenhändler usw. Im Entwurf vom Drogisten-Verband preisgekrönte Arbeit. Von **G. A. Buchheister.** Vierzehnte, neu bearbeitete und vermehrte Auflage von **Georg Ottersbach** in Hamburg. Erster Teil. Mit 621 in den Text gedruckten Abbildungen. 1921.
Gebunden Preis M. 100,—.

Vorschriftenbuch für Drogisten. Die Herstellung der gebräuchlichen Verkaufsartikel. Von **G. A. Buchheister.** Achte, neubearbeitete Auflage von **Georg Ottersbach** in Hamburg. (Handbuch der Drogisten-Praxis. Zweiter Teil.) 1919. Gebunden Preis M. 50,—.

Pharmazeutisches Tier-Manual. Von **Friedrich Albrecht Otto,** Apotheker in Hamburg. 1918. Gebunden Preis M. 4,—.

Der junge Drogist. Lehrbuch für Drogisten-Fachschulen, den Selbstunterricht und die Vorbereitung zur Drogisten-Gehilfen- und Giftprüfung. Von **Emil Drechsler.** Dritte, vermehrte und verbesserte Auflage. Mit 57 Textabbildungen. 1920. Gebunden Preis M. 35,—.